2023 | 全国勘察设计注册工程师
执业资格考试用书

Zhuce Tumu Gongchengshi (Shuili Shuidian Gongcheng) Zhiye Zige Kaoshi
Jichu Kaoshi Fuxi Jiaocheng

注册土木工程师（水利水电工程）执业资格考试
基础考试复习教程

（第 7 版·下册）

注册工程师考试复习用书编委会/编

肖　宜　曹纬浚/主　编

微信扫一扫
里面有数字资源的获取和使用方法哟

人民交通出版社股份有限公司
北 京

内 容 提 要

本书以现行考试大纲为依据，最新规范、教材为基础进行编写，着重于对高频、核心考点涉及的基础知识、基本概念和重要规范条文的理解运用，内容简明、扼要。书中例题和练习多选用近年考试真题，可帮助考生强化记忆、巩固所学知识。下册书后附近年专业基础考试试卷，便于考生考前模拟，提高实战能力。公共基础考试试卷推荐使用《2023 全国勘察设计注册工程师执业资格考试公共基础考试试卷（2009~2022）》一书。

由于本书篇幅较大，分为上、下两册，以便于携带和翻阅。

本书适合参加 2023 年注册水利水电工程师［也称注册土木工程师（水利水电工程）］基础考试的人员使用。

图书在版编目（CIP）数据

2023 注册土木工程师（水利水电工程）执业资格考试基础考试复习教程/肖宜，曹纬浚主编.—7 版.—北京：人民交通出版社股份有限公司，2023.4

2023 全国勘察设计注册工程师执业资格考试用书

ISBN 978-7-114-18455-0

Ⅰ.①2…　Ⅱ.①肖…②曹…　Ⅲ.①土木工程—工程师—资格考试—自学参考资料②水力发电工程—工程师—资格考试—自学参考资料　Ⅳ.①TU②TV

中国国家版本馆 CIP 数据核字（2023）第 000364 号

书　　　名：**2023 注册土木工程师（水利水电工程）执业资格考试基础考试复习教程（第 7 版）**
著 作 者：肖　宜　曹纬浚
责任编辑：刘彩云
责任印制：张　凯
出版发行：人民交通出版社股份有限公司
地　　　址：（100011）北京市朝阳区安定门外外馆斜街 3 号
网　　　址：http://www.ccpcl.com.cn
销售电话：（010）59757973
总 经 销：人民交通出版社股份有限公司发行部
印　　　刷：北京市密东印刷有限公司
开　　　本：889×1194　1/16
印　　　张：97.25
字　　　数：2008 千
版　　　次：2016 年 4 月　第 1 版
　　　　　　2023 年 4 月　第 7 版
印　　　次：2023 年 4 月　第 7 版　第 1 次印刷　累计第 9 次印刷
书　　　号：ISBN 978-7-114-18455-0
定　　　价：228.00 元（含上、下两册）

（有印刷、装订质量问题的图书，由本公司负责调换）

版权声明

　　本书所有文字、数据、图像、版式设计、插图及配套数字资源等，均受中华人民共和国宪法和著作权法保护。未经作者和人民交通出版社股份有限公司同意，任何单位、组织、个人不得以任何方式对本作品进行全部或局部的复制、转载、出版或变相出版，配套数字资源不得在人民交通出版社股份有限公司所属平台以外的任何平台进行转载、复制、截图、发布或播放等。

　　任何侵犯本书及配套数字资源权益的行为，人民交通出版社股份有限公司将依法严厉追究其法律责任。

　　举报电话：(010)85285150

人民交通出版社股份有限公司

前　　言

根据原人事部、原建设部、水利部《关于印发<注册土木工程师（水利水电工程）制度暂行规定>、<注册土木工程师（水利水电工程）资格考试实施办法>和<注册土木工程师（水利水电工程）资格考核认定办法>的通知》（国人部发〔2005〕58号）文件精神，从2005年起在全国范围内组织实施注册土木工程师（水利水电工程）资格考试，考试实行全国统一大纲、统一命题、统一组织、统一证书。注册土木工程师（水利水电工程）执业工作将于2017年7月1日起实施。

为帮助考生高效复习、顺利通过考试，人民交通出版社股份有限公司特组织本专业有较深造诣的教授和高级工程师（他们分别来自武汉大学、北京建筑大学、北京工业大学、北京交通大学、北京工商大学和北京市建筑设计研究院），根据多年的教学实践经验和考生的回馈意见，以最新考试大纲和现行教材、规范为基础，编写了本教程。本书内容简明扼要，与考试实际极度对接，着重于对高频考点涉及的基础知识、基本概念和重要规范条文的理解运用，是一套值得考生信赖的考前辅导和培训用书。

为方便考生复习、携带，本教程依据考试大纲，分上、下册出版。

上册（第一章至第十一章）为上午段公共基础考试内容，下册（第一章至第七章）为下午段专业基础考试内容。每章的习题按照其所考查的知识点分别放在各节之后，"提示"和"答案"放在每章最后，考生可在复习完每一节后及时做题练习。

为了更好地服务考生，我们依托现行考试大纲和历年真题，配套了多个科目的辅导视频，考生可微信扫描上册封面二维码，登录"注考大师"获取学习资源（有效期一年）。

本教程上册由曹纬浚负责统稿，主要编写人员有：刘惠、吴昌泽、王秋媛、范元玮（第一章），魏京花（第二章），谢亚勃（第三章），刘燕（第四章），钱民刚（第五章），毛军、李兆年（第六章），黄辉、许怡生（第七章、第八章），许小重（第九章），陈向东（第十章），孙伟、李魁元（第十一章）。

本教程下册由肖宜负责统稿，主要编写人员有：杨小亭（第一章），崔红军（第二章），周艳国（第三章），侯建国（第四章），金银龙（第五章），刘数华（第六章），肖宜（第七章）。

考生在复习本教程时，应结合阅读相应的教材、规范，以加深理解和记忆，同时，多做习题，这将对考生巩固、检验复习效果和准备好考试大有帮助。

祝各位考生考试取得好成绩！

肖　宜

2023年1月

主编致考生

一、注册土木工程师（水利水电工程）在专业考试之前进行基础考试是和国外接轨的做法。通过基础考试并达到职业实践年限后就可以申请参加专业考试。基础考试是考大学中的基础课程，按考试大纲的安排，上午考试段考 11 科，120 道题，4 个小时，每题 1 分，共 120 分；下午考试段考 7 科，60 道题，4 个小时，每题 2 分，共 120 分；上、下午共 240 分。试题均为 4 选 1 的单选题，平均每题时间上午 2 分钟，下午 4 分钟，因此不会有复杂的论证和计算，主要是检验考生的基本概念和基本知识。考生在复习时不要偏重难度大或过于复杂的知识，而应将复习的注意力主要放在弄清基本概念和基本知识方面。

二、考生在复习本教程之前，应认真阅读"考试大纲"，清楚考试内容和范围，合理制订考试计划。复习时，一定要紧扣"考试大纲"的内容，将全面复习与突出重点相结合。着重对"考试大纲"要求掌握的基本概念、基本理论、基本计算方法、计算公式和步骤，以及基本知识的应用等内容有系统、有条理的重点掌握，明白其中的道理和关系，掌握分析问题的方法。

三、本教程上、下册的编写思路基本一致，但细节处根据科目的特点，又略有不同。上册的每章前均有一节"复习指导"，摘录了本章的考试大纲并具体说明了本章的复习重点、难点和复习中要注意的问题，建议考生认真阅读，并参考"复习指导"的意见进行复习。下册附四套试题，含 2013~2017 年考试真题及一套模拟题，提供有参考答案和提示，建议考生在考前集中时间，认真做这四套试卷，通过核对参考答案和提示，纠正错误概念，巩固复习成果。

四、注册土木工程师（水利水电工程）基础考试上、下午试卷共计 240 分，上、下午不分段计算成绩，这几年及格线都是 55%，也就是说，上、下午试卷总分达到 132 分就可以通过。因此，考生在准备考试时应注意扬长避短。从道理上讲自己较弱的科目更应该努力复习，但毕竟时间和精力有限。如 2009 年新增加的"信号与信息技术"，据了解，非信息类专业的考生大多未学过，短时间内要掌握好比较困难，而"信号与信息技术"总共只有 6 道题，6 分，只占总分的 2.5%，也就是说，即使"信号与信息技术"一分未得，其他科目也还有 234 分，从 234 分中考 132 分是完全可以做到的。因此考生可以根据考试分科题量、分数分配和自己的具体情况，计划自己的复习重点和主要得分科目。当然一些主要得分科目是不能放松的，如"高等数学"24 题（上午段）24 分，"钢筋混凝土结构"12 题（下午段）24 分，"岩土力学"10 题（下午段）20 分，都是不能放松的；其他科目则可根据自己过去对课程的掌握情况有所侧重，争取在自己过去学得好的课程中多得分。

五、在考试拿到试卷时，建议考生不要顺着题序顺次往下做。因为有的题会比较难，有的题不很熟悉，耽误的时间会比较多，以致最后时间不够，题做不完，有些题会做但时间来不及，这就太得不偿失了。建议考生将做题过程分为四遍：

1.首先用 15~20 分钟将题从头到尾看一遍，一是首先解答自己很熟悉很有把握的题；二是将那些需要稍加思考估计能在平均答题时间里做出的题做个记号。这里说的平均答题时间，是指上午段 4 个小时考 120 道题，平均每题 2 分钟；下午段 4 个小时考 60 道题，平均每题 4 分钟，这个 2 分钟（上午）、4 分钟（下午）就是平均答题时间。将估计在这个时间里能做出来的题做上记号。

2.第二遍做这些做了记号的题，这些题应该在考试时间里能做完，做完了这些题可以说就考出了你的基本水平，不管你基础如何，复习得怎么样，考得如何，至少不会因为题没做完而遗憾了。

3.这些会做或基本会做的题做完以后，如果还有时间，就做那些需要稍多花费时间的题，能做几个算几个，并适当抽时间检查一下已答题的答案。

4.考试时间将近结束时，比如还剩5分钟要收卷了，这时你就应看看还有多少道题没有答，这些题确实不会了，建议你也不要放弃。既然是单选，那也不妨估个答案，答对了也是有分的。建议你回头看看已答题目的答案，A、B、C、D 各有多少，虽然整个卷子四种答案的数量并不一定是平均的，但还是可以这样考虑，看看已答的题 A、B、C、D 中哪个答案最少，然后将不会做没有答的题按这个前边最少的答案通填，这样其中会有 1/4 可能还会多于 1/4 的题能得分，如果你前边答对的题离及格正好差几分，这样一补充就能及格了。

六、基础考试是不允许带书和资料的。因此一些重要的公式、规定，考生一定要自己记住。

在此提醒读者，做题后如自己的结果和参考答案不符，请慎下结论，可将疑问发至我的邮箱 caowj0818@126.com（上册问题）、xiaoyi@whu.edu.cn（下册问题），我们会尽快核查并回复，以免读者判断错误致考试时答错题影响成绩。

相信这本教程能帮助大家准备好考试。

最后，祝愿各位考生取得好成绩！

曹纬浚
2023 年 1 月

目 录 CONTENTS

1 水 力 学

考题配置　单选，9题

分数配置　每题 2 分，共 18 分

1.1 水静力学

考试大纲 ☞：静水压强　绝对压强　相对压强　真空及真空度　作用于物体上的静水总压力

1.1.1 静水压强及其特性

1）静水压强的定义

在静止液体中，围绕某一点取一微小作用面，设其面积为 ΔA，作用在该面积上的压力为 ΔP。当 ΔA 无限缩小到一点时，平均压强 $\Delta P/\Delta A$ 便趋近于某一极限值，此极限值便定义为该点的静水压强，通常用 p 表示，即

$$p = \lim_{\Delta A \to 0} \frac{\Delta P}{\Delta A} = \frac{\mathrm{d}P}{\mathrm{d}A} \qquad (1\text{-}1\text{-}1)$$

静水压强的单位为 N/m^2（Pa），量纲为 $[ML^{-1}T^{-2}]$。

2）静水压强的特性

静水压强具有如下重要特性：

（1）静水压强方向与作用面的内法线方向重合。

（2）静水压强的大小与其作用面的方向无关，即任何一点处各方向上的静水压强大小相等。

这样同一点处可以将各个方向的静水压强均写成 p，因为 p 是位置的函数，在连续介质中，它是空间点坐标的函数，即

$$p = p(x, y, z) \qquad (1\text{-}1\text{-}2)$$

1.1.2 等压面和静水压强的计算

水静力学的主要任务之一，就是正确掌握静水压强的计算，而在计算静水压强时要正确选择合适的等压面。所谓等压面就是在相连通的均质液体中，由压强相等的各点所组成的面。

等压面具有重要的特性：在相对平衡的液体中，等压面与质量力正交。利用这一特性，当质量力方向已知时，可确定等压面的位置和方向。如只有重力作用下的静止液体中的等压面为水平面；如果在相对平衡液体中，除重力外还作用着其他质量力，那么，等压面就应与这些质量力的合力正交，此时等压面就不再是水平面了。

在质量力只有重力的静止液体中，静水压强的计算公式为

$$p = p_0 + \gamma h \qquad (1\text{-}1\text{-}3)$$

式中：p_0——液体自由表面压强；

γ——液体的重度；

h——所在点在自由表面下的深度。

式（1-1-3）表明，静止液体中任意点的静水压强由两部分组成：一部分是表面压强p_0；另一部分是液重压强γh，也就是该点到液体自由表面的单位面积上的液柱重量。

1.1.3 压强的量度、水头和单位势能

量度压强的大小，首先要明确起算的基准，其次要了解计量的单位。

1）绝对压强

以设想的没有气体存在的完全真空作为零点算起的压强称为绝对压强，用符号p'表示。

2）相对压强

以当地大气压强（p_a）作为零点算起的压强称为相对压强，又称计算压强或表压强，用符号p表示。于是可得相对压强与绝对压强之间的关系为

$$p = p' - p_a \tag{1-1-4}$$

3）真空及真空压强

绝对压强值总是正的，而相对压强值则可正可负。当液体某处绝对压强小于当地大气压强时，该处相对压强为负值，称为负压，或者说该处出现真空。真空压强p_v用绝对压强比当地大气压强小多少表示，即

$$p_v = p_a - p' = |p| \quad (p' < p_a) \tag{1-1-5}$$

它们三者之间的关系用图 1-1-1 表示。

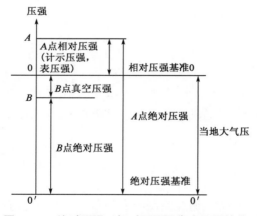

图 1-1-1 绝对压强、相对压强及真空压强的关系

4）压强的计量单位

（1）用一般的应力单位表示，即从压强定义出发，以单位面积上的作用力表示，如 Pa，kPa。

（2）用大气压的倍数表示，即大气压强作为衡量压强大小的尺度。国际单位制规定：一个标准大气压$p_{atm} = 101325Pa$，它是纬度为 45°海平面上，当温度为 0°C 时的大气压强。工程上为便于计算，常用工程大气压来衡量压强。一个工程大气压$p_{at} = 98kPa$。

（3）用液柱高度表示：

$$h = \frac{p}{\gamma} \tag{1-1-6}$$

式（1-1-6）表明任一点的静水压强p可化为任何一种重度为γ的液柱高度h，因此也常用液柱高度作为压强的单位。

5）水头及单位势能

水静力学的基本方程为：

$$z + \frac{p}{\gamma} = c \tag{1-1-7}$$

在静止的相连通的液体中任取两点，式（1-1-7）亦可写成：

$$z_1 + \frac{p_1}{\gamma} = z_2 + \frac{p_2}{\gamma}$$

水头及单位势能如图 1-1-2 所示。

下面从几何和能量角度上，来理解式（1-1-7）所表示的物理意义、几何意义：

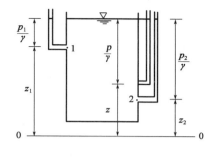

z——所选取的基准面到所在点的位置高度，称为位置水头；

$\frac{p}{\gamma}$——所在点到自由液面的高度，称为压强水头；

$z + \frac{p}{\gamma}$——所选取的基准面到自由液面的高度，称为测压管水头。

图 1-1-2　水头及单位势能

式（1-1-7）所表示的几何意义为在静止的相连通的液体中，各点的测压管水头相等。能量意义如下：

z——单位重量液体从某一基准面算起所具有的位置势能，称为单位位能；

$\frac{p}{\gamma}$——单位重量液体从压强为大气压算起所具有的压强势能，称为单位压能；

$z + \frac{p}{\gamma}$——单位重量液体所具有的势能，称为单位势能。

式（1-1-7）所表示的能量意义为在静止的相连通的液体中，各点单位重量液体所具有的势能相等。事实上，在静止的液体中，机械能只有势能而无动能，式（1-1-7）是机械能守恒定律在水静力学中的具体表现形式。

1.1.4　平面上的静水总压力

作用在物体平面上的静水总压力，是许多工程技术上必须解决的力学问题。作用在平面上的静水总压力的计算为两类：一类为作用在矩形平面上的静水总压力，一般应用静水压强分布图法进行求解；另一类为作用在任意形状平面上的静水总压力，应用解析法进行求解。

1）静水压强分布图

静水压强分布规律可用几何图形表示出来，即以线条长度表示点压强的大小，以线端箭头表示点压强的作用方向。由于建筑物四周一般都处在大气中，各个方向的大气压力相互抵消，故压强分布图只需绘出相对压强值。

由于静水压强与淹没深度呈线性关系，故作用在平面上的平面压强分布图必然是按直线分布的。因此，只要直线上两个点的压强已知，就可确定压强分布直线，图 1-1-3 所示为几种情况下的压强分布图。

2）利用压强分布图求矩形平面上的静水总压力

求矩形平面上的静水总压力，实际上就是平行力系求合力问题。通过绘制压强分布图，求一边与水面平行的矩形平面上的静水总压力最为方便。

图 1-1-4 表示倾斜放置，但一边与平面平行的矩形平面 ABB_1A_1 的一面受水压力作用情况，其静水总压力为：

$$P = \Omega \cdot b = \frac{1}{2}(\gamma h_1 + \gamma h_2)l \cdot b = \frac{1}{2}\gamma(h_1 + h_2)l \cdot b = \gamma h_C A \qquad (1-1-8)$$

式中：l——矩形平面的长度，$h_C = (h_1 + h_2)/2$，为矩形平面的形心在水下的深度；

A——受水压力作用的平面面积。

总压力的作用方向与受压面的内法线方向一致，总压力的作用点在作用面的纵向对称轴 O-O 线上的 D 点，称为压力中心，压力中心应不高于形心点在水面以下的深度。

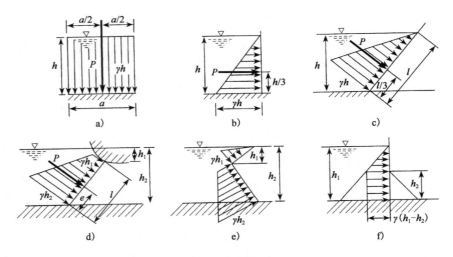

图 1-1-3 压强分布图

3）任意平面上的静水总压力

（1）总压力的大小

如图 1-1-5 所示，作用在任意平面上的静水总压力等于该平面面积与其形心处静水压强的乘积，即

$$P = p_C \cdot A = \gamma h_C \cdot A \qquad (1-1-9)$$

式中：p_C——平面形心C处的静水压强；

  A——任意平面面积；

  h_C——平面形心C在液面下的淹没深度。

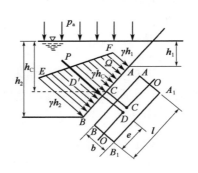

图 1-1-4

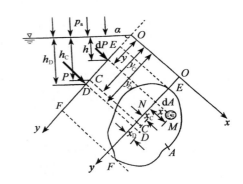

图 1-1-5

（2）总压力作用点（压力中心）

总压力作用点计算公式为：

$$y_D = y_C + \frac{I_C}{y_C A} \qquad (1-1-10)$$

式中：y_D——静水总压力作用点D距Ox轴的距离；

  y_C——面积A的形心C距Ox轴的距离；

  I_C——对通过面积A的形心C的水平轴的惯性矩。

静水总压力P的作用方向垂直于受作用面，如图 1-1-5 所示。

【例 1-1-1】 如图所示的四个容器内的水深均为H，则容器底面静水压强最大的是：

  A. a）   B. b）   C. c）   D. d）

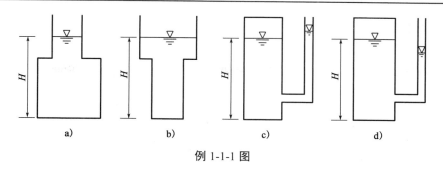

例 1-1-1 图

解 因 c）图中容器底部到自由液面距离最大。选 C。

【例 1-1-2】 如图所示有一倾斜放置的平面闸门，当上下游水位都上升 1m 时（虚线位置），闸门上的静水总压力：

A. 变大   B. 变小   C. 不变   D. 无法确定

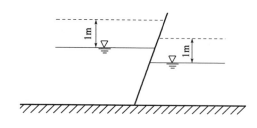

例 1-1-2 图

解 由两种情况下静水压强分布图决定。选 A。

【例 1-1-3】 露天水池，水深 5m 处的相对压强为：

A. 5kPa   B. 49kPa   C. 147kPa   D. 205kPa

解 由 $p = \rho_水 gh = 1000\text{kg/m}^3 \times 9.8\text{N/kg} \times 5\text{m} = 4.9 \times 10^4\text{Pa}$，选 B。

经 典 练 习

1-1-1 液体某点的绝对压强为 58kPa，则该点的相对压强为（   ）。

A. 159.3kPa   B. 43.3kPa   C. −58kPa   D. −43.3kPa

1-1-2 液体处于平衡状态下的必要条件是（   ）。

A. 质量力无势   B. 质量力有势

C. 理想液体   D. 实际液体

1-1-3 压力中心与受压面形心点位置关系是（   ）。

A. 压力中心高于受压面形心点   B. 压力中心不高于受压面形心点

C. 压力中心与受压面形心点重合   D. 压力中心低于受压面形心点

1-1-4 平衡液体中的等压面必为（   ）。

A. 水平面   B. 斜平面

C. 旋转抛物面   D. 与质量力正交的面

1-1-5 有一水泵装置，其吸水管中某点的真空压强等于 3mH₂O，当地大气压为一个工程大气压，其相应的绝对压强值为（   ）。

A. $3\text{mH}_2\text{O}$ B. $7\text{mH}_2\text{O}$

C. $-3\text{mH}_2\text{O}$ D. 以上都不对

1.2 液体运动的一元流分析法

考试大纲☞： 恒定流与非恒定流　迹线与流线　流管　过水断面　流量　断面平均流速　恒定一元流
连续性方程　能量方程式　渐变流　急变流

1.2.1 描述液体运动的两种方法

描述液体运动的方法有拉格朗日法和欧拉法。

1）拉格朗日法

拉格朗日法是以液体运动质点为研究对象，研究这些质点在整个运动过程中的轨迹以及运动要素
随时间的变化规律，这就是一般力学中的质点系法。

2）欧拉法

欧拉法是将液体当作连续介质，以充满运动质点的空间——流场为对象，研究各时刻流场中不同质
点运动要素的分布与变化规律，而不直接跟踪给定质点在某时刻的位置及其运动状况。

3）用欧拉法研究液体运动时的质点加速度

$$
\left.
\begin{aligned}
a_x &= \frac{\mathrm{d}u_x}{\mathrm{d}t} = \frac{\partial u_x}{\partial t} + u_x\frac{\partial u_x}{\partial x} + u_y\frac{\partial u_y}{\partial y} + u_z\frac{\partial u_x}{\partial z} \\
a_y &= \frac{\mathrm{d}u_y}{\mathrm{d}t} = \frac{\partial u_y}{\partial t} + u_x\frac{\partial u_y}{\partial x} + u_y\frac{\partial u_y}{\partial y} + u_z\frac{\partial u_y}{\partial z} \\
a_z &= \frac{\mathrm{d}u_z}{\mathrm{d}t} = \frac{\partial u_z}{\partial t} + u_x\frac{\partial u_z}{\partial x} + u_y\frac{\partial u_z}{\partial y} + u_z\frac{\partial u_z}{\partial z}
\end{aligned}
\right\}
\tag{1-2-1}
$$

式（1-2-1）中，右边第一项$\frac{\partial u_x}{\partial t}$、$\frac{\partial u_y}{\partial t}$、$\frac{\partial u_z}{\partial t}$称为当地加速度，它反映了在同一空间点上液体质点速度
随时间的变化率；后面三项之和称为迁移加速度，它反映了在同一时刻相邻空间点上流速差的存在，使
液体质点得到的加速度。所以，用欧拉法描述液体运动时，液体质点的加速度应是当地加速度与迁移加
速度之和。

1.2.2 液体运动的一些基本概念

1）恒定流与非恒定流

流场中液体质点通过空间点时所有的运动要素不随时间变化的流动称为恒定流；如果有一个运动
要素随时间变化则称为非恒定流。

2）迹线与流线

迹线：液体质点运动的轨迹称为迹线。

流线：如果某一瞬时在流场中画出的一条曲线，在此曲线上各点的流速向量与该曲线相切，则这条
曲线称为流线。

流线的基本特征：恒定流时流线的形状不随时间变化且与迹线相重合；同一时刻，流线彼此不能相
交，流线也不能折叠，而是一条光滑的连续曲线；流线密处流速大，疏处流速小。

流线方程为：

$$
\frac{\mathrm{d}x}{u_x} = \frac{\mathrm{d}y}{u_y} = \frac{\mathrm{d}z}{u_z}
\tag{1-2-2}
$$

3）流管、元流、总流和过水断面

流管：在流场中取一条与流线不重合的微小的封闭曲线，在同一时刻，通过这条曲线上的各点作流线，由这些流线所构成的管状封闭曲面称为流管。

元流：充满在流管中的液流或微小流束称为元流。

总流：无数元流之总和或者在有限空间范围内的液体称为总流。

过水断面：与元流或总流的流线成正交的横断面称为过水断面。

4）流量、断面平均流速和一元分析法

流量：单位时间内通过过水断面的液体体积称为流量，以Q表示。它的量纲为$[L^3/T]$，常用单位是m^3/s或L/s。

断面平均流速：流动液体中任一点的流速称为点流速，记为u。一般情况下过水断面上各点流速不相等，由通过过水断面的流量Q除以过水断面的面积A而得的流速称为断面平均流速，记作v，即

$$v = \frac{Q}{A} = \frac{\int_A u \, dA}{A} \tag{1-2-3}$$

一元分析法：将水力要素沿过水断面取平均，将复杂的三元或二元流动处理或按简单的一元流进行分析的方法，称为一元分析法。

5）均匀流和非均匀流，渐变流与急变流

（1）均匀流和非均匀流

液流的流线是相互平行的直线时称为均匀流。若流线虽为直线但不互相平行，或者流线弯曲的流动称为非均匀流。

（2）渐变流与急变流

当液流的流线几乎是平行的直线，或者虽有弯曲，但曲率半径很大，则为渐变流。渐变流过水断面上动水压强的分布规律可近似地看作与静水压强的分布规律相同，即$z + p/\gamma =$ 常数。但需注意：对于不同断面，这个常数一般并不相等。流线间夹角较大或者弯曲，且曲率半径较小的流动称为急变流。急变流过水断面上的动水压强不按静水压强的规律分布。

1.2.3 恒定一元流的连续性方程

图 1-2-1 所示为不可压缩液体恒定总流，对于图 1-2-1a）：

$$Q_1 = Q_2$$

即

$$v_1 A_1 = v_2 A_2 \tag{1-2-4}$$

或者

$$\frac{v_1}{v_2} = \frac{A_2}{A_1} \tag{1-2-5}$$

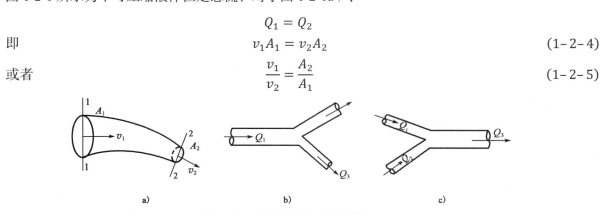

图 1-2-1　不可压缩液体恒定总流

式（1-2-5）即为恒定总流的连续性方程，式中v_1、v_2分别为 1-1 及 2-2 断面的平均流速；A_1、A_2分

7

别为 1-1 及 2-2 过水断面面积。该式说明：恒定总流各过水断面所通过的流量相等，或者任意两断面间断面平均流速的大小与过水断面面积成反比。

对于图 1-2-1b）、c），连续方程有如下形式：

$$Q_1 = Q_2 + Q_3 \tag{1-2-6}$$

$$Q_1 + Q_2 = Q_3 \tag{1-2-7}$$

上述两式说明：当总流为分叉流动时，则流间分叉点的流量之和等于自分叉点流出的流量之和。

1.2.4　恒定总流的能量方程式

恒定总流的能量方程是水力学中最重要的方程，也是在工程实际问题中应用最广泛的方程之一。

如图 1-2-2 所示，为一实际液体的恒定总流。设 1-1 和 2-2 断面的中心位置、压强及断面平均流速分别为 z_1 和 z_2、p_1 和 p_2、v_1 和 v_2，1-1 到 2-2 断面间单位重量液体的水头损失或能量损失为 h_{w1-2}，则由能量守恒和转换原理得到两断面间各水力要素之间的关系——恒定总流的能量方程。

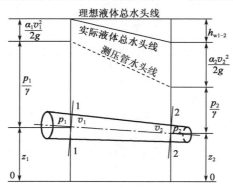

图 1-2-2　实际液体恒定总流

$$z_1 + \frac{p_1}{\gamma} + \frac{\alpha_1 v_1^2}{2g} = z_2 + \frac{p_2}{\gamma} + \frac{\alpha_2 v_2^2}{2g} + h_{w1-2} \tag{1-2-8}$$

式中：　　　　z——位置水头或单位重量液体所具有的位置势能（简称单位位能）；

$\dfrac{p}{\gamma}$——压强水头或单位重量液体所具有的压力势能（简称单位压能）；

$z + \dfrac{p}{\gamma}$——测压管水头或单位重量液体所具有的势能（简称单位势能）；

$\dfrac{\alpha v^2}{2g}$——流速水头或单位重量液体所具有的动能（简称单位动能）；

$z + \dfrac{p}{\gamma} + \dfrac{\alpha v^2}{2g} = H = E$——总水头或单位重量液体所具有的机械能（简称单位机械能）。

各断面的测压管水头连线称为测压管水头线，各断面的总水头连线称为总水头线或总能线。总水头线的坡度称为水力坡度，用下式表示为：

$$J = -\frac{\mathrm{d}H}{\mathrm{d}l} = \frac{H_1 - H_2}{l} = \frac{h_{w1-2}}{l} \tag{1-2-9}$$

能量方程的几何意义：对于理想液体（$h_{w1-2} = 0$），总水头或总能线是一条水平线；对于实际液体（$h_{w1-2} \neq 0$），总水头线或总能线总是一条下降的曲线或直线，其下降值等于两断面间的水头损失或能量损失 h_{w1-2}，但是测压管水头线不一定是一条下降曲线，它也可能沿程上升，这取决于总流几何边界的变化情况。

能量方程的物理意义：对于理想液体，液体在运动过程中各项机械能之间可以相互转化，而这种转化是一种等量的转化，总机械能保持守恒。对于实际液体，液体在运动过程中由于液体存在着黏滞性，各项机械能之间可以相互转化，但这种转化不是一种等量的转化，其中有一部分机械能转化为其他形式的能量（热能），沿着流动方向，液体总的机械能是减小的。

式（1-2-8）中 α 为由于断面流速分布不均匀而引起的动能修正系数，其表达式为

$$\alpha = \frac{\int_A u^3 \mathrm{d}A}{v^3 A} \tag{1-2-10}$$

一般情况下 $\alpha_1 \neq \alpha_2$，在实际问题中 α 取值为 1.05~1.1，α 的大小取决于液流流速分布的不均匀程度，若流速分布越不均匀，则 α 值越大，反之亦然。对渐变流流动，可取 $\alpha \approx 1$ 进行计算。

能量方程的应用条件如下：

（1）液流必须是恒定流，并且液体均质不可压缩。

（2）作用于液体上的质量力只有重力。

（3）所取的两个过水断面一般应该是渐变流断面，但两断面之间可以存在急变流。

（4）流量沿程不变。

能量方程应时刻注意的几个问题：

（1）沿流动方向在渐变流处取过水断面列能量方程。

（2）基准面原则上可任意选取，但应尽量使各断面的位置水头为正值。

（3）压强标准可任意选取，既可采用相对压强也可采用绝对压强，但对同一问题必须采用相同的标准。而当某断面有可能出现真空现象时，尽量采用绝对压强。

（4）由于在渐变流中 $z + p/\gamma =$ 常数，所以计算点可在断面上任意选取，对于管道常取断面中心点，对于带自由面的流动计算点常取在自由水面上。

（5）应选取已知量尽量多的断面。

【例 1-2-1】 在明渠恒定均匀流过水断面上 1、2 两点安装两根测压管，如图所示，则两测压管高度 h_1 与 h_2 的关系为：

A. $h_1 > h_2$ B. $h_1 < h_2$ C. $h_1 = h_2$ D. 无法确定

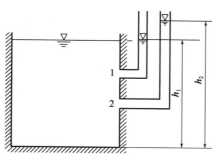

例 1-2-1 图

解 因为均匀流同一过水断面上测压管水头相等。选 C。

【例 1-2-2】 如图所示，断面突然缩小管道通过黏性恒定流，管路装有 U 形管水银差压计，判定差压计中水银液面为：

A. A 高于 B B. A 低于 B

C. A、B 齐平   D. 不能确定高低

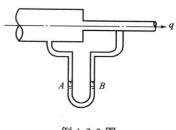

例 1-2-2 图

解 由总流的能量方程决定，即

$$z_1 + \frac{p_1}{\gamma} - \left(z_2 + \frac{p_2}{\gamma}\right) = \frac{\alpha_2 v_2^2}{2g} - \frac{\alpha_1 v_1^2}{2g} + h_{\mathrm{w}} > 0$$

选 B。

经 典 练 习

1-2-1 伯努利积分的应用条件为（　　　）。

A. 理想正压流体，质量力有势，非恒定无旋运动

B. 不可压缩液体，质量力有势，非恒定有旋运动

C. 理想正压流体，质量力有势，恒定流动，沿同一流线

D. 理想正压流体，质量力有势，非恒定流动，沿同一流线

1-2-2 $E = z + \dfrac{p}{\gamma} + \dfrac{u^2}{2g}$表示了（　　　）。

A. 单位质量流体具有的机械能　　　　B. 单位体积流体具有的机械能

C. 单位重量流体具有的机械能　　　　D. 单位密度流体具有的机械能

1-2-3 总流的连续性方程$A_1 v_1 = A_2 v_2$适用于（　　　）。

A. 非恒定流，不可压缩流体　　　　B. 恒定流，不可压缩流体

C. 恒定流，可压缩流体　　　　　　D. 非恒定流，可压缩流体

1-2-4 动能修正系数的大小取决于（　　　）。

A. 流速分布的大小　　　　　　　　B. 压强分布的大小

C. 流速分布的均匀程度　　　　　　D. 压强分布的均匀程度

1-2-5 总流的能量方程适用条件为（　　　）。

A. 恒定不可压缩液体　　　　　　　B. 非恒定不可压缩液体

C. 恒定可压缩液体　　　　　　　　D. 非恒定可压缩液体

1-2-6 对管径沿程逐渐扩大的管道（　　　）。

A. 测压管水头线可能上升也可能下降

B. 测压管水头线总是与总水头线相平行

C. 测压管水头线沿程可能不会上升

D. 测压管水头线不可能下降

1-2-7 管轴线水平，管径逐渐增大的管道有压流，通过的流量不变，其总水头线沿流向应（　　　）。

A. 逐渐升高　　　　B. 逐渐降低　　　　C. 与管轴线平行　　　　D. 无法确定

1-2-8 均匀流的总水头线与测压管水头线的关系是（　　　）。

A. 互相平行的直线　　　　　　　　B. 互相平行的曲线

C. 互不平行的直线　　　　　　　　D. 互不平行的曲线

1-2-9 流体运动总是从（　　　）。

A. 高处向低处流动

B. 单位总机械能大处向单位机械能小处流动

C. 压力大处向压力小处流动

D. 流速大处向流速小处流动

1-2-10 如图所示水流通过渐缩管流出，若容器水位保持不变，则管内水流属于（　　　）。

A. 恒定均匀流　　　　　　B. 非恒定均匀流

C. 恒定非均匀流　　　　　D. 非恒定非均匀流

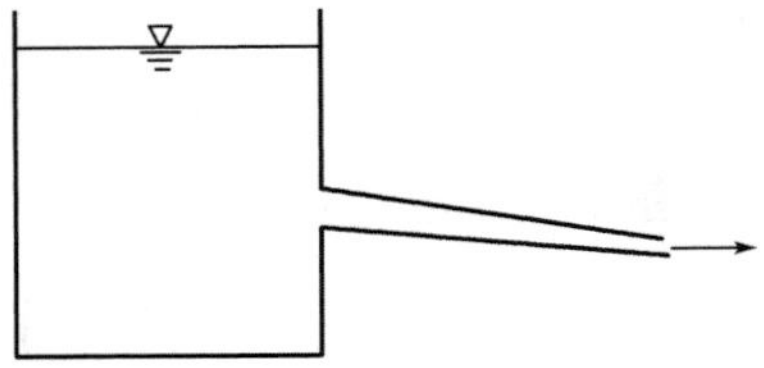

题 1-2-10 图

1.3　层流、紊流及其水头损失

考试大纲☞：湿周　水力半径　均匀流和非均匀流　沿程水头损失　达西公式层流　紊流　雷诺数　谢才公式　局部水头损失

1.3.1　水流阻力与水头损失、湿周与水力半径

1）沿程阻力和沿程水头损失

当液流作均匀流时，液流阻力只有沿程不变的切应力，称为沿程阻力；克服沿程阻力做功而引起的水头损失则称为沿程水头损失，以h_f表示。当液体作较接近于均匀流的渐变流时，水流阻力虽已不是全部为沿程阻力，但主要是沿程阻力，此时可近似地按均匀流的沿程水头损失计算公式计算渐变流的沿程水头损失。

2）局部阻力及局部水头损失

液流因固体边界急剧改变而引起速度分布的急剧变化，由此产生的阻力称为局部阻力，其相应的水头损失为局部水头损失，以h_j表示。它一般发生在水流边界突然改变处。

管路或明渠的总水头损失为两截面间的所有沿程水头损失和所有局部水头损失的总和，如图 1-3-1 所示。

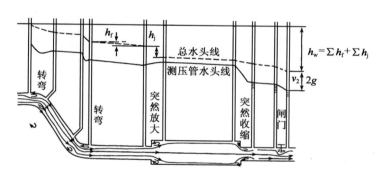

图　1-3-1

$$h_w = \sum_{i=1}^{n} h_{fi} + \sum_{k=1}^{n} h_{jk} \qquad (1-3-1)$$

3）湿周与水力半径

湿周：在过水断面上与液流接触的固体边界长度，以χ表示。

水力半径为

$$R = \frac{A}{\chi} \qquad (1-3-2)$$

湿周与水力半径是研究液体运动的两个重要几何参数，前者与液流所受的阻力密切相关，后者表示过水断面几何形状对液流运动的综合影响。

1.3.2　层流、紊流及雷诺数

层流：当液体质点呈有条不紊的、彼此互不混掺的流动，称为层流。

紊流：当各流层的液体质点形成涡体，在流动过程中互相混掺的流动，称为紊流。

雷诺数是一个无量纲数，它反映了作用在水流上的惯性力与黏性力的对比关系。雷诺数小，表明作用在水流上的黏性力大，约束水流运动，易呈层流流态；雷诺数大，表明作用在水流上的黏性力小，而惯性力起主导作用，易呈紊流状态。因此，雷诺数 Re 可作为判别层流和紊流的一个准数。

$$Re = \frac{vd}{\nu} \tag{1-3-3}$$

式中：ν——液体的运动黏性系数；

    d——管径；

    v——圆管的平均流速。

对于圆管，$Re_k = 2000$，Re_k 称为临界雷诺数。若 $Re < Re_k$，则为层流；若 $Re > Re_k$，则为紊流。对于其他形状的管道或渠道，$Re_k = 500$，但是这时 $Re = \frac{vR}{\nu}$，R 为水力半径。

1.3.3 达西公式

在均匀流中，由于实际液体中存在着切应力 τ，因此当水流运动时，为了克服切应力 τ，就要产生能量损失，因而有沿程水头损失。切应力 τ 的计算公式为：

$$\tau = \gamma R'J \tag{1-3-4}$$

对于固体壁面，则有：

$$\tau_0 = \gamma RJ \tag{1-3-5}$$

式中：τ——流股壁面上的切应力；

    τ_0——固体壁面上的切应力；

    γ——液体的重度；

    R'——流股的水力半径；

    R——整个断面的水力半径；

    J——水力坡度。

由式（1-3-5）可见，当 γ、J 为常数时，切应力 τ 与水力半径成正比，因此圆管管轴处切应力 $\tau = 0$，管壁处的切应力最大。

达西公式为计算沿程水头损失的计算公式。

对于圆管：

$$h_f = \lambda \frac{l}{d} \frac{v^2}{2g} \tag{1-3-6}$$

对于非圆管：

$$h_f = \lambda \frac{l}{4R} \frac{v^2}{2g} \tag{1-3-7}$$

式中：l、d——管长及管径；

    v——断面的平均流速；

    R——水力半径；

    λ——沿程阻力系数，与流动的形态和管壁的相对粗糙度 $\frac{\Delta}{R}$ 有关，其中 Δ 为管壁的粗糙度。

1.3.4 尼古拉兹试验、谢才公式

1934 年德国科学家为了揭示沿程阻力系数的变化规律，进行著名的尼古拉兹试验，其主要结论如下：

在层流区，λ仅与雷诺数有关，对于圆管$\lambda = \frac{64}{\text{Re}}$。

在紊流区，分为三种情况：若流态处于紊流光滑区，λ仅与雷诺数有关，与相对粗糙度无关，即$\lambda = f(\text{Re})$；若流态处于紊流过渡区，λ不仅与雷诺数有关，而且与相对粗糙度有关，即$\lambda = f\left(\text{Re}, \frac{\Delta}{R}\right)$；若流态处于紊流粗糙区，$\lambda$仅与相对粗糙度有关，与雷诺数无关，即$\lambda = f\left(\frac{\Delta}{R}\right)$。

在均匀流中（包括各种流态流区），谢才提出下面经验公式：

$$v = C\sqrt{RJ} \tag{1-3-8}$$

或

$$Q = CA\sqrt{RJ} = K\sqrt{J} \tag{1-3-9}$$

$$h_{\text{f}} = \frac{v^2}{C^2}\frac{l}{R} = \frac{Q^2}{K^2}l \tag{1-3-10}$$

式中：K——流量模数，$K = CA\sqrt{R}$，即水力坡降为1时的流量；

C——谢才系数（$\text{m}^{1/2}/\text{s}$），对于阻力平方区，可由曼宁公式确定。

曼宁公式为：

$$C = \frac{1}{n}R^{\frac{1}{6}} \tag{1-3-11}$$

式中：n——与壁面性质有关的粗糙系数，它综合反映了壁面对水流阻滞作用的影响，又称为糙率。

谢才系数C与沿程阻力系数之间具有如下关系：

$$C = \sqrt{\frac{8g}{\lambda}} \tag{1-3-12}$$

1.3.5　局部水头损失

局部水头损失发生在水流边界急剧变化的急变流区，水头损失主要是由于旋涡的形成与破裂而产生的，其计算公式为：

$$h_{\text{j}} = \zeta\frac{v^2}{2g} \tag{1-3-13}$$

式中：v——指定断面处的平均流速；

ζ——局部水头损失系数，一般由试验确定。

对于圆管突然扩大局部水头损失的理论公式为：

$$h_{\text{j}} = \frac{(v_1 - v_2)^2}{2g} \tag{1-3-14}$$

式中：v_1、v_2——突然扩大前后断面的平均流速。

【**例 1-3-1**】圆管紊流附加切应力的最大值出现在：

  A. 管壁   B. 管中心   C. 管中心与管壁之间   D. 无最大值

解　由紊流附加切应力在过水断面上的分布特性确定。选 C。

【**例 1-3-2**】如图所示，管道断面面积均为A（相等），断面形状分别为圆形、方形和矩形，其中水流为恒定均匀流，水力坡度J相同，如果沿程阻力系数λ也相等，则三管壁的边壁切应力τ_0、通过的流量的相互关系为：

  A. $\tau_{0\text{圆}} > \tau_{0\text{方}} > \tau_{0\text{矩}}$，$q_{v\text{圆}} > q_{v\text{方}} > q_{v\text{矩}}$

  B. $\tau_{0\text{圆}} < \tau_{0\text{方}} < \tau_{0\text{矩}}$，$q_{v\text{圆}} < q_{v\text{方}} < q_{v\text{矩}}$

  C. $\tau_{0\text{圆}} > \tau_{0\text{方}} > \tau_{0\text{矩}}$，$q_{v\text{圆}} < q_{v\text{方}} < q_{v\text{矩}}$

D. $\tau_{0圆} < \tau_{0方} < \tau_{0矩}$，$q_{v圆} > q_{v方} > q_{v矩}$

 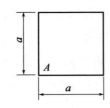 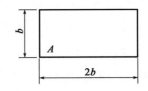

例 1-3-2 图

解 由公式$R = \frac{A}{\chi}$和$\tau_0 = \gamma RJ$决定。选 A。

【**例 1-3-3**】 有三个满管流的管道，其断面形状分别为如图所示的圆形、方形和矩形，它们的面积均为A，水力坡度J也相等。当沿程阻力系数λ相等时，三者的流量比约为：

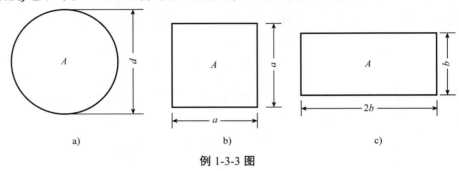

a)　　　　　　　　　b)　　　　　　　　　c)

例 1-3-3 图

A. 28：25：24　　　　B. 47：43：41　　　　C. 78：63：56　　　　D. 53：50：49

解 根据公式

$$Q = \frac{1}{n}AR^{\frac{2}{3}}i^{\frac{1}{2}} = \frac{i^{\frac{1}{2}}A^{\frac{5}{3}}}{n\chi^{\frac{2}{3}}}$$

在明渠均匀流条件下，水力坡度J＝渠底坡度i。因此，由题意得：三种断面情况下，A和i都相同。在题设满流条件下：

对图 a）：$Q = \frac{i^{\frac{1}{2}}A^{\frac{5}{3}}}{n\chi^{\frac{2}{3}}} = \frac{i^{\frac{1}{2}} \times A^{\frac{5}{3}}}{n} \times (\pi d)^{-\frac{2}{3}}$

对图 b）：$Q = \frac{i^{\frac{1}{2}}A^{\frac{5}{3}}}{n\chi^{\frac{2}{3}}} = \frac{i^{\frac{1}{2}} \times A^{\frac{5}{3}}}{n} \times (4a)^{-\frac{2}{3}}$

对图 c）：$Q = \frac{i^{\frac{1}{2}}A^{\frac{5}{3}}}{n\chi^{\frac{2}{3}}} = \frac{i^{\frac{1}{2}} \times A^{\frac{5}{3}}}{n} \times (6b)^{-\frac{2}{3}}$

三者流量比 $= (\pi d)^{-\frac{2}{3}} : (4a)^{-\frac{2}{3}} : (6b)^{-\frac{2}{3}}$

由于三个断面面积相等，也即$\pi \times (\frac{d}{2})^2 = a^2 = 2b^2$，由该式可推导：$a = \sqrt{\frac{\pi}{4}}d$；$b = \sqrt{\frac{\pi}{8}}d$

则：三者流量比 $= (\pi d)^{-\frac{2}{3}} : (4a)^{-\frac{2}{3}} : (6b)^{-\frac{2}{3}} = (\pi d)^{-\frac{2}{3}} : (4\sqrt{\frac{\pi}{4}}d)^{-\frac{2}{3}} : (6\sqrt{\frac{\pi}{8}}d)^{-\frac{2}{3}} = (\pi)^{-\frac{2}{3}} : (4\sqrt{\frac{\pi}{4}})^{-\frac{2}{3}} : (6\sqrt{\frac{\pi}{8}})^{-\frac{2}{3}} = 0.466 : 0.430 : 0.414 \approx 47 : 43 : 41$

选 B。

【**例 1-3-4**】 如图所示并联管道 1 和 2 的直径相同，沿程阻力系数相同，长度$l_2 = 3l_1$，则通过两管道流量的大小关系，下列正确的是：

A. $Q_1 = Q_2$　　　　　　　　　　　　B. $Q_1 = 1.5Q_2$

C. $Q_1 = 1.73Q_2$　　　　　　　　　　D. $Q_1 = 3Q_2$

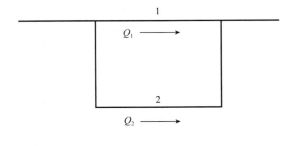

例 1-3-4 图

解 $h_{f1} = \lambda \dfrac{l_1}{d_1} \dfrac{Q_1^2}{2gA_1^2}$，$h_{f2} = \lambda \dfrac{l_2}{d_2} \dfrac{Q_2^2}{2gA_2^2}$

并联管道 $h_{f1} = h_{f2}$，$d_1 = d_2$，$A_1 = A_2$，$l_2 = 3l_1$

可得：$Q_1^2 = 3Q_2^2$，即 $Q_1 = \sqrt{3}Q_2 = 1.73Q_2$。选 C。

【**例 1-3-5**】圆管紊流过渡区的沿程阻力系数 λ：

A. 与雷诺数 Re 有关
B. 与管壁的相对粗糙度 k_s/d 有关
C. 与雷诺数 Re 及相对粗糙度 k_s/d 有关
D. 与雷诺数 Re 和管长有关

解 沿程阻力系数 λ 是雷诺数 Re 和管壁的相对粗糙度 k_s/d 的函数。根据 λ 的变化特性，将关系曲线分为 5 个阻力区。

在层流区、临界过渡区（即层流向紊流过渡区），λ 均为 Re 的函数，与 k_s/d 无关。

在紊流光滑区，Re 较小时，λ 只是 Re 的函数，随着 Re 的增大，k_s/d 较大的先离开此线，k_s/d 小的后离开。

在紊流过渡区，λ 与 Re 和 k_s/d 均有关。

在紊流粗糙区，λ 只与 k_s/d 有关，与 Re 无关。

选 C。

经 典 练 习

1-3-1　按普朗特动量传递理论，紊流的断面流速分布规律符合（　　）。

A. 对数分布　　　　　B. 椭圆分布　　　　　C. 抛物线分布　　　　　D. 直线分布

1-3-2　当流态处于紊流光滑区时，沿程阻力系数 λ 为（　　）。

A. $\lambda = f\left(\text{Re}, \dfrac{\Delta}{d}\right)$　　　B. $\lambda = f(\text{Re})$　　　C. $\lambda = f\left(\dfrac{\Delta}{d}\right)$　　　D. 不变

1-3-3　其他条件不变，液体雷诺数随温度的增大而（　　）。

A. 增大　　　　　B. 减小　　　　　C. 不变　　　　　D. 不定

1-3-4　谢才系数 C 与沿程水头损失系数 λ 的关系为（　　）。

A. C 与 λ 成正比　　B. C 与 $1/\lambda$ 成正比　　C. C 与 λ^2 成正比　　D. C 与 $1/\sqrt{\lambda}$ 成正比

1-3-5　A、B 两根圆形输水管，管径相同，雷诺数相同，A 管为热水，B 管为冷水，则两管流量（　　）。

A. $Q_A > Q_B$　　　　B. $Q_A = Q_B$　　　　C. $Q_A < Q_B$　　　　D. 不能确定大小

1-3-6　在正常工作条件下，作用水头 H、直径 d 相等时，小孔口的流量 Q 和圆柱形外管嘴的流量 Q_N 的关系，下列正确的是（　　）。

A. $Q < Q_N$　　　　B. $Q > Q_N$　　　　C. $Q = Q_N$　　　　D. 不确定

1-3-7　圆管均匀层流与圆管均匀紊流的（　　）。

A. 断面流速分布规律相同　　　　　　　　B. 断面上切应力分布规律相同

C. 断面上压强平均值相同　　　　　　　　D. 水力坡度相同

1-3-8　谢才系数C的量纲是（　　　）。

A. L　　　　　　　　B. $L^{1/2}T^{-1}$　　　　　　　　C. $L^{-1}T^{1/2}$　　　　　　　　D. 无量纲

1.4　有压管中恒定均匀流计算

考试大纲☞：基本公式　串联管道　并联管道　分叉管道　沿程均匀泄流管道

1.4.1　有压管流的基本概念

水流充满整个管道断面的流动称为管流，管道出口水流流入大气中，水股四周都受大气压强的作用，称为自由出流；管道出口淹没在液面之下的出流称为淹没出流。

按水力特点有短管与长管之分。速度水头$\frac{v^2}{2g}$，沿程水头损失h_f和局部水头损失h_j具有同样的量级，计算中均需考虑，称为短管。如果速度水头和局部水头损失之和远小于沿程水头损失，一般当$\left(\frac{v^2}{2g} + h_j\right) <$ (5%~10%)h_f或者$l > 2000d$时，在管流计算中可忽略$\left(\frac{v^2}{2g} + h_j\right)$，这种管路称为长管。

按布置方式，有简单管与复杂管之分。管径和粗糙系数沿程不变的单管称为简单管路。管径、粗糙系数沿程变化或沿程分叉的管路称为复杂管路。复杂管路又分串联管路、并联管路、分叉管路、连续出流管路和管网。短管常为简单管路，长管常为复杂管路。

1.4.2　短管的计算公式

1）自由出流

自由出流计算公式为：

$$Q = \mu A \sqrt{2gH_0} \tag{1-4-1}$$

$$H_0 = H + \frac{\alpha v_0^2}{2g}$$

式中：μ——管路自由出流的流量系数，计算公式为：

$$\mu = \frac{1}{\sqrt{1 + \lambda \frac{l}{d} + \sum \zeta}} \tag{1-4-2}$$

$\frac{\alpha v_0^2}{2g}$——行近流速水头，当$v_0 < 0.5$m/s或者由大水池、水箱进水时，可以忽略$\frac{\alpha v_0^2}{2g}$，即令$H_0 = H$。

2）淹没出流

淹没出流计算公式为：

$$Q = \mu_s A \sqrt{2gz} \tag{1-4-3}$$

式中：μ_s——管路的淹没出流的流量系数，计算公式为：

$$\mu_s = \frac{1}{\sqrt{\lambda \frac{l}{d} + \sum \zeta}} \tag{1-4-4}$$

实际上$\mu_s = \mu$，因为在淹没出流时，$\sum \zeta$中包括出口突然扩大的局部水头损失系数1，而μ中不包括这一项，z为上下游的水位差。

1.4.3 长管的水力计算

1）简单管路

$$H = h_f = \lambda \frac{l}{d} \frac{v^2}{2g} \tag{1-4-5}$$

$$H = S_0 l Q^2 \tag{1-4-6}$$

式中：S_0——比阻，是单位流量通过单位长度所需的水头，可查有关水力计算手册。

2）串联管路

由不同管径的管段依次连接而成的管路，称为串联管路，其特点是：

（1）总水头损失等于各管段水头损失之和。

（2）各段流量等于前段流量减去管段末端泄出流量。

$$H = \sum_{i=1}^{n} h_{f\,i} = \sum_{i=1}^{n} S_{0i} l_i Q_i^2 \tag{1-4-7}$$

$$Q_i = Q_{i-1} - q_{i-1} \tag{1-4-8}$$

式中：q_{i-1}——在第 $i-1$ 管段末端的泄出流量。

3）并联管路

几条管路在同一点分叉，然后又在另一点汇合的管路称为并联管路，其特点是：

（1）各条管路在分叉点和汇合点之间的水头损失相等。

（2）管路系统中的总流量等于各并联管路中的流量之和。

$$H = h_f = h_{fi} = S_{0i} l_i Q_i^2 \tag{1-4-9}$$

$$Q = \sum_{i=1}^{n} Q_i \tag{1-4-10}$$

4）分叉管路

由一根总管分支出几根支管后再不汇合的管路称为分叉管路。分叉管路可以看作几根串联管路，其计算按每根支管为串联管路的原理进行计算。

5）沿程均匀出流管路

沿程连续均匀出流量的管路，称为沿程均匀出流管路，设单位长度上的泄流量为 q，管道末端通过流量为 Q，管长为 l，水头为 H，则：

$$H = h_f = S_0 l \left(Q^2 + Qql + \frac{1}{3} q^2 l^2 \right) \tag{1-4-11}$$

或者近似地写成：

$$H = h_f = S_0 l (Q + 0.55ql)^2 \tag{1-4-12}$$

引入折算流量：

$$Q_c = Q + 0.55ql \tag{1-4-13}$$

则式（1-4-12）可写成：

$$h_f = S_0 l Q_c^2 \tag{1-4-14}$$

当流量全部沿程均匀泄出时，即 $Q = 0$，则

$$h_f = \frac{1}{3} S_0 q^2 l^3 \tag{1-4-15}$$

其水头损失只等于全部流量集中末端泄出的1/3。

【例 1-4-1】 如图所示 A、B 两点间有两根并联管道,设管 1 的沿程水头损失为 h_{f1},管 2 的沿程水头损失为 h_{f2}。则 h_{f1} 与 h_{f2} 的关系为:

A. $h_{f1} > h_{f2}$

B. $h_{f1} < h_{f2}$

C. $h_{f1} = h_{f2}$

D. 无法确定

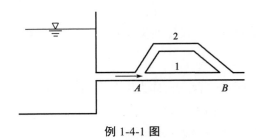

例 1-4-1 图

解 因为并联管道的水头损失相等。选 C。

【例 1-4-2】 如图所示为坝身下部的 3 根泄水管 a、b、c,其管径、管长、上下游水位差均相同,则流量最小的是:

A. a 管　　　　　B. b 管　　　　　C. c 管　　　　　D. 无法确定

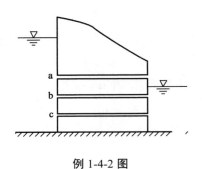

例 1-4-2 图

解 因 a 管的作用水头最小。选 A。

经 典 练 习

1-4-1　虹吸管水流运动的特性为(　　　)。

　　　A. 管内水流全部处于真空情况

　　　B. 管内水流全部处于非真空情况

　　　C. 管内水流部分处于真空情况

　　　D. 以上三者说法均不正确

1-4-2　串联管路在无分流的情况下的水力特性为(　　　)。

　　　A. 各管路流量相等,沿程的水头损失相等

　　　B. 各管路流量不相等,沿程的水头损失不相等

　　　C. 各管路流量相等,总水头损失等于各管路沿程水头损失之和

　　　D. 以上说法均不正确

1-4-3　水泵是向管路水流(　　　)。

　　　A. 输入能量　　　　　　　　　　　　B. 输出能量

　　　C. 输入流量　　　　　　　　　　　　D. 输出流量

1.5 明渠恒定均匀流计算

考试大纲☞： 基本公式　明渠均匀流　粗糙度不同的明渠　复式断面明渠

1.5.1 明渠水流的基本概念

1）明渠的分类

（1）棱柱形渠道和非棱柱形渠道

凡是断面形状及尺寸沿程不变的长直渠道称为棱柱形渠道，否则称为非棱柱形渠道。

（2）顺坡（正坡）、平坡和逆坡（负坡）渠道

明渠渠底线（即渠底与纵剖面的交线）上单位长度的渠底高程差称为明渠的底坡，用i表示。

顺坡（正坡）渠道：渠底高程沿流程下降，即$i > 0$；平坡渠道：渠底高程沿流程保持水平，即$i = 0$；逆坡（负坡）渠道：渠底高程沿流程上升，即$i < 0$。

2）明渠均匀流的特征和形成条件

明渠均匀流有如下几个特征：

（1）过水断面的形状和尺寸、流速分布、流量和水深沿流程不变。

（2）总水头线、测压管水头线（在明渠水流中，就是水面线）和渠底线是相互平行的直线。

（3）作用在水流上的重力在水流方向上的分量与渠底壁面上的摩擦阻力相等。

明渠均匀流形成的条件：

（1）水流为恒定流，流量沿程不变。

（2）棱柱形顺坡渠道。

（3）粗糙系数沿程不变，且渠中无建筑物。

1.5.2 明渠均匀流水力计算及渠道设计中的几个问题

1）基本公式

在明渠均匀流计算中，主要应用谢才公式，并用曼宁公式确定谢才系数C，即

$$v = C\sqrt{Ri} \tag{1-5-1}$$

$$C = \frac{1}{n}R^{\frac{1}{6}} \tag{1-5-2}$$

或者

$$Q = AC\sqrt{Ri} \tag{1-5-3}$$

$$Q = \frac{1}{n}AR^{\frac{2}{3}}i^{\frac{1}{2}} \tag{1-5-4}$$

$$Q = K\sqrt{i} \tag{1-5-5}$$

式中：K——流量模数是底坡$i = 1$时，渠中通过的均匀流量。

$$K = AC\sqrt{R} = \frac{1}{n}AR^{\frac{2}{3}} = \frac{Q}{\sqrt{i}} \tag{1-5-6}$$

在水力学中称均匀流水渠为正常水深，记为h_0。

在梯形断面颇具代表性，矩形是一种特殊的梯形。如图 1-5-1 所示，b为底宽，h为水深，m表示边坡系数，$m = \cot\alpha$，则$a = mh$、梯形断面的几何关系如下。

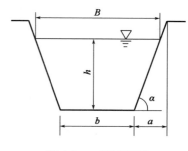

图 1-5-1　梯形断面

$$
\left.\begin{array}{llr}
\text{水面宽} & B = b + 2mh \\
\text{过流断面} & A = (b + mh)h \\
\text{湿周} & \chi = b + 2h\sqrt{1 + m^2} \\
\text{水力半径} & R = \dfrac{A}{\chi}
\end{array}\right\} \tag{1-5-7}
$$

对于梯形断面渠道，式（1-5-4）中包含了 Q、m、n、b、h 及 i 6 个量。其中边坡系数 m 和粗糙系数 n 可直接由渠床土的性质确定，其余 4 个量根据解法可将问题分为两种类型：

（1）直接解法。如求 Q、n（实测时）、i，当其他各量已知时，可直接由谢才公式解出。

（2）试算法。如求 h_0、b，当其他各量已知时，可通过试算法解出。

2）渠道的允许流速

渠道的设计流速 v 应该大于土的不淤允许流速 v''，小于不冲流速 v'，即

$$
v'' < v < v'
$$

1.5.3 湿周上糙率 n 不同和复式断面的考虑

当渠道断面的湿周由不同材料组成时，则各部分的粗糙系数亦不同，谢才公式中的综合粗糙系数 n 常用下面公式计算。

$$
\left.\begin{array}{ll}
\text{当} \dfrac{n_{\max}}{n_{\min}} < 1.5 \text{ 时，} & n = \dfrac{\sum n_i \chi_i}{\sum \chi_i} \\[4mm]
\text{当} \dfrac{n_{\max}}{n_{\min}} > 1.5 \text{ 时，} & n = \left(\dfrac{\sum n_i^{\frac{3}{2}} \chi_i}{\sum \chi_i}\right)^{\frac{2}{3}}
\end{array}\right\} \tag{1-5-8}
$$

折线边坡组成的过水断面称为复式断面，如洪水期河道断面，它是由主河槽与滩地组成。其特点是主河槽的水力半径大，糙率小，而滩地水力半径小，糙率大。但是，认为二者的水力坡度相等。据此，计算流量公式为：

$$
Q = \left(\sum K_i\right)\sqrt{i} \tag{1-5-9}
$$

式中：K_i——复式断面各组成部分的流量模数；

i——渠道或河道的底坡。

1）糙率 n 的选定

糙率 n 反映了明渠边壁粗糙度和其他一些因素对水流阻力影响的综合参数，选择糙率 n 时，应该尽量参考一些比较成熟的糙率表或手册，同时能够尽量利用在现场或与之条件类似的明渠中实测的资料来推求糙率值。

2）水力最佳断面与实用经济断面

由式（1-5-4）可知，当渠道粗糙率 n、过水断面面积及底坡 i 一定时，欲获得最大流量，则水力半径 R 必须最大，也就是湿周 χ 最小，对于梯形断面，水力最佳断面条件为：

$$
\beta_m = \frac{b}{h} = 2\left(\sqrt{1 + m^2} - m\right) \tag{1-5-10}
$$

式中，m 为边坡系数。水力最佳断面只是从水力学角度看是最佳的，但从其他因素考虑并不是最好的。按式（1-5-10）算得的宽深比很小，即水力最佳断面变成了窄深式渠道，由于施工等原因，这时的水力最佳断面并不是最经济断面。在工程上一般采用实用经济断面，实用经济断面是过水断面只需比水

力最佳断面大 1%~4%，但相应的宽深比β_m大很多，水深比h_m小很多的断面。

【例 1-5-1】 明渠均匀流总水头线，水面线（测压管水头线）和底坡线相互之间的关系为：

    A. 相互不平行的直线   B. 相互平行的直线

    C. 相互不平行的曲线   D. 相互平行的曲线

解 由明渠均匀流的特性决定。选 B。

【例 1-5-2】 在渠道设计中，一般选用：

    A. 水力最佳断面   B. 梯形断面

    C. 矩形断面   D. 实用经济断面

解 从综合因素的角度出发采用实用经济断面。选 D。

【例 1-5-3】 对于明渠均匀流，如果流量、粗糙系数和渠道断面都不变，坡度增大，则水深：

    A. 增加   B. 减小

    C. 不变   D. 条件不足，无法判断

解 根据明渠均匀流的基本公式可知，过水断面面积减小，水深也减小。选 B。

经 典 练 习

1-5-1 有两条梯形断面渠道 1 和 2，其流量、边坡系数、底宽及底坡均相等，但糙率$n_1 > n_2$，则其均匀流水深h_{01}和h_{02}的关系为（   ）。

    A. $h_{01} > h_{02}$ B. $h_{01} < h_{02}$ C. 相等   D. 无法确定

1-5-2 明槽均匀流可能发生在（   ）。

    A. 平坡渠道   B. 负坡渠道   C. 正坡渠道   D. 非棱柱形渠道

1-5-3 明渠恒定均匀流的总水头H和水深h随流程s变化的特征是（   ）。

    A. $\dfrac{\mathrm{d}H}{\mathrm{d}s} < 0$，$\dfrac{\mathrm{d}h}{\mathrm{d}s} < 0$ B. $\dfrac{\mathrm{d}H}{\mathrm{d}s} < 0$，$\dfrac{\mathrm{d}h}{\mathrm{d}s} = 0$

    C. $\dfrac{\mathrm{d}H}{\mathrm{d}s} = 0$，$\dfrac{\mathrm{d}h}{\mathrm{d}s} = 0$ D. $\dfrac{\mathrm{d}H}{\mathrm{d}s} = 0$，$\dfrac{\mathrm{d}h}{\mathrm{d}s} > 0$

1-5-4 明渠均匀流可能发生在（   ）。

    A. 平坡非棱柱形渠道   B. 顺坡非棱柱形渠道

    C. 顺坡棱柱形渠道   D. 平坡棱柱形渠道

1-5-5 水力最优断面是指（   ）。

    A. 造价最低的渠道断面   B. 壁面粗糙度最小的断面

    C. 对一定流量具有最大面积的断面   D. 对一定的面积具有最小湿周的断面

1-5-6 坡度、边壁材料相同的渠道，当过水面积相等时，明渠均匀流过水断面的平均流速在哪种渠道中最大？（   ）

    A. 半圆形渠道   B. 正方形渠道

    C. 宽深比为 3 的矩形渠道   D. 等边三角形渠道

1-5-7 有一排水渠道，边度系数$m = 1$，粗糙系数$n = 0.020$，底坡$i = 0.003$，通过流量$Q = 1.2\mathrm{m}^3/\mathrm{s}$，排水断面为梯形，按水力最优断面设计，其断面尺寸为（   ）。

    A. $b = 0.577\mathrm{m}$，$h = 0.70\mathrm{m}$ B. $b = 2.12\mathrm{m}$，$h = 1.25\mathrm{m}$

    C. $b = 1.50\mathrm{m}$，$h = 1.50\mathrm{m}$ D. $b = 1.0\mathrm{m}$，$h = 1.5\mathrm{m}$

1.6 明渠恒定渐变非均匀流

考试大纲☞：缓流 临界流 急流 弗劳德数 临界水深 临界底坡 棱柱体明渠渐变流水面曲线分析与计算 水跃 水跃方程 共轭水深及水跃长度计算

1.6.1 明渠恒定渐变非均匀流产生条件及特点

当渠道的断面形状、尺寸、粗糙系数、底坡沿程变化时，或者渠道中有人工建筑物（闸、桥梁、涵洞等），或者渠道较短，在这些情况下会产生非均匀流。

明渠非均匀流其水深h、断面平均流速v沿程变化，流线彼此互不平行，底坡线、水面线，总水头线彼此互不平行。

研究明渠非均匀流的目的是为了定性分析和定量计算水面曲线。

1.6.2 明渠水流的三种流态

一般明渠水流存在三种流态，即缓流、临界流和急流。缓流的水深较大，流速较小。如遇障碍物，障碍物上面水面下降，上游水深增加，其干扰的影响能向上游传播，多见于底坡较缓的渠道或平原河道中。急流的水深较小、流速较大，如遇障碍物，障碍物上水深增加，障碍物干扰的影响不能向上游传播，多见于底坡较陡的渠道或者山区的河道中，缓急流的分界是临界流，但它不是一种稳定的状态。

1）微幅波

当在静水中加一干扰时，就会产生一个微幅波向各个方向传波，其波速为C，则：

矩形断面，
$$C = \sqrt{gh} \tag{1-6-1}$$

一般断面，
$$C = \sqrt{g\bar{h}} \tag{1-6-2}$$

式中：h——渠中水深；

$\bar{h}$——渠中平均水深，$\bar{h} = \dfrac{A}{B}$；

B——水面宽度；

A——过水断面面积。

当$v < C$时，水流为缓流。

当$v > C$时，水流为急流。

当$v = C$时，水流为临界流。

2）弗劳德数

弗劳德数表示了流速与波速之比，即

$$Fr = \frac{v}{C} = \frac{v}{\sqrt{gh}} \tag{1-6-3}$$

当$Fr < 1$时为缓流，$Fr > 1$时为急流，$Fr = 1$时临界流。

弗劳德数在水力学中是一个极其重要的无量纲参数，所表示的能量意义为过水断面单位重量液体平均动能与平均势能之比的两倍开平方。当水流处于缓流时，水流的机械能中势能占主导地位，动能处于次要地位；急流时，则动能处于主导地位，势能处于次要地位。从水流受力的角度来理解，弗劳德数则表示了惯性力与重力之比，当$Fr > 1$时，说明惯性力作用大于重力的作用，惯性力起主导作用，水流处于急流状态；当$Fr < 1$时，重力作用大于惯性力作用，这时重力起主导作用，水流处于缓流状态。

1.6.3　断面比能、临界水深和临界底坡

1）断面比能

以通过明渠面最低点的水平面为基准面，该断面上单位重量液体所具有的总能量定义为断面比能，记为E_s，其值为：

$$E_s = h + \frac{\alpha v^2}{2g} = h + \frac{\alpha Q^2}{2gA^2} \tag{1-6-4}$$

当断面形状、尺寸流量一定时，断面比能E_s只是水深h的函数，用式（1-6-4）绘制的曲线称为比能曲线，如图1-6-1所示。其特点为上支$\frac{dE_s}{dh} > 0$，为缓流；下支$\frac{dE_s}{dh} < 0$，为急流；拐点$\frac{dE_s}{dh} = 0$，为临界流。

断面比能E_s与水流所具有的单位机械性能E相比，E_s更能真实地反映水流所具有的机械能，因为E的值是相对的，它随基准面的选取有关，而E_s的值则是绝对的，它不像E那样随基准面选取不同而发生变化。另外，沿流动方向，E_s可以增加、减小或不变，但E总是减小的。

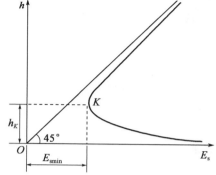

图1-6-1　比能曲线

2）临界水深

相应于断面比能E_s最小值的水深称为临界水深，记为h_K，其公式为：

一般断面，
$$\frac{A_K^3}{B_K} = \frac{\alpha Q^2}{g} \tag{1-6-5}$$

矩形断面，
$$h_K = \sqrt[3]{\frac{\alpha q^2}{g}} \tag{1-6-6}$$

式中：A_K——相应于临界水深h_K时的过水断面面积；

B_K——相应于临界水深h_K时的水面宽度。

3）临界底坡

当明渠中其均匀流的正常水深h_0恰好与临界水深h_K相等时，这时的底坡定义为临界底坡，记为i_K，其公式为：

$$i_K = \frac{q}{\alpha C_K} \frac{x_K}{B_K} \tag{1-6-7}$$

式中：C_K——相应于临界水深时的谢才系数；

x_K——相应于临界水深时的湿周；

B_K——相应于临界水深时的水面宽度。

根据渠道中均匀流的流态，顺坡渠道的实际底坡可以有以下三种情况：

（1）$i < i_K$时，$h_0 > h_K$，均匀流流态为缓流，该底坡称为缓坡。

（2）$i > i_K$时，$h_0 < h_K$，均匀流流态为急流，该底坡称为陡坡。

（3）$i = i_K$时，$h_0 = h_K$，均匀流流态为临界流，该底坡称为临界坡。

【例1-6-1】 矩形断面明渠均匀流，随流量的增大，临界底坡i_c将：

　　　　A. 增大　　　　　B. 减小　　　　　C. 不变　　　　　D. 不定

解　由矩形断面临界水深$h_{cr} = \sqrt[3]{\frac{\alpha Q^3}{gB^2}}$可得，$Q$增大时，矩形断面临界水深增大，根据临界水深与临

界坡度的关系$i_c = \dfrac{n^2 g}{\alpha h_{cr}^{\frac{1}{3}}}$，临界水深增大，所以临界坡度减小。选 B。

由串联管路的水力计算可得出临界底坡i_c不变，选 C。

【例 1-6-2】 在流量一定，渠道断面的形状、尺寸一定时，随底坡的增大，临界水深将：

    A. 增大   B. 减少   C. 不变   D. 不确定

解 本题主要考查明渠流动中临界水深的概念。临界水深计算公式为：

$$h_{cr} = \sqrt[3]{\dfrac{\alpha Q^2}{g b^2}} = \sqrt[3]{\dfrac{\alpha q^2}{g}}$$

当渠道断面的形状、尺寸一定时，临界水深只是流量q的函数，即流量一定时，h_{cr}不变，与底坡无关。选 C。

1.6.4 水跌与水跃

1）水跌

当明渠水流由缓流过渡到急流时，水面会在短距离内急剧降落，这种水流现象称为水跌，如图 1-6-2 所示。

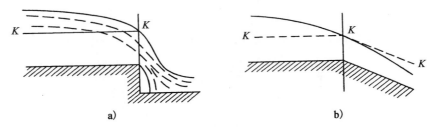

a)   b)

图 1-6-2 水跌现象

2）水跃

当明渠水流从急流过渡到缓流状态时水面突然跃起的局部水力现象称为水跃，如图 1-6-3 所示。

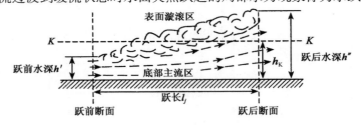

图 1-6-3 水跃现象

在水平渠道中，对水跃前后断面间应用动量方程，则得水跃基本方程为：

$$A_1 h_{C1} + \frac{Q^2}{g A_1} = A_2 h_{C2} + \frac{Q^2}{g A_2} \tag{1-6-8}$$

式中：A_1、A_2——跃前、跃后断面的过水断面面积；

      h_{C1}、h_{C2}——跃前、跃后断面的过水断面面积形心处的水深。

当渠道的断面形状、尺寸及流量一定时，式（1-6-8）只是水深h的函数，称为水跃函数，记为$J(h)$，相应的曲线称为水跃函数曲线。它与断面比能曲线具有类似的性质。当水跃前后断面的水深分别为h'及h''时，则水跃的基本方程（1-6-8）可写为

$$J(h') = J(h'') \tag{1-6-9}$$

使得两断面水跃函数相等的两个水深，称为共轭水深。

水平底坡矩形断面明渠中的水跃，共轭水深的关系为：

$$h'' = \frac{h'}{2}\left(\sqrt{1 + \frac{8q^2}{gh'^3}} - 1\right) \tag{1-6-10}$$

或

$$h' = \frac{h''}{2}\left(\sqrt{1 + \frac{8q^2}{gh''^3}} - 1\right) \tag{1-6-11}$$

式中：q——单宽流量。

水跃长度公式较多，仅介绍以下三种常见的公式：

$$l_j = 6.1h' \tag{1-6-12}$$

$$l_j = 6.9(h'' - h') \tag{1-6-13}$$

$$l_j = 10.8h'(\mathrm{Fr}_1 - 1)^{0.98} \tag{1-6-14}$$

式中：Fr_1——跃前断面的弗劳德数，$\mathrm{Fr}_1 = v_1/\sqrt{gh'}$。

矩形断面单位重量水体通过水跃消除的能量为：

$$\Delta E_j = \left(h' + \frac{v_1^2}{2g}\right) - \left(h'' + \frac{v_2^2}{2g}\right) = \frac{(h'' - h')^3}{4h'h''} \tag{1-6-15}$$

3）泄水建筑物下游水流的衔接形式

以闸孔出流（见图 1-6-4）为例来说明其衔接形式。

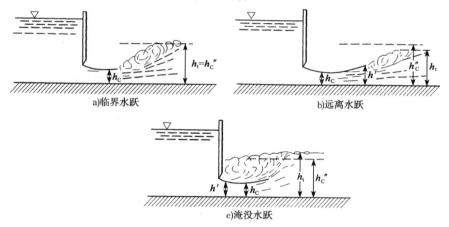

图 1-6-4　闸孔出流的衔接形式

收缩断面的水深为 h_c，下游河道的水深为 h_t，当 $h' = h_c$ 时，跃前断面在 C-C（h_c 所在断面）处，称为临界水跃（见图 1-6-4a），此时与 h_c 相应的跃后水深 $h_C'' = h_t$；当 $h' > h_c$，即 $h_C'' > h_t$，跃前断面在断面 C-C（h_c 所在断面）的下游，称为远离水跃（见图 1-6-4b）；当 $h' < h_c$，即 $h_C'' < h_t$，收缩断面被水流漩滚淹没，称为淹没水跃（见图 1-6-4c）。

1.6.5　棱柱形渠道的水面曲线分析

棱柱形明渠渐变流水面曲线分析与计算的基本微分方程式为

$$\frac{\mathrm{d}h}{\mathrm{d}s} = \frac{i - \dfrac{Q^2}{k^2}}{\dfrac{\mathrm{d}E_s}{\mathrm{d}h}} = \frac{i - \dfrac{Q^2}{k^2}}{1 - \mathrm{Fr}^2} \tag{1-6-16}$$

式（1-6-16）可得几种不同水面曲线，如图1-6-5所示。

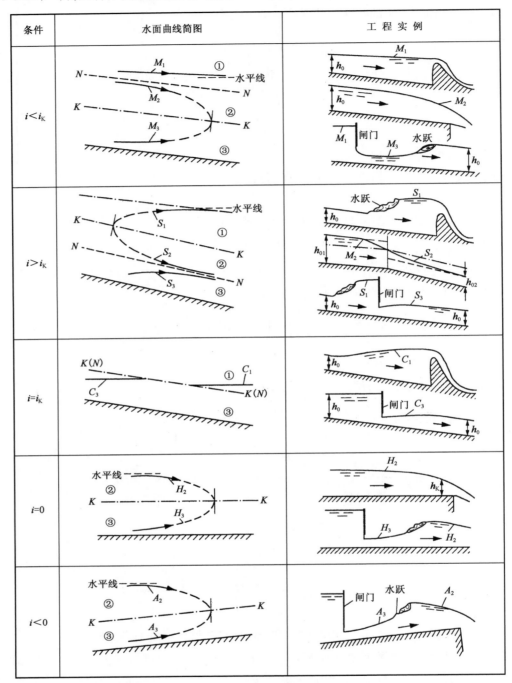

图1-6-5 水面曲线

分析几条水面曲线的规律如下：

（1）①、③区的水面曲线为壅水曲线，②区的水面曲线为降水曲线。

（2）正底坡渠道中干扰的远端为均匀流。

（3）水面曲线接近K-K线时与其垂直，即发生水跃或水跌。

（4）①区的壅水曲线下游渐近水平线，H_2和A_2型降水曲线上游渐近水平线。

定性分析水面曲线步骤如下：

（1）求正常水深h_0和临界水深h_K，然后将渠道纵断面分区。注意：在正底坡渠道中底坡i增大时，正常水深h_0减小，平底坡和反底坡渠道中无正常水深；临界水深h_K与底坡i无关，随单宽流量增大而增大。

（2）确定控制水深和控制断面。跌坎处及由缓坡向陡坡转折的水深为临界水深h_K和闸坎下游收缩断面水深h_C均为控制水深。急流的控制断面选在上游，分析水面曲线从上游往下游进行，缓流的控制断面选在下游，分析水面曲线从下游往上游进行。

（3）由控制水深所处的区确定线形，由水面曲线变化的规律确定水面曲线变化的趋势。

1.6.6 水面曲线的定量计算

下面仅介绍分段求和法计算水面曲线。基本微分方程为：

$$\frac{dE_s}{dS} = i - \frac{Q^2}{K^2} = i - \frac{v^2}{C^2 R} = i - J \tag{1-6-17}$$

将式（1-6-17）写成差分形式，则得：

$$\Delta S = \frac{\Delta E_s}{i - \bar{J}} = \frac{E_{sd} - E_{su}}{i - \bar{J}} \tag{1-6-18}$$

式中，$E_{su} = h_u + \frac{v_u^2}{2g}$和$E_{sd} = h_d + \frac{v_d^2}{2g}$分别为计算段上下游断面的断面比能。$\bar{J} = \frac{J_1 + J_2}{2}$，而$J = \frac{v^2}{C^2 R} = \frac{n^2 v^2}{R^{4/3}}$，或者$\bar{J} = \frac{\bar{v}^2}{\bar{C}^2 \bar{R}}$，其中$\bar{v}$、$\bar{C}$、$\bar{R}$相应于平均水深$\bar{h} = \frac{h_u + h_d}{2}$，或者$\bar{v} = \frac{v_u + v_d}{2}$，$\bar{C} = \frac{C_u + C_d}{2}$，$\bar{R} = \frac{R_u + R_d}{2}$。

应用式（1-6-18）计算水面曲线步骤如下：

（1）定性分析水面曲线，非棱柱形渠道不用分析。

（2）确定控制水深，缓流向上游计算，急流向下游计算。

（3）假设中间各断面处的水深。

（4）按下面箭头方向解式（1-6-18），求ΔS。

$$\left.\begin{array}{l}\left.\begin{array}{l}已知 h_d(h_u) \to E_{sd}(E_{su}) \\ 假设 h_u(h_d) \to E_{su}(E_{sd})\end{array}\right\} \to E_{sd} - E_{su} \\ \left.\begin{array}{l}h_d \to (C, R, v)_d \to J_d \\ h_u \to (C, R, v)_u \to J_u\end{array}\right\} \to J_f\end{array}\right\} \to \Delta S$$

注意：相邻两渠段的公共水深，对下游渠段来讲是h_u，对上渠段来讲是h_d。

（5）按一定比例尺绘制水面曲线$h = f(S)$。

（6）若为非棱柱形渠道，为了求v_u、C_u、R_u，必须知道上游断面的形状和尺寸，而断面形状、尺寸与距离S有关。那么，事先必须同时假设h_u和$\Delta S_设$，假设之后看算得的ΔS是否与$\Delta S_设$相等，如果相等，此段计算结束，否则需要新假设h_u，直到ΔS与$\Delta S_设$相等为止，即对于非棱柱形渠道需要用试算法求ΔS。

【例 1-6-3】 弗劳德数物理意义为：

    A. 重力与黏性力之比   B. 惯性力与重力之比

    C. 惯性力与黏性力之比   D. 重力与表面张力之比

解 由弗劳德数的物理性质确定。选 B。

【例 1-6-4】 对人工渠道进行水面曲线分析或计算时，控制断面的选择原则为：

A. 缓流和急流均选在上游　　　　　B. 缓流和急流均选在下游

C. 缓流选在上游，急流选在下游　　D. 缓流选在下游，急流选在上游

解　由明渠干扰波传播的性质确定。选 D。

经 典 练 习

1-6-1　已知某水闸下游收缩断面水深 $h_{cd} = 0.6$m（相应的水跃后水深 $h''_{cd} = 3.5$m），临界水深 $h_t = 1.6$m，下游河道水深 $t = 1.4$m，则闸下将发生（　　）。

A. 远离水跃　　　　B. 临界水跃　　　　C. 淹没水跃　　　　D. 急流

1-6-2　明渠急流发生在（　　）的位置。

A. $Fr > 1$

B. $Fr < 1$

C. $Fr = 1$

D. 以上三种情况均有可能发生

1-6-3　断面比能 E_s 沿流向（　　）。

A. 减小　　　　B. 增大　　　　C. 不变　　　　D. 无法确定

1-6-4　在下列什么情况下将发生水跃（　　）。

A. 急流过渡到缓流　　B. 缓流过渡到急流　　C. 层流过渡到紊流　　D. 紊流过渡到层流

1-6-5　明渠中发生 M_3、S_3、H_3、A_3 型水面线时，其弗劳德数 Fr（　　）。

A. < 1　　　　B. > 1　　　　C. $= 1$　　　　D. 无法确定

1-6-6　在缓流时，断面比能 E_s 随 h 增大的变化规律为（　　）。

A. 变大　　　　B. 变小　　　　C. 不变　　　　D. 无法确定

1-6-7　有两条梯形断面渠道，已知其流量、边坡系数、糙率和底宽均相同，但底坡 $i_1 > i_2$，则其均匀流水深 h_{01} 和 h_{02} 的关系为（　　）。

A. $h_{01} > h_{02}$　　　　B. $h_{01} < h_{02}$　　　　C. $h_{01} = h_{02}$　　　　D. 无法确定

1-6-8　有两条梯形断面渠道，已知其流量、边坡系数、底坡和糙率均相同，但底宽 $b_1 > b_2$，则其均匀流水深 h_{01} 和 h_{02} 的关系为（　　）。

A. $h_{01} > h_{02}$　　　　B. $h_{01} < h_{02}$　　　　C. $h_{01} = h_{02}$　　　　D. 无法确定

1-6-9　有 4 条矩形断面棱柱形渠道，其过水断面面积、糙率、底坡均相同，其底宽 b 与均匀流水深 h_0 有以下几种情况，则通过流量最大的渠道是（　　）。

A. $b_1 = 4$m，$h_{01} = 1$m

B. $b_2 = 2$m，$h_{02} = 2$m

C. $b_3 = 2.83$m，$h_{03} = 1.414$m

D. $b_4 = 2.67$m，$h_{04} = 1.5$m

1-6-10　水跃跃前断水深 h' 和跃后水深 h'' 之间的关系为（　　）。

A. h' 越大则 h'' 越大　　B. h' 越小则 h'' 越小　　C. h' 越大则 h'' 越小　　D. 无法确定

1-6-11　断面比能 E_s 和单位机械能 E 沿程变化的规律为（　　）。

A. E_s 沿程减小，E 沿程减小　　　　B. E_s 沿程增大，E 沿程减小

C. E_s 沿程可以增大也可减小，E 沿程变小　　D. 以上说法都不正确

1.7　孔口出流、堰流

考试大纲☞：计算公式　孔口和圆柱外伸管嘴出流　薄壁堰　实用堰　宽顶堰　闸孔出流

1.7.1 恒定孔口与管嘴出流

1）恒定孔口出流

液体从孔口以射流状态流出时，由于液流自身的惯性作用，流线不能在孔口处急剧地改变流动方向，要有一个连续变化过程，在孔口附近形成收缩断面，此断面可视为渐变流，且认为断面上各点的相对压强相等，均为大气压强。

当孔口的开度e与形心处水深H之比$e/H < 1/10$时称为小孔口，其断面上的压强、流速分布均匀，各点的作用水头可认为是常数；当$e/H > 1/10$时称为大孔口，其断面上的压强、流速分布不均匀，各点的作用水头亦不是一个常数。孔口出流有自由出流与淹没出流之分。

（1）小孔口自由出流：

$$v_c = \varphi\sqrt{2gH_0} \tag{1-7-1}$$

或者

$$Q = \mu A\sqrt{2gH_0} \tag{1-7-2}$$

式中：φ——孔口的流速系数，$\varphi = \frac{1}{\sqrt{1+\zeta_0}}$，对于圆形小孔口，取 0.97~0.98，其中$\zeta_0$为孔口的局部阻力系数，一般为 0.04~0.06；

μ——孔口的流量系数，对于圆形小孔口，$\mu = \varepsilon\varphi$，取 0.60~0.62；

ε——小孔口的断面收缩系数，对于圆形小孔口，$\varepsilon = \frac{A_c}{A}$，取 0.63~0.64。

（2）小孔口淹没出流：

$$v_c = \varphi\sqrt{2gz} \tag{1-7-3}$$

或者

$$Q = \mu\sqrt{2gz} \tag{1-7-4}$$

式中：z——孔口上下游的水位差；

φ、μ——淹没出流时的流速系数和流量系数，与自由出流时相同。

2）圆柱形外伸管嘴出流

（1）圆柱形外伸管嘴的特点及出流条件

管嘴出流的局部水头损失由两部分组成，即孔口的局部水头损失及收缩断面后突然扩大产生的局部水头损失，其局部阻力系数$\zeta_n = 0.5$，比孔口的$\zeta_0 = 0.06$大，因而流速比孔口小，但是由管嘴出流为满流，收缩系数$\varepsilon = 1$，加之管嘴内存在一定真空度，因此流量提高，比孔口大，其出流公式为：

$$v = \varphi_n\sqrt{2gH_0} \tag{1-7-5}$$

或者

$$Q = \mu_n A\sqrt{2gH_0} \tag{1-7-6}$$

式中：φ_n——管嘴的流速系数，$\varphi_n = \frac{1}{\sqrt{1+\zeta_n}}$，约为 0.82；

μ_n——管嘴的流量系数，$\mu_n = \varepsilon\varphi_n$，因为$\varepsilon = 1$，所以$\mu_n = \varphi_n = 0.82$。

如果为淹没出流，式（1-7-6）中的H_0用上下游水位差z代替，其他系数不变。

（2）圆柱形外伸管嘴的真空度

$$h_v = \frac{p_a - p_c}{\gamma} = 0.75H_0 \tag{1-7-7}$$

真空度的存在相当于提高了管嘴的作用水头，因此管嘴的过水能力比相同尺寸的孔口大 32%左右。

（3）圆柱形外伸管嘴的工作条件

由式（1-7-7）可知：当作用水头H_0增大时，管中真空度也增大。当真空度h_v大于 7m 时，外部空气将进入管嘴，真空被破坏，因此工作条件为：

$$H_0 = \frac{7}{0.75} \leqslant 9\mathrm{m} \tag{1-7-8}$$

另外，管嘴长度不能过长或过短，其长度为

$$l = (3\sim4)d \tag{1-7-9}$$

【例 1-7-1】 图示逐渐扩大圆管，已知 $d_1 = 75\mathrm{mm}$，$P_1 = 0.7\mathrm{at}$，$d_2 = 150\mathrm{mm}$，$P_2 = 1.4\mathrm{at}$，$L = 1.5\mathrm{m}$；流过的水流量 $Q = 56.6\mathrm{L/s}$，其局部水头损失约为：

A. $\frac{1.5u_2^2}{2g}$ B. $\frac{4.3u_2^2}{2g}$

C. $\frac{0.6u_1^2}{2g}$ D. $\frac{0.4u_1^2}{2g}$

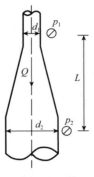

例 1-7-1 图

解 在 1-2 断面列伯努利方程：

$$z_1 + \frac{p_1}{\rho g} + \frac{a_1 u_1^2}{2g} = z_2 + \frac{p_2}{\rho g} + \frac{a_2 u_2^2}{2g} + h_\mathrm{j}$$

已知 $d_1 = 75\mathrm{mm}$，$P_1 = 0.7\mathrm{at}$，$d_2 = 150\mathrm{mm}$，$P_2 = 1.4\mathrm{at}$，$L = 1.5\mathrm{m}$，$Q = 56.6\mathrm{L/s}$

可得：$u_1 = \dfrac{Q}{A_1} = \dfrac{4 \times 0.0566}{\pi \times 0.075^2} = 12.82\mathrm{m/s}$，$\dfrac{u_1^2}{2g} = 8.39\mathrm{m}$

$u_2 = \dfrac{Q}{A_2} = \dfrac{4 \times 0.0566}{\pi \times 0.15^2} = 3.2\mathrm{m/s}$，$\dfrac{u_2^2}{2g} = 0.52\mathrm{m}$

$\dfrac{p_1}{\rho g} = \dfrac{0.7 \times 10^5}{1000 \times 9.8} = 7.14\mathrm{m}$，$\dfrac{p_2}{\rho g} = \dfrac{1.4 \times 10^6}{1000 \times 9.8} = 14.29\mathrm{m}$

故局部水头损失 $\quad h_\mathrm{j} = z_1 + \dfrac{p_1}{\rho g} + \dfrac{a_1 u_1^2}{2g} - z_2 - \dfrac{p_2}{\rho g} - \dfrac{a_2 u_2^2}{2g}$

$$= 1.5 + 7.14 + 8.39 - 0 - 14.29 - 0.52$$

$$= 2.22\mathrm{m} = 4.26\frac{u_2^2}{2g} = 0.26\frac{u_1^2}{2g}$$

选 B。

1.7.2 堰顶溢流

1）堰流的特点及分类

水流经过泄水建筑物时，发生水面连续地光滑跌落现象称为堰流，其特点是：

（1）水流在重力作用下由势能转化为动能。

（2）属于急变流，计算中只考虑局部水头损失。

（3）属于控制建筑物，用于控制水位和流量。

闸孔出流与堰流是密切相关的，当闸门开启高度 e 大于某个数值时，闸门底缘不约束水流上缘，闸孔出流就转化为堰，其差别标准是在宽顶堰底坎上 $\dfrac{e}{H} > 0.65$ 和实用堰顶坎上 $\dfrac{e}{H} > 0.7$ 时属于堰流，否则为闸孔出流。

按堰顶厚度 δ 与堰前水头 H 之比 $\dfrac{\delta}{H}$，分为三种类型：

薄壁堰 $\dfrac{\delta}{H} < 0.67$

实用堰 $0.67 < \dfrac{\delta}{H} < 2.5$

宽顶堰 $2.5 < \dfrac{\delta}{H} < 10$

2）堰流的基本公式

$$Q = m\sigma_c\sigma_s b\sqrt{2g}H_0^{\frac{3}{2}} \tag{1-7-10}$$

式中：m——堰的流量系数，与堰型、进口形状、堰高P及堰上水头H有关；

σ_c——侧收缩系数，与堰型、边壁的边界条件、淹没程度、作用水头、孔宽及孔数有关；

σ_s——淹没系数，与堰上水头及下游水深有关；

b——堰宽或堰长（垂直于水流方向）；

H_0——堰上水头，即$H_0 = H + \frac{\alpha v_0^2}{2g}$。

3）薄壁堰

薄壁堰的主要功能是量测水流的流量，按照所测流量的大小之分。在实际问题中，一般应用矩形薄壁堰和三角形薄壁堰，当量测较大流量（$Q > 100\text{L/s}$）时，用矩形薄壁堰，其计算公式为式（1-7-10），其各种系数的选取可见相关的水力计算手册；当量测较小流量（$Q < 100\text{L/s}$）时，应使用三角形薄壁堰，其计算公式为

$$Q = 1.4H^{5/2} \tag{1-7-11}$$

式（1-7-11）适用于$H = 0.05\sim0.25\text{m}$。

或

$$Q = 1.343H^{2.47} \tag{1-7-12}$$

式（1-7-12）适用于$H = 0.25\sim0.55\text{m}$。

4）实用堰

实用堰分为曲线型实用堰和折线型实用堰两种，曲线型常见的有 WES 剖面、克—奥剖面及长研究I型剖面，折线型常见有的矩形剖面和梯形剖面，工程上应用最广泛是 WES 剖面堰。

图 1-7-1 所示为 WES 剖面堰的轮廓线，大致由 4 段组成：上游堰面AB，可垂直，也可倾斜；堰顶溢流段BOC，O为堰的最高处，称堰顶；下游堰面直线段CD；堰的下游底部与下游河床连接的反弧段DE。对实用堰的水力特性有决定性

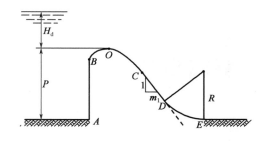

图 1-7-1　WES 剖面堰轮廓线

作用的是BOC溢流段，其形状是根据矩形薄壁堰水舌下缘表面形状设计的。WES 剖面堰与其他形式的实用堰具有两大优点：一是体形较瘦，施工的工程量较小；二是过流能力较大，其尺寸可参见有关设计手册。

WES 剖面堰当运行水头等于设计水头时，其流量系数$m = m_d = 0.502$，流量系数、侧收缩系数、淹没系数的选择参见有关水力计算手册。

5）宽顶堰

泄水建筑物和引水建筑物，除采用实用堰外，采用宽顶堰的也很多，如水库的溢洪道进口、各种水闸、各种无压涵管和涵洞的进口、桥孔及施工围堰的水流等。

宽顶堰水力计算的基本公式，仍采用堰流的基本公式（1-7-10），自由溢流时最大流量系数为0.385，较其他类型堰为小，其水力计算过程中各种系数可参考有关的水力计算手册。

【例 1-7-2】宽顶堰溢流满足：

$$A. \frac{\delta}{H}<0.67 \qquad\qquad B. 0.67<\frac{\delta}{H}<2.5$$

$$C. 2.5<\frac{\delta}{H}<10 \qquad\qquad D. \frac{\delta}{H}>10$$

解 薄壁堰的堰顶厚度与堰上水头的比值范围：$\frac{\delta}{H}<0.67$；实用堰的堰顶厚度与堰上水头的比值范围：$0.67<\frac{\delta}{H}<2.5$；宽顶堰的堰顶厚度与堰上水头的比值范围：$2.5<\frac{\delta}{H}<10$。选 C。

1.7.3　闸孔出流

闸孔出流和堰流不同，堰流上下游水面是连续的，闸孔出流上下游水面线被闸门阻隔。因此，闸孔出流的水流特征和过流能力与堰流有所不同。

闸孔出流的基本公式为：

$$Q = \mu_0\sigma_s be\sqrt{2gH_0} \qquad\qquad (1-7-13)$$

式中：H_0——由闸底板算起的上游作用的全水头；

　　　b——闸孔宽度；

　　　e——闸孔开度；

　　　μ_0——闸孔的流量系数；

　　　σ_s——闸孔出流的淹没系数。

闸孔出流可分为平底板上的平板闸门和弧形闸门、曲线形实用堰上的平板闸门和弧形闸门四种类型，其各种系数的选取可参见有关的水力计算手册。

【例 1-7-3】 两个 WES 型实用堰，都属于高堰，它们的设计水头 $H_{d1} > H_{d2}$，但堰顶水头 $H_1 = H_{d1}$，$H_2 = H_{d2}$，两者的流量系数关系是：

　　　　　A. $m_1 = m_2$　　　　B. $m_1 > m_2$　　　　C. $m_1 < m_2$　　　　D. 不能确定

解 由高堰的流量系数特性确定。选 A。

【例 1-7-4】 平底渠道中弧形闸门的闸孔出流，其闸下收缩断面水深 h_C 小于下游水深对应的水跃跃前水深，则下游水跃的形式为：

　　　　　A. 远离式水跃　　　B. 临界式水跃　　　C. 淹没式水跃　　　D. 无法判断

解 由产生何种水跃的条件决定。选 A。

经 典 练 习

1-7-1　其他条件均相同，管嘴出流和孔口出流的所通过的流量关系为（　　　）。

　　A. $Q_管 > Q_孔$ 　　　　　　　　　　　　B. $Q_管 < Q_孔$

　　C. $Q_管 = Q_孔$ 　　　　　　　　　　　　D. 无法确定

1-7-2　WES 型实用堰的堰面曲线设计是根据下列什么情况设计的（　　　）。

　　A. 堰面出现真空　　　　　　　　　　　　B. 堰面不出现真空

　　C. 矩形薄壁堰水舌下缘曲线形状　　　　　D. 堰面流速分布

1-7-3　堰顶溢流和闸孔出流在水力计算时（　　　）。

　　A. 只计算 h_f，不计算 h_j 　　　　　　　　B. 不计算 h_f，只计算 h_j

　　C. h_f 和 h_j 均要计算 　　　　　　　　　D. h_f 和 h_j 均不要计算

1-7-4　宽顶堰的最大流量系数为（　　　）。

　　A. 0.385　　　　　　　　B. 0.36　　　　　　　　C. 0.502　　　　　　　　D. 0.32

1-7-5 一般在流量较小时，其量水装置采用（　　　）。

A. 矩形薄壁堰

B. 三角形薄壁堰

C. 宽顶堰

D. 实用堰

1-7-6 锐缘平面闸门的垂向收缩系数 ε' 随相对开度 e/H 的增大而（　　　）。

A. 增大

B. 减小

C. 不变

D. 不能确定

1-7-7 当实用堰堰顶水头大于设计水头时，其流量系数 m 与设计水头的流量系数 m_d 的关系是（　　　）。

A. $m = m_d$

B. $m > m_d$

C. $m < m_d$

D. 不能确定

1-7-8 当水头等于设计水头 H_d 时，WES 型实用堰（高堰）的流量系数 m 等于（　　　）。

A. 0.385　　　　　　B. 0.36　　　　　　C. 0.502　　　　　　D. 0.32

1.8　泄水建筑物下游的水力衔接与消能

考试大纲☞： 底流式消能　挑流式消能　面流式消能　消力戽式消能

1.8.1　泄水建筑物下游水流的特点、衔接和消能措施

由于修建水工建筑物使其上游水位抬高，水流具有较大的势能。当水流通过泄水建筑物（如溢流坝、溢洪道、隧洞及水闸等）宣泄到下游时，一般具有流速高、动能大，且比较集中的特点。如果不采取工程措施，就会造成下游河床被冲刷和淤积，影响枢纽中其他水工建筑物的正常运行，严重者甚至造成重大工程事故。为此，一般工程采用 4 种衔接与消能形式。

1）底流式衔接消能

在紧接泄水建筑物的下游修建消能池，使水跃在池内形成，借水跃实现急流向下游河道中缓流的衔接过流，并利用水跃消除余能。由于衔接段主流在底部，故称为底流式衔接消能（见图 1-8-1a）。

2）面流式衔接消能

在泄水建筑物尾端修建低于下游水位的跌坎，将宣泄的高速急流导入下游水流的表层，并受其顶托而扩散。坎后形成的底部漩滚，既可隔开主流以免其直接冲刷河床，又可消除余能。由于衔接段高速主流在表层，故称为面流式衔接消能（见图 1-8-1b）。

3）消力戽式衔接消能

在泄水建筑物尾端修建低于下游水位的消能戽式，将宣泄的急流挑向下游水面形成涌浪，在涌浪上游形成戽漩滚，下游形成表面漩滚，主流之下形成底部漩滚。它兼有底流型和面流型的水流特点和消能作用，称为消力戽流式衔接消能（见图 1-8-1c）。

4）挑流式衔接消能

在泄水建筑物尾端修建高于下游水位的挑流鼻坎，将宣泄水流向空中抛射再跌落到远离建筑物的下游，形成的冲刷坑不会影响建筑物的安全，挑流水舌潜入冲刷坑水垫中所形成的两个漩滚可消除大部分余能，这种方式称为挑流式衔接消能（见图 1-8-1d）。

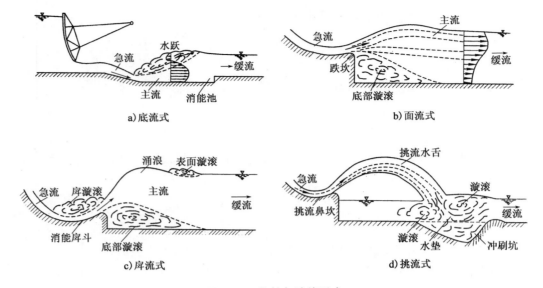

a) 底流式

b) 面流式

c) 戽流式

d) 挑流式

图 1-8-1 衔接与消能形式

1.8.2 消力池水力设计

泄水建筑物下游的水流衔接发生远驱水跃时，应该采用消能措施，消力池一般有降低护坦式和护坦末端加筑消能坎两种形式，本节仅介绍前一种消力池的水力设计。

1）池深d的计算

由图 1-8-2 中所示的几何关系得消力池深度为

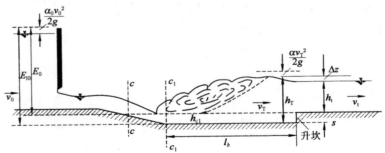

图 1-8-2 池长l_B计算图

$$d = \sigma_j h_c'' - \Delta z - h_t \tag{1-8-1}$$

式中h_c''由下面两式计算：

$$E_0 - d = h_c + \frac{q^2}{2g\varphi^2 h_c^2} \tag{1-8-2}$$

$$h_c'' = \frac{h_c}{2}\left(\sqrt{1 + \frac{8q^2}{gh_c^3}} - 1\right) \tag{1-8-3}$$

Δz按下式计算：

$$\Delta z = \frac{q^2}{2g}\left[\frac{1}{(\varphi' h_t)^2} - \frac{1}{(\sigma_j h_c'')^2}\right] \tag{1-8-4}$$

式中：φ'——消力池出口宽顶堰的流速系数，一般取 0.95；

σ_j——水跃淹没安全系数，一般取 1.05~1.10。

通过联解式（1-8-1）~式（1-8-4），即可求出h_c、h_c''、Δz和d，解算时采用试算法。

2）池长l_B计算

$$l_B = (0.7 \sim 0.8)l_j \tag{1-8-5}$$

式中：l_j——矩形平底完全水跃的长度。

3）消力池的设计流量

根据通过泄水建筑物几个不同的流量计算相应的h_c、h_c''，并确定h_t，使$h_c'' - h_t$最大值所对应的流量作为计算消力池深度d的设计流量，而消力池长度则取最大流量作为设计流量（见图1-8-3）。

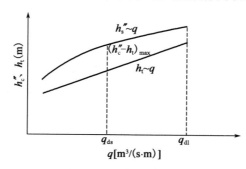

图 1-8-3　消力池的设计流量计算示意图

【例 1-8-1】 计算消力池池长的设计流量一般选择：

　　A. 使池深最大的流量　　　　　　　　B. 泄水建筑物的设计流量

　　C. 使池深最小的流量　　　　　　　　D. 泄水建筑物下泄的最大流量

解　消力池长度则取建筑物下泄的最大流量。选 D。

【例 1-8-2】 下面几种情况，哪种情况不需做消能工（h_t为下游水深，h_c''为临界水跃的跃后水深）：

　　A. $h_c'' > h_t/1.05$　　B. $h_c'' < h_t/1.05$　　C. $h_c'' = h_t$　　D. $h_c'' < 1.05 h_t$

解　此时产生淹没水跃。选 B。

经典练习

1-8-1　峡谷高坝水电站消能形式一般采用（　　）。

　　A. 底流消能　　　　B. 面流消能　　　　C. 戽流消能　　　　D. 挑流消能

1-8-2　选择消力池内消能所发生的最佳水跃形式为（　　）。

　　A. 远离水跃　　　　　　　　　　　　B. 临界水跃

　　C. 稍有淹没的水跃　　　　　　　　　D. 以上三种形式均可

1.9　渗流

考试大纲☞： 达西定律　渗透系数　恒定均匀渗流与非均匀渗流　恒定渐变渗流的浸润曲线形式及计算

1.9.1　渗流现象、土的渗流特性

流体在孔隙介质中的流动称为渗流，地下水运动是最常见的渗流实例。地下水渗流分无压渗流和有压渗流两种，位于不透水地基上且具有自由表面的渗流称为无压渗流，其研究的主要任务是确定渗透流量和浸润线；位于不透水层下面的渗流称为有压渗流，其研究的主要任务除要计算渗透流量外，还要计

算水工建筑物底板受的扬压力以及底板下游出口处的流速分布，以便校核土的渗透稳定性。

因为土作为地下水运动的载体，故土的特性直接影响着地下水的渗流运动。土愈密实和不均匀，地下水渗透的能力愈小，反之，地下水渗透的能力愈大。各处透水性能相同的土称为均匀土，否则称为非均质土。此外，土的层理方向也影响地下水渗透能力，渗透能力在各方向相同的土称为各向同性土，否则称为各向异性土。

1.9.2 渗流模型、达西定律

由于组成土颗粒的复杂性，无法研究地下水在土孔隙中的真实流动情况，因此引入渗流模型概念。设想渗流区内的全部土粒骨架不存在，整个渗流区的全部空间是被水所充满的连续流动。把土对水流的作用概化成作用于水流的力。在保持渗流区的边界条件，渗透流量、渗流阻力和渗透压力与实际渗流完全一样的条件下，由渗流模型得到的结果完全可以满足实际需要。

由于引入了渗流模型的概念。因此，土中的真实渗透流速u_0与渗透模型中的渗透流速u具有下面关系：

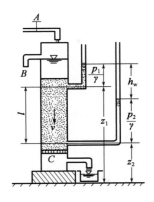

$$u_0 = \frac{u}{n} \tag{1-9-1}$$

式中：n——土的孔隙率，由于n总是小于1，因此土中的实际渗透流速总是大于渗流模型中的流速。

如图1-9-1所示装置上，由试验得到有压均匀渗流中的达西定律为

$$v = kJ \tag{1-9-2}$$

式中：J——渗透坡降，$J = \frac{h_w}{l}$，h_w为渗透水头损失，l为渗径长度；

k——土的渗透系数。

图1-9-1 渗流试验模型

渗透系数k的物理意义，可以理解为单位水力坡度下的渗流流速，其量纲为［L/T］，它综合反映了土和液体两方面对透水性能的综合影响。确定渗透系数一般有经验法、实验室测定法和现场测定法。

1.9.3 恒定无压渐变渗流的杜比公式、浸润曲线的计算

对于无压渐变渗流的断面平均流速服从杜比公式：

$$v = -k\frac{dH}{dS} \tag{1-9-3}$$

式中：H——基准面以上的测压管水头，实际上就是水面高程；

$-\frac{dH}{dS}$——断面的水力坡度，不同断面处具有不同的数值，因此，不同断面处具有不同的断面平均渗流流速值$-\frac{dH}{dS} = J$。

杜比公式与达西公式不同之处是达西公式仅适用于均匀渗流，其整个渗流场的渗流流速都是相同的，而杜比公式适用于一元渐变渗流，同一过水断面上的渗流流速相等并等于断面平均流速，但不同过水断面上的流速大小则是不相等的。

对于无压均匀渗流的断面平均流速为：

$$v = ki \tag{1-9-4}$$

$$q = kih_0 \tag{1-9-5}$$

式中：i——不透水层的底坡；

q——矩形断面地下河槽的单宽流量；

h_0——均匀渗流的水深。

地下水的断面比能 $E_S = h + \frac{v^2}{2g}$，但是由于渗流中流速很小，可以忽略。因此断面比能 $E_S = h$，即 E_S 与水深 h 呈直线变化，E_S 无最小值存在，因此无临界水深 h_k 和临界底坡 i_k。所以分析地下河槽的水面曲线时，只有 $i > 0$、$i = 0$ 和 $i < 0$ 三种底坡，共4种浸润线存在，如图 1-9-2 所示。

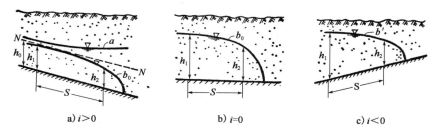

a) $i > 0$ b) $i = 0$ c) $i < 0$

图 1-9-2　地下河槽水面曲线

上述三种底坡上的浸润线计算公式。

$i > 0$ 时：

$$S = \frac{h_0}{i}\left(\eta_2 - \eta_1 + 2.3\lg\frac{\eta_2 - 1}{\eta_1 - 1}\right) \tag{1-9-6}$$

$i = 0$ 时：

$$\frac{q}{k} = \frac{h_1^2 - h_2^2}{2S} \tag{1-9-7}$$

$i < 0$ 时：

$$S = \frac{h_0'}{i'}\left(\eta_1' - \eta_2' + 2.3\lg\frac{\eta_2' + 1}{\eta_1' + 1}\right) \tag{1-9-8}$$

式中：η——$i > 0$ 时，渐变渗流水深与均匀渗流水深之比，$\eta = \frac{h}{h_0}$；

i'——反底坡的绝对值，$i' = |i|$；

h_0'——虚拟的正常水深，即 $i = |i|$ 时的均匀渗流水深；

η'——$i < 0$ 时，渐变渗流水深与虚拟的正常水深之比，$\eta' = \frac{h}{h_0'}$。

【例 1-9-1】 与闸坝下有压渗流流网的形状有关的因素是：

A. 上游水位　　　　　　　　　　　　B. 渗流系数

C. 上、下游水位差　　　　　　　　　D. 边界的几何形状

解　有压渗流流网的形状与边界的几何形状有关。选 D。

【例 1-9-2】 在同一种土壤中，当渗流流程不变时，上下游水位差减小，渗流流速：

A. 加大　　　　　B. 减小　　　　　C. 不变　　　　　D. 不定

解　渗流流速大小随上下游水位的减小而变小。选 B。

经 典 练 习

1-9-1　下列说法正确的是（　　　）。

A. 达西定律适用于缓流渗流，杜比公式适用于均匀渗流

B. 达西定律适用于均匀渗流，杜比公式适用于缓流渗流

C. 达西定律和杜比公式均适用于缓流渗流

D. 达西定律和杜比公式均适用于均匀渗流

1-9-2 浸润面上的压强（　　）。

  A. 大于当地大气压   B. 小于当地大气压

  C. 可能大于也有可能小于当地大气压   D. 等于当地大气压

1-9-3 渗流运动在计算总水头时不需要考虑（　　）。

  A. 压强水头   B. 位置水头   C. 流速水头   D. 测压管水头

1-9-4 在均质各向同性土壤中，渗流系数k（　　）。

  A. 在各点处数值不同   B. 是个常量

  C. 数值随方向变化   D. 以上 3 种答案都不对

1.10　高速水流

考试大纲☞：脉动压强　气蚀　掺气　冲击波

1.10.1　高速水流的脉动压强和气蚀问题

随着我国水利水电事业的蓬勃发展，修筑的大坝越来越高，泄洪时所产生的高速水流将产生许多特殊的水力学问题，必须对其进行研究。

1）高速水流的脉动压强

之前水力学中所讲的动水压指的是时间平均压强，由于高速水流的高度紊动使动水压强产生强烈的脉动。强烈的脉动压强会引起以下几方面的影响。

（1）增加建筑物的瞬时载荷——水工建筑物受到瞬时载荷高于时均载荷，因此提高了对水工建筑物强度的要求。

（2）可能引起建筑物的振动——由于脉动压强具有周期性变化，压强时大时小，往复作用在建筑物上，可能促使轻型结构产生强烈振动。

（3）增加气蚀发生的可能性——由于瞬时压强可能低于时均压强，即使时均压强未低于发生气蚀的数值，瞬时气蚀仍会发生，从而增大建筑物发生气蚀的可能性。

2）气蚀问题

（1）气蚀现象

气蚀是水流中局部压强低于某一数值时，水流中发出气泡，气泡被水流带走，到高压区气泡突然溃灭，产生巨大冲击力，引起建筑物的剥蚀现象。

（2）发生气蚀的原因

气蚀产生的机理十分复杂，一般认为当水流压强接近或低于相应温度的汽化压强（这种一定温度下使液体汽化的压强）时，水流内部就会放出大量气泡（气空现象）。气泡产生的原因是水流内部含有许多空气与蒸汽的微小气泡，叫作气核。由于高速水流的高度紊动，可将低压区放出来的气泡随水流带走，当被带到下游高压区时，由于内外压差迫使气泡突然溃灭，四周的水流质点以极快的速度去填充气泡空间，产生巨大的冲击力，这种巨大的冲击力不停地冲击固体边界，使固体表面造成严重的剥蚀。

（3）判别气穴的指标——气穴数

气穴数：

$$K = \frac{p - p_v}{\frac{1}{2}\rho v^2} = \frac{(p - p_v)/\gamma}{v^2/2g} \tag{1-10-1}$$

式中：p、v——水流未受到边界局部变化影响处的绝对压强及平均流速；

p_v——蒸汽压强；

ρ——水的密度；

γ——水的重度。

当K降低至某一数值K_i时，即开始发生气穴，这个气穴数K_i叫作初生气穴数。当$K > K_i$时，气穴不发生；当$K \leqslant K_i$时，有气穴发生。

（4）防止气蚀的措施

①边界轮廓要设计成流线型。

②施工过程中，对过水边界表面的平整度加以控制，表面越平整越好。

③在难以完全免除气穴的地点，采用抗蚀性能强的材料做护面。

1.10.2　高速水流的掺气和急流冲击波

1）高速掺气水流

当水流通过泄水建筑物，流速达到一定程度时，空气就会大量掺入水流中，形成乳白色的水体混合体，这种水流称为掺气水流。

水流掺气后，对水工建筑物主要有以下几方面影响：

（1）水流掺气的作用，能加强消能作用，减轻水流对下游的冲击力，因而可以减小冲刷坑的深度。

（2）水流掺气后可减轻或消除气蚀。

（3）掺气使水深增加，因而要求增加明槽边墙的设计高度，进而提高了工程造价。

（4）在无压泄洪隧洞中，如果对水流掺气估计不足，洞顶空间余幅留得过少，可能造成有压或明满流交替，水流不间断地击拍洞壁，威胁隧洞安全。

2）急流冲击波

在实际工程中，溢洪道或陡槽由于地形的限制或由于工程的要求，有时需要修建一些收缩段、扩散段或弯道等。在这种情况下，槽中水流属急流，渠槽的侧壁的偏转对水流产生扰动作用，使下游形成一系列呈菱形状的冲击波，称为系统冲击波。

【例1-10-1】防止气蚀的措施有：

A. 边界轮廓设计成流线型

B. 与水流接触的固体表面加以控制，表面越平整越好

C. 采用抗黏蚀性能强的材料做护面

D. 以上三种措施都采用

解　选D。

【例1-10-2】高速水流的脉动压强产生的危害主要有：

A. 增加建筑物的瞬时压强　　　　　B. 可能引起建筑物的振动

C. 增加气蚀发生的可能性　　　　　D. 以上三种均会产生危害

解　选D。

经 典 练 习

1-10-1　当不发生气空时，气空数K和初生气空数K_i的关系为（　　　）。

A. $K > K_i$ B. $K = K_i$ C. $K \leqslant K_i$ D. 无法确定

1.11 水工模型试验基础

考试大纲 ☞：力学相似：几何相似 运动相似 动力相似

相似准则：重力相似准则 阻力相似准则 动水压力相似准则

处理水力学问题的一个基本途径是直接应用描述液体运动的基本方程进行求解，但由于基本方程的非线性和液流边界条件的复杂性，在求解这些基本方程时，往往在数学上会遇到难以克服的困难，采用水工模型实验与理论分析相结合的方式是有效解决问题的手段。

1.11.1 液流相似原理

两液流力学相似必须满足几何相似、运动相似、动力相似和边界条件相似，对于非恒定流还需满足初始条件相似。

（1）几何相似：如果原型与模型上的相应线段成某一固定比例，则称为几何相似。设p代表原型，m代表模型，λ代表原模型上的同量之比或比例尺，λ的脚标代表某一物理量。例如λ_l就代表长度比例尺，则两相似液流的长度、面积和体积比例尺分别为

$$\lambda_l = \frac{l_p}{l_m}, \ \lambda_A = \frac{A_p}{A_m} = \lambda_l^2, \ \lambda_V = \frac{V_p}{V_m} = \lambda_l^3$$

（2）运动相似：如果原型与模型上相应点的速度和加速度方向相同，大小成某一固定比例，则称为运动相似。如果取时间比例尺$\lambda_t = \frac{t_p}{t_m}$，则速度和加速度的比例尺分别为：

$$\lambda_v = \frac{u_p}{v_m} = \frac{l_p/t_p}{l_m/t_m} = \frac{\lambda_l}{\lambda_t}, \ \lambda_a = \frac{a_p}{a_m} = \frac{l_p/t_p^2}{l_m/t_m^2} = \frac{\lambda_l}{\lambda_t^2}$$

（3）动力相似：如果原型与模型上相应点作用的同各力方向相同，大小成某一固定比例，则称为动力相似。这时力的比例尺为$\lambda_F = \frac{F_p}{F_m}$，$F$可为合力、重力、阻力、弹性力和惯性力等。

（4）边界条件相似：如果原型与模型上约束液流运动的边界形状几何相似和边界性质相同，则称为边界条件相似。几何相似是运动相似和动力相似的前提，动力相似是决定两个水流运动相似的主导，运动相似是几何相似和动力相似的表现。

1.11.2 液流相似准则

1）牛顿一般相似准则

任何液流运动都应该遵守牛顿第二定律$F = ma$，据此得合力的比例尺等于惯性力的比例尺，即

$$\lambda_F = \frac{F_p}{F_m} = \frac{m_p a_p}{m_m a_m} = \lambda_\rho \lambda_l^2 \lambda_V^2 \tag{1-11-1}$$

根据液流动力相似条件，各合力的比例也应该等于惯性力的比例尺。

式（1-11-1）也可写成：

$$\frac{F_p}{\rho_p l_p^2 V_p^2} = \frac{F_m}{\rho_m l_m^2 V_m^2} \tag{1-11-2}$$

令

$$Ne = \frac{F}{\rho l^2 V^2} \tag{1-11-3}$$

Ne 称为牛顿数，它表示了液流所受的物理力与惯性力之比。式（1-11-2）表示两相似流动的牛顿数

应相等，这是流动相似的重要标志和准则，称为牛顿一般相似准则。

2）重力相似准则

如果液流运动中起主要作用的力是重力G，其大小用$\rho g l^3$来衡量，代入牛顿数，则得重力相似准则为

$$\frac{\lambda_V^2}{\lambda_g \lambda_l} = 1 \tag{1-11-4}$$

或

$$\frac{v_p^2}{g_p l_p} = \frac{v_m^2}{g_m l_m} \tag{1-11-5}$$

$$(\mathrm{Fr})_p = (\mathrm{Fr})_m$$

式（1-11-5）表明原型和模型流动相应点的弗劳德数相等。

3）黏性力相似准则

若作用于水流质点上的黏性阻力起主导作用，其大小用$\mu v/l$表示，代入牛顿数，则得黏性阻力相似准则：

$$\frac{\lambda_v \lambda_l}{\lambda_V} = 1 \tag{1-11-6}$$

或

$$\frac{v_p l_p}{V_p} = \frac{v_m l_m}{V_m} \tag{1-11-7}$$

即

$$\mathrm{Re}_p = \mathrm{Re}_m$$

式（1-11-7）说明原型和模型流动相应点的雷诺数相等，也称雷诺相似准则。

4）动水压力相似准则

若作用在水流质点上的动水总压力起主导作用，其大小用pl^2表示，代入牛顿数，则得动水压力相似准则为

$$\frac{\lambda_p}{\lambda_v^2 \lambda_\rho} = 1 \tag{1-11-8}$$

或

$$\frac{p_p}{v_p^2 \rho_p} = \frac{p_m}{v_m^2 \rho_m} \tag{1-11-9}$$

$$\mathrm{Eu}_p = \mathrm{Eu}_m$$

$\mathrm{Eu} = \frac{p}{v^2 \rho}$称为欧拉数，它反映了压力与惯性力之比。式（1-11-9）表明，两个流动相应点的欧拉数相等，也称欧拉相似准则。

需要特别说明的是欧拉准则并不是一个独立的准则，只要满足了雷诺准则或弗劳德准则，欧拉准则将自动满足。

5）紊流阻力相似准则

对于充分发展的紊流，紊流阻力起主导作用，黏滞阻力可忽略不计。在阻力平方区，紊流阻力$F_\tau = f\left(\frac{\Delta}{R}\right)\rho l^2 v^2$，代入牛顿数得

$$\lambda_f = 1 \tag{1-11-10}$$

要保证原型和模型紊流阻力作用相似，则必须要求原型和模型中的阻力系数$f\left(\frac{\Delta}{R}\right)$相等，由谢才公式$v = C\sqrt{RJ}$，可得

$$C_p = C_m \tag{1-11-11}$$

根据曼宁公式 $C = \frac{1}{n} R^{\frac{1}{6}}$，则得

$$\lambda_n = \lambda_R^{\frac{1}{6}} = \lambda_l^{\frac{1}{6}} \quad 或 \quad n_m = \frac{n_p}{\lambda_l^{\frac{1}{6}}} \tag{1-11-12}$$

1.11.3 量纲和谐原理

在各种物理现象中，各物理量存在着一定关系，可表示为物理方程。如果一个物理方程完整地反映了某一物理现象客观规律，则方程中的每一项和方程的两边一定具有相同的量纲，物理方程的这种性质称为量纲的和谐原理。

【例 1-11-1】 弗劳德相似准则考虑起主导作用的力是：

    A. 重力   B. 表面张力   C. 黏滞阻力   D. 紊动阻力

解 由弗劳德数的物理性质决定。选 A。

【例 1-11-2】 雷诺相似准则考虑起主要作用的力是：

    A. 重力   B. 压力   C. 黏滞阻力   D. 紊动阻力

解 由雷诺数的物理性质决定。选 C。

经 典 练 习

1-11-1 在力学系统中，物理量的量纲可表示为 $[x] = [L]^\alpha [T]^\beta [M]^\gamma$，当满足什么关系时，$x$ 为动力学的量（   ）。

    A. $\alpha \neq 0$，$\beta = 0$，$\gamma = 0$ B. α 任意，$\beta \neq 0$，$\gamma = 0$

    C. α，β 任意，$\gamma \neq 0$ D. $\alpha = \beta = \gamma = 0$

1-11-2 弗劳德相似准则（重力相似准则）满足的比尺关系为（   ）。

    A. $\lambda_V^2 = \lambda_g \lambda_l$ B. $\lambda_g \lambda_l = \lambda_v$

    C. $\lambda_V = \lambda_g \lambda_l^2$ D. $\lambda_V^2 \lambda_l = \lambda_v$

1-11-3 对于充分发展的紊流，紊流阻力的相似准则为（   ）。

    A. $\lambda_n = \lambda_l^{\frac{1}{2}}$ B. $\lambda_n = \lambda_l^{\frac{1}{3}}$ C. $\lambda_n = \lambda_l^2$ D. $\lambda_n = \lambda_l^{\frac{1}{6}}$

1-11-4 水流在紊流粗糙区时，要做到模型与原型流动的重力和阻力相似，只要模型与原型的相对粗糙度相等，进行模型设计时就可用（   ）。

    A. 雷诺相似准则   B. 弗劳德相似准则

    C. 欧拉相似准则   D. 韦伯相似准则

参考答案及提示

1-1-1   D   由计算可得。

1-1-2   B

1-1-3   B   由两者的相对位置决定。

1-1-4   D   由等压面的特性决定。

1-1-5   B   由式（1-1-4）计算可得。

1-2-1　C　由伯努利积分条件决定。

1-2-2　C　针对单位重量液体。

1-2-3　B　由总流的连续性方程应用条件决定。

1-2-4　C　由动能修正系数的特性决定。

1-2-5　A　由总流能量方程适用条件决定。

1-2-6　A　取决于管径的逐渐扩大的程度和机械能损失的程度。

1-2-7　B　因总水头总是沿程下降。

1-2-8　A　因为是均匀流，流速水头不变。

1-2-9　B　因为沿流程方向机械能总是变小。

1-2-10　C　因水位不变是恒定流，而管径逐渐变小，是非均匀流。

1-3-1　A　由紊流的流速分布特性决定。

1-3-2　B　紊流光滑区 λ 仅与 Re 有关。

1-3-3　A　因为液体的黏性系数随温度的升高而降低。

1-3-4　D　由式 $C = \sqrt{\dfrac{8g}{\lambda}}$ 确定。

1-3-5　C　液体的运动黏度随温度的升高而减小，根据雷诺数的计算公式得出液体温度越高流速越小，根据 $Q = vA$，因此选 C。

1-3-6　A　小孔口的流量系数 $\mu = 0.62$，管嘴的流量系数 $\mu_n = 0.82$，由孔口（恒定自由）出流公式：$Q = \mu A\sqrt{2gH_0}$ 和管嘴出流公式：$Q_n = vA = \varphi_n A\sqrt{2gH_0} = \mu_n A\sqrt{2gH_0}$，知 $Q < Q_N$。

1-3-7　B　因不管是层流或紊流，只要是均匀流过水断面上切应力均按直线规律分布。

1-3-8　B　由谢才公式 $v = C\sqrt{RJ}$ 决定。

1-4-1　C　由虹吸管的水力特性决定。

1-4-2　C　由串联管路的水力特性决定。

1-4-3　A　水泵是向管路水流输入能量。

1-5-1　A　因在其他条件相同的情况下，糙率越大，则阻力越大，从而均匀流水深越大。

1-5-2　C　由产生明渠均匀流的条件决定。

1-5-3　B　明渠恒定均匀流随着流程 S 的增加，会有水头损失的出现，从而总水头会减小，所以 $\dfrac{dH}{dS} < 0$；明渠恒定均匀流中，流量不变，渠道过流断面不变，所以水深也不变，即 $\dfrac{dh}{dS} = 0$。

1-5-4　C　记忆题。明渠均匀流条件是沿程减少的位能等于沿程水头损失。因此，明渠均匀流只能出现在底坡不变，断面形状尺寸、粗糙系数都不变的顺向坡长直渠道中。

1-5-5　D　谢才公式，选项 A、B、C 均不正确。

1-5-6　A　根据明渠均匀流的公式：

$$v = C\sqrt{RJ} = C\sqrt{Ri},\ R = \frac{A}{\chi}$$

其中，C 为谢才系数，R 为水力半径，i 为渠道底坡，χ 为湿周，A 为过水断面面积。当 A 一定时，湿周 χ 越小，其平均流速 v 越大。

1-5-7　A　梯形断面水力最优条件为水力半径是水深的一半。

1-6-1　A

1-6-2　A　急流时Fr > 1。

1-6-3　D　因E_s沿流向不定。

1-6-4　A　由水跃发生的条件决定。

1-6-5　B　因③区水流流态均为急流。

1-6-6　A　急流时，断面比能随h增大而减小，缓流时断面比能随h增大而增大。

1-6-7　B　因底坡越大，均匀流水深越小。

1-6-8　B　因其他条件相同时，底宽越大，水深越小。

1-6-9　C　对过水断面流量进行计算，得 C 最大。

1-6-10　C　由水跃函数曲线关系确定。

1-6-11　C　由E_s和E的性质决定。

1-7-1　A　管嘴出流出现了真空，加大了作用水头。

1-7-2　C　由 WES 堰的设计原则确定。

1-7-3　B　堰流和闸孔出流只考虑局部水头损失。

1-7-4　A　由理论推导得出。

1-7-5　B　三角形薄壁堰在量测小流量时采用。

1-7-6　A　由平面闸门收缩系数特性确定。

1-7-7　B　由实用堰的流量系数特性确定。

1-7-8　C　$m_d = 0.502$。

1-8-1　D　工程综合因素决定。

1-8-2　C　比较各种水跃形式，稍有淹没的水跃最佳。

1-9-1　B　由达西定律和杜比公式的适用条件决定。

1-9-2　D　浸润面上的压强等于当地大气压。

1-9-3　C　渗流流速极小，一般不需要考虑流速水头。

1-9-4　B　因为是均质各向同性土壤。

1-10-1　A　由气空发生的条件决定。

1-11-1　C　动力量必须含有［M］的量纲。

1-11-2　A　由弗劳德数相等可导出。

1-11-3　D　由谢才系数相等可导出。

1-11-4　B　在紊流粗糙区，阻力与雷诺数无关。

2 土 力 学

考题配置　单选，10题

分数配置　每题2分，共20分

2.1 土的组成和物理性质三项指标

考试大纲☞： 土的三项组成和三项指标　土的矿物组成和颗粒级配　土的结构

黏性土的界限含水量　塑性指数　液性指数

砂土的相对密实度　土的最佳含水量和最大干密度　土的工程分类

2.1.1 土的组成和结构

1）土体的主要矿物成分

原岩矿物：由岩石经过物理风化，变成了组成土体的大大小小的颗粒，其矿物成分保留原岩的矿物成分，常见矿物有石英、长石等。

黏土矿物：主要矿物有蒙脱石、伊利石、高岭石等。

2）土的颗粒组成

土是由固体颗粒、液体水和气体三部分组成，称为土的三相组成。土中的固体矿物构成骨架，骨架之间贯穿着孔隙，孔隙中充填着水和空气。三相比例不同，土的状态和工程性质也不相同。

固体＋气体（液体＝0）为干土。干黏土较硬，干砂松散。

固体＋液体＋气体为湿土。湿的黏土多为可塑状态。

固体＋液体（气体＝0）为饱和土。饱和粉细砂受震动可能产生液化，饱和黏土地基的固结沉降需很长时间才能完成。

由此可见，研究土的工程性质，应首先从最基本的、组成土的三相（即固体相、水和气体）本身开始研究。

土的固体颗粒大小通常以粒径表示，粒径分布范围很宽，从 10^{-3} mm 到 10^3 mm。粒径不同，土的工程性质差异很大。工程上，常按粒径大小对土进行分组。

性质相近的部分粒径范围归并成组称为土粒粒组。

相邻粒组在粒径上的分界线称为分界粒径。

目前，我国广泛应用的粒组划分方案见表 2-1-1，按粒径大小分为三大类、六个粒组：①漂石或块石组；②卵石（碎石）组；③砾石；④砂粒组；⑤粉粒组；⑥黏粒组。①、②两个粒组统称为巨粒，③、④两个粒组统称为粗粒，⑤、⑥两个粒组统称为细粒。

（1）粒径级配分析方法

粒径级配：土中各粒组的相对含量，以土粒总重的百分数表示。

土 粒 粒 组 划 分　　　　　　　　表 2-1-1

分类	粒组名称		粒径范围（mm）	一 般 特 性
巨粒	漂石或块石颗粒		>200	透水性很大，无黏性，无毛细水
	卵石或碎石颗粒		200~20	
粗粒	圆砾或角砾颗粒	粗	20~10	透水性大，无黏性；毛细水上升高度不超过粒径大小
		中	10~5	
		细	5~2	
	砂砾	粗	2~0.5	易透水性，当混入云母等杂质时透水性减小，而压缩性增加；无黏性，遇水不膨胀，干燥时松散；毛细水上升高度不大，随粒径变小而增大
		中	0.5~0.25	
		细	0.25~0.10	
		极细	0.10~0.05	
细粒	粉粒	粗	0.05~0.01	透水性小，湿时稍有黏性，遇水膨胀小，干时稍有收缩；毛细上升高度不大，易出冻胀现象
		细	0.01~0.005	
	黏粒		<0.005	透水性很小，湿时稍有黏性，可塑性，遇水膨胀大，干时收缩显著；毛细上升高度大

注：1.漂石，卵石和圆砾颗粒均呈一定的磨圆形状（圆形或亚圆形），块石、碎石和角砾颗粒都带有棱角。
　　2.黏粒或称黏粒颗粒，粉土或称粉土颗粒。
　　3.黏粒的粒径上限也有采用 0.002mm 的。

工程上，使用的粒径级配分析方法有筛分法和水分法两种。

筛分法：适用于粒径大于 0.1mm（或 0.074mm，按筛的规格而言）的土。它是利用一套孔径大小不同的筛子，将一定重量的烘干土样过筛，称留在各筛上的重量（筛余重量），然后计算各粒组的百分含量。

砾石类土与砂类土采用筛分法。

水分法（静水沉降法）：用于分析粒径小于 0.1mm 的土。根据斯托克斯（Stokes）定理，球状的细颗粒在水中的下沉速度与颗粒直径的平方成正比，即 $v = Kd^2$。因此可以利用粗颗粒下沉速度快、细颗粒下沉速度慢的原理，把颗粒按下沉速度进行粗细分组。实验室常用比重计进行颗粒分析，称为比重计法。此外，还有移液管等。

（2）粒径级配曲线

将筛分析和比重计试验的结果，以土的粒径为横坐标，以小于某粒径的土粒质量百分数为纵坐标，绘制得到的曲线，称为土的粒径级配曲线，如图 2-1-1 所示。

此外，粒径的级配的表示方法还有列表法、三角图法等。

（3）粒径级配曲线的应用

土的粒径级配曲线是土工上最常用的曲线，从这曲线上可以直接了解土的粗细、粒径分布的均匀程度和级配的优劣。

土的平均粒径（d_{50}）：土中大于某粒径和小于某粒径的土粒质量百分数均为 50%时，相应的粒径称为平均粒径 d_{50}。

土的有效粒径（d_{10}）：小于某粒径的土粒质量累计百分数为 10%时，相应的粒径称为有效粒径（d_{10}）。

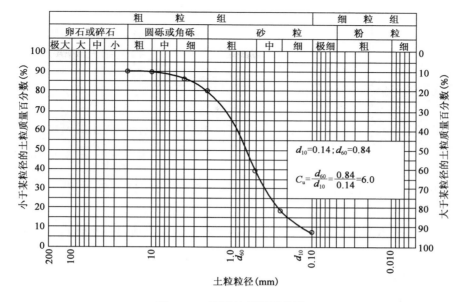

图 2-1-1　颗粒粒径级配曲线

d_{30}：小于某粒径的土粒质量累计百分数为 30% 时，相应的粒径用 d_{30} 表示。

土的控制粒径（d_{60}）或称限制粒径（d_{60}）：当小于某粒径的土粒质量累计百分数为 60% 时，相应的粒径称为控制粒径。

定义土的不均匀系数 C_u 为：

$$C_u = \frac{d_{60}}{d_{10}}$$

定义土的粒径级配曲线的曲率系数 C_c 为：

$$C_c = \frac{d_{30}^2}{d_{60} \times d_{10}}$$

不均匀系数 C_u 反映大小不同粒组的分布情况。C_u 越大，表示土粒大小的分布范围越大，颗粒大小越不均匀，其级配越良好，作为填方工程的土料时，则比较容易获得较大的密实度。

曲率系数 C_c 反映的是各粒组含量的均匀程度。

一般情况下，工程上把 $C_u \leqslant 5$ 的土看作是均粒土，属级配不良；$C_u > 5$ 时，称为不均粒土；$C_u > 10$ 的土属级配良好。

经验证明，当级配连续时，C_c 的范围为 1~3。因此当 $C_c < 1$ 或 $C_c > 3$ 时，均表示级配曲线不光滑，有粒径缺少现象。

从工程上看，$C_u \geqslant 5$ 且 $C_c = 1 \sim 3$ 的土，称为级配良好的土；不能同时满足这两个要求的土，称为级配不良的土。

2.1.2　土的物理性质

土的物理性质就是研究土粒（固体相）、水（液体相）和空气（气体相）这三相的质量与体积间的相互比例关系以及固、液两相相互作用表现出来的性质。

1）土的三相指标

土的物理性质指标，可分为两类：一类是必须通过试验测定的，如含水量、密度和土粒相对密度；另一类是可以根据试验测定的指标换算的，如孔隙比、孔隙率和饱和度等。

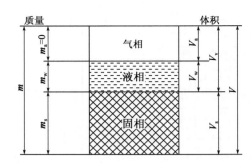

图 2-1-2　土的三相示意图

V_s-固体体积；m_s-固体质量；V_w-液体体积；m_w-液体质量；V_a-气体体积；m_a-气体质量

（1）土的三相图

将土的三相抽象分开，将其中固体、液体、气体的体积和质量分别示于图 2-1-2，左边表示质量，右边表示体积。

（2）直接测定指标

①土的密度

单位体积土的质量，称为土的密度ρ。

$$\rho = \frac{m}{V} = \frac{m_s + m_w}{V_s + V_v} \quad (g/cm^3)$$

其中，$V = V_s + V_v$，$m = m_s + m_w$，空气质量很小，可忽略不计。

室内测定土的密度一般采用"环刀法"。已知环刀容积，称得环刀内土样质量，两者的比值即为土的密度。

②土粒密度和土粒相对密度

单位体积固体土粒的质量，称为土粒密度ρ_s。

$$\rho_s = \frac{m_s}{V_s} \quad (g/cm^3)$$

单位体积固体土粒的质量与同体积水的质量之比，称为土粒的相对密度d_s。

$$d_s = \frac{m_s}{V_w \cdot \rho_w}$$

工程上，水的密度取为 $1g/cm^3$，因此，土粒的相对密度与土粒密度在数字上相同。

土粒密度仅与组成土粒的矿物密度有关，而与土的孔隙大小和含水多少无关。它实际上是土中各种矿物密度的加权平均值，为实测指标。土粒相对密度范围一般为 2.64~2.76，变化不大，经验值见表 2-1-2。

土粒相对密度经验值表　　　　　　　　　　　　　　　表 2-1-2

土　名	砂土	粉土	粉质黏土	黏土
土粒相对密度	2.64~2.68	2.70~2.71	2.72~2.73	2.74~2.76

③土的含水率

土中水的质量与土粒质量之比，称为土的含水率w，以百分数表示。

$$w = \frac{m_w}{m_s} \times 100\% = \frac{m - m_s}{m_s} \times 100\%$$

室内一般用"烘干法"测定土的含水率，即先称小块原状土样的湿土质量，然后置于烘箱内维持 100~105℃ 烘至恒重，再称干土质量，湿、干土质量之差与干土质量的比值就是土的含水率。

（3）换算指标

孔隙性指土中孔隙的大小、数量、形状、性质以及连通情况。

①孔隙比与孔隙率

孔隙比e：定义为土中孔隙体积与土粒体积之比，以小数表示。

$$e = \frac{V_v}{V_s}$$

孔隙率n：定义为土的孔隙体积与土体积之比，或单位体积土中孔隙的体积，以百分数表示。

$$n = \frac{V_v}{V} \times 100\%$$

孔隙比和孔隙率都是用以表示孔隙体积含量的概念。两者有如下关系：

$$n = \frac{e}{1 + e} \quad \text{或} \quad e = \frac{n}{1 - n}$$

【例 2-1-1】土体的孔隙比为 0.4771，那么用百分比表示该土体的孔隙率为：

  A. 109.60%   B. 91.24%   C. 67.70%   D. 32.30%

解

$$\text{孔隙比}\, e = \frac{V_v}{V_s} = 47.71\%$$

（注：孔隙比一般用小数表示）

$$\text{孔隙率}\, n = \frac{V_v}{V_v + V_s} = \frac{e}{1 + e} = 32.30\%$$

选 D。

②饱和度

定义：土中孔隙水的体积与土的孔隙体积之比，称为土的饱和度，以百分数表示，即：

$$S_r = \frac{V_w}{V_v} \times 100\%$$

饱和度愈大，表明土中孔隙充水愈满，范围为 0~100%。

干燥时，$S_r = 0$；孔隙全部为水充填时，$S_r = 100\%$。

③不同状态下土的密度

a. 天然密度（湿密度）

天然状态下土的密度，称为天然密度 ρ，即由 $\rho = \frac{m}{V}$ 直接测定的密度。

b. 干密度

土的孔隙中完全没有水时的密度，称为干密度 ρ_d，即单位体积土体中土粒的质量。

$$\rho_d = \frac{m_s}{V} \quad (\text{g/cm}^3)$$

由于土粒的密度变化很小，干密度反映了土体单位体积中固体颗粒的多少，在工程上常把干密度作为评定土体紧密程度的标准，以控制填土工程的施工质量。

【例 2-1-2】某饱和土体，土粒相对密度 $d_s = 2.70$，含水率 $w = 30\%$，则其干密度为：

  A. 1.49g/cm³   B. 1.94g/cm³   C. 1.81g/cm³   D. 0.81g/cm³

解

$$e = \frac{d_s w}{S_r} = \frac{2.7 \times 0.3}{1} = 0.81$$

$$\rho_d = \frac{d_s}{1 + e} \rho_w = \frac{2.7}{1 + 0.81} \times 1 = 1.49\text{g/cm}^3$$

选 A。

c. 饱和密度

土的孔隙完全被水充满时的密度称为饱和密度 ρ_{sat}，即土的孔隙中全部充满液态水时的单位体积质量。

$$\rho_{sat} = \frac{m_s + V_v \rho_w}{V} \quad (\text{g/cm}^3)$$

式中：ρ_w——水的密度。

土的饱和密度的常见值为 1.8~2.30g/cm³。

d. 浮密度

单位体积土体中土粒质量扣除同体积水的质量之差，称为土的浮密度 ρ'。

$$\rho' = \frac{m_s - V_s \cdot \rho_w}{V} \quad (\text{g/cm}^3)$$

土的浮密度与饱和密度的关系：

$$\rho' = \rho_{sat} - \rho_w$$

由此可见，同一种土在体积不变的条件下，它的各种密度在数值上有如下关系：

$$\rho_s > \rho_{sat} > \rho > \rho_d > \rho'$$

④土的重度与密度之间的关系

各种状态下，土的重度与密度之间均是重力加速度倍数的关系。

天然重度：

$$\gamma = \rho \cdot g \quad (kN/m^3)$$

式中，$g = 9.81 m/s^2$，为地球表面的重力加速度。

干重度：

$$\gamma_d = \rho_d \cdot g \quad (kN/m^3)$$

饱和重度：

$$\gamma_{sat} = \rho_{sat} \cdot g \quad (kN/m^3)$$

浮重度：

$$\gamma' = \rho' \cdot g \quad (kN/m^3)$$

常见的物理性质指标及相互关系换算公式见表 2-1-3。

土的三相指标比例换算公式　　　　　　　　表 2-1-3

名称	符号	三相比例表达式	常用换算公式	单位	常见数值范围
土粒相对密度	d_s	$d_s = \dfrac{m_s}{V_s \cdot \rho_s}$	$d_s = \dfrac{S_r e}{w}$	—	黏性土：2.72~2.75 粉土：2.70~2.71 砂土：2.65~2.69
含水率	w	$w = \dfrac{m_w}{m_s} \times 100\%$	$w = \dfrac{S_r e}{d_s}$ $w = \dfrac{\rho}{\rho_d} - 1$	—	20%~60%
密度	ρ	$\rho = \dfrac{m}{V}$	$\rho = \rho_d(1+w)$ $\rho = \dfrac{d_s(1+w)}{1+e}\rho_w$	g/cm³	1.6~2.0
干密度	ρ_d	$\rho_d = \dfrac{m_s}{V}$	$\rho_d = \dfrac{\rho}{1+w}$ $\rho_d = \dfrac{d_s}{1+e}\rho_w$	g/cm³	1.3~1.8
饱和密度	ρ_{sat}	$\rho_{sat} = \dfrac{m_s + V_v \rho_w}{V}$	$\rho_{sat} = \dfrac{d_s + e}{1+e}\rho_w$	g/cm³	1.8~2.3
有效密度	ρ'	$\rho' = \dfrac{m_s - V_s \cdot \rho_w}{V}$	$\rho' = \rho_{sat} - \rho_w$ $\rho' = \dfrac{d_s - 1}{1+e}\rho_w$	g/cm³	0.8~1.3
重度	γ	$\gamma = \dfrac{m}{V} \cdot g = \rho \cdot g$	$\gamma = \dfrac{d_s(1+w)}{1+e}\gamma_w$	kN/m³	16~20
干重度	γ_d	$\gamma_d = \dfrac{m_s}{V} \cdot g = \rho_d \cdot g$	$\gamma_d = \dfrac{d_s}{1+e}\gamma_w$	kN/m³	13~18
饱和重度	γ_{sat}	$\gamma_{sat} = \dfrac{m_s + V_v \gamma_w}{V} \cdot g = \rho_{sat} \cdot g$	$\gamma_{sat} = \dfrac{d_s + e}{1+e}\gamma_w$	kN/m³	18~23

名称	符号	三相比例表达式	常用换算公式	单位	常见数值范围
有效重度	γ'	$\gamma' = \dfrac{m_s - V_s \cdot \rho_w}{V} \cdot g = \rho' \cdot g$	$\gamma' = \dfrac{d_s - 1}{1 + e} \gamma_w$	kN/m³	8~13
孔隙比	e	$e = \dfrac{V_v}{V_s}$	$e = \dfrac{d_s \rho_w}{\rho_d} - 1$ $e = \dfrac{d_s(1 + w)\rho_w}{\rho} - 1$	—	黏性土和粉土：0.4~1.2 砂类土：0.3~0.9
孔隙率	n	$n = \dfrac{V_v}{V} \times 100\%$	$n = \dfrac{e}{1 + e}$ $n = 1 - \dfrac{\rho_d}{d_s \rho_w}$	—	黏性土和粉土： 30%~60% 砂类土：25%~45%
饱和度	S_r	$S_r = \dfrac{V_w}{V_v} \times 100\%$	$S_r = \dfrac{d_s w}{e}$ $S_r = \dfrac{\rho_d w}{n \rho_w}$	—	0~100%

注：水的重度 $\gamma_w = \rho_w \cdot \gamma = 1000\text{kg/m}^3 \times 9.8\text{N/kg} \approx 10\text{kN/m}^3$。

土的物理性质指标之间的换算公式很多，建议不必死记公式。从土的三相图分析，分量共有 6 个： V_a、V_w、V_s、m_a、m_w、m_s，其中 $m_a = 0$，$m_w = V_w \cdot \rho_w$。工程上，取 $\rho_w = 1\text{g/cm}^3$，因此 6 个分量剩了 4 个，而土的物理性质指标均为 6 个分量之间的比例关系，所以，只要知道 3 个相互独立的指标，就可推导出其他指标，这也是只有三个指标称为"直接测定"指标的原因。而只要知道了 3 个相互独立的指标，再假设一个分量，就可将所有分量解出来，根据指标定义，可进一步得出各个指标。因此，三相图必须熟悉，各个物理性质指标的定义必须熟悉，借助三相图可容易地换算各个指标之间的关系。

【例 2-1-3】 已知三个直接测定指标 γ、d_s、w，试计算孔隙比 e。

解 设土的颗粒体积 $V_s = 1$，根据孔隙比定义，得 $V_v = V_s \cdot e = e$，$V = 1 + e$

根据土粒相对密度定义 $d_s = \dfrac{W_s}{V_s \times \gamma_w}$，得

$$W_s = d_s \cdot V_s \cdot \gamma_w = d_s \cdot \gamma_w$$

根据含水率定义 $w = \dfrac{W_w}{W_s}$，得 $W_w = w \cdot W_s = w \cdot d_s \cdot \gamma_w$

$$W = W_w + W_s = (1 + w) \cdot d_s \gamma_w$$

根据土的重度定义 $\gamma = \dfrac{W}{V}$，得 $V = \dfrac{W}{\gamma} = 1 + e$，则 $e = \dfrac{W}{\gamma} - 1 = \dfrac{(1+w)d_s}{\gamma} \cdot \gamma_w - 1$

【例 2-1-4】 下面土的指标可以直接通过室内试验测试出来的是：

　　A. 天然密度　　　　B. 有效密度　　　　C. 孔隙比　　　　D. 饱和度

解 土的天然密度、含水量和土粒相对密度是基本量测指标，可以通过实验室试验测出。称土的有效密度、干密度、饱和密度、孔隙比、孔隙率和饱和度是换算指标（导出指标），即都可以用基本量测指标表示。选 A。

2）砂土的相对密度

对于砂土，孔隙比有最大值与最小值，即最松散状态的孔隙比（称为最大孔隙比）和最紧密状态的孔隙比（称为最小孔隙比）。

e_{min}：即最小孔隙比，一般采用"振击法"测定；

e_{max}：即最大孔隙比，一般用"松砂器法"测定。

砂土的松密程度还可以用相对密实度来评价：

$$D_r = \frac{e_{\max} - e}{e_{\max} - e_{\min}}$$

式中：e——天然孔隙比。

砂土按相对密实度分类：

$$0 < D_r \leqslant 0.33 \quad 疏松$$

$$0.33 < D_r \leqslant 0.66 \quad 中密$$

$$0.66 < D_r \leqslant 1 \quad 密实$$

D_r在工程上常应用于：

①评价砂土地基的允许承载力；

②评价地震区砂体液化；

③评价砂土的强度稳定性。

3）黏性土的稠度和塑性

（1）稠度与塑性指数

黏性土的物理状态常以稠度来表示。

相邻两稠度状态，既是相互区别又是逐渐过渡的。稠度状态之间的转变界限叫稠度界限，用含水量表示，称界限含水量。在稠度的各界限值中，塑性状态与液性状态之间的界限含水量称为液限，用w_L表示；塑性状态与半固态之间的界限含水量称为塑限，用w_p表示。

塑性指数I_p：

$$I_p = w_L - w_p$$

塑性指数I_p用百分数表示，但不带%号。

例如：某土体$w_L = 46\%$，$w_p = 25\%$，$I_p = w_L - w_p = 46 - 25 = 21$。

塑性指数I_p反映了土体可塑性含水率范围的大小，也近似反映了土中黏粒含量的多少。

【例 2-1-5】 关于土的塑性指数，下面说法正确的是：

    A. 可以作为黏性土工程分类的依据之一

    B. 可以作为砂土工程分类的依据之一

    C. 可以反映黏性土的软硬情况

    D. 可以反映砂土的软硬情况

解 细颗粒土可以按塑性指数分类。塑性指数$I_p = w_L - w_p$。液限与塑限之差值（省去%），反映在可塑状态下土的含水率变化范围，此值可作为黏性土分类的指标。选 A。

【例 2-1-6】 某原状土的液限$w_L = 46\%$，塑限$w_p = 24\%$，天然含水率$w = 40\%$，则该土的塑性指数为：

    A. 22   B. 22%   C. 16   D. 16%

解 塑性指数$I_p = w_L - w_p = 46 - 24 = 22$

塑性指数是用液限减去塑限，用不带%的数值表示。

塑性指数是黏土最基本的物理指标，表示黏土可塑状态含水率的变化范围，也间接反映黏土中黏土矿物质的多少，广泛应用于土的分类和评价。选 A。

（2）液性指数与物理状态分类

土所处的稠度状态，一般用**液性指数**I_L（即稠度指标B）来表示。

$$I_L = \frac{w - w_p}{w_L - w_p}$$

式中：w——天然含水量；

w_L——液限含水量；

w_p——塑限含水量。

按液性指数（I_L），黏性土的物理状态可分为：

坚硬：$I_L \leq 0$

硬塑：$0 < I_L \leq 0.25$

可塑：$0.25 < I_L \leq 0.75$

软塑：$0.75 < I_L \leq 1.0$

流塑：$I_L > 1.0$

【例 2-1-7】 表征黏性土软硬状态的指标是：

    A. 塑限　　　　　　　　　　　B. 液限

    C. 塑性指数　　　　　　　　　D. 液性指数

解 塑限、液限为扰动指标，塑性指数反映黏粒含量，只有液性指数反映黏性土软硬状态。选 D。

4）土的击实性（压实性）

击实试验是把某一含水率的土料填入击实筒内，用击锤按规定落距对土打击一定的次数，即用一定的击实功击实土，测其含水率和干密度的关系曲线，即为击实曲线。

在一定击实作用下，土体在某一含水量下可以被击实得最密实，该含水量称为最优含水量w_{op}，对应的干密度为最大干密度ρ_{dmax}。

最优含水量w_{op}接近土的塑限w_p，差值在±2%之内。

（1）黏性土的击实性

黏性土的最优含水量一般在塑限附近，约为液限的 0.55~0.65 倍。在最优含水量时，土粒周围的结合水膜厚度适中，土粒连接较弱，又不存在多余的水分，故易于击实，使土粒靠拢而排列最密。

实践证明，土被击实到最佳状态时，饱和度一般在 80% 左右。

（2）无黏性土的击实性

无黏性土的情况有些不同。无黏性土的压实性也与含水量有关，但不存在一个最优含水量。一般在完全干燥或者充分洒水饱和的情况下容易压实到较大的干密度。

潮湿状态，无黏性土由于具有微弱的毛细水连接，土粒间移动所受阻力较大，不易被挤紧压实，干密度不大。

无黏性土的压实标准，一般用相对密实度D_r来表示。一般要求砂土压实至$D_r > 0.67$，即达到密实状态。

影响土压实性的因素除含水量外，还与压实功能、土质情况（矿物成分和粒度成分），所处状态、击实条件以及土的种类和级配等有关。

压实功能是指压实每单位体积土所消耗的能量。击实试验中的压实功能表示为：

$$N = \frac{W \cdot d \cdot n \cdot m}{V}$$

式中：W——击锤质量（kg），在标准击实试验中击锤质量为 2.5kg；

d——落距（m），击实试验中定为 0.30m；

n——每层土的击实次数，标准试验为 27 击；

m——铺土层数，试验中分三层；

V——击实筒的体积，为 $1 \times 10^{-3}\text{m}^3$。

同一种土，用不同的功能击实，得到的击实曲线有一定的差异。

a. 土的最大干密度和最优含水率不是常量；ρ_{dmax}随击数的增加而逐渐增大，而w_{op}则随击数的增加而逐渐减小。

b. 当含水量较低时，击数的影响较明显；当含水量较高时，含水量与干密度关系曲线趋近于饱和线，也就是说，这时提高击实功能是无效的。

试验证明，最优含水量w_{op}约与w_{p}相近，关系近似为$w_{\text{op}} = w_{\text{p}} + 2$。填土中所含的细粒越多（即黏土矿物越多），则最优含水率越大，最大干密度越小。

有机质对土的击实效果有不好的影响。因为有机质亲水性强，不易将土击实到较大的干密度，且能使土质恶化。

在同类土中，土的颗粒级配对土的压实效果影响很大，颗粒级配不均匀的土容易压实，颗粒级配均匀的土不易压实。这是因为级配均匀的土中较粗颗粒形成的孔隙很少有细颗粒去充填。

【例 2-1-8】 某土料场土料的分类为中液限黏质土，天然含水率$w = 21\%$，土粒相对密度$d_{\text{s}} = 2.70$。室内标准功能击实试验得到的最大干密度$\rho_{\text{dmax}} = 1.85\text{g/cm}^3$。设计中取压密度$K_{\text{c}} = 95\%$并要求压实后土的饱和度$S_{\text{r}} \leqslant 0.9$。试问土料的天然含水率是否适合于填筑？碾压时土料应控制多大的含水率？

解 （1）求压实后土的孔隙比。

可先按式$K_{\text{c}} = \dfrac{\rho_{\text{d}}}{\rho_{\text{dmax}}} \times 100\%$求填土的干密度：

$$\rho_{\text{d}} = \rho_{\text{dmax}} \cdot K_{\text{c}} = 1.85 \times 0.95 = 1.76\text{g/cm}^3$$

设$V_{\text{s}} = 1.0$，根据干密度$\rho_{\text{d}} = \dfrac{d_{\text{s}}}{1+e} = 1.76\text{g/cm}^3$，可得$e = 0.534$。

（2）求碾压含水率。

根据题意按饱和度$S_{\text{r}} = 0.9$控制含水量。由式$S_{\text{r}} = \dfrac{V_{\text{w}}}{V_{\text{v}}} \times 100\%$计算水的体积：

$$V_{\text{w}} = S_{\text{r}}V_{\text{v}} = 0.9 \times 0.534 = 0.48\text{cm}^3$$

因此，水的质量为：

$$m_{\text{w}} = \rho_{\text{w}} \cdot V_{\text{w}} = 0.48\text{g}$$

含水率为：

$$w = \frac{m_{\text{w}}}{m_{\text{s}}} \times 100\% = \frac{0.48}{2.7} \times 100\% = 17.8\% < 21\%$$

即碾压时土料的含水率应控制在 18%左右，天然含水率比料场含水率高 3%以上，不适于直接填筑，应进行翻晒处理。

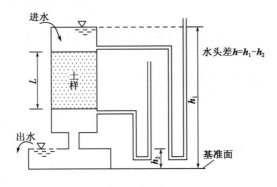

图 2-1-3　达西定律示意图

5）土的渗透性

土孔隙中自由水在水头梯度或压力梯度下流动称为渗流。水的渗透速度与试样两端面间的水头差成正比，而与相应的渗透路径成反比。如图 2-1-3 所示，渗透速度表示为：

$$v = k\frac{h}{L} = ki$$

或渗流量表示为：

$$q = vA = kiA$$

这就是著名的达西定律。

式中：v——渗透速度（m/s）；

　　h——试样两端的水头差（m）；

　　L——渗透路径（m）；

$i = h/L$——水力梯度，无因次；

　　k——渗透系数（m/s），其物理意义是当水力梯度$i = 1$时的渗透速度；

　　q——渗流量（m³/s）；

　　A——试样截面积（m²）。

【例 2-1-9】 下列因素中，与水在土中的渗透速度无关的是：

        A. 渗流路径   B. 水头差   C. 土渗透系数   D. 土重度

解　由$v = k \cdot i$，$i = \dfrac{h}{L}$知，渗流路径L、水头差h、土渗透系数k均与渗透速度有关。选 D。

2.1.3　土的工程分类

国内外对土的分类方案有很多，归纳起来有三种不同体系，一种是按粒度分类，另一种是按塑性指标分类，第三种是综合考虑粒度和塑性影响进行分类。

1）碎石土的分类（见表 2-1-4）

碎 石 土 的 分 类　　　　　　　　　　　　　　　　　表 2-1-4

土 的 名 称	颗 粒 形 状	颗 粒 级 配
漂石	圆形及亚圆形为主	粒径大于 200mm 的颗粒含量超过全重 50%
块石	棱角形为主	
卵石	圆形及亚圆形为主	粒径大于 20mm 的颗粒含量超过全重 50%
碎石	棱角形为主	
圆砾	圆形及亚圆形为主	粒径大于 2mm 的颗粒含量超过全重 50%
角砾	棱角形为主	

2）砂土的分类（见表 2-1-5）

砂 土 的 分 类　　　　　　　　　　　　　　　　　　表 2-1-5

土 的 名 称	颗 粒 级 配
砾砂	粒径大于 2mm 的颗粒含量占全重 25%~50%
粗砂	粒径大于 0.5mm 的颗粒含量超过全重 50%
中砂	粒径大于 0.25mm 的颗粒含量超过全重 50%
细砂	粒径大于 0.075mm 的颗粒含量超过全重 85%
粉砂	粒径大于 0.075mm 的颗粒含量超过全重 50%

3）粉土的分类（见表 2-1-6）

粒径大于 0.075mm 的颗粒含量不超过全重 50%的土，称为细粒土。细粒土中，塑性指数$I_p \leqslant 10$的细粒土称为粉土。

粉 土 的 分 类   表 2-1-6

土 的 名 称	颗 粒 级 配
砂质粉土	粒径小于 0.005mm 的颗粒含量不超过全重 10%
黏质粉土	粒径小于 0.005mm 的颗粒含量超过全重 10%

4）黏性土的分类（见表 2-1-7）

黏性土主要指塑性指数 $I_p > 10$ 的细粒土，通常依据塑性指数 I_p 进行分类。

黏 性 土 的 分 类   表 2-1-7

土 的 名 称	塑 性 指 数	土 的 名 称	塑 性 指 数
粉质黏土	$10 < I_p \leqslant 17$	黏土	$I_p > 17$

经 典 练 习

2-1-1 黏性土的特征之一是（   ）。

     A. 塑性指数 $I_p > 10$ B. 孔隙比 $e > 0.8$

     C. 灵敏度较低   D. 黏聚力 $c = 0$

2-1-2 某土样经试验测得其塑性指数为 20，按塑性指数分类法，该土样应定名为（   ）。

     A. 砂土   B. 粉土   C. 粉质黏土   D. 黏土

2-1-3 下列指标中可作为判定土软硬程度指标的是（   ）。

     A. 液限   B. 塑限   C. 液性指数 I_L D. 塑性指数 I_P

2-1-4 影响黏性土性质的土中水主要是（   ）。

     A. 强结合水   B. 弱结合水   C. 重力水   D. 毛细水

2-1-5 有效粒径为一特定粒径，即小于该粒径的土粒质量累计为（   ）。

     A. 10%   B. 30%   C. 60%   D. 50%

2-1-6 工程上所谓的均粒土，其不均匀系数 C_u 为（   ）。

     A. $C_u < 5$ B. $C_u \geqslant 5$ C. $C_u > 10$ D. $5 < C_u < 10$

2-1-7 标准贯入试验时，最初打入土层不计锤击数的土层厚度为（   ）。

     A. 15cm   B. 30cm   C. 63.5cm   D. 50cm

2-1-8 已知某土样孔隙比 $e = 1$，饱和度 $S_r = 0$，则土样应符合以下哪两项条件？（   ）

     ①土粒、水、气三相体积相等；②土料、气两相体积相等；③土粒体积是气体体积的两倍；

     ④此土样为干土。

     A. ①②   B. ①③   C. ②③   D. ②④

2-1-9 反映黏性土状态的指标是（   ）。

     A. w B. I_L C. w_p D. S_r

2-1-10 计算土的不均匀系数的参数是下列中的哪几项？（   ）

     ①粒组平均粒径；②有效粒径；③限制粒径；④界限粒径。

     A. ①②   B. ②③   C. ②④   D. ③④

2-1-11 同一种土的压实效果和下列哪些因素有关？（   ）

     ①土的粒组数量；②压实能量；③土的含水率；④堆积年代。

A. ①②   B. ②③   C. ①③   D. ③④

2-1-12 黏性土是（   ）。

     A. $I_p > 10$ 的土   B. 黏土的粉土的统称

     C. $I_p \leqslant 10$ 的土   D. 红黏土中的一种

2-1-13 粒径大于 0.075mm 的颗粒含量不超过全重的 50%，且 $I_p > 17$ 的土称为（   ）。

     A. 碎石土   B. 砂土   C. 粉土   D. 黏土

2-1-14 在一定压实功作用下，土样中粗粒含量越多，则该土样的（   ）。

     A. 最佳含水率和最大干重度都越大

     B. 最大干重度越大，而最佳含水率越小

     C. 最佳含水率和最大干重度都越小

     D. 最大干重度越小，而最佳含水率越大

2-1-15 同一土样，其重度指标 γ_{sat}、γ_d、γ、γ' 大小存在的关系是（   ）。

     A. $\gamma_{sat} > \gamma_d > \gamma > \gamma'$ B. $\gamma_{sat} > \gamma > \gamma_d > \gamma'$

     C. $\gamma_{sat} > \gamma > \gamma' > \gamma_d$ D. $\gamma_{sat} > \gamma' > \gamma > \gamma_d$

2-1-16 已知土样的最大、最小孔隙比分别为 0.8、0.4，若天然孔隙比为 0.6，则土样的相对密实度 D_s 为（   ）。

     A. 0.75   B. 0.5   C. 4.0   D. 0.25

2-1-17 某饱和土样，测得含水量为 31%，密度为 1.95g/cm³，试确定其相对密度、孔隙比、干重度。

2-1-18 某土样天然含水量 34.5%，液限 42%，塑限 15%，试确定其塑性指数、液性指数、稠度状态。

2-1-19 某砂土样天然孔隙比 0.79，最大孔隙比 0.95，最小孔隙比 0.74，试确定其密实度。

2-1-20 某土样 $d_{60} = 8.6$mm，$d_{10} = 0.2$mm，$d_{30} = 0.33$mm，试确定其级配是否良好？

2.2 土中应力计算及分布

考试大纲 ☞：土的自重应力   基础地面压力   基底附加压力   土中附加应力

     土中应力按引起的原因来分，可分成由土本身自重引起的自重应力和由建筑物荷载或工程活动引起的附加应力。因为土体是由固体颗粒构成的骨架及由水和气充满的孔隙所组成，所以土中应力又可分成由骨架所承受的有效应力和由孔隙中的气或水承受的孔隙应力。

2.2.1 土的自重应力

     建筑物建造之前，土中的应力是由土体本身自重引起的。假定天然地面是一个无限大的水平面，则任意竖直面和水平面上均无剪应力存在。如果地面下土质均匀，天然重度为 γ，则地面下任意深度 z 处 a-a 水平面上的竖向自重应力 σ_{cz} 等于该水平面以上土柱的重力，即

$$\sigma_{cz} = \gamma z$$

     σ_{cz} 沿水平面均匀分布，且与 z 成正比，即随深度按直线规律分布，如图 2-2-1 所示。同理，在与水平面垂直的竖向平面上作用有水平向侧向应力 σ_{cx} 和 σ_{cy}，根据弹性理论，则：

$$\sigma_{cx} = \sigma_{cy} = K_0 \sigma_{cz}$$

式中：K_0——土的静止侧压力系数，可通过试验测定。

天然地层往往由不同土层所组成，因而在深度z处的自重应力应改写为：

$$\sigma_{cz} = \sum_{i=1}^{n} \gamma_i h_i$$

$$\sigma_{cx} = K_{0i} \sum_{i=1}^{n} \gamma_i h_i$$

式中：γ_i——第i层土的重度（kN/m³），地下水以下取为浮重度γ'；

h_i——第i层土的厚度（m）。

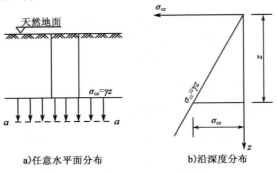

a)任意水平面分布   b)沿深度分布

图 2-2-1　均质土中竖向自重应力

当有地下水存在时，地下水位以下的土受到水的浮力作用，用浮重度γ'计算的自重应力实际上标志着作用在土骨架上的应力，该自重应力称为有效自重应力；用饱和重度计算的自重应力称为总自重应力。总自重应力与有效自重应力之差即为土中孔隙里的水承担的压力，称为孔隙水压力。

孔隙水压力计算式：

$$u = \gamma_w h_w$$

式中：γ_w——水的重度（kN/m³）。

h_w——计算点至地下水位面的距离（m）。

孔隙水压力各向相等，垂直作用于土粒表面，对土粒产生压力，但其压缩量很小，可忽略不计，因此称为中性压力。

工程上最关心的是土中的有效自重应力，所以一般把有效自重应力简称为自重应力，所以在谈到自重应力时，一定要清楚指的是有效自重应力。

有效应力：单位土体面积上由固体土粒传递的力，称为有效应力（σ'）。

有效应力原理：土体中的总应力等于有效应力与孔隙水压力之和，即$\sigma = \sigma' + u$。

【例 2-2-1】下列有关地基土自重应力的说法中，错误的是：

A. 自重应力随深度的增加而增大

B. 在求地下水位以下的自重应力时，应取其有效重度计算

C. 地下水位以下的同一种土的自重应力按直线变化，或按折线变化

D. 土的自重应力分布曲线是一条折线，拐点在土层交界处和地下水位处

解　地下水位以下的同一种土自重应力随深度按直线变化。在不透水层的表面，土的自重应力有突变。选 C。

【例 2-2-2】某建筑场地的地质柱状图、土的有关指标列于图左中。试计算如图所示土层的自重应力及作用在基岩顶面的土自重应力和静水压力之和，并绘出分布图。

解　本例天然地面下第一层细砂厚 4.5m，其中地下水位以上和以下的厚度分别为 2.0m 和 2.5m；第二层为厚 4.5m 的黏土层。依次计算土层及地下水位分界面 2.0m、4.5m 和 9.0 m 深度处的土中竖向自

重应力。

$$\sigma_{cz1} = \gamma_1 h_1 = 19 \times 2.0 = 38 \text{kPa}$$

$$\sigma_{cz2} = \gamma_1 h_1 + \gamma_1' h_2 = 38 + (19.4 - 10) \times 2.5 = 61.5 \text{kPa}$$

$$\sigma_{cz3} = \gamma_1 h_1 + \gamma_1' h_2 + \gamma_2' h_3 = 61.5 + (17.4 - 10) \times 4.5 = 94.8 \text{kPa}$$

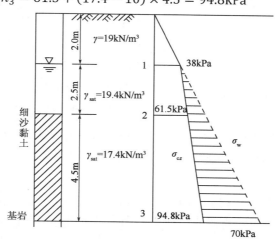

例 2-2-2 图　地质柱状图、土的有关指标（左）及应力分布图（右）

$$\sigma_w = \gamma_w (h_2 + h_3) = 10 \times (2.5 + 4.5) = 70.0 \text{kPa}$$

作用在基岩顶面处的自重应力为 94.8kPa，静水压力为 70kPa，总应力为 $94.8 + 70 = 164.8$kPa，分布如图右所示。

【例 2-2-3】 某场地表层为 4m 厚的粉质黏土，天然重度 $\gamma = 17 \text{kN/m}^3$，其下为饱和重度 $\gamma_{sat} = 19 \text{kN/m}^3$ 的厚黏土层，地下水位在地表下 4m 处，地表以下 5m 处土的竖向自重应力为：

　　　　　　A. 77kPa　　　　　B. 85kPa　　　　　C. 87kPa　　　　　D. 95kPa

解　根据题意，知 $\sigma_z = 4 \times 17 + (19 - 10) \times (5 - 4) = 77 \text{kPa}$，选 A。

【例 2-2-4】 某场地土层为砂土，重度 $\gamma = 18 \text{kN/m}^3$，饱和重度 $\gamma_{sat} = 19.0 \text{kN/m}^3$，侧压力系数 $K_0 = 0.3$，地下水位在地表下 $h_0 = 2$m 深处，水的重度 $\gamma_w = 10 \text{kN/m}^3$，则地表下 $h_1 = 3$m 深处土的水平自重应力为：

　　　　　　A. 10.8kPa　　　　B. 13.5kPa　　　　C. 17.4kPa　　　　D. 45.0kPa

解　竖向自重应力 $\sigma_y = \gamma h_0 + (\gamma_{sat} - \gamma_w) \cdot (h_1 - h_0) = 18 \times 2 + (19 - 10) \times 1 = 45 \text{kPa}$

水平自重应力 $\sigma_x = \sigma_y K_0 = 45 \times 0.3 = 13.5 \text{kPa}$

选 B。

2.2.2　附加应力

附加应力是指由建筑物荷载引起的土中新增加的应力，根据土的位置主要分为基底处的附加应力和土中的附加应力。

1）基底接触应力计算

（1）按弹性理论分析

建筑物荷载通过基础传给地基的压力，称为基底压力。地基反作用于基础底面的反力，称为接触应力。根据弹性理论分析，基底接触应力分布规律是基础的刚度和地基的变形条件两者共同工作的结果。如果基础是柔性的，并能跟随地基土表面变形而变形，则基底反力分布规律与上部荷载分布形式一致。

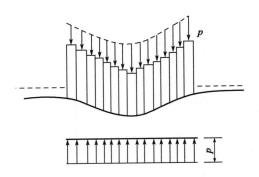

图 2-2-2　柔性基础下土的变形与基础底面应力分布

如图 2-2-2 所示，上部荷载是均布的，基底反力也是均布的，但基础变形是不均匀的，与地基变形一致，中间大，两边小。当基础刚度为绝对刚性时，由于基础本身不能变形，基础底面保持一平面，这将迫使地基各点沉降一致，为一常数。所以基底接触应力分布与上部荷载分布不同，它与地基土的性质、基础的形状、埋置深度等因素有关，如图 2-2-3 所示。图 2-2-3a）是根据弹性理论分析得到的反力分布形式，基础边缘的应力为无穷大，这一部位土产生塑性变形，因此接触应力只能呈图 2-2-3b）所示马鞍形；当荷载增大时，边缘塑性区发展，应力调整，中间部位应力增加而呈图 2-2-3c）所示抛物线形；当地基接近破坏时，基底接触应力呈图 2-2-3d）所示钟形。

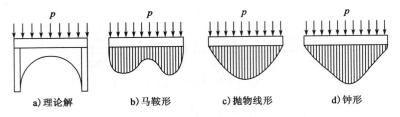

a) 理论解　　　b) 马鞍形　　　c) 抛物线形　　　d) 钟形

图 2-2-3　刚性基础地面上应力分布

　　根据圣维南原理，在总荷载保持定值的前提下，基底应力分布的形状对土中应力分布的影响超过一定深度后就不显著了。除了基础结构设计时需要考虑基底应力分布形状外，在实用上可以采用材料力学简化计算方法确定基底应力分布。

　　（2）材料力学简化计算法

　　①中心受压基础

　　作用在基础上的荷载合力通过基底形心，基底压力呈均匀分布，对于矩形基础，则有：

$$p = \frac{F + G}{A}$$

式中：p——基底平均应力（kPa）；

　　　　F——上部结构传至基础的荷载（kN）；

　　　　A——矩形基础底面的面积（m²）；

　　　　G——基础及其台阶上填土的总重，$G = \gamma_G A D$，其中，γ_G 为基础和填土的平均重度，D 为基础埋置深度，A 为基础底面积。

　　②偏心受压基础

　　当基础受单向偏心荷载作用时，如偏心距为 e 的荷载合力作用于矩形基底的一个主轴上（如 x 轴，见图 2-2-4）时，可按材料力学偏心受压公式计算基底压力，其基底压力为：

$$p_{\min}^{\max} = \frac{F + G}{lb} \pm \frac{M}{W} = \frac{F + G}{lb}\left(1 \pm \frac{6e}{l}\right)$$

式中：$p_{\max}$、$p_{\min}$——基底最大和最小边缘应力（kPa）；

　　　　M——作用在基础底面的偏心力矩（kN·m）；

　　　　W——基础底面的抵抗矩（m³），$W = \frac{bl^2}{6}$。

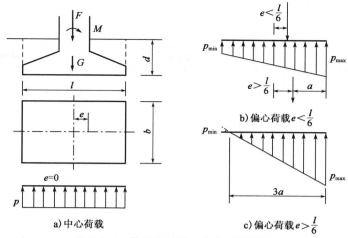

图 2-2-4 基础接触压力分布的简化图

当 $e < \frac{l}{6}$ 时，基底压力分布为梯形。

当 $e = \frac{l}{6}$ 时，基底压力分布为三角形。

当 $e > \frac{l}{6}$ 时，基底一侧的压力将出现负值，即出现拉应力。

实际上，在土和基础之间不可能存在拉力，因此，基础底面下的应力将重新分布。根据基础底面下所有压力之和与基底上荷载的合力 P 相等的条件，得基础边缘处最大压力 p_{max} 为：

$$p_{max} = \frac{2(F + G)}{3ab}$$

【例 2-2-5】 如图所示，宽度为 b 的条形基础上作用偏心荷载 F，当偏心距 $e > b/6$ 时，下列说法正确的是：

        A. 基底左侧出现拉应力区

        B. 基底右侧出现拉应力区

        C. 基底左侧出现 0 应力区

        D. 基底右侧出现 0 应力区

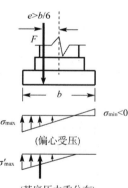

例 2-2-5 图

解 基础上作用偏心荷载 p，偏向一侧的基底压力比中心荷载作用时增加，反向一侧的基底压力减小。当偏心距 $e > b/6$ 时，在荷载偏心的反向侧（图中右侧），计算的基底压力（拉应力）小于 0，但基础与地基间不能承担拉应力，因此出现 0 应力区。选 **D**。

③基底附加压力计算

为了进一步计算土中附加应力，应首先确定基底附加压力。建筑物建造前，基底面上早已存在着上覆土层自重应力的作用，此部分土层不再引起下卧土层的变形。因此，基础底面处的附加压力应该是上部结构传下来的应力减去基底处原来存在于土中的应力，如图 2-2-5 所示，计算公式如下：

$$p_0 = p - \sigma_c = p - \gamma_0 d$$

式中：p——基底平均压力设计值（kPa）；

    σ_c——土中自重应力标准值（kPa），基底处 $\sigma_c = \gamma_0 d$；

    γ_0——基础底面标高以上天然土层的加权平均重度（kN/m³），$\gamma_0 = (\gamma_1 h_1 + \gamma_2 h_2 + \cdots)/(h_1 + h_2 + \cdots)$，其中地下水位下的重度取有效重度；

    d——基础埋深，$d = h_1 + h_2 + \cdots + m$，必须从天然地面算起，对于新填土场地则应从老天然地面起算。

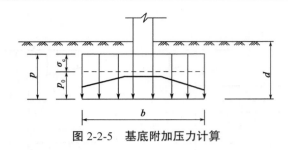

图 2-2-5　基底附加压力计算

2）土中附加应力

有了基底附加压力，即可把它作为作用在弹性半空间表面上的局部荷载，由此根据弹性力学求算地基中的附加应力。实际上，基底附加压力一般作用在地表下一定深度（指浅基础的埋深）处，因此，假设它作用在半空间表面上，而运用弹性力学解答所得的结果只是近似的，不过，对于一般浅基础来说，这种假设所造成的误差可以忽略不计。

基本假定：地基土是各向同性、均匀且在深度和水平方向都是无限延伸的弹性半空间体。此时可直接运用弹性理论中布西奈斯克课题解进行计算。

（1）竖向集中力作用下土中应力、位移

在半无限表面作用着一个竖向集中力P，如图 2-2-6 所示。

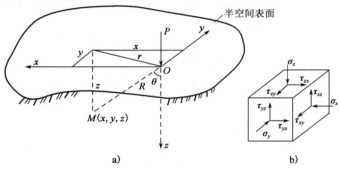

a)　　　　　　　　b)

图 2-2-6　集中荷载作用下地基中应力

弹性体内部任意点M的 6 个应力分量为σ_x，σ_y，σ_z，$\tau_{xy} = \tau_{yx}$，$\tau_{yz} = \tau_{zy}$，$\tau_{xz} = \tau_{zx}$。

由弹性理论可求出所有 6 个应力分量的表达式，土力学主要关心竖向应力：

$$\sigma_z = \frac{3p}{2\pi} \cdot \frac{z^3}{R^5} = \frac{3p}{2\pi \cdot z^2} \cdot \frac{1}{\left[1 + \left(\frac{r}{z}\right)^2\right]^{5/2}} = K \cdot \frac{p}{z^2}$$

式中：R——M点至坐标原点O的距离，$R = \sqrt{x^2 + y^2 + z^2}$ $= \sqrt{r^2 + z^2}$。

$K = \frac{3}{2\pi} \cdot \frac{1}{\left[1 + \left(\frac{r}{z}\right)^2\right]^{5/2}}$ 为竖向集中力作用下的竖向应力分布函数，它是$\frac{r}{z}$的函数。

（2）独立基础均布荷载作用下附加应力计算

①矩形基础作用竖向均布荷载情况下

设矩形荷载面的长度和宽度分别为l和b，作用于地基上的竖向均布荷载P（或基底附加压力为p_0）。先以积分法求得矩形荷载面角点下的地基附加应力，然后运用角点法求得矩形荷载下任意点的地基附加应力。如图 2-2-7 所示，以矩形荷载面角点为坐标原点 0，在荷载面内坐标为(x, y)

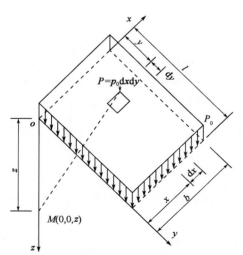

图 2-2-7　均布矩形荷载角点下的竖向附加应力σ_z

处取一微单元面积$\mathrm{d}x\mathrm{d}y$，并将其上的分布荷载以集中力$p_0\mathrm{d}x\mathrm{d}y$来代替，则在角点 0 下任意深度$z$的$M$点处由该集中力引起的竖向附加应力$\mathrm{d}\sigma_z$，为：

$$\mathrm{d}\sigma_z = \frac{3}{2\pi}\frac{p_0 z^3}{(x^2+y^2+z^2)^{5/2}}\mathrm{d}x\mathrm{d}y$$

将它对整个矩形荷载面A进行积分：

$$\sigma_z = \iint\limits_A \mathrm{d}\sigma_z = \frac{3p_0 z^3}{2\pi}\int_0^l\int_0^b\frac{1}{(x^2+y^2+z^2)^{5/2}}\mathrm{d}x\mathrm{d}y$$

$$= \frac{p_0}{2\pi}\left[\frac{lbz(l^2+b^2+2z^2)}{(l^2+z^2)(b^2+z^2)\sqrt{l^2+b^2+z^2}} + \arctan\frac{lb}{z\sqrt{l^2+b^2+z^2}}\right]$$

令$\alpha_c = \frac{1}{2\pi}\left[\frac{lbz(l^2+b^2+2z^2)}{(l^2+z^2)(b^2+z^2)\sqrt{l^2+b^2+z^2}} + \arctan\frac{lb}{z\sqrt{l^2+b^2+z^2}}\right]$

得$\sigma_z = \alpha_c p_0$

式中α_c为均布矩形荷载角点下的竖向附加应力系数，简称角点应力系数，可按$m=l/b$，$n=z/b$值由表 2-2-1 查得，注意其中b为荷载面的短边宽度。

矩形荷载角点下的竖向附加应力系数α_c 表 2-2-1

z/b	l/b											
	1.0	1.2	1.4	1.6	1.8	2.0	3.0	4.0	5.0	6.0	10.0	条形
0.0	0.250	0.250	0.250	0.250	0.250	0.250	0.250	0.250	0.250	0.025	0.250	0.250
0.2	0.249	0.249	0.249	0.249	0.249	0.249	0.249	0.249	0.249	0.249	0.249	0.249
0.4	0.24	0.242	0.243	0.243	0.244	0.244	0.244	0.244	0.244	0.244	0.244	0.244
0.6	0.223	0.228	0.23	0.232	0.232	0.233	0.234	0.234	0.234	0.234	0.234	0.234
0.8	0.200	0.207	0.212	0.215	0.216	0.218	0.220	0.220	0.220	0.220	0.220	0.220
1.0	0.175	0.185	0.191	0.195	0.198	0.200	0.203	0.204	0.204	0.204	0.205	0.205
1.2	0.152	0.163	0.171	0.176	0.179	0.182	0.187	0.188	0.189	0.189	0.189	0.189
1.4	0.131	0.142	0.151	0.157	0.161	0.164	0.171	0.173	0.174	0.174	0.174	0.174
1.6	0.112	0.124	0.133	0.140	0.145	0.148	0.157	0.159	0.160	0.160	0.160	0.160
1.8	0.097	0.108	0.117	0.124	0.129	0.133	0.143	0.146	0.147	0.148	0.148	0.148
2.0	0.084	0.095	0.103	0.110	0.116	0.120	0.131	0.135	0.136	0.137	0.137	0.137
2.2	0.073	0.083	0.092	0.098	0.104	0.108	0.121	0.125	0.126	0.127	0.128	0.128
2.4	0.064	0.073	0.081	0.088	0093	0.098	0.111	0.116	0.118	0.118	0.119	0.119
2.6	0.057	0.065	0.072	0.079	0.084	0.089	0.102	0.107	0.110	0.111	0.112	0.112
2.8	0.050	0.058	0.065	0.071	0.076	0.080	0.094	0.100	0.102	0.104	0.105	0.105
3.0	0.045	0.052	0.058	0.064	0.069	0.073	0.087	0.093	0.096	0.097	0.099	0.099
3.2	0.040	0.047	0.053	0.058	0.063	0.067	0.081	0.087	0.090	0.092	0.093	0.094
3.4	0.036	0.042	0.048	0.053	0.057	0.061	0.075	0.081	0.085	0.086	0.088	0.089
3.6	0.033	0.038	0.043	0.048	0.052	0.056	0.069	0.076	0.080	0.082	0.084	0.084
3.8	0.030	0.035	0.040	0.044	0.048	0.052	0.065	0.072	0.075	0.077	0.080	0.080

z/b	l/b											
	1.0	1.2	1.4	1.6	1.8	2.0	3.0	4.0	5.0	6.0	10.0	条形
4.0	0.027	0.032	0.036	0.040	0.044	0.048	0.060	0.067	0.071	0.073	0.076	0.076
4.2	0.025	0.029	0.033	0.037	0.041	0.044	0.056	0.063	0.067	0.070	0.072	0.073
4.4	0.023	0.027	0.031	0.034	0.038	0.041	0.053	0.060	0.064	0.066	0.069	0.070
4.6	0.021	0.025	0.028	0.032	0.035	0.038	0.049	0.056	0.061	0.063	0.066	0.067
4.8	0.019	0.023	0.026	0.029	0.032	0.035	0.046	0.053	0.058	0.060	0.064	0.064
5.0	0.018	0.021	0.024	0.027	0.030	0.033	0.043	0.050	0.055	0.057	0.061	0.062
6.0	0.013	0.015	0.017	0.020	0.022	0.024	0.033	0.039	0.043	0.046	0.051	0.052
7.0	0.009	0.011	0.013	0.015	0.016	0.018	0.025	0.031	0.035	0.038	0.043	0.045
8.0	0.007	0.009	0.010	0.011	0.013	0.014	0.020	0.025	0.028	0.031	0.037	0.039
9.0	0.006	0.007	0.008	0.009	0.010	0.011	0.016	0.020	0.024	0.026	0.032	0.035
10.0	0.005	0.006	0.007	0.007	0.008	0.009	0.013	0.017	0.020	0.022	0.028	0.032
12.0	0.003	0.004	0.005	0.005	0.006	0.006	0.009	0.012	0.014	0.017	0.022	0.026
14.0	0.002	0.003	0.004	0.004	0.004	0.005	0.007	0.009	0.011	0.013	0.018	0.023
16.0	0.002	0.002	0.003	0.003	0.003	0.004	0.005	0.007	0.009	0.010	0.014	0.020
18.0	0.001	0.002	0.002	0.002	0.003	0.003	0.004	0.006	0.007	0.008	0.012	0.018
20.0	0.001	0.001	0.002	0.002	0.002	0.002	0.004	0.005	0.006	0.007	0.010	0.016
25.0	0.001	0.001	0.001	0.001	0.001	0.002	0.002	0.003	0.004	0.004	0.007	0.013
30.0	0.001	0.001	0.001	0.001	0.001	0.001	0.002	0.002	0.003	0.003	0.005	0.011
35.0	0.000	0.000	0.001	0.001	0.001	0.001	0.001	0.002	0.002	0.002	0.004	0.009
40.0	0.000	0.000	0.000	0.000	0.001	0.001	0.001	0.001	0.001	0.002	0.003	0.008

对于均布矩形荷载附加应力计算点不位于角点下的情况，可以用"角点法"求得。图 2-2-8 列出计算点不位于矩形荷载面角点下的四种情况（在图中O点以下任意深度z处）。计算时，通过O点把荷载面分成若干个矩形面积，这样，O点就必然是划分出的各个矩形的公共角点，然后再按式$\sigma_z = \alpha_c p_0$计算每个矩形角点下同一深度z处的附加应力σ_z，并求其代数和。这种方法通常称为"角点法"。四种情况的算式分别如下：

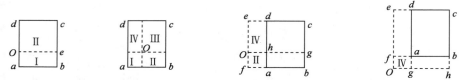

a)计算点O在荷载面边缘 b)计算点O在荷载面内 c)计算点O在荷载面边缘外侧 d)计算点O在荷载面角点外侧

图 2-2-8 以角点法计算均布矩形荷载作用下的竖向附加应力

a. 如图 2-2-8a）所示，O点在荷载面边缘

$$\sigma_z = (\alpha_{cI} + \alpha_{cII})p_0$$

式中，α_{cI}和α_{cII}分别表示相应于面积I和II的角点应力系数。需注意的是，查表 2-2-1 时所取用边长l应为

任一矩形荷载面的长边，而 b 则为短边，以下各种情况相同，不再重述。

b. 如图 2-2-8b）所示，O 点在荷载面内

$$\sigma_z = (\alpha_{cI} + \alpha_{cII} + \alpha_{cIII} + \alpha_{cIV})p_0$$

如果 O 点位于荷载面中心，则 $\alpha_{cI} = \alpha_{cII} = \alpha_{cIII} = \alpha_{cIV}$，得 $\sigma_z = 4\alpha_{cI}p_0$，此即利用角点法求均布的矩形荷载面中心点下 σ_z 的解。

c. 如图 2-2-8c）所示，O 点在荷载面边缘外侧

此时荷载面 $abcd$ 可看成是由 I（$Ofbg$）与 II（$Ofah$）、III（$Ogce$）与 IV（$Ohde$）之差合成，所以

$$\sigma_z = (\alpha_{cI} - \alpha_{cII} + \alpha_{cIII} - \alpha_{cIV})p_0$$

d. 如图 2-2-8d）所示，O 点在荷载面角点外侧

把荷载面看成由 I（$Ohce$）、IV（$Ogaf$）两个面积中扣除 II（$Ohbf$）和 III（$Ogde$）而成，所以

$$\sigma_z = (\alpha_{cI} - \alpha_{cII} - \alpha_{cIII} + \alpha_{cIV})p_0$$

【例 2-2-6】 在相同的地基上，甲、乙两条形基础的埋深相等，基底附加压力相等，基础甲的宽度是基础乙的 2 倍。在基础中心以下相同深度 Z（$Z > 0$）处基础甲的附加应力 σ_A 与基础乙的附加应力 σ_B 相比：

  A. $\sigma_A > \sigma_B$，且 $\sigma_A > 2\sigma_B$

  B. $\sigma_A > \sigma_B$，且 $\sigma_A < 2\sigma_B$

  C. $\sigma_A > \sigma_B$，且 $\sigma_A = 2\sigma_B$

  D. $\sigma_A > \sigma_B$，但 σ_A 与 $2\sigma_B$ 的关系尚要根据深度 Z 与基础宽度的比值确定

解 根据土中附加应力计算公式：$\sigma_z = \alpha p_0$，基底附加应力 p_0 不变，只要比较两基础的土中附加应力系数 α_A 和 α_B 即可。

沿条形基础长度方向取 1m 作为研究对象，即 $b = 1m$。由题意可知，基础埋深相同，即 $Z_A = Z_B$，故 $Z_A/b = Z_B/b$。根据矩形面积受均布荷载作用时角点下应力系数表，当 $l_A = 2l_B$ 时，$(l_A/2)/b$ 与 Z_A/b 所确定的附加应力系数 α_A 小于 2 倍的附加应力系数 α_B [根据 $(l_B/2)/b$ 与 Z_B/b 所确定]，即 $\alpha_A < 2\alpha_B$。选 B。

【例 2-2-7】 有一长度为 2.0m，宽度为 1.0m 的矩形基础，其上作用均布荷载 $p = 100kPa$，如图所示（尺寸单位：m）。试用角点法分别计算此矩形面积的角点 A、边点 E、中心点 O 以及矩形面积外 F 点和 G 点下，深度 $z = 1.0m$ 处的附加应力。

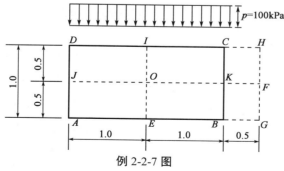

例 2-2-7 图

解 （1）A 点下的附加应力（见表 1）

A 点是矩形 $ABCD$ 的角点。

例 2-2-6 表 1

荷载作用面积	l/b	z/b	α_c
$ABCD$	$2/1 = 2$	$1/1 = 1$	0.1999

$$\sigma_{zA} = \alpha_c(ABCD)p = 0.1999 \times 100 = 19.99\text{kPa}$$

（2）E 点下的附加应力（见表 2）

E 点为两个相等矩形 $EADI$ 和 $EBCI$ 的公共角点。

例 2-2-6 **表 2**

荷载作用面积	l/b	z/b	α_c
$EADI$	$1/1 = 1$	$1/1 = 1$	0.1752

$$\sigma_{zE} = 2\alpha_c(EADI)p = 2 \times 0.1752 \times 100 = 35.04\text{kPa}$$

（3）O 点下的附加应力（见表 3）

O 点为四个相等矩形 $OEAJ$、$OJDI$、$OICK$ 和 $OKBE$ 的公共角点。

例 2-2-6 **表 3**

荷载作用面积	l/b	z/b	α_c
$OEAG$	$1/0.5 = 2$	$1/0.5 = 2$	0.1202

$$\sigma_{zO} = 4\alpha_c(OEAJ)p = 4 \times 0.1202 \times 100 = 48.08\text{kPa}$$

（4）F 点下的附加应力（见表 4）

F 点为矩形 $FGAJ$、$FJDH$、$FGBK$ 和 $FKCH$ 的公共角点。

例 2-2-6 **表 4**

荷载作用面积	l/b	z/b	α_c
$FGAJ$	$2.5/0.5 = 5$	$1/0.5 = 2$	0.1363
$FGBK$	$0.5/0.5 = 1$	$1/0.5 = 2$	0.0840

$$\sigma_{zF} = 2[\alpha_c(FGAJ) - \alpha_c(FGBK)]p = 2 \times (0.1363 - 0.0840) \times 100 = 10.46\text{kPa}$$

（5）G 点下的附加应力（见表 5）

G 点为矩形 $GADH$ 和 $GBCH$ 的公共角点。

例 2-2-6 **表 5**

荷载作用面积	l/b	z/b	α_c
$GADH$	$2.5/1 = 2.5$	$1/1 = 1$	0.2017
$GBCH$	$1/0.5 = 2$	$1/0.5 = 2$	0.1202

$$\sigma_{zG} = [\alpha_c(GADH) - \alpha_c(GBCH)]p = (0.2017 - 0.1202) \times 100 = 8.15\text{kPa}$$

②矩形基础上作用三角形分布的矩形荷载

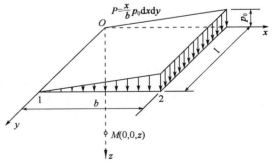

图 2-2-9　三角形分布的矩形荷载角点下的竖向附加应力 σ_z

设竖向荷载沿矩形面积一边 b 方向上呈三角形分布（沿另一边 l 的荷载分布不变），荷载的最大值为 p_0，取荷载零值边的角点 1 为坐标原点，如图 2-2-9 所示，则可将荷载面内某点 (x, y) 处所取微单元面积 $\mathrm{d}x\mathrm{d}y$ 上的分布荷载以集中力 $\frac{x}{b}p_0\mathrm{d}x\mathrm{d}y$ 代替。角点 1 下深度 z 处的 M 点由该集中力引起的附加应力 $\mathrm{d}\sigma_z$ 为：

$$\mathrm{d}\sigma_z = \frac{3}{2\pi}\frac{p_0xz^3}{b(x^2 + y^2 + z^2)^{5/2}}\mathrm{d}x\mathrm{d}y$$

在整个矩形荷载面积进行积分后得角点 1 下任意深度 z 处竖向附加应力 σ_z 为：

$$\sigma_z = \alpha_{t1} p_0$$

$$\alpha_{t1} = \frac{mn}{2\pi}\left[\frac{1}{\sqrt{m^2+n^2}} - \frac{n^2}{(1+n^2)\sqrt{m^2+n^2+1}}\right]$$

同理，还可求得荷载最大值边的角点 2 下任意深度z处的竖向附加应力σ_z为：

$$\sigma_z = \alpha_{t2} p_0 = (\alpha_c - \alpha_{t1})p_0$$

α_{t1}和α_{t2}均为$m = l/b$和$n = z/b$的函数，可查表 2-2-2。必须注意b是沿三角形分布荷载方向的边长。

应用上述均布和三角形分布的矩形荷载角点下的竖向附加应力系数α_c、α_{t1}、α_{t2}，即可用角点法求算梯形分布时地基中任意点的竖向附加应力σ_z值，亦可求算条形荷载面时（取$m = l/b = 10$）的地基附加应力。

三角形分布的矩形荷载角点下的竖向附加应力系数 α_{t1} 和 α_{t2} 　　　　表 2-2-2

z/b＼l/b	0.2		0.4		0.6		0.8		1.0	
点	1	2	1	2	1	2	1	2	1	2
0.0	0.0000	0.2500	0.0000	0.2500	0.0000	0.2500	0.0000	0.2500	0.0000	0.2500
0.2	0.0223	0.1821	0.0280	0.2115	0.0296	0.2165	0.0301	0.2178	0.0304	0.2182
0.4	0.0269	0.1094	0.0420	0.1604	0.0487	0.1781	0.0517	0.1844	0.0531	0.1870
0.6	0.0259	0.0700	0.0448	0.1165	0.0560	0.1405	0.0621	0.1520	0.0654	0.1575
0.8	0.0232	0.0480	0.0421	0.0853	0.0553	0.1093	0.0637	0.1232	0.0688	0.1311
1.0	0.0201	0.0346	0.0375	0.0638	0.0508	0.0852	0.0602	0.0996	0.0666	0.1086
1.2	0.0171	0.0260	0.0324	0.0491	0.0450	0.0673	0.0546	0.0807	0.0615	0.0901
1.4	0.0145	0.0202	0.0278	0.0386	0.0392	0.0540	0.0483	0.0661	0.0554	0.0751
1.6	0.0123	0.0160	0.0238	0.0310	0.0339	0.0440	0.0424	0.0547	0.0492	0.0628
1.8	0.0105	0.0130	0.0204	0.0254	0.0294	0.0363	0.0371	0.0457	0.0435	0.0534
2.0	0.0090	0.0108	0.0176	0.0211	0.0255	0.0304	0.0324	0.0387	0.0384	0.0456
2.5	0.0063	0.0072	0.0125	0.0140	0.0183	0.0205	0.0236	0.0265	0.0284	0.0318
3.0	0.0046	0.0051	0.0092	0.0100	0.0135	0.0148	0.0176	0.0192	0.0214	0.0233
5.0	0.0018	0.0019	0.0036	0.0038	0.0054	0.0056	0.0071	0.0074	0.0088	0.0091
7.0	0.0009	0.0010	0.0019	0.0019	0.0028	0.0029	0.0038	0.0038	0.0047	0.0047
10.0	0.0005	0.0004	0.0009	0.0010	0.0014	0.0014	0.0019	0.0019	0.0023	0.0024
z/b＼l/b	1.2		1.4		1.6		1.8		2.0	
点	1	2	1	2	1	2	1	2	1	2
0.0	0.000	0.2500	0.0000	0.2500	0.0000	0.2500	0.0000	0.2500	0.0000	0.2500
0.2	0.0305	0.2184	0.0305	0.2185	0.0306	0.2185	0.306	0.2185	0.0306	0.2185
0.4	0.0539	0.1881	0.0543	0.1886	0.0545	0.1889	0.0546	0.1891	0.0547	0.1892
0.6	0.0673	0.1602	0.0684	0.1616	0.0690	0.1625	0.0694	0.1630	0.0696	0.1633
0.8	0.0720	0.1355	0.0739	0.1381	0.0751	0.1396	0.0759	0.1405	0.0764	0.1412
1.0	0.0708	0.1143	0.0735	0.1176	0.0753	0.1202	0.0766	0.1215	0.0774	0.1225
1.2	0.0664	0.0962	0.0698	0.1007	0.0721	0.1037	0.0738	0.1055	0.0749	0.1069

z/b \ l/b 点	1.2		1.4		1.6		1.8		2.0	
	1	2	1	2	1	2	1	2	1	2
1.4	0.0606	0.0817	0.0644	0.0864	0.0672	0.0897	0.0692	0.0921	0.0707	0.0937
1.6	0.0545	0.0696	0.0586	0.0743	0.0616	0.0780	0.0639	0.0806	0.0656	0.0826
1.8	0.0487	0.0596	0.0528	0.0644	0.0560	0.0681	0.0585	0.0709	0.0604	0.0730
2.0	0.0434	0.0513	0.0474	0.0560	0.0507	0.0596	0.0533	0.0625	0.0553	0.0649
2.5	0.0326	0.0365	0.0362	0.0405	0.0393	0.0440	0.0419	0.0469	0.0440	0.0491
3.0	0.0249	0.0270	0.0280	0.0303	0.0307	0.0333	0.0331	0.0359	0.0352	0.0380
5.0	0.0104	0.0108	0.0120	0.0123	0.0135	0.0139	0.0148	0.0154	0.0161	0.0167
7.0	0.0056	0.0056	0.0064	0.0066	0.0073	0.0074	0.0081	0.0083	0.0089	0.0091
10.0	0.0028	0.0028	0.0033	0.0032	0.0037	0.0037	0.0041	0.0042	0.0046	0.0046

z/b \ l/b 点	3.0		4.0		6.0		8.0		10.0	
	1	2	1	2	1	1	2	1	2	1
0.0	0.000	0.2500	0.0000	0.2500	0.0000	0.0000	0.2500	0.0000	0.2500	0.0000
0.2	0.0306	0.2186	0.0306	0.2186	0.0306	0.0306	0.2186	0.0306	0.2186	0.0306
0.4	0.0548	0.1894	0.0549	0.1894	0.0549	0.0548	0.1894	0.0549	0.1894	0.0549
0.6	0.0701	0.1638	0.0702	0.1639	0.0702	0.0701	0.1638	0.0702	0.1639	0.0702
0.8	0.0773	0.1423	0.0776	0.1424	0.0776	0.0773	0.1423	0.0776	0.1424	0.0776
1.0	0.0790	0.1244	0.0794	0.1248	0.0795	0.0790	0.1244	0.0794	0.1248	0.0795
1.2	0.0774	0.1096	0.0779	0.1103	0.0782	0.0774	0.1096	0.0779	0.1103	0.0782
1.4	0.0739	0.0973	0.0748	0.0982	0.0752	0.0739	0.0973	0.0748	0.0982	0.0752
1.6	0.0697	0.0870	0.0708	0.0882	0.0714	0.0697	0.0870	0.0708	0.0882	0.0714
1.8	0.0652	0.0782	0.0666	0.0797	0.0673	0.0652	0.0782	0.0666	0.0797	0.0673
2.0	0.0607	0.0707	0.0624	0.0726	0.0634	0.0607	0.0707	0.0624	0.0726	0.0634
2.5	0.0504	0.0559	0.0529	0.0585	0.0543	0.0504	0.0559	0.0529	0.0585	0.0543
3.0	0.0419	0.0451	0.0449	0.0482	0.0469	0.0419	0.0451	0.0449	0.0482	0.0469
5.0	0.0214	0.0221	0.0248	0.0256	0.0283	0.0214	0.0221	0.0248	0.0256	0.0283
7.0	0.0124	0.0126	0.0152	0.0154	0.0186	0.0124	0.0126	0.0152	0.0154	0.0186
10.0	0.0066	0.0066	0.0084	0.0083	0.0111	0.0066	0.0066	0.0084	0.0083	0.0111

（3）条形基础地基附加应力计算

①条形基础受均布荷载作用下的竖向附加应力

如图 2-2-10 所示为条形基础受均布荷载作用，则竖向附加应力σ_z可积分得出：

$$\sigma_z = \int_0^b \frac{2p_n}{\pi} \cdot \frac{z^3 \mathrm{d}\xi}{[(x-\xi)^2 + z^2]^2} = K_s^z p_n$$

$$\sigma_x = K_s^x p_n$$

$$\tau_{xz} = K_s^\tau p_n$$

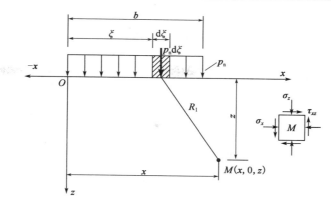

图 2-2-10 条形基础受均布荷载作用

$$K_s^z = \arctan\left(\frac{m}{n}\right) - \arctan\left(\frac{m-1}{n}\right)\frac{mn}{m^2+n^2} + \frac{mn}{m^2+n^2} - \frac{n(m-1)}{(m-1)^2+n^2}$$

$$K_s^x = \arctan\left(\frac{m}{n}\right) - \arctan\left(\frac{m-1}{n}\right)\frac{mn}{m^2+n^2} - \frac{mn}{m^2+n^2} + \frac{n(m-1)}{(m-1)^2+n^2}$$

$$K_s^\tau = \frac{1}{\pi}\left[\frac{n^2}{(m-1)^2+n^2} - \frac{n^2}{m^2+n^2}\right]$$

工程中主要关心竖向附加应力σ_z，其附加应力系数K_s^z可查表 2-2-3。

均布条形荷载作用下的附加应力系数 K_s^z 表 2-2-3

z/b	x/b								
	−0.50	−0.25	0.00	0.25	0.50	0.75	1.00	1.25	1.50
0.01	0.000	0.000	0.500	1.000	1.000	1.000	0.500	0.000	0.000
0.1	0.002	0.011	0.500	0.988	0.997	0.988	0.500	0.011	0.002
0.2	0.011	0.059	0.498	0.937	0.977	0.937	0.498	0.059	0.011
0.4	0.056	0.173	0.489	0.797	0.881	0.797	0.489	0.173	0.056
0.6	0.111	0.243	0.468	0.679	0.755	0.679	0.468	0.243	0.111
0.8	0.155	0.276	0.440	0.586	0.642	0.586	0.440	0.276	0.155
1.0	0.185	0.288	0.409	0.510	0.550	0.510	0.409	0.288	0.185
1.2	0.202	0.287	0.378	0.450	0.477	0.450	0.378	0.287	0.202
1.4	0.210	0.279	0.348	0.400	0.420	0.400	0.348	0.279	0.210
2.0	0.205	0.242	0.275	0.298	0.306	0.298	0.275	0.242	0.205

地基表面（$z=0$），荷载作用范围内（$0<x<b$），$\sigma_z=p_n$；基础边缘（$x=0$，$x=b$），$\sigma_z=0.5p_n$；基础以外（$x<0$，$x>b$），$\sigma_z=0$。基础之下，σ_z随深度z增加而减小；基础之外，σ_z有一个先增加再减小的过程。

②条形基础在三角形分布荷载作用下的竖向附加应力

如图 2-2-11 所示为条形基础受三角形分布荷载作用，则竖向附加应力σ_z可积分得出：

$$\sigma_z = K_t^z p_t$$

$$K_t^z = \frac{1}{\pi}\left\{m\left[\arctan\left(\frac{m}{n}\right) - \arctan\left(\frac{m-1}{n}\right)\right] - \frac{(m-1)n}{(m-1)^2+n^2}\right\}$$

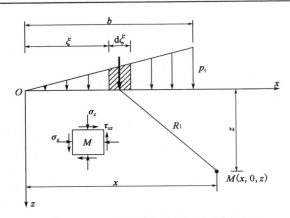

图 2-2-11 条形基础受三角形分布荷载作用

式中：K_t^z——条形基础在三角形分布荷载作用下的竖向附加应力系数，可查表 2-2-4。

条形基础在三角形分布荷载作用下的附加应力系数 K_t^z

表 2-2-4

z/b	x/b								
	−0.50	−0.25	0.00	0.25	0.50	0.75	1.00	1.25	1.50
0.01	0.000	0.000	0.003	0.250	0.500	0.750	0.497	0.000	0.000
0.1	0.000	0.001	0.032	0.251	0.498	0.737	0.468	0.010	0.001
0.2	0.002	0.009	0.061	0.255	0.489	0.682	0.437	0.050	0.009
0.4	0.013	0.036	0.110	0.263	0.440	0.534	0.379	0.136	0.042
0.6	0.031	0.066	0.140	0.258	0.378	0.421	0.328	0.177	0.080
0.8	0.049	0.089	0.155	0.243	0.321	0.343	0.285	0.187	0.106
1.0	0.064	0.103	0.159	0.223	0.275	0.287	0.250	0.184	0.121
1.2	0.075	0.111	0.157	0.204	0.239	0.246	0.221	0.175	0.126
1.4	0.083	0.114	0.151	0.186	0.210	0.215	0.197	0.165	0.127
2.0	0.089	0.109	0.127	0.143	0.153	0.155	0.148	0.134	0.115

③条形基础受水平分布荷载作用下的竖向附加应力

如图 2-2-12 所示为条形基础受水平荷载作用，则竖向附加应力 σ_z 可积分得出：

$$K_h^z = \frac{1}{\pi}\left[\frac{n^2}{(m-1)^2 + n^2} - \frac{n^2}{m^2 + n^2}\right]$$

式中：K_h^z——条形基础受水平均布荷载作用下的竖向附加应力系数，可查表 2-2-5。

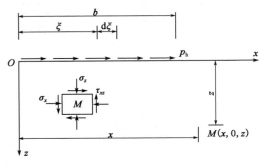

图 2-2-12 条形基础受水平分布荷载作用

条形基础受水平均布荷载作用下的附加应力系数 K_h^z 　　　　表 2-2-5

z/b	x/b							
	−0.25	0.00	0.25	0.50	0.75	1.00	1.25	1.50
0.01	0.000	−0.318	0.000	0.000	0.000	0.318	0.000	0.000
0.1	−0.042	−0.315	−0.038	0.000	0.038	0.315	0.042	0.011
0.2	−0.116	−0.306	−0.103	0.000	0.103	0.306	0.116	0.038
0.4	−0.199	−0.274	−0.158	0.000	0.158	0.274	0.199	0.103
0.6	−0.212	−0.234	−0.147	0.000	0.147	0.234	0.212	0.144
0.8	−0.197	−0.194	−0.121	0.000	0.121	0.194	0.197	0.158
1.0	−0.175	−0.159	−0.096	0.000	0.096	0.159	0.175	0.157
1.2	−0.152	−0.130	−0.076	0.000	0.076	0.130	0.152	0.147
1.4	−0.131	−0.108	−0.061	0.000	0.061	0.108	0.131	0.134
2.0	−0.085	−0.064	−0.034	0.000	0.034	0.064	0.085	0.096

经 典 练 习

2-2-1　在条形均布荷载作用下，关于地基中的附加应力，正确的说法是（　　　　）。

　　A. 附加应力沿深度或直线分布

　　B. 在同一深度的水平面上，不可能存在附加应力相同的两个点

　　C. 在荷载分布范围内任意点沿铅直线的竖向附加应力值，随深度越向下越小

　　D. 在荷载分布范围外任意点沿铅直线的竖向附加应力值，随深度越向下越小

2-2-2　土的自重应力起算点的位置为（　　　　）。

　　A. 室内设计地面　　　　B. 室外设计地面　　　　C. 天然地面　　　　D. 基础底面

2-2-3　埋深为 d 的基础，基底平均附加压力 p_0 的表达式为（　　　　）。

　　A. $p_0 = \dfrac{F_k + G_k}{A}$ 　　　　　　　　　　　B. $p_0 = \dfrac{F_k + G_k}{A} - \gamma_m \cdot d$

　　C. $p_0 = \dfrac{F_k}{A} - \gamma_m \cdot d$ 　　　　　　　　　D. $p_0 = \dfrac{F_k + G_k - \gamma_m \cdot d}{A}$

2-2-4　地基附加应力沿深度的分布是（　　　　）。

　　A. 逐渐增大，曲线变化　　　　　　　　B. 逐渐减小，曲线变化

　　C. 逐渐减小，直线变化　　　　　　　　D. 均匀分布

2-2-5　由建筑物荷载作用在地基内引起的应力增量称之为（　　　　）。

　　A. 自重应力　　　　B. 附加应力　　　　C. 基底压力　　　　D. 基地附加压力

2-2-6　矩形面积受均布荷载作用，某深度 z 处角点下的附加应力是 $z/2$ 处中心点下附加应力的（　　　　）。

　　A. 2 倍　　　　　　B. 4 倍　　　　　　C. $\dfrac{1}{2}$ 　　　　　D. $\dfrac{1}{4}$

2-2-7　成层土中竖向自重应力沿深度的分布为（　　　　）。

　　A. 折线增大　　　　B. 折线减小　　　　C. 斜线增大　　　　D. 斜线减小

2-2-8　基础中心点下地基中竖向附加应力沿深度的分布为（　　　　）。

  A. 折线增大   B. 折线减小   C. 曲线增大   D. 曲线减小

2-2-9 矩形面积上作用三角形分布荷载时，地基中附加应力系数是 $1/b$、z/b 的函数，b 指的是（ ）。

  A. 矩形的短边   B. 三角形分布荷载变化方向的边长

  C. 矩形的长边   D. 矩形的短边与长边的平均值

2-2-10 刚性基础在均布荷载作用时，基底反力的分布计算图形为（ ）。

  A. 矩形   B. 抛物线形   C. 钟形   D. 马鞍形

2-2-11 计算基底净反力时，不需要考虑的荷载为（ ）。

  A. 建筑物自重   B. 上部结构传来轴向力

  C. 基础及上覆土自重   D. 上部结构传来弯矩

2-2-12 某地基土层为两层，第一层为粉土，重度为 18.5kN/m³，厚度 3.5m；第二层为砂土，饱和重度为 20.5kN/m³。地下水位位于第二层层顶，试计算 6.8m 处的自重应力。若地下水位下降至 8.8m，6.8m 处的自重应力变为多少？（第二层失水后天然重度为 16.9kN/m³）

2-2-13 某条形基础宽 3.6m，地表以上荷载作用在距边缘 1.4m 处，大小为 400kN/m，基础埋深 1m，土层天然重度为 16.9kN/m³，试计算基底附加应力分布，并计算基础两个边缘下 1.8m 处的附加应力。

2-2-14 矩形基础长 6m，宽 3.6m，其上作用 200kPa 的均布荷载，计算长边中点 1.2m 处的附加应力。

2.3 土的压缩性和地基沉降

考试大纲☞：压缩试验 压缩曲线 压缩系数 压缩指数 回弹指数 压缩模量 载荷试验

       变形模量 高压固结试验 土的应力历史 先期固结压力 超固结比

       正常固结土 超固结土 欠固结土

       沉降计算的弹性理论法 分层总合法 有效应力原理 一维固结理论 固结系数 固结度

  地基土层承受上部建筑物的荷载，必然会产生变形，从而引起建筑物基础沉降，当场地土质坚实时，地基的沉降较小，对工程正常使用没有影响；但若地基为软弱土层且厚薄不均，或上部结构荷载轻重变化悬殊时，地基将发生严重的沉降和不均匀沉降，其结果将使建筑物发生各类事故，影响建筑物的正常使用与安全。

  地基的总沉降量通常由三部分组成，即：

$$S = S_d + S_c + S_s$$

式中：S_d——瞬时沉降或初始沉降；

   S_c——固结沉降或主固结沉降；

   S_s——次固结沉降。

  瞬时沉降：指加荷后立即发生的沉降。对于饱和土地基，土中水尚未排出的条件下，土体不发生体积变化，沉降主要由土体侧向变形引起。

  固结沉降：指超静孔隙水压力逐渐消散，使土体积压缩而引起的渗透固结沉降，也称主固结沉降，它随时间而逐渐增长。

次固结沉降：指超静孔隙水压力基本消散后，主要由土粒表面结合水膜发生蠕变等引起的沉降，它将随时间极其缓慢地发生。

2.3.1 土的压缩性

1）室内压缩试验

室内压缩试验就是把钻探取得的原状土样在没有侧向膨胀（有侧限）条件下进行的压缩试验。通过室内压缩试验，可以测定土的应力应变关系及其压缩性指标。图 2-3-1 为压缩试验用的压缩仪构造简图，它由刚性护环、透水石、环刀和加压活塞等组成。

试验时，用环刀切取厚度为 2cm 的圆柱形试样，连同环刀置于刚性护环中。试样上下放透水石，以便土样受压后土中孔隙水排出。由于金属环刀的限制，土样只能发生竖向压缩而变形。如果土样是在地下水位以下取出的，在试验时要在护环内注水，保持土样浸在水里，防止水分蒸发。

通过加压活塞分级向土样施加荷载（一般级别为 50kPa、100kPa、200kPa、300kPa、400kPa），每施加一级荷载，待其压缩稳定后，测读其垂直变形量，要求恒压 24h 或 1h 内的测微表读数变化不超过 0.005mm 时认为变形稳定，然后根据其变形量计算相应的孔隙比。

2）压缩曲线及压缩指标

（1）压缩曲线

由压缩试验可得到如图 2-3-2 所示土的压缩曲线 e-p 曲线。这里注意到：

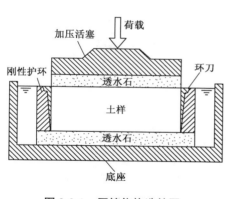

图 2-3-1 压缩仪构造简图

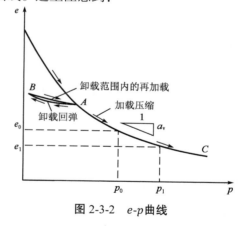

图 2-3-2 e-p 曲线

①e-p 是非线性关系。

②若在试验过程中卸载，则土样发生回弹，但并未沿原加载曲线回弹，这表明土样的变形中有一部分无法恢复，即产生了塑性变形，而且在总的变形中占较大的比例。

③卸载后再加载时，当荷载小于卸载时的荷载，加载曲线比较平缓；当荷载超过卸载时的荷载，又重新回到原加载曲线。

（2）压缩性指标

①压缩系数 a_v

$$a_v = \frac{e_0 - e_1}{p_1 - p_0} = -\frac{\Delta e}{\Delta p} = -\frac{\mathrm{d}e}{\mathrm{d}p}$$

由于 e-p 是非线性关系，所以 a_v 不是一个常数。同理，压缩指标 E_s 也不是常数。为便于通过 a_v 来比较不同种类土压缩性的大小，引进标准压缩系数 $a_{1\text{-}2}$，即 $p_0 = 100\text{kPa}$，$p_1 = 200\text{kPa}$ 所对应的 a_v。显然

$a_{1\text{-}2}$越大，土的压缩性越高。

②压缩模量E_s

土在完全侧限时受压变形，其竖向应力增量与竖向应变增量之比称为压缩模量。它与前两个指标的关系是：

$$E_s = \frac{1 + e_0}{a_v} = \frac{1}{m_v}$$

土在无侧限条件下受压变形，其竖向应力与竖向应变之比称为变形模量。

压缩模量E_s与变形模量E的侧限条件不同，有如下关系：

$$E = \left(1 - \frac{2\mu^2}{1 - \mu}\right) E_s$$

③压缩指数C_c和膨胀指数C_s

压缩曲线还可以$e\text{-}\lg p$表示，如图 2-3-3 所示，并可发现曲线可分为两部分，前一段较平缓，后一段基本为斜直线，其斜率C_c即称为压缩指数。若试验过程中卸载，则其回弹曲线的斜率C_s称为膨胀指数。

$$C_c = \frac{e_1 - e_2}{\lg p_2 - \lg p_1}$$

3）应力历史与土的压缩性的关系

由图 2-3-3 的$e\text{-}\lg p$曲线可以看出，曲线的前半段较平缓，而后半段（即前述直线段）较陡，这表明当压力超过某值时，土才会发生显著的压缩。这是因为土在其沉积历史上已在上覆压力或其他荷载作用下经历过压缩或固结，当土样从地基中取出，原有的应力释放，土样又经历了膨胀。因此，在压缩试验中如施加的压力小于土样在地基中所受的原有压力，土样的压缩量（或孔隙比的变化）必然较小，而只有当施加的压力大于原有压力，土样才会发生新的压缩，土样的压缩量才会较大。

由此可见，土的压缩性与其应力历史有密切关系。

（1）土的先期固结压力的确定

土在历史上所经受过的最大竖向有效应力称为土的先期固结压力（又称前期固结压力），常用p_c表示。

由于土的受荷历史极其复杂，因此确定土的先期固结压力至今无精确的方法。但从前述分析可以认为，在压缩试验中只有当土所受到的压力大于先期固结压力时，土样才发生较明显的压缩，故先期固结压力必然应位于$e\text{-}\lg p$曲线较平缓的前半段与较陡的后半段交接处附近。基于这一认识，卡萨格兰德（A Cassagrande）于 1936 年提出了确定先期固结压力的经验作图法，如图 2-3-4 所示，这也是迄今确定p_c值最为常用的一种方法。

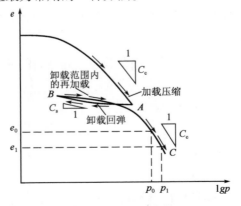

图 2-3-3　$e\text{-}\lg p$曲线

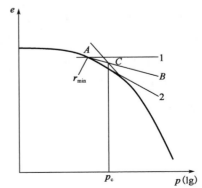

图 2-3-4　确定先期固结压力p_c的卡萨格兰德法

卡萨格兰德法的作图步骤如下：

①在e-$\lg p$曲线上找出曲率半径最小的一点A，过A作水平线$A1$和切线$A2$；

②作角$\angle 1A2$的平分线AB，与e-$\lg p$曲线后半段（即直线段）的延长线交于C点；

③过C作垂直于横轴的直线，交横轴于一点，该点对应的压力即为土的先期固结压力p_c。

卡萨格兰德法简单、易行，但其准确性在很大程度上取决于土样的质量（如扰动程度）和作图经验（如比例尺的选取）等。

（2）土的超固结比与固结状态

先期固结压力可用于判断土的固结状态。将土的先期固结压力p_c与现在土所受的压力p_0比值定义为土的超固结比，用OCR表示。

$$OCR = \frac{p_c}{p_0}$$

对于原位地基土而言，p_0一般指现有上覆土层的自重应力。根据超固结比将土分为三种：

①$OCR > 1$，即$p_c > p_0$，称为超固结土。如地层曾受到大于目前上覆压力p_0的压力p_c作用，且在p_0作用下已完成固结，则土体目前处于超固结状态。

②$OCR = 1$，即$p_c = p_0$，称为正常固结土。如地层在历史上从未受到过比现有上覆压力p_0更大的压力，且在p_0作用下已固结完成，则土体目前处于正常固结状态。

③$OCR < 1$，即$p_c < p_0$，称为欠固结土。如新近沉积土，土层在p_0作用下尚未稳定，固结仍在进行，则土体目前处于欠固结状态。

对室内压缩试验的土样而言，p_0即为施加于土样上的当前压力。当土样的应力状态位于e-$\lg p$曲线的直线段上时，表示土样当前所受的压力就是最大压力，则$OCR = 1$，土样处于正常固结状态。当土样的应力状态位于某回弹或再压缩曲线上时，则$OCR > 1$，土样处于超固结状态。

【例 2-3-1】 土体具有压缩性的主要原因是：

  A. 因为水被压缩引起的   B. 由孔隙的减少引起的

  C. 由土颗粒的压缩引起的   D. 由土体本身压缩模量较小引起的

解 土体基本特征为多孔性，压缩是由孔隙减小引起的。选 B。

【例 2-3-2】 已知甲土的压缩模量为 5MPa，乙土的压缩模量为 10MPa，关于两种土的压缩性的比较，下面说法正确的是：

  A. 甲土比乙土的压缩性大

  B. 甲土比乙土的压缩性小

  C. 不能判断，需要补充两种土的泊松比

  D. 不能判断，需要补充两种土所受的上部荷载

解 压缩系数大，压缩模量小，压缩性大。选 A。

【例 2-3-3】 对某黏性土试样进行室内压缩试验，测得当固结压力P分别为 0kPa、50kPa、100kPa、200kPa、400kPa 时，相应孔隙比e分别为 1.310、1.172、1.062、0.953、0.849，试评价该土的压缩性为：

  A. 低压缩性土   B. 中压缩性土   C. 高压缩性土   D. 超高压缩性土

解 根据压缩系数定义，a_{1-2}为固结压力 100kPa 到 200kPa 压力段压缩曲线的斜率，即：

$$a_{1-2} = \frac{e_1 - e_2}{p_2 - p_1} = \frac{1.062 - 0.953}{200 - 100} \times 10^3 = 1.9 \text{ MPa}^{-1}$$

$a_{1-2} < 0.1 \text{MPa}^{-1}$为低压缩性土，$0.1 \leqslant a_{1-2} < 0.5 \text{MPa}^{-1}$为中压缩性土，$a_{1-2} \geqslant 0.5 \text{MPa}^{-1}$为高压缩性

土。选 C。

2.3.2 分层总和法计算最终沉降量

由于地基通常是由不同的土层所组成，而且引起地基变形的压力在地基中沿深度分布也有变化，工程中常采用单向压缩分层总和法进行计算。即在地基可能产生压缩的深度，按土的特性和应力状态的变化划分成几层，然后分别计算各分层的沉降量 S，最后将各层的 S_i 总和起来，即得到地基表面的最终沉降量：

$$S = \sum_{i=1}^{n} S_i$$

具体步骤：

1）确定基底尺寸、沉降计算断面和计算点

根据基础的形状拟定基底面的尺寸，再根据地基土质条件及分布情况，在基底范围内选定必要数量的沉降计算断面和计算点。

2）计算地基中土的自重应力分布 σ_c

计算自重应力（初始应力）的目的是为了确定地基土相应的初始孔隙比 e_1。在开挖基坑后，一般不计基土回弹，则自重应力必须从原地面标高算起。

3）计算基底的沉降计算压力（基底附加压力）分布 p_0

$$p_0 = p - \gamma D$$

式中：D——基础埋深。

4）计算地基中压缩应力分布 σ_z

如基土在其自重作用下已压缩稳定，则压缩应力是由基底沉降计算压力在地基中所引起的附加应力。如基土在其自重作用下没有达到压缩稳定，则在压缩应力中还应考虑土体本身自重作用。附加应力应从基础底面标高算起。

5）计算最终沉降量

（1）将压缩层厚度分层

分层原则：

①不同土层的分界面；

②平均地下水位应作为一个分层面（因其上下土的重度不同）；

③每分层内 σ_z 的分布要接近直线，以便求出该分层的 σ_z 的平均值，σ_z 变化大的深度范围内分层厚度应适当取小些；

④每一分层厚度不宜大于 $0.4b$。

（2）确定地基的沉降深度

考虑到在地基一定深度处，附加应力已很小，它对基土的压缩作用不大。在实际工程中，可采用基底以下某一深度处 z_n 作为地基压缩层的厚度，也称地基沉降计算深度。

地基压缩层厚度 z_n：指基础下地基土体中，在荷载作用下发生压缩变形的土层的总厚度，它的大小上限是自基底标高起，下限的深度可按下式确定：

$$\sigma_{zn} = (0.1 \sim 0.2)\sigma_{cn}$$

式中：σ_{zn}，σ_{cn}——分别表示压缩层下限处土的自重应力与附加应力。

注意：

①如果在σ_{zn}范围内已存在着不可压缩层（坚硬岩层），则应把该层顶面视为压缩下限。

②如果按$\sigma_{zn} = (0.1\sim0.2)\sigma_{cn}$确定的地基压缩厚度以下仍不可忽视，则宜适当加大$z_n$深度，继续计算其计算压缩沉降量。

（3）计算各分层沉降量

对于每一个分层，算出每一分层的自重应力平均值$\sigma_{c(i)}$和附加应力平均值$\sigma_{z(i)}$。

$$p_{1(i)} = \sigma_{c(i)}, \quad p_{2(i)} = \sigma_{c(i)} + \sigma_{z(i)}$$

再根据各土层的压缩曲线确定相应的初始孔隙比e_{1i}和压缩之后孔隙比的e_{2i}。

任一i层的沉降量S_i可按下式确定：

$$S_i = \frac{e_{1i} - e_{2i}}{1 + e_{1i}} h_i$$

若已知压力范围内的压缩系数a_i或压缩模量E_s，则：

$$S_i = \frac{a_i}{1 + e_{1i}} \sigma_{z(i)} h_i = \frac{\sigma_{z(i)} h_i}{E_{si}}$$

（4）总和各分层的沉降量

$$S = \sum_{i=1}^{n} S_i = \sum_{i=1}^{n} \frac{e_{1i} - e_{2i}}{1 + e_{1i}} h_i$$

用上述分层总和法计算出基础某一断面内任意两点的沉降量，即可求知该两点之间的沉降差。

【例 2-3-4】 某厂房为框架结构，桩基底面为正方形，边长为$l = b = 4.0$m，基础埋深为$d = 1.0$m。上部结构传至基础顶面的荷重$F = 1440$kN。地基为粉质黏土，土的天然重度$\gamma = 16.0$kN/m³，土的天然孔隙比$e = 0.97$。地下水位深3.4m，地下水位以下土的饱和重度$\gamma_{sat} = 18.2$kN/m³。土的压缩系数：地下水位以上为$a_1 = 0.30$MPa^{-1}，地下水位以下为$a_2 = 0.25$MPa^{-1}。计算柱基中点的沉降量。

解 （1）绘制柱基剖面图与地基剖面图，如图所示。

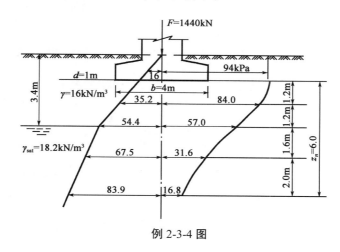

例 2-3-4 图

（2）计算地基土的自重应力。

基础底面 $\qquad \sigma_{cd} = \gamma d = 16.0 \times 1 = 16.0$kPa

地下水面 $\qquad \sigma_{cw} = 3.4\gamma = 3.4 \times 16.0 = 54.4$kPa

地面以下$2b$处 $\qquad \sigma = 3.4\gamma + 4.6\gamma' = 3.4 \times 16.0 + 4.6 \times 8.2 = 92.1$kPa

（3）计算基础底面的接触压力p。

设基础的重度为$\overline{\gamma} = 20$kN/m³，则：

$$p = \frac{F}{l \times b} + \overline{\gamma}d = \frac{1440}{4 \times 4} + 20 \times 1 = 90 + 20 = 110.0\text{kPa}$$

（4）计算基础底面的附加应力。

$$\sigma_0 = p - \gamma d = 110.0 - 16.0 = 94.0\text{kPa}$$

（5）计算地基中的附加应力。

预估受力层的厚度为 6m，分四层进行计算。基础底面为正方形，用角点法计算，分成相等的四小块，计算边长为 $l' = b' = 2.0\text{m}$。附加应力 $\sigma_z = 4\alpha_c\sigma_0$ kPa，列表 1 计算。

附 加 应 力 计 算 例 2-3-3 表 1

深度（m）	l'/b'	z/b'	附加应力系数 α_c	附加应力 σ_z（kPa）
0	1.0	0	0.2500	94.0
1.2	1.0	0.6	0.2229	84.0
2.4	1.0	1.2	0.1516	57.0
4.0	1.0	2.0	0.0840	31.6
6.0	1.0	3.0	0.0447	16.8

（6）地基层受压厚度 z_n 的确定。

由图中自重应力分布与附加应力分布两条曲线，寻找 $\sigma_z = 0.2\sigma_{cz}$ 的深度 z_n。

当深度 $z = 6.0\text{m}$ 时，$\sigma_z = 16.8\text{kPa}$，$\sigma_{cz} = 83.9\text{kPa}$，$\sigma_z \approx 0.2\sigma_{cz}$，故受压层的厚度 $z_n = 6.0\text{m}$ 预估深度合适。若不满足条件，回到（5）进一步进行计算。

（7）地基土每层的沉降量计算。

按式 $S_i = \left(\frac{a}{1+e_1}\right)\overline{\sigma}_{zi}h_i$ 计算，结果见表 2。

地 基 沉 降 计 算 例 2-3-3 表 2

土层编号	土层厚度 h_i（m）	土的压缩系数 a（MPa^{-1}）	孔隙比 e_i	平均附加应力 $\overline{\sigma}$（kPa）	沉降量 S_i（mm）
1	1.20	0.30	0.97	$\frac{94+84}{2} = 89.0$	16.3
2	1.20	0.30	0.97	$\frac{84+57}{2} = 70.5$	12.9
3	1.60	0.25	0.97	$\frac{57+31.6}{2} = 44.3$	9.0
4	2.0	0.25	0.97	$\frac{31.6+16.8}{2} = 24.2$	6.1

（8）柱基中点的总沉降量。

$$S = \sum S_i = 16.3 + 12.9 + 9.0 + 6.1 = 44.3\text{mm}$$

【例 2-3-5】用分层总和法计算地基变形时，由于假定地基土在侧向不发生变形，故不能采用下列哪一个压缩性指标？

A. 压缩系数 B. 压缩指数 C. 压缩模量 D. 变形模量

解 带"压缩"的变形指标，如压缩系数 α、侧限压缩模量 E_s、压缩指数 C_c 均是由土的侧限压缩试验得出的压缩性指标，与"假定地基土在侧向不发生变形"对应，可以使用；而"变形模量"定义的是"无侧限"条件下的参数，与"分层总和法计算地基变形"的假定不同，不能采用。选 **D**。

2.3.3 饱和软土地基沉降与时间的关系

用前面介绍的方法确定的地基沉降量，是指地基土在建筑荷载作用下达到压缩稳定后的沉降量，因而称为地基的最终沉降量。然而，在工程实践中，常常需要预估建筑物完工及一段时间后的沉降量和达到某一沉降所需要的时间，这就要求解决沉降与时间的关系问题，下面简单介绍饱和土体单向固结理论，该理论由太沙基 1925 年提出。

1）有效应力原理及土体固结的概念

饱和黏土在压力作用下，孔隙水将随时间的迁延而逐渐被排出，同时孔隙体积也随之缩小，这一过程称为饱和土的渗透固结。渗透固结所需的时间长短与土的渗透性和土的厚度有关。土的渗透性越小，土层越厚，孔隙水被挤出所需的时间越长。

为了形象地说明饱和土的渗透固结过程，借助一个活塞弹簧力学模型来说明，如图 2-3-5 所示，在一个盛满水的圆筒，装一个带有弹簧的活塞，弹簧表示土的颗粒骨架，容器内的水表示土中的自由水，带孔的活塞则表征土的透水性。由于模型中只有固、液两相介质，则对于外力 σ 的作用只能是水与弹簧两者共同承担。设其中弹簧承担的压力为有效应力 σ'，圆筒中水承担的压力为孔隙水压力 u，则按静力平衡条件应有：

$$\sigma = \sigma' + u$$

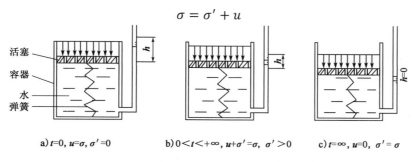

图 2-3-5 饱和土的渗透固结模型

上式即为有效应力原理。其物理意义是饱和土体上所受到的外荷载由土颗粒骨架和孔隙水共同承担，土颗粒骨架承担的部分为有效应力 σ' 水承担的部分为孔隙水压力 u。土体的变形是由有效应力 σ' 引起的。

很明显，有效应力 σ' 与孔隙水压力 u 对外力 σ 的分担作用与时间有关。

（1）当 $t = 0$ 时，即活塞顶面骤然受到压力 σ 的作用，水来不及排出，弹簧没有变形和受力，外力（相当于附加应力）全部由孔隙水来承担，即 $\sigma' = 0$，$u = \sigma$。

（2）随着作用时间的迁延，水受到压力后开始从活塞孔中排出，孔隙水压力 u 减小，活塞下降，弹簧开始受力变形，并随着变形的增长，它承受的压力不断增长。

总之，在这一阶段，$u + \sigma' = \sigma$，$\sigma' > 0$，$u < \sigma$。

（3）当 $t \to \infty$ 时（代表"最终"时间），水从排水孔中充分排出，孔隙水压力完全消散，活塞下降到外力完全由弹簧承担，饱和土的渗透固结完成，即 $\sigma' = \sigma$，$u = 0$。可见，饱和土的渗透固结也就是孔隙水压力消散和有效应力相应增长的过程。

2）太沙基一维固结理论

为了求得饱和土层在渗透固结过程中某一时间的变形，通常采用太沙基提出的一维固结理论进行计算。

（1）一维固结基本假设：设厚度为H的饱和黏土层，如图2-3-6所示，顶面是透水层，底面是不透水和不可压缩层。假设该饱和土层在自重应力作用下的固结已经完成，现在顶面受到一次骤然施加的无限均布荷载p_0作用。由于土层厚度远小于荷载面积，故土中附加应力的图形将近似地取作矩形分布，即附加应力不随深度而变化。但孔隙水压力u和土中的有效应力σ'却是坐标z和时间t的函数，将u和σ分别写成$u_{z,t}$和$\sigma'_{z,t}$。

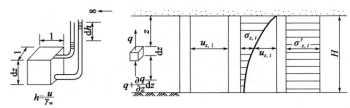

图 2-3-6 饱和土层的固结过程

为了便于分析固结过程，作如下假设：

①土的排水和压缩只限竖直单向，水平方向不排水，不发生压缩；

②土层均匀，完全饱和，在压缩过程中，渗透系数k和压缩模量$E_s = \frac{1+e}{a}$不发生变化；

③水、土颗粒不可压缩；

④渗流为层流，服从于达西定律；

⑤附加应力一次骤加，且沿深度z呈均匀分布。

饱和土的一维固结微分方程为：

$$C_v = \frac{\partial^2 u}{\partial z^2} = \frac{\partial u}{\partial t}$$

式中：C_v——土的竖向固结系数，由室内固结（压缩）试验确定；

$$C_v = \frac{1 + e_0}{a_v \gamma_w} k = \frac{E_s}{\gamma_w} k$$

k、a_v、e——分别为渗透系数、压缩系数和土的初始孔隙比。

微分方程，一般可用分离变量法求解，解的形式可以用傅里叶级数表示。

图2-3-6的初始条件（开始固结时的附加应力分布情况）和边界条件（可压缩土层顶底面的排水条件）为：

当$t = 0$和$0 \leq z \leq H$时，$u = \sigma_z = p_0$

当$0 < t < \infty$和$z = 0$（透水面）时，$u = 0$

当$0 < t < \infty$和$z = H$（不透水面）时，$\frac{\partial u}{\partial z} = 0$

当$t = \infty$和$0 \leq z \leq H$时，$u = 0$

根据以上初始条件和边界条件，采用分离变量法可求得微分方程的特解为：

$$u_{z,t} = \frac{4}{\pi} \sigma_z \sum_{m=1}^{\infty} \frac{1}{m} \sin\left(\frac{m\pi z}{2H}\right) e^{-\frac{m^2 \pi^2}{4} T_v}$$

式中：$u_{z,t}$——深度z处某一时刻t的孔隙水压力；

m——正奇整数（1,3,5,…）；

e——自然对数的底；

H——压缩土层最远的排水距离，当土层为单面排水时，H为土层的厚度，双面排水时，水由土层中心分别向上下两方向排出，对称面上$q = 0$，可视为不透水边界，此时H应取1/2土层厚度；

T_v——竖向固结时间因数，无量纲，$T_v = \dfrac{c_v t}{H^2}$。

3）固结度

为求出地基土在任意时刻t的固结沉降量，还需了解"固结度"的概念。

地基在任意时刻t的固结沉降量S_t与其最终的沉降量S_∞之比称为地基在t时刻固结度。

$$U_t = \frac{S_t}{S_\infty}$$

式中，S_∞可参照分层总和法计算，而S_t取决于土中的有效应力值，所以：

$$U_t = \frac{\dfrac{a}{1+e}\int_0^H \sigma'_{z,t}\mathrm{d}z}{\dfrac{a}{1+e}\int_0^H \sigma_z\mathrm{d}z} = \frac{\int_0^H \sigma_z\mathrm{d}z - \int_0^H u_{z,t}\mathrm{d}z}{\int_0^H \sigma_z\mathrm{d}z} = 1 - \frac{\int_0^H u_{z,t}\mathrm{d}z}{\int_0^H \sigma_z\mathrm{d}z}$$

上式适用于任意σ_z分布和地基排水条件的情况，它表明土层的固结度也就是土中孔隙水压力向有效应力转化过程的完成程度。显然，固结度随有效应力的增大固结过程逐渐增大，由$t = 0$时为 0 增至$t = \infty$时为 1.0。

积分得：

$$U_t = 1 - \frac{8}{\pi^2}\sum_{m=1}^{\infty}\frac{1}{m^2}e^{-\frac{m^2\pi^2}{4}T_v}$$

上式为一收敛很快的级数，当$U_t > 30\%$时可近似取其中一项，即：

$$U_t = 1 - \frac{8}{\pi^2}e^{-\frac{\pi^2}{4}T_v}$$

显然，固结度U_t是时间因数T_v的函数。为了便于实用，可绘制各种不同附加应力分布及排水条件下的U_t与T_v的关系曲线，如图 2-3-7 所示，图中左上角还给出了$a = 1$时U_t与T_v的部分数值。

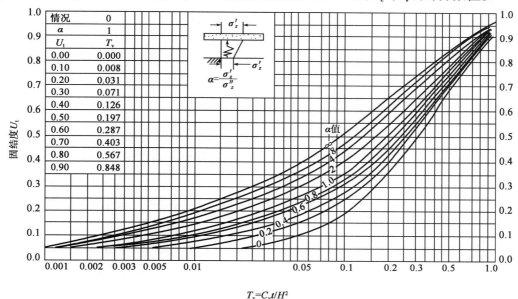

$$T_v = C_v t / H^2$$

图 2-3-7　固结度U_t与时间因素T_v的关系曲线

以上讨论，是以均质饱和黏土单向排水、荷载一次作用于土体上、附加应力沿厚度均匀分布时的沉降与时间的关系。如其他条件不变，只有附加应力分布发生变化时，其压力分布图可简化为五种情况，如图 2-3-8 所示。为方便，定义

$$a = \frac{\text{排水面的附加应力}}{\text{不排水面的附加应力}} = \frac{\sigma_a}{\sigma_b}$$

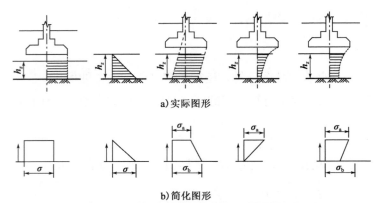

图 2-3-8 地基中应力的分布图形（单面排水）

情况 0：$a = 1$，应力图形为矩形。适用于土层在自重应力作用下已固结，基础面积较大而压缩层较薄的情况。

情况 1：$a = 0$，应力图形为三角形。这相当于大面积新填土（饱和时）由于土本身自重应力引起的固结；或者土层由于地下水大幅度下降，在地下水变化范围内，自重应力随深度增加的情况。

情况 2：$a < 1$，适用于土层在自重应力作用下尚未固结，又在其上施加均布荷载的情况。

情况 3：$a = \infty$，适用于基底面积小，土层厚，土层底面附加应力已接近零的情况。

情况 4：$a > 1$，土层底面的附加应力大于零。

以上情况都系单面排水。若是双面排水，则不管附加应力分布如何，只要是线性分布，均按"情况 0"计算，但在时间因素的式子中以 $H/2$ 代替 H 即可。

【例 2-3-6】 关于固结度，下列说法正确的是：

    A. 一般情况下，随着时间的增加和水的排出，土的固结度会逐渐减小

    B. 对于表面受均布荷载的均匀地层，单面排水情况下不同深度的固结度相同

    C. 对于表面受均布荷载的均匀地层，不同排水情况下不同深度的固结度相同

    D. 如果没有排水通道，即边界均不透水，固结度将不会变化

解 某时刻的固结度，是该时刻的沉降量与最终沉降量之比。

随着时间的增加和水的排出，土的压缩固结逐步完成，固结度增加，故选项 A 错误。

土体受荷固结，排水边界近处排水快，压缩先完成（固结度较大），排水边界远处的排水压缩完成较慢，同一时刻的固结度比排水边界近处要小，单面排水与双面排水的情况均如此，所以选项 B、C 错误。

没有排水通道，土体中的水不能排出，压缩不能发生，所以固结度一直是开始时的固结度，选项 D 正确。故选 D。

【例 2-3-7】 某饱和黏土层的厚度为 10m，在大面积（20m×20m）荷载 $P_0 = 120$kPa 作用下，土层的初始孔隙比 $e = 1.0$，压缩系数 $a = 0.3$MPa^{-1}，渗透系数 $k = 18$mm/年。按黏土层在单面或双面排水条件下，分别求：（1）加荷 1 年时的沉降量；（2）沉降量达 140mm 时所需的时间。

解（1）求 $t = 1$ 年时的沉降量

大面积荷载，黏土层中附加应力沿深度均匀分布，即 $\sigma_z = P_0 = 120$kPa。

黏土层的最终沉降量：

$$S = \frac{a}{1+e}\sigma_z H = \frac{3 \times 10^4}{1+1} \times 120 \times 10^3 \times 10 = 180\text{mm}$$

竖向固结系数：

$$C_v = \frac{k(1+e)}{a\gamma_w} = \frac{1.8 \times 10^{-2} \times (1+1)}{3 \times 10^{-4} \times 10} = 12 \text{m}^2/\text{年}$$

①对于单面排水，时间因数为 $T_v = \frac{C_v t}{H^2} = \frac{12 \times 1}{10^2} = 0.12$，由图 2-3-7 中的曲线 $\alpha = 1$，得相应的固结度 $U_t = 40\%$，则 $t = 1$ 年时的沉降量为 $S_t = 0.4 \times 180 = 72\text{mm}$。

②对于双面排水，时间因数为 $T_v = \frac{C_v t}{H^2} = \frac{12 \times 1}{5^2} = 0.48$。同理，由图 2-3-7 查得 $U_t = 75\%$，则 $t = 1$ 年时的沉降量为 $S_t = 0.75 \times 180 = 135\text{mm}$。

（2）求沉降量达 140mm 时所需的时间

由固结度的定义得：

$$U_t = \frac{S_t}{S_\infty} = \frac{140}{180} = 0.78$$

由图 2-3-7 按 $\alpha = 1$，查得 $T_v = 0.53$。

①对于单面排水，所需的时间为：

$$t = \frac{T_v H^2}{C_v} = \frac{0.53 \times 10^2}{12} = 4.4 \text{ 年}$$

②对于双面排水，所需的时间为：

$$t = \frac{T_v H^2}{C_v} = \frac{0.53 \times 5^2}{12} = 1.1 \text{ 年}$$

可见，达到同一固结度时，双面排水比单面排水所需的时间短得多。

经 典 练 习

2-3-1 地基土的总沉降一般包括（　　　）。

    A. 瞬时沉降、固结沉降、工后沉降　　　　B. 瞬时沉降、固结沉降、次固结沉降

    C. 瞬时沉降、次固结沉降、工后沉降　　　　D. 固结沉降、次固结沉降、工后沉降

2-3-2 在土的压缩性指标中（　　　）。

    A. 压缩系数与压缩模量成正比　　　　　　B. 压缩系数越大，压缩模量越低

    C. 压缩系数越大，土的压缩性越低　　　　D. 压缩模量越低，土的压缩性越低

2-3-3 用直角坐标系绘制压缩曲线可直接确定的压缩性指标是（　　　）。

    A. a　　　　　　　　B. E_s　　　　　　　　C. E_0　　　　　　　　D. C_c

2-3-4 用分层总和法计算一般土地基最终沉降量时，用附加应力与自重应力之比确定压缩层深度，一般其值应小于或等于（　　　）。

    A. 0.2　　　　　　　　B. 0.1　　　　　　　　C. 0.5　　　　　　　　D. 0.4

2-3-5 计算地基变形时，传至基础底面的荷载组合应是（　　　）。

    A. 荷载效应标准组合　　　　　　　　　　　B. 荷载效应准永久组合

    C. 荷载效应频遇组合　　　　　　　　　　　D. 荷载效应永久组合

2-3-6 某地基土压缩模量为 $E_s = 17\text{MPa}$，此土的压缩性（　　　）。

    A. 高　　　　　　　　B. 中等　　　　　　　　C. 低　　　　　　　　D. 一般

2-3-7 某单面排水、厚度 5m 的饱和黏土地基，$C_v = 15\text{m}^2/\text{年}$，当固结度为 90% 时，时间因数 $T_v = 0.85$，达到此固结度所需时间为（　　　）。

    A. 0.35 年　　　　　　　B. 1.4 年　　　　　　　C. 0.7 年　　　　　　　D. 2.8 年

2-3-8 分层总和法计算地基最终沉降量的分层厚度一般为（　　　）。

A. 0.4b B. 0.4L C. 0.4m D. 天然土层厚度

2-3-9 海底之下 3m 处取得某土样的先期固结压力为 35kPa，海水深 2m，土体饱和重度为 20.5kN/m³，试判断该土样的超固结性。

2-3-10 某地基土体厚度 4.5m，上下均为砂层。土的压缩系数 $a = 0.60$MPa^{-1}，初始孔隙比 $e = 1.2$，渗透系数 $k = 2.5 \times 10^{-8}$cm/s，均布荷载 $p = 180$kPa，试计算加荷 6 个月后的沉降量。

2.4 土的抗剪强度

考试大纲 ☞：土中一点的应力状态 库仑定律 土的极限平衡条件 内摩擦角 黏聚力
直剪试验及其适用条件 三轴试验 总应力法 有效应力法

地基破坏主要是剪切破坏，地基的强度实际上是抗剪强度。剪切破坏是由剪应力引起的。

2.4.1 土的抗剪强度和极限平衡条件

抗剪强度的试验方法有多种，在试验室内常用的有直接剪切试验、三轴压缩试验和无侧限抗压试验，在现场原位测试的有十字板剪切试验、大型直接剪切试验等。本节着重介绍几种常用的试验方法。

1）库仑公式

1773 年，库仑根据试验，将土的抗剪强度表达为滑动面上法向总应力的函数，即：

无黏性土 $\qquad\qquad\qquad\qquad \tau_f = \sigma \tan \varphi$

黏性土 $\qquad\qquad\qquad\qquad \tau_f = c + \sigma \tan \varphi$

式中：τ_f——土的抗剪强度（kPa）；

$\qquad \sigma$——剪切滑动面上的法向总应力；

$\qquad c$——土的黏聚力（内聚力）（kPa）；

$\qquad \varphi$——土的内摩擦角（°）。

上述两式统称为库仑公式或库仑定律，c、φ 称为抗剪强度指标或抗剪强度参数。将库仑公式表示在坐标中为一条直线，如图 2-4-1 所示。由库仑公式可以看出，无黏性土的抗剪强度与剪切面上的法向应力成正比，其本质是由于土粒之间的滑动摩擦以及凹凸面间的镶嵌作用所产生的摩阻力，其大小取决于土粒表面的粗糙程度、密实度、土颗粒的大小以及颗粒级配等因素。黏性土的抗剪强度由两部分组成，一部分是摩擦力（与法向应力成正比），另一部分是土粒之间是黏结力，它是由于黏性土颗粒之间的胶结作用和静电引力效应等因素引起的。

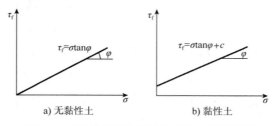

图 2-4-1 抗剪强度与法向总应力之间的关系

长期的试验研究表明，土的抗剪强度不仅与土的性质有关，还与试验时的排水条件、剪切速度、应力状态和应力历史等诸多因素有关，其中最重要的是试验时的排水条件，根据太沙基（Terzaghi）的有效应力概念，土体内的剪应力仅能由土的骨架承担。因此，土的抗剪强度应表示为剪切破坏面上法向有效应力的函数，库仑公式变为：

无黏性土 $\qquad\qquad\qquad\qquad \tau_f = \sigma' \tan \varphi'$

黏性土 $\qquad\qquad\qquad\qquad\quad \tau_f = c' + \sigma' \tan \varphi'$

式中：σ'——剪切破坏面上的法向有效应力（kPa）；

$\qquad c'$——有效黏聚力（kPa）；

$\qquad \varphi'$——有效内摩擦角（°）。

2）莫尔-库仑强度理论

1910 年，莫尔提出材料的破坏是剪切破坏，当任一平面上的剪应力等于材料的抗剪强度时该点就发生破坏，并提出在破坏面上的剪应力 τ_f 是该面上法向应力 σ 的函数，即：

$$\tau_f = f(\sigma)$$

这个函数在 τ_f-σ 坐标中是一条曲线，称为莫尔包线（或称为抗剪强度包线），如图 2-4-2 实线所示，莫尔包线表示材料受到不同应力作用到达极限状态时，滑动面上法向应力 σ 与剪应力 τ_f 的关系。理论与实践经验都表明，土的莫尔包线通常可以近似地用直线代替，如图 2-4-2 虚线所示，该直线方程就是库仑公式表示的方程。由库仑公式表示莫尔包线的强度理论称为莫尔-库仑强度理论。

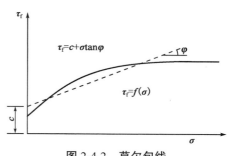

图 2-4-2 莫尔包线

当土体中任意一点在某一平面上剪应力达到土的抗剪强度时，该点即处于极限平衡状态。根据莫尔-库仑理论，可得到土体中一点的剪切破坏条件，即土的极限平衡条件。

下面仅研究平面问题，如图 2-4-3 所示，在土体中取一微元体，应力状态为 σ_x、σ_z、τ_{xz}，莫尔圆可以表示土体中一点的应力状态，莫尔圆圆周上各点的坐标则表示该点在相应平面上的正应力和剪应力。

如果给定了土的抗剪强度参数 φ 和 c 以及土中某点的应力状态，则可将抗剪强度包线与莫尔应力圆画在同一张坐标图上，如图 2-4-4 所示。它们之间的关系有以下三种情况：

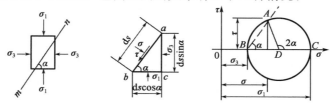

a)单元微体上的应力　　b)隔离体 abc 上的应力　　c)莫尔圆

图 2-4-3 土体中的任意点的应力

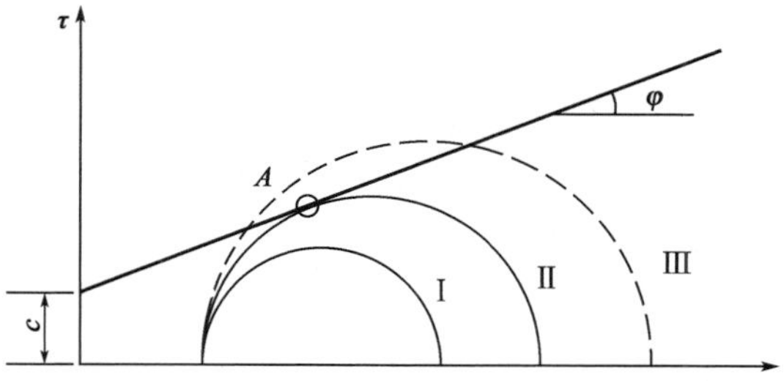

图 2-4-4 莫尔圆与抗剪强度之间的关系

（1）整个莫尔圆位于抗剪强度包线的下方（圆I），说明该点在任何平面上的剪应力都小于土所能发挥的抗剪强度（$\tau < \tau_f$），因此不会发生剪切破坏；

（2）莫尔圆与抗剪强度包线相切（圆Ⅱ），切点为A，说明土体只在A点所代表的平面上，剪应力正好等于抗剪强度（$\tau = \tau_f$），土体在该方向上处于极限平衡状态；

（3）抗剪强度包线是莫尔圆的一条割线（圆Ⅲ），在相割的这样一些方向上，$\tau > \tau_f$，实际上这种情况是不可能存在的，因为在某一方向上$\tau = \tau_f$时，土体已破坏，剪应力达不到相割这种状态。

圆Ⅱ称为极限应力圆。根据极限应力圆与抗剪强度包线相切的几何关系，就可建立以下极限平衡条件。

设在土体中取一单元微体，如图2-4-5a）所示，mn为破裂面，它与大主应力的作用面成α_f角。该点处于极限平衡时的莫尔圆如图2-4-5b）所示。将抗剪强度延长于σ轴相交于R点，由三角形ARD可知：

$$\sigma_{1f} = \sigma_3 \tan^2\left(45° + \frac{\varphi}{2}\right) + 2c \tan\left(45° + \frac{\varphi}{2}\right)$$

或者

$$\sigma_{3f} = \sigma_1 \tan^2\left(45° - \frac{\varphi}{2}\right) - 2c \tan\left(45° - \frac{\varphi}{2}\right)$$

对于无黏性土，因$c = 0$，得：

$$\sigma_{1f} = \sigma_3 \tan^2\left(45° + \frac{\varphi}{2}\right)$$

$$\sigma_{3f} = \sigma_1 \tan^2\left(45° - \frac{\varphi}{2}\right)$$

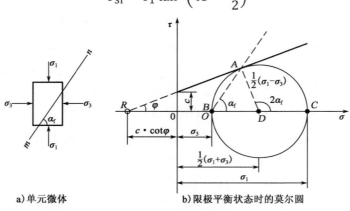

a）单元微体   b）限极平衡状态时的莫尔圆

图 2-4-5 土体中一点达极限平衡状态时的莫尔圆

判别土体应力状态稳定性时，先确定最大、最小主应力σ_1、σ_3，由σ_3计算与之相应的σ_{1f}。若$\sigma_1 < \sigma_{1f}$，土体稳定；若$\sigma_1 = \sigma_{1f}$，土体处于极限平衡状态；若$\sigma_1 > \sigma_{1f}$，土体已发生剪切破坏。实际上是将实际应力状态莫尔圆与极限平衡状态莫尔圆比较，判别实际应力状态莫尔圆与抗剪强度包线是相离、相切，还是相割的关系，进而判别土体稳定性。

【例2-4-1】某点土体处于极限平衡状态时，则τ-σ坐标系中抗剪强度直线和莫尔应力圆的关系为：

  A. 相切   B. 相割   C. 相离   D. 不确定

解 抗剪强度直线和摩尔应力圆相切，土体处于极限平衡状态。相割为破坏，相离为稳定。选 A。

【例2-4-2】已知土中某点的应力状态为$\sigma_1 = 700 \text{kPa}$，$\sigma_3 = 200 \text{kPa}$，土的抗剪强度参数为$c = 20 \text{kPa}$，$\varphi = 30°$，试判断该土是否发生剪切破坏。

解 由公式得：

$$\begin{aligned}
\sigma_{1f} &= \sigma_3 \tan^2\left(45° + \frac{\varphi}{2}\right) + 2c \tan\left(45° + \frac{\varphi}{2}\right)\\
&= 200 \times \tan^2\left(45° + \frac{30°}{2}\right) + 2 \times 20 \times \tan\left(45° + \frac{30°}{2}\right)\\
&= 600 + 40\sqrt{3} = 669.3 \text{kPa}
\end{aligned}$$

由于土体在围压为 $\sigma_3 = 200\text{kPa}$ 下，所能承受的最大的主应力为 $\sigma_{1f} = 669.3 < 700\text{kPa}$，说明土体应力莫尔圆与抗剪强度线相割，土体发生剪切破坏。

同理，可计算 σ_{3f}：

$$\sigma_{3f} = 700 \times \tan^2\left(45° - \frac{30°}{2}\right) - 2 \times 20\tan\left(45° - \frac{30°}{2}\right) = 233.3 - 23.1 = 210.2\text{kPa}$$

由于由主应力和抗剪强度参数计算所能承受的最小主应力为 $\sigma_{3f} = 210.2\text{kPa}$，大于土中实际的最小主应力 $\sigma_3 = 200\text{kPa}$，说明土体应力莫尔圆与抗剪强度线相割，土体发生剪切破坏。

2.4.2　抗剪强度指标的确定

抗剪强度的试验方法有多种，在实验室内常用的有直接剪切试验、三轴压缩试验和无侧限抗压试验，在现场原位测试的有十字板剪切试验、大型直接剪切试验等。

1）直接剪切试验

直接剪切直剪仪分为应变控制式和应力控制式两种，前者是等速推动试样产生位移，测定相应的剪应力，后者则是对试件分级施加水平剪应力测定相应的位移。目前我国普遍采用的是应变控制式直剪仪，如图 2-4-6 所示，该仪器的主要部件由相对固定的上盒和活动的下盒组成，试样放在盒内上下两块水石之间。试验时，由杠杆系统通过加压活塞和透水石对试件施加某一垂直压力 σ。然后等速转动手轮，对下盒施加水平推力，使试样在上下盒的水平接触面上产生剪切变形，直至破坏，剪应力的大小可借助与上盒接触的量力环的变形值计算确定。在剪切过程中，随着上下盒相对剪切变形的发展，土样中的抗剪强度逐渐发挥出来，直到剪应力等于土的抗剪强度时，土样发生剪切破坏，所以土样的抗剪强度可用剪切破坏时的剪应力来度量。

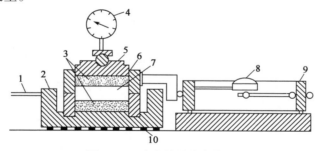

图 2-4-6　应变控制式直剪仪

1-轮轴；2-底样；3-透水石；4-量表；5-活塞；6-上盒；7-土样；8-量表；9-量力环；10-下盒

图 2-4-7a）表示剪切过程中剪应力 τ 与剪切位移 δ 之间的关系，通常可取峰值或稳定值作为破坏点，如图中箭头所示。

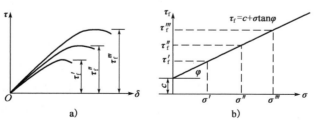

图 2-4-7　抗剪强度包线

对同一种土，至少取 4 个重度和含水量相同的试样，分别在不同垂直压力 σ 下进行剪切破坏试验，一般可取垂直压力为 100kPa、200kPa、300kPa、400kPa，将试验结果绘制成抗剪强度 τ_f 和垂直压力 σ 之间的关系曲线。试验表明，对于黏性土 τ_f-σ 基本呈直线关系，该直线与横轴的夹角为内摩擦角 φ，在纵轴上的截距为黏聚力c，直线方程可用库仑公式表示。对于无黏性土，τ_f和σ之间的关系则是通过原点的一条直线。

为了近似模拟土体在现场受剪的排水条件，直接剪切试验可分为快剪、固结快剪和慢剪三种方法。

快剪试验：在试样施加竖向压力σ后，立即快速地施加水平剪应力使试样剪切破坏。

固结快剪试验：允许试样在竖向压力下充分排水，待固结稳定后，再快速施加水平剪应力使试样剪切破坏。

慢剪试验：允许试样在竖向压力下排水，待固结稳定后，以缓慢的速度施加水平剪应力使试样破坏，此试验应采用应力控制式直接剪切仪。

上述三种直接剪切试验的方法与实际工程的关系是：

（1）快剪试验适用于施工速度快、地基土排水不良的情况；

（2）慢剪试验适用于施工速度慢、地基土排水良好的情况；

（3）按固结快剪的含义，实际工程应该是先堆载预压地基土，使地基土产生压缩后，再快速施工，但此情况当前不可能用于实际工程，故固结快剪试验可用于介于上述两种情况之间的实际工程。

2）三轴压缩试验

三轴压缩试验是测定土抗剪强度的一种较为完善的方法。三轴压缩仪如图 2-4-8 所示，由压力室、轴向加荷系统、施加周围压力系统、孔隙水压力量测系统等组成。压力室是三轴压缩仪的主要组成部分，它是一个由金属上盖、底座和透明有机玻璃圆筒组成的密闭容器。

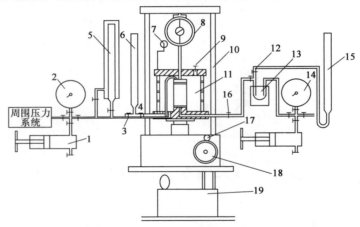

图 2-4-8 应变控制式三轴直剪仪

1-调压筒；2-周围压力表；3-周围压力阀；4-排水阀；5-体变管；6-排水管；7-变形量表；8-量力环；9-排气孔；10-轴向加压设备；11-压力室；12-量管阀；13-零位指示器；14-孔隙压力表；15-量管；16-孔隙压力阀；17-离合器；18-手轮；19-变速器

常规试验方法的主要步骤：首先将土切成圆柱体套在橡胶膜内，放在密封的压力室中，然后向压力室内压入水，使试件在各向受到周围压力σ_3，液压在整个试验过程中保持不变，这时试件内各向的三个主应力都相等，因此不产生剪应力，如图 2-4-9a）所示。然后通过传力杆对试件施加竖向压力，这样，竖向主应力就大于水平向主应力。水平向主应力保持不变，竖向主应力逐渐增大，直至试件受剪破坏，如图 2-4-9b）所示。设剪切破坏时由传力杆加在试件上的竖向压应力为$\Delta\sigma_1$，则试件上的大主应力为$\sigma_1 = \sigma_3 + \Delta\sigma_1$，而小主应力为$\sigma_3$，以（$\sigma_1 - \sigma_3$）为直径可画出一个极限应力圆，见图 2-4-9c）中的圆I，用同一种土样若干个试件（三个以上）按以上所述方法分别进行试验，每个试件施加不同的周围压力σ_3，可分别得出剪切破坏时的大主应力，将这些结果绘成一组极限应力圆，见图 2-4-9c）中的圆I、II和III。由于这些试件都剪切至破坏，根据莫尔库仑理论，作出一组极限应力圆的公共切线，即为土的抗剪强度包线，如图 2-4-9c）所示，通常可近似取为一条直线，该直线与横坐标的夹角即为土的内摩擦角 φ，直线与纵坐标的截距即为土的黏聚力 c。

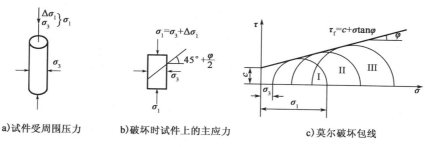

图 2-4-9　三轴剪切试验原理

对应于直接剪切试验的快剪试验、固结快剪试验和慢剪试验，三轴压缩试验按剪切前的固结程度和剪切时的排水条件，分为以下三种试验方法。

（1）不固结不排水剪（UU）

由于三轴剪切仪能严格控制排水条件，饱和黏性土不固结不排水剪试验是一条相当满意的水平强度包线，$\varphi_u = 0$，$\tau_f = c_u$（见图 2-4-10）。与直剪、快剪一样，如果试样为天然地层中的原状土，则 c_u 表示天然强度。在工程中，一般条件下，由于土的成分不均匀、操作过程、仪器设备等因素的影响，试验对于饱和黏性土而言，很少出现 $\varphi_u = 0$，一般都有一个较小 $\varphi_u \neq 0$ 的情况出现。

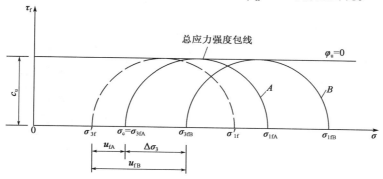

图 2-4-10　饱和黏性土的不固结不排水剪试验强度包线

对于非饱和土，气体将随周围压力 σ_3 的加大而被压缩并被水吸收，土体变密、强度提高。所测得的强度包线是一条斜线。随 σ_3 的增大，饱和度逐渐增加，当接近于饱和时，强度包线也趋于水平。其强度指标 c_u、φ_u 可根据实际应力变化范围，用一段直线代替该范围内的曲线而求得。

（2）固结排水剪（CD）

与直剪慢剪一样，三轴固结排水剪剪切过程中，施加给试样的荷载也完全由土骨架承担，不产生超孔隙水压力。所测得的强度包线也表示剪破时剪破面上的法向有效应力与抗剪强度的关系（见图 2-4-11）。所以工程中，直剪试验的 c_s、φ_s 与三轴剪切试验的 c_d、φ_d 可互相代替。

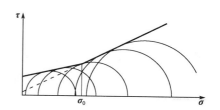

图 2-4-11　固结排水剪试验强度包线

图 2-4-11 中，σ_0 表示各试样在试验之前所受过的各向均等预固结压力。与直剪慢剪类似，强度包线在该处转折，左侧为超固结段，右侧为正常固结段。图 2-4-11 中的第三个应力圆，虽然剪前 $\sigma_3 < \sigma_c$，但剪破时，剪破面上的有效应力超过了 σ_0，所以仍处在正常固结段。

（3）固结不排水剪（CU）

与直剪固结快剪类似，进行三轴固结不排水剪试验时，如果所施加的固结压力σ_3大于先期固结压力p_c，则剪前，试样相对于σ_3处在正常固结状态。如$\sigma_3 < p_c$，则处在超固结状态。连接正常固结各试样极限应力圆的公切线，可得到一条基本通过原点的强度包线（见图2-4-12中的虚线）。连接超固结各试样极限应力圆的公切线，其强度线不通过原点（见图2-4-12中的实线）。由于剪破时σ_{1f}、σ_{3f}是加在试样上的总应力，所以一般把图2-4-12中的c_{cu}、φ_{cu}称为固结不排水剪的总应力指标。

①直剪固结快剪与三轴固结不排水剪指标的差别

工程设计实践中，常把三轴剪切试验的c_{cu}、φ_{cu}与直剪试验的c_{cq}、φ_{cq}不予区分、互相代替。但严格讲，它们是有差别的。直剪固结快剪强度包线表示剪前剪破面上的有效固结应力与抗剪强度的关系，每个试样的抗剪强度值是对应着剪前的有效固结应力绘在τ-σ坐标图上的。而三轴固结不排水剪，每个试样的抗剪强度值（见图2-4-13中的切点A）与剪前的有效固结应力σ_3并不对应，因而理论上c_{cu}、φ_{cu}略小于c_{cq}、φ_{cq}。

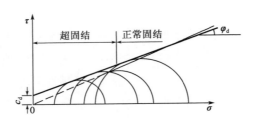

图 2-4-12 正常固结土固结不排水剪强度

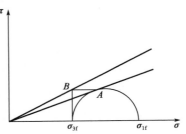

图 2-4-13 c_{cu}、φ_{cu}与c_{cq}、φ_{cq}的差别

如果把图2-4-13中的A点平移σ_{3f}对应的位置，得到B点。然后把各试样的B点连成直线，便得到与直剪固结快剪意义相当的强度包线。

②有效应力强度指标

在三轴固结不排水剪过程中，可连续测得试样内的孔隙水压力u。如果从剪破时的主应力σ_{1f}、σ_{3f}中扣除该时刻的孔隙水压力值u，便得到剪破时的有效主应力σ'_{1f}、σ'_{3f}。

$$\left.\begin{aligned}\sigma'_{1f} &= \sigma_{1f} - u\\ \sigma'_{3f} &= \sigma_{3f} - u\end{aligned}\right\}$$

用σ'_{1f}、σ'_{3f}作应力圆，称为有效应力圆。由上式知，有效应力圆与原应力圆大小相等，只是平移一个距离。当$u_f > 0$时，有效应力圆向左移；当$u_f < 0$时（比如高度超固结土），有效应力圆向右移。根据有效应力圆绘出的强度包线称为有效强度包线，对应的c'称为有效黏聚力，φ'称为有效内摩擦角（见图2-4-14中虚线）。

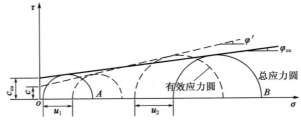

图 2-4-14 有效强度包线

由有效应力圆所确定的有效强度包线，表示剪破时剪破面上的法向有效应力与抗剪强度的关系。这与直剪慢剪、三轴固结排水剪强度包线的意义是一致的。因而工程上通常不做很费时间的慢剪试验和固结排水剪试验，而采用固结不排水剪试验测c'、φ'代替。

无侧限抗压试验可以视为三轴试验的特例，适用于黏性土，在圆柱形试样周围不施加围压，直接施加轴向压力直到土样破坏，得出土体在该种状态下的强度参数，称为无侧限抗压强度。

【例 2-4-3】 饱和黏性土的抗剪强度指标：

A. 与排水条件有关

B. 与基础宽度有关

C. 与试验时的剪切速率无关

D. 与土中孔隙水压力是否变化无关

解 根据饱和黏性土的抗剪强度理论和《土工试验方法标准》（GB/T 50123—2019）中三轴压缩试验及条文说明，有效应力大小决定了黏性土的抗剪强度，排水条件和剪切速率直接影响孔隙水压力，间接影响有效应力的大小。抗剪强度由土的自身条件决定，与基础宽度无关。选 A。

经 典 练 习

2-4-1 CU 试验是指（　　　）。

A. 直剪慢剪试验

B. 直剪固结快剪试验

C. 三轴固结排水剪切试验

D. 三轴固结不排水剪切试验

2-4-2 在排水不良的软黏土地基上快速施工，在基础设计时，应选择的抗剪强度指标是（　　　）。

A. 快剪指标　　　　B. 慢剪指标　　　　C. 固结快剪指标　　　　D. 直剪指标

2-4-3 为了近似模拟土体在现场受剪的排水条件，将直剪试验分为（　　　）。

A. 快剪、固结快剪、慢剪

B. 快剪、固结慢剪、慢剪

C. 固结排水剪、固结快剪、慢剪

D. 快剪、固结排水剪、慢剪

2-4-4 影响土抗剪强度的因素有（　　　）。

A. 应力路径　　　　B. 剪胀性　　　　C. 加载速度　　　　D. 以上都是

2-4-5 通过直剪试验得到的土体抗剪强度线与水平线的夹角为（　　　）。

A. 内摩擦角　　　　B. 有效内摩擦角　　　　C. 黏聚力　　　　D. 有效黏聚力

2-4-6 某砂土样的内摩擦角为 30°，当土样处于极限平衡状态且最大主应力为 300kPa 时，其最小主应力为（　　　）。

A. 934.6kPa　　　　B. 865.35kPa　　　　C. 100kPa　　　　D. 88.45kPa

2-4-7 某内摩擦角为 20° 的土样，发生剪切破坏时，破坏面与最小主应力面的夹角为（　　　）。

A. 55°　　　　B. 35°　　　　C. 70°　　　　D. 110°

2-4-8 三轴剪切试验的抗剪强度线为（　　　）。

A. 一个摩尔应力圆的切线

B. 不同试验点所连斜线

C. 一组摩尔应力圆的公切线

D. 不同试验点所连折线

2-4-9 已知地基土的抗剪强度指标为 $c = 5$kPa，$\varphi = 30°$，当地基中某点的大主应力 $\sigma_1 = 300$kPa，小主应力 σ_3 为（　　　）时，该点刚好发生剪切破坏？

A. 84kPa　　　　B. 94kPa　　　　C. 106kPa　　　　D. 116kPa

2-4-10 某土样抗剪强度指标 $c = 28$kPa，$\varphi = 30°$。土中某点应力为 $\sigma_z = 250$kPa，$\sigma_x = 100$kPa，$\tau_{zx} = 85$kPa，试判断该点的应力稳定性。

2.5 特殊性土

考试大纲☞：软土　黄土　膨胀土　红黏土　盐渍土　冻土　填土　可液化土

特殊土是指某些具有特殊物质成分和结构,而工程地质性质也较特殊的土。

特殊土的种类甚多,常见的有软土、膨胀土、红黏土、黄土类土、人工填土等。

2.5.1 软土

1)软土定义与分类

软土是指在水流缓慢、不通畅、缺氧和饱水条件下的环境中沉积,有微生物参与作用的条件下,含较多的有机质,疏松软弱的粉质黏性土。软土的基本特征是$w > w_L$,$e \geqslant 1.0$。

软土包括淤泥、淤泥质土、泥炭、泥炭质土。

淤泥:$w > w_L$,$e \geqslant 1.5$

淤泥质土:$w > w_L$,$1.0 \leqslant e < 1.5$。

2)工程地质性质的基本特点

(1)高孔隙比、饱水、天然含水率大于液限。

孔隙比常见值为1.0~2.0;液限一般为40%~60%,饱和度一般大于90%,天然含水率多为50%~70%。

未扰动时,处于软塑状态,一经扰动,结构破坏,处于流动状态。

(2)透水性极弱。一般垂直方向的渗透系数较水平方向小。

(3)高压缩性。a_{1-2}一般为0.7~1.5MPa^{-1},且随天然含水率的增大而增大。

(4)抗剪强度很低,且与加荷速度和排水固结条件有关。

不排水条件下,三轴快剪,$\varphi \approx 0$;直剪,$\varphi = 2° \sim 5°$,$c = 0.02$MPa;

排水条件下,抗剪强度随固结程度提高而增大,固结快剪的$\varphi = 10° \sim 15°$,$c = 0.02$MPa。

2.5.2 膨胀土

膨胀土体积随含水量的增加而膨胀,随含水量的减少而收缩,并且这种作用循环可逆,具有这种膨胀和收缩性质的土,称为膨胀土。

1)分布和成因

膨胀土一般分布在盆地内,山前丘陵地带和二、三级阶地上。大多数是上更新世及以前的残坡积、冲积、洪积物,也有晚第三纪至第四纪的湖泊沉积及其风化层。

2)成分和结构特征

(1)从岩性上看,以黏土为主,占总数的98%,有黄、红、灰、白等色。黏土矿物多为蒙脱石、伊利石和高岭石。蒙脱石含量越多,膨胀性越强烈。

(2)结构致密,呈坚硬~硬塑状态,强度较高,黏聚力较大。

(3)裂隙发育,竖向、斜交和水平三种均有,可见光滑镜面和擦痕。

(4)富含铁、锰结核和钙质结核。

(5)化学成分为SiO_2(45%~66%)、Al_2O_3(13%~31%)、Fe_2O_3(3%~15%),硅铝率$K = 3 \sim 5$。

3)一般工程地质特征

膨胀土的液限、塑限和塑性指数都较大:液限为40%~68%,塑限为17%~35%,塑性指数为18~33。

膨胀土的饱和度一般较大,常在80%以上,天然含水率较小,为17%~30%。

4）膨胀土的判别和胀缩性分级

（1）膨胀土的判别

凡是具有前面所述的特征，且自由膨胀率$F_s > 40\%$者，应判定为膨胀土。

自由膨胀率F_s指人工制备的烘干土，在水中增加的体积与原体积的比，以百分率表示。

（2）土的胀缩性分级

膨胀土的胀缩性，根据胀缩总率e_{ps}划分为强、中等和弱三级：

$$\begin{cases} e_{ps} > 4, \text{强} \\ e_{ps} = 2\sim4, \text{中等} \\ e_{ps} = 0.7\sim2, \text{弱} \end{cases}$$

胀缩总率以e_{ps}表示，并按下式计算：

$$e_{ps} = e_{p0.5} + c_{sL}(w - w_m)$$

式中：$e_{p0.5}$——在压力 0.5MPa 时的膨胀率（%）；

c_{sL}——土的收缩系数；

w——土的天然含水率；

w_m——土在收缩过程中含水率的下限值（%）。

当式中e_{ps}为负值时，按负值考虑。如$(w - w_m)$大于 8%，按 8%考虑；小于 0，则按 0 考虑。

式中收缩系数c_{sL}可通过收缩试验测得，它是土的收缩曲线的直线部分的斜率，即：

$$c_{sL} = \frac{\Delta e_{sL}}{v}$$

式中：Δe_{sL}——与Δw相应的收缩率之差。

w_m反映了地基土的收缩变形受大气降雨和蒸发的综合影响，可按下式计算：

$$w_m = k w_p$$

式中：k——条件系数；

w_p——土的塑限。

【例 2-5-1】关于膨胀土，下列说法不正确的是：

    A. 膨胀土遇水膨胀，失水收缩，两种情况的变形量都比较大

    B. 膨胀土遇水膨胀量比较大，失水收缩的变形量则比较小，一般可以忽略

    C. 对地基预浸水可以消除膨胀土的膨胀性

    D. 反复浸水—失水后可以消除膨胀土的膨胀性

解 膨胀土中的膨胀性黏土矿物具有吸水膨胀性和失水收缩性。选 B。

2.5.3 红黏土

红黏土是指碳酸盐类岩石（石灰岩、白云岩、泥质泥岩等），在亚热带温湿气候条件下，经风化而成的残积、坡积或残~坡积的褐红色、棕红色或黄褐色的高塑性黏土。

1）分类

原生红黏土：$w_L \geqslant 50\%$

次生红黏土：$45\% < w_L < 50\%$

2）成因和分布

成因类型：残积、坡积、残~坡积。上部为坡积、下部为残积的情况居多。

主要分布：云南、贵州、广西、安徽、四川东部等。

3）成分和结构特征

红黏土的黏粒组分（粒径 < 0.005mm）含量高，一般可达 55%~70%，粒度较均匀，高分散性。黏土颗粒主要是多水高岭石和伊利石类黏土矿物为主。

主要化学成分为 SiO_2（33.5%~68.9%）、Al_2O_3（9.6%~12.7%）、Fe_2O_3（13.4%~36.4%），硅铝率一般均小于 2。

常呈蜂窝状结构，常有很多裂隙（网状裂隙）、结核和土洞。

4）工程地质特点

（1）高塑性和分散性

液限一般为 50%~80%，塑限为 30%~60%，塑性指数一般为 20~50。

（2）高含水率、低密度

天然含水率一般为 30%~60%，饱和度>85%，密实度低，大孔隙明显，孔隙比大于 1.0；液性指数一般都小于 0.4；呈坚硬和硬塑状态。

（3）强度较高，压缩性较低

固结快剪 φ 值 8°~18°，c 值可达 0.04~0.09MPa，多属中压缩性土或低压缩性土，压缩模量为 5~15MPa。

（4）不具湿陷性，但收缩性明显，失水后强烈收缩，原状土体缩率可达 25%。

红黏土具有这些特殊性质，是与其生成环境及其相应的组成物质有关。

沿深度方向，随着深度的加大，红黏土的天然含水量、孔隙比、压缩系数都有较大的增高，状态由坚硬、硬塑可变为可塑、软塑，而强度则大幅度降低。

在水平方向上，由于地形地貌和下伏基岩起伏变化，性质变化也很大，地势较高的，由于排水条件好，天然含水率和压缩性较低，强度较高，而地势较低的则相反。

5）红黏土状态分类（见表 2-5-1）

红黏土状态分类　　　　　　　　　　　　　　　　　表 2-5-1

状　　态	含水比 $a_w = w/w_L$	状　　态	含水比 $a_w = w/w_L$
坚硬	$a_w \leq 0.55$	软塑	$0.85 < a_w \leq 1.00$
硬塑	$0.55 < a_w \leq 0.70$	流塑	$a_w > 1.00$
可塑	$0.70 < a_w \leq 0.85$		

2.5.4　湿陷性黄土

在一定压力作用下受水浸湿，土结构迅速破坏而发生显著附加下沉，导致建筑物破坏，并具有特性的黄土，称湿陷性黄土。

1）主要特征

我国湿陷性黄土的固有特征：①黄色、褐黄色、灰黄色；②粒度成分以粉土颗粒（0.05~0.005mm）为主，约占 60%；③孔隙比 e 一般在 1.0 左右，或更大；④含有较多的可溶性盐类，如重碳酸盐、硫酸盐、氯化物；⑤具垂直节理；⑥一般具肉眼可见的大孔。

其工程特征：①塑性较弱；②含水较少；③压实程度很差，孔隙较大；④抗水性弱，遇水强烈崩解，膨胀量较小，但失水收缩较明显；⑤透水性较强；⑥压缩中等，抗剪强度较高。

2）成因

我国黄土的粒度具有自西北向东南逐渐变细的规律，并可大致分三个弧形带。

从物质的主导来源而言，应认为绝大部分黄土是风成的。

3）地质年代

黄土在整个第四纪的各个世中均有堆积，而各世中黄土由于堆积年代长短不一，上覆土层厚度不一，其工程性质不一。

一般湿陷性黄土（全新世早期~晚更新期）与新近堆积黄土（全新世近期）具有湿陷性。而比上两者堆积时代更早的黄土，通常不具湿陷性。

4）湿陷性评价

在黄土地区勘查中，湿陷性评价正确与否直接影响设计措施的采取。

黄土的湿陷性计算与评价，按一般的工作次序，其内容主要有：①判别湿陷性与非湿陷性黄土；②判别自重与非自重湿陷性黄土；③判别湿陷性黄土场地的湿陷类型；④判别湿陷等级；⑤确定湿陷起始压力等。

（1）湿陷性与非湿陷性黄土的判别

黄土的湿陷性试验是在室内的固结仪内进行的，其方法是分级加荷至规定压力，当下沉稳定后，使土样浸水直至湿陷稳定为止，其湿陷系数δ_s的计算式为：

$$\delta_s = \frac{h_p - h_p'}{h_0}$$

式中：h_0——原状土样的原始高度（cm）；

h_p——原状土样在规定压力下，下沉稳定后的高度（cm）；

h_p'——上述加压稳定后的土样，在浸水作用下，下沉稳定后的高度（cm）。

利用δ_s的值，可判定黄土是否有湿陷性。

当$\delta_s < 0.015$时，为非湿陷性黄土；

当$\delta_s \geq 0.015$时，为湿陷性黄土，且该值越大，湿陷性越强烈。

工程实际中还规定（一般在200kPa压力作用下）：δ_s为0.015~0.03时，湿陷性轻微；δ_s为0.03~0.07时，湿陷性中等；$\delta_s > 0.07$时，湿陷性强烈。

（2）自重与非自重湿陷性黄土的判别

自重湿陷性黄土：当某一深处的黄土层被水浸湿后，仅在其上覆土层的饱和自重压力（饱和度$S_r = 85\%$）作用下产生湿陷变形的，称自重湿陷性。

非自重湿陷性黄土：当某一深度处的黄土层浸水后，除上覆土的饱和自重外，尚需要一定的附加荷载（压力）作用才发生湿陷的，称非自重湿陷性。

测定方法也是在室内固结仪上进行，即分级加荷至上覆土层的饱和自重压力，当下沉稳定后，使土样浸水湿陷达稳定为止。

自重湿陷系数δ_{zs}的计算公式为：

$$\delta_{sz} = \frac{h_z - h_z'}{h_0}$$

式中：h_0——土样的原始高度（cm）；

h_z——原始土样加压至土的饱和自重压力时，下沉稳定后的高度（cm）；

h'_z——上述加压稳定后的土样，在浸水作用下，下沉稳定后的高度（cm）。

当δ_{sz} < 0.015时，为非自重湿陷性黄土；当δ_{sz}≥0.015时，为自重湿陷性黄土。

黄土的湿陷性一般是自地表以下逐渐减弱，埋深7~8m以上的黄土湿陷性较强。不同地区，不同时代的黄土是不同的，这与土的成因、固结成岩作用、所处的环境等条件有关。

（3）湿陷性黄土场地的湿陷类型的划分

在黄土地区地基勘察中，应按照实测自重湿陷量或计算自重湿陷量制定建筑物场地的湿陷类型。实测自重湿陷量应根据现场试坑浸水试验确定。

计算自重湿陷量按下列公式计算：

$$\Delta_{sz} = \beta_0 \sum_{i=1}^{n} \delta_{szi} \cdot h_i$$

式中：δ_{szi}——第i层土在上覆土的饱和（$s_r = 85\%$）自重应力作用下的湿陷系数；

h_i——第i层土的厚度（cm）；

β_0——修正系数，陕西地区取1.5，陇东地区取1.2，关中地区取0.7，其他地区取0.5；

n——总计算厚度内湿陷土层的数目。

总计算厚度应从天然地面算起（当挖、填方厚度及面积较大时，自设计地面算起）至其下全部湿陷性黄土层的底面为止，但其中δ_{sz} < 0.015土层不计。

实际工程中，Δ_{sz}≤7cm，定为非自重湿陷性黄土场地；Δ_{sz} > 7cm，定为自重湿陷性黄土场地。

【例2-5-2】 黄土具有湿陷性的条件，即湿陷系数的范围为：

    A. (0.010,0.015)   B. (0.0,0.010]   C. (0.020,+∞)   D. [0.015,+∞)

解 湿陷系数≥0.015的黄土，定义为湿陷性黄土，且该值越大，黄土的湿陷性越强烈，选D。

2.5.5 人工填土

人工填土是一种特殊性土。它是由于人类活动任意堆填而成的土。

人工填土的工程性质与天然沉积土比较起来有很大不同。

（1）性质很不均匀，分布和厚度变化缺乏规律性；

（2）物质成分异常复杂，有天然土颗粒，砖瓦碎片和石块，以及人类活动和生产所抛弃的各种垃圾；

（3）是一种欠压密土，一般具有较高的压缩性，孔隙比很大；

（4）往往具有浸水湿陷性。

根据其成分和成因，将人工填土分为素填土、杂填土、冲填土三类。

（1）素填土：由碎石、砂土、黏性土等组成的填土，可根据孔隙比指标判定其类型。

①黏性老素填土：堆积年限在10年以上，或孔隙比e≤1.10；

②非黏性老素填土：堆积年限在5年以上，或孔隙比e≤1.10；

③新素填土：堆积年限少于上述年限或指标不满足上列数据的素填土。

（2）杂填土：含有建筑垃圾、工业废料、生活垃圾等杂物的填土。

（3）冲填土：由水力充填泥沙形成的填土。含大量水，比自然沉积的饱和土强度低，压缩性高，常呈流塑状态，扰动易发生触变现象。

【例2-5-3】 下列可作为检验填土压实质量控制指标的是：

    A. 土的可松性   B. 土的压实度   C. 土的压缩比   D. 土的干密度

解 填土压实质量的检测是通过现场用环刀取样检测其干密度来判断的，即土的干密度就是控制填土压实质量的指标。选 D。

2.5.6 盐渍土

1）定义

含盐量大于 0.3%，土粒为石膏、芒硝、岩盐等凝结颗粒，并具有腐蚀、溶陷、盐胀等工程特性的土，应判定为盐渍土。

2）成土条件

盐渍地的成土条件包括气候、植被、地形、水文地质以及母岩等。

（1）气候：除海滨地区以外，盐渍土分布区的气候多为干旱或半干旱，降水量小，蒸发量大，年降水量不足以淋洗掉土壤表层累积的盐分。

（2）地形：盐渍土所处地形多为低平地、内陆盆地、局部洼地以及沿海低地。

这是由于盐分随地面、地下径流而由高处向低处汇集，使洼地成为水盐汇集中心。但从小地形看，积盐中心则是在积水区的边缘或局部高处，这是由于高处蒸发较快，盐分随毛细水由低处往高处迁移，使高处积盐较重。此外，由于各种盐分的溶解度不同，在不同地形区表现出土壤盐分组成的地球化学分异，即由山麓平原、冲积平原到滨海平原，土壤和地下水的盐分一般是由重碳酸盐、硫酸盐逐渐过渡到氯化物。

（3）水文地质：地下水埋深越浅和矿化度越高，土壤积盐越强。在一年中蒸发最强烈的季节，不致引起土壤表层积盐的最浅地下水埋藏深度，称为地下水临界深度。临界深度不是常数，一般地说，气候越干旱，蒸降比越大，地下水矿化度越高，临界深度越大。此外，土壤质地、结构以及人为措施对临界深度也有影响。土壤开始发生盐渍时地下水的含盐量称为临界矿化度，其大小取决于地下水中盐类的成分。

（4）母岩：盐渍土的成土母质一般是近代或古代的沉积物。

在不含盐母质上，须具备一定的气候、地形和水文地质条件才能发育成盐渍土。对于含盐母质（如含盐沉积岩的风化物和滨海地区含盐的沉积物），盐渍土的发育则不一定要同时具备上述三个条件。

2.5.7 冻土

1）定义及分类

温度低于 0℃，并含有冰的土层，应判定为冻土。根据其冻结状态的持续时间，可分为季节性冻土与多年冻土。

季节性冻土：受季节影响，冬冻夏融，呈周期性冻结和融化的土。

多年冻土：持续三年以上处于冻结而不融化的土。

2）工程性质

（1）多年冻土的特征

冻土由土颗粒、冰、水和气体四相组成。

根据土中冰的分布位置、形状特征，冻土结构可分为整体结构、网状结构、层状结构。

多年冻土与其上的季节性冻土层间的接触关系称为多年冻土的构造，主要有衔接型构造、非衔接型构造。

（2）多年冻土的工程性质

①力学性质

一般温度越低，含水量越大，强度越大。

长期荷载作用下的冻土极限抗压强度比瞬时荷载下的抗压强度要小许多倍，冻土融化后的抗压强度与抗剪强度均显著降低。

②变形性质

a. 冻胀性

影响冻胀性的主要因素有温度、土的颗粒大小、含水量等。

一般来讲，土颗粒越粗，含水量越小，冻胀性就越小；反之越大。

土的冻胀性的大小用冻胀率n来表示。

按n值的大小，可将冻土分为四类：

强冻胀土	$n > 6\%$
冻胀土	$6\% \geqslant n > 3.5\%$
弱冻胀土	$3.5\% \geqslant n > 2\%$
不冻胀土	$n \leqslant 2\%$

b. 融沉性

冻土在融化后强度大为降低，压缩性急剧增大，使地基产生融化沉陷的现象，简称融沉或融陷。

多年冻土按融沉情况分为五级：

I级	不融沉
II级	弱融沉
III级	融沉
IV级	强融沉
V级	融陷

【例 2-5-4】负温情况下常常发生冻胀现象，下列最易发生冻胀的土类为：

　　　　A. 细粒土　　　　　B. 中粒土　　　　　C. 粗粒土　　　　　D. 碎石土

解　冻胀主要出现在季节性冻土地区。冻胀发生主要是由于不断有地下水向冻结区迁移和集聚。而土颗粒的分子引力和土中水的表面张力是造成水向冻结区迁移和集聚的原因。在以细颗粒为主的水位较高的细粒土易具备此条件，即土粒越细，越易冻胀。选 A。

【例 2-5-5】关于土的冻胀，下列说法正确的是：

　　　　A. 碎石土中黏粒含量较高时也会发生冻胀

　　　　B. 一般情况下粉土的冻胀性最弱，因为它比较松散，不易冻胀

　　　　C. 在冻胀性土上不能修建建筑物，应当将冻胀性土全部清除

　　　　D. 土的冻胀性主要取决于其含水量，与土的颗粒级配无关

解　土中水冻结膨胀体积增大约9%，黏性土颗粒具有分子引力和电场力，即具有吸附水分子的能力，当其含量较高，吸附水能力强，吸附水较多时也会发生冻胀现象。选 A。

2.5.8　可液化土

1）液化形成的机理

地震之前沙土层所受的压力全部由沙骨架所承担，沙层是稳定的。在强烈的地震作用下，地震振动

引起剪切力促使沙粒滑动而改变其排列状态，此时应力移至给水，水受到压力，形成超孔隙水压力。当全部应力都转移至孔隙水后，超孔隙水压力等于饱和沙所承受的总压力，在水平的沙层中便产生了液化，这时沙本身的重量也加到水上，沙与水浑然一体形成了悬液，产生喷沙冒水现象。地面之下形成一系列喷沙孔道。地震过后，部分水被排除，超孔隙水压力消失，地面出现下沉，随之产生地裂缝与断层，从而使地面建筑物开始大面积地倒塌和开裂。

2）液化形成的条件

（1）地震强度及持续时间

引起砂土液化的动力是地震加速度，显然地震作用越强、加速度越大，砂土越容易发生液化。但是真正能够让工程师们重视的是能引起液化的地震。

（2）松散的砂土

大量的历史资料和试验表明，发生液化的砂土都是松散的。其表现为：

①砂土密实度低。

密度是影响砂土动力稳定性的根本因素，相对密实度小于70%时，往往会产生液化；相对密实度大于70%时，则一般不会发生液化。

②颗粒间的黏性太小

直径小于 0.005mm 的颗粒称为黏粒，粉质黏土（$10 < I_p \leqslant 17$）地基一般不容易液化，粉土（$3 \leqslant I_p \leqslant 10$）地基则有可能液化。

（3）地下水及埋深

砂土液化还与地下水及埋藏条件有关，即与上部压力有关。只有当空隙水压大于砂粒间的有效应力时才产生液化。位于地下水位以上的土内某一深度 z 处的自重压力为：

$$p_z = \gamma \cdot z$$

3）液化引起的破坏类型

（1）喷水冒沙

在地震作用下，沙颗粒不承受压力，这时沙本身的重量也加到水上，沙与水浑然一体形成了悬液，产生喷沙冒水现象。

（2）地面沉陷

地面沉陷主要有两个诱发因素：一是水被排除，一是沙颗粒变密。

（3）诱发高速滑坡

由于下伏砂层或敏感黏土层震动液化和流动，内摩擦角和黏聚力降低，可引起大规模滑坡，这类滑坡可以产生在极缓甚至水平场地。

（4）地基失稳

建于液化地基上的建筑物可能会产生强烈沉陷、倾倒甚至倒塌。

经 典 练 习

2-5-1　以下哪项不是软土的特性（　　）。

  A. 透水性差   B. 天然含水率较大 C. 强度较高   D. 压缩性较高

2-5-2　淤泥是指（　　）。

  A. $w > w_L$，$e \leqslant 1.5$ B. $w > w_L$，$e < 1.0$ C. $w > w_L$，$e \geqslant 1.5$ D. $w > w_L$，$e > 1.0$

2-5-3　红黏土的液限一般大于（　　　）。

　　A. 50%　　　　　　　B. 45%　　　　　　　C. 60%　　　　　　　D. 55%

2-5-4　对于填土，要保证其具有足够的密实度，就要控制填土的（　　　）。

　　A. 土粒密度ρ_s　　　B. 土的密度ρ　　　C. 干密度ρ_d　　　D. 饱和密度ρ_{sat}

2-5-5　松砂受振时土颗粒在其跳动中会调整相互位置，土的结构趋于（　　　）。

　　A. 松散　　　　　　　B. 稳定和密实　　　　C. 液化　　　　　　　D. 均匀

2-5-6　某黄土地基各层的自重湿陷参数为：第一层，厚度 2m，$\delta_{sz1} = 0.018$，第二层，厚度 3m，$\delta_{sz2} = 0.012$，第三层，厚度 2m，$\delta_{sz3} = 0.016$，试评价场地的自重湿陷性。

2.6　土压力

考试大纲☞：静止土压力　　主动土压力　　被动土压力
　　　　　　　　朗肯土压力理论　　库仑土压力理论

2.6.1　挡土墙上的土压力

　　挡土墙土压力的大小及其分布规律受到墙体可能的移动方向、墙后填土的种类、填土面的形式、墙的截面刚度和地基的变形等一系列因素的影响。

　　根据墙的位移情况和墙后土体所处的应力状态，土压力可分为主动土压力、被动土压力、静止土压力三种。

　　1）主动土压力

　　挡土墙在土体推力作用下向离开土体方向偏移，直至土体达到极限平衡状态时，作用在墙上的土压力称为主动土压力，一般用E_a表示，如图 2-6-1a）所示。

　　2）被动土压力

　　挡土墙在外力作用下向土体方向偏移，直至土体达到极限平衡状态时，土体作用在挡土墙上的土压力称为被动土压力，用E_p表示，如图 2-6-1b）所示，桥台受到桥上荷载推向土体时，土对桥台产生的侧压力属被动土压力。

　　3）静止土压力

　　当挡土墙静止不动，土体处于弹性平衡状态时，土对墙的压力称为静止土压力，用E_0表示，如图 2-6-1c）所示。地下室外墙可视为受静止土压力的作用。

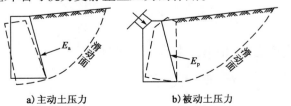

a）主动土压力　　　　　　b）被动土压力　　　　　　c）静止土压力

图 2-6-1　挡土墙的三种土压力

　　土压力之间的大小关系为$E_a < E_0 < E_p$，而且产生被动土压力所需的位移量大大超过产生主动土压力所需的位移量。

　　静止土压力可按以下所述方法计算，在填土表面下任意深度z处取一微小单元体（见图 2-6-2），其上作用着竖向的土自重应力γz，则该处的静止土压力强度可按下式计算：

$$\sigma_0 = K_0 \gamma z$$

式中：K_0——土的侧压力系数或称为静止土压力系数，可近似按$K_0 = 1 - \sin \varphi'$（φ'为土的有效内摩擦角）计算；

γ——墙后填土重度（kN/m^3）。

由上式可知，静止土压力沿墙高为三角形分布。如果取单位墙长，则作用在墙上的总静止土压力为：

$$E_0 = \frac{1}{2}\gamma H^2 K_0 \qquad (kN/m)$$

式中：H——挡土墙高度（m）；

其余符号含义同前。

E_0的作用点在距墙底$H/3$处，见图 2-6-2。

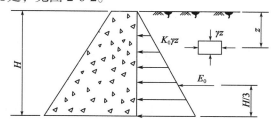

图 2-6-2　墙背竖直时的静止土压力

2.6.2　朗肯土压力理论

朗肯土压力理论是根据半空间的应力状态和土的极限平衡条件而得出的土压力计算方法。

1）基本假设

（1）刚性挡土墙，墙背直立；

（2）墙背光滑；

（3）墙后填土表面水平。

2）基本推理

图 2-6-3a）表示一表面为水平面的半空间，即土体向下和沿水平方向都伸展至无穷，在离地表z处取一单位微体M，当整个土体都处于静止状态时，各点都处于弹性平衡状态。设土的重度为γ，显然M单元水平截面上的法向应力等于该处土的自重应力，即：

$$\sigma_z = \gamma z$$

而竖直截面上的法向应力为：

$$\sigma_z = K_0 \gamma z$$

由于土体内每一竖直面都是对称面，因此竖直截面和水平截面上的剪应力都等于零，相应截面上的法向应力σ_z和σ_x都是主应力，此时的应力状态用莫尔圆表示为如图 2-6-3b）所示的圆I，由于该点处于弹性平衡状态，故莫尔圆没有与抗剪强度包线相切。

由于土体处于主动朗肯状态时大主应力所作用的面是水平面，故剪切破坏面与竖直面的夹角为$\left(45° - \dfrac{\varphi}{2}\right)$（见图 2-6-3c）；当土体处于被动朗肯状态时，大主应力所作用的面是直面，故剪切破坏面与水平面的夹角为$\left(45° - \dfrac{\varphi}{2}\right)$（见图 2-6-3d）。因此，整个土体由互相平行的两簇剪切面组成，剪切破坏面与大主应力方向的夹角为$\left(45° - \dfrac{\varphi}{2}\right)$。

朗肯设想用墙背直立的挡土墙代替半空间左边的土，墙背与土的接触面上满足剪应力为零的边界应力条件以及产生主动或被动朗肯状态的边界变形条件，则墙后土体的应力状态不变，由此可以推导出主动和被动土压力计算公式。

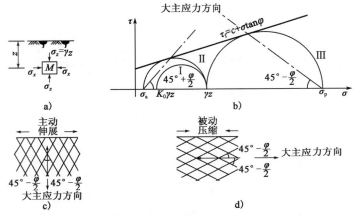

图 2-6-3　半空间的极限平衡状态

3）主动土压力

由土的强度理论可知，当土体中某点处于极限平衡状态时，大主应力 σ_1 和小主应力 σ_3 之间应满足以下关系式：

黏性土
$$\sigma_1 = \sigma_3 \tan^2\left(45° + \frac{\varphi}{2}\right) + 2c \tan\left(45° + \frac{\varphi}{2}\right)$$

或
$$\sigma_3 = \sigma_1 \tan^2\left(45° - \frac{\varphi}{2}\right) - 2c \tan\left(45° - \frac{\varphi}{2}\right)$$

无黏性土
$$\sigma_1 = \sigma_3 \tan^2\left(45° + \frac{\varphi}{2}\right)$$

或
$$\sigma_3 = \sigma_1 \tan^2\left(45° - \frac{\varphi}{2}\right)$$

对于如图 2-6-4 所示的挡土墙，设墙背光滑（为了满足剪应力为零的边界应力条件）、直立、填土面水平。当挡土墙偏离土体时，由于墙后土体中离地表为任意深度 z 处的竖向应力 $\sigma_z = \gamma \cdot z$ 不变，亦即大主应力不变，而水平应力 σ_x 却逐渐减少直至达到主动朗肯状态，此时 σ_a 是小主应力 σ_x，也就是主动土压力，由极限平衡条件得：

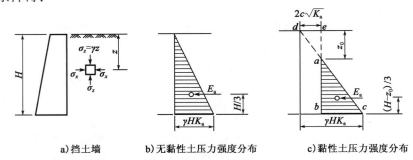

a)挡土墙　　b)无黏性土压力强度分布　　c)黏性土压力强度分布

图 2-6-4　主动土压力强度分布图

无黏性土
$$\sigma_a = \gamma z \tan^2\left(45° - \frac{\varphi}{2}\right)$$

或
$$\sigma_a = \gamma z K_a$$

黏性土
$$\sigma_a = \gamma z \tan^2\left(45° - \frac{\varphi}{2}\right) - 2c \tan\left(45° - \frac{\varphi}{2}\right)$$

或
$$\sigma_a = \gamma z K_a - 2c\sqrt{K_a}$$

上列各式中：K_a——主动土压力系数，$K_a = \tan^2\left(45° - \dfrac{\varphi}{2}\right)$；

$\quad\quad\quad\quad$ γ——墙后填土的重度（kN/m^3），地下水位以下用有效重度；

$\quad\quad\quad\quad$ c——填土的黏聚力（kPa）；

$\quad\quad\quad\quad$ φ——填土的内摩擦角（°）；

$\quad\quad\quad\quad$ z——所计算的点距填土面的深度（m）。

（1）无黏性土的总主动土压力

无黏性土的主动土压力强度与z成正比，沿墙高的压力分布为三角形，如图 2-6-4b）所示，如取单位墙长计算，则总主动土压力为：

$$E_a = \frac{1}{2}\gamma H^2 \tan^2\left(45° - \frac{\varphi}{2}\right) \quad (kN/m)$$

或 $\quad\quad\quad\quad\quad\quad\quad\quad E_a = \frac{1}{2}\gamma H^2 K_a$

无黏性土的总主动土压力E_a通过三角形的形心，即作用在距墙底$H/3$处。

（2）黏性土的总主动土压力

如图 2-6-4c）所示，对于黏性土，在z很小时会算出$\sigma_a < 0$，原因是在σ_z很小时，土体在自身强度不需要完全发挥的情况下仍能保持稳定，处于稳定状态，而推导中假设一定要处于极限平衡状态，所以需要这样一个水平向拉应力，这个拉应力实际上是不存在的。

$\sigma_a < 0$的部分，$\sigma_a = 0$，其深度范围为：

$$z_0 = \frac{2c}{\gamma\sqrt{K_{a1}}}$$

式中：z_0——黏性土主动土压力作用临界深度。

黏性土主动土压力作用在$H - z_0$范围内，为三角形分布。

黏性土的总主动土压力：

$$E_a = \frac{1}{2}(H - z_0)\left(\gamma H K_a - 2c\sqrt{K_a}\right) \quad (kN/m)$$

黏性土的总主动土压力E_a通过在三角形压力分布图abc的形心，即作用在距墙底$(H - z_0)/3$处。

当土体有分层时，各层土的γ、φ、c不同，主动土压力系数K_a也不同，因此在分层面处，主动土压力发生突变；当存在地下水时，σ_z要用有效重度计算，且墙后要作用水的水平推力；当地表作用均布荷载q时，任意深度上σ_z均要加q。下面举例说明这些因素的考虑。

【例 2-6-1】 如图所示，某挡土墙墙高10m，墙后填土表面水平，墙背直立、光滑。地表作用$q = 10kPa$的均布荷载，各层土的物理力学性质指标见图1，地下水位埋深6m。试计算作用在挡土墙上的总压力。

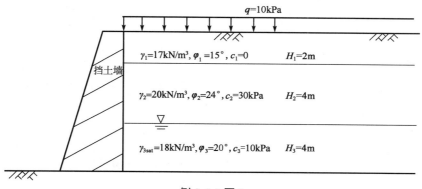

例 2-6-1 图 1

解

第一层： $K_{a1} = \tan^2\left(45 - \dfrac{\varphi_1}{2}\right) = 0.59$

    层顶： $\sigma_{z1\,顶} = q = 10\text{kPa}$

             $\sigma_{a1\,顶} = \sigma_{z1\,顶} \cdot K_{a1} = 10 \times 0.59 = 5.90\text{kPa}$

    层底： $\sigma_{z1\,底} = q + \gamma_1 H_1 = 10 + 17 \times 2 = 44\text{kPa}$

             $\sigma_{a1\,底} = \sigma_{z1\,底} \cdot K_{a1} = 44 \times 0.59 = 25.96\text{kPa}$

第二层： $K_{a2} = \tan^2\left(45 - \dfrac{\varphi_2}{2}\right) = 0.42$

    层顶： $\sigma_{z2\,顶} = \sigma_{z1\,底} = 44\text{kPa}$

             $\sigma_{a2\,顶} = \sigma_{z2\,顶} \cdot K_{a2} - 2c_2\sqrt{K_{a2}} = -20.46\text{kPa}$

             $z_{02} = \dfrac{2c_2 - \sigma_{z2\,顶}\sqrt{K_a}}{\gamma_2\sqrt{K_a}} = 2.42\text{m}$

    层底： $\sigma_{z2\,底} = \sigma_{z2\,顶} + \gamma_2 H_2 = 44 + 20 \times 4 = 124\text{kPa}$

             $\sigma_{a2\,底} = \sigma_{z2\,底} \cdot K_{a2} - 2c_2\sqrt{K_{a2}} = 13.14\text{kPa}$

第三层： $K_{a3} = \tan^2\left(45 - \dfrac{\varphi_3}{2}\right) = 0.49$

    层顶： $\sigma_{z3\,顶} = \sigma_{z2\,底} = 124\text{kPa}$

             $\sigma_{a3\,顶} = \sigma_{z3\,顶} \cdot K_{a3} - 2c_3\sqrt{K_{a3}} = 46.76\text{kPa}$

    层底： $\sigma_{z3\,底} = \sigma_{z3\,顶} + \gamma_3' H_3 = 124 + (18 - 10) \times 4 = 156\text{kPa}$

             $\sigma_{a3\,顶} = \sigma_{z3\,顶} \cdot K_{a3} - 2c_3\sqrt{K_{a3}} = 62.44\text{kPa}$

水的水平推力：

$$E_w = \frac{1}{2}\gamma_w H_w^2 = \frac{1}{2} \times 10 \times 4^2 = 80\text{kN/m}$$

主动土压力与水压力分布如图 2 所示。

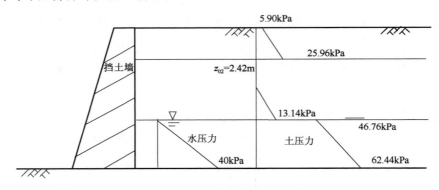

例 2-6-1 图 2

总主动土压力：

$$E_a = \frac{1}{2}(5.90 + 25.96) \times 2 + \frac{1}{2} \times 13.14 \times (4 - 2.42) + \frac{1}{2}(46.76 + 62.44) \times 4$$

$$= 260.68\text{kN/m}$$

总水平推力：

$$E = E_a + E_w = 260.68 + 80 = 340.68\text{kN/m}$$

朗肯理论计算主动土压力原则：

（1）分层进行计算；

（2）对每一分层i，计算层顶、层底的铅直应力$\sigma_{zi顶}$、$\sigma_{zi底}$；

（3）由$\sigma_{zi顶}$计算层顶主动土压力$\sigma_{ai顶}$，若$\sigma_{ai顶} < 0$，要进一步计算i层主动土压力作用临界深度z_{0i}；

（4）由$\sigma_{zi底}$计算层顶主动土压力$\sigma_{ai底}$；

（5）主动土压力小于0的深度范围内，取$\sigma_{ai} = 0$；

（6）绘出主动土压力分布图；

（7）总主动土压力为主动土压力分布图面积；

（8）若有地下水，地下水的水平推力单独计算；

（9）作用在挡土墙上的总水平推力为总主动土压力与水的水平推力之和。

4）被动土压力

如图 2-6-5a）所示，由极限平衡条件得：

无黏性土
$$\sigma_p = \sigma_z K_p$$

黏性土
$$\sigma_p = \sigma_z K_p + 2c \cdot \sqrt{K_p}$$

式中：K_p——被动土压力系数，$K_p = \tan^2\left(45° + \dfrac{\varphi}{2}\right)$；

其余符号含义同前。

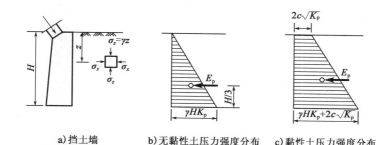

a）挡土墙　　b）无黏性土压力强度分布　　c）黏性土压力强度分布

图 2-6-5　被动土压力强度分布

对于均质土体，总被动土压力计算公式：

无黏性土
$$E_p = \frac{1}{2}\gamma H^2 K_p$$

黏性土
$$E_p = \frac{1}{2}\gamma H^2 K_p + 2cH\sqrt{K_p}$$

总被动土压力E_p通过三角形或梯形压力分布图的形心，如图 2-6-5b）、c）所示。

当土体有分层时，各层土的γ、φ、c不同，被动土压力系数K_p也不同，因此在分层面处，被动土压力发生突变；当存在地下水时，σ_z要用有效重度计算，且墙后要作用水的水平推力；当地表作用均布荷载q时，任意深度上σ_z均要加q。考虑以上这些情况，计算步骤可参考主动土压力计算步骤。由于被动土压力总是大于等于 0，因此，被动土压力计算过程中比主动土压力计算少了临界深度的考虑。

2.6.3　库仑土压力理论

1）基本假设

（1）墙后的填土是理想的散颗粒体（黏聚力$c = 0$）；

（2）滑动破坏面为平面，三角形土楔沿双面下滑；

（3）土楔整体处于极限平衡状态。

库仑土压力理论是根据墙后土体处于极限平衡状态并形成一滑动楔体时，从楔体的静力平衡条件得出的土压力计算理论。

2）主动土压力

如图 2-6-6 所示，根据基本假设，在三角形土楔 ABC 整体处于极限平衡状态，以此推导出：

$$E_a = \frac{1}{2}\gamma H^2 K_a$$

$$K_a = \frac{\cos^2(\varphi - \alpha)}{\cos^2\alpha\cos(\alpha + \delta)\left[1 + \sqrt{\dfrac{\sin(\varphi + \delta)\sin(\varphi - \beta)}{\cos(\delta + \alpha)\cos(\alpha - \beta)}}\right]^2}$$

式中：K_a——库仑主动土压力系数；

    H——挡土墙高度（m）；

    γ——墙后填土的重度（kN/m³）；

    φ——墙后填土的内摩擦角（°）；

    α——墙背的倾斜角（°），俯斜时取正号，仰斜为负号；

    β——墙后填土面的倾角（°）；

    δ——土对挡土墙背的摩擦角。

当墙背垂直（$\alpha = 0$）、光滑（$\delta = 0$），填土面水平（$\beta = 0$）时，E_a可写为：

$$E_a = \frac{1}{2}\gamma H^2 \tan^2\left(45° - \frac{\varphi}{2}\right)$$

可见，在上述条件下，库仑公式和朗肯公式相同。

由式 $E_a = \frac{1}{2}\gamma H^2 K_a$ 可知，主动土压力 E_a 与墙高的平方成正比，为求得离墙顶为任意深度 z 处的主动土压力强度，可将 E_a 对 z 取导数，即：

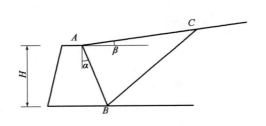

图 2-6-6　库仑土压力计算简图

$$\sigma_a = \frac{\mathrm{d}E_a}{\mathrm{d}z} = \frac{\mathrm{d}}{\mathrm{d}z}\left(\frac{1}{2}\gamma z K_a\right) = \gamma z K_a$$

由上式可知，主动土压力强度沿墙高呈三角形分布，主动土压力的作用点在离墙底处 $H/3$，方向与墙背法线的夹角为 δ。必须注意，土压力分布图只表示其大小，而不代表其作用方向。

3）被动土压力

当墙受外力作用推向填土，直至土体沿某一破裂面 BC 破坏时，土楔 ABC 向上滑动，并处于被动极限平衡状态。此时，土楔 ABC 在其自重 W 和反力 R 和 E 的作用下平衡，R 和 E 的方向分别在 BC 和 AB 面法线的上方。按上述求主动土压力同样的原理可求得被动土压力的库仑公式为：

$$E_p = \frac{1}{2}\gamma H^2 K_p$$

式中：K_p——库仑主动土压力系数。

4）朗肯土压力理论与库仑土压力理论比较

朗肯土压力理论和库仑土压力理论分别根据不同的假设，以不同的分析方法计算土压力，只有在最简单的情况下（$\alpha = 0$，$\delta = 0$，$\beta = 0$），用这两种理论计算结果才相同，否则便得出不同的结果。

朗肯土压力理论应用半空间中的应力状态和极限平衡理论的概念比较明确，公式简单，便于记忆，对于黏性土和无黏性土都可以用该公式直接计算，故在工程中得到广泛应用。但为了使墙后的应力状态符合半空间的应力状态，必须假设墙背直立、光滑，墙后填土水平，因而应用范围受到限制，并由于该理论忽略了墙背与填土之间摩擦的影响，使计算的主动土压力偏大，而计算的被动土压力则偏小。

库仑土压力理论是根据墙后滑动土楔的静力平衡条件推导得出土压力计算公式，它考虑了墙背与土之间的摩擦力，并可用于墙背倾斜、填土面倾斜的情况，但由于该理论假设填土是无黏性土，因此不能用库仑理论的原公式直接计算黏性土的土压力。库仑理论假设墙后填土破坏时，破裂面是一平面，而实际上却是一曲面。试验证明，在计算主动土压力时，只有当墙背的斜度不大，墙背与填土间的摩擦角较小时，破裂面才接近于一个平面，因此，计算结果与按曲线滑动面计算的有出入。在通常情况下，这种偏差在计算主动土压力时为2%~10%，可以认为已满足实际工程所要求的精度，但在计算被动土压力时，由于破裂面接近于对数螺线，因此计算结果误差较大，有时可达2~3倍，甚至更大。

经 典 练 习

2-6-1 设计地下室外墙时选用的土压力是（　　　）。

　　A. 主动土压力　　　　B. 静止土压力　　　　C. 被动土压力　　　　D. 平均土压力

2-6-2 若计算方法、填土指标相同，则作用在高度相同的挡土墙上的主动土压力数值最小的墙背形式是（　　　）。

　　A. 仰斜　　　　　　　B. 直立　　　　　　　C. 俯斜　　　　　　　D. 背斜

2-6-3 相同条件下，作用在挡土构筑物上的主动土压力、被动土压力、静止土压力的大小之间存在的关系是（　　　）。

　　A. $E_p > E_a > E_0$　　　　　　　　　　B. $E_p > E_0 > E_a$

　　C. $E_a > E_p > E_0$　　　　　　　　　　D. $E_0 > E_p > E_a$

2-6-4 库仑土压力理论的适用条件为（　　　）。

　　A. 墙背必须光滑、垂直　　　　　　　B. 墙后填土为理想散粒体

　　C. 填土面必须水平　　　　　　　　　D. 墙后填土为理想黏性体

2-6-5 某墙背直立的挡土墙，若墙背与土的摩擦角为 10°，则主动土压力合力与水平面的夹角为（　　　）。

　　A. 20°　　　　　　　B. 30°　　　　　　　C. 10°　　　　　　　D. 0°

2-6-6 直立光滑挡土墙，其主动土压力分布为两级平行线，如图所示，其中$c_1 = c_2 = 0$，则两层土参数的正确关系为（　　　）。

　　A. $\varphi_2 > \varphi_1$，$\gamma_1 K_{a1} = \gamma_2 K_{a2}$

　　B. $\varphi_2 < \varphi_1$，$\gamma_1 K_{a1} = \gamma_2 K_{a2}$

　　C. $\varphi_2 < \varphi_1$，$\gamma_1 = \gamma_2$

　　D. $\varphi_2 > \varphi_1$，$\gamma_1 > \gamma_2$

题 2-6-6 图

2-6-7 高度为5m的挡土墙，墙背直立、光滑，墙后填土面水平，填土重度$\gamma = 17kN/m^3$，抗剪强度$c = 0$，内摩擦角$\varphi = 32°$，试求主动土压力合力值E_a为（　　　）。

　　A. 55kN/m　　　　　B. 65.2kN/m　　　　C. 68.2kN/m　　　　D. 76.7kN/m

2-6-8 当挡土墙后的填土处于被动极限平衡状态时，挡土墙（　　　）。

　　A. 在外荷载作用下推挤墙背土体　　　　　B. 被土压力推动而偏离墙背土体

　　C. 被土体限制而处于原来位置　　　　　　D. 受外力限制而处于原来位置

　　2-6-9　挡土墙墙高 5m，墙背直立光滑，填土表面水平，填土$c = 10kPa$，$\varphi = 20°$，$\gamma = 19kN/m^3$，计算作用在挡土墙上的主动土压力与被动土压力。

2.7　边坡稳定分析

考试大纲☞：土坡滑动失稳的机理　均质土坡的稳定分析　土坡稳定分析的条分法

　　土坡就是具有倾斜坡面的土体。土坡有天然土坡，也有人工土坡。天然土坡是由于地质作用自然形成的土坡，如山坡、江河的岸坡等；人工土坡是经过人工挖、填的土工建筑物，如基坑、渠道、土坝、路堤等的边坡。

2.7.1　土坡滑动失稳的相关概念

　　（1）天然土坡：由长期自然地质营力作用形成的土坡，称为天然土坡。

　　（2）人工土坡：人工挖方或填方形成的土坡，称为人工土坡。

　　（3）滑坡：土坡中一部分土体对另一部分土体产生相对位移，以致丧失原有稳定性的现象。

　　（4）圆弧滑动法：均质黏性土坡失稳时滑面为一个曲面，为分析方便起见，在工程设计中常假定黏性土坡滑动面为圆弧面，建立这一假定的稳定分析方法，称为圆弧滑动法。它是极限平衡法的一种常用分析方法。

2.7.2　土坡失稳原因分析

　　土坡的失稳受内部和外部因素制约，当超过土体平衡条件时，土坡便发生失稳现象。

　　1）产生滑动的内部因素

　　（1）斜坡的土质：各种土质的抗剪强度、抗水能力是不一样的，如钙质或石膏质胶结的土、湿陷性黄土等，遇水后软化，使原来的强度降低很多。

　　（2）斜坡的土层结构：在斜坡上堆有较厚的土层，特别是当下伏土层（或岩层）不透水时，容易在交界上发生滑动。

　　（3）斜坡的外形：突肚形的斜坡由于重力作用，比上陡下缓的凹形坡易于下滑；由于黏性土有黏聚力，当土坡不高时尚可直立，但随时间和气候的变化，也会逐渐塌落。

　　2）促使滑动的外部因素

　　（1）降水或地下水的作用：持续的降雨或地下水渗入土层中，会使土中含水量增高，土中易溶盐溶解，土质变软，强度降低，还可使土的重度增加；同时孔隙水压力的产生，会使土体作用有动、静水压力，促使土体失稳，故设计斜坡应针对这些原因，采用相应的排水措施。

　　（2）振动的作用：地震产生水平作用力，会使安全储备不足的边坡失稳；黏性土，振动时易使土的结构破坏，从而降低土的抗剪强度；对于施工打桩或爆破，振动也可使邻近土坡产生变形或失稳等。

　　（3）人为影响：人类不合理开挖，特别是开挖坡脚，或开挖基坑、沟渠、道路边坡时将弃土堆在坡顶附近，以及在斜坡上建房或堆放重物时，都可引起斜坡变形破坏。

2.7.3 无黏性土坡稳定性分析

1）干的无黏性土坡

图 2-7-1 表示一坡角为β的无黏性土坡。假设土坡及其地基都是同一种土，又是均质的，且不考虑渗流的影响。

处于不渗水的砂、砾、卵石组成的无黏性土坡，只要坡面上颗粒能保持稳定，则整个土坡便是稳定的。图 2-7-2 为均质无黏性土坡，坡角为β，自坡面上取一单元土体，其重力为W，由W引起的顺坡向下的滑力为：

$$T = W \sin \beta$$

对下滑单元体的阻力为：

$$T_f = N \tan \varphi = W \cos \beta \tan \varphi$$

式中φ为无黏性土的内摩擦角。因此，无黏性土坡的稳定系数为：

$$K = \frac{T_f}{T} = \frac{W \cos \beta \tan \varphi}{W \sin \beta} = \frac{\tan \varphi}{\tan \beta}$$

由此可得如下结论：当$\beta = \varphi$时，$K = 1$，土坡处于极限稳定状态，此时的坡角β为自然休止角。无黏性土坡的稳定性与坡高无关，仅取决于β角，当$\beta < \varphi$时，$K > 1$，土坡稳定。

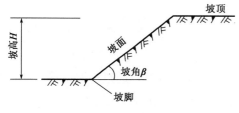

图 2-7-1 边坡各部位名称

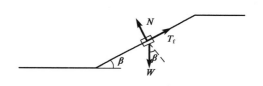

图 2-7-2 无黏性土坡分析

2）有渗流作用的无黏性土坡

有渗流作用的无黏性土坡，因受到渗透水流的作用，滑动力加大，抗滑力减小，见图 2-7-3，沿渗流逸出方向的渗透力为$J = \gamma_w i$。

由J对单元土体产生的下滑分力$T = \gamma_w i \cos(\beta - \theta)$，法向分力$N = \gamma_w i \sin(\beta - \theta)$。

其中，i为渗透水力坡降；γ_w为水的重度；θ为渗流方向与水平面的夹角。

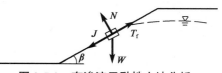

图 2-7-3 有渗流无黏性土坡分析

因土渗水，其重力采用浮重度γ'进行计算，故其稳定系数K为：

$$K = \frac{[\gamma' \cos \beta - i \gamma_w \sin(\beta - \theta)] \tan \varphi}{\gamma' \sin \beta + i \gamma_w \cos(\beta - \theta)}$$

当渗流方向为顺坡时，$\theta = \beta$，$i = \sin \beta$，则其稳定系数K为：

$$K = \frac{\gamma' \tan \varphi}{\gamma_{sat} \tan \beta}$$

式中，$\frac{\gamma'}{\gamma_{sat}} \approx 0.5$，说明渗流方向为顺坡时，无黏性土坡的稳定系数与干坡相比，将降低1/2。

当渗流方向为水平逸出坡面时，$\theta = 0$，$i = \tan \beta$，则K为：

$$K = \frac{(\gamma' - \gamma_w \tan^2 \beta) \tan \varphi}{(\gamma' + \gamma_w) \tan \beta}$$

式中，$\dfrac{\gamma'-\gamma_\mathrm{w}\tan^2\beta}{\gamma'+\gamma_\mathrm{w}}<\dfrac{1}{2}$，说明与干坡相比下降了一半多。

上述分析说明，有渗流情况下无黏性土坡只有当坡角$\beta\leqslant\arctan\left(\dfrac{1}{2}\tan\varphi\right)$时，才稳定。

2.7.4 黏性土坡稳定性分析

1）瑞典圆弧法

这个方法首先是由瑞典的彼得森所提出，故称瑞典圆弧法。

基本假设：均质黏性土坡滑动时，其滑动面常近似为圆弧形状，假定滑动面以上的土体为刚性体，即设计中不考虑滑动土体内部的相互作用力，假定土坡稳定属于平面应变问题。

基本公式：取圆弧滑动面以上滑动体为脱离体，如图 2-7-4 所示，土体绕圆心O下滑的滑动力矩为$M_\mathrm{s}=W\cdot d$，阻止土体滑动的力是滑弧AED上的抗滑力，其值等于土的抗剪强度τ_f与滑弧AED长度L的乘积，故其抗滑力矩为：

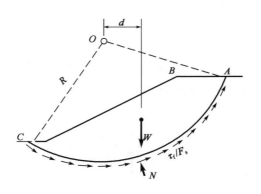

图 2-7-4 黏性土坡的滑动面

$$M_\mathrm{R}=\tau_\mathrm{f}\overset{\frown}{L}R$$

$$安全系数K=\frac{抗滑力矩}{滑动力矩}=\frac{M_\mathrm{R}}{M_\mathrm{s}}=\frac{\tau_\mathrm{f}\overset{\frown}{L}R}{Wa}>1$$

式中：L——滑弧弧长；

R——滑弧半径；

a——滑动土体重心离滑弧圆心的水平距离。

该法适用于黏性土坡。后经费伦纽斯改进，提出$\varphi=\theta$的简单土坡最危险的滑弧是通过坡脚的圆弧，其圆心O是为位于图 2-7-4 中AO与CO两线的交点，可查表确定。

2）瑞典条分法

基本原理：当按滑动土体这一整体力矩平衡条件计算分析时，由于滑面上各点的斜率都不相同，自重等外荷载对弧面上的法向和切向作用分力不便按整体计算，因而整个滑动弧面上反力分布不清楚。另外，对于$\varphi>0$的黏性土坡，特别是土坡为多层土层构成时，求重力W的大小和重心位置就比较麻烦。故在土坡稳定分析中，为便于计算土体的重力，并使计算的抗剪强度更加精确，常将滑动土体分成若干竖直土条，求各土条对滑动圆心的抗滑力矩和滑动力矩，各取其总和，计算稳定安全系数，这即为条分法的基本原理。该法也假定各土条为刚性不变形体，不考虑土条两侧面间的作用力。

图 2-7-5 为一土坡，地下水位很深，滑动土体所在土层孔隙水压力为 0。条分法的计算步骤如下：

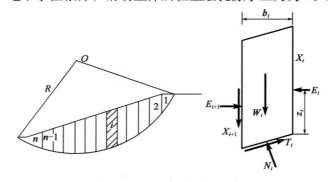

图 2-7-5 条分法计算简图

①按一定比例尺画坡。

②确定圆心O和半径R，画弧AB。

③分条并编号，为了计算方便，土条宽度可取滑弧半径的$1/10$，即$b = 0.1R$，以圆心O为垂直线，向上顺序编为$0,1,2,3,\cdots$，向下顺序为$-1,-2,-3,\cdots$，这样，0条的滑动力矩为0，0条以上土条的滑动力矩为正值，0条以下滑动力矩为负值。

④计算每个土条的自重。

$$W_i = \gamma h_i b$$

式中：h_i——土条i的平均高度。

⑤分解滑动面上的两个分力。

$$N_i = W_i \cos \alpha_i \ ; \ T_i = W_i \sin \alpha_i$$

式中：α_i——土条底面与水平面的夹角。

⑥计算滑动力矩。

$$M_\mathrm{T} = R \sum_{i=1}^{n} W_i \sin \alpha_i$$

式中：n——土条数目。

⑦计算抗滑力矩。

$$M_\mathrm{R} = R \tan \varphi \sum_{i=1}^{n} W_i \cos \alpha_i + RcL$$

式中：L——滑弧AB总长。

⑧计算稳定安全系数。

$$K = \frac{M_\mathrm{R}}{M_\mathrm{T}} = \frac{\tan \varphi \sum\limits_{i=1}^{n} W_i \cos \alpha_i + cL}{\sum\limits_{i=1}^{n} W_i \sin \alpha_i}$$

⑨求最小安全系数，即找最危险的滑弧，重复②~⑧，选不同的滑弧，求$K_1, K_2, K_3, \cdots$，取最小者，即为土坡的安全系数。

该法计算简便，有长时间的使用经验，但工作量大，可用计算机进行，由于它忽略了条间力对N_i值的影响，可能低估安全系数$5\% \sim 20\%$。

3）简化毕晓普条分法

滑面确定、分条与瑞典条分法相同，土条受力见图 2-7-5。毕晓普考虑土条受力平衡，并简化忽略条间剪切力的差异，推导出土坡安全系数计算公式为：

$$K = \frac{M_\mathrm{R}}{M_\mathrm{T}} = \frac{\sum\limits_{i=1}^{n} \frac{1}{m_\mathrm{ai}} [(W_i - u_i b_i) \tan \varphi_i' + c_i' b_i]}{\sum\limits_{i=1}^{n} W_i \sin \alpha_i}$$

式中，$m_\mathrm{ai} = \cos a_i + \frac{\tan \varphi_i'}{K} \sin a_i$

其他符号意义同前。

由于等式两端均含有安全系数K，不能解出显式，因此安全系数的计算需要进行迭代，先设定$K_0 = 1$，代入等式右侧对各土条进行计算，可计算出第一步的迭代值K_1，再把K_1代入等式右侧，计算出第二步的迭代值K_2，直到前后两次的差值小于规定误差。该值即为对应滑面的安全系数。再选不同滑弧迭代计算其安全系数，最后找到最小值，为土坡的安全系数，其对应滑面称为最危险滑面。

经 典 练 习

2-7-1 若某砂土坡的稳定安全系数$K = 1.0$，则该土坡稳定应满足的条件为（　　）。

    A. 坡角 = 天然休止角　　　　　　　　　B. 坡角 < 1.5 天然休止角

    C. 坡角 > 1.5 天然休止角　　　　　　　　D. 1.5 坡角 < 天然休止角

2-7-2 分析黏性土坡稳定时，假定滑动面为（　　）。

    A. 斜平面　　　　　　　　　　　　　　B. 曲面

    C. 圆筒面　　　　　　　　　　　　　　D. 水平面

2.8　地基承载力

考试大纲☞：地基破坏的过程　地基破坏形式

            临塑荷载和临界荷载　地基极限承载力　斯肯普敦公式　太沙基公式　汉森公式

2.8.1　地基的承载力

1）地基土的破坏形式

试验研究表明，在荷载作用下，建筑物地基的破坏通常是由承载力不足而引起的剪切破坏，地基剪切破坏的形式可分为整体剪切破坏、局部剪切破坏和冲剪破坏三种，如图 2-8-1a）~c）所示。

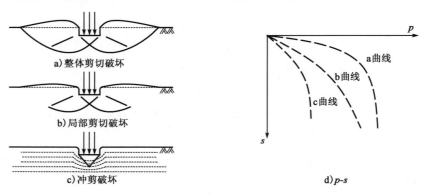

图 2-8-1　压力-沉降关系曲线

（1）整体剪切破坏，其特征是，当基础荷载较小时，基底压力p与沉降s基本上呈直线关系，如图 2-8-1d）曲线 a 所示，开始属于线形变形阶段，当荷载增加到某一数值时，在基础边缘处的土开始发生剪切破坏。随着荷载的增加，剪切破坏区（或塑性变形区）逐渐扩大，这时压力与沉降之间呈曲线关系，如图 2-8-1d）曲线 a 的下降段，属弹塑性变形阶段。如果基础上的荷载继续增加，剪切破坏区不断增大，最终在地基中形成一连续的滑动面，基础急剧下沉或向一侧倾倒，同时基础四周的地面隆起，地基发生整体剪切破坏。

（2）局部剪切破坏，是介于整体剪切破坏和冲剪破坏之间的一种破坏形式，剪切破坏也从基础边缘开始，但滑动面不发展到地面，而是限制在地基内部某一区域，基础四周地面也有隆起现象，但不会有明显的倾斜和倒塌。压力和沉降关系曲线从一开始就呈现非线性关系，如图 2-8-1d）曲线 b 所示。

（3）冲剪破坏，是由于基础下软弱土的压缩变形使基础连续下沉，如荷载继续增加到某一数值时，基础可能向下"切入"土中，基础侧面附近的土体因垂直剪切而破坏。冲剪破坏时，地基中没有出现明显的连续滑动面，基础四周的地面不隆起，基础没有很大的倾斜，压力—沉降关系曲线与局部剪切破坏的情况类似，不出现明显的转折现象，如图 2-8-1d）曲线 c 所示。

2）地基承载力与承载力特征值

地基承载力是指地基承受荷载的能力。如图 2-8-2 所示，整体剪切破坏的曲线有两个转折点 a 和 b，相应于 a 点的荷载称为临塑荷载 p_{cr}，指地基土开始出现剪切破坏时的地基压力，相应于 b 点压力称为极限荷载 p_u，是地基承受基础荷载的极限压力，当基底压力达到 p_u 时，地基就会发生整体剪切破坏。临塑荷载 p_{cr} 与极限荷载 p_u 称为地基的两个临界荷载。工程上为了保证建筑物的安全可靠，在基础设计时必须把基底压力限制在某一承载力之内：$p \leqslant f_a$，f_a 称为地基承载力特征值[《建筑地基基础设计规范》（GB 50007—2021）]。地基承载力特征值（包括特征值的修正值）是在保

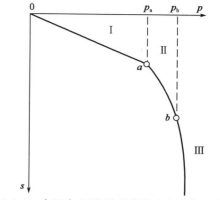

图 2-8-2　由压力-沉降关系曲线确定地基承载力

证地基稳定的条件下，使建筑物的沉降不超过允许值的地基承载力。根据现场载荷试验，地基承载力特征值定义为：在现场载荷试验所得的 p-s 曲线上直线段内规定的沉降量所对应的压力值。由此可知，地基承载力特征值不是唯一的。

地基承载力的确定方法主要有理论公式计算、现场原位试验和经验方法，本章节主要介绍由地基极限承载力确定地基承载力特征值的方法，即地基承载力特征值可由地基极限承载力 p_u 除以安全系数 K 确定，公式为 $f_a = p_u / K$，其为一定安全储备的地基承载力。

2.8.2　地基临塑荷载和临界荷载

设在地表作用一均布的条形荷载 p_0，如图 2-8-3 所示，它在地表下任一点 M 处产生的大、小主应力可由弹性力学解出：

$$\sigma_1 = \frac{p_0}{\pi}(\beta_0 + \sin\beta_0)；\quad \sigma_3 = \frac{p_0}{\pi}(\beta_0 - \sin\beta_0)$$

式中：p_0——均布条形荷载（kPa）；

β_0——任意点 M 到均布条形荷载两边的视角（°）。

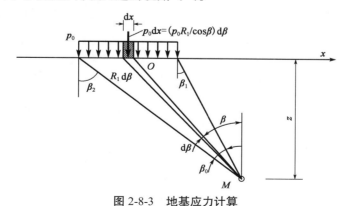

图 2-8-3　地基应力计算

实际上一般基础都具有一定的埋置深度 d（见图 2-8-4），此时地基中任意一点的应力除了由基底附加压力 $p - \gamma d$ 产生外，还有土自重应力 $\gamma d + \gamma_1 z$。由于 M 点上的自重应力在各向是不等的，因此严格讲，

以上两项在M点处产生的应力在数值上不能简单叠加。但在推导临塑荷载公式时，认为土处于极限平衡状态与固体处于塑性状态一样，即假设各向的土自重应力相等。因此，地基中任意一点的σ_1和σ_3可写成如下形式：

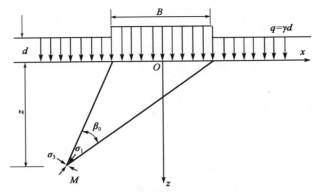

图 2-8-4　均布条形荷载下地基中的主应力

$$\sigma_1 = \frac{p - \gamma_0 d}{\pi}(\beta_0 + \sin\beta_0) + \gamma d + \gamma_1 z$$

$$\sigma_3 = \frac{p - \gamma_0 d}{\pi}(\beta_0 - \sin\beta_0) + \gamma d + \gamma_1 z$$

当M点达到极限平衡状态时，该点的大、小主应力应满足极限平衡条件式：

$$\frac{1}{2}(\sigma_1 - \sigma_3) = \left[c \cdot \cot\varphi + \frac{1}{2}(\sigma_1 + \sigma_3)\right]\sin\varphi$$

整理后得：

$$z = \frac{p - \gamma_0 d}{\pi\gamma}\left(\frac{\sin\beta_0}{\sin\varphi} - \beta_0\right) - \frac{c}{\gamma\tan\varphi} - \frac{\gamma}{\gamma_1}d$$

荷载p逐渐增大时，条形基础自两边开始向下逐渐发展出极限平衡区，极限平衡区内的土体已破坏，边界上的应力处于极限平衡状态。极限平衡区形状不规则，但可用最大深度$z_{\max}$表征其大小。

整理后得$z_{\max}$的表达式为：

$$z_{\max} = \frac{p - \gamma d}{\pi\gamma_1}\left[\cot\varphi - \left(\frac{\pi}{2} - \varphi\right)\right] - \frac{c}{\gamma_1\tan\varphi} - \frac{\gamma}{\gamma_1}d$$

当荷载p增大时，塑性区就发展，该区的最大深度也随而增大；若$z_{\max} = 0$，表示地基中刚要出现尚未出现塑性区，相应的荷载p即为临塑荷载p_{cr}。因此，令$z_{\max} = 0$，得临塑荷载的表达式如下：

$$p_{\mathrm{cr}} = \frac{\pi(\gamma d + c \cdot \cot\varphi)}{\cot\varphi - \frac{\pi}{2} + \varphi} + \gamma d$$

以上式中：d——基础的埋置深度（m）；

γ——基底标高以上土的重度（kN/m³）；

γ_1——地基土的重度，地下水位以下用有效重度（kN/m³）；

c——地基土的黏聚力（kPa）；

φ——地基土的内摩擦角（°）。

经验证明：即使地基发生局部剪切破坏，地基中塑性区有所发展，只要塑性区的范围不超过某一限度，就不至于影响建筑物的安全和使用，因此，如果用p_{cr}作为浅基础的地基承载力特征值无疑是偏于保守的，但地基中的塑性区究竟容许发展多大范围，与建筑物的性质、荷载的性质、变形要求以及土的特征等因素有关。《建筑地基基础设计规范》（GB 50007—2021）推荐塑性区的最大深度z_{max}发展到基础宽度的1/4时的临界荷载为地基承载力特征值f_a。

$$f_a = p_{\frac{1}{4}} = \frac{\pi\left(\gamma d + c \cdot \cot\varphi + \frac{1}{4}\gamma_1 b\right)}{\cot\varphi - \frac{\pi}{2} + \varphi} + \gamma d$$

式中各符号含义同前。

部分部门根据经验，以$z_{max} = b/3$得出$p_{\frac{1}{3}}$临界荷载作为地基承载力。

应该指出，临塑荷载公式是在均布条形荷载的情况下导出的，通常对矩形和圆形基础也借用这个公式计算，其结果偏于安全。此外，在临塑荷载的推导过程中采用弹性力学的解答，对于已出现塑性区的塑性变形阶段，公式的推导是不够严格的。

【例 2-8-1】 计算地基土的短期承载力时，宜采用下列哪种试验的抗剪强度指标？

    A. 不固结不排水试验   B. 固结不排水试验

    C. 固结排水试验   D. 固结快剪试验

解 计算地基土的短期承载力时，外荷载作用时间短、施工速度快，较接近不固结不排水试验条件，推荐不固结不排水试验（UU）试验结果作为抗剪强度指标。选 A。

【例 2-8-2】 某条形基础，宽度$b = 3m$，埋深$d = 1m$。地基土的重度$\gamma = 19kN/m^3$，饱和重度$\gamma_{sat} = 20kN/m^3$，土的抗剪强度指标$c = 10kPa$，$\varphi = 10°$。地下水位距地面很深。试求：（1）地基土的临塑荷载p_{cr}和临界荷载$p_{\frac{1}{4}}$，$p_{\frac{1}{3}}$；（2）若地下水位上升至基础底面，承载力将有何变化（假定土体的抗剪强度指标没有变化）？

解 （1）由$\varphi = 10°$查表得承载力系数$N_{\gamma\left(\frac{1}{4}\right)} = 0.18$，$N_{\gamma\left(\frac{1}{3}\right)} = 0.24$，$N_q = 1.73$，$N_c = 4.17$，则有：

$$p_{cr} = qN_q + cN_c = 10 \times 4.17 + 19 \times 1 \times 1.73 = 74.57kPa$$

$$p_{\frac{1}{4}} = qN_q + cN_c + \gamma b N_{\gamma\left(\frac{1}{4}\right)} = 74.57 + 19 \times 3 \times 0.18 = 84.83kPa$$

$$p_{\frac{1}{3}} = qN_q + cN_c + \gamma b N_{\gamma\left(\frac{1}{3}\right)} = 74.57 + 19 \times 3 \times 0.24 = 88.25kPa$$

（2）当地下水位上升时，若假定土体的强度指标不变，而承载力系数不变。地下水位以下的土采用有效重度$\gamma' = \gamma_{sat} - \gamma_w = 20 - 10 = 10kN/m^3$，则地下水位上升时地基的承载力为：

$$p_{cr} = 74.57kPa$$

$$p_{\frac{1}{4}} = 74.57 + 10 \times 3 \times 0.18 = 79.97kPa$$

$$p_{\frac{1}{3}} = 74.57 + 10 \times 3 \times 0.24 = 81.77kPa$$

2.8.3 地基的极限荷载

1）普朗德尔极限承载力理论

根据土体极限平衡理论，对于一无限长、底面光滑的条形荷载板置于无质量的土（$\gamma = 0$）表面上，当荷载板下的土体处于塑性平衡状态时，平衡边界为如图 2-8-5 所示的$d'c'bcd$，塑性区共分为五个区，即一个I区，两个II区和两个III区，由于基底是光滑的，因此在I区的大主应力σ_1是垂直向的，破裂面与水平面成如图 2-8-5 所示($45° + \varphi/2$)角，称为主动朗肯区，在III区的大主应力是水平的，其破裂面与水平面成($45° - \varphi/2$)角，称为被动朗肯区。在II区中的滑动线，一组是对数螺线，另一组是以a'和a为起点的辐射线，该区也称为普朗德尔区。

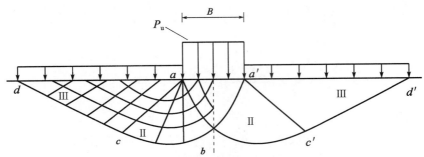

图 2-8-5 普朗德尔地基整体剪切破坏模式

对于以上所述情况，普朗德尔得出极限承载力的理论解为：

$$p_u = cN_c$$

其中

$$N_c = \cot\varphi \left[e^{\pi \tan\varphi} \tan^2 \left(45° + \frac{\varphi}{2} \right) - 1 \right]$$

式中：N_c——承载力系数，是仅与φ有关的无量纲系数；

c——土的黏聚力。

如果考虑到基础有埋置深度d，将基底水平面以上的土重用均布超载$q(= \gamma_0 d)$代替。赖斯纳得出极限承载力还需加上qN_q，即：

$$p_u = cN_c + qN_q$$

其中

$$N_q = e^{\pi \tan\varphi} \tan^2 \left(45° + \frac{\varphi}{2} \right)$$

$$N_c = (N_q - 1) \cot\varphi$$

式中：N_q——与φ有关的另一承载力系数。

以上所述理论解是在某些特殊条件下得到的，实际上在某些情况下会得到不合理的结果。如对于放置在砂土地基表面上（$c = 0$，$d = 0$）的基础，按上两式计算的极限承载力为零。实际上，土不是没有质量的，基底与土之间也无疑是有摩擦力的，因此，需要作一些合理的假设。在普朗德尔和奈斯纳之后，不少学者根据其基本原理，进行了许多研究工作，得到了不同条件下各种地基极限承载力的计算方法。例如太沙基、梅耶霍夫、汉森、魏锡克等人在普朗德尔基础上作了修正和发展，引入了一些修正系数等。

2）太沙基承载力理论

因为基底实际上往往是粗糙的，太沙基假设基底与土之间的摩擦力阻止了在基底处剪切位移的发生，因此直接在基底以下的土不发生破坏而处于弹性平衡状态，破坏时，它像一"弹性核"随着基础一起向下移动，如图 2-8-6 所示的I区。

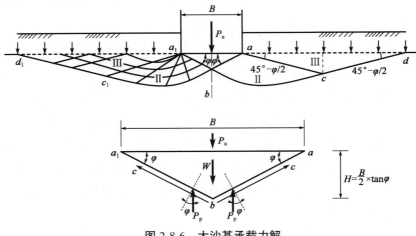

图 2-8-6 太沙基承载力解

如果考虑到土是有质量的（$\gamma \neq 0$），而 $c = 0$，$\varphi \neq 0$，以及基础荷载时作用在地表（$d = 0$），则破坏时理论上的破坏边界为如图 2-8-6 上部所示的 a_1bcd 和 abc_1d_1。其中 II 区的滑动面一组是由对数螺线形成的曲面，另一组则是辐射向的曲面；III 区是被动朗肯区，滑动面是平面，它与水平面夹角为（$45° - \varphi/2$）。为了便于推导公式，将曲面 ab 和 $a'b$ 用平面代替，并假定与水平面成 ψ 角，一般 $\varphi < \psi < 45° + \varphi/2$。极限承载力可以根据弹性土楔 aa_1b 的静力平衡条件确定。破坏时，作用 ab 和 a_1b 面上的力是被动土压力，如果忽略土楔 aa_1b 的自重，则由作用于土楔的各力在垂直方向的静力平衡条件得：

$$p_u = \frac{2E_p}{b} \cos(\psi - \varphi)$$

引用符号

$$N_\gamma = \frac{4E_p}{\gamma b^2} \cos(\psi - \varphi)$$

则

$$p_u = \frac{1}{2} \gamma b N_\gamma$$

上列各式中 E_p 是被动土压力，ψ 角是未知的，需要用试算法确定，用不同的 ψ 角进行试算，直到得出最小的 N_γ 值，N_γ 是考虑土质量影响的又一无量纲的承载力因数。

对于所有一般的情况，太沙基认为浅基础的地基极限承载力可近似地假设为分别由以下三种情况计算结果的总和：

（1）土是没有质量的，有黏聚力和内摩擦角，没有超载，即 $\gamma = 0$，$c \neq 0$，$\varphi \neq 0$，$q = 0$；

（2）土是没有质量的，无黏聚力，有内摩擦角，有超载，即 $\gamma = 0$，$c = 0$，$\varphi \neq 0$，$q \neq 0$；

（3）土是有质量的，没有黏聚力，但有内摩擦角，没有超载，即 $\gamma \neq 0$，$c = 0$，$\varphi \neq 0$，$q = 0$。

因此，极限承载力可近似为：

$$p_u = cN_c + qN_q + \frac{1}{2} \gamma b N_\gamma$$

式中：　　c——地基土的黏聚力（kPa）；

　　　　　q——基底水平面以上基础两侧的超载（kPa），$q = \gamma_0 d$；

　　　　　γ——地基土的重度（kN/m³）；

　　　　　b——基底的宽度（m）；

N_c，N_q，N_γ——无量纲的承载力系数，仅与地基土的内摩擦角 φ 有关，可由图 2-8-7 中的实线查得。

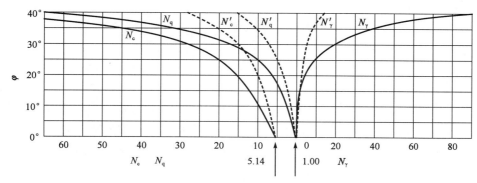

图 2-8-7　承载力系数 N_c，N_q，N_γ 值

对于局部剪切破坏的情况（软黏土和松砂），太沙基根据应力-应变关系的资料建议用经验的方法调整抗剪强度指标 c 和 φ，即用 $\bar{c} = \frac{2}{3}c$，$\bar{\varphi} = \arctan\left(\frac{2}{3}\tan\varphi\right)$ 代替 c 和 φ。对于这种情况，极限承载力采用下式计算：

$$p_u = \frac{2}{3} cN_c' + qN_q' + \frac{1}{2} \gamma b N_\gamma'$$

式中： N_c' ， N_q' ， N_γ' ——分别是相应局部剪切破坏的承载力系数，可用土体内摩擦角 φ 查图 2-8-7 中的虚线；

其余符号的含义同前。

至于方形和圆形基础的情况则属于三维问题，由于数学上的困难，至今还没有从理论上推导出计算公式，太沙基根据一些试验资料建议按以下公式计算。

对于边长为 b 的正方形基础

$$p_u = 1.2N_c + \gamma_0 dN_q + 0.4\gamma bN_\gamma$$

对于半径为 R 的圆形基础

$$p_u = 1.2N_c + \gamma_0 dN_q + 0.6\gamma \cdot RN_\gamma$$

对于矩形基础（ $b \times l$ ）可以按 b/l 值，在条形基础（ $b/l = 0$ ）和方形基础（ $b/l = 1$ ）的承载力之间以插入法求得。

以上两式适用于发生剪切破坏的坚硬黏土和密实砂的情况，即地基土较密实，其 p-s 曲线有明显转折点，破坏前沉降不大的情况，其中 N_c 、 N_q 和 N_γ 查图 2-8-7 中的实线，如是发生局部剪切破坏的松砂和软土，上列两式中的承载力因数改用 N_c' 、 N_q' 和 N_γ' ，查图 2-8-7 中的虚线。

【例 2-8-3】 某砖混结构住宅楼采用条形基础，基础宽度 $b = 1.5m$ ，基础埋深 $d = 1.4m$ 。地基为粉土，内摩擦角 $\varphi = 30°$ ，黏聚力 $c = 20kPa$ ，天然重度 $\gamma = 18.8kN/m^3$ 。用太沙基公式计算地基的承载力特征值，安全系数 $K = 3.0$ ，地基土中无地下水。

解 由太沙基极限承载力公式：

$$p_u = cN_c + qN_q + \frac{1}{2}\gamma bN_\gamma$$

其中承载力系数查图 2-8-7 中实线，有： $N_r = 19$ ， $N_c = 35$ ， $N_q = 18$

代入公式有：

$$p_u = cN_c + qN_q + \frac{1}{2}\gamma bN_\gamma$$
$$= 20 \times 35 + 18.8 \times 1.4 \times 18 + \frac{1}{2} \times 18.8 \times 1.5 \times 19$$
$$= 1441.66kPa$$

则地基承载力特征值为：

$$f_a = \frac{p_u}{K} = \frac{1441.66}{3} = 480.6kPa$$

2.8.4 地基承载力特征值的确定

地基承载力特征值的确定，主要有四类：①根据土的抗剪强度指标以理论公式计算；②由现场载荷试验的 p-s 曲线确定；③按规范提供的承载力表确定；④在土质基本相同的情况下，参照邻近建筑物的工程经验确定。在具体工程中，根据地基的设计等级、地基的岩土工程条件并结合当地工程经验选择确定地基承载力的适当方法，必要时可以按多种方法综合确定。

1）地基极限承载力理论公式

根据地基极限承载力计算地基承载力特征值的公式如下：

$$f_a = \frac{p_u}{K}$$

式中： p_u ——地基极限承载力；

K——安全系数，其取值与地基基础设计等级、上部结构的类型、荷载的性质、土的抗剪强度指标的可靠程度及地基条件有关，工程中一般取 2~3。

确定地基极限承载力的理论公式有多种，如斯肯普顿公式、太沙基公式、魏西克公式和汉森公式等，其中汉森公式考虑多个影响因素，如基础底面形状、偏心和倾斜、基础两侧覆盖层的抗剪强度、基底和地面倾斜等。

汉森公式：

$$p_u = \frac{1}{2}\gamma b N_\gamma S_\gamma i_\gamma + q N_q S_q i_q d_q + c N_c S_c i_c d_c$$

$$N_\gamma = 1.5(N_q - 1)\tan\varphi$$

$$N_q = e^{\pi\tan\varphi}\tan^2\left(45° + \frac{\varphi}{2}\right)$$

$$N_c = (N_q - 1)\cot\varphi$$

$$S_\gamma = 1 - 0.4\frac{b}{l}$$

$$S_q = S_c = 1 + 0.2\frac{b}{l}$$

$$d_q = d_c = 1 + 0.35\frac{d}{b}$$

$$i_\gamma = i_q^2$$

$$i_q = \frac{1 + \sin\varphi\sin(2\alpha - \varphi)}{1 + \sin\varphi}e^{-\left(\frac{\pi}{2} + \varphi - 2\varepsilon\right)\tan\varphi}$$

$$i_c = i_q - \frac{1 - i_q}{N_q - 1}$$

$$\alpha = \frac{\varphi}{2} + \arctan\frac{\sqrt{1 - (\tan\delta\cot\varphi)^2} - \tan\delta}{1 + \frac{\tan\delta}{\sin\varphi}}$$

$$\tan\delta = \frac{\tau}{p + c\cdot\cot\varphi}$$

以上式中：N_γ，N_q，N_c——承载力系数；

S_γ，S_q，S_c——基础形状系数，对于条形基础，$S_\gamma = S_q = S_c = 1$，对于矩形基础，按公式计算；

d_q，d_c——基础埋深影响系数，$d/b > 1$时，取$d/b = 1$；

i_γ，i_q，i_c——地面倾斜影响系数；

l——基础底面长度（m）；

p——作用在基础底面上的竖向荷载（kPa）；

τ——作用在基础底面上的水平向荷载（kPa）。

2）规范推荐的地基承载力理论公式

当荷载偏心距$e \leqslant l/30$（l为偏心方向基础边长）时，可以采用《建筑地基基础设计规范》（GB 50007—2021）推荐的以地基临界荷载$p_{\frac{1}{4}}$为基础的理论公式计算地基承载力特征值，计算公式如下：

$$f_a = M_b\gamma b + M_d\gamma_m d + M_c c_k$$

式中：M_b，M_d，M_c——承载力系数，按φ_k值查表 2-8-1；

γ——基底下土的重度，地下水位以下取有效重度；

b——基础底面宽度，大于 6m 时按 6m 考虑，对于砂土，小于 3m 时按 3m 考虑；

γ_m——基础底面以上土的加权平均重度，地下水位以下取有效重度；

d——基础埋置深度，一般自室外地面算起。

c_k——基底下 1 倍基宽深度范围内的黏聚力标准值。

承 载 力 系 数 表 表 2-8-1

土的内摩擦角标准值φ_k（°）	M_b	M_d	M_c	土的内摩擦角标准值φ_k（°）	M_b	M_d	M_c
0	0.00	1.00	3.14	22	0.61	3.44	6.04
2	0.03	1.12	3.32	24	0.8	3.87	6.45
4	0.06	1.25	3.51	26	1.1	4.37	6.9
6	0.10	1.39	3.71	28	1.4	4.93	7.4
8	0.14	1.55	3.93	30	1.9	5.59	7.95
10	0.18	1.73	4.17	32	2.6	6.35	8.55
12	0.23	1.94	4.42	34	3.4	7.21	9.22
14	0.29	2.17	4.69	36	4.2	8.25	9.97
16	0.36	2.43	5.00	38	5	9.44	10.8
18	0.43	2.72	5.31	40	5.8	10.84	11.73
20	0.51	3.06	5.66				

经 典 练 习

2-8-1 临界荷载是指（   ）。

  A. 持力层将出现塑性区时的荷载

  B. 持力层中将出现连续滑动面时的荷载

  C. 持力层中出现某一允许大小塑性区时的荷载

  D. 持力层刚刚出现塑性区时的荷载

2-8-2 地基塑性区的最大开展深度 $z_{max} = \frac{b}{4}$ 时，地基承载力应选择（   ）。

  A. P_{cr} B. $P_{\frac{1}{4}}$ C. $P_{\frac{1}{3}}$ D. P_u

2-8-3 地基承载力需进行深度、宽度修正的条件是（   ）。

  ①$d > 0.5$m；②$b > 3$m；③$d > 1$m；④$3$m $< b \leqslant 6$m

  A. ①②   B. ①④   C. ②③   D. ③④

2-8-4 若地基表面产生较大隆起，基础发生严重倾斜，则地基的破坏形式为（   ）。

  A. 局部剪切破坏   B. 整体剪切破坏

  C. 刺入剪切破坏   D. 冲剪破坏

2-8-5 在 $\varphi = 15°$（$N_\gamma = 1.8$，$N_q = 4.45$，$N_c = 12.9$），$c = 15$kPa，$\gamma = 18$kN/m³ 的地表面有一个宽度为 3m 的条形均布荷载，对于整体剪切破坏的情况，按太沙基承载力公式计算的极限承载力为（   ）。

  A. 80.7kPa   B. 193.5kPa   C. 242.1kPa   D. 50.8kPa

2-8-6 铅直荷载作用下浅基础的破坏模式有哪些?

2-8-7 利用极限荷载确定地基承载力,地基的破坏区有哪几个?

2-8-8 有一条形基础,宽 $b=2$m,埋深 $d=1.0$m,场地土层依次为填土,厚 1.0m,重度 $\gamma=17$kN/m³,$c=6$kN/m²,$\varphi=15°$;黏土,厚4.0m,重度$\gamma=18$kN/m³,$\gamma_{sat}=20$kN/m³,$\varphi=26°$,$c=10$kN/m²;粉质砂土,未钻穿地下水位埋深 1.0m。试据表计算地基的极限荷载(太沙基公式)和临界荷载$P_{\frac{1}{4}}$。

题 2-8-8 表

φ	N_c	N_q	N_γ
15°	12.9	4.45	1.80
26°	22.25	11.85	12.54
φ	N_c	N_q	$N_\gamma\left(\frac{1}{4}b\right)$
15°	4.85	2.30	0.325
26°	6.9	4.37	1.10

2.9 岩石的物理性质

考试大纲☞:岩石的破坏机理与强度　岩石的变形　岩体的工程分类　围岩稳定性
岩坡稳定性分析

2.9.1 岩石的破坏机理及破坏强度

1)岩石破坏的现象

在不同的应力状态下,岩石的破坏机制不同,常见的岩石破坏形式如图 2-9-1 所示。

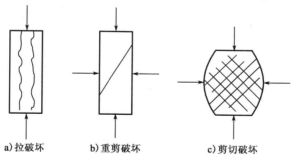

a)拉破坏　　b)重剪破坏　　c)剪切破坏

图 2-9-1　岩石破坏形式

(1)拉破坏:岩石试件单向抗压试验时出现纵向裂纹,与最大应力方向平行。

(2)重剪破坏:沿原有的结构面的滑动、重剪破坏。

(3)剪切破坏:岩石试件单向抗压的 X 形破坏。从应力分析可知,单向压缩下某一剪切面上的切向应力达到最大引起的破坏。

主要机制:岩体受剪切作用或者受拉应力的作用、三向受压情况下多数为剪切应力的作用,侧向压力较小时可能是拉伸破坏,实际工程中多为不同机制的组合,但侧向应力较大时,剪切应力是岩石重剪破坏的主要破坏机制。

从岩石破坏的现象看,从小到几厘米的岩块到大的工程岩体,破坏均为拉断与剪切破坏。

2）岩石强度

（1）单轴抗压强度

岩石的单轴抗压强度为试件破坏时的最大轴向压力P除以横截面积A，即$R_c = \frac{P}{A}$。

试验时，试件采用边长 5cm 的立方体或直径 5cm 左右、高径比 2~2.5 的圆柱体，加荷速率每秒 0.5~1.0MPa，至试件破坏。

（2）单轴抗拉强度

岩石的单轴抗拉强度常采用点荷载试验（劈裂法）测试（见图 2-9-2）。试件采用圆柱体，直径 30~70mm，径向加载试件长径比 1.4，轴向加载试件长径比 0.5~1.0。试验时连续、均匀加载，使试件在 10~60s 内破坏。破坏面贯穿整个试件，并通过两加载点方为有效［见《工程岩体分级标准》（GB/T 50218—2014）］。

$$I_S = \frac{P_t}{D_e^2}$$

式中：I_S——未经修正的点荷载强度（MPa）；

$\quad\quad P_t$——破坏荷载（N）；

$\quad\quad D_e$——试件等价直径，径向加载时即为直径，轴向加载时需换算，$D_e = \sqrt{\frac{4A}{\pi}}$。

点荷载强度需换算成直径 50mm 标准试件点荷载强度$I_{S(50)}$以便统计分析。

$$I_{S(50)} = K_d \cdot I_S$$

式中，$K_d = \left(\frac{D_e}{50}\right)^m$，$m$取 0.40~0.45。

（3）抗剪强度

岩石抗剪强度包括岩石抗剪断度和结构面抗剪强度。工程中，判断岩石抗剪断度和结构面抗剪强度常依据摩尔-库仑强度理论。

$$\tau = \sigma \tan\varphi + c$$

岩石抗剪断度和结构面抗剪强度试验方法见图 2-9-3。对同类试样，在数个不同法向应力下施加切向应力至破坏，即为抗剪强度线是σ、τ数据，线性回归得到抗剪强度参数φ和c。

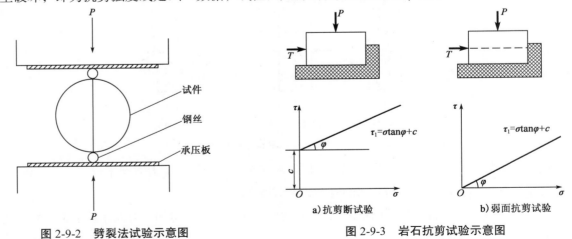

图 2-9-2 劈裂法试验示意图　　　　图 2-9-3 岩石抗剪试验示意图

【例 2-9-1】 同一岩石的各种强度中，最大的是：

　　　A. 抗压强度　　　　B. 抗剪强度　　　　C. 抗弯强度　　　　D. 抗拉强度

解 岩石为脆性材料，抗压能力远大于抗拉能力，通常脆性材料的抗剪强度和抗弯强度均小于其抗压强度。选 A。

2.9.2 岩石的变形

典型的岩石单向压缩变形过程如图 2-9-4 所示。

从图中可以看出，单向受载下岩石的变形可划分为四个阶段：

（1）*O—A* 段，微裂隙压密段，岩石内部原有裂隙的闭合超过新产生的裂隙，曲线稍向上弯。

（2）*A—B* 段，弹性变形阶段，岩石内部原有裂隙的压密与新产生的裂隙大致相等，岩石被继续压缩，应力应变曲线的斜率不变，应力应变关系基本为线性。

（3）*B—C* 段，岩石总体上进入裂隙发展和扩展的阶段，岩石破裂过程造成的应力集中效应明显，进入塑性阶段。

（4）*C—D* 段，裂隙加速产生并不稳定扩展，直至岩石试件完全丧失承载能力。在这个阶段随着应变的增加，岩石强度减小，岩石的这种特性称为岩石的应变弱化，应变弱化是岩石区别于金属的显著的力学性质之一。

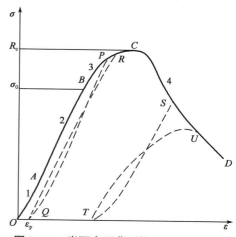

图 2-9-4 岩石变形典型的应力-应变曲线

岩石的变形模量一般取为 *A—B* 段的切线斜率。

岩石类型不同，成因不同，应力-应变曲线也有较大差异，各种岩石的应力-应变曲线可划分为六种类型，见图 2-9-5 所示。

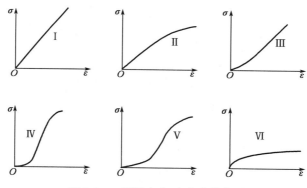

图 2-9-5 岩石应力-应变曲线类型

类型 I：线性应力-应变关系。坚硬岩石，如细粒岩浆岩、细粒变质岩、玄武岩、石英岩、辉绿岩、白云岩和坚硬石灰岩，脆性破坏。

类型 II：弹塑性。开始弹性，以后塑性。代表性岩石为石灰岩、粉砂岩、凝灰岩。

类型 III：塑弹性开始上凹，后转为直线。破坏以前没有明显屈服。具有这类塑弹性变形特征的是岩石中有孔隙和细裂隙的坚硬岩石，如砂岩、花岗岩、某些辉绿岩等。

类型 IV：塑性-弹性（细 S 形）。线性段斜率较大。这类变形的岩石有坚硬致密的变质岩，如大理岩、片麻岩。

类型 V：亦为细 S 形，但线性段斜率较小。如在垂直片理方向受压的片岩，有很高的压缩性和很大的塑性变形。

类型 VI：开始是很短的直线，随后出现不断增大的非弹性变形和连续蠕变，是岩盐及其他蒸发岩的变形特征曲线。

2.9.3 岩体的工程分类

岩体工程分类：以工程实用为目的的岩体类型的划分称为岩体工程分类。它是岩石力学研究的一个重要方面。

岩体工程分类应充分考虑工程的需要，用明确的概念和严谨的判据去区分岩石的级别，以便工程技术人员合理地选择工程布局及采用相应的技术处理方法。

因岩体较为复杂，目前，岩体工程分类方法较多，每一种分类都有其特点。

按照《工程岩体分级标准》（GB/T 50218—2014），岩体工程分类见表 2-9-1。

岩体基本质量分级 表 2-9-1

岩体基本质量级别	岩体基本质量的定性特征	岩石基本质量指标（BQ）
I	坚硬岩，岩体完整	>550
II	坚硬岩，岩体较完整 较坚硬岩，岩体完整	550~451
III	坚硬岩，岩体较破碎 较坚硬岩，岩体较完整 较软岩，岩体完整	450~351
IV	坚硬岩，岩体破碎 较坚硬岩，岩体较破碎~破碎 较软岩，岩体较完整~较破碎	350~251
V	较软岩，岩体破碎 软岩，岩体较破碎~破碎 全部极软岩及全部极破碎岩	≤250

岩石基本质量指标BQ为：

$$BQ = 100 + 3R_c + 250K_v$$

式中：R_c——岩石饱和单轴抗压强度（MPa），若无实测资料，可由点荷载强度指数$I_{S(50)}$换算，$R_c = 22.82 \cdot I_{S(50)}^{0.75}$；

K_v——岩体完整性指数，$K_v = \left(\dfrac{v_{pm}}{v_{pr}}\right)^2$；

v_{pm}——岩体弹性纵波速度（m/s）；

v_{pr}——岩石弹性纵波速度（m/s）。

岩石坚硬程度分类见表 2-9-2。

岩石坚硬程度分类 表 2-9-2

R_c（MPa）	>60	60~30	30~15	15~5	≤5
坚硬程度	硬质岩		软质岩		
	坚硬岩	较坚硬岩	较软岩	软岩	极软岩

当存在地下水、岩体稳定性受结构面影响、初始地应力较高时，岩石工程质量指标要进行修正，详细内容参见《工程岩体分级标准》（GB/T 50218—2014）。

2.9.4 围岩稳定及边坡分析

1）围岩稳定性

（1）围岩变形破坏形式

地形洞室围岩变形破坏形式见表2-9-3。

围岩变形破坏形式及其产生机制   表 2-9-3

岩性	岩体结构	变形破坏形式	产 生 机 制
脆性围岩	块状结构及厚层状结构	张裂塌落	拉应力集中造成的张裂破坏
		劈裂剥落	压应力集中造成的压致拉裂
		剪切滑移及剪切破裂	压应力集中造成的剪切破裂及滑移拉裂
		岩爆	压应力集中造成的突然而猛烈的脆性破坏
	中薄层结构	弯折内鼓	卸荷回弹或压应力集中造成的弯曲拉裂
	碎裂结构	碎裂松动	压应力集中造成的剪切松动
塑性围岩	层状结构	塑性挤出	压应力集中作用下的塑性流动
		膨胀内鼓	水压重分布造成的吸水膨胀
	散体结构	塑性挤出	压应力作用下的塑性流动
		塑性涌出	松散饱水岩体的悬浮塑流
		重力坍塌	重力作用下的坍塌

（2）影响围岩稳定性的因素

①岩土性质

岩土性质决定围岩的稳定性与变形破坏形式，岩体完整，单轴抗压强度高，围岩稳定性好，破碎岩体或松散岩层，围岩稳定性差。

②地质构造与岩体结构

地质构造与岩体结构是影响围岩稳定性的控制因素。岩体结构类型影响岩体完整性，结构面产状与洞室走向成不利组合时对稳定性影响很大。区域构造与新构造运动对稳定性的影响是决定性的，大规模的地质构造破碎带宽度大且导水，影响施工安全。

③地下水

地下水对围岩稳定性不利。地下水会使岩石软化、泥化、溶解、膨胀，降低岩石完整性与强度，进而影响稳定性。地下水的静水压力也是一个不利因素。洞室开挖时的涌水、涌砂更会产生安全事故。

④地应力

地下洞室开挖，地应力状态要调整，应力重分布往往造成洞周应力集中，出现较大塑性变形以致破坏。高地应力区，完整岩石中开挖洞室时可能由于卸荷产生岩爆。

2）岩坡稳定性

（1）破坏类型

岩坡的破坏类型在形态上可分为岩崩和岩滑两种。

岩崩一般发生在边坡过陡的岩坡中，这时大块的岩体与岩坡分离而向前倾倒，或者坡顶岩体因某种原因脱落而在坡脚下堆积，它经常产生于坡顶裂隙发育的地方。其起因或由于风化等原因减弱了节理面的凝聚力，或由于雨水进入裂隙产生水压力所致；或者也可能由于气温变化、冻融松动岩石的结果；其他如植物根造成膨胀压力、地震、雷击等都可造成岩崩现象。

岩滑是指一部分岩体沿着岩体较深处某种面的滑动，可分为平面滑动、楔形滑动以及旋转滑动。平面滑动是一部分岩体在重力作用下沿着某一软面（层面、断层、裂隙）的滑动，滑动面的倾角必大于该平面的内摩擦角。平面滑动不仅滑体克服了底部的阻力，而且也克服了两侧的阻力。在软岩中（如页岩），如底部倾角远陡于内摩擦角，则岩石本身的破坏即可解除侧边约束，从而产生平面滑动。而在硬岩中，如果不连续面横切坡顶，边坡上岩石两侧分离，则也能发生平面滑动。楔形滑动是岩体沿两组（或两组以上）的软弱面滑动的现象。在挖方工程中，如果两个不连续面的交线出露，则楔形岩体失去下部支撑作用而滑动。法国马尔帕塞坝的崩溃（1959年）就是岩基楔形滑动的结果。旋转滑动的滑动面通常呈弧形，这种滑动一般产生于非成层的均质岩体中。

（2）影响边坡稳定性的因素

影响边坡稳定性的因素主要有内在因素和外部因素两方面。内在因素包括组成边坡的地貌特征、岩土体的性质、地质构造、岩土体结构、岩体初始应力等。外部因素包括水的作用、地震、岩体风化程度、工程荷载条件及人为因素。内在因素对边坡的稳定性起控制作用，外部因素起诱发破坏作用。

①岩土性质和类型

岩性对边坡的稳定及其边坡的坡高和坡角起重要的控制作用。坚硬完整的块状或厚层状岩石如花岗岩、石灰岩、砾岩等可以形成数百米的陡坡。不同的岩层组成的边坡，其变形破坏也有所不同，在花岗岩、厚层石灰岩、沙岩地区则以崩塌为主，在片岩、板岩、千枚岩地区则往往产生表层挠曲和倾倒等蠕动变形。

②地质构造和岩体结构的影响

在区域构造比较复杂，褶皱比较强烈，新构造运动比较活跃的地区，边坡稳定性差。断层带岩石破碎，风化严重，又是地下水最丰富和活跃的地区，极易发生滑坡。岩层或结构的产状对边坡稳定也有很大影响，水平岩层的边坡稳定性较好，但存在陡倾的节理裂隙，则易形成崩塌和剥落。同向缓倾的岩质边坡（结构面倾向和边坡坡面倾向一致，倾角小于坡角）的稳定性比反向倾斜的差，这种情况最易产生顺层滑坡。结构面或岩层倾角愈陡，稳定性愈差。如岩层倾角小于10°~15°的边坡，除沿软弱夹层可能产生塑性流动外，一般是稳定的；岩层倾角大于25°的边坡，通常是不稳定的；倾角在15°~25°的边坡，则根据层面的抗剪强度等因素而定。同向陡倾层状结构的边坡，一般稳定性较好，但由薄层或软硬岩互层的岩石组成，则可能因蠕变而产生挠曲弯折或倾倒。反向倾斜层状结构的边坡通常较稳定，但垂直层面或片理面的走向节理发育且顺山坡倾斜，则亦易产生切层滑坡。

③水的作用

地表水和地下水是影响边坡稳定性的重要因素。不少滑坡的典型实例都与水的作用有关或者水是滑坡的触发因素，处于水下的透水边坡将承受水的浮托力的作用，而不透水的边坡，将承受静水压力；充水的张开裂隙将承受裂隙水静水压力的作用；地下水的渗流，将对边坡岩土体产生动水压力。水对边坡岩体还产生软化或泥化作用，使岩土体的抗剪强度大为降低；地表水的冲刷，地下水的溶蚀和潜蚀也直接对边坡产生破坏作用。

④工程荷载

在水利水电工程中，工程荷载的作用影响边坡的稳定性。例如，拱坝坝肩承受的拱端推力，边坡坡顶附近修建大型水工建筑物引起的坡顶超载，压力隧洞内水压力传递给边坡的裂隙水压力，库水对库岸的浪击淘刷力，为加固边坡所施加的力，如预应力锚杆时所加的预应力等都影响边坡的稳定性。由于工程的运行也可能间接地影响边坡的稳定,例如由引水隧洞运行中的水锤作用,使隧洞围岩承受超静水荷载,引起出口边坡开裂变形等。

⑤地震作用

地震对边坡稳定性的影响表现为累积和触发(诱发)等两方面效应。

a. 累积效应

边坡中由地震引起的附加力 S 的大小,通常以边坡变形体的重力 W 与地震振动系数 k 之积表示($S = kW$)。在一般边坡稳定性计算中,将地震附加力考虑为水平指向坡外的力。但实际上应以垂直与水平地震力的合力的最不利方向为计算依据。总位移量的大小不仅与震动强度有关,也与经历的震动次数有关,频繁的小震对斜坡的累进性破坏起着十分重要的作用,其累积效果使影响范围内岩体结构松动,结构面强度降低。

b. 触发(诱发)效应

触发效应可有多种表现形式。在强震区,地震触发的崩塌、滑坡往往与断裂活动相联系。高陡的陡倾层状边坡,震动可促进陡倾结构面(裂缝)的扩展,并引起陡立岩层的晃动。它不仅可引发裂缝中的空隙水压力(尤其是在暴雨期)激增而导致破坏,也可因晃动造成岩层根部岩体破碎而失稳。

碎裂状或碎块状边坡,强烈的震动(包括人工爆破)甚至可使之整体溃散,发展为滑塌式滑坡。结构疏松的饱和砂土受震液化或敏感黏土受震变形,也可导致上覆土体产生滑坡。海底斜坡失稳,不少也与地震造成饱水固结土体的液化有关,这也是为什么在十分平缓的海底斜坡中会产生滑坡的重要原因之一。

我国岩质边坡工程实践中,为量化评价爆破的影响,根据经验采取降低计算结构面的抗剪强度的方法实施,f 值降低 15%~30%,c 值降低 20%~40%。理论计算,降低的低值和高值分别相当于地震烈度 8 度和 9 度时造成的影响。

(3)边坡稳定分析与评价

边坡稳定性分析与评价的目的,一是对与工程有关的天然边坡稳定性做出定性和定量评价;二是要为合理地设计人工边坡和边坡变形破坏的防治措施提供依据。边坡稳定性分析评价的方法主要有地质分析法(历史成因分析法)、力学计算法、工程地质类比法、过程机制分析法。分析中要特别注意变形模式的转化标志,它往往是失稳的前兆。边坡稳定性分析方法很多,简要归纳如下。

①定性分析方法

主要是分析影响边坡稳定性的主要因素、失稳的力学机制、变形破坏的可能方式及工程的综合功能等,对边坡的成因及演化历史进行分析,以此评价边坡稳定状况及其可能发展趋势。该方法的优点是综合考虑影响边坡稳定性的因素,快速地对边坡的稳定性做出评价和预测。常用的方法有:

a. 地质分析法(历史成因分析法)

根据边坡的地形地貌形态、地质条件和边坡变形破坏的基本规律,追溯边坡演变的全过程,预测边坡稳定性发展的总趋势及其破坏方式,从而对边坡的稳定性做出评价,对已发生过滑坡的边坡,则判断其能否复活或转化。

b. 工程地质类比法

其实质是把已有的自然边坡或人工边坡的研究设计经验应用到条件相似的新边坡的研究和人工边坡的研究设计中去。需要对已有边坡进行详细的调查研究,全面分析工程地质因素的相似性和差异性,分析影响边坡变形发展的主导因素的相似性和差异性,同时,还应考虑工程的类别、等级及其对边坡的特定要求等。它虽然是一种经验方法，但在边坡设计中，特别是在中小型工程的设计中是很通用的方法。

②定量评价方法

实质是一种半定量的方法，虽然评价结果表现为确定的数值，但最终判定仍依赖人为的判断。所有定量的计算方法都是基于定性方向之上。应用最为广泛的是极限平衡法。下面以平面性模式为例介绍岩质边坡评价方法。

岩质坡体中，结构面倾向与坡面接近（夹角小于15°），倾角小于坡面角，构成平面滑面（在剖面上为直线）。岩石风化，表层会产生风化裂隙，裂隙后部的稳定性比前部高，且大雨后裂隙中充水，在裂隙中与滑面上产生水压力，其作用既增加滑动力，又减小抗滑力，许多存在顺倾结构面的岩质边坡均是在大雨过后产生了失稳，因此，岩体边坡稳定性分析需考虑后缘张裂缝及其充水作用（见图2-9-6）。

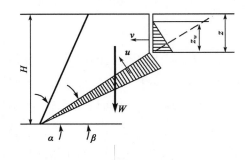

图 2-9-6 岩石边坡平面型破坏分析

边坡安全系数为：

$$F_s = \frac{c \cdot L + (W \cdot \cos\beta - U - V \cdot \sin\beta) \cdot \tan\varphi}{W \cdot \sin\beta + V \cdot \cos\beta}$$

式中，$W = \frac{1}{2}\gamma H^2 \left(\frac{1}{\tan\beta} - \frac{1}{\tan\alpha}\right) - \frac{1}{2}\gamma \cdot z^2 \frac{1}{\tan\beta}$

$U = \frac{1}{2}\gamma_w z_w(H - z)\frac{1}{\cos\beta}$

$V = \frac{1}{2}\gamma_w z_w{}^2$

$L = (H - z)\frac{1}{\cos\beta}$

经 典 练 习

2-9-1 按成因，岩石可分为（ ）。

A. 岩浆岩、沉积岩、变质岩   B. 岩浆岩、变质岩、花岗岩

C. 沉积岩、酸性岩、黏土岩   D. 变质岩、碎屑岩、岩浆岩

2-9-2 岩爆发生在（ ）岩石中。

A. 硬质、完整、裂隙不发育   B. 硬质、完整、裂隙发育

C. 软质、完整、裂隙不发育   D. 软质、完整、裂隙发育

2-9-3 岩体完整性公式 $K_v = (v_{pm}/v_{pr})^2$ 中的 v_{pm}/v_{pr} 的意义是（ ）。

A. 岩石的纵波与横波波速   B. 岩体的纵波与横波波速

C. 岩体纵波波速与岩石纵波波速   D. 岩石纵波波速与岩体横波波速

2-9-4 岩基稳定性分析采用的方法是（ ）。

A. 弹性理论   B. 塑性理论   C. 弹塑性理论   D. 弹塑黏性理论

参考答案及提示

2-1-1　A

2-1-2　D　按塑性指数分类法，其塑性指数>1，土样应定名为黏土。

2-1-3　C　液限、塑限为土体性质指标，塑性指数I_p反映土体的黏粒含量，均与"软硬程度"无关，只有液性指数I_L反映土体的实际含水量与液限、塑限间的相对关系，可作为判定土软硬程度的指标。

2-1-4　B　弱结合水受到土颗粒表面电场力的作用，但有一定自由度。

2-1-5　A　即d_{10}粒径。

2-1-6　A　即$\dfrac{d_{60}}{d_{10}} < 5$。

2-1-7　A　认为其下土不受扰动。

2-1-8　D　饱和度为零的土为干土，$V_w = 0$，$V_v = V_a$。

2-1-9　B　反映黏性土状态的指标是液性指数，$I_L = \dfrac{w - w_p}{w_L - w_p}$。$I_L > 1$，流动状态；$0 < I_L \leqslant 1$，可塑状态；$I_L \leqslant 0$，固态，半固态。

2-1-10　B　依据$K_u = \dfrac{d_{60}}{d_{10}}$。

2-1-11　B　土的压实能量越大，土的最优含水率越小，最大干重度越大；最优含水率条件压实时，干重度最大。

2-1-12　A　根据规范对土的工程分类的规定。

2-1-13　D　粒径大于0.075mm的颗粒含量不超过50%，为细粒土。细粒土用塑性指数I_p分类，$I_p > 17$，为黏土。

2-1-14　B　在击数一定时，粗粒本身重度大，含量越多，重度越大。粗颗粒含量越多，最大干重（密）度就越大，最佳含水率就越小。

2-1-15　B　根据含水的多少及有无浮力作用判断。

2-1-16　B　根据公式$D_r = \dfrac{e_{max} - e}{e_{max} - e_{min}}$计算。

2-1-17　　设$V = 1\text{cm}^3$

$$m = m_s + m_w = m_s(1 + w) = V \cdot p = 1.95\text{g}$$

$$m_s = \frac{1.95}{1 + 0.31} = 1.489\text{g}$$

$$m_w = m - m_s = 1.95 - 1.489 = 0.461\text{g}$$

$$V_w = \frac{m_w}{\rho_w} = 0.461\text{cm}^3$$

$$V_s = V - V_w = 1 - 0.46 = 0.539$$

$$d_s = \frac{m_s}{V_s \rho_w} = \frac{1.489}{0.539} = 2.76$$

饱和土样，$V_v = V_w$

$$e = \frac{V_v}{V_s} = \frac{0.461}{0.539} = 0.855$$

$$\gamma_d = \frac{m_s}{V} \cdot g = 1.489 \times 10 = 14.89 \text{kN/m}^3$$

2-1-18 $I_p = w_L - w_p = 42 - 15 = 27$

$$I_L = \frac{w_L - w_p}{w_L - w_p} = \frac{34.5 - 15}{27} = 0.72$$

为可塑状态。

2-1-19 $D_r = \frac{e_{max} - e}{e_{max} - e_{min}} = \frac{0.95 - 0.79}{0.95 - 0.74} = 0.762$，为密实状态。

2-1-20 $C_u = \frac{d_{60}}{d_{10}} = \frac{8.6}{0.2} = 43$

$$C_c = \frac{d_{30}^2}{d_{60} \times d_{10}} = \frac{0.33^2}{8.6 \times 0.2} = 0.063$$

$C_c < 1$，说明有粒径缺少现象，级配不良。

2-2-1　C

2-2-2　C　即计算原始自重应力的起算点。

2-2-3　B　根据 $p_0 = p_k - \gamma_m d$。基底总压力减去埋深处土的自重应力。

2-2-4　B　有限面积基础（荷载）作用下即是。

2-2-5　B　本题考查附加应力的定义。

2-2-6　D　可查表计算得出。

2-2-7　A　同种土中自重应力直线分布，不同种土中 γ 不同，直线斜率不同，在土层面出现拐点，因此成折线。

2-2-8　D　有限面积基础在地基中的附加应力沿深度分布为曲线减小。

2-2-9　B　计算表格规定。

2-2-10　A　基底反力简化近似计算。

2-2-11　C

2-2-12　地下水下降前：

$\sigma_{cz} = \gamma_1 h_1 + \gamma'_2 h_2 = 18.5 \times 3.5 + (20.5 - 10) \times 3.3 = 99.4 \text{kPa}$

地下水下降后：

$\sigma_{cz} = \gamma_1 h_1 + \gamma_2 h_2 = 18.5 \times 3.5 + 16.9 \times 3.3 = 120.52 \text{kPa}$

2-2-13　$e = 3.6/2 - 1.4 = 0.4\text{m} < 3.6/6 = 0.6\text{m}$，基底压力为梯形分布

$F + G = 400 + 3.6 \times 1 \times 1 \times 20 = 472 \text{kPa}$

$$p_{min}^{max} = \frac{F + G}{B}\left(1 \pm \frac{6e}{B}\right) = \frac{472}{3.6} \times \left(1 \pm \frac{6 \times 0.4}{3.6}\right) = \begin{matrix} 218.52\text{kPa} \\ 43.7\text{kPa} \end{matrix}$$

基底附加应力：$p_0 = p - \gamma \cdot d$

$p_{0min} = 26.80 \text{kPa}$，$p_{0max} = 201.62 \text{kPa}$

$p_n = 26.80 \text{kPa}$，$p_t = 201.62 - 26.80 = 174.82 \text{kPa}$

均布荷载下，基础两侧边缘下竖向应力相同，$x/b = 0$，$z/b = 1.8/3.6 = 0.5$，查表知，$K_s^z = 0.479$

三角形分布荷载下，荷载偏向边缘下，$x/b = 1$，$z/b = 0.5$，查表知，$K_t^z = 0.354$

荷载偏离边缘下，$x/b = 0$，$z/b = 0.5$，查表知，$K_t^z = 0.125$

荷载偏向边缘下，附加应力为$\sigma_z = 0.479 \times 26.80 + 0.354 \times 174.82 = 74.72\text{kPa}$

荷载偏离边缘下，附加应力为$\sigma_z = 0.479 \times 26.80 + 0.125 \times 174.82 = 34.69\text{kPa}$

2-2-14　分为两个矩形：$L/B = 3.6/3 = 1.2$，$Z/B = 1.2/3 = 0.4$

查表知附加应力系数$\alpha_c = 0.242$

附加应力：$\sigma_z = \alpha_c p_0 \times 2 = 0.242 \times 200 \times 2 = 96.8\text{kPa}$

2-3-1　B　地基的总沉降量通常由三部分组成，即瞬时沉降或初始沉降S_d、固结沉降或主固结沉降S_c、次固结沉降S_s。

2-3-2　B

2-3-3　A　由e-p曲线确定压缩系数。

2-3-4　A　一般土取 0.2，软土可取 0.1。其值越小，意味着压缩层计算厚（深）度越厚（深）。

2-3-5　B

2-3-6　C　$E_s > 15\text{MPa}$为低压缩性土。

2-3-7　B　根据固结度与时间关系公式计算得出。

2-3-8　A　此厚度已满足计算要求。

2-3-9　$p_0 = \gamma' h = (20.5 - 10) \times 3 = 31.5\text{kPa}$，而$p_c = 35\text{kPa}$，$p_0 < p_c$，土为超固结土。

2-3-10　$S = \dfrac{a}{1+e_0} p \cdot H_0 = \dfrac{0.60 \times 10^{-3}}{1+1.2} \times 180 \times 4.5 = 0.221\text{m}$

$$C_v = \frac{k \cdot (1 + e_0)}{a\gamma_w} = \frac{2.5 \times 10^{-8} \times 10^{-2} \times (1 + 1.2)}{0.6 \times 10^{-3} \times 10} = 9.17 \times 10^{-8}\text{m}^2/\text{s}$$

双面排水，最大排水距离为层厚的一半，$H = 2.25\text{m}$

$$T_v = \frac{C_v}{H^2} t = \frac{9.17 \times 10^{-8}}{2.25^2} \times 3600 \times 24 \times 182.5 = 0.286$$

由图 2-3-7 中的曲线$a = 1$，得相应的固结度$U_t = 61\%$，则$S_t = S \cdot U_t = 0.135\text{m}$

2-4-1　D

2-4-2　A　施工时间短，排水条件不良的地基应选择接近不排水的抗剪强度指标。快剪意味着不排水（少排水）。

2-4-3　A　直接剪切试验可分为快剪、固结快剪和慢剪三种方法。

2-4-4　D　应力路径（加载次序）、剪胀性（剪切过程中体积膨胀）、加载速度均影响土的抗剪强度。

2-4-5　A　抗剪强度线与水平线的夹角为土的内摩擦角φ。

2-4-6　C　用大、小主应力关系表示的极限平衡条件计算得出。

2-4-7　B　破坏面与最小主应力面的夹角为$45° - \dfrac{\varphi}{2}$。

2-4-8　C　三轴剪切试验可得出若干个土样（同一种土）破坏时的摩尔应力圆数据。

2-4-9　B　根据莫尔-库仑强度理论，极限平衡条件下，大、小主应力之间的关系式为：

$$\sigma_3 = \sigma_1 \tan^2\left(45° - \frac{\varphi}{2}\right) - 2c \cdot \tan\left(45° - \frac{\varphi}{2}\right)$$

$$= 400 \tan^2\left(45° - \frac{30°}{2}\right) - 2 \times 5 \tan\left(45° - \frac{30°}{2}\right) = 94\text{kPa}$$

2-4-10 $\begin{cases} \sigma_1 \\ \sigma_3 \end{cases} = \dfrac{\sigma_x + \sigma_z}{2} \pm \sqrt{\dfrac{(\sigma_x - \sigma_z)^2}{4} + \tau_{xz}^2} = 175 \pm 113.4 = \begin{matrix} 288.4\text{kPa} \\ 61.6\text{kPa} \end{matrix}$

$\sigma_{1f} = \sigma_3 \tan^2\left(45° + \dfrac{\varphi}{2}\right) + 2c \cdot \tan\left(45° + \dfrac{\varphi}{2}\right) = 281.8\text{kPa}$

$\sigma_1 > \sigma_{1f}$，说明土体应力莫尔圆与抗剪强度线相割，土体已剪切破坏。

2-5-1　C

2-5-2　C　流动状态，且孔隙比大。

2-5-3　A

2-5-4　C　填土的密实度标准应根据工程要求来确定，一般用土的压实系数来控制，而决定压实系数大小的就是土的干密度。

2-5-5　B　松砂受剪，颗粒向更稳定位置移动，变密实。题干没说饱和与排水条件，所以不能判断液化与否。

2-5-6　第二层，$\delta_{sz2} < 0.015$，不计入自重湿陷量计算

$\Delta_{zs} = \delta_{sz1} \cdot h_1 + \delta_{sz3} \cdot h_3 = 0.018 \times 2 \times 100 + 0.016 \times 2 \times 100 = 6.8\text{cm} < 7\text{cm}$

地基为非自重湿陷性场地。

2-6-1　B　地下室外墙无相对位移。

2-6-2　A　土面上倾，墙背下倾。

2-6-3　B　被动土压力是土被墙压坏，土对墙的作用力；主动土压力是土失去墙的挡土作用造成的破坏，土对墙的作用力。

2-6-4　B　适用于墙后填土为非黏性土，黏聚力c为零的土。

2-6-5　C　因墙背不光滑，土压力合力与墙背不垂直作用。

2-6-6　C　$\sigma_a = \sigma_z K_a - 2c\sqrt{K_a}$，分层面处，土压力相同，$c_2 = c_1$，$K_{a1} = K_{a2}$，可满足要求。第二层中，图形主动土压力增加坡度比第一层大。第二层重度比第一层大，自重应力增加坡度比第一层大，可达到主动土压力增加坡度比第一层大的目的。

也即，相关指标满足$c_1 = c_2$，$K_{a1} = K_{a2}(\varphi_1 = \varphi_2)$，$\gamma_1 < \gamma_2$的关系，当土中$c$、$\varphi$值不变，土压力图形斜率的变化是由土重度变化引起的。

2-6-7　B　根据题意，该挡土墙土压力计算满足朗肯土压力计算条件，计算公式为：

$E_a = \dfrac{1}{2}\gamma h^2 \tan^2\left(45° - \dfrac{\varphi}{2}\right) = 0.5 \times 17 \times 5^2 \times \tan^2\left(45° - \dfrac{32°}{2}\right) \approx 65.2\text{kN/m}$

2-6-8　A　考查土压力的定义。当挡土墙在外力作用下推挤墙背土体，使墙后的填土处于极限平衡状态时，为"被动极限平衡状态"。

2-6-9　采用朗肯土压力理论计算。

主动土压力：$K_a = \tan^2\left(45° - \dfrac{\varphi}{2}\right) = 0.49$

$z_0 = \dfrac{2c}{\gamma\sqrt{K_1}} = 1.50\text{m}$

墙底处：$\sigma_{a底} = \sigma_z K_a - 2c\sqrt{K_a} = 19 \times 5 \times 0.49 - 2 \times 10 \times 0.7 = 32.55\text{kPa}$

总主动土压力：$E_a = \dfrac{1}{2}(H - z_0) \cdot \sigma_{a底} = \dfrac{1}{2}(5 - 1.5) \times 32.55 = 56.96\text{kN/m}$

被动土压力：$K_p = \tan^2\left(45° + \dfrac{\varphi}{2}\right) = 2.04$

墙顶处：$\sigma_{p\,顶} = \sigma_{z\,顶}K_p + 2c\sqrt{K_p} = 2 \times 10 \times 1.428 = 28.57\text{kPa}$

墙底处：$\sigma_{p\,底} = \sigma_{z\,底}K_p + 2c\sqrt{K_p} = 19 \times 5 \times 2.04 + 2 \times 10 \times 1.428 = 222.45\text{kPa}$

总被动土压力：$E_p = \dfrac{\sigma_{p\,顶} + \sigma_{p\,底}}{2} \times 5 = \dfrac{28.57 + 222.45}{2} \times 5 = 627.55\text{kN/m}$

2-7-1　A　干砂天然休止角即为土的 φ 值。

2-7-2　C　简化为圆筒面计算，实际破坏面为曲面。

2-8-1　C

2-8-2　B　称此为"塑性荷载"。

2-8-3　A　规范规定。增大基础宽度和基础埋深可提高地基承载力，但增大基础尺寸会增大基础沉降量。

2-8-4　B　是整体剪切破坏的特征。

2-8-5　C　将已知条件代入太沙基公式计算。

2-8-6　　　整体破坏模式、局部破坏模式、刺入破坏模式。

2-8-7　　　朗肯主动区、过渡区、朗肯被动区。

2-8-8　　　由 $\varphi = 26°$，查表得，太沙基公式地基承载力系数：

$$N_c = 22.25, \quad N_q = 11.85, \quad N_\gamma = 12.54$$

地形水位以下取有效重度，则：

$p_u = \gamma N_\gamma b/2 + cN_c + qN_q$

$\quad = 2 \times 10 \times 12.54/2 + 10 \times 22.25 + 17 \times 1 \times 11.85 = 549.35\text{kPa}$

由 $\varphi = 26°$，查表得，极限平衡区发展范围地基承载力系数：

$$N_c = 6.9, \quad N_q = 4.37, \quad N_\gamma = 1.10$$

地形水位以下取有效重度，则：

$P_{\frac{1}{4}} = \gamma N_\gamma b + cN_c + qN_q$

$\quad = 2 \times 10 \times 1.10 + 6.9 \times 10 + 17 \times 1 \times 4.37 = 165.29\text{kPa}$

2-9-1　A　岩石按成因可分为岩浆岩、沉积岩、变质岩三大类。花岗岩是岩浆岩中酸性岩中的一种岩石，沉积岩可分为碎屑岩、黏土岩和化学及生物化学岩三类。

2-9-2　A

2-9-3　C

2-9-4　A　相对于建筑荷载，岩石的弹性模量很大，建筑荷载达不到使岩石发生塑性变形的程度，所以一般采用弹性理论。

3 结 构 力 学

考题配置　单选，9题

分数配置　每题 2 分，共 18 分

3.1 平面体系的几何组成

考试大纲☞：几何不变体系的组成规律及其应用

3.1.1 基本概念及术语

1）几何不变体系和几何可变体系

体系受到任意荷载后，若不考虑材料变形，位置和形状能维持不变的体系，称为几何不变体系。而可发生位置和形状改变的，称为几何可变体系。在某一瞬时可以产生微小运动，然后就不能继续运动的体系，称为瞬变体系。图 3-1-1 为杆件体系的基本几何组成分类。

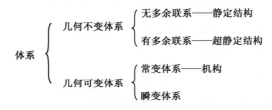

图 3-1-1　杆件体系的基本几何组成分类

2）几何组成分析的目的

（1）研究几何不变体系的组成规则；

（2）判断体系是否几何不变，从而决定能否作为结构；

（3）判断某一结构是静定结构还是超静定结构；

（4）根据体系的几何组成分析，确定静定结构的受力分析顺序。

3）名词术语

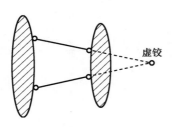

图 3-1-2　虚铰（瞬铰）

自由度——确定物体位置所需的独立参数数目。

约束——限制物体或体系运动的装置。

刚片——自身几何不变体系，地基也是一刚片。

链杆——两端用铰与别的刚片相连的刚性杆件。

单铰——仅连接两个刚片的铰。

复铰——连接三个或三个以上刚片的铰。

虚铰（瞬铰）——连接两个刚片的两根链杆的作用相当于在其交点处的一个单铰，且铰的位置随链杆的转动而改变。如图 3-1-2 所示。若两根链杆平行，则视为沿链杆方向的无穷远铰。

必要约束——使体系几何不变必须有的约束。

多余约束——去掉以后原体系仍然保持不变的约束。

3.1.2 平面几何不变体系的几何组成规则

（1）三刚片规则：三个刚片用不在同一直线上的三个单铰两两相连，则组成几何不变体系，且无多余约束。

（2）两刚片规则：两个刚片用一个铰和一根不通过此铰的链杆相连，则组成几何不变体系，且无多余约束。

（3）二元体规则：在一个刚片上增加二元体（两根不共线链杆组成一新结点的构造），仍然为几何不变体系。即在体系上增加或拆除二元体，不会改变原有体系的几何构造性质。

上述三个规则本质上是相通的，图3-1-3清楚地描述了三个规则的内在联系，并特别注意连接两个刚片的铰可等效替换为虚铰，注意灵活运用。

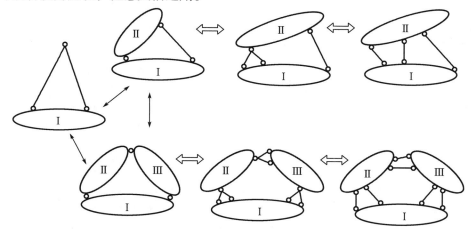

图 3-1-3　几何组成规则内在关系图

3.1.3 应用规则时的要点

上述基本组成规则仅规定了成为几何不变体系所需要的最少约束，如果刚片间的约束数目少于基本组成规则中的要求，则体系缺少必要约束，为几何可变体系。如果刚片间的约束数目不少于基本组成规则中的要求，则需根据约束的具体布置判断几何构造是否可变，是否存在多余约束。

在具体运用规则时，关键是寻找刚片，以及相应的联系及其布置，尤其注意以下要点：

（1）体系有二元体时，可先去掉二元体。

（2）若体系内部与基础用三根链杆相连，则可去掉基础，仅分析内部；若体系内部与基础间多于三个联系，则可视基础为一刚片，与体系内部一起分析。

（3）虚铰的应用，尤其是无穷远虚铰的应用。要注意体系是否为瞬变体系。

（4）注意可进行的等效替换，复杂形状曲杆、折线链杆可用直杆替代，用简单刚片对复杂刚片作替代。

（5）两种分析方式：从基础出发，逐渐扩大刚片；或直接从内部刚片出发进行分析。

（6）注意不要重复或遗漏使用约束。

【例 3-1-1】图示平面几何组成性质为：

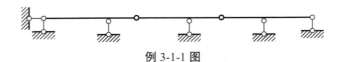

例 3-1-1 图

A. 几何不变，无多余约束
B. 几何不变，有多余约束
C. 几何可变
D. 瞬变

解　题图最右侧的链杆支座可视为多余约束，去掉它，则剩余结构即为静定结构。如解图所示，该结构是按两刚片规则依次发展 AB 至 C 再至 D 的多跨静定梁，为几何不变体系，则原结构为几何不变，有 1 个多余约束。选 B。

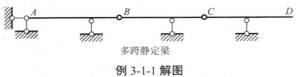

多跨静定梁

例 3-1-1 解图

【例 3-1-2】 连接三个刚片的铰结点，相当的约束个数为：
A. 1　　　　　　B. 2　　　　　　C. 3　　　　　　D. 4

解　相当于两个单铰。连接 n 个刚片的复铰相当于 $n-1$ 个单铰，且每个单铰为 2 个约束，选 D。

【例 3-1-3】 如图所示体系的几何组成为：

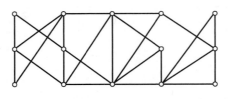

例 3-1-3 图

A. 几何不变，无多余约束体系
B. 几何不变，有多余约束
C. 瞬变体系
D. 常变体系

解　此铰接体系中存在着很多的二元体，依次去除后，最后只剩下一个三角形体系，因此原体系几何不变，无多余约束，选 A。此题要弄清二元体构造的定义，并要依次去除。

【例 3-1-4】 如图所示体系的几何组成为：

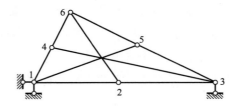

例 3-1-4 图

A. 几何不变，无多余约束
B. 几何不变，有 1 个多余约束
C. 几何不变，有 2 个多余约束
D. 瞬变体系

解　先去除与地面相连的三个约束，只分析内部体系；再按照隔着杆件找刚片的思路，取 1-4 杆为刚片 I，5-6 杆为刚片 II，2-6-3 杆为刚片 III，各刚片间均由两链杆形成的虚铰相连，其中，刚片 I、II 间的虚铰在点 1 处，刚片 II、III 间的虚铰在点 6 处，刚片 I、III 间的虚铰在点 3 处，三个虚铰不共线，因此原体系为几何不变，且无多余约束，选 A。

【例 3-1-5】 如图 a）所示体系为：

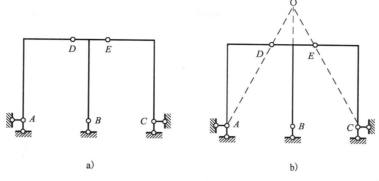

例 3-1-5 图

A. 二刚片规则分析为几何不变体系　　　B. 二刚片规则分析为几何瞬变体系

C. 三刚片规则分析为几何不变体系　　　D. 三刚片规则分析为几何瞬变体系

解　首先，体系与地面的联系多于 4 个，因此大地须取为一刚片；A 处和 C 处均为铰接，可分别将折线杆 AD 和 CE 用直线链杆等效替换，再取 DBE 为一刚片，则此两刚片用交于 O 点的三链杆相连，由二刚片规则可知此体系为瞬变体系，选 B。

【**例 3-1-6**】如图 a）所示体系为：

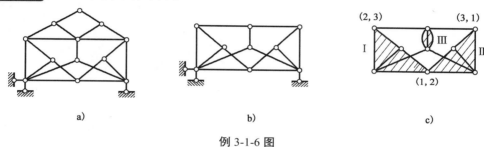

例 3-1-6 图

A. 几何瞬变体系　　　　　　　　　　B. 几何不变体系，有多余约束

C. 几何常变体系　　　　　　　　　　D. 几何不变体系，无多余约束

解　去除原体系中的二元体进行分析，再去除与地面相连的三个联系后进行分析，如图 b）、c）所示，再取三个刚片：刚片 I、II 交于实铰(1,2)；刚片 I、III 交于虚铰(3,1)，刚片 II、III 交于虚铰(2,3)。三铰点不共线，故为几何不变无多余约束体系，选 D。此题关键是去除二元体和地面联系后再选刚片，明显几何不变的部分可作为一个刚片，再隔着杆件找刚片。

【**例 3-1-7**】如图所示体系的几何组成为：

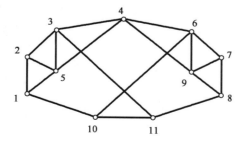

例 3-1-7 图

A. 无多余约束的几何不变体系　　　　B. 有 1 个多余约束的几何不变体系

C. 有 2 个多余约束的几何不变体系　　D. 瞬变体系

解 取杆件组 12345 部分为刚片 I（由三角形扩展而成），46789 为刚片 II，杆件 10-11 为刚片 III，可看出，I、II 之间由点 4 的铰连接，II、III 之间由链杆 6-10 和 8-11 连接（交点为虚铰），I、III 之间由链杆 1-10 和 3-1-11 连接（交点为虚铰），三刚片用不共线的三个铰两两相连，组成几何不变无多余约束体系，选 A。

【例 3-1-8】 如图所示体系的几何组成为：

A. 几何不变，无多余约束

B. 几何不变，有 1 个多余约束

C. 几何不变，有 2 个多余约束

D. 瞬变体系

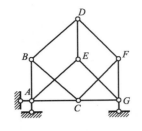

例 3-1-8 图

解 体系与地面用三根链杆相连，因此可只分析内部体系，取 ABC 为刚片 I，GFG 为刚片 II，杆件 DE 为刚片 III，可看出，I、II 由铰 C 连接，I、III 和 II、III 之间分别由两平行杆形成的无穷远虚铰相连，三铰不共线，组成几何不变无多余约束体系，选 A。

【例 3-1-9】 如图所示体系的几何组成为：

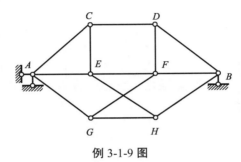

例 3-1-9 图

A. 几何不变，无多余约束   B. 几何不变，有 1 个多余约束

C. 常变体系   D. 瞬变体系

解 先去除与地面相连的三根链杆，只分析内部体系；取 AEC 为刚片 I，BDF 为刚片 II，杆件 GH 为刚片 III，分析联系可知，各刚片间分别由两平行杆形成的无穷远虚铰相连，注意三个无穷远虚铰在无穷远处共线，因此原体系为瞬变体系，选 D。

【例 3-1-10】 如图所示体系为哪种体系？其多余约束数目为：

A. 几何可变，没有

B. 几何不变，没有

C. 几何不变，3

D. 几何不变，4

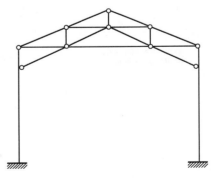

例 3-1-10 图

解 很明显，中间铰接体系部分有一个多余约束，两端拆除任一个固定支座（3 个约束），体系剩余部分为悬臂式几何不变体系，且不再有多余约束，可知原体系为几何不变，有 4 个多余约束，选 D。

【例 3-1-11】 如图所示体系的几何组成为：

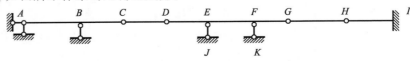

例 3-1-11 图

A. 几何不变，无多余约束

B. 几何不变，有 1 个多余约束

C. 几何不变，有 2 个多余约束

D. 瞬变体系

解 本题先采用不断扩大刚片的方法进行分析，刚片 *ABC* 与地面用三根链杆组成几何不变体系，再用三根链杆 *CD*，*EJ*，*FK* 相连组成扩大的几何不变部分；同时右端悬臂部分 *HI* 可作为独立的几何不变部分，这两个不变体系间的链杆 *GH* 即为多余约束。因此，原体系为几何不变，有 1 个多余约束，选 B。

【例 3-1-12】 图示体系的几何组成为：

A. 几何不变，无多余约束

B. 几何不变，有 1 个多余约束

C. 几何不变，有 2 个多余约束

D. 可变体系

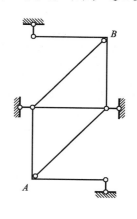

例 3-1-12 图

解 体系内部为两个三角形构成，几何不变，无多余约束，而体系在内部与地面用 4 根链杆相连，多 1 个约束，因此，原体系为几何不变，有 1 个多余约束，选 B。

【例 3-1-13】 如图所示体系中，可看作多余约束的三根链杆是：

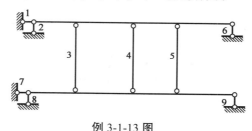

例 3-1-13 图

A. 5、6、9

B. 5、6、7

C. 3、6、8

D. 1、6、7

解 是否为必要约束，要看去掉后是否变成可变体系。如果变成可变体系则为必要约束，否则为多余约束。题中 1、7 杆为必要约束，而将 5、6、9 去掉则变成常变体系，故选 C。

【例 3-1-14】 瞬变体系不能用作结构的原因是：

A. 体系有初始运动

B. 瞬变体系在很小外力作用下会产生很大的内力

C. 结构设计中要满足强度和刚度条件

D. 瞬变体系给人一种不安全感

解 瞬变体系是指，在某一瞬时可以产生微小运动，之后就不能继续运动的体系。瞬变体系的位移虽然很小，但若有一定荷载作用，杆件内力将非常大，对结构受力极为不利，不允许作为结构使用，故选 B。

3.2 静定结构受力分析与特性

考试大纲☞：静定结构受力分析方法　反力　内力的计算与内力图的绘制　静定结构特性及其应用

3.2.1 静定结构内力分析相关概念

1）基本分析原理

无多余约束的几何不变体系是静定结构，由静力平衡方程可求解结构全部的反力和内力。有多余约束的几何不变体系是超静定结构，由静力平衡方程不能求解结构全部的反力和内力，必须补充方程进行求解。虽然静定结构形式差别很大，但其内力分析过程均是"选取隔离体，列平衡方程，解方程求未知力"，代表性的静力平衡方程为：$\sum X = 0$，$\sum Y = 0$，$\sum M = 0$，熟练掌握这一基本过程是解决复杂问题的关键。而计算的关键就是隔离体的选取顺序问题，实际上，逆着几何组成的顺序选取隔离体进行分析是一个有效的方法，如对多跨静定梁和刚架，先求解附属部分，后求解基本部分。

静定结构计算内力符号规定为，轴力以拉为正，剪力以使隔离体有顺时针旋转趋势为正，轴力与剪力图必须标明正负号；弯矩不再规定正负号，但要将图形画在杆件受拉一侧。内力图的纵坐标垂直于杆轴线。单跨梁的计算结果是结构力学计算的基础，如图 3-2-1 所示，必须熟练绘制且牢记。

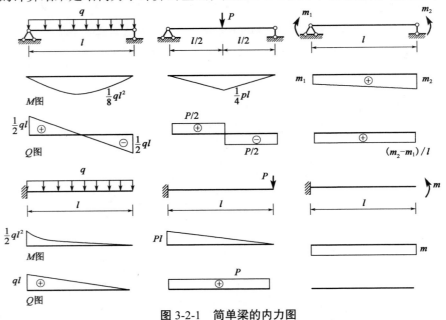

图 3-2-1 简单梁的内力图

2）结构内力图的一般规律

根据直梁微段的荷载与内力微分关系，可得直杆内力图的形状特点，见表 3-2-1。

3）快速绘制弯矩图要点

静定结构在很多情况下，可以不求或少求反力（或仅需判定反力方向）即可绘制弯矩图。熟练掌握这种方法，对于迅速绘制弯矩图以及校核其正确性极为有益，所依据的工具就是静定结构的特性、荷载与内力的关系以及对称性等。以下几点应熟练掌握：

（1）结构上凡有悬臂部分和简支梁（含两端铰接的直杆），其弯矩图可首先绘出。

（2）直杆的无荷载区段弯矩图为直线。

（3）剪力相等则弯矩图斜率相同。

（4）铰和自由端无外力偶作用时，该处弯矩为零。

（5）刚结点力矩平衡。

（6）作弯矩图的区段采用叠加法。

（7）对称性的利用（即：对称结构在对称荷载作用下，结构 M 图和 N 图为正对称，Q 图为反对称；

在反对称荷载作用下，结构M图和N图为反对称，Q图为正对称）。

（8）外力与杆轴重合时不产生弯矩，与杆轴平行时弯矩为常数。

（9）主从结构中，基本部分的荷载对附属部分的内力没有影响。

直杆内力图基本形状特点 表 3-2-1

梁上情况	剪 力 图		弯 矩 图	
无横向 外力区段	水平线	水平线	斜直线	斜直线
q作用区段	斜直线	斜直线	抛物线（凸方向同q指向）	抛物线（凸方向同q指向）
集中力P作用处	有突变（突变值=P）	有突变（突变值=P）	有尖角（尖角指向同P）	有尖角（尖角指向同P）
集中力偶m作用处 顺 逆	无变化	无变化	有突变（突变值=m）	有突变（突变值=m）

4）叠加法作弯矩图

在梁与刚架的内力分析中，常应用叠加原理绘制弯矩图，即叠加法作弯矩图。其原理为：结构中任一直杆段若受横向荷载作用，且杆端弯矩已知（见图 3-2-2），则该段的弯矩图等于将该杆视为简支梁，并在简支梁上单独作用横向荷载与单独施加杆端弯矩的叠加，如图 3-2-2b）、c）所示。

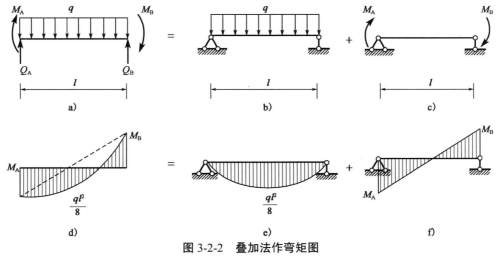

图 3-2-2 叠加法作弯矩图

具体作图步骤为：以控制截面将杆件分为若干段；对无横向荷载区段的弯矩图，直接将相邻控制截面弯矩的纵坐标连成直线；对有横向荷载作用的区段，以相邻控制截面弯矩纵坐标所连的虚线为基线，叠加上相应简支梁在跨间荷载作用下的弯矩图，该图与梁轴包围的图形即为最后的弯矩图，如图 3-2-2d）~f）所示。注意，所谓叠加是指竖标的叠加，即叠加后的值应垂直于杆轴，而不是垂直于虚线。

5）静定结构特性

静定结构有两个最基本特性：几何学特性与静力学特性。其他特性都是由基本特性导出。几何不变体系且无多余约束即是其几何学特性。由静力平衡方程唯一确定全部反力和内力即是其静力学特性。静定结构的导出特性为：

（1）静定结构的支座反力、内力与材料的性质、截面尺寸没有关系。

（2）温度变化、支座移动、制造误差在静定结构中不引起支座反力和内力。

（3）作用在静定结构的基本部分的荷载，只使基本部分受力，附属部分不受力。

（4）在静定结构的某一几何不变部分作用一组平衡力系，只有该部分受力，其他部分不受力。

（5）将作用在静定结构的某一几何不变部分的荷载作静力等效变换，不会影响其他部分的内力与支座反力。

【例 3-2-1】 静定结构的几何特征是：

    A. 无多余的约束   B. 几何不变体系

    C. 运动自由度等于 0   D. 几何不变且无多余约束

解 只有几何不变且无多余约束的体系才能称为静定结构，这是静定结构的几何特征与定义。选 D。

3.2.2 各类静定结构内力分析要点

1）静定多跨梁

静定多跨梁分析，要根据其几何组成和各部分传力路线特点，分为基本部分和附属部分后，先求解附属部分，再求解基本部分。

多跨静定梁主要有两种基本类型以及二者的组合，分层关系如图 3-2-3 所示。

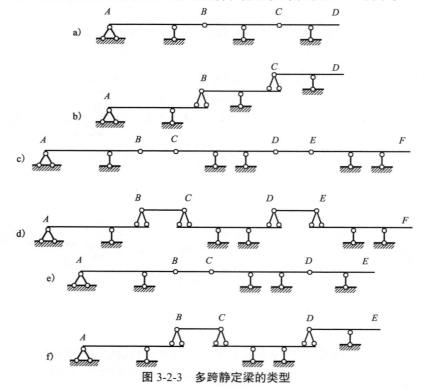

图 3-2-3 多跨静定梁的类型

注意：计算完成后进行检查时，若荷载仅作用在基本部分，则附属部分不受力；若荷载作用在附属部分，则该部分及支承它的基本部分均受力。

2）静定刚架

静定刚架按几何组成形式，常见类型有悬臂式、简支式、三铰刚架以及多层多跨附属式等。计算要点是：

（1）对悬臂式刚架，直接从悬臂端进行分析，从其他端进行校核。

（2）对简支式刚架，先求支座反力或判断反力方向，再依次各杆进行分析。

（3）对三铰式刚架，取左或右部分隔离体，补充中间铰的 $\sum M = 0$ 条件，求出支座反力后，再依次各杆进行分析。

（4）多层多跨附属式刚架，先求解附属部分刚架内力，再求解基本部分刚架内力。

3）静定桁架

桁架只由轴力杆组成，只需计算各杆轴力。基本方法为结点法、截面法以及二者的联合应用。一般地，对简单桁架宜用结点法，联合桁架宜用截面法。

结点法以结点为隔离体，列两个独立的平衡方程（$\sum X = 0$，$\sum Y = 0$），每次求解两个轴力。注意计算中，采取轴力投影分量的形式，先求分力再求合力，这样计算将很容易。结点法适用于简单桁架，按照二元体规则组成简单桁架的次序相反的顺序，逐个截取结点，即可全部求出杆件轴力。另外，要熟练掌握一些特殊结点的性质以及零杆的判断，这会给求解带来极大方便。如图 3-2-4 所示为 L、T、X 与 K 形等特殊结点及零杆情况。

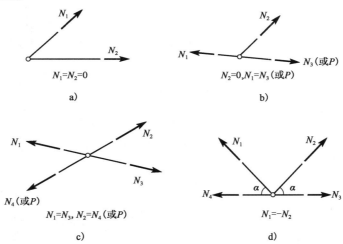

图 3-2-4　特殊结点单杆

截面法截取桁架的一部分（至少包含两个结点）为隔离体，列三个独立的平衡方程（$\sum X = 0$，$\sum Y = 0$，$\sum M = 0$），每次可求解三个未知轴力。应用截面法的理想情况是一个方程求解一个未知力（称该杆为截面单杆），从而避免求解联立方程，这种情况一般有两种：一种是相交型，即在截面截断的杆件中，除了某一根杆件 a 外，其余杆件交于一点 O，则可用 $\sum M_O = 0$ 求出 a 杆内力；另一种是平行型，即在截面截断的杆件中，除了某一根杆件 a 外，其余杆件互相平行，则可将 a 杆内力正交分解为与其余杆件平行和垂直的分力，然后利用垂直方向上的合力为 0，求出 a 杆内力。

注意对于对称桁架，在对称荷载作用下，对称杆件中的轴力是对称的；在反对称荷载作用下，对称杆件中的轴力是反对称的。利用桁架的对称性，往往可以简化计算。

4）静定组合结构

组合结构分析，要分清链杆和梁式杆的几何组成，先用截面法或结点法求出链杆的轴力，再取梁式杆为隔离体，分析其轴力、弯矩和剪力。

5）静定三铰拱

三铰拱的重要受力特征是，在竖向荷载作用下，除产生竖向反力外，还产生水平推力。竖向反力的大小与相应简支梁相同，而水平推力则只与三铰的位置（或高跨比）及荷载有关，拱的内力则与拱轴线形状有关。由于水平推力的存在，使拱各个截面上的弯矩与相应简支梁相比减小很多。

三铰拱按三刚片规则组成，其内力与反力计算过程与三铰刚架类似。三铰平拱在竖向荷载作用下，其支座反力及任意截面内力，可由相应简支梁的内力来表示：

反力：$V_A = V_A^0$，$V_B = V_B^0$，$H = M_C^0/f$

内力：$M = M^0 - Hy$，$Q = Q^0 \cos\varphi - H\sin\varphi$，$N = -Q^0 \sin\varphi - H\cos\varphi$。

式中各符号含义见图 3-2-5，注意 φ 在左半拱取正，右半拱取负。

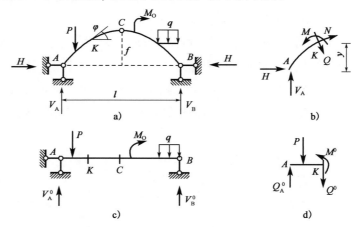

图 3-2-5　三铰拱及相应简支梁

由上述内力公式，可确定竖向荷载作用下，三铰拱的合理拱轴线为：$y(x) = M^0(x)/H$。三铰平拱在沿水平线分布的竖向均布荷载作用下的合力拱轴线是二次抛物线线，在垂直于拱轴线的均布荷载作用下的合理拱轴线是圆弧线。

【例 3-2-2】下列结构弯矩图中正确的是：

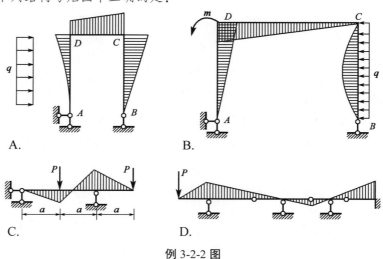

例 3-2-2 图

解 此题考查的是利用内力图基本规律快速判断弯矩图的形状。A 图错误的原因为：B 端支座反力方向与杆件 BC 平行，BC 杆不会产生弯矩；B 图错误的原因为：刚结点 D 处有集中力偶作用，弯矩应该有变化，且 B 端支座反力对 BC 杆件弯矩图无影响，BC 杆弯矩图与悬臂式情况下相同；D 图错误的原因为：在各个铰处，弯矩应该为零，弯矩图在支座处有折点。选 C。

【**例 3-2-3**】 如图所示结构弯矩，B 点弯矩值正确的是：

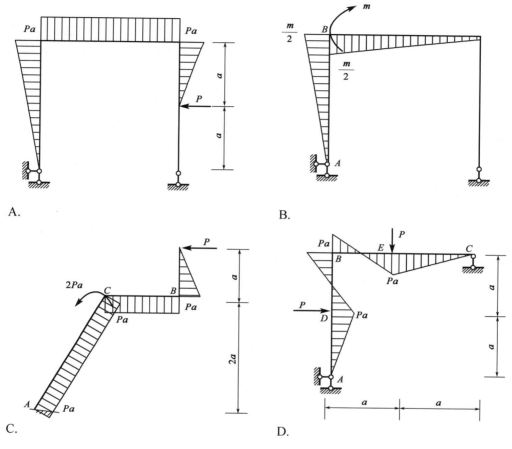

例 3-2-3 图

解 此题考查的是利用要点快速绘制弯矩图。A 图中，先快速求出 $R_{Ax} = P$，直接可得 $M_B = 2Pa$，且外侧受拉。B 图中，A 处水平支座反力为零，AB 杆无弯矩，由集中力偶作用规律得，B 处弯矩值为 m，且下侧受拉。C 图中，由悬臂段得 B 端弯矩为 Pa，刚结点 C 处有集中力偶，可得 $M_{CA} = 3Pa$，右侧受拉，再可得 $M_{AC} = 5Pa$，右侧受拉。D 图中，先快速求出水平反力，再可判断出杆 BD 段剪力为零，弯矩为常数，得 B 点弯矩仍为 Pa，且内侧受拉，BC 杆可同理进行分析。选 C。

【**例 3-2-4**】 图示梁在力偶作用下，其正确的弯矩图形状应为：

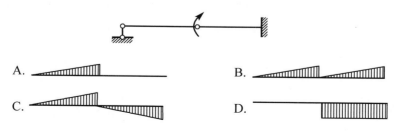

例 3-2-4 图

解 由于两横梁的剪力相等，所以弯矩图应该平行，只有选项 A 与 B 满足。由于弯矩作用在铰的左侧，即作用在附属部分上，附属部分应当有弯矩，因此应选 B。如果弯矩作用于铰的右侧，则选 D。本题需要熟练运用基本与附属关系，以及内力图形状特征等知识。

【例 3-2-5】 图示刚架中，截面 K 的弯矩为：

A. $ql^2/2$，内侧受拉   B. $ql^2/4$，内侧受拉

C. $ql^2/8$，内侧受拉   D. $3ql^2/8$，内侧受拉

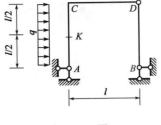

例 3-2-5 图

解 BD 杆上无荷载，弯矩为零，可得 $R_{Bx} = 0$，由水平向平衡得 $R_{Ax} = ql$，可知支座反力 R_{By} 对 M_K 不影响，再由 AK 隔离体可得 $M_K = 3ql^2/8$，且内侧受拉，选 D。本题也可从 B 端算起，先求出 $M_C = ql^2/2$，内侧受拉后，再对杆 AC 利用弯矩叠加法，求得 $M_K = 3ql^2/8$，内侧受拉。

【例 3-2-6】 图示结构中：

A. $M_{CD} = 0$（CD 杆只受轴力）

B. $M_{CD} \neq 0$，外侧受拉

C. $M_{CD} \neq 0$，内侧受拉

D. $M_{CD} = 0$，$N_{CD} = 0$

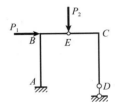

例 3-2-6 图

解 本题是由基本部分和附属部分组成的静定结构，中间铰左面 ABE 为基本部分，右面 ECD 为附属部分。荷载都作用在基本部分上，附属部分没有荷载，故只有基本部分受力而附属部分不受力，这是静定结构的特征。选 D。

注意：荷载 P_2 作用在铰上，实际上是由基本部分承受。

【例 3-2-7】 图示梁在已知荷载作用下，弯矩 M_B 和剪力 $Q_B^{右}$ 分别为：

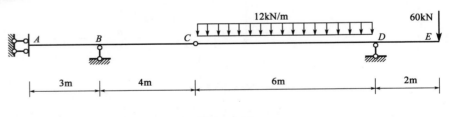

例 3-2-7 图

A. 32kN·m（下侧受拉）和 16kN

B. 64kN·m（上侧受拉）和 -16kN

C. 32kN·m（上侧受拉）和 -16kN

D. 64kN·m（上侧受拉）和 16kN

解 先计算附属部分 CDE，得 $R_D = 116$kN（向上），$R_C = 16$kN（向上）；再反作用于基本部分 ABC，可得 $M_A = 64$kN·m（逆时针），$R_B = 16$kN（向上），即可得到正确答案为 D。计算中注意 A 处是滑动支座，可承受弯矩，但不承受剪力，AB 段剪力为零。

【例 3-2-8】 如图 a）所示梁截面 F 的弯矩 M_F 为：

A. $\dfrac{Pa}{2}$（上侧受拉）   B. $\dfrac{Pa}{4}$（上侧受拉）

C. $\dfrac{Pa}{4}$（下侧受拉）   D. $\dfrac{Pa}{2}$（下侧受拉）

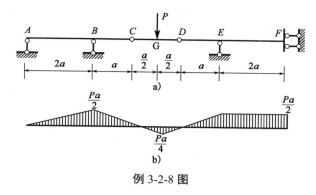

例 3-2-8 图

解 由几何组成分析可知，简支梁 CD 为附属部分，而 ABC 和 DEF 为独立的两个基本部分；由 CD 的受力分析知，作用在 AC 梁上 C 截面和作用在 DF 梁上 D 截面处的竖向力均为 $P/2$，方向竖直向下，再由 DEF 梁隔离体平衡分析可得 $M_F = -Pa/2$，选 A。

【**例 3-2-9**】 如图 a）所示，结构截面弯矩 M_{DA} 值为：

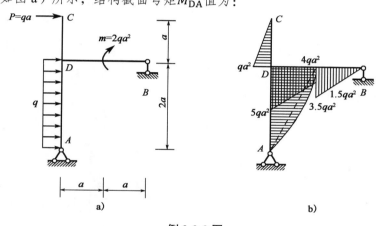

例 3-2-9 图

A. $4qa^2$，右侧受拉   B. $6qa^2$，右侧受拉

C. $4qa^2$，左侧受拉   D. $6qa^2$，左侧受拉

解 先由悬臂段 CD 直接计算得 $M_{DC} = qa^2$；由结构整体平衡求得支座反力 $R_{By} = 3.5qa$，由杆件 DB 段求得 $M_{DB} = 5qa^2$；再由刚结点 D 平衡得 $M_{BA} = 4qa^2$，且右侧受拉，选 A。最终弯矩图如图 b）所示。

【**例 3-2-10**】 如图 a）所示，结构截面弯矩 M_{CA} 值为：

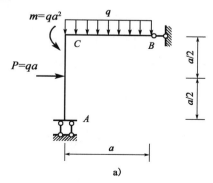 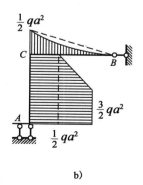

例 3-2-10 图

A. $qa^2/2$，左侧受拉   B. qa^2，右侧受拉

C. $3qa^2/2$，右侧受拉   D. $qa^2/2$，右侧受拉

解 由于B端支座反力与杆件BC平行,其大小不影响C点弯矩,可直接得$M_{CB} = qa^2/2$,上侧受拉;再由刚结点C平衡直接得$M_{CA} = qa^2/2$,选 D。结构最终弯矩图如图 b)所示。

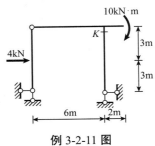

【例 3-2-11】 图示结构K截面的弯矩值为:

    A. 10kN·m(右侧受拉)

    B. 10kN·m(左侧受拉)

    C. 12kN·m(左侧受拉)

    D. 12kN·m(右侧受拉)

例 3-2-11 图

解 如解图所示,先用截面取左竖杆为隔离体对顶铰力矩平衡,可得左铰支座水平反力,为 2kN(方向向左)。再由结构整体隔离体水平力平衡,得右铰支座水平反力,等于 2kN(方向向左)。最后用截面取右竖杆为隔离体对K取矩,可得$M_K = 2kN \times 6m = 12kN \cdot m$(右侧受拉)。选 D。

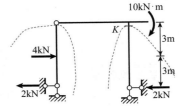

例 3-2-11 解图

【例 3-2-12】 图示结构所示荷载作用下,正确的弯矩图形状是:

解 根据结构和荷载的正对称特性知,选项 D 不正确;再根据上部两根杆件为附属部分,存在弯矩,因此选项 A 不正确;再根据对基本部分的作用力方向知,选项 B 为正确图形,故选 B。

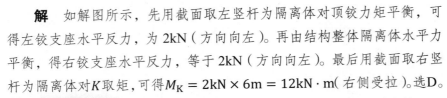

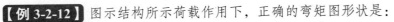

例 3-2-12 图

【例 3-2-13】 图示等截面梁正确的M图是:

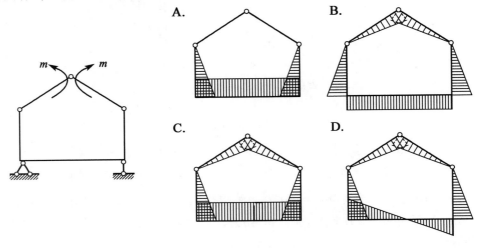

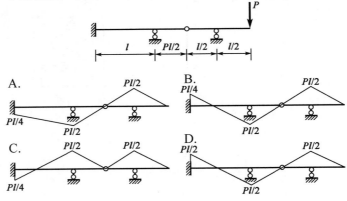

例 3-2-13 图

解 此题左边第一跨为超静定梁，右边为静定梁。先求得右链杆支座处截面弯矩 $Pl/2$（上部受拉）及铰结点弯矩 0，连直线，即可得到静定部分的弯矩图，并求得中间链杆处截面弯矩 $Pl/2$（下部受拉），再按力矩分配法向远端（固定端）传递 $1/2$，得全梁弯矩图，固定端截面弯矩为 $Pl/4$（上部受拉）。选 B。

【例 3-2-14】 图示梁的抗弯刚度为 EI，长度为 l，$k = 6EI/l^3$，跨中 C 截面的弯矩为（以下侧受拉为正）：

A. 0

B. $\dfrac{1}{32}ql^2$

C. $\dfrac{1}{48}ql^2$

D. $\dfrac{1}{64}ql^2$

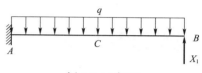

例 3-2-14 图

解 由解图建立力法方程：$\delta_{11}X_1 + \Delta_{1p} = -X_1/k$

已知 $k = 6\dfrac{EI}{l^3}$

求得 $\delta_{11} = \dfrac{l^3}{3EI}$，$\Delta_{1p} = \dfrac{ql^4}{8EI}$

解得 $X_1 = \dfrac{ql}{4}$

再由 CB 段隔离体平衡，可得 $M_C = 0$

例 3-2-14 解图

【例 3-2-15】 如图 a）所示，结构截面弯矩 M_{EF} 值为：

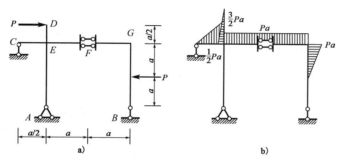

例 3-2-15 图

A. $Pa/2$，下侧受拉

B. $Pa/2$，上侧受拉

C. $3Pa/2$，上侧受拉

D. Pa，上侧受拉

解 先分析几何组成知，BGF 为附属部分，B 端支座与杆件 BG 平行，其反力值对 BG 段弯矩无影响，可直接求得 $M_{GB} = Pa$，且外侧受拉；再由 EFG 段弯矩为水平直线的特点，得 $M_{EF} = Pa$，且外侧受拉，选 D。结构最终弯矩图如图 b）所示，并注意容易得到 $R_{Ax} = 0$，因此 EA 段无弯矩存在。

【例 3-2-16】 如图所示，结构截面弯矩 M_{EA} 和剪力 Q_{EA} 为：

A. $20\text{kN} \cdot \text{m}$（下侧受拉）和 40kN

B. $40\text{kN} \cdot \text{m}$（下侧受拉）和 0kN

C. $20\text{kN} \cdot \text{m}$（上侧受拉）和 40kN

D. $40\text{kN} \cdot \text{m}$（上侧受拉）和 0kN

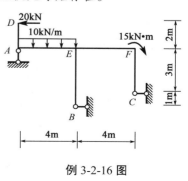

例 3-2-16 图

解 本题为简支式刚架，先求出支座反力，再取杆件 EAD 为隔离体，即可求得弯矩 M_{EA} 和剪力 Q_{EA}，最终的结构内力图如解图所示。故选 B。

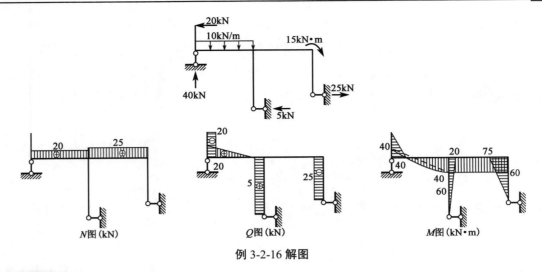

例 3-2-16 解图

【例 3-2-17】如图所示，结构K截面弯矩值为：

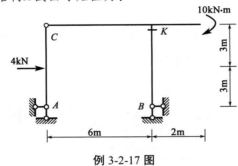

例 3-2-17 图

A. 10kN·m（左侧受拉）　　　　　　B. 10kN·m（右侧受拉）

C. 12kN·m（左侧受拉）　　　　　　D. 12kN·m（右侧受拉）

解　本题为三铰式刚架，先由 AC 杆件平衡得：作用在杆件 BKC 上的水平荷载为 2kN（→）；再由杆件 BKC 平衡得：支座水平反力为 $R_{Bx}=2$kN（←）；再由杆件 BK 平衡得：$M_K=6R_{Bx}=12$kN·m（右侧受拉）。选 D。

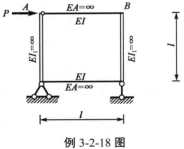

【例 3-2-18】图示结构 M_{BA} 值的大小为：

A. $Pl/2$

B. $Pl/3$

C. $Pl/4$

D. $Pl/5$

例 3-2-18 图

解　用静力平衡条件求得反力后，利用对称性可作解图所示转化，从而求得 $M_{BA}=\dfrac{Pl}{2}$，选 A。

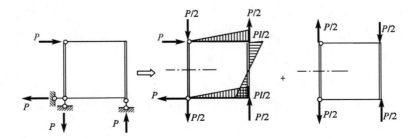

例 3-2-18 解图

【例 3-2-19】 图示刚架在已知荷载作用下，弯矩M_{DB}为：

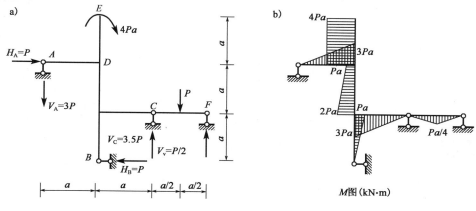

例 3-2-19 图

A. Pa，左侧受拉

B. $2Pa$，左侧受拉

C. $2Pa$，右侧受拉

D. Pa，右侧受拉

解 先由刚架几何组成知 ABCDE 为基本部分，且为简支式刚架，简支梁CF为附属部分。按先附属部分再基本部分的顺序，可算得支座反力$V_A = 3P$，然后再从AD段和ED段取隔离体计算，最后由刚结点D处的平衡条件可得，$M_{DB} = Pa$，且左侧受拉，选 A。最终弯矩图如图 b）所示。

【例 3-2-20】 图示刚架M_{DC}为（下侧受拉为正）：

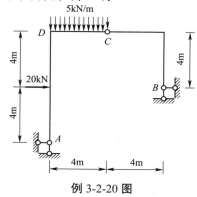

例 3-2-20 图

A. $20kN \cdot m$　　　　B. $40kN \cdot m$　　　　C. $60kN \cdot m$　　　　D. $0kN \cdot m$

解 本题为三铰式刚架，求支座反力时需要补充中间铰的力矩平衡条件。

先取BC为脱离体，对C点取矩，可知B支座水平反力与竖向反力相等；

再由整体平衡条件，对A点取矩，可得B点支座反力为10kN，并可得A点水平反力为10kN（向左）；再取DA杆脱离体，可得$M_{DC} = M_{DA} = 0$。

或者，由整体平衡条件，以BC杆与AD杆延长线的交点为矩心力矩平衡，可得支座A的水平反力为10kN（向左），再取AD杆为隔离体，可得$M_{DC} = 0$。选 D。

【例 3-2-21】 图示刚架M_{DC}的大小为：

A. $20kN \cdot m$　　　　B. $40kN \cdot m$

C. $60kN \cdot m$　　　　D. $80kN \cdot m$

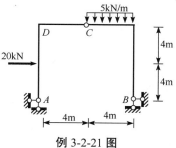

解 由整体平衡，可得支座A的竖向反力$Y_A = 5kN$（向下），取C左隔离体（见解图），平衡可得铰C截面的剪力值$Q_C = 5kN$，所求弯矩$M_{DC} = 5kN \times 4m = 20kN \cdot m$（内侧受拉），选 A。

例 3-2-21 图

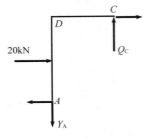

例 3-2-21 解图

【**例 3-2-22**】如图所示结构，弯矩 M_{EF} 的绝对值等于：

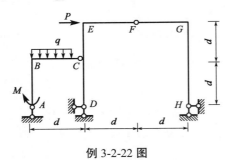

例 3-2-22 图

A. $\frac{1}{2}qd^2 - Pd$ B. $M + Pd$

C. $\frac{1}{2}Pd$ D. Pd

解 由几何组成分析知，附属部分 ABC 为简支式刚架，基本部分 DFH 为三铰式刚架；由附属部分 ABC 的平衡可知，铰 C 处的水平约束力为零。由基本部分 DFH 平衡得，竖向反力 $R_{Hy} = P$（向上）。再由 FGH 平衡得，水平反力 $R_{Hx} = \frac{P}{2}$（向右）。再得水平反力 $R_{Dx} = \frac{P}{2}$（向左）。最后由 DCE 平衡可得，$M_{EF} = Pd$，且内侧受拉，选 D。

【**例 3-2-23**】如图 a）所示，各桁架结构（包括支座）中零杆个数分别为：

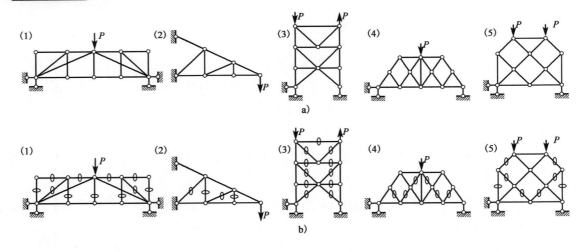

例 3-2-23 图

A.（1）12 个，（2）4 个，（3）12 个，（4）7 个，（5）9 个

B.（1）11 个，（2）4 个，（3）11 个，（4）6 个，（5）9 个

C.（1）12 个，（2）4 个，（3）5 个，（4）7 个，（5）9 个

D.（1）12 个，（2）4 个，（3）5 个，（4）7 个，（5）1 个

解 由特殊结点的基本规律进行判断，选 A，其中第（5）小题要利用对称性来判断，另外要注意有些支座链杆也是零杆件，所有零杆的具体位置如图 b）所示。

【**例 3-2-24**】 关于图示桁架指定杆的内力，计算正确的是：

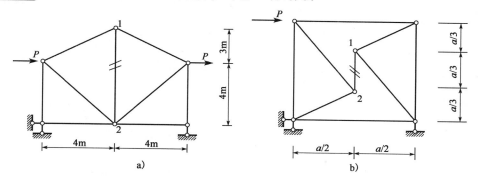

例 3-2-24 图

A. a）$N_{12} = 0$；b）$N_{12} = P$（拉）

B. a）$N_{12} = 0$；b）$N_{12} = -P$（压）

C. a）$N_{12} = P$（拉）；b）$N_{12} = 0$

D. a）$N_{12} = -P$（压）；b）$N_{12} = 0$

解 图 a）由对称结构在反对称荷载下的受力可得 $N_{12} = 0$；图 b）先运用平衡方程求出右边的支座反力，然后用切开 1-2 杆的截面法，由竖向平衡即得 $N_{12} = P$（拉），选 A。

【**例 3-2-25**】 如图所示，桁架结构中 GH 杆的轴力为：

A. $-P$（压）　　　B. $-2P$（压）　　　C. P（拉）　　　D. 2P（拉）

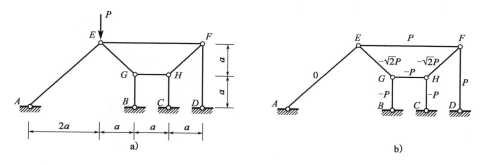

例 3-2-25 图

解 本题利用截面单杆方法分析。分别切断杆 EA、GB、HC、FD，判断 EA 杆为零杆，然后利用结点法即可求解，选 A。最终各杆轴力如图 b）所示。

【**例 3-2-26**】 图示桁架 a 杆的轴力为：

A. -15kN

B. -20kN

C. -25kN

D. -30kN

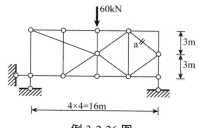

例 3-2-26 图

解 先求出右端支座竖向反力为 30kN（见解图 1），注意右上端两杆件为零杆，再取 A 点为脱离体，由水平向平衡知，a 杆和 b 杆轴力水平分量大小相等、方向相反（见解图 2），即 $N_{ax} = -N_{bx}$，再由竖向平衡知，$N_{ay} = N_{by} = -15$kN，即可得 $N_a = -\frac{5}{3} \times 15 = -25$kN（压），选 C。

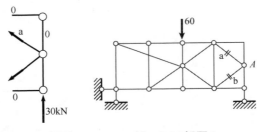

例 3-2-26 解图 1　　　　　例 3-2-26 解图 2

【**例 3-2-27**】图示桁架 c 杆的内力为：

　　A. P　　　　　　B. $-P/2$　　　　　　C. $P/2$　　　　　　D. 0

解　截取荷载作用的结点为隔离体，并作垂直于斜杆的投影轴线 1-1，如解图所示。建立 1-1 轴的投影平衡方程，可得 $N_C = P$，选 A。

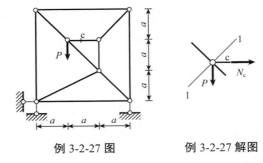

例 3-2-27 图　　　　　　例 3-2-27 解图

【**例 3-2-28**】如图所示桁架结构中 a、b 杆的轴力（受拉为正）为：

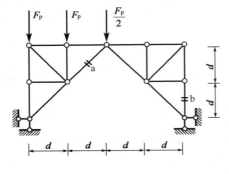

例 3-2-28 图

　　A. $F_{Na} > 0$，$F_{Nb} > 0$　　　　　　　　B. $F_{Na} = 0$，$F_{Nb} = 0$

　　C. $F_{Na} > 0$，$F_{Nb} = 0$　　　　　　　　D. $F_{Na} < 0$，$F_{Nb} = 0$

解　先判断零杆，可知右端部分有很多零杆；再计算右端支座反力得：$R_y = F_p/2$，$R_x = F_p/2$，由右端支座点平衡可判断出 b 杆为零杆，再判断出右端部分其他零杆；最后由中间 $F_p/2$ 作用点处的结点平衡可得 a 杆内力为零。选 B。

【**例 3-2-29**】如图所示结构，当高度 h 增加时，杆件 1 的内力：

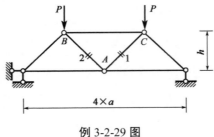

例 3-2-29 图

A. 增大   B. 减小   C. 不确定   D. 不变

解 利用对称性可知，$N_1 = N_2 = 0$，无论 h 怎么变化，杆件 1 内力均为 0，选 D。

【例 3-2-30】 如图所示组合结构中，杆件 DE 的轴力为：

A. $\frac{15ql}{32}$ B. $\frac{9ql}{16}$ C. $\frac{21ql}{32}$ D. $\frac{3ql}{4}$

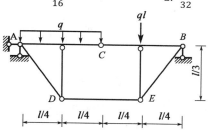

例 3-2-30 图

解 由整体平衡求得 B 支座反力为 $\frac{7ql}{8}$，然后切断 DE 杆和铰 C，以右侧隔离体，列平衡方程，即可得到 DE 杆轴力为 $\frac{21ql}{32}$，选 C。

【例 3-2-31】 图示结构 BC 杆的轴力为：

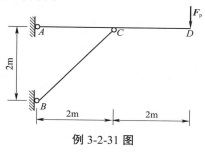

例 3-2-31 图

A. $-2F_p$ B. $-2\sqrt{2}F_p$ C. $-\sqrt{2}F_p$ D. $-4F_p$

解 本题为组合结构，ACD 为受弯杆，BC 为轴力杆，BC 杆内力采用分量形式求解较简单。由 A 点力矩平衡条件可得，BC 杆轴力的竖向分量为 $2F_p$，水平分量也为 $2F_p$，均为压力，见解图，因此 $N_{BC} = -2\sqrt{2}F_p$，选 B。

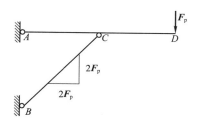

例 3-2-31 解图

或者，取杆 AD 为隔离体

$$\sum M_A = 0, \quad F_p \times 4\text{m} + N_{BC} \frac{1}{\sqrt{2}} \times 2\text{m} = 0$$

解得 $N_{BC} = -2\sqrt{2}F_p$

【例 3-2-32】 如图所示组合结构中，梁式杆上 A 点右截面的内力（绝对值）为：

A. $M = Pd$，$Q = P/2$，$N \neq 0$ B. $M = Pd/2$，$Q = P/2$，$N \neq 0$

C. $M = Pd/2$，$Q = P$，$N \neq 0$ D. $M = Pd/2$，$Q = P/2$，$N = 0$

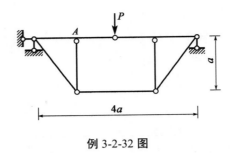

例 3-2-32 图

解 将荷载 P 分成两个 $P/2$，利用对称性可知中间铰处无剪力，也无弯矩，选 B。

【**例 3-2-33**】图为连续梁及其弯矩图，则剪力 Q_{BC} 等于：

A. -8kN B. -4kN C. 4kN D. 8kN

解 取 BC 杆为隔离体，由已给出的弯矩图和 $\sum M_B = 0$，可得 C 处支座反力：

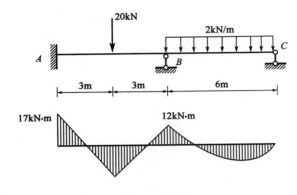

例 3-2-33 图

$$F_C = \frac{\frac{1}{2} \times 2 \times 6^2 - 12}{6} = 4\text{kN}(\uparrow)$$

再由截面法可得剪力 $Q_{BC} = 2 \times 6 - 4 = 8$kN，选 D。注意本例演示了如何由已知弯矩图求剪力的方法，即列单根杆件的隔离体平衡条件进行求解，此方法对静定结构和后续的超静定结构均适用。

【**例 3-2-34**】图示结构在所示荷载作用下，其 A 支座的竖向反力与 B 支座的竖向反力相比为：

A. 前者大于后者

B. 两者相等，方向相同

C. 前者小于后者

D. 两者相等，方向相反

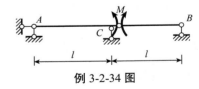

例 3-2-34 图

解 本题先分清多跨静定梁的基本部分和附属部分，然后再分析右端的单跨梁，之后再分析左端的外伸梁。为快速计算判断，设力矩 $M = 1$，跨度 $l = 1$，且假设铰在右跨中间部位，分析右端单跨梁，可得 B 支座反力为 2，方向向上；再分析左端外伸梁，可得 A 支座反力为 2，方向向上，如解图所示。故选 B。

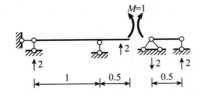

例 3-2-34 解图

【例 3-2-35】图示结构中反力 F_H 为:

A. $\dfrac{M}{L}$

B. $-\dfrac{M}{L}$

C. $\dfrac{M}{2L}$

D. $-\dfrac{M}{2L}$

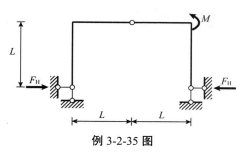

例 3-2-35 图

解 三铰式刚架,由整体平衡条件,得左支座竖向反力为 $\dfrac{M}{2l}$(方向向上),再由中间铰处力矩平衡条件,得左支座水平反力为 $\dfrac{M}{2l}$(方向向右),如解图所示,选 C。

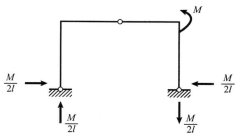

例 3-2-35 解图

【例 3-2-36】如图所示,三铰拱结构 K 截面的弯矩为:

A. $\dfrac{ql^2}{8}$

B. $\dfrac{3ql^2}{8}$

C. $\dfrac{ql^2}{2}$

D. $\dfrac{7ql^2}{8}$

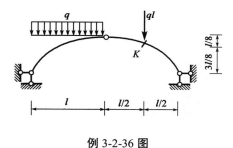

例 3-2-36 图

解 由三铰拱的受力平衡可得:右侧支座的支反力 $R_V = ql(\uparrow)$, $R_H = ql(\leftarrow)$。于是由截面法可得:

$$M_K = R_V \cdot \frac{l}{2} - R_H \cdot \frac{3l}{8} = \frac{ql^2}{8}$$

选 A。

【例 3-2-37】图示三铰拱,若高跨比 $f/L = 1/2$,则水平推力 F_H 为:

A. $\dfrac{1}{4}F_p$

B. $\dfrac{1}{2}F_p$

C. $\dfrac{3}{4}F_p$

D. $\dfrac{3}{8}F_p$

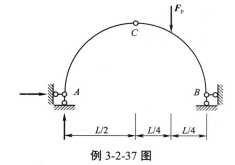

例 3-2-37 图

解 由整体平衡条件 $\sum M_B = 0$,得 $V_A = \dfrac{1}{4}F_p$

再取 CA 部分为隔离体,

由 $\sum M_C = 0$, $V_A \cdot \dfrac{L}{2} - H_A \cdot f = 0$

得 $H_A = \dfrac{1}{4}F_p$

选 A。

【例 3-2-38】图示三铰拱支座B的水平反力（以向右为正）等于：

A. 0

B. $\frac{1}{2}P$

C. $\frac{\sqrt{2}}{2}P$

D. P

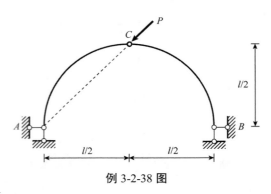

例 3-2-38 图

解 对A点取矩，外荷载作用线过A点，可知B支座的反力为零。选 A。

【例 3-2-39】图示三铰拱支座A的竖向反力（以向上为正）等于：

A. P

B. $\frac{1}{2}P$

C. $\frac{\sqrt{3}}{2}P$

D. $\frac{\sqrt{3}-1}{2}P$

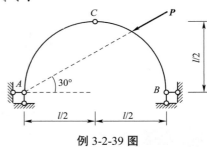

例 3-2-39 图

解 本题考点为三铰拱支座反力计算。

可以整体为研究对象，对B点取矩，可得支座A的竖向反力为$\frac{P}{2}$（向上）。

也可以整体为研究对象，对A点取矩，注意外荷载P作用线过A点，可得$R_{By} = 0$，再由竖向平衡得：$R_{Ay} = \frac{P}{2}$，选 B。

【例 3-2-40】静定结构内力大小仅与下列哪些有关？

A. 材料性质、荷载

B. 荷载、结构几何形状与尺寸

C. 杆件截面形状和尺寸

D. 支座位移、温度变化、制造误差

解 根据静定结构基本特性可知正确答案为 B。

【例 3-2-41】静定结构有温度变化时：

A. 无变形，无位移，无内力

B. 有变形，有位移，有内力

C. 有变形，有位移，无内力

D. 无变形，有位移，无内力

解 根据静定结构基本特性可知正确答案为 C。

【例 3-2-42】已知梁的M图如图所示，当该梁的抗弯刚度改为$2EI$，而荷载不变时，则M_C为：

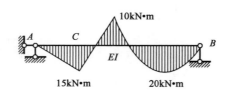

例 3-2-42 图

A. 30kN·m   B. 15kN·m   C. 7.5kN·m   D. 10kN·m

解 静定结构的内力与杆件的刚度无关，因此选 B。

3.3 静定结构位移

考试大纲☞：广义力与广义位移　虚功原理　单位荷载法　荷载下静定结构的位移计算　图乘法　支座位移和温度变化引起的位移　互等定理及其应用

3.3.1 基本概念及定理

1）广义力、广义位移与功

要理解广义力和广义位移，可从功的概念入手：功=广义力×广义位移，这里的力可以是集中力、力偶、一对等值反向的共线集中力、一对等值反向的集中力偶等"广义力"，与之相应的广义位移是线位移、角位移、相对线位移和相对角位移。

虚功是指外力在其他原因（其他荷载、支座移动等）引起的位移上所做的功。其中的"虚"是强调做功的力与位移无因果关系。虚功实际上就是数学运算意义上的做功。

2）虚功原理

刚体系虚功原理：刚体系处于平衡的条件下，对于符合刚体系约束情况的任意微小虚位移，刚体系上所有外力做的虚功总和等于零。

变形体系虚功原理：静力可能状态上的外力在几何可能状态相应位移上所做的虚功（又称外力虚功），等于静力可能状态上内力在几何可能状态相应变形上所做的虚功（又称内力虚功或虚变形能）。简单地说，就是外力虚功等于内力虚功。

虚功原理适用于静定结构，也适用于超静定结构；既适用于线性材料结构，也适用于非线性弹性材料结构与弹塑性材料结构。虚功原理在实际应用中常采用两种方式：一种是对于给定的力状态（实际状态），另虚设一个位移状态（虚设状态），利用虚功方程求力状态中的力，此时即称为虚位移原理，它等价于力状态中的平衡条件；另一种应用方式是，对于给定的位移状态（实际状态），另虚设一个力状态（虚设状态），利用虚功方程求位移状态中的位移，此时即称为虚力原理，它等价于位移状态中的协调条件（或称变形条件、位移条件、几何条件）。

在理论力学中，利用虚位移原理求未知力，绘制影响线的机动法也是虚位移原理的应用。本节的虚单位荷载法求结构指定位移的计算就是虚力原理的具体应用。

3）互等定理

结构力学中有四个互等定理：功的互等定理、位移互等定理、反力互等定理、位移反力互等定理。其中功的互等定理是最基本的互等定理，其他互等定理都是由功的互等定理导出。

（1）功的互等定理：$\sum P_1 \Delta_{12} = \sum P_2 \Delta_{21}$。第一状态的外力在第二状态的位移上做的功，等于第二状态的外力在第一状态的位移上做的功。

（2）位移互等定理：$\delta_{12} = \delta_{21}$。第一单位力在第二单位力方向引起的位移，等于第二单位力在第一单位力方向引起的位移。

（3）反力互等定理：$r_{12} = r_{21}$。第一单位支座位移在第二单位支座位移方向引起的反力，等于第二单位支座位移在第一单位支座位移方向引起的反力。

（4）位移反力互等定理：$r_{12} = -\delta_{21}$。单位力作用下结构某一约束的反力，在数值上等于该约束发生单位位移时，结构在单位力方向的位移，但二者符号相反。

3.3.2 位移计算公式

1）位移计算的一般公式（虚单位荷载法）

位移计算的虚单位荷载法理论基础是虚功原理。对杆结构，其数学表达式为：

$$\Delta_{ik} = \sum \int \overline{M} \cdot \kappa \, \mathrm{d}s + \sum \int \overline{Q} \cdot \gamma \, \mathrm{d}s + \sum \int \overline{N} \cdot \varepsilon \, \mathrm{d}s - \sum \overline{R}_i \cdot C$$

上式中，$\overline{N}_i$、$\overline{M}_i$、$\overline{V}_i$ 表示虚拟状态中由虚设单位力 $P_i = 1$ 所产生的内力，$\varepsilon \mathrm{d}s$，$\kappa \mathrm{d}s$，$\gamma \mathrm{d}s$ 表示实际状态中结构杆件微段的轴向、弯曲和剪切变形，Δ_{ik} 则表示实际状态中由于杆件变形引起的结构位移。它不但适用于由荷载作用引起的杆件变形，而且也适用于由温度变化或其他原因引起的杆件变形。

2）位移计算一般公式的简化

（1）荷载作用引起的位移

对于结构在荷载作用下的位移计算，设 k 为考虑截面剪应变不均匀分布的系数（矩形截面 $k = 1.2$），将 $\kappa = \frac{M_P}{EI}$，$\varepsilon = \frac{N_P}{EA}$，$\gamma_0 = k\frac{Q_P}{GA}$ 代入一般公式，可得位移计算公式为：

$$\Delta = \sum \int \frac{\overline{M} M_P}{EI} \mathrm{d}s + \sum \int \frac{\overline{N} N_P}{EA} \mathrm{d}s + \sum \int \frac{k\overline{Q} Q_P}{GA} \mathrm{d}s$$

式中 $\overline{M}$ 与 M_P、$\overline{Q}$ 与 Q_P、$\overline{N}$ 与 N_P 同方向为正，反之为负。

根据不同的结构形式，上式可以简化。

对于梁和刚架，只考虑弯曲部分的影响，有 $\Delta = \sum \int \frac{\overline{M} M_P}{EI} \mathrm{d}s$。

对于桁架，只有轴力，有 $\Delta = \sum \int \frac{\overline{N} N_P}{EA} \mathrm{d}s = \sum \frac{\overline{N} N_P}{EA} \int \mathrm{d}s = \sum \frac{\overline{N} N_P l}{EA}$。

对于组合结构与拱，有 $\Delta = \sum \int \frac{\overline{M} M_P}{EI} \mathrm{d}s + \sum \int \frac{\overline{N} N_P}{EA} \mathrm{d}s$。

（2）支座移动引起的位移

$$\Delta_{ic} = -\sum \overline{R}_k c_k$$

由支座位移引起的结构位移计算最为简单，只要求出广义力作用下位移支座的反力或反力矩，代入公式即可，但要注意公式前有负号，另注意做虚功时也可能有负号，$\overline{R}_k$ 与 c_k 方向一致时，乘积 $\overline{R}_k c_k$ 取正，相反时取负。

（3）温度变化时引起的结构位移

设 t_0 为杆件轴线温度变化值（升高为正），Δt 为杆件上下两侧温度变化值的差值，α 为杆件线膨胀系数，h 为杆件截面高度，静定结构在温度变化作用下的位移计算公式为：

$$\Delta = \sum \frac{\alpha \Delta t}{h} \int \overline{M} \, \mathrm{d}s + \sum \alpha t_0 \int \overline{N} \, \mathrm{d}s = \sum \frac{\alpha \Delta t}{h} \omega_{\overline{M}_1} + \sum \alpha t_0 \omega_{\overline{N}_1}$$

其中，t_0 和 Δt 分别为杆轴温度以及上、下边缘的温差，$\int \overline{N} \mathrm{d}s$（或 $w_{\overline{N}_1}$）和 $\int \overline{M} \mathrm{d}s$（或 $w_{\overline{M}_1}$）分别为单位荷载下轴力图和弯矩图的面积。若温度以升高为正，则轴力以拉为正；若 M 和 Δt 是杆件的同一侧产生拉伸变形，其乘积为正，反之为负。对桁架结构，位移计算公式简化为：$\Delta = \sum \alpha t_0 \overline{N} l$。

3.3.3 图乘法及应用要点

在荷载作用下的梁和刚架，通常采用图乘法进行位移计算，公式为：

$$\Delta = \sum \int \frac{\overline{M}_1 M_P}{EI} ds = \sum \frac{A_P y_0}{EI}$$

应用图乘法时，需要注意以下几点：

（1）杆段必须是截面直杆，EI 为常数；

（2）两个弯矩图中至少有一个是直线，且 y_0 取自该直线图形；

（3）对折线图形需要考虑分段；

（4）复杂图形可分解为简单图形后，分块图乘后再叠加。

（5）正负号规则：两个弯矩图在杆件同侧时乘积 Ay_0 取正值。

另外要注意，几种常用的简单图形的面积公式和形心位置必须要牢记，如图 3-3-1 所示；同时在求二次抛物线面积和形心位置时，只有曲线在顶点处的切线与基线平行时，才是标准图形，否则要对图形进行分解。

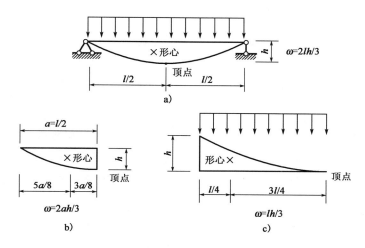

图 3-3-1　标准图形面积和形心位置

【例 3-3-1】 图示结构，求 A、B 两点相对线位移时，虚力状态应在两点分别施加的单位力为：

A. 竖向反向力

B. 水平反向力

C. 连线方向反向力

D. 反向力偶

例 3-3-1 图

解　求位移时施加的单位力应与所求位移匹配，乘积为功。求 A、B 两点连线方向的相对线位移需沿连线方向施加一对反向集中力。选 C。

【例 3-3-2】 图示结构求 A、B 两点相对线位移时，应在两点分别施加的虚单位力为：

A. 一对竖向的反向力

B. 一对水平的反向力

C. 一对连线方向的反向力

D. 一对连线方向的反向力偶

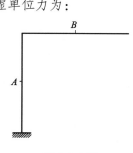

例 3-3-2 图

解　欲求结构的相对位移，应在结构上施加与该位移相对应的单位广义力，选 C。

【例 3-3-3】 图示梁中点 C 的挠度等于：

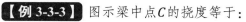

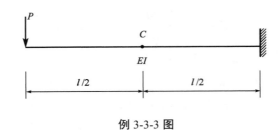

例 3-3-3 图

A. $\dfrac{1}{12}\dfrac{Pl^3}{EI}$

B. $\dfrac{1}{6}\dfrac{Pl^3}{EI}$

C. $\dfrac{5}{24}\dfrac{Pl^3}{EI}$

D. $\dfrac{5}{48}\dfrac{Pl^3}{EI}$

解 本题可直接利用图乘法计算，但要注意相乘时有一个弯矩图折线的问题，此时需要进行分段后再相乘。另外也可采用如下方法：先将力 P 简化到 C 处，可得大小为 P 的向下集中力和大小为 $\frac{1}{2}Pl$ 的逆时针力偶矩，由叠加法即可得到 C 点的挠度为：

$$\Delta_C = \frac{P\cdot\left(\frac{l}{2}\right)^3}{3EI} + \frac{\frac{1}{2}Pl\cdot\left(\frac{l}{2}\right)^2}{2EI} = \frac{5Pl^3}{48EI}$$

选 D。

【例 3-3-4】 静定结构的位移与 EA、EI 的关系是：

A. 无关

B. 与其相对值有关

C. 与其绝对值有关

D. 与 E 无关，与 A、I 有关

解 静定结构的内力与材料的性质、截面尺寸无关，但静定结构的位移与材料的性质、截面尺寸均有关。选 C。

【例 3-3-5】 图示梁中点 A 的水平位移为：

A. $\dfrac{7}{48}\dfrac{qa^4}{EI}\ (\leftarrow)$

B. $\dfrac{7}{24}\dfrac{qa^4}{EI}\ (\leftarrow)$

C. $\dfrac{7}{24}\dfrac{qa^4}{EI}\ (\rightarrow)$

D. $\dfrac{7}{48}\dfrac{qa^4}{EI}\ (\rightarrow)$

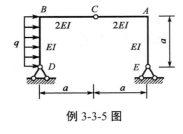

例 3-3-5 图

解 本题直接利用图乘法计算，选 D。但要注意：BD 段的抛物线弯矩图（见解图的 M 图）需要分解为标准图形后再进行相乘，具体计算时还需注意横杆件常数为 $2EI$，不要搞错。

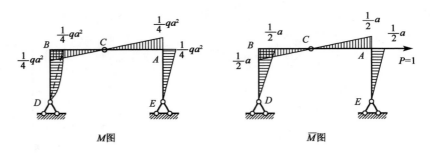

例 3-3-5 解图

【例 3-3-6】 图示结构，截面 A、B 间的相对转角为：

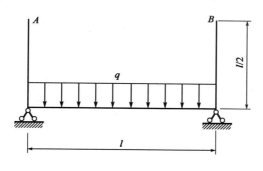

例 3-3-6 图

A. $\dfrac{1}{24}\dfrac{ql^3}{EI}$ 　　　　　　　　　　　B. $\dfrac{1}{18}\dfrac{ql^3}{EI}$

C. $\dfrac{1}{12}\dfrac{ql^3}{EI}$ 　　　　　　　　　　　D. $\dfrac{1}{8}\dfrac{ql^3}{EI}$

解　本题可直接利用图乘法计算，在端和B端虚加一对力偶，做出两个弯矩图后进行相乘即可。另外也可采用如下方法：简支梁两端的竖向悬臂段上无荷载，因此截面A、B的转角等于简支梁梁端截面的转角；在均布荷载作用下，简支梁梁端截面转角即截面A、B的转角为$\theta=\dfrac{ql^3}{24EI}$，故由叠加法可知，截面$A$、$B$间的相对转角为$\theta_{\mathrm{AB}}=2\theta=\dfrac{ql^3}{12EI}$，选 C。

【例 3-3-7】 已知图中简支梁结构$EI=$ 常数，则A、B两点的相对水平线位移为：

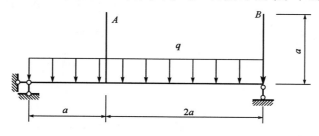

例 3-3-7 图

A. $\dfrac{4qa^4}{3EI}$ 　　　　　　　　　　　B. $\dfrac{5qa^4}{3EI}$

C. $\dfrac{2qa^4}{EI}$ 　　　　　　　　　　　D. $\dfrac{9qa^4}{4EI}$

解　在A、B点加一对单位力，作M_P图和$\overline{M}$图，如解图所示。

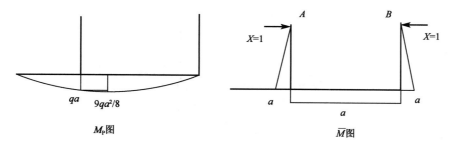

例 3-3-7 解图

用图乘法可得：

$$\Delta_{\mathrm{AB}}=\frac{1}{EI}\left[\left(qa^2\cdot\frac{a}{2}\right)\cdot a+\left(\frac{2}{3}\cdot\frac{1}{8}qa^2\cdot\frac{1}{2}a\right)\cdot a+\left(\frac{2}{3}\cdot\frac{9}{8}qa^2\cdot\frac{3}{2}a\right)\cdot a\right]=\frac{5qa^4}{3EI}$$

选 B。

【例 3-3-8】 图示结构忽略轴向变形和剪切变形。若增大弹簧刚度k，则A点水平位移Δ_{AH}：

A. 增大

B. 减小

C. 不变

D. 可能增大，亦可能减小

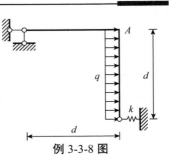

例 3-3-8 图

解 既然忽略轴向变形，杆件长度不变，则 A 点水平位移为零，保持不变。选 C。

【**例 3-3-9**】 图示桁架 A 点的竖向位移为：

A. $1.75\dfrac{Pa}{EA}$

B. $2.1\dfrac{Pa}{EA}$

C. $0.75\dfrac{Pa}{EA}$

D. $2.85\dfrac{Pa}{EA}$

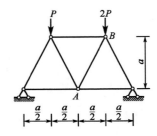

例 3-3-9 图

解 本题的关键是 N_P 图和 $\overline{N}$ 图要正确（见解图），然后代入公式仔细计算即可。选 D。

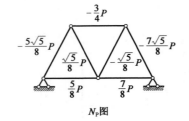

例 3-3-9 解图

【**例 3-3-10**】 已知图中结构 $EI =$ 常数，当 B 点水平位移为零时，P_1/P_2 应为：

A. 10/3   B. 9/2   C. 20/3   D. 17/2

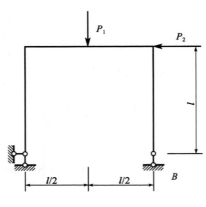

例 3-3-10 图

解 在 B 点加一单位水平力，作 M_P 图和 $\overline{M}$ 图（见解图）。

图乘可得 B 点水平位移为：

$$\Delta_B = \frac{1}{EI} \cdot \left[\left(\frac{1}{2} \cdot P_2 l \cdot l \right) \cdot \frac{2}{3} l + \left(\frac{1}{2} \cdot P_2 l \cdot l \right) \cdot l - \left(\frac{1}{2} \cdot \frac{P_1 l}{4} \cdot l \right) \cdot l \right]$$

$$= \frac{1}{EI} \cdot \left(\frac{5}{6} P_2 l^3 - \frac{1}{8} P_1 l^3 \right)$$

令 $\Delta_B = 0$，即可得：$\dfrac{P_1}{P_2} = \dfrac{20}{3}$，选 C。

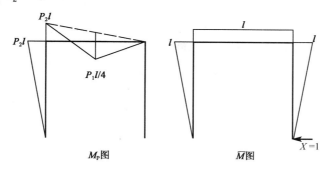

例 3-3-10 解图

【例 3-3-11】 设 a、b 和 φ 分别为图示结构 A 支座发生的移动及转动，由此引起的 B 点水平位移（向左为正）Δ_{BH} 为：

  A. $h\varphi - a$

  B. $h\varphi + a$

  C. $a - h\varphi$

  D. 0

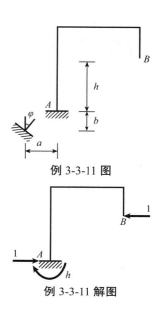

例 3-3-11 图

解 利用几何关系后叠加可得，水平支座位移 a 产生的 B 点水平位移为 a，方向向左；竖向支座位移 b 对 B 点不产生水平位移；顺时针转角 φ 产生的 B 点水平位移为 $h\varphi$，方向向右；可得 B 点的水平位移为 $a - h\varphi$。

或用支座移动作用下的位移公式计算，作 B 点在水平单位力作用下的弯矩图 $\overline{M}$（如解图所示），得：

$$\Delta_{\mathrm{BH}} = -\sum \overline{R}c = -(-1 \times a + h\varphi) = a - h\varphi$$

选 C。

例 3-3-11 解图

【例 3-3-12】 图示结构支座 B 发生了水平移动，如图所示。则点 C 的竖向位移为：

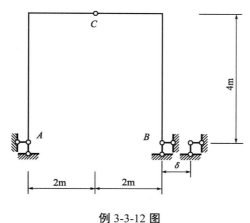

例 3-3-12 图

  A. $\Delta_{\mathrm{CV}} = \dfrac{1}{4}\delta$ B. $\Delta_{\mathrm{CV}} = \dfrac{1}{2}\delta$ C. $\Delta_{\mathrm{CV}} = \dfrac{3}{4}\delta$ D. $\Delta_{\mathrm{CV}} = \delta$

解 本题为静定结构，支座 B 发生移动时，结构内不产生附加内力，C 点发生刚体位移。在 C 点虚加竖向单位力，求得 B 支座水平反力 $R = \dfrac{1}{4}$，可得 $\Delta_{\mathrm{CV}} = -R_k c_k = -\left(-\dfrac{1}{4} \times \delta\right) = \dfrac{1}{4}\delta$。选 A。

【例 3-3-13】 图示结构 $EI = $ 常数，当支座 B 发生沉降 Δ 时，支座 B 处梁截面的转角为（以顺时针为正）：

  A. Δ/l B. $1.2\Delta/l$ C. $1.5\Delta/l$ D. $2\Delta/l$

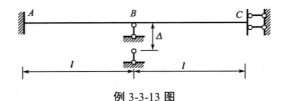

例 3-3-13 图

解 按位移法，利用转角位移方程，建立结点 B 的力矩平衡方程（见解图）：

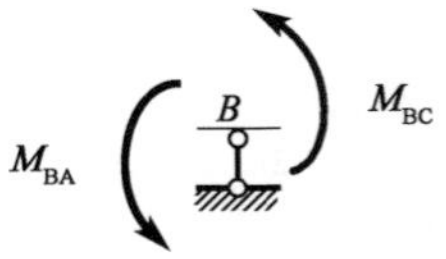

$$M_{BA} + M_{BC} = 4i\theta_B - 6i\frac{\Delta}{l} + i\theta_B = 0$$

解得 $\theta_B = \dfrac{6\Delta}{5l}$

选 B。

【例 3-3-14】 图示结构 $EI = $ 常数，当支座 A 发生转角 θ 时，支座 B 处截面的转角为（以顺时针为正）：

A. $\dfrac{1}{3}\theta$ B. $\dfrac{2}{5}\theta$ C. $-\dfrac{1}{3}\theta$ D. $-\dfrac{2}{5}\theta$

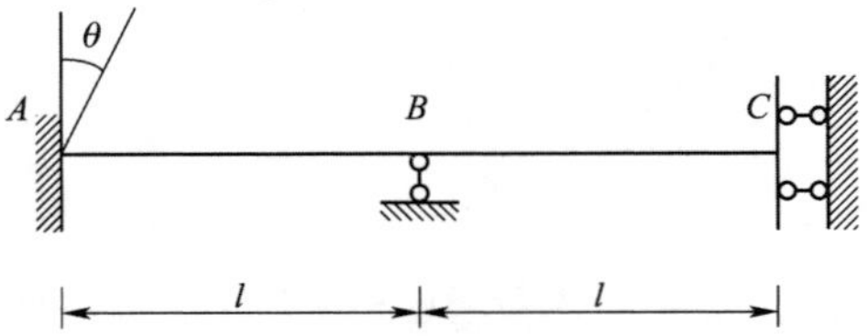

例 3-3-14 图

解 本题可用位移法或力矩分配法求解。

用位移法求解时，可利用 B 点处的平衡条件求解。

对 AB 杆，$M_{BA} = 4i\theta_B + 2i\theta_A$；对 BC 杆，$M_{BC} = i\theta_B$。由平衡方程 $M_{BA} + M_{BC} = 0$，得 $\theta_B = -\dfrac{2}{5}\theta$。

用力矩分配法及其力学概念求解时，由 A 点转动在 B 点产生的不平衡力矩为 $2i\theta$（顺时针），之后在 B 点反号分配；B 点两根杆分配系数为 $u_{BC} = \dfrac{1}{5}$，$u_{BA} = \dfrac{4}{5}$；对 BC 杆，B 端的分配弯矩即为其最终弯矩，得 $M_{BC} = -\dfrac{1}{5} \cdot 2i\theta$（上侧受拉），根据 $M_{BC} = S_{BC} \cdot \theta_B$，可得 $\theta_B = -\dfrac{2}{5}\theta$（逆时针）。选 D。

【例 3-3-15】 图示结构 B 截面转角位移为（以顺时针为正）：

例 3-3-15 图

A. $\dfrac{Pl^2}{EI}$ B. $\dfrac{Pl^2}{2EI}$ C. $\dfrac{Pl^2}{3EI}$ D. $\dfrac{Pl^2}{4EI}$

解 本题考点为位移计算。

在 B 点虚加单位力矩，分别求出荷载弯矩图 M_p 和单位弯矩图 M_1（见解图），再用图乘法求得：

$$\theta = \frac{1}{EI}\left(\frac{1}{2}Pl \times l\right)\frac{2}{3} = \frac{Pl^2}{3EI}$$

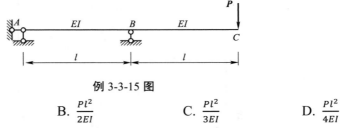

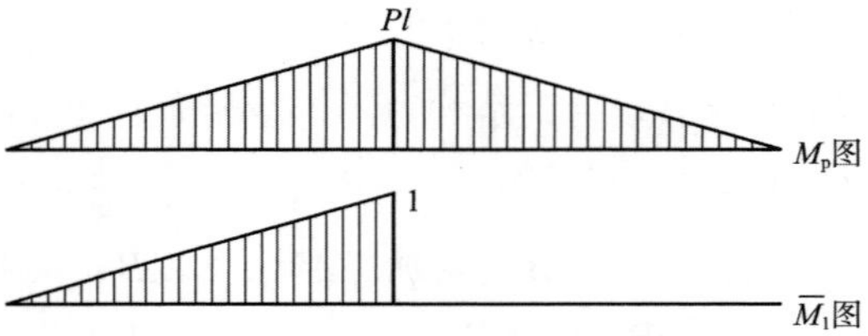

例 3-3-15 解图

也可利用超静定结构概念，转化为求简支梁AB在右端作用有力矩Pl时产生的转角，即$Pl = 3i\theta_B$。或者利用一端固定一端铰支的单跨梁在固定端发生转角时和产生力矩的关系求得。选C。

【例3-3-16】 图示简支梁B端转角位移θ_B大小为：

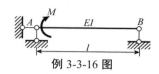

例 3-3-16 图

A. $\dfrac{Ml}{EI}$　　　　　　　　　B. $\dfrac{Ml}{2EI}$

C. $\dfrac{Ml}{3EI}$　　　　　　　　　D. $\dfrac{Ml}{6EI}$

解　根据图乘法，做出荷载弯矩图M_P和单位弯矩图$\overline{M}$，（见解图），可得：

$$\theta_B = \frac{1}{EI} \times \frac{l}{2} \times \frac{M}{3} = \frac{Ml}{6EI}$$

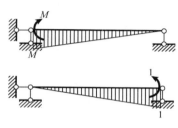

例 3-3-16 解图

选 D。

【例3-3-17】 图示对称结构C点的水平位移$\Delta_{CH} = \Delta$（→），若AC杆EI增大一倍，BC杆EI不变，则Δ_{CH}变为：

A. 2Δ　　　　　　B. 1.5Δ

C. 0.5Δ　　　　　D. 0.75Δ

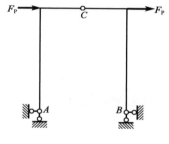

例 3-3-17 图

解　本题荷载弯矩图及求位移加单位力引起的弯矩图均为反对称图形，故图乘时可分左、右分别图乘然后相加。按题意，位移可表达为：

$$\Delta_{CH} = \frac{1}{2}\Delta + \frac{1}{2}\Delta = \Delta$$

当AC杆刚度由EI变为$2EI$时，由于图乘时刚度在分母，故新的位移为：

$$\Delta'_{CH} = \frac{1}{2}\frac{1}{2}\Delta + \frac{1}{2}\Delta = \frac{3}{4}\Delta$$

选 D。

【例3-3-18】 图示桁架杆件的线膨胀系数为α，当下弦杆件温度升高 20℃ 时，结点B的竖向位移为：

A. $20\alpha a$（↓）　　　B. $30\alpha a$（↓）　　　C. $40\alpha a$（↓）　　　D. $50\alpha a$（↓）

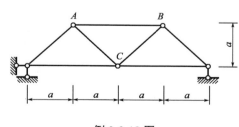

例 3-3-18 图

解　图示结构为静定结构，可用单位荷载法求解。作$\overline{N}$图，如解图所示。则结点B的位移为：

$$\Delta_{BV} = \sum \overline{N}\alpha t l = 0.25 \times \alpha \times 20 \times 2a + 0.75 \times \alpha \times 20 \times 2a = 40\alpha a\ (\downarrow)$$

选 C。

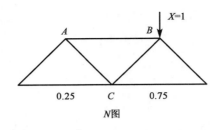

N图

例 3-3-18 解图

【**例 3-3-19**】 图示桁架 1-2 杆温度升高了 10℃，其他杆温度没有变化，则结点 1 和结点 2 的竖向位移为：

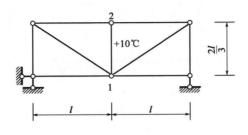

例 3-3-19 图

A. $\Delta_{1V} = \frac{20l}{3}\alpha$，$\Delta_{2V} = 0$ B. $\Delta_{1V} = \frac{10l}{3}\alpha$，$\Delta_{2V} = \frac{10l}{3}\alpha$

C. $\Delta_{1V} = 0$，$\Delta_{2V} = \frac{20l}{3}\alpha$ D. 无法确定

解 图示结构为静定结构，因此当 1-2 杆温度升高时，结构内不产生附加内力。1-2 杆在平面空间内呈自由状态，其伸长量为 $\frac{20l}{3}\alpha$，此为结点 1、2 之间的相对位移，而结点 1、2 的绝对位移并未得出，故选 D。

【**例 3-3-20**】 图示梁的两种位移状态下，所产生的支座反力为：

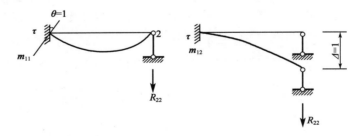

例 3-3-20 图

A. $m_{11} = m_{22}$ B. $m_{12} = R_{21}$
C. $R_{21} = R_{22}$ D. $m_{11} = R_{22}$

解 本题解答依据是反力互等定理：第一约束的单位位移引起第二约束的反力，等于第二约束的单位位移引起第一约束的反力。选 B。

3.4 影响线及其应用

考试大纲☞：静力法做影响线 机动法做影响线 连续梁的影响线 影响线的应用

3.4.1 影响线概念

1）定义及符号规定

单位移动荷载作用下，结构某量值 S（反力、内力或位移）随荷载位置变化规律的函数图形，称为该量值 S 的影响线。图形的横坐标表示单位荷载的移动位置，竖坐标表示单位荷载作用在此处时所求量值的大小。

反力以向上为正，轴力以拉为正，剪力以使隔离体有顺时针转动趋势为正，弯矩以使梁下侧纤维受拉为正；反之为负。正值影响线绘在基线以上，负值影响线绘在基线以下。

2）静定结构影响线特征

静定结构的反力、内力影响线是直线或折线，挠度影响线是曲线；超静定结构各量值的影响线均为曲线。

注意影响线与内力图是有区别的。例如，弯矩影响线与弯矩图的区别见表 3-4-1。

弯矩影响线与弯矩图区别 表 3-4-1

线 形	荷 载	截 面	横坐标	纵 坐 标
M 影响线	$P=1$ 的移动荷载	某个指定截面	$P=1$ 的位置	$P=1$ 移到该位置时，指定截面的弯矩值
M 图	大小、位置固定的荷载	各个截面	截面的位置	固定荷载作用下，该截面的弯矩值

3.4.2 影响线的绘制方法

影响线的绘制基本方法有静力法和机动法。静力法是按静力平衡方程作影响线，机动法是按虚位移原理作影响线。

1）静力法和机动法

静力法：将荷载 $P=1$ 放在任意位置，根据静力平衡条件求出所求量值与荷载位置 x 之间的关系，此静力平衡方程称为影响线方程，根据该方程即可绘出影响线。

机动法：去除与量值 S 相应的约束，代以正向的约束力；使体系沿所求量值正向发生单位虚位移，得到体系的虚位移图，即为量值 S 的影响线。注意：静定结构的虚位移为刚体虚位移图，超静定结构的虚位移为变形虚位移图。

静定梁包括单跨静定梁与多跨静定梁，单跨静定梁包括简支梁、外伸梁与悬臂梁，单跨静定梁的影响线是最基本的影响线，必须熟练掌握，如图 3-4-1 所示。由单跨梁的基本影响线，可非常容易地作出外伸梁支座反力与跨中部分内力的影响线，如图 3-4-2 所示。作多跨静定梁的影响线时，要进行几何组成分析，分清基本部分与附属部分，当荷载在基本部分移动时，附属部分没有内力，附属部分约束反力影响线为零。

2）结点荷载（间接荷载）作用下的静定梁影响线

两个步骤：先作出直接荷载作用下所求量值的影响线（用虚线表示），然后用直线连接相邻两结点之间的竖标。结点荷载作用下多跨静定梁的影响线如图 3-4-3 实线所示。

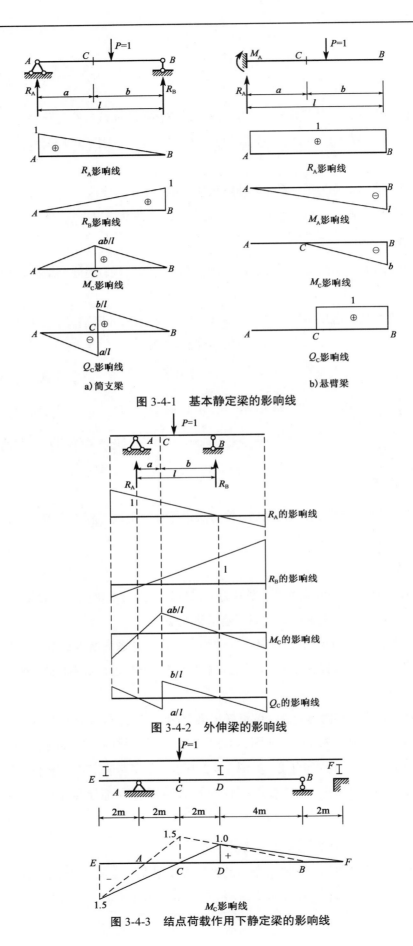

a) 简支梁　　　　　　　　　　b) 悬臂梁

图 3-4-1　基本静定梁的影响线

图 3-4-2　外伸梁的影响线

M_C影响线

图 3-4-3　结点荷载作用下静定梁的影响线

3）静定桁架影响线

静定桁架承受的荷载是结点荷载，影响线在两相邻结点之间为直线。静定桁架影响线作法与静定梁影响线作法基本相同，但要区分桁架是上弦承载还是下弦承载。上弦承载时，上弦各相邻结点间影响线为直线；下弦承载时，下弦各相邻结点间影响线为直线。

用静力法作静定桁架影响线，与计算桁架杆件的内力一样，也是由静力平衡条件列出杆件内力影响线方程，然后作出该影响线。在很多情况下，可先找出桁架杆件内力与相应梁反力、内力的静力关系，然后利用相应梁反力、内力影响线作出桁架杆件内力影响线。

对于节间较少的桁架，可将移动荷载 $P = 1$ 分别作用在结点上，直接求约束反力（轴力或支座反力），再将约束反力值连直线，就是约束反力的影响线。

4）连续梁影响线

对于连续梁，常见荷载为均布荷载，很多情况下只需要求出其影响线轮廓，因此可按与作静定梁影响线的机动法类似的方法作影响线轮廓，但要注意其虚位移图不再是直线，而是曲线，这是连续梁影响线的基本特征。

另外注意：画体系各点的虚位移图形状时，要注意满足所有约束情况，如铰支座处位移为零；固定端处位移为零，转角为零；在去掉约束处位移较大，离去掉约束处越远，位移越小。梁以上的影响线为正值，梁以下的影响线为负值。如图 3-4-4 所示为超静定连续梁的 R_A、M_A、Q_B 影响线形状。

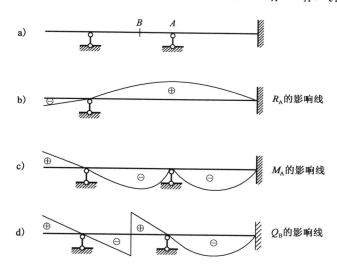

图 3-4-4　超静定连续梁的影响线形状

3.4.3　影响线的应用

影响线的应用主要有两个方面，一是求结构在固定荷载作用下的量值，二是求结构在移动荷载作用下的荷载最不利位置。

1）利用影响线求量值

根据影响线的定义和叠加原理，可求出固定荷载（集中荷载或均布荷载）作用下的影响线量值。如图 3-4-5 所示，$S = \sum P_i y_i + \sum q_i \omega_i$，其中 y_i 为集中荷载 P_i 对应的影响线竖标，ω_i 为均布荷载 q_i 分布范围内 S 影响线的面积，正的影响线为正面积。

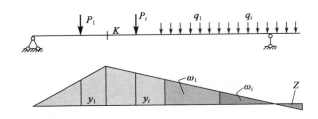

图 3-4-5 利用影响线求量值

2）确定最不利荷载位置

当某量Z得到极大值或极小值时，对应的荷载位置是临界荷载位置。当某量Z得到最大值或最小值时，对应的荷载位置是最不利荷载位置。

对于可任意分布的均布荷载，可将荷载布满量值S影响线的正号或负号区段，即为S取得最大值或最小值（负的最大值）的最不利荷载位置。

而在一组移动集中荷载作用下，量值S的增量为ΔS，则要从$\Delta S/x$是否改变正负号来寻求S的极值，临界荷载P_k的判别式即由此导出。对于常见的三角形影响线，临界荷载位置的判别条件是：

$$\frac{R_{左}}{a} \leqslant \frac{P_{cr} + R_{右}}{b}$$

$$\frac{R_{左} + P_{cr}}{a} \geqslant \frac{P_{cr}}{b}$$

即三角形影响线临界荷载位置特点是：将P_{cr}置于三角形影响线的顶点，P_{cr}计入哪一边，则哪一边的平均荷载集度大。

实际结构上的移动集中荷载个数通常不多，可直接用试算法确定最不利位置。即将荷载组中数值较大、距离较近的几个荷载置于影响线顶点附近，且有一个集中荷载位于影响线顶点。布置几种荷载位置，直接算出相应的量值，从中选出最大者。

【例 3-4-1】 采用机动法作静定结构内力影响线的依据是：

A. 刚体体系虚力原理　　　　　　　　B. 刚体体系虚位移原理

C. 变形体系虚力原理　　　　　　　　D. 变形体系虚位移原理

解　影响线的绘制基本方法有静力法和机动法。静力法是按静力平衡方程作影响线，机动法是按虚位移原理作影响线。静定结构的虚位移为刚体虚位移图，超静定结构的虚位移为变形虚位移图。选 B。

【例 3-4-2】 图 a）示梁结构中，M_C，Q_B和$Q_C^{左}$影响线在E点处竖标分别为：

A. 2m，0.5，0.5　　　　　　　　　　B. 1m，0，0.5

C. 1m，0，0.5　　　　　　　　　　　D. 2m，0.5，1.0

解　本题可直接利用机动法快速求出各量值影响线，如图 b）~f）所示，选 A。注意影响线与内力图的区别，另外对于支座处剪力影响线，需要区分是左截面还是右截面。

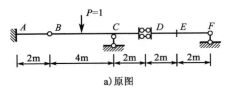

a)原图

例 3-4-2 图

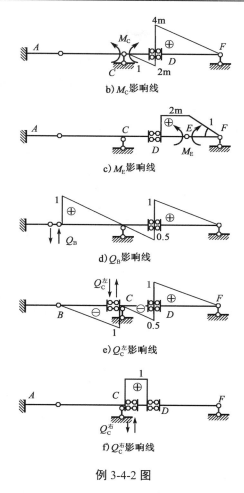

b) M_C影响线

c) M_E影响线

d) Q_B影响线

e) $Q_C^{左}$影响线

f) $Q_C^{右}$影响线

例 3-4-2 图

【例 3-4-3】 图示结构中，$P=1$ 沿 AB 移动，则 M_D 和 Q_D 影响线在 B 点处的竖标分别为：

  A. 2m，−0.5

  B. 2m，−1.5

  C. 3m，−0.5

  D. 3m，−1.5

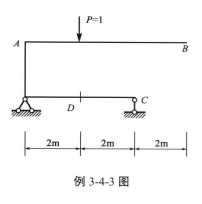

例 3-4-3 图

解 本题利用静力法求解量值影响线比较方便，取 CD 段为隔离体，可分别得到 M_D 和 Q_D 与支座反力 R_C 的关系，即 $M_D = 2R_C$，$Q_D = -R_C$；然后求 R_C 的影响线（A 点处为 0，C 点处为 1）后，即可得 M_D 和 Q_D 的影响线，选 D。

【例 3-4-4】 图 a）示间接荷载作用下，主梁 M_C、$Q_D^{左}$、$Q_D^{右}$ 影响线在 D 点处竖标分别为：

  A. −0.5m，0.25，−0.25

  B. 0.5m，−0.75，−0.75

  C. 0.5m，0.25，−0.75

  D. 0.5m，−0.75，0.25

解 先作出直接荷载作用下各量值影响线（图中虚线表示），然后用直线连接相邻两结点之间的竖标即为最终影响线，如图 b）~d）中实线所示，选 C。

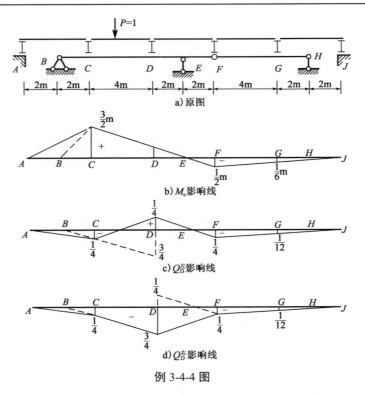

a) 原图

b) M_c 影响线

c) $Q_D^{左}$ 影响线

d) $Q_D^{右}$ 影响线

例 3-4-4 图

【例 3-4-5】 图 a ）示桁架中指定杆件 N_1、N_2、N_3、N_4 影响线在 E 点处竖标分别为：

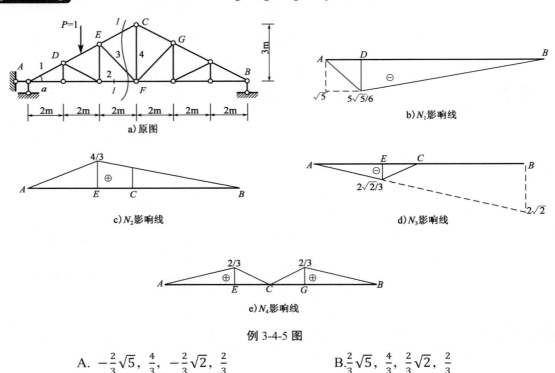

a) 原图

b) N_1 影响线

c) N_2 影响线

d) N_3 影响线

e) N_4 影响线

例 3-4-5 图

A. $-\dfrac{2}{3}\sqrt{5}$, $\dfrac{4}{3}$, $-\dfrac{2}{3}\sqrt{2}$, $\dfrac{2}{3}$ 　　　　　B. $\dfrac{2}{3}\sqrt{5}$, $\dfrac{4}{3}$, $\dfrac{2}{3}\sqrt{2}$, $\dfrac{2}{3}$

C. $-\dfrac{2}{3}\sqrt{5}$, $-\dfrac{4}{3}$, $-\dfrac{2}{3}\sqrt{2}$, $-\dfrac{2}{3}$ 　　　　D. $-\dfrac{2}{3}\sqrt{5}$, $-\dfrac{4}{3}$, $-\dfrac{2}{3}\sqrt{2}$, $\dfrac{2}{3}$

解 本题关键是先找出桁架杆件内力与相应梁反力、内力的静力关系，即 $N_1 = -\dfrac{R_A}{\sin\alpha} = -\sqrt{5}R_A$，$N_2 = \dfrac{M_E^0}{2}$，$N_3 = \sqrt{2}N_{3y} = -2\sqrt{2}R_B$，$N_4 = -N_{3y} = -\dfrac{\sqrt{2}}{2}N_3$，然后再利用相应梁反力、内力影响线作出桁架杆件内力影响线。最终影响线如图 b ）~e ）所示，选 A。

【例3-4-6】 图示桁架杆1的内力为:

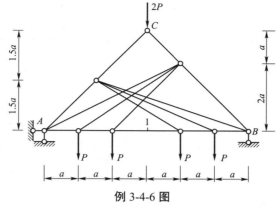

例 3-4-6 图

A. $-P$ B. $-2P$ C. P D. $2P$

解 取解图所示截面之下为隔离体,

$$\sum M_C = 0,\quad N_1(3a) + P(a) + P(2a) - 3P(3a) = 0$$

解得 $N_1 = 2P$,选 D。

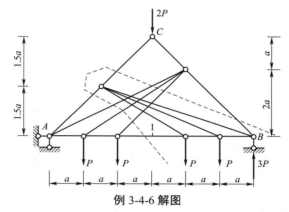

例 3-4-6 解图

【例3-4-7】 图 a)示梁结构在已知给定荷载作用下,B 截面的弯矩值力 M_B 为:

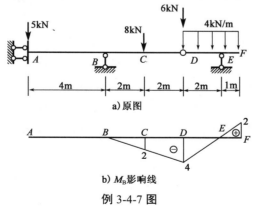

a)原图

b) M_B 影响线

例 3-4-7 图

A. -52kN·m B. 52kN·m C. 26kN·m D. -26kN·m

解 由于结构上荷载较多,而影响线很容易求得,利用内力影响线和叠加原理求某量值大小是一个较便捷的方法。

M_B 影响线如图 b)所示,可求得:

$$M_B = 5 \times 0 + 8 \times (-2) + 6 \times (-4) + 4 \times \left(-\frac{1}{2} \times 2 \times 4 + \frac{1}{2} \times 1 \times 2\right) = -52\text{kN·m}$$

选 A。

【例 3-4-8】 若图 a）示多跨静定梁上有可任意分布的均布荷载 $q = 8\text{kN/m}$，则 C 右截面剪力的最大值和最小值分别为：

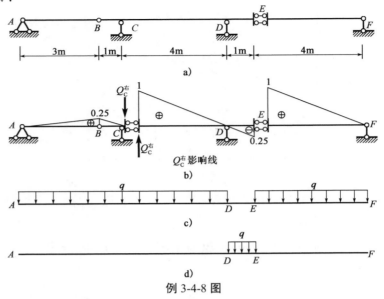

例 3-4-8 图

A. 36kN，−1kN   B. 1kN，−36kN   C. −1kN，−36kN   D. 36kN，1kN

解 先作出 $Q_C^{右}$ 影响线，如图 b）所示，荷载分别布满影响线的正值范围和负值范围时，如图 c）和 d）所示，即可得到相应剪力的最大值和最小值，选 A。

【例 3-4-9】 下列影响线形状中错误的是：

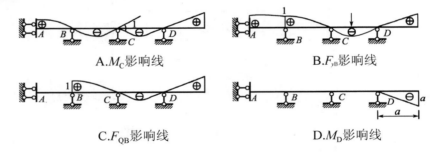

A.M_C影响线   B.F_{yB}影响线

C.F_{QB}影响线   D.M_D影响线

例 3-4-9 图

解 可采用机动法判断超静定结构影响线形状，解除相应约束后看变形图，选项 C 错在 B 支座左右两侧的剪力影响线是不同的，应分清楚是支座左侧还是右侧，故选 C。

【例 3-4-10】 如图所示是某量值 M_C 的影响线，单位为 m，则在图中所示移动荷载作用下，M_C 的最大值为：

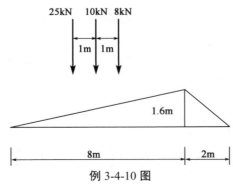

例 3-4-10 图

A. 48kN·m   B. 53.6kN·m   C. 56.8kN·m   D. 57.4kN·m

解 有一个集中荷载作用在影响线顶点上时，M_C取得最大值，可将三个集中荷载分别作用在顶点上进行比较，最后可得荷载 10kN 位于顶点时取得最大值，选 C。

【例 3-4-11】 图示简支梁在移动荷载作用下截面K的最大弯矩值是：

A. 120kN·m   B. 140kN·m   C. 160kN·m   D. 180kN·m

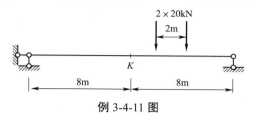

例 3-4-11 图

解 作M_K影响线，并布置荷载不利位置（置于顶点），如解图所示，可得$M_K = 140$kN·m，选 B。

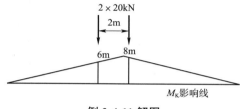

例 3-4-11 解图

【例 3-4-12】 图示简支梁移动荷载下截面K的最大弯矩值是：

A. 40kN·m

B. 80kN·m

C. 120kN·m

D. 160kN·m

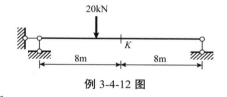

例 3-4-12 图

解 当荷载移动至K截面时，可得K截面最大弯矩（见解图），即
$M_{DKmax} = 20$kN $\times 4$m $= 80$kN·m，选 B。

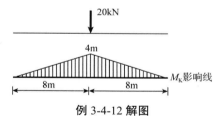

例 3-4-12 解图

【例 3-4-13】 欲使Q_K出现最大值Q_{Kmax}，均布活荷载布置应为：

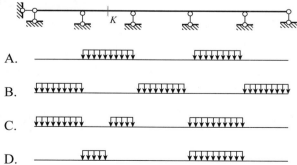

例 3-4-13 图

解 根据超静定连续梁结构的剪力影响线轮廓图作法，可得剪力 Q_K 影响线轮廓如解图所示。再将可任意分布的活荷载布满在正值范围内，即可得 Q_K 最大值。选 C。

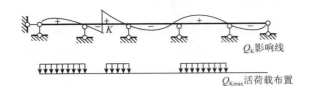

3-4-13 解图

3.5 超静定结构受力分析及特性

考试大纲 ☞：超静定次数　力法基本体系　力法方程及其意义　等截面直杆刚度方程　位移法基本未知量、基本体系、基本方程及其意义　等截面直杆的转动刚度　力矩分配系数与传递系数　单结点的力矩分配　对称性利用　超静定结构位移超静定结构特性

3.5.1 力法

1）超静定结构特征与超静定次数

超静定结构基本特征为，几何组成角度看，为几何不变有多余约束；静力特征看，仅由平衡方程不能唯一确定全部未知反力和内力。超静定次数是指结构中多余约束（或多余未知力）的个数。去掉多余约束，使原结构变成静定结构，去掉约束的数目即为结构超静定次数。

去除多余约束的基本方式有：

（1）撤去一根支杆或切断一根链杆，相当于去除一个约束；

（2）撤去一个铰支座或一个单铰，相当于去除两个约束；

（3）去掉一个固定端支座或切断一根弯曲杆相当于去掉三个约束；

（4）将刚结点变为铰结点相当于去除一个约束。

注意：同一超静定结构有不同的去除约束方式，但是多余约束的数目是相同的，即结构超静定次数是唯一的。

2）力法基本原理

超静定结构去除多余约束后的静定结构称为基本结构，相应多余约束力称为多余未知力或基本未知力，力法基本结构在多余未知力和外荷载（包括一般荷载、温度变化和支座移动等）共同作用下的体系称为基本体系，它是力法求解超静定结构的基础。

力法思想的本质是将未知的超静定问题转化为已知的静定问题来求解。其基本原理是，基本体系与原结构等价，基本体系在去掉多余约束处的位移等于原结构相应的位移，即可得到力法的基本方程，如下式所示（以二次超静定问题为例）。

$$\delta_{11}X_1 + \delta_{12}X_2 + \Delta_{1P} = 0 \quad （多余约束处没有支座移动）$$

$$\delta_{21}X_1 + \delta_{22}X_2 + \Delta_{2P} = 0$$

或者
$$\delta_{11}X_1 + \delta_{12}X_2 + \Delta_{1P} = \overline{\Delta}_1 \quad （多余约束处有支座移动）$$

$$\delta_{21}X_1 + \delta_{22}X_2 + \Delta_{2P} = \overline{\Delta}_2$$

力法基本方程的物理意义是：基本结构在广义荷载（一般荷载、支座移动、温度变化等）及多余未知力作用下，沿多余未知力方向的位移等于原结构在相应处的位移。系数项δ_{ij}的物理意义是基本结构在$X_j = 1$单独作用时，沿X_j方向上的位移；自由项Δ_{iP}为基本结构在荷载单独作用下，沿X_j方向上的位移。

3）力法计算基本步骤

用力法计算超静定结构的步骤为：

（1）判断多余约束，取基本结构；

（2）列力法典型方程；

（3）作基本结构的$\overline{M}_1$、$\overline{M}_2$、M_P图（根据需要，可能还要作$\overline{N}_1$、$\overline{N}_2$、N_P、$\overline{Q}_1$、$\overline{Q}_2$、Q_P图）。

（4）计算位移δ_{11}、$\delta_{12} = \delta_{21}$、$\delta_{22}$、$\Delta_{1P}$、$\Delta_{2P}$。

（5）解力法基本方程求多余未知力X_1、X_2。

（6）按$M = \overline{M}_1 X_1 + \overline{M}_2 X_2 + M_P$作内力图。

在上述计算中需要注意：可以选取不同的基本结构进行计算，各系数的计算复杂程度将有所不同，要保证相应的$\overline{M}_1$、$\overline{M}_2$、M_P等图的正确性，同时选取的基本结构不能是几何可变体系。

3.5.2　位移法

1）位移法基本未知量

位移法以结点处的独立角位移和线位移为基本未知量，基本未知量的个数等于独立的结点角位移和独立的结点线位移之和（不包括结构的静定部分）。独立角位移未知量的个数等于结构的刚结点个数。结点线位移的确定方法是：将刚架结构中所有刚结点和固定支座改为铰结点和铰支座，为使该铰接体系成为几何不变体系所需增设的最少支承链杆数，即为原结构独立的结点线位移个数。确定未知量总的原则是：在原结构的结点上逐渐增加约束，直到能将结构拆除成具有已知形常数和载常数的单跨梁为止。

2）基本结构与基本体系

位移法基本结构是先在角位移处附加刚臂以阻止转动，在线位移处附加链杆以阻止移动，之后将原结构分解为若干个单跨超静定梁，取这些单跨梁作为位移法的基本结构。位移法基本结构在各结点位移、外荷载（或支座移动、温度改变）作用下的体系称为位移法基本结构。

3）等截面直杆刚度方程

位移法以力法为计算基础，即由力法算出单跨梁在杆端发生位移（角位移或线位移）以及荷载（或支座移动、温度改变）等因素作用下的内力结果为基础。单跨超静定梁分为三种类型，两端固定梁、一端固定一端铰支以及一端固定另一端滑动，它们在荷载或支座移动作用下的杆端内力，均可由力法计算得到。注意：应该熟记三种类型的形常数图和载常数图，如图3-5-1和图3-5-2所示。

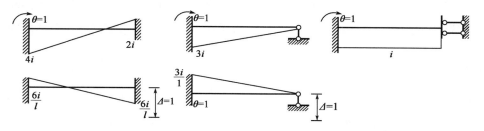

图3-5-1　形常数（结点位移作用下单跨梁的弯矩图）

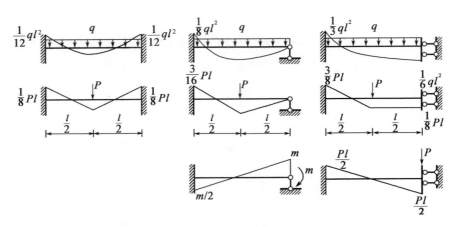

图 3-5-2 载常数（常见荷载作用下单跨梁的弯矩图）

等截面直杆刚度方程描述的是杆件的杆端内力与杆端位移及荷载之间的关系式，也称为转角位移方程。三种等截面超静定单跨梁的刚度方程为：

对于两端固定梁：

$$M_{AB} = 4i\theta_A + 2i\theta_B - 6i\frac{\Delta}{l} + M_{AB}^F$$

$$M_{BA} = 2i\theta_A + 4i\theta_B - 6i\frac{\Delta}{l} + M_{BA}^F$$

对于A端固定、B端铰支梁：

$$M_{AB} = 3i\theta_A - 3i\frac{\Delta}{l} + M_{AB}^F$$

对于A端固定、B端滑动梁：

$$M_{AB} = i\theta_A + M_{AB}^F$$
$$M_{BA} = -i\theta_A + M_{BA}^F$$

应很好理解以上刚度方程中各项的含义，其中M_{BA}^F为固端弯矩项，表示由荷载引起的弯矩，可由载常数图得到，其余各项表示由角位移或线位移引起的弯矩，可由形常数图得到。

4）位移法典型方程物理意义

位移法典型方程物理意义为：基本结构在原结构荷载及各结点位移共同作用下，每一个附加约束中的附加反力矩或附加反力都应等于零，它实质上是一个静力平衡方程。两个位移法未知量的位移法基本方程为：

$$r_{11}Z_1 + r_{12}Z_2 + R_{1P} = 0$$
$$r_{21}Z_1 + r_{22}Z_2 + R_{2P} = 0$$

其中，刚度系数r_{ij}表示基本结构上由于第j个附加约束产生单位位移而引起第i个附加约束中的反力。系数和自由项符号的规定是：与该附加约束所设位移方向一致时为正。根据反力互等定理可知，$r_{ij} = r_{ji}$。

3.5.3 力矩分配法

1）基本概念

力矩分配法的基本原理就是将原结构的杆端弯矩分解为固定状态和转动（或放松）两种状态的叠加进行求解。将同一杆端的固端弯矩、分配弯矩和传递弯矩叠加，即可得到原结构的各杆端弯矩。

杆件AB的转动刚度S_{AB}是指使A端发生单位转角所需施加的力矩。转动刚度S_{AB}与杆件的线刚度$i = EI/l$和远端（B端）的支承情况有关，具体见表3-5-1。

当AB杆的A端（近端）转动时，在B端（远端）也可能产生弯矩。远端弯矩与近端弯矩的比值，称为传递系数，即$C_{AB} = M_{BA}/M_{AB}$。传递系数与杆件远端支承情况有关，见表3-5-1。

等截面直杆的转动刚度和传递系数 表3-5-1

简　图	转动刚度 S_{AB}	传递系数 C_{AB}	简　图	转动刚度 S_{AB}	传递系数 C_{AB}
	$4i$	0.5		i	-1
	$3i$	0		0	0

力矩分配系数μ_{AB}表示将结点A的外力矩分配到AB杆A端的分配比例，按$\mu_{AB} = \dfrac{S_{AB}}{\sum\limits_A S}$计算，式中$\sum\limits_A S$表示交于刚结点A的各杆端转动刚度之和。在交于同一个刚结点的A处，各分配系数之和等于1，即$\sum \mu_{AB} = 1$。

结点不平衡力矩，即固定状态时刚臂上的约束力矩，等于交于该结点的各杆端固端弯矩（$\sum M^F$）的代数和，亦即固端弯矩所不能平衡的差额，以顺时针方向为正。

2）基本解题步骤

（1）固定结点。附加刚臂，计算各杆端固端弯矩及结点不平衡力矩。

（2）放松结点。取消刚臂，将不平衡力矩反号后进行分配和传递。

（3）计算各杆杆端弯矩。近端弯矩=固端弯矩+分配弯矩，远端弯矩=固端弯矩+传递弯矩。

3）计算注意事项

计算时，转动刚度要计算准确，以免后续计算错误。

对于结点上有集中力偶的情况，由于是外加的不平衡力矩，可对集中力偶直接进行分配，不再需要反号。

对于结构中的静定部分，其内力很容易计算，可将静定部分去掉，荷载等效作用于原结构后，再进行求解。

在无剪力分配法中，刚架中除两端无相对线位移的杆件外，其余杆件都是剪力静定杆。

剪力静定杆的转动刚度是按一端固定另一端滑动的约束情况来计算的，其转动刚度为$S_{AB} = EI/l$（或$S_{AB} = i$），而传递系数为$C_{AB} = -1$。

3.5.4　对称性利用

1）基本概念

结构的形状、支承条件和刚度（材料性质和截面）等都对称于某根轴线时称为对称结构。

正（反）对称外荷载是指外荷载的大小、方向及作用点正（反）对称于结构的对称轴。

结构在对称轴截面处切开，切口截面两侧的一对轴力和弯矩为正对称内力，两截面的水平位移和转角位移为反对称位移；而一对剪力为反对称内力，竖向位移为正对称。

2）利用对称性简化计算

对称性结构的基本结论是：对称结构在对称荷载作用下，其内力和变形均为正对称；在反对称荷载作用下，其内力和变形均为反对称。即对于对称结构而言，正对称的外荷载产生正对称的内力和变形，反对称的外荷载产生反对称的内力和变形。

根据上述结论，在结构分析时，可以利用结构的对称性以简化计算。常见方法为选取对称的基本结构和取半结构法。

（1）选取对称的基本体构

对称结构力法计算中，宜选取对称的基本结构，如图3-5-3所示，则可简化相关系数的计算和方程组的求解。对称结构受任意荷载作用时，力法典型方程将分为独立的两组：其中一组只含有对称未知力，另一组只含有反对称未知力。对称结构承受正对称荷载作用时，选取对称基本结构，则反对称未知力为零，只需求解对称未知力，如图3-5-3中$X_3 = 0$；对称结构承受反对称荷载作用时，选取对称基本结构，则正对称未知力为零，只需求解反对称未知力，如图3-5-3中$X_1 = X_2 = 0$。

对称结构承受任意荷载作用时，有时也可将荷载分解为正对称和反对称两组，再分别应用上述简化结论进行计算，然后再叠加原结构内力。

（2）半结构法

对称结构在正（反）对称荷载作用下，其对称轴处产生正（反）对称的变形，根据这个特点，可以沿对称轴处切开，取结构的一半进行简化计算，即为半结构法。为使该半结构与原结构半边的受力和变形状态相同，应在切口处按原结构的位移条件设置相应的支承。

对于奇数跨的对称结构，在正对称荷载作用下，只有正对称的竖向位移，可取图3-5-4c）示半结构及附加支座形式；在反对称荷载作用下，只有反对称的竖向剪力，可取图3-5-4d）示半结构及附加支座形式。

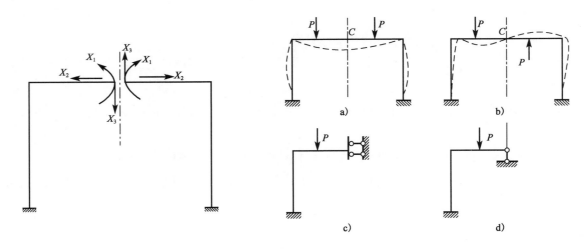

图 3-5-3　对称结构取对称基本体系　　　　图 3-5-4　奇数跨半结构取法

对于偶数跨的对称结构，在正对称荷载作用下，若不计竖杆轴向变形，则中间结点处不产生位移，可取图3-5-5c）示半结构及附加支座形式；在反对称荷载作用下，可取图3-5-5d）示半结构及附加支座形式。

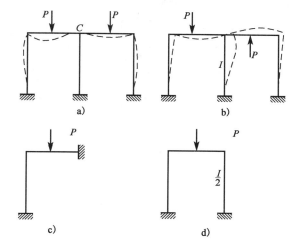

图 3-5-5　偶数跨半结构取法

3.5.5　超静定结构位移计算

超静定结构的位移计算仍然采用变形体系的虚功原理和单位荷载法。但注意在具体计算时，由于静定的基本体系在满足典型方程后，与原来的超静定结构等价，即受力和变形时是一致的，因此为使计算简便，其虚设单位力状态可采用原超静定结构的任一静定基本结构。即虚力加在静定基本结构上，且虚力可加在不同的静定基本结构上，但最终结果相同。

3.5.6　超静定结构特性

超静定结构的两个最基本特性为几何学特性与静力学特性，其他特性由基本特性导出。

几何学特性是：超静定结构是有多余约束的几何不变体系。

静力学特性是：超静定结构由静力平衡方程不能求解结构全部的反力和内力，必须补充方程。

超静定结构的其他特性为：

（1）同时满足超静定结构的平衡条件、变形协调条件和物理条件（力与变形的对应关系）的超静定结构内力的解是唯一真实的解。力法和位移法的解题方法虽然不同，但在这两个基本方法中，却都综合应用了结构的平衡条件、几何条件和物理条件。

（2）超静定结构在荷载作用下的内力与各杆刚度的相对比值有关，而与各杆刚度的绝对值无关。因此，可以通过改变各杆刚度比值的办法来达到调整结构内力分布的目的。

（3）超静定结构在非荷载因素（温度变化、杆件制造误差、支座位移等）作用下会产生内力（这种内力状态有时称为自内力状态），且这种内力与各杆刚度的绝对值有关（成正比）。因此，为了提高结构对温度变化、支座位移等因素的抵抗能力，增大结构截面尺寸并不是有效的措施，为了减小自内力的不利影响，可以采用设置温度缝、沉降缝等构造措施。

（4）由于存在多余约束，与相应的静定结构相比，超静定结构的内力分布较为均匀，刚度和稳定性都有所提高。

【例 3-5-1】如图所示结构的超静定次数为：

A. 10　　　　　　　　　　　　　　　　　B. 15

C. 25　　　　　　　　　　　　　　　　　D. 35

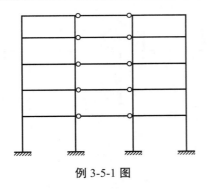

例 3-5-1 图

解 拆开中间 5 根链杆，并将所得两刚架沿各自的对称轴切开，可得到多个独立的悬臂式静定结构。由于 5 根链杆的约束数为 5，两侧的 10 个刚性连接的约束数为 30，所以结构的超静定次数为 35，选 D。

【例 3-5-2】 力法典型方程的物理意义是：

A. 结构的平衡条件   B. 结点的平衡条件

C. 结构的变形协调条件   D. 结构的平衡条件及变形协调条件

解 选 C。

【例 3-5-3】 图示结构，$EI =$ 常数，M_{CA} 为：

A. $Pl/2$（左侧受拉）

B. $Pl/4$（左侧受拉）

C. $Pl/2$（右侧受拉）

D. $Pl/4$（右侧受拉）

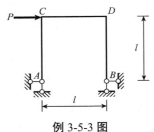

例 3-5-3 图

解 本题为对称结构，可将荷载分解为对称与反对称的组合，如解图所示。图 a）为对称结构承受对称荷载，作用在杆的轴线上的一对平衡力不引起弯矩，各截面弯矩为 0；图 b）为对称结构承受反对称荷载，只产生反对称的反力和内力。两个铰支座的水平反力均为向左的 $P/2$。再由图 b）中左竖杆 AC 隔离体对 C 点取矩，可得 $M_{CA} = P/2 \times l = Pl/2$（右侧受拉）。选 C。

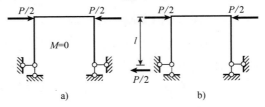

例 3-5-3 解图

【例 3-5-4】 图示结构在荷载作用下，固定端处的弯矩为：

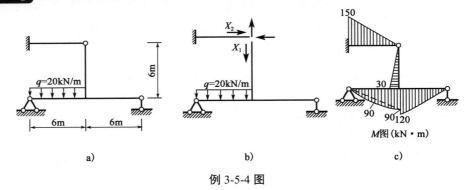

例 3-5-4 图

A. 150kN·m（下侧受拉）   B. 150kN·m（上侧受拉）

C. 120kN·m（上侧受拉）   D. 120kN·m（下侧受拉）

解 本题可取如图 b）所示的基本体系进行计算，可算得 $\delta_{11} = \dfrac{108}{EI}$，$\delta_{22} = \dfrac{108}{EI}$，$\delta_{12} = \delta_{21} = 0$，$\Delta_{1P} = \dfrac{2700}{EI}$，$\Delta_{2P} = \dfrac{540}{EI}$，解力法方程得 $X_1 = -25$，$X_2 = -5$，最终弯矩图如图 c）所示，选 B。

注意：力法一个完整计算过程较烦琐，需要保证相应的 $\overline{M}_1$、$\overline{M}_2$、M_P 弯矩图，图乘系数以及解方程等的正确性。取不同的基本体系进行计算时，各系数的计算复杂程度将有所不同。

【例 3-5-5】 图 a）示结构在荷载作用下，上部水平杆的内力为：

A. $-0.896P$（压）   B. $0.896P$（拉）

C. $-0.146P$（压）   D. $0.146P$（拉）

解 本题切开上部水平杆件，取如图 b）所示的基本体系进行计算，作出相应的 $\overline{N}_1$、N_P 如图 c）、d）所示，可算得 $\delta_{11} = \dfrac{4\sqrt{2}+4}{EA}a$，$\Delta_{1P} = \dfrac{4\sqrt{2}+3}{EA}Pa$，即得 $X_1 = -0.896P$，最终内力图如图 e）所示，选 A。

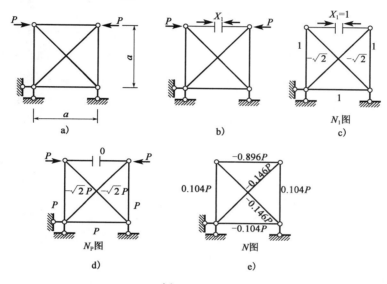

例 3-5-5 图

注意：桁架取基本体系时，最好不要将杆件去掉，而是将杆件切开，此时力法基本方程的物理意义为杆件切开处两截面的轴向相对位移为零。

【例 3-5-6】 图示两刚架的 EI 均为常数，并分别为 1 和 10，则两刚架的内力关系为：

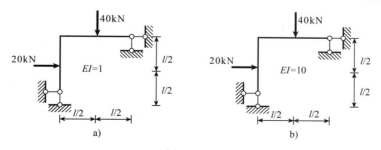

例 3-5-6 图

A. M 图相同

B. 图 a）刚架各截面弯矩大于图 b）刚架各相应截面弯矩

C. M 图不同

D. 图 a）刚架各截面弯矩小于图 b）刚架各相应截面弯矩

解 两个题图只是刚度EI的绝对值不同,其他数据完全相同,实际是一个图。超静定结构在荷载作用下的内力分布与结构各部分刚度的相对比值有关,而与绝对值无关,这是超静定结构的特征。选 A。

【例 3-5-7】 图 a)示刚架,取图 b)示力法基本体系时,力法方程中的柔度系数δ_{12}及自由项Δ_{1P}的性质为:

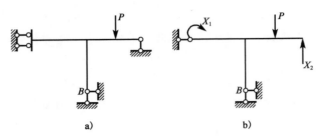

例 3-5-7 图

A. $\delta_{12} > 0$, $\Delta_{1P} > 0$ B.$\delta_{12} > 0$, $\Delta_{1P} < 0$

C. $\delta_{12} < 0$, $\Delta_{1P} > 0$ D.$\delta_{12} < 0$, $\Delta_{1P} < 0$

解 本题可直接利用力法各系数的物理意义进行快速判断,δ_{12}为$X_2 = 1$时在X_1处产生的位移,可判断出该位移为逆时针方向,与假设的X_1方向相反,故$\delta_{12} < 0$;Δ_{1P}为荷载作用下在X_1处产生的位移,该位移为顺时针,故$\Delta_{1P} > 0$,选 C。

【例 3-5-8】 图 a)示梁A支座下沉d并发生顺时针转角α,当用力法计算并取图 b)示的基本体系时,力法方程应为:

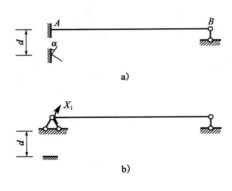

例 3-5-8 图

A. $\delta_{11}X_1 + \Delta_{1C} = 0$ B. $\delta_{11}X_1 + \Delta_{1C} = d$

C. $\delta_{11}X_1 + \Delta_{1C} = \alpha$ D. $\delta_{11}X_1 + \Delta_{1C} = -\alpha$

解 根据力法的基本原理,方程的右端项应为原结构在解除约束处的实际位移,选 C。

【例 3-5-9】 图示结构当采用位移法计算时,刚度系数$k_{11}(r_{11})$等于:

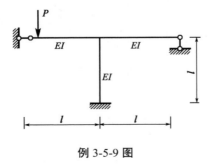

例 3-5-9 图

A. $4\dfrac{EI}{l}$ B. $7\dfrac{EI}{l}$ C. $8\dfrac{EI}{l}$ D. $10\dfrac{EI}{l}$

解 当中间结点转动时，左侧杆的左端点既能发生线位移又能发生角位移，其约束性能相当于自由端。又因为下侧杆的下端为固定支座，右侧杆的右端为铰支座，所以 $k_{11}=0+4\dfrac{EI}{l}+3\dfrac{EI}{l}=7\dfrac{EI}{l}$，选 B。

【例 3-5-10】 图示刚架的弯矩 M_{CD}（内侧受拉为正）和转角 θ_C 分别为：

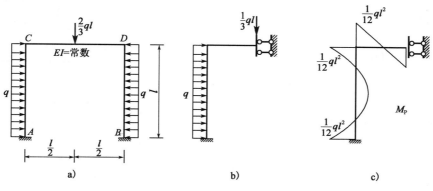

例 3-5-10 图

A. $-\dfrac{ql^2}{12}$，零   B. $-\dfrac{ql^2}{12}$，非零   C. $+\dfrac{ql^2}{12}$，零   D. $+\dfrac{ql^2}{12}$，非零

解 首先对称结构承受正对称荷载，取半结构进行计算，如图 b）所示；位移法典型方程 $r_{11}Z_1+R_{1P}=0$，根据荷载情况可求得 $R_{1P}=0$，因此转角为 $\theta_C=Z_1=0$，最终的半结构弯矩图如图 c）所示，选 A。

【例 3-5-11】 如图所示刚架，各杆线刚度 i 相同，则结点 A 的转角大小为：

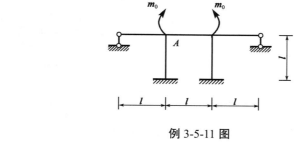

例 3-5-11 图

A. $m_0/(4i)$ B. $m_0/(8i)$

C. $m_0/(9i)$ D. $m_0/(11i)$

解 刚架和荷载均关于中心竖轴对称，将刚架沿中心截面截开，取左半部分结构作为研究对象。以滑动支座代替右半部分刚架对左半部分刚架的作用，于是结点 A 右侧有滑动支座杆件的刚度为 $2i$。位移法基本未知量为结点 A 的转角 Δ_1，相应刚度系数 $k_{11}=3i+4i+2i=9i$，于是由位移法典型方程 $k_{11}\Delta_1=m_0$，得到结点 A 的转角 $\Delta_1=\dfrac{m_0}{9i}$，选 C。

【例 3-5-12】 如图所示结构，当支座 B 发生沉降 Δ 时，支座 B 处梁截面的转角大小为：

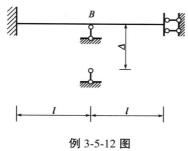

例 3-5-12 图

A. $\dfrac{6}{5}\dfrac{\Delta}{l}$ B. $\dfrac{6}{7}\dfrac{\Delta}{l}$ C. $\dfrac{3}{5}\dfrac{\Delta}{l}$ D. $\dfrac{3}{7}\dfrac{\Delta}{l}$

解 此题中支座B发生的竖向沉降Δ是外荷载作用，只有一个位移法未知量，即在结点 B 上附加刚臂，可得位移法基本体系。相应的位移法典型方程为$k_{11}\Delta_1 + R_{1P} = 0$。其中，$k_{11} = 4i + i = 5i$，$R_{1P} = -\dfrac{6i}{l}\Delta$，代入位移法典型方程得：$\varphi_{B} = \Delta_1 = \dfrac{6}{5}\dfrac{\Delta}{l}$，选 A。

【例 3-5-13】 图示结构B处弹性支座的弹簧刚度$k = 6EI/l^3$，B截面转角位移大小为：

A. $Pl^2/(12EI)$

B. $Pl^2/(6EI)$

C. $Pl^2/(4EI)$

D. $Pl^2/(3EI)$

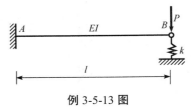

例 3-5-13 图

解 先求原结构的弯矩图，取解图 1 所示基本体系，列力法典型方程：

$$X_1\delta_{11} + \Delta_{1P} = 0$$

其中$\delta_{11} = \dfrac{l^3}{3EI} + \dfrac{1}{k}$，$\Delta_{1P} = -\dfrac{Pl^3}{3EI}$

可得$X_1 = -\dfrac{\Delta_{1P}}{\delta_{11}} = \dfrac{2P}{3}$

原结构弯矩图如解图 2 所示。求B截面转角时，可虚设单位力，由图乘法得：

$$\theta_{B} = \dfrac{1}{EI} \times \dfrac{1}{2} \cdot \dfrac{Pl}{3} \cdot l \times 1 = \dfrac{Pl^2}{6EI}$$

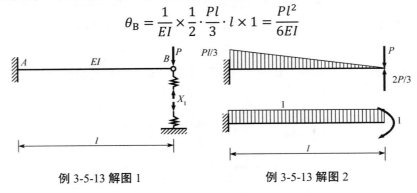

例 3-5-13 解图 1   例 3-5-13 解图 2

选 B。

【例 3-5-14】 等截面直杆AB的转动刚度S_{AB}：

A. 与B端的支承条件及杆件刚度有关

B. 只与B端的支承条件有关

C. 与A、B两端的支承条件有关

D. 只与A端的支承条件有关

解 选 A。

【例 3-5-15】 如图所示结构，各杆EI为常数，截面C、D两处的弯矩值M_C、M_D分别为：

A. $-2.0\mathrm{kN \cdot m}$，$-1.0\mathrm{kN \cdot m}$

B. $-1.0\mathrm{kN \cdot m}$，$-2.0\mathrm{kN \cdot m}$

C. $1.0\mathrm{kN \cdot m}$，$2.0\mathrm{kN \cdot m}$

D. $2.0\mathrm{kN \cdot m}$，$1.0\mathrm{kN \cdot m}$

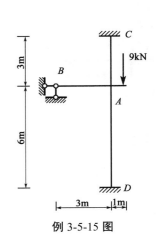

解 荷载引起中间结点上的弯矩$M = 9\mathrm{kN \cdot m}$（顺时针），然后在AC、AD、AB三根杆间进行分配，注意作用于结点上不平衡力矩可直接分配，不需要反

例 3-5-15 图

号。由力矩分配法可得：

$$\mu_{AC} = \frac{\dfrac{4EI}{3}}{\dfrac{3EI}{3} + \dfrac{4EI}{3} + \dfrac{4EI}{6}} = \frac{4}{9}, \quad M_{CA} = C_{CA}\mu_{AC}M = \frac{4}{9} \times \frac{1}{2} \times 9 = 2\text{kN}\cdot\text{m}$$

$$\mu_{AD} = \frac{\dfrac{4EI}{6}}{\dfrac{3EI}{3} + \dfrac{4EI}{3} + \dfrac{4EI}{6}} = \frac{2}{9}, \quad M_{DA} = C_{DA}\mu_{AD}M = \frac{2}{9} \times \frac{1}{2} \times 9 = 1\text{kN}\cdot\text{m}$$

选 D。

【例 3-5-16】 图示结构用力矩分配法计算时，分配系数 μ_{AC} 为：

A. 1/4

B. 4/7

C. 1/2

D. 6/11

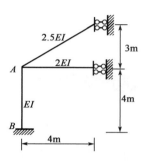

例 3-5-16 图

解

$$\mu_{AC} = \frac{4 \times \dfrac{2.5}{5}}{4 \times \dfrac{1}{4} + \dfrac{2}{4} + 4 \times \dfrac{2.5}{5}} = \frac{4}{7}$$

选 B。

【例 3-5-17】 图示结构用力矩分配法计算时，分配系数 μ_{AC} 为：

A. 1/4

B. 1/2

C. 2/3

D. 4/9

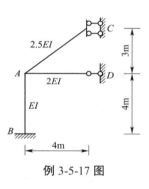

例 3-5-17 图

解 注意需将 C 端视为固定端、D 端视为自由端计算转动刚度。

$$\mu_{AC} = \frac{4 \times 2.5EI/5}{4 \times 2.5EI/5 + 4 \times EI/4} = \frac{2}{2+1} = \frac{2}{3}$$

【例 3-5-18】 如图所示结构，各杆线刚度 i 相同，$A6$ 杆 A 端的力矩分配系数 μ_{A6} 为：

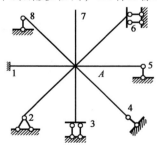

例 3-5-18 图

A. $\dfrac{1}{18}$ B. $\dfrac{1}{15}$ C. $\dfrac{2}{9}$ D. $\dfrac{4}{15}$

解 当结点 A 转动时，$A6$ 杆的 6 端既无角位移也无线位移。右端支座从形式上看属于滑动支座，但在杆倾斜时是无法滑动的（忽略轴向变形时），故其约束性能相当于固定端。2、5、8 处都没有线位移，是铰支座，4 处相当于悬臂，所以：

$$\mu_{A6} = \frac{4i}{4i + 3i + i + 0 + 3i + 4i + 0 + 3i} = \frac{2}{9}$$

选 C。

【例 3-5-19】 图示结构中，当结点 B 作用外力偶 M 时，用力矩分配法计算的 M_{AB} 等于：

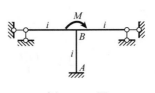

例 3-5-19 图

    A. $M/3$

    B. $M/2$

    C. $M/7$

    D. $M/5$

解 按力矩分配法进行计算可得：

$$M_{AB} = \frac{1}{2}M_{BA} = \frac{1}{2}\mu_{BA}M = \frac{1}{2} \times \frac{4i}{3i + 4i + 3i}M = \frac{1}{5}M$$

选 D。

【例 3-5-20】 图 a）示结构用力矩分配法可算得弯矩 M_{AB} 和 M_{CD} 分别为（上侧受拉为正）：

    A. $-11.17\text{kN}\cdot\text{m}$，$-1.77\text{kN}\cdot\text{m}$ B. $11.17\text{kN}\cdot\text{m}$，$1.77\text{kN}\cdot\text{m}$

    C. $-12.23\text{kN}\cdot\text{m}$，$-6.89\text{kN}\cdot\text{m}$ D. $12.23\text{kN}\cdot\text{m}$，$6.89\text{kN}\cdot\text{m}$

解 具体计算过程可参照弯矩计算表（见图 c），注意从不平衡力矩较大的结点开始进行计算，可加快收敛速度，一般经过两三个循环后结点不平衡力矩已经较小，即可停止计算，最终弯矩图见图 b），选 A。

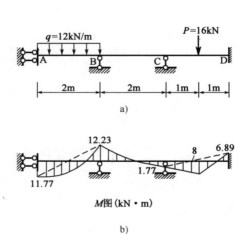

a)

b)

M 图（$\text{kN}\cdot\text{m}$）

弯 矩 计 算 表

杆端	AB	BA	BC	CB	CD	DC
S		$\frac{EI}{2}$	$4\times\frac{EI}{2}$	$4\times\frac{EI}{2}$	$4\times\frac{EI}{2}$	
μ		1/5	4/5	1/2	1/2	
C		-1	1/2	1/2	1/2	
M^F	8	16	0	0	-4	4
B 点分配传递	3.2	-3.2	-12.8	-6.4		
C 点分配传递			2.6	5.2	5.2	2.6
B 点分配传递	0.52	-0.52	-2.08	-1.04		
C 点分配传递			0.26	0.52	0.52	0.26
B 点分配传递	0.052	-0.052	-0.208	-0.104		
C 点分配传递				-0.052	0.052	0.026
M	11.78	12.23	-12.23	-1.77	1.77	6.89

c)

例 3-5-20 图

【例 3-5-21】 图示结构各杆 EI 为常数，四个角点上的杆端弯矩为：

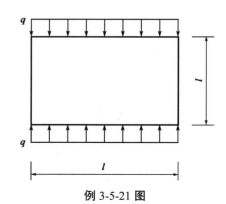

例 3-5-21 图

    A. $\dfrac{ql^2}{24}$

    B. $\dfrac{ql^2}{12}$

    C. $\dfrac{ql^2}{8}$

    D. $\dfrac{ql^2}{4}$

解 图示为对称结构，有水平和竖直两个对称轴，可分别对两个对称轴取半结构，即取1/4结构，如解图所示，然后按力法或位移法求解，此题按力矩分配法计算更便捷。

在角点上附加刚臂，可得到位移法基本体系，则均布荷载q引起的固端弯矩为：

$$M = \frac{1}{3}q\left(\frac{l}{2}\right)^2 = \frac{ql^2}{12}$$

由对称性可知，竖杆和横杆的力矩分配系数相等，故角点上的固端弯矩为：

$$\frac{M}{2} = \frac{ql^2}{24}$$

选 A。

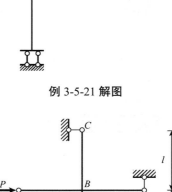

例 3-5-21 解图

【例 3-5-22】图示结构$EI=$常数，在给定荷载作用下，F_{QBC}为：

A. $P/4$

B. $P/2$

C. $-P/4$

D. $-P/2$

例 3-5-22 图

解 利用对称性，可判断两个水平链杆反力均为$P/2$（向左），所求剪力为$F_{QBC} = -P/2$。选 D。

【例 3-5-23】图示结构$EI=$常数，当支座A发生转角θ时，支座B处梁截面弯矩大小为：

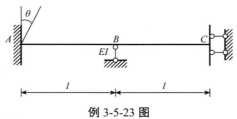

例 3-5-23 图

A. $\frac{2}{5}\frac{EI}{l}\theta$ B. $\frac{1}{2}\frac{EI}{l}\theta$ C. $\frac{EI}{l}\theta$ D. $2\frac{EI}{l}\theta$

解 本题为超静定结构。

用位移法求解时，可取结点B隔离体（见解图）平衡，建立力矩平衡方程，并配合使用转角位移方程，可得：

$$M_{BA} + M_{BC} = 0$$
$$(4i\theta_B + 2i\theta) + i\theta_B = 0$$

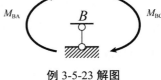

例 3-5-23 解图

解得$\theta_B = -\frac{2}{5}\theta$

$$M_B = -M_{BA} = M_{BC} = i\theta_B = -i\frac{2}{5}\theta = -\frac{2}{5}\frac{EI}{l}$$

或者用力矩分配法计算截面弯矩M_{BC}，不平衡力矩$R_{1P} = 2i \cdot \theta$，分配系数$\mu_{BC} = 1/5$，故

$$M_{BC} = \frac{1}{5} \times (-2i\theta) = -\frac{2}{5}\frac{EI}{l} \quad (\text{上侧受拉})$$

选 A。

【例 3-5-24】超静定结构在温度变化和支座移动作用下的内力和位移计算中，各杆的刚度应为：

A. 均可用相对值

B. 内力计算用相对值，位移计算用绝对值

C. 均须采用绝对值

D. 内力计算用绝对值，位移计算用相对值

解 仅在荷载单独作用下内力计算可以用相对值，除此之外均须用绝对值，故选 C。

【例 3-5-25】 位移法典型方程的系数和自由项中，数值范围可为正、负数的有：

A. 主系数   B. 主系数和副系数

C. 主系数和自由项   D. 副系数和自由项

解 位移法典型方程中的刚度系数 k_{ij} 是第 j 个约束的单位位移引起的第 i 个约束中的反力。当 $j = i$ 时，主系数 k_{ii} 恒为正值；而当 $i \neq j$ 时，副系数 k_{ij} 和自由项可正、可负、可为零。选 D。

【例 3-5-26】 位移法典型方程中，主系数 γ_{11} 一定是：

A. 等于零   B. 大于零   C. 小于零   D. 大于或等于零

解 位移法典型方程中的主系数是某个附加约束的单位位移引起自身约束中的反力，其值恒为正，不可能等于零也不可能小于零。选 B。

3.6 结构动力特性与动力反应

考试大纲☞： 单自由度体系   自振周期   频率   振幅与最大动内力

                      阻尼对振动的影响

3.6.1 相关概念

结构受到动力荷载作用是指荷载随时间变化，且变化比较快，结构的质量产生了不可忽略的加速度。因此在计算中必须考虑惯性力的影响（即质量乘以加速度）。自由振动是指由于初始干扰引起的振动，振动过程中没有外荷载作用。强迫振动在振动过程中有外荷载作用。

动力计算自由度是指，确定运动过程中任一时刻全部质量位置所需的独立几何参数数目。实际结构的质量为连续分布，为无限自由度体系，但为了简化计算，将连续分布的质量用集中质量来代替，若可用一个集中质量来代替就是单自由度体系。

建立体系运动方程最基本的方法是，由达朗贝尔原理，将惯性力、阻尼力假想地作用于质量上，再考虑作用于结构上的外荷载，根据静力平衡条件建立瞬时动力平衡方程，该方法也称动静法或惯性力法。

利用直接平衡法建立运动方程的具体方式，可分为两种：柔度法（列位移方程），以结构整体为研究对象，使用柔度系数列出质量位移的表达式；刚度法（列动力平衡方程），以质量点为研究对象，使用刚度系数，列出质量的动平衡方程。

3.6.2 单自由度体系自由振动

1）运动方程及方程解答

由达朗贝尔原理，可得单自由度体系的无阻尼自由振动方程为：

$$m\ddot{y} + ky = 0 \quad \text{或} \quad m\ddot{y} + \frac{1}{\delta}y = 0$$

式中：$m\ddot{y}$ ——惯性力；

    ky ——体系的弹性力；

    k ——刚度系数，表示体系发生单位位移所需要的力，即位移法中的系数 r_{11}；

δ——柔度系数，表示单位力作用下体系所发生的位移，即力法中的系数δ_{11}。

上述运动微分方程的解，即质量点的动位移为：

$$y(t) = y_0 \cos \omega t + \frac{v_0}{\omega} \sin \omega t = A \sin(\omega t + \varphi)$$

且

$$A = \sqrt{y_0^2 + \left(\frac{v_0}{\omega}\right)^2}, \quad \varphi = \arctan \frac{y_0 \omega}{v_0}$$

式中： y_0、v_0——质点初始位移与初始速度；

$\omega = \sqrt{\frac{k}{m}} = \frac{1}{\sqrt{m\delta}}$——体系的自振频率（也称圆频率）（rad/s）。

因此，体系的自振周期$T = \frac{2\pi}{\omega}$，它表示振动一次所需的时间，而$\omega = \frac{2\pi}{T}$为2π秒内振动的次数。自振周期的倒数称为频率（也称固有频率），表示单位时间内的振动次数，单位为1/s，或者称为赫兹（Hz），即$f = \frac{1}{T} = \frac{\omega}{2\pi}$。

2）自振频率和自振周期的计算

可按下列公式计算自振频率和自振周期：

$$\omega = \sqrt{\frac{k}{m}} = \sqrt{\frac{1}{m\delta}} = \sqrt{\frac{g}{W\delta}} = \sqrt{\frac{g}{\Delta_{\text{st}}}}$$

$$T = 2\pi \sqrt{\frac{m}{k}} = 2\pi \sqrt{\frac{\Delta_{\text{st}}}{g}}$$

式中：$W = mg$——质量m的重力；

g——重力加速度；

Δ_{st}——体系在质量m处沿振动方向由重力W产生的静位移。

由上式可知，结构的自振频率和周期只与结构的质量和刚度有关，而与引起自由振动的初位移、初速度无关，它们是很重要的结构动力特性参数。要改变结构的自振频率和周期，只有从改变结构的刚度或质量着手。在质量相同的条件下，增大结构的刚度，则频率也将随之增大。

在具体解题时，关键在于结构刚度系数或柔度系数的求解，之后代入公式求解即可；对静定结构或梁式结构一般用求柔度系数方式，其他情况可用求刚度系数方式。

3.6.3 单自由度体系无阻尼强迫振动

单自由度体系无阻尼强迫振动时，质点在弹性力$-ky$、惯性力$-m\ddot{y}$与动荷载$P(t)$共同作用下平衡，强迫振动运动微分方程为：

$$m\ddot{y} + ky = P(t)$$

1）一般荷载作用

当荷载为一般荷载时，单自由度体系强迫振动的位移解答为：

$$y(t) = y_0 \cos \omega t + \frac{v_0}{\omega} \sin \omega t + \frac{1}{m\omega} \int_0^t P(\tau) \sin \omega(t - \tau) d\tau$$

由于阻尼作用，经过一段时间后，振动位移中频率为自由振动的圆频率ω的项$y_0 \cos \omega t + \frac{v_0}{\omega} \sin \omega t$将衰减，剩下的即为稳态振动响应项（又称为杜哈梅积分）：

$$y(t) = \frac{1}{m\omega} \int_0^t P(\tau) \sin \omega(t - \tau) d\tau$$

2）简谐荷载作用

当荷载为简谐荷载时，$P(t) = P\sin\theta t$，则稳态振动响应项为：

$$y(t) = y_{st}\beta\sin\theta t$$

可见稳态响应的最大位移值为：

$$y_{max} = y_{st}\beta$$

式中，$y_{st} = P\delta$，相当于最大静位移，即将简谐荷载$P(t) = P\sin\theta t$的最大值P当作静荷载时体系发生的静力位移。$\beta = \dfrac{1}{1-\frac{\theta^2}{\omega^2}}$称为位移动力放大系数，为最大动位移与最大静位移之比。

3）实用结论

实际工程设计中，主要求振幅的绝对值，不考虑正负号，故动力放大系数用绝对值表示：

当外界干扰频率θ远小于结构自由振动频率ω时，$\dfrac{\theta}{\omega}\to 0$，$\beta\to 1$，即体系动力位移与静力位移趋于一致，此时动荷载可以当作静荷载处理。

当外界干扰频率θ接近结构自由振动频率ω时，$\dfrac{\theta}{\omega}\to 1$，$\beta\to\infty$，即动力位移趋于无穷大，称为体系发生共振。而实际问题中存在阻尼，共振时位移不会无限大，然而共振时动力放大效应很明显，应该避免这种情况出现。

当外界干扰频率θ远大于结构自由振动频率ω时，$\dfrac{\theta}{\omega}\to\infty$，$\beta\to 0$，即体系动力位移趋于零。

在单自由度结构上，当动力荷载与惯性力的作用点重合时，位移动力系数与内力动力系数是相同的，这时位移动力系数和内力动力系数可统称为动力系数。

3.6.4 阻尼对振动的影响

结构的自由振动实质是势能与动能的相互转化过程。若在结构的振动过程中存在着能量的耗散，则这种能量的耗散作用通常称为阻尼。振动过程中阻尼的形成机制非常复杂，主要来自结构周围介质的阻尼，结构与支承之间的摩擦，以及材料内部分子之间的摩擦等。通常为了计算简便，取阻尼力与振动速度成正比，即黏滞阻尼力$R = -c\dot{y}$，c为阻尼系数。

1）运动方程及解答

单自由度体系在黏滞阻尼作用下强迫振动时，受弹性力$-ky$、阻尼力$-c\dot{y}$、惯性力$-m\ddot{y}$与动荷载$P(t)$共同作用下平衡，强迫振动运动微分方程为：

$$m\ddot{y} + c\dot{y} + ky = P(t)$$

其中，c为阻尼常数，$c_r = 2m\omega$为临界阻尼常数，$\xi = \dfrac{c}{c_r} = \dfrac{c}{2m\omega}$为阻尼比。

上述运动方程的解与阻尼比有关。当$\xi < 1$时，为低阻尼情况，单自由度体系自由振动的频率$\omega_r = \omega\sqrt{1-\xi^2}\approx\omega$，阻尼使自由振动频率减小，但减小量不大，一般情况下可以忽略不计。自由振动的位移$y(t) = e^{-\xi\omega t}\left(y_0\cos\omega_r t + \dfrac{v_0+\xi\omega y_0}{\omega_r}\sin\omega_r t\right)$。

当$\xi = 1$时为临界阻尼情况，当$\xi > 1$时为超阻尼情况，临界阻尼与超阻尼情况均不出现振动。

单自由度体系在黏滞阻尼作用下强迫振动的稳态振动位移为：

$$y(t) = \dfrac{1}{m\omega_r}\int_0^t P(\tau)e^{-\xi\omega(t-\tau)}\sin\omega_r(t-\tau)d\tau$$

对于简谐荷载$P(t) = P\sin\theta t$，平稳振动项为：

$$y(t) = y_{st}\beta\sin(\theta t - \alpha)$$

其中，$\beta = \dfrac{1}{\sqrt{\left(1-\frac{\theta^2}{\omega^2}\right)^2 + 4\xi^2\frac{\theta^2}{\omega^2}}}$ 为位移动力放大系数，其为最大动位移与相当静力位移之比。

2）有阻尼自由振动实用结论

对频率的影响：体系阻尼较小时，低阻尼情况，单自由度体系自由振动的频率 $\omega_r = \omega\sqrt{1-\xi^2} \approx \omega$，阻尼使自由振动的频率减小，周期增大，但频率减小量不大，一般情况下可以忽略不计。例如，一般工程结构中阻尼比在 0.01~0.1 之间，所以可认为阻尼对结构自振频率没有影响。

对振幅的影响：由方程解可以看出，振幅衰减很快，呈对数衰减规律。阻尼比与振幅衰减间的关系为：$\xi = \dfrac{1}{2\pi j}\ln\dfrac{y_n}{y_{n+j}}$，式中 y_n 与 y_{n+j} 表示相隔 j 个周期的振幅，通常在试验测量中取 $j = 1$。

3）有阻尼强迫振动实用结论

有阻尼时，动力系数不仅与频率比有关，而且还与阻尼比有关，如图 3-6-1 所示。

当 θ 远小于 ω 时，$\dfrac{\theta}{\omega} \to 0$，$\beta \to 1$，体系动力位移与静力位移趋于一致，此时动荷载可当作静荷载处理。

当 $0 \leqslant \xi \leqslant 1$ 时，阻尼对简谐荷载的动力系数影响较大，随着阻尼比的增加，动力放大系数 β 迅速下降，特别是在 $0.75 < \dfrac{\theta}{\omega} < 1.25$ 的共振区范围内，β 的峰值下降最为明显。

当 θ 接近 ω 时，动力位移较大，称为体系发生共振。虽然 β 的最大值并不发生在 $\dfrac{\theta}{\omega} = 1$ 处，但当阻尼比较小时，可近似认为 $\beta_{\max} = \dfrac{1}{2\xi}$。

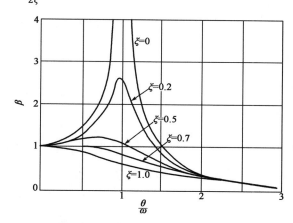

图 3-6-1 动力系数与频率比关系图

共振时，惯性力与弹性力平衡，阻尼力与外力平衡，因此在共振时，阻尼起着重要的影响，其影响不能忽略。

当 θ 远大于 ω 时，$\dfrac{\theta}{\omega} \to \infty$，$\beta \to 0$，体系动力位移趋于零。

【例 3-6-1】忽略杆件的轴向变形，图示体系的动力自由度为：

A. 2   B. 3   C. 4   D. 5

例 3-6-1 图

解 动力自由度为每个质量点的独立运动参数，一种简便的方法是添加链杆来固定全部质量点，所添加的链杆数目即为动力自由度，选 B。

注意：集中质量的数目与体系的动力自由度数目不一定相等。

【**例 3-6-2**】 图示刚架结构，不计分布质量，动力自由度个数为：

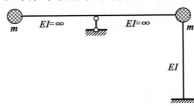

例 3-6-2 图

A. 1   B. 2   C. 3   D. 4

解 因质量点只有水平方向的运动，所以动力自由度个数为 1 个，选 A。

【**例 3-6-3**】 若要减小受弯结构的自振频率，则应使：

A. EI 增大，m 增大   B. EI 减小，m 减小

C. EI 减小，m 增大   D. EI 增大，m 减小

解 频率基本公式为 $\omega = \sqrt{\dfrac{k}{m}}$，同时受弯结构的刚度 k 与 EI 成正比，可知选 C。

【**例 3-6-4**】 在图示结构中，若要使其自振频率 ω 增大，可以：

A. 增大 P

B. 增大 m

C. 增大 EI

D. 增大 l

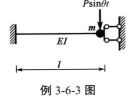

例 3-6-3 图

解 根据频率计算公式 $\omega = \sqrt{\dfrac{k}{m}}$ 可知，增大刚度可增大自振频率。选 C。

【**例 3-6-5**】 单自由度体系其他参数不变，若刚度增大到原来的 2 倍，则周期比原来的周期：

A. 减小到 $\dfrac{1}{2}$ B. 减小到 $\dfrac{1}{\sqrt{2}}$

C. 增大到 2 倍   D. 增大到 $\sqrt{2}$ 倍

解 由周期基本公式 $T = 2\pi\sqrt{\dfrac{m}{k}}$，可知选 B。

【**例 3-6-6**】 单自由度体系在简谐荷载作用下，欲使其动位移振幅等于干扰力幅值作用时的静位移大小的两倍时，则荷载频率与结构自振频率之比接近于：

A. 0.1   B. 0.707   C. 1.0   D. 10

解 动力放大系数 $\mu = \dfrac{y_{\max}}{y_{\text{st}}} = \dfrac{1}{1-(\overline{\omega}/\omega)^2} = 2$ 时，$\dfrac{\overline{\omega}}{\omega} = \dfrac{\sqrt{2}}{2}$，选 B。

【**例 3-6-7**】 以下说法正确的是：

A. 动力位移总是要比静力位移大

B. 不计自重时，有几个质点就有几个自由度

C. 承受动荷载作用的结构，若发现位移太大，则增大结构的刚度总是可以达到减小位移的目的

D. 单自由度体系自由振动的振幅取决于体系的初位移、初速度与自振频率

解 选 D。

【例 3-6-8】 将图 a）中支座 B 换成杆 BC，形成如图 b）所示刚架，杆分布质量不计，I_1、I_2、h 为常数，则图 a）结构自振周期比 b）结构自振周期为：

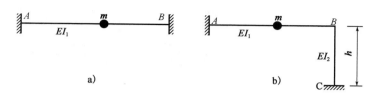

例 3-6-8 图

A. 大   B. 小

C. 大或小取决于 I_2/I_1 D. 小或相等，取决于 h

解 图 a）结构中 B 端为固定端无转动位移，而图 b）结构中 B 端可以转动，因此图 a）结构的刚度比图 b）结构大，由周期基本公式 $T = 2\pi\sqrt{\dfrac{m}{k}}$，可知选 B。

【例 3-6-9】 图示体系的自振频率为：

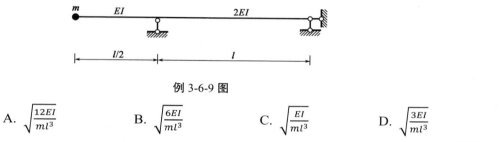

例 3-6-9 图

A. $\sqrt{\dfrac{12EI}{ml^3}}$ B. $\sqrt{\dfrac{6EI}{ml^3}}$ C. $\sqrt{\dfrac{EI}{ml^3}}$ D. $\sqrt{\dfrac{3EI}{ml^3}}$

解 先由图乘法求出竖向单位力作用下质量点处的竖向位移 $\delta_{11} = \dfrac{l^3}{12EI}$，再代入公式 $\omega = \sqrt{\dfrac{1}{m\delta}}$ 即得，选 A。

注意：对于梁等静定结构，用求柔度系数的方法代入公式计算比较容易。

【例 3-6-10】 图示体系的自振频率为：

A. $\sqrt{\dfrac{EI}{ml^3}}$

B. $\sqrt{\dfrac{3EI}{2ml^3}}$

C. $\sqrt{\dfrac{3EI}{ml^3}}$

D. $\sqrt{\dfrac{3EI}{4ml^3}}$

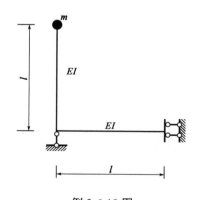

例 3-6-10 图

解 先由图乘法求出水平单位力作用下质量点处的水平位移 $\delta_{11} = \dfrac{4l^3}{3EI}$，再代入公式 $\omega = \sqrt{\dfrac{1}{m\delta}}$ 即得，选 D。

注意：对于静定结构，用求柔度系数的方法代入公式计算比较容易。

【例 3-6-11】 图示体系的自振频率为：

A. $\sqrt{\dfrac{24EI}{mh^3}}$ B. $\sqrt{\dfrac{12EI}{mh^3}}$ C. $\sqrt{\dfrac{6EI}{mh^3}}$ D. $\sqrt{\dfrac{3EI}{mh^3}}$

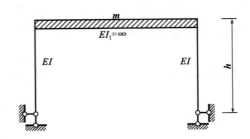

例 3-6-11 图

解 先求出刚度系数 $k_{11} = 2 \times \dfrac{3EI}{h^3}$，再代入公式 $\omega = \sqrt{\dfrac{k}{m}}$ 即得，选 C。

注意：对于柱式刚架结构，可用计算刚度系数的方法代入公式计算比较容易。此题中两根柱子在上端加链杆后，即为上端固定下端铰支的形式，可知单根柱子的侧移刚度为 $\dfrac{3EI}{h^3}$。

【**例 3-6-12**】 图示体系的自振频率为：

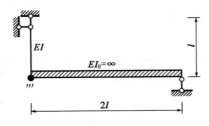

例 3-6-12 图

A. $\sqrt{\dfrac{6EI}{ml^3}}$　　　　B. $\sqrt{\dfrac{12EI}{ml^3}}$　　　　C. $\sqrt{\dfrac{3EI}{ml^3}}$　　　　D. $\sqrt{\dfrac{3EI}{4ml^3}}$

解 先求出刚度系数 $k_{11} = \dfrac{3EI}{l^3}$，再代入公式 $\omega = \sqrt{\dfrac{k}{m}}$ 即得，选 C。此题中竖杆件在下端加刚性杆后，即为下端固定上端铰支的形式，可知竖杆件的侧移刚度为 $\dfrac{3EI}{l^3}$。

【**例 3-6-13**】 图示体系，已知弹性支承 C 的刚度系数为 k，则自振频率 ω 为：

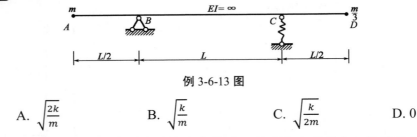

例 3-6-13 图

A. $\sqrt{\dfrac{2k}{m}}$　　　　B. $\sqrt{\dfrac{k}{m}}$　　　　C. $\sqrt{\dfrac{k}{2m}}$　　　　D. 0

解 横梁刚度无穷大，所以该体系为单自由度体系。可选定变形形式如解图所示。

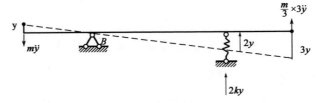

例 3-6-13 解图

建立运动方程，可得：

$$\sum M_B = m \cdot \ddot{y} \cdot \frac{L}{2} + \frac{m}{3} \cdot 3\ddot{y} \cdot \frac{3L}{2} + k \cdot 2y \cdot L = 2m\ddot{y}L + 2kyL = 0$$

化成标准型即为：

$$\ddot{y} + \frac{k}{m}y = 0$$

所以系统的自振频率 $\omega = \sqrt{\dfrac{k}{m}}$，选 B。

【例 3-6-14】 图示单自由度动力体系中，质量 m 在杆件中点，各杆 EI、l 相同，其自振频率的大小排列顺序为：

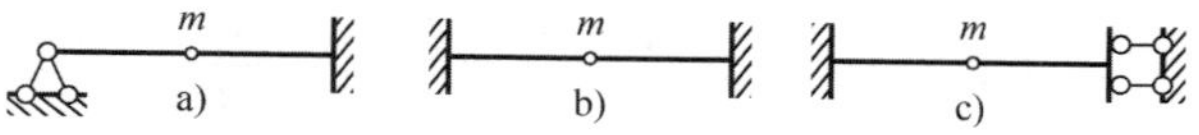

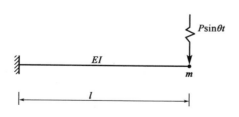

例 3-6-14 图

A. 图 a) > 图 b) > 图 c)　　　　　B. 图 c) > 图 b) > 图 a)

C. 图 b) > 图 c) > 图 a)　　　　　D. 图 b) > 图 a) > 图 c)

解 单自由度体系的自振频率公式为 $\omega = \sqrt{\dfrac{k}{m}}$，刚度越大，自振频率越大。而体系刚度与各杆两端约束有关，约束越强，刚度越大，自振频率越大。三个图中均为一端固定，另一端铰支、固定或滑动，根据杆端约束性质可知，图 b）的约束最强，自振频率最大；图 a）次之；图 c）的约束最弱，自振频率最小。选 D。

【例 3-6-15】 简谐荷载作用于单自由度体系时的动力系数 μ 的变化规律是：

　　A. 干扰力频率越大，μ 越大（μ 指绝对值，下同）

　　B. 干扰力频率越小，μ 越大

　　C. 干扰力频率越接近自振频率，μ 越大

　　D. 有阻尼时，阻尼越大，μ 越大

解 无阻尼单自由度体系受简谐荷载作用时的动力系数为

$$\mu = \frac{1}{1 - \left(\dfrac{\theta}{\omega}\right)^2}$$

当荷载频率 θ 越接近于自振频率 ω 时，μ 绝对值越大（$\theta \approx \omega$ 时，$\mu \approx \infty$ 发生共振）。选项 A 在 $\theta > \omega$ 时不正确，选项 B 在 $\theta < \omega$ 时不正确。有阻尼时，阻尼越大，则动力系数越小。选 C。

【例 3-6-16】 如图所示体系不计阻尼的稳态最大动位移为 $y_{\max} = \dfrac{4Pl^3}{9EI}$，其最大动力弯矩为：

$P\sin\theta t$

EI

m

l

例 3-6-16 图

A. $\dfrac{Pl}{3}$　　　　　B. Pl　　　　　C. $\dfrac{4Pl}{3}$　　　　　D. $\dfrac{7Pl}{3}$

解 干扰力幅值 P 引起的静位移 $y_{st} = \dfrac{Pl^3}{3EI}$，故动力放大系数 $\beta = \dfrac{y_{\max}}{y_{st}} = \dfrac{4}{3}$；又因为最大静弯矩 $M_{st} = Pl$，因此，最大动力弯矩 $M_{\max} = \beta M_{st} = \dfrac{4}{3}Pl$，选 C。

【例 3-6-17】 设 $\theta = 0.5\omega$（ω 为自振频率），则如图所示体系的最大动位移为：

A. $\dfrac{Pl^3}{40EI}$　　　　B. $\dfrac{4Pl^3}{36EI}$　　　　C. $\dfrac{4Pl^3}{18EI}$　　　　D. $\dfrac{Pl^3}{3EI}$

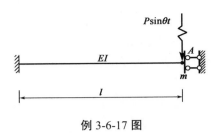

例 3-6-17 图

解 图示超静定结构由干扰力幅值P所引起的静位移为$y_{st} = \frac{Pl^3}{12EI}$，又动力放大系数$\beta = \frac{1}{1-\left(\frac{\theta}{\omega}\right)^2} = \frac{4}{3}$，因此最大动位移$A = \beta y_{st} = \frac{4Pl^3}{36EI}$，选 B。

【例 3-6-18】 图示体系中已知EI为常数，杆长为l，不计阻尼，$\theta = 0.5\omega$（ω为自振频率），则在稳态阶段时，A点的动位移幅值为：

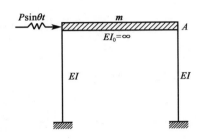

例 3-6-18 图

A. $\frac{Pl^3}{18EI}$ B. $\frac{Pl^3}{9EI}$ C. $\frac{Pl^3}{12EI}$ D. $\frac{4Pl^3}{9EI}$

解 先求出结构水平刚度系数$k_{11} = 2 \times \frac{12EI}{l^3} = \frac{24EI}{l^3}$，再求出由干扰力幅值$P$所引起的静位移为$y_{st} = \frac{P}{k_{11}} = \frac{Pl^3}{24EI}$，又动力放大系数$\beta = \frac{1}{1-\left(\frac{\theta}{\omega}\right)^2} = \frac{4}{3}$，因此最大动位移$A = \beta y_{st} = \frac{Pl^3}{24EI} \times \frac{4}{3} = \frac{Pl^3}{18EI}$，选 A。

注意：此题中两根柱子在上端加链杆后，即为上端固定下端固定的形式，可知单根柱子的侧移刚度为$\frac{12EI}{l^3}$。

【例 3-6-19】 单自由度低阻尼弹性体系受简谐荷载作用，若增大阻尼而其他因素不变，则自由振动周期T和动力系数μ的变化为：

A. T增加，μ增加   B. T增加，μ减小

C. T减小，μ增加   D. T减小，μ减小

解 低阻尼弹性体系增大阻尼将使振动频率减小（即变慢），周期T增加，动力系数μ减小，选 B。

【例 3-6-20】 设μ_a和μ_b分别表示图 a）、b）示两结构的位移动力系数，则：

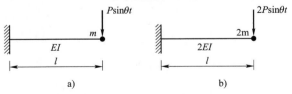

例 3-6-20 图

A. $\mu_a = \frac{1}{2}\mu_b$ B. $\mu_a = -\frac{1}{2}\mu_b$

C. $\mu_a = \mu_b$ D. $\mu_a = -\mu_b$

解 两图外荷载的θ相同，结构的频率ω相同，故动力系数$\beta = \frac{1}{1-\frac{\theta^2}{\omega^2}}$相同。选 C。

【例 3-6-21】 图示单自由度体系受简谐荷载作用，简谐荷载频率等于结构自振频率的 2 倍，则位

移的动力放大系数为：

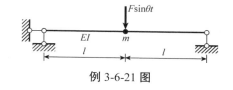

例 3-6-21 图

      A. 2

      B. 4/3

      C. −1/2

      D. −1/3

解 根据题意，荷载频率与自振频率之比 $\dfrac{\theta}{\omega} = 2$，代入求位移动力系数公式，可得：

$$\beta = \frac{1}{1 - \left(\dfrac{\theta}{\omega}\right)^2} = \frac{1}{1 - 2^2} = -\frac{1}{3}$$

选 D。

【例 3-6-22】单自由度体系自由振动时，实测振动 10 周后振幅衰减为 $y_{10} = 0.01y_0$，则阻尼比等于：

      A. 0.02   B. 0.05   C. 0.073   D. 0.1025

解 代入阻尼比公式计算：

$$\xi = \frac{1}{2\pi \times 10} \times \ln \frac{1}{0.01} = 0.07329$$

选 C。

【例 3-6-23】图示体系在 $P(t) = P\sin\theta t$ 作用下，不考虑阻尼，当 $\theta = \sqrt{0.75EI/(ml^3)}$ 时，动力系数 μ 为：

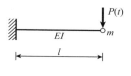

例 3-6-23 图

      A. 0.75

      B. 1.33

      C. 1.50

      D. 1.80

解 先计算悬臂梁自由端的柔度系数 $\delta = \dfrac{l^3}{3EI}$ 以及体系的自振频率 $\omega = \sqrt{\dfrac{1}{m\delta}} = \sqrt{\dfrac{3EI}{ml^3}}$，代入单自由度体系在简谐荷载作用下的动力系数公式计算，可得：

$$\mu = \frac{1}{1 - \dfrac{\theta^2}{\omega^2}} = \frac{1}{1 - \dfrac{0.75}{3}} = 1.33$$

选 B。

4　水工钢筋混凝土结构

> **考题配置**　单选，12题
> **分数配置**　每题2分，共24分

本章编制的依据为现行电力行业标准《水工混凝土结构设计规范》（DL/T 5057—2009）和现行水利行业标准《水工混凝土结构设计规范》（SL 191—2008）。这两本规范的大部分内容基本相同，但两者承载能力极限状态的设计表达式却有较大差别。DL/T5057—2009采用概率极限状态设计原则，按分项系数设计表达式进行设计；SL 191—2008 则在规定的材料性能分项系数和荷载分项系数取值的条件下，采用了以安全系数 K 表达的设计表达式进行设计。

4.1　水工钢筋混凝土结构材料性能

考试大纲☞： 钢筋的力学性能　混凝土的力学性能

4.1.1　钢筋的力学性能

1）钢筋的分类

我国水工混凝土结构中所用的钢筋有热轧钢筋和钢丝、钢绞线、螺纹钢筋及钢棒。

按照钢筋在结构中所起作用的不同，可分为普通钢筋和预应力筋两类。普通钢筋是指用于钢筋混凝土结构中的钢筋，以及用于预应力混凝土结构中的非预应力筋；预应力筋是指用于预应力混凝土结构中预先施加预应力的钢筋。热轧钢筋主要用作普通钢筋，而钢丝、钢绞线、螺纹钢筋及钢棒主要用作预应力筋。

热轧钢筋按其外形分为热轧光圆钢筋（Hot Rolled Plain Bars）和热轧带肋钢筋（Hot Rolled Ribbed Bars）两类。热轧钢筋为软钢，其应力-应变曲线有明显的屈服强度和流幅，断裂时有"颈缩"现象，伸长率比较大。在我国现行钢筋国家标准《钢筋混凝土用钢 第1部分：热轧光圆钢筋》（GB/T 1499.1—2017）中，热轧光圆钢筋的牌号由HPB（热轧光圆钢筋的英文 Hot Rolled Plain Bars 缩写）+屈服强度特征值（单位为N/mm²）构成，如HPB300；在我国现行钢筋国家标准《钢筋混凝土用钢 第2部分：热轧带肋钢筋》（GB/T 1499.2—2018）中，热轧带肋钢筋分为普通热轧带肋钢筋和细晶粒热轧带肋钢筋两种，其牌号分别由HRB（热轧带肋钢筋的英文 Hot Rolled Ribbed Bars 缩写）+屈服强度特征值（单位为N/mm²）及HRBF［在热轧带肋钢筋的英文缩写后加"细"（Fine）的英文首位字母］+屈服强度特征值（单位为N/mm²）表示，按照屈服强度特征值的高低，分为HRB400、HRB500、HRB600及HRBF400、HRBF500。

我国电力行业标准《水工混凝土结构设计规范》（DL/T 5057—2009）建议，普通钢筋宜采用HRB400钢筋，也可采用HPB300、RRB400和HRB500钢筋；水利行业标准《水工混凝土结构设计规范》（SL 191—2008）建议，普通钢筋宜采用HRB400钢筋，也可采用HPB235、RRB400钢筋。

钢丝、钢绞线、螺纹钢筋及钢棒为硬钢，钢筋拉伸试验的应力-应变曲线没有明显的屈服强度和流幅，其力学性质强度高且相对较硬。DL/T 5057—2009 和 SL 191—2008 建议，预应力筋宜采用钢绞线、钢丝，也可采用螺纹钢筋及钢棒。

2）钢筋力学性能的主要指标

混凝土结构用钢筋要求具有一定的强度（屈服强度R_e或规定非比例延伸强度$R_{p0.2}$和抗拉强度R_m）、足够的塑性（伸长率和冷弯性能）、良好的与混凝土的黏结性能及良好的焊接性能，对于预应力混凝土用钢筋还应具有较低的应力松弛性能。

（1）屈服强度：是指钢筋呈屈服现象时，在试验期间发生塑性变形而力不增加时的应力，有下屈服强度R_{eL}与上屈服强度R_{eH}之分（下屈服强度R_{eL}是指钢筋试样在屈服期间不计初始瞬时效应时的最低应力，上屈服强度R_{eH}是指钢筋试样发生屈服而力首次下降前的最高应力）。我国现行钢筋国家标准规定，热轧钢筋的屈服强度特征值应采用下屈服强度R_{eL}。

（2）规定非比例延伸强度：是指非比例延伸率等于规定的引伸计标距百分率时的应力，例如，$R_{p0.2}$表示规定非比例延伸率为 0.2%时的应力，也就是经过加载及卸载后尚存有 0.2%永久残余应变时的应力。对于没有明显屈服强度的钢筋，我国现行规范规定，条件屈服强度取规定非比例延伸强度$R_{p0.2}$，$R_{p0.2}$为 0.8~0.9 倍的极限抗拉强度。

（3）抗拉强度（R_m）：又称极限抗拉强度，是指钢筋拉伸试验中所能承受的最大拉力所对应的应力。

（4）伸长率：钢筋的伸长率（包括断后伸长率A和最大力下的总伸长率A_{gt}）是衡量钢筋塑性的主要指标之一。断后伸长率A是指断后标距的残余伸长L_u-L_0与原始标距L_0之比的百分率；最大力下的总伸长率A_{gt}是指最大力时原始标距的伸长与原始标距L_0之比的百分率，这里标距是指测量伸长用的钢筋试样的长度，原始标距L_0是指施力前的试样标距，断后标距L_u是指试样断裂后的标距，最大力是指试样在试验中承受的最大的力值。

（5）冷弯性能：是衡量钢筋塑性的另一主要指标之一。冷弯就是在常温下，将钢筋绕着直径为D的钢辊弯转，达到规定的弯转角度α而钢筋外侧不出现裂纹或钢筋不发生断裂。冷弯性能利用弯芯直径D和弯转角度α来衡量，它是检验钢筋韧性和内部质量的一种非常有效的方法。我国现行钢筋国家标准规定，按规定的弯芯直径D弯曲 180°后，钢筋受弯曲部位表面不得产生裂纹；此外还规定，根据需方要求，钢筋还可进行反向弯曲试验，弯芯直径比弯曲试验相应增加一个钢筋公称直径，反向弯曲试验时，先正向弯曲 90°后再反向弯曲 20°，经过反向弯曲试验后，钢筋受弯曲部位表面不得产生裂纹。

（6）与混凝土良好的黏结性能。黏结性能直接影响钢筋的受力与锚固，从而影响钢筋与混凝土的共同工作，因此，钢筋与混凝土间应具有良好的黏结性能；由于钢筋的表面形状对黏结性能影响最为直接，因而宜优先选用热轧带肋钢筋。

（7）良好的焊接性能。保证钢筋焊接后不产生裂纹及过大的变形。

3）钢筋强度标准值和设计值

（1）钢筋强度标准值

DL/T 5057—2009 和 SL 191—2008 规定，钢筋强度标准值应具有不小于 95%的保证率。DL/T 5057—2009 和 SL 191—2008 以钢筋国家标准的规定值作为确定钢筋强度标准值的依据。对于热轧钢筋，国标规定的屈服强度即为钢筋出厂检验的废品限值，大体上相当于钢筋强度总体分布的平均值减去 2 倍标准差，相应的保证率为 97.73%，符合保证率不小于 95%的要求；对于无明显屈服强度的预应力钢丝、钢绞线、螺纹钢筋及钢棒，为了与钢筋国家标准的出厂检验强度一致，采用国标规定的极限抗拉强度作为钢筋强度标准值。值得注意的是，DL/T 5057—2009 和 SL 191—2008 在承载力计算时，对于无明显屈服强度的预应力钢丝、钢绞线、螺纹钢筋及钢棒，取极限抗拉强度的 85%作为设计上取用的条件屈服强度。

普通钢筋的强度标准值用 f_{yk} 表示，预应力筋的强度标准值用 f_{ptk} 表示。

（2）钢筋强度设计值

普通钢筋抗拉强度设计值，取为钢筋强度标准值除以钢筋材料性能分项系数 γ_s；预应力混凝土用钢丝、钢绞线、螺纹钢筋及钢棒的抗拉强度设计值，取为条件屈服强度除以钢筋材料性能分项系数 γ_s。

DL/T 5057—2009 和 SL 191—2008 规定，普通钢筋的材料性能分项系数 γ_s 均取 1.10；预应力钢丝、钢绞线、钢棒及螺纹钢筋的材料性能分项系数 γ_s 取为 1.20；热轧钢筋 HRB500，用作纵筋时 γ_s 取 1.19，用作箍筋时 γ_s 取 1.39。

受压钢筋强度设计值 f_y' 以钢筋应变 $\varepsilon_s' = 0.002$ 作为取值依据，按 $f_y' = \varepsilon_s' E_s$ 和 $f_y' = f_y$ 两个条件确定，取两者的较小值。

普通钢筋的抗拉强度设计值及抗压强度设计值分别用 f_y 及 f_y' 表示，预应力筋的抗拉强度设计值及抗压强度设计值分别用 f_{py} 及 f_{py}' 表示。

【例 4-1-1】《水工混凝土结构设计规范》（SL 191—2008）中 f_y、f_{yk}、f_{ptk}、f_{py} 及 f_{py}' 指的是：

    A. f_y 普通钢筋抗拉强度设计值；f_{yk} 普通钢筋强度标准值；f_{ptk} 预应力筋强度标准值；f_{py} 预应力筋抗拉强度设计值；f_{py}' 预应力筋抗压强度设计值

    B. f_y 软钢屈服强度；f_{yk} 软钢极限强度；f_{ptk} 预应力筋极限强度；f_{py} 预应力筋抗拉强度设计值；f_{py}' 预应力筋抗压强度设计值

    C. f_y 普通钢筋抗拉屈服强度；f_{yk} 普通钢筋的标准强度；f_{ptk} 预应力筋强度标准值；f_{py} 预应力筋抗拉强度设计值；f_{py}' 预应力筋抗压强度设计值

    D. f_y 普通钢筋抗拉强度设计值；f_{yk} 普通钢筋强度标准值；f_{ptk} 预应力筋极限强度；f_{py} 预应力筋抗拉强度设计值；f_{py}' 预应力筋抗压强度设计值

解 选 A。

【例 4-1-2】以下说法正确的是：

    A. 钢筋强度标准值应具有不小于 95%的保证率，普通钢筋的强度标准值根据屈服强度确定，用 f_y 表示，预应力钢绞线、钢丝、钢棒强度标准值用极限抗拉强度确定，用 f_{pk} 表示

    B. 钢筋强度标准值应具有不小于 95%的保证率，普通钢筋的强度标准值根据屈服强度确定，用 f_{yk} 表示，预应力钢绞线、钢丝、钢棒强度标准值用极限抗拉强度确定，用 f_{pk} 表示

    C. 钢筋强度标准值应具有不小于 95%的保证率，普通钢筋的强度标准值根据屈服强度确定，用 f_{yk} 表示，预应力钢绞线、钢丝、钢棒强度标准值用极限抗拉强度确定，用 f_y 表示

    D. 钢筋强度标准值应具有不小于 95%的保证率，普通钢筋的强度标准值根据屈服强度确定，用 f_{yk} 表示，预应力钢绞线、钢丝、钢棒强度标准值用极限抗拉强度确定，用 f_{ptk} 表示

解 选 D。

【例 4-1-3】下列关于光圆钢筋与混凝土黏结作用的说法中，错误的是：

A. 钢筋与混凝土接触面上的摩擦力

B. 钢筋与混凝土接触面上产生的库仑力

C. 钢筋表面与水泥胶结产生的机械咬合力

D. 混凝土中水泥胶体与钢筋表面的化学胶着力

解 钢筋与混凝土之间的黏结作用不包括选项 B。

【例 4-1-4】 钢筋混凝土结构对钢筋性能的需求不包括：

A. 强度 　　　　　　　　　　　　B. 耐火性

C. 塑性 　　　　　　　　　　　　D. 与混凝土的黏结能力

解 本题考点为钢筋混凝土结构对钢筋性能的需求。钢筋混凝土结构对钢筋性能的需求包括混凝土结构用钢筋要求具有一定的强度（屈服强度 R_e 或规定非比例延伸强度 $R_{p0.2}$ 和抗拉强度 R_m）、足够的塑性（伸长率和冷弯性能）、良好的与混凝土的黏结性能及良好的焊接性能，对于预应力混凝土用钢筋还应具有较低的应力松弛性能。

钢筋与构件边缘之间的混凝土保护层，起着防止钢筋锈蚀和高温软化的作用，可提高结构的耐久性（耐火性），所以钢筋混凝土结构对钢筋性能的需求不包括耐火性，故应选 B。

4.1.2 混凝土的力学性能

1) 混凝土强度等级

DL/T 5057—2009 和 SL 191—2008 规定，混凝土强度等级应按立方体抗压强度标准值确定。立方体抗压强度标准值 $f_{cu,k}$ 系指按标准方法制作养护的边长为 150mm 的立方体试件，在 28d 龄期用标准试验方法测得的具有 95% 保证率的抗压强度，即 $f_{cu,k}$ 按混凝土强度总体分布的平均值减去 1.645 倍标准差的原则确定。$f_{cu,k}$ 是混凝土各种力学指标的基本代表值。

对于非标准尺寸的试件，应将所测得的立方体抗压强度乘以换算系数。边长为 200mm 及 100mm 的立方体试件，其换算系数分别取为 1.05 及 0.95。

水利水电工程中常用的混凝土强度等级由 C15~C60 共分为 10 级。符号 C 表示立方体抗压强度，其单位为 N/mm²。

2) 混凝土轴心抗压强度标准值 f_{ck} 与设计值 f_c

棱柱体试件能较好地反映构件中混凝土的实际受力状态。用混凝土棱柱体试件测得的抗压强度称为轴心抗压强度，又称为棱柱体抗压强度。棱柱体试件的标准尺寸为 150mm×150mm×300mm。根据国内混凝土棱柱体抗压强度与立方体抗压强度对比试验的数据和混凝土强度标准值的取值原则，设混凝土轴心抗压强度及立方体抗压强度的平均值分别为 μ_{f_c} 及 $\mu_{f_{cu}}$，并假定 $\delta_{f_c} = \delta_{f_{cu}}$（$\delta_{f_c}$、$\delta_{f_{cu}}$ 分别为混凝土轴心抗压强度及立方体抗压强度的变异系数），同时引入考虑高强混凝土脆性的折减系数 α_c，并考虑结构构件中混凝土强度与试件混凝土强度差异的修正系数 0.88，则得结构构件中混凝土轴心抗压强度标准值 f_{ck} 与立方体抗压强度标准值 $f_{cu,k}$ 之间的关系为：

$$
\begin{aligned}
f_{ck} &= \alpha_c \mu_{f_c}(1 - 1.645\delta_{f_c}) \\
&= 0.67\alpha_c \mu_{f_{cu}}(1 - 1.645\delta_{f_{cu}}) \\
&= 0.67\alpha_c f_{cu,k}
\end{aligned}
\tag{4-1-1}
$$

式中，α_c 的取值：对于 C45 以下均取 $\alpha_c = 1.0$；对于 C45 取 $\alpha_c = 0.98$；对于 C60 取 $\alpha_c = 0.96$；在

C45~C60 之间，α_c 按线性规律变化。

混凝土轴心抗压强度设计值 f_c 取为混凝土轴心抗压强度标准值 f_{ck} 除以混凝土材料性能分项系数 γ_c，$\gamma_c = 1.4$。

3）混凝土轴心抗拉强度标准值 f_{tk} 与设计值 f_t

混凝土轴心抗拉强度标准值 f_{tk} 远低于轴心抗压强度标准值 f_{ck}，f_{tk} 仅相当于 f_{ck} 的 1/8~1/13。在假定轴心抗拉强度的变异系数 $\delta_{f_t} = \delta_{f_{cu}}$ 的条件下，则结构构件中混凝土轴心抗拉强度标准值 f_{tk} 与立方体抗压强度标准值之间的关系为：

$$
\begin{aligned}
f_{tk} &= \mu_{f_t}(1 - 1.645\delta_{f_t}) \\
&= 0.23\mu_{f_{cu}}^{2/3}(1 - 1.645\delta_{f_t}) \\
&= 0.23f_{cu,k}^{2/3}(1 - 1.645\delta_{f_{cu}})^{1/3}
\end{aligned}
\tag{4-1-2}
$$

4）复合应力状态下的混凝土强度

复合应力状态下的混凝土强度具有以下特点。

（1）双向受压时，混凝土的抗压强度大于单向受压时的抗压强度，即一个方向的抗压强度随另一方向压应力的增加而提高。

（2）双向受拉时，混凝土的抗拉强度一般低于单轴抗拉强度，但相差较少，一般取与单轴抗拉强度相同，即假定混凝土一个方向的抗拉强度基本与另一方向拉应力的大小无关。

（3）一向受拉一向受压时，混凝土的抗压强度随另一向拉应力的增加而降低。换言之，混凝土的抗拉强度随另一向压应力的增加而降低，其强度既低于单轴抗拉强度也低于单轴抗压强度，为设计的控制状态。

（4）在单向正应力 σ 及剪应力 τ 共同作用下，混凝土的破坏强度曲线如图 4-1-1 所示。当有压应力存在，且压应力较小（$\sigma \leqslant 0.6f_c$）时，混凝土的抗剪强度随压应力的增大而有所提高，但当压应力过大（$\sigma > 0.6f_c$）时，混凝土的抗剪强度随压应力的增大而迅速降低；当有拉应力存在时，混凝土的抗剪强度随拉应力的增大而降低。

5）混凝土的变形特性

混凝土的变形包括受力变形（如在一次短期加荷、荷载长期作用及重复荷载作用下的变形等）和体积变形（如混凝土在硬化过程中收缩以及温度、湿度变化产生的变形等）。

（1）混凝土在一次短期受压荷载作用下的变形性能

对混凝土棱柱体试件进行一次短期受压试验，可以得到混凝土短期受压的应力-应变关系曲线，如图 4-1-2 所示。曲线中的 oc 段称为上升段，$cdef$ 段称为下降段。试件达到峰值应力以后，裂缝继续扩展、贯通，内部结构受到越来严重的破坏，随着缓慢的卸载，应力逐渐减小，而应变持续增长，应力-应变曲线向下弯曲，当曲线下降到拐点 d 后，曲线凸向应变轴，此时试件所承受的应力主要由骨料之间的咬合力、摩擦力及残留的承压面来承担。在拐点 d 之后应力-应变曲线中，曲率最大点 e 称为收敛点。e 点之后试件的主裂缝已很宽，黏聚力几乎耗尽，对于无侧向约束的混凝土已失去了结构的意义。相应于 e 点的应变称为混凝土的极限压应变 ε_{cu}。ε_{cu} 越大，表示混凝土的塑性变形能力越大，也就是延性（是指构件最终破坏之前经受非弹性变形的能力）越好。

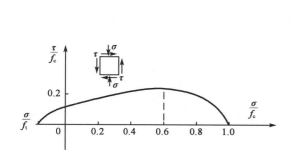

图 4-1-1 剪压状态下的混凝土强度曲线

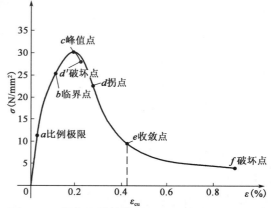

图 4-1-2 混凝土棱柱体受压应力-应变关系曲线图

影响混凝土应力-应变曲线形状的因素有很多。

随着混凝土强度的提高，尽管上升段和峰值应变的变化不很显著，但下降段的形状差异较大。混凝土强度比较低时，下降段较平坦；混凝土强度越高，下降段越陡，ε_{cu} 也越小，材料的延性也就越差。

试验表明，混凝土受压应力-应变曲线的形状与加载速度也有着密切的关系。加载速度较快时，峰值应力有所提高，曲线上升段和下降段的坡度较陡；加载速度缓慢时，则曲线较为平缓，ε_{cu} 增大。

如果混凝土试件侧向受到约束，使混凝土在横向不能自由变形时，则混凝土的应力-应变曲线的下降段还可有较大的延伸，ε_{cu} 增大很多。工程上，可以通过在混凝土周围设置密排螺旋筋或箍筋约束混凝土，改善钢筋混凝土结构的受力性能。

混凝土的极限压应变 ε_{cu} 除与混凝土本身性质有关外，还与试验方法（加载速度、量测标距等）有关。加载速度较快时，ε_{cu} 将减小；反之，ε_{cu} 将增大。

混凝土均匀受压时，其 ε_{cu} 一般在 0.001～0.003 之间变化。计算时，均匀受压的 ε_{cu} 一般可取为 0.002。

混凝土非均匀受压时，试件截面最大受压边缘的 ε_{cu} 还随外荷载偏心距的增加而增大。最外受压边缘的 ε_{cu} 可为 0.0025～0.005，而大多在 0.003～0.004 的范围内。计算时，非均匀受压的 ε_{cu} 一般可取为 0.0033。

混凝土的极限拉应变 ε_{tu} 比极限压应变 ε_{cu} 小得多，实测值也极为分散，约在 0.00005～0.00027 的大范围内变化。计算时，ε_{tu} 一般取为 0.0001。

（2）混凝土的徐变特性

混凝土在荷载长期持续作用和其应力不变的条件下，混凝土变形会随时间的增大而增大，这种现象称为混凝土的徐变。

典型的混凝土徐变曲线如图 4-1-3 所示。混凝土产生徐变的原因主要有两方面：一是在荷载的作用下，混凝土内的水泥凝胶体产生过程漫长的黏性流动；二是混凝土内部微裂缝在荷载长期作用下的扩展和增加。

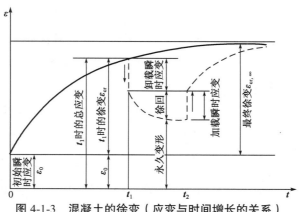

图 4-1-3 混凝土的徐变（应变与时间增长的关系）

影响混凝土徐变的主要因素如下。

①混凝土徐变与其上的应力水平有关。当混凝土应力较小时（$\sigma \leqslant 0.5 f_c$），徐变的大小与应力水平成正比，这种徐变称之为线性徐变。当应力超过$0.5 f_c$时，徐变的大小与应力水平不成正比，这种徐变称之为非线性徐变。当应力超过$0.75 f_c$时，在一定的加载时间内，混凝土就会破裂，这种现象称为徐变破裂。

②徐变与混凝土加载时的龄期有关。一般而言，混凝土龄期愈长，徐变就愈小。反之，则混凝土的徐变就愈大。

③环境湿度对徐变有较大影响。环境湿度愈大，混凝土中水泥的水化作用愈完全，凝胶体含量愈低，徐变值就愈小。

④水泥品种和用量也会影响混凝土徐变的大小。水泥活性低，会导致水泥水化作用不充分，混凝土中凝胶体的数量就会增多；而水泥用量大则徐变大。

混凝土徐变对结构的影响既有有利的一面，也有不利的一面。例如，混凝土结构的局部应力集中现象会因徐变而得到缓和；徐变也可以调整结构中钢筋与混凝土的应力分布，使结构的应力分布和材料的利用趋于合理。当然，混凝土徐变也会加大构件的变形，在预应力混凝土结构中，徐变还会造成较大的预应力损失，降低预应力效果。

（3）混凝土的干缩变形和温度变形

混凝土在空气中凝结时体积减小的变形称为混凝土的干缩变形。当混凝土构件受到内外部约束时，干缩变形将产生干缩应力。干缩变形的大小与混凝土的组成、配合比、养护条件等因素有关。水泥用量多、水灰比大、振捣不密实、养护条件不良、构件外露表面积大等因素都会造成干缩变形增大。

混凝土处在潮湿环境下体积会膨胀。混凝土的膨胀一般对结构无不利影响，钢筋混凝土构架中混凝土的膨胀由于受到钢筋的约束，可使混凝土产生压应力，对构件抗裂有利。

混凝土的干缩变形对结构的不利影响：当构件变形受到约束时，收缩会产生拉应力而引起混凝土的开裂。

温度的变化会引起混凝土的热胀冷缩，混凝土的线膨胀系数α_c一般在$1.0 \times 10^{-5} \sim 1.5 \times 10^{-5}$/℃之间，计算时可取为$1.0 \times 10^{-5}$/℃。

6）混凝土的弹性模量和变形模量

（1）混凝土的弹性模量

混凝土受压时的应力-应变关系呈曲线状，因此混凝土的"弹性模量"的大小与其上的应力水平有关。

混凝土弹性模量的确定方法有两种：一是认为当应力不大时，应力-应变关系近似于直线，弹性模量可以用测得的应力σ_c（$\sigma_c \leqslant 0.3 f_c$）除以其相应的应变$\varepsilon_c$来表示，即混凝土弹性模量$E_c = \sigma_c / \varepsilon_c$（见图4-1-4a）；二是利用多次重复加载、卸载后的应力-应变关系趋于直线的性质来确定（见图4-1-4b），即加载至$0.5 f_c$，然后卸载至零，重复加载、卸载5~10次，应力-应变曲线逐渐趋于稳定并接近于一条直线，该直线的斜率即为混凝土的弹性模量。

根据大量试验结果的分析，可建立混凝土初始弹性模量E_c与$f_{cu,k}$之间的统计关系：

$$E_c = \frac{10^5}{2.2 + \dfrac{34.7}{f_{cu,k}}} \qquad (\text{N/mm}^2) \tag{4-1-3}$$

关于混凝土弹性模量E_c的取值见规范DL/T 5057—2009或SL 191—2008。

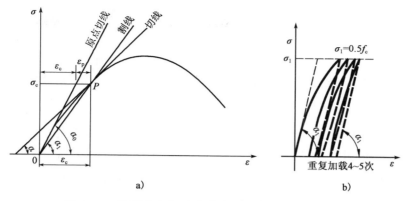

图 4-1-4　混凝土应力-应变曲线与弹性模量的确定方法

（2）混凝土的变形模量

在应力较高时，混凝土的塑性性质表现较为明显，以混凝土应力与应变的比值作为其变形模量E'_c。由图 4-1-4 可知，过曲线上O点和a点（应力σ）作割线，割线的斜率即为变形模量（割线模量）。混凝土变形模量E'_c与弹性模量E_c间的关系：

$$E'_c = \nu E_c \qquad (4-1-4)$$

式中：ν——弹性系数，通常，$\sigma \leqslant 0.3 f_c$时，$\nu = 1.0$；$\sigma = 0.8 f_c$时，$\nu = 0.5 \sim 0.7$。

同样，混凝土拉应力较大时，混凝土的受拉变形模量也可用类似的割线模量方法表示，即$E'_{ct} = \nu_t E_c$。ν_t为混凝土受拉时的弹性系数。当混凝土受拉即将出现裂缝时，ν_t可取为 0.5。

混凝土应力-应变关系曲线上任意一点（应力为σ_c）切线的斜率称为混凝土的切线模量，常用E''_c表示。

7）混凝土的抗渗等级

混凝土的抗渗能力用"抗渗等级"表示，符号为Wi。抗渗等级一般系指对龄期为 28d 的混凝土抗渗试件施加$\frac{i}{10}$N/mm²的水压后能满足不渗水指标。例如，抗渗等级为 W6 的混凝土能在 0.6N/mm²的水压作用下满足不渗水指标。

对于有抗渗要求的水工混凝土结构，应提出混凝土的抗渗等级的要求。水工混凝土结构常用的抗渗等级分为 W2、W4、W6、W8、W10、W12 共六级，一般按 28d 龄期的标准试件测定，也可根据建筑物开始承受水压力的时间，利用 60d 或 90d 龄期的试件测定抗渗等级。掺用引气剂、减水剂可显著提高混凝土的抗渗性能。

8）混凝土的抗冻等级

混凝土的抗冻能力一般用"抗冻等级"来衡量，并以符号Fi表示。抗冻等级Fi一般系指龄期为 28d 的混凝土抗冻试件，在进行相应冻融循环次数i次作用后，其相对动弹性模量降低不大于初始值的 60%或质量损失率不大于初始值的 5%，并以相应的冻融循环次数作为该混凝土的抗冻等级。我国现行《水工混凝土试验规程》（DL/T 5150—2007）规定采用快冻法确定混凝土的抗冻等级。

DL/T 5057—2009 和 SL 191—2008 将气候分区分为严寒、寒冷与温和三区，并规定，位于严寒和寒冷地区的水工混凝土结构，应提出混凝土的抗冻等级的要求；位于温和地区的水工混凝土结构，也应提出混凝土的最低抗冻等级的要求。这是考虑到温和地区虽然没有明显的冻融情况，但冬季寒夜仍可达到局部结冰。

水工混凝土结构常用的抗冻等级分为 F400、F300、F250、F200、F150、F100、F50 共七级，一般由 28d 龄期的标准试件用快冻法测定。经论证，也可用 60d 或 90d 龄期的试件测定。

DL/T 5057—2009 和 SL 191—2008 规定，应根据气候分区、冻融循环次数、表面局部小气候条件、水分饱和程度、结构重要性和检修条件等选定混凝土抗冻等级，当不利因素较多时，可选用提高一级的混凝土抗冻等级。抗冻混凝土必须掺加引气剂，其水泥、掺和料、外加剂的品种和数量、水灰比、配合比及含气量应通过试验确定，或按照《水工建筑物抗冰冻设计规范》（NB/T 35024—2014）选用。

9）混凝土的抗化学侵蚀要求

设计中需要考虑化学腐蚀，特别是水中硫酸盐含量的影响。化学腐蚀环境中主要考虑硫酸盐的腐蚀。降低混凝土化学腐蚀的重要途径是采用抗化学腐蚀的混凝土或在硅酸盐水泥中掺加矿物掺和料；在严重硫酸盐腐蚀环境作用下，低热微膨胀水泥与硅酸盐水泥及抗硫酸盐硅酸盐水泥相比，具备很好的抗腐蚀性，并已在我国水电水利工程建设中得到应用。

DL/T 5057—2009 和 SL 191—2008 规定，对处于化学腐蚀性环境中的混凝土，应采用抗腐蚀性水泥，并掺用优质活性掺和料，或同时采用特殊的表面涂层等防护措施。

10）混凝土的抗高速水流空蚀要求

混凝土在高速水流空蚀作用下，容易引起混凝土的磨蚀破坏，严重影响混凝土的耐久性。DL/T 5057—2009 和 SL 191—2008 规定，对遭受高速水流空蚀的部位，应采用合理的结构形式、改善通气条件、提高混凝土密实度、严格控制结构表面的平整度或设置专门防护面层等措施。在有泥沙磨蚀的部位，应采用质地坚硬的骨料、降低水灰比、提高混凝土强度等级、改进施工方法，必要时还应采用耐磨护面材料。

【例 4-1-5】 C60 的含义是指：
A. 混凝土的轴心抗压强度 $f_c = 60N/mm^2$
B. 混凝土的强度等级，应由按标准方法制作养护的边长为 150mm 的立方体试件，在 28d 龄期用标准试验方法测得的具有 95%保证率的抗压强度确定
C. 混凝土的轴心抗压强度的设计值，具有 95%的保证率
D. 标准立方体抗压强度不低于 60N/mm²

解 选 B。

【例 4-1-6】 现行水工混凝土结构设计规范对混凝土强度等级的定义是：
A. 从 C15 到 C60
B. 用棱柱体抗压强度标准值来确定，具有 95%的保证率
C. 由标准方法制作养护的边长为 150mm 的立方体试件，在 28d 龄期用标准试验方法测得的抗压强度
D. 由标准方法制作养护的边长为 150mm 的立方体试件，在 28d 龄期用标准试验方法测得的具有低于 5%失效概率的抗压强度确定

解 选 D。

选项 A，水利水电工程中常用的混凝土强度等级为 C15~C60，共分为 10 级。

选项 B，"棱柱体"应改为"立方体"。

选项 C，"在 28d 龄期用标准试验方法测得的抗压强度"，缺少"具有 95%保证率"这个条件。

4.1.3 混凝土与钢筋间的黏结特性

1）钢筋与混凝土的黏结力

黏结力为钢筋与混凝土接触面上阻止两者相对滑移的剪应力，是钢筋混凝土结构能够共同工作的

基础。钢筋与混凝土之间的黏结力由以下三部分组成。

（1）化学胶结力。

（2）钢筋与混凝土之间的摩擦力。

（3）钢筋表面凹凸不平与混凝土之间产生的机械咬合力。

光圆钢筋的黏结力主要由胶结力和摩擦力组成；对于带肋钢筋，虽然也存在胶结力和摩擦力，但带肋钢筋的黏结力更主要的是由于钢筋肋间嵌入混凝土将阻止钢筋的滑移而产生的机械咬合作用。

2）影响钢筋与混凝土之间黏结性能的主要因素

（1）混凝土强度。黏结强度与混凝土的抗拉强度成正比。

（2）钢筋表面形状。钢筋的表面形状对黏结强度有重要影响。

（3）钢筋的混凝土保护层厚度和净间距。保护层厚度和净间距可增大钢筋外围混凝土的握裹范围，从而提高钢筋与混凝土之间黏结强度。

3）钢筋的锚固长度

为了保证结构中受力钢筋的可靠工作，必须保证钢筋在混凝土中的可靠锚固，即保证钢筋在混凝土中有足够的锚固长度 l_a。锚固长度 l_a 是根据钢筋达到屈服强度 f_y 时，钢筋开始滑移的静力平衡条件确定的，即：

$$l_a = \frac{f_y d}{4\overline{\tau}_b} \tag{4-1-5}$$

式中：f_y——钢筋抗拉强度设计值；

　　　d——钢筋直径；

　　　$\overline{\tau}_b$——锚固长度范围内的平均黏结强度，与混凝土强度及钢筋表面形状有关。

由式（4-1-5）可知，钢筋的锚固长度与钢筋强度、钢筋直径及钢筋与混凝土之间的黏结强度有关。钢筋强度越高，直径越大，混凝土的强度等级越低，则钢筋的锚固长度就越长。在相同条件下，带肋钢筋的黏结强度大于光圆钢筋的黏结强度，故带肋钢筋的锚固长度小于光圆钢筋的锚固长度。

在计算中，若截面上钢筋的强度被充分利用，则钢筋从该截面算起的最小锚固长度 l_a 不应小于规范规定的限值。对于受压钢筋，由于钢筋受压时会产生侧向膨胀，对混凝土产生挤压，增加了钢筋与混凝土之间的黏结强度，所以受压钢筋的锚固长度可以短一些，但不应小于规范规定限值的 0.7 倍。

光圆钢筋与混凝土的黏结性能较差，为了保证光圆钢筋的锚固可靠，绑扎骨架中的受力光圆钢筋应在末端做成 180° 弯钩。带肋钢筋及焊接骨架中的光圆钢筋由于其黏结性能较好，可不做弯钩。轴心受压构件中的光圆钢筋也可不做弯钩。

4）钢筋的接头

钢筋的接头有三种方式：绑扎搭接、焊接和机械连接。

绑扎搭接接头是在钢筋搭接处用细铁丝绑扎而成。绑扎搭接是利用混凝土与钢筋之间的黏结力来实现钢筋与混凝土之间力的传递。因此，钢筋应有足够的搭接长度 l_l。搭接长度是在锚固长度 l_a 的基础上，根据钢筋受力状态的不同，作了适当的调整。我国现行规范规定，受拉钢筋的搭接长度不应小于 $1.2l_a$，且不应小于 300mm；受压钢筋的搭接长度不应小于 $0.85l_a$，且不应小于 200mm。轴心受拉或小偏心受拉，以及承受振动的构件中的钢筋接头，不得采用绑扎搭接接头。受拉钢筋直径 $d > 22$mm，或受压钢筋直径 $d > 32$mm 时，不宜采用绑扎搭接接头。

焊接接头是在两根钢筋接头处焊接而成。钢筋直径 $d \leqslant 28$mm 的焊接接头，宜采用闪光对头焊或搭接焊。$d > 28mm$ 且直径相同的钢筋，可采用帮条焊。搭接焊和帮条焊宜采用双面焊缝。

机械连接接头可分为挤压套筒连接接头和螺纹套筒连接接头。挤压套筒连接接头，适用于直径为 18~40mm 各种类型的带肋钢筋；螺纹套筒连接接头可分为锥螺纹连接接头、镦粗直螺纹连接接头和滚压直螺纹连接接头，适用于直径为 16~40mm 的 HPB235、HPB300、HRB335、HRB400、HRB500 级钢筋，连接钢筋的直径可以相同，也可以不同。

【例 4-1-7】 为避免发生锚固破坏，钢筋需要一定的锚固长度，下列说法正确的是：
①钢筋的强度越高，锚固长度越长；
②钢筋的强度越高，锚固长度越短；
③混凝土的强度越高，锚固长度越长；
④混凝土的强度越高，锚固长度越短。
A. ①②　　　　　　B. ①③　　　　　　C. ①④　　　　　　D. ②④

解 钢筋强度越高，直径越大，混凝土的强度等级越低，则钢筋的锚固长度就越长。选 C。

经 典 练 习

4-1-1 边长为 100mm 的混凝土非标准立方体试块的强度换算成标准试块的强度，需乘以换算系数是（　　）。
A. 1.05　　　　　　B. 1.0　　　　　　C. 0.95　　　　　　D. 0.90

4-1-2 当混凝土处于双向受力状态时，强度降低的受力状态是（　　）。
A. 双向受压　　　　　　　　　　　　　B. 双向受拉
C. 一拉一压　　　　　　　　　　　　　D. 双向受拉且两向拉应力相等

4-1-3 不同强度等级混凝土受压的应力-应变曲线，下列说法正确的是（　　）。
A. 混凝土强度等级越高，峰值应力越大，下降段越缓
B. 混凝土强度等级越高，峰值应力越大，下降段越陡
C. 混凝土强度等级越高，峰值应力越小，下降段越缓
D. 混凝土强度等级越高，峰值应力越小，下降段越陡

4-1-4 对于无明显屈服强度的钢筋，现行规范规定的条件屈服强度为（　　）。
A. 极限抗拉强度　　　　　　　　　　　B. 最大应变对应的应力
C. 0.9 倍极限抗拉强度　　　　　　　　D. 0.85 倍极限抗拉强度

4-1-5 混凝土在下列受力状态下强度基本不变的是（　　）。
A. 两向受拉　　　　　　　　　　　　　B. 两向受压
C. 一向受压，一向受拉　　　　　　　　D. 三向受压

4-1-6 影响钢筋与混凝土之间黏结性能的是（　　）。
A. 混凝土强度、保护层厚度、净距、箍筋
B. 锚固长度、保护层厚度、净距、架立筋
C. 架立筋、保护层厚度、净距、箍筋
D. 混凝土强度、保护层厚度、净距、钢筋表面形状

4-1-7 材料性能的各种统计参数和概率分布类型，应以试验数据为基础，运用参数估计和概率分布的假设检验方法确定。我国现行规范规定，材料强度标准值应按材料强度总体分布的某一分位值确

定，保证率不小于 95%，其置信度为（　　　）。

    A. 0.02　　　　　　　　B. 0.03　　　　　　　　C. 0.05　　　　　　　　D. 0.10

4.2　设计原则

考试大纲☞： 结构功能　极限状态设计及其设计表达式　可靠度

4.2.1　结构可靠度的有关概念和极限状态的分类

1）结构的功能要求

结构在规定的设计使用年限内应满足下述三个方面的功能要求。

（1）安全性

在正常施工和正常使用时，应能承受可能出现的各种作用；在设计规定的偶然事件发生时及发生后，仍能保持必需的整体稳定性。

（2）适用性

在正常使用时，结构或结构构件应具有良好的工作性能，不应出现过大的变形和过宽的裂缝。

（3）耐久性

所谓足够的耐久性能，系指结构在规定的工作环境中，在预定时期内，其材料性能的劣化不应导致结构出现不可接受的失效概率。

2）结构的可靠性与可靠度

结构可靠性是指结构在规定的时间内，在规定的条件下，完成预定功能的能力。

结构可靠度是指结构在规定的时间内，在规定的条件下，完成预定功能的概率。

由此可见，结构可靠性是结构安全性、适用性和耐久性的概称；结构可靠度则是结构可靠性的定量描述，是结构可靠性的概率度量。这是从统计数学观点出发的比较科学的定义，因为结构设计时要涉及各种荷载作用、材料强度、几何尺寸和计算模式等随机变量，在各种随机因素的影响下，结构完成预定功能的能力只能用概率来度量。结构可靠度的这一定义，与其他各种从定值观点出发的定义有着本质的区别。

以上所说的"规定的时间"，是指设计使用年限。所说的"规定的条件"，一般是指正常设计、正常施工、正常使用的条件，不考虑人为过失的影响。人为过失应通过其他措施予以避免。

3）设计使用年限与设计基准期

设计使用年限是指设计规定的结构或结构构件不需进行大修即可按预定目的使用的年限，即工程结构在正常使用和维护下所应达到的使用年限。现行国家标准《水利水电工程结构可靠性设计统一标准》（GB 50199—2013）规定，1 级挡水建筑物结构的设计使用年限应采用 100 年，其他的永久性建筑物结构应采用 50 年。

设计基准期是为确定可变作用标准值的取值而选用的一个时间参数，比如 50 年或 100 年等。我国现行《建筑结构可靠性设计统一标准》（GB 50068—2018），采用的设计基准期统一为 50 年。设计基准期不等同于结构的设计使用年限。结构可靠度分析时，可变作用的统计参数（如平均值、标准差及变异系数等）也需根据设计基准期来确定。

结构设计中的设计使用年限与设计基准期是两个完全不同的概念。设计使用年限侧重于描述结构的耐久性，设计基准期是按照概率方法确定可变荷载标准值的一个时间段。一个直观的概念是，时间越长，可变荷载出现大值的可能性就越大，所以设计中确定可变荷载标准值时必须指定一个时间段。在设计中，应保持设计使用年限与设计基准期相协调，即设计使用年限与确定荷载标准值的时间段一致，当两者不一致时，需进行调整。《工程结构可靠性设计统一标准》（GB 50153—2008）给出了可变荷载的设计使用年限调整系数 γ_L。

应该说明，设计使用年限并不简单地等同于结构的实际寿命或耐久年限，结构的使用年限超过设计使用年限后并不见得必须报废，而仅仅是结构的失效概率较设计预期值有所增大而已。

4）结构的极限状态的分类

混凝土结构的极限状态可分为承载能力极限状态和正常使用极限状态两类。

（1）承载能力极限状态

承载能力极限状态是指结构或结构构件达到最大承载能力或达到不适于继续承载的变形的状态。当结构或结构构件出现下列状态之一时，即认为超过了承载能力极限状态。

①结构构件或连接因超过材料强度而破坏（包括疲劳破坏），或因过度变形而不适于继续承载；

②整个结构或结构的一部分作为刚体失去平衡（如倾覆等）；

③结构转变为机动体系；

④结构或结构构件丧失稳定（如压屈等）。

承载能力极限状态可理解为结构或结构构件发挥允许的最大承载能力的状态。结构构件由于塑性变形而使其几何形状发生显著改变，虽未达到最大承载能力，但已彻底不能使用，也属于达到这种极限状态。

结构或结构构件达到承载能力极限状态后就会造成结构严重破坏，甚至导致结构的整体倒塌，造成人员伤亡。因此，承载能力极限状态应具有较高的可靠度水平。结构设计时，对所有结构构件均应按承载能力极限状态进行计算。

（2）正常使用极限状态

正常使用极限状态是指结构或结构构件达到正常使用或耐久性能的某项规定限值的状态。当结构或构件出现下列状态之一时，即认为超过了正常使用极限状态。

①影响正常使用或外观的变形；

②影响正常使用或耐久性的局部损坏，如产生过宽的裂缝等；

③影响正常使用的振动；

④影响正常使用的其他特定状态，如渗漏、腐蚀、冻害等。

结构或结构构件超过正常使用极限状态后，虽然对结构的正常使用或耐久性有一定影响，但其后果一般没有超过承载能力极限状态的后果那样严重。因此，正常使用极限状态的可靠度水平可适当降低。结构设计时，一般是先按承载能力极限状态进行计算，然后再根据需要对正常使用极限状态进行验算。

5）结构的失效概率与可靠指标

结构的抗力用 R 表示；结构的作用效应用 S 表示，则结构的工作状态可以用 R 与 S 之间的关系式来描述，即：

$$Z = R - S \tag{4-2-1}$$

（1）$Z > 0$，即 $R > S$，意味着结构处于可靠状态；

（2）$Z < 0$，即$R < S$，意味着结构处于失效状态；

（3）$Z = 0$，即$R = S$，意味着结构处于极限状态。

因此，结构安全可靠的基本条件是：

$$Z \geq 0$$
或
$$R \geq S \tag{4-2-2}$$

由于R、S均为随机变量，所以$Z = R - S$也是随机变量，Z的概率密度曲线见图4-2-1。图中，纵坐标轴以左（$Z < 0$）的阴影面积表示结构的失效概率p_f，即结构在正常条件下，在预定的设计使用年限内，不能完成预定功能的概率；纵坐标轴以右（$Z > 0$）的分布曲线与横坐标轴所围成的面积表示结构的可靠概率p_s，即结构在正常条件下，在预定的设计使用年限内，完成预定功能的概率。根据概率理论，结构的失效概率与结构的可靠概率可分别按下列公式计算：

$$\left. \begin{array}{l} p_f = P(Z < 0) = \displaystyle\int_{-\infty}^{0} f(Z)\mathrm{d}Z \\ p_s = P(Z \geq 0) = \displaystyle\int_{0}^{+\infty} f(Z)\mathrm{d}Z \end{array} \right\} \tag{4-2-3}$$

结构的失效概率与可靠概率互补，即

$$p_s + p_f = 1$$
或
$$p_f = 1 - p_s \tag{4-2-4}$$

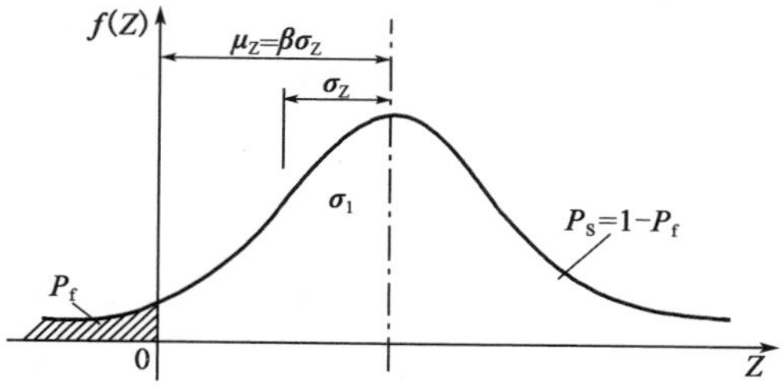

图 4-2-1　结构的失效概率与可靠指标的关系

因此，结构的可靠性既可用结构的可靠概率p_s来度量，也可用结构的失效概率p_f来度量，而一般习惯于用p_f。从概率的观点来看，只要结构处于失效状态的概率小到可以接受的程度，就可以认为结构是可靠的。这种从统计数学的观点给出的结构可靠度的概率度量，比从定值观点出发的安全系数来度量结构的可靠度更为科学和合理一些。

假定R和S相互独立，且都服从正态分布，其平均值和标准差分别为μ_R、μ_S，和σ_R、σ_S，则结构的功能函数Z也服从正态分布，由统计数学可得：

$$\left. \begin{array}{l} \mu_Z = \mu_R - \mu_S \\ \sigma_Z = \sqrt{\sigma_R^2 + \sigma_S^2} \end{array} \right\} \tag{4-2-5}$$

将Z由正态分布转化为标准正态分布，可由下式求得Z的失效概率为：

$$p_f = P(Z < 0) = P\left(\frac{Z - \mu_Z}{\sigma_Z} \leftarrow \frac{\mu_Z}{\sigma_Z}\right) = \Phi\left(-\frac{\mu_Z}{\sigma_Z}\right) \tag{4-2-6}$$

令

$$\beta = \frac{\mu_Z}{\sigma_Z} = \frac{\mu_R - \mu_S}{\sqrt{\sigma_R^2 + \sigma_S^2}} \tag{4-2-7}$$

则有：

$$p_f = \Phi(-\beta)$$

或
$$\beta = \Phi^{-1}(1 - p_f) \tag{4-2-8}$$

式中：μ_Z、σ_Z——分别为功能函数Z的平均值及标准差；

$\Phi(\cdot)$——标准正态分布函数。

式（4-2-8）表明，β与p_f在数值上具有一一对应的关系，因而也具有与p_f相对应的物理意义。已知β后即可由正态分布表查得相对应的p_f值。β值越大，p_f值就越小，结构也就越可靠，因此，称β为可靠指标。由式（4-2-7）还可看出，结构的可靠指标β不仅与作用效应及结构抗力的平均值有关，而且与两者的离散性（标准差）有关，这是传统的定值设计法所无法全面反映的。由于p_f的计算在数学上比较复杂，而β是以基本变量的统计参数直接表达的，概念上比较清楚，计算上比较简便，因此，国内外有关规范大都是采用β来度量结构的可靠度。

基于结构失效概率的概念所建立起来的设计准则是，对于规定的极限状态，出现作用效应S大于结构抗力R的失效概率不应大于规定的限值，即：

$$p_f \leq [p_f]$$

或
$$\beta \geq \beta_t \tag{4-2-9}$$

式中：$[p_f]$——允许失效概率；

β_t——与$[p_f]$相对应的目标可靠指标，亦称设计可靠指标，即结构设计所依据的可靠指标。

目标可靠指标β_t与结构的极限状态类别、破坏类型及安全级别有关。承载能力极限状态下的β_t应高于正常使用极限状态下的β_t。这是由于承载能力极限状态的设计是关系到结构构件是否安全可靠的根本问题，而正常使用极限状态的验算是在满足承载能力极限状态的前提下进行的，只影响到结构的正常使用。

现行国家标准《水利水电工程结构可靠性设计统一标准》（GB 50199—2013）将结构构件的破坏类型划分为两类：第一类是有预兆的及非突发性的延性破坏，如钢筋混凝土受拉、受弯等构件的破坏，即属于第一类破坏；第二类是无预兆的及突发性的脆性破坏，如钢筋混凝土轴心受压、受剪、受扭等构件的破坏，即属于第二类破坏。由于第二类破坏发生突然，难于及时补救和维修，因此，第二类破坏的目标可靠指标应高于第一类破坏的目标可靠指标。此外，结构的安全级别愈高，目标可靠指标就应愈大。

结构设计时，既可直接按式（4-2-9）的要求进行设计，亦可以式（4-2-9）为基础，建立结构可靠度与极限状态方程之间的数学关系，将极限状态方程转化成设计人员所熟悉的分项系数设计表达式进行设计，称为"以概率理论为基础的极限状态设计法"，简称"概率极限状态设计法"。

直接以允许失效概率或目标可靠指标按概率分析方法进行结构设计过于烦琐，其计算工作量太大，而且需要作概率运算，设计人员也不太习惯，再加上有关基本变量的统计参数尚不够完备，因此，目前国内外只是对核电站中的压力壳、海上采油平台等特别重要的结构，才直接按式（4-2-9）进行设计。对于量大面广的一般结构物，目前国内外有关规范一般都是以式（4-2-9）为基础，建立结构可靠度与极限状态方程之间的数学关系，将极限状态方程转化为以基本变量的标准值和分项系数形式表达的极限状态设计表达式进行设计，这样，结构构件的设计可按传统的方法进行，设计人员无须直接进行概率方面的运算。

【例4-2-1】 结构在使用年限超过设计使用年限后，其结构状态为：

A. 立即丧失其功能要求   B. 可靠度降低

C. 可靠度降低，但可靠指标不变   D. 不失效则可靠度不变

解 设计使用年限并不简单地等同于结构的实际寿命或耐久年限，结构的使用年限超过设计使用年限后并不见得必须报废，而仅仅是结构的失效概率较设计预期值有所增大而已。选 B。

4.2.2 DL/T 5057—2009 的设计表达式

1）结构的设计状况与荷载组合

DL/T 5057—2009 规定，结构设计时，应根据结构在施工、安装、运行、检修等不同时期可能出现的不同结构体系、荷载和环境条件，按以下三种设计状况进行设计：

（1）持久状况。在结构使用过程中一定出现且持续期很长，一般与使用年限为同一数量级的设计状况。

（2）短暂状况。在结构施工（安装）、检修或使用过程中出现的概率较大且短暂出现的设计状况。

（3）偶然状况。在结构使用过程中出现的概率很小，且持续期很短的设计状况，如地震、校核洪水等。

上述三种设计状况均应进行承载能力极限状态设计。对于持久状况尚应进行正常使用极限状态设计；对于短暂状况可根据需要进行正常使用极限状态设计；对于偶然状况，如地震，可不进行正常使用极限状态设计。不同设计状况所需要的可靠度水平可以有所不同。在DL/T 5057—2009 中，按承载能力极限状态设计时，不同设计状况下的可靠度水平通过设计状况系数ψ来加以调整。

DL/T 5057—2009 规定，对于承载能力极限状态，一般应考虑两种荷载组合：持久或短暂状况下的基本组合与偶然状况下的偶然组合，即：

$$承载能力极限状态\begin{cases}\left.\begin{matrix}持久状况\\短暂状况\end{matrix}\right\}——基本组合(永久荷载+可变荷载的组合)\\偶然状况\quad——偶然组合(永久荷载+可变荷载+一种偶然荷载的组合)\end{cases}$$

DL/T 5057—2009 规定，对于正常使用极限状态，在持久状况下，一般应考虑荷载的标准组合（用于抗裂计算）或标准组合并考虑长期作用的影响（用于裂缝宽度和挠度计算）；在短暂状况下，一般应考虑荷载的标准组合。所谓标准组合，是指结构构件按正常使用极限状态验算时，采用荷载标准值作为荷载代表值的组合，用于抗裂度验算；所谓标准组合并考虑长期作用的影响，是指在裂缝宽度和挠度计算的公式中，结构构件的内力和钢筋应力按标准组合进行计算，并对标准组合下的裂缝宽度和刚度计算公式考虑长期作用的影响进行修正。

2）承载能力极限状态的设计表达式

在承载能力极限状态的设计表达式中，DL/T 5057—2009 按《水利水电工程结构可靠性设计统一标准》（GB 50199—2013）的规定，仍然采用了以概率理论为基础的极限状态设计法，以可靠指标度量结构构件的可靠度，并据此采用五个分项系数（结构重要性系数、设计状况系数、材料性能分项系数、作用分项系数、结构系数）的设计表达式进行设计。

DL/T 5057—2009 规定的承载能力极限状态的设计表达式为：

$$\gamma_0\psi S\leq\frac{1}{\gamma_d}R \tag{4-2-10}$$

$$R=R(f_c,f_y,a_k) \tag{4-2-11}$$

式中：γ_0——结构重要性系数，对于结构安全级别为Ⅰ、Ⅱ、Ⅲ级的结构构件，γ_0的取值分别不应小于1.1、
1.0及0.9（见表4-2-1）；

ψ——设计状况系数，对应于持久状况、短暂状况、偶然状况，应分别取1.0、0.95及0.85；

S——承载能力极限状态下荷载组合的效应设计值；

R——结构构件的抗力设计值；

γ_d——结构系数，按表4-2-2采用。

注：在各种结构构件的承载力计算中，所有内力设计值系指由各荷载标准值乘以相应的荷载分项
系数后所产生的效应总和（荷载组合的效应设计值），并再乘以结构重要性系数γ_0及设计状况系数ψ后
的值。

水工建筑物结构安全级别及结构重要性系数γ_0 　　　　表 4-2-1

水工建筑物级别	水工建筑物的结构安全级别	结构重要性系数γ_0
1	Ⅰ	1.1
2、3	Ⅱ	1.0
4、5	Ⅲ	0.9

承载能力极限状态计算时的结构系数γ_d值 　　　　表 4-2-2

素混凝土结构		钢筋混凝土及预应力混凝土结构
受拉破坏	受压破坏	
2.0	1.3	1.2

注：1.承受永久荷载为主的构件，结构系数γ_d应按表中数值增加0.05。

2.对新型结构或荷载不能准确估计，γ_d应适当提高。

（1）关于结构安全级别与水工建筑物级别的关系

水工混凝土结构设计时，应按水工建筑物的级别采用不同的结构安全级别。水工建筑物的结构安全
级别与水工建筑物级别的对应关系见表 4-2-1。不同结构安全级别的结构构件，其可靠度水平由结构重
要性系数γ_0予以调整。在确定水工混凝土结构或结构构件的结构安全级别时，可根据其在水工建筑物中
的部位和破坏时对建筑物安全影响的大小，采用与水工建筑物的结构安全级别相同或降低一级，但不得
低于Ⅲ级。

（2）关于结构系数γ_d的取值

结构系数γ_d是采用概率极限状态设计法时，为达到承载能力极限状态所规定的目标可靠指标β_t而设
置的分项系数。γ_d要是用来涵盖下列不定性因素：荷载效应计算模式的不定性，结构构件抗力计算模式
的不定性，γ_G、γ_Q、γ_c、γ_s及γ_0、ψ等分项系数未能反映的其他各种不利变异。

3）DL/T 5057—2009 荷载组合的效应设计值的计算公式

DL/T 5057—2009 规定，承载能力极限状态设计时，荷载组合的效应设计值S应按下列公式计算。

（1）基本组合

$$S = \gamma_G S_{Gk} + \gamma_{Q1} S_{Q1k} + \gamma_{Q2} S_{Q2k} \tag{4-2-12}$$

式中：　S_{Gk}、S_{Q1k}、S_{Q2k}——分别为永久荷载效应标准值、一般可变荷载效应标准值、可控制的可变荷
载效应标准值；

γ_G、γ_{Q1}、γ_{Q2}——分别为永久荷载、一般可变荷载和可控制的可变荷载的分项系数，见表4-2-3。

DL/T 5057—2009 荷载分项系数的取值　　　　　　　　表 4-2-3

荷载类型	永久荷载	一般可变荷载	可控制的可变荷载	偶然荷载
	γ_G	γ_{Q1}	γ_{Q2}	γ_A
荷载分项系数	1.05（0.95）	1.2	1.1	1.0

注：当永久荷载效应对结构有利时，γ_G应按括号内数值取用。

（2）偶然组合

对于偶然组合的荷载效应设计值S可按下列公式计算，其中与偶然荷载同时出现的某些可变荷载，可对其标准值作适当折减；偶然组合中每次只考虑一种偶然荷载：

$$S = \gamma_G S_{Gk} + \gamma_{Q1} S_{Q1k} + \gamma_{Q2} S_{Q2k} + S_{Ak} \tag{4-2-13}$$

式中：S_{Ak}——偶然荷载代表值的荷载效应。偶然荷载代表值可按《水电工程水工建筑物抗震设计规范》（NB 35047—2015）和《水工建筑物荷载设计规范》（GB/T 51394—2020）的有关规定确定。

4）正常使用极限状态的设计表达式

正常使用极限状态设计主要是验算结构构件的变形、抗裂度或裂缝宽度。结构超过正常使用极限状态虽然会影响结构的正常使用，但不会危及结构的安全，因此，正常使用极限状态下的可靠度要求可适当降低。DL/T 5057—2009 规定，对于正常使用极限状态的验算，荷载分项系数、材料性能分项系数、结构系数、设计状况系数等都取 1.0，而结构重要性系数则仍按前述取值。

由于结构构件的变形、裂缝宽度等均与荷载持续时间的长短有关，故对正常使用极限状态的验算，应分别考虑荷载的标准组合或标准组合并考虑长期作用的影响进行验算。

DL/T 5057—2009 规定的正常使用极限状态的设计表达式为：

$$\gamma_0 S_k \leqslant C$$
$$S_k = S_k(G_k, Q_k, f_k, a_k) \tag{4-2-14}$$

【例 4-2-2】 在DL/T 5057—2009 中，承载能力极限状态计算中的内力设计值是指：

A. 由各荷载计算所产生的效应总和

B. 由各荷载标准值乘以相应的荷载分项系数所产生的效应总和

C. 由各荷载标准值乘以相应的荷载分项系数所产生的效应总和并乘以结构重要性系数后的值

D. 由各荷载标准值乘以相应的荷载分项系数所产生的效应总和并乘以结构重要性系数及设计状况系数后的值

解　在各种结构构件的承载力计算中，所有内力设计值系指由各荷载标准值乘以相应的荷载分项系数后所产生的效应总和（荷载组合的效应设计值），并再乘以结构重要性系数γ_0及设计状况系数ψ后的值。选 D。

4.2.3　SL 191—2008 的设计表达式

1）荷载组合

《水工混凝土结构设计规范》（SL 191—2008）规定，对于承载能力极限状态，一般应考虑基本组合和偶然组合两种荷载组合；对于正常使用极限状态，一般应考虑荷载的标准组合。由此可见，SL 191—2008 与 DL/T 5057—2009 关于荷载组合的有关规定是相同的。

2）承载能力极限状态的设计表达式

SL 191—2008 虽然未采用概率极限状态设计原则，但在承载能力极限状态的设计表达式中，作用分项系数和材料性能分项系数的取值仍基本沿用了《水工混凝土结构设计规范》（DL/T 5057—1996）的规定，仅将原 DL/T 5057—1996 的结构系数 γ_d 与结构重要性系数 γ_0 及设计状况系数 ψ 予以合并，并将合并后的系数称为承载力安全系数，用 K 表示（即取 $K = \gamma_d \gamma_0 \psi$）。由此可见，SL 191—2008 与 DL/T 5057—2009 关于承载能力极限状态的设计表达式实质上是相同的，仅是表达形式有所差别。

SL 191—2008 承载能力极限状态的设计表达式为：

$$KS \leqslant R \tag{4-2-15}$$

式中：K——承载力安全系数，见表 4-2-4；

其余符号意义同前。

SL 191—2008 钢筋混凝土、预应力混凝土结构构件的承载力安全系数 K　　　　表 4-2-4

水工建筑物级别	1		2、3		4、5	
荷载组合	基本组合	偶然组合	基本组合	偶然组合	基本组合	偶然组合
安全系数 K	1.35	1.15	1.20	1.00	1.15	1.00

注：1. 水工建筑物的级别应根据《水利水电工程等级划分及洪水标准》（SL 252—2017）确定。
　　2. 结构在使用、施工、检修期的承载力计算，安全系数 K 应按表中基本组合取值；对地震及校核洪水位的承载力计算，安全系数 K 应按表中偶然组合取值。
　　3. 当荷载效应组合由永久荷载控制时，承载力安全系数 K 应增加 0.05。
　　4. 当结构的受力情况较为复杂、施工特别困难、缺乏成熟的设计方法或结构有特殊要求时，承载力安全系数 K 宜适当提高。

3）SL 191—2008 荷载组合效应设计值的计算公式

SL 191—2008 规定，按承载能力极限状态设计时，结构构件计算截面上的荷载组合效应设计值 S 应按下列规定计算。

（1）基本组合

当永久荷载对结构起不利作用时：

$$S = 1.05 S_{Gk1} + 1.20 S_{Gk2} + 1.20 S_{Qk1} + 1.10 S_{Qk2} \tag{4-2-16}$$

当永久荷载对结构起有利作用时：

$$S = 0.95 S_{Gk1} + 0.95 S_{Gk2} + 1.20 S_{Qk1} + 1.10 S_{Qk2} \tag{4-2-17}$$

（2）偶然组合

$$S = 1.05 S_{Gk1} + 1.20 S_{Gk2} + 1.20 S_{Qk1} + 1.10 S_{Qk2} + 1.0 S_{Ak} \tag{4-2-18}$$

式中：S_{Gk1}——永久荷载标准值产生的荷载效应；

　　　S_{Gk2}——土压力、围岩压力和淤沙压力等永久荷载标准值产生的荷载效应；

　　　S_{Ak}——偶然荷载标准值产生的荷载效应；

其余符号意义同前。

4）材料强度设计值和材料性能分项系数

结构构件的抗力计算时，SL 191—2008 的材料强度设计值和混凝土的材料性能分项系数 γ_c 及钢筋的材料性能分项系数γ_s的取值，与DL/T 5057—2009的相同。

5）正常使用极限状态的设计表达式

SL 191—2008规定，正常使用极限状态验算应按荷载的标准组合进行，并采用下列设计表达式：

$$\left.\begin{array}{l} S_k \leqslant C \\ S_k = S_k(G_k, Q_k, f_k, a_k) \end{array}\right\} \qquad (4\text{-}2\text{-}19)$$

与DL/T 5057—2009所不同的是，SL 191—2008在正常使用极限状态的设计表达式（4-2-19）中，没有考虑结构重要性系数γ_0。

【例4-2-3】《水工混凝土结构设计规范》（SL 191—2008）采用的设计方法是：

　　A. 采用承载能力极限状态和正常适用极限状态设计方法，再分项系数表达

　　B. 采用极限状态设计法，在规定的材料强度和荷载取值条件下，采用在多系数分析基础上的安全系数表达的方式进行设计

　　C. 采用极限状态设计方法，设计表达式为$\gamma_0 S \leqslant R$

　　D. 恢复了单一安全系数表达的设计方法

解　选B。

经 典 练 习

4-2-1　现行《水工混凝土结构设计规范》（DL/T 5057—2009）采用的设计方法为（　　）。

　　A. 采用破损阶段设计法，按分项系数设计表达式进行设计

　　B. 采用破损阶段设计法，按单一安全系数设计表达式进行设计

　　C. 采用概率极限状态设计原则，按分项系数设计表达式进行设计

　　D. 采用概率极限状态设计原则，按单一安全系数设计表达式进行设计

4-2-2　在结构的功能要求中，安全性是指（　　）。

　　①要求结构在正常施工和正常使用时能承受可能出现的各种直接作用和间接作用；

　　②要求结构在正常使用荷载作用下具有良好的工作性能；

　　③要求结构在正常使用和正常维护下具有足够的耐久性；

　　④要求结构在偶然事件发生时及发生后，仍能保持必需的整体稳定性。

　　A. ①②　　　　　　　　　　　　　B. ①④

　　C. ①②③　　　　　　　　　　　　D. ①②③④

4-2-3　结构构件承载能力极限状态设计时，结构安全级别相同，延性破坏与脆性破坏的目标可靠指标有下述哪种关系？（　　）

　　A. 两者相等

　　B. 目标可靠指标与破坏性质无必然联系

　　C. 延性破坏的目标可靠指标大于脆性破坏的目标可靠指标

　　D. 延性破坏的目标可靠指标小于脆性破坏的目标可靠指标

4-2-4　结构承载能力极限状态对应于结构构件的哪些状态？（　　）

　　①达到最大承载力；②达到超过规定限值的裂缝宽度；

　　③达到不适于继续承载的变形；④达到超过规定限值的挠度。

　　A. ①②　　　　　B. ①③　　　　　C. ①②③　　　　　D. ①②③④

4.3 承载能力极限状态计算

考试大纲☞：受弯构件　受压构件　受拉构件　受扭构件

4.3.1 受弯构件正截面受弯承载力计算

1）受弯构件正截面三种破坏形态

（1）适筋破坏

当构件受拉区配筋量适中时，发生适筋破坏。其破坏特征是：受拉钢筋首先屈服；随着受拉钢筋塑性变形的发展，受压区混凝土边缘纤维达到极限压应变，混凝土被压碎。这种破坏属于延性破坏。

（2）超筋破坏

当构件受拉区配筋量过多时，构件破坏时受拉钢筋不会屈服，破坏是因混凝土受压边缘纤维达到极限压应变、混凝土被压碎而引起的。超筋破坏是一种脆性破坏。

（3）少筋破坏

当构件受拉区配筋量过少时，"一裂即坏"，称为少筋破坏。也是一种脆性破坏。

2）正截面承载力计算的基本假定

（1）平截面假定：截面上任意点的应变与该点到中和轴的距离成正比，亦即构件截面上的正应变为线性分布。

（2）不考虑截面受拉区混凝土的抗拉强度。

（3）混凝土和钢筋材料的应力-应变曲线已知。受压混凝土的应力-应变曲线如图 4-3-1a）所示。ε_0 取为 0.002，ε_{cu} 取为 0.0033。

（4）受拉钢筋的应力-应变曲线如图 4-3-1b）所示。

3）界限相对受压区计算高度 ξ_b

受拉钢筋应力达到屈服强度 f_y 时，受压区边缘处恰好达到混凝土的极限压应变 ε_{uc}，这种破坏就称为受弯构件的界限破坏，如图 4-3-2 所示。

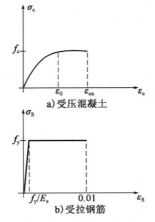

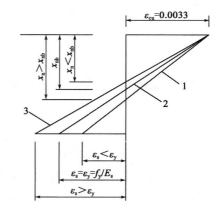

图 4-3-1　混凝土和钢筋的应力-应变曲线　　图 4-3-2　超筋、界限及适筋破坏时的应变分布及受压区高度

设计计算中采用截面的相对受压区计算高度 $\xi = \dfrac{x}{h_0}$ 较为便利和直观，式中 x 为截面受压区计算高度（即等效矩形应力图形的受压区高度），$x = 0.8x_n$（x_n 为截面受压区边缘至中和轴的受压区高度）；h_0 为受弯构件的截面有效高度。因此，界限破坏时的截面相对受压区计算高度 ξ_b 为：

$$\xi_b = \frac{x_b}{h_0} = \frac{0.8x_{nb}}{h_0} = \frac{0.8}{1 + \frac{f_y}{0.0033\varepsilon_{cu}}} \tag{4-3-1}$$

由式（4-3-1）可求得不同强度等级热轧钢筋的截面界限相对受压区计算高度ξ_b及相应的截面抵抗矩系数$\alpha_{sb} = \xi_b(1 - 0.5\xi_b)$，列于表4-3-1。

$$\xi_b和\alpha_{sb}（热轧钢筋）\qquad\qquad 表4-3-1$$

钢筋等级	HPB235	HPB300	HRB335	HRB400	RRB400	HRB500
ξ_b	0.614	0.576	0.550	0.518	0.518	0.489
$\alpha_{sb} = \xi_b(1 - 0.5\xi_b)$	0.425	0.410	0.399	0.384	0.384	0.369

4）单筋矩形截面

（1）DL/T 5057—2009

①基本公式

$$f_c bx = f_y A_s \tag{4-3-2}$$

$$M \leqslant \frac{M_u}{\gamma_d} = \frac{1}{\gamma_d} f_c bx(h_0 - 0.5x) \tag{4-3-3}$$

以上式中：M——弯矩设计值，为构件上各种荷载标准值所产生的弯矩值乘以相应的荷载分项系数后所产生的弯矩效应总和，再乘以结构重要性系数γ_0和设计状况系数ψ后的值；此处，γ_0按表4-2-1取值，ψ按持久、短暂或偶然三种状况分别取1.0、0.95或0.85；

γ_d——钢筋混凝土结构的结构系数，可按表4-2-2取用；

M_u——截面抵抗弯矩设计值；

f_c——混凝土轴心抗压强度设计值；

f_y——钢筋抗拉强度设计值；

b、h_0——构件的截面宽度和截面有效高度，$h_0 = h - a_s$，h为截面高度，a_s为纵向受拉钢筋合力点至截面受拉边缘的距离；

A_s——纵向受拉钢筋的截面面积。

②适用条件

防止超筋破坏的条件是：

$$x \leqslant \xi_b h_0 \qquad 或 \qquad \xi \leqslant \xi_b \tag{4-3-4}$$

防止少筋破坏的条件是：

$$\rho \geqslant \rho_{min} \tag{4-3-5}$$

式中：ρ——受弯构件纵向受拉钢筋的配筋率，$\rho = \frac{A_s}{bh_0}$；

ρ_{min}——受弯构件纵向受拉钢筋的最小配筋率。

③简化计算公式

$$\alpha_s = \frac{\gamma_d M}{f_c bh_0^2} \tag{4-3-6}$$

$$\xi = 1 - \sqrt{1 - 2\alpha_s} \tag{4-3-7}$$

式中：α_s——截面的塑性抵抗矩系数。

（2）SL 191—2008

①基本公式

$$f_c b x = f_y A_s \tag{4-3-8}$$

$$KM \leqslant M_u = f_c b x (h_0 - 0.5x) \tag{4-3-9}$$

式中：K——承载力安全系数，按表 4-2-4 取值；

$\qquad$ M——弯矩设计值，根据参与组合的荷载效应，按式（4-2-15）~式（4-2-17）计算。

②适用条件

为了保证受弯构件不发生超筋破坏，SL 191—2008 也限制了混凝土受压区的高度，但与 DL/T 5057—2009 不同的是，SL 191—2008 规定的适用条件为：

$$x \leqslant 0.85\xi_b h_0 \qquad 或 \qquad \xi \leqslant 0.85\xi_b \tag{4-3-10}$$

式中：ξ_b——截面相对界限受压区计算高度，不同钢筋等级的截面相对界限受压区计算高度ξ_b的取值与
$\qquad$ DL/T 5057—2009 的取值相同，见表 4-3-1。

防止少筋破坏的条件则与 DL/T 5057—2009 的规定相同，见式（4-3-5）。

5）双筋矩形截面

在截面的受压区，按计算配置纵向受压钢筋的截面称为双筋截面。在正截面受弯承载力计算中，采用纵向钢筋协助混凝土承担压力是不经济的，因而双筋截面受弯构件常用于以下特殊情况。

①如果截面承受的弯矩很大，按单筋矩形截面设计无法满足适筋破坏的适用条件$\xi \leqslant \xi_b$，而梁的截面尺寸受到其他限制条件不能再增大、混凝土强度等级也不宜再提高时，可在受压区配置受压钢筋协助混凝土受压，从而形成双筋截面。

②在不同荷载组合下，梁同一截面承受异号弯矩，截面上下均应配置纵向受拉钢筋时，宜按双筋截面计算。

双筋截面梁不仅可提高梁的正截面受弯承载力，而且还可提高截面的延性。因此，有抗震设防要求时，梁中一般宜配置受压钢筋。

（1）基本公式

$$f_c b x = f_y A_s - f_y' A_s' \tag{4-3-11a}$$

$$M \leqslant \frac{1}{\gamma_d} M_u = \frac{1}{\gamma_d}\left[f_c b x \left(h_0 - \frac{x}{2} \right) + f_y' A_s'(h_0 - a_s') \right] \tag{4-3-12a}$$

为了方便计算，将$x = \xi h_0$代入以上两式可得：

$$f_c b h_0 \xi = f_y A_s - f_y' A_s' \tag{4-3-11b}$$

$$M \leqslant \frac{1}{\gamma_d} M_u = \frac{1}{\gamma_d}\left[\alpha_s f_c b h_0^2 + f_y' A_s'(h_0 - a_s') \right] \tag{4-3-12b}$$

（2）适用条件

防止超筋破坏的条件与单筋截面的相同，见式（4-3-4）；为了保证受压钢筋能够达到屈服，受压区计算高度还应满足下列条件：

$$x \geqslant 2a_s' \qquad 或 \qquad \xi \geqslant 2\frac{a_s'}{h_0} \tag{4-3-13}$$

若$x < 2a_s'$，则表示受压钢筋的应力σ_s'达不到抗压强度设计值，此时可近似取$x = 2a_s'$，按下式计算正截面受弯承载力：

$$M \leq \frac{1}{\gamma_d} M_u = \frac{1}{\gamma_d} f_y A_s (h_0 - a_s') \qquad (4-3-14)$$

（3）截面设计

按双筋矩形截面设计时，将会遇到下面两种情况。

①第一种情况。

已知弯矩设计值、截面尺寸、混凝土和钢筋的强度等级，求受压钢筋的截面面积A_s'和受拉钢筋的截面面积A_s。此时，可按下列步骤进行计算：

a. 假设$A_s' = 0$，先由式（4-3-6）计算α_s，即$\alpha_s = \frac{\gamma_d M}{f_c b h_0^2}$。

b. 根据α_s值由$\xi = 1 - \sqrt{1 - 2\alpha_s}$计算相对受压区高度$\xi$。当$\xi \leq \xi_b$，则可按单筋矩形截面进行配筋计算，而不必按计算配置受压钢筋或根据情况按构造配置适量受压钢筋；当$\xi > \xi_b$，则应按双筋截面设计。

c. 按双筋截面设计时，根据充分利用受压区混凝土受压而使总的钢筋用量$(A_s' + A_s)$为最小的原则，取$\xi = \xi_b$，并由$\alpha_s = \xi(1 - 0.5\xi)$计算$\alpha_s$（此时的$\alpha_s$为对应于界限破坏时的截面抵抗矩系数，称为$\alpha_{sb}$）。

d. 将α_{sb}代入式（4-3-12）计算受压钢筋截面面积A_s'：

$$A_s' = \frac{\gamma_d M - \alpha_{sb} f_c b h_0^2}{f_y' (h_0 - a_s')}$$

e. 验算A_s'是否满足最小配筋率的要求。当$A_s' \geq \rho_{min}' b h_0$时，则将$\xi_b$及求得的$A_s'$代入式（4-3-11）计算受拉钢筋截面面积$A_s$：

$$A_s = \frac{f_c \xi_b b h_0 + f_y' A_s'}{f_y}$$

当$A_s' < \rho_{min}' b h_0$时，则取$A_s' = \rho_{min}' b h_0$。按A_s'已知的情况重新计算x和A_s，具体计算过程详见第二种情况。

②第二种情况。

已知弯矩设计值、截面尺寸、混凝土和钢筋的强度等级、受压钢筋截面面积A_s'，求受拉钢筋截面面积A_s。

由于A_s'已知，此时不能再用$x = \xi_b h_0$公式，需按下列步骤计算：

a. 由式（4-3-12）计算α_s：

$$\alpha_s = \frac{\gamma_d M - f_y' A_s' (h_0 - a_s')}{f_c b h_0^2}$$

b. 根据α_s值由$\xi = 1 - \sqrt{1 - 2a_s}$计算相对受压区高度$\xi$，并根据$x = \xi h_0$检查是否满足适用条件$x \leq \xi_b h_0$和$x \geq 2a_s'$。

c. 若$2a_s' \leq x \leq \xi_b h_0$，则由式（4-3-11）计算受拉钢筋截面面积$A_s$：

$$A_s = \frac{f_c \xi b h_0 + f_y' A_s'}{f_y}$$

d. 若$x > \xi_b h_0$，则构件将发生超筋破坏，表示已配置的受压钢筋A_s'数量不足，应增加其数量，此时可按A_s'未知的情况（即前述第一种情况）重新计算A_s'和A_s。

e. 若$x < 2a_s'$，则表示受压钢筋的应力σ_s'达不到抗压强度设计值，此时可近似取$x = 2a_s'$，由式（4-3-14）计算受拉钢筋截面面积A_s：

$$A_s = \frac{\gamma_d M}{f_y (h_0 - a_s')}$$

（4）截面复核

已知构件截面尺寸、混凝土和钢筋的强度等级、受压钢筋和受拉钢筋截面面积，复核构件的正截面受弯承载力，可按下列步骤进行：

①由式（4-3-11）计算受压区高度x：

$$x = \frac{f_y A_s - f_y' A_s'}{f_c b}$$

并检查是否满足适用条件$x \leqslant \xi_b h_0$和$x \geqslant 2a_s'$。

②若满足上述条件，则由式（4-3-12）计算正截面受弯承载力M_u。

③若$x > \xi_b h_0$，则取$x = \xi_b h_0$，代入式（4-3-12）计算M_u。

④若$x < 2a_s'$，则近似取$x = 2a_s'$，由式（4-3-14）计算M_u。

⑤当已知截面承受的弯矩设计值M时，按承载能力极限状态计算要求，应满足$M \leqslant \frac{M_u}{\gamma_d}$。

当按 SL 191—2008 进行截面设计和承载力复核时，计算步骤与上述步骤相同，但在计算中应将基本公式中的$\gamma_d M$替换为KM。注意：此时适用条件$x \leqslant \xi_b h_0$（或$\xi \leqslant \xi_b$）应替换为$x \leqslant 0.85\xi_b h_0$（或$\xi \leqslant 0.85\xi_b$），若$x > 0.85\xi_b h_0$（或$\xi > 0.85\xi_b$），则取$x = 0.85\xi_b h_0$（或$\xi = 0.85\xi_b$）计算。

6）T 形截面

（1）两类 T 形截面的判别

截面设计和截面复核时，可按下列方法判别 T 形截面梁的类别。

①截面设计时可按下式判别：

$$M \leqslant \frac{1}{\gamma_d} M_u = \frac{1}{\gamma_d} f_c b_f' h_f' \left(h_0 - \frac{h_f'}{2} \right) \tag{4-3-15}$$

②截面复核时可按下式判别：

$$f_y A_s \leqslant f_c b_f' h_f' \tag{4-3-16}$$

满足上述条件时，则$x \leqslant h_f'$，即为第一类 T 形截面，应按宽度为b_f'的矩形截面计算，否则为第二类 T 形截面。

（2）第一类 T 形截面的基本公式和适用条件

$$f_y A_s = f_c b_f' x \tag{4-3-17}$$

$$M \leqslant \frac{1}{\gamma_d} M_u = \frac{1}{\gamma_d} f_c b_f' x \left(h_0 - \frac{x}{2} \right) \tag{4-3-18}$$

应当指出，第一类 T 形截面梁的配筋一般在适筋范围，所以一般可不必验算$\xi \leqslant \xi_b$的条件。

还应指出，在验算$\rho \geqslant \rho_{min}$时，T 形截面的配筋率仍然用公式$\rho = \frac{A_s}{b h_0}$计算，其中$b$按梁肋宽取用。

（3）第二类 T 形截面的基本公式和适用条件

$$f_y A_s = f_c b x + f_c (b_f' - b) h_f' \tag{4-3-19}$$

$$M \leqslant \frac{1}{\gamma_d} M_u = \frac{1}{\gamma_d} \left[f_c b x \left(h_0 - \frac{x}{2} \right) + f_c (b_f' - b) h_f' \left(h_0 - \frac{h_f'}{2} \right) \right] \tag{4-3-20}$$

式中：h_f'——T 形截面受压区的翼缘高度；

b_f'——T 形截面受压区的翼缘计算宽度。

为防止发生超筋破坏，第二类 T 形截面梁的受压区高度应满足适用条件$x \leqslant \xi_b h_0$或$\xi \leqslant \xi_b$。

由于第二类 T 形截面梁的受拉钢筋配置较多，一般均能满足$\rho \geqslant \rho_{min}$的要求，所以设计中可不验算。

当按 SL 191—2008 进行 T 形截面梁设计时，应将基本公式中的 $\gamma_d M$ 替换为 KM。注意：此时适用条件 $x \leqslant \xi_b h_0$（或 $\xi \leqslant \xi_b$）应替换为 $x \leqslant 0.85\xi_b h_0$（或 $\xi \leqslant 0.85\xi_b$）。

【例 4-3-1】已知一矩形截面梁，$b \times h = 250\text{mm} \times 400\text{mm}$，采用 HRB335 级钢筋（$f_y = 300\text{N/mm}^2$，$\xi_b = 0.55$），C30 混凝土（$f_c = 14.3\text{N/mm}^2$），$a_s = 40\text{mm}$，$K = 1.2$，$M = 75\text{kN} \cdot \text{m}$，则 A_s 等于：

A. 800mm² B. 935mm²

C. 1000mm² D. 1050mm²

解 选 B。

【例 4-3-2】钢筋混凝土受弯构件界限中和轴高度确定的依据是：

A. 平截面假定及纵向受拉钢筋达到屈服和受压区边缘混凝土达到极限压应变

B. 平截面假定和纵向受拉钢筋达到屈服

C. 平截面假定和受压区边缘混凝土达到极限压应变

D. 仅平截面假定

解 钢筋混凝土受弯构件界限中和轴高度确定的依据是：平截面假定及纵向受拉钢筋达到屈服和受压区边缘混凝土达到极限压应变，选 A。

【例 4-3-3】钢筋混凝土结构正截面承载力计算中，不考虑受拉区混凝土作用的原因是：

A. 受拉区混凝土全部开裂

B. 混凝土的抗拉强度很低

C. 受拉区混凝土承担拉力很小，且靠近中和轴导致其获得的内力矩也很小

D. 平截面假定

解 本题的考点为钢筋混凝土结构构件正截面承载力计算的基本假定。混凝土的抗拉强度很低，在很小的荷载作用下受拉区开裂，在裂缝截面处，受拉区混凝土大部分退出工作，拉应力基本上由钢筋承担，只有靠近中和轴的很小部分混凝土受拉，其提供的内力矩也很小，所以在正截面承载力计算时，不考虑受拉区混凝土的作用。选 C。

【例 4-3-4】关于钢筋混凝土双筋矩形截面构件正截面受弯承载力计算，下列描述正确的是：

A. 增加受压钢筋截面面积使受压区高度增大

B. 增加受压钢筋截面面积使受压区高度减小

C. 增加受拉钢筋截面面积使受压区高度减小

D. 增加受压钢筋截面面积会使构件截面超筋

解 本题的考点为钢筋混凝土双筋矩形截面构件正截面受弯承载力计算的相关概念和知识。如果截面承受的弯矩很大，按单筋矩形截面设计无法满足适筋破坏的适用条件 $\xi \leqslant \xi_b$，而梁的截面尺寸受到其他限制条件不能再增大、混凝土强度等级也不宜再提高时，可在受压区配置受压钢筋，形成双筋截面，协助混凝土受压，减小混凝土的受压区高度。故应选 B。

4.3.2 受弯构件斜截面受剪承载力计算

1）斜截面破坏的主要形态

斜截面破坏有斜压破坏、剪压破坏、斜拉破坏等三种主要破坏形态。

（1）斜压破坏

斜压破坏多发生在剪力大而弯矩小的区段内，即剪跨比 λ 较小（$\lambda < 1$）或剪跨比 λ 适中但腹筋配置

过多的梁中。此外，腹板较薄的梁（如 T 形或 I 形薄腹梁）也易发生斜压破坏。

（2）剪压破坏

当梁的剪跨比适中（$1 \leqslant \lambda \leqslant 3$），且配置的腹筋数量比较合适时，常发生剪压破坏。

（3）斜拉破坏

当梁的剪跨比较大（$\lambda > 3$）且配置的箍筋过少时，发生斜拉破坏。

2）受弯构件斜截面受剪承载力计算公式

（1）DL/T 5057—2009

①基本公式

承受一般荷载的矩形、T 形和 I 形截面受弯构件，斜截面受剪承载力应符合下列规定：

$$V \leqslant \frac{1}{\gamma_d}(V_c + V_{sv} + V_{sb}) \tag{4-3-21}$$

$$V_c = 0.7 f_t b h_0 \tag{4-3-22}$$

$$V_{sv} = f_{yv} \frac{A_{sv}}{s} h_0 \tag{4-3-23}$$

$$V_{sb} = f_y A_{sb} \sin \alpha_s \tag{4-3-24}$$

集中荷载作用下的矩形截面独立梁（包括作用有多种荷载，且其中集中荷载对支座截面或节点边缘所产生的剪力值占总剪力值 75% 以上的情况），式（4-3-22）中的系数 0.7 应改为 0.5。

②截面限制条件

当 $\frac{h_w}{b} \leqslant 4$ 时

$$V \leqslant \frac{1}{\gamma_d}(0.25 f_c b h_0) \tag{4-3-25a}$$

当 $\frac{h_w}{b} \geqslant 6$ 时

$$V \leqslant \frac{1}{\gamma_d}(0.2 f_c b h_0) \tag{4-3-25b}$$

当 $4 < \frac{h_w}{b} < 6$ 时，按直线内插法取用。

设计中如果不能满足式（4-3-25）的要求，则应加大截面尺寸或提高混凝土的强度等级。

③不需进行斜截面受剪承载力计算的条件

如能符合下列规定：

$$V \leqslant \frac{1}{\gamma_d} V_c \tag{4-3-26}$$

则不需进行斜截面受剪承载力计算，仅需按构造要求配置箍筋。

④最小配箍率条件

$$\rho_{sv,min} = \begin{cases} 0.15\% & \text{（HPB235）} \\ 0.12\% & \text{（HPB300）} \\ 0.10\% & \text{（HRB335）} \end{cases} \tag{4-3-27}$$

为了防止箍筋用量过少，DL/T 5057—2009 除规定了最小配箍率条件外，还对箍筋最大间距 s_{max} 和最小直径 d_{min} 做出了限制，见表 4-3-2。梁中箍筋间距不应大于箍筋的最大间距 s_{max}，弯起钢筋的间距（前一排弯起钢筋的弯起点至后一排弯起钢筋的弯终点的距离以及第一排弯起钢筋的弯终点至支座边缘的距离）也不应大于箍筋的最大间距 s_{max}。

梁中箍筋最大间距 s_{max} 和最小直径 d_{min}　　　　表 4-3-2

项　次	梁高 h（mm）	s_{max}		d_{min}
		$\gamma_d V > V_c$	$\gamma_d V \leqslant V_c$	
1	$h \leqslant 300$	150	200	6
2	$300 < h \leqslant 500$	200	300	6
3	$500 < h \leqslant 800$	250	350	6
4	$h > 800$	300	400	8

（2）SL 191—2008

①基本公式

承受一般荷载的矩形、T 形和 I 形截面受弯构件，斜截面受剪承载力应符合下列规定：

$$KV \leqslant V_c + V_{sv} + V_{sb} \tag{4-3-28}$$

$$V_c = 0.7 f_t b h_0 \tag{4-3-29}$$

$$V_{sv} = 1.25 f_{yv} \frac{A_{sv}}{s} h_0 \tag{4-3-30}$$

$$V_{sb} = f_y A_{sb} \sin \alpha_s \tag{4-3-31}$$

承受集中荷载为主的重要的独立梁（如水电站厂房中的吊车梁、大坝的门机轨道梁等），式（4-3-29）中的系数 0.7 应改为 0.5，式（4-3-30）中的系数 1.25 应改为 1.0。

②截面限制条件

当 $\frac{h_w}{b} \leqslant 4$ 时

$$KV \leqslant 0.25 f_c b h_0 \tag{4-3-32a}$$

当 $\frac{h_w}{b} \geqslant 6$ 时

$$KV \leqslant 0.2 f_c b h_0 \tag{4-3-32b}$$

当 $4 < \frac{h_w}{b} < 6$ 时，按直线内插法取用。

设计中如果不能满足式（4-3-32）的要求，则应加大截面尺寸或提高混凝土的强度等级。

③不需进行斜截面受剪承载力计算的条件

如能符合下列规定：

$$KV \leqslant V_c \tag{4-3-33}$$

则不需进行斜截面受剪承载力计算，仅需按构造要求配置箍筋。

3）箍筋的构造要求

（1）箍筋的形式与肢数

箍筋的形式有封闭式和开口式两种，一般应采用封闭式箍筋。现浇 T 形梁不承受扭矩和动荷载时，在跨中也可采用开口式箍筋。当梁中配有计算的受压钢筋时，为了防止纵筋压屈，箍筋必须采用封闭式。

箍筋的肢数有单肢、双肢、四肢等。箍筋肢数的选取，取决于斜截面受剪承载力计算的需要和梁宽及一排内纵向钢筋的根数。当梁截面宽度 $b < 350$mm 时，常用双肢箍；当梁截面宽度 $b > 350$mm 时，或纵向受拉钢筋在一排中多于 5 根（或一排中纵向受压钢筋多于 3 根）时，应采用四肢箍或六肢箍。

当梁中配有计算需要的纵向受压钢筋时，箍筋间距在绑扎骨架中不应大于15d，在焊接骨架中不应大于20d（d为受压钢筋的最小直径），同时在任何情况下均不应大于400mm；当一排内纵向受压钢筋多于5根且直径大于18mm时，箍筋间距不应大于10d。

在纵筋绑扎接头的搭接长度范围内，当钢筋受拉时，箍筋间距不应大于5d，且不大于100mm；当钢筋受压时，箍筋间距不应大于10d，且不大于200mm。这里d为搭接钢筋中的最小直径。

（2）箍筋的直径与间距

箍筋的最小直径和最大间距除按计算确定外，还应满足表 4-3-2 的构造要求。当$V > V_c/\gamma_d$（DL/T 5057—2009）或$KV > V_c$（SL 191—2008）时，还应满足最小配箍率的要求。

【例 4-3-5】 已知一矩形截面梁，$b \times h = 250\text{mm} \times 400\text{mm}$，仅配置箍筋（双肢箍），箍筋采用HPB235（$f_y = 210\text{N/mm}^2$），混凝土 C30（$f_c = 14.3\text{N/mm}^2$，$f_t = 1.43\text{N/mm}^2$），$a_s = 40\text{mm}$，试问当箍筋由$\phi6@100$改为$\phi8@100$时，斜截面受剪承载力提高多少？

  A. 27%　　　　　　　　　　　　　　　B. 29%
  C. 79%　　　　　　　　　　　　　　　D. 78%

解 按题设条件，斜截面受剪承载力可提高 78%。选 D。

4.3.3 轴心受压构件正截面受压承载力计算

1）普通箍筋轴心受压构件正截面受压承载力基本公式

DL/T 5057—2009：

$$N \leqslant \frac{N_u}{\gamma_d} = \frac{1}{\gamma_d}\varphi\left(f_c A_c + f_y' A_s'\right) \tag{4-3-34}$$

SL 191—2008：

$$KN \leqslant N_u = \varphi\left(f_c A_c + f_y' A_s'\right) \tag{4-3-35}$$

式中：φ——轴心受压柱的稳定系数，按规范查用。

受压构件中的受压钢筋不宜采用高强度钢筋，这是因为受压钢筋在构件破坏时的应力受混凝土极限压应变的制约（混凝土均匀受压的极限压应变ε_{cu}一般取为 0.002），以钢筋应变$\varepsilon_s' = \varepsilon_{cu} = 0.002$作为受压钢筋抗压强度设计值的取值依据，按$f_y' = \varepsilon_s' E_s$和$f_y' \leqslant f_y$两个条件确定。对于 HRB500 等高强度钢筋，抗压强度设计值最大只能取为 400N/mm²。

2）螺旋箍筋轴心受压构件正截面受压承载力基本公式

DL/T 5057—2009：

$$N \leqslant \frac{1}{\gamma_d}\left(f_c A_{cor} + 2f_y A_{ss0} + f_y' A_s'\right) \tag{4-3-36}$$

SL 191—2008：

$$KN \leqslant f_c A_{cor} + 2f_y A_{ss0} + f_y' A_s' \tag{4-3-37}$$

具有下列情况之一，不应考虑螺旋箍筋的作用，而只能按普通箍筋柱来计算其承载力：

（1）当长细比$l_0/d > 12$时，由于纵向弯曲的影响可能导致螺旋箍筋不能发挥作用。

（2）构件按螺旋箍筋柱计算得到的承载力小于同样条件下按普通箍筋柱计算得到的承载力时。

（3）当间接钢筋的截面面积A_{ss0}小于纵向受力钢筋全部截面面积的25%时，套箍作用的效果不明显。

【例 4-3-6】 钢筋混凝土轴心受压柱的纵向受力钢筋不宜采用高强度钢筋，这是因为：

  A. 受混凝土极限压应变的制约，受压纵筋在构件破坏时可能达不到屈服强度

B. 受混凝土极限拉应变的制约，受压纵筋在构件破坏时可能达不到屈服强度

C. 由于混凝土徐变的影响，高强度钢筋易导致混凝土过早开裂

D. 由于轴心受压柱采用的混凝土强度等级偏低

解 选 A。

4.3.4 偏心受压构件承载力计算

1）两种破坏形态

（1）大偏心受压破坏（受拉破坏）

当轴向压力的偏心距较大，且受拉钢筋配置得不太多时，在荷载作用下，靠近轴向压力一侧受压，远离轴向压力一侧受拉。大偏心受压的破坏特征是始于受拉钢筋的首先屈服，然后受压区混凝土被压碎，故又称为受拉破坏。

（2）小偏心受压破坏（受压破坏）

当轴向压力偏心距较小，或者偏心距虽较大，但受拉钢筋配置过多时，在荷载作用下，截面大部分受压或全部受压。小偏心受压的破坏特征是靠近轴向压力一侧的受压混凝土应变先达到极限压应变，受压钢筋达到屈服强度而破坏，远离轴向压力一侧的纵向钢筋，不论是受拉还是受压，均达不到屈服强度。由于这种破坏是从受压区开始的，故又称为受压破坏。

2）大、小偏心受压的分界及其判别方法

当 $\xi \leqslant \xi_b$ 时，属受拉破坏，即大偏心受压构件（取等号时为界限破坏）；当 $\xi > \xi_b$ 时，属受压破坏，即小偏心受压构件。

截面设计时，对于非对称配筋情况，可先用 ηe_0 判别大、小偏心：当 $\eta e_0 > 0.3 h_0$ 时，可先按大偏心受压构件设计，确定纵向受力钢筋截面面积后再用 ξ 进行复核；当 $\eta e_0 \leqslant 0.3 h_0$ 时，则一定属于小偏心受压构件，可按小偏心受压构件设计。对于对称配筋情况，则直接用 ξ 判别大、小偏心。截面复核时，直接用 ξ 判别大、小偏心。

3）矩形截面大偏心受压构件正截面受压承载力的基本公式

$$N \leqslant \frac{N_u}{\gamma_d} = \frac{1}{\gamma_d}\left(f_c bx + f_y' A_s' - f_y A_s\right) \tag{4-3-38}$$

$$Ne \leqslant \frac{N_u e}{\gamma_d} = \frac{1}{\gamma_d}\left[f_c bx\left(h_0 - \frac{x}{2}\right) + f_y' A_s'(h_0 - a_s')\right] \tag{4-3-39}$$

$$e = \eta e_0 + \frac{h}{2} - a_s \tag{4-3-40}$$

公式的适用条件为：$x \leqslant \xi_b h_0$ 和 $x \geqslant 2a_s'$。

若 $x = \xi h_0 < 2a_s'$，则受压钢筋的应力达不到 f_y'，此时与双筋受弯构件一样，取 $x = 2a_s'$，按下式计算 A_s：

$$Ne' \leqslant \frac{1}{\gamma_d} N_u e' = \frac{1}{\gamma_d} f_y A_s(h_0 - a_s') \tag{4-3-41}$$

$$e' = \eta e_0 - \frac{h}{2} + a_s' \tag{4-3-42}$$

式中：e'——轴向力作用点至钢筋 A_s' 的距离。

SL 191—2008 的公式仅将上述公式中的 γ_d 取消，在 N 前乘 K 即可。

4）矩形截面小偏心受压构件正截面受压承载力的基本公式

$$N \leqslant \frac{N_u}{\gamma_d} = \frac{1}{\gamma_d} \left(f_c bx + f_y' A_s' - \sigma_s A_s \right) \tag{4-3-43}$$

$$Ne \leqslant \frac{N_u e}{\gamma_d} = \frac{1}{\gamma_d} \left[f_c bx \left(h_0 - \frac{x}{2} \right) + f_y' A_s' (h_0 - a_s') \right] \tag{4-3-44}$$

按上述大偏心受压构件相同的处理方法，即可得到 SL 191—2008 的相应公式。

5）垂直于弯矩作用平面的受压承载力复核

规范规定，偏心受压构件除应计算弯矩作用平面的受压承载力外，尚应按轴心受压构件验算垂直于弯矩作用平面的受压承载力，此时，可不计入弯矩的作用，但应考虑稳定系数 φ 的影响。对于矩形截面，计算时长细比为 l_0/b。通过分析，认为小偏心受压构件一般需要验算垂直于弯矩作用平面的轴心受压承载力。

6）偏心受压构件斜截面受剪承载力计算

试验表明，轴向压力对偏压构件的斜截面受剪承载力起有利作用，但这一有利作用是有限制的。当轴压比 $\frac{\gamma_d N}{f_c bh}$（DL/T 5057—2009）或 $\frac{KN}{f_c bh}$（SL 191—2008）较小时，构件的受剪承载力随轴压比的增大而提高；当轴压比在 0.4~0.6 之间时，轴向压力对构件受剪承载力的有利影响达到最大值；当轴压比超过 0.6 时，构件的受剪承载力随轴压比的增大而降低。偏心受压构件斜截面受剪承载力的计算公式是在受弯构件计算公式的基础上，加上一项轴向压力对受剪承载力影响的提高值。根据试验资料分析，其提高值取 $0.07N$，并对轴向压力的有利影响规定了一个上限值：DL/T 5057—2009 规定 $N > \frac{1}{\gamma_d} 0.3 f_c A$ 时，取 $N = \frac{1}{\gamma_d} 0.3 f_c A$；SL 191—2008 规定 $N > 0.3 f_c A$ 时，取 $N = 0.3 f_c A$。

（1）偏心受压构件斜截面受剪承载力的基本公式

矩形、T 形和 I 形截面偏心受压构件，其斜截面受剪承载力可按下列公式计算：

$$V \leqslant \frac{1}{\gamma_d} \left(0.5 f_t bh_0 + f_{yv} \frac{A_{sv}}{s} h_0 + f_y A_{sb} \sin \alpha_s \right) + 0.07N \tag{4-3-45}$$

式中：N——与剪力设计值 V 相应的轴向压力设计值，当 $N > \frac{1}{\gamma_d} 0.3 f_c A$ 时，取 $N = \frac{1}{\gamma_d} 0.3 f_c A$，$A$ 为构件的截面面积。

（2）截面限制条件

$$V \leqslant \frac{1}{\gamma_d} (0.25 f_c bh_0) \tag{4-3-46}$$

（3）不需进行斜截面受剪承载力计算的条件

当偏心受压构件满足下列公式要求时：

$$V \leqslant \frac{1}{\gamma_d} (0.5 f_c bh_0) + 0.07N \tag{4-3-47}$$

则可不进行斜截面受剪承载力计算而仅需按构造要求配置箍筋。

将上述公式中的 γ_d 取消，在 V 前乘以 K，且式（4-3-45）中第一项的系数 0.5 改为 0.7，第二项前乘以 1.25，第三项中当 $N > 0.3 f_c A$ 时，取 $N = 0.3 f_c A$，即变成 SL 191—2008 的相应公式。

【例 4-3-7】 已知柱截面尺寸 $b \times h = 400\text{mm} \times 600\text{mm}$，C30 混凝土（$f_c = 14.3\text{N/mm}^2$），主筋采用 HRB335 级钢筋（$f_y = 300\text{N/mm}^2$），$a_s = a_s' = 40\text{mm}$，$\eta = 1.06$，$M = \pm 360\text{kN} \cdot \text{m}$（正、反向弯矩），$N = 1000\text{kN}$（压力），安全系数 $K = 1.2$。此柱的配筋与下列哪个值最接近？

    A. $A_s = A_s' = 1145\text{mm}^2$ B. $A_s = A_s' = 1251\text{mm}^2$

$$C.\ A_s = A'_s = 1324 \text{mm}^2 \qquad\qquad D.\ A_s = A'_s = 1432 \text{mm}^2$$

解　选 D。

4.3.5　受拉构件承载力计算

1）轴心受拉构件正截面受拉承载力基本公式

$$N \leqslant \frac{N_u}{\gamma_d} = \frac{1}{\gamma_d} f_y A_s \tag{4-3-48}$$

在上式中，如取消γ_d，在N前乘K，即为 SL 191—2008 轴心受拉构件正截面受拉承载力的基本公式。

2）偏心受拉构件正截面受拉承载力计算

（1）大小偏心受拉划分

轴向拉力N作用在钢筋A_s合力点与A'_s合力点之间时，属于小偏心受拉情况；轴向拉力N作用在钢筋A_s合力点与A'_s合力点之外时，属于大偏心受拉情况。

（2）小偏心受拉构件正截面受拉承载力的基本公式

$$Ne' \leqslant \frac{1}{\gamma_d} f_y A_s(h_0 - a'_s) \tag{4-3-49}$$

$$Ne \leqslant \frac{1}{\gamma_d} f_y A'_s(h_0 - a'_s) \tag{4-3-50}$$

式中：e'——轴向拉力N至A'_s的距离，$e' = \frac{h}{2} - a'_s + e_0$；

$\quad\quad e$——轴向拉力N至A_s的距离，$e = \frac{h}{2} - a_s - e_0$。

对上述公式，如取消γ_d，在N前乘K，即为 SL 191—2008 的相应公式。

（3）大偏心受拉构件正截面受拉承载力的基本公式

$$N \leqslant \frac{1}{\gamma_d}\left(f_y A_s - f'_y A'_s - f_c bx\right) \tag{4-3-51}$$

$$Ne \leqslant \frac{1}{\gamma_d}\left[f_c bx\left(h_0 - \frac{x}{2}\right) + f'_y A'_s(h_0 - a'_s)\right] \tag{4-3-52}$$

式中，$e = e_0 - \frac{h}{2} + a_s$。

公式的适用条件为：$x \leqslant \xi_b h_0$和$x \geqslant 2a'_s$。当$x < 2a'_s$时，同样可以假定混凝土压应力合力点与受压钢筋A'_s合力点重合，即$x = 2a'_s$。根据对A'_s的合力点的力矩平衡条件，可得：

$$Ne' \leqslant \frac{1}{\gamma_d} f_y A_s(h_0 - a'_s) \tag{4-3-53}$$

式中，$e' = e_0 + \frac{h}{2} - a'_s$。

在上述公式中，如取消γ_d，并在N前乘K，即变为 SL 191—2008 的相应公式。但应注意，它的受压区计算高度x的适用条件为$x \leqslant 0.85\xi_b h_0$或$\xi \leqslant 0.85\xi_b$。

3）偏心受拉构件斜截面受剪承载力计算

试验表明，轴向拉力使构件的斜截面受剪承载力明显降低，其降低幅度随轴向拉力的增大而增大，但对箍筋的受剪承载力几乎没有影响。现行规范对偏心受拉构件斜截面受剪承载力计算公式，采用与偏心受压构件类似的处理方法，即在受弯构件计算公式的基础上，减去一项轴向拉力对受剪承载力影响的降低值。根据试验资料，其降低值近似取$0.2N$。

矩形、T 形和 I 形截面偏心受拉构件，其斜截面受剪承载力可按下列公式计算：

$$V \leqslant \frac{1}{\gamma_d}\left(0.5f_t b h_0 + f_{yv}\frac{A_{sv}}{s}h_0 + f_y A_{sb}\sin\alpha_s\right) - 0.2N \tag{4-3-54}$$

规范规定，上式右边的计算值小于 $\frac{1}{\gamma_d}\left(f_{yv}\frac{A_{sv}}{s}h_0 + f_y A_{sb}\sin\alpha_s\right)$ 时，应取为 $\frac{1}{\gamma_d}\left(f_{yv}\frac{A_{sv}}{s}h_0 + f_y A_{sb}\sin\alpha_s\right)$，且要求箍筋的受剪承载力 V_{sv} 值不应小于 $0.36f_t b h_0$。

在式（4-3-54）中，如取消 γ_d，并在 V 前乘以 K，且式（4-3-54）中右边第一项的系数 0.5 改为 0.7，第二项前乘以 1.25，即变为 SL 191—2008 的相应公式。当式（4-3-54）中右边的计算值小于 $1.25f_{yv}\frac{A_{sv}}{s}h_0 + f_y A_{sb}\sin\alpha_s$ 时，应取为 $1.25f_{yv}\frac{A_{sv}}{s}h_0 + f_y A_{sb}\sin\alpha_s$，且要求箍筋的受剪承载力 V_{sv} 值不应小于 $0.36f_t b h_0$。

【例 4-3-8】 下列说法正确的是：

 A. 轴向拉力使偏心受拉构件的斜截面受剪承载力明显提高，但其增幅随轴向拉力的增大而减小

 B. 轴向拉力使偏心受拉构件的斜截面受剪承载力明显降低，且其降幅随轴向拉力的增大而增大

 C. 轴向拉力使偏心受拉构件的斜截面受剪承载力明显降低，但其降幅随轴向拉力的增大而减小

 D. 轴向拉力使偏心受拉构件的斜截面受剪承载力明显提高，但对箍筋的受剪承载力几乎没有影响

解 选 B。

4.3.6 受扭构件承载力计算

1）矩形截面纯扭构件的破坏形态

矩形截面钢筋混凝土纯扭构件的破坏形态主要与配筋量的多少有关，分为少筋破坏、适筋破坏和超筋破坏三种。

（1）少筋破坏

当抗扭钢筋配置过少或钢筋间距过大时，配筋构件的抗扭承载力与素混凝土构件没有实质性差别，其破坏扭矩基本上与其开裂扭矩相近，即一旦开裂，构件就发生破坏。这种破坏呈脆性，无征兆，称为少筋破坏。其破坏特征类似于受弯构件的少筋梁，设计时应避免这种没有预兆的少筋破坏。为了防止发生这种少筋破坏，现行规范对受扭构件的受扭纵筋和箍筋的最小用量分别做了规定，并应符合受扭钢筋的构造要求。

（2）适筋破坏

对于正常配筋条件下的钢筋混凝土构件，在外扭矩作用下，随着扭矩的增大，首先是混凝土开裂，构件表面上陆续出现多条与构件纵向呈 45°角的螺旋裂缝，并随外扭矩的增大，形成一条主裂缝。随着与主裂缝相交的纵筋和箍筋达到屈服强度，主裂缝不断加宽，直至形成三面开裂、一面受压的空间扭曲破坏面，最后混凝土压碎而破坏。破坏过程具有一定延性和明显预兆，称为适筋破坏。这种构件的破坏特征类似于受弯构件的适筋梁。受扭构件应尽可能设计成具有适筋破坏特征的构件。钢筋混凝土受扭构件的承载力计算以这种破坏为依据。

（3）超筋破坏

当抗扭纵筋和抗扭箍筋配置过多时，受扭构件在破坏前的螺旋形裂缝会更多更密，会发生纵筋和箍筋没有达到屈服强度时混凝土先行压坏的现象。这种破坏呈脆性，无征兆，钢筋不能充分发挥作用，称为超筋破坏。其破坏特征类似于受弯构件的超筋梁，设计时应避免这种超筋破坏。

抗扭钢筋由抗扭纵筋和抗扭箍筋两部分组成，这两部分的配筋比例对破坏形态也有影响。若箍筋和纵筋配筋比率相差较大，则破坏时仅有配筋率较小的箍筋或纵筋达到屈服强度，而另一种钢筋直至混凝土压碎仍不屈服，这种构件称为部分超筋构件。部分超筋构件破坏时，亦有一定的延性，并非完全脆性，但较适筋构件的延性小。在设计中，部分超筋构件还是允许采用的，但不经济。

2）矩形截面构件在弯、剪、扭共同作用下的破坏形态

钢筋混凝土弯剪扭构件是指同时承受弯矩和扭矩或同时承受弯矩、剪力和扭矩的构件。试验表明，弯剪扭构件的破坏特征和极限承载力与扭弯比T/M、扭剪比$T/(Vb)$、配筋形式、截面上下纵筋承载力比值、纵筋与箍筋的配筋强度比ζ、截面尺寸大小及高宽比值、混凝土强度等因素有关，其破坏有弯型破坏、扭型破坏和剪扭型破坏三种典型破坏形态。

（1）弯型破坏

当剪力很小、扭弯比也较小时，构件的破坏主要由弯矩起控制作用，称为弯型破坏。

（2）扭型破坏

当剪力较小、扭弯比较大而顶部钢筋明显少于底部钢筋时，构件的破坏主要由扭矩起控制作用，称为扭型破坏。

（3）剪扭型破坏

当弯矩很小而剪力和扭矩较大时，构件的破坏主要由剪力和扭矩起控制作用，称为剪扭型破坏。

3）矩形截面的开裂扭矩

规范规定，矩形截面的开裂扭矩可按下列公式计算：

$$T_{cr} = 0.7f_t W_t \tag{4-3-55}$$

$$W_t = \frac{b^2}{6}(3h - b) \tag{4-3-56}$$

式中：W_t——矩形截面受扭塑性抵抗矩；

b、h——矩形截面短边尺寸和长边尺寸。

4）配筋强度比ζ

为了充分发挥抗扭钢筋的作用，抗扭纵筋和箍筋应有合理的配比。现行规范引入抗扭纵筋与抗扭箍筋的配筋强度比ζ来表示两者之间的数量关系（即两者的体积比与强度比的乘积）：

$$\zeta = \frac{f_y A_{st} s}{f_{yv} A_{sv1} u_{cor}} \tag{4-3-57}$$

试验结果表明，当$0.5 \leq \zeta \leq 2.0$时，纵筋与箍筋在构件破坏时基本上都能达到抗拉强度设计值。现行规范规定ζ的取值为$0.6 \leq \zeta \leq 1.7$，在实际工程设计中，常取$\zeta = 1.2$。

5）钢筋混凝土纯扭构件承载力计算

（1）矩形截面纯扭构件的承载力计算

$$T \leq \frac{1}{\gamma_d} T_u = \frac{1}{\gamma_d}\left(0.35f_t W_t + 1.2\sqrt{\zeta}\frac{A_{st1}f_{yv}}{s}A_{cor}\right) \tag{4-3-58}$$

在上式中，如取消γ_d，在T前乘K，即为 SL 191—2008 的相应公式。

（2）公式的适用条件

①为了防止完全超筋破坏，截面尺寸不能太小。对纯扭构件，截面尺寸限制条件如下。

当$\frac{h_w}{b} \leq 4$时：

$$T \leq \frac{1}{\gamma_d}(0.25f_cW_t) \qquad (4-3-59a)$$

当$\frac{h_w}{b} = 6$时：

$$T \leq \frac{1}{\gamma_d}(0.2f_cW_t) \qquad (4-3-59b)$$

当$4 < \frac{h_w}{b} < 6$时，按线性内插法确定。

在上式中，如取消γ_d，在T前乘K，即为 SL 191—2008 的相应公式。

②抗扭钢筋的最小配筋率。

抗扭纵筋：

$$\rho_{st} = \frac{A_{st}}{bh} \geq \rho_{st,\,min} = \begin{cases} 0.30\% & \text{(HPB235)} \\ 0.24\% & \text{(HPB300)} \\ 0.20\% & \text{(HRB335)} \end{cases} \qquad (4-3-60)$$

抗扭箍筋：

$$\rho_{sv} = \frac{A_{sv}}{bs} \geq \rho_{sv,\,min} = \begin{cases} 0.20\% & \text{(HPB235)} \\ 0.17\% & \text{(HPB300)} \\ 0.15\% & \text{(HRB335)} \end{cases} \qquad (4-3-61)$$

（3）按构造配置抗扭钢筋的条件

如果符合下列条件：

$$T \leq \frac{1}{\gamma_d}(0.7f_tW_t) \qquad (4-3-62)$$

只需按构造要求配置抗扭钢筋，即应满足式（4-3-60）和式（4-3-61）。

在上式中，如取消γ_d，在T前乘K，即为 SL 191—2008 的相应公式。

（4）带翼缘截面纯扭构件的承载力计算

对于带翼缘截面的抗扭承载力计算，按截面承担的总扭矩由各分块矩形截面共同承担的原则计算，即：

$$T_t = T_w + T_f' + T_f \qquad (4-3-63)$$

各分块矩形截面承担的扭矩设计值，可按受扭塑性抵抗矩的相对值来计算，即：

$$\left.\begin{array}{ll} \text{腹板} & T_w = \dfrac{W_{tw}}{W_t}T \\[2mm] \text{上翼缘} & T_f' = \dfrac{W_{tf}'}{W_t}T \\[2mm] \text{下翼缘} & T_f = \dfrac{W_{tf}}{W_t}T \end{array}\right\} \qquad (4-3-64)$$

按上式算得T_w、T_f'和T_f后，可按式（4-3-58）计算抗扭钢筋。

6）钢筋混凝土构件在弯、剪、扭共同作用下的承载力计算

（1）矩形截面在剪、扭作用下的承载力计算

①受扭承载力降低系数β_t。

$$\beta_t = \frac{1.5}{1 + 0.5\dfrac{VW_t}{Tbh_0}} \qquad (4-3-65)$$

式中：β_t——剪扭构件混凝土受扭承载力降低系数，有时也称为剪扭相关系数。

当$\beta_t > 1.0$时，取$\beta_t = 1.0$；当$\beta_t < 0.5$时，取$\beta_t = 0.5$；即β_t应符合$0.5 \leqslant \beta_t \leqslant 1.0$。所以一般剪扭构件混凝土能承担的扭矩和剪力相应为：

$$T_c = 0.35\beta_t f_t W_t \tag{4-3-66}$$

$$V_c = 0.7(1.5 - \beta_t)f_t bh_0 \tag{4-3-67}$$

②剪扭作用下的受剪、受扭承载力计算公式。

对于配有腹筋的剪扭构件，抗剪箍筋承载力$V_{sv} = f_{yv}\dfrac{A_{sv}}{s}h_0$，抗扭箍筋承载力$T_s = 1.2\sqrt{\zeta}\dfrac{f_{yv}A_{st1}A_{cor}}{s}$，则钢筋混凝土矩形截面在剪扭作用下的受剪、受扭承载力可分别按下列公式计算：

$$V \leqslant \frac{1}{\gamma_d}\left[0.7(1.5 - \beta_t)f_t bh_0 + f_{yv}\frac{A_{sv}h_0}{s}\right] \tag{4-3-68}$$

$$T \leqslant \frac{1}{\gamma_d}\left[0.35\beta_t f_t W_t + 1.2\sqrt{\zeta}\frac{f_{yv}A_{st1}A_{cor}}{s}\right] \tag{4-3-69}$$

在上述公式中，如取消γ_d，在V和T前乘K，在式（4-3-68）中的f_{yv}前乘1.25，即为 SL 191—2008 的相应公式。

③截面限制条件。

当$h_w/b \leqslant 4$时：

$$\frac{V}{bh_0} + \frac{T}{W_t} \leqslant \frac{1}{\gamma_d}(0.25f_c) \tag{4-3-70}$$

当$h_w/b = 6$时：

$$\frac{V}{bh_0} + \frac{T}{W_t} \leqslant \frac{1}{\gamma_d}(0.2f_c) \tag{4-3-71}$$

当$4 < \dfrac{h_w}{b} < 6$时，按线性内插法确定。

在上述公式中，如取消γ_d，在V和T前乘K，即为 SL 191—2008 的相应公式。

④不需进行剪扭承载力计算的条件。

当符合下列条件时：

$$\frac{V}{bh_0} + \frac{T}{W_t} \leqslant \frac{1}{\gamma_d}(0.7f_t)$$

可不进行剪扭承载力计算，抗扭箍筋和抗扭纵筋可按构造要求配置，但也要满足最小配筋率的要求。此时只要进行抗弯配筋计算即可。

（2）矩形截面在弯、扭作用下的承载力计算

现行规范规定，在弯、扭共同作用下，可分别按受弯构件的正截面受弯承载力和纯扭构件的受扭承载力进行计算，求得的钢筋应分别按弯扭对纵筋和箍筋的构造要求进行配置，位于相同部位处的钢筋可把两种钢筋截面面积叠加后统一配筋。

（3）矩形截面在弯、剪、扭作用下的承载力计算

在弯、剪、扭共同作用下，为了简化计算，现行规范允许只考虑剪扭相关性，不考虑弯、剪、扭之间的相关性，即纵向钢筋应通过正截面受弯承载力和剪扭构件的受扭承载力计算求得的纵向钢筋进行配置，重叠处的纵筋截面面积应叠加。箍筋应按剪扭构件受剪承载力和受扭承载力计算求得的箍筋进行配置，相同部位处的箍筋截面面积也应叠加。

①在弯、剪、扭共同作用下，当满足下列条件时：

$$T \leqslant \frac{1}{\gamma_d}(0.175f_t W_t) \tag{4-3-72}$$

可忽略扭矩对构件承载力的影响，仅按受弯构件进行正截面和斜截面承载力配筋计算。

②在弯、剪、扭共同作用下，当满足下列条件时：

$$V \leqslant \frac{1}{\gamma_d}(0.35f_t bh_0) \tag{4-3-73}$$

可忽略剪力对构件承载力的影响，仅按弯矩和扭矩共同作用的构件进行配筋计算。

在上述公式中，如取消γ_d，在V或T前乘K，即为 SL 191—2008 的相应公式。

【例 4-3-9】 剪力和扭矩共同作用时：

    A. 抗扭能力比纯剪低，抗剪能力降低不明显

    B. 要考虑剪扭相关性，剪扭构件引入了混凝土受剪承载力降低系数β_t和混凝土受扭承载力降低系数$(1.5 - \beta_t)$

    C. 要考虑剪扭相关性，剪扭构件引入了混凝土受扭承载力降低系数β_t和混凝土受剪承载力降低系数$(1.5 - \beta_t)$

    D. 要考虑剪扭相关性，剪扭构件引入了混凝土受剪承载力降低系数β_t和混凝土受剪承载力降低系数$(1 - \beta_t)$

解 选 C。

经 典 练 习

4-3-1 已知一矩形截面梁$b \times h = 250\text{mm} \times 400\text{mm}$，采用 HRB335 级钢筋（$f_y = 300\text{N/mm}^2$），$a_s = 40\text{mm}$，纵筋配置 3Φ20（$A_s = 942\text{mm}^2$），试问当混凝土强度等级由 C20（$f_c = 9.6\text{N/mm}^2$）提高至 C60（$f_c = 27.5\text{N/mm}^2$）时，受弯承载力提高（   ）。

    A. 9.2%   B. 10.9%   C. 11.5%   D. 12.7%

4-3-2 解释ξ和ξ_b的含义，适筋梁应满足的条件是（   ）。

    A. ξ代表相对受压区计算高度，ξ_b代表相对界限受压区计算高度，适筋梁应满足$\xi \leqslant \xi_b$

    B. ξ代表相对受压区计算高度，ξ_b代表相对界限受压区计算高度，适筋梁应满足$\xi \geqslant 0.85\xi_b$

    C. ξ代表相对受压区计算高度，ξ_b代表相对界限受压区计算高度，适筋梁应满足$\xi \leqslant 0.85\xi_b$

    D. ξ代表受压区计算高度，ξ_b代表相对界限受压区计算高度，适筋梁应满足$\xi \leqslant 0.85\xi_b$

4-3-3 已知一矩形截面梁，配四肢箍，箍筋采用 HPB235（$f_y = 210\text{N/mm}^2$），箍筋为$\phi6$，混凝土为 C30（$f_c = 14.3\text{N/mm}^2$，$f_t = 1.43\text{N/mm}^2$），$a_s = 40\text{mm}$，$K = 1.2$，$V = 210\text{kN}$，试确定箍筋间距s为（   ）。

    A. $s = 100\text{mm}$ B. $s = 120\text{mm}$

    C. $s = 150\text{mm}$ D. $s = 180\text{mm}$

4-3-4 已知柱截面承受的内力组合设计值包括弯矩M、剪力V和轴向压力N，按承载能力极限状态设计包括哪些内容？（   ）

    A. 按受弯构件进行正截面承载力计算确定纵筋数量，按受弯构件斜截面承载力计算确定箍筋数量

    B. 按轴心受压构件进行正截面承载力计算确定纵筋数量，按偏压剪进行斜截面承载力计算确定箍筋数量

    C. 按偏心受压构件进行正截面承载力计算确定纵筋数量，按偏压剪进行斜截面承载力计算确定箍筋数量

    D. 按偏心受压构件进行正截面承载力计算确定纵筋数量，按受弯构件斜截面承载力计算确定箍筋数量

4-3-5　以下说法正确的是（　　　）。

　　A.《水工混凝土结构设计规范》（SL 191—2008）中的斜截面受剪承载力计算考虑了剪跨比的影响

　　B. 钢筋混凝土梁在斜截面受剪承载力计算时必须满足截面尺寸的限制条件和最小配箍率的要求

　　C. 钢筋混凝土梁（只承受 M 和 V）存在弯、剪相关性

　　D. 只配箍筋的梁受剪承载力要小于同时配有箍筋和弯起钢筋的梁

4-3-6　四个仅截面不同的受弯构件，（1）矩形；（2）倒 T 形；（3）T 形；（4）I 形。它们的 b 和 h 相同，假如在受拉区配置同样的纵向受拉钢筋截面面积 A_s（适筋梁）的情况下，它们所能承受的弯矩 M 值的大小关系，下列正确的是（　　　）。

　　A. $M_1 = M_2 < M_3 = M_4$　　　　　　　　B. $M_1 > M_2 > M_3 > M_4$

　　C. $M_1 = M_2 > M_3 = M_4$　　　　　　　　D. $M_1 < M_2 < M_3 < M_4$

4-3-7　对于一般钢筋混凝土梁，当 $V > 0.25 f_c b h_0$ 时，应采取的措施是（　　　）。

　　A. 增大箍筋的直径或减少箍筋的间距

　　B. 增加受压区翼缘形成 T 形截面

　　C. 加配弯起钢筋

　　D. 增大截面尺寸

4-3-8　已知钢筋混凝土矩形截面梁 $b = 800\text{mm}$，采用 C35 混凝土（$f_c = 16.7\text{MPa}$），$V = 3000\text{kN}$，$K = 1.2$，则满足斜截面受剪承载力要求的最小截面高度为（　　　）。

　　A. 1000mm　　　　　　B. 1100mm　　　　　　C. 1200mm　　　　　　D. 1300mm

4-3-9　在钢筋混凝土偏心受压构件的计算中，下列说法正确的是（　　　）。

　　A. 当 $\xi \leqslant \xi_b$ 时，是大偏心受压构件；当 $\xi > \xi_b$ 时，是小偏心受压构件

　　B. 当 $\xi > \xi_b$ 时，是大偏心受压构件；当 $\xi \leqslant \xi_b$ 时，是小偏心受压构件

　　C. 当 $e_i > 0.3 h_0$ 时，是大偏心受压构件；当 $e_i \leqslant 0.3 h_0$ 时，是小偏心受压构件

　　D. 当 $e_i \leqslant 0.3 h_0$ 时，是大偏心受压构件；当 $e_i > 0.3 h_0$ 时，是小偏心受压构件

4-3-10　关于大、小偏心受压，下列说法不正确的是（　　　）。

　　A. 小偏心受压随着压力增大，可承受的弯矩减小

　　B. 大偏心受压随着压力增大，可承受的弯矩增大

　　C. 小偏心受压构件所能承受的弯矩一定小于大偏心受压所能承受的弯矩

　　D. 界限状态时，正截面受弯承载力达到最大值

4.4　正常使用极限状态设计

考试大纲☞：抗裂　裂缝　挠度

4.4.1　正常使用极限状态的验算要求

（1）为了保证结构的正常使用和耐久性，对某些结构构件还应按规范的有关规定进行变形和裂缝控制验算，使其变形和抗裂度或裂缝开展宽度不超过规范规定的限值。

（2）规范规定，在混凝土构件变形及裂缝控制验算时，荷载分项系数、材料性能分项系数及DL/T

5057—2009 中结构系数等都取 1.0，即荷载和材料强度分别采用其标准值。值得注意的是，DL/T 5057—2009 在正常使用极限状态的设计表达式中仍保留了结构重要性系数 γ_0，SL 191—2008 在正常使用极限状态的设计表达式中则不考虑结构重要性系数 γ_0。

（3）由于混凝土收缩和徐变的影响，结构构件的变形及裂缝宽度都将随着时间的增长而增大。现行规范规定，验算抗裂度时应按标准组合进行验算；验算变形和裂缝宽度时，应按标准组合并考虑长期作用的影响进行验算。

（4）关于钢筋混凝土结构构件的裂缝控制验算，规范目前只对承受水压力的轴心受拉构件、小偏心受拉构件，以及发生裂缝后会引起严重渗漏的其他构件（如渡槽槽身等），才提出抗裂验算的严格要求。对于出现裂缝后不影响其正常使用和耐久性的构件，则允许其带裂缝工作，但要求限制裂缝的开展宽度满足规范规定限值。

（5）关于预应力混凝土结构构件的裂缝控制验算，规范将裂缝控制等级分为：一级——严格要求不出现裂缝的构件，二级———一般要求不出现裂缝的构件，三级——允许出现裂缝的构件共三级，有关验算规定详见 4.5 节。

【例 4-4-1】现行规范关于水工钢筋混凝土结构构件裂缝控制验算的要求是：
  A. 所有水工钢筋混凝土结构构件均应进行抗裂验算
  B. 所有水工钢筋混凝土结构构件均应进行裂缝宽度验算
  C. 水工钢筋混凝土结构构件当承载能力极限状态满足设计要求时，可不进行裂缝控制验算
  D. 承受水压力的轴心受拉构件、小偏心受拉构件及发生裂缝后会引起严重渗漏的其他构件（如渡槽槽身等），应进行抗裂验算。对于出现裂缝后不影响其正常使用和耐久性的构件，则允许其带裂缝工作，但应限制裂缝的开展宽度

解 选 D。

4.4.2 钢筋混凝土构件抗裂验算

对使用上不允许出现裂缝的钢筋混凝土构件，应进行抗裂验算。在标准组合下，应分别符合下列规定。

（1）轴心受拉构件

$$N_k \leqslant \alpha_{ct} f_{tk} A_0 \tag{4-4-1}$$

（2）受弯构件

$$M_k \leqslant \alpha_{ct} \gamma_m f_{tk} W_0 \tag{4-4-2}$$

（3）偏心受压构件

$$N_k \leqslant \frac{\alpha_{ct} \gamma_m f_{tk} A_0 W_0}{e_0 A_0 - W_0} \tag{4-4-3}$$

（4）偏心受拉构件

$$N_k \leqslant \frac{\alpha_{ct} \gamma_m f_{tk} A_0 W_0}{e_0 A_0 + \gamma_m W_0} \tag{4-4-4}$$

以上式中：N_k、M_k——按标准组合计算的轴向力值、弯矩值，对于 DL/T 5057—2009，N_k、M_k 系指由各荷载标准值所产生的效应总和，并乘以结构重要性系数 γ_0 后的值；

  α_{ct}——混凝土拉应力限制系数，对钢筋混凝土结构构件可取 $\alpha_{ct} = 0.85$。

由于混凝土即将开裂时的极限拉应变 ε_{tu} 一般在 $0.0001 \sim 0.00015$ 之间变动，相应地钢筋应力 $\sigma_s = E_s \varepsilon_{tu} \approx 20 \sim 30 N/mm^2$。可见，混凝土即将开裂时，钢筋的应力是很低的。因此，钢筋对钢筋混凝土构件的抗裂性能而言，所起作用不大。要想提高钢筋混凝土构件的抗裂性能，主要是通过加大构件截面尺寸或提高混凝土强度等级，但这样做往往是不经济的，最根本的办法是采用预应力混凝土或纤维混凝土等其他措施。

【例 4-4-2】 为了提高水工钢筋混凝土结构构件的抗裂能力，采用下列哪些措施更为有效合理？

① 加大构件截面尺寸；

② 增加钢筋用量；

③ 提高混凝土强度等级；

④ 采用高强度钢筋。

A. ①②　　　　B. ①③　　　　C. ①②③　　　　D. ①②③④

解 选 B。

4.4.3 钢筋混凝土构件裂缝开展宽度的验算

1）裂缝宽度验算要求

现行规范对裂缝宽度的计算主要是针对荷载作用引起的裂缝，而且主要考虑弯矩和轴向拉力引起的正截面裂缝。对使用上要求限制裂缝宽度的钢筋混凝土构件，应进行裂缝宽度验算。按标准组合并考虑长期作用影响的最大裂缝宽度 w_{max} 应符合下列规定：

$$w_{max} \leqslant w_{lim} \tag{4-4-5}$$

式中：w_{lim}——最大裂缝宽度限值。

对 $e_0/h_0 \leqslant 0.55$ 的偏心受压构件，可不验算裂缝宽度。

2）最大裂缝宽度的计算公式

DL/T 5057—2009 关于矩形、T 形及 I 形截面的钢筋混凝土受拉、受弯和偏心受压构件，按标准组合并考虑长期作用影响的最大裂缝宽度 w_{max} 可按下列公式计算：

$$w_{max} = \alpha_{cr} \psi \frac{\sigma_{sk} - \sigma_0}{E_s} l_{cr} \tag{4-4-6}$$

$$l_{cr} = \left(2.2c + 0.09 \frac{d}{\rho_{te}}\right) \nu \quad (20mm \leqslant c \leqslant 65mm) \tag{4-4-7a}$$

$$l_{cr} = \left(65 + 1.2c + 0.09 \frac{d}{\rho_{te}}\right) \nu \quad (65mm < c \leqslant 150mm) \tag{4-4-7b}$$

$$\psi = 1.0 - 1.1 \frac{f_{tk}}{\rho_{te} \sigma_{sk}} \tag{4-4-8}$$

以上式中：α_{cr}——考虑构件受力特征和长期作用影响的综合系数，对于受弯构件和偏心受压构件，取 $\alpha_{cr} = 1.90$，对于偏心受拉构件，取 $\alpha_{cr} = 2.15$，对于轴心受拉构件，取 $\alpha_{cr} = 2.45$；

ψ——裂缝间纵向受拉钢筋应变不均匀系数，当 $\psi < 0.2$ 时，取 $\psi = 0.2$，对于直接承受重复荷载的构件，取 $\psi = 1.0$；

σ_{sk}——按标准组合计算的构件纵向受拉钢筋应力，不同的受力构件分别按 DL/T 5057—2009 的相关公式计算；

ν——考虑钢筋表面形状的系数，对于变形钢筋，取 $\nu = 1.0$，对于光圆钢筋，取 $\nu = 1.4$；

c——最外层纵向受拉钢筋外边缘至受拉区底边的距离，当 $c < 20mm$ 时，取 $c = 20mm$，

当 $c > 150$mm 时，取 $c = 150$mm；

ρ_{te}——纵向受拉钢筋的有效配筋率，当 $\rho_{te} < 0.03$ 时，取 $\rho_{te} = 0.03$；

σ_0——钢筋的初始应力，对于长期处于水下的结构，允许采用 $\sigma_0 = 20$N/mm²，对于干燥环境中的结构，取 $\sigma_0 = 0$。

对于某些可变荷载标准值在总效应组合中占的比重很大，但只在短时间存在的构件，如水电站厂房的钢筋混凝土吊车梁，可将计算求得的最大裂缝宽度乘以系数 0.85。

规范 SL 191—2008 的最大裂缝宽度计算公式与 DL/T 5057—2009 的计算公式有所不同。SL 191—2008 规定，配置带肋钢筋的矩形、T 形及 I 形截面受拉、受弯和偏心受压钢筋混凝土构件，在荷载标准组合下的最大裂缝宽度 w_{max}（mm）可按下式计算：

$$w_{max} = \alpha \frac{\sigma_{sk}}{E_s}\left(30 + c + 0.07\frac{d}{\rho_{te}}\right) \tag{4-4-9}$$

式中：α——考虑构件受力特征和荷载长期作用的综合影响系数，对受弯和偏心受压构件，取 $\alpha = 2.1$，对偏心受拉构件，取 $\alpha = 2.4$，对轴心受拉构件，取 $\alpha = 2.7$；

c——最外层纵向受拉钢筋外边缘至受拉区边缘的距离（mm），当 $c > 65$mm 时，取 $c = 65$mm；

d——钢筋直径（mm），当钢筋采用不同直径时，式中的 d 改用换算直径 $4A_s/u$，此处，u 为纵向受拉钢筋截面总周长（mm）。

注：

①式（4-4-9）不适用于弹性地基上的梁、板及围岩中的衬砌结构；

②需控制裂缝宽度的配筋，不应选用光面钢筋；

③对于某些可变荷载的标准值在总效应组合中占的比重很大但只在短时间内存在的构件，如水电站厂房的吊车梁等，可将计算求得的最大裂缝宽度乘以系数 0.85；

④对 $\frac{e_0}{h_0} \leqslant 0.55$ 的偏心受压构件，可不验算裂缝宽度。

3）最大裂缝宽度与平均裂缝宽度的关系

$$\alpha_{cr} = \tau_s\tau_l\psi_c\alpha_c \tag{4-4-10}$$

（1）τ_s 为考虑构件受力特征的影响和裂缝开展宽度随机性的扩大系数。规范关于 τ_s 的取值：受弯构件和偏心受压构件的 $\tau_s = 1.66$，偏心受拉构件的 $\tau_s = 1.90$，轴心受拉构件的 $\tau_s = 2.15$。

（2）τ_l 和 ψ_c 分别为长期作用影响的扩大系数和组合系数。规范根据现有试验资料的分析取 $\tau_l = 1.5$。由于在荷载短期作用下，构件上各条裂缝的开展与荷载长期作用下各条裂缝的扩大系数并非完全同步，故规范还引入了一个组合系数 $\psi_c = 0.9$。

（3）α_c 为反映裂缝间混凝土伸长对裂缝宽度影响的系数（$\alpha_c = 1 - \varepsilon_{cm}/\varepsilon_{sm}$），$\alpha_c$ 主要与配筋率及混凝土保护层厚度有关，规范规定近似取 $\alpha_c = 0.85$。

4）最大裂缝开展宽度不满足要求时应采取的有关措施

当钢筋混凝土构件的最大裂缝开展宽度不满足 $w_{max} \leqslant w_{lim}$ 时，应采取有关措施，以减小最大裂缝开展宽度的计算值。可采取的主要措施为：

（1）在保持配筋率不变的前提下，可适当减小钢筋的直径；

（2）采用带肋钢筋；

（3）必要时，适当增加钢筋用量，以降低钢筋在正常使用荷载下的应力值；

（4）保护层厚度要适当，在满足耐久性的前提下不宜随意加大保护层厚度；

（5）必要时可采用预应力混凝土结构。

【例 4-4-3】 对于由荷载效应引起的裂缝，采用下列哪些措施控制使用荷载下的裂缝开展宽度较为有效合理？

①采用黏结性能较好的带肋钢筋；

②适当减小钢筋直径并均布于混凝土中；

③适当增加钢筋用量，降低使用阶段的钢筋应力；

④提高混凝土强度等级。

A. ①②   B. ①③   C. ①②③   D. ①②③④

解 选 C。

4.4.4 受弯构件变形验算

1）受弯构件挠度计算的原则

试验研究表明，钢筋混凝土受弯构件在荷载长期作用下，变形随时间而增大，截面抗弯刚度随时间而降低。其主要原因是受压区混凝土在荷载长期作用下的徐变使 ε_{cm} 增大。此外，混凝土的收缩、裂缝之间受拉区混凝土的徐变、受拉钢筋与混凝土间的滑移徐变及裂缝不断向上发展，均使截面曲率增大，刚度降低，导致受弯构件的变形增长。因此，凡是影响混凝土徐变和收缩的因素，如受压钢筋的配筋率、加载龄期、使用环境的温湿度等，都对荷载长期作用下的刚度降低和变形增长有影响。故在受弯构件的挠度验算中，应按标准组合并考虑荷载长期作用的影响进行验算。

2）受弯构件的短期刚度 B_s

（1）不出现裂缝构件的短期刚度 B_s

规范规定，对于要求不出现裂缝的构件，其短期刚度 B_s 可按下式计算：

$$B_s = 0.85 E_c I_0 \tag{4-4-11}$$

（2）允许出现裂缝构件的短期刚度 B_s

$$B_s = (0.025 + 0.28\alpha_E\rho)(1 + 0.55\gamma_f' + 0.12\gamma_f)E_c b h_0^3 \tag{4-4-12}$$

3）受弯构件的长期刚度 B

$$B = 0.65 B_s \tag{4-4-13}$$

如果仅用刚度 B 表达时，挠度 α_f 可以写成：

$$\alpha_f = S\frac{M_k l_0^2}{B} \tag{4-4-14}$$

4）受弯构件的挠度验算

（1）挠度验算公式。

钢筋混凝土受弯构件的刚度 B 确定以后，相应的挠度值即可按材料力学相关公式求得，且所求得的挠度计算值不应超过规范规定的挠度限值，即：

$$\alpha_f \leqslant \alpha_{f,lim} \tag{4-4-15}$$

式中：α_f——按标准组合并考虑荷载长期作用影响的刚度 B 求得的挠度值；

$\alpha_{f,lim}$——受弯构件的挠度限值。

（2）当挠度验算不满足式（4-4-14）的要求时，通过增大截面尺寸、提高混凝土强度等级、增加配筋率及选用合理的截面形式（如 T 形或 I 形等）都可提高截面的抗弯刚度，但最为有效的措施是增大截面的高度。

（3）最小刚度原则。钢筋混凝土梁的截面抗弯刚度沿梁长是变化的，实用上为了简化计算，通常采用"最小刚度原则"，即在同号弯矩区段内取最大弯矩M_{max}截面的最小刚度$B_{s,\,min}$作为该区段内的刚度，按照等刚度梁来计算挠度。

当构件上存在有正、负弯矩区段时，可分别取同号区段内$|M_{max}|$截面处的最小刚度计算挠度，亦可近似取跨中截面和支座截面刚度的平均值。但当计算跨度内支座截面的刚度不大于跨中截面刚度的2倍或不小于跨中截面刚度的1/2时，该跨也可按等刚度构件进行计算，其构件刚度可取跨中最大弯矩截面的刚度。

【例 4-4-4】 钢筋混凝土梁的刚度随时间而逐渐降低的原因在于：

①梁的支承条件随时间的增长而不断变化；

②受压区混凝土在荷载长期作用下的徐变；

③裂缝之间受拉区混凝土的徐变；

④混凝土裂缝不断向上发展。

A. ①②　　　　　B. ②③　　　　　C. ①②③　　　　　D. ②③④

解 选 D。

经典练习

4-4-1 钢筋混凝土结构构件正常使用极限状态验算应（　　　）。

  A. 根据使用要求进行正截面抗裂验算或正截面裂缝宽度验算，对于受弯构件还应进行挠度验算。上述验算时，荷载组合均取基本组合，材料强度均取标准值

  B. 根据使用要求进行正截面、斜截面抗裂验算或正截面裂缝宽度验算，对于受弯构件还应进行挠度验算。上述验算时，荷载组合均取标准组合，材料强度均取标准值

  C. 根据使用要求进行正截面抗裂验算或正截面裂缝宽度验算，对于受弯构件还应进行挠度验算。上述验算时，荷载组合均取标准组合，材料强度均取标准值

  D. 根据使用要求进行正截面抗裂验算或正截面裂缝宽度验算，对于受弯构件还应进行挠度验算。上述验算时，荷载组合均取标准组合，材料强度均取设计值

4-4-2 两个截面尺寸、混凝土强度等级、钢筋级别均相同，但配筋率ρ不同的轴心受拉构件，在它们即将开裂时钢筋应力σ_s与配筋率ρ的关系为（　　　）。

  A. ρ小的构件，钢筋应力σ_s小　　　　　B. ρ小的构件，钢筋应力σ_s大

  C. 两个构件的σ_s相同　　　　　D. 不能确定

4-4-3 现行规范不需进行裂缝宽度验算的构件是（　　　）。

  A. $e_0/h_0 \geqslant 0.55$的偏心受压构件

  B. $e_0/h_0 \leqslant 0.55$的偏心受压构件

  C. 大偏心受拉构件

  D. 小偏心受拉构件

4.5　预应力混凝土结构

考试大纲 ☞：轴拉构件　受弯构件

4.5.1 预应力混凝土基础知识

1）预应力混凝土结构的概念

所谓预应力混凝土结构，就是在外荷载作用之前，先对荷载作用下受拉区的混凝土施加预压应力，这一预压应力能够抵消外荷载所引起的大部分或全部拉应力。这样，在外荷载作用下，裂缝就能延缓或不致发生，即使发生了，其裂缝宽度也不致过大。

施加预应力的方法分为先张法和后张法两种。在先张法预应力混凝土结构中，预应力是靠钢筋与混凝土之间的黏结力来传递的；在后张法预应力混凝土结构中，预应力是靠构件两端的锚具来传递的。

2）预应力混凝土结构的材料

规范规定，预应力混凝土构件的混凝土强度等级不应低于C30；当采用钢绞线、钢丝等高强度钢材作预应力筋时，混凝土强度等级不宜低于C40。

当仅对一部分纵向钢筋施加预应力已能使构件符合裂缝控制要求时，承载力计算所需的其余纵向钢筋可采用非预应力筋。非预应力筋宜采用HRB400钢筋，也可采用HRB500钢筋。

3）张拉控制应力

预应力筋的张拉控制应力是指张拉钢筋时，张拉设备（如千斤顶等）上的测力计所指示的张拉力除以预应力筋的截面面积得出的应力值，用σ_{con}表示。

预应力筋的张拉控制应力σ_{con}，不宜超过表4-5-1规定的张拉控制应力限值，且不应小于$0.4f_{ptk}$。

张拉控制应力限值   表 4-5-1

项 次	预应力筋种类	张 拉 方 法	
		先张法	后张法
1	消除应力钢丝、钢绞线	$0.75f_{ptk}$	$0.75f_{ptk}$
2	钢棒、螺纹钢筋	$0.70f_{ptk}$	$0.65f_{ptk}$

注：SL 191—2008 对于预应力用螺纹钢筋，先张法取$\sigma_{con} = 0.75f_{ptk}$，后张法取$\sigma_{con} = 0.70f_{ptk}$。

符合下列情况之一时，表4-5-1中的张拉控制应力限值可提高$0.05f_{ptk}$：

（1）要求提高构件在施工阶段的抗裂性能而在使用阶段受压区内设置的预应力筋；

（2）要求部分抵消由于应力松弛、摩擦、钢筋分批张拉，以及预应力筋与张拉台座之间的温差等因素产生的预应力损失。

4）预应力损失

引起预应力损失的因素很多，主要有张拉端锚具变形和钢筋内缩、预应力筋与孔道壁之间的摩擦、混凝土加热养护时被张拉的钢筋与承受拉力的设备之间的温差、预应力筋应力松弛、混凝土收缩与徐变、混凝土的局部挤压等。

（1）张拉端锚具变形和钢筋内缩引起的预应力损失σ_{l1}

$$\sigma_{l1} = \frac{a}{l} E_s \tag{4-5-1}$$

采取以下措施可减小由锚具变形和钢筋内缩而引起的预应力损失σ_{l1}：

①选择变形小或使预应力筋内缩小的锚具、夹具；

②尽量少用垫板，因为每增加一块垫板，a值就要增加1mm；

③增加台座长度。

（2）预应力筋与孔道壁之间的摩擦引起的预应力损失σ_{l2}

$$\sigma_{l2} = \sigma_{\text{con}}\left(1 - \frac{1}{e^{\kappa\chi+\mu\theta}}\right) \tag{4-5-2}$$

采用以下措施可以减小摩擦损失：①两端张拉；②超张拉。

（3）混凝土加热养护时被张拉的钢筋与承受拉力的设备之间的温差引起的预应力损失σ_{l3}

$$\sigma_{l3} = 2\Delta t \qquad (\text{N/mm}^2) \tag{4-5-3}$$

σ_{l3}仅在先张法构件中存在。

为了减小温差引起的预应力损失，可采用二次升温养护的方法。

（4）预应力筋应力松弛引起的预应力损失σ_{l4}

钢筋在高应力作用下，其塑性变形具有随时间而增长的性质，当钢筋长度保持不变时，其应力会随时间的增加而降低，这种现象称为钢筋的应力松弛。钢筋应力松弛使预应力值降低，产生预应力损失σ_{l4}。具体计算参照规范的相关规定。

采取以下措施可减少松弛损失：①超张拉；②采用低松弛钢材。

（5）混凝土收缩与徐变引起的预应力损失σ_{l5}

混凝土在常温下结硬时会产生体积收缩，在预应力筋回弹压力的持久作用下会产生徐变，两者都使构件长度缩短，预应力筋随之内缩，造成预应力损失。

①σ_{l5}的计算公式。

混凝土收缩、徐变引起受拉区和受压区预应力筋的预应力损失σ_{l5}、σ'_{l5}（N/mm^2）可按下列公式计算。

先张法构件：

$$\sigma_{l5} = \frac{45 + 280\dfrac{\sigma_{\text{pc}}}{f'_{\text{cu}}}}{1 + 15\rho} \tag{4-5-4}$$

$$\sigma'_{l5} = \frac{45 + 280\dfrac{\sigma'_{\text{pc}}}{f'_{\text{cu}}}}{1 + 15\rho'} \tag{4-5-5}$$

后张法构件：

$$\sigma'_{l5} = \frac{35 + 280\dfrac{\sigma'_{\text{pc}}}{f'_{\text{cu}}}}{1 + 15\rho'} \tag{4-5-6}$$

以上式中：σ_{pc}、σ'_{pc}——受拉区、受压区预应力筋在各自合力点处的混凝土法向压应力（N/mm^2）；

f'_{cu}——施加预应力时的混凝土立方体抗压强度（N/mm^2）；

ρ、ρ'——受拉区、受压区预应力筋和非预应力筋的配筋率：

对先张法构件，$\rho = (A_{\text{p}} + A_{\text{s}})/A_0$，$\rho' = (A'_{\text{p}} + A'_{\text{s}})/A_0$；

对后张法构件，$\rho = (A_{\text{p}} + A_{\text{s}})/A_{\text{n}}$，$\rho' = (A'_{\text{p}} + A'_{\text{s}})/A_{\text{n}}$

②减小混凝土收缩和徐变损失值的措施：采用高强度等级水泥，减少水泥用量，降低水灰比，采用干硬性混凝土；采用级配较好的骨料，加强振捣，提高混凝土密实性；加强养护，减少混凝土的收缩。

（6）螺旋式预应力筋挤压混凝土引起的预应力损失σ_{l6}

σ_{l6}与构件直径D有关。D越大，损失越小。当$D > 3\text{m}$时，损失可以不计；当$D \leqslant 3\text{m}$时，取$\sigma_{l6} = 30\text{N/mm}^2$。

此外，后张法构件的预应力筋采用分批张拉时，应考虑后批张拉钢筋所产生的混凝土弹性压缩（或伸长）对先批张拉钢筋的影响。

5）预应力损失的组合

由于上述各项预应力损失并不同时发生，而是按不同张拉方式，分阶段产生的。为便于分析和计算，通常把混凝土预压前产生的预应力损失称为第一批损失，用σ_{lI}表示。而混凝土预压后出现的损失称为第二批损失，用σ_{lII}表示。各批预应力损失值的组合见表4-5-2。

各批预应力损失值的组合　　　　　　　　　　表 4-5-2

项　次	预应力损失值的组合	先张法构件	后张法构件
1	混凝土预压前（第一批）的损失σ_{lI}	$\sigma_{l1} + \sigma_{l2} + \sigma_{l3} + \sigma_{l4}$	$\sigma_{l1} + \sigma_{l2}$
2	混凝土预压后（第二批）的损失σ_{lII}	σ_{l5}	$\sigma_{l4} + \sigma_{l5} + \sigma_{l6}$

规范规定，当计算得出的总损失值$\sigma_l(\sigma_l = \sigma_{lI} + \sigma_{lII})$小于下列数值时，按下列数值取用：

先张法构件　100N/mm²；

后张法构件　80N/mm²。

【例 4-5-1】先张法预应力混凝土构件，预应力总损失值不应小于：

A. 80N/mm²　　　　　　　　　　　　B. 100N/mm²

C. 90N/mm²　　　　　　　　　　　　D. 110N/mm²

解　选 B。

【例 4-5-2】下列预应力损失中，不属于先张法的是：

A. 管道摩阻预应力损失　　　　　　　B. 锚具变形预应力损失

C. 钢筋松弛预应力损失　　　　　　　D. 混凝土收缩、徐变预应力损失

解　孔道摩阻预应力损失只属于后张法预应力混凝土，选 A。

4.5.2　预应力混凝土轴心受拉构件计算

1）轴心受拉构件各阶段的应力分析

先张法预应力混凝土轴心受拉构件各阶段应力分析见表 4-5-3，后张法预应力混凝土轴心受拉构件各阶段应力分析见表 4-5-4。

2）轴心受拉构件使用阶段的参数计算

预应力混凝土轴心受拉构件在使用阶段应进行承载力计算、抗裂验算和裂缝宽度验算。

（1）承载力计算

当构件破坏时，轴向拉力由预应力筋和非预应力筋承担，截面承载力按下式计算：

$$N \leqslant \frac{1}{\gamma_d}\left(f_y A_s + f_{py} A_p\right) \quad \text{(DL/T 5057—2009)} \tag{4-5-7}$$

$$KN \leqslant \left(f_y A_s + f_{py} A_p\right) \quad \text{(SL 191—2008)} \tag{4-5-8}$$

式中：N——轴向力设计值；

γ_d——预应力混凝土结构的结构系数，$\gamma_d = 1.2$；

K——承载力安全系数。

表 4-5-3

先张法预应力混凝土轴心受拉构件各阶段的应力分析

受力阶段		简图	预应力筋应力 σ_p	混凝土应力 σ_{pc}	非预应力筋应力 σ_s	说明
施工阶段	（1）张拉预应力筋	（简图）	0	—	—	—
			σ_{con}	—	—	预应力筋被拉长
	（2）完成第一批预应力损失	（简图）	$\sigma_{con}-\sigma_{lI}$	0	—	混凝土及非预应力筋尚未受力
	（3）放松预应力筋	（简图）	$\sigma_{peI}=\sigma_{con}-\sigma_{lI}-\alpha_{Ep}\sigma_{pcI}$	$\sigma_{pcI}=\dfrac{(\sigma_{con}-\sigma_{lI})A_p}{A_0}$	$\sigma_{sI}=-\alpha_E\sigma_{pcI}$	混凝土、预应力筋产生压应力 σ_{pcI}，非预应力筋减小，$\alpha_{Ep}\sigma_{pcI}$，σ_{pcI} 由平衡条件求得
	（4）完成第二批预应力损失	（简图）	$\sigma_{peII}=\sigma_{con}-\sigma_l-\alpha_{Ep}\sigma_{pcII}$	$\sigma_{pcII}=\dfrac{(\sigma_{con}-\sigma_l)A_p-\sigma_{l5}A_s}{A_0}$	$\sigma_{sII}=-(\alpha_E\sigma_{pcII}+\sigma_{l5})$	混凝土徐变和收缩使预应力筋应力减小 σ_{l5}，非预应力筋压应力增大 σ_{l5}，σ_{pcII} 由平衡条件求得
使用阶段	（5）加载至混凝土应力为零	（简图）	$\sigma_{p0}=\sigma_{con}-\sigma_l$	0	$\sigma_{s0}=-\sigma_{l5}$	构件被拉长，预应力筋应力增大 $\alpha_{Ep}\sigma_{pcII}$，非预应力筋应力增大 $\alpha_E\sigma_{pcII}$，N_0 由平衡条件求得
	（6）加载至裂缝即将出现	（简图）	$\sigma_{pcr}=\sigma_{con}-\sigma_l+\alpha_{Ep}f_{tk}$	f_{tk}	$\sigma_{scr}=-\sigma_{l5}+\alpha_E f_{tk}$	N_{cr} 由平衡条件求得
	（7）加载至破坏	（简图）	f_{py}	0	f_y	N_u 由平衡条件求得

表4-5-4

后张法预应力混凝土轴心受拉构件各阶段的应力分析

受力阶段		简图	预应力筋应力σ_p	混凝土应力σ_{pc}	非预应力筋应力σ_s	说　明
施工阶段	穿钢筋		0	0	0	
	（1）张拉预应力筋		$\sigma_{pe} = \sigma_{con} - \sigma_{l2}$	$\sigma_{pc} = \dfrac{(\sigma_{con} - \sigma_{l2})A_p}{A_n}$	$\sigma_s = -\alpha_E \sigma_{pc}$	预应力筋被拉长，同时混凝土被压短，σ_{pc}由平衡条件求得
	（2）完成第一批预应力损失		$\sigma_{peI} = \sigma_{con} - \sigma_{lI}$	$\sigma_{pcI} = \dfrac{(\sigma_{con} - \sigma_{lI})A_p}{A_n}$	$\sigma_{sI} = -\alpha_E \sigma_{pcI}$	σ_{pcI}由平衡条件求得
	（3）完成第二批预应力损失		$\sigma_{peII} = \sigma_{con} - \sigma_l$	$\sigma_{pcII} = \dfrac{(\sigma_{con} - \sigma_l)A_p - \sigma_{l5}A_s}{A_n}$	$\sigma_{sII} = -(\alpha_E \sigma_{pcII} + \sigma_{l5})$	σ_{pcII}由平衡条件求得
使用阶段	（4）加载至混凝土应力为零		$\sigma_{p0} = \sigma_{con} - \sigma_l + \alpha_{Ep} \sigma_{pcII}$	0	$\sigma_{s0} = -\sigma_{l5}$	N_0由平衡条件求得
	（5）加载至裂缝即将出现		$\sigma_{pcr} = \sigma_{con} - \sigma_l + \alpha_{Ep} \sigma_{pcII} + \alpha_{Ep} f_{tk}$	f_{tk}	$\sigma_{scr} = -\sigma_{l5} + \alpha_E f_{tk}$	N_{cr}由平衡条件求得
	（6）加载至破坏		f_{py}	0	f_y	N_u由平衡条件求得

（2）抗裂验算

根据构件的预应力筋种类和所处环境条件不同，规范把预应力混凝土结构构件的裂缝控制等级分为三级。

对于一、二级构件应进行抗裂验算：

①一级，严格要求不出现裂缝的构件。在标准组合下应符合下式要求：

$$\sigma_{ck} - \sigma_{pc} \leqslant 0 \qquad (4-5-9)$$

②二级，一般要求不出现裂缝的构件。在标准组合下应符合下式要求：

$$\sigma_{ck} - \sigma_{pc} \leqslant \alpha_{ct}\gamma f_{tk} \qquad (4-5-10)$$

以上式中：σ_{ck}——标准组合下混凝土的拉应力，对于轴心受拉构件可按$\sigma_{ck} = \dfrac{N_k}{A_0}$计算；

$\quad\quad\quad N_k$——按标准组合计算的轴向拉力值；

$\quad\quad\quad A_0$——构件换算截面面积；

$\quad\quad\quad \sigma_{pc}$——扣除全部预应力损失后在抗裂验算边缘混凝土的预压应力；

$\quad\quad\quad \alpha_{ct}$——混凝土拉应力限制系数，$\alpha_{ct} = 0.7$；

$\quad\quad\quad \gamma$——受拉区混凝土塑性影响系数，对轴心受拉构件，取$\gamma = 1.0$。

（3）裂缝宽度验算

对裂缝控制等级为三级——允许出现裂缝的构件，DL/T 5057—2009规定，应按标准组合并考虑长期作用影响，按下式验算裂缝宽度：

$$w_{max} = \alpha_{cr}\psi \frac{\sigma_{sk} - \sigma_0}{E_s} l_{cr} \leqslant w_{lim} \qquad (4-5-11)$$

$$\psi = 1 - 1.1\frac{f_{tk}}{\rho_{te}\sigma_{sk}} \qquad (4-5-12)$$

$$l_{cr} = \left(2.2c + 0.09\frac{d}{\rho_{te}}\right)\nu \qquad (20mm \leqslant c \leqslant 65mm) \qquad (4-5-13)$$

$$l_{cr} = \left(65 + 1.2c + 0.09\frac{d}{\rho_{te}}\right)\nu \qquad (65mm < c \leqslant 150mm) \qquad (4-5-14)$$

【例4-5-3】 预应力混凝土结构，裂缝控制等级为二级——一般要求不出现裂缝的构件在标准组合下应符合：

A. $\sigma_{ck} - \sigma_{pc} > 0$ 　　　　　　　　　B. $\sigma_{ck} - \sigma_{pc} > \alpha_{ct}\gamma f_{tk}$

C. $\sigma_{ck} - \sigma_{pc} \leqslant 0$ 　　　　　　　　　D. $\sigma_{ck} - \sigma_{pc} \leqslant \alpha_{ct}\gamma f_{tk}$

解　选D。

4.5.3　预应力混凝土受弯构件计算

1）受弯构件各阶段的应力分析

受弯构件中预应力的合力不是作用在截面的形心而是偏向于使用荷载作用下截面的受拉区，预压应力在截面上不是均匀分布而是呈梯形或三角形分布。受弯构件各阶段截面的内力及应力分析，其中预应力和非预应力筋以拉应力为正，混凝土以压应力为正。

先张法受弯构件各阶段应力分析见表4-5-5，第一批预应力损失和全部预应力损失出现后的混凝土法向应力可按下列公式计算：

表 4-5-5

先张法预应力混凝土受弯构件各阶段的应力分析

受力阶段	简 图	应力图形	预应力筋应力 σ_p	非预应力筋应力 σ_s
施工阶段 (1) 张拉预应力筋			$\sigma_{pe} = \sigma_{con}$ $\sigma'_{pe} = \sigma'_{con}$	$\sigma_{s0} = \sigma'_{s0} = 0$
(2) 完成第一批预应力损失			$\sigma_{pe} = \sigma_{con} - \sigma_{lI}$ $\sigma'_{pe} = \sigma'_{con} - \sigma'_{lI}$	$\sigma_{s0} = \sigma'_{s0} = 0$
(3) 放松预应力筋			$\sigma_{peI} = (\sigma_{con} - \sigma_{lI}) - \alpha_{Ep}\sigma_{pcI\cdot p}$ $\sigma'_{peI} = (\sigma'_{con} - \sigma'_{lI}) - \alpha_{Ep}\sigma'_{pcI\cdot p}$	$\sigma_{sI} = -\alpha_E \sigma_{pcI\cdot s}$ $\sigma'_{sI} = -\alpha_E \sigma'_{pcI\cdot s}$
(4) 完成第二批预应力损失			$\sigma_{peII} = (\sigma_{con} - \sigma_l) - \alpha_{Ep}\sigma_{pcII\cdot p}$ $\sigma'_{peII} = (\sigma'_{con} - \sigma'_l) - \alpha_{Ep}\sigma'_{pcII\cdot p}$	$\sigma_{sII} = -(\sigma_{l5} + \alpha_E \sigma_{pcII\cdot s})$ $\sigma'_{sII} = -(\sigma'_{l5} + \alpha_E \sigma'_{pcII\cdot s})$
使用阶段 (5) 加载至下边缘混凝土应力为零			$\sigma_{pe0} \approx \sigma_{con} - \sigma_l$ $\sigma'_{pe0} = (\sigma'_{con} - \sigma'_l) - \alpha'_{Ep}\sigma'_{pcII\cdot p} - \dfrac{\alpha'_{Ep}\sigma'_{pcII\cdot p} M_0}{I_0} y'_p$	$\sigma_{se0} = \sigma_{s0} \approx -\sigma_{l5}$ $\sigma'_{se0} = \sigma'_{sII} - \dfrac{\alpha'_E M_0}{I_0} y'_s$
(6) 加载至裂缝即将出现			$\sigma_{pcr} \approx \sigma_{con} - \sigma_l + \alpha_{Ep}\gamma f_{tk}$ $\sigma'_{pcr} = \sigma'_{pe0} - \dfrac{\alpha_{Ep}(M_{cr} - M_0)}{I_0} y'_p$	$\sigma_{scr} \approx -\sigma_{l5} + \alpha_{Ep}\gamma f_{tk}$ $\sigma'_{scr} = \sigma'_{se0} - \dfrac{\alpha_E(M_{cr} - M_0)}{I_0} y'_s$
(7) 加载至破坏			$\sigma_p = f_{py}$ $\sigma'_p = (\sigma'_{con} - \sigma'_l) - f'_{py}$	$\sigma_s = f_y$ $\sigma'_s = f'_y$

第一批预应力损失出现后：

$$\left.\begin{array}{r}\sigma_{\text{pcI}}\\\sigma'_{\text{pcI}}\end{array}\right\} = \frac{N_{\text{p0I}}}{A_0} \pm \frac{N_{\text{p0I}}e_{\text{p0I}}}{I_0}y_0 \tag{4-5-15}$$

$$N_{\text{p0I}} = (\sigma_{\text{con}} - \sigma_{lI})A_{\text{p}} + (\sigma'_{\text{con}} - \sigma'_{lI})A'_{\text{p}} \tag{4-5-16}$$

$$e_{\text{p0I}} = \frac{(\sigma_{\text{con}} - \sigma_{lI})A_{\text{p}}y_{\text{p}} - (\sigma'_{\text{con}} - \sigma'_{lI})A'_{\text{p}}y'_{\text{p}}}{N_{\text{p0I}}} \tag{4-5-17}$$

第二批预应力损失出现后：

$$\left.\begin{array}{r}\sigma_{\text{pcII}}\\\sigma'_{\text{pcII}}\end{array}\right\} = \frac{N_{\text{p0II}}}{A_0} \pm \frac{N_{\text{p0II}}e_{\text{p0II}}}{I_0}y_0 \tag{4-5-18}$$

$$N_{\text{p0II}} = (\sigma_{\text{con}} - \sigma_l)A_{\text{p}} + (\sigma'_{\text{con}} - \sigma'_l)A'_{\text{p}} - \sigma_{l5}A_{\text{s}} - \sigma'_{l5}A'_{\text{s}} \tag{4-5-19}$$

$$e_{\text{p0II}} = \frac{(\sigma_{\text{con}} - \sigma_l)A_{\text{p}}y_{\text{p}} - (\sigma'_{\text{con}} - \sigma'_l)A'_{\text{p}}y'_{\text{p}} - \sigma_{l5}A_{\text{s}}y_{\text{s}} + \sigma'_{l5}A'_{\text{s}}y'_{\text{s}}}{N_{\text{p0II}}} \tag{4-5-20}$$

后张法受弯构件各阶段应力分析方法与先张法受弯构件的类似，其异同点如下：

（1）施工阶段混凝土法向应力的计算公式中，后张法一律采用净截面的几何特征（A_{n}、I_{n}、y_{n}）；

（2）使用阶段后张法受弯构件的应力计算公式与先张法受弯构件的相同。

2）受弯构件使用阶段的计算

对预应力混凝土受弯构件，应进行正截面承载力和斜截面承载力计算、抗裂或裂缝宽度验算及变形验算。

（1）正截面受弯承载力计算

①相对界限受压区高度ξ_{b}。

$$\xi_{\text{b}} = \frac{0.8}{1 + \dfrac{f_{\text{py}} - \sigma_{\text{p0}}}{0.0033E_{\text{p}}}} \tag{4-5-21}$$

式中：σ_{p0}——受拉区预应力筋合力点处混凝土法向应力等于零时，预应力筋应力。对先张法$\sigma_{\text{p0}} = \sigma_{\text{con}} - \sigma_l$；对后张法$\sigma_{\text{p0}} = \sigma_{\text{con}} - \sigma_l + \alpha_{\text{Ep}}\sigma_{\text{pc}}$。

②构件破坏时受压区预应力筋的应力σ'_{p}。

外荷载作用前，受压区预应力筋A'_{p}的拉应力为σ'_{peII}，A'_{p}重心处混凝土压应力为$\sigma'_{\text{pcII·p}}$，相应的压应变为$\sigma'_{\text{pcII·p}}/E_{\text{c}}$。当构件破坏时，受压边缘混凝土压应变达到$\varepsilon_{\text{cu}} = 0.0033$，$A'_{\text{p}}$重心处混凝土压应变达到$\varepsilon'_{\text{c}}$（当满足$x \geq 2a'$条件时，近似取$\varepsilon'_{\text{c}} = 0.002$），即从加载到破坏过程中，$A'_{\text{p}}$处混凝土压应变增加了（$\varepsilon'_{\text{c}} - \sigma'_{\text{pcII·p}}/E_{\text{c}}$）。由于钢筋与混凝土共同变形，因此，$A'_{\text{p}}$的拉应力将减小$E_{\text{p}}(\varepsilon'_{\text{c}} - \sigma'_{\text{pcII·p}}/E_{\text{c}})$。所以，构件破坏时，$A'_{\text{p}}$的应力为：

$$\sigma'_{\text{p}} = \sigma'_{\text{peII}} - f'_{\text{py}} \tag{4-5-22}$$

式中：f'_{py}——预应力筋的抗压强度设计值，$f'_{\text{py}} = \varepsilon'_{\text{c}}E_{\text{p}}$。

在构件破坏时，σ'_{p}可以是拉应力，也可以是压应力。当为压应力时，总是小于钢筋的抗压强度设计值f'_{py}。因此，对受弯构件的受压区钢筋施加预应力后，会使截面的承载力降低（与配筋相同的普通双筋混凝土梁相比）；另外，配置A'_{p}也降低了截面在使用阶段的抗裂性。故一般只在施工阶段预拉区会出现裂缝的构件中才配置A'_{p}。

③正截面受弯承载力计算公式。

预应力混凝土受弯构件正截面破坏时，除受压区预应力筋A'_{p}的应力达不到抗压屈服强度设计值f'_{py}

外，其余均与普通钢筋混凝土受弯构件相同，因此，也可以由截面应力图形的平衡条件建立承载力计算公式。

a. 矩形截面构件。

$$f_c bx = f_y A_s - f_y' A_s' + f_{py} A_p + (\sigma_{p0}' - f_{py}') A_p' \qquad (4-5-23)$$

$$M \leqslant \frac{1}{\gamma_d} \left[f_c bx \left(h_0 - \frac{x}{2} \right) + f_y' A_s' (h_0 - a_s') - (\sigma_{p0}' - f_{py}') A_p' (h_0 - a_p') \right]$$

$$\text{(DL/T 5057—2009)} \quad (4-5-24)$$

或
$$KM \leqslant f_c bx \left(h_0 - \frac{x}{2} \right) + f_y' A_s' (h_0 - a_s') - (\sigma_{p0}' - f_{py}') A_p' (h_0 - a_p')$$

$$\text{(SL 191—2008)} \quad (4-5-25)$$

混凝土受压区高度应符合下列要求：

$$x \leqslant \xi_b h_0 \qquad \text{(DL/T 5057—2009)} \qquad (4-5-26)$$

或
$$x \leqslant 0.85 \xi_b h_0 \qquad \text{(SL 191—2008)} \qquad (4-5-27)$$

$$x \geqslant 2a' \qquad (4-5-28)$$

式中：K——SL 191—2008 规定的承载力安全系数；

M——弯矩设计值；

A_p、A_p'——受拉区、受压区纵向预应力筋的截面面积；

A_s、A_s'——受拉区、受压区纵向非预应力筋的截面面积；

a_p'、a_s'——受压区纵向预应力筋合力点、非预应力筋合力点至受压区边缘的距离。

a'——纵向受压钢筋合力点至受压区边缘的距离，当受压区未配置纵向预应力筋 A_p' 或 σ_p'（$= \sigma_{p0}' - f_{py}'$）为拉应力时，式中的 a' 应用 a_s' 代替。

b. T 形或 I 形截面构件。

当满足下列条件时，为第一类 T 形截面，即 $x \leqslant h_f'$，可按宽度为 b_f' 的矩形截面计算正截面受弯承载力。

$$f_y A_s + f_{py} A_p \leqslant f_c b_f' h_f' + f_y' A_s' - (\sigma_{p0}' - f_{py}') A_p' \qquad (4-5-29)$$

当不满足上式的条件时，说明中和轴通过肋部，$x > h_f'$，为第二类 T 形截面，计算公式为：

$$f_c [bx + (b_f' - b) h_f'] = f_y A_s - f_y' A_s' + f_{py} A_p + (\sigma_{p0}' - f_{py}') A_p' \qquad (4-5-30)$$

$$M \leqslant \frac{1}{\gamma_d} \left[f_c bx \left(h_0 - \frac{x}{2} \right) + f_c (b_f' - b) h_f' \left(h_0 - \frac{h_f'}{2} \right) + f_y' A_s' (h_0 - a_s') - (\sigma_{p0}' - f_{py}') A_p' (h_0 - a_p') \right]$$

$$\text{(DL/T 5057—2009)} \quad (4-5-31)$$

或
$$KM \leqslant f_c bx \left(h_0 - \frac{x}{2} \right) + f_c (b_f' - b) h_f' \left(h_0 - \frac{h_f'}{2} \right) + f_y' A_s' (h_0 - a_s') - (\sigma_{p0}' - f_{py}') A_p' (h_0 - a_p')$$

$$\text{(SL 191—2008)} \quad (4-5-32)$$

混凝土受压区高度应符合下列要求：

$$x \leqslant \xi_b h_0 \qquad \text{(DL/T 5057—2009)} \qquad (4-5-33)$$

或
$$x \leqslant 0.85 \xi_b h_0 \qquad \text{(SL 191—2008)} \qquad (4-5-34)$$

$$x \geqslant 2a' \qquad (4-5-35)$$

（2）斜截面受剪承载力计算

试验表明，预压应力能够阻滞斜裂缝的出现和开展，增加混凝土剪压区的高度，增大骨料咬合力，从而提高梁的受剪承载力。因此，预应力构件的斜截面受剪承载力比钢筋混凝土构件的要高。

预应力混凝土梁斜截面受剪承载力的计算，可在普通钢筋混凝土梁受剪承载力计算公式的基础上，加上一项由预应力作用所提高的受剪承载力V_p。

对矩形、T形和I形截面构件，当仅配有箍筋时，其斜截面受剪承载力按下式计算：

$$V \leqslant \frac{1}{\gamma_d}(V_c + V_{sv} + V_p) \qquad \text{(DL/T 5057—2009)} \qquad (4-5-36)$$

或

$$KV \leqslant V_c + V_{sv} + V_p \qquad \text{(SL 191—2008)} \qquad (4-5-37)$$

$$V_c = 0.7 f_t b h_0 \qquad \text{(DL/T 5057—2009 与 SL 191—2008 相同)} \qquad (4-5-38)$$

$$V_{sv} = \frac{A_{sv} f_{yv}}{s} h_0 \qquad \text{(DL/T 5057—2009)} \qquad (4-5-39)$$

$$V_{sv} = 1.25 \frac{A_{sv} f_{yv}}{s} h_0 \qquad \text{(SL 191—2008)} \qquad (4-5-40)$$

$$V_p = 0.05 N_{p0} \qquad \text{(DL/T 5057—2009 与 SL 191—2008 相同)} \qquad (4-5-41)$$

当配有箍筋和弯起钢筋时，受剪承载力可按下式计算：

$$V \leqslant \frac{1}{\gamma_d}(V_c + V_{sv} + V_{sb} + V_p + V_{pb}) \qquad \text{(DL/T 5057—2009)} \qquad (4-5-42)$$

或

$$KV \leqslant (V_c + V_{sv} + V_{sb} + V_p + V_{pb}) \qquad \text{(SL 191—2008)} \qquad (4-5-43)$$

$$V_{sb} = f_y A_{sb} \sin \alpha_s \qquad \text{(DL/T 5057—2009 与 SL 191—2008 相同)} \qquad (4-5-44)$$

$$V_{pb} = f_{py} A_{pb} \sin \alpha_p \qquad \text{(DL/T 5057—2009 与 SL 191—2008 相同)} \qquad (4-5-45)$$

以上式中：V_p——由预应力所提高的受剪承载力；

N_{p0}——计算截面上混凝土法向应力为零时的预应力筋与非预应力筋的合力，其中，先张法构件 $\sigma_{p0} = \sigma_{con} - \sigma_l$，$\sigma'_{p0} = \sigma'_{con} - \sigma'_l$，后张法构件 $\sigma_{p0} = \sigma_{con} - \sigma_l + \alpha_{Ep}\sigma_{pcII \cdot p}$，$\sigma'_{p0} = \sigma'_{con} - \sigma'_l + \alpha_{Ep}\sigma'_{pcII \cdot p}$，当 $N_{p0} > 0.3 f_c A_0$ 时，取 $N_{p0} = 0.3 f_c A_0$，N_{p0} 中不考虑预应力弯起钢筋的作用；

V_{pb}——预应力弯起钢筋的受剪承载力；

A_{pb}——同一弯起平面的预应力弯起钢筋的截面面积；

α_p——斜截面处预应力弯起钢筋的切线与构件纵向轴线的夹角。

其余符号意义与普通钢筋混凝土构件的相同。

当预应力混凝土构件符合下式要求时

$$V \leqslant \frac{1}{\gamma_d}(V_c + V_p) \qquad \text{(DL/T 5057—2009)} \qquad (4-5-46)$$

或

$$KV \leqslant (V_c + V_p) \qquad \text{(SL 191—2008)} \qquad (4-5-47)$$

则不需进行斜截面受剪承载力计算，只需按构造要求配置钢筋。

（3）正截面抗裂验算

在使用阶段不允许出现裂缝的预应力混凝土受弯构件，应根据其裂缝控制等级进行正截面抗裂验算。应用式（4-5-9）和式（4-5-10）进行正截面抗裂验算时应注意以下几点。

①σ_{pc}为扣除全部预应力损失后在验算截面下边缘混凝土的预压应力。

②在标准组合下，抗裂验算截面下边缘的混凝土法向应力σ_{ck}，应按下列公式计算：

$$\sigma_{ck} = \frac{M_k}{W_0} \qquad (4-5-48)$$

式中：M_k——按标准组合计算的弯矩值。

（4）斜截面抗裂验算

预应力混凝土受弯构件的斜截面抗裂验算，主要是根据裂缝控制等级的不同要求，验算截面在标准组合下混凝土的主拉应力σ_{tp}和主压应力σ_{cp}是否满足规定的限值。

①混凝土主拉应力验算。

严格要求不出现裂缝的构件（一级）：

$$\sigma_{tp} \le 0.85 f_{tk} \tag{4-5-49}$$

一般要求不出现裂缝的构件（二级）：

$$\sigma_{tp} \le 0.95 f_{tk} \tag{4-5-50}$$

②混凝土主压应力验算。

严格要求和一般要求不出现裂缝的构件（一、二级）：

$$\sigma_{cp} \le 0.60 f_{ck} \tag{4-5-51}$$

以上式中：σ_{tp}、σ_{cp}——标准组合下混凝土的主拉应力和主压应力。

（5）挠度验算

预应力混凝土受弯构件的挠度由两部分叠加而得：一部分是由外荷载产生的挠度f_1；另一部分是预加力产生的反拱f_2，考虑到预压应力长期作用的影响，反拱值可取为$2f_2$。

挠度验算要求：

$$f = f_1 - 2f_2 \le [f] \tag{4-5-52}$$

式中：$[f]$——规范规定的挠度限值。

预应力混凝土受弯构件的挠度应按标准组合并考虑荷载长期作用影响的刚度B进行计算，所求得的挠度计算值不应超过规范规定的限值。

预应力混凝土受弯构件的刚度B可按下式计算：

$$B = 0.65 B_{ps} \tag{4-5-53}$$

式中：B_{ps}——标准组合下受弯构件的短期刚度。

对翼缘在受拉区的倒T形截面，$B = 0.5 B_{ps}$。

标准组合下的预应力混凝土受弯构件的短期刚度B_{ps}，可按下式计算：

要求不出现裂缝的构件：
$$B_{ps} = 0.85 E_c I_0 \tag{4-5-54}$$

允许开裂的构件：
$$B_{ps} = \frac{B_s}{1 - 0.8\delta} \tag{4-5-55}$$

$$\delta = \frac{M'_{p0}}{M_k} \tag{4-5-56}$$

$$M'_{p0} = N_{p0}(\eta_0 h_0 - e_p) \tag{4-5-57}$$

$$\eta_0 = \frac{1}{1.5 - 0.3\sqrt{\gamma'_f}} \tag{4-5-58}$$

以上式中：B_s——出现裂缝的钢筋混凝土受弯构件的短期刚度，可按钢筋混凝土受弯构件的公式求得，式中的纵向受拉钢筋配筋率ρ包括预应力及非预应力受拉钢筋截面面积在内$\rho = \frac{A_s + A_p}{bh_0}$；

δ——消压弯矩与按标准组合计算的弯矩值的比值，简称预应力度；

M'_{p0}——非预应力筋及预应力筋合力点处混凝土法向应力为零时的消压弯矩；

η_0——纵向受拉钢筋合力点处混凝土法向应力为零时的截面内力臂系数。

对预压时预拉区出现裂缝的构件，B_{ps} 应降低 10%。

【例 4-5-4】 对预应力混凝土梁，以下说法哪个是不正确的：

    A. 预应力混凝土梁破坏时，压区的预应力筋 A'_p 一般不会屈服，其应力为（$\sigma'_{p0} - f'_{py}$）

    B. 预应力混凝土梁在斜截面承载力计算时，应考虑预应力的贡献，当仅配箍筋时，应满足 $KV \le V_c + V_{sv} + V_p$，其中 $V_p = 0.05 N_{p0}$（$N_{p0} > 0.3 f_c A_0$ 时，取 $N_{p0} = 0.3 f_c A_0$）

    C. 预应力损失只包括以下几项：张拉端锚具变形和钢筋内缩损失；摩擦损失；预应力筋与台座之间的温差引起的损失；混凝土收缩和徐变引起的损失；螺旋式配筋的环形构件由于混凝土的局部挤压引起的预应力损失

    D. 荷载标准组合作用下预应力混凝土梁的刚度 $B = 0.65 B_{ps}$，其中 B_{ps} 为短期刚度

解 引起预应力损失的因素很多，主要有张拉端锚具变形和钢筋内缩、预应力筋与孔道壁之间的摩擦、混凝土加热养护时被张拉的钢筋与承受拉力的设备之间的温差、钢筋应力松弛、混凝土收缩与徐变、混凝土的局部挤压等。选 C。

【例 4-5-5】 预应力梁正截面、斜截面承载力计算公式以下正确的是（DL/T 5057—2009）：

    A. $M \le \dfrac{1}{\gamma_d}\left[f_c bx \left(h_0 - \dfrac{x}{2} \right) + f'_y A'_s (h_0 - a'_s) - (\sigma'_{p0} - f'_{py}) A'_p (h_0 - a'_p) \right]$

        $V \le \dfrac{1}{\gamma_d}\left(0.7 f_c b h_0 + \dfrac{A_{sv} f_{yv}}{s} h_0 + 0.5 N_{p0} \right)$

    B. $M \le \dfrac{1}{\gamma_d}\left[f_c bx \left(h_0 - \dfrac{x}{2} \right) + f'_y A'_s (h_0 - a'_s) - (\sigma'_{p0} - f'_{py}) A'_p (h_0 - a'_p) \right]$

        $V \le \dfrac{1}{\gamma_d}\left(0.7 f_c b h_0 + \dfrac{A_{sv} f_{yv}}{s} h_0 + 0.05 N_{p0} \right)$

    C. $M \le \dfrac{1}{\gamma_d}\left[f_c bx \left(h_0 - \dfrac{x}{2} \right) + f'_y A'_s (h_0 - a'_s) - (\sigma'_{p0} - f'_{py}) A'_p (h_0 - a'_p) \right]$

        $V \le \dfrac{1}{\gamma_d}\left(0.7 f_t b h_0 + \dfrac{A_{sv} f_{yv}}{s} h_0 + 0.05 N_{p0} \right)$

    D. $KM \le \left[f_c bx \left(h_0 - \dfrac{x}{2} \right) + f'_y A'_s (h_0 - a'_s) - (\sigma'_{p0} - f'_{py}) A'_p (h_0 - a'_p) \right]$

        $V \le \dfrac{1}{\gamma_d}\left(0.7 f_c b h_0 + \dfrac{A_{sv} f_{yv}}{s} h_0 + 0.5 N_{p0} \right)$

解 选 C。

经 典 练 习

4-5-1 预应力梁正截面、斜截面承载力计算公式以下正确的是（SL 191—2008）（　　　）。

    A. $KM \le f_c bx \left(h_0 - \dfrac{x}{2} \right) + f'_y A'_s (h_0 - a'_s) - (\sigma'_{p0} - f'_{py}) A'_p (h_0 - a'_p)$

        $KV \le 0.7 f_c b h_0 + 1.25 \dfrac{A_{sv} f_{yv}}{s} h_0 + 0.5 N_{p0}$

    B. $KM \le f_c bx \left(h_0 - \dfrac{x}{2} \right) + f'_y A'_s (h_0 - a'_s) - (\sigma'_{p0} - f'_{py}) A'_p (h_0 - a'_p)$

        $KV \le 0.7 f_c b h_0 + 1.25 \dfrac{A_{sv} f_{yv}}{s} h_0 + 0.5 N_{p0}$

    C. $KM \le f_c bx \left(h_0 - \dfrac{x}{2} \right) + f'_y A'_s (h_0 - a'_s) - (\sigma'_{p0} - f'_{py}) A'_p (h_0 - a'_p)$

        $KV \le 0.7 f_t b h_0 + 1.25 \dfrac{A_{sv} f_{yv}}{s} h_0 + 0.05 N_{p0}$

    D. $KM \le f_c bx \left(h_0 - \dfrac{x}{2} \right) + f'_y A'_s (h_0 - a'_s) - (\sigma'_{p0} - f'_{py}) A'_p (h_0 - a'_p)$

        $KV \le 0.7 f_c b h_0 + 1.25 \dfrac{A_{sv} f_{yv}}{s} h_0 + 0.05 N_{p0}$

4-5-2 解释 σ_{p0} 的含义，先、后张法 σ_{p0} 取值是否相同？（　　　）

A. σ_{p0}代表预应力筋合力点处混凝土法向应力等于零时的预应力筋应力，先、后张法取值相同，$\sigma_{p0} = \sigma_{con} - \sigma_l$

B. σ_{p0}代表预应力筋合力点处混凝土法向应力等于零时的预应力筋应力，先、后张法取值不同，先张法$\sigma_{p0} = \sigma_{con} - \sigma_l$，后张法$\sigma_{p0} = \sigma_{con} - \sigma_l + \alpha_E \sigma_{pc}$

C. σ_{p0}代表预应力筋合力点处混凝土的法向应力，先、后张法取值不同，先张法$\sigma_{p0} = \sigma_{con} - \sigma_l$，后张法$\sigma_{p0} = \sigma_{con} - \sigma_l + \alpha_E \sigma_{pc}$

D. σ_{p0}代表预应力筋合力点处混凝土法向应力等于零时的预应力筋应力，先、后张法取值不同，先张法$\sigma_{p0} = \sigma_{con} - \sigma_l + \alpha_E \sigma_{pc}$，后张法$\sigma_{p0} = \sigma_{con} - \sigma_l$

4-5-3 条件相同的钢筋混凝土和预应力混凝土受弯构件，下列说法正确的是（　　　）。

A. 预应力混凝土受弯构件的正截面受弯承载力比钢筋混凝土受弯构件的高

B. 预应力混凝土受弯构件的正截面受弯承载力比钢筋混凝土受弯构件的低

C. 预应力混凝土受弯构件的斜截面受剪承载力比钢筋混凝土受弯构件的高

D. 预应力混凝土受弯构件的斜截面受剪承载力比钢筋混凝土受弯构件的低

4-5-4 现行规范规定，预应力混凝土结构构件的裂缝控制等级分为三级，以下关于裂缝控制等级的说法错误的是（　　　）。

A. 一级，要求在荷载的标准组合下，受拉边缘不允许出现拉应力

B. 二级，要求在荷载的标准组合下，受拉边缘可以出现拉应力，但拉应力不应超过混凝土抗拉强度设计值f_t

C. 二级，要求在荷载的标准组合下，受拉边缘可以出现拉应力，但拉应力不应超过混凝土拉应力限制系数α_{ct}与受拉区混凝土塑性影响系数γ及混凝土抗拉强度标准值f_{tk}的乘积

D. 三级，允许出现裂缝，但应限制裂缝的开展宽度满足规范的规定限值

4-5-5 先张法预应力混凝土轴心受拉构件，当截面处于消压状态时，这时预应力筋的拉应力σ_{p0}的值为（　　　）。

A. $\sigma_{con} - \sigma_l$ 　　　　　　　　　　　B. $\sigma_{con} - \sigma_l + \alpha_E \sigma_{pcII}$

C. $\sigma_{con} - \sigma_l - \alpha_E \sigma_{pcII}$ 　　　　　　　D. 0

4.6 肋形结构及刚架结构

考试大纲☞：整体式单向板肋形结构　双向板肋形结构　刚架结构　牛腿　柱下基础

4.6.1 肋形结构概述

1）梁板结构的分类

按结构布置分类，有单向板肋梁结构和双向板肋梁结构、井式梁楼盖结构和无梁楼盖结构。

按其施工方法分类，可分为现浇整体式和预制装配式。

2）单向板与双向板的界限

（1）现行国家标准《混凝土结构设计规范》（GB 50010—2010）（2015年版）的规定

混凝土板应按下列原则进行计算：

①两对边支承的板应按单向板计算。

②四边支承的板应按下列规定计算：

a. 当长边与短边长度之比不大于 2.0 时，应按双向板计算；

b. 当长边与短边长度之比大于 2.0，但小于 3.0 时，宜按双向板计算；

c. 当长边与短边长度之比不小于 3.0 时，宜按沿短边方向受力的单向板计算，并应沿长边方向布置构造钢筋。

（2）现行行业标准《水工混凝土结构设计规范》（DL/T 5057—2009）的规定

混凝土板应按下列原则进行计算：

①两对边支承的板应按单向板计算。

②四边支承的板应按下列规定计算：

a. 当长边与短边长度之比小于或等于 2.0 时，应按双向板计算；

b. 当长边与短边长度之比大于 2.0，但小于 3.0 时，宜按双向板计算；当按沿短边方向受力的单向板计算时，沿长边方向的构造钢筋应适当加大；

c. 当长边与短边长度之比大于或等于 3.0 时，可按沿短边方向受力的单向板计算。

（3）现行行业标准《水工混凝土结构设计规范》（SL 191—2008）的规定

混凝土板应按下列原则进行设计：

①两对边支承的板应按单向板计算。

②四边支承的板应按下列规定计算：

a. 当长边与短边长度之比小于或等于 2.0 时，应按双向板计算。

b. 当长边与短边长度之比大于 2.0，但小于 3.0 时，宜按双向板计算；当按沿短边方向受力的单向板计算时，应沿长边方向布置足够数量的构造钢筋。

c. 当长边与短边长度之比大于或等于 3.0 时，可按沿短边方向受力的单向板计算。

【例 4-6-1】 混凝土板计算原则的下列说法中不正确的是（设短边边长为 l_1，长边边长为 l_2）：

  A. 当 $l_2/l_1 \leqslant 2$ 时，可按双向板计算

  B. 四边支承板，当 $l_2/l_1 \leqslant 2$ 时，应按双向板计算

  C. 四边支承板，当 $2 < l_2/l_1 < 3$ 时，宜按双向板计算

  D. 四边支承板，当 $l_2/l_1 \geqslant 3$ 时，可按沿短边方向受力的单向板计算

解 对比选项 B 的描述，可知选项 A 不严谨。选 A。

【例 4-6-2】 对于平面形状为矩形，且长短边之比不小于 3 的钢筋混凝土板，不应按单向板计算的是：

  A. 仅在一边嵌固板 B. 两对边支承板 C. 两邻边支承板 D. 四边支承板

解 本题考点为单向板与双向板的判别准则。根据《混凝土结构设计规范》（GB 50010—2010）第 9.1.1 条第 2 款 3），四边支承的板，当长边与短边长度之比不小于 3 时，宜按沿短边方向受力的单向板计算（选项 D 错）。

选项 A，一边嵌固的板为悬臂板，应按单向板计算。

选项 B，两对边支承的板，无论长短边之比是多少，均属于单向受弯的板。

选项 C，两邻边支承的板，是通过两个方向受弯将荷载传递给两相邻支承边的，不应按单向板计算。

4.6.2 单向板梁板结构按弹性方法计算

1）计算简图

整体式肋形梁板结构，虽然是由板、次梁和主梁整体浇筑在一起的，但设计时，板、次梁、主梁仍

可分别进行计算。在内力分析之前，应按照尽可能符合结构实际受力情况和简化计算的原则，确定结构构件的计算简图，其内容包括确定支承条件、计算跨数和跨度、荷载分布和大小。

（1）支承条件

如图 4-6-1 所示的单向板肋形楼盖，四周为砖墙承重，可忽略墙对梁板的转动约束，故板和梁的端部可按铰支考虑。

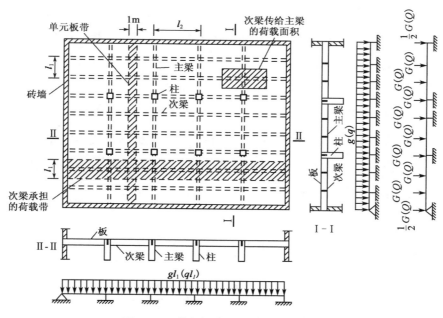

图 4-6-1　单向板肋梁板楼盖计算简图

（2）计算跨度和跨数

梁板的计算跨度是指计算内力时所采用的跨间长度。跨度与支座反力分布有关，也即与构件的搁置长度 a 和构件的抗弯刚度有关。对于连续梁、板，当其内力按弹性理论计算时，其计算跨度 l 按下列规定采用。

①对于连续板：

边跨：

$$l = l_n + \frac{b}{2} + \frac{h}{2} \quad 或 \quad l = l_n + \frac{b}{2} + \frac{a}{2}（取较小值）$$

中间跨：

$$l = l_n + b$$

②对于连续梁：

边跨：

$$l = l_n + \frac{b}{2} + \frac{a}{2} \quad 或 \quad l = l_n + \frac{b}{2} + 0.025 l_n（取较小值）$$

中间跨：

$$l = l_n + b$$

以上式中：l_n——净跨度，即支座边缘到另一支座边缘之间的距离；

　　　　　b——中间支座宽度；

　　　　　a——板或梁端部伸入砖墙内的支承长度；

　　　　　h——板厚。

当中间支座宽度b较大时，b按以下规定取值。

板：当$b > 0.1l_c$时，取$b = 0.1l_n$；

梁：当$b > 0.05l_c$时，应取$b = 0.05l_n$。

l_c为梁或板支承中心线间的距离。计算剪力时，计算跨度则取$l = l_n$。

对于五跨或五跨以内的连续梁、板，跨数按实际考虑；对于跨数超过五跨的连续梁、板，当各跨荷载相同，且跨度相差不超过10%时，可按五跨的等跨连续梁、板进行计算。五跨以上连续梁、板中间跨的内力可按五跨梁、板第三跨的内力处理。

（3）折算荷载

板和次梁的中间支座均假定为铰支座，没有考虑次梁对板及主梁对次梁在支承处弹性约束的影响。实际上，板在弯曲时将带动次梁发生扭转，次梁的抗扭刚度将对板的转动起约束作用，因此板中相应的跨内弯矩值将会减小。内力分析时，在荷载总值不变的前提下，可以采用增大恒载和相应减小活荷载的办法来考虑这一有利影响。具体折算如下。

对板：

$$g' = g + \frac{1}{2}q \qquad q' = \frac{1}{2}q \qquad (4-6-1)$$

对次梁：

$$g' = g + \frac{1}{4}q \qquad q' = \frac{3}{4}q \qquad (4-6-2)$$

式中：g'、q'——折算恒载和折算活荷载；

g、q——实际恒载和实际活荷载。

注：对主梁可不作调整，即$g' = g$，$q' = q$。当板和次梁搁置在砖墙或钢梁上时，则难以产生有效的扭矩，因而不进行这种荷载调整。

2）按弹性方法计算板和梁内力

连续梁板最不利活荷载布置的一般原则如下：

（1）求某跨跨内最大正弯矩时，应在该跨布置活荷载，然后沿其左右，每隔一跨布置活荷载。

（2）求某跨跨内最大负弯矩时，该跨不应布置活荷载，而在其相邻跨布置活荷载，然后沿其左右隔跨布置。

（3）求某支座最大负弯矩时，应在该支座左右两跨布置活荷载，然后每隔一跨布置。

（4）求某支座截面最大剪力时，其活荷载布置与该支座最大负弯矩的布置相同。

按弹性理论计算连续梁、板的内力可采用弯矩分配法或力法。对于跨度相差不超过10%的不等跨连续梁、板，也可利用图表计算内力。

【例4-6-3】 按弹性理论计算现浇单向板肋梁楼盖时，对板和次梁应采用折算荷载进行计算，原因是：

　　A. 实际上板及次梁存在塑性内力重分布的有利影响

　　B. 实际支座并非理想铰支座而带来的误差的一种修正办法

　　C. 计算时忽略了长边方向也能传递一部分荷载而进行的修正办法

　　D. 当板和次梁搁置在砖墙或钢梁上时，也要进行这种荷载调整

解　选 B。

4.6.3 单向板梁板结构按塑性方法计算

对于连续梁和框架这样的超静定结构，当一个截面达到极限承载力时，整体结构不一定达到极限状态。由于混凝土材料的非弹性性质和开裂后的受力特点，在受荷过程中钢筋混凝土超静定结构各截面间的刚度比值一直在不断改变，因此截面间的内力关系也在发生变化，即截面间出现了内力重分布现象。按考虑塑性内力重分布的方法来计算超静定结构的内力，可收到一定的经济效果。

1）塑性铰的概念

钢筋混凝土受弯构件在受力的第III阶段当钢筋屈服后，M-φ曲线接近水平，即截面承受的弯矩M几乎维持不变而曲率剧增，如同一个能转动的"铰"，称塑性铰。塑性铰形成于截面应力状态的第II阶段末（即IIa阶段）。塑性铰是非弹性变形集中发展的结果。

2）塑性铰与理想铰的区别

塑性铰与结构力学中的理想铰的主要区别如下：

（1）理想铰不能传递任何弯矩，而塑性铰却能传递相应于该截面的极限弯矩M_u；

（2）理想铰能自由地转动，而塑性铰只能沿单向产生有限的转动，其转动幅度会受到材料极限变形的限制；

（3）塑性铰不是集中于一点，而是形成在一小段局部变形很大的区域。

3）塑性内力重分布

在静定结构中，只要有一个截面形成塑性铰，荷载就不可能继续增加。超静定结构每出现一个塑性铰仅意味着减少一次超静定次数，荷载仍可继续增加，直到塑性铰陆续出现使结构变成机动体系为止。

4）弯矩调幅法及调幅系数

截面弯矩调整的幅度可用弯矩调幅系数β来表示：

$$\beta = 1 - \frac{M_a}{M_e} \tag{4-6-3}$$

式中：M_a、M_e——调幅后的弯矩和弹性方法计算的弯矩。

注：不适于用塑性内力重分布方法的情况。当遇下列情况时，应按弹性方法计算其内力。

（1）直接承受动力荷载作用的工业与民用建筑。

（2）使用阶段不允许出现裂缝的结构。

（3）受侵蚀气体或液体作用的结构。

（4）轻质混凝土结构及其他特种混凝土结构。

（5）预应力结构和二次受力叠合结构。

按塑性内力重分布方法计算钢筋混凝土连续梁、板时，应遵循下列各项规定。

（1）纵向受力钢筋宜采用 HPB235、HPB330 级和 HRB335、HRB400 级热轧钢筋，混凝土宜采用 C20~C45 强度等级。

（2）为了防止由于塑性铰出现过早和内力重分布的过程过长而使裂缝过宽，调整后的截面极限弯矩值不宜小于按弹性理论计算弯矩值的 75%，即调幅不宜超过 25%；钢筋混凝土板的负弯矩调幅不宜超过 20%。

（3）弯矩调整后的每跨两端的支座弯矩的平均值与跨中弯矩绝对值之和不应小于按简支梁计算的

该跨跨中弯矩。任意计算截面的弯矩不宜小于简支梁弯矩的1/3。

（4）为了保证塑性铰出现以后支座截面有较大的转动范围，且受压区不致过早地破坏，截面受压区的计算高度不应超过$0.35h_0$，也不宜小于$0.1h_0$。

此外，应适当增加结构中的箍筋用量，以增加结构的延性。

【例4-6-4】按弯矩调幅法进行内力计算和配筋时，下列说法正确的是：

 A. 弯矩调幅法既适用于连续梁也适用于简支梁，与弹性法相比，安全储备较低

 B. 按调幅法计算时，弯矩调整后的截面相对受压区计算高度不应小于 0.35，即$\xi \geq 0.35$，但需满足$\xi \leq \xi_b$

 C. 按调幅法计算与弹性法相比，连续梁支座和跨中弯矩都大幅降低，经济效果显著

 D. 为保证塑性铰有较充分的转动能力，计算中要求弯矩调整后的截面相对受压区高度$\xi \leq 0.35$，且$\xi \geq 0.1$

解　选 D。

4.6.4　双向板梁板结构的设计

四边支承的板，当长短边之比$l_2/l_1 \leq 2$时，板上的荷载将沿短跨与长跨两个方向传至周边的支承梁或墙上，板内沿两个方向都有弯矩。因此，板的受力钢筋也应沿两个方向配置，这样的板称为双向板。由双向板和支承梁组成的楼盖称双向板肋梁楼盖。

对于水工结构，一般多按弹性薄板理论进行内力分析。求出单位宽度内截面弯矩设计值M后，可按矩形截面正截面承载力计算受力钢筋截面面积。

板中受力钢筋在跨内纵横两向叠置，计算时应分别采用各自的有效高度。一般短跨的跨内正弯矩较大，故沿短跨的钢筋应置于外层。一般可取短跨的截面有效高度$h_{01} = h - 20mm$，长跨$h_{02} = h - 30mm$。

当配筋率相同时，采用较小直径的钢筋对控制裂缝开展宽度较为有利；钢筋的布置采取由板边缘向中部逐渐加密，比用相同数量但均匀配置时更为有利。

双向板的厚度一般不小于80mm。当满足板厚$h \geq l/45$（单跨简支板）或$h \geq l/50$（多跨连续板）时，可不进行变形验算。

【例4-6-5】双向板跨中两个方向均需配置受力钢筋，其布置方式为：

 A. 短跨方向的受力钢筋置于下层，长跨方向的受力钢筋置于上层

 B. 短跨方向的受力钢筋置于上层，长跨方向的受力钢筋置于下层

 C. 长短跨方向的受力钢筋置于同一平面层内

 D. 长跨方向的受力钢筋可以任意放置

解　选 A。

4.6.5　刚架结构

1）计算单元和计算简图

厂房刚架在横向多为由上下游立柱、屋面大梁、楼面梁等构件组成的单跨刚架，如图 4-6-2 所示。在纵向由纵梁（也称连系梁）把多个刚架连接在一起，组成复杂的空间杆系结构。为简化计算，一般可

将厂房刚架简化为横向和纵向两个方向的平面刚架进行结构分析。

（1）计算单元

横向刚架由相邻柱距的中心线截出一个计算单元，如图4-6-2a）中①阴影部分。除吊车等移动荷载外，该计算单元就是刚架的负荷范围。

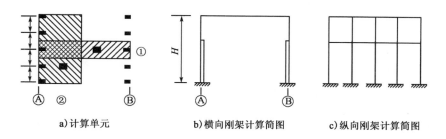

图4-6-2　厂房刚架的计算单元和计算简图

①-横向计算单元；②-纵向计算单元

纵向平面刚架由柱列［图4-6-2a）中Ⓐ列或Ⓑ列］、柱下基础、连系梁等组成。计算单元可取一个伸缩缝区段长和厂房跨度之半围成的范围，如图4-6-2a）中②阴影部分。

纵向平面刚架主要承受结构自重、吊车纵向水平刹车力、地震力、纵向风荷载、温度作用及柱两侧相邻吊车梁竖向反力差产生的纵向偏心弯矩等。

纵向刚架［图4-6-2c）］柱根数较多，刚度较大，柱顶变形较小。当一个伸缩缝区段的纵向刚架立柱总数多于7根时，可不进行计算。

（2）横向刚架的计算简图

横向刚架由于上、下柱截面不同，为一变截面刚架，如图4-6-2b）所示。计算简图按下列规定确定。

①横向跨度取柱截面轴线，对阶形变截面柱，变阶处可设置刚性杆以考虑上下柱截面偏心的影响。

②下柱高度取固定端至牛腿顶面的距离，上柱高度取牛腿顶面至横梁中心的距离（当为屋架或屋面梁与柱顶铰接连接时，取牛腿顶面至柱顶面距离）。

③楼板（梁）与柱简支连接时，可不考虑板（梁）对柱的支承约束作用；若板（梁）与柱整体连接，则可根据板（梁）的刚度分别按不动铰、刚结点或弹性结点连接。

④刚架柱基础固定端高程应根据基础约束条件确定。当下部结构的线刚度为柱线刚度的12~15倍时，可按固定端考虑。

2）作用在刚架上的荷载

水电站主厂房系统承受的荷载中楼面、屋面荷载可通过楼（屋）面设计或根据刚架负荷范围导算到相应的刚架上。砌体围护墙重力由连系梁传至刚架柱。抗震设计烈度为7度及7度以上的厂房，刚架的地震作用可按《建筑抗震设计规范（附条文说明）》（GB 50011—2010）（2016年版）和《水电工程水工建筑物抗震设计规范》（NB 35047—2015）的有关规定进行计算。

3）刚架内力计算及内力组合

（1）刚架梁柱的控制截面

所谓控制截面是指对构件配筋和下部块体结构或基础设计起控制作用的那些截面。对刚架横梁，一般是两个支座截面及跨中截面为控制截面，如图 4-6-3 中 1-1、2-2、3-3 截面。支座截面是最大负弯矩和最大剪力作用的截面，在水平荷载作用下还可能出现正弯矩，跨中截面则是最大正弯矩作用的截面。对于刚架柱，每一柱段的弯矩最大值都在上、下端两个截面，而轴力、剪力在同一柱段中的变化不大，因此，各柱段的控制截面都取上、下端两个截面。如图 4-6-2 中，上柱控制截面为 I-I、II-II，下柱控制截面为 III-III、IV-IV。其中，IV-IV 截面的内力不仅是计算下柱钢筋的依据，也是下部块体结构或柱下基础设计的依据。

（2）荷载组合

刚架横梁的轴向力 N 一般都很小，可以忽略不计，按受弯构件进行配筋计算。当轴向力 N 不能忽略时，则应按偏心受拉或偏心受压构件进行计算。刚架横梁一般应组合的内力为：跨中截面 M_{max}、M_{min}，支座截面 M_{max}、M_{min}、V_{max}。

刚架柱中的内力主要是弯矩 M 和轴向力 N，可按偏心受压构件进行计算。在不同荷载组合下，同一截面可能出现不同的内力，应按可能出现的最不利荷载组合进行计算。由偏心受压构件正截面受压承载力 N-M 相关曲线可知，刚架柱一般应组合的内力为：

①M_{max} 及相应 N、V；

②M_{min} 及相应 N、V；

③N_{max} 及相应 M、V；

④N_{min} 及相应 M、V。

4）刚架节点构造

（1）刚架梁中间节点处的上部纵向钢筋应贯穿节点，且自节点边缘伸向跨中的截断位置应符合连续梁的构造规定。下部纵向钢筋应伸入节点，当计算中不利用其强度时，伸入长度不小于 l_a；当计算中充分利用其强度时，受拉钢筋伸入长度不小于锚固长度 l_a，受压钢筋伸入长度不小于 $0.7l_a$。

（2）刚架中间层端节点处，上部纵向钢筋在节点内的锚固长度不应小于 l_a 并应伸过节点中心线。当钢筋在节点内的水平锚固长度不够时，应伸至对面柱边后面向下弯折，经弯折后的水平投影长度不应小于 $0.4l_a$，垂直投影长度不应小于 $15d$，如图 4-6-4 所示。

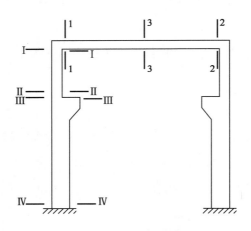

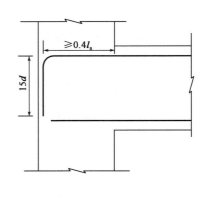

图 4-6-3　刚架梁、柱的控制截面　　　　　　图 4-6-4　刚架中间层段节点钢筋的锚固

下部纵向钢筋伸入端节点的长度要求与伸入中间节点相同。

（3）刚架顶层端节点处，可将柱外侧纵向钢筋的相应部分弯入梁内作梁上部纵向钢筋使用，也可将梁上部纵向钢筋与柱外侧纵向钢筋在顶层端节点及其附近部位搭接。搭接接头可沿顶层端节点外侧及梁端顶部布置见图 4-6-5a），搭接长度不应小于$1.5l_a$。搭接接头也可沿柱顶外侧布置见图 4-6-5b），此时，搭接长度竖直段不应小于$1.7l_a$。当梁上部纵向钢筋的配筋率大于 1.2% 时，弯入柱外侧的梁上部纵向钢筋应满足以上规定的搭接长度，且宜分两批截断，其截断点之间的距离不宜小于$20d$。柱外侧纵向钢筋伸至柱顶后宜向节点内水平弯折，弯折段的水平投影长度不宜小于$12d$。

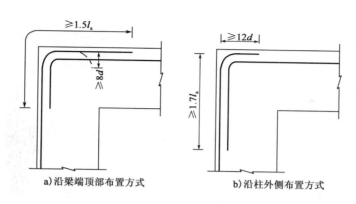

a) 沿梁端顶部布置方式　　　　b) 沿柱外侧布置方式

图 4-6-5　刚架顶层端节点钢筋的锚固与搭接

当梁上部和柱外侧钢筋配筋率过高时，将引起顶层端节点核心区混凝土的斜压破坏，因此，框架顶层端节点处梁上部纵向钢筋的截面面积A_s应符合下列规定：

$$A_s \leqslant \frac{0.35 f_c b_b h_0}{f_y} \tag{4-6-4}$$

式中：b_b——梁腹板宽度；

　　　h_0——梁截面有效高度。

【**例 4-6-6**】框架梁进行最不利内力组合时，一般应考虑下述哪种情况？

　　　A. 跨中截面M_{max}和支座截面M_{max}、V_{max}

　　　B. 跨中截面M_{max}和支座截面M_{min}、V_{min}

　　　C. 跨中截面M_{max}、M_{min}和支座截面M_{max}、M_{min}、V_{max}

　　　D. 跨中截面M_{min}和支座截面M_{min}、V_{min}

解　选 C。

4.6.6　牛腿计算与构造

牛腿是从柱侧伸出的短悬臂构件，是一变截面深梁，与一般的悬臂梁的工作性能完全不同。

根据牛腿竖向力F_v的作用点至下柱边缘的水平距离a（见图 4-6-6）的大小，一般把牛腿分为两类：当$a \leqslant h_0$时为短牛腿，当$a > h_0$时为长牛腿。此处，h_0为牛腿根部与下柱交接处垂直截面的有效高度，$h_0 = h - a_s$。水电站厂房柱上支承吊车梁、屋架等的牛腿一般为短牛腿。

本节内容主要针对短牛腿。至于长牛腿，其受力特点与悬臂梁相似，可按悬臂梁设计。

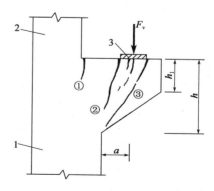

图 4-6-6　牛腿主要尺寸及裂缝示意

1-下柱；2-上柱；3-加载垫板

1）牛腿的破坏形态

达到极限荷载时，压杆范围内的短小斜裂缝逐渐贯通，混凝土压坏。当a/h_0较大，且纵向受力钢筋的配筋率较小时，纵筋也可达到屈服强度。

当牛腿顶部还有水平拉力F_h作用时，各裂缝将会提前出现。

随a/h_0值的不同，牛腿在竖向荷载作用下主要有以下三种破坏形态。

（1）剪切破坏

当$a/h_0 \leqslant 0.1$，或a/h_0值虽较大但牛腿边缘高度h_1较小时，可能在加载垫板内侧沿牛腿与下柱交接面上出现一系列短斜裂缝，最后牛腿沿此裂缝从柱上切下而破坏，如图4-6-7a）所示。此时牛腿内纵向钢筋应力较低。

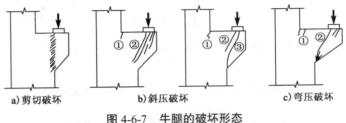

图 4-6-7 牛腿的破坏形态

（2）斜压破坏

当$a/h_0 = 0.1 \sim 0.75$范围内时，在出现斜裂缝②后，在该斜裂缝外侧的压杆范围内，出现较多短小斜裂缝，当这些短小斜裂缝逐渐贯通，压杆混凝土剥落崩出时，牛腿即告破坏，如图4-6-7b）所示。也有少数牛腿会突然在加载垫板内出现一条通长斜裂缝③，然后沿此斜裂缝破坏，如图4-6-7b）所示。

（3）弯压破坏

当$a/h_0 > 0.75$，且纵向受力钢筋配筋率较低时，在出现斜裂缝②后，纵向钢筋应力逐渐增大并达到屈服强度，斜裂缝外侧部分绕牛腿下部与柱的交接点转动，致使该部分混凝土压碎而引起牛腿破坏，如图4-6-7c）所示。

此外，还有由于加载垫板太小而引起的垫板下混凝土局部压碎破坏和因纵向受力钢筋锚固不足而被拔出等破坏形态。

2）牛腿截面尺寸的确定

牛腿的宽度一般与柱的宽度相同，因此只需要确定牛腿截面高度即可。由于牛腿的破坏都是发生在斜裂缝形成和开展以后，故牛腿截面高度以斜截面抗裂为控制条件确定。一般是先假定牛腿高度h，再按下式进行验算：

$$F_{vk} \leqslant \beta \left(1 - 0.5 \frac{F_{hk}}{F_{vk}}\right) \frac{f_{tk} b h_0}{0.5 + \dfrac{a}{h_0}} \tag{4-6-5}$$

式中：F_{vk}——按荷载标准值计算的作用于牛腿顶面的竖向力值；

$\quad\quad F_{hk}$——按荷载标准值计算的作用于牛腿顶面的水平拉力值；

$\quad\quad \beta$——裂缝控制系数，对水电站厂房立柱的牛腿，取$\beta = 0.70$，对其他牛腿，取$\beta = 0.80$；

$\quad\quad a$——竖向力作用点至下柱边缘的水平距离，应考虑安装偏差 20mm，当考虑安装偏差后竖向力作用点仍位于下柱截面以内时，取$a = 0$；

$\quad\quad h_0$——牛腿与下柱交接处的垂直截面有效高度，取$h_0 = h_1 - a_s + c \tan\alpha$，$h_1$、$a_s$、$c$及$\alpha$的意义见图4-6-8，当$\alpha > 45°$时，取$\alpha = 45°$；

b——牛腿宽度。

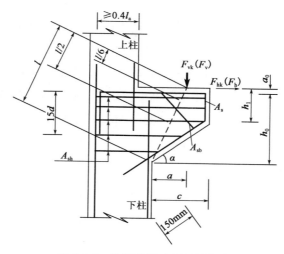

图 4-6-8　牛腿的尺寸和配筋构造

此外，牛腿外形尺寸还应满足以下要求：

（1）牛腿外边缘高度h_1不应小于$h/3$，且不应小于 200mm；

（2）吊车梁外边缘至牛腿外缘的距离不应小于 100mm；

（3）牛腿顶面在竖向力设计值F_v作用下，其局部受压应力不应超过$0.9f_c$（DL/T 5057—2009），SL 191—2008 要求在竖向力标准值F_{vk}作用下不应超过$0.75f_c$，否则应采取加大受压面积、提高混凝土强度等级或配置钢筋网片等有效措施；

（4）牛腿底面倾斜角α不宜大于 45°（一般即取$\alpha = 45°$），以防止斜裂缝出现后可能引起底面与下柱交接处产生严重的应力集中。

3）牛腿的承载力计算及配筋构造

牛腿的剪跨比不同，其破坏形态也不相同，因此牛腿的承载力计算方法和配筋构造与剪跨比有关。

（1）剪跨比不小于 0.2 的牛腿。

$$A_s \geqslant \gamma_d \left(\frac{F_v a}{0.85 f_y h_0} + 1.2 \frac{F_h}{f_y} \right) \qquad \text{（DL/T 5057—2009）} \qquad (4-6-6)$$

$$A_s \geqslant K \left(\frac{F_v a}{0.85 f_y h_0} + 1.2 \frac{F_h}{f_y} \right) \qquad \text{（SL 191—2008）} \qquad (4-6-7)$$

式中：F_v——作用在牛腿顶部的竖向力设计值；

F_h——作用在牛腿顶部的水平拉力设计值；

A_s——独立牛腿中承受竖向力所需的受拉钢筋和承受水平拉力所需的锚筋组成的受力钢筋的总截面面积。

牛腿的受力钢筋宜采用 HRB335 级、HRB400 级和 HRB500 级钢筋。

承受竖向力所需的受拉钢筋的配筋率（以截面bh_0计）不应小于 0.2%，也不宜大于 0.6%，且根数不宜少于 4 根，直径不应小于 12mm。受拉钢筋不得下弯兼作弯起钢筋，而应全部直通至牛腿外边缘再沿斜边下弯，并伸入柱下边缘内不少于 150mm，见图 4-6-8；另一端在上柱内的锚固长度应符合梁的上部钢筋的有关规定。

承受水平拉力的锚筋应焊在预埋件上，且不应少于 2 根，直径不应小于 12mm。

牛腿中除应计算配置纵向受力钢筋外，还应按构造配置水平箍筋和弯起钢筋。

牛腿内水平箍筋的直径不应小于 6mm，间距为 100~150mm，且在上部 $2h_0/3$ 范围内的水平箍筋总截面面积不应小于承受竖向力的受拉钢筋截面面积的 1/2。

当牛腿的剪跨比 $a/h_0 \geq 0.3$ 时，宜设置弯起钢筋 A_{sb}。弯起钢筋宜采用 HRB335 级、HRB400 级和 HRB500 级钢筋，并宜布置在与集中荷载作用点到牛腿斜边下端点连线的交点位于牛腿上部 $l/6 \sim l/2$ 之间的范围内，l 为该连线的长度（见图 4-6-8），其截面面积不应少于承受竖向力的受拉钢筋截面面积的 1/2，根数不应少于 2 根，直径不应小于 12mm。

（2）剪跨比小于 0.2 的牛腿。

当剪跨比 $a/h_0 < 0.2$ 时，牛腿的破坏已呈现混凝土被剪切破坏的特征。

牛腿中由承受竖向力所需的受拉钢筋和承受水平拉力所需的锚筋组成的受力钢筋的总截面面积 A_s 按下列公式计算：

$$A_s \geq \frac{\beta_s(\gamma_d F_v - f_t b h_0)}{\left(1.65 - 3\dfrac{a}{h_0}\right)f_y} + 1.2\frac{\gamma_d F_h}{f_y} \qquad \text{(DL/T 5057—2009)} \qquad (4\text{-}6\text{-}8)$$

牛腿中承受竖向力所需的水平箍筋总截面面积 A_{sh} 应符合下列要求：

$$A_{sh} \geq \frac{(1-\beta_s)(\gamma_d F_v - f_t b h_0)}{\left(1.65 - 3\dfrac{a}{h_0}\right)f_{yh}} \qquad \text{(DL/T 5057—2009)} \qquad (4\text{-}6\text{-}9)$$

$$A_{sh} \geq \frac{K F_v - f_t b h_0}{\left(1.65 - 3\dfrac{a}{h_0}\right)f_y} \qquad \text{(SL 191—2008)} \qquad (4\text{-}6\text{-}10)$$

以上式中：f_{yh}——牛腿高度范围内的水平箍筋抗拉强度设计值；

β_s——受力钢筋配筋量调整系数，取 $\beta_s = 0.6 - 0.4$，剪跨比较大时取大值，剪跨比较小时取小值。

承受竖向力所需的受拉钢筋的配筋率（以截面 $b h_0$ 计）不应小于 0.15%。

水平箍筋宜采用 HRB335 级钢筋，直径不小于 8mm，间距 100~150mm，其配筋率 $\rho_{sh} = \dfrac{n A_{sh1}}{b s_v}$ 不应小于 0.15%，在此，A_{sh1} 为单肢箍筋的截面面积，n 为肢数，s_v 为水平箍筋的间距。

（3）当牛腿的剪跨比 $a/h_0 < 0.2$ 时，可不进行牛腿的配筋计算，仅按构造要求配置水平箍筋。但当牛腿顶面作用有水平拉力 F_h 时，承受水平拉力所需锚筋的截面面积按 $1.2\gamma_d F_h/f_y$（DL/T 5057—2009）或 $1.2K F_h/f_y$（SL 191—2008）计算。

剪跨比 $a/h_0 < 0.2$ 的牛腿的其他配筋构造要求和锚固要求与 $a/h_0 \geq 0.2$ 时的相同。

【例 4-6-7】 下列牛腿配筋计算和构造措施中，错误的是：

    A. 当牛腿的剪跨比 $a/h_0 < 0.2$ 时，可不进行牛腿的配筋计算，仅按构造要求配置水平箍筋

    B. 当牛腿的剪跨比 $a/h_0 \geq 0.3$ 时，宜设置弯起钢筋 A_{sb}

    C. 牛腿内水平箍筋的直径不应小于 6mm，间距为 100~150mm

    D. 当牛腿的剪跨比 $a/h_0 > 1.0$ 时，与一般的悬臂梁的工作性能完全不同

解 选 D。

4.6.7　柱下独立基础

1）柱下独立基础的形式

常用的柱下独立基础有阶梯形基础和锥形基础两种形式，如图4-6-9所示。

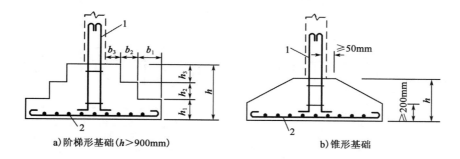

a) 阶梯形基础（$h>900$mm）　　　　　b) 锥形基础

图4-6-9　柱下独立基础形式和构造

1-预留插筋与柱内纵筋搭接；2-基础底板钢筋

2）柱下独立基础设计

柱下独立基础设计包括基础底面尺寸确定、基础高度确定及底板配筋计算等内容。

（1）基础底面尺寸确定

在基础类型和埋置深度确定后，即可根据地基承载力条件确定基础底面尺寸。

①轴心受压基础。

轴心受压时，假定基础底面的压力为均匀分布，设计时应满足下式要求：

$$p_k = \frac{N_k + G_k}{A} \leq f_a \tag{4-6-11}$$

$$A \geq \frac{N_k}{f_a - \gamma_m d} \tag{4-6-12}$$

轴心受压基础底面一般用正方形或边长比不大于1.5的矩形，边长宜取100mm的倍数。

②偏心受压基础。

偏心受压基础的底面尺寸通常由试算法确定。

$$A \geq (1.2 \sim 1.4) \times \frac{N_k}{f_a - \gamma_m d} \tag{4-6-13}$$

（2）基础高度确定

柱下独立基础的高度（阶梯基础还包括各阶高度）主要取决于基础受冲切承载力要求。此外，基础的高度还应满足柱内受力钢筋的锚固长度要求。

基础设计时，一般先按经验和构造要求拟定基础高度h和各阶高度h_i（h和h_i宜取100mm的倍数），然后再验算柱与基础交接处及基础变阶处的受冲切承载力：

$$F_l = \frac{1}{\gamma_d}(0.7\beta_h f_t b_m h_0) \tag{4-6-14}$$

$$F_l = p_s A_1 \tag{4-6-15}$$

$$\beta_h = \left(\frac{800}{h_0}\right)^{\frac{1}{4}} \tag{4-6-16}$$

$$b_{\mathrm{m}} = \frac{1}{2}(b_{\mathrm{t}} + b_{\mathrm{b}}) \tag{4-6-17}$$

当基础底面落在图 4-6-10 中 45°线（即冲切破坏锥体）以内时，可不进行受冲切承载力验算。

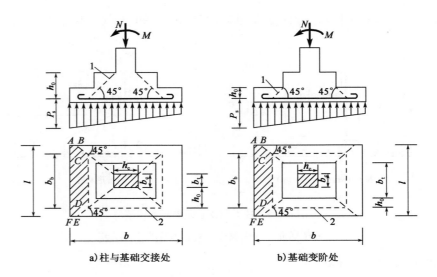

图 4-6-10 计算阶梯形基础的受冲切承载力截面位置

1-冲切破坏锥体最不利一侧的斜截面；2-冲切破坏锥体的底面线

（3）基础底板配筋计算

基础底板在地基净反力作用下，在沿 b、l 方向都产生向上的弯矩，因此，需要在底板两个方向都配置受力钢筋。计算钢筋的控制截面，一般取柱与基础交接处和阶梯形基础的变阶处，计算底板弯矩时，把基础看作固定在柱周边或上台阶周边的四边挑出的悬臂板。在轴心或偏心荷载作用下的矩形基础，当台阶的宽高比小于或等于 2.5 和偏心距小于或等于基础宽度的 1/6 时，沿 b 方向的 I-I 截面和沿 l 方向的 II-II 截面处的弯矩和钢筋截面面积可按下列公式计算。

沿 b 方向：

$$M_{\mathrm{I}} = \frac{1}{48}(b - h_{\mathrm{c}})^2(2l + b_{\mathrm{c}})(p_{\max} + p - 2\gamma_{\mathrm{G}}\gamma_{\mathrm{m}}d) \tag{4-6-18}$$

$$A_{\mathrm{sI}} = \frac{\gamma_{\mathrm{d}}M_{\mathrm{I}}}{0.9f_{\mathrm{y}}h_{0\mathrm{I}}} \tag{4-6-19}$$

沿 l 方向：

$$M_{\mathrm{II}} = \frac{1}{48}(l - b_{\mathrm{c}})^2(2b + h_{\mathrm{c}})(p_{\max} + p_{\min} - 2\gamma_{\mathrm{G}}\gamma_{\mathrm{m}}d) \tag{4-6-20}$$

$$A_{\mathrm{sII}} = \frac{\gamma_{\mathrm{d}}M_{\mathrm{II}}}{0.9f_{\mathrm{y}}h_{0\mathrm{II}}} \tag{4-6-21}$$

以上式中：M_{I}、A_{sI}——I-I 截面处的弯矩设计值和所需钢筋截面面积；

$\qquad M_{\mathrm{II}}$、A_{sII}——II-II 截面处的弯矩设计值和所需钢筋截面面积；

$\qquad p_{\max}$、$p_{\min}$——相应于荷载基本组合时的基础底面边缘最大和最小地基反力净反力设计值；

$\qquad p$——相应于荷载基本组合时在计算截面 I-I 处基础底面地基反力净反力设计值。

布置钢筋时，沿长边方向的钢筋放在下层，沿短边方向的钢筋放在上层（见图 4-6-11），因此，$h_{0\mathrm{II}}$ 与 $h_{0\mathrm{I}}$ 相差一钢筋直径 d。

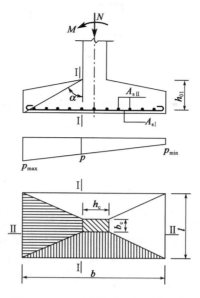

图 4-6-11　矩形基础底板计算简图

【例 4-6-8】 下列说法错误的是：

  A. 独立基础的高度主要取决于基础受冲切承载力要求

  B. 基础底板配筋沿长边方向的钢筋放在下层，沿短边方向的钢筋放在上层

  C. 独立基础的高度主要取决于基础受压承载力要求

  D. 独立基础的高度还应满足柱内受力钢筋的锚固长度要求

 解　柱下独立基础的高度（阶梯基础还包括各阶高度）主要取决于基础受冲切承载力要求。此外，基础的高度还应满足柱内受力钢筋的锚固长度要求。选 C。

经 典 练 习

4-6-1　按弹性方法或塑性方法设计连续梁（板），以下说法错误的是（　　　）。

  A. 按塑性方法设计连续梁（板）时，适当降低了支座弯矩的取值，加大了跨中弯矩的取值，可避免支座上部钢筋过于密集的现象

  B. 按弹性方法和塑性方法设计的梁（板）变形相同

  C. 按塑性方法设计时支座截面需满足 $0.10 \leqslant \xi \leqslant 0.35$

  D. 弯矩调幅是有限度的，不是越大越好

4-6-2　下列关于塑性铰的表述错误的是（　　　）。

  A. 塑性铰能传递相应于该截面的极限弯矩 M_u

  B. 塑性铰不能自由地转动只能沿单向产生有限的转动，其转动幅度会受到材料极限变形的限制

  C. 塑性铰不是集中于一点，而是形成在一小段局部变形很大的区域

  D. 静定结构从出现塑性铰到结构形成机动体系这段过程中，还可继续增加荷载。极限荷载值较按弹性理论所确定的高

4-6-3　按弹性方法计算连续梁（板）内力时，最不利活荷载布置错误的是（　　　）。

  A. 求跨内最大正弯矩时，应在该跨布置活荷载，然后沿其左右，每隔一跨布置活荷载

  B. 求跨内最大负弯矩时，应在该跨布置活荷载，而在其相邻跨不布置活荷载，然后沿其左右隔跨布置

C. 求支座最大负弯矩时，应在该支座左右两跨布置活荷载，然后每隔一跨布置活荷载

D. 求支座截面最大剪力时，其活荷载布置与求该支座最大负弯矩的布置相同

4-6-4　钢筋混凝土连续梁（板）可采用弯矩调幅法计算内力，下列说法错误的是（　　　）。

A. 截面弯矩调幅系数不宜大于 0.25

B. 弯矩调整后的截面相对受压区高度不应超过 0.35，也不宜小于 0.1

C. 弯矩调整后梁（板）各跨支座弯矩的平均值与跨中弯矩之和不应大于按简支梁计算的跨中最大弯矩

D. 弯矩调整后梁（板）各跨支座弯矩的平均值与跨中弯矩之和不应小于按简支梁计算的跨中最大弯矩

4-6-5　关于双向板中的钢筋配置，下列说法错误的是（　　　）。

A. 板跨内钢筋的配置，一般将板按两个方向分为中间板带和边缘板带，中间板带内按计算截面面积配筋，边缘板带配筋量减为相应中间板带的 50%，但每米宽度内不少于 3 根

B. 连续板支座上的配筋截面面积应按负弯矩求得，沿支座全长均匀配置，在边缘板带不减少

C. 当配筋率相同时，宜采用直径较小的钢筋

D. 当配筋率相同时，宜采用直径较大的钢筋

4-6-6　下述钢筋混凝土牛腿配筋构造中，下列说法错误的是（　　　）。

A. 受力钢筋宜采用带肋钢筋，承受竖向力所需的受拉钢筋的配筋率不应小于 0.2%

B. 承受水平拉力的锚筋应焊在预埋件上，且不应少于 2 根，直径不应小于 12mm

C. 牛腿内水平箍筋的直径不应小于 6mm，间距为 100~150mm

D. 当牛腿的剪跨比小于 0.3 时，宜设置弯起钢筋，必要时可以用受拉钢筋下弯兼作弯起钢筋

4-6-7　柱下独立基础尺寸的确定原则中，下列说法错误的是（　　　）。

A. 基础底面尺寸应根据地基承载力条件确定

B. 基础底面尺寸应根据基础混凝土的抗压强度确定

C. 基础最小高度应满足柱与基础交接处混凝土受冲切承载力要求

D. 基础最小高度应满足柱内受力钢筋的锚固长度要求

4-6-8　确定柱上短牛腿高度与纵向受拉钢筋截面面积时，下列说法正确的是（　　　）。

A. 均由承载力控制

B. 均由斜裂缝和构造要求控制

C. 前者由承载力控制，后者由斜裂缝和构造要求控制

D. 前者由斜裂缝和构造要求控制，后者由承载力控制

4.7　钢筋混凝土构件的抗震设计

考试大纲☞：抗震设计的一般规定　抗震设计的构造要求

4.7.1　抗震设计的一般概念

1）构造地震、震级与烈度

构造地震是指由于地壳的构造运动（岩层构造状态的变动）使岩层发生断裂、错动而引起的地面震动。构造地震破坏性大，影响范围广，工程结构的抗震设计主要针对构造地震。

地震震级表示一次地震释放能量的多少，是表示地震强度大小的指标，所以一次地震只有一个震级。我国目前采用I~XII的烈度表。其表达式为：

$$M = \lg A \tag{4-7-1}$$

地震烈度是指地震时某一地区的地面和各类建筑物遭受到一次地震影响的强弱程度，用I表示。

基本烈度是指某一地区在一定时期（如我国取50年）内，在一般场地条件下按一定的超越概率（我国取10%）可能遭遇到的最大地震烈度，用I_0表示。

2）抗震设防要求与设计烈度

设计烈度是指在基本烈度基础上确定的作为工程设防依据的地震烈度。对各类水工建筑物进行抗震设计时，一般取基本烈度I_0作为设计烈度。对一级壅水建筑物，其设计烈度按基本烈度提高1度采用。例如，1级挡水建筑物，其设计烈度可较基本烈度提高1度。

对基本烈度为6度及6度以上地区坝高超过200m或库容大于100亿m³的大型工程，以及基本烈度为7度及7度以上地区坝高超过150m的一级工程，设防依据应根据专门的地震危险性分析评定，其设计地震加速度代表值的概率水准，对壅水建筑物应取基准期100年内超越概率p_{100}为0.02，对非壅水建筑物应取基准期50年内超越概率p_{50}为0.05。其他特殊情况需要采用高于基本烈度的设计烈度时，应经主管部门批准。

对结构直接进行动力分析时，需输入相关的地震动参数，其中最主要的是地震地面（或基岩）加速度峰值。基本烈度与地面加速度峰值之间的关系为：相对于7度、8度及9度基本烈度，其加速度峰值约为0.1g、0.2g及0.4g，其中g为重力加速度。

《建筑抗震设计规范（附条文说明）》（GB 50011—2010）（2016年版）采用"小震不坏，中震可修，大震不倒"的三水准设防目标。根据"三水准"设防目标，建筑物在使用期间对不同程度的地震影响应具有不同的抵抗能力。

与建筑工程的抗震设计不同，进行水工建筑物抗震设计时不区分小震、中震和大震三个水准要求，而只按设计烈度考虑。因此，在水工建筑物的抗震设计中未采用《建筑抗震设计规范（附条文说明）》（GB 50011—2010）（2016年版）的"三水准"要求，而只按设计烈度考虑。

水工钢筋混凝土结构构件抗震设计时，应根据建筑物的设计烈度提出相应的抗震验算要求和配筋构造要求。设计烈度为6度地区的钢筋混凝土结构（建造于IV类场地上较高的高耸结构除外），可以不进行截面抗震验算，但应符合有关的抗震措施及配筋构造要求。设计烈度为6度时建造于IV类场地上较高的高耸结构，以及设计烈度为7度和7度以上的钢筋混凝土结构，应进行截面抗震验算。

基本烈度为8度地区的框架结构，当高度不大于12m且体形规则时，可按7度设防。基本烈度为6度以上地区的次要建筑物，可相应地按基本烈度降低1度进行抗震设计。

【例4-7-1】以下叙述错误的是：

A. 地震烈度是指地震时某一地区的地面和各类建筑物遭受到一次地震影响的强弱程度

B. 水工建筑物抗震设计时按小震、中震和大震三个水准要求考虑

C. 水工建筑物抗震设计时不区分小震、中震和大震三个水准要求，而只按设计烈度考虑

D. 对一级壅水建筑物，其设计烈度按基本烈度提高 1 度采用

解 选 B。

4.7.2 抗震概念设计与结构构件的延性

1）抗震概念设计

抗震概念设计主要包括以下内容。

（1）选择对抗震有利的场地、地基和基础；

（2）建筑物的形体和结构力求规整和对称；

（3）选择合理的抗震结构体系；

（4）增强结构构件的延性；

（5）设置多道抗震防线。

2）增强结构构件的延性

延性是结构构件在超过弹性变形后能保持继续变形的能力。延性好的结构构件能大量吸收地震能量，减小作用在结构上的地震作用。因此，抗震设计中保证结构构件的延性与承载力具有同等重要的意义。

对钢筋混凝土结构构件，为保证其具有较好的延性，应避免混凝土压碎、锚固失效、剪切破坏等脆性破坏的发生。在钢筋混凝土结构构件的抗震设计中，应限制纵向受拉钢筋的配筋率、增加受压纵向钢筋、增配箍筋、加大钢筋锚固长度；对受压构件，应控制其轴压比不宜过大；对受弯构件，应体现"强剪弱弯"原则等。同时，不应选用强度过低的混凝土，宜优先选用延性、韧性和可焊性好的钢筋。

3）设置多道抗震防线

在强烈地震作用下，框架结构的梁和柱端会产生塑性铰。在抗震设计时，为了使塑性铰发生在框架梁梁端而不发生在框架柱柱端，设计时应体现"强柱弱梁"的设计原则，使梁的屈服先于柱的屈服，用梁的变形去消耗输入的地震能量，使梁处于第一道防线，使柱处于第二道防线。

【例 4-7-2】 对钢筋混凝土结构构件抗震设计，以下叙述正确的是：

A. 延性是结构构件在超过塑性变形后能保持继续变形的能力

B. 框架结构设计时体现"强柱弱梁"的设计原则，是为了使塑性铰发生在框架梁梁端

C. 在强烈地震作用下，框架结构的梁和柱端不会产生塑性铰

D. 设计时体现"强柱弱梁"的设计原则，是为了使塑性铰发生在框架柱柱端

解 选项 A，不是"塑性变形"，而是"弹性变形"。选项 C，在强烈地震作用下，框架结构的梁和柱端会产生塑性铰。选 B。

4.7.3 地震作用效应计算

水工结构的地震作用及其效应计算方法可分为动力法和拟静力法两大类。动力法是指按结构动力学原理求解结构地震作用效应的方法；拟静力法是将地震引起的结构惯性力看作是静力作用于结构进而求出地震效应的一种方法。动力法包括时程分析法和振型分解反应谱法。时程分析法是将地面地震加速度记录 $a_0(t)$ 直接输入结构的动力方程，求解结构地震响应的方法。振型分解反应谱法是指按标准反

应谱计算各阶振型下的地震作用效应后再组合成总地震作用效应的方法。拟静力法又称为底部剪力法，它是指在振型分解反应谱法的基础上，仅考虑结构第一阶振型影响，并假定结构的一阶振型为已知进而求出地震作用的简化计算方法。

本节主要介绍底部剪力法的计算原理和《水电工程水工建筑物抗震设计规范》（NB 35047—2015）中的拟静力法，关于时程分析法和振型分解反应谱法的内容可参阅有关专著。

1）底部剪力法

底部剪力法是一种简化的地震作用计算方法。它适用于高度不超过 40m，以剪切变形为主，且质量与刚度沿高度分布比较均匀的结构，以及近似于单质点体系的结构（如水塔、单层厂房等）。一般中小型水工建筑也可用底部剪力法进行计算。

（1）单质点体系

在地面加速度 $a(t)$ 作用下单质点体系的质点相对位移 $x(t)$ 可近似地看成单质点体系在质点惯性力 $F(t)$ 作用下产生的位移。质点的惯性力可表示为：

$$F(t) = ma(t) \tag{4-7-2}$$

式中：m——质点质量；

$a(t)$——质点加速度。

抗震设计中，所关心的是在地震持续过程中的最大地震作用。惯性力的最大值为：

$$F = ma_{\max} \tag{4-7-3}$$

式中：$a_{\max}$——质点的加速度最大值，该值不仅与地面水平方向地震加速度有关，还与体系的动力特性有关。

质点的加速度最大值可用下式表示：

$$a_{\max} = \beta a_h \tag{4-7-4}$$

式中：β——动力系数，又称为放大系数；

a_h——水平向设计地震加速度代表值，在水工结构抗震设计中，a_h 为设计烈度下的水平向设计地震加速度代表值，相应的取值见表 4-7-1。

水平地震加速度代表值a_h　　　　　　　　　　　　　　　　表 4-7-1

设计烈度	7 度	8 度	9 度
a_h	$0.1g$	$0.2g$	$0.4g$

注：g 为重力加速度。

在结构设计中，通常将结构视为弹性体系，进行弹性内力和变形分析。式（4-7-4）中的 a_h 取值对应于设计烈度，即中震烈度。根据抗震设防要求，在设计烈度下允许结构进入塑性变形阶段。因此，为了与结构设计中所采用的弹性分析方法相适应，需将由式（4-7-3）计算的作用于结构上的地震惯性力折减至结构处于弹性状态下的惯性力水平。于是单质点体系的地震作用惯性力（亦称水平地震作用代表值）可按下式计算：

$$F_k = \frac{\beta a_h \xi G}{g} \tag{4-7-5}$$

式中：ξ——地震效应折减系数，对于钢筋混凝土结构，可取 $\xi = 0.35$。

由式（4-7-5）可知，地震作用惯性力与其他外力荷载是不同的。它不仅取决于地震烈度，还与结构本身的动力特性（自振周期 T）及结构的质量（$m = G/g$）有关。

（2）多质点体系

对工程中较常见的多层框架结构进行动力分析时，一般可将其简化为多质点体系。将每层的梁、板、柱的质量均集中于楼层处作为一个质点处理。这样，n层框架就有n个质点支承在无质量的弹性直杆上。n个质点体系在振动时就有n个自由度，也就有n个振型。按底部剪力法计算时，只考虑第一阶振型时的质点位移。

多质点体系受到的总水平地震作用F_{Ek}表示为：

$$F_{Ek} = \frac{\beta a_h \xi G_{eq}}{g} \tag{4-7-6}$$

式中：G_{eq}——结构的等效总重力荷载，取$G_{eq} = 0.85G$；

　　　　ξ——地震效应折减系数，对于钢筋混凝土结构，取$\xi = 0.35$。

由体系的平衡关系可知，底层的层间剪力即为总水平地震作用F_{Ek}，因此又称为底部剪力法。

对于多质点体系，底部剪力F_{Ek}求得后，可按倒三角形分布规律，求出作用于每一质点（每一楼层）上的水平地震作用代表值F_{ik}，具体为：

$$F_{ik} = \frac{G_i H_i}{\sum\limits_{j=1}^{n} G_j H_j} F_{Ek} \tag{4-7-7}$$

式中：G_i——质点i的重力荷载代表值；

　　　　H_i——质点i的计算高度。

由式（4-7-7）计算的地震作用分布仅考虑了第一阶振型影响，并且假定第一振型为直线。当结构基本周期（即第一阶振型对应的周期）较长时，由于高阶振型的影响，根据式（4-7-7）计算的结构顶层地震作用偏小，因此需加以修正。具体方法是：在顶端质点n处附加一地震力ΔF_{nk}，取$\Delta F_{nk} = \delta_n F_{Ek}$，这样，再根据各质点上的地震力总和（$F_{1k} + F_{2k} + \cdots + F_{(n-1)k} + F_{nk} + \Delta F_{nk}$）应等于底部剪力$F_{ik}$的条件，把式（4-7-7）修正为：

$$F_{ik} = \frac{G_i H_i}{\sum\limits_{j=1}^{n} G_j H_j} F_{Ek}(1 - \delta_n) \tag{4-7-8}$$

式中：δ_n——顶部附加地震作用系数，对多层钢筋混凝土结构，可按表4-7-2取用。

顶部附加地震作用系数　　　　　　　　　　　　　　　　表 4-7-2

T_g	$T_1 > 1.4T_g$	$T_1 \leq 1.4T_g$
≤ 0.35	$0.08T_1 + 0.07$	不考虑 （内框架房屋取 0.2）
$0.35{\sim}0.55$	$0.08T_1 + 0.01$	
>0.55	$0.08T_1 - 0.02$	

注：T_1为结构基本自振周期。

各F_{ik}值得出后，将其施加在框架各层楼面标高处，顶部的地震力为$F_{nk} + \Delta F_{nk}$，再与其他荷载产生的内力进行组合，就可得到抗震设计时的结构内力值。

2）拟静力法

为方便应用，《水电工程水建筑物抗震设计规范》（NB 35047—2015），直接给出了各类结构的地震加速度沿高度的分布系数α_i，由下式即可计算质点i的水平向地震惯性力代表值F_i，这种方法也称为拟静力法。

$$F_i = \frac{a_h \xi \alpha_i G_{Ei}}{g} \tag{4-7-9}$$

式中：a_h——水平向设计地震加速度代表值，按表 4-7-1 取用；

ξ——地震作用效应折减系数，在水工建筑中，一般取为 1/4；

α_i——质点 i 的动态分布系数，可按规范表格取用；

G_{Ei}——集中在质点 i 上的重力荷载代表值。

3）地震作用计算的有关规定

一般情况下，水工混凝土结构只需考虑结构两个主轴方向的水平向地震作用。对大跨度、长悬臂或高耸的水工混凝土结构，应同时计入水平和竖向地震作用。当对两个互相正交方向的水平向地震作用进行计算时，其地震作用效应可按平方总和平方根法进行组合。

当需要计算竖向地震作用时，竖向地震作用仍可按式（4-7-9）计算，但应以竖向地震加速度代表值 a_v 代替式中的 a_h，a_v 可取 $\frac{2}{3} a_h$。当同时计入水平向和竖向地震作用时，竖向地震作用效应可乘以遇合系数 0.5 后与水平向地震作用效应直接相加。

水工建筑物抗震设计时，对水压力及土压力应考虑其动水压力和动土压力。竖向地震作用中可不计动水压力。

【例 4-7-3】 下列有关地震作用计算的说法，错误的是：

A. 一般情况下，水工混凝土结构只需考虑结构两个主轴方向的水平向地震作用

B. 对大跨度、长悬臂或高耸的水工混凝土结构，应同时计入水平和竖向地震作用

C. 当对两个互相正交方向的水平向地震作用进行计算时，其地震作用效应可按平方总和平方根法进行组合

D. 水工建筑物抗震设计时，对水压力及土压力不应考虑其动水压力和动土压力

解 水工建筑物抗震设计时，对水压力及土压力应考虑其动水压力和动土压力。竖向地震作用中可不计动水压力。选 D。

4.7.4 抗震承载力验算的设计表达式

水工建筑物的抗震承载力验算应满足下列承载力设计表达式：

$$\gamma_0 \psi S\left(\gamma_G G_k,\ \gamma_G Q_k,\ \gamma_E E_k,\ a_k\right) \leqslant \frac{1}{\gamma_d} R\left(\frac{f_k}{\gamma_m},\ a_k\right) \tag{4-7-10}$$

式中符号意义同前。抗震设计时，设计状况系数 ψ 可取为 0.85。

式（4-7-10）是《水电工程水工建筑物抗震设计规范》（NB 35047—2015）和《水工混凝土结构设计规范》（SL 191—2008）中规定的设计表达式。SL191—2008 将 γ_d、γ_0 和 ψ 合并为一个系数 K（即 $K = \gamma_d \gamma_0 \psi$），并给出了由单一安全系数表达的承载力设计表达式，即：

$$KS \leqslant R \tag{4-7-11}$$

式中：K——承载力安全系数，抗震设计时，取偶然组合值，水工建筑物级别为 1 级时，取 $K = 1.15$，水工建筑物级别为 2~5 级时，取 $K = 1.0$；

S——偶然组合下的荷载效应组合值；

R——结构构件抗震承载力。

偶然组合下，荷载效应组合设计值按下列公式计算：

$$S = 1.05S_{G1k} + 1.20S_{G2k} + 1.20S_{Q1k} + 1.10S_{Q2k} + 1.0S_{Ak} \tag{4-7-12}$$

式中：S_{Ak}——偶然荷载代表值产生的荷载效应。

式中参与组合的某些可变荷载标准值，可根据有关标准作适当折减。在一般情况下，与地震作用组合的雪荷载的组合系数可取为 0.5；水电站吊车荷载及风荷载的组合系数可取为零；对于高耸结构，风荷载的组合系数应取为 0.2。当采用动力法计算地震作用效应时，应对地震作用效应进行折减，折减系数可取为 0.35。

【例 4-7-4】 水工钢筋混凝土结构构件抗震承载力验算时，其设计状况系数 ψ 可取为：

A. 0.85   B. 0.9   C. 0.95   D. 1.0

解 选 A。

4.7.5 钢筋混凝土构件抗震设计的一般规定

1）材料要求

对于钢筋混凝土框架及铰接排架等结构，为增加结构的延性，当设计烈度为 9 度时，混凝土的强度等级不宜低于 C30，也不宜超过 C60；当设计烈度为 7 度、8 度时，不应低于 C25。

钢筋的性能对构件的延性有较大影响。HPB235 级、HRB335 级和 HRB400 级钢筋的塑性性能较好，因此规范规定，纵向受力钢筋宜优先选用 HRB335 级、HRB400 级钢筋；箍筋宜选用 HRB335 级或 HPB235 级钢筋。用高强钢丝配筋的预应力混凝土结构，其延性较差，当有抗震设防要求时，宜配置适量的非预应力受拉及受压热轧钢筋。

结构在遭遇设计烈度地震时，允许其进入塑性变形阶段。为了保证构件钢筋屈服出现塑性铰以后有足够的转动能力，对设计烈度为 8 度、9 度的框架结构，在施工时必须检验钢筋的实际强度，要求纵向受力钢筋的实测抗拉强度与屈服强度的比值不应小于 1.25。

同时，为了保证框架结构"强柱弱梁、强剪弱弯"设计原则的实现，要求钢筋的屈服强度实测值与钢筋强度标准值 f_{yk} 的比值不应大于 1.3。抗震设计中希望框架的塑性铰发展在梁内，以避免形成柱铰型破坏机制。因此在施工中，不宜以强度等级较高的钢筋替换原设计中梁内强度较低的纵向受力钢筋，以避免原定在梁内发生的塑性铰不适当地转移到柱内。当必须替换时，应按钢筋受拉承载力设计值相等的原则进行代换。

2）钢筋锚固与连接

为避免地震反复作用下钢筋发生锚固失效而导致脆性破坏，抗震设计时的钢筋锚固长度应适当增大。当设计烈度为 8 度和 9 度时，纵向受拉钢筋抗震锚固长度 l_{aE} 应取为 $l_{aE} = 1.15l_a$；7 度时，$l_{aE} = 1.05l_a$；6 度时，$l_{aE} = l_a$。

【例 4-7-5】 按 8 度、9 度抗震设防时，要求纵向受力钢筋的强屈比应大于 1.25，且钢筋屈服强度实测值与钢筋强度标准值的比值不应大于 1.3，这主要是为了：

①避免原定在梁内出现的塑性铰不适当地转移到柱内；

②保证结构某部位出现塑性铰以后具有足够的转动能力；

③保证"强柱弱梁、强剪弱弯"的实现；

④避免结构过早出现裂缝或避免裂缝开展过宽。

A. ①②   B. ①③   C. ①②③   D. ①②③④

解 选 C。

4.7.6 钢筋混凝土框架结构的抗震设计

钢筋混凝土框架结构的抗震设计应遵循延性框架的基本设计原则，即"强柱弱梁""强剪弱弯""强节点"及"强底层柱底"的设计原则，并采取适当的构造措施，提高框架梁柱的延性和变形能力。

1）框架梁

（1）框架梁端截面受压区计算高度限值

框架梁抗震设计时，为增强梁的延性，使塑性铰截面有足够的转动能力，计入纵向受压钢筋的梁端截面受压区计算高度 x 应满足下列要求。

设计烈度为9度时： $\qquad x \leq 0.25 h_0 \qquad$ (4-7-13)

设计烈度为7度、8度时： $\qquad x \leq 0.35 h_0 \qquad$ (4-7-14)

（2）框架梁"强剪弱弯"设计原则

为了保证强剪弱弯，使框架梁不发生剪切破坏，在框架梁的斜截面受剪承载力计算时，可增大梁的剪力设计值 V_b。设计烈度为8度和9度的框架，框架梁梁端的剪力设计值 V_b 应按下式计算：

$$V_b = \frac{\eta_v(M_b^l + M_b^r)}{l_n} V_{Gb} \qquad (4-7-15)$$

地震作用下梁的受剪承载力会有所降低，框架梁受地震作用时的斜截面受剪承载力仍可按静力作用下的斜截面受剪承载力公式计算，但应将公式中混凝土项的受剪承载力乘以 0.6 的承载力降低系数，即应满足下列各式要求：

$$V_b \leq \frac{1}{\gamma_d}\left(0.42 f_t b h_0 + f_{yv}\frac{A_{sv}}{s} h_0\right) \qquad (DL/T\ 5057{-}2009) \qquad (4-7-16)$$

$$K V_b \leq 0.42 f_t b h_0 + 1.25 f_{yv}\frac{A_{sv}}{s} h_0 \qquad (SL\ 191{-}2008) \qquad (4-7-17)$$

以上式中：V_b——考虑地震作用组合时框架梁梁端剪力设计值，按式（4-7-16）计算；对集中荷载作用为主的独立梁，式（4-7-16）、式（4-7-17）中的系数 0.42 应改为 0.3，此时对于 SL 191—2008 式（4-7-17）中的 1.25 还应改为 1.0。

（3）抗震设计时梁受剪截面尺寸限制条件

为防止发生斜压破坏，对设计烈度为7度、8度、9度的框架梁，其截面尺寸应符合下列规定：

$$V_b \leq \frac{1}{\gamma_d}(0.2 f_c b h_0) \qquad (DL/T\ 5057{-}2009) \qquad (4-7-18)$$

$$K V_b \leq 0.2 f_c b h_0 \qquad (SL\ 191{-}2008) \qquad (4-7-19)$$

（4）框架梁纵向受拉钢筋的配筋构造要求

为增大延性及避免裂缝开展过宽，规范规定，有抗震设防要求时，框架梁端纵向受拉钢筋的配筋率不宜大于 2.5%，同时全梁纵向受拉钢筋的配筋率也不应小于表 4-7-3 规定的数值。

框架梁纵向受拉钢筋最小配筋率（单位：%）　　　　　　　　　表 4-7-3

设计烈度	截 面 位 置		设计烈度	截 面 位 置	
	支座	跨中		支座	跨中
9 度	0.40	0.30	7 度	0.25	0.20
8 度	0.30	0.25	6 度	0.25	0.20

为增大塑性铰区的延性，在框架梁两端的箍筋加密区范围内，纵向受压钢筋与纵向受拉钢筋的截面面积比值A'_s/A_s不应过小，在设计烈度9度时不应小于0.5；设计烈度7度、8度时，不应小于0.3。

有抗震设防要求时，框架梁的纵向钢筋的直径不应小于14mm。梁的截面上部和下部至少各配两根贯通全梁的纵向钢筋，其截面面积应分别不小于梁两端上、下部纵向受力钢筋中较大截面面积的1/4。

（5）框架梁端箍筋加密要求

有抗震设防要求的框架梁，为增大塑性铰区段的延性，梁端箍筋应加密。加密区长度及加密区内箍筋的间距和直径按表4-7-4的规定采用。

框架梁梁端箍筋加密区的构造要求

表 4-7-4

设计烈度	箍筋加密区长度	箍筋间距	箍筋直径
9 度	$\geq 2h$；$\geq 500mm$	$\leq 6d$；$\leq h/4$；$\leq 100mm$	$\geq 10mm$；$\geq d/4$
8 度		$\leq 8d$；$\leq h/4$；$\leq 100mm$	$\geq 8mm$；$\geq d/4$
7 度	$\geq 1.5h$；$\geq 500mm$	$\leq 8d$；$\leq h/4$；$\leq 150mm$	$\geq 8mm$；$\geq d/4$
6 度			$\geq 6mm$；$\geq d/4$

注：1. h为梁高，d为纵向钢筋直径。
　　2. 梁端纵向受力钢筋配筋率大于2%时，箍筋直径应增大2mm。

2）框架柱

（1）保证"强柱弱梁"

为实现"强柱弱梁"设计原则，抗震设计时，除顶层和轴压比$\frac{\gamma_d N}{f_c A}$（DL/T 5057—2009）[或$\frac{KN}{f_c A}$（SL 191—2008）]小于0.15的柱外，框架节点的上、下端的弯矩设计值总和应按下式计算：

$$\sum M_c = \eta_c \sum M_b \qquad (4-7-20)$$

式中：$\sum M_c$——考虑地震作用组合的节点上、下柱端的弯矩设计值之和；

　　　　$\sum M_b$——同一节点左、右梁端，按顺时针和逆时针方向计算的两端考虑地震作用组合的弯矩设计值之和的较大值，设计烈度为9度时，当两端弯矩均为负弯矩时，绝对值较小的弯矩值应取为零；

　　　　η_c——柱端弯矩增大系数，设计烈度为9度、8度、7度和6度时，η_c分别取为1.30、1.15、1.05、1.00（DL/T 5057—2009），1.4、1.2、1.1、1.0（SL 191—2008）。

设计烈度为9度、8度和7度的框架结构底层柱的下端截面，应分别按考虑地震作用组合的弯矩设计值的1.5倍、1.25倍和1.15倍进行柱截面配筋设计。

抗震设计时框架柱的正截面受压承载力，可按静力作用下偏心受压构件的正截面受压承载力公式计算。

（2）保证"强剪弱弯"

为保证框架柱在弯曲破坏之前不发生剪切破坏，设计时将柱的剪力值适当放大，以实现柱的"强剪弱弯"。框架柱考虑地震作用组合的剪力设计值V_c按下式计算：

$$V_c = \eta_v (M_c^b + M_c^t)/H_n \qquad (4-7-21)$$

式中：H_n——柱的净高；

　　　M_c^b、M_c^t——考虑地震作用组合，且按"强柱弱梁"原则调整后的柱上、下端截面弯矩设计值；

　　　　η_v——剪力增大系数，设计烈度为9度、8度，7度和6度时，η_v分别取为1.30、1.15、1.05、1.00（DL/T 5057—2009），1.4、1.2、1.1、1.0（SL 191—2008）。

（3）抗震设计时柱受剪截面尺寸限制条件

DL/T 5057—2009：

$$V_c \leqslant \frac{1}{\gamma_d}(0.2f_cbh_0)　　　　　　　　　　　　　　　　　(4-7-22)$$

SL 191—2008：

当剪跨比$\lambda > 2$时

$$KV_c \leqslant 0.2f_cbh_0　　　　　　　　　　　　　　　　　　(4-7-23)$$

当剪跨比$\lambda \leqslant 2$时

$$KV_c \leqslant 0.15f_cbh_0　　　　　　　　　　　　　　　　(4-7-24)$$

（4）斜截面受剪承载力计算

考虑地震作用组合的框架柱，斜截面受剪承载力应符合下列规定：

DL/T 5057—2009：

$$V_c \leqslant \frac{1}{\gamma_d}\left(0.3f_tbh_0 + f_{yv}\frac{A_{sv}}{s}h_0\right) + 0.07N　　　（N为压力）　　(4-7-25)$$

$$V_c \leqslant \frac{1}{\gamma_d}\left(0.3f_tbh_0 + f_{yv}\frac{A_{sv}}{s}h_0\right) - 0.2N　　　（N为拉力）　　(4-7-26)$$

SL 191—2008：

$$KV_c \leqslant 0.30f_tbh_0 + f_{yv}\frac{A_{sv}}{s}h_0 + 0.056N　　　（N为压力）　　(4-7-27)$$

$$KV_c \leqslant 0.30f_tbh_0 + f_{yv}\frac{A_{sv}}{s}h_0 - 0.2N　　　（N为拉力）　　(4-7-28)$$

（5）框架柱的构造

①轴压比。轴压比是指地震作用组合下的柱组合轴压力设计值与柱的全截面面积和混凝土轴心抗压强度设计值乘积的比值，即$\frac{N}{f_cA}$。轴压比是影响柱破坏形态和延性的主要因素之一。试验表明，柱的位移延性随轴压比增大而急剧下降。因此，抗震设计时，应对轴压比加以限制。考虑地震组合的框架柱，设计烈度为 7 度、8 度和 9 度时，轴压比分别不宜大于 0.9、0.8 和 0.7。

②纵向受力钢筋的配筋率。考虑地震作用组合的框架柱全部纵向受力钢筋的配筋率不应小于表 4-7-5 规定的数值。同时，每一侧的配筋率不应小于 0.2%。截面边长大于 400mm 的柱，纵向钢筋的间距不应大于 200mm。

框架柱全部纵向钢筋最小配筋率（单位：%）　　　　表 4-7-5

柱类型	设 计 烈 度				柱类型	设 计 烈 度			
	9 度	8 度	7 度	6 度		9 度	8 度	7 度	6 度
中柱、边柱	1.0	0.8	0.7	0.6	角柱、框支柱	1.2	1.0	0.9	0.8

③箍筋加密区的构造。采用加密箍筋的措施来约束柱端，能够有效提高框架柱的延性。框架柱的箍筋加密范围应符合下列规定。

a. 各层柱的上、下两端的箍筋应加密，加密区的高度应取柱截面长边尺寸h（或圆形截面直径d）、层间柱净高H_n的 1/6 和 500mm 三者中的最大值。

b. 柱根加密区高度应取不小于该层净高的 1/3，刚性地坪上、下各 500mm 范围。

c. 剪跨比$\lambda \leqslant 2$的框架柱和设计烈度为 8 度、9 度的角柱应取柱全高加密箍筋。剪跨比$\lambda \leqslant 2$的框架柱，加密区箍筋间距不应大于 100mm。

d. 箍筋加密区内，箍筋的间距和直径按表 4-7-6 采用。

框架柱柱端箍筋加密区的构造要求　　　　　　　　　　　表 4-7-6

设计烈度	箍筋间距	箍筋直径	设计烈度	箍筋间距	箍筋直径
9 度	≤6d；≤100mm	≥10mm	7 度	≤8d；≤150mm（柱根≤100mm）	≥8mm
8 度	≤8d；≤100mm	≥8mm	8 度		≥6mm（柱根≥8mm）

注：d 为纵向钢筋直径。

e. 设计烈度为 8 度时，当箍筋直径不小于 10mm 且肢距不大于 200mm 时，除柱根外，箍筋间距可增至 150mm；设计烈度为 7 度的框架柱，当截面边长不大于 400mm 时，箍筋最小直径可采用 6mm；设计烈度为 6 度的框架柱，当剪跨比λ≤2 时，箍筋直径不应小于 8mm。

④箍筋的其他要求。在箍筋加密区内，框架柱的箍筋体积配筋率不应小于表 4-7-7 所列的最小体积配筋率。

框架柱箍筋加密区内的箍筋最小体积配筋率（单位：%）　　　　　　表 4-7-7

设计烈度	轴 压 比							
	0.30	0.40	0.50	0.60	0.70	0.80	0.90	1.00
9 度	0.80	0.90	1.05	1.20	1.35	1.60	—	—
8 度	0.65	0.70	0.90	1.05	1.20	1.35	1.50	—
7 度	0.50	0.55	0.70	0.90	1.05	1.20	1.35	1.60

复合箍筋中箍筋相重叠的部分在体积配筋率计算中应扣除。

在箍筋加密区以外，框架柱的箍筋体积配筋率不应小于表 4-7-7 所列数值的一半。箍筋的间距不应大于 10d（设计烈度为 8 度、9 度）或 15d（设计烈度为 7 度、6 度），d 为纵向钢筋直径。

在箍筋加密区内，箍筋的肢距不应大于 200mm（设计烈度为 9 度）、250mm（设计烈度为 8 度、7 度）和 20 倍箍筋直径中的较小值及 300mm（设计烈度为 6 度）。

当剪跨比不大于 2 时，设计烈度为 7 度、8 度、9 度的柱，宜采用复合螺旋箍或井字复合箍。设计烈度为 7 度、8 度时，其箍筋体积配筋率不应小于 1.2%；设计烈度为 9 度时，不应小于 1.5%。

当柱中全部纵向受力钢筋的配筋率超过 3% 时，箍筋应焊成封闭环式。

【例 4-7-6】框架柱抗震设计时，关于轴压比下列表述错误的是：

A. 轴压比是指地震组合下的柱组合轴向压力标准值与柱的全截面面积和混凝土轴心抗压强度设计值乘积的比值

B. 轴压比是影响柱破坏形态和延性的主要因素之一

C. 轴压比是指地震组合下的柱组合轴向压力设计值与柱的全截面面积和混凝土轴心抗压强度设计值乘积的比值

D. 考虑地震组合的框架柱，设计烈度为 9 度、8 度和 7 度时，轴压比分别不宜大于 0.7、0.8 和 0.9

解　选 A。

4.7.7 铰接排架柱的抗震设计

由震害调查表明，单层钢筋混凝土厂房存在着纵向抗震能力差，以及构件连接构造单薄、支撑体系较弱、构件承载力不足等薄弱环节，尤其对单层厂房铰接排架柱的柱顶、吊车梁顶及柱根三个部位是损害较严重的部位。柱顶常因与屋架连接处联结螺栓的锚固和抗拉强度不足，以及柱头受拉或受剪承载力不足而破坏。吊车梁顶及柱根部位因截面尺寸突变和弯矩较大，因而震害也较为严重。

1）箍筋加密区的范围

为了有效地提高钢筋混凝土铰接排架柱的抗侧能力和延性，加密箍筋是行之有效的方法。对于有抗震要求的铰接排架柱，应在柱顶区段、吊车梁区段、牛腿区段、柱根区段、柱间支撑与柱连接处和柱变位受约束的部位箍筋，具体范围如下。

（1）对柱顶区段，取柱顶以下 500mm，且不小于柱顶截面高度；

（2）对吊车梁区段，取上柱根部至吊车梁顶面以上 300mm；

（3）对牛腿区段，取牛腿全高；

（4）对柱根区段，取基础顶面至地坪以上 500mm；

（5）对柱间支撑与柱连接的节点和柱变位受约束的部位，取节点上、下各 300mm。

2）箍筋加密区内箍筋的最大间距和最小直径

在箍筋加密区内，箍筋的最大间距为 100mm，箍筋最小直径应符合表 4-7-8 的规定。

铰接排架柱箍筋加密区的箍筋最小直径　　　　　　　　　　　　　　　表 4-7-8

加密区区段	抗震设计烈度和场地类别					
	9 度	8 度	8 度	7 度	7 度	6 度
	各类场地	III、IV类场地	I、II类场地	III、IV类场地	I、II类场地	各类场地
一般柱顶、柱根区段	8（10）	8			6	
角柱柱顶	10	10			8	
吊车梁、牛腿区段、有支撑的柱根区段	10	8			8	
有支撑的柱顶区段、柱变位受约束的部位	10	10			8	

注：括号内数值用于柱根。

3）柱顶预埋钢板和箍筋加密区的构造

当铰接排架柱侧向受约束且约束点至柱顶的长度 l 不大于柱截面在该方向边长的两倍（排架平面：$l \leq 2h$；垂直排架平面：$l \leq 2b$）时，柱顶预埋钢板和柱顶箍筋加密区的构造尚应符合下列要求。

（1）柱顶预埋钢板沿排架平面方向的长度，宜取柱顶的截面高度 h，但在任何情况下不应小于 $h/2$ 及 300mm。

（2）柱顶轴向力在排架平面内的偏心距 e_0 在 $h/6 \sim h/4$ 范围内时，柱顶箍筋加密区内箍筋体积配筋率不宜小于 1.2%（设计烈度为 9 度）、1.0%（设计烈度为 8 度）和 0.8%（设计烈度为 7 度、6 度）。

4）柱牛腿

在地震作用组合的竖向力和水平拉力作用下，支承不等高厂房低跨屋面梁、屋架等屋盖结构的柱牛腿，除应按独立牛腿的规定进行计算和配筋外，尚应符合下列要求。

（1）承受水平拉力的锚筋：不应少于2根直径为16mm的钢筋（设计烈度为9度），不应少于2根直径为14mm的钢筋（设计烈度为8度），不应少于2根直径为12mm的钢筋（设计烈度为6度和7度）。

（2）牛腿中的纵向受拉钢筋和锚筋的锚固措施及锚固长度应符合独立牛腿的规定，但其中的受拉钢筋锚固长度l_a应以l_{aE}代替。

（3）牛腿水平箍筋最小直径为8mm，最大间距为100mm。

【例4-7-7】 为避免铰接排架柱与吊车梁上翼缘连接部位区段内产生剪切破坏并使排架柱在形成塑性铰后具有足够的延性，应采取下述哪项构造措施？

A. 增加排架柱纵向受压钢筋数量   B. 提高排架柱混凝土强度等级

C. 在该连接区段内加密箍筋   D. 增大节点区域截面尺寸

解 选C。

经典练习

4-7-1 当采用底部剪力法计算水平地震作用时，特征周期$T_g = 0.30s$，顶部附加水平地震作用标准值为$\Delta F_{nk} = \delta_n F_{Ek}$，当结构基本自振周期$T_1 = 1.30s$时，顶部附加水平地震作用系数$\delta_n$与（ ）最为接近。

A. 0.17   B. 0.11   C. 0.08   D. 0.0

4-7-2 当设计烈度为7度时，考虑地震组合的钢筋混凝土框架梁受弯承载力计算中，梁端混凝土受压区计算高度x应满足下列哪一要求？（ ）

A. $x \leqslant 0.25h_0$ B. $x \leqslant 0.35h_0$

C. $x \geqslant 0.25h_0$ D. $x \geqslant 0.35h_0$

4-7-3 在静力受剪承载力要求的基础上，考虑地震反复作用的不利影响，对设计烈度为7~9度的框架梁，其截面尺寸应满足下列哪一条件？（ ）

A. $\gamma_d V_b \leqslant 0.15 f_c b h_0$ B. $\gamma_d V_b \leqslant 0.2 f_c b h_0$

C. $\gamma_d V_b \leqslant 0.25 f_c b h_0$ D. $\gamma_d V_b \leqslant 0.3 f_c b h_0$

参考答案及提示

4-1-1 C 对于非标准尺寸的混凝土试件，应将所测得的立方体抗压强度乘以换算系数。边长100mm的立方体试件，其换算系数取为0.95；边长200mm的立方体试件，其换算系数取为1.05。

4-1-2 C 一向受拉一向受压时，混凝土的抗压强度随另一向拉应力的增加而降低；或者说，混凝土的抗拉强度随另一向压应力的增加而降低，其强度既低于单轴抗拉强度也低于单轴抗压强度，为设计的控制状态。

4-1-3 B 混凝土强度越高，峰值应力越大，下降段就越陡，ε_{cu}也越小，材料的延性也就越差。

4-1-4 D 对于无明显屈服强度的预应力钢丝、钢绞线和钢棒及螺纹钢筋，取极限抗拉强度的85%作为设计上取用的条件屈服强度。

4-1-5 A 双向受拉时，混凝土的抗拉强度一般低于单轴抗拉强度，但相差较少，一般取与单轴抗拉强度相同，即假定混凝土一个方向的抗拉强度基本与另一方向拉应力的大小无关。

4-1-6　D　影响钢筋与混凝土之间黏结性能的主要因素有：①混凝土强度。黏结强度与混凝土的抗拉强度成正比。②钢筋表面形状。钢筋的表面形状对黏结强度有重要影响。③钢筋的混凝土保护层厚度和净间距。保护层厚度和净间距可增大钢筋外围混凝土的握裹范围，从而提高钢筋与混凝土之间的黏结强度。

4-1-7　C　我国现行规范DL/T 5057—2009 和 SL 191—2008 规定，材料强度标准值应按材料强度总体分布的某一分位值确定，保证率不小于95%，其置信度为0.05。例如，我国现行规范DL/T 5057—2009 和 SL 191—2008 规定：混凝土强度标准值应按混凝土强度总体分布的平均值减去 1.645 倍标准差的原则确定，保证率95%，其置信度为0.05；钢筋强度标准值应具有不小于 95%的保证率，我国现行规范以钢筋国家标准的规定值作为确定钢筋强度标准值的依据。对于热轧钢筋，国家标准规定的屈服强度即为钢筋出厂检验的废品限值，大体上相当于钢筋强度总体分布的平均值减去 2 倍标准差，相应的保证率为97.73%，符合保证率不小于95%的要求。

4-2-1　C

4-2-2　B　在正常施工和正常使用时，应能承受可能出现的各种作用；在设计规定的偶然事件发生时及发生后，仍能保持必需的整体稳定性。

4-2-3　D　《水利水电工程结构可靠度设计统一标准》（GB 50199—2013）将结构构件的破坏类型划分为两类：第一类是有预兆的及非突发性的延性破坏，如钢筋混凝土受拉、受弯等构件的破坏，即属于第一类破坏；第二类是无预兆的及突发性的脆性破坏，如钢筋混凝土轴心受压、受剪、受扭等构件的破坏，即属于第二类破坏。由于第二类破坏发生突然，难于及时补救和维修，因此，第二类破坏的目标可靠指标应高于第一类破坏的目标可靠指标。此外，结构的安全级别愈高，目标可靠指标就应愈大。

4-2-4　B

4-3-1　D

4-3-2　无　本题条件不明确，未说明针对哪一本规范。如针对DL/T 5057—2009，应选 A；如针对SL 191—2008，应选 C。

4-3-3　C

4-3-4　C

4-3-5　B

4-3-6　A　假定梁承受正弯矩，由矩形截面、T 形截面正截面受弯承载力的计算公式可知，对于倒 T 形截面，受拉区在梁截面下侧，极限状态下受拉区翼缘已开裂，受拉区翼缘不起作用，与矩形截面的受力性能相同，故有 $M_1 = M_2$；同理，对于 I 形截面，由于受拉区在梁截面下侧，受拉区翼缘不起作用，与 T 形截面的受力性能相同，故有 $M_3 = M_4$；在受拉区配置同样的纵向受拉钢筋截面面积 A_s（适筋梁）的情况下，T 形截面和 I 形截面的内力臂将大于矩形截面的内力臂，故它们所能承受的弯矩 M 值的关系为 $M_1 = M_2 < M_3 = M_4$。

4-3-7　D　《混凝土结构设计规范》（GB 50010—2010）（2015 年版）第 6.3.1 条规定：受弯构件受

剪截面的限制条件为$V \leqslant 0.25\beta_c f_c b h_0$，其目的首先是防止构件截面发生斜压破坏（或腹板压坏），其次是限制构件在使用阶段可能发生的斜裂缝宽度，同时也是构件斜截面受剪破坏的最大配箍率条件。斜压破坏属于超筋破坏，即箍筋的应力尚未达到屈服，剪压区混凝土先发生斜压破坏。所以当$V > 0.25\beta_c f_c b h_0$时，应采取加大截面尺寸或提高混凝土强度等级的措施。

4-3-8　B　为了防止斜压破坏，受剪截面应满足下列截面限制条件：

当$\frac{h_w}{b} \leqslant 4$时，

$$KV \leqslant 0.25 f_c b h_0$$

当$\frac{h_w}{b} \geqslant 6$时，

$$KV \leqslant 0.2 f_c b h_0$$

当$4 < \frac{h_w}{b} < 6$时，按直线内插法取用。

由$KV \leqslant 0.2 f_c b h_0$，可推得$h_0 = 1077$mm，则满足斜截面受剪承载力要求的最小截面高度。

4-3-9　A　由"2）大、小偏心受压的分界及其判别方法"可知，当$\xi \leqslant \xi_b$时，属受拉破坏，即大偏心受压构件（取等号时为界限破坏）；当$\xi > \xi_b$时，属受压破坏，即小偏心受压构件。

截面设计时，对于非对称配筋情况，可先用ηe_0判别大、小偏心：当$\eta e_0 > 0.3 h_0$时，可先按大偏心受压构件设计，确定纵向受力钢筋截面面积后再用ξ进行复核；当$\eta e_0 \leqslant 0.3 h_0$时，则一定属于小偏心受压构件，可按小偏心受压构件设计。对于对称配筋情况，则直接用ξ判别大、小偏心。截面复核时，直接用ξ判别大、小偏心。

由于题目未明确是对称配筋还非对称配筋情况，故只能用截面相对受压区高度ξ判别大、小偏心，故选 A。

4-3-10　C　参考"4.3.4 偏心受压构件承载力计算"，对于一个给定的偏心受压构件，由偏心受压构件正截面受压承载力的基本公式，可推得它的正截面受压承载力设计值N和与之相应的正截面受弯承载力设计值$M(N\eta e_i = M)$。对于给定截面尺寸、配筋和材料强度的偏心受压构件，可以求得无穷多组不同的N和M的组合达到承载能力极限状态，或者说当给定一个N时就一定有一个唯一的M，反之亦然。如果以N为纵坐标轴，以M为横坐标轴，可建立一系列的N-M相关曲线，整个曲线分为大偏心受压破坏和小偏心受压破坏两个曲线段，两个曲线段的交点即界限破坏点，也即受拉钢筋屈服的同时受压区混凝土被压坏，亦即大、小偏心受压构件破坏的分界点。N-M相关曲线具有以下特点：

①$M = 0$时为轴心受压构件，相应的轴心受压承载力设计值N最大；$N = 0$时为纯弯构件，相应的正截面受弯承载力M不是最大；界限破坏时，相应的正截面受弯承载力M达到最大。

②小偏心受压时，随着轴向压力的增大，M随之减小；N一定时，M越大越危险；M一定时，N越大越危险。

③大偏心受压时，随着轴向压力的增大，M随之增大；N一定时，M越大越危险；M一定时，N越小越危险。

4-4-1　C

4-4-2　C　因为混凝土极限拉应变基本相同，所以两个构件的钢筋应力基本相同。

4-4-3　B　现行规范规定$e_0/h_0 \leqslant 0.55$的偏心受压构件不需进行裂缝宽度验算。

4-5-1　C

4-5-2　B　σ_{p0}指受拉区预应力筋合力点处混凝土法向应力等于零时，预应力筋应力。对先张法 $\sigma_{p0} = \sigma_{con} - \sigma_l$，对后张法 $\sigma_{p0} = \sigma_{con} - \sigma_l + \alpha_{Ep}\sigma_{pc}$。

4-5-3　C

4-5-4　B

4-5-5　A　参见表4-5-3，当截面处于消压状态时，预应力筋的应力为$\sigma_{con} - \sigma_l$。

4-6-1　B

4-6-2　D　在静定结构中，只要有一个截面形成塑性铰，荷载就不可能继续增加。

4-6-3　B

4-6-4　C

4-6-5　D　当配筋率相同时，采用较小直径的钢筋对控制裂缝开展宽度较为有利；钢筋的布置采取由板边缘向中部逐渐加密，比用相同数量但均匀配置时更为有利。

4-6-6　D　当牛腿的剪跨比$a/h_0 \geqslant 0.3$时，宜设置弯起钢筋A_{sb}。弯起钢筋宜采用 HRB335 级、HRB400 级和 HRB500 级钢筋，并宜布置在与集中荷载作用点到牛腿斜边下端点连线的交点位于牛腿上部$l/6$至$l/2$之间的范围内，l为该连线的长度，其截面面积不应少于承受竖向力的受拉钢筋截面面积的1/2，根数不应少于 2 根，直径不应小于 12mm。

4-6-7　B

4-6-8　D　根据牛腿竖向力F_v的作用点至下柱边缘的水平距离a的大小，一般把牛腿分为两类：当$a \leqslant h_0$（h_0为牛腿根部与下柱交接处竖向截面的有效高度，$h_0 = h - a_s$）时为短牛腿；当$a > h_0$时为长牛腿。水电站厂房柱上支承吊车梁、屋架等的牛腿一般为短牛腿。短牛腿设计时，牛腿的宽度一般与柱的截面宽度相同，因此只需要确定牛腿截面高度即可。由于牛腿的破坏都是发生在斜裂缝形成和开展以后，故牛腿截面高度以斜截面抗裂为控制条件和构造要求确定。短牛腿的承载力计算模型一般可简化成一个以纵向受拉钢筋为拉杆、混凝土斜压带为压杆的三角形桁架，其纵向受拉钢筋截面面积一般应由承载力计算确定。至于长牛腿，其受力特点与悬臂梁相似，可按悬臂梁设计。

4-7-1　A

4-7-2　B　框架梁抗震设计时，为增强梁的延性，使塑性铰截面有足够的转动能力，计入纵向受压钢筋的梁端截面受压区计算高度x在设计烈度为 7 度、8 度时应满足$x \leqslant 0.35h_0$。

4-7-3　B　为防止发生斜压破坏，对设计烈度为 7 度、8 度、9 度的框架梁，其截面尺寸应符合下列规定：

$$V_b \leqslant \frac{1}{\gamma_d}(0.2f_cbh_0) \qquad \text{(DL/T 5057—2009)}$$

$$KV_b \leqslant 0.2f_cbh_0 \qquad \text{(SL 191—2008)}$$

5 工 程 测 量

考题配置　单选，6题
分数配置　每题2分，共12分

5.1 测量工作特点

考试大纲☞：地球的形状和大小　地面点位的确定　测量工作基本概念

5.1.1 地球的形状和大小

地球表面上的陆地面积约占29%，而海洋面积约占71%，地球总的形状可以认为是被海水面包围的球体。设想有一个静止的海水面，向陆地延伸而形成一个封闭的曲面，曲面上每一点的法线方向和铅垂线方向重合，这个静止的海水面称为水准面。但海水受潮汐影响，时涨时落，所以水准面有无数个，其中平均高度的水准面称为大地水准面，测量工作中常以这个面作为点位投影和计算点位高度的基准面。

地球的自然表面实际上是一个不规则的曲面，由于地球内部质量分布不均匀，地面上各点所受的引力大小不同，从而使得地面上各点的铅垂线方向产生不规则的变化，因此大地水准面实际上是一个有微小起伏的不规则曲面。如果将地面的点位投影到这个不规则的曲面上，是无法进行测量计算工作的。所以，在实际工作中，常选用一个能用数学方程表示，并与大地水准面很接近的规则曲面，这样一个规则曲面就是旋转椭球面。旋转椭球面是绕椭圆的短轴旋转而成的椭球面（见图5-1-1），其大小可由长半径 a、短半径 b 和扁率 $\alpha = \frac{a-b}{a}$ 来表示。我国目前采用1975年第16届国际大地测量与地球物理协会联合推荐的数值，即

$$a = 6378140\mathrm{m}, \quad \alpha = \frac{1}{298.257}$$

地球的形状和大小确定后，还要确定大地水准面与椭球面的相对关系（参考椭球定位）（见图5-1-2），才能将地面上的观测成果推算到椭球面上。

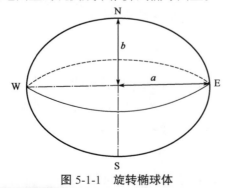

图 5-1-1　旋转椭球体

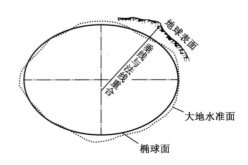

图 5-1-2　大地水准面和旋转椭球面

【例5-1-1】 我国目前采用1975年第16届国际大地测量与地球物理协会联合推荐的旋转椭球，其长轴数值是：

      A. 6371.00km　　　　B. 6378.00km　　　　C. 6378.140km　　　　D. 6370.00km

解　选C。

5.1.2 地面点位的确定

确定地面上一点的空间位置，包括确定地面点在参考椭球面上的投影位置（以坐标表示）和该点到大地水准面的铅垂距离（即高程）。

1）坐标

（1）地理坐标

地面点在球面上的位置用经纬度表示，称为地理坐标。如图 5-1-3 所示，设球面上有一点 M，过 M 点和地球自转轴所构成的平面称为 M 点的子午面，子午面与地球表面的交线称为子午线，又称经线。赤道以北从 0°~90°称为北纬，赤道以南从 0°~90°称为南纬。M 点的经度和纬度已知，该点在地球表面上的投影位置即可确定。

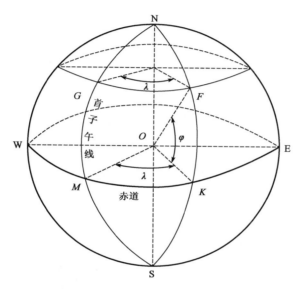

图 5-1-3 地理坐标

（2）高斯平面直角坐标

当测区范围较大时，如果将它的球面部分展成平面，必然产生皱纹或裂缝，使图形发生变形。为此，必须采用适当的投影方法，建立一个平面直角坐标系统，以使变形限制在误差容许范围之内，既能保证地形图的精度，又便于工作。测量工作中，通常采用高斯横圆柱投影的方法来建立平面直角坐标系统，为了使变形限制在允许范围内，可把地球按经线分成若干较小的带进行投影，带的宽度一般依经差分为 6°和 3°。每一带中央子午线的投影为平面直角坐标系的纵轴 x，所以也把中央子午线称为轴子午线，向上为正，向下为负；赤道的投影为平面直角坐标系的横轴 y，向东为正，向西为负，两轴的交点 O 为坐标原点。这种坐标系统是由高斯提出，后经克吕格改进的，故通常称其为高斯—克吕格坐标。

用高斯平面直角坐标来表示地面点位，计算相当繁杂，它一般适用于大范围的测量工作。

（3）平面直角坐标

当测区范围较小时（半径不超过 10km），可把该部分球面视作平面，即直接将地面点沿铅垂线投影到水平面上（见图 5-1-4），用平面直角坐标表示它的投影位置。平面直角坐标系（见图 5-1-5）的原点为 O，测量上所用的平面直角坐标与数学中的有所不同：测量上的南北方向线为 x 轴，东西方向线为 y 轴，如地面上的一点 a（见图 5-1-5）的纵横坐标分别为 x_a 和 y_a；而象限 I、II、III、IV 按顺时针方向排列。分析表明：数学中的三角函数可以不加改变地直接应用在测量计算中。

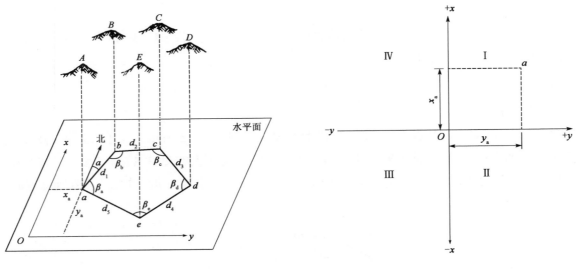

图 5-1-4　水平面投影　　　　　　　　　图 5-1-5　平面直角坐标

2）高程

（1）绝对高程

地面点沿铅垂线方向至大地水准面的距离称为该点的绝对高程或海拔，以H表示。如图 5-1-6 所示，地面点A和B的绝对高程分别为H_A和H_B。

（2）相对高程

地面点沿铅垂线方向至某一假定水准面的距离称为该点的相对高程，亦称假定高程，以H'表示。在图 5-1-6 中，地面点A和B的相对高程分别为H'_A和H'_B。

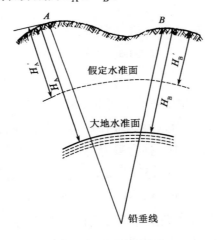

图 5-1-6　高程示意图

中华人民共和国成立后，我国所采用的高程基准是以青岛验潮站 1950—1956 年观测成果求得的黄海平均海水面作为高程基准面，称为"1956 年黄海高程系"。但由于验潮时段短，资料不足等原因，在 1987 年我国启用了"1985 年国家高程基准"，它是采用青岛验潮站 1920—1979 年的验潮资料计算确定的。

为了便于全国使用统一规定的高程基准面，在青岛市观象山洞内建立了水准原点，其高程为 72.260m（原根据"1956 年黄海高程系"推算的该水准原点的高程为 72.289m）。全国统一布设的国家高程控制点（称水准点）都是以新的原点高程为准推算的。

【例 5-1-2】 同一点的基于"1985 年国家高程基准"高程 H_1 与基于"1956 年黄海高程系"高程 H_2 的关系是：

    A. $H_1 > H_2$ B. $H_1 = H_2$ C. $H_1 < H_2$ D. H_1、H_2 没有同比性

解 选 C。

【例 5-1-3】 地面点到假定水准面的铅垂距离称为：

    A. 任意高程   B. 海拔高程   C. 绝对高程   D. 相对高程

解 根据定义，地面点到某一假定水准面的铅垂距离称为相对高程或相对海拔。地面点到大地水准面的铅垂距离称为绝对高程或海拔高程。选 D。

5.1.3 测量工作的基本概念

测量工作包括测定和测设两部分。测定工作是指获取地物和地貌的空间位置并绘制出来，也称为测图；测设工作是指根据工程设计找到实地位置，也称为放样。测量误差必将随着测量点数的增加而积累增大，最后达到不可容许的程度。因此，实际测量工作中应遵循"从整体到局部"的原则，采用"先控制后碎部"的程序。"从整体到局部"的原则是指测量工作的布局，而"先控制后碎部"的程序是指测量工作的先后顺序。

【例 5-1-4】 在测图和放样工作中，首先必须要做的一项工作是：

    A. 角度测量   B. 高程测量   C. 控制测量   D. 距离测量

解 选 C。

经 典 练 习

5-1-1 下列（   ）可作为测量外业工作的基准面。

    A. 水准面   B. 参考椭球面   C. 大地水准面   D. 平均海水面

5-1-2 投影变换一般采用经差 6° 和 3° 进行划带，以下说法正确的是（   ）。

    A. 6° 带的最大变形小于 3° 带的最大变形

    B. 6° 带的最大变形与 3° 带的最大变形是一样的

    C. 6° 带的中央子午线都是 3° 带的中央子午线

    D. 3° 带的中央子午线都是 6° 带的中央子午线

5-1-3 关于测量工作的基本原则以下说法正确是（   ）。

    A. 仅适用于测图   B. 仅适用于放样

    C. 适用全部测量工作   D. 仅适用于传统测量工作

5-1-4 目前中国采用统一的测量高程系是指（   ）。

    A. 渤海高程系   B. 1956 高程系   C. 1985 国家高程基准   D. 黄海高程系

5-1-5 北京某点位于东经 116°28'、北纬 39°54'，则该点所在的 6° 带的带号及中央子午线的经度分别为（   ）。

    A. 20、120°   B. 20、117°   C. 19、111°   D. 19、117°

5-1-6 已知 M 点所在的 6° 带高斯坐标值为 $x_M = 366712.48\text{m}$，$y_M = 21331.75\text{m}$，则 M 点位于（   ）。

    A. 21 带、在中央子午线以东

  B. 36 带、在中央子午线以东

  C. 21 带、在中央子午线以西

  D. 36 带、在中央子午线以西

5-1-7 测量工作的基本原则是从整体到局部、从高级到低级和（   ）。

  A. 从控制到碎部   B. 从碎部到控制

  C. 控制与碎部并行   D. 测图与放样并行

5-1-8 下列可作为野外测量工作基准面的是（   ）

  A. 大地水准面   B. 旋转椭球面

  C. 水平面   D. 平均水平面

5-1-9 下列关于大地水准面的描述，正确的是：（   ）。

  A. 有无穷多个   B. 外业测量基准面

  C. 计算的基准面   D. 绘图的基准面

5-1-10 1∶1000 的地形图宜采用（   ）。

  A. 6°带高斯-克吕格投影   B. 3°带高斯-克吕格投影

  C. 正轴等角割圆锥投影   D. 方位投影

5.2 水准测量

考试大纲☞： 水准测量原理 水准仪的构造 使用和检验校正 水准测量方法及成果整理

5.2.1 水准测量原理

  采用水准测量的方法测定地面点的高程，其基本原理如图 5-2-1 所示。

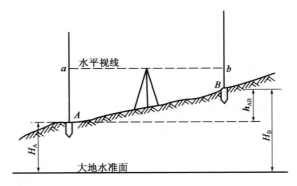

图 5-2-1 水准测量原理

  已知 A 点的高程为 H_A，要测定 B 点的高程 H_B。在 AB 两点间安置一架能提供水平视线的仪器——水准仪，并在 AB 两点上分别竖立带有分划的标尺——水准尺，利用水平视线读出 A 点尺上的读数 a 及 B 点尺上的读数 b，由图可知 A、B 两点的高差为：

$$h_{AB} = a - b \tag{5-2-1}$$

而 AB 两点间高差定义为

$$h_{AB} = H_B - H_A \tag{5-2-2}$$

  测量是由已知点向未知点方向前进的，即由 A 向 B 前进，一般称 A 点为后视点，a 为后视读数；B 为前视点，b 为前视读数。h_{AB} 为未知点 B 相对已知点 A 的高差，它总是等于后视读数减去前视读数。

【例 5-2-1】 下列说法不正确的是：

A. 两点之间的高差是有正负之分的

B. 两点之间的高差可以通过水准尺直接读取

C. 两点之间的高差可以通过后视读数减去前视读数计算得到

D. 两点之间的高差被定义为终点高程减去起点高程

解 两点之间的高差无法通过水准尺直接读取，而需要通过后视读数减去前视读数计算得到。选 B。

【例 5-2-2】 下列是利用仪器所提供的一条水平视线来获取的是：

A. 三角高程测量   B. 物理高程测量

C. GPS 高程测量   D. 水准测量

解 用仪器提供水平视线，获取地面两点间的高差，属于水准测量。选 D。

5.2.2 水准仪的构造

水准仪有 $DS_{0.5}$、DS_1、DS_3 等多种，数字 0.5、1、3 代表该仪器的精度，即每公里往返测量高差中数的中误差值（以 mm 计）。

微倾式水准仪如图 5-2-2 所示，主要由望远镜、水准器和基座三部分组成。

图 5-2-2　DS_3 水准仪

1）望远镜

望远镜由物镜、对光透镜、十字丝分划板和目镜等部分组成。有条重要的轴线称为视准轴——通过物镜光心与十字丝分划板中心的轴线，用来照准目标和读数。望远镜使用时，放大虚像对眼睛的视角 β 与原目标对眼睛的视角 α 的比值，称为望远镜的放大率 V。

2）水准器

水准器是用来整平仪器的器具，分为管水准器和圆水准器两种。

管水准器通常称为水准管。它是一个内表面磨成圆弧的玻璃管，管内盛满酒精和乙醚的混合液，加热封闭，冷却后形成空隙即为水准气泡。管内圆弧的中点为水准管零点，过水准管零点与圆弧相切的切线称为水准管轴。水准管零点向两侧分别刻有 2mm 间隔的分划线，水准管上相邻两分划线（即 2mm）间的弧长所对的圆心角值称为水准管分划值，以 τ 表示，可知 $\tau'' = \frac{2\text{mm}}{R}\rho''$，$\rho'' = 206265''$。水准管分划值越小则灵敏度（即仪器整平的精度）越高。为了提高水准管气泡居中的精度，目前生产的水准仪在水准管上方安装了一组符合棱镜，这种具有棱镜装置的水准器称为符合水准器。

圆水准器是用一个圆柱形的玻璃盒装嵌在金属外壳内，顶部玻璃的内壁磨成球面，中央刻有小圆圈，其圆心即为圆水准器的零点，零点与球心的连线称为圆水准器轴，以 L_fL_f 表示。水准仪上圆水准器的分划值一般为 $8'/2\text{mm}$。

3）托板

托板通过微倾轴等与望远镜相连接，在该部分有圆水准器、微倾螺旋、竖轴、制动螺旋及微动螺旋等。

4）基座

基座包括轴套和脚螺旋。旋转脚螺旋可使圆水准器的气泡居中，达到粗略整平仪器的目的。

水准测量工作除了主要仪器——水准仪之外，还需要辅助工具——水准尺和尺垫。

【例 5-2-3】 水准仪几条重要的轴线不包括：

    A. 视准轴   B. 横轴   C. 圆水准器轴   D. 水准管轴

解 横轴是经纬仪的重要轴线，不是水准仪的轴线。选 B。

5.2.3 使用和检验校正

1）水准仪的使用

水准仪的使用主要分为以下三个步骤：

（1）安置和粗略整平（利用圆水准器）。

（2）瞄准水准尺。

（3）精确整平和读数。

需要注意的是每次读数之前都要精平。

2）水准仪的检验校正

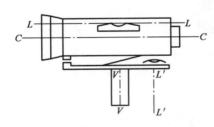

图 5-2-3 水准仪的轴线示意图

水准仪的轴线如图 5-2-3 所示，水准管轴 LL，视准轴 CC、圆水准轴 $L'L'$ 和仪器竖轴（纵轴、仪器旋转轴）VV。从水准仪的构造可知，水准仪是利用水准管气泡居中来调整视线水平的，因此水准管轴必须与视准轴平行（即 $LL/\!/CC$），这样当水准管气泡居中时视线才是水平的，这是水准仪构造应满足的主要条件。此外，水准仪还应满足一些其他条件。具体来说，水准仪各轴线应满足的条件可归纳为：

（1）圆水准器轴平行于仪器的竖轴（$L'L'/\!/VV$）

圆水准器是用来粗略整平水准仪的，如果圆水准器轴与仪器的竖轴不平行，则圆气泡居中时，仪器的竖轴不铅直。若竖轴倾斜过大，可能导致转动微倾螺旋到了极限还不能使水准管的气泡居中。产生的原因是固定圆水准器的固定螺丝发生松动打破了平行关系，因此必须对此项进行检验和校正。

（2）十字丝横丝垂直于竖丝

水准测量是利用十字丝中横丝来读数的，当竖轴处于铅直位置时，如果横丝不水平，这时按横丝的左侧或右侧读数将产生误差。为了保证读数的可靠稳定，必须进行检校。

（3）水准管轴平行于视准轴（$LL/\!/CC$）

水准管与视准轴的不平行所成夹角又称 i 角，i 角对观测读数造成的影响如下：

$$\Delta h = D \times \tan i \tag{5-2-3}$$

可知仪器在距两水准尺等距处获得的高差不受 i 角影响，可得两点间正确高差。当仪器距两水准尺距离不相等时，所测高差包含 i 角影响；若两次高差相差超过 3mm，说明 i 角影响过大需要校正。

【例 5-2-4】 水准仪轴线应该满足的关系不包括：

A. 视准轴平行于水准管轴   B. 横丝水平

C. 圆水准器轴平行于竖轴   D. 圆水准器轴平行于视准轴

解 圆水准管轴是平行于竖轴的。选 D。

5.2.4 水准测量方法及成果整理

1) 水准测量的一般方法

水准测量是按一定的水准路线进行的，现仅就由一水准点（已知高程点）测定另一点（待定高程点）的高程为例，说明进行水准测量的一般方法。

如图 5-2-4 所示，已知 A 点高程，欲测 B 点的高程。在一般情况下，AB 两点相距很远或高差较大，必须分段进行测量。我们首先将水准仪安置在 A 点与 TP_1 点之间，按照上节介绍的水准仪的使用方法施测，瞄准 A 点的水准尺，转动微倾螺旋使气泡居中，读取读数 a_1，接着瞄准 TP_1 点的水准尺，再转动微倾螺旋使气泡居中，读取读数 b_1。这样便求得 A 点和 TP_1 点之间的高差 $h_1 = a_1 - b_1$；如此继续下去，直至 B 点为止。

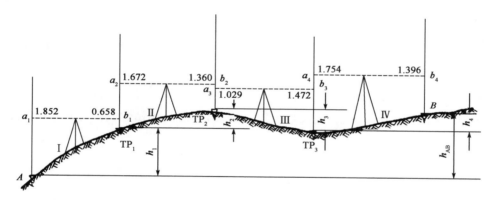

图 5-2-4 水准测量示意图（图中数值为示例）

由图 5-2-4 可以看出：

$$h_1 = a_1 - b_1$$
$$h_2 = a_2 - b_2$$
$$h_3 = a_3 - b_3$$
$$h_4 = a_4 - b_4$$

将上述各式相加即得 AB 两点高差：

$$h_{AB} = h_1 + h_2 + h_3 + h_4 = \sum h = (a_1 + a_2 + a_3 + a_4) - (b_1 + b_2 + b_3 + b_4)$$
$$= \sum a - \sum b \tag{5-2-4}$$

则 B 点高程为：

$$H_B = H_A + h_{AB} \tag{5-2-5}$$

从上例可知，通过 TP_1、TP_2 等点把高程从 A 点传递到 B 点，它们起着传递高程的作用，这些点称为转点。这些转点既有前视读数，也有后视读数。

在实际作业中，应按照一定的记录格式随测、随记、随算。图 5-2-4 中观测的数值分别记入记录表中，并算出其高差和高程，在计算高差时应注意其正负。

记录表中"计算的校核"是校核计算是否有误，其计算是按式（5-2-4）和式（5-2-5）进行的。

除了计算校核外，还有以下两类校核方法：

（1）测站校核

测站校核有两种方式——改变仪器高法和双面尺法。

（2）路线校核

路线校核有两种形式——闭合水准路线和附合水准路线。闭合水准路线的闭合差在数值上等于各测站高差之和。附和水准路线的闭合差等于各测站高差之和减去理论高差。需要说明的是，支水准路线是水准路线的一种形式，要构造校核条件需要往返测。

高差闭合差Δh的大小反映了测量成果的质量，闭合差的允许值$\Delta h_{允}$视水准测量的等级不同而异，对等外水准测量：

平地 $$\Delta h_{允} = \pm 40\sqrt{L} \quad (\text{mm})$$

山地 $$\Delta h_{允} = \pm 10\sqrt{n} \quad (\text{mm})$$

式中：L——路线长（km）；

n——测站数。

若高差闭合差的绝对值大于$\Delta h_{允}$，说明测量成果不符合要求，应当重测。

2）闭合差调整和高程计算

经过路线校核计算，如高差闭合差在允许范围内，说明测量成果符合要求，这时应将闭合差进行合理分配，使调整后的高差闭合差为零，并据此推算各测点的高程。

一般来说，水准测量路线越长或测站数越多，则误差越大，即误差与路线长度或测站数成正比。因此，高差闭合差的调整原则是：将闭合差反其符号，按路线长度或测站数成正比分配到各段高差观测值上。则高差改正值为：

$$\left. \begin{array}{l} \Delta h_i = -\dfrac{\Delta h}{\sum L} \times L_i \quad (\text{以路线长成正比分配}) \\[3mm] \Delta h_i = -\dfrac{\Delta h}{\sum n} \times n_i \quad (\text{以测站数成正比分配}) \end{array} \right\} \qquad (5-2-6)$$

或

式中：$\sum L$——路线总长；

L_i——第i测段长度（$i = 1,2,\cdots$）；

$\sum n$——测站总数；

n_i——第i测段测站数。

实测高差加上改正数即为改正后的高差，由观测起点高程值根据各测段高差计算高程值。

【例 5-2-5】 M点高程$H_m = 43.251\text{m}$，测得后视读数$a = 1.000\text{m}$，前视读数$b = 2.283\text{m}$。则N点对M点的高差h_{MN}和待求点N的高程分别为：

  A. 2.283m，44.534m   B. -3.283m，968m

  C. 3.283m，46.534m   D. -1.283m，41.968m

解 $h_{MN} = a - b = 1.000 - 2.283 = -1.283\text{m}$

$H_N = 43.251 + (-1.283) = 41.968\text{m}$

选 D。

【例 5-2-6】 水准测量中设P点为后视点，E点为前视点，P点的高程是 51.097m，当后视读数为 1.116m，前视读数为 1.357m 时，E点的高程是：

  A. 51.338m   B. 52.454m   C. 50.856m   D. 51.213m

解　利用视线高法或者高差法计算。

视线高法：$H_P + 1.116 = H_E + 1.357$，代入 $H_P = 51.097$，解得 $H_E = 50.856m$；

高差法：$h_{PE} = 后视读数 - 前视读数 = 1.116 - 1.357 = H_E - H_P$，代入 $H_P = 51.097$，解得 $H_E = 50.856m$。

选 C。

【例 5-2-7】 水准测量实际工作时，计算出每个测站的高差后，需要进行计算检核，如果 $\sum h = \sum a - \sum b$ 算式成立，则说明：

　　A. 各测站高差计算正确　　　　　　　　B. 前、后视读数正确

　　C. 高程计算正确　　　　　　　　　　　D. 水准测量成果合格

解　如果 $\sum h = \sum a - \sum b$，说明各测站高差计算正确。选 A。

【例 5-2-8】 水准测量中，已知 A 点水准尺读数为 1.234m，B 点为 2.395m，则高差 h_{BA} 为：

　　A. $+1.161m$　　　　B. $-1.161m$　　　　C. $+3.629m$　　　　D. $-3.629m$

解　根据高差定义：

$$h_{BA} = H_{A(终点高程)} - H_{B(起点高程)} = 起点读数 - 终点读数 = 2.395m - 1.234m = +1.161m$$

选 A。

经 典 练 习

5-2-1　水准测量使用的仪器是（　　　　）。

　　A. 水准仪　　　　　　　　　　　　　　B. 经纬仪

　　C. 全站仪　　　　　　　　　　　　　　D. GPS

5-2-2　水准仪 $DS_{0.5}$、DS_1、DS_3 等多种型号，其下标数字 0.5、1、3 等代表水准仪的精度，为水准测量每公里往返高差中数的中误差值，单位为（　　　　）。

　　A. km　　　　　　　　B. m　　　　　　　　C. cm　　　　　　　　D. mm

5-2-3　水准测量读数之前一定要进行的操作是（　　　　）。

　　A. 粗平　　　　　　　B. 对中　　　　　　　C. 精平　　　　　　　D. 精确瞄准

5-2-4　水准管分划值与灵敏度之关系是（　　　　）。

　　A. 分划值越大灵敏度越高　　　　　　　B. 分划值越小灵敏度越高

　　C. 两者之间关系依据仪器而定　　　　　D. 不存在联系

5-2-5　DS_3 型微倾式水准仪的主要组成部分是（　　　　）。

　　A. 物镜、水准器、基座　　　　　　　　B. 望远镜、水准器、基座

　　C. 望远镜、三脚架、基座　　　　　　　D. 仪器箱、照准器、三脚架

5-2-6　公式（　　　　）用于附和水准路线的成果校核。

　　A. $f_h = \sum h$　　　　　　　　　　　　B. $f_h = \sum h_测 - (H_终 - H_始)$

　　C. $f_h = \sum h_往 - \sum h_返$　　　　　　D. $\sum h = \sum a - \sum b$

5-2-7　水准测量是测得前后两点高差，通过其中一点的高程，推算出未知点的高程。测量是通过水准仪提供的（　　　　）来进行测量。

　　A. 视准轴　　　　　　　　　　　　　　B. 水准管轴线

　　C. 水平视线　　　　　　　　　　　　　D. 铅垂线

5.3 角度测量

考试大纲☞： 经纬仪的构造　使用和检验校正　水平角观测　垂直角观测

5.3.1 经纬仪的构造

光学经纬仪有 DJ_1、DJ_2、DJ_6 等多种，数字 1、2、6 代表该仪器所能达到的精度指标，表示水平方向测量一测回的方向观测中误差（以秒计）。

经纬仪由照准部、水平度盘和基座三部分组成。经纬仪概略地分为照准部、水平度盘和基座三大部分。

1）照准部

照准部绕仪器竖轴在水平面内转动，其主要部件与望远镜横轴固连在一起，横轴置于支架上，通过制动螺旋和微动螺旋控制它绕横轴在竖直面内转动。横轴的一端装有竖直度盘，用以观测竖直角。望远镜旁有一读数镜。照准部上装有水准管供整平仪器用。其中，视准轴、水准管轴的定义参照水准仪。

2）水平度盘

水平度盘系用光学玻璃制成。在度盘上依顺时针刻有 0°~360° 的分划，用以测量水平角。图 5-3-1 的上半部是从读数镜中看到的水平度盘的成像，此图中只能看到115°和116°两根刻度线，并看到刻有 60 个分划的测微尺。读数时读取度盘刻划线落在测微尺内的读数，不到1°的读数根据度盘刻划线在测微尺上的位置读出，并估读到0.1′。图 5-3-1 中，上半部是水平度盘的成像，其读数为115°53.6′，下半部是竖直度盘的成像，其读数为78°07.5′。

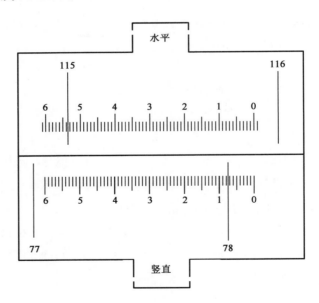

图 5-3-1　DJ₆型经纬仪的读数

3）基座

基座是用来支承整个仪器的底座，使用中心螺旋把整个经纬仪与三脚架相连接，基座上备有三个脚螺旋，转动脚螺旋，可使照准部水准管气泡居中，从而导致水平度盘处于水平位置，亦即仪器的旋转轴（竖轴）处于竖直位置。

光学经纬仪为什么能从读数镜里看见水平度盘和竖直度盘的成像呢？

为了说明光学读数的一般原理，现以 DJ₆ 光学经纬仪为例，说明测微尺读数装置的光学原理。

如图 5-3-2 所示，外来光线由反光镜 11 的反射，穿过毛玻璃经过棱镜 1，转折90°就可以照明水平度盘。此后，光线通过棱镜 2、3 的折射到达刻有测微尺的聚光镜 4，再经棱镜 5 的又一次转折，就可由读数镜里看到水平度盘的分划线和测微尺的成像。

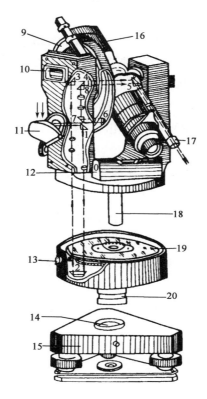

图 5-3-2　DJ₆ 光学经纬仪部件及光路图

1、2、3、5、6、7、8-光学读数系统棱镜；4-分微尺聚光镜；9-竖直度盘；10-竖盘指标水准管；11-反光镜；12-照准部水准管；13-度盘变换手轮；14-轴套；15-基座；16-望远镜；17-读数显微镜；18-内轴；19-水平度盘；20-外轴

竖直度盘的光学读数线路与水平度盘相仿。外来光线经过棱镜 6 的折射，照亮了竖直度盘，再由棱镜 7、8 的转折，可达测微尺的聚光镜 4，最后经过棱镜 5 的折射，同样可在读数镜内看到竖直度盘的分划和另一个测微尺的成像。

【例 5-3-1】 经纬仪有四条主要轴线，如果视准轴不垂直于横轴，此时望远镜绕横轴旋转时，则视准轴的轨迹是：

　　　　A. 一个圆锥面　　　　　　　　　　B. 一个倾斜面

　　　　C. 一个竖直面　　　　　　　　　　D. 一个不规则的曲面

解　视准轴不垂直于横轴，望远镜绕横轴旋转形成一个圆锥面。选 A。

【例 5-3-2】 关于水准仪与经纬仪的比较以下说法错误的是：

　　　　A. 都有视准轴　　　　　　　　　　B. 都用水准管整平

　　　　C. 都可以水平转动　　　　　　　　D. 都可以竖直转动

解　水准仪不可竖直转动。选 D。

5.3.2 使用和检验校正

1）经纬仪的使用

在进行角度测量之前，首先要将经纬仪对中和整平。对中的目的是使仪器的竖轴和水平度盘的中心对准水平角的顶点（测站点），而整平则是为了使水平度盘处于水平位置。现将对中和整平方法分别叙述如下。

（1）对中

对中的方式有三种：垂球对中，光学对中器对中，观测墩强制对中。在此主要讲解光学对中器对中，它是目前最常用的对中方式。其方法是：两手分别抓住三脚架的两条腿，观察光学对中器，挪动三脚架，使测站点粗略对准光学对中器中点；利用三脚架的关节螺旋伸缩脚架的方法使圆水准器气泡居中；松开中心螺旋，移动仪器，使测站点精确对中，然后再利用脚螺旋整平仪器。如此反复，直到对中和整平满足要求。值得注意的是：在对中时，整平和对中相互影响。

（2）整平

仪器大致对中以后，就要进行整平。整平仪器是用基座上的三个脚螺旋来进行的，其方法如下：首先放松照准部的制动螺旋，使照准部水准管与一对脚螺旋的连线平行。两手按相反方向转动该对脚螺旋，使水准管的气泡居中［气泡移动的方向与左手大拇指移动的方向一致，如图 5-3-3a）所示］，然后将照准旋转 90°，再转动第三个脚螺旋，使气泡居中［见图 5-3-3b）］。这样反复交替进行几次，直到水准管在任何位置时气泡都居中为止。在实际工作中，气泡偏离中心的误差不得超过半格。

2）经纬仪的检验校正

经纬仪各主要部件的关系，可用其轴线来表示，如图 5-3-4 所示。观测水平角时经纬仪各轴线应满足下列条件：

①照准部水准管轴垂直于竖轴，即 $LL \perp VV$。

②十字丝竖丝垂直于横轴。

③视准轴垂直于横轴，即 $CC \perp HH$。

④横轴垂直于竖轴，即 $HH \perp VV$。

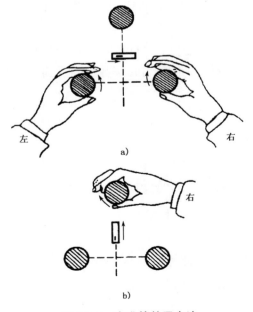

图 5-3-3　水准管整平方法

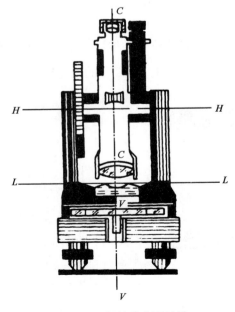

图 5-3-4　经纬仪主要轴线

观测竖直角时要进行竖直度盘指标差的检验和校正，下面讲解后三项检验和校正。

（1）视准轴垂直于横轴的检验校正

①检验。

a. 仪器对中整平，盘左瞄准与仪器大致同高的目标，读数$m_左$。

b. 盘右瞄准同一点，读数$m_右$。

c. 从理论上讲，盘左盘右相差$180°$，如果不是，则它们的差与$180°$的差称为两倍的视准误差c。视准误差如图5-3-5所示。

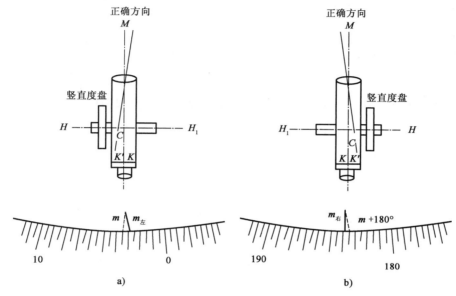

图 5-3-5　视准误差示意图

可得

$$\begin{cases} m = m_左 + c \\ m \pm 180° = m_右 - c \end{cases}$$

由上两式得

$$\begin{cases} m = \dfrac{1}{2}\left(m_左 + m_右 \mp 180°\right) \\ c = \dfrac{1}{2}\left(m_右 - m_左 \pm 180°\right) \end{cases}$$

②校正。

a. 计算盘右位置的正确读数。

$$m + 180° = \dfrac{1}{2}\left(m_左 + m_右 \pm 180°\right)$$

b. 转动照准部的水平微动螺旋，使读数恰为求出的盘右位置的正确读数，此时十字丝竖丝即离开目标。

c. 旋下十字丝校正螺丝的护盖，略松十字丝分划板上下校正螺丝，使十字丝中心对准目标。

d. 反复这一过程，如果$c < 30''$，则校正结束。

（2）横轴垂直于竖轴的检验和校正

①检验。

a. 整平仪器，在盘左位置将望远镜瞄准墙上高处M点，固定照准部和水平度盘，令望远镜俯至水平位置，根据十字丝交点在墙上标出一点m_1。

b. 倒转望远镜，在盘右位置仍瞄准高点M，使望远镜俯至水平位置，同法在墙上标出一点m_2。

c. 若m_1与m_2两点不重合，表明横轴不垂直于竖轴，需要校正。

②校正。

a. 用尺子量出m_1、m_2之间的距离，取其中点m。

b. 用照准部微动螺旋将望远镜的十字丝交点对准m点，然后仰起望远镜至M的高度，此时十字丝交点必然不再与原来的M点重合而对着另一点M'。

c. 校正横轴，使十字丝交点对准M点。

（3）竖直度盘指标差的检验校正

在正常情况下，当望远镜的视线处于水平位置，竖盘指标水准管气泡居中时，竖直度盘上的读数应该是一个整数（90°、270°或0°、180°），如果不是，它与整数的差数即为竖盘指标差i。

①检验。

若以盘左位置瞄准同一目标M，则得：

a. 盘左时测得的竖直角 $\qquad\qquad \alpha_左 = 90° - L$

b. 正确的竖直角 $\qquad\qquad\qquad \alpha = \alpha_左 + i$

若以盘右位置瞄准同一目标M，则得：

a. 盘右时测得的竖直角 $\qquad\qquad \alpha_右 = R - 270°$

b. 正确的竖直角 $\qquad\qquad\qquad \alpha = \alpha_右 - i$

由上面关系有： $\qquad\qquad\qquad i = \dfrac{\alpha_右 - \alpha_左}{2}$

将竖直角的计算公式代入上式得：$i = \dfrac{L+R-360°}{2}$，$\alpha = \dfrac{\alpha_左 + \alpha_右}{2}$

②校正。

a. 求盘右正确读数。

b. 旋转竖盘指标水准管微动螺旋，使竖盘读数恰为算出的盘右正确读数。

c. 此时竖盘指标处于正确位置而竖盘指标水准管气泡不居中，于是打开竖盘指标水准管的盖板，校正竖盘指标水准管的两颗校正螺丝。

d. 反复校正，直至竖盘指标差小于$24''$为止。

【例 5-3-3】 以下说法错误的是：

    A. 固定水准管的螺丝松动可能造成经纬仪竖轴与水准管轴不垂直

    B. 十字丝横丝水平的检验既可以用横丝也可用竖丝瞄准固定目标操作

    C. 视准轴与横轴的垂直关系检验时可以瞄准高处目标

    D. 横轴与竖轴的垂直关系检验时可以瞄准高处目标

解 与仪器大致同高。选 C。

5.3.3 水平角观测

水平角的观测方法有两种：测回法和全圆测回法。

1）测回法

如图 5-3-6 所示，图中所表示的是水平度盘和观测目标的水平投影。现以 DJ₆ 光学经纬仪为例，说明用测回法测定水平角 AOB 的操作步骤。

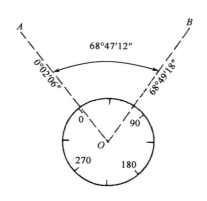

图 5-3-6　测回法测水平角

（1）将经纬仪安置在测站 O 点上，对中和整平。

（2）令照准部在盘左位置（竖直度盘在望远镜左侧，也称正镜），旋转照准部，瞄准左方目标 A，瞄准时应用竖丝的双丝夹住目标，或单丝平分目标。

（3）拨动度盘变换手轮，使水平度盘的读数略大于 0°（图 5-3-6 中的 0°02′06″），记入记录手簿。具体见表 5-3-1。

（4）按顺时针方向转动照准部，瞄准右方目标 B，读出水平度盘读数（图 5-3-6 中 68°49′18″）。算出瞄准左、右目标所得读数的差数：68°48′18″ − 0°01′06″ = 68°47′12″。此为上半测回角值。

（5）倒转望远镜成盘右位置（竖直度盘在望远镜右侧，也称倒镜），先瞄准左方目标 A 读数，再瞄准右方目标 B 读数，其具体操作与上半测回相同，测得的角值为 68°47′06″，称为下半测回的角值。取两个半测回的平均值作为一测回的角值。

水平角观测记录（测回法）　　　　　　　　　　　　　　表 5-3-1

日期：　　年　　月　　日　　　　　　观测者：
仪器：DJ₆ 光学经纬仪　　　　　　　　记录者：

测站（测回）	目标	竖盘位置	水平度盘读数 ° ′ ″	半测回角值 ° ′ ″	一测回角值 ° ′ ″	各测回平均角值 ° ′ ″	备注
O（1）	A	左	0 01 06	68 47 12	68 47 09	68 47 08	
	B		68 48 18				
	A	右	180 01 24	68 47 06			
	B		248 48 30				
O（2）	A	左	90 01 24	68 47 12	68 47 06	68 47 08	
	B		158 48 36				
	A	右	270 01 48	68 47 00			
	B		338 48 48				

在实际作业中，为了提高精度，往往要观测几个测回，测回与测回之间的差值一般不应超过24″。同时为了消减由于度盘刻划不均匀对测角的影响，在每个测回观测时，应变换度盘位置，变换数值按180°/n计算（n为测回数）。例如要观测三个测回，则180°/3 = 60°，这样每测回的起始读数分别为0°、60°和120°附近。

2）全圆测回法

有时在一个测站上往往要观测两个以上的方向，这时采用全圆测回法进行观测比较方便，其观测、记录及计算步骤如下：

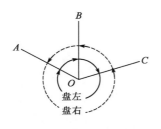

图 5-3-7 全圆测回法测量水平角

（1）如图 5-3-7 所示，将经纬仪安置在测站O上，使度盘读数略大于0°，以盘左位置瞄准起始方向（又称零方向）A点，按顺时针方向依次瞄准B、C各点，最后顺时针旋转又瞄准 A 点，将其读数分别记入表 5-3-2 第 3 栏内，即测完上半测回，在半测回中两次瞄准起始方向A的读数差称为"半测回归零误差"，一般不得大于24″。

（2）倒转望远镜，以盘右位置瞄准A点，按逆时针方向依次瞄准C、B点，最后又瞄准A点，将其读数分别记入表 5-3-2 第 4 栏内（此时记录顺序为自下而上），即测完下半测回。

（3）为了提高精度，通常也要测几个测回。每个测回开始时也要变换度盘位置，变换值同测回法。

（4）计算盘左盘右平均值、归零方向值、各测回归零方向平均值和水平角值。见表 5-3-2，在一个测回中同一方向的盘左、盘右读数取其平均值记在第 5 栏内，将起始方向 A 的两个数值取其平均值（例如，在第一测回中0°01′09″和0°01′15″的平均值是0°01′12″，即为A点的方向值，写在第 5 栏上方括号内），然后将各方面的盘左、盘右平均值减去A方向平均值0°01′12″，即得"归零方向值"（例如目标B的盘左、盘右平均值为62°48′33″，用此值减去0°01′12″，即得B点归零方向值62°47′21″），记于第 6 栏内。

各测回同一方向的归零方向值差数不得大于24″，如在允许范围内，取其平均值得到"各测回归零方向平均值"，记于第 7 栏，将相邻归零方向平均值相减即得相邻方向所夹的水平角，记于第 8 栏。

【例 5-3-4】 水平角观测方法的适用范围为：

A. 测回法适用所有角度观测

B. 全圆测回法适用所有角度观测

C. 测回法适用两个方向的角度观测，全圆测回法适用三个及以上方向角度观测

D. 根据观测的角度的边长选择观测方法

解 根据两类办法的适用对象确定选项 C 正确。选 C。

【例 5-3-5】 使用经纬仪观测水平角，角值计算公式$\beta = b - a$，已知读数a为296°23′36″，读数b为6°17′12″，则角值β为：

A. 110°06′24″　　　　　　　　　　B. 290°06′24″

C. 69°53′36″　　　　　　　　　　D. 302°40′48″

解 根据经纬仪的水平度盘注记方式及其水平角测量原理，当读数b小于读数a时，要使b数值大于a同时方向又不变，b应加360°，则：

$$\beta = a - b = 6°17′12″ + 360° - 296°23′36″ = 69°53′36″$$

选 C。

全圆测回法观测记录　　　　　　　　　　　　　　　　表 5-3-2

日期：　　年　月　日　　　　　　　　观测者：
仪器：DJ₆ 光学经纬仪　　　　　　　　记录者：

测站（测回）	目标	水平度盘读数		盘左、盘右平均值 $\dfrac{左+右\pm180°}{2}$	归零方向值	各方向归零方向平均值	水平角值
		盘左	盘右				
1	2	3	4	5	6	7	8
		° ′ ″	° ′ ″	° ′ ″ （00 01 12）	° ′ ″	° ′ ″	° ′ ″
O（1）	A	0 01 06	180 01 12	0 01 09	0 00 00	0 00 00	
	B	62 48 36	242 48 30	62 48 33	62 47 21	62 47 19	62 47 19
	C	151 20 24	331 20 24	151 20 24	151 19 12	151 19 13	88 31 54
	A	0 01 12	180 01 18	0 01 15			
O（2）				（90 01 10）			
	A	90 01 06	270 01 06	90 01 10	0 00 00		208 40 47
	B	152 48 30	332 48 24	152 48 27	62 47 17		
	C	241 20 30	61 20 18	241 20 24	151 19 14		
	A	90 01 18	270 01 12	90 01 15			

5.3.4　竖直角观测

1）竖直角计算

竖直度盘分划线的注记方式，按仪器的类型不同而异。如图 5-3-8a）所示，竖盘指标水准管气泡居中，望远镜视线在水平位置时，竖直度盘读数为 90°，其注记是按顺时针方向增加。而图 5-3-8b）为 DJ₆-1 型经纬仪竖盘的注记形式，当竖盘指标水准管气泡居中，望远镜视线在水平位置时，竖直度盘读数为 90°，但注记却按逆时针方向增加。

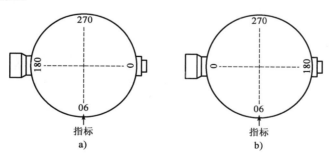

图 5-3-8　竖直度盘刻划的两种注记方式

由于竖直度盘注记的形式不同，根据读数来计算竖直角的公式也有所不同。当度盘注记为图 5-3-

8a）形式时，盘左观测某一目标，设竖盘的读数为 L〔见图 5-3-9a）〕，倒转望远镜，盘右仍瞄准该目标，设竖直度盘的读数为 R〔见图 5-3-9b）〕。

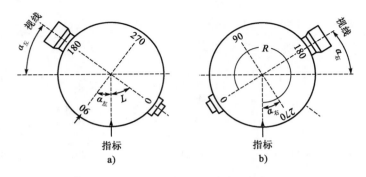

图 5-3-9　竖盘顺时针注记时公式推导示意图

由图 5-3-9a）得：盘左时，竖直角

$$\alpha_{左} = 90° - L \tag{5-3-1}$$

由图 5-3-9b）得：盘右时，竖直角

$$\alpha_{右} = R - 270° \tag{5-3-2}$$

当度盘注记为图 5-3-8b）所示形式时，由竖直度盘读数求得竖直角的公式如下。

由图 5-3-10a）得：盘左时，竖直角

$$\alpha_{左} = L - 90° \tag{5-3-3}$$

由图 5-3-10b）得：盘右时，竖直角

$$\alpha_{右} = 270° - R \tag{5-3-4}$$

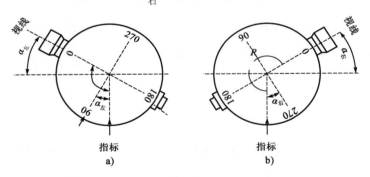

图 5-3-10　竖盘逆时针注记时公式推导示意图

综上所述，可得出计算竖直角的法则如下：

盘左时，当望远镜仰起，若读数增加，则竖盘逆时针注记。

盘左时，当望远镜仰起，若读数减少，则竖盘顺时针注记。

应当指出，因为竖直角是视线和水平线的夹角，而当视线水平时，在竖直度盘上的读数总是一个常数。所以进行竖直角观测时，只瞄准所测目标，令竖盘指标水准管气泡居中，并读取其竖直度盘读数，即可利用上面公式求得该目标的竖直角，而不必读取视线水平时的读数。

2）竖直角观测

观测竖直角前，盘左将望远镜仰起，观察读数的增减（本例为减少），据此确定竖盘始读数及竖直角的计算公式，然后按下述步骤观测：

（1）将经纬仪安置于测站 A，经对中、整平后，用盘左位置瞄准目标 B，以十字丝中横丝瞄准目标。

（2）转动竖盘指标水准管微动螺旋，使指标水准管气泡居中，读取竖盘读数 L（83°37′12″），记入观测手簿中（见表 5-3-3），算得竖直角为 +6°22′48″。

（3）倒转望远镜，用盘右位置再次瞄准目标 B，令竖盘指标水准管气泡居中，读取竖盘读数 R（276°22′54″），算得竖直角为 +6°22′54″。

（4）取盘左、盘右的平均值（+6°22′51″），即为观测 B 点一测回的竖直角。若精度要求较高，可测若干测回，取平均值作为观测成果。

竖直角观测记录   表 5-3-3

测站	目标	竖盘位置	竖盘读数 °	竖盘读数 ′	竖盘读数 ″	半测回竖直角 °	半测回竖直角 ′	半测回竖直角 ″	一测回竖直角 °	一测回竖直角 ′	一测回竖直角 ″	备 注
A	B	盘左	83	37	12	6	22	48	+6	22	51	瞄准目标高度为 2.0m
		盘右	276	22	54	6	23	54				
A	C	盘左	99	40	12	−9	40	12	−9	40	15	瞄准目标高度为 1.2m
		盘右	260	19	42	−9	40	18				

【例 5-3-6】关于竖直角观测的说法正确的是：

A. 竖直盘读数即为竖直角

B. 不同刻划的竖直读盘观测竖直角的计算公式相同

C. 盘左盘右竖直读盘读数之和为 180°

D. 盘左盘右竖直读盘读数之和为 360°

解 根据竖直角计算公式可得，同时数值度盘固定在横轴上，盘左盘右读数实际上就是进行 360° 的旋转。选 D。

经 典 练 习

5-3-1 光学经纬度有 DJ$_1$、DJ$_2$、DJ$_6$ 等多种型号，数字下标 1、2、6 表示（   ）中误差的值，以秒计。

A. 水平角测量一测回角度 　　　　B. 竖直方向测量一测回方向

C. 竖直角测量一测回角度 　　　　D. 水平方向测量一测回方向

5-3-2 关于经纬仪安置的表述错误的是（   ）。

A. 需要对中 　　　　　　　　　　B. 整平和对中相互影响

C. 需要整平 　　　　　　　　　　D. 整平和对中相互独立

5-3-3 经纬仪观测中，取盘左、盘右平均值是为了消除（   ）的误差影响，而不能消除水准管轴不垂直竖轴的误差影响。

A. 视准轴不垂直横轴 　　　　　　B. 横轴不垂直竖轴

C. 度盘偏心 　　　　　　　　　　D. 以上均对

5-3-4 关于经纬仪检校说法正确的是（   ）。

A. 经纬仪的检校安置仪器时需要对中整平

B. 经纬仪的检校安置仪器时不需要对中整平

C. 经纬仪的检校安置仪器时只需要整平

D. 经纬仪的检校安置仪器时只需要对中

5-3-5 经纬仪主要几个轴线间应满足几个几何关系，可从下列几何关系中删掉的是（　　　）。

A. 视准轴平行于水准管轴 　　　　B. 水准管轴垂直于竖轴

C. 视准轴垂直于横轴 　　　　　　D. 横轴垂直于竖轴

5-3-6 经纬仪的操作步骤是（　　　）。

A. 整平、对中、瞄准、读数 　　　B. 对中、瞄准、精平、读数

C. 对中、整平、瞄准、读数 　　　D. 整平、瞄准、读数、记录

5-3-7 关于水平角观测，下面说法错误的是（　　　）。

A. 水平角观测具体方法根据观测方向数选择

B. 水平角观测时为了消除视准误差影响可采用盘左盘右观测

C. 为了降低水平度盘刻划影响应在各测回间改变起始方向值

D. 采用测回法和全圆测回法测得起始方向的精度是相同的

5-3-8 水平角观测中，盘左起始方向 OA 的水平度盘读数为 $358°12'15''$，终止方向 OB 的对应读数为 $154°18'19''$，则 $\angle AOB$ 前半测回角值为（　　　）。

A. $156°06'04''$ 　　　　　　　　B. $-156°06'04''$

C. $203°53'56''$ 　　　　　　　　D. $-203°53'56''$

5.4 距离测量

考试大纲☞：卷尺量距　视距测量　光电测距

5.4.1 卷尺量距

1）钢卷尺量距的一般方法

（1）在平坦地面上丈量水平距离

欲丈量 AB 直线，丈量之前用目测法先要进行定线。当精度要求较高时，应用经纬仪定线。

丈量距离时，注意读数的同步性，将各尺段累加得全长。为了提高精度可进行往返测，往返测之差称为较差，较差与往返丈量长度平均值之比，称为丈量的相对误差。

（2）在倾斜地面丈量水平距离

在倾斜地面丈量水平距离主要有平量法和斜量法两种方法。

2）钢卷尺量距的精密方法

对于小三角测量中的基线丈量和施工放样中有些部位的测设，常要求量距精度达到 $1/10000 \sim 1/40000$，这就要求用如下精密方法进行量距。

（1）定线

①清除在基线方向内的障碍物和杂草。

②根据基线两端点的固定桩用经纬仪定线，沿定线方向用钢卷尺进行概量，每一整尺段打一木桩，木桩需高出地面 3cm 左右，木桩间的距离应略短于所使用钢卷尺的长度（如短 5cm），并在每个桩桩顶按视线划出基线方向和其垂直向的短直线（见图 5-4-1），其交点即为钢卷尺读数的标志。

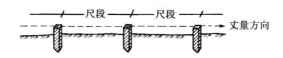

图 5-4-1 钢卷尺量距的精密方法

（2）量距

用检定过的钢尺丈量相邻木桩之间的距离。丈量时，将钢卷尺首尾两端紧贴桩顶，并用弹簧秤施以钢卷尺检定时相同的拉力（一般为 10kg），同时根据两桩顶的十字交点读数，读至毫米。读完一次后，将钢卷尺移动 1~2cm，再读两次，根据所读的三对读数即可算得三个丈量结果，三个长度间最大互差若小于 3mm，则取其平均值作为该尺段的丈量数值。每测一尺段均应记载温度，估读到 0.1°C，以便计算温度改正数。逐段丈量至终点，不足整尺段同法丈量，即为往测。往测完毕后，应立即进行返测，若备有两盘比较过的钢卷尺，亦可采用两尺同向丈量。

（3）测定桩顶间高差

用水准仪按一般水准测量方法测定各段桩顶间的高差，以便计算倾斜改正数。

（4）尺段长度的计算

每次往测和返测的结果，应进行尺长改正、温度改正和倾斜改正，以便算出直线的水平长度，各项改正数的计算方法如下：

①尺长改正。

$$\Delta l = l - l_0 \qquad (5-4-1)$$

②温度改正。

设钢卷尺在检定时的温度为 t_0，而丈量时的温度为 t，则一尺段长度的温度改正数 Δl_t 为：

$$\Delta l_t = \alpha(t - t_0)l \qquad (5-4-2)$$

式中：α——钢卷尺的膨胀系数，一般为 0.000012°C^{-1}；

l——该尺的长度。

③倾斜改正。

如图 5-4-2 所示，设一尺段两端的高差为 h，量得的倾斜长度为 l，将倾斜长度化为水平长度 d 应加入的改正数为 Δl_h，其计算公式推导如下：

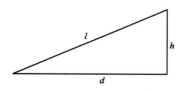

图 5-4-2 倾斜改正示意图

$$h_2 = l_2 - d_2 = (l - d)(l + d)$$
$$l - d = \frac{h^2}{l + d}$$

因改正数 Δl_h 很小，在上式分母中可近似地取 $d = l$，则 Δl_h 为：

$$\Delta l_h = -\frac{h^2}{2l} \qquad (5-4-3)$$

上式中的负号是由于水平长度总比倾斜长度要短，所以倾斜改正数总是负值。

每尺段进行以上三项改正后，即得改正后尺段的长度为：

$$L = l + \Delta l + \Delta l_t + \Delta l_h \qquad (5-4-4)$$

（5）计算全长

将各个改正后的尺段长度相加，即得往测（或返测）的全长。如往返丈量相对误差小于允许值，则取往测和近测的平均值作为基线的最后长度。

【例 5-4-1】 在鉴定温度下用名义长度为 32.000m、实际长度为 32.008m 的尺子量取一构架为 8.000m，构架实际长度为：

       A. 8.004m   B. 8.006m   C. 8.002m   D. 8.008m

解 根据尺寸改正方程计算而得。选 C。

【例 5-4-2】 钢卷尺量距时，下列不需要的改正是：

       A. 尺长改正   B. 温度改正

       C. 倾斜改正   D. 地球曲率和大气折光改正

解 钢卷尺量距的三项改正分别为尺长改正、温度改正和倾斜改正。不需要进行地球曲率和大气折光改正。选 D。

5.4.2 视距测量

1）望远镜视线水平时

如图 5-4-3 所示，由三角形相似原理可得

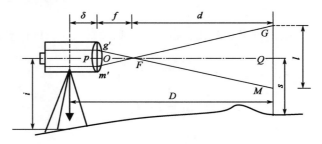

图 5-4-3 视线水平时视距测量

$$\frac{GM}{g'm'} = \frac{FQ}{FO}$$

式中：$GM = l$——视距间隔；

      $FO = f$——物镜焦距；

      $g'm' = p$——十字丝分划板上两视距丝的固定间距。

于是

$$FQ = \frac{FO}{g'm'} \times GM = \frac{f}{p} \times l$$

从图 5-4-3 可以看出，仪器中心离物镜前焦点 F 的距离为 $\delta + f$，其中 δ 为仪器中心至物镜光心的距离。故仪器中心至视距尺水平距离为：

$$D = \frac{f}{p} \times l + (f + \delta) \tag{5-4-5}$$

式中，$\frac{f}{p}$ 和 $(f + \delta)$ 分别称为视距乘常数和视距加常数。

令 $\frac{f}{p} = K$，$f + \delta = C$，则式（5-4-5）可改写为：

$$D = Kl + C \tag{5-4-6}$$

2）望远镜视线倾斜时

如图 5-4-4 所示，在三角形 MQM' 和 GQG' 中

$$\angle MQM' = \angle GQG' = \alpha$$

$$\angle QMM' = 90° - \varphi$$

$$\angle QGG' = 90° + \varphi$$

式中：φ——上（或下）视距丝与中丝间的夹角，其值一般约为17′，是一个小角，所以∠QMM'和∠QGG'可近似地看作为直角。

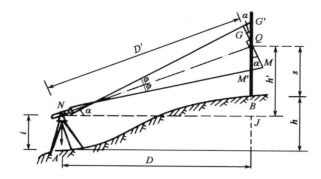

图5-4-4 视线倾斜时的视距测量

由此可得：

$$l' = GM = QG' \cos\alpha + QM' \cos\alpha = (QG' + QM') \cos\alpha$$

而 $QG' + QM' = G'M' = l$

故有 $l' = l \cos\alpha$

应用式（5-4-6）和上式可得出NQ的长度，即倾斜距离D'为：

$$D' = Kl' = Kl \cos\alpha$$

再利用直角三角形QJN将D'化为水平距离D得：

$$D = D' \cos\alpha = Kl \cos^2\alpha \tag{5-4-7}$$

经纬仪横轴到Q点的高差h'（称初算高差），亦可从直角三角形QJN中求出：

$$h' = D' \sin\alpha = Kl \cos\alpha \sin\alpha = \frac{1}{2}Kl \sin 2\alpha \tag{5-4-8}$$

或

$$h' = D \tan\alpha$$

而AB两点间的高差h为：

$$h = h' + i - s \tag{5-4-9}$$

式中：i——仪器高；

　　　s——十字丝的中丝在视距尺上的读数（见图5-4-4）。

当十字丝的中丝在视距尺上的读数恰好为仪器高i，即$s = i$时，由式（5-4-9）得：

$$h = h' \tag{5-4-10}$$

具体步骤如下：

（1）将经纬仪安置在测站点上，对中和整平。

（2）量取仪器高i，量至厘米即可。

（3）判断竖直角计算公式。

（4）将视距尺立于欲测点上瞄准视距尺，读出上下丝和中丝读数并记录。

（5）保持中丝不变，读取竖直度盘的读数并计算竖直角α。

（6）根据直接观测量计算得l、α、s、i，按式（5-4-7）、式（5-4-9）计算水平距离D和高差h，再根据测站的高程计算出测点的高程。

【例5-4-3】 盘左仰起望远镜读数减小，所采用的竖直角计算公式为：

　　　　　A. $\alpha = 90° - L$　　　　　　　　　　B. $\alpha = L - 90°$

C. $\alpha = 270° - L$ D. $\alpha = L - 270°$

解 盘左仰起得到仰角为正且增大，A 符合增函数及始读数为 90°的要求。选 A。

【例 5-4-4】 用视距测量方法求 C、D 两点间距离。通过观测得上下丝视距间隔 $l = 0.276$m，竖直角 $\alpha = 5°38'$，则 C、D 两点间的水平距离为：

A. 27.5m   B. 27.6m   C. 27.4m   D. 27.3m

解 根据视距测量水平距离计算公式计算：

$$D_{CD} = kl\cos^2\alpha = 100 \times 0.276 \times \cos^2 5°38' = 27.3\text{m}$$

选 D。

5.4.3 光电测距

1）光电测距原理

如图 5-4-5 所示，电磁波信号往返所需时间为 t，信号的传播速度为 c，则 AB 之间的距离为：

$$D = \frac{1}{2}ct \tag{5-4-11}$$

式中：c——电磁波信号在大气中的传播速度，其值约为 3×10^8m/s。

由此可见，测出信号往返 AB 所需时间即可测量出 AB 两点的距离。

2）相位法测距

由式（5-4-11）可以看出，测量距离的精度主要取决于测量时间的精度。在电磁波测距中，测量时间一般采用两种方法：直接测时和间接测时。对于第一种方法，若要求测距误差不超过 ±10mm，要求时间 t 的测定误差不大于 $\pm\frac{2}{3} \times 10^{-10}$s，要达到这样的精度是非常困难的。因此，对于精密测距，多采用后者。目前用得最多的是通过测量电磁波信号往返传播产生的相位移来间接测时，即相位法。如图 5-4-6 所示。

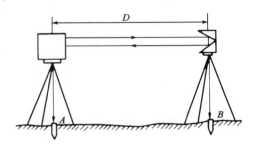

图 5-4-5 电磁波测距基本原理

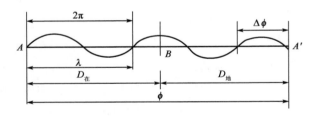

图 5-4-6 相位法测距

仪器用于测量相位的装置（称相位计）只能测量出尺段尾数 ΔN，而不能测量整周数 N。例如当测尺长度 $u = 10$m 时，要测量距离为 85.486m 时，测量出的距离只能为 5.486m，即此时只能测量小于 10m 距离。为此，要增大测程则要增大测尺长度，但相位计的测相误差和测尺长度成正比，由测相误差所引起的测距误差为测尺长度的 1/1000，增大测尺长度会使测距误差增大。为了兼顾测程和精度，仪器中采用不同的测尺长度，即所谓"粗测尺"（长度较大的尺）和"精测尺"（长度较小的尺）同时测距，然后将精测结果和粗测结果组合得最后结果，这样，既保证了测程，又保证了精度。

【例 5-4-5】 关于光电测距说法错误的是：

A. 光电测距基本原理是利用时间和光速的乘积

B. 直接测时的精度要求过高难以实现

　　C. 间接测时实际上是测不足整波长的相位值

　　D. 间接测时的测距仪的测程无限大

解　测程取决于最大波长。选 D。

经 典 练 习

5-4-1　尺段长度的计算不包括（　　）。

　　A. 尺长改正　　　　　　B. 定向改正　　　　　C. 温度改正　　　　　D. 倾斜改正

5-4-2　有关视距测量的表述错误的是（　　）。

　　A. 视线水平时要测竖直角　　　　　　　　B. 视线倾斜时要测竖直角

　　C. 要量取仪器高才能测高差　　　　　　　D. 要读取中丝读数才能测高差

5-4-3　用视距测量方法求 A、B 两点间高差，通过观测得上下丝视距间隔 $l = 0.365\text{m}$，竖直角 $\alpha = 3°15'00''$，仪器高 $i = 1.460\text{m}$，中丝读数 2.379m，则 A、B 两点间高差 h_{AB} 为（　　）。

　　A. 1.15m　　　　　　B. 1.14m　　　　　　C. 1.16m　　　　　　D. 1.51m

5-4-4　用视距测量方法求 A、B 两点间距离，通过观测得上下丝视距间隔 $l = 0.386\text{m}$，竖直角 $\alpha = 6°42'$，则 A、B 两点间水平距离为（　　）。

　　A. 38.1m　　　　　　B. 38.3m　　　　　　C. 38.6m　　　　　　D. 37.9m

5.5　测量误差

考试大纲☞：测量误差分类与特性　　评定精度的标准　　观测值的精度评定　　误差传播定律

5.5.1　测量误差分类与特性

　　根据误差来源，测量误差可分为观测误差、仪器误差等。根据对观测成果影响的不同，测量误差可分为系统误差和偶然误差两种。

　　1）系统误差

　　在相同的观测条件下对某量进行多次观测，如果误差在大小和符号上按一定规律变化，或者保持常数，则这种误差称为系统误差。

　　系统误差对观测值有累积的影响，有时会相当显著。在测量工作中，必须掌握它的规律，设法消除或削弱它对观测成果的影响。经过一定的观测手段或加改正数的方法，系统误差基本可以消除。

　　2）偶然误差

　　在相同的观测条件下，对某量进行多次观测，其误差在大小和符号上都具有偶然性，从表面上看，误差的大小和符号没有明显的规律，这种误差称为偶然误差。

　　人们通过反复的实践和研究，总结出偶然误差具有如下特性：

　　（1）在一定的观测条件下，偶然误差的绝对值不会超过一定的限值。

　　（2）绝对值较小的误差比绝对值较大的误差出现的机会多。

　　（3）绝对值相等的正误差和负误差出现的机会几乎相等。

　　（4）当观测次数无限增加时，偶然误差的算术平均值趋向于零。

　　在测量工作中，偶然误差是无法消除的，因此观测成果的精度与偶然误差有密切的关系。本章主要对偶然误差进行分析。

【例 5-5-1】 关于误差说法错误的是：

A. 误差可分为系统误差和偶然误差

B. 系统误差可采用加改正数及设计观测方法加以消除

C. 偶然误差可以通过认真观测消除

D. 偶然误差难以消除

解 选 C。

5.5.2 评定精度的标准

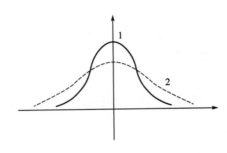

图 5-5-1 误差分布曲线比较

研究测量误差的目的之一，就是衡量测量成果的精度。所谓精度，是指误差分布的密集或离散的程度。一定的观测条件下对某一量进行一系列观测，有着确定的误差分布。图 5-5-1 是两条误差分布曲线，从图中可以看出，第一组的误差较集中，曲线形状较为陡峭，则认为这组误差分布较为密集；而第二组的分布的范围较宽，曲线形状平缓，则认为这组误差分布较为离散。由此可知前者观测精度较高，后者观测精度较低。

1）中误差

设对一个未知量 X 进行多次等精度观测，其观测值为 $L_1, L_2, \cdots, L_n$，其真误差为 $\Delta_1, \Delta_2, \cdots, \Delta_n$，我们取各个真误差平方和的平均值的平方根，定义为中误差 m，即

$$m = \pm \sqrt{\frac{[\Delta\Delta]}{n}} \tag{5-5-1}$$

这里必须指出，中误差 m 与每一个观测值的真误差 Δ 不同，它只是表示该观测列中每个观测值的精度，由于是等精度观测，故每个观测值的精度均为 m，但是等精度观测值的真误差彼此并不相等，有的差异还比较大，这是由于真误差具有偶然误差的性质。应该再次指出，中误差 m 表示一组观测值的精度。

2）容许误差

偶然误差的特性告诉我们：在一定的观测条件下，偶然误差的绝对值不会超过一定的限值，如果在测量工作中，某一观测值的误差超过这个限值，就认为这次观测的质量不好，该观测结果就应该舍去。那么应当如何确定这个限值呢？实践证明，等精度观测的一组误差中，绝对值大于两倍中误差的偶然误差，其出现的可能性为 5%；大于 3 倍中误差的偶然误差，其出现的可能性仅有 0.3%，因此在实际工作中，常采用 2 倍中误差作为限值，也称为容许误差，即

$$\Delta_容 = 2m \tag{5-5-2}$$

当要求较低时，也可采用三倍中误差作为容许误差，即

$$\Delta_容 = 3m \tag{5-5-3}$$

容许误差又称极限误差或最大误差。

3）相对误差

在很多情况下，观测值的误差与观测值本身的大小有关，仅用中误差来衡量精度，还不能完全表达观测质量的好坏。如量距误差与距离本身的长短有关，此时应用中误差与观测值之比来衡量丈量的精

度，中误差与观测值之比称为相对中误差。

相对误差是一个无量纲量，在测量工作中，通常以分子为 1 的分数表示，分母越大则精度越高。

【**例 5-5-2**】 关于中误差，下列说法错误的是：

    A. 中误差大说明误差分布疏散

    B. 中误差大说明误差分布密集

    C. 中误差小说明误差分布密集

    D. 一般把 2 倍中误差作为限差

解 选 B。

5.5.3 观测值的精度评定

为了精确地确定某个未知量的值，必须进行多次观测，通过平差计算，求得该未知量的最或是值，同时评定观测值的精度。

1）算术平均值原理

设对某个量 X（真值）进行了 n 次等精度观测，得观测值 $L_1, L_2, \cdots, L_n$，则其算术平均值 x 为：

$$x = \frac{L_1 + L_1 + \cdots + L_1}{n} = \frac{[L]}{n} \tag{5-5-4}$$

算术平均值原理认为：观测值的算术平均值是真值的最可靠值。推导如下：

以 $\Delta_1, \Delta_2, \cdots, \Delta_n$ 分别表示 $L_1, L_2, \cdots, L_n$ 的真误差，则

$$\left.\begin{aligned} \Delta_1 &= X - L_1 \\ \Delta_2 &= X - L_2 \\ &\vdots \\ \Delta_n &= X - L_n \end{aligned}\right\} \tag{5-5-5}$$

由真误差及算术平均值定义可得

$$x = X - \frac{[L]}{n} \tag{5-5-6}$$

式（5-5-6）说明，观测值的算术平均值等于观测值的真值减去真误差的算术平均值。由偶然误差特性知，有足够的观测时，偶然误差的算术平均值趋近于零，此时观测值的算术平均值 x 将趋近于真值 X，因此也称它为真值的最或然值。

2）观测值中误差 m

在已知观测值真误差 Δ 的情况下，由式（5-5-1）可知，同精度观测值的中误差公式为：

$$m = \pm\sqrt{\frac{[\Delta\Delta]}{n}}$$

其中 $\Delta_i = L_i - X(i = 1, 2, \cdots, n)$。

在测量工作中，由于观测量的真值往往是不知道的，因而无法应用上式来计算观测值的精度。下面介绍用改正数计算中误差。

观测量的算术平均值 x 与观测值 L_i 的差数称为改正数，用 v_i 表示：

$$v_i = x - L_i \quad (i = 1, 2, \cdots, n) \tag{5-5-7}$$

根据真误差和改正数的定义可知

$$\Delta_i = -v_i + (x - X) \quad (i = 1, 2, \cdots, n) \tag{5-5-8}$$

联合偶然误差特性可得

$$m = \pm \sqrt{\frac{[vv]}{n-1}} \qquad (5-5-9)$$

上式就是用改正数 v 来计算观测值中误差的公式。

3）算术平均值中误差

设对某量进行 n 次等精度观测，得观测值 $L_1, L_2, \cdots, L_n$，各观测值的中误差均为 m，算术平均值的中误差以 M 表示。现推导算术平均值中误差 M 的计算公式如下：

$$x = \frac{[L]}{n} = \frac{1}{n}L_1 + \frac{1}{n}L_2 + \cdots + \frac{1}{n}L_n$$

上式为线性函数，且各项的系数与观测精度均相同。故由误差传播定律知

$$M^2 = \left(\frac{1}{n}\right)^2 m^2 + \left(\frac{1}{n}\right)^2 m^2 + \cdots + \left(\frac{1}{n}\right)^2 m^2 = \frac{m^2}{n}$$

故

$$M = \pm \frac{m}{\sqrt{n}} \qquad (5-5-10)$$

【例 5-5-3】利用重复观测取平均值评定单个观测值中误差的公式是：

A. $m = \pm \sqrt{\frac{[vv]}{n-1}}$ 　　　　　　　　B. $m = \pm \sqrt{\frac{[vv]}{n \times (n-1)}}$

C. $m = \pm \sqrt{[vv]}$ 　　　　　　　　　　D. $m = \pm \frac{[vv]}{n}$

解　在相同观测条件下，等精度重复观测取平均值评定单个观测值中误差的计算公式为 $m_1 = \pm \sqrt{\frac{[vv]}{n-1}}$，选 A。

【例 5-5-4】观测误差按其对测量结果影响的性质，可分为：

A. 中误差和相对误差 　　　　　　　　B. 系统误差、偶然误差和粗差

C. 粗差和极限误差 　　　　　　　　　D. 中误差和极限误差

解　在测量过程中由于观测者主观臆断所引起的误差被称为观测误差。根据其对测量结果影响的性质可分为系统误差、偶然误差和粗差，选 B。

5.5.4　误差传播定律

有些未知量往往不能直接测得，而是由某些直接观测值通过一定的函数关系间接计算而得。由于直接观测值含有误差，因而它的函数必然要受其影响而存在误差，阐述观测值中误差与观测值函数的中误差之间关系的定律，称为误差传播定律。下面阐述观测值函数的中误差与观测值中误差的关系。

1）观测值和或差函数的中误差

设有函数

$$z = x \pm y \qquad (5-5-11)$$

式中：z——x、y 的和或差的函数；

x、y——独立观测值。根据中误差定义及偶然误差特性可得

$$m_z^2 = m_x^2 + m_y^2$$

或

$$m_z = \pm \sqrt{m_x^2 + m_y^2} \qquad (5-5-12)$$

可扩展为

$$m_z = \pm\sqrt{m_1^2 + m_2^2 + \cdots + m_n^2} \qquad (5-5-13)$$

$$m_z = \sqrt{n}m \qquad (5-5-14)$$

2）观测值倍数函数的中误差

设有函数

$$z = kx \qquad (5-5-15)$$

式中：z——观测值x的函数；

k——常数。

当观测值x含有真误差Δx，则函数z也将会有真误差Δz，即：

$$z + \Delta z = k(x + \Delta x) \qquad (5-5-16)$$

式（5-5-16）减去式（5-5-15），得：

$$\Delta z = k\Delta x \qquad (5-5-17)$$

根据中误差定义及偶然误差特性可得

$$m_z^2 = k^2 m_x^2$$

或

$$m_z = km_x \qquad (5-5-18)$$

3）线性函数的中误差

设有线性函数

$$z = k_1 x_1 \pm k_2 x_2 \pm \cdots \pm k_n x_n \qquad (5-5-19)$$

式中：x_1、x_2、$\cdots$、x_n——独立观测值；

k_1、k_2、$\cdots$、k_n——常数。

同理可得

$$m_z^2 = k_1^2 m_1^2 + k_2^2 m_2^2 + \cdots + k_n^2 m_n^2$$

$$m_z = \pm\sqrt{k_1^2 m_1^2 + k_2^2 m_2^2 + \cdots + k_n^2 m_n^2} \qquad (5-5-20)$$

式中：m_i——观测值x_i的中误差。

4）一般函数的中误差

设有函数

$$z = f(x_1, x_2, \cdots, x_n) \qquad (5-5-21)$$

式中：x_i——独立观测值，$i = 1,2,\cdots,n$。

中误差为$m_i(i = 1,2,\cdots,n)$，现在求函数z的中误差m_z。

上述函数的全微分表达为

$$\mathrm{d}z = \frac{\partial f}{\partial x_1}\mathrm{d}x_1 + \frac{\partial f}{\partial x_2}\mathrm{d}x_2 + \cdots + \frac{\partial f}{\partial x_n}\mathrm{d}x_n \qquad (5-5-22)$$

由于真误差Δ均为小值，故可用真误差替代微分量，得

$$\Delta z = \frac{\partial f}{\partial x_1}\Delta x_1 + \frac{\partial f}{\partial x_2}\Delta x_2 + \cdots + \frac{\partial f}{\partial x_n}\Delta x_n$$

式中：$\frac{\partial f}{\partial x_i}$——函数对各个变量的偏导数，将观测值$x_i(i = 1,2,\cdots,n)$代入可算出其数值。

因此上式相当于线性函数真误差的关系式，按式（5-5-20）可得：

$$m_z^2 = \left(\frac{\partial f}{\partial x_1}\right)^2 m_1^2 + \left(\frac{\partial f}{\partial x_2}\right)^2 m_2^2 + \cdots + \left(\frac{\partial f}{\partial x_n}\right)^2 m_n^2$$

$$m_z = \pm\sqrt{\left(\frac{\partial f}{\partial x_1}\right)^2 m_1^2 + \left(\frac{\partial f}{\partial x_2}\right)^2 m_2^2 + \cdots + \left(\frac{\partial f}{\partial x_n}\right)^2 m_n^2} \tag{5-5-23}$$

式（5-5-23）为误差传播定律的一般形式。而应用误差传播定律求观测值函数的精度时，可按下列步骤进行。

（1）根据要求列出函数式

$$z = f(x_1, x_2, \cdots, x_n)$$

（2）对函数式求全微分，得出函数的真误差与观测值真误差之间的关系式

$$\Delta z = \frac{\partial f}{\partial x_1}\Delta x_1 + \frac{\partial f}{\partial x_2}\Delta x_2 + \cdots + \frac{\partial f}{\partial x_n}\Delta x_n$$

（3）写出函数中误差与观测值中误差之间的关系式

$$m_z = \pm\sqrt{\left(\frac{\partial f}{\partial x_1}\right)^2 m_1^2 + \left(\frac{\partial f}{\partial x_2}\right)^2 m_2^2 + \cdots + \left(\frac{\partial f}{\partial x_n}\right)^2 m_n^2}$$

将数值代入上式计算时，必须注意各项的单位要统一。

必须指出，在由真误差关系式写成中误差关系式之前，必须首先判断式中各变量是否误差独立。

【例 5-5-5】 以下说法错误的是：

A. 观测值精度评定要计算其中误差

B. 一般观测值的真值未知，所以不能计算其中误差

C. 对于真值未知的观测值，进行多次观测后可以通过改正数计算中误差

D. 观测值算数平均值的中误差小于观测值中误差

解 可以利用改正计算中误差。选 B。

【例 5-5-6】 设在三角形 A、B、C 中，直接观测了 $\angle A$ 和 $\angle B$。$m_A = \pm 4''$、$m_B = \pm 5''$，由 $\angle A$、$\angle B$ 计算 $\angle C$，则 $\angle C$ 的中误差 m_C：

  A. $\pm 9''$ B. $\pm 6.4''$ C. $\pm 3''$ D. $\pm 4.5''$

解 按误差传播定律，$\angle C$ 的中误差计算公式为：

$$\angle C = 180° - \angle A - \angle C$$

$$m_C = \sqrt{m_A^2 + m_B^2} = \sqrt{4^2 + 5^2} = \sqrt{41} = \pm 6.4''$$

选 B。

【例 5-5-7】 在相同的观测条件下对某量进行了 n 次等精度观测，观测值的中误差为 m，则算术平均值的中误差 M 为：

  A. $M = m \times n$ B. $M = m \times \sqrt{n}$

  C. $M = m/\sqrt{n}$ D. $M = m/\sqrt{n-1}$

解 可利用误差传播定律求解。算术平均值为：

则算术平均值的中误差为：$\bar{x} = \frac{1}{n}(x_1 + x_2 + \cdots + x_n)$

$$M_{\bar{x}}^2 = \frac{1}{n^2}\left(m_{x_1}^2 + m_{x_2}^2 + \cdots + m_{x_n}^2\right) = \frac{1}{n^2} \times n \times m_{x_1}^2 = \frac{m^2}{n}$$

$$M_{\overline{x}} = \frac{m}{\sqrt{n}}$$

选 C。

【例 5-5-8】 某三角形两个内角的测角中误差为±6″与±2″，且误差独立，则余下一个内角的中误差为：

        A. ±6.3″   B. ±8″   C. ±4″   D. ±1″

解

$$m = \sqrt{m_1^2 + m_2^2} = \sqrt{6^2 + 2^2} = \sqrt{40} = \pm 6.3''$$

选 A。

经 典 练 习

5-5-1 测量误差按其性质的不同可分为两类，它们是（   ）。

    A. 读数误差和仪器误差   B. 系统误差和偶然误差

    C. 观测误差和计算误差   D. 仪器误差和操作误差

5-5-2 关于误差传播定律说法错误的是（   ）。

    A. 误差传播定律的推导是以中误差定义为基础的

    B. 误差传播定律的推导要注意各变量间的独立性

    C. 一般函数误差传播定律的推导是化为线性函数进行的

    D. 一般函数误差传播定律是线性函数的特例

5-5-3 等精度观测是指（   ）的观测。

    A. 允许误差相同   B. 系统误差相同   C. 观测条件相同   D. 偶然误差相同

5-5-4 对某一量进行 n 次观测，则根据公式 $M = \pm\sqrt{\frac{[vv]}{n(n-1)}}$，求得的结果为（   ）。

    A. 算术平均值中误差   B. 观测中误差

    C. 算术平均值真误差   D. 一次观测中误差

5-5-5 有一正方形测其边长的中误差为 m，则下面说法正确的是（   ）。

    A. 测其一边求周长与测其四边求周长的精度都是 $2m$

    B. 测其一边求周长与测其四边求周长的精度都是 $4m$

    C. 测其一边求周长的精度都是 $4m$

    D. 测其一边求周长的精度都是 $2m$

5-5-6 有一正方形测其边长为 a，边长中误差为 m，则下面说法正确的是（   ）。

    A. 测其一边求面积与测其四边求面积的精度都是 $2am$

    B. 测其一边求面积与测其四边求面积的精度都是 $4am$

    C. 测其一边求面积的精度是 $2am$

    D. 测其四边求面积的精度是 $4am$

5-5-7 三角高程测量，采取对向观测，可消除（   ）。

    A. 竖盘指标差   B.地球曲率的影响

    C. 大气折光的影响   D. 地球曲率和大气折光的影响

5-5-8 设 $\varDelta$ 为一组同精度观测值的偶然误差（真误差），下列可作为其中误差表达式的为（   ）。

A. $m = \sqrt{\dfrac{[\Delta\Delta]}{n}}$ B. $m = \pm\sqrt{\dfrac{[\Delta\Delta]}{n-1}}$

C. $m = \pm\sqrt{\dfrac{[\Delta\Delta]}{n}}$ D. $m = \sqrt{\dfrac{[\Delta\Delta]}{n-1}}$

5.6　控制测量

考试大纲☞：平面控制网的定位与定向　导线测量　交会定点　高程控制测量

5.6.1　平面控制网的定位与定向

测量工作的组织原则是"从整体到局部、先控制后碎部"。其含义就是在测区内先建立测量控制网来控制全局，然后根据控制网测定控制点周围的地形或进行建筑施工放样。这样不仅可以保证整个测区有一个统一的、均匀的测量精度，而且提高效率。

所谓控制网，就是在测区内选择一些有控制意义的点（称为控制点）构成的几何图形。按控制网的功能可分为平面控制网和高程控制网。测定控制网平面坐标的工作称为平面控制测量；测量控制网高程的工作称为高程控制测量。

根据工程实际，控制网的建立可以依托高等级控制网，也可建立独立控制网。其基准的选择根据实际要求制定。

在小地区控制测量中的定向工作一般分为两类：存在已知方向的定向和不存在已知方向的定向。

存在已知方向定向的工作只需测量转折角即可，不存在已知方向的定向可以通过电子陀螺仪或罗盘仪测定基准方向，然后通过测量转折角传递方位角。

【例 5-6-1】 以下关于定向的说法错误的是：

  A. 定向是建立独立坐标系的必要工作

  B. 定向是联立坐标系的必要工作

  C. 定向的方式有两种：有已知方向的定向和无已知方向的定向

  D. 以上说法都不对

解 定向不是联立坐标系的必要工作。选 B。

【例 5-6-2】 已知直线AB的坐标方位角为186°，则直线BA所在的象限为：

  A. 第四象限　　　B. 第二象限　　　C. 第一象限　　　D. 第三象限

解 已知直线AB的坐标方位角为 186°，则其反方位角直线BA的坐标方位角为 6°，故直线BA所在的象限为第一象限。选 C。

5.6.2　导线测量

导线测量是建立平面控制网的一种方法。它比较适宜布设在地物复杂的建筑区及障碍物较多的隐蔽区。

导线是用连续的折线把各控制点连接起来，测其边长和转折角，以推算各控制点坐标。这些折线有的组成闭合形状，有的伸展成折线形状。导线按其布置形式的不同可分为如下三种：

（1）闭合导线：自一点出发，最后仍回到该点上，形成闭合多边形。它本身具有严密的几何条件，具有检核作用。

（2）附合导线：自某高级控制点出发，附合到另一高级控制点上，成为伸展的折线形状。此种布设形式，由于附合在两个已知点和两个已知方向上，所以具有检核条件，图形强度好。

（3）支导线：由某一点出发，既不闭合于起始点，也不附合于另一控制点。这种导线因缺乏图形检核条件，错误不易发现，一般只能用在无法布设附合或闭合导线的少数特殊情况，并且要对边数和边长进行限制，并进行往返测量。

2）导线测量的外业工作

（1）踏勘选点。

（2）转折角测量。

导线的转折角用经纬仪按测回法进行观测。转折角有左角和右角之分，在导线前进方向左边的角度称为左角，右边的角度称为右角。附合导线一般观测左角，闭合导线一般观测内角，若按顺时针编号，多边形的内角就是右角。

（3）边长测量。

（4）起始边定向。

【例 5-6-3】 导线测量的外业工作在踏勘选点工作完成后，然后需要进行下列何项工作：

  A. 水平角测量和竖直角测量   B. 方位角测量和距离测量

  C. 高程测量和边长测量   D. 水平角测量和边长测量

解 导线测量外业工作在踏勘选点完成后，需要进行的测量工作是水平角测量和边长测量。选 D。

3）导线测量的内业工作

为了保证计算的正确性和满足一定的精度要求，计算之前应注意两点：一是对外业测量成果进行复查，确认无误，方可进行计算；二是对各项测量数据和计算数据取到足够位数。对小区域和图根控制测量的所有角度观测值及其改正数取到整秒；距离、坐标增量及其改正数和坐标值均取到厘米。取舍原则："四舍六入，五前单进双舍"，即保留位后的数大于五就进，小于五就舍，等于五时则看保留位上的数，是单数就进，是双数就舍。

（1）角度闭合差的调整及方位角推算

对于闭合导线角度闭合差，可以根据下式直接求取：

$$f_\beta = \sum \beta_{测} - (n-2) \cdot 180° \tag{5-6-1}$$

然后计算各转折角改正数，使角度闭合差为零。再由改正后的转折角根据方位角推算公式计算各导线边方位角。

对于附合导线闭合差，首先由起始边方位和转折角，根据方位角推算公式计算终止方位角，角度闭合差由下式求取：

$$f_\beta = \alpha_{EF'} - \alpha_{EF} \tag{5-6-2}$$

然后计算各转折角改正数，使角度闭合差为零。再由改正后的转折角根据方位角推算公式计算各导线边方位角。

（2）坐标增量计算

导线点的坐标增量计算公式推导如下：

$$\left. \begin{array}{l} \Delta x_{12} = D_{12} \cos \alpha_{12} \\ \Delta y_{12} = D_{12} \sin \alpha_{12} \end{array} \right\} \tag{5-6-3}$$

式中：Δx_{12}、Δy_{12}——坐标增量；

D_{12}——导线边长；

α_{12}——导线边方位角。

（3）坐标增量闭合差计算

因为闭合导线是一闭合多边形，其坐标增量的代数和在理论上应等于零，即

$$\left.\begin{array}{c} \sum \Delta x_{\text{理}} = 0 \\ \sum \Delta y_{\text{理}} = 0 \end{array}\right\} \tag{5-6-4}$$

附合导线坐标增量的代数和理论上应该等于

$$\left.\begin{array}{c} \sum \Delta x_{\text{理}} = x_{\text{终}} - x_{\text{始}} \\ \sum \Delta y_{\text{理}} = y_{\text{终}} - y_{\text{始}} \end{array}\right\} \tag{5-6-5}$$

但由于测定导线边长和观测内角过程中存在误差，所以实际上坐标增量之和往往不等于零而产生一个差值，这个差值称为坐标增量闭合差。分别用 f_x、f_y 表示：

$$\left.\begin{array}{c} f_x = \sum \Delta x \\ f_y = \sum \Delta y \end{array}\right\} \tag{5-6-6}$$

附合导线的坐标增量闭合差可以表示为

$$\left.\begin{array}{c} f_x = \sum \Delta x - \sum \Delta x_{\text{理}} \\ f_y = \sum \Delta y - \sum \Delta y_{\text{理}} \end{array}\right\} \tag{5-6-7}$$

由于纵、横坐标增量闭合差的存在，致使闭合导线所构成的多边形不能闭合而形成一个缺口，缺口的长度称为导线全长闭合差，以 f 表示。

$$f = \sqrt{f_x^2 + f_y^2} \tag{5-6-8}$$

导线愈长，角度观测和边长测定的工作量越多，误差的影响也越大。所以，一般用 f 对导线全长 $\sum d$ 的比值 K 来表示其质量，K 称为导线相对闭合差。

$$K = \frac{f}{\sum d} = \frac{1}{\sum(d/f)} \tag{5-6-9}$$

对于量距导线和测距导线，其导线全长相对闭合差一般不应大于 1/2000。

如满足要求则可对坐标增量闭合差进行调整，以消除导线全长闭合差 f。调整的方法是：将坐标增量闭合差以相反符号，按与边长成正比分配到各条边的坐标增量中。公式为：

$$v_{\Delta x_i} = \frac{(-f_x)d_i}{\sum d}$$

$$v_{\Delta y_i} = \frac{(-f_y)d_i}{\sum d} \tag{5-6-10}$$

式中：Δx_i、Δy_i——第 i 条边的纵、横坐标增量；

d_i——第 i 条导线边的长度；

$\sum d$——导线的总长。

改正后坐标增量的代数和应等于零，用此条件校核计算是否有误。

（4）导线点的坐标计算

根据导线起算点 A 的已知坐标及改正后的纵、横坐标增量，可按式（5-6-11）计算 B 点的坐标：

$$\left.\begin{array}{c} x_B = x_A + \Delta x'_{AB} \\ y_B = y_A + \Delta y'_{AB} \end{array}\right\} \tag{5-6-11}$$

【例 5-6-4】 导线测量的外业工作不包括:

    A. 踏勘选点   B. 测转折角及边长   C. 起始边定向   D. 水准测量

解 导线测量和水准测量不相关。选 D。

【例 5-6-5】 已知坐标: $X_A = 500.00$m, $Y_A = 500.00$m, $X_B = 200.00$m, $Y_B = 800.00$m。则方位角 α_{AB} 为:

    A. $\alpha_{AB} = 45°00'00''$ B. $\alpha_{AB} = 315°00'00''$

    C. $\alpha_{AB} = 135°00'00''$ D. $\alpha_{AB} = 225°00'00''$

解 先求出正切值 $\tan\alpha = \frac{Y_A - Y_B}{X_A - X_B} = \frac{500 - 800}{500 - 200} = -1$

这个值就是经过 A、B 两点的直线与 X 轴正方向(水平向右)的夹角正切值,由此求得该直线与 X 轴正方向夹角为 $135°00'00''$。选 C。

【例 5-6-6】 已知 A、B 两点坐标,其坐标增量 $\Delta X_{AB} = -30.6$m,$\Delta Y_{AB} = 15.3$m,则 AB 直线坐标的方位角为:

    A.$153°26'06''$ B.$156°31'39''$ C.$26°33'54''$ D.$63°26'06''$

解 依题意 $\Delta x_{AB} < 0$,$\Delta y_{AB} > 0$,故直线 AB 的方位角位于第二象限,即:

$$R_{AB} = \arctan\frac{\Delta y_{AB}}{\Delta x_{AB}} = \arctan\frac{15.3}{-30.6} = 26°33'54''(\text{南东})$$

故 AB 的方位角: $\alpha = 180° - 26°33'54'' = 153°26'06''$。选 A。

【例 5-6-7】 计算求得某导线的纵横坐标增量的闭合差分别为: $f_x = 0.04$m,$f_y = -0.05$m,导线全长为 490.34m,则导线全长闭合差为:

    A. 1/6400   B. 1/7600   C. 1/5600   D. 1/4000

解 导线全长闭合差为导线全长中误差比导线全长。题中导线全长中误差:

$$f = \sqrt{f_x^2 + f_y^2} = \sqrt{0.04^2 + (-0.05)^2} = \sqrt{0.41} = 6.40\text{cm}$$

故导线全长中误差为 $6.40/49034 = 1/7657$,取 $1/7600$,选 B。

5.6.3 交会定点

交会定点的方式有两类:角度交会和距离交会。

角度交会的方法有前方交会、侧方交会和后方交会,至少需要两个控制点通过观测角度的方法解三角形求得未知点坐标,自从全站仪出现后交会加密控制点的方法鲜有采用。

距离交会至少需要两个控制点,通过测定距离解三角形从而求得未知点坐标。

【例 5-6-8】 交会定点的测量方式不包括:

    A. 前方交会   B. 后方交会   C. 侧方交会   D 交叉定点

解 交叉定点的概念与交会定点不相关。选 D。

5.6.4 高程控制测量

工程测量的高程控制常采用三、四等水准测量。三、四等水准测量除限差有所区别外,其所用仪器和施测方法基本相同。下面将三、四等水准测量一并介绍,不同之处另作说明。

1)踏勘选点

水准测量的目的,是要测定一些点的高程,并且要求把这些点固定和保存下来。为此,事先应在已有的小比例尺地形图上进行设计。然后进行实地踏勘确定，这些点应选在土质坚实、不易受振动、不易破坏和便于观测的地方，并按规定埋设标石。三、四等水准路线力求布设成附合或闭合线路，以便校核和提高精度。

2）仪器选型

三、四等水准测量按规定应用 DS$_3$ 型水准仪和双面水准尺。水准尺一般为红、黑两面水准尺，在观测中不但可以检查错误，而且可以提高精度。一对双面尺的黑面起始读数均为零；而红面起始读数，通常一把为 4.687m，另一把为 4.787m。

3）观测方法

四等水准每站观测顺序简称为"后（黑）—后（红）—前（黑）—前（红）"。对于三等水准测量，应按"后（黑）—前（黑）—前（红）—后（红）"的顺序进行观测。

三、四等水准测量的直接观测量有 8 个，分别是前后视的上、下丝读数和中丝的红、黑面读数，然后根据直接观测量计算前后视距、视距差、视距累计差、红面高差、黑面高差、后视黑面中丝读数+K−红面中丝读数、前视黑面中丝读数+K−红面中丝读数及红黑面高差之差等 10 个观测量和校核量。

4）成果整理

当一条水准路线的测量工作完成后，首先应将手簿的记录计算进行详细的检查，并计算高差闭合差是否超过如下容许误差：

平地

$$\Delta h_允 = \pm 20\sqrt{L} \quad (\text{mm}) \quad （四等）$$

$$\Delta h_允 = \pm 12\sqrt{L} \quad (\text{mm}) \quad （三等）$$

山地

$$\Delta h_允 = \pm 6\sqrt{n} \quad (\text{mm}) \quad （四等）$$

$$\Delta h_允 = \pm 4\sqrt{n} \quad (\text{mm}) \quad （三等）$$

式中：L——路线长度（km）；

n——测站数。

确认无误后，才能按照第 5.2 节的方法进行高差闭合差的调整和高差的计算。否则要局部返工，甚至全部返工。

【例 5-6-9】 关于三、四等水准测量的描述错误的是：

　　A. 可以使用 DS$_3$ 型水准仪

　　B. 三等水准比四等对视距的要求更低些，因为它的精度高

　　C. 三等水准比四等对视距的要求更高些，因为它的精度高

　　D. 三、四等水准测量的观测顺序不同

解 精度高，对视距的要求高。选 B。

经 典 练 习

5-6-1 控制测量的形式不包括（　　　　）。

　　A. GPS 控制测量　　　　　　　　　　　　　B. 水准测量

C. 导线测量及交会定点
D. 边长测量

5-6-2 导线测量的布设形式不包括（　　　）。

A. 闭合导线
B. 附合导线

C. 支导线
D. 附合水准路线

5-6-3 关于四等水准测量说法错误的是（　　　）。

A. 四等水准测量仪器要放于两尺等距处

B. 四等水准测量红黑面高差之差不超过 5mm

C. 四等水准测量视距累计差不超过 5m

D. 四等水准测量视距累计差不超过 10m

5-6-4 闭合导线坐标计算时，求得纵坐标增量的代数和 $\sum \Delta x = +0.08\text{m}$，横坐标增量的代数和 $\sum \Delta y = -0.06\text{m}$，导线各段长度之和 $\sum D = 475.35\text{m}$，则该导线的全长相对闭合差为（　　　）。

A. 1/7920　　　　　B. 1/5940　　　　　C. 1/4750　　　　　D. 1/3390

5.7 地形图测绘

考试大纲☞： 地形图基本知识　地物平面图测绘　等高线地形图测绘

5.7.1 地形图基本知识

1）比例尺

地形图上任意一线段的长度与地面上相应线段的水平距离之比称为比例尺。比例尺的表示方法有两种：数字比例尺和图示比例尺。

（1）数字比例尺

数字比例尺一般用分子为 1、分母为整数的分数表示。例如图上一线段长度为 d，相应实地水平距离为 D，则该图的比例尺为：

$$\frac{d}{D} = \frac{1}{\frac{D}{d}} = \frac{1}{M} \tag{5-7-1}$$

式中：M——比例尺分母，分母越小，比例尺越大。

【例 5-7-1】 1：500 地形图上，量得 AB 两点间的图上距离为 25.6mm，则 AB 间实际长度为：

A. 51.2m
B. 5.12m

C. 12.8m
D. 1.25m

解 根据地形图比例尺定义可得

$$D = M \cdot d = 500 \times 25.6\text{mm} = 12800\text{mm} = 12.8\text{m}$$

选 C。

（2）图示比例尺

为了使用方便，避免由于图纸伸缩而引起的误差，通常在地形图图幅的下方绘一图示比例尺。

（3）比例尺精度

一般，人眼能分辨图上的最小距离为 0.1mm。因此，我们把相当于图上 0.1mm 的实地水平距离称为比例尺精度。比例尺精度的概念，对于测图和用图都具有十分重要的意义。一方面，我们可以根据比例尺精度，确定测图时测量的地物应准确到什么程度。另一方面，可按照用图的要求，根据比例尺精度确定测图比例尺的大小。

【例 5-7-2 】 下列何项描述了比例尺精度的意义：

    A. 数字地形图上 0.1mm 所代表的实地长度

    B. 传统地形图上 0.1mm 所代表的实地长度

    C. 数字地形图上 0.3mm 所代表的实地长度

    D. 传统地形图上 0.3mm 所代表的实地长度

解 比例尺精度指传统地形图上 0.1mm 所表示的实地水平距离，选 B。

【例 5-7-3 】 根据比例尺的精度概念，测绘 1：1000 比例尺地图时，地面上距离小于下列何项在图上表示不出来？

    A. 0.2m   B. 0.5m   C. 0.1m   D. 1m

解 比例尺的精度是指传统地形图上 0.1mm 所代表的实地长度。1：1000 比例尺精度为：

$$m_{比例尺精度} = 0.1 \times 1000 = 100mm = 0.1m$$

故地面上距离小于 0.1m 的地物在图上表示不出来。选 C。

【例 5-7-4 】 1：500 地形图的比例尺精度为：

    A. 0.1m   B. 0.05m   C. 0.2m   D. 0.5m

解 地形图比例尺精度是指图上 0.1mm 的距离所对应的实地距离，1：500 地形图比例尺精度 = 0.1mm × 500 = 50mm = 5cm = 0.05m，选 B。

2）地物符号

地物符号根据大小和描绘方法的不同，可分为比例符号、非比例符号、线形符号和注记符号。

（1）比例符号：将地面物体按测图比例尺缩小，用规定的符号测绘于图上。它的特点是能真实地反映该物体轮廓的位置、形状及大小。如房屋、河流、湖泊、耕地等轮廓较大的地物，常采用比例符号。

（2）非比例符号：有些地物，如测量控制点、地质钻孔、纪念碑等，不能按测图比例尺缩绘，但又很重要，必须在图上表示其点位，则往往采用比它们缩绘后大得多的特定符号表示，这类符号称为非比例符号。

（3）线形符号：是指地物的长度依地形图比例尺缩绘，而宽度不依比例尺表示的地物符号。如围墙、篱笆、铁路、输电线路等一些线状延伸的地物，都用线形符号表示，描绘时中心线应和实际地物的中心线一致。

（4）注记符号：有些地物除用一定的符号表示外，还需要说明和注记，如河流和湖泊的水位，村、镇、工厂、铁路、公路的名称等。

测图的比例尺不同，其符号的大小和详略也有所不同。测图比例尺越大，用比例符号描绘的地物就越多。

3）地貌符号

在地形图中，常用等高线表示地貌，因为等高线不仅能表示出地面的起伏形态，而且能表示出地面坡度和地面点的高程。对于不便用等高线表示的地貌，如峭壁、冲沟、梯田等特殊地方，可测出其实际轮廓，再绘注相应的符号表示之。

（1）等高线的概念

等高线是地面上高程相同的相邻点所连成的闭合曲线。把等高线垂直投影到水平面上，并按规定的比例尺缩绘在图纸上，即可得到表示该山头地貌形态的等高线图。

（2）等高距和等高线平距

相邻两等高线间的高差称为等高距（或等高线间隔），用h表示。在同一地形图上，等高距应相同。基本等高距的大小应按测图比例尺、测区地形类别及用图目的来确定。

相邻两等高线间的水平距离称为等高线平距，用d表示。它随地面坡度的变化而变化。在同一幅地形图上，等高距相同。地面坡度越陡，等高线平距就越小，等高线就越密集；若地面坡度相同，则等高线平距就相等。

（3）等高线的分类

①首曲线：在同一幅图上，按规定的等高距测绘的等高线称为首曲线，也叫基本等高线。

②计曲线：为了便于读图，每隔四条首曲线加粗描绘一条等高线，这些加粗的等高线称为计曲线。

（4）地貌的基本形态及其等高线

地表形态千变万化，但仔细观察分析，不外乎是山头、山脊、山谷、鞍部、盆地等几种基本形态的组合。

隆起而高于四周的高地称为山地，其最高处为山头，而低于四周的低地称为洼地，大的洼地称为盆地。沿一个方向延伸的高地称为山脊，山脊上最高点的连线称为山脊线（即分水线）；沿一个方向延伸的低地称为山谷，山谷最低点的连线称为山谷线（即集水线）；介于两个山头之间的低地，形状好像马鞍一样，称为鞍部。近于垂直的山坡称为峭壁或绝壁，在峭壁处等高线非常密集甚至重叠，可用峭壁符号表示。下部凹进的峭壁称为悬崖，悬崖的等高线投影到水平面上会出现相交，一般将下部凹进的地方用虚线表示。除上述以外，还有冲沟、雨裂、台地等一些特殊地貌，其表示方法可参见地形图图式。

（5）等高线的特性

①同一条等高线上的各点高程相同。

②等高线应是一条闭合的曲线，若不在本图幅内闭合，就必在相邻的图幅内闭合。只有遇到用符号表示的峭壁和坡地时才能断开。

③除峭壁或悬崖外，不同高程的等高线不能重合或相交。

④等高线与山脊线和山谷线正交，且山脊的等高线向低处凸出，山谷的等高线向高处凸出。

⑤在同一幅地形图上，等高距相同。等高线越密，表示地面坡度越陡；等高线越稀，则表示地面坡度越缓。

4）图外注记

为了便于管理和用图，在地形图的图框外有许多注记。图框外注有图名、图号、接图表、比例尺、图廓和坐标格网等。

【例5-7-5】关于等高线特性表述错误的是：

    A. 同一等高线上各点高程相同

    B. 等高线是一闭合曲线

    C. 当遇到特殊地貌时等高线可以不闭合

    D. 等高线只能部分地反映坡度变化情况

解 可以通过疏密变化反映坡度变化。选D。

【例5-7-6】按基本等高距绘制的等高线为：

    A. 首曲线   B. 计曲线   C. 间曲线   D. 助曲线

解 根据定义，首曲线的高程为基本等高距，选A。

5.7.2 地物平面图测绘

1）极坐标测图原理

如图 5-7-1 所示，在 A 点设站进行后视定向后，测得距离 D_1 及水平角 β_1，则可计算得 A 点至碎部点 1 的坐标增量，从而确定碎部点 1 的坐标值。

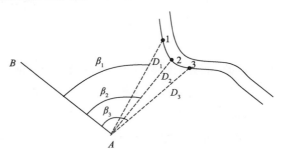

图 5-7-1 极坐标测图原理

2）地物特征点的选择

（1）能用比例符号表示的地物地物特征点的选择。

（2）能用非比例符号表示的地物特征点的选择。

（3）点状地物特征点的选择。

【例 5-7-7】 关于极坐标测图原理表述正确的是：

A. 只需测水平角和竖直角   B. 只需测水平距离

C. 只需测仪器高、目标高   D. 需要测距离、角度和高差

解 包括三个基本观测内容。选 D。

【例 5-7-8】 下列表述中，属于地貌的是：

A. 河流   B. 水准点   C. 里程碑   D. 悬崖

解 地貌即地标外貌各种起伏状态的总称，如山地、丘陵、平原、河谷、洼地、悬崖等。地物是指地面上人工构筑物或自然形成的物体，如海洋、河流、湖泊、道路、房屋等。河流、水准点、里程碑均为地物，悬崖为地貌。选 D。

5.7.3 等高线地形图测绘

高程点测定的基本原理参照图 5-7-1，在 A 点设站，测量仪器高、A 点至碎部点 1 的水平距离、碎部点 1 的竖直角及对应中丝读数，根据三角高程测量确定 A 点高度 h_{A_1}，由 A 点高程确定碎部点 1 的高程。

1）地貌特征点的选择

（1）能用等高线表示的地貌特征点的选择。

（2）不能用等高线表示的陡崖、冲沟等地貌。

2）等高线的勾绘

对于地貌，绘图者可根据测出的碎部点，把有关的地貌特征点连起来，在图上用铅笔轻轻地勾出地性线（山脊线用实线，山谷线用虚线）。等高线内插法的原理是：由于碎部点一般选在坡度变化处，这样相邻碎部点之间的坡度可视为均匀的。

【例 5-7-9】 关于等高线地形图测绘表述不正确的是：

    A. 碎部点高程测定时，需要仪器高和中丝读数

    B. 测量山头等高线时，沿地形线测高程点

    C. 等高线内插法时，认为两相邻高程点之间坡度变化均匀

    D. 陡崖、冲沟等可以用等高线表示

解　用特殊的地貌符号表示。选 D。

【例 5-7-10】 绘制地形图时，为计算高程方便而加粗的等高线是：

    A. 首曲线　　　　　B. 计曲线　　　　　C. 间曲线　　　　　D. 助曲线

解　①首曲线：在同一幅地形图上，按规定的基本等高距描绘的等高线称为首曲线，也称基本等高线。首曲线用 0.15mm 的细实线描绘。

②计曲线：凡是高程能被 5 倍基本等高距整除的等高线称为计曲线，也称加粗等高线。计曲线要加粗描绘并注记高程。计曲线用 0.3mm 粗实线绘出。

③间曲线：为了显示首曲线不能表示出的局部地貌，按1/2基本等高距描绘的等高线称为间曲线，也称半距等高线。间曲线用 0.15mm 的细长虚线表示。

④助曲线：用间曲线还不能表示出的局部地貌，按1/4基本等高距描绘的等高线称为助曲线。助曲线用 0.15mm 的细短虚线表示。

选 B。

经 典 练 习

5-7-1　地形图地物符号的分类不包括（　　　）。

    A. 比例符号　　　　　B. 非比例符号　　　　　C. 线形符号　　　　　D. 首曲线

5-7-2　大比例尺地形图绘制时，采用半比例符号表达的是（　　　）。

    A. 旗杆　　　　　B. 水井　　　　　C. 楼房　　　　　D. 围墙

5-7-3　等高线的分类包括（　　　）。

    A. 首曲线和计曲线　　　B. 鞍部　　　　　C. 陡坎　　　　　D. 峭壁

5-7-4　关于地形图图外元素不包括（　　　）。

    A. 图名和图号　　　　　　　　　　　B. 接图表和比例尺

    C. 图廓和坐标格网　　　　　　　　　D. 测图单位和坐标系统描述

5-7-5　下述等高线平距概念中，错误的是（　　　）。

    A. 等高线平距的大小直接与地面坡度有关　　　B. 等高线平距越大，地面坡度越大

    C. 等高线平距越小，地面坡度越大　　　　　　D. 等高线平距越大，地面坡度越小

5-7-6　下列对比例尺精度的解释正确的是：

    A. 传统地形图上 0.1mm 所代表的实地长度

    B. 数字地形图上 0.1mm 所代表的实地长度

    C. 数字地形图上 0.2mm 所代表的实地长度

    D. 传统地形图上 0.2mm 所代表的实地长度

5-7-7　地形图是按一定比例，用规定的符号表示（　　　）的正射投影图。

    A. 地物的平面位置　　　　　　　　　B. 地物、地貌的平面位置和高程

    C. 地貌高程位置　　　　　　　　　　D. 地面高低状态

5-7-8　大比例尺地形图按矩形分幅时常用的编号办法：以图幅的（　　　）编号法。

A. 西北角坐标值公里数　　　　　　　　B. 西南角坐标值公里数

C. 西北角坐标值米数　　　　　　　　　D. 西南角坐标值米数

5-7-9 既反映地物的平面位置，又反映地面高低起伏状态的正射投影图称为（　　　）。

A. 平面图　　　　　　　　　　　　　　B. 断面图

C. 影像图　　　　　　　　　　　　　　D. 地形图

5-7-10 地形图的等高线是地面上高程相等的相邻点连成的（　　　）。

A. 闭合曲线　　　　B. 直线　　　　C. 闭合折线　　　　D. 折线

5-7-11 地形图上 0.1mm 的长度相应于地面的水平距离称为（　　　）。

A. 比例尺　　　　　　　　　　　　　　B. 数字比例尺

C. 水平比例尺　　　　　　　　　　　　D. 比例尺精度

5-7-12 要求地形图上能表示实地地物最小长度为 0.2m，则应选择（　　　）测图比例尺为宜。

A. 1/500　　　　　B. 1/1000　　　　C. 1/5000　　　　D. 1/2000

5-7-13 若地形点在地形图中最大距离不超过 3cm，对比例尺为 1:500 的地形图，相应地形点在实地的最大距离为（　　　）。

A. 15m　　　　　B. 20m　　　　　C. 30m　　　　　D. 25m

5-7-14 若要求地形图能反映实地 0.2m 的长度，则所用地形图的比例尺不应小于（　　　）。

A. $\frac{1}{500}$　　　　B. $\frac{1}{1000}$　　　　C. $\frac{1}{2000}$　　　　D. $\frac{1}{5000}$

5.8　地形图应用

考试大纲☞：地形图应用的基本技术　工程设计中的地形图应用　规划设计中的地形图应用

5.8.1　地形图应用的基本技术

1）地形图识读

识读地形图是对地形图内容和知识的综合了解和运用，对图幅内的地形有了完整的概念后，才能对可以利用的部分提出恰当、准确的用图方案。地形图的识读包括三个方面的内容：

（1）识读图廓外注记。

（2）识读地貌。

（3）识读地物和植被。

2）基本量的确定

（1）图上确定点的平面坐标。

（2）图上确定点的高程。

（3）图上量测直线的长度和方向。

（4）图上给定范围的面积量算。

【例 5-8-1】地形图识读内容不包括：

A. 识读图廓外注记　　　　　　　　　　B. 识读地貌

C. 识读地物和植被　　　　　　　　　　D. 识读地物点坐标

解　坐标需要计算得到。选 D。

5.8.2 工程设计中的地形图应用

1）按限制坡度选择最短线路

在进行管线、道路、渠道等的规划设计中，要考虑其线路的位置、走向和坡度。一般先在地形图上根据规定的坡度进行初步选线，计算其工程量，然后进行方案比较，最后再实地选定。

2）绘制断面图

在进行路线、管道、隧洞、桥梁等工程的规划设计中，往往要了解沿某一特定方向的地面起伏情况及通视情况。此时，常利用大比例尺地形图绘制所需方向的断面图。

（1）绘制距离尺和高程尺。

（2）断面点的确定。

（3）描绘地面线。

断面图不仅可以表示地形变化的特征，而且可以使我们了解地面上两点间的通视情况，以便考虑工程的施工方法。

3）建筑场地的平整

在工业与民用建筑中，通常要对拟建地区的自然地貌加以改造，整理成水平或倾斜的场地，使之适合于布置和修建各类建筑物，有利于排除地面水，满足交通运输和敷设地下管线的需要。这种改造地貌的工作，通常称为平整场地。在平整场地工作中，为了使填、挖方量基本平衡，常常要借助于地形图进行土、石方量的概算。下面分两种情况介绍土、石方量计算的方法。

（1）平整成同一高程的水平场地

①绘制方格网。

②计算设计高程。

③绘出填挖边界线。

④计算填、挖高度。

⑤计算填、挖土石方量。

（2）平整成一定坡度的倾斜场地

①绘制方格网，计算场地重心的设计高程。

②计算倾斜面最高点和最低点的设计高程。

③绘出填、挖边界线。

④计算方格角点的填、挖高度。

⑤填、挖方量的计算。

以上仅介绍了按给定坡度，将原地形改造成倾斜面的作业方法。有时还会碰到要求平整后的倾斜面必须包含某些不能任意改动的地面点。这时，应将这些地面点均列为设计倾斜面的控制高程点，然后根据控制高程点的高程来确定设计等高线的平距和方向。

【例 5-8-2】 断面图需要绘制的内容不包括：

    A. 绘制距离尺和高程尺   B. 绘制剖面线

    C. 断面点的确定   D. 描绘地面线

解 除选项 B 之外，其他三个选项都是断面图内容。选 B。

5.8.3 规划设计中的地形图应用

1）在地形图上确定汇水面积

为了防洪、发电、灌溉等目的，需要在河道上适当的地方修筑拦河坝。在坝的上游形成水库，以便蓄水。如图 5-8-1 所示，坝址上游分水线所围成的面积，称为汇水面积，汇集的雨水，都流入坝址以上的河道或水库中。

确定汇水面积时，应懂得勾绘分水线（山脊线）的方法。勾绘的要点是：

（1）分水线应通过山顶、鞍部及山脊，在地形图上应先找出这些特征的地貌，然后进行勾绘。

（2）分水线与等高线正交。

（3）边界线由坝的一端开始，最后回到坝的另一端点，形成闭合环线。

（4）边界线只有在山顶处才改变方向。

2）库容计算

进行水库规划设计时，如果坝的溢洪道高程已定，就可以确定水库的淹没面积，计算库容一般用等高线法。先求出图 5-8-1 中阴影部分各条等高线所围成的面积，然后计算各相邻两等高线之间的体积，其总和即为库容。

图 5-8-1　汇水面积及库容计算

设 S_1 为淹没线高程的等高线所围成的面积，$S_2, S_3, \cdots, S_n, S_{n+1}$ 为淹没线以下各等高线所围成的面积，其中 S_{n+1} 为最低等高线所围成的面积，h 为等高距，h' 为最低一根等高线与库底的高差，则相邻等高线之间的体积及最低一根等高线与库底之间的体积分别为：

$$V_1 = \frac{1}{2}(S_1 + S_2)h$$

$$V_2 = \frac{1}{2}(S_2 + S_3)h$$

$$\vdots$$

$$V_n = \frac{1}{2}(S_n + S_{n+1})h$$

$$V_n' = \frac{1}{3}S_{n+1}h'$$

则总库容为

$$V = V_1 + V_2 + \cdots + V_n + V_n'$$

如果溢洪道高程不等于地形图上某一条等高线的高程，就要根据溢洪道高程用内插法求出水库淹没线，然后计算库容。这时水库淹没线与下一条等高线间的高差不等于等高距，上面的计算公式要做相应的改动。

3）在地形图上确定土坝坡脚

土坝坡脚线是指土坝坡面与地面的交线。首先将坝轴线画在地形图上，再按坝顶宽度画出坝顶位置。然后根据坝顶高程、迎水面与背水面坡度，画出与地面等高线相应的坝面等高线，相同高程的等高线与坡面等高线相交，连接所有交点而得的曲线，就是土坝的坡脚线。

【例 5-8-3】 汇水面积勾绘的要点不包括：

    A. 分水线应通过山顶、鞍部及山脊

    B. 分水线与等高线正交

    C. 汇水线会独立形成封闭曲线

    D. 汇水范围线只有在山顶处才改变方向

解 汇水线不能独立形成封闭曲线。选 C。

经 典 练 习

5-8-1　地形图基本应用不包括（　　　）。

    A. 确定坐标　　　　　B. 确定高程　　　　　C. 确定场地平整度　　　D. 确定距离

5-8-2　确定地面坡度需要的量包括（　　　）。

    A. 水平距离和高差　　B. 平面坐标　　　　　C. 等高线条数　　　　　D. 等高线

5-8-3　地形图在水利工程中的应用不包括（　　　）。

    A. 确定汇水面积　　　B. 绘制渠道断面图　　C. 建筑场地平整　　　　D. 确定坝脚线

5-8-4　1/2000地形图与1/5000地形图相比（　　　）。

    A. 比例尺大，地物与地貌更详细　　　　　　B. 比例尺小，地物与地貌更详细

    C. 比例尺小，地物与地貌更粗略　　　　　　D. 比例尺大，地物与地貌更粗略

5-8-5　下列表示 AB 两点间坡度的是（　　　）。

    A. $i_{AB} = \frac{h_{AB}}{D_{AB}}\%$　　　B. $i_{AB} = \frac{H_B - H_A}{D_{AB}}$　　　C. $i_{AB} = \frac{H_A - H_B}{D_{AB}}$　　　D. $i_{AB} = \frac{H_A - H_B}{D_{AB}}\%$

5-8-6　在1/2000地形图上量得 M、N 两点距离为 $d_{MN} = 75\text{mm}$，高程为 $H_M = 137.485\text{m}$、$H_N = 141.985\text{m}$，则该两点坡度 i_{MN} 为（　　　）。

    A. +3%　　　　　　　B. −4.5%　　　　　　C. −3%　　　　　　　D. +4.5%

5-8-7 在1/2000地形图上有A、B两点，在地形图上求得A、B两点高程分别为$H_A = 51.2$m、$H_B = 46.7$m，地形图上量A、B两点之间的距离$d_{AB} = 93$mm，则AB直线的坡度i_{AB}为（   ）。

  A. 4.1%   B. −4.1%   C. 2%   D. −2.42%

5-8-8 确定汇水面积就是确定一系列（   ）与指定面围成的闭合图形面积。

  A. 山谷线   B. 山脊线   C. 某一高程的等高线 D. 集水线

5-8-9 在同一幅地形图中，等高距是一定的，因此等高线平距与地面坡度有关，则等高线平距越大，地面坡度（   ）。

  A. 越小   B. 越大   C. 相同   D. 不确定

5.9　工程测量

考试大纲☞：工程控制测量　施工放样测量　安装测量　建筑物变形观测

5.9.1　工程控制测量

工程控制测量主要采用三角网、导线、GPS控制网等手段，一般工程测量主要采用导线测量的方式进行控制测量，参考5.6节内容。

5.9.2　施工放样测量

1）放样的基本工作

（1）已知直线长度的放样。

（2）已知角度的放样。

（3）已知高程的放样。

2）点的平面位置的放样

点的平面位置放样的方法有：直角坐标法、极坐标法、角度交会法、距离交会法及方向线交会法等。放样时，可根据控制点与待定点的相互关系、地形条件等因素适当选用。

3）直线坡度的放样

在修筑道路，敷设给、排水管道，平整建筑场地等工程的施工中，常需要将设计的坡度线测设于地面，据以指导施工。

5.9.3　安装测量

1）建立安装控制网

一般安装控制网与测图控制网和放样控制网类似，符合精度要求的控制网即可，精密安装平面控制网的建立要考虑直伸三角网、环形控制网、三维控制网等形式，且要与平面控制网同时建立精密高程控制网。

2）安装测量

确保控制点可以满足安装测量的需要，测设关键点及关键轴线。其主要工作可以表述如下：

（1）螺栓组固定。严格根据要求限定点位误差。

（2）放样安装中心线。安装中心线用以控制设备的整体就位和初步调准，一般采用设备的主轴线，当通视条件受限制时，根据施工条件布设为主轴线的平行线。

（3）设备就位与调校。根据安装中心线调节设备初就位，在安装中心线上架设经纬仪，使设备准确就位，同时用高等级的水准仪（DS₁级）控制设备的水平度。该项工作需反复进行，直到测量检校的结果接近仪器的标称精度，并且数据稳定可靠。

（4）安装竣工检测。设备经精密调校，各项精度指标满足要求后，进行最终的竣工检测，填写竣工报告。经试运行，再次进行检测，填写检测报告。

5.9.4　建筑物变形观测

1）建筑物的沉降观测

（1）沉降观测的意义

工业与民用建筑中，由于地基承受上部建筑物的重量；或工业厂房投入运行后，受机器运转的振动；或地基长期受地下水的侵蚀等，都会使建筑物产生下沉现象。下沉量过大或沉降不均匀，就会使建筑物产生倾斜、裂缝甚至破坏。为了掌握建筑物沉降情况，及时发现建筑物有无异常的沉降现象，以便采取相应措施，保证建筑物的安全，同时也为检查设计理论和经验数据的准确性，为设计和科研提供资料，在建筑物的施工过程中和建成以后的一段时间，必须对建筑物进行连续的沉降观测。

（2）水准点和观测点的布设

①水准点的布设。

布设水准点时应注意以下几点：

a. 水准点应埋设在沉降区以外的通视良好且不受施工影响的安全地点。

b. 水准点与观测点之间的距离不能太远（一般不超过100m），以保证观测的精度。

c. 水准点基础的埋深应在2m以下，以防止自身的下沉。

②观测点的布设。

观测点是设置在建筑物及其基础上，用来反映建筑物沉降的标志点。观测点的数目和位置应能够全面反映建筑物的沉降情况，这与建筑物的大小、基础的形式、荷重以及地质条件等有关。

（3）观测时间

沉降观测的时间和次数，应根据工程进度、建筑物的大小、地基的土质情况以及基础荷重增加情况而定。

（4）观测方法和精度要求

沉降观测是用水准仪定期进行水准测量，以测定建筑物上各观测点的高程，然后依其高程变化计算沉降量。

必须指出的是，沉降观测的第一次观测成果是以后各次观测成果比较的基础，如第一次观测的精度不够或存在错误，不但无法补测，而且在成果比较中将出现不可解决的矛盾。因此，首次观测值应取两次观测的平均。有条件时，可提高观测的精度等级。

（5）沉降观测的成果整理

每次观测结束后，应检查记录计算是否有误，精度是否合格，文字说明是否齐全。然后调整闭合差，计算各沉降观测点的高程，并计算相邻两次观测之间的沉降量和累计沉降量，上述数据均应列入沉降观测成果表中，此外，还应注明观测日期和荷重情况。为了更形象地表示沉降、时间、荷重之间的关系，还应画出各观测点的沉降—荷重—时间关系曲线图。

2）建筑物的倾斜观测

基础的不均匀沉降，将使建筑物产生倾斜或裂缝，危及建筑物的安全，故建筑物竣工后必须进行倾斜观测。这对高大建筑物尤为重要。

进行倾斜观测时，应选择几个墙面，在墙面的墙顶作固定标志，离墙面大于墙高的适当位置选定测站。在观测周期内测量墙面顶点至水平面内的投影差，为提高精度，每次观测应取盘左、盘右两个位置的平均结果来标定墙顶点的投影。

【例 5-9-1】 建筑物的沉降观测是依据埋设在建筑物附近的水准点进行的，为了相互校核并防止由于某个水准点的高程变动造成差错，一般至少埋设水准点的数量为：

          A. 2 个   B. 3 个   C. 6 个   D. 10 个以上

解 根据《建筑变形测量规范》（JGJ 8—2016）要求，建筑物沉降监测基准点布设一般不少于 3 个。选 B。

【例 5-9-2】 建筑物沉降的观测方法可选择采用：

          A. 视距测量   B. 距离测量   C. 导线测量   D. 水准测量

解 沉降观测就是测高差，高程测量使用的测量方法是水准测量，选 D。

【例 5-9-3】 直线型建筑基线的基线点数目应不少于几个：

          A. 1   B. 2   C. 3   D. 4

解 基线点一般需要校核，因此直线型建筑基线点数目应不少于 3 个，选 C。

经 典 练 习

5-9-1 施工放样的基本工作不包括（　　　）。

    A. 已知直线长度的放样   B. 已知角度的放样

    C. 已知坐标的放样   D. 已知高程的放样

5-9-2 平面坐标放样方法不包括（　　　）。

    A. 直角坐标法   B. 极坐标法

    C. 角度交会法   D. 精密角度放样法

5-9-3 建筑物变形观测工作不包括（　　　）。

    A. 建立控制点   B. 测定高程值

    C. 点位平面坐标   D. 布设检测点

5-9-4 沉降观测的基准点是观测建筑物垂直变形值的基准，为了相互校核并防止由于个别基准点的高程变动造成差错，沉降观测布设基准点一般不能少于（　　　）。

    A. 2 个   B. 3 个   C. 4 个   D. 5 个

5-9-5 施工现场附近有控制点若干个，如果采用极坐标方法进行点位的测设，则测设数据为（　　　）。

    A. 水平角和方位角   B. 水平角和边长

    C. 边长和方位角   D. 坐标增量和水平角

5-9-6 施工测量的基本工作是测设点的（　　　）。

    A. 平面位置   B. 高程

    C. 平面位置和高程   D. 平面位置和角度

5.10 3S 技术

考试大纲☞：RS 的基本技术及数字图像　GIS 的基本要求　GPS 的基本要求及定位技术 3S 技术在水利工程中的应用

5.10.1 RS 的基本技术及数字图像

RS，即遥感。目前，遥感技术已经普遍应用于国防、农业、水利、国土资源等诸多领域。遥感技术的发展是现代科学技术的集中体现，其基本技术可列为如下几项：

电磁波理论：电磁波是遥感实现遥远感知的空间媒体，电磁波的传输理论，电磁波辐射、透射、散射理论，地物对电磁辐射的吸收折射特性理论等，是遥感实现的基本理论支持。

传感器理论：传感器是电磁波信号的接受感知设备，传感器的存在使电磁波理论应用得以成为现实。从光谱划分来讲，从可见光区到红外区的光学领域的传感器统称为光学传感器。微波领域的传感器统称为微波传感器。另外从对光谱区分能力来分，可分为多光谱、高光谱传感器等。

卫星平台理论：遥感中搭载传感器的工具统称遥感平台，包括人造卫星及飞机，以及无人机、气球等超低空平台，甚至移动测量车也包括在内。平台的姿态及位置变化对传感器获取数据的影响非常大，因此平台姿态参数获取控制技术、卫星轨道控制技术、卫星位置确定技术等对遥感数据获取起着至关重要的支持作用。

数字图像处理技术：目前传感器获取的资料都是以数字的方式存储在媒介中，要解译、应用和管理这些数据离不开数字图像处理理论和技术的支持。数字图像处理理论包括图像校正、图像配准、影像分类、影像融合等各类技术。

5.10.2 GIS 的基本要求

GIS 即地理信息系统，地理空间数据管理和应用系统，是现代空间信息技术发展的产物，是计算机数据库技术、地理空间数据处理技术和空间分析技术多学科融合的结果。

GIS 系统的基本功能有：

（1）空间数据的输入编辑功能。GIS 所管理的数据，既有空间图形数据又有属性数据，因此数据结构相对于普通管理系统较为复杂，数据结构的设计是 GIS 系统的重要研究内容。

（2）空间检索的功能。检索分为两种方式，以属性数据作为关键词检索，以空间数据作为关键词检索。

（3）空间分析功能。空间分析功能是 GIS 系统的灵魂，其基本功能有：空间叠置分析，缓冲区分析，连通性分析，空间分割，空间结构统计分析，复合分析等。

5.10.3 GPS 的基本要求及定位技术

全球定位系统（GPS）的出现已引起了测绘技术的一场革命，它可以高精度、全天候、快速测定地面点的三维坐标，使传统的测量理论与方法产生了深刻变革，促进了测绘科学技术的现代化。

GPS 主要由空间星座部分、地面监控部分和用户设备部分共三大部分组成。

利用 GPS 进行定位的基本原理是空间后方交会，即以 GPS 卫星和用户接收机天线之间的距离（或距离差）的观测量为基础，并根据已知的卫星瞬时坐标来确定用户接收机所对应的点位，即待定点的三维坐标(X, Y, Z)。由此可见，GPS 定位的关键是测定用户接收机天线至 GPS 卫星之间的距离，分伪距测量和载波相位测量两种。

5.10.4 3S 技术在水利工程中的应用

1）先进的数据源

（1）利用热红外遥感数据反演土壤含水量

20 世纪 60 年代，国外学者进行了土壤水分与光谱反射率的关系以及微波土壤水分方法的研究。20 世纪 70 年代后，随着各种遥感平台以及技术的成熟、发展与应用，土壤水分遥感监测技术也随之迅速发展，出现了多平台、多波段相结合的局面。在此期间，学者提出了热惯量、地表温度、植被指数、亮度温度等指标因子，并结合实验建立了土壤水分反演模型。

（2）利用微波遥感反演土壤含水量

微波遥感具有全天时、全天候观测的优点，并且对地表具有一定的穿透能力，能够弥补其他遥感方式在土壤水分监测应用中的不足，为流域尺度土壤水分监测提供了新的方法和途径。较其他野外墒情测量具有快速、大面积、实时的特点。

2）优异的分析计算方式

空间分析模块是 GIS 应用的核心功能，被广泛应用在洪涝灾害损失评估、堤坝溃决风险分析、农田环境污染分析等领域，也是制约城市内涝模型实现的关键。GIS 强大的空间分析计算能力让过去无法实现的算法得以实现，GIS 技术的引进使城市防洪模型的计算更加精确。现代城市的洪涝管理，在很多情况下都需要地表产流的详细空间变化信息，以在防灾规划设计以及减灾决策中得到最好的效果。

3）现代化的管理手段

高新技术在现代化节水管理中的应用日益广泛，3S 技术的应用将全面提升农业与生态节水管理的现代化水平，数字水文、数字河流、数字渠道、数字灌区的发展将大大促进精准灌溉和水资源精准调度的实践。3S 技术的应用产生了数字水文、数字河流、数字渠道、数字灌区等概念。面对"数字地球"对农业与生态节水信息化的召唤，建立数字河流、数字灌区，以实现河流和灌区信息资源在区域定位基础上的高度共享，将对区域可持续发展带来积极而深远的影响。随着 GIS 空间信息处理技术及相应计算机软件、高性能微机工作站及数字地形高程（DEM）等技术的出现，与水文水环境、灌溉水管理等有关的地理空间资料的获取、管理、分析、模拟和显示成为可能。

经 典 练 习

5-10-1 以下说法与 GPS 测量无关的是（　　　）。

    A. 空间后方交会   B. 水平角测量

    C. 伪距测量   D. 载波相位测量

5-10-2 GIS 基本功能不包括（　　　）。

    A. 输入编辑   B. 空间分析

    C. 空间检索   D. 测定空间点位

5-10-3 RS 与数字图像处理之间的关系下列不正确的一项是（　　　）。

    A. RS 的成果通过数字图像处理展示

    B. 数字图像处理技术拓展了 RS 应用

    C. 数字图像处理不适用于微波遥感

    D. 数字图像处理适用于光学遥感

参考答案及提示

5-1-1　C　测量工作的基准面是大地水准面。

5-1-2　C　根据 6°带和 3°带的分带定义。

5-1-3　C　根据测量工作基本原则的表述。

5-1-4　C　目前国家采用统一的高程基准为 1985 国家高程基准。

5-1-5　B　带号；$N = \mathrm{Int}\left(\dfrac{L+3}{6} + 0.5\right)$，中央子午线的经度 $L = 6n - 3$。

5-1-6　C　根据高斯—克吕格坐标的轴系定义进行判断。

5-1-7　A　测量工作的基本原则是先控制后碎部。

5-1-8　A　野外测量工作的基准面是大地水准面。

5-1-9　B　大地水准面是外业测量工作的基准面。

5-1-10　B　我国国家基本比例尺地形图中，大中比例尺地形图采用高斯-克吕格投影，其中 1∶2.5
万～1∶50 万地形图采用6°带投影，1∶1 万及更大比例尺地形图采用3°带投影，故 1∶
1000 的地形图宜采用3°带高斯-克吕格投影。

5-2-1　A　水准仪用于水准测量。

5-2-2　D　表示水准仪精度指标中误差值的单位为毫米。

5-2-3　C　精平使视准轴水平。

5-2-4　B　分划值小，易于观察视准轴倾斜。

5-2-5　B　水准仪的主要组成部分是望远镜、水准器和基座。

5-2-6　B　参见附合水准路线的检核公式。

5-2-7　C　水准仪的基本原理是通过水平视线测得两点之间高差。

5-3-1　D　表示水平方向测量一测回的方向中误差。

5-3-2　D　两者相互影响。

5-3-3　D　见盘左、盘右平均值所能消除的误差。

5-3-4　C　检校时只涉及一个方向，故只需整平。

5-3-5　A　经纬仪的主要轴线有水准管轴、竖轴、视准轴、横轴，它们之间应满足的几何关系为：
水准管轴垂直于竖轴、视准轴垂直于横轴、横轴垂直于竖轴。

5-3-6　C　经纬仪操作步骤是：对中、整平、瞄准、读数。

5-3-7　D　起始方向观测次数不同，故精度不同。

5-3-8　A　$\angle AOB$ 前半测回角 $= OB - OA + 360°$。

5-4-1　B　定向改正在尺长改正的范围之外。

5-4-2　A　视线水平时不需测竖直角。

5-4-3　A　$D = kl\cos^2\alpha = 100 \times 0.365 \times \cos^2(3°15'00'') = 36.383\mathrm{m}$

$$h = D\tan\alpha + i - v = 36.38 \times \tan(3°15'00'') + 1.460 - 2.379 = 1.147\text{m} \approx 1.15\text{m}$$

5-4-4　A　按视距测量水平距离，计算公式：

$$D = kl\cos^2\alpha = 100 \times 0.386\cos^2(6°42') = 38.1\text{m}$$

5-5-1　B　测量误差按性质主要分为两类：系统误差和偶然误差。

5-5-2　D　说法相反，线性函数是一般函数的特例。

5-5-3　C　等精度观测是在观测条件相同下的观测。

5-5-4　A　算术平均值中误差$= \dfrac{m}{\sqrt{n}}$。

5-5-5　C　周长为 4 倍测其一边的长度，即$L = 4a$，符合误差传播定律。

5-5-6　C　同上题。面积$S = a^2$，根据误差传播定律，$m_s = 2am$。

5-5-7　D　三角高程测量对向观测可以消除大气折光和地球曲率的影响，因为大气折光和地球曲率的影响，在正反两个方向对高程的影响是相反的，所以可以消除。

5-5-8　C　在已知同精度观测值真误差Δ的情况下，中误差计算公式为：$m = \pm\sqrt{\dfrac{[\Delta\Delta]}{n}}$。选项 B 和 D 明显错误，选项 A 的错误在于中误差具有正负性。

5-6-1　D　纯边长测量不能完成控制测量。

5-6-2　D　附合水准路线是水准测量的形式。

5-6-3　C　四等水准测量对视距累计差的要求是不超过 10m。

5-6-4　C　导线全长闭合差为导线全长中误差比导线全长。题中导线全长中误差$f = \sqrt{f_x^2 + f_y^2} = \sqrt{0.08^2 + (-0.06)^2} = \sqrt{0.010} = 10\text{cm}$，故导线全长中误差为$10\text{cm}/47535 = 1/4753.5$，取$1/4750$。

5-7-1　D　首曲线是对等高线的分类。

5-7-2　D　地物的长度可按比例尺缩绘，而宽度按规定尺寸绘出，这种符号称为半比例符号。用半比例符号表示的地物都是一些带状地物，如小路、通信线、管道、围墙、篱笆、铁丝网等。

5-7-3　A　除选项 A 之外，其他选项均是对地貌形态的描述。

5-7-4　C　图廓是分割图内图外的界线，坐标格网是图内标准格网标志。

5-7-5　B　等高线平距越小，坡度越小。

5-7-6　A　传统地图上，比例尺精度为图上 0.1mm 所代表的实地长度。

5-7-7　B　地形图是按一定比例，用规定的符号表示地物、地貌的平面位置和高程的正射投影图。

5-7-8　B　大比例尺地形图的图幅划分方法。

5-7-9　D　参见地形图的定义。

5-7-10　A　等高线是闭合的曲线。

5-7-11　D　参见比例尺精度的定义。

5-7-12　D　根据比例尺精度的定义，应有$\dfrac{0.1}{0.2 \times 10^3} = \dfrac{1}{M} \Rightarrow 2000$，故测图比例尺应选择 1：2000。

5-7-13　A　比例尺定义等于图上距离与实地距离之比，写成$\dfrac{1}{N}$的形式，现图上距离不超过 3cm，则实地距离不超过$3\text{cm} \times 500 = 15\text{m}$。

5-7-14　C　依据地形图比例尺精度定义，图上 0.1mm 的距离所对应的实地距离为 0.2m，地形图比

例尺精度 $= 0.1\text{mm}/0.2\text{m} = 0.1\text{mm}/200\text{mm} = 1/2000$。

5-8-1　C　场地平整度是高级应用。

5-8-2　A　根据坡度定义。

5-8-3　C　场地平整不是水利工程的应用。

5-8-4　A　比例尺越大，地形图所表征的地物与地貌更详细。

5-8-5　B　坡度为两点间的高差与实地水平距离之比。通常也将比值乘以 100% 来表示坡度，选项 A 应乘以 100%。另外，选项 C、D 中，AB 两点间的高差也应为 $H_B - H_A$。

5-8-6　A　$\dfrac{75 \times 10^3}{S_{\text{MN}}} = \dfrac{1}{2000} \Rightarrow S_{\text{MN}} = 150\text{m}$，$i_{\text{MN}} = \dfrac{H_N - H_M}{S_{\text{MN}}} = +3\%$。

5-8-7　D　$i_{\text{AB}} = \dfrac{h_{\text{AB}}}{D_{\text{AB}}} \times 100\% = \dfrac{46.7 - 51.2}{0.093 \times 2000} \times 100\% = -2.42\%$

5-8-8　B　汇水面积的确定是将一系列的分水线（山脊线）连接而成。

5-8-9　A　根据坡度定义为高差比等高线平距，地图中等高距是一定的，等高线平距变大坡度变小。

5-9-1　C　坐标的放样不是施工放样的基本工作，而是组合工作。

5-9-2　D　选项 D 是角度放样方法。

5-9-3　C　变形观测在于高度和角度的变化，不直接观测点位平面坐标。

5-9-4　B　根据现行《工程测量标准》，变形检测水准基准点布设不少于 3 个。

5-9-5　B　极坐标法测设点位采用水平角和边长数据进行测设。

5-9-6　C　施工测量的基本工作是测设点的点位坐标，选项 C 中平面位置和高程等价于测设点的点位坐标。

5-10-1　B　角度测量与 GPS 测量无关。

5-10-2　D　空间点位测定属于测图工作。

5-10-3　C　选项 C 说法错误，同样适用于微波遥感。

6 建 筑 材 料

考题配置　单选，9题

分数配置　每题 2 分，共 18 分

6.1　材料科学与物质结构基础知识

考试大纲☞：材料的组成：化学组成　矿物组成及其对材料性质的影响

材料的微观结构及其对材料性质的影响：原子结构　离子键　金属键　共价键　晶体与无定型体（玻璃体）

材料的宏观结构及其对材料性质的影响

材料的组成、结构和构造是决定材料性质的内部因素。

6.1.1　材料的组成

材料的化学组成，即材料的化学成分，是指构成材料的化学元素及化合物的种类和数量。无机非金属材料一般以元素的氧化物含量表示。材料的化学成分直接影响着材料的化学性质，也是决定材料物理以及力学性质的重要因素。

材料的矿物组成，是指组成材料的矿物种类和数量。矿物是具有一定化学成分和结构特征的稳定单质或化合物。矿物是构成岩石和各类无机非金属材料的基本单元。有机高分子材料分子组成的基本单元是链接。对于某些建筑材料如天然石材、无机胶凝材料而言，其矿物组成是决定其材料性质的主要因素。

材料化学组成相同但矿物组成不同也会导致性质的巨大差异。

6.1.2　材料的结构

材料的结构指材料的微观组织状况，可分为微观结构和显微结构两个层次。

材料的微观结构指的是能用电子显微镜、X 射线衍射仪等设备进行观察、分析得到的组成材料的原子、分子的排列方式、结合状况等。材料的微观结构可以分为晶体和非晶体。

（1）晶体是质点（原子、离子、分子）按一定规律在三维空间周期性重复排列的固体，具有特定的几何外形和固定的熔点。质点的这种规则排列构架称为晶格，构成晶格最基本的几何单元则称为晶胞。晶体就是由大量形状、大小和位向完全相同的晶胞堆砌而成，故晶体结构取决于晶胞的类型及尺寸。

按晶体质点及结合键的特性，可将晶体分为离子晶体、原子晶体、金属晶体和分子晶体。不同种类的晶体所构成的材料表现出的性质不同。

①离子晶体。由正、负离子间的静电引力形成的离子键所构成的晶体即是离子晶体。离子晶体一般比较稳定，其强度、硬度、熔点较高，但较脆，其固体状态是电热的不良导体，熔、溶状态可导电。

②原子晶体。由原子以共价键构成的晶体即是原子晶体。原子之间靠数个共用电子结合，具有很大

的结合能，结合比较牢固，因而这种晶体的强度、硬度与熔点都比较高，但塑性变形能力很差，通常为电、热的不良导体。

③金属晶体。金属晶体是由金属阳离子排列成一定形式的晶格，如体心立方晶格、面心立方晶格和紧密六方晶格，在晶格间隙中有自由运动的电子，阳离子与自由电子形成金属键，金属键结合力较强。金属晶体有较高的硬度和熔点，较好的塑性变形性能以及良好的导热性及导电性。

④分子晶体。分子键又称分子键范德华力，是中性的分子由于电荷的非对称分布而产生的分子极化，或是由于电子运动而发生的短暂极化所形成的一种结合力。依分子键结合起来的晶体称为分子晶体。分子键结合力较弱，故其硬度小，熔点也低，为电、热的不良导体。分子晶体大部分属于有机化合物。

（2）非晶体是相对晶体而言的，又称玻璃体、无定型体，是熔融物在急速冷却时，质点来不及按特定规律排列所形成的质点无序排列的固体或固态液体。非晶体没有固定的熔点和几何外形，为各向同性，其强度、导热性和导电性等低于晶体。

由于在急冷过程中，质点间的能量以内能的形式储存起来，使玻璃体具有化学不稳定性，即具有潜在的化学活性，在一定条件下容易与其他物质发生化学反应，如火山灰、粒化高炉矿渣等。

（3）胶体是指超微颗粒在介质中形成的分散体系，一般属于非晶体。当胶体的物理力学性质取决于介质时，此种胶体称为溶胶。溶胶具有可流动性的性质。由于胶体的质点很微小，表面积很大，所以表面能很大，吸附能力很强，使胶体具有很强的黏结力。胶体由于脱水或者质点凝聚作用，逐渐形成凝胶，凝胶体具有固体性质，但在长期应力作用下又具有黏性液体的流动性质。这是由于固体微粒表面有一层吸附膜，膜层越厚，则其流动性越大。

材料的显微结构是指用光学显微镜可以观察得到的材料组成及结构，一般可分辨范围为0.001~1mm。在这一层面上，可以分析材料的结构组织，如分析天然岩石的矿物组织，观察木材的木纤维、导管、髓线、树脂道等显微组织，分析组成混凝土材料的水泥基体相、集料分散相、界面相以及孔隙等。材料内部各种组织的性质各不相同，这些组织的特征、数量、分布，以及界面之间的结合情况都对材料的整体性质起着重要的影响作用。

【例6-1-1】 胶体结构的材料具有：

A. 各向同性，并有较强的导热导电性

B. 各向同性，并有较强的黏结性

C. 各向异性，并有较强的导热导电性

D. 各向同性，无黏结性

解 胶体结构属于非晶体结构，非晶体的质点排列没有一定规律性，没有特定的几何外形，是各向同性的，因此胶体结构的材料具有各向同性，选项C错误；配制胶体时，使用的容积是蒸馏水，另外胶体粒子较大且集中大量的电荷，在溶液中这些电荷的移动比溶液要慢，这直接导致其导电性不强，选项A、C错误；胶体的质点很微小，表面积很大，所以表面能很大，吸附能力很强，使胶体具有很强的黏结力，选项B正确。选B。

6.1.3 材料的构造

材料的构造是指材料的宏观组织状况，如岩石的层理、木材的纹理、钢铁材料中的气孔等。材料的性质与其构造有密切关系。这一层次主要研究和分析材料的组合与复合方式、组成材料的分布情况、材料中的孔隙构造、材料的构造缺陷等。

构造致密的材料强度高，疏松多孔的材料密度低，强度也较低，层状或者纤维状构造的材料是各向异性的。

多孔材料的各种性质，除了与材料孔隙率的大小有关外，还与孔隙的构造特征有关。材料中的孔隙，分为与外界相连通的开口孔隙和与外界隔绝的闭口孔隙。一般而言，水和侵蚀介质容易进入开口孔隙，故开口孔隙多的材料其强度、耐磨性、耐水性、抗渗性、抗冻性、耐腐蚀性等性质下降得更多，而其吸声性、吸湿性和吸水性则较好。而适当增加材料中密闭孔隙的比例，则可阻断连通孔隙，部分抵消冰冻的体积膨胀，在一定范围内提高材料的抗渗性、抗冻性。

【例 6-1-2】 描述混凝土材料孔隙结构的参数包括：

A. 孔隙率、孔几何学　　　　　　　　B. 孔径分布、孔隙

C. 孔几何学、孔径分布　　　　　　　D. 孔隙率、孔几何学、孔径分布

解　选 D。

经典练习

6-1-1 金属晶体是各向异性的，但金属材料却是各向同性的，其原因是（　　）。

A. 金属材料的原子排列是完全无序的

B. 金属材料是多晶体，晶粒是随机取向的

C. 金属材料是晶体和非晶体的混合物

D. 金属材料是非晶体

6-1-2 下列与材料的孔隙率没有关系的性能是（　　）。

A. 强度　　　　　B. 绝热性　　　　　C. 密度　　　　　D. 耐久性

6-1-3 吸声材料的孔隙特征应该是（　　）。

A. 均匀而密闭　　　　　　　　　　　B. 小而密闭

C. 小而连通、开口　　　　　　　　　D. 大而连通、开口

6-1-4 具有（　　）微观结构或性质的材料不属于晶体。

A. 结构单元在三维空间规律性排列

B. 非固定熔点

C. 材料的任意部分都具有相同的性质

D. 在适当的环境中能自发形成封闭的几何多面体

6.2　建筑材料的性质

考试大纲☞：密度　表观密度与堆积密度　孔隙与孔隙率

6.2.1　材料的密度、表观密度和堆积密度

1）密度

密度ρ（g/cm³）是材料在绝对密实状态下单位体积的质量，按下式计算。

$$\rho = \frac{m}{V}$$

$$(6-2-1)$$

式中：m——材料在干燥状态下的质量（g）；

V——材料在绝对密实状态下的体积（cm³）。

2）表观密度

表观密度ρ'（kg/m³或g/cm³）是指材料在自然状态下（包含孔隙）单位体积的质量，也称视密度，按下式计算。

$$\rho' = \frac{m}{V_0}$$ (6-2-2)

式中：m——材料的质量（kg 或 g）；

V_0——材料的自然状态下的体积（m³ 或 cm³）。

通常，材料在包含闭口孔隙条件下的体积时，常采用排液置换法或水中称重法测量。

当材料含水时，质量增大，体积也会发生变化，所以测定表观密度时须同时测定其含水率，注明含水状态。材料的含水状态有风干（气干）、烘干、饱和面干和湿润四种。材料表观密度一般为气干状态（长期在空气中存放的干燥状态）下的表观密度，烘干状态下的表观密度叫干表观密度。

3）堆积密度

散粒材料在堆积状态下单位堆积体积的质量，称为材料的堆积密度（原称松散容重）ρ_0（kg/m³），按下式计算。

$$\rho_0 = \frac{m}{V_0'}$$ (6-2-3)

式中：m——材料的质量（kg）；

V_0'——材料的堆积体积（m³）。

此处材料的质量是指自然堆积在一定容器内材料的质量，其堆积体积是指所用容器的容积。材料的堆积体积既包含内部孔隙也包含颗粒之间的空隙。根据散粒材料堆放的紧密程度不同，堆积密度又可分为松散堆积密度、振实堆积密度及紧密堆积密度。

6.2.2 材料的孔隙率和空隙率

1）孔隙率

材料中孔隙体积占材料总体积的百分率，称为材料的孔隙率（P），其计算式如下。

$$P = \frac{V_0 - V}{V_0} \times 100\% = \left(1 - \frac{\rho'}{\rho}\right) \times 100\%$$ (6-2-4)

材料孔隙率的大小反映了材料的密实程度，孔隙率大，则密实度小。工程中对保温隔热材料和吸声材料，要求其孔隙率大；而高强度的材料，则要求孔隙率小。工程上，一般通过测定材料的密度和表观密度来计算材料的孔隙率。

2）空隙率

散粒材料在堆积状态下，颗粒间的空隙体积占堆积体积的百分率，称为材料的空隙率（P'）。其计算式如下。

$$P' = \frac{V_0' - V_0}{V_0'} \times 100\% = \left(1 - \frac{\rho_0}{\rho'}\right) \times 100\%$$ (6-2-5)

空隙率的大小反映了散粒材料堆积时的致密程度，与颗粒的堆积状态密切相关，可以通过压实或振实的方法获得较小的空隙率，以满足不同工程的需要。

【例 6-2-1】 计算材料的孔隙率需要已知材料的：

A. 密度和堆积密度　　　　　　　　　B. 密度和表观密度

C. 视密度和堆积密度　　　　　　　　D. 视密度和表观密度

解　由孔隙率的计算公式 $P = \frac{V_0 - V}{V_0 \times 100\%} = \left(1 - \frac{\rho'}{\rho}\right) \times 100\%$，其中 $\rho' = \frac{m}{V_0}$ 为表观密度，$\rho = \frac{m}{V}$ 为密度。因此，计算材料的孔隙率需要已知材料的密度和表观密度。选 B。

【例 6-2-2】 材料的孔隙率降低，则其：

A. 密度增大而强度提高　　　　　　　B. 表观密度增大而强度提高

C. 密度减小而强度降低　　　　　　　D. 表观密度减小而强度降低

解　材料的密度是指材料在绝对密实状态下单位体积的质量。表观密度是指材料在自然状态下单位体积的质量。所以密度与孔隙率无关。孔隙率降低，即材料的密实度增大，表观密度增大，而强度提高。选 B。

【例 6-2-3】 密度为 2.6g/cm³ 的岩石具有 10% 的孔隙率，其表观密度为：

A. 2340kg/m³　　　B. 2680kg/m³　　　C. 2600kg/m³　　　D. 2364kg/m³

解　孔隙率 $P = 1 - \frac{表观密度}{密度}$

表观密度 $= (1 - P) \times 密度 = (1 - 10\%) \times 2.6 = 2.34\text{g/cm}^3 = 2340\text{kg/m}^3$

选 A。

【例 6-2-4】 材料的以下密度中，最小的是：

A. 表观密度　　　　B. 真密度　　　　C. 毛体积密度　　　　D. 堆积密度

解　真密度 = 材料的质量/实质部分的体积

表观密度 = 材料的质量/(实质部分的体积 + 闭孔体积)

毛体积密度 = 材料的质量/(实质部分的体积 + 闭孔体积 + 开口体积)

堆积密度 = 材料的质量/(实质部分的体积 + 闭孔体积 + 开口体积 + 集料之间的空隙体积)

所以最小的为堆积密度，故选 D。

【例 6-2-5】 同一材料，在干燥状态下，随着孔隙率的提高，材料性能不降低的是：

A. 密度　　　　B. 体积密度　　　　C. 表面密度　　　　D. 堆积密度

解　密度是指材料在绝对密实状态下，单位体积（包括固体颗粒的体积，不包括孔隙体积）的质量，所以随着孔隙率提高，密度不变。选 A。

体积密度是指材料在自然状态下，单位自然体积（包括固体颗粒体积与孔隙体积）的质量；表观密度是指单位表观体积（包括固体颗粒体积与闭口孔隙体积）的质量；堆积密度是指散粒材料在堆积状态下，单位堆积体积（包括固体颗粒体积、孔隙体积和空隙体积）的质量。体积密度、表观密度和堆积密度均随着孔隙率提高而降低。

经典练习

6-2-1　颗粒材料的密度为 ρ、表观密度为 ρ'、堆积密度为 ρ_0，则存在下列关系（　　）。

A. $\rho > \rho_0 > \rho'$　　　B. $\rho > \rho' > \rho_0$　　　C. $\rho' > \rho_0 > \rho$　　　D. 不确定

6-2-2　对保温最为有利的孔隙是（　　）。

A. 大孔洞　　　　　　　　　　　　　B. 闭口粗大孔隙

C. 闭口小孔隙　　　　　　　　　　　D. 开口小孔隙

6-2-3 骨料的所有空隙充满水但表面没有水膜,该含水状态被称为骨料的(　　)。

　　A. 气干状态　　　　B. 绝干状态　　　　C. 潮湿状态　　　　D. 饱和面干状态

6-2-4 吸声材料的孔隙特征应该是(　　)。

　　A. 均匀而密闭　　　　B. 小而密闭　　　　C. 小而连通、开口　　　D. 大而连通、开口

6.3　建筑材料的工程特征

考试大纲☞： 亲水性与憎水性　吸水性与吸湿性　耐水性　抗水性　抗冻性　导热性与变形性　材料的力学性能　脆性与韧性

6.3.1　材料与水有关的性质

1) 亲水性与憎水性

当水与材料表面相接触时,不同的材料被水所润湿的情况各不相同,这种现象是由于材料与水和空气三相接触时的表面能不同而产生的,如图 6-3-1 所示。材料、水和空气三相接触的交点处,沿水表面的切线与水和固体接触面所成的夹角θ称为润湿角。当水分子间的内聚力小于材料与水分子间的分子亲和力时,θ < 90°,这种材料能被水润湿,表现为亲水性;当水分子间的内聚力大于材料与水分子间的分子亲和力时,θ > 90°,这种材料不能被水润湿,表现为憎水性。建筑材料中石材、金属、水泥制品、陶瓷等无机材料和部分木材为亲水性材料,沥青、塑料、橡胶和油漆等为憎水性材料,工程上多利用材料的憎水性来制造防水材料。

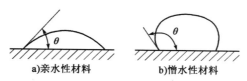

a)亲水性材料　　　　b)憎水性材料

图 6-3-1　材料润湿边角

2) 吸水性与吸湿性

材料在水中吸收水分的性质称为吸水性。材料的吸水性用吸水率表示,材料的吸水率有质量吸水率和体积吸水率两种表达形式,一般多以质量吸水率表示。

质量吸水率指材料吸水饱和时,所吸收水量占材料干质量的百分率。

$$w_{吸} = \frac{m - m_0}{m_0} \times 100\% \tag{6-3-1}$$

式中：$w_{吸}$——材料的质量吸水率(%)；

　　　m——材料在吸水饱和状态下的质量(g)；

　　　m_0——为材料在干燥状态下的质量(g)。

材料吸水率的大小主要取决于材料本身的亲水性、孔隙率的大小及孔隙特征。一般孔隙率越大,吸水性越强。密封的孔隙,水分不能进入;粗大开口的孔隙,不易吸满水分;具有很多微小开口孔隙的材料,其吸水能力特别强。

材料在潮湿空气中吸收水分的性质称为吸湿性。材料的吸湿性用含水率表示,材料的吸湿性是可逆的。当较干燥材料处于较潮湿空气中时,会从空气中吸收水分;当较潮湿材料处于较干燥空气中时,材料就会向空气中放出水分。

材料的吸湿性受所处环境的影响，随环境的温度、湿度的变化而变化。当空气的湿度保持稳定时，材料中的湿度会与空气的湿度达到平衡，即材料的吸湿与干燥达到平衡，这时的含水率称为平衡含水率。含水率计算式如下。

$$w_{含} = \frac{m_1 - m_0}{m_0} \times 100\% \tag{6-3-2}$$

式中：$w_{含}$——材料的含水率（%）；

m_1——材料在吸湿后的质量（g）；

m_0——为材料在干燥状态下的质量（g）。

【例 6-3-1】500g 潮湿的砂经过烘干后，质量变为 475g，其含水率为：

    A. 5.0%   B. 5.26%   C. 4.75%   D. 5.50%

解 含水率 $= \frac{所含水的质量}{材料的干燥质量} = \frac{500-475}{475} = 5.26\%$。选 B。

【例 6-3-2】含水率 3% 的砂 500g，其中所含的水量为：

    A. 15g   B. 14.6g   C. 20g   D. 13.5g

解 砂的含水率计算为：$w_{含} = \frac{m_1 - m_0}{m_0} \times 100\%$

其中，m_1 为材料在含水状态下的质量，m_0 为材料在干燥状态下的质量。

题中 $m_1 = 500g$，$w = 3\%$

解得 m_0 为 485.4g，故含水量为 $m_1 - m_0 = 14.6g$。选 B。

3）耐水性与抗冻性

材料长期在水的作用下不破坏，强度也不显著降低的性质称为耐水性。材料的耐水性用软化系数来衡量，其计算式如下。

$$K_{软} = \frac{f_b}{f_g} \tag{6-3-3}$$

式中：$K_{软}$——材料的软化系数；

f_b——材料在吸水饱和状态下的抗压强度（MPa）；

f_g——材料在干燥状态下的抗压强度（MPa）。

材料吸水后，水分会吸附到材料内物质微粒的表面，减弱微粒间的结合力，从而致使其强度下降，软化系数反映了这一变化的程度。材料抵抗压力水渗透的性能称为抗渗性。当多孔介质的不同区域存在压力差时，物质可能从高压侧通过内部的孔隙、孔洞或其他缺陷渗透到低压侧。材料的抗渗性与其孔隙率及孔隙特征有关。绝对密实的材料，具有封闭孔隙或极细孔隙的材料，实际上是不透水的。材料毛细管壁的亲水或憎水也对抗渗性有一定影响。材料抗渗性常用渗透系数或抗渗等级来表示。软化系数的取值在 0~1 之间，工程中通常将软化系数大于 0.85 的材料看作是耐水材料。

冰冻对材料的破坏作用与材料组织结构及其含水状况有关。水结冰时体积增大 9%，其破坏作用可概括为冰胀压力作用、水压力作用及显微析冰作用三种。一般认为，毛细孔含水量小于孔隙总体积的 91.7% 就不会产生冻结膨胀压力，而在混凝土完全保水状态下，其冻结膨胀压力最大。材料的抗冻性，是指材料在水饱和状态下，能经受多次冻融而不产生宏观破坏，同时微观结构不明显劣化、强度也不严重降低的性能。材料的抗冻性用抗冻等级表示。抗冻等级是用标准方法进行冻融循环试验，测得材料强度降低不超过规定值，且无明显损坏和剥落时所能承受的冻融循环次数来确定，常用 F_n 表示，其中 n 表示材料能承受的最大冻融循环次数，如 F100 表示材料在一定试验条件下能承受 100 次冻融循环。

材料的抗冻性与材料的孔隙率、孔隙特征、充水程度和冷冻速度等因素有关。材料的强度越高，其抵抗冰冻破坏的能力也越强，抗冻性越好；材料的孔隙率及孔隙特征对抗冻性影响较大，其影响与抗渗性相似。

【例 6-3-3】 以下哪项不是影响材料抗冻性的主要因素？

A. 孔结构　　　　　　　　　　　　　B. 水饱和度

C. 孔隙率和孔眼结构　　　　　　　　D. 冻融龄期

解　材料抵抗冻融破坏作用的能力，即抗冻性，与其孔隙率及孔隙特征和孔隙内充水饱和程度有关，并受到材料变形能力、抗拉强度及耐水性的影响。冻融龄期不是影响材料抗冻性的主要因素。选 D。

【例 6-3-4】 受水浸泡或处于潮湿环境中重要建筑物所用材料，其软化系数为：

A. > 0.5　　　　　　B. > 0.75　　　　　　C. > 0.85　　　　　　D. > 0.9

解　材料吸水后，水分会吸附到材料内物质微粒的表面，减弱微粒间的结合力，从而致使其强度下降，软化系数来反映了这一变化的程度。软化系数的范围在 0~1 之间，工程中通常将软化系数 > 0.85 的材料看作是耐水材料。受水浸泡或处于潮湿环境中重要建筑物所用材料，应该为耐水材料，其软化系数应大于 0.85。故选 C。

【例 6-3-5】 耐水材料的软化系数应：

A. > 0.85　　　　　　B. ≤ 0.85　　　　　　C. ≥ 0.75　　　　　　D. ≤ 0.65

解　耐水性是指材料抵抗水破坏的能力。水对于材料性能的破坏体现在不同方面，最明显的表现是材料的力学性能降低。耐水性通常用软化系数来表示，软化系数是选择耐水材料的重要依据。对于直接用于水中或受潮严重的材料，其软化系数不宜低于 0.85；对于受潮较轻的材料，其软化系数不宜低于 0.75。通常认为软化系数大于 0.85 的材料是耐水材料。故选 A。

6.3.2　材料导热与温度变形

导热性指材料传导热量的能力。导热性可用导热系数 λ 来表示，其物理意义是厚度为 1m 的材料，当其相对表面的温度差为 1K 时，1s 时间内通过 $1m^2$ 面积的热量。计算公式如下：

$$\lambda = \frac{Qd}{AZ\Delta t} \qquad (6-3-4)$$

式中：λ——导热系数 [W/(m·K)]；

　　　Q——通过材料的热量（J）；

　　　d——材料的厚度或传导的距离（m）；

　　　A——材料传热面积（m^2）；

　　　Z——导热时间（s）；

　　　Δt——材料两侧的温度差（K）。

材料的导热系数越小，其热传导能力越差，绝热性能越好。材料的导热系数与材料内部的孔隙构造密切相关，当材料中含有较多闭口孔隙时，其导热系数较小，材料的隔热绝热性较好；当材料内部含有较多粗大、连通的孔隙时，则空气会产生对流作用，使其传热性大大提高；当材料吸水或吸湿后，其导热系数增加，导热性提高，隔热绝热性降低。

绝热材料是指能阻滞热流传递的材料，又称热绝缘材料。它们用于建筑围护或者热工设备、阻抗热流传递的材料或者材料复合体，既包括保温材料，也包括保冷材料。在建筑物中起保温、隔热作用的材料，称为绝热材料。对绝热材料的基本要求是：导热系数不宜大于 0.17W/(m·K)，表观密度应小于 1000kg/m³，抗压强度应大于 0.3MPa。

材料在温度变化时产生体积变化，多数材料在温度升高时体积膨胀，温度下降时体积收缩。温度变形在单向尺寸上的变化称为线膨胀或线收缩，一般用线膨胀系数来衡量。普通混凝土的线膨胀系数为 $(5.8\sim15) \times 10^{-6}/\text{K}$。

$$\alpha = \frac{\Delta L}{(T_2 - T_1)L} \tag{6-3-5}$$

式中：α——材料在常温下的平均线膨胀系数（1/K）；

$\quad$ ΔL——材料的线膨胀或线收缩量（mm）；

$\quad$ $T_2 - T_1$——温度差（K）；

$\quad$ L——材料原长（mm）。

6.3.3 材料的力学性能

材料的力学性质是指材料在外力作用下有关变形性质和抵抗破坏的能力。

1）材料的强度

材料在外力作用下抵抗破坏的能力称为材料的强度，并以单位面积上所能承受的荷载大小来衡量。根据材料的受力状态，材料的强度可分为抗压强度、抗拉强度、抗弯（折）强度和抗剪强度。

抗压强度、抗拉强度、抗剪强度的计算式如下。

$$f = \frac{F}{A} \tag{6-3-6}$$

式中：f——材料的抗压、抗拉、抗剪强度（MPa）；

$\quad$ F——材料承受的最大荷载（N）；

$\quad$ A——材料的受力面（mm²）。

将抗弯试件放在两支点上，当外力为作用在试件中心的集中荷载，且试件截面为矩形时，试件的抗弯强度（也称抗折强度）可用下式计算。

$$f = \frac{3FL}{2bh^2} \tag{6-3-7}$$

式中：f——材料的抗弯（折）强度（MPa）；

$\quad$ F——材料承受的最大荷载（N）；

$\quad$ L——试件的跨距（mm）；

$\quad$ b——材料受力截面的宽度（mm）；

$\quad$ h——材料受力截面的高度（mm）。

材料的强度与其组成和构造有关。不同种类的材料抵抗外力的能力不同；同类材料当其内部构造不同时，其强度也不同。致密度越高的材料，强度越高。同类材料抵抗不同外力作用的能力也不相同，尤其是内部构造非均质的材料，其不同外力作用下的强度差别很大。如混凝土、砂浆、砖、石和铸铁等，其抗压强度较高，而抗拉、弯（折）强度较低；钢材的抗拉、抗压强度都较高。

多数建筑材料是根据其强度大小，划分成若干个不同的强度等级或标号。它对掌握材料的性质、结构设计、材料选用及控制工程质量等是十分重要的。

2）弹性与塑性

材料在外力作用下产生变形，当外力去除后，能完全恢复原来形状的性质，称为弹性，这种可恢复的变形称为弹性变形。若在去除外力后，材料仍保持变形后的形状和尺寸，且不产生裂缝的性质，称为塑性，此时的不可恢复变形称为塑性变形。

弹性变形的大小与所受应力的大小成正比，所受应力与应变的比值称为弹性模量，用"E"表示，它是衡量材料抵抗变形能力的指标。在材料的弹性范围内，E 是一个常数，按下式计算。

$$E = \frac{\sigma}{\varepsilon} \tag{6-3-8}$$

式中：E——材料的弹性模量（MPa）；

σ——材料所受的应力（MPa）；

ε——材料在应力 σ 作用下产生的应变，无量纲。

弹性模量越大，材料抵抗变形能力越强，在外力作用下的变形越小。材料的弹性模量是工程结构设计和变形验算的主要依据之一。

需要指出的是，完全的弹性材料或塑性材料是没有的，大多数材料在受力变形时，既有弹性变形，也有塑性变形，只是在不同的受力阶段，变形的主要表现形式不同。当外力去除后，弹性变形部分可以恢复，塑性变形部分不能恢复。有的材料如钢材，在受力不大的情况下，表现为弹性变形，而在受力超过一定限度后，就表现为塑性变形；有的材料如混凝土，受力后弹性变形和塑性变形几乎同时产生。

3）脆性与韧性

在外力作用下，无明显塑性变形而发生突然破坏，具有这种性质的材料称为脆性材料，如普通混凝土、砖、陶瓷、玻璃、石材和铸铁等。一般脆性材料的抗压强度比其抗拉、抗弯强度高很多倍，其抵抗冲击和振动的能力较差，不宜用于承受振动或冲击的场合。

在振动或冲击荷载作用下，能吸收较大的能量，并产生较大的变形而不破坏，具有这种性质的材料称为韧性材料，如低碳钢、低合金钢、塑料、橡胶、木材和玻璃钢等。材料的韧性用冲击试验来检验，又称为冲击韧性，用冲击韧性值即材料受冲击破坏时单位断面所吸收的能量来衡量。冲击韧性值用"a_k"表示，其计算式如下。

$$a_k = \frac{A_k}{A} \tag{6-3-9}$$

式中：a_k——材料的冲击韧性值（J/mm²）；

A_k——材料破坏时所吸收的能量（J）；

A——材料受力截面积（mm²）。

脆性材料，受冲击后容易破碎；强度低的材料，不能承受较大的冲击荷载；材料冲击韧性可以反映材料既具有一定强度，又具有良好的受力变形的综合性能。对于要求承受冲击荷载的土木工程结构，如道路、桥梁、轨道等，其所用材料应具有较高的韧性。

【例6-3-6】对于要求承受冲击荷载的土木工程结构，其所用材料应具有较高的：

A. 弹性　　　　　B. 塑性　　　　　C. 脆性　　　　　D. 韧性

解　在外力作用下材料发生变形，外力取消后变形消失，材料能完全恢复原来形状的性质称为弹性。在外力作用下材料发生变形，外力取消后仍保持变形后的形状和尺寸，但不产生裂缝的性质称为塑性。材料受外力作用，当外力达到一定数值时，材料发生突然破坏，且破坏时无明显的塑性变形，这种性质称为脆性。材料在冲击或振动荷载作用下，能吸收较大的能量，同时产生较大的变形而不破坏的性质称为韧性。所以对于要求承受冲击荷载作用的土木工程结构，其所用材料应具有较高的韧性。故选 D。

6.3.4　材料耐久性

材料的耐久性是指其在长期的使用过程中，能抵抗环境的破坏作用，并保持原有性质不变、不破坏的一项综合性质。工程上通常用材料抵抗使用环境中主要影响因素的能力来评价耐久性，如抗渗性、抗冻性、抗老化和抗碳化等性质。

环境对材料的破坏作用，可分为物理作用、化学作用和生物作用。物理作用主要有干湿交替、温度变化、冻融循环等，这些变化会使材料体积产生膨胀或收缩，或导致内部裂缝的扩展，长久作用后会使材料产生破坏。化学作用主要是指材料受到酸、碱、盐等物质的水溶液或有害气体的侵蚀作用，使材料的组成成分发生质的变化而引起材料的破坏，如钢材的锈蚀等。生物作用主要是指材料受到虫蛀或菌类的腐朽作用而产生的破坏，如木材等一类的有机质材料常会受到这种破坏作用的影响。

影响材料耐久性的内在因素很多，除了材料本身的组成结构、强度等因素外，材料的致密程度、表面状态和孔隙特征对耐久性影响很大。一般来说，材料的内在结构密实、强度高、孔隙率小、连通孔隙少、表面致密，则抵抗环境破坏能力强，材料的耐久性好。工程上常用提高密实度、改善表面状态和孔隙结构的方法来提高耐久性。

经典练习

6-3-1 材料的耐水性一般可用（　　）来表示。

  A. 渗透系数   B. 抗冻性

  C. 软化系数   D. 含水率

6-3-2 当材料的润湿边角 θ 为（　　）时，为亲水性材料。

  A. >90°   B. <90°   C. >45°   D. 0°

6-3-3 含水 5% 的湿砂 100g，其中水的质量是（　　）。

  A. 5g   B. 4.76g   C. 5.26g   D. 4g

6-3-4 含水率 5% 的砂 250g，其中所含的水量为（　　）。

  A. 12.5g   B. 12.9g   C. 11.0g   D. 11.9g

6-3-5 随着材料含水率的增加，材料密度的变化规律是（　　）。

  A. 增加   B. 不变   C. 下降   D. 不确定

6-3-6 最佳含水率对应的是（　　）。

  A. 最小干重度   B. 最大干重度   C. 最小含水率   D. 最大含水率

6.4　气硬性无机胶凝材料

考试大纲☞：气硬性胶凝材料　石膏和石灰技术性质与应用

6.4.1　胶凝材料概念及其分类

胶凝材料是指经过自身的物理化学作用后，在由可塑性浆体变成坚硬石状体的过程中，能把散粒或块状的物料胶结成一个整体的材料。胶凝材料按其化学组成成分的不同，可分为无机胶凝材料和有机胶凝材料两大类，无机胶凝材料按硬化条件不同又分为气硬性和水硬性两种。相比较而言，无机胶凝材料在土木工程中的应用更加广泛。

气硬性胶凝材料指的是那些只能在空气中凝结硬化，并保持或继续提高其强度的胶凝材料，如建筑石膏、石灰和水玻璃等。水硬性胶凝材料指的是一些不但能在空气中凝结硬化并增长强度，在潮湿环境甚至水中能更好地凝结硬化并增长强度的胶凝材料，如各种水泥等。一般气硬性胶凝材料只适用于地上和干燥环境中，不能用于潮湿环境，更不能用于水中；而水硬性胶凝材料既适用于地上，也能适用于潮湿环境或水中。

6.4.2 石膏

石膏胶凝材料是一种以硫酸钙为主要成分的气硬性胶凝材料，它不仅有着悠久的发展历史，现在更是一种有发展前途的新型建筑材料，具有凝结、硬化速度快，导热性低，吸声性强等特点。

1）石膏的种类

根据硫酸钙所含结晶水数量的不同，石膏分为二水石膏（$CaSO_4 \cdot 2H_2O$）、半水石膏（$CaSO_4 \cdot 1/2H_2O$）和无水石膏（$CaSO_4$）。二水石膏有两个来源，一是天然石膏矿（这种石膏又称为软石膏或生石膏）；二是化工石膏，这种石膏是含有较大量 $CaSO_4 \cdot 2H_2O$ 的化学工业副产品，是一种废渣或废液，如磷石膏、氟石膏、脱硫排烟石膏等。

2）建筑石膏的生产

生产建筑石膏的原材料主要是天然二水石膏，也可采用化工石膏。

生产石膏胶凝材料的主要工序是破碎、加热与磨细，生产原理是二水石膏 $CaSO_4 \cdot 2H_2O$ 脱水生成半水石膏 $CaSO_4 \cdot \frac{1}{2}H_2O$ 或无水石膏 $CaSO_4$，加热方式一般是在炉窑中进行煅烧，或在蒸压釜中进行蒸炼。由于加热温度和方式的不同，可以得到具有不同性质的石膏产品。根据加热方式的不同，半水石膏又有 α 型和 β 型两种形态。

建筑石膏主要成分是 β 型半水石膏。它是将天然二水石膏在 107~170℃ 温度下煅烧成半水石膏（也称熟石膏）经磨细而成的一种粉末状材料，它的生成反应式如下。

$$CaSO_4 \cdot 2H_2O \xrightarrow{107 \sim 170℃} CaSO_4 \cdot \frac{1}{2}H_2O + \frac{3}{2}H_2O$$

3）建筑石膏的水化与凝结硬化

建筑石膏与适量的水拌和后，最初形成可塑性良好的浆体，但很快就失去塑性而产生凝结硬化，继而发展成为固体。发生这种现象的实质，是由于浆体内部经历了一系列的物理化学变化。首先，β 型半水石膏溶解于水，与水化合，还原形成了二水石膏。水化反应按下式进行。

$$CaSO_4 \cdot \frac{1}{2}H_2O + \frac{3}{2}H_2O = CaSO_4 \cdot 2H_2O$$

因二水石膏在常温下的溶解度仅为半水石膏溶解度的1/5，故二水石膏胶体微粒就从溶液中结晶析出，这时溶液浓度降低，并且促使新的一批半水石膏又可继续溶解和水化。如此循环进行，直到半水石膏全部耗尽，转化为二水石膏。

在上述过程中，随着水化的进行，二水石膏生成量不断增加，水分逐渐减少，浆体开始失去可塑性，称为初凝。而后浆体继续变稠，颗粒之间的摩擦力和黏结力增加，完全失去可塑性，并开始产生结构强度，此时称为终凝。石膏终凝后，其晶体颗粒仍在不断长大并连生、互相交错，结构中孔隙率逐渐减小，石膏强度也不断增长，直至剩余水分完全蒸发后，强度才停止发展，形成硬化后的石膏结构。这就是建筑石膏的硬化过程。

4）建筑石膏的技术性质

建筑石膏是一种白色粉末状的气硬性胶凝材料，密度为2.60~2.75g/cm³，堆积密度为800~1000kg/m³，具有以下一些特性。

（1）凝结硬化快

建筑石膏凝结硬化过程很快，初凝时间不小于 6min，终凝时间不超过 30min，在室内自然干燥条件下，达到完全硬化需要一星期左右。

（2）硬化时体积微膨胀

建筑石膏硬化时体积微膨胀（膨胀率为 0.05%~0.15%），这可使石膏制品表面光滑饱满、棱角清晰，干燥时不开裂。

（3）硬化后孔隙率大、表观密度和强度较低

建筑石膏在使用时为获得良好的流动性，加入的水量往往比水化所需水分多。石膏凝结后，多余水分蒸发后在石膏硬化体内留下大量孔隙（孔隙率高达 50%~60%），故表观密度小，强度低，其硬化后的强度仅为 3~5MPa，但这已能满足用作隔墙和饰面的要求。同时应注意建筑石膏粉易吸潮，长期储存会降低强度，因此建筑石膏粉在储存及运输期间必须防潮，储存时间一般不得超过三个月。

（4）绝热、吸声性良好

建筑石膏制品的导热系数较小，一般为0.121~0.205W/(m·K)，具有良好的绝热能力。

（5）防火性能良好

建筑石膏硬化后生成二水石膏，遇火时，由于石膏中结晶水吸收热量蒸发，在制品表面形成蒸汽幕，有效阻止火的蔓延。制品厚度越大，防火性能越好。

（6）有一定的调温调湿性

建筑石膏热容量大、吸湿性强，所以能对室内温度和湿度起到一定的均衡调节作用。

（7）耐水性、抗冻性差

因建筑石膏硬化后具有很强的吸湿性，在潮湿环境中会削弱晶体间结合力，使强度显著下降。在水中晶体还会溶解而引起破坏，在流动的水中破坏得更快。若石膏吸水后再受冻，则孔隙内水分结冰，产生体积膨胀致使石膏制品崩裂破坏。因此，建筑石膏不耐水，不抗冻。

（8）加工性和装饰性好

石膏硬化体可锯、可钉、可刨、可打眼，便于施工；其制品表面细腻平整，色洁白，极富装饰性。

5）建筑石膏的应用

由上可以看出，建筑石膏具有很多优良性能，其应用也较为广泛，可以用来做成石膏抹面灰浆、各类石膏板、各种建筑石膏制品等。另外，石膏也作为重要的外加剂，用于水泥及硅酸盐制品中。

石膏板是一种新型轻质板材，它是以建筑石膏为原料，加入锯末、膨胀珍珠岩、膨胀蛭石、陶粒、煤渣等轻质多孔填料以及石棉、纸筋等纤维状填料而制成的。为了提高石膏板的耐水性，可以加入适量的水泥、粉煤灰、粒化高炉矿渣等，或是在石膏表面粘贴护纸板、塑料壁纸、铝箔等。石膏板具有质量轻、隔热保温、隔音、防火等性能，可锯、可钉，加工方便。目前石膏板制品种类主要有纸面石膏板、纤维石膏板、空心石膏条板、石膏装饰板等，主要用作分室墙、内隔墙、吊顶和装饰。但石膏板具有长期徐变的性质，在潮湿的环境中更严重，所以不宜用于承重结构。

【例 6-4-1】 石膏制品具有良好的抗火性，是因为：

A. 石膏制品保温性良好 　　　　　　B. 石膏制品含有大量结晶水

C. 石膏制品孔隙率大 　　　　　　　D. 石膏制品高温下不变形

解 石膏硬化后的结晶物 $CaSO_4 \cdot 2H_2O$ 遇到火烧时，结晶水蒸发，吸收热量，并在表面生成具有良好绝热性的无结晶水产物，起到阻止火焰蔓延和温度升高的作用，所以石膏有良好的抗火性。选 B。

【例 6-4-2】 下列何种浆体在凝结硬化过程中，其体积发生微膨胀？

A. 白色硅酸盐水泥　　B. 普通水泥　　　　C. 石膏　　　　　D. 石灰

解　建筑石膏硬化时体积微膨胀（膨胀率为 0.05%~0.15%）。选 C。

【例 6-4-3】 下列材料中不是气硬性胶凝材料的是：

A. 石膏　　　　　　B. 石灰　　　　　C. 水泥　　　　　D. 水玻璃

解　只能在空气中硬化，也只能在空气中保持和发展其强度的材料，称为气硬性胶凝材料，如石灰、石膏、菱苦土和水玻璃等；气硬性胶凝材料一般只适用于干燥环境中，而不宜用于潮湿环境，更不可用于水中。水泥是水硬性胶凝材料。故选 C。

6.4.3 石灰

石灰是以氧化钙或氢氧化钙为主要成分的气硬性胶凝材料，是一种传统而又古老的建筑材料。石灰的原料来源广泛，生产工艺简单，使用方便，成本低廉，并具有良好的建筑性能，所以目前仍然是一种使用十分广泛的建筑材料。

1）石灰的种类

（1）生石灰。由石灰石煅烧成的白色或浅灰色疏松结构块状物，主要成分为 CaO。

（2）生石灰粉。由块状生石灰磨细而成。

（3）消石灰粉。将生石灰用适量水经消化和干燥而成的粉末，主要成分为 $Ca(OH)_2$，亦称熟石灰。

（4）石灰膏。将块状生石灰用过量水（约为生石灰体积的 3~4 倍）消化，或将消石灰粉和水拌和，所得达到一定稠度的膏状物，主要成分是 $Ca(OH)_2$ 和水。

2）石灰的生产

用于制备石灰的原料有石灰石、白垩、白云石和贝壳等，它们的主要成分都是碳酸钙，在低于烧结温度下煅烧所得到的块状物质即生石灰。反应式如下：

$$CaCO_3 \xrightarrow{900℃} CaO + CO_2 \uparrow$$

煅烧良好的生石灰，质轻色匀，密度约为 3.2g/cm³，表观密度为 800~1000kg/m³。为了加快煅烧过程，常使温度高达 1000~1100℃。煅烧时温度的高低及分布情况，对石灰质量有很大影响。如温度过低或温度分布不均匀或煅烧时间不足，使得 $CaCO_3$ 不能完全分解，将生成"欠火石灰"；如果煅烧温度过高或时间过长，将生成颜色较深的"过火石灰"。欠火石灰中含有较多的未消化残渣，影响成品的出材率；过火石灰内部结构致密，CaO 晶粒粗大，表面被一层玻璃釉状物包裹，与水反应极慢，会引起制品的隆起或开裂。《建筑生石灰》（JC/T 479—2013）规定，按氧化镁含量的多少，建筑石灰分为钙质石灰和镁质石灰两类，前者氧化镁含量小于 5%。

此外，生产石灰的原料除了天然原材料外，还可以利用化学工业副产品，如用碳化钙（CaC_2）制取乙炔时所产生的电石渣，其主要成分是氢氧化钙，即消石灰；或者用氨碱法制碱所得的残渣，其主要成分为碳酸钙等。

3）石灰的熟化与凝结硬化

石灰使用前，一般先加水，使之消解为熟石灰，其主要成分为 $Ca(OH)_2$，这个过程称为石灰的熟化或消化。其反应式如下：

$$CaO + H_2O = Ca(OH)_2 + 64.9kJ$$

上述化学反应有两个特点：一是水化热大、水化速率快；二是水化过程中固相体积增大 1.5~2 倍，后一个特点易在工程中造成事故，应予高度重视。如前所述，过火石灰水化极慢，它要在占绝大多数的正常石灰凝结硬化后才开始慢慢熟化，并产生体积膨胀，从而引起已硬化的石灰体发生鼓包开裂破坏。为了消除过火石灰的危害，通常将生石灰放在消化池中"陈伏"2~3 周以上才可使用。陈伏时，石灰浆表面应保持一层水来隔绝空气，防止碳化。

石灰的硬化是指石灰浆体由塑性状态逐步转化为具有一定强度的固体的过程。石灰浆体在空气中逐渐硬化，是由下面两个同时进行的过程来完成。

（1）结晶作用

石灰浆在使用过程中，因游离水分逐渐蒸发或被砌体吸收，引起溶液某种程度的过饱和，使 $Ca(OH)_2$ 逐渐结晶析出，促进石灰浆体的硬化。

（2）碳化作用

氢氧化钙与空气中的二氧化碳化合生成碳酸钙结晶，释出水分并被蒸发。反应式如下。

$$Ca(OH)_2 + CO_2 + nH_2O = CaCO_3 + (n+1)H_2O$$

这个过程形成的 $CaCO_3$ 晶体，使硬化石灰浆体结构致密，强度提高。空气中 CO_2 含量少，碳化作用主要发生在与空气接触的表层上，只有当孔壁完全湿润而孔中不充满水时，碳化作用才能较快进行。随着时间延长，表面形成的碳酸钙层达到一定厚度时，将阻碍 CO_2 向内渗透，同时也使浆体内部的水分不易脱出，使氢氧化钙结晶速度减慢。所以，石灰浆体的硬化过程只能是很缓慢的。硬化后的石灰体表面为碳酸钙层，它会随着时间延长而厚度逐渐增加，里层则是氢氧化钙晶体。

4）石灰的技术性质

（1）可塑性和保水性好

生石灰熟化为石灰浆后，是一种表面吸附水膜的高度分散的氢氧化钙胶体，因而颗粒间的摩擦力减小，可塑性好。在水泥砂浆中加入石灰浆，可使可塑性和保水性显著提高。

（2）硬化缓慢，硬化后强度低

石灰的硬化只能在空气中进行，空气中 CO_2 含量少，使碳化作用进行缓慢。已硬化的表层对内部的硬化又有阻碍作用，所以石灰浆的硬化很缓慢。熟化时的大量多余水分在硬化后蒸发，在石灰体内留下大量孔隙，所以硬化后的石灰体密实度小，强度也不高。石灰砂浆 28d 抗压强度通常只有 0.2~0.5MPa，受潮后石灰溶解，强度更低。

（3）硬化时体积收缩大

由于石灰浆中存在大量游离水，硬化时大量水分蒸发，导致内部毛细管失水紧缩，引起显著的体积收缩变形，使硬化石灰体产生裂纹。故除调成石灰乳作薄层粉刷外，石灰浆不宜单独使用。通常工程施工时常掺入一定量的骨料（如砂）或纤维材料（如麻刀、纸筋等）。

（4）耐水性差

石灰浆硬化慢、强度低，所以在石灰硬化体中，大部分仍是尚未碳化的 $Ca(OH)_2$，易溶于水，这会使硬化石灰体遇水后产生溃散。所以石灰不宜在潮湿的环境或者有水的条件下使用，也不宜单独用于建筑物基础。

5）石灰的应用

（1）配制建筑砂浆

石灰具有良好的可塑性和黏结性，常用来配制砌筑砂浆及抹面砂浆。石灰浆或消石灰粉与砂和水单独配制成的砂浆称为石灰砂浆；与水泥、砂和水一起配制成的砂浆称为混合砂浆。为了克服石灰浆收缩大的缺点，配制时常加入纸筋等纤维质材料。

（2）拌制三合土和灰土

三合土按生石灰粉(或消石灰粉)：黏土：砂子(或碎石、炉渣)＝1：2：3的比例来配制。灰土按石灰粉(或消石灰粉)：黏土＝1：2~4的比例来配制。三合土或灰土经强力夯实后，密实度大大提高，同时黏土中的少量活性 SiO_2 和活性 Al_2O_3 与氢氧化钙发生反应，生成了水硬性的水化硅酸钙和水化铝酸钙，将黏土颗粒胶结起来，提高了黏土的强度和耐水性。其主要用于建筑物的基础、路面或地面的垫层等。

（3）制作石灰乳涂料

将消石灰粉或熟化好的石灰膏加入适量的水搅拌稀释，成为石灰乳，是一种廉价易得的涂料，主要用于内墙和天棚刷白，增加室内美观和亮度，我国农村也将其用于外墙。石灰乳可加入各种颜色的耐碱材料，以获得更好的装饰效果。

（4）生产硅酸盐制品

以石灰和硅质材料（如粉煤灰、石英砂、炉渣等）为原料，加水拌和，经成型，蒸养或蒸压处理等工序而成的建筑材料，统称为硅酸盐制品。如蒸压灰砂砖、粉煤灰砌块、硅酸盐砌块等，主要用作墙体材料。生石灰的水化产物 $Ca(OH)_2$ 能激发粉煤灰、炉渣等硅质工业废渣的活性，起碱性激发作用；$Ca(OH)_2$ 能与废渣中的活性 SiO_2、Al_2O_3 反应，生成有胶凝性、耐水性的水化硅酸钙和水化铝酸钙，这一原理在利用工业废渣来生产建筑材料时被广泛采用。

（5）磨制生石灰粉

建筑工程中大量用磨细生石灰来代替石灰膏和消石灰粉配制灰土或砂浆，或直接用于生产硅酸盐制品。磨细生石灰可不经预先消化和陈伏直接应用。因为这种石灰具有很高的细度，水化反应速度快，水化时体积膨胀均匀，避免了产生局部膨胀过大现象。另外，石灰中的过火石灰和欠火石灰被磨细，提高了石灰的质量和利用率。

（6）加固软土地基

块状生石灰可用来加固含水的软土地基（称为石灰桩）。它是在桩孔内灌入生石灰块，利用生石灰吸水熟化产生体积膨胀的特性来加固地基。

（7）制造静态破碎剂和膨胀剂

将含有一定量 CaO 晶体、粒径为 10~100μm 的过火石灰粉，与 5%~70%的水硬性胶凝材料及 0.1%~0.5%的调凝剂混合，可制得静态破碎剂。使用时将它与适量的水混合调成浆体，注入欲破碎物的钻孔中。由于水硬性胶凝材料硬化后，过火石灰才水化，水化时体积膨胀，从而产生很大的膨胀压力，使物体破碎。该破碎剂可用于拆除建筑物或破碎分割岩石。

【例6-4-4】 石灰的"陈伏"期一般在多长时间以上？

        A. 两个月以上   B. 两天以上   C. 一星期以上   D. 两星期以上

解 为了消除过火石灰的危害，通常将生石灰放在消化池中"陈伏"2~3 周以上才可使用。选 D。

经 典 练 习

6-4-1 建筑石灰浆体凝结硬化时应处于（   ）。

    A. 干燥环境   B. 潮湿环境

    C. 水中   D. 干燥环境或潮湿环境

6-4-2 石灰熟化时，其体积变化和热量变化情况，（ ）是正确的。

    A. 体积膨胀、吸收大量热量   B. 体积收缩、吸收大量热量

    C. 体积膨胀、放出大量热量   D. 体积收缩、放出大量热量

6-4-3 石灰熟化过程中的"陈伏"是为了（ ）。

    A. 有利于结晶   B. 蒸发多余水分

    C. 消除过火石灰的危害   D. 降低发热量

6-4-4 石膏制品具有良好的抗火性，是因为（ ）。

    A. 石膏制品保温性好   B. 石膏制品含大量结晶水

    C. 石膏制品孔隙率大   D. 石膏制品高温下不变形

6-4-5 消石灰的主要化学成分为（ ）。

    A. 氧化钙   B. 氧化镁   C. 氢氧化钙   D. 硫酸钙

6-4-6 下列关于建筑石膏的描述正确的是（ ）。

    ①建筑石膏凝结硬化的速度快；

    ②凝结硬化后表观密度小，而强度降低；

    ③凝结硬化后的建筑石膏导热性小，吸声性强；

    ④建筑石膏硬化后体积发生微膨胀。

    A. ①②③④   B. ①②   C. ③④   D. ①④

6.5 水泥

考试大纲☞：水泥的组成   水化与凝结硬化机理   性能与应用

    水泥是一种粉状矿物胶凝材料，它与水混合后形成浆体，经过一系列物理化学变化，由可塑性浆体变成坚硬的石状体，并能将散粒材料胶结成为整体。水泥浆体不仅能在空气中凝结硬化，更能在水中凝结硬化，是一种水硬性胶凝材料。水泥是最为重要的建筑材料之一，在水利、交通、土木、海岸等工程中都有广泛应用。

6.5.1 水泥的种类

    土木工程中应用的水泥品种众多，按其化学组成可分为硅酸盐系水泥、铝酸盐系水泥、硫铝酸盐系水泥、铁铝酸盐系水泥、磷酸盐系水泥、氟铝酸盐系水泥等系列。按水泥的性能及用途可分为三大类。

    （1）用于一般土木建筑工程的通用水泥，主要包括硅酸盐水泥、普通硅酸盐水泥、矿渣硅酸盐水泥、火山灰质硅酸盐水泥、粉煤灰硅酸盐水泥和复合硅酸盐水泥六大硅酸盐系水泥。

    （2）具有专门用途的专用水泥，如道路水泥、砌筑水泥和油井水泥等。

    （3）具有某种比较突出性能的特性水泥，如快硬硅酸盐水泥、白色硅酸盐水泥、抗硫酸盐硅酸盐水泥、低热硅酸盐水泥和膨胀水泥等。

6.5.2 水泥的组成

1）硅酸盐水泥熟料

    由水泥原料经配比后煅烧得到的块状料即为水泥熟料，是水泥的主要组成部分。水泥的性能主要决

定于熟料质量，优质熟料应该具有合适的矿物组成和良好的岩相结构。水泥熟料的组成成分可分为化学成分和矿物成分两类。

硅酸盐水泥熟料的化学成分主要是氧化钙（CaO）、氧化硅（SiO_2）、氧化铝（Al_2O_3）、氧化铁（Fe_2O_3）四种氧化物，这四种成分占熟料质量的94%左右。其中，CaO占60%~67%，SiO_2占20%~24%，Al_2O_3占4%~9%，Fe_2O_3占2.5%~6%。这几种氧化物经过高温煅烧后，反应生成多种具有水硬性的矿物，成为水泥熟料。

硅酸盐水泥熟料的主要矿物成分是硅酸三钙（$3CaO \cdot SiO_2$），简称为C_3S，占50%~60%；硅酸二钙（$2CaO \cdot SiO_2$），简称为C_2S，占15%~37%；铝酸三钙（$3CaO \cdot Al_2O_3$），简称为C_3A，占7%~15%；铁铝酸四钙（$4CaO \cdot Al_2O_3 \cdot Fe_2O_3$），简称为$C_4AF$，占10%~18%。

2）水泥混合材料

（1）活性混合材料

混合材磨细后与石灰和石膏拌和，加水后既能在水中又能在空气中硬化的称为活性混合材。水泥中常用的活性混合材有粒化高炉矿渣、火山灰质混合材及粉煤灰3种。

①粒化高炉矿渣是高炉冶炼生铁时，将浮在铁水表面的熔融物经水淬等急冷处理而成的松散颗粒，又称为水淬矿渣。粒化高炉矿渣的主要化学成分是CaO、SiO_2、Al_2O_3和少量MgO、Fe_2O_3。急冷的矿渣结构为不稳定的玻璃体，具有较大的化学潜能，其主要活性成分是活性SiO_2和活性Al_2O_3，常温下能与$Ca(OH)_2$反应，生成水化硅酸钙、水化铝酸钙等具有水硬性的产物，从而产生强度。在用石灰石作熔剂的矿渣中，含有少量C_2S，本身就具有一定的水硬性，加入激发剂磨细就可制得无熟料水泥。

②天然火山灰材料是火山喷发时形成的一系列矿物，如火山灰、凝灰岩、浮石、沸石和硅藻土等；人工火山灰是与天然火山灰成分和性质相似的人造矿物或工业废渣，如烧黏土、粉煤灰、煤矸石渣和煤渣等。火山灰的主要活性成分是活性SiO_2和活性Al_2O_3，在激发剂作用下，可发挥出水硬性。

③粉煤灰是火力发电厂以煤粉作燃料，燃烧后收集下来的极细的灰渣颗粒，为球状玻璃体结构，也是一种火山灰质材料。根据其CaO成分的高低可分为低钙粉煤灰和高钙粉煤灰，低钙粉煤灰的CaO含量低于10%，一般是无烟煤燃烧所得的副产品；高钙粉煤灰的CaO含量典型的可达15%~30%，通常是褐煤和次烟煤燃烧所得的副产品。与低钙粉煤灰相比，高钙粉煤灰通常活性较高，因为它所含的钙绝大部分是以活性结晶化合物形式存在的，此外其所含的钙离子量也使铝硅玻璃的活性得到增强。

【例6-5-1】某工程基础部分使用大体积混凝土浇筑，为降低水泥水化温升，针对水泥可以用如下措施：

  A. 加大水泥用量   B. 掺入活性混合材料

  C. 提高水泥细度   D. 降低碱含量

解 掺入活性混合材料部分取代水泥，不仅可以减少水泥用量，降低水泥水化温升，还能改善混凝土的性能。选B。

【例6-5-2】粉煤灰是现代混凝土材料胶凝材料中常见的矿物掺合物，其主要活性成分是：

  A. 二氧化硅和氧化钙   B. 二氧化硅和三氧化二铝

  C. 氧化钙和三氧化二铝   D. 氧化铁和三氧化二铝

解 粉煤灰的活性主要来自活性二氧化硅和活性三氧化二铝在一定碱性条件下的水化作用，其主要活性成分为二氧化硅和三氧化二铝。选B。

（2）非活性混合材料

磨细的石英砂、石灰石、慢冷矿渣等属于非活性混合材料，它们与水泥成分不起化学作用或化学作用很小，又称填充性混合材料。非活性混合材起着提高水泥产量，降低水泥生产成本，降低强度等级，减少水化热，改善和易性等作用，其加入量一般较少。

3）石膏

一般水泥熟料磨成细粉与水拌和会产生速凝现象，掺入适量石膏不仅可调节凝结时间，还能提高早期强度，降低干缩变形，改善耐久性等。对于掺混合材的水泥，石膏还可对混合材起到活性激发剂作用。所用到的石膏通常是二水石膏或无水石膏。

6.5.3 硅酸盐水泥的生产

凡由硅酸盐水泥熟料、0~5%石灰石或粒化高炉矿渣、适量石膏磨细制成的水硬性胶凝材料，称为硅酸盐水泥（国外通称波特兰水泥）。硅酸盐水泥分两类：不掺加混合材料的称为I型硅酸盐水泥，代号P·I；在水泥粉磨时掺入不超过水泥质量5%的石灰石或粒化高炉矿渣的称为II型硅酸盐水泥，代号P·II。

生产硅酸盐水泥的原料主要是石灰石、黏土和铁矿石粉，煅烧一般用煤作燃料。石灰石主要提供CaO，黏土主要提供SiO_2、Al_2O_3和Fe_2O_3，铁矿石粉主要是补充Fe_2O_3的不足。

硅酸盐水泥的生产由生料制备、煅烧熟料和粉磨水泥3大主要环节组成，主要设备是生料粉磨机、水泥熟料煅烧窑和水泥粉磨机，整个过程可以概括为"两磨一烧"。生料煅烧成熟料是水泥生产的关键环节，生料在煅烧过程中要经过干燥、预热、分解、烧成和冷却5个环节，通过一系列物理、化学变化，生成水泥矿物，形成水泥熟料，为了使生料能充分反应，窑内烧成温度要达到1450℃。

此外，在硅酸盐水泥生产中，须加入适量石膏和混合材料。加入石膏的作用是延缓水泥的凝结时间，以满足使用的要求；加入混合材料则是为了改善其品种和性能，扩大其使用范围。

【例 6-5-3】 硅酸盐水泥组成是由硅酸盐水泥熟料，适量石膏和以下哪项磨细而成？

    A. 6%~20%混合材料   B. 6%~15%粒化高炉矿渣

    C. 5%窑灰   D. 0%~5%石灰石或粒化高炉矿渣

解 考查硅酸盐水泥定义。选 D。

【例 6-5-4】 通用水泥通常不包括：

    A. 混合材料   B. 熟料   C. 外加剂   D. 石膏

解 考查水泥定义。选 C。

【例 6-5-5】 硅酸盐水泥熟料中含量最大的矿物成分是：

    A. 硅酸三钙   B. 硅酸二钙

    C. 铝酸三钙   D. 铁铝酸四钙

解 硅酸盐水泥熟料中主要形成四种矿物：硅酸三钙，$3CaO·SiO_2$，占 50%~60%；硅酸二钙，$2CaO·SiO_2$，占 20%~25%；铝酸三钙，$3CaO·Al_2O_3$，占 5%~10%；铁铝酸四钙，$4CaO·Al_2O_3·Fe_2O_3$，占 10%~15%。所以在硅酸盐水泥熟料中含量最大的矿物成分是硅酸三钙。选 A。

【例 6-5-6】 我国颁布的通用硅酸盐水泥标准中，符号"P·I"代表：

    A. 普通硅酸盐水泥   B. 硅酸盐水泥

    C. 粉煤灰硅酸盐水泥   D. 复合硅酸盐水泥

解 凡由硅酸盐水泥熟料、0~5%石灰石或粒化高炉矿渣、适量石膏磨细制成的水硬性胶凝材料，称为硅酸盐水泥。硅酸盐水泥分两类：不掺加混合材料的称为I型硅酸盐水泥，代号 P·I；在水泥粉磨时掺入不超过水泥质量5%的石灰石或粒化高炉矿渣的称为II型硅酸盐水泥，代号 P·II。故选 B。

我国颁布的通用硅酸盐水泥标准中，普通硅酸盐水泥的代号为 P·O，硅酸盐水泥的代号为 P·I和P·II，粉煤灰硅酸盐水泥的代号为 P·F，复合硅酸盐水泥的代号为 P·C。

6.5.4　水化与凝结硬化机理

1）硅酸盐水泥熟料水化

（1）硅酸三钙的水化

硅酸三钙是水泥熟料的主要矿物，其水化作用、产物和凝结硬化对水泥的性能有重要影响。其水化产物为水化硅酸钙和氢氧化钙。水化硅酸钙为凝胶体，显微结构是纤维状，称为 C-S-H 凝胶，其组成的 CaO/SiO_2 分子比（简写为C/S）和 H_2O/SiO_2 分子比（简写为H/S）都在较大范围内波动。氢氧化钙为组成固定的晶体，易溶于水。

硅酸三钙水化速率很快，水化放热量大。生成的 C-S-H 凝胶构成具有很高强度的空间网络结构，是水泥强度的主要来源，其凝结时间正常，早期和后期强度都较高。

（2）硅酸二钙的水化

硅酸二钙在熟料中以 β 型存在。硅酸二钙的水化与硅酸三钙相似，但水化速率慢很多，其水化产物中水化硅酸钙在C/S和形貌方面都与 C_3S 的水化产物无大的区别，也称为 C-S-H 凝胶。而氢氧化钙的生成量较 C_3S 的少，且结晶比较粗大。

在硅酸盐水泥熟料矿物质中，硅酸二钙水化速率最慢，但后期增长快，水化放热量小；其早期强度低，后期强度增长，可接近甚至超过硅酸三钙的强度，是保证水泥后期强度增长的主要因素。

（3）铝酸三钙的水化

铝酸三钙水化产物通称为水化铝酸钙，其组成和结构受液相中 CaO 浓度和温度的影响较大，在常温下先生成介稳状态的水化铝酸钙，这些水化铝酸钙为片状晶体，然后最终会转化为等轴晶的水化铝酸三钙 $3CaO \cdot Al_2O_3 \cdot 6H_2O$（简写为 C_3AH_6）。当温度高于 35℃ 时，C_3A 则会直接水化生成 C_3AH_6。

在硅酸盐水泥熟料矿物质中，铝酸三钙水化速率最快，水化放热量大且放热速率快。其早期强度增长快，但强度值并不高，后期几乎不再增长，对水泥的早期（3d 以内）强度有一定的影响。由于 C_3AH_6 为立方体晶体，是水化铝酸钙中结合强度最低的产物，它甚至会使水泥后期强度下降。水化铝酸钙凝结速率快，会使水泥产生快凝现象。因此，在水泥生产时要加入石膏作为缓凝剂，以使水泥凝结时间正常。

（4）铁铝酸四钙的水化

铁铝酸四钙是熟料中铁相固溶体的代称，氧化铁的作用与氧化铝的作用相似，可看作是 C_3A 中一部分氧化铝被氧化铁所取代。其水化反应及产物与 C_3A 相似，生成水化铝酸钙与水化铁酸钙的固溶体。

铁铝酸四钙水化速率较快，仅次于 C_3A，水化热不高，凝结正常，其强度值较低，但抗折强度相对较高。提高 C_4AF 的含量，可降低水泥的脆性，有利于道路等有振动交变荷载作用的应用场合。

2）硅酸盐水泥的水化

硅酸盐水泥由熟料矿物和石膏组成，是一个多矿物的集合体，其水化受到各组分的共同作用影响。水泥加水拌和后，C_3A、C_4AF、C_3S 与水快速反应，石膏也迅速溶解于水；在石膏存在的条件下，C_3A 不再生成水化铝酸钙，而是与石膏反应生成为针状晶体的三硫型水化硫铝酸钙（又称钙矾石）。若石膏消耗完毕而还有 C_3A 时，则钙矾石会与 C_3A 继续作用转化为单硫型水化硫铝酸钙。水化硫铝酸钙具有正常的凝结时间，而且其强度高于水化铝酸钙。石膏同时也会与 C_4AF 反应生成水化硫铝（铁）酸钙。此外，石膏的存在还可以加速 C_3S 和 C_2S 水化。

硅酸盐水泥水化的主要产物是 C-S-H 凝胶和水化铁酸钙凝胶，氢氧化钙、水化铝酸钙和水化硫铝酸钙等晶体。在完全水化的水泥石中，C-S-H 凝胶约占 70%、氢氧化钙约占 20%、水化硫铝酸钙（包括钙矾石和单硫型水化硫铝酸钙）约占 7%。

3）硅酸盐水泥的凝结硬化

水泥加水拌和后，成为可塑性的水泥浆，随着水化反应的进行，水泥浆逐渐变稠失去流动性而具有一定的塑性强度，称为水泥的凝结；随着水化进程的推移，水泥浆凝固成具有一定的机械强度并逐渐发展而成为坚固的水泥石，这一过程称为硬化。

水泥的凝结分为初凝和终凝，其长短直接影响着工程的施工。初凝为水泥加水拌和时起至标准稠度净浆开始失去可塑性所需的时间；终凝为水泥加水拌和时起至标准稠度净浆完全失去可塑性并开始产生强度所需的时间。水泥的水化与凝结硬化是一个连续的过程。水化是凝结硬化的前提，凝结硬化是水化的结果。

水泥石结构是由未水化的水泥颗粒、水化产物以及孔隙组成，水化产物晶体共生和交错，形成结晶网络结构，在水泥石中起重要的骨架作用，水化硅酸钙凝胶则填充于其中。C-S-H 凝胶比表面积很大，表面能高，相互间受到分子间的引力作用，相互接触而发展了水泥石的强度。因此，随着水化龄期的推移，C-S-H 凝胶生成量增加，有助于水泥石强度增长。

水泥石的强度与其他多孔材料一样，取决于内部孔隙的数量，这类影响强度的孔隙，是指拌和水泥浆时形成的气孔及不参与水化反应的自由水所形成的毛细孔，但不包括极为微小的凝胶孔。一般，水泥浆的孔隙率与其水灰比成正比，并随水化龄期推移而降低。因此，降低水灰比，可提高水泥石强度，并且水泥石强度随水化龄期推移而增强。

【例 6-5-7】 水泥矿物中水化放热速率最快的是：

    A. 硅酸三钙   B. 硅酸二钙

    C. 铝酸三钙   D. 铁铝酸四钙

解 依据水化放热速率顺序为铝酸三钙>铁铝酸四钙>硅酸三钙>硅酸二钙。选 C。

【例 6-5-8】 水泥中不同矿物的水化速率有较大差别，因此可以通过调节其在水泥中的相对含量来满足不同工程对水泥水化速率与凝结时间的要求。早强水泥要求水泥水化速度快，因此以下矿物含量较高的是：

    A. 石膏   B. 铁铝酸四钙

    C. 硅酸三钙   D. 硅酸二钙

解 早强水泥要求水泥水化速度快，早期强度高。硅酸盐水泥四种熟料矿物中，水化速度最快的是铝酸三钙，其次是硅酸三钙；早期强度最高的是硅酸三钙。所以早强水泥中硅酸三钙的含量较高。选 C。

【例 6-5-9】 普通硅酸盐水泥的水化产物包括：

    A. 硅酸三钙、硅酸二钙、铝酸三钙、铁铝酸四钙

    B. 水化硅酸钙、石膏

    C. 水化硅酸钙、氢氧化钙、AFt 和 AFm

    D. 水化硅酸钙、水化铝酸钙、氢氧化钙、AFt 和 AFm

解 硅酸盐水泥水化的主要产物是水化硅酸钙和水化铁酸钙凝胶，氢氧化钙、水化铝酸钙和水化硫

铝酸钙等晶体。选 D。

【例 6-5-10】 随着水泥的水化和各种水化产物的陆续生成，水泥浆的流动性发生较大的变化，其中水泥浆的初凝是指其：

    A. 开始明显固化   B. 黏性开始减小

    C. 流动性基本丧失   D. 强度达到一定水平

解 水泥浆的初凝是指浆体开始失去可塑性，即浆体开始出现明显的固化现象。而终凝是指浆体的可塑性全部失去，即浆体的流动性基本丧失。所以出现凝结现象时，浆体稠度增大，即浆体的黏度增大，但是强度还很低。选 A。

【例 6-5-11】 改变水泥各熟料矿物的含量，可使水泥性质发生相应的变化。如果要使水泥具有比较低的水化热，则应降低以下哪些物质的含量？

    A. C_3S B. C_2S C. C_3A D. C_4AF

解 四种矿物成分的水化特性见下表：

矿物名称	水化速率	水化热	强度		耐化学侵蚀性
			早期	后期	
C_3S	较快	较大，主要在早期释放	高	高	中
C_2S	最慢	最小，主要在后期释放	低	高	良
C_3A	极快	最大，主要在早期释放	低	低	差
C_4AF	较快，仅次于 C_3A	中等	较低	较低	优

故要使水泥具有比较低的水化热，则应降低 C_3A 的含量。选 C。

6.5.5 矿渣硅酸盐水泥的水化硬化

矿渣硅酸盐水泥与水拌和后，首先是熟料矿物与水作用，生成水化硅酸钙、水化铝酸钙、水化铁酸钙、氢氧化钙、水化硫铝酸钙等水化产物，这个过程以及水化产物的性质与纯硅酸盐水泥是相同的。生成的 $Ca(OH)_2$ 则成为矿渣的碱性激发剂，它使矿渣玻璃体中的活性 SiO_2 和活性 A_2O_3 进入溶液，并与之反应形成 C-S-H 凝胶、水化铝酸钙。水泥中所含的石膏则为矿渣的硫酸盐激发剂，与矿渣作用生成水化硫铝（铁）酸钙，此外还可能生成水化铝硅酸钙（C_2ASH_8）等水化产物。

与硅酸盐水泥相比，矿渣水泥的水化产物碱度要低一些，水化产物中的 $Ca(OH)_2$ 含量相对较小，其硬化后主要组成是 C-S-H 凝胶和钙矾石，而且 C-S-H 凝胶结构比硅酸盐水泥石中的更为致密。

6.5.6 火山灰水泥的水化硬化

火山灰水泥的水化硬化过程与矿渣水泥类似，它加水拌和后，首先是熟料矿物与水作用，然后是熟料矿物水化释放出的 $Ca(OH)_2$ 与混合材中的活性组分（活性 SiO_2 和活性 A_2O_3）发生二次反应，生成 C-S-H 凝胶和水化铝酸钙。二次反应减少了熟料水化生成的 $Ca(OH)_2$ 含量，从而又加速了熟料水化。前后两种反应互相制约、互为条件。

火山灰水泥水化的最终产物主要成分为 C-S-H 凝胶，其次是水化铝酸钙及与水化铁酸钙形成的固溶体以及水化硫铝酸钙。在硬化的火山灰水泥浆体中 $Ca(OH)_2$ 的数量比硅酸盐水泥石少得多，且会随龄期增长而不断减少。

另外，粉煤灰也属于火山灰质混合材，因此粉煤灰水泥的水化硬化过程与火山灰水泥基本相似。

6.5.7 影响水泥凝结硬化的主要因素

1）熟料矿物组成的影响

各矿物的组成比例不同、性质不同，因而对水泥性质的影响也各不相同，其组成比例是影响水泥性质的根本因素，调整比例结构可以改善水泥性质和产品结构。

2）水泥细度的影响

水泥的水化是从颗粒表面逐步向内部发展的，颗粒越细小，其表面积越大，与水的接触面积就越大，水化作用就越迅速越充分，使凝结硬化速率加快，早期强度越高。但水泥颗粒过细的话，硬化时会产生较大的体积收缩，同时水分蒸发产生较多的孔隙，会使水泥石强度下降。因此，国家标准规定硅酸盐水泥的比表面积值应不小于 $300m^2/kg$。一般认为，水泥颗粒小于 $40\mu m$ 才具有很高的活性，大于 $100\mu m$ 活性较小。

3）拌和用水量的影响

拌和水中只有一部分为水泥水化时的理论需水量，其余不参加水化的"多余"水分，使水泥颗粒间距增大，会延缓水泥浆的凝结时间，并在硬化的水泥石中蒸发形成毛细孔。一般拌和用水量越多，水泥石中的毛细孔越多，孔隙率就越高，水泥的强度越低，硬化收缩越大，抗渗性、抗侵蚀性能就越差。

4）养护湿度、温度的影响

水泥加水拌和后，需要保持湿润状态，以保证水化进行并获得强度增长；若水分不足，会使水化停止，同时导致较大的早期收缩，甚至使水泥石开裂。提高养护温度，可加速水化反应，提高水泥的早期强度，但后期强度可能会有所下降。根据《混凝土结构工程施工质量验收规范》（GB 50204—2015）的要求，应在浇筑完毕后的 12h 以内对混凝土加以覆盖并保湿养护；混凝土浇水养护的时间：对采用硅酸盐水泥、普通硅酸盐水泥或矿渣硅酸盐水泥拌制的混凝土不得少于 7 天，对掺用缓凝型外加剂或有抗渗要求的混凝土不得少于 14 天。

5）养护龄期的影响

水泥的水化硬化是一个长期不断进行的过程。随着养护龄期的延长，水化产物不断积累，水泥石结构趋于致密，水泥强度随着养护龄期不断增长。

6）储存条件的影响

水泥应该储存在干燥的环境里，一旦受潮，部分颗粒会因水化而结块，从而失去胶结能力，强度将会大幅度降低。即使在干燥条件下，水泥仍会部分吸收来自空气中的水和二氧化碳发生水化与碳化现象致使强度降低，因此水泥的储存期一般规定不超过三个月。

【例 6-5-12】 水泥的风化或受潮是因为水泥与空气中什么物质水化反应和中性所致？

  A. 空气中水分   B. 空气中二氧化碳

  C. 酸性气体   D. 空气中水分和二氧化碳

 解 水泥分化或受潮是因为水泥与空气中水分和二氧化碳水化反应和中性所致。其风化或受潮机理为：

$$①f\text{-}CaO(游离氧化钙) + H_2O \longrightarrow Ca(OH)_2$$

$$②C_3S \xrightarrow{H_2O(空气中)} C\text{-}S\text{-}H + Ca(OH)_2$$

$$\uparrow H_2O + CaCO_3 \xleftarrow{\quad CO_2(空气中)\quad} \downarrow$$

选 D。

【例 6-5-13】 有抗渗要求的混凝土，保湿养护的时间不少于：

A. 7 天   B. 14 天   C. 21 天   D. 28 天

解 根据《混凝土结构工程施工质量验收规范》（GB 50204—2015）的要求：对掺用缓凝型外加剂或有抗渗要求的混凝土不得少于 14 天，选 B。

6.5.8 水泥的主要技术指标

1）水泥化学品质技术指标

（1）不溶物

不溶物是指经盐酸处理后的不溶残渣，再以氢氧化钠溶液处理，经盐酸中和、过滤后所得的残渣，再经高温灼烧所剩的物质。不溶物一般来自熟料中未参与矿物形成反应的黏土和结晶 SiO_2，是煅烧不均匀、化学反应不完全的标志。不溶物含量高对水泥质量有不良影响。国标规定，I型硅酸盐水泥中不溶物不得超过 0.75%，II型硅酸盐水泥中不溶物不得超过 1.50%。

（2）氧化镁

氧化镁结晶粗大，水化缓慢，且水化生成的 $Mg(OH)_2$ 体积膨胀达 1.5 倍，过量会引起水泥安定性不良。需以压蒸的方法加快其水化，方可判断其安定性。国标规定，硅酸盐水泥中氧化镁的含量不宜超过 5.0%，如果水泥经压蒸安定性试验合格，则水泥中氧化镁的含量允许放宽到 6.0%；矿渣水泥熟料中的 MgO 含量小于 5.0%，若水泥压蒸安定性合格允许放宽到 7.0%；火山灰质水泥、粉煤灰水泥和复合水泥其熟料中 MgO 含量必须小于 5.0%，若水泥压蒸安定性合格允许放宽到 6.0%。

（3）三氧化硫

水泥中的 SO_3 主要来自石膏，SO_3 过量会与铝酸钙矿物生成较多的钙矾石，产生较大的体积膨胀，引起水泥安定性不良。国标中是通过对水泥 SO_3 含量限定来控制石膏的掺量，规定矿渣水泥中 SO_3 不得超过 4.0%，其余 5 类水泥中 SO_3 的含量不得超过 3.5%。

（4）烧失量

水泥中烧失量的大小，一定程度上反映熟料烧成质量，同时也反映了混合材掺量是否适当，以及水泥风化的情况。国标规定，I型硅酸盐水泥中烧失量不得超过 3.0%，II型硅酸盐水泥中烧失量不得超过 3.5%。可以用烧失量来限制石膏和混合材料中杂质含量，以保证水泥质量。

（5）碱含量

若水泥中碱含量高，当选用含有活性 SiO_2 的骨料配制混凝土时，会产生碱-骨料反应，严重时会导致混凝土不均匀膨胀破坏。根据我国的实际情况，国标规定：水泥中碱含量按 $Na_2O + 0.658K_2O$ 计算。若使用活性骨料，用户要求提供低碱水泥时，则水泥中的碱含量不大于 0.60%或由双方商定。

2）密度

硅酸盐水泥的密度一般为 3.1~3.2g/cm³，储藏过久的水泥，密度稍有降低。矿渣水泥的密度一般为 2.8~3.0g/cm³。火山灰水泥密度为 2.7~3.1g/cm³。

3）细度

水泥的细度要控制在一个合理的范围。国标规定，硅酸盐水泥细度采用透气式比表面积仪检验，要求其比表面积大于300m²/kg；其他五类水泥细度用筛析法检验，要求在 80μm 标准筛上筛余量不得超过 10%。筛析法有水筛、干筛和负压筛法，当三种方法结果有差异时，以负压筛为准。

4）凝结时间

如上所述，水泥的凝结分为初凝与终凝，两者对于工程施工具有重要意义。一般要求混凝土搅拌、运输、浇捣应在初凝之前完成，因此水泥初凝时间不宜过短；当施工完毕则要求尽快硬化并具有强度，故终凝时间不宜太长。

国标规定，硅酸盐水泥、普通硅酸盐水泥、矿渣水泥、火山灰水泥、粉煤灰水泥、复合水泥初凝时间不得早于 45min；终凝时间硅酸盐水泥不得迟于 390min，复合水泥不得迟于 12h，其他品种不得迟于 10h。

5）体积安定性

安定性是指水泥在凝结硬化过程中体积变化的均匀性。当水泥浆体硬化过程发生不均匀的体积变化，就会导致水泥石膨胀开裂、翘曲，甚至失去强度，这即是安定性不良。它会降低建筑物质量，甚至引起严重事故。

水泥安定性不良主要是由于水泥熟料中游离氧化钙、游离氧化镁过多或是石膏掺量过多等因素造成的。水泥中过量的游离氧化钙、游离氧化镁在水泥凝结硬化后，会缓慢与水发生膨胀反应，从而使水泥石发生不均匀体积变化，引起开裂。另外，当石膏掺量过多或水泥中 SO_3 过多时，水泥硬化后，在有水存在的情况下，它还会继续与固态的水化铝酸钙反应生成高硫型水化硫铝酸钙（钙矾石），体积增大约 1.5 倍，引起水泥石开裂。

按照国家相关标准，体积安定性用沸煮法检验必须合格。测试方法可用试饼法也可用雷氏法，结果有差异时以雷氏法为准。

6）水化热

水泥水化过程中放出的热称为水泥的水化热。水泥的水化热对混凝土工艺有多方面的意义。一方面，水化热可促进水泥水化进程，尤其对于冬季混凝土施工则是有益的。另一方面，水化热对大体积混凝土则是有害因素，大体积混凝土由于水化热积蓄在内部，造成内外温差，形成不均匀应力导致混凝土开裂。

水泥的水化放热量与放热速率与水泥的矿物组成有关，由于水泥的水化热具有加和性，所以可根据水泥矿物组成含量，估算水泥水化热。对于硅酸盐水泥，在水化 3d 龄期内水化放热量大约为总放热量的 50%，7d 龄期为 75%，而 3 个月可达 90%。由此可见，水泥的水化放热量大部分在 3~7d 内放出，以后逐渐减少。

水泥水化放热量和放热速率与水泥矿物组成比例、水泥细度、混合材种类和数量等有关。水泥细度愈细，水化反应加速，水化放热速率亦增大。掺混合材可降低水泥水化热和放热速率，因此大体积混凝土应选用掺混合材量较大的水泥。

7）强度

水泥强度是水泥的主要技术性质，是评定其质量的主要指标。水泥强度测定按国家标准《水泥胶砂强度检验方法（ISO 法）》（GB/T 17671—1999）进行，由按质量计的一份水泥、三份中国ISO 标准砂，用 0.5 的水灰比拌制的一组40mm×40mm×160mm塑性胶砂试件，在(20±1)℃水中养护。强度等级按 3d 和 28d 的抗压强度和抗折强度来划分，分为 42.5、42.5R、52.5、52.5R、62.5 和 62.5R 六个等级，有代号 R 的为早强型水泥。各等级的强度值不得低于国家标准 GB 175 的规定值。

【例 6-5-14】 水泥试件水中养护要求水温为:

A. (20±1)°C　　　　　　　　　　B. (20±3)°C

C. (25±1)°C　　　　　　　　　　D. (18±5)°C

解　考查水泥胶砂强度试验,需要熟悉《水泥胶砂强度检验方法(ISO 法)》。选 A。

【例 6-5-15】 某批硅酸盐水泥,经检验其体积安定性不良,则该水泥:

A. 不应用于工程中

B. 可用于次要工程

C. 可降低强度等级使用

D. 可用于工程中,但必须提高用量

解　水泥体积安定性是指水泥在凝结硬化过程中体积变化是否均匀的性能。如果水泥硬化后产生不均匀的体积变化,即为体积安定性不良,安定性不良会使水泥制品或混凝土构件产生膨胀性裂缝,降低建筑物质量,甚至引起严重事故。安定性不合格的水泥应作废品处理,不能用于工程中。故选 A。

6.5.9　水泥石的抗侵蚀性

硬化水泥石在通常条件下具有较好的耐久性,但在流动的淡水和某些侵蚀介质存在的环境中,其结构会受到侵蚀,直至破坏,这种现象称为水泥石的腐蚀。它对水泥耐久性影响较大,必须采取有效措施予以防止。

1)溶出性侵蚀(软水侵蚀)

硅酸盐水泥属于水硬性胶凝材料,理应有足够的抗水能力。但是硬化浆体如不断受到淡水的浸析,其中一些组成如 $Ca(OH)_2$ 等将按照溶解度的大小,依次逐渐被水溶解,产生溶出性侵蚀,最终会导致破坏。

在各种水化产物中,$Ca(OH)_2$ 的溶解度最大(20°C 约为 1.2g CaO/L),所以首先被溶解。如水量不多,水中的 $Ca(OH)_2$ 的浓度很快就达到饱和程度,溶出也就停止。但在流动水中,特别在有水压作用且混凝土的渗透性又较大的情况下,水流就会不断将 $Ca(OH)_2$ 溶出并带走,这不仅增加了孔隙率,使水更易渗透,而且由于液相中 $Ca(OH)_2$ 浓度降低,还会使其他水化产物发生分解。如高碱性的水化硅酸盐、水化铝酸盐会分解成为低碱性的水化产物,再持续不断浸析,最后就会变成硅酸盐凝胶、氢氧化铝等无胶结能力的产物,于是水泥石结构受到破坏,强度不断降低,最后引起建筑物的毁坏。

溶出性侵蚀的强弱程度与水质的硬度有关。当环境水的水质较硬,即水中重碳酸盐含量较高时,$Ca(OH)_2$ 的溶解度较小,侵蚀性较弱;反之,水质越软,侵蚀性越强。另外,对于抗渗性良好的混凝土、水泥浆体、淡水溶出过程一般发展很慢,几乎可以忽略不计。

2)酸侵蚀

(1)碳酸性侵蚀

在多数的天然水中多少总存在碳酸,大气中的 CO_2 溶于水中能使其具有明显的酸性(pH = 5.72),再加上生物化学作用所形成的 CO_2,常会产生碳酸侵蚀。

碳酸与水泥混凝土相遇时,首先与 $Ca(OH)_2$ 作用,生成不溶于水的碳酸钙。但是水中的碳酸还要进一步与碳酸钙作用,生成易溶于水的碳酸氢钙,使氢氧化钙不断溶失,从而引起水泥石的解体。环境中游离的 CO_2 越多,其侵蚀性也就越强烈,如果水温较高,则其侵蚀速度加快。

$$CaCO_3 + CO_2 + H_2O == Ca(HCO_3)_2$$

（2）一般酸性侵蚀

当水中溶有一些无机酸或有机酸时，硬化水泥浆体就受到溶析和化学溶解双重作用，浆体组成被转变为易溶盐类，侵蚀明显加速，酸类离解出来的 H^+ 和酸根 R^-，分别与浆体所含 $Ca(OH)_2$ 的 OH^- 和 Ca^{2+} 组合生成水和钙盐：

$$H^+ + OH^- == H_2O$$
$$Ca^{2+} + 2R^- == CaR_2$$

可见，酸性侵蚀作用的强弱，决定于水中氢离子浓度。如果 pH 值小于 6，硬化浆体就可能受到侵蚀。pH 值越小，H^+ 离子越多，侵蚀就越强烈，当 H^+ 离子达到足够浓度时，还能直接与水化硅酸钙、水化铝酸钙甚至未水化的硅酸钙、铝酸钙等起作用，使浆体结构遭到严重破坏。一般酸性侵蚀在某些地下水、化工厂或工业废水中经常遇到。

3）硫酸盐侵蚀

绝大部分硫酸盐对水泥浆体都有显著的侵蚀作用，只有硫酸钡除外。在一般的河水和湖水中，硫酸盐含量不多，但海水中 SO_4^{2-} 离子的含量较多。硫酸钠、硫酸钾等多种硫酸盐都能与浆体所含的氢氧化钙作用生成石膏。石膏在水泥石孔隙中结晶时体积膨胀，使水泥石破坏。更为严重的是，石膏还能与硬化水泥石中的水化铝酸钙反应生成水化硫铝酸钙（钙矾石），从而使固相体积增加很多，造成膨胀开裂以至毁坏。

硫酸盐类的侵蚀不仅取决于水中 SO_4^{2-} 的浓度，而且与水中 Cl^- 的含量有关，Cl^- 能提高水化硫铝酸钙的溶解度，阻止钙矾石晶体的生长与长大，从而减轻破坏作用。

4）镁盐侵蚀

海水、地下水及其他矿物水中常含有大量的镁盐，主要有硫酸镁（$MgSO_4$）以及氯化镁（$MgCl_2$）等。这些镁盐能与水泥石中的 $Ca(OH)_2$ 发生反应生成氢氧化镁〔$Mg(OH)_2$〕、氯化钙（$CaCl_2$）以及石膏等产物，其中 $Mg(OH)_2$ 松软无胶结能力，$CaCl_2$ 易溶于水，石膏则进而产生硫酸盐侵蚀，此外反应还会降低溶液 pH 值，导致水化产物不稳定而离解。这些都将破坏水泥石的结构。

镁盐侵蚀的强烈程度，除了取决于 Mg^{2+} 含量外，还与水中的 SO_4^{2-} 含量有关，当水中同时含有 SO_4^{2-} 时，将产生镁盐与硫酸盐两种侵蚀耦合，破坏特别严重。

5）含碱溶液

一般情况下，水泥混凝土能够抵抗碱类的侵蚀。但如果长期处于较高浓度（大于 10%）的含碱溶液中，也会发生缓慢的破坏。温度升高时，侵蚀作用会加速。碱溶液侵蚀主要包括化学侵蚀反应和结晶侵蚀两方面作用。

化学侵蚀是碱溶液与硬化水泥浆组分之间产生化学反应，生成胶结力弱、易为碱溶液析出的产物。而结晶侵蚀则是因碱液渗入浆体孔隙，然后蒸发呈结晶析出，产生结晶应力引起的胀裂。

【例 6-5-16】 水泥主要侵蚀类型不包括：

    A. 氢氧化钠腐蚀   B. 生成膨胀性物质

    C. 溶解侵蚀   D. 离子交换

解 水泥石主要的侵蚀类型包括软水侵蚀（溶出性侵蚀）、一般酸性侵蚀（离子交换侵蚀/溶解性侵蚀）、碳酸的侵蚀（离子交换侵蚀/溶解性侵蚀）、硫酸及硫酸盐侵蚀（膨胀性侵蚀）。选 A。

6.5.10 常见水泥特性及其用途

1）硅酸盐水泥与普通水泥

硅酸盐水泥与普通水泥强度等级较高，主要用于重要结构的高强混凝土和预应力混凝土工程。凡由硅酸盐水泥熟料和适量石膏，加上 5%~20%混合材料磨细制成的水硬性胶凝材料，称为普通硅酸盐水泥（简称普通水泥），代号为 P·O。因为水泥凝结硬化较快，抗冻性好，适用于要求早期强度高、凝结快的工程，以及有抗冻融要求和冬季施工的工程。

其水泥石中 $Ca(OH)_2$ 含量较高，因此抗淡水、海水侵蚀和抗硫酸盐侵蚀能力差。另外，硅酸盐水泥水化热量大，不宜用于大体积混凝土工程。

2）矿渣水泥

凡由硅酸盐水泥熟料和适量石膏，加上粒化高炉矿渣磨细制成的水硬性胶凝材料，称为矿渣硅酸盐水泥（简称矿渣水泥），代号为 P·S。水泥中粒化高炉矿渣掺量按质量百分比计为 20%~70%。矿渣水泥中熟料含量比硅酸盐水泥少，而且混合材在常温下水化反应比较缓慢，因此凝结硬化较慢。早期（3d、7d）强度低，但在硬化后期（28d 以后）由于水化产物增多，水泥石强度不断增长，甚至超过同标号普通水泥强度。矿渣水泥水化硬化过程对外界环境的温度、湿度条件较为敏感，为保证矿渣水泥强度稳步增长，需要较长时间的养护。采用蒸汽或压蒸养护等湿热处理方法，可显著加速硬化速度，且不影响后期强度的增长。

矿渣水泥石中氢氧化钙较少，水化产物碱度低，抗碳化能力较差，但抗淡水、海水和硫酸盐侵蚀能力较强，宜用于水工和海港工程。矿渣水泥具有一定的耐热性，可用于耐热混凝土工程。

矿渣水泥中混合材掺量较多，其保水性较差，泌水性较大，且干缩性也较大。这容易使水泥石内部形成毛细管通道或粗大孔隙，且养护不当易产生裂纹。因此矿渣水泥的抗冻性、抗渗性和抵抗干湿交替循环性能均不及硅酸盐水泥和普通水泥。

3）火山灰水泥

凡由硅酸盐水泥熟料和适量石膏，加上火山灰质混合材料磨细制成的水硬性胶凝材料，称为火山灰质硅酸盐水泥（简称火山灰水泥），代号为 P·P。水泥中火山灰质混合材料掺量按质量百分比计为 20%~40%。火山灰水泥强度发展与矿渣水泥相似，水化热低，早期发展慢，后期发展较快，后期强度增长是由于混合材中的活性 SiO_2 与 $Ca(OH)_2$ 二次水化作用形成较稳定的水化硅酸钙凝胶所致。养护温度对其强度发展影响显著，环境温度低，硬化显著变慢，所以不宜冬季施工，采用蒸汽养护或湿热处理时，硬化加速。

与矿渣水泥相似，火山灰水泥石 $Ca(OH)_2$ 含量低，也具有较高的抗硫酸盐侵蚀的性能。但在酸性水中，特别是碳酸水中，火山灰水泥的抗蚀性较差，在大气中的 CO_2 长期作用下水化产物会分解，而使水泥石结构遭到破坏，因而这种水泥的抗大气稳定性较差。

火山灰水泥的需水量和泌水性与所掺混合材的种类关系甚大，若采用硬质混合材料如凝灰岩，则需水量与硅酸盐水泥相近，若采用软质混合材料如硅藻土等，则需水量增大泌水性降低，但收缩变形增大。

根据火山灰水泥特性，主要应用于以下工程领域：

（1）最适宜用于地下或水下工程，特别是对于需要抗渗、抗淡水或抗硫酸盐侵蚀工程更具有优越性，由于抗冻性较差，不宜用于受冻部位。

（2）与普通水泥一样，也适用于地面工程，但掺软质混合材料的火山灰水泥由于干缩较大，不宜用于干燥地区。

（3）宜蒸汽养护，不宜低温施工。

（4）宜用于浇筑大体积混凝土工程。

4）粉煤灰水泥

凡由硅酸盐水泥熟料和适量石膏，加上粉煤灰磨细制成的水硬性胶凝材料，称为粉煤灰硅酸盐水泥(简称粉煤灰水泥)，代号 P·F。水泥中粉煤灰掺量按质量百分比计为 20%~40%。与火山灰水泥相似，粉煤灰水泥水化硬化较慢，早期强度较低，但后期强度可以赶上甚至超过普通水泥，因此对于后期才承受荷载的工程，使用粉煤灰水泥很合适；其水化热较小，适用于大体积混凝土工程。

与大多数火山灰质混合材相比，粉煤灰颗粒的结构比较致密，吸水性较小；含有大量球状玻璃体颗粒，可起滚珠润滑作用，所以粉煤灰水泥的需水量小，配制成的混凝土和易性好。因此该水泥干缩性小，抗裂性较好。

粉煤灰水泥抗硫酸盐侵蚀能力较强，但次于矿渣水泥，适用于水工和海港工程。粉煤灰水泥抗碳化能力差，抗冻性较差。

5）复合水泥

凡由硅酸盐水泥熟料、两种或两种以上规定的混合材料、适量石膏磨细制成的水硬性胶凝材料，称为复合硅酸盐水泥（简称复合水泥），代号 P·C。水泥中混合材料总掺量按质量百分比计应大于 20%，但不超过 50%。复合水泥的特性取决于其所掺两种或者两种以上混合材料的种类、掺量及相对比例，它们在水泥中不是每种混合材料作用的简单叠加，而是相互补充，这样可以更好地发挥混合材料各自的优良特性，使水泥性能得到全面改善。其特性与矿渣水泥、火山灰水泥、粉煤灰水泥有不同程度的相似之处，其适用范围可根据其掺入的混合材料种类，参照其他混合材水泥适用范围选用。

【例 6-5-17】 我国颁布的通用硅酸盐水泥标准中，符号"P·F"代表：

A. 普通硅酸盐水泥　　　　　　　B. 硅酸盐水泥

C. 粉煤灰硅酸盐水泥　　　　　　D. 复合硅酸盐水泥

解 凡由硅酸盐水泥熟料和适量石膏、加上粉煤灰磨细制成的水硬性胶凝材料，称为粉煤灰硅酸盐水泥（简称粉煤灰水泥），代号 P·F。故选 C。

经 典 练 习

6-5-1 安定性不良的水泥（　　）。

A. 可以使用　　　　　　　　　　B. 放置一段时间就能使用

C. 可用于次要工程部位　　　　　D. 废品不得使用

6-5-2 欲制得低热高强度水泥，应限制硅酸盐水泥熟料中（　　）矿物含量。

A. C_3S 　　　　B. C_2S 　　　　C. C_3A 　　　　D. C_4AF

6-5-3 水泥的各种水化产物中，对强度贡献最大的是（　　）。

A. AFt 晶体　　　B. CH 晶体　　　C. CSH 凝胶　　　D. AFm 晶体

6-5-4 紧急抢修工程宜选用（　　）。

A. 硅酸盐水泥　　B. 普通硅酸盐水泥　　C. 硅酸盐膨胀水泥　　D. 快硬硅酸盐水泥

6-5-5 配制高强混凝土时，不宜采用（　　）。

A. 火山灰水泥　　B. 普通硅酸盐水泥　　C. 硅酸盐水泥　　D. 矿渣硅酸盐水泥

6-5-6　干燥环境中配制混凝土时，不宜采用（　　）。

　　A. 普通硅酸盐水泥　　　　　　　　　B. 矿渣硅酸盐水泥

　　C. 硅酸盐水泥　　　　　　　　　　　D. 火山灰水泥

6-5-7　确定水泥的标准稠度用水量是为了（　　）。

　　A. 确定水泥胶砂的水灰比以准确评定强度等级

　　B. 准确评定水泥的凝结时间和体积安定性

　　C. 准确评定水泥的细度

　　D. 准确评定水泥的矿物组成

6-5-8　硅酸盐水泥熟料，后期强度增加较快的矿物组成是（　　）。

　　A. 铝酸三钙　　　　B. 铁铝酸四钙　　　　C. 硅酸三钙　　　　D. 硅酸二钙

6.6　混凝土

考试大纲☞：原材料技术要求　拌合物的和易性及影响因素　强度性能与变形性能　耐久性抗渗性　抗冻性　碱-骨料反应　混凝土外加剂与配合比设计

6.6.1　混凝土概念及分类

混凝土是由胶凝材料、粗骨料、细骨料和水（或不加水）按适当的比例配合、拌和制成混合物，经一定时间后硬化而成的人造石材。混凝土常简写为"砼"。

依据所用胶凝材料，可分为水泥混凝土、沥青混凝土、水玻璃混凝土、聚合物混凝土、聚合物水泥混凝土、石膏混凝土和硅酸盐混凝土等几种。

依据干表观密度，可分为三类。

（1）重混凝土。其干表观密度大于2600kg/m³，采用重骨料和水泥配制而成，主要用于防辐射工程，又称为防辐射混凝土。

（2）普通混凝土。其干表观密度为2000~2500kg/m³，一般为2400kg/m³左右，用水泥、水与普通砂、石配制而成，是目前土木工程中应用最多的混凝土，广泛用于工业与民用建筑、道路与桥梁、海工与大坝、军事工程等工程，主要用作承重结构材料。

（3）轻混凝土。其干表观密度小于1950kg/m³，包括轻骨料混凝土、大孔混凝土和多孔混凝土，可用作承重结构、保温结构和承重兼保温结构。

依据施工工艺，可分为泵送混凝土、预拌混凝土（商品混凝土）、喷射混凝土、自密实混凝土、堆石混凝土、热拌混凝土和太阳能养护混凝土等多种。

依据用途，可分为结构混凝土、防水混凝土、防辐射混凝土、耐酸混凝土、装饰混凝土、耐热混凝土、大体积混凝土、膨胀混凝土、道路混凝土和水下不分散混凝土等多种。

本节下面提到的混凝土，如无特别说明，均指普通混凝土。

6.6.2　普通混凝土基本组成材料及技术要求

普通混凝土由水泥、水、砂和石子组成，另外还常掺入适量的外加剂和掺合料。水泥和水形成水泥浆；水泥浆包裹在砂颗粒的表面并填充砂子颗粒之间的空隙形成砂浆。水泥浆在混凝土硬化之前起润滑作用，赋予混凝土拌合物以流动性，便于浇筑施工；硬化之后起胶结作用，将砂石骨料胶结成一个整体，使混凝土产生强度，成为坚硬的人造石材。砂和石子在混凝土中起骨架作用，有利于提高混凝土的体积稳定性，故称为骨料（集料），砂称为细骨料，石子称为粗骨料。外加剂起改性作用。掺合料则起降低成本和改性作用。混凝土结构由三相组成，即水泥浆基体、集料及两者间的界面过渡区。界面过渡区是集料颗粒周围的薄区，典型厚度为 20~40μm，该区域的微观结构和性质与水泥浆基体不同，由于水分聚集，导致局部水灰比偏高，孔隙率较高，强度较低，是混凝土的薄弱环节。一般来说，在混凝土中，水泥占总重的 10%~15%，其余为砂、石骨料，砂石比例为 1：2 左右，孔隙的体积含量为 1%~5%。

1）水泥

水泥是混凝土中最重要的组分，同时也是混凝土组成材料中造价最高的材料。配制混凝土时，应正确选择水泥品种和水泥强度等级，以配制出性能满足要求、经济性好的混凝土。

（1）水泥品种的选择

配制混凝土一般可采用硅酸盐水泥、普通硅酸盐水泥、矿渣硅酸盐水泥、火山灰硅酸盐水泥和粉煤灰硅酸盐水泥，必要时也可采用快硬硅酸盐水泥或其他水泥。配制混凝土时，采用何种水泥应根据工程性质、部位、施工条件和环境状况等，参照相关要求选用。

（2）水泥强度等级的选择

水泥强度等级的选择应与混凝土的设计强度等级相适应。原则上配制高强度等级的混凝土，选用高强度等级的水泥；配制低强度等级的混凝土，选用低强度等级的水泥。根据经验，水泥的强度等级宜为混凝土强度等级的 1.3~1.7 倍，如配制 C30 混凝土时，水泥胶砂试件 28d 抗压强度宜为 39.0~51.0MPa，因此宜选用 42.5 级水泥。当然，这种经验关系并不是严格的规定，在实际应用时可略有超出。若采取某些措施（如掺减水剂或特殊掺合料），情况也有所不同。

2）细骨料

粒径为 0.16~5mm 的骨料称为细骨料。砂按产源分为天然砂、人工砂两类。

天然砂是由天然岩石经自然条件作用而形成的，包括河砂、湖砂、淡化海砂和山砂。大多数天然砂颗粒较圆，比较洁净，粒度较为整齐，但山砂则颗粒多带棱角，表面粗糙，含泥量和有机物杂质较多，使用时应加以限制。

人工砂包括机制砂和混合砂，机制砂是由天然岩石轧碎而成，其颗粒富有棱角，比较洁净，但砂中片状颗粒及细粉含量较大，且成本较高，只有在缺乏天然砂时才采用；混合砂是机制砂和天然砂混合而成的砂，其性能取决于原料砂的质量及其配制情况。

细骨料质量的优劣，直接影响到混凝土质量的好坏，因此配制混凝土时对细骨料有以下几个方面要求：

（1）颗粒形状及表面特征

细骨料的颗粒形状及表面特征会影响其与水泥石的黏结及混凝土拌合物的流动性。颗粒多棱角、表面粗糙，与水泥石黏结较好，因而拌制的混凝土强度较高，但拌合物的流动性较差；颗粒缺少棱角、表面光滑，与水泥石黏结较差，因而拌制的混凝土强度较低，但拌合物的流动性较好。

（2）有害杂质含量

细骨料常含有一些有害杂质，如淤泥、黏土、云母等。这些杂质常黏附在砂的表面，妨碍水泥与砂黏结，降低混凝土的强度、抗渗性和抗冻性故应加以限制。此外一些有机杂质、硫化物及硫酸盐等对水泥亦有侵蚀作用，也应加以限制。细骨料中有害杂质的含量应满足相关要求。

（3）粗细程度和颗粒级配

砂的粗细程度是指不同粒径的砂粒混合在一起后的平均粗细程度，通常有粗砂、中砂与细砂之分。砂的颗粒级配是指粒径大小不同的砂粒的搭配情况，粒径相同的砂粒堆积在一起，会产生很大的孔隙率，要想减小砂粒间的空隙，就必须将大小不同的颗粒搭配起来使用。

砂的粗细程度和颗粒级配通常用筛分析的方法进行测定。用级配区表示砂的颗粒级配，用细度模数（M_x）表示砂的粗细。细度模数越大，表示砂越粗。普通混凝土用砂的细度模数范围一般为 0.7~3.7，其中粗砂 $M_x = 3.7~3.1$，中砂 $M_x = 3.0~2.3$，细砂 $M_x = 2.2~1.6$，$M_x = 1.5~0.7$ 的称为特细砂，$M_x < 0.7$ 的称为粉砂。使用特细砂配制混凝土时，可以参考或者遵循以下基本原则：适当降低砂率，适当增大胶凝材料用量，尽量降低混凝土坍落度，适当提高外加剂用量以控制用水量。

砂的细度模数不能反映砂的级配优劣。细度模数相同的砂，其级配可以很不相同，因此，在配制混凝土时，必须同时考虑砂的级配和砂的细度模数。根据 600μm 筛孔的累计筛余，把 M_x 为 3.7~1.6 的常用砂的颗粒级配分为三个级配区，即Ⅰ区、Ⅱ区、Ⅲ区。砂的实际颗粒级配与规范要求所列的累计筛余百分率相比，除 5.00mm 和 0.630mm 筛号外，允许稍有超出分界线，但其总量百分率不应大于 5%。配制混凝土时宜优先选用Ⅱ区砂；当采用Ⅰ区砂时，应提高砂率，并保持足够的水泥用量，以满足混凝土的和易性；当采用Ⅲ区砂时，宜适当降低砂率，以保证混凝土强度。对于泵送混凝土用砂，宜选用中砂。

【例 6-6-1】 描述混凝土用砂的粗细程度的指标是：

　　A. 细度模数　　　　　　　　　　　　　B. 级配曲线

　　C. 最大粒径　　　　　　　　　　　　　D. 最小粒径

解　描述混凝土用砂粗细程度的指标是细度模数。选 A。

【例 6-6-2】 砂的粗细程度以细度模数表示，其值越大表明：

　　A. 砂越粗　　　　B. 砂越细　　　　C. 级配越好　　　　D. 级配越差

解　砂的粗细程度和颗粒级配通常用筛分析的方法进行测定。用级配区表示砂的颗粒级配，用细度模数表示砂的粗细。细度模数越大，表示砂越粗。选 A。

（4）坚固性

砂的坚固性是指砂在气候、环境或其他物理因素作用下抵抗碎裂的能力。

天然砂的坚固性根据砂在硫酸钠溶液中经五次浸泡循环后质量损失的大小来判定。《建设用砂》（GB/T 14684—2011）规定，Ⅰ类和Ⅱ类砂浸泡试验后的质量损失小于 8%，Ⅲ类砂浸泡试验后的质量损失小于 10%。

人工砂采用压碎指标法进行检验。将砂筛分成 300~600μm，600~1.18mm，1.18~2.36mm，2.36~4.75mm 四个单粒级，按规定方法对单粒级砂样施加压力，施压后重新筛分，用单粒级下限筛的试样通过量除以该粒级试样的总量即为压碎指标。《建设用砂》（GB/T 14684—2011）规定，Ⅰ类、Ⅱ类和Ⅲ类砂的单级最大压碎指标分别小于 20%、25% 和 30%。

3）粗骨料

粒径为 5~100mm 的骨料称为粗骨料，粗骨料有卵石（又称为砾石）和碎石两类。

碎石主要由天然岩石破碎、筛分而成，也可将大卵石轧碎、筛分而得。碎石表面粗糙，棱角多，且较洁净，与水泥石黏结比较牢固。

卵石由天然岩石经自然条件作用而形成。卵石表面光滑，有机杂质含量较多，与水泥石胶结力较差。

在相同条件下，卵石混凝土的强度较碎石混凝土低，在单位用水量相同的条件下，卵石混凝土的流动性较碎石混凝土大。

配制混凝土的粗骨料的质量控制如下：

（1）有害杂质含量

粗骨料中的有害杂质有黏土、淤泥、硫化物及硫酸盐、有机质等。有害杂质的含量一般应符合相应要求。值得注意的是，对重要工程混凝土所用碎石或卵石应专门进行碱活性检验。

（2）颗粒形状及表面特征

粗骨料颗粒外形有方形、圆形、针状（指颗粒长度大于骨料平均粒径2.4倍者）、片状（颗粒厚度小于骨料平均粒径0.4倍）等。混凝土用粗骨料以接近球状或立方体形的为好，这样的骨料颗粒之间的孔隙小，混凝土更易密实，有利于混凝土强度的提高。粗骨料中针状、片状颗粒不仅本身受力时易折断，且易产生架空现象，增大了骨料孔隙率，使混凝土拌合物和易性变差，同时降低混凝土的强度。为此，《建设用卵石、碎石》（GB/T 14685—2011）规定，I类、II类和III类粗骨料的针片状颗粒含量按质量计，应分别小于5%、15%和25%。

（3）最大粒径及颗粒级配

①最大粒径。粗骨料中公称粒级的上限称为该骨料的最大粒径。当骨料粒径增大时，其表面积随之减小，所需水泥浆或砂浆数量也相应减少，所以粗骨料最大粒径在条件许可情况下，应尽量用得大些。试验研究证明，最佳的最大粒径取决于混凝土的水泥用量。在水泥用量少的混凝土中（如贫混凝土，水泥用量小于170kg/m³），采用大骨料是有利的。在普通配合比的结构混凝土中，骨料粒径大于40mm并没有好处。骨料最大粒径还受结构形式和配筋疏密限制。根据《混凝土结构工程施工质量验收规范》（GB 50204—2015）的规定，混凝土粗骨料的最大粒径不得超过结构截面尺寸的1/4，同时不得大于钢筋间最小净距的3/4；对于混凝土实心板，骨料的最大粒径不宜超过板厚的1/2，且不得超过50mm；对于泵送混凝土，骨料最大粒径与输送管内径之比，碎石不宜大于 1:3，卵石不宜大于 1:2.5。石子粒径过大，对运输和搅拌都不方便。

②颗粒级配。石子的粒级分为连续粒级和单粒级两种，前者自最小粒级5mm开始至最大粒级D_{max}（即最大粒径），各粒级的累计筛余均有控制范围；后者从1/2最大粒径开始至D_{max}，粒径大小差别较小。石子的级配应通过筛分试验确定，碎石和卵石的级配范围要求是相同的，应符合《普通混凝土用砂、石质量及检验方法标准》（JGJ 52—2006）中级配范围的规定。具有良好粒形和级配的骨料，能够最大限度地减少骨料间的空隙率，实现骨料的密实堆积，降低水泥浆用量，节约水泥、降低成本。

（4）坚固性

碎石或卵石的坚固性用硫酸钠溶液法检验，试样经五次循环后，其质量损失应符合相应规定。

碎石的强度可用岩石的抗压强度和压碎指标值表示，卵石的强度只能用压碎指标值表示。用压碎指标值可间接反映粗骨料的强度大小，压碎指标值越小，说明粗骨料抵抗受压破碎能力越强，其强度越大。

4）混凝土拌和用水

混凝土拌和及养护用水应不影响混凝土的凝结硬化，无损于混凝土强度发展及耐久性，不加快钢筋锈蚀，不引起预应力筋脆断，不污染混凝土表面。同时规定被检验水样应与饮用水样进行水泥凝结时间对比试验，对比试验的水泥初凝时间差及终凝时间差均不应大于30min。混凝土用水中的物质含量限值应符合《混凝土用水标准》（JGJ 63—2006）中的规定值。一般来说，凡可饮用的水，均可以用于拌制和养护混凝土；未经处理的工业废水、污水及沼泽水，不能使用。

【例 6-6-3】 对于机械化集中生产混凝土，粗细集料均以多少一批？

A. 200m³ B. 300m³ C. 400m³ D. 600m³

解 对于机械化集中生产混凝土，粗细集料均以 400m³ 或 600t 为一批；对于人工分散生产的产品，则以 300m³ 或 300t 为一批。选 C。

【例 6-6-4】 0.63mm 筛孔的累计筛余量为以下哪项时可以判别为中砂？

A. 85%~71% B. 70%~41%

C. 40%~16% D. 65%~35%

解 考查砂的颗粒级配，对于细度模数为 3.7~1.6 的砂，按照 0.63mm 筛孔的累计筛余百分率分为 1 区（85%~71%）、2 区（70%~41%）、3 区（40%~16%）3 个区间。选 B。

【例 6-6-5】 配制高质量混凝土的基础是骨料的密实堆积，而实现骨料的密实堆积需要骨料具有良好的：

A. 密度和强度 B. 强度和含水率

C. 粒形和级配 D. 强度和孔隙率

解 骨料堆积后空隙率越小，表明骨料堆积越密实。而骨料的粒形和级配是影响其堆积后空隙率的主要因素。当骨料粒形为小立方体或球形（即控制针片状颗粒）时，可以密实堆积。合理级配可以使骨料密实堆积，降低水泥浆用量，节约水泥、降低成本。所以配制高质量混凝土时，骨料应具有良好的粒形和级配。选 C。

6.6.3 拌合物的和易性及影响因素

由混凝土组成材料拌和而成、尚未硬化的混合料，称为混凝土拌合物，又称新拌混凝土。

1）和易性概念

和易性指混凝土拌合物易于施工操作（拌和、运输、浇筑和振捣），不发生分层、离析、泌水等现象，以获得质量均匀、密实的混凝土的性能，反映了混凝土拌合物易于流动但组分间又不分离的一种性能，是一项综合技术性能，包括流动性、黏聚性和保水性 3 个方面。

流动性是指混凝土拌合物在自重或施工机械振捣的作用下，能产生流动，并均匀密实地充满模板的性能；黏聚性是指混凝土拌合物内部各组分间具有一定的黏聚力，在运输和浇筑过程中不致产生分层离析现象的性能；保水性是指混凝土拌合物具有保持内部水分不流失，不致产生严重泌水现象的性能。三者既相互联系又相互矛盾。当流动性大时，往往黏聚性和保水性差，反之亦然。因此，和易性良好就是要使这三方面的性质达到良好的统一。

2）和易性的测定

目前尚未有确切的指标来全面反映混凝土拌合物和易性。通常是测定混凝土拌合物的流动性，观察评定黏聚性和保水性。流动性测定方法有坍落度筒法和维勃稠度法。

坍落度筒法是将混凝土拌合物分 3 层（每层装料约1/3筒高）装入坍落度筒内，每层用φ16的光圆铁棒插捣 25 次，待装满刮平后，垂直平稳地向上提起坍落度筒，用尺量测筒高与坍落后混凝土拌合物最高点之间的高度差（mm），即为该混凝土拌合物的坍落度值。坍落度越大，表明混凝土拌合物的流动性越好。

根据坍落度的不同，可将混凝土拌合物分为流态的（坍落度大于 80mm）、流动性的（坍落度为 30~80mm）、低流动性的（坍落度为 10~30mm）及干硬性的（坍落度小于 10mm）。坍落度试验仅适用于骨料最大粒径不大于 40mm、坍落度不小于 10mm 的混凝土拌合物。

对于干硬性混凝土，通常采用维勃稠度仪来测定混凝土拌合物的流动性。试验时先将混凝土拌合物按规定的方法装入存放在圆桶内的坍落度筒内，装满后垂直提起坍落度筒，在拌合物锥体顶面放一透明圆盘，开启振动台，同时用秒表计时，到透明圆盘的下表面完全布满水泥浆时停止秒表，关闭振动台。所读秒数即为维勃稠度（VB）。维勃稠度试验适用于骨料最大粒径不大于 40mm，维勃稠度为 5~30s 的混凝土。维勃稠度代表拌合物振实所需要的能量，时间越短，表明拌合物越容易被振实。

3）坍落度的选取

选择混凝土拌合物的坍落度，应根据结构构件截面尺寸的大小、配筋的疏密、施工捣实方法和环境温度来确定。当构件截面尺寸较小时或钢筋较密，或采用人工插捣时，坍落度可选择得大些。反之，如构件截面尺寸较大或钢筋较疏，或者采用振动器振捣时，坍落度可选择得小些。

4）影响和易性因素

（1）水泥浆含量

混凝土拌合物中的水泥浆，赋予混凝土拌合物以一定的流动性。在水灰比不变的情况下，单位体积拌合物内，如果水泥浆愈多，则拌合物的流动性也愈大。但水泥浆过多时，将会出现流浆、泌水现象，黏聚性、保水性变差；若水泥浆过少，则骨料之间缺少黏结物质，易使拌合物发生离析和崩坍。

在水灰比不变的条件下，水泥浆含量可用单位体积混凝土用水量表示。因而，水泥浆含量对拌合物流动性影响，实质上也是用水量的影响。当用水量增加，拌合物流动性增大，反之减小。在实际工程中，为增大拌合物流动性而增加用水量时，必须保持水灰比不变这一前提，相应地增加水泥用量，否则将会显著影响混凝土质量。

（2）砂率

砂率是指细骨料含量占骨料总量的百分数。试验证明，砂率对拌合物的和易性有很大影响。在保持水和水泥用量一定的条件下，砂率对拌合物坍落度的影响存在极大值。因此，砂率有一个合理值，采用合理砂率时，在用水量和水泥用量不变的情况下，可使拌合物获得所要求的流动性和良好的黏聚性与保水性。混凝土的砂率一般可根据本单位对所用材料的使用经验选用合理的数值。如无使用经验，可按粗骨料的品种、规格及混凝土的水灰比查相应表格选用。

（3）水灰比

在水泥用量、骨料用量均不变的情况下，水灰比愈大，拌合物流动性增大，反之则减小。但水灰比过大，会造成拌合物黏聚性和保水性不良，同时也影响后期强度大小；水灰比过小，会使拌合物流动度过低，影响施工。故水灰比不能过大或过小，一般应根据混凝土强度和耐久性要求合理地选用。

（4）水泥特性

水泥对拌合物和易性的影响主要是水泥品种和水泥细度的影响。在其他条件相同的情况下，需水量大的水泥比需水量小的水泥配制的拌合物流动性要小。如矿渣水泥或火山灰水泥拌制的混凝土拌合物，其流动性比用普通水泥混凝土拌合物小。另外，矿渣水泥则容易泌水。水泥颗粒越细，总表面积越大，润湿颗粒表面及吸附在颗粒表面的水越多，在其他条件相同的情况下，拌合物的流动性变小。

（5）骨料特性

骨料对拌合物和易性的影响主要是骨料总表面积、骨料的空隙率和骨料间摩擦力大小的影响，具体地说是骨料级配、颗粒形状、表面特征及粒径的影响。一般说来，级配好的骨料，其拌合物流动性较大，黏聚性与保水性较好；表面光滑的骨料，如河砂、卵石，其拌合物流动性较大；骨料的粒径增大，总表面积减小，拌合物流动性就增大。

（6）外加剂

混凝土拌合物中掺入减水剂或引气剂，拌合物的流动性明显增大。引气剂还可有效改善混凝土拌合物的黏聚性和保水性。

（7）温度、时间

随着环境温度的升高，混凝土拌合物的坍落度损失加快（即流动性降低速度加快），这是由于温度升高，水泥水化加速，水分蒸发加快。混凝土拌合物随时间的延长而变干稠，流动性降低，这是由于拌合物中一些水分被骨料吸收，一些水分蒸发，一些水分与水泥水化反应变成水化产物结合水。

5）混凝土拌合物的凝结时间

水泥与水之间的反应是混凝土产生凝结的根源，但混凝土的凝结时间与配制该混凝土所用水泥的凝结时间并不相等。混凝土的水灰比、环境温度和外加剂的性能等均对混凝土的凝结快慢产生很大影响。水灰比增大，水泥水化产物间的间距增大，水化产物粘连及填充颗粒间隙的时间延长，凝结时间越长；环境温度升高，水泥水化和水分蒸发加快，凝结时间缩短；缓凝剂会明显延长凝结时间，速凝剂会显著缩短凝结时间。

混凝土拌合物的凝结时间通常用贯入阻力仪来测定。先用 5mm 的圆孔筛从混凝土拌合物中筛取砂浆，按一定的方法装入规定的容器中，然后每隔一定时间测定砂浆贯入到一定深度的贯入阻力。绘制贯入阻力与时间的关系曲线。以贯入阻力 3.5MPa 和 28.0MPa 划两条平行于时间坐标的直线，直线与曲线交点的时间分别为混凝土拌合物的初凝时间和终凝时间。

【例 6-6-6】 在试拌混凝土时，发现拌合物的流动性偏大，且黏聚性不好，应采取的措施是？

    A. 直接加水泥   B. 增加水泥浆

    C. 保持砂率不变，增加砂石   D. 增大砂率

解 熟悉混凝土配合比的调试方法。选 D。

【例 6-6-7】 减水剂是常用的混凝土外加剂，其主要功能是增加拌合物中的自由水，其作用原理是：

    A. 本身产生水分   B. 通过化学反应产生水分

    C. 释放水泥吸收的水分   D. 分解水化产物

解 减水剂是指在混凝土拌合物坍落度基本相同的条件下，能减少拌和用水量的外加剂。常用减水剂为阴离子型表面活性剂，其吸附于水泥颗粒表面使颗粒间带同种电荷而相互排斥，从而分散水泥颗粒以释放加水初期所形成的絮凝状结构中水泥吸附的水分，实现减水作用。故选 C。

6.6.4 硬化混凝土的强度性能

混凝土常用的强度有立方体抗压强度、轴心抗压强度、抗拉强度和抗折强度等几种。

1）混凝土立方体抗压强度（f_{cu}）

根据《混凝土物理力学性能试验方法标准》（GB/T 50081—2019）规定，混凝土立方体抗压强度是指按标准方法制作的，标准尺寸为 150mm×150mm×150mm 的立方体试件，在标准养护条件下［温度为 (20±2)℃，相对湿度为 95%以上］，养护到 28d 龄期，以标准试验方法测得的抗压强度值。并以此立方体抗压强度标准值划分为 C7.5、C10、C15、C20、C25、C30、C35、C40、C45、C50、C55 和 C60 共 12 个等级。"C" 代表混凝土，C 后面的数字为立方体抗压强度标准值（MPa）。混凝土强度等级是混凝土结构设计时强度计算取值、混凝土施工质量控制和工程验收的依据。对于非标准尺寸的试件的抗压强

度，可采用折算系数折算成标准试件的强度值。如边长为 100mm 的立方体试件，折算系数为 0.95；边长为 200mm 的立方体试件，折算系数为 1.05。这是因为试件尺寸不同，会影响试件的抗压强度值，试件尺寸愈小，测得的抗压强度值愈大。

值得注意的是，混凝土各种强度的测定值，均与试件尺寸、试件表面状况、试验加荷速度、环境（或试件）的湿度和温度等因素有关。在进行混凝土各种强度测定时，应按《混凝土物理力学性能试验方法标准》（GB/T 50081—2019）等标准规定的条件和方法进行检测，以保证检测结果的可比性。

2）混凝土轴心抗压强度（f_{cp}）

在实际结构中，钢筋混凝土受压构件多为棱柱体或圆柱体。为了使测得的混凝土强度与实际情况接近，在进行钢筋混凝土受压构件（如柱子、桁架的腹杆等）计算时，都是采用混凝土的轴心抗压强度。混凝土轴心抗压强度是指按标准方法制作的，标准尺寸为 150mm×150mm×300mm 的棱柱体试件，在标准养护条件下养护到 28d 龄期，以标准试验方法测得的抗压强度值。

轴心抗压强度比同截面面积的立方体抗压强度要小，当标准立方体抗压强度在 10~50MPa 范围内时，两者之间的比值近似为 0.7~0.8。

【例 6-6-8】 截面相同的混凝土的棱柱体强度（f_{cp}）与混凝土的立方体强度（f_{cu}），两者的关系为：

A. $f_{cp} < f_{cu}$ B. $f_{cp} \leqslant f_{cu}$

C. $f_{cp} \geqslant f_{cu}$ D. $f_{cp} > f_{cu}$

解 由于环箍效应的影响，相同受压面时，混凝土试件的高度越大，测出的强度结果越小。相同截面时，棱柱体试件的高度大于立方体试件的高度，所以测出的棱柱体试件强度小于立方体试件的强度。选 A。

【例 6-6-9】 我国使用立方体试块来测定混凝土抗压强度，其标准试块的边长为：

A. 100mm   B. 125mm   C. 150mm   D. 200mm

解 根据《混凝土物理力学性能试验方法标准》（GB/T 50081—2019）规定，混凝土立方体抗压强度是指按标准方法制作的，标准尺寸为 150mm×150mm×150mm 的立方体试件。故选 C。

3）混凝土抗拉强度（f_t）

混凝土的抗拉强度比其抗压强度小得多，一般只有抗压强度的 1/13~1/10，且拉压比随抗压强度的增高而减小。在普通钢筋混凝土构件设计中一般不考虑混凝土承受拉力，但抗拉强度却对混凝土的抗裂性起着重要作用，是结构设计时确定混凝土抗裂度的重要指标，有时也用它来间接衡量混凝土与钢筋的黏结强度。

混凝土抗拉强度测定应采用轴拉试件，但这种方法由于夹具附近局部破坏较难避免，而且外力作用线与试件轴心方向很难调成一致而较少采用。目前我国采用劈裂抗拉试验来测定混凝土的抗拉强度，该方法的原理是在标准 150mm×150mm×150mm 立方体试件两个相对的表面轴线上，作用着均匀分布的压力，这样就能使在此外力作用下的试件竖向平面内，产生均布拉应力，该拉应力可以根据弹性理论计算得出，计算公式如下。

$$f_{ts} = \frac{2P}{\pi A} = 0.637 \frac{P}{A} \tag{6-6-1}$$

式中：f_{ts}——混凝土劈裂抗拉强度（MPa）；

       P——破坏荷载（N）；

       A——试件劈裂面积（mm²）。

混凝土劈裂抗拉强度较轴心抗拉强度略低，试验证明两者的比值为 0.9 左右。

4）混凝土抗折强度（f_{cf}）

混凝土道路工程和桥梁工程的结构设计、质量控制与验收等环节，须要检测混凝土的抗折强度。混凝土抗折强度是指按标准方法制作的，标准尺寸为 150mm×150mm×600mm（或 550mm）的长方体试件，在标准养护条件下养护到 28d 龄期，以标准试验方法测得的抗折强度值。按三分点加荷，试件的支座一端为铰支，另一端为滚动支座。抗折强度计算公式如下。

$$f_{cf} = \frac{PL}{bh^2} \qquad (6-6-2)$$

式中：f_{cf}——混凝土抗折强度（MPa）；

　　　P——破坏荷载（N）；

　　　L——支座之间的距离（mm）；

　　b，h——试件截面的宽度和高度（mm）。

5）影响混凝土强度的因素

（1）水泥强度等级和水灰比

水泥强度等级和水灰比是影响混凝土抗压强度的决定性因素。因为混凝土的强度主要取决于水泥石的强度及其与骨料间的黏结力，而水泥石的强度及其与骨料间的黏结力又取决于水泥的强度等级和水灰比的大小。在水泥强度等级相同的情况下，强度将随水灰比的增加而降低。但如果水灰比过小，则拌合物过于干硬，在一定的捣实成型条件下，混凝土难以成型密实，从而使强度下降。

另外，在相同水灰比和相同试验条件下，水泥强度等级越高，则水泥石强度越高，从而使用其配制的混凝土强度也越高。

（2）骨料

骨料的强度一般都比水泥石的强度高（轻骨料除外），所以对混凝土的强度影响很小。但若骨料经风化等作用而强度降低时，则用其配制的混凝土强度也较低；骨料表面粗糙，则与水泥石黏结力较大，故用碎石配制的混凝土比用卵石配制的混凝土强度较高。

（3）养护温度、湿度

温度及湿度对混凝土强度的影响，本质上是对水泥水化的影响。

由于水泥的水化只能在充水的毛细孔内发生，因此，必须创造条件防止水分自毛细管中蒸发而失去。另外，水泥水化过程中，大量自由水要被水泥水化产物结合或吸附，因此需不断提供水分，才能使水泥水化正常进行，从而产生更多的水化产物使混凝土密实度增加。如果湿度不够，则混凝土强度增长受影响。所以为了使混凝土正常硬化，必须在浇筑后一定时间内维持一定的潮湿环境。一般情况下，使用硅酸盐水泥、普通水泥和矿渣水泥，应在混凝土凝结后（一般在 12h 以内），用草袋等覆盖混凝土表面并浇水，浇水时间不少于 7d，使用火山灰水泥和粉煤灰水泥时，应不小于 14d，对掺用缓凝型外加剂或有抗渗性要求的混凝土，不小于 14d，在夏季由于蒸发较快更应特别注意浇水。

养护温度对混凝土强度发展也有很大影响。养护温度高，可以增大初期水化速度，混凝土早期强度也高。但混凝土早期养护温度过高（40℃ 以上），因水泥水化产物来不及扩散而使混凝土后期强度反而降低。当温度在 0℃ 以下时，水泥水化反应停止，混凝土强度停止发展。这时还会因为混凝土中的水结冰产生体积膨胀，对混凝土产生相当大的膨胀压力，使混凝土结构破坏，强度降低，因此也要控制一个合适的养护温度。

（4）龄期

混凝土在正常养护条件下，其强度将随龄期的增加而增长，最初 7~14d 发展较快，28d 后强度发展趋于平缓。因而混凝土常以 28d 龄期强度作为质量评定依据。

【例 6-6-10】 混凝土强度等级是以下列哪项划分？

    A. 立方体抗压强度　　　　　　　　　　B. 轴心抗压强度

    C. 立方体抗压强度标准值　　　　　　　D. 抗拉强度

解　混凝土强度等级以混凝土立方体抗压强度（f_{cu}）标准值来划分。选 C。

【例 6-6-11】 200mm×200mm×200mm 混凝土立方体试件，测定其立方体强度的尺寸换算系数是：

    A. 0.90　　　　　　B. 1.00　　　　　　C. 1.05　　　　　　D. 1.10

解　考查尺寸效应。选 C。

【例 6-6-12】 现行水工混凝土结构设计规范对混凝土强度等级的定义是：

    A. 从 C15 到 C60

    B. 用棱柱体抗压强度标准值来确定，具有 95% 的保证率

    C. 由按标准方法制作养护的边长为 150mm 的立方体试件，在 28d 龄期用标准试验方法测得的抗压强度确定

    D. 由按标准方法制作养护的边长为 150mm 的立方体试件，在 28d 龄期用标准试验方法测得的具有低于 5% 失效概率的抗压强度确定

解　低于 5% 的失效概率等价于 95% 的保证率。选 D。

【例 6-6-13】 混凝土强度的形成受到其养护条件的影响，主要是指：

    A. 环境温湿度　　　　　　　　　　　B. 搅拌时间

    C. 试件大小　　　　　　　　　　　　D. 混凝土水灰比

解　根据规范《混凝土物理力学性能试验方法标准》（GB/T 50081—2019），养护条件是指环境温湿度控制，具体要求为：温度为 $(20 \pm 2)℃$，湿度为 95% 以上。选 A。

6.6.5　硬化混凝土的变形性能

混凝土在硬化和使用过程中，由于受到物理、化学和力学等因素的作用，常发生各种变形。由物理、化学因素引起的变形称为非荷载作用下的变形，包括化学收缩、干湿变形、碳化收缩及温度变形等；由荷载作用引起的变形称为在荷载作用下的变形，包括在短期荷载作用下的变形及长期荷载作用下的变形。

1）化学收缩

由于水泥水化生成物的体积比反应前物质的总体积小，从而引起混凝土的收缩称为化学收缩。收缩量随混凝土硬化龄期的延长而增加，一般在混凝土成型后 40d 内增长较快，以后逐渐趋于稳定。化学收缩值很小（小于 1%），对混凝土结构没有破坏作用。混凝土的化学收缩是不可恢复的。

2）湿胀干缩

混凝土因周围环境湿度变化，会产生干燥收缩和湿胀，统称为干湿变形。混凝土在水中硬化时，由于凝胶体中的胶体粒子表面的吸附水膜增厚，胶体粒子间距离增大，引起混凝土产生微小的膨胀，即湿胀。湿胀对混凝土无危害。

混凝土在空气中硬化时，首先失去自由水；继续干燥时，毛细管水蒸发，使毛细孔中形成负压产生

收缩；再继续干燥则吸附水蒸发，引起凝胶体失水而紧缩。以上这些作用的结果导致混凝土产生干缩变形。混凝土的干缩变形在重新吸水后大部分可以恢复，但不能完全恢复。

混凝土中水泥石是引起干缩的主要组分，骨料起限制收缩的作用，孔隙的存在会加大收缩。因此减少水泥用量，减小水灰比，加强振捣，保证骨料洁净和级配良好是减少混凝土干缩变形的关键，此外，加强混凝土的早期养护，延长湿养护时间，对减少混凝土干缩裂缝也具有重要作用。水泥颗粒越细干缩也越大；掺大量混合材料的硅酸盐水泥配制的混凝土，比用普通水泥配制的混凝土干缩率大，其中火山灰水泥混凝土的干缩率最大，粉煤灰水泥混凝土的干缩率则较小。

3）温度变形

混凝土的温度膨胀系数为$0.7 \times 10^{-5} \sim 1.4 \times 10^{-5}/℃$，一般取$1.0 \times 10^{-5}/℃$。混凝土是热的不良导体，传热很慢，因此在大体积混凝土硬化初期，由于内部水泥水化热而积聚较多热量，造成混凝土内外层温差很大，这将使内部混凝土的体积产生较大热膨胀，而外部混凝土与大气接触，温度相对较低，产生收缩。内部膨胀与外部收缩相互制约，在外表混凝土中将产生很大拉应力，严重时使混凝土产生裂缝。因此，对大体积混凝土工程，应选择低热水泥，减小水泥用量以降低水化热，预先冷却原材料，在混凝土中预埋冷却水管，分段分层浇筑等措施。对于一般纵长的混凝土工程，应采取每隔一段长度设置伸缩缝以及在结构物中设置温度钢筋等措施。

4）荷载作用下混凝土的弹塑性变形

由于混凝土是多相复合材料，所以不是完全的弹性体而是弹塑性体。它在受力时，既会产生可以恢复的弹性变形，也会产生不可恢复的塑性变形，故其应力-应变曲线不是直线而是曲线。其应力应变关系曲线如图6-6-1所示。

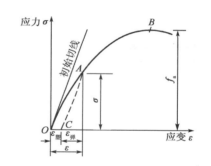

图6-6-1 混凝土在压力作用下应力-应变曲线

混凝土的变形模量是指应力应变关系曲线上任一点的应力与应变之比。根据相关规定，混凝土弹性模量的测定，采用标准尺寸为150mm×150mm×300mm的棱柱体试件，试验控制应力荷载值为轴心抗压强度的1/3，经3次以上反复加荷和卸荷后，测定应力与应变的比值，得到混凝土的弹性模量。混凝土的弹性模量与混凝土的强度、骨料的弹性模量、骨料用量和早期养护温度等因素有关。混凝土强度越高、骨料弹性模量越大、骨料用量越多、早期养护温度较低，混凝土的弹性模量越大。C10~C60的混凝土其弹性模量为$1.75 \times 10^4 \sim 4.90 \times 10^4$MPa。

5）混凝土的徐变

混凝土在长期恒载作用下，随着时间的延长，沿作用力的方向发生的变形，即随时间而发展的变形称为混凝土的徐变。混凝土不论是受压、受拉或受弯，均有徐变现象。徐变在加荷早期增加得比较快，然后逐渐减缓，在若干年后则增加很少。当混凝土卸载后，一部分变形可瞬时恢复；一部分要过一段时间才能恢复，称为徐变恢复；剩余的变形是不可恢复部分，称作残余变形。

混凝土产生徐变的原因，一般认为是由于在长期荷载作用下，水泥石中的凝胶体产生黏性流动，向毛细孔中迁移，或者凝胶体中的吸附水或结晶水向内部毛细孔迁移渗透所致。

混凝土徐变对混凝土及钢筋混凝土结构物的影响有利亦有弊。对钢筋混凝土构件而言，徐变能消除其内部的应力集中，使应力较均匀地重新分布；对于大体积混凝土，徐变能消除一部分由于温度变形所产生的破坏应力；但在预应力筋混凝土结构中，混凝土的徐变，将会使钢筋的预应力受到损失。在钢筋混凝土结构设计中，要充分考虑徐变的影响。

【例 6-6-14】 混凝土是：

A. 完全弹性材料　　B. 完全塑性材料　　C. 弹塑性材料　　D. 不确定

解　混凝土是多相复合材料，不是完全的弹性体，而是弹塑性体材料。选 C。

【例 6-6-15】 混凝土的干燥收缩和徐变的规律相似，而且最终变形量也相互接近，原因是两者具有相同的微观机理，均为：

A. 毛细孔的排水　　　　　　　　　　　B. 过渡区的变形

C. 骨料的吸水　　　　　　　　　　　　D. 凝胶孔水分的移动

解　徐变是由于凝胶孔中的水分向毛细孔中迁移引起的。干燥收缩是由于湿度降低导致凝胶孔和毛细孔中的水分失去引起的。所以凝胶孔水分的移动是干燥收缩和徐变的共同机理。选 D。

【例 6-6-16】 影响混凝土徐变但不影响其干燥收缩的因素为：

A. 环境湿度　　　　　　　　　　　　　B. 混凝土水灰比

C. 混凝土骨料含量　　　　　　　　　　D. 外部应力水平

解　徐变是指混凝土在固定荷载作用下，随着时间变化而发生的变形，即徐变的大小与外部应力水平有关。干燥收缩是由于环境湿度低于混凝土自身湿度引起失水而导致的变形；环境湿度越小，水灰比越大（表明混凝土内部的自由水分越多），骨料（混凝土中的骨料具有减少收缩的作用）含量越低时，干缩越大。干缩与外部应力水平无关。选 D。

【例 6-6-17】 增大混凝土的骨料含量，混凝土的徐变和干燥收缩的变化规律为：

A. 都会增大

B. 都会减小

C. 徐变增大，收缩减小

D. 徐变减小，收缩增大

解　徐变是指混凝土在恒定荷载长期作用下，随时间而增加的变形。徐变是在外力作用下，混凝土中的凝胶体向毛细孔中迁移产生的收缩变形。干燥收缩是混凝土中的毛细孔和凝胶孔失水所引起的变形。骨料，特别是粗骨料的主要作用是抑制收缩，所以增大混凝土中的骨料含量，可以降低浆体的含量，最终使徐变和干缩减小。故选 B。

6.6.6　混凝土的耐久性

混凝土的耐久性是指混凝土能抵抗环境介质的长期作用，保持正常使用性能和外观完整性的能力，包括抗渗性、抗冻性、抗冲磨性、抗侵蚀性以及抗风化性等。

1）混凝土的抗渗性

混凝土的抗渗性是指混凝土抵抗压力液体（水、油和溶液等）渗透作用的能力。它是决定混凝土耐久性最主要的因素。因为外界环境中的侵蚀性介质只有通过渗透才能进入混凝土内部产生破坏作用。

工程上用抗渗等级来表示混凝土的抗渗性。测定混凝土抗渗等级采用顶面直径为 175mm、底面直径为 185mm、高度为 150mm 的圆台体标准试件，在规定的试验条件下，以 6 个试件中 4 个试件未出现渗水时的最大水压力来表示混凝土的抗渗等级，试验时加水压至 6 个试件中有 3 个试件端面渗水时为止。混凝土抗渗标号分为 P4、P6、P8、P10 和 P12 五级，相应表示混凝土能抵抗 0.4MPa、0.6MPa、

0.8MPa、1.0MPa 和 1.2MPa 的水压不渗漏。

提高混凝土抗渗性的关键是提高混凝土的密实度或改变混凝土孔隙特征，可采取的主要措施有降低水灰比，以减少泌水和毛细孔；掺引气型外加剂，将开口孔转变成闭口孔，割断渗水通道；减小骨料最大粒径，骨料干净、级配良好；加强振捣，充分养护等。

2）混凝土的抗冻性

混凝土的抗冻性是指混凝土在水饱和状态下，经受多次冻融循环作用，强度不严重降低，外观能保持完整的性能。

混凝土的抗冻性用抗冻等级 F_n 来表示，分为 F10、F15、F25、F50、F100、F150、F200、F250 及 F300 九个等级，其中数字表示混凝土能承受的最大冻融循环次数。混凝土抗冻等级的测定有两种方法，一是慢冻法，以标准养护 28d 龄期的立方体试件，在水饱和后，于 $-15 \sim +20℃$ 情况下进行冻融，最后以抗压强度下降率不超过 25%、质量损失率不超过 5% 时，混凝土所能承受的最大冻融循环次数来表示。二是快冻法，采用 100mm×100mm×400mm 的棱柱体试件，以混凝土快速冻融循环后，相对动弹性模量不小于 60%、质量损失率不超过 5% 时的最大冻融循环次数表示。

混凝土的抗冻性与混凝土的密实度、孔隙充水程度、孔隙特征、孔隙间距、冰冻速度及反复冻融的次数等有关。提高混凝土抗冻性的主要措施有降低水灰比，加强振捣，提高混凝土的密实度；掺引气型外加剂，将开口孔转变成闭口孔，使水不易进入孔隙内部，同时细小闭孔可减缓冰胀压力；保持骨料干净和级配良好，充分养护等。

3）混凝土的抗磨性以及抗气蚀性

混凝土的表面磨损有三种情况：一是机械磨耗，如路面、机场跑道、厂房地坪等处的混凝土受到反复摩擦、冲击而造成的磨耗；二是冲磨，如桥墩、水工泄水结构物、沟渠等处的混凝土受到高速水流中夹带的泥沙、石子颗粒的冲刷、撞击和摩擦造成的磨耗；三是空蚀，如水工泄水结构物受到水流速度和方向改变形成的空穴冲击而造成的磨耗。

混凝土耐磨性试验方法有钢球法、转盘法、摩轮法和滚珠轴承法等。混凝土的耐磨性与混凝土的强度、原材料特性以及配比有密切关系。选用坚硬耐磨的骨料、高强度等级的硅酸盐水泥，配制成水泥浆含量较少的高强度混凝土，经振捣密实，并使表面平整光滑，混凝土将获得较高的抗磨性，对于有抗冲磨要求的混凝土，其强度等级一般不低于 C35。

解决空蚀问题最好的办法是在设计、施工以及运行中消除或减弱发生空蚀的根源，材料方面可采取的措施主要是采用强度等级为 C50 以上的混凝土，骨料最大粒径不大于 20mm，在混凝土中掺入硅粉以及高效减水剂，严格控制施工质量，保证混凝土密实、均匀以及表面平整等。

4）混凝土的抗侵蚀性

环境介质对混凝土的化学侵蚀有淡水的侵蚀、硫酸盐侵蚀、海水侵蚀、酸碱侵蚀等，其侵蚀机理与水泥石化学侵蚀相同。其中海水的侵蚀除了硫酸盐侵蚀外，还有反复干湿作用，盐分在混凝土内的结晶与聚集，海浪的冲击磨损、海水中氯离子对钢筋的锈蚀作用等，同样会使混凝土受到侵蚀而破坏。

对以上各类侵蚀难以有共同的防治措施。采取的措施或是设法提高混凝土的密实度，改善混凝土的孔隙结构，以使环境侵蚀介质不易渗入混凝土内部；或采用外部保护措施以隔离侵蚀介质不与混凝土相接触。

5）混凝土中的碱-骨料反应

碱-骨料反应（AAR）是指混凝土中的碱与具有碱活性的骨料之间发生反应，反应产物吸水膨胀或反应导致骨料膨胀，造成混凝土开裂破坏的现象。根据骨料中活性成分的不同，碱-骨料反应分为三种类型：碱-硅酸反应、碱-碳酸盐反应和碱-硅酸盐反应。

混凝土中发生碱-骨料反应的必要条件有：

（1）骨料中含有活性成分，并超过一定数量。

（2）混凝土中含碱量较高（水泥含碱量超过 0.6%，或混凝土中含碱量超过 $3.0kg/m^3$ ）。

（3）混凝土内有水分存在。

骨料碱活性检验方法有岩相法、化学法、砂浆长度法、岩石柱法、混凝土棱柱法和压蒸法等。

碱-骨料反应很慢，引起的破坏往往经过若干年后才会出现。一旦出现，破坏性则很大，难以加固处理，应加强防范。可采取以下措施来预防：

（1）条件允许时，尽量选择非活性骨料。

（2）选用低碱水泥，控制混凝土中总的碱含量。

（3）在混凝土中掺入适量的活性掺合料如粉煤灰等可适当抑制其膨胀率。

（4）在混凝土中掺入引气剂，使其中含有大量均匀分布的微小气泡，可减小其膨胀破坏作用。

6）混凝土的碳化

混凝土的碳化是指环境中的 CO_2 与水泥水化产生的 $Ca(OH)_2$ 作用，生成碳酸钙和水，从而使混凝土的碱度降低的现象。碳化对混凝土的物理力学性能有明显作用，会使混凝土出现碳化收缩，强度下降，还使混凝土中的钢筋因失去碱性保护而锈蚀，最终导致钢筋混凝土结构的破坏。碳化对混凝土的性能也有有利的一面，表层混凝土碳化时生成的碳酸钙，可减少水泥石的孔隙，对防止有害介质的内侵具有一定的缓冲作用。

使用硅酸盐水泥或普通水泥，采用较小的水灰比或较多的水泥用量，掺用引气剂或减水剂，采用密实的砂石骨料以及严格控制混凝土的施工质量，使混凝土均匀密实等，均可以提高混凝土抗碳化能力。混凝土中掺入粉煤灰以及采用蒸汽养护的养护方法，会加速混凝土的碳化。《混凝土质量控制标准》（GB 50164—2011）指出，快速碳化试验碳化深度小于 20mm 的混凝土，其抗碳化性能较好，通常可满足大气环境下 50 年的耐久性要求。

【例 6-6-18】混凝土碳化是指空气中二氧化碳渗透到混凝土内部与其水泥水化物生成碳酸盐和水，使混凝土碱度降低的过程，其标准实验条件中二氧化碳浓度是：

    A. 10%   B. 20%   C. 50%   D. 70%

解 考查知识点较细，需要考生熟知一些常用试验规程。选 B。

【例 6-6-19】混凝土抗冻评定指标有：

    A. 强度和变形

    B. 抗冻标号、耐久性指标、耐久性系数

    C. 耐久性和环境协调性

    D. 工作性、强度、耐久性、经济性

解 可用排除法。选 B。

【例 6-6-20】下列措施中，能够有效抑制混凝土碱-骨料反应破坏的技术措施是：

    A. 使用高碱水泥   B. 使用大掺量粉煤灰

    C. 使用较高的胶凝材料   D. 使用较大水胶比

解 选 B。

6.6.7 混凝土外加剂

混凝土外加剂是指在拌制混凝土过程中掺入的用以改善混凝土性能的物质，其掺量一般不大于水泥质量的 5%（特殊情况除外）。外加剂在混凝土中的掺量不多，但可显著改善混凝土拌合物的和易性，明显提高混凝土的物理力学性能和耐久性。

1）外加剂的分类

外加剂按主要功能分为 4 类。

（1）改善混凝土拌合物流变性能的外加剂，如减水剂、引气剂和泵送剂等。

（2）调节混凝土凝结时间和硬化性能的外加剂，如缓凝剂、早强剂和速凝剂等。

（3）改善混凝土耐久性的外加剂，如引气剂、防水剂、防冻剂和阻锈剂等。

（4）改善混凝土其他性能的外加剂，如加气剂、膨胀剂、防冻剂、着色剂、泵送剂、碱-骨料反应抑制剂和道路抗折剂等。

2）减水剂

减水剂是指在混凝土拌合物坍落度基本相同的条件下，能减少拌和用水量的外加剂，是工程中应用最广泛的一种外加剂。

水泥加水拌和后，由于颗粒之间分子凝聚力的作用，会形成絮凝结构从而将一部分拌合物用水包裹在絮凝结构内，从而使混凝土拌合物的流动性降低。减水剂是一种表面活性剂，其分子是由亲水基团和憎水基团两部分组成，与其他物质接触时会定向排列。当水泥中加入减水剂后，减水剂的憎水基团定向吸附于水泥颗粒表面，使水泥颗粒表面带有相同的电荷，产生静电斥力，使水泥颗粒相互分开，絮凝结构解体，释放出游离水，从而增大了混凝土拌合物的流动性。另外，减水剂还能在水泥颗粒表面形成一层稳定的溶剂化水膜，这层水膜是很好的润滑剂，有利于水泥颗粒的滑动，从而使混凝土拌合物的流动性进一步提高。

减水剂种类较多，根据化学成分可分为木质素系、萘系、树脂系、糖蜜系和腐殖酸系；根据减水效果可分为普通减水剂和高效减水剂；根据对混凝土凝结时间的影响可分为标准型、早强型和缓凝型；根据是否在混凝土中引入空气可分为引气型和非引气型；根据外形可分为粉体型和液体型等。

（1）木质素系减水剂（M 型减水剂）

该减水剂属于普通减水剂，是亚硫酸盐法生产纸浆的副产品，主要成分是木质素磺酸盐，又分为木质素磺酸钙（木钙）、木质素磺酸钠（木钠）和木质素磺酸镁（木镁）。M 型减水剂的掺量，一般为水泥质量的 0.2%~0.3%，在保持配合比不变的条件下可提高混凝土坍落度一倍以上；保持混凝土的抗压强度和坍落度不变，一般可节约水泥用量的 8%~10%；保持混凝土坍落度和水泥用量不变，其减水率为 10%~15%，抗压强度提高 10%~20%。M 型减水剂对混凝土有缓凝作用，掺量过多除增强缓凝外，还能使强度下降。M 型减水剂可改善混凝土的抗渗性及抗冻性，改善混凝土拌合物的工作性，减小泌水性。故适用于大模板、大体积浇筑滑模施工，泵送混凝土及夏季施工等，但掺用 M 型减水剂不利于冬季施工，也不宜蒸汽养护。

（2）萘系减水剂

该减水剂属于高效减水剂，它以工业萘或煤焦油中分馏出的萘及萘的同系物为原料，经磺化、水解、缩合、中和、过滤和干燥而成，为棕色粉状物。萘系减水剂在减水、增强、改善耐久性等方面效果均优于木质素系，一般减水率在 15% 以上，早强显著，混凝土 28d 强度提高 20% 以上，适宜掺量为 0.2%~0.5%，pH 值为 7~9，大部分品种属于非引气型。萘系减水剂对不同品种水泥的适应性都较强，一般主要用于配制要求早强、高强的混凝土及流态混凝土。

（3）树脂系减水剂

该减水剂为高效减水剂，主要有三聚氰胺甲醛树脂（代号 SM）和磺化古马龙树脂（代号 CRS）。SM 减水剂是由三聚氰胺、甲醛和亚硫酸钠按一定的比例，在一定条件下磺化、缩聚而成。树脂系减水剂减水及增强效果比萘系减水剂更好，掺量为 0.5%~1.0%，减水率为 10%~24%，1d 强度提高 30%~100%，7d 强度提高 30%~70%，28d 强度提高 30%~50%。树脂系减水剂适用于高强混凝土、早强混凝土，蒸养混凝土及流态混凝土等。

3）引气剂

引气剂是指在搅拌混凝土过程中能引入大量均匀分布、稳定而封闭的微小气泡（直径 10~100μm）的外加剂。混凝土引气剂有松香树脂类、烷基苯磺酸盐类、脂肪醇磺酸盐类、蛋白质盐及石油磺酸盐等几种。

在搅拌混凝土时会混入一些气泡，掺入的引气剂就会定向排列在泡膜界面（气液界面）上，因而形成大量微小气泡。被吸附的引气剂离子增强了泡膜的厚度和强度，使气泡不易破灭。这些气泡均匀分散在混凝土中，互不相连，使混凝土的一些性能得以改善。

引气剂对于混凝土的影响主要有：

（1）改善混凝土拌合物的和易性。

（2）提高混凝土的抗渗性和抗冻性。

（3）强度有所降低。

引气剂及引气减水剂可用于抗冻混凝土、抗渗混凝土、抗硫酸盐混凝土、泌水严重的混凝土、贫混凝土、轻骨料混凝土、人工骨料配制的普通混凝土、高性能混凝土以及有饰面要求的混凝土。不宜用于蒸养混凝土及预应力混凝土，必要时，应经试验确定。

4）早强剂

早强剂是指能加速混凝土早期强度发展的外加剂。早强剂能促进水泥的水化和硬化，提高早期强度，缩短养护周期，提高模板和场地周转率，加快施工速度。常用的早强剂有氯盐类、硫酸盐类、有机胺类以及它们的复合类等。

早强剂对混凝土主要影响有：

（1）提高早期强度。早强剂能明显改善混凝土的早期强度而对后期强度无不利影响。

（2）改变混凝土的抗硫酸盐侵蚀性。氯化钙会降低混凝土抗硫酸盐性，而硫酸钠则能提高混凝土的抗硫酸盐侵蚀性。

（3）含氯盐早强剂会加速混凝土中钢筋的锈蚀，因此掺量不宜过大。

（4）含硫酸钠的早强剂掺入到含有活性骨料（蛋白石等）的混凝土中，会加速碱-骨料反应，导致混凝土破坏。

早强剂可用于蒸汽养护的混凝土及常温、低温和最低温度不低于−5°C 环境中施工的有早强要求的混凝土工程。炎热环境条件下不宜使用早强剂和早强减水剂。

5）缓凝剂

缓凝剂是指能延缓混凝土凝结时间，而不显著影响混凝土后期强度的外加剂。缓凝剂分为无机和有机两大类。有机缓凝剂包括木质素磺酸盐、羟基羧基及其盐、糖类及碳水化合物、多元醇及其衍生物等；无机缓凝剂包括硼砂、氯化锌、碳酸锌、硫酸铁（铜、锌、镉等）、磷酸盐及偏磷酸盐等。

有机类缓凝剂多为表面活性剂，掺入混凝土中，能吸附在水泥颗粒表面，形成同种电荷的亲水膜，使水泥颗粒相互排斥，阻碍水泥水化产物粘连和凝结，起缓凝作用；无机类缓凝剂，一般是在水泥颗粒表面形成一层难溶的薄膜，对水泥的正常水化起阻碍作用，从而导致缓凝。

缓凝剂对混凝土的影响主要有：

（1）延缓凝结时间。缓凝剂主要作用是延缓混凝土凝结时间，但掺量不宜过大，否则会引起强度降低。

（2）增加泌水性。羟基羧基盐缓凝剂会增加混凝土的泌水率，在水泥用量低或水灰比大的混凝土中尤为突出。

（3）延缓水泥水化热释放的速度。

（4）缓凝剂对水泥品种适应性十分明显，不同水泥品种缓凝效果不相同，甚至会出现相反效果。

缓凝剂主要用于高温炎热气候下的大体积混凝土，泵送及滑模混凝土施工，以及远距离运输的商品混凝土等。

6）速凝剂

速凝剂是指能使混凝土迅速凝结硬化的外加剂。大部分速凝剂的主要成分为铝酸钠（铝氧熟料），此外还有碳酸钠、铝酸钙、氟硅酸锌、氟硅酸镁、氯化亚铁、硫酸铝、三氯化铝等盐类。

速凝剂产生速凝的原因是，速凝剂中的铝酸钠、碳酸钠在碱溶液中迅速与水泥中的石膏反应生成硫酸钠，使石膏丧失缓凝作用或迅速生成钙矾石所致。速凝剂主要用于喷射混凝土和喷射砂浆，亦可用于需要速凝的其他混凝土。

7）外加剂应用

外加剂品种繁多，功能效果各异，选择外加剂时，应根据工程需要、现场的材料和施工条件，并参考外加剂产品说明书及有关资料进行全面考虑，如有条件应进行试验验证，有针对性地选用最合适的产品。

外加剂品种选定后，还需认真确定外加剂的掺量，掺量太小，将达不到所期望的效果；掺量过大，不仅造成材料浪费，甚至可能影响混凝土质量，造成事故。一般外加剂产品说明书都列出推荐的掺量范围，可参照或者根据经验选定合适外加剂掺量。

另外，外加剂的掺入方法对其作用效果有时影响也很大，因此应根据外加剂的种类和形态及具体情况选用合适掺入方法。例如减水剂的掺法有同掺法、先掺法和后掺法等。同掺法是指将减水剂预先溶于水中形成溶液，再加入拌合物中一起搅拌的方法，该掺法计量准确，搅拌均匀，工程上经常采用。先掺法是指将减水剂与水泥混合后再与骨料和水一起搅拌的方法，该掺法使用方便，但减水剂有粗粒时不易分散，搅拌时间要延长，工程上不常采用。后掺法是指在混凝土拌合物运送到浇筑地点后，再分次加入减水剂进行搅拌的方法。该方法可避免混凝土在运输途中的分层、离析和坍落度损失，提高水泥的适应性，常用于商品混凝土。

【例 6-6-21】以下能改善混凝土流变性能的外加剂是：

A. 减水剂　　　　B. 缓凝剂　　　　C. 膨胀剂　　　　D. 着色剂

解　考查外加剂的功能。选 A。

【例 6-6-22】　凝土中渗入引气剂的目的是：

A. 提高强度

B. 提高抗渗性、抗冻性，改善和易性

C. 提高抗腐蚀性

D. 节约水泥

解　考查外加剂的功能。选 B。

6.6.8　混凝土掺合料

混凝土掺合料是指在混凝土搅拌前或在搅拌过程中，直接掺入的人造或天然的矿物材料以及工业废料，其掺量一般大于水泥质量的 5%，目的是改善混凝土性能、调节混凝土强度等级和节约水泥用量等。混凝土掺合料主要有粉煤灰、硅灰、磨细矿渣粉以及其他工业废渣。

1）粉煤灰

从煤粉炉排出的烟气中收集到的颗粒粉末，称为粉煤灰。粉煤灰的化学成分主要有 SiO_2、Al_2O_3、Fe_2O_3、CaO、MgO、SO_3 等。煤粉燃烧时，其中较细的粒子随气流掠过燃烧区，立即熔融成水滴状，到了炉膛外面，受到骤冷，就将熔融时由于表面张力作用形成的圆珠的形态保持下来，成为玻璃微珠，因此粉煤灰的颗粒形貌主要是玻璃微珠，其矿物组成主要为铝硅玻璃体。细度是评定粉煤灰品质的重要指标之一，一般来说，粉煤灰较细，品质则较好。

粉煤灰由于其本身的化学成分、结构和颗粒形状等特征，掺入混凝土中可产生以下三种效应，总称为"粉煤灰效应"。

（1）活性效应。粉煤灰中所含的 SiO_2 和 Al_2O_3 具有化学活性，在水泥水化产生的 $Ca(OH)_2$ 和水泥中所掺石膏的激发下，能发生二次水化生成水化硅酸钙和水化铝酸钙等产物，可作为胶凝材料起增强作用。

（2）形态效应。粉煤灰颗粒绝大多数为玻璃微珠，在混凝土拌合物中起"滚珠轴承"的作用，能减小内摩阻力，使掺有粉煤灰的混凝土拌合物比基准混凝土流动性好，便于施工，具有减水作用。

（3）微骨料效应。粉煤灰中的微细颗粒均匀分布在水泥浆内，填充孔隙和毛细孔，改善了混凝土的孔结构并增大了混凝土的密实度。

粉煤灰掺入混凝土中，可以改善混凝土拌合物的和易性、可泵性和可塑性，能降低混凝土的水化热，使混凝土的弹性模量提高，提高混凝土抗化学侵蚀性、抗渗、抑制碱-骨料反应等耐久性。粉煤灰取代混凝土中部分水泥后，混凝土的早期强度有所降低，但后期强度可以赶上甚至超过未掺粉煤灰的混凝土。

2）硅灰

硅灰是在生产硅铁、硅钢或其他硅金属时，高纯度石英和煤在电弧炉中还原所得到的以无定形 SiO_2 为主要成分的球状玻璃体颗粒粉尘。硅灰中无定形 SiO_2 的含量在 90% 以上，硅灰颗粒极细，平均粒径为 0.1~0.2μm，比表面积为 20000~25000m^2/kg。

硅灰活性极高，火山灰活性指标高达 110%。其中的 SiO_2 在水化早期就可与 $Ca(OH)_2$ 发生反应，配制出 100MPa 以上的高强混凝土。硅灰取代水泥后，其作用与粉煤灰类似，可改善混凝土拌合物的和易性、降低水化热、提高混凝土抗化学侵蚀性、抗冻、抗渗性能，抑制碱-骨料反应，且效果比粉煤灰好得多。另外，硅灰掺入混凝土中，可使混凝土的早期强度提高。硅灰需水量比为 134% 左右，若掺量过大，将会使水泥浆变得十分黏稠。在土建工程中，硅灰取代水泥量常为 5%~15%，且必须同时掺入高效减水剂。

3）磨细矿渣粉

磨细矿渣是将粒化高炉矿渣经磨细而成的粉状掺合料。其主要化学成分为 CaO、SiO_2、Al_2O_3，三者的总量占 90% 以上，另外含有 Fe_2O_3 和 MgO 等氧化物及少量 SO_3。其活性较粉煤灰高，掺量也可比粉煤灰大。磨细矿渣粉可以等量取代水泥，使混凝土的多项性能得以显著改善，如大幅度提高混凝土强度、提高混凝土耐久性和降低水泥水化热等。国外已将磨细矿渣粉大量应用于工程，我国尚处于研究开发阶段。

除了上述三种外，混凝土的掺合料还有沸石粉、磨细自燃煤矸石粉、浮石粉、火山渣粉等。此外，碾压混凝土中还可以掺入适量的非活性掺合料如石灰石粉、尾矿粉等，以改善混凝土的和易性，提高混凝土的密实性以及硬化混凝土的某些性能。

【例 6-6-23】 现代混凝土使用的矿物掺合料不包括：

A. 粉煤灰　　　　　　　　　　　　B. 硅灰

C. 磨细的石英砂　　　　　　　　　D. 粒化高炉矿渣

解　矿物掺合料是指在配制混凝土时加入的能改善新拌混凝土和硬化混凝土性能的无机矿物细粉。常见的混凝土矿物掺合料有粉煤灰、粒化高炉矿渣、硅灰、石灰石粉、钢渣粉、磷渣粉、沸石粉、复合矿物掺合料。石英砂的主要成分是二氧化硅，但为晶体，常温下不具有火山灰活性，不可用作矿物掺合料。选 C。

6.6.9　混凝土配合比设计

1）普通混凝土配合比设计要求

普通混凝土配合比设计的任务是将水泥、粗细骨料和水等各项组成材料合理地配合，使所得混凝土满足工程所要求的各项技术指标，并符合经济的原则。混凝土配合比设计必须达到四项基本要求，即：满足结构设计的强度等级要求；满足混凝土施工所要求的和易性；满足工程所处环境对混凝土耐久性的要求；符合经济原则，即节约水泥以降低混凝土成本。

2）普通混凝土配合比参数的确定原则

混凝土配合比设计，实质上就是确定水泥、水、砂与石子这四项基本组成材料用量之间的三个比例关系。即：水与水泥之间的比例关系，常用水灰比表示；砂与石子之间的比例关系，常用砂率表示；水泥浆与骨料之间的比例关系，常用单位用水量来反映。水灰比、砂率、单位用水量是混凝土配合比的三个重要参数，因为这三个参数与混凝土的各项性能之间有着密切的关系，在配合比设计中正确地确定这几个参数，就能使混凝土满足上述设计要求。

（1）水灰比

其他条件不变下，水灰比的大小直接影响混凝土的强度以及耐久性。水灰比小时，混凝土的强度、密实性及耐久性较高，但消耗的水泥较多，水化热量也较多，因此在满足强度及耐久性要求的前提下，尽可能采取较大的水灰比，以节约水泥。

满足强度要求的水灰比，可以使用本工程原材料进行试验所建立的混凝土强度与水灰比关系曲线求得，也可以参照鲍罗米水灰比定则经验公式初步确定，而后进行试验校核。满足耐久性要求的水灰比，应通过混凝土抗渗性、抗冻性等试验确定。以上根据强度与耐久性要求所求得的两个水灰比中，应选取较小者，以便能够同时这些要求。

（2）混凝土单位用水量

单位用水量是控制混凝土拌合物流动性的主要因素。确定混凝土单位用水量的原则是要满足混凝土拌合物流动性的要求。影响混凝土单位用水量的因素很多，如骨料的级配与品质、骨料最大粒径、水泥的需水性及外加剂使用情况。对于具体工程，可根据原材料，总结实际资料得出单位用水量经验值。缺乏资料时，则可以根据混凝土坍落度要求参照相关表格初步选定，而后再进行试验确定。

（3）含砂率（合理砂率）

合理的砂率应该满足：

①石子最大粒径较大、级配较好、表面较光滑时，合理砂率较小。

②砂细度模数较小时，混凝土拌合物的黏聚性容易得到保证，合理砂率较小。

③水灰比较小或混凝土中掺有使拌合物黏聚性得到改善的掺合料（如粉煤灰、硅粉等）时，水泥浆较黏稠，混凝土黏聚性较好，则合理砂率较小。

④掺用引气剂或减水剂时，合理砂率也可适当减小。

⑤设计要求的混凝土流动性较大时，混凝土合理砂率较大；反之，当混凝土流动性较小时，可用较小的砂率。

砂率确定方法是：预先估计几个砂率，拌制几组混凝土，进行和易性对比试验，从中选出合理砂率。也可查阅相关表格，在初步估计合理砂率时做参考。合理砂率也可用以下近似公式估算。

$$\frac{S}{\gamma_S} = \frac{KG}{\gamma_G}P \tag{6-6-3}$$

$$\frac{S}{S+G} = \frac{K\gamma_S P}{K\gamma_S P + \gamma_G} \tag{6-6-4}$$

式中：S、G——1m³ 混凝土中砂、石用量（kg）；

γ_S、γ_G——砂、石子的松散堆积表观密度（kg/m³）；

P——石子空隙率（%）；

K——拨开系数，一般取 1.1~1.4。

需要指出的是，一般施工时的砂率，常需比试验室所确定的合理砂率增大 1% 左右，这样可以弥补拌合物运输过程中的砂浆流失，并可避免骨料分离以及局部混凝土砂浆不足所造成的蜂窝、孔洞。

3）普通混凝土配合比设计方法与步骤

设计混凝土配合比的方法很多，但基本上大同小异，其主要步骤可归纳为：估算初步配合比、试拌调整、确定混凝土配合比三个环节。

（1）初步配合比的计算

①初步确定水灰比 W/C。根据混凝土强度及耐久性要求，参考鲍罗米水灰比定则经验公式以及相关表格，并考虑水灰比最大允许值初步确定水灰比。

②初步估计单位用水量 W（kg/m³）。根据拌和物坍落度的要求，参考相应表格初步确定。

③初步估计含砂率 $S/(S+G)$。

④初步计算水泥用量 C（kg/m³）。用初步确定的水灰比及单位用水量，按下式计算。

$$C = \frac{W}{W/C} \tag{6-6-5}$$

同时混凝土水泥用量应不少于施工规范要求的最小水泥用量。

⑤计算砂、石子用量。根据上述各参数，可按"绝对体积法"或"假定表观密度法"进行计算。

a. 绝对体积法：假定 $1m^3$ 新浇筑的混凝土内各项材料的体积之和为 $1m^3$，则有：

$$\frac{W}{\rho_W} + \frac{C}{\rho_C} + \frac{S}{\rho_S} + \frac{G}{\rho_G} + 10\alpha = 1000 \tag{6-6-6}$$

式中： W、C、S、G——$1m^3$ 混凝土中水、水泥、砂、石子的质量（kg）；

ρ_W——水的密度，一般取$1g/cm^3$；

ρ_C——水泥的密度（g/cm^3）；

ρ_S、ρ_G——砂、石子的视密度（当其含水状态以饱和面干为基准时，则为饱和面干密度）（g/cm^3）；

α——混凝土中空气含量（%），可参照相关表进行估值。

将上面初步估算出的 W、C 及 $S/(G+S)$ 等值代入式（6-6-6）中，即可求得 $1m^3$ 混凝土中各项材料用量。

b. 假定表观密度法：假定新浇筑好的混凝土单位体积的质量为 γ_C（kg/m^3），则有：

$$W + C + S + G = \gamma_C \tag{6-6-7}$$

将上述初步估算出的 W、C 及 $S/(S+G)$ 等值代入式（6-6-7）即可求得 $1m^3$ 混凝土中各项材料用量。

（2）试拌调整，得出基准配合比

按初步配合比拌制的混凝土不一定满足和易性的要求，这是因为配合比的各项参数是借助于经验公式、图表等选定的，它们不一定符合本工程的实际。因此，需进行和易性试验（试拌），对单位用水量及砂率进行调整（保持水灰比不变）以便得出和易性恰好满足设计要求的混凝土。

混凝土试拌和调整的方法如下：按初步配合比，称取拌制 $0.015\sim0.030m^3$ 混凝土所需的各项材料，按试验规程拌制混凝土，测其坍落度，观察黏聚性及保水性。若不符合要求，则调整砂率或用水量，再进行拌和试验，直至符合要求。最后所得的即为供检验强度及耐久性用的基准配合比。

砂率及用水量的调整原则如下：

（3）若拌合物的黏聚性及保水性不良，砂浆显得不足时，应酌量增加砂率；反之，则应适当减小砂率。

（4）当坍落度小于设计要求时，应增加水泥浆用量（保持水灰比不变）；反之，则应增加砂、石子用量（保持砂率大致不变）。一般每增加 10mm 坍落度，水泥浆用量需增加 1%~2%。

调整好的混凝土，测定其拌合物表观密度 γ'_C。根据该拌合物各项材料实际用量（C'、W'、S'、G'）及表观密度 γ'_C，按下列公式计算该混凝土配合比。

$$C = \frac{\gamma'_C}{C' + W' + S' + G'}C' = KC' \tag{6-6-8}$$

$$W = KW' \tag{6-6-9}$$

$$S = KS' \tag{6-6-10}$$

$$G = KG' \tag{6-6-11}$$

（5）检验强度及耐久性等、确定试验室混凝土配合比。

按基准配合比，成型强度、抗渗、抗冻等试件，标准养护至规定龄期，进行试验。如果混凝土各项性能均满足要求，且超过要求指标不过多，则此配合比是经济合理的。否则，应将水灰比进行必要的修正，并重新做试验，直至符合要求。

（6）施工配合比。

试验室得出的配合比，是以干燥材料为基准的，而工地存放的砂、石材料都含有一定的水分。所以现场材料的实际称量应按工地砂、石的含水情况进行修正，修正后的配合比，称为施工配合比。

假设工地测出砂的含水率为$\alpha_a\%$、石子的含水率为$\alpha_b\%$，则上述试验室配合比换算成施工配合比为（每$1m^3$各材料用量）：

$$C_0 = C \tag{6-6-12}$$
$$S_0 = S(1 + \alpha_a) \tag{6-6-13}$$
$$G_0 = G(1 + \alpha_b) \tag{6-6-14}$$
$$W_0 = W - S\alpha_a - G\alpha_b \tag{6-6-15}$$

骨料含超逊径颗粒时，施工配料单计算各级骨料换算校正数为：

校正量 = (本级超径量 + 本级逊径量) − (下一级超径量 + 上一级逊径量)

【例 6-6-24】 设计混凝土配合比时，确定水灰比的依据是：

    A. 强度要求　　　　B. 和易性要求　　　　C. 保水性要求　　　　D. 强度和耐久性要求

解 其他条件不变下，水灰比的大小直接影响混凝土的强度以及耐久性。水灰比小时，混凝土的强度、密实性及耐久性较高，但消耗的水泥较多，水化热量也较多，因此在满足强度及耐久性要求的前提下，尽可能采取较大的水灰比，以节约水泥。故选 D。

【例 6-6-25】 结构混凝土设计中基本参数是：

    A. 水灰比、砂率、单位用水量　　　　　　B. 砂率、单位用水量

    C. 水灰比、砂率　　　　　　　　　　　　D. 水灰比、单位用水量

解 考查普通混凝土配合比设计参数。选 A。

【例 6-6-26】 不属于结构混凝土设计计算基本参数的是：

    A. 单位水泥用量　　　　　　　　　　　　B. 水灰比

    C. 砂率　　　　　　　　　　　　　　　　D. 单位用水量

解 考查普通混凝土配合比设计参数。选 A。

【例 6-6-27】 混凝土配合比设计中需要确定的基本变量不包括：

    A. 混凝土用水量　　　　　　　　　　　　B. 混凝土砂率

    C. 混凝土粗骨料用量　　　　　　　　　　D. 混凝土密度

解 混凝土配合比设计的目的是确定各组成材料的用量。所以需要确定的基本变量中不包括混凝土的密度。选 D。

经 典 练 习

6-6-1　混凝土拌合物的和易性包括哪几个方面的含义？（　　　　）。

    A. 流动性、黏聚性、保水性　　　　　　　B. 流动性、凝结时间

    C. 流动性、保水性　　　　　　　　　　　D. 流动性、黏聚性

6-6-2　下列措施中，改善混凝土拌合物和易性合理可行的方法是（　　　　）。

    A. 采用合理砂率　　　　　　　　　　　　B. 增加用水量

    C. 掺早强剂　　　　　　　　　　　　　　D. 改用较大粒径骨料

6-6-2　普通混凝土中，其强度的薄弱环节是（　　　　）。

A. 水泥浆基体   B. 骨料   C. 过渡区   D. 水化产物

6-6-3 砂的细度模数越大，说明（   ）。

     A. 砂越细   B. 砂越粗   C. 级配越好   D. 级配越差

6-6-4 特细砂混凝土的特点是砂子的整体粗细程度偏细，在拌和混凝土时，可采用合理的措施是（   ）。

     A. 砂率应加大   B. 用水量可以增加   C. 水灰比应增大   D. 砂率应减少

6-6-4 在原材料一定的情况下，混凝土强度大小主要取决于（   ）。

     A. 水泥强度等级   B. 水灰比   C. 水泥用量   D. 粗骨料最大粒径

6-6-5 4 个学生的实验报告列出了他们测得混凝土的抗压强度 f_c、抗拉强度 f_t，抗折强度 f_b，下面哪一个数据比较合理？（   ）

     A. $f_c = 45MPa$，$f_t = 30MPa$，$f_b = 50MPa$

     B. $f_c = 45MPa$，$f_t = 24MPa$，$f_b = 30MPa$

     C. $f_c = 45MPa$，$f_t = 4.5MPa$，$f_b = 6.2MPa$

     D. $f_c = 45MPa$，$f_t = 15MPa$，$f_b = 10MPa$

6-6-6 混凝土最常见的破坏形式是（   ）。

     A. 骨料破坏   B. 水泥石的破坏

     C. 骨料与水泥石的黏结界面破坏   D. 整体破坏

6-6-7 同等条件下，下面哪种材料的收缩系数最大？（   ）

     A. 混凝土   B. 骨料   C. 砂浆   D. 硬化水泥浆体

6-6-8 不是碱-骨料反应应具备的条件是（   ）。

     A. 混凝土中含超量的碱   B. 充分的水

     C. 骨料中含有碱活性成分   D. 合适的温度

6-6-9 夏季泵送混凝土宜选用的外加剂为（   ）。

     A. 高效减水剂   B. 缓凝减水剂   C. 早强剂   D. 引气剂

6-6-10 试拌混凝土时，当混凝土拌合物的流动性偏大时，应采取（   ）的办法来调整。

     A. 保持水灰比不变，增加水泥浆的数量

     B. 保持砂率不变，增加砂石用量

     C. 保持水泥用量不变，减少单位用水量

     D. 保持砂用量不变，减小砂率

6-6-11 普通混凝土单位用水量主要依据（   ）确定。

     A. 坍落度   B. 粗集料粒径

     C. 坍落度和粗集料粒径   D. 骨料级配

6.7 建筑钢材

考试大纲☞：组成、组织与性能的关系   加工处理及其对钢材性能的影响   建筑钢材的种类与选用

建筑钢材是指用于工程建设的各种钢材，包括钢结构用的各种型钢（圆钢、角钢、槽钢、工字钢），

钢板，钢筋混凝土用的各种钢筋、钢丝和钢绞线。除此之外，还包括用作门窗和建筑五金等钢材。建筑钢材强度高、品质均匀，具有一定的弹性和塑性变形能力，能承受冲击振动荷载，具有很好的加工性能，可以铸造、锻压、焊接、铆接和切割，装配施工方便，广泛用于大跨度结构、多层及高层建筑、受动力荷载结构和重型工业厂房结构的钢筋混凝土之中，是最重要的建筑结构材料之一。

6.7.1 钢的分类

1）根据冶炼时脱氧程度分类

（1）沸腾钢。炼钢时加入锰铁进行脱氧，脱氧很不完全，故称沸腾钢，代号为"F"。

（2）镇静钢。炼钢时一般采用硅铁、锰铁和铝锭等作脱氧剂，脱氧充分，这种钢水铸锭时能平静地充满锭模并冷却凝固，故称镇静钢，代号为"Z"（亦可省略不写）。

（3）特殊镇静钢。比镇静钢脱氧程度更充分彻底的钢，其质量最好，代号为"TZ"（亦可省略不写）。

（4）半镇静钢。脱氧程度介于沸腾钢和镇静钢之间，为质量较好的钢，其代号为"b"。

2）按化学成分分类

（1）碳素钢。碳素钢含碳量为 $0.02\% \sim 2.06\%$，按含碳量又可分为低碳钢（$C < 0.25\%$）、中碳钢（$0.25\% < C < 0.6\%$）、高碳钢（$C > 0.6\%$）。在建筑工程中，主要用的是低碳钢和中碳钢。

（2）合金钢。合金钢可以分为低合金钢（合金元素总量小于 5%）、中合金钢（合金元素总量为 5%~10%）、高合金钢（合金元素总量大于 10%）。建筑上常用低合金钢。

3）按质量分类

（1）普通钢。硫含量≤0.050%，磷含量≤0.045%。

（2）优质钢。硫含量≤0.035%，磷含量≤0.035%。

（3）高级优质钢。硫含量≤0.025%，磷含量≤0.025%。

（4）特级优质钢。硫含量≤0.025%，磷含量≤0.015%。

建筑中常用普通钢，有时也用优质钢。

4）根据用途分类

（1）结构钢。主要用作工程结构构件及机械零件的钢。

（2）工具钢。主要用作各种量具、刀具及模具的钢。

（3）特殊钢。具有特殊物理、化学或机械性能的钢，如不锈钢、耐酸钢和耐热钢等。

建筑上常用的是结构钢。

【例 6-7-1】 同一种钢，质量最优的是：

    A. 沸腾钢   B. 半镇静钢

    C. 镇静钢   D. 特殊镇静钢

解 特殊镇定钢比其他三种钢的脱氧程度更充分彻底，其质量最好。选 D。

6.7.2 建筑钢材的力学性能

1）抗拉屈服强度 σ_s

抗拉屈服强度是指钢材在拉力作用下开始产生塑性变形时的应力。当某些钢材的屈服点不明显时，可以规定按照产生残余变形 0.2%时的应力作为屈服强度，符号为 σ_s。

2）抗拉极限强度σ_b

抗拉极限强度是指试件破坏前，应力-应变曲线上的最大应力值，也称作抗拉强度。抗拉强度不能直接利用，但屈服点与抗拉强度的比值（即屈强比σ_s/σ_b），能反映钢材的安全可靠程度和利用率。屈强比越小，表明材料的安全性和可靠性越高，结构越安全；但屈强比过小，则钢材有效利用率太低，造成浪费。

3）伸长率δ

伸长率是指试件拉断后，标距的伸长量（ΔL）与原始标距（L_0）的百分比。标准规定，钢材拉伸试件取$L_0 = 5d_0$或$L_0 = 10d_0$，对应的伸长率分别记为δ_5和δ_{10}。

伸长率表示钢材断裂前经受塑性变形的能力，伸长率越大表示钢材塑性越好。

4）硬度

钢材的硬度是指其表面抵抗硬物压入产生局部变形的能力。测定钢材硬度的方法有布氏法、洛氏法和维氏法等，建筑钢材常用布氏硬度表示，其代号为 HB。

材料的硬度是材料弹性、塑性、强度等性能的综合反映，既可以判断钢材的软硬，又可以近似地估计钢材的抗拉强度，还可以检验热处理的效果。一般来说，硬度高，耐磨性较好，但脆性亦较大。

5）冲击韧性

冲击韧性是指钢材抵抗冲击荷载作用的能力，用冲断试件所需能量的多少来表示。

影响钢材冲击韧性的因素很多，当钢材内硫、磷的含量高，脱氧不完全，存在化学偏析，含有非金属夹杂物及焊接形成的微裂纹，都会使钢材的冲击韧性显著下降。同时环境温度对钢材的冲击韧性影响也很大，试验表明，冲击韧性随温度的降低而下降，开始时下降缓慢，当达到一定温度范围时，突然下降很快而呈脆性，这种性质称为钢材的冷脆性，这时的温度称为脆性转变温度。因此，在负温下使用的结构，应当选用脆性转变温度低于使用温度的钢材。

6）疲劳强度

钢材在交变荷载反复作用下，可在远小于抗拉强度的情况下突然破坏，这种破坏称为疲劳破坏。钢材的疲劳破坏指标用疲劳强度（或疲劳极限）来表示，它是指试件在交变应力下，作用10^7周次，不发生疲劳破坏的最大应力值。

钢材内部成分的偏析和夹杂物的多少以及最大应力处的表面光洁程度、加工损伤等，都是影响钢材疲劳强度的因素。疲劳破坏经常突然发生，因而有很大的危险性，往往造成严重事故。在设计承受反复荷载且须进行疲劳验算的结构时，应当了解所用钢材的疲劳强度。

【例 6-7-2】 表明钢材超过屈服点工作时的可靠性的指标是：

    A. 比强度   B. 屈服强度

    C. 屈强比   D. 条件屈服强度

解 屈强比越小，表明材料的安全性和可靠性越高，结构越安全。选 C。

【例 6-7-3】 钢材的屈强比越小，则：

    A. 结构安全性越高   B. 强度利用率越高   C. 塑性越差   D. 强度越低

解 屈服点与抗拉强度的比值（即屈强比σ_s/σ_b），能反映钢材的安全可靠程度和利用率。屈强比越小，表明材料的安全性和可靠性越高，结构越安全；但屈强比过小，则钢材有效利用率太低，造成浪费。故选 A。

【例 6-7-4】 衡量钢材的塑性高低的技术指标为:

A. 屈服强度   B. 抗拉强度

C. 断后伸长率   D. 冲击韧性

解 断后伸长率(即伸长率)是衡量钢材塑性变形的指标。屈服强度和抗拉强度是衡量钢材抗拉性能的指标,冲击韧性是衡量钢材抵抗冲击荷载作用能力的指标。选 C。

【例 6-7-5】 在交变荷载作用下工作的钢材,需要特别检测:

A. 疲劳强度   B. 冷弯性能   C. 冲击韧性   D. 延伸率

解 钢材在交变应力作用下,在远低于抗拉强度时突然发生断裂,称为疲劳破坏。疲劳强度是试件在交变应力下工作,在规定的周期基数内不发生断裂的最大应力。因此,在交变荷载作用下工作的钢材,需要特别检测其疲劳强度。故选 A。

钢材的冷弯性能是指在常温下承受静力弯曲时所容许的变形能力;冲击韧性是指钢材抵抗冲击荷载作用的能力;延伸率是指在拉力作用下断裂时,钢材伸长长度占原标距长度的百分率。

6.7.3 建筑钢材的工艺性能

1)可焊性

在焊接时,由于高温作用和焊接后急剧冷却作用,焊缝及其附近的过热区将发生晶体组织及结构变化,产生局部变形及内应力,使焊缝周围的钢材产生硬脆倾向,降低了焊接的质量。可焊性良好的钢材,焊缝处性质应尽可能与母材相同,焊接才牢固可靠。

钢材的化学成分、冶炼质量、冷加工、焊接工艺及焊条材料等都会影响焊接性能。钢材焊接后必须取样进行焊接质量检验,一般包括拉伸试验,有些焊接种类还包括弯曲试验,要求试验时试件的断裂不能发生在焊接处,同时还要检查焊缝处有无裂纹、砂眼、咬肉和焊件变形等缺陷。

2)冷弯性能

冷弯性能是指钢材在常温下承受弯曲变形的能力。钢材的冷弯性能是以试验时的弯曲角度(α)和弯芯直径(d)为指标来表示。

钢材的冷弯性能与伸长率一样,也是反映钢材在静荷作用下的塑性,但冷弯试验更容易暴露钢材的内部组织是否均匀,是否存在内应力、微裂纹、表面未熔合或夹杂物等缺陷。因此,可以用冷弯的方法检验钢材的焊接质量。

3)冷加工性能及时效处理

将钢材于常温下进行冷拉、冷拔或冷轧,使之产生塑性变形,从而提高强度,但钢材的塑性和韧性会降低,这个过程称为冷加工强化处理。

将经过冷拉的钢筋,于常温下存放 15~20d,或加热到 100~200°C 并保持 2~3h 后,则钢筋强度将进一步提高,这个过程称为时效处理。前者称为自然时效,后者称为人工时效。

通常对强度较低的钢筋可采用自然时效,强度较高的钢筋则须采用人工时效。

4)热加工处理及对性能的影响

热处理是将钢材在固态范围内按一定规则加热、保温和冷却,以改变其金相组织和显微结构组织,从而获得所需性能的一种工艺过程。常见的处理方式有退火、淬火、回火、正火、调质处理等。

(1)退火:是将钢材加热到一定温度,保温后缓慢冷却(随炉冷却)的一种热处理工艺。目的是细化晶粒，改善组织，减少加工中产生的缺陷、减轻晶格畸变，降低硬度，提高塑性，消除内应力，防止变形、开裂。

（2）淬火：是将钢材加热到基本组织转变温度以上（一般为 900°C 以上），保温使组织完全转变，即放入水或油等冷却介质中快速冷却，使之转变为不稳定组织的一种热处理操作。目的是得到高强度、高硬度的组织，但淬火会使钢材的塑性和韧性显著降低。

（3）回火：是将钢材加热到基本组织转变温度以下（150~650°C 之间），保温后在空气中冷却的一种热处理工艺。目的是促进不稳定组织转变为需要的组织，消除淬火产生的内应力，改善机械性能等，通常和淬火是两道相连的热处理过程。

（4）正火：是退火的一种特例。正火在空气中冷却，两者仅冷却速度不同，与退火相比，正火后钢材的硬度、强度较高，而塑性减小。目的是消除组织缺陷等。

（5）调质处理：是对钢材进行多次淬火、回火等多种处理的综合热处理工艺。目的是使钢材具有所需要的晶体组织（奥氏体、索氏体等）以及均匀的细晶结构，从而得到强度、硬度、韧性等力学性质较为满意的钢材。

【例 6-7-6】 钢材经过冷加工、时效处理后，正确的性能变化是：

A. 屈服点和抗拉强度提高，塑性与韧性降低

B. 屈服点降低，抗拉强度、塑性和韧性都提高

C. 屈服点提高，抗拉强度、塑性和韧性都降低

D. 屈服点降低，抗拉强度提高，塑性和韧性都降低

解 考查钢材的冷加工及时效处理工艺的性能。选 A。

【例 6-7-7】 冷弯试验除了可以评价钢材的塑性变形能力外，还可以评价钢材的：

A. 强度 　　　　　　　　　　　　 B. 冷脆性

C. 焊接质量 　　　　　　　　　　 D. 时效敏感性

解 冷弯试验是通过试件弯曲处的塑性变形来实现的，能在一定程度上揭示钢材内部是否存在组织不均匀、内应力和夹杂物以及焊件施焊部位是否存在未融合、微裂缝、夹杂物等缺陷。所以，冷弯试验不仅可以用来评价钢材的塑性变形能力，还可以用来评价钢材的焊接质量。选 C。

6.7.4 钢的组织及其对钢材性能的影响

纯铁的晶体组织是形成铁碳合金组织的基础，并对钢铁的性能产生影响，纯铁晶体组织随着温度不同而不同，有体心立方体晶格与面心立方体晶格两种。

温度低于 723°C，纯铁晶体为体心立方体晶格，成为 α-Fe；当温度处于 910~1390°C 时，纯铁晶体为面心立方晶格，成为 γ-Fe。γ-Fe 比 α-Fe 具有更好的塑性。

钢是以铁为主的 Fe-C 合金，其基本元素是铁和碳，虽然碳含量很少，但对钢材性能的影响非常大。碳素钢冶炼时在钢水冷却过程中，其铁和碳有以下 3 种结合形式：固溶体——铁中固溶着微量的碳；化合物——铁和碳结合成化合物 Fe_3C；机械混合物——固溶体和化合物的混合物。具体分类如下：

（1）铁素体。碳在 α-Fe 中形成的固溶体为铁素体，其碳的溶解度约为 0.02%。铁素体强度和硬度低，塑性好，伸长率大，冲击韧性好。

（2）奥氏体。碳在 γ-Fe 中形成的固溶体为铁素体，其碳的溶解度随着温度变化而变化，温度为 1130°C 时，溶解度达到 2.0%。奥氏体强度、硬度不高，但塑性较高，容易加工成型。

（3）渗碳体。钢材中的化合物主要是 Fe_3C，称作渗碳体，其碳含量为 6.67%。在较高温度下保温，渗碳体会发生分解而析出石墨。渗碳体抗拉强度很低，硬脆，很耐磨，塑性几乎为零。

（4）珠光体。珠光体为铁素体与渗碳体的混合物，其碳含量为 0.8%，层状结构，即在铁素体内分布着片状渗碳体，珠光体性能介于铁素体与渗碳体之间。当在较低温度下形成珠光体时，其渗碳体层片厚度较薄，铁素体与渗碳体的界面增多，使钢的强度、硬度提高，同时钢的塑性也较好。在对钢材做退火处理时，由于加热温度不太高，在奥氏体内仍残留有渗碳体质点，逐渐冷却时，渗碳体可以依这些点而析出，形成粒状珠光体。粒状珠光体中铁素体为连续相，相界面也较少，故其硬度低，塑性好。

（5）莱氏体。温度高于 723℃ 时，莱氏体是奥氏体与渗碳体的机械混合物。温度低于 723℃ 时，莱氏体是以渗碳体为基体的珠光体与渗碳体的机械混合物。莱氏体碳含量为 4.3%，性能介于珠光体与渗碳体之间。

【例6-7-8】 钢材中铁和碳原子结合的三种形式是：

    A. 碳＋铁＋合金

    B. 铁素体＋奥氏体＋渗碳体

    C. 珠光体＋碳化三铁

    D. 固溶体＋化合物＋机械混合物

解 概念题。选 D。

6.7.5 化学成分对钢材性能的影响

钢的化学成分对钢材性能的影响见表 6-7-1。

钢的化学成分对钢材性能的影响 表 6-7-1

化学成分	化学成分对钢材性能的影响	备 注
碳（C）	含碳量在 0.8% 以下时，随着含碳量的增加，钢的强度和硬度提高，塑性和韧性降低；但当含碳量大于 1.0% 时，随着含碳量增加，钢的强度反而下降。含碳量增加，钢的焊接性能变差，尤其当含碳量大于 0.3% 时，钢的可焊性显著降低	建筑钢材的含碳量不可过高，但是在用途上允许时，可用含碳量较高的钢，最高可达 0.6%
硅（Si）	硅含量在 1.0% 以下时，可提高钢的强度、疲劳极限、耐腐蚀性及抗氧化性，对塑性和韧性影响不大，但对可焊性和冷加工性能有所影响。硅可作为合金元素，用以提高合金钢的强度	硅是有益元素，通常碳素钢中硅含量小于 0.3%，低合金钢含硅量小于 1.8%
锰（Mn）	锰可提高钢材的强度、硬度及耐磨性。能消减硫和氧引起的热脆性，改善钢材的热工性能。锰可作为合金元素，提高钢材的强度	锰是有益元素，通常锰含量在 1%~2%
硫（S）	硫可引起钢材的"热脆性"，会降低钢材的各种机械性能，使钢材的可焊性、冲击韧性、耐疲劳性和抗腐蚀性等均降低	硫是有害元素，建筑钢材的含硫量应尽可能减少，一般要求含硫量小于 0.045%
磷（P）	磷会引起钢材的"冷脆性"，磷含量提高，钢材的强度、硬度、耐磨性和耐蚀性提高，塑性、韧性和可焊性显著下降	磷是有害元素，建筑用钢要求含磷量小于 0.045%
氧（O）	含氧量增加，钢材的机械强度降低，塑性和韧性降低，促进时效，还能使热脆性增加，焊接性能变差	氧是有害元素，建筑钢材的含氧量应尽可能减少，一般要求含氧量小于 0.03%
氮（N）	氮使钢材的强度提高，塑性特别是韧性显著下降。氮会加剧钢的时效敏感性和冷脆性，使可焊性变差。但在铝、铌、钒等元素的配合下，可细化晶粒，改善钢的性能，故可作为合金元素	建筑钢材的含氮量应尽可能减少，一般要求含氮量小于 0.008%

【例6-7-9】 使钢材冷脆性增加的化学元素为：

A. 碳　　　　　　B. 磷　　　　　　C. 硫　　　　　　D. 锰

解　考查化学成分对钢材性能的影响。选 B。

【例 6-7-10】钢材中的含碳量降低，会降低钢材的：

A. 强度　　　　　　B. 塑性　　　　　　C. 可焊性　　　　　　D. 韧性

解　碳是钢材的主要合金元素，因此钢材也可以称为铁碳合金。碳在钢材中的主要作用是：①形成固溶体组织，提高钢的强度；②形成碳化物组织，可提高钢的硬度及耐磨性。因此，随着钢中含碳量的降低，强度下降，塑性提高，冷弯及可焊性增强。故选 A。

【例 6-7-11】下列元素中对钢材性能无不良影响的是：

A. 硫　　　　　　B. 磷　　　　　　C. 氧　　　　　　D. 锰

解　硫可引起钢材的"热脆性"，会降低钢材的各种机械性能，使钢材的可焊性、冲击韧性、耐疲劳性和抗腐蚀性等均降低。

磷会引起钢材的"冷脆性"，磷含量提高，钢材的强度、硬度、耐磨性和耐蚀性提高，塑性、韧性和可焊性显著下降。

含氧量增加，钢材的机械强度降低、塑性和韧性降低，促进时效，还能使热脆性增加，焊接性能变差。

锰可提高钢材的强度、硬度及耐磨性，能消减硫和氧引起的热脆性，改善钢材的热工性能。锰可作为合金元素，提高钢材的强度。故选 D。

6.7.6　建筑钢材的种类与选用

1）碳素结构钢

又称普通碳素结构钢。碳素结构钢以其力学性能划分为不同牌号。牌号的表示方法：由字母 Q、屈服强度值（以 MPa 计）、质量等级符号（A、B、C、D）及脱氧方法符号（F-沸腾钢、b-半镇静钢、Z-镇静钢、TZ-特殊镇静钢；Z 及 TZ 予以省略）四部分组成。

例如，Q235-A·F 即为屈服点不低于 235MPa、A 级质量、沸腾钢的碳素结构钢。

碳素结构钢牌号由 Q195 至 Q275 时，钢的含碳量逐渐增多，强度提高，塑性降低，冷弯及可焊性下降。质量等级由 A 至 D 时，钢中有害杂质 S、P 含量逐渐减少，低温冲击韧性改善，质量提高。Q195 及 Q215 钢的强度低；Q255 及 Q275 钢虽然强度高，但塑性及可焊性较差；Q235 钢既有较高的强度，又有较好的塑性及可焊性，是建筑工程中应用广泛的钢种。

2）低合金高强度结构钢

表示方法：屈服点等级——质量等级。

低合金高强度结构钢是一种在碳素结构钢的基础上添加总量不小于 5% 合金元素的钢材。所加合金元素主要有锰（Mn）、硅（Si）、钒（V）、钛（Ti）、铌（Nb）、铬（Cr）、镍（Ni）及稀土元素。其均为镇静钢。低合金高强度结构钢有 Q295、Q345、Q390、Q420 和 Q460 五个牌号。

由于合金元素的细晶强化作用和固溶强化等作用，低合金高强度结构钢与碳素结构相比，既具有较高的强度，同时又有良好的塑性、低温冲击韧性、可焊性和耐蚀性等特点，是一种综合性能良好的建筑钢材。

3）优质碳素结构钢

表示方法：平均含碳量的万分数——含锰量标识——脱氧程度。如"10F"表示平均含碳量为 0.10%，低含锰量的沸腾钢；"45"表示平均含碳量为 0.45%，普通含锰量的镇静钢；"30Mn"表示平均含碳量为 0.30%，较高含锰量的镇静钢。

优质碳素结构对有害杂质含量控制严格，质量稳定，综合性能好，但成本较高。其性能主要取决于含碳量的多少，含碳量高，则强度高，塑性和韧性差。

4）钢筋

钢筋与混凝土之间有较大的握裹力，能牢固啮合在一起。钢筋抗拉强度高、塑性好，放入混凝土中可很好地改善混凝土脆性，扩展混凝土的应用范围，同时混凝土的碱性环境又很好地保护了钢筋。

（1）热轧光圆钢筋。光圆钢筋的强度低，但塑性和焊接性能好，便于各种冷加工，因而广泛用作小型钢筋混凝土结构中的主要受力钢筋以及各种钢筋混凝土结构中的构造筋。

（2）热轧带肋钢筋。热轧带肋钢筋表面有两条纵肋，并沿长度方向均匀分布有牙形横肋。热轧带肋钢筋分为 HRB335、HRB400、HRB500 三个牌号。其中 H、R、B 分别为热轧（Hotrolled）、带肋（Ribbed）和钢筋（Bars）三个词的英文首字母，数字表示相应的屈服强度要求值（MPa）。

HRB335 和 HRB400 钢筋的强度较高，塑性和焊接性能较好，广泛用作大、中型钢筋混凝土结构的受力筋。HRB500 钢筋强度高，但塑性和焊接性能较差，可用作预应力筋。

（3）低碳钢热轧圆盘条

低碳钢热轧圆盘条是由屈服强度较低的碳素结构钢轧制的盘条，可用作拉丝、建筑、包装及其他用途，是目前用量最大、使用最广的线材，也称普通线材。普通线材大量用作建筑混凝土的配筋、拉制普通低碳钢丝和镀锌低碳钢丝。

（4）冷轧带肋钢筋

冷轧带肋钢筋是采用普通低碳钢或低合金钢热轧的圆盘条，经冷轧或冷拔减径后在其表面冷轧成两面或三面有肋的钢筋，也可经低温回火处理。

（5）预应力混凝土用热处理钢筋

预应力混凝土用热处理钢筋是用热轧带钢筋经淬火和回火的调质处理而成的。

预应力混凝土用热处理钢筋强度高，可代替高强钢丝使用；配筋根数少，节约钢材；锚固性好不易打滑，预应力值稳定；施工简便，开盘后自然伸直，不须调直及焊接。主要用于预应力筋混凝土轨枕，也可用于预应力梁、板结构及吊车梁等。

（6）预应力混凝土用钢丝和钢绞线

5）型钢

钢结构用钢材主要是热轧成型的钢板和型钢等；薄壁轻型钢结构中主要采用薄壁型钢、圆钢和小角钢；钢材所用的母材主要是普通碳素结构钢和低合金高强度结构钢。

（1）热轧型钢

钢结构常用型钢有工字钢、H 型钢、T 型钢、Z 型钢、槽钢、等边角钢和不等边角钢等。型钢由于截面形式合理，材料在截面上分布对受力最为有利，且构件间连接方便，是钢结构中采用的主要钢材。

（2）冷弯薄壁型钢

冷弯薄壁型钢通常用 2~6mm 薄钢板冷弯或模压而成，有角钢、槽钢等开口薄壁型钢及方形、矩形等空心薄壁型钢。其可用于轻型钢结构。

（3）钢板

钢板有热轧钢板和冷轧钢板之分，按厚度可分为厚板（厚度大于 4mm）和薄板（厚度不大于 4mm）

两种。

（4）钢管

按照生产工艺不同，钢结构所用钢管分为热轧无缝钢管和焊接钢管两大类。在土木工程中，钢管多用于制作桁架、塔桅、钢管混凝土等，广泛应用于高层建筑、厂房柱、塔柱、压力管道等工程中。

经典练习

6-7-1 普通碳素钢按屈服强度、质量等级及脱氧方法划分为若干个牌号，随着牌号提高，钢材的（　　　）。

　　A. 强度提高，伸长率提高　　　　　　　　B. 强度提高，伸长率降低

　　C. 强度降低，伸长率降低　　　　　　　　D. 强度降低，伸长率提高

6-7-2 在碳素钢中掺入少量合金元素的主要目的是（　　　）。

　　A. 改善塑性、韧性　　　　　　　　　　　B. 提高强度、硬度

　　C. 改善性能、提高强度　　　　　　　　　D. 延长使用寿命

6-7-3 以下哪种钢筋材料不宜用于预应力筋混凝土结构中（　　　）。

　　A. 热处理钢筋　　　　　　　　　　　　　B. 冷拉II级钢筋

　　C. 乙级冷拔低碳钢丝　　　　　　　　　　D. 高强钢绞线

6-7-4 钢材中，可明显增加其热脆性的化学元素为（　　　）。

　　A. 碳　　　　　　　　　　　　　　　　　B. 磷

　　C. 硫　　　　　　　　　　　　　　　　　D. 锰

6-7-5 钢筋冷拉后（　　　）指标提高。

　　A. σ_s　　　　　　　　　　　　　　　　B. σ_b

　　C. σ_s和σ_b　　　　　　　　　　　　D. 屈强比

6-7-6 钢材中强度、塑性和韧性都很高的组织是（　　　）。

　　A. 渗碳体　　　　B. 珠光体　　　　C. 铁素体　　　　D. 奥氏体

6-7-7 钢材中的含碳量提高，可提高钢材的（　　　）。

　　A. 强度　　　　　B. 塑性　　　　　C. 可焊性　　　　D. 韧性

6.8 沥青、木材以及常见土工合成材料

考试大纲☞：沥青、木材及常见土工合成材料的特性及工程应用

6.8.1 沥青

沥青是由极其复杂的高分子的碳氢化合物及其非金属（氧、硫、氮）的衍生物所组成的混合物，是一种褐色或黑褐色的有机胶凝材料。按在自然界中获取的方式不同，沥青可分为地沥青和焦油沥青两类，其中以石油沥青最为常见。

1）石油沥青概念及组分

石油沥青是石油原油经蒸馏提炼出各种轻质油（如汽油、煤油和柴油等）及润滑油以后的残留物，或再经加工而得的产品。石油沥青的主要组分是油分、树脂和沥青质。

（1）油分：为淡黄色至红褐色的油状液体，是沥青中分子量最小和密度最小的组分，密度为0.7~1g/cm³。油分赋予沥青以流动性。

（2）树脂（沥青脂胶）：为黄色至黑褐色黏稠状物质（半固体），分子量比油分大。密度为1.0~1.1g/cm³。沥青脂胶中绝大部分属于中性树脂。它赋予沥青以良好的黏结性、塑性和可流动性。中性树脂含量增加，石油沥青的延度和黏结力等品质愈好。

（3）沥青质（地沥青质）：为深褐色至黑色固态无定形物质（固体粉末），分子量比树脂更大，密度大于1g/cm³，地沥青质是决定石油沥青温度敏感性、黏性的重要组成部分，其含量愈多，则软化点愈高，黏性愈大，愈硬脆。

另外，石油沥青中还含2%~3%的沥青碳和似碳物，为无定形的黑色固体粉末，是在高温裂化、过度加热或深度氧化过程中脱氢而生成的，是石油沥青中分子量最大的，它降低石油沥青的黏结力。石油沥青中还含有蜡，它会降低石油沥青的黏结性和塑性，同时对温度特别敏感（即温度稳定性差）。所以蜡是石油沥青的有害成分。蜡存在于石油沥青的油分中，它们都是烷烃。油和蜡的区别在于物理状态不同，一般讲，油是液体烷烃，蜡为固态烷烃（片状、带状或针状晶体）。

沥青中的油分和树脂能浸润沥青质。沥青的结构是以地沥青质为核心，周围吸附部分树脂和油分，构成胶团，无数胶团分散在油分中形成胶体结构。胶体结构又可分为溶胶型结构、凝胶型结构以及溶—凝胶结构3种。

2）石油沥青技术性质

（1）黏滞性

石油沥青的黏滞性是反映沥青材料内部阻碍其相对流动的一种特性，以绝对黏度表示，是沥青性质的重要指标。沥青的黏滞性的大小与组分及温度有关。沥青质含量较高，同时又有适量树脂，而油分含量较少时，则黏滞性较大。在一定温度范围内，当温度升高时，则黏滞性随之降低；反之则随之增大。

测定黏稠沥青相对黏度的主要方法是针入度法。针入度是反映石油沥青抵抗剪切变形的能力。针入度值越小，表明黏度越大。黏稠石油沥青的针入度是在规定温度25℃条件下以规定重量100g的标准针，经历规定时间5s贯入试样中的深度，以1/10mm为单位表示。

测定液体石油沥青或较稀的石油沥青的相对黏度，可用标准黏度计测定。标准黏度是在规定温度（20℃、25℃、30℃或60℃）、规定直径（3mm、5mm或10mm）的孔口流出50mL沥青所需的时间秒数。

（2）塑性

塑性指石油沥青在外力作用下产生变形而不破坏，除去外力后则仍保持变形后形状的性质。它反映的是沥青受力时所能承受的塑性变形的能力，也是沥青性质的重要指标。

沥青的塑性以延度表示。延度试验方法是将沥青试样制成∞字形标准试件（最小截面积1cm²）在规定拉伸速度（5cm/min）和规定温度（25℃或15℃）下测量拉断时的长度（以cm计）。

（3）温度敏感性

温度敏感性是指石油沥青的黏滞性和塑性随温度升降而变化的性能。通常用软化点来表示石油沥青的温度稳定性，即沥青受热由固态转变为具有一定流动态时的温度，软化点越高，表明沥青的耐热性越好，即温度稳定性越好。

此外，还可以用针入度指数（P.I）作为沥青温度稳定性的指标。P.I值愈大，沥青温度稳定性愈好。根据P.I值可以对沥青的胶体结构类型做判断，一般溶胶型沥青P.I＜−2,溶—凝胶型沥青−2＜P.I＜2,

凝胶型沥青P.I＞2。

工程要求沥青随温度变化而产生的黏滞性及塑性变化幅度应较小，即温度敏感性应较小。

（4）大气稳定性

大气稳定性是指石油沥青在热、阳光、氧气和潮湿等因素的长期综合作用下抵抗老化的性能，也称耐久性。

在阳光、空气和热的综合作用下，石油沥青中低分子组分向高分子组分转化，即沥青中油分和树脂相对含量减少，地沥青质逐渐增多，石油沥青随着时间的进展而流动性和塑性逐渐减小，硬脆性逐渐增大，直至脆裂，这个过程称为石油沥青的"老化"。

石油沥青的老化性常以蒸发损失百分率、蒸发后针入度比和老化后延度来评定。

沥青经老化后，蒸发损失百分数愈小和蒸发后针入度比和延度愈大，则表示大气稳定性愈高，即老化愈慢。

（5）其他一些技术性质

①黏附性。黏附性是指沥青与其他材料的界面黏结性能和抗剥落性能。沥青与集料的黏附性直接影响沥青路面的使用质量和耐久性。

②施工安全性。闪点（也称闪火点）是指加热沥青，直至挥发出的可燃气体和空气的混合物，在规定条件下与火焰接触，初次闪火（有蓝色闪光）时的沥青温度（℃）。

燃点或称着火点，指加热沥青产生的气体和空气的混合物，与火焰接触能持续燃烧5s以上时，此时沥青的温度即为燃点（℃）。

③防水性。石油沥青是憎水性材料，同时还具有一定的塑性，能适应材料或构件的变形。所以石油沥青具有良好的防水性，广泛用作土木工程的防潮、防水材料。

④溶解度。溶解度是指石油沥青在三氯乙烯、四氯化碳或苯中溶解的百分率，它表示石油沥青中有效物质的含量，即纯净程度。那些不溶解的物质会降低沥青的性能（如黏性等），应把不溶物视为有害物质（如沥青碳或似碳物）而加以限制。

3）石油沥青使用分类

石油沥青按用途分为建筑石油沥青、道路石油沥青和普通石油沥青3种，其技术指标要求可以查阅相应表格。在土木工程中使用的主要是建筑石油沥青和道路石油沥青。

3种石油沥青都是以针入度指标来划分牌号的，而每个牌号还必须同时满足相应的延度和软化点等指标的要求。牌号越大，则针入度越大（越软）、延度越大（塑性越好）、软化点越低（耐热性越差）。

某一种牌号的石油沥青往往不能满足工程技术要求，因此需要不同牌号沥青进行掺配。在进行掺配时，为了不使掺配后的沥青胶体结构破坏，应选用表面张力相近和化学性质相似的沥青。试验证明同产源的沥青容易保证掺配后的沥青胶体结构的均匀性，同产源是指同属石油沥青，或同属煤沥青（或煤沥青）。

4）改性沥青

土木工程中使用的沥青要具有一定的物理性质和黏附性。如低温条件下应有弹性和塑性；在高温条件下要有足够的强度和稳定性；在加工和使用条件下具有抗"老化"能力；还应与各种矿料和结构表面有较强的黏附力；以及对变形的适应性和耐疲劳性等。一般地，石油加工厂制备的沥青并不一定能全面满足这些要求，为此，需要橡胶、树脂和矿物填料等进行改性。橡胶、树脂和矿物填料等通称为石油沥青的改性材料。常见的改性沥青有以下几种：

（1）橡胶改性沥青

橡胶是沥青的重要改性材料。它和沥青有较好的混溶性，并能使沥青具有橡胶的很多优点，如高温变形性小，低温柔性好。

（2）树脂改性沥青

用树脂改性石油沥青，可以改进沥青的耐寒性、耐热性、黏结性和不透气性。

（3）橡胶和树脂改性沥青

橡胶和树脂同时用于改善沥青的性质，使沥青同时具有橡胶和树脂的特性。

（4）矿物填料改性沥青

为了提高沥青的黏结能力和耐热性，降低沥青的温度敏感性，经常加入一定数量的矿物填料。

【例 6-8-1】 对于石油沥青，其溶胶型沥青的针入指数：

        A. 大于 2   B. 小于 5   C. 小于−2   D. 10~20

解   一般溶胶型沥青P.I小于−2。选 C。

【例 6-8-2】 下列几种矿物粉料中，适合做沥青的矿物填充料的是：

        A. 石灰石粉   B. 石英砂粉   C. 花岗岩粉   D. 滑石粉

解   在沥青中加入的矿物填充料的粉料主要有滑石粉。选 D。

【例 6-8-3】 在测定沥青的延度和针入度时，需保持以下条件恒定：

        A. 室内温度   B.试件所处水浴的温度

        C. 时间质量   D. 试件的养护条件

解   沥青的针入度和延度对温度变化很敏感，试验时规定试件的温度，一般采取水浴的方式来控制温度。所以测定沥青针入度和延度时，需保持试件所处水浴的温度恒定。选 B。

【例 6-8-4】 用来评价沥青的胶体结构类型和感温性的指标是：

        A. 软化点   B. 针入度   C. 延性   D. 针入度指数

解   软化点是反应沥青达到某种物理状态时的条件温度。

针入度是指在规定温度条件下，以规定质量的标准针经过规定时间贯入沥青的深度，其值越大，表示沥青黏度越小。

延性即塑性，指沥青在外力作用下产生变形而不破坏，并在去除外力后仍保持变形后形状不变的性质。

针入度指数$P.I = \frac{30}{1+50A} - 10$，其中$A$是针入度值的对数与温度的斜率，针入度指数不仅可以评价沥青的温度敏感性，还可以用来判断沥青的胶体结构类型。故选 D。

【例 6-8-5】 为了提高沥青的塑性、黏结性和可流动性，应增加：

        A. 油分含量   B. 树脂含量   C. 地沥青质含量   D. 焦油含量

解   沥青的组分有油分、树脂、地沥青质。其中油分赋予沥青以流动性，树脂赋予沥青以良好的黏结性、塑性和可流动性，而地沥青质是决定沥青温度敏感性、黏结性的重要成分。因此为了提高沥青的可塑性、流动性和黏结性，需增加树脂含量。故选 B。

【例 6-8-6】 石油沥青的软化点反映了沥青的：

        A. 沥青黏滞性   B. 温度敏感性   C. 强度   D. 耐久性

解   石油沥青的软化点指标反映了沥青的温度敏感性。温度敏感性用软化点来表示，即沥青受热时由固态转变为具有一定流动性的膏体时的温度。软化点越高，表明沥青的温度敏感性越小。故选 B。

【例 6-8-7】 在环境条件长期作用下，沥青材料会逐渐老化，此时：

A. 各组成比例不变

B. 高分子量组成向低分子量组成转化

C. 低分子量组成向高低分子量组成转化

D. 部分油分会蒸发，而树脂和地沥青质不变

解 在热、阳光、氧气和水分等因素的长期作用下，石油沥青中低分子组分向高分子组分转化，即沥青中油分和树脂相对含量减少，地沥青质逐渐增多，从而使石油沥青的塑性降低，黏度提高，逐渐变得硬脆，失去使用功能，这个过程称为"老化"。故选 C。

6.8.2 木材

1）木材的分类

木材从外形上分为针叶树和阔叶树两大类。针叶树纹理平直、材质均匀、木质较软、易加工、变形小，建筑上广泛用作承重构件和装修材料，如杉树、松树等。阔叶树质密、木质较硬、加工较难、易翘裂、纹理美观，适用于室内装修，如水曲柳、枫木等。

2）木材的构造

木材是非均质材料，其宏观构造可从树干的 3 个主要切面来剖析：横切面、径切面轴的纵切、弦切面。从横切面来观察，树木由树皮、木质部、年轮、髓心和髓线组成。髓心位于树木中心，由最早生成的细胞构成。木质部位于髓心和树皮之间的部分，是建筑材料使用的主要部分。

微观结构上，木材是由无数管状细胞紧密结合而成，它们绝大部分沿树干的纵向排列。每一个细胞分为细胞壁和细胞腔两部分。细胞壁由纤维素、半纤维素和木质素组成，大多数纤维素沿细胞长轴成束排列，纤维素束由无定型的木质素将其黏结而构成细胞壁。木材的细胞壁愈厚，腔愈小，木材愈密实，强度也愈大，但胀缩也大。

3）木材的物理性质

（1）密度与表观密度

木材的密度是指构成木材细胞壁物质的密度。密度具有变异性，即从髓心到树皮或早材与晚材及树根部到树梢的密度变化规律随木材种类不同有较大的不同，平均为 $1.50 \sim 1.56 \text{g/cm}^3$，表观密度为 $0.37 \sim 0.82 \text{g/cm}^3$。

（2）吸湿性与含水率

木材的含水率是木材中水分质量占干燥木材质量的百分比。木材中的水分按其与木材结合形式和存在的位置，可分为自由水、吸附水和化学结合水。

自由水是存在于木材细胞腔和细胞间隙中的水，它影响着木材的表观密度、抗腐蚀性、干燥性和燃烧性。吸附水是被吸附在细胞壁内纤维之间的水，吸附水的变化则影响木材强度和木材胀缩变形性能。化学结合水即为木材中的化合水，它在常温下不变化，故其对木材的性质无影响。

当木材中无自由水，而细胞壁内吸附水达到饱和时，这时的木材含水率称为纤维饱和点。木材中所含的水分是随着环境的温度和湿度的变化而改变的。当木材长时间处于一定温度和湿度的环境中时，木材中的含水量最后会达到与周围环境湿度相平衡，这时木材的含水率称为木材平衡含水率。

（3）湿胀干缩性

木材具有显著的湿胀干缩性。当木材从潮湿状态干燥至纤维饱和点时，自由水蒸发不改变其尺寸；继续干燥，细胞壁中吸附水蒸发，细胞壁基体相收缩，从而引起木材体积收缩。反之，吸湿膨胀，直到纤维饱和点时为止。细胞壁愈厚，则胀缩愈大。

由于木材构造不均匀，各方向、各部位胀缩也不同，其中弦向最大，径向次之，纵向最小；边材胀缩大于心材。湿胀干缩会影响木材的使用，湿胀会造成木材凸起，干缩会导致木结构连接处松动。如长期湿胀干缩交替作用，会使木材产生翘曲开裂。为避免这种情况，潮湿的木材在加工或使用之前应预先进行干燥处理，使木材内的含水率与将来使用的环境湿度相适应，因此木材应预先干燥至平衡含水率后才能加工使用。

4）影响木材强度因素

（1）含水率的影响

木材的含水率在纤维饱和点以内变化时，含水量增加使细胞壁中的木纤维之间的联结力减弱、细胞壁软化，故强度降低；水分减少使细胞壁比较紧密，故强度增高。含水率的变化对各强度的影响是不一样的。对顺纹抗压强度和抗弯强度的影响较大，对顺纹抗拉强度和顺纹抗剪强度影响较小。

（2）环境温度的影响

木材随着环境温度升高强度会降低。尤其当温度超过 140℃ 时，木材中的纤维素发生热裂解，色渐变黑，强度明显下降，长期处于高温的建筑物，不宜采用木结构。

（3）负荷时间的影响

木材的长期承载能力远低于暂时承载能力。这是因为在长期承载情况下，木材会发生纤维蠕滑，累积后产生较大变形而降低了承载能力的结果。木材在长期荷载作用下不致引起破坏的最大强度，称为持久强度。木材的持久强度比其极限强度小得多，一般为极限强度的 50%~60%。

（4）木材的疵病

木材在生长、采伐及保存过程中，会产生内部和外部的缺陷，这些缺陷统称为疵病。木材的疵病主要有木节、斜纹、腐朽及虫害等，这些疵病将影响木材的力学性质，降低木材的使用价值。

5）木材的使用

木材初级产品按加工程度和用途不同，分为圆条、原木、锯材（方材、板材）。

人造板材主要有胶合板、纤维板、刨花板等。胶合板是由一组单板按相邻层木纹方向互相垂直组坯经热压胶合而成的板材。胶合板消除了天然缺陷、各向异性小、材质均匀、强度较高、幅面宽大、产品规格化，常用作室内高级装修。

【例6-8-8】导致木材物理力学性质发生改变的临界含水率是：

    A. 最大含水率   B. 平衡含水率   C. 纤维饱和点   D. 最小含水率

解 纤维饱和点是指木材的细胞壁中充满吸附水，细胞腔和细胞间隙中没有自由水时的含水率。当含水率小于纤维饱和点时，木材强度随含水率降低而提高，而体积随含水率降低而收缩，所以纤维饱和点是木材物理力学性能发生改变的临界含水率。选 C。

【例6-8-9】木材加工之前，应将木材干燥至：

    A. 绝对干燥状态   B. 标准含水状态

    C. 平衡含水状态   D. 饱和含水状态

解 木材含水率等于或接近零时的状态为绝对干燥状态；含水率与大气湿度相平衡时的状态称为

平衡含水状态；木材孔隙含水达到饱和时的状态为饱和含水状态；因为含水率对木材强度影响很大，标准规定木材含水率为 12% 时的强度为标准强度，则含水率为 12% 时的状态为标准含水状态。

湿胀干缩会影响木材的使用，湿胀会造成木材凸起，干缩会导致木结构连接处松动。如长期湿胀干缩交替作用，会使木材产生翘曲开裂。为避免这种情况，潮湿的木材在加工或使用之前应预先进行干燥处理，使木材内的含水率与将来使用的环境湿度相适应，因此木材应预先干燥至平衡含水率后才能加工使用。故选 C。

6.8.3 土工合成材料

1）概念以及分类

土工合成材料是以人工合成的聚合物（如塑料化纤、橡胶等）为原料，制成各类产品，置于土体内部、表面或各种土体间，起加强或保护土体作用。

土工合成材料种类有土工织物、土工膜、特种土工合成材料、复合型土工合成材料等。

2）土工合成材料物理指标

（1）厚度。土工织物厚度用专门的厚度测试仪测定；土工膜厚度则用千分尺测定。土工织物厚度随所作用的法向压力而变，一般规定在法向压力 2kPa 下其顶面与底面之间的距离，单位为 mm。

（2）单位面积质量。即 $1m^2$ 土工织物的质量，单位为 g/m^2。对于任何一种系列产品来说，土工织物的单价与单位面积质量大致成正比，其力学强度随单位面积质量增大而提高。因此，单位面积质量既是技术指标又是经济指标。

3）土工合成材料强度特性

（1）抗拉强度

抗拉强度用拉伸试验方法测定，即把试样两端用夹具夹住，以一定的速率施加荷载进行拉伸直至破坏。测得试样自身断裂强度及变形，绘出应力—应变曲线。计算公式为：

$$T_s = \frac{P_f}{B} \qquad\qquad (6-8-1)$$

式中：T_s——抗拉强度（kN/m）；

P_f——测读的最大抗拉力（kN）；

B——试样宽度（m）。

对应抗拉强度的应变为土工织物的延伸率，用百分数（%）表示。

（2）握持强度

土工织物承受集中力的现象普遍存在，握持强度反映其分散集中力的能力，土工织物对集中荷载的扩散范围越大，则握持强度越高，单位为 N。由于各单位采用试样和夹具尺寸不尽相同，试验难度较大，因此握持强度一般不宜作为设计依据，只可用作不同土工织物的抗拉强度的比较。

（3）撕裂强度

撕裂强度反映了试样抵抗扩大破损裂口的能力，可评价不同土工织物和土工膜被扩大破损程度的难易，是土工合成材料应用的重要力学指标。试验方法沿用纺织品标准测试方法，按试样形状分为梯形法、翼形法、舌形法。目前多采用梯形法。

土工织物梯形撕裂强度值一般为 0.15~30kN；不加筋土工膜的梯形撕裂强度值一般为 0.03~0.4kN。

（4）顶破强度、刺破强度及穿透强度

顶破强度：反映土工织物及土工膜抵抗垂直织物坡面的法向压力的能力。

刺破强度：反映土工织物或土工膜抵抗小面积集中荷载的能力。

穿透强度：用穿透试验所得孔眼的大小，用来评价土工织物或土工膜抵御穿透的能力。

（5）蠕变性能

蠕变性能是指材料在受力大小不变的条件下，其变形随时间增长而逐渐增大的现象。它是决定材料能否长期使用的关键。

【例 6-8-10】 下列不属于土工合成材料力学性质的是：

  A. 拉伸强度   B. 撕裂强度

  C. 顶、刺破强度   D. 耐久性

解 土工合成材料的主要力学性质包括拉伸强度、撕裂强度、握持强度、顶破强度、胀破强度、材料与土相互作用摩擦强度等。耐久性不属于土工合成材料力学特性的范畴。故选 D。

4）摩擦特性

摩擦特性可以由直接剪切摩擦试验或者拉拔摩擦试验来测定。

（1）直接剪切摩擦试验。摩擦剪切强度符合库仑定律。

$$\tau = c_a + P\tan\delta = c_a + Pf^* \tag{6-8-2}$$

式中：τ——界面抗剪强度（kPa）；

  c_a——黏结力（kPa）；

  δ——摩擦角（°）；

  P——法向压力（kPa）；

  f^*——似摩擦因数。

（2）拉拔摩擦试验。界面摩擦阻力强度由下式确定。

$$\tau = \frac{T_d}{2LB} \tag{6-8-3}$$

式中：τ——界面摩擦阻力强度（Pa 或 kPa）；

  T_d——织物试样被拔出时的瞬间拉力（N 或 kN）；

  L、B——织物试样埋在土内部分的长度、宽度（m）。

5）水力学特性

水力学特性指的是土工合成材料的透水与导水能力以及阻止颗粒流失的能力，包括土工合成材料的孔隙率、孔径大小与分布、渗透性能等。

（1）孔隙率一般不能直接测定，但可通过下式计算：

$$n = \left(1 - \frac{m}{\rho\delta}\right) \times 100\% \tag{6-8-4}$$

式中：m——单位面积质量（g/m²）；

  ρ——原材料密度（g/m³）；

  δ——织物厚度（m）。

（2）孔径的符号用 O 表示，单位为 mm，并用下标表示织物孔径的分布情况，例如 O_{95} 表示材料中 95% 的孔径低于该值。孔径大小的分布曲线类似于土的颗粒级配曲线。目前孔径测量方法有直接法、间接法两种。

（3）渗透特性。工程需要分别确定垂直于和平行于织物平面的渗透特性。垂直于织物平面渗透特

性，用垂直渗透系数k_n表示，它是渗流的水力梯度等于1时的渗流流速，服从于达西定律。

6）耐久性

土工合成材料的耐久性主要是指对紫外线辐射、温度变化、化学与生物侵蚀、干湿变化、机械磨损等外界因素变化的抵御能力。耐久性主要与聚合物的类型及添加剂的性质有关。

7）工程应用

土工合成材料在工程上主要有6种功能：过滤、排水、隔离、加筋、防渗、防护。

（1）防渗

土工膜是一种造价低廉、性能可靠的防渗材料。

土工膜防渗层的结构包括土工膜、保护层、支持层。土工膜防渗层的类型包括单层土工膜防渗层、多层土工膜防渗层、土工膜复合防渗层。

（2）隔离

设计要求：能够阻止较细的土粒侵入较粗的粒状材料中，并保持一定的渗透性。必须具备足够的强度，以承担由于荷重产生的各种应力或应变，即织物在任何情况下不得产生破裂。

施工技术要求：在土内掺入或铺设适当的加筋材料（如土工织物和土工格栅），可以改善土体强度和变形性态。土工合成材料加筋材料的类型有土工织物、筋材制品、加筋复合制品、土工合成纤维等。

土工合成材料在加筋工程中的应用有以下几种：

①支挡结构：将一些形式的加筋材料填在土中，依靠它们来平衡土压力。

②陡坡工程：用土工合成材料处理陡坡工程，对于天然坡，可以让出更多空间供工程建设；对于人工坡，一方面可减少填土方量，另一方面可以节约占地。

③软弱地基：提高堤坝的抗滑稳定性，增加堤坝的填筑高度，减小施工期填土的大量下沉，节约土方量，使堤坝下沉趋于均匀，防止堤面开裂。

④路面结构：可达到减薄基层或面层、防止反射裂缝和减少车辙等目的。

（3）过滤

对用于过滤的土工合成材料，既要求能挡土，同时要求保持水流的畅通。当土中水从细粒土流向粗粒土，或水流从土内向外流出的出逸处，需要设置反滤措施，否则土粒将受水流作用而被带出土体外，发展下去可能导致土体破坏。土工织物可以代替水利工程中传统采用的砂砾等天然反滤材料作为反滤层（或滤层）。

（4）排水

排水的目的是降低和控制土中水位，加速减小土中孔隙水的超静水压力和控制水流渗出位置等，从而提高土体的稳定性。

（5）防护

防护是为了消除或减轻自然现象、环境作用或人类活动等因素造成的危害所采取的各项措施。常见防护制品有土袋、土枕、软体排、土工膜袋等。

经 典 练 习

6-8-1 石油沥青的主要技术性质包括（   ）。

A. 流动性、黏聚性和保水性　　　　B. 流动性、塑性和强度

C. 黏滞性、塑性和强度　　　　　　D. 黏滞性、塑性和温度稳定性

6-8-2 下列选项中，除（　　　）以外均为改性沥青。

    A. 氯丁橡胶沥青　　　　B. 聚乙烯树脂沥青　　　C. 沥青胶　　　　D. 煤沥青

6-8-3 石油沥青软化点反映了沥青的（　　　）。

    A. 耐热性　　　　　　　B. 温度敏感性　　　　　C. 黏滞性　　　　D. 强度

6-8-4 （　　　）含量为零，吸附水饱和时，木材的含水率为纤维饱和点。

    A. 游离水　　　　　　　B. 化合水　　　　　　　C. 自由水　　　　D. 吸附水

6-8-5 土工合成材料主要类型是（　　　）。

    A. 土工织物与土工膜　　　　　　　　　　B. 土工织物与土工网

    C. 土工织物与土工格栅　　　　　　　　　D. 土工网与土工格栅

6-8-6 土工合成材料的水力学特性主要表现在（　　　）。

    A. 顶破强度　　　　　　B. 渗透性　　　　　　　C. 抗拉性　　　　D. 蠕变特性

参考答案及提示

6-1-1 B 金属材料各向同性的原因是金属材料中的晶粒随机取向，使晶体的各向异性得以抵消。

6-1-2 C 密度是指材料在绝对密实的状态下单位体积的质量。

6-1-3 C 吸声材料主要的吸声机理是当声波入射到多孔性材料的表面时激发其微孔内部的空气振动，使空气的动能不断转化为热能，从而声能被衰减；另外在空气绝热压缩时，空气与孔壁之间不断发生热交换，也会使声能转化为热能，从而被衰减。从上述的吸声机理可以看出，多孔性吸声材料必须具备以下几个条件：①材料内部应有大量的微孔或间隙，而且孔隙应尽量细小或分布均匀；②材料内部的微孔必须是向外敞开的，也就是说必须通到材料的表面，使得声波能够从材料表面容易地进入到材料的内部；③材料内部的微孔一般是相互连通的，而不是封闭的。因此，吸声材料的孔隙特征应该为小而连通，开口。

6-1-4 B 晶体结构的基本特征在于其内部质点按照一定的规则排列，即结构单元在三维空间规律性排列。晶体构造使晶体在适当的环境中能够自发地形成封闭的几何多面体，但是由于实际使用的晶体材料通常由众多细小杂乱排布而成，所以宏观晶体材料为各向同性，即材料的任一部分都具有完全相同的性质。晶体材料具有一定的熔点。非晶体材料没有固定的熔点。

6-2-1 B 由于排液置换法所测得的颗粒体积大于颗粒密实体积，小于颗粒自然体积。故其颗粒真实密度ρ > 颗粒材料表观密度ρ' > 颗粒的堆积密度ρ_0。

6-2-2 C 材料的孔隙率愈大（表观密度愈小），一般来说，材料的导热系数也愈小；孔隙率相同时，孔径愈小，孔隙分布愈均匀，其导热系数愈小；材料中孔隙封闭时的导热系数比孔隙连通时要小。而导热系数愈小，愈有利于材料的保温隔热。因此，对保温最有利的孔隙是闭口小孔隙。

6-2-3 D 气干状态指骨料的含水率与大气湿度相平衡，但未达到饱和状态；绝干状态指骨料干燥至完全不含水的状态；潮湿状态指骨料及其内部不但含水饱和，其表面还被一层水膜覆裹；饱和面干状态是指骨料及其内部含水达到饱和而其表面干燥的状态。

6-2-4　C　吸声材料要求具有细小而且连通开口的孔隙。

6-3-1　C　材料的耐水性以软化系数 $K_{软} = \dfrac{f_b}{f_g}$ 表示。

6-3-2　B　材料、水和空气三相接触的交点处，沿水表 s 面的切线与水和固体接触面所成的夹角 θ 称为润湿角。当水分子间的内聚力小于材料与水分子间的分子亲和力时，$\theta < 90°$，这种材料能被水润湿，表现为亲水性。当水分子间的内聚力大于材料与水分子间的分子亲和力时，$\theta > 90°$，这种材料不能被水润湿，表现为憎水性。

6-3-3　B　根据材料的含水率计算公式可得：$100 - \dfrac{100}{1+0.05} = 4.76g$。

6-3-4　D　$w_{含} = \dfrac{m_1 - m_0}{m_0} \times 100\%$

式中，m_1 为材料在含水状态下的质量，m_0 为材料在干燥状态下的质量。

此题 $m_1 = 250g$，$w_{含} = 5\%$，解得 $m_0 = 238.1g$，故含水量为 $m_1 - m_0 = 11.9g$。

6-3-5　B　密度是指材料在绝对密实状态下单位体积的质量，与含水率无关。

6-3-6　B　最佳含水率是指对特定的土在一定的夯击能量下达到最大密实状态时所对应的含水率，即黏性土的压实曲线中，最大干重度相对应的含水率。

6-4-1　A　由于石灰浆体的硬化是由碳化作用及水分的蒸发引起的，故必须在空气中进行；又由于 $Ca(OH)_2$ 能溶于水，故凝结硬化时应处于干燥环境中。

6-4-2　C　石灰在熟化过程中，放出大量的热，体积膨胀约 1.0~2.5 倍。

6-4-3　C　过火石灰结构紧密，且表面有一层深褐色的玻璃状硬壳，故熟化很慢，当被用于建筑物后，能继续熟化产生体积膨胀，从而引起裂缝或局部脱落现象。为消除过火石灰的危害，石灰浆在消解坑中存放两个星期以上（称为"陈伏"），使未熟化的颗粒充分熟化，消除过火石灰的危害。

6-4-4　B　石膏制品的主要成分是二水硫酸钙，在火灾时能释放出结晶水，在其表面形成水蒸气幕，进而阻止火势蔓延。

6-4-5　C　消石灰是将生石灰用适量水经消化而成，也称为熟石灰，主要成分为 $Ca(OH)_2$。

6-4-6　A　建筑石膏凝结硬化快，硬化后表现密度小，强度低，导热性小，吸声性好，硬化后体积微膨胀。

6-5-1　D　凡氧化镁、三氧化硫、初凝时间、体积安定性中一项不符合标准规定时，均为废品。凡细度、终凝时间中任一项不符合标准规定或混合材料掺加量超过最大限量和强度低于商品强度等级的指标时为不合格品。

6-5-2　C　C_3A 的水化速率极快，水化热最高，早期强度增长速率快，但强度不高，而且以后几乎不再增长甚至降低。C_3S 是决定水泥强度等级高低的最主要矿物；C_2S 水化热最小且是保证水泥后期强度增长的主要矿物；C_4AF 水化热中等，强度较低，但有助于水泥抗拉强度的提高。

6-5-3　C　C-S-H 凝胶一般占水泥石结构 50% 以上，是水泥石强度最重要的贡献者。

6-5-4　D　快硬硅酸盐水泥的熟料矿物组成中，C_3S 和 C_3A 含量较多，且粉磨细度较细，故该水泥具有硬化较快、早期强度高等特点，可用于紧急抢修工程。

6-5-5　A　火山灰水泥水化热小，早期强度低，不宜配制高强混凝土。

6-5-6　D　火山灰水泥在硬化过程中干缩现象显著，需特别注意加强养护使之较长时间保持潮湿状态，以避免产生干缩裂缝。因此处在干燥环境中的混凝土，不宜使用火山灰水泥。

6-5-7　B　在测定水泥的凝结时间和体积安定性时，需要采用标准稠度的水泥泥浆。所以确定水泥的标准稠度用水量是为了准确评定水泥的凝结时间和体积安定性。水泥胶砂的水灰比固定为 0.5，水泥的细度用比表面积或筛余法表示，水泥的矿物组成是由水泥生产过程和配料组成决定的。

6-5-8　D　C_2S 的水化速度较慢，早期强度低，但 28 天以后强度仍能较快增长，一年后可接近 C_3S。

题 6-5-8 解表

矿物名称	水 化 速 率	水 化 热	强 度		耐化学侵蚀性
			早期	后期	
C_3S	较快	较大，主要在早期释放	高	高	中
C_2S	最慢	最小，主要在后期释放	低	高	良
C_3A	极快	最大，主要在早期释放	低	低	差
C_4AF	较快，仅次于 C_3A	中等	较低	较低	优

6-6-1　A　考查和易性的概念。

6-6-2　A　砂率是指细骨料含量占骨料总量的百分数。试验证明，砂率对拌合物的和易性有很大影响。在保持水和水泥用量一定的条件下，砂率对拌合物坍落度的影响存在极大值。因此，砂率有一个合理值，采用合理砂率时，在用水量和水泥用量不变的情况下，可使拌合物获得所要求的流动性和良好的黏聚性与保水性。

6-6-2　C　普通混凝土中集料与水泥石的分界面即界面过渡区是普通混凝土强度的薄弱环节。

6-6-3　B　砂的细度模数表示砂粗细程度，指不同粒径的沙粒混在一起后的平均粗细程度。

6-6-4　D　特细砂是指细度模数为 0.70～1.50 的砂。使用特细砂配制混凝土时，可以参考或者遵循以下基本原则：适当降低砂率、适当增大胶凝材料用量、尽量降低混凝土坍落度、适当提高外加剂用量以控制用水量。

6-6-5　B　在普通混凝土中，骨料首先破坏的可能性小，因为骨料的强度常大大超过水泥石和黏结面的强度，所以混凝土的强度主要取决于水泥石的强度及其与骨料间的黏结力，而它们又取决于水泥强度和水灰比的大小，其中水泥强度主要由水灰比决定，所以水灰比是影响混凝土强度的最主要因素。

6-6-6　C　考查混凝土抗压强度，抗拉强度，抗折强度之间的换算关系。混凝土抗拉强度一般为抗压强度的 1/20～1/10，应用排除法，选 C。

6-6-7　C　普通混凝土受力破坏一般首先出现在骨料和水泥石的分界面上，即所谓的黏结面破坏形式。

6-6-8　D　混凝土的收缩是由于水泥石凝胶体水分蒸发，干燥收缩引起，混凝土中骨料、砂石的收缩相对水泥石要小得多。因此硬化水泥浆体的收缩系数最大。

6-6-9 　D　考查混凝土发生碱-骨料反应的三个必要条件。

6-6-10 　B　夏季温度较高，为了防止在气温较高或运距较长的情况下，混凝土发生过早凝结失去可塑性，而影响浇筑质量，常需掺入缓凝剂。

6-6-11 　B　熟悉混凝土配合比的调试方法。

6-6-12 　C　我国现行《混凝土结构设计规范》中，混凝土用水量的取值是依据混凝土坍落度和石子最大粒径确定的。

6-7-1 　B　碳素结构钢牌号由 Q195 提高到 Q275 时，钢的含碳量逐渐增多，强度提高，塑性降低，冷弯及可焊性下降。塑性降低导致伸长率降低。

6-7-2 　A　在碳素钢中掺入少量合金元素不仅可以提高强度和硬度，还可以增加塑性和韧性，其中后者是主要目的。

6-7-3 　C　冷拔钢丝分为甲、乙两级，甲级冷拔钢丝主要用作预应力筋，乙级冷拔钢筋可用作普通钢筋（非预应力筋），也可用作焊接网、焊接骨架、箍筋和构造钢筋等。

6-7-4 　C　考查化学元素对钢材性能的影响。

6-7-5 　C　钢筋冷拉后极限屈服强度σ_s和极限抗拉强度σ_b均提高。

6-7-6 　D　考查铁碳合金的晶体组织，奥氏体是强度、塑性、韧性都很高的组织。

6-7-7 　A　通常钢材的含碳量不大于 0.8%。含碳量提高，钢材的强度随之提高，但塑性、韧性和可焊性则随之下降。

6-8-1 　D　石油沥青的技术性质包括黏滞性、耐热性、温度稳定性、塑性、耐久性等。

6-8-2 　D　改性（石油）沥青为加入改性材料如橡胶、树脂和矿物填充料之后的沥青；而煤沥青又称焦油沥青，是在烟煤炼焦或制造煤气时，从干馏所发挥出来的物质中冷凝出煤焦油，再将煤焦油继续蒸馏得轻油、中油、重油和蒽油后所剩的残渣。

6-8-3 　B　石油沥青"软化点"反映了沥青的温度敏感性。沥青软化点是指沥青受热由固态转变为具有一定流动态时的温度，用来表示石油沥青的温度稳定性。软化点越高，表明沥青的耐热性越好，即温度稳定性越好。

6-8-4 　C

6-8-5 　A　土工合成材料种类有土工织物、土工膜、特种土工合成材料、复合型土工合成材料等，因此此题也可用排除法。

6-8-6 　B　土工合成材料的水力学特性包括孔隙率、孔径大小与分布、渗透性能等。

7 工程水文学基础

考题配置　单选，5 题
分数配置　每题 2 分，共 10 分

7.1 水文循环与径流形成

考试大纲☞： 水文循环与水量平衡　河流与流域　降水　土壤水、下渗与地下水　径流

7.1.1 水文循环与水量平衡

水体：大气中的水汽，地面上的江河、湖沼、海洋和地下水等，统称为水体。

水圈：地球上的水以液态、固态和气态的形式分布于海洋、陆地、大气和生物机体中，这些水体构成了地球的水圈。

1）水文循环

自然界的水循环有蒸发、降水、下渗和径流 4 个主要环节。水圈中的各种水体不断蒸发、水汽输送、凝结、降落、下渗、地面和地下径流的往复循环过程，称为水文循环，也称为水循环。具体形式是水圈中的各种水体在太阳的辐射下不断地蒸发变成水汽进入大气，并随气流的运动输送到各地，在一定条件下凝结形成降水。降落的雨水，一部分被植物截留并蒸发。落到地面的雨水，一部分渗入地下，另一部分形成地面径流沿江河回归大海。渗入地下的水，有的被土壤或植物根系吸收，然后通过蒸发或散发返回大气；有的渗透到较深的土层形成地下水，并以泉水或地下水流的形式渗入河流回归大海。水文循环的范围贯穿整个水圈，向上延伸到 10km 左右，下至地表以下平均 1km 深处。

水文循环分类：依据水文循环的规模与过程，可分为大循环和小循环。

大循环（外循环）：从海洋蒸发的水汽，被气流输送到大陆形成降水，其中一部分以地面和地下径流的形式从河流回归海洋；另一部分重新蒸发返回大气。这种海陆间的水分交换过程，称为大循环或外循环。

小循环（内循环）：海洋是陆地降水的主要水汽来源。海洋上蒸发的水汽在海洋上空凝结后，以降水的形式落到海洋里，或陆地上的水经蒸发凝结又降落到陆地上，这种局部的水文循环称为小循环或内循环。前者称为海洋小循环，后者称为内陆小循环。

地球上的水循环是由一系列大小循环组合成的一个复杂的动态系统，如图 7-1-1 所示。

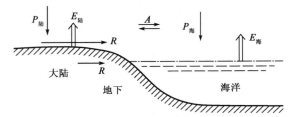

图 7-1-1　地球上的水循环示意图

P-一个时期的降水量；*E*-同一时期的蒸发量；*R*-同一时期从陆地流入海洋的径流量；*A*-海洋与陆地之间的水汽输送量

2）水量平衡

根据质量守恒定律可知，在水循环过程中，对于任一区域、任一时段，进入的水量与输出的水量之差值必等于其蓄水量的变化量，这称为水量平衡原理。水量平衡原理是水文学的基本原理之一。每年的蓄水变量有正有负，长期多年的平均值将趋于零。进行水量平衡的研究，有助于了解水循环各要素的数量关系，估计地区水资源数量，以及分析水循环各要素之间的相互关系。

根据水量平衡原理，可以列出水量平衡方程。

对某一区域：

$$I - O = \Delta S \tag{7-1-1}$$

式中：I，O——时段内输入、输出该区域的总水量；

ΔS——时段内区域蓄水量的变化量，可正可负。

式（7-1-1）为水量平衡方程的通用式。对不同的研究对象，需具体分析其输入、输出量的组成，写出相应的水量平衡方程式。

7.1.2　河流与流域

接纳地面径流和地下径流的天然泄水道称为河流。供给河流地面径流和地下径流的集水区叫作流域，它是由汇集地面径流的地面集水区和汇集地下径流的地下集水区所组成。一般把地面水的集水面积作为流域面积。

1）河流

（1）河流中的水文概念：包括水系、干流和支流。干流、支流和流域内的湖泊、沼泽彼此连接组成一个庞大的系统，称为水系。干流和支流是一个相对的概念。在一个水系里面，一般以长度或水量最大的河流作为干流，注入干流的河流为一级支流，注入一级支流的为二级支流，以此类推。但干流划分有时根据过去的习惯而定，如岷江和大渡河。

（2）河流分段：一般分为河源、上游、中游、下游及河口五段。

（3）水系形态：根据干、支流的分布和组合情况，水系可分为扇形，羽毛形、平行状和混合形等形态。水系形态对河流水情有重要影响。扇形水系，汇流时间短，洪水集中，容易形成洪灾；羽毛形水系，各支流洪水交错汇入干流，近水先去，远水后来，洪水比较缓和。

（4）河流长度：自河源沿河道至河口的距离称为河流长度，可在十万分之一或更大比例尺的地形图上用曲线仪或小分规量出。

河流的断面：分为纵断面和横断面。河槽中垂直于水流方向的断面称为河流横断面，也称为过水断面。河流横断面是河道水位、流量测验计算的重要依据。河流纵断面指河流中沿水流方向各横断面最大水深点的连线，称为中泓线或溪谷线。沿河流中泓线的剖面，称为河流的纵断面，又称纵剖面。纵断面图可以用来表示河流的纵坡和落差的沿程分布。它是推算水流特性和估计水能蕴藏量的主要依据。

河流纵比降：任意河段（水面或河底）的高程差（Δh）称为落差。单位河长的落差称为河道纵比降，一般称为河流坡降。河流比降分为水面比降与河底比降。

2）流域

流域的周界称为分水线或者分水岭。每个流域的分水线就是流域四周最高点的连线，通常是流域四周的山脉脊线。分水线分为地面水分水线和地下水分水线。地面分水线与地下分水线相重合的流域，称为闭合流域，否则叫不闭合流域。一般大中河流多按闭合流域考虑。

闭合流域任意时段水量平衡方程为：

$$P - E - R = \Delta S \tag{7-1-2}$$

式中：P——时段内的降水量（mm）；

E——时段内的蒸发量（mm）；

R——时段内的流域出口断面径流量（mm）；

ΔS——时段内该流域的蓄水变量（mm）。

闭合流域多年平均情况，其水量平衡方程为：

$$\overline{E} = \overline{P} - \overline{R} \tag{7-1-3}$$

式中：$\overline{E}$——流域多年平均蒸发量；

$\overline{P}$——多年平均降水量；

$\overline{R}$——多年平均径流量。

我国利用中小流域的降水量与径流量观测资料，用水量平衡公式推算出全国各地的总蒸发量，并绘制了全国多年平均蒸发量等值线图，可供使用。

（1）流域面积：分水线所包围的面积称为流域面积或集水面积，以F表示。它是流域的主要几何特征，是衡量河流大小的重要指标。测定流域面积，通常在适当比例尺的地形图上画出流域分水线，用求积仪量出它所包围的面积，或者用面积公式法或数方格法算出所包围的面积。

（2）流域长度：流域的几何中心轴长称为流域长度，以L表示。以河口为圆心，画出不同半径的若干圆弧与分水线相交于两点，连两点得割线，取这些割线中点的连线长度即为流域长度。

（3）流域形状系数：是流域平均宽度B和流域长度L之比，以K表示。它反映流域形状的特性，如扇形流域K值大，狭长形流域K值小。流域平均宽度B可用下式计算：

$$B = \frac{F}{L} \tag{7-1-4}$$

（4）流域的地理位置。流域的地理位置以流域所处的经纬度来表示，它可以反映流域所处的气候带，说明流域距离海洋的远近，反映水文循环的强弱。

（5）流域的下垫面条件。流域的地形、土壤和岩石性质、地质构造、植被、湖泊、沼泽以及流域形状和面积等自然地理因素，相对于气候因素而言，称为下垫面因素。这些要素以及上述河道特征等都反映了每一水系形成过程的具体条件，并影响径流的变化规律。

【例7-1-1】 流域面积是指河流某断面以上：

A. 地面分水线和地下分水线包围的面积之和

B. 地下分水线包围的水平投影面积

C. 地面分水线所包围的面积

D. 地面分水线所包围的水平投影面积

解 一般把地面分水线所包围的面积称为流域面积，取其水平投影面积。选 D。

【例7-1-2】 水量平衡方程式：$E = P - R$（其中E、P、R分别为流域多年平均蒸发量、多年平均降水量和多年平均径流量），适用于：

A. 非闭合流域任意时段情况　　　　　　B. 非闭合流域多年平均情况

C. 闭合流域多年平均情况　　　　　　　D. 闭合流域任意时段情况

解 该公式为闭合流域多年平均情况的水量平衡方程。选 C。

7.1.3 降水

水分以各种形式从大气到达地面统称降水。降水的主要形式有雨、雪、雹、霰，其他还有霜露。降水是气象要素之一，也是自然界水循环过程中最为活跃的因子。

1）降水的成因与分类

地面湿热气团因各种原因而上升，体积膨胀做功，消耗内能而冷却，当温度降低到零点以下时，气团中的水汽便开始凝结为水滴或冰晶，形成了云。云中的水滴或冰晶，继续吸附水汽凝结于其表面，或由于互相碰撞合并成大水滴或冰粒，当其质量不再能被上升气流所顶托的时候，则下降为降水。源源不断的水汽输入是降水的依据，气流上升产生动力冷却则是形成降水的必要条件。

按照上升气流的特性，降水可分成气旋雨、台风雨、对流雨、地形雨。

2）降水观测

降水特性包括降雨量、降雨历时、降雨强度、降雨面积及降雨中心等。降水量以降落在地面上的水层深度表示，以 mm 为单位。常用的方法为器测法，器测法的分辨率为 0.1mm。观测降水量的仪器有雨量器（见图 7-1-2）和自记雨量计（见图 7-1-3）。

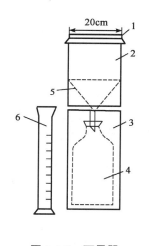

图 7-1-2　雨量器

1-器口；2-承雨器；3-储水筒；4-储水器；
5-漏斗；6-量杯

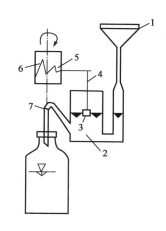

图 7-1-3　自记雨量计

1-承雨器；2-浮子室；3-浮子；4-连杆；5-自计笔；
6-自计钟；7-虹吸管

用雨量器观测降雨，一般采用定时分段方法。日雨量以每日上午 8 时作为分界。观测站通常在每日 8 时与 20 时观测两次，雨季增加观测段次，雨大时还要加测。每日 8 时至次日 8 时降水量为当日降水量。

自记雨量计能自动连续地把降雨过程记录下来，其构造如图 7-1-3 所示。

降水量指一定时段内降落在某一点或某一面积上的总水量，用深度表示，以 mm 计。一场降水的降水量指该次降水过程的降水总量。日降水量指一日内降水总量等。降雨历时是指一次降雨所经历的时间，以分钟（min）、小时（h）、日（d）等为单位。降雨强度表示单位时间内的降雨量，以 mm/min 或 mm/h 计。雨强大小反映了一次降雨的强弱程度，故常用雨强进行降雨分级。降水笼罩的平面面积称为降水面积，以 km² 计。暴雨集中的较小的局部地区，称为暴雨中心。

描述降雨的时间变化，通常采用降雨强度过程线（见图 7-1-4）、降雨累积过程线（见图 7-1-5）。降雨强度可以是瞬时的或时段平均值。

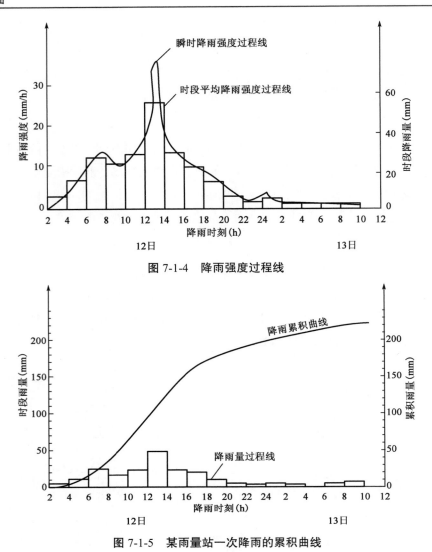

图 7-1-4 降雨强度过程线

图 7-1-5 某雨量站一次降雨的累积曲线

7.1.4 土壤水

广义的土壤水是土壤中各种形态水分的总称,有固态水、气态水和液态水三种。土壤水主要来源于降雨、雪、灌溉水及地下水。液态水根据其所受的力一般分为吸湿水、毛管水和重力水,分别代表吸附力、弯月面力和重力作用下的土壤水。土壤水是土壤的重要组成,是影响土壤肥力和自净能力的主要因素之一。土壤水的运动是径流形成的重要环节。

地表土层为多孔介质,能吸收、储存和向任何方向输送水分。考察流域上沿垂向的土柱结构,以地下水面为界,土层可分为两个不同的土壤含水带。

1)饱和带与包气带

饱和带(饱水带):在地下水面以下,土壤处于饱和含水状态,是土壤颗粒和水分组成的二相系统,称为饱和带或饱水带。

包气带(非饱和带):地下水面以上,土壤含水量未达饱和,是土壤颗粒、水分和空气同时存在的三相系统,称为包气带或非饱和带。在包气带中,水压力小于大气压,饱和带则相反。在地下水面处,水压力等于大气压。水文学中常把存储于包气带中的水称为土壤水,而将饱和带中的水称为地下水,包括潜水和承压水。

包气带是土壤水分剧烈变化的土壤带。土壤含水量的大小直接影响到蒸发、下渗的大小，并决定了降雨量时径流（包括地面径流表层流径流和地下径流）的比例，把降雨下渗、蒸发及径流等水文要素在径流形成过程中有机地联系起来。

2）土壤水的形式

土壤水是指吸附于土壤颗粒和存在于土壤孔隙中的水。当水分进入土壤后，在分子力、毛管力或重力的作用下，形成不同类型的土壤水。

（1）吸湿水：由土粒表面的分子对水分子的吸引力即分子力所吸附的水分。吸湿水被紧紧地束缚在土粒表面，不能流动也不能被植物利用。

（2）薄膜水：由土粒剩余分子力所吸附在吸湿水层外的水膜称为薄膜水。薄膜水受分子吸力作用，不受重力的影响，但能从水膜厚的土粒（分子引力小）向水膜薄的土粒（分子引力大）缓慢移动。

（3）毛管水：土壤孔隙中由毛管力所持有的水分称为毛管水。毛管水又分为支持毛管水和毛管悬着水。

（4）重力水：当土壤水的含量超过土壤颗粒分子力和毛管力作用范围而不能被土壤所保持时，在重力作用下将沿土壤孔隙流动，这部分水称为重力水。重力水能传递压力，在任何方向只要有静水压力差存在，就会产生水流运动。渗入土中的重力水，当到达不透水层时，就会聚集使一定厚度的土层饱和形成饱和带。当它到达地下水面时，补充了地下水使地下水面升高。重力水在水文学中有重要的意义。

3）土壤含水量和水分常数

土壤含水量（率）：又称为土壤湿度，表示一定量的土壤中所含水分的数量。在实际工作中，将某个土层所含的水量以相应水层深度来表示土壤含水量，以 mm 计。

水文学中常用的土壤水分常数有最大吸湿量、最大分子持水量、凋萎含水量（凋萎系数）、毛管断裂含水量、田间持水量和饱和含水量等。

田间持水量：指土壤中所能保持的最大毛管悬着水量。当土壤含水量超过这一限度时，多余的水分不能被土壤所保持，将以自由重力水的形式向下渗透。田间持水量是划分土壤持水量与向下渗透水量的重要依据，对水文学有重要意义。

饱和含水量：指土壤中所有孔隙都被水充满时的土壤含水量，它取决于土壤孔隙的大小。介于田间持水量到饱和含水量之间的水量，就是在重力作用下向下运动的自由重力水分。

7.1.5 下渗与地下水

水透过地面进入土壤的过程，称为下渗。它是水在分子力、毛细管引力和重力的综合作用下在土壤中发生的物理过程，是径流形成过程的重要环节之一。

1）下渗的物理过程

下渗是水从土壤表面进入土壤内的运动过程。下渗分为三个阶段：渗润阶段，主要受到分子力的作用；渗漏阶段，主要受到毛管力和重力作用；渗透阶段，水分在重力作用下呈稳定流动，该阶段称为稳定下渗阶段，下渗量为一常量 f_c。干燥的土壤在充分供水条件下，如图 7-1-6 所示的下渗过程线称为下渗容量（能力）曲线。

下渗量的大小可用下渗总量 F（mm）或下渗率 f（mm/h）表示，

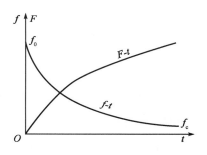

图 7-1-6　下渗能力曲线及累积曲线

测量下渗的方法有同心环法、人工降雨法。大量下渗试验表明，下渗率随时间呈递减规律。开始时下渗率很大，以后随着土壤吸水量的增加而迅速减少，减小的速率呈现先快后慢的趋势。当土壤孔隙充满水，达到田间含水量，直至土壤饱和，下渗率就逐步递减到一个稳定的常值，该值称为稳定下渗率f_c，可用以表征土壤的渗透特性。

2）地下水

地下水区别于地表水，广义上是指赋予地面以下岩石空隙中的水，狭义上仅指赋存于饱水带岩石空隙中的水。依据含水介质类型（空隙类型）分为孔隙水、裂隙水和岩溶水，依据埋藏条件分为包气带水、潜水和承压水。

【例 7-1-3】 决定流域土壤稳定下渗率f_c大小的主要因素是：

A. 降雨强度   B. 降雨初期土壤含水率

C. 降雨历时   D. 流域土壤性质

解 稳定下渗率f_c可用以表征土壤的渗透特性，决定其大小的是流域的土壤性质。选 D。

7.1.6 径流

在河槽里运动的水流称作河川径流，简称径流。流域内自降水开始到径流形成并流经流域出口断面为止的整个物理过程，称为径流形成过程。径流又可由地面径流、地下径流及壤中流（表层流）三种径流组成。

1）径流形成过程

径流过程是地球上水文循环中的重要一环，是水量平衡的基本要素之一。一次降雨过程，经植物截留、填洼、入渗和蒸发后，进入河网的水量自然比降雨总量小，而且经过坡面漫流及河网汇流两次再分配的作用，流域出口断面的径流过程比降雨过程变化缓慢、历时增长、时间滞后，如图 7-1-7 所示。径流形成一般分解为产流（降水、流域蓄渗）和汇流（坡面漫流及河网汇流）两个过程。

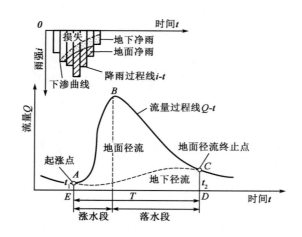

图 7-1-7 流域降雨—净雨—径流关系

产流过程：把降雨扣除损失成为净雨的过程称为产流过程，净雨量也称为产流量。降雨不能产生径流的那部分降雨量称为损失量。

汇流过程：净雨沿坡面从地面和地下汇入河网，然后再沿着河网汇集到流域出口断面，这一完整的过程称为流域汇流过程。前者称为坡地汇流，后者称为河网汇流。

2）影响径流的主要因素

影响径流的主要因素包括流域气候因素、地理因素及人类活动的影响。在气候因素里，降水是径流形成的必要条件，降水强度、降水历时、降水面积、暴雨中心以及暴雨移动的方向等都对径流量及其变化过程都有很大影响。蒸发是直接影响径流量的因素，若雨前流域蒸发量大，则雨前流域蓄水量就小，降雨的损失量就增大，而径流量减小。因此，蒸发主要影响径流的产流过程。我国湿润地区年降水量的30%~50%，干旱地区年降水量的80%~95%都消耗于蒸发，其余部分才形成径流。

3）径流的表示方法和度量单位

径流的表示方法有流量和径流总量。

（1）流量Q：单位时间通过河流某一断面的水量，常用单位为m³/s。

（2）径流总量W：时段T内通过河流某一断面的水量。在一定时段内，通过河流某一断面的累积水量称为径流量，记作W，常用的单位为 m³、亿 m³；也可以用时段平均流量（m³/s）、流域径流深R（mm）或流域径流模数M［mm/(s·km²)］来表示。径流量与流量的关系为：

$$W = \overline{Q} \cdot \Delta T \tag{7-1-5}$$

式中：ΔT——计算时段（s）。

根据工程设计的需要，周期可分别采用年、季或月，则其相应的径流分别称为年径流、季径流或月径流。

（3）径流深R：径流总量平铺在整个流域面积上所得的水层深度，以 mm 为单位。F为流域面积（km²），T为时间（s）。

$$R = \frac{\overline{Q} \cdot T}{1000F} \tag{7-1-6}$$

（4）径流系数a：某时段内的径流深R与形成该时段径流量的相应降雨深度P之比值。

$$\alpha = \frac{R}{P} \tag{7-1-7}$$

因为R是由P形成的，对于闭合流域$R < P$，故$\alpha < 1$。

（5）径流模数M：单位面积上产生的流量称为径流模数，常用单位为m³/(s·km²)。

$$M = \frac{Q}{F} \tag{7-1-8}$$

【例7-1-4】流域汇流过程主要包括：

　　A. 坡面漫流和坡地汇流　　　　　　　　B. 河网汇流和河槽集流

　　C. 坡地汇流和河网汇流　　　　　　　　D. 坡面漫流和坡面汇流

解　净雨沿坡面从地面和地下汇入河网属于坡地汇流，然后再沿着河网汇集到流域出口断面属于河网汇流，这一完整的过程称为流域汇流过程。选 C。

【例7-1-5】形成径流的必要条件是：

　　A. 降雨强度等于下渗强度

　　B. 降雨强度小于下渗强度

　　C. 降雨强度大于下渗强度

　　D. 降雨强度小于或等于下渗强度

解　在流域中从降水到水流汇集于流域出口断面的整个物理过程称为径流形成过程。主要有四个阶段，即降雨阶段、流域蓄渗阶段、坡面漫流阶段、河槽集流阶段。其中，由于降雨强度超过下渗强度而产生地表径流称为超渗产流。选 C。

【例 7-1-6】 径流模数和径流系数的单位分别是：

A. 无量纲、$L/(s \cdot km^2)$
B. $L/(s \cdot km^2)$、无量纲
C. $L/(s \cdot km^2)$、mm
D. 无量纲、mm

解 单位面积上产生的流量称为径流模数，常用单位为 $m^3/(s \cdot km^2)$，也可用 $L/(s \cdot km^2)$；径流系数 a 的概念为某时段内的径流深 R 与形成该时段径流量的相应降雨深度 P 之比值，无量纲。选 B。

【例 7-1-7】 某流域面积为 $1000km^2$，多年平均降水量为 1050mm，多年平均蒸发量为 576mm，则多年平均流量为：

A. $150m^3/s$　　　B. $15m^3/s$　　　C. $74m^3/s$　　　D. $18m^3/s$

解 多年平均径流量 ＝ 平均降水量 － 平均蒸发量 ＝ $1050 - 576 = 474mm = 0.474m$

多年平均径流总量 ＝ 多年平均径流量 × 流域面积 ＝ $0.474 \times 1000 \times 10^6 = 4.74 \times 10^8 m^3$

多年平均流量 ＝ 多年平均径流总量 $/T$

本题 T 为年时段（s），计 $365 \times 24 \times 60 \times 60$，代入公式计算：

多年平均流量 ＝ $4.74 \times 10^8/(365 \times 24 \times 60 \times 60) = 15m^3/s$

选 B。

【例 7-1-8】 含水层和隔水层划分的依据是：

A. 岩石的透水性
B. 岩石的含水性
C. 岩石的给水性
D. 以上均是

解 属于水文地质学的概念。含水层是指饱水并能够透过与给出相当数量水的岩层。含水层不断储存有水，而且水可以在其中运移。隔水层是指那些不能透过与给出水的岩层，或者透过与给出水的数量微不足道的岩层，一般它起着阻隔重力水通过的作用。含水层和隔水层划分的依据是岩石的透水性。选 A。

【例 7-1-9】 行驶火车时可以引起其附近埋藏较浅的承压含水层钻井或测压水孔中水位：

A. 升高　　　B. 降低　　　C. 不变　　　D. 以上均不是

解 承压含水层是指埋藏在两个稳定隔水层（或弱透水层）之间的含水层。充满于承压含水层中的地下水称为承压水。位于承压含水层上部和下部的隔水层(或弱透水层)分别称为隔水顶板和隔水底板。当来自顶板的压力变大时，含水层厚度减小，会导致了出水口的水位有升高现象。选 A。

【例 7-1-10】 人工补给地下水的目的是：

A. 改善地下水水质
B. 防止地面塌陷或沉降
C. 防止海水入侵
D. 以上均对

解 地下水的补给方式有降雨入渗、灌溉入渗、河渠渗漏、人工回灌、山前和邻区侧向补给，以及相邻含水层的水量转移等。地下水回补是采用人工措施将地表水或其他水源的水注入地下以补充地下水，以达到增加地下水资源量、缓解地下水位持续下降、净化水质、遏制海水入侵和其他生态环境效益的目的，又称地下水人工补给、地下水回灌。选 D。

【例 7-1-11】 含水层补给量小于开采量时：

A. 潜水位下降，含水层厚度增大，水位埋藏深度变小
B. 潜水位下降，含水层厚度减小，水位埋藏深度变大
C. 承压水头下降，含水层厚度不变，水位埋藏深度不变
D. 承压水头下降，含水层厚度不变，水位埋藏深度变小

解 埋藏在第一个隔水层之上的地下水，叫潜水。潜水位是指潜水面上任一点的海拔高程。如果地

下水开采量大于补给量时，潜水位下降，含水层厚度减小，水位埋藏深度变大。选 B。

【例 7-1-12】 河谷冲积层中的地下水一般是好的供水水源，原因在于：

  A. 孔隙水，孔隙度大，透水性强，富水性好

  B. 含水层岩石在剖面上常具有二元结构

  C. 地下水位埋藏较浅，与河水联系密切

  D. 以上均对

解 河谷冲积层是河谷地区地下水的主要富水层位。地下水的补给来源主要是大气降水和河水等，地下水动态变化很大。选项 A、B、C 都是河谷冲积层的地下水特征。选 D。

【例 7-1-13】 地下水在开采条件下的补给量要大于天然条件下的补给量，其原因是：

  A. 开采夺取地表水和增强降水渗入   B. 开采夺取天然排泄量

  C. 开采增加越流补给和人工补给   D. 以上均对

解 开采条件下，地下水除天然补给量之外，额外获得的补给量。例如，开采引起动水位下降，降落漏斗扩展到邻近的地表水体（河流、湖泊、水库等），使原来补给地下水的地表水渗漏补给量增大（如顶托渗漏变为自由渗漏等）；或使原来不补给地下水的地表水体变为补给地下水；或使邻区的地下水流入本区，从而得到额外补给。选 D。

经典练习

7-1-1 使水资源具有再生性的原因是自然界的（   ）。

  A. 径流   B. 水文循环   C. 蒸发   D. 降水

7-1-2 自然界的水文循环使水资源具有（   ）。

  A. 再生性   B. 非再生性   C. 随机性   D. 地区性

7-1-3 对于比较干燥的土壤，充分水分条件下，下渗的物理过程可分为三个阶段，它们依次为（   ）。

  A. 渗透阶段—渗润阶段—渗漏阶段   B. 渗漏阶段—渗润阶段—渗透阶段

  C. 渗润阶段—渗漏阶段—渗透阶段   D. 渗润阶段—渗透阶段—渗漏阶段

7-1-4 下渗容量（能力）曲线，是指（   ）。

  A. 降雨期间的土壤下渗过程线

  B. 干燥的土壤在充分供水条件下的下渗过程线

  C. 充分湿润后的土壤在降雨期间的下渗过程线

  D. 土壤的下渗累积过程线

7-1-5 按照地下水的地理条件，地下水可分为（   ）。

  A. 包气带水、潜水、承压水   B. 孔隙水、空隙水、流动水

  C. 包气带水、浅层水、深层水   D. 潜水、承压水、空隙水

7.2 水文测验

考试大纲 ☞：水位观测 流量测验 泥沙测验与计算 水文调查 水文数据处理

  水位、流量、降水量、泥沙、蒸发量、下渗量、水温、冰情、水化学、地下水等，统称为水文资料。

水文资料是各种水文分析工作的基础。水文资料的主要来源是水文测站对各项水文要素的长期观测。对各项水文要素的观测，称为水文测验。

水文测站是组织进行水文观测的基层单位，也是收集整理水文资料的基本场所。水文测站的主要任务，就是按照统一标准对指定地点（或断面）的水文要素做系统观测与资料整理。

水文测站按测验项目可分为：

（1）水文站，观测水位、流量，或监测其他项目。

（2）水位站，只观测水位，或监测降水量。

（3）雨量站，只观测降水量。

（4）水质站，只观测水质。

根据测站的性质，水文测站可分为三类，即基本站、专用站和实验站。基本站是国家水文主管部门在全国大中河流上统一布设和分级管理的水文测站。它按国家颁布的《水文测验规范》要求，执行测验规范，收集的资料刊入水文年鉴，站点比较稳定。专用站是为某一特殊需要而由设站部门自行设立的。实验站是为了深入研究某种水文现象，探讨一些特殊问题而设置的，如径流实验站、河床实验站等。

水文测站在地理上的分布网称为水文站网，目的是可以插值得到流域内任何地点的水文要素的特征值。以最低的站数达到上述目的，就是站网规划的任务。

测站的布设包括测验河段的选择和测站布设的内容，选择测验河段的原则在《水文测验规范》中有明确规定。希望测站观测的水位与流量之间存在着良好的稳定关系，从而可根据观测的水位较容易推求流量，减轻测验工作。在一般河段上设立水文测站，应尽量选择河道顺直、稳定、水流集中，便于布设测验设施的河段。其顺直长度一般应不小于洪水时主槽河宽的 3~5 倍。

7.2.1　水位观测

水位：江、河、湖、海和水库等水体在某一地点的水面距标准基面的高度，以 m 计。水位与高程数值一样，要指明其所用基面才有意义。

基面：目前我国统一采用青岛附近黄海海平面为标准基面。但各流域由于历史的原因，多沿用以往使用的大沽基面、吴淞基面、珠江基面，也有使用假定基面、测站基面或冻结基面的。使用水位资料时一定要查清其基面，对这些不同基面的水位，要做相应的订正。

水位观测的作用一是直接为水利、水运、防洪、防涝提供具有单独使用价值的资料，如堤防、坝高、桥梁及涵洞、公路路面标高的确定；二是为推求其他水文数据而提供间接运用资料，如水文预报中的上、下游水位相关法等。

水位的观测包括基本水尺和比降水尺的水位。

1）观测水位的设备和方法

水位观测的常用设备有水尺和自记水位计两类。根据水尺的构造形式，可分为直立式、倾斜式、矮桩式和悬垂式四种，其中直立式水尺最为简单。自记水位计能将水位变化的连续过程自动记录下来，有的还能将所观测的数据以数字或图像的形式远传室内，使水位观测工作趋于自动化和远传化。

观测时，水面在水尺上的读数加上水尺零点的高程即为当时的水位值。由此可见水尺零点高程是一个重要的数据，要定期根据测站的校核水准点对各水尺的零点高程进行校核。

水位的观测包括基本水尺和比降水尺的水位。基本水尺的观测，当水位变化缓慢时（日变幅在 0.12m 以内），每日 8 时和 20 时各观测一次（称 2 段制观测，8 时是基本时）；枯水期日变幅在 0.06m 以内，用 1 段制观测；日变幅在 0.12~0.24m 时，用 4 段制观测；依次为 8 段、12 段制等。有峰谷出现时，还要加测。具体可参见《水文测验规范》。

比降水尺观测的目的是计算水面比降，分析河床糙率等。其观测次数视需要而定。水位观测的精度为 0.01m。

　　2）水位观测资料的整理

水位观测数据整理工作的内容包括日平均水位、月平均水位、年平均水位的计算。日平均水位的计算方法有以下两种。

（1）算术平均法：该法适合于水位变化缓慢或变化大，但等时距观测的情况。

$$\bar{Z} = \frac{1}{n} \sum_{i=1}^{n} Z_i \tag{7-2-1}$$

式中：Z_i——一日内第 i 次水位观测值；

　　　　n——一日内观测的次数。

（2）面积包围法：该法适合于水位变化大且不等时距观测的情况。即将当日 0~24h 内水位过程线所包围的面积，除以一日时间求得，如图 7-2-1 所示。

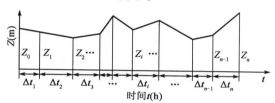

图 7-2-1　面积包围法求日平均水位（0~24h）

$$\bar{Z} = \frac{1}{48} [Z_0 \Delta t_1 + Z_1(\Delta t_1 + \Delta t_2) + Z_2(\Delta t_2 + \Delta t_3) + \cdots + Z_{n-1}(\Delta t_{n-1} + \Delta t_n) + Z_n \Delta t_n] \tag{7-2-2}$$

式中：$Z_0, Z_1, \cdots, Z_n$——各测次观测的水位（m）；

　　　　$\Delta t_1, \Delta t_2, \cdots, \Delta t_n$——相邻两测次间的时距（h）。

根据逐日平均水位可算出月平均水位和年平均水位及各种历时（保证率）水位。如刊布的水文年鉴中，均载有各站的日平均水位表，表中附有月、年平均水位，年及各月的最高、最低水位。汛期内水位详细变化过程则载于水文年鉴中的汛期水文要素摘录表内。

【例 7-2-1】根据测站的性质，水文测站可分为：

　　　　A. 水位站、雨量站　　　　　　　　B. 基本站、雨量站

　　　　C. 基本站、专用站　　　　　　　　D. 水位站、流量站

解　根据测站的性质，水文测站可分为三类，即基本站、专用站和实验站，此处没有列实验站，按最贴合选择 C。

【例 7-2-2】目前全国水位统一采用的基准面是：

　　　　A. 大沽基面　　　　B. 吴淞基面　　　　C. 珠江基面　　　　D. 黄海基面

解　对于水位，我国统一采用青岛附近的黄海海平面为标准基面。由于历史原因，各地仍有沿用以往的大沽基面、吴淞基面等。选 D。

7.2.2　流量测验

单位时间通过江河等某横断面的水量称为流量。流量是反映水利资源和江河湖库水量变化的基本

资料。通过某一横断面的流量可用下式表示：

$$Q = \overline{v}A \tag{7-2-3}$$

式中：Q——流量（m^3/s）；

$\overline{v}$——断面平均流速（m/s）；

A——过水断面面积（m^2）。

因此，流量测验应包括断面测量和流速测验两部分工作。

1）断面测验

河道断面测量主要包括测量水深、确定测深点的位置（起点距）及观测水位三项内容。取得以上三种数据之后，测得每条测深垂线的起点距D_i和水深H_i，从施测的水位减去水深，即得各测深垂线处的河底高程，可以绘制断面图。

水深测量：测深垂线的数目和位置要求能控制断面形状的变化，测深垂线的位置，应根据断面情况布设于河床变化的转折处，一般主槽较密，滩地较稀。通常采用测深杆、测深锤（或铅鱼）、回声探深仪等施测。

起点距测量：指断面上测深垂线到断面起点桩的水平距离。大河流上常用六分仪、平板仪、经纬仪等测量断面线起点距。

大断面：河道水道断面扩展至历年最高洪水位以上 0.5~1.0m 的断面称为大断面。它是用于研究测站断面变化的情况以及在测流时不施测断面可供借用断面。大断面的面积分为水上、水下两部分。水上部分面积采用水准仪测量的方法进行，水下部分面积测量称为水道断面测量。

2）流速测验

由于河流过水断面的形态、河床表面特性、河底纵坡、河道弯曲情况以及冰情等都对断面内各点流速产生影响，因此在过水断面上，流速随水平及垂直方向不同而变化，即$v = f(b, h)$，其中v为断面上某一点的流速，b为该点至水边的水平距离，h为该点至水面的垂直距离。因此，通过全断面的流量Q为：

$$Q = \int_0^A v \cdot \mathrm{d}A = \int_0^B \int_0^H f(b, h)\,\mathrm{d}h\mathrm{d}b \tag{7-2-4}$$

式中：A——水道断面面积；

$\mathrm{d}A$——A内的单元面积（其宽为$\mathrm{d}b$，高为$\mathrm{d}h$）（m^2）；

v——垂直于$\mathrm{d}A$的流速（m/s）；

B——水面宽度（m）；

H——水深（m）。

因为$f(b, h)$的关系复杂，目前尚不能用数学公式表达，实际工作中把上述积分式变成有限差分的形式来推求流量。

流速仪法测流，就是将水道断面划分为若干部分，用普通测量方法测算出各部分断面的面积w_i，用流速仪施测流速并计算出各部分面积上的平均流速$\overline{v}_i$，两者的乘积，称为部分流量，各部分流量的和为全断面的流量，即：

$$Q = \sum_{i=1}^n q_i = \sum_{i=1}^n w_i \overline{v}_i \tag{7-2-5}$$

式中：q_i——第i个部分的部分流量（m^3/s）；

n——划分部分的个数。

由于实际测流时不可能将部分面积分成无限多，而是分成有限个部分，因此实测值只是逼近真值；河道测流需时间较长，不能在瞬时完成，因此实测流量是时段的平均值。

考虑测水深工作困难，水上地形测量较易，所以大断面测量多在枯水季节施测，汛前或汛后复测一次。但对断面变化显著的测站，大断面测量一般每年除汛前或汛后施测一次外，在每次大洪水之后应及时施测过水断面的面积。

3）流速仪法测流及流量计算

（1）流速仪测流方法

流速仪是根据每秒转数和流速的关系，计算出测点流速。根据流速仪旋转部分（转子）构造形式的差异，分为旋杯式和旋桨式两种类型。

根据测速方法的不同，流速仪法测流可分为积点法、积深法和积宽法。

最常用的积点法测速是指在断面的各条垂线上将流速仪放至不同的水深点测速。测速垂线的数目及每条测速垂线上测点的多少是根据流速精度的要求、水深、悬吊流速仪的方式、节省人力和时间等情况而定。国外多采用多线少点测速。国际标准建议测速垂线不少于 20 条，任一部分流量不得超过 10% 总流量。测速垂线数愈多，流量的误差愈小。

畅流期用精测法测流时，如采用悬杆悬吊，当水深大于 1.0m 可用五点法测流，即在相对水深（测点水深与所在垂线水深之比值）分别为 0.0、0.2、0.6、0.8 和 1.0 处施测。

为了消除流速的脉动影响，各测点的测速历时，可在 60~100s 之间选用。但当受测流所需总时间的限制时，则可选用少线少点、30s 的测流方案。

常测法和简测法是在测速垂线上用二点法或积深法测速，当水位涨落急剧时，可以用一点法测速。

（2）流量计算

一般以列表进行。流量的计算方法有图解法、流速等值线法和分析法。前两种方法在理论上比较严格，但比较烦琐，此处介绍常用的分析法。具体步骤及内容（见图 7-2-2）如下：

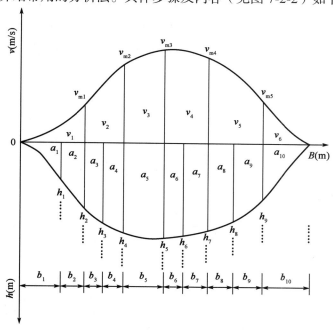

图 7-2-2　部分面积 A_i、部分流速 v_i 及部分流量 q_i 计算

注：1. $a_1 = \frac{1}{2}h_1 b_1$，$a_{10} = \frac{1}{2}h_9 b_{10}$，$a_i = \frac{1}{2}(h_{i-1} + h_i)b_i$，$i = 2,3,\cdots,9$。

2. $A_1 = a_1 + a_2$，$A_2 = a_3 + a_4$，$A_3 = a_5$，$A_4 = a_6 + a_7$，$A_5 = a_8 a_9$，$A_6 = a_{10}$。

3. $v_1 = av_{m1}$，$v_6 = av_{m5}$，$v_i = \frac{1}{2}(v_{mi-1} + v_{mi})$，$i = 2,3,\cdots,5$，$q_i = v_i q_i$，$i = 1,2,\cdots,6$。

4. $Q = \sum\limits_{i=1}^{6} q_i$。

①垂线平均流速的计算。

$$\begin{cases} \text{一点法：} v_m = v_{0.6} \\ \text{二点法：} v_m = \dfrac{1}{2}(v_{0.2} + v_{0.8}) \\ \text{三点法：} v_m = \dfrac{1}{3}(v_{0.2} + v_{0.6} + v_{0.8}) \\ \text{五点法：} v_m = \dfrac{1}{10}(v_{0.0} + 3v_{0.2} + 3v_{0.6} + 2v_{0.8} + v_{1.0}) \end{cases} \qquad (7\text{-}2\text{-}6)$$

式中： v_m——垂线平均流速；

$v_{0.0}$、$v_{0.2}$、$v_{0.6}$、$v_{0.8}$、$v_{1.0}$——与下角标数值相对应的相对水深处的测点流速。

②部分平均流速的计算。

a. 岸边部分，由距岸第一条测速垂线所构成的岸边部分（两个，左岸和右岸，多为三角形），按下列公式计算：

$$\begin{cases} v_1 = \alpha v_{m1} \\ v_{n+1} = \alpha v_{mn} \end{cases} \qquad (7\text{-}2\text{-}7)$$

式中：α——岸边流速系数，其值视岸边情况而定，斜坡岸边一般取 0.7，陡岸取 0.8~0.9，死水边取 0.6。

b. 中间部分，由相邻两条测速垂线与河底及水面所组成的部分，部分平均流速为相邻两垂线平均流速的平均值，按下式计算：

$$v_i = \frac{1}{2}(v_{mi-1} + v_{mi}) \qquad (7\text{-}2\text{-}8)$$

③部分面积的计算。

因为断面上布设的测深垂线数目比测速垂线的数目多，故首先计算测深垂线间的断面面积。计算方法是距岸边第一条测深垂线与岸边构成三角形，按三角形面积公式计算（左右岸各一个）；其余相邻两条测深垂线间的断面面积按梯形面积公式计算。其次以测速垂线划分部分，将各个部分内的测深垂线间的断面积相加得出各个部分的部分面积。若两条测速垂线（同时也是测深垂线）间无另外的测深垂线，则该部分面积就是这两条测深（同时是测速垂线）间的面积。

④部分流量的计算。

由各部分的部分平均流速与部分面积之积，得到部分流量，即：

$$q_i = v_i A_i \qquad (7\text{-}2\text{-}9)$$

式中：q_i、v_i、A_i——第 i 个部分的流量、平均流速和断面积。

⑤断面流量及其他水力要素的计算。

断面流量 $$Q = \sum_{i=1}^{n} q_i \qquad (7\text{-}2\text{-}10)$$

断面平均流速 $$v = Q/A \qquad (7\text{-}2\text{-}11)$$

断面平均水深 $$\overline{h} = A/B \qquad (7\text{-}2\text{-}12)$$

在一次测流过程中，与该次实测流量值相等的、某一瞬时流量所对应的水位称为相应水位。根据测流时水位涨落不同情况可分别采用平均或加权平均计算。

4）浮标测流及流量计算

当使用流速仪测流有限制时，可用浮标测流。浮标测流原理是通过观测水流夹带漂浮物（浮标）的移动速度求得水面虚流速，利用水面虚流速推求断面虚流量，然后乘以浮标系数便得断面流量。浮标系数 K_f 与浮标类型、风向风力有关，一般可粗略在 0.8~0.9 范围选用。

5）流量资料整编

对原始流量观测成果整理分析的过程称为流量资料的整编。其中心问题是如何根据实测水位、流量资料，建立水位流量的关系曲线。通过水位流量关系曲线，可把水位（逐日或逐时）变化过程转换成相应的流量变化过程，并计算出日、月、年平均流量，进一步求得各项统计特征值，如年、月最大及最小流量、各种历时流量等。

一个测站的水位流量关系是指测站基本水尺断面处的水位与通过该断面的流量之间的关系，以水位为纵坐标，流量为横坐标点绘平滑曲线，天然河流中水位流量关系有时候呈现单一关系，有时呈现复杂的非单一关系。前者称为稳定的水位流量关系，后者称为不稳定的水位流量关系。

7.2.3　泥沙测验与计算

河流泥沙按其运动形式可分为悬移质、推移质、河床质三种。悬移质泥沙悬浮于水中并随之运动；推移质泥沙受水流冲击沿河底移动或滚动；河床质是指组成河床并处于相对静止状态的泥沙。三者没有严格的界线，随水流条件变化而相互转化。三者测验方法不同。

1）悬移质泥沙测验及计算

（1）含沙量测验

单位水体浑水中所含泥沙的质量，称为含沙量，记为ρ，单位为kg/m³。含沙量测验，一般是用采样器从水流中采取水样，然后经过量积、沉淀、过滤、烘干、称重等手段求出一定体积水样中的干沙重，然后用下式计算水样的含沙量。

$$\rho = \frac{W_s}{V} \qquad\qquad (7\text{-}2\text{-}13)$$

式中：ρ——水样含沙量（kg/m³）；

$\quad$ W_s——水样中的干沙量（kg）；

$\quad$ V——水样体积（m³）。

（2）输沙率测验

单位时间内通过测验断面的悬移质质量称为断面悬移质输沙率，单位为kg/s。和流量测验相同，输沙率测验也是在测验断面上布设一定数量的测沙垂线，通过测定各垂线测点流速及含沙量，计算垂线平均流速及垂线平均含沙量，然后计算部分流量及部分输沙率，最后叠加求得断面输沙率Q_s。断面平均含沙量$\overline{\rho}$为：

$$\overline{\rho} = \frac{Q_s}{Q} \times 1000 \qquad\qquad (7\text{-}2\text{-}14)$$

式中：$\overline{\rho}$——断面平均含沙量（kg/m³）；

$\quad$ Q_s——断面输沙率（t/s）；

$\quad$ Q——断面流量（m³/s）。

【例7-2-3】描述河流中悬移质的情况时，常用的两个定量指标是含沙量和输沙率，下列两者关系正确的是：

$\qquad$ A. 输沙量 = 截面流量 × 含沙量

$\qquad$ B. 输沙量 = 截面流量/含沙量

$\qquad$ C. 输沙量 = 截面流量 × 含沙量 × 某一系数

$\qquad$ D. 以上都不对

解　河流中的泥沙按其运动形式可分为悬移质、推移质和河床质三类，描述河流中悬移质的情况，常用含沙量和输沙率两个定量指标。含沙量指的是单位体积内所含干沙的质量，用C_s表示，单位为kg/m^3。单位时间内通过河流某断面的干沙质量，称为输沙率，以Q_s表示，单位为kg/s。断面输沙量是通过断面上含沙量测验配合断面流量测量来推求的，即$Q_s = QC_s$（Q为断面流量）。选 A。

2）推移质及河床质泥沙测验

推移质取样方法一般采用将采样器放到河底直接采集推移质沙样。采样器可分为沙质和卵石两类。河床质测验的基本工作是采取测验断面或测验河段的河床质泥沙，并进行颗粒分析。河床质采样器应能取得河床表层 0.1~0.2m 以内的沙样，仪器向上提时器内沙样不得流失。

7.2.4　水文调查

目前收集水文资料的主要途径是定位观测，由于定位观测受到诸多限制，收集的资料往往不能满足生产需要，因此必须通过水文调查加以补充。

水文调查的内容分为四大类：流域调查、水量调查、洪水与暴雨调查、其他专项调查。

洪水调查：对历史上大洪水的调查工作，包括调查洪水痕迹、洪水发生的时间、灾情测量、洪水痕迹的高程，调查河段的河槽情况及流域自然地理情况，测量调查河段的纵横断面，对调查成果进行分析，推算洪水总量、洪峰流量、洪水过程及重现期，最后写出调查报告。

暴雨调查：一般是通过群众对雨势的回忆及与近期暴雨的对比，暴雨期容器接纳的雨水推算降雨量。

枯水调查：为了正确拟定设计最低通航水位，取得枯水资料具有重要意义，枯水调查的主要目的是取得历史上曾发生的最枯水位。一般根据当地较大旱灾的旱情、下雨天数、河水是否干涸断流、水深情况等来分析估算当时的最小流量、最低水位及发生时间。

【例 7-2-4】 获得历史洪水的洪峰流量的方法是：

　　A. 在调查断面进行测量

　　B. 由调查的历史洪水的洪峰水位，查水位流量关系曲线

　　C. 查当地洪峰流量的频率曲线

　　D. 向群众调查

解　洪水调查是洪痕，因此需要再按水位流量关系曲线求得洪峰流量。选 B。

【例 7-2-5】 进行水文调查的目的是：

　　A. 使水文系列延长一年　　　　　　　　B. 提高水文资料系列的代表性

　　C. 提高水文资料系列的一致性　　　　　D. 提高水文资料系列的可靠性

解　水文调查获取实际样本的目的，是提高水文资料系列的代表性。选 B。

7.2.5　水文数据处理

水文数据处理（水文资料整编）：各种水文测站测得的原始数据，都要按科学的方法和统一的格式整理、分析、统计、提炼成为系统、完整、有一定精度的水文资料，供水文水利计算和有关国民经济部门应用，是水文数据的加工、处理过程。

水文数据处理的主要工作内容包括收集校核原始数据，编制实测成果表，确定关系曲线，推求逐时、逐日值，编制逐日表及洪水水文要素摘录表，合理性检查，编制处理说明书。

1）水文数据处理成果的刊布

水文资料的来源，主要是由国家水文站网按全国统一规定对观测的数据进行处理后的资料，即由主管单位分流域、干支流及上下游，每年刊布一次的水文年鉴。1986年起陆续实行计算机存储、检索。

年鉴中载有测站分布图，水文站说明表及位置图，各站的水位、流量、泥沙、水温、冰凌、水化学、地下水、降水量、蒸发量等资料。水文年鉴仅刊布各水文测站的基本资料。各地区水文部门编制的水文手册和水文图集，以及历史洪水调查、暴雨调查、历史枯水调查等调查资料，是在分析研究该地区所有水文站的数据基础上编制出来的，载有该地区的各种水文特征值等值线图及计算各种径流特征值的经验公式，利用水文手册和水文图集便可以估算无水文观测数据地区的水文特征值。

当需要使用近期尚未刊布的资料，或需查阅更详细的原始记录时，可向各有关机构收集；水文年鉴中不刊布专用站和实验站的观测数据及处理分析成果，需要时可向有关部门收集。当数据少需要利用手册及图集估算小流域的径流特征值时，应根据实际情况进行修正。

2）流量资料整编

重点介绍水位流量关系曲线的确定及逐时、逐日值的推求。

（1）稳定的水位流量关系：是指在一定条件下水位和流量之间呈单值函数关系，简称单一关系。

在同一张图纸上依次点绘水位流量、水位面积、水位流速关系曲线，并用同一水位下的面积与流速的乘积，校核水位流量关系曲线中的流量。以上三条曲线比例尺的选择，应使它们与横轴的夹角分别近似为45°、60°、60°，且互不相交（见图7-2-3）。

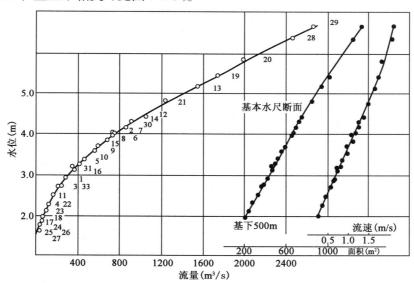

图 7-2-3 某水文站台 1972 年水位流量关系

（2）水位流量关系曲线的延长。高水部分的延长幅度一般不应超过当年实测流量所占水位变幅30%，低水部分延长的幅度一般不应超过10%。

可采用水位面积与水位流速关系高水延长，适用于河床稳定，水位面积、水位流速关系点集中，曲线趋势明显的测站。其中，高水位时的水位面积关系曲线可以根据实测大断面资料确定，水位流速关系曲线常趋近于常数，可按趋势延长。高水位下的流量便可由该水位的断面面积和流速的乘积来确定。还可以借用水力学曼宁公式外延。

水位流量关系曲线的低水延长法（略）。

经 典 练 习

7-2-1 当一日内水位变化不大时，计算日平均水位应采用（　　　）。

A. 加权平均　　　　　　B. 几何平均法　　　　C. 算术平均法　　　　D. 面积包围法

7-2-2 用流速仪施测某点的流速，实际上是测出流速仪在该点的（　　　）。

A. 转速　　　　　　　　B. 水力螺距　　　　　C. 摩阻常数　　　　　D. 测速历时

7-2-3 水文测验中断面流量的确定，关键是（　　　）。

A. 施测过水断面　　　　　　　　　　　　B. 测流期间水位的观测

C. 计算垂线平均流速　　　　　　　　　　D. 测点流速的施测

7-2-4 对于测验河段的选择，主要考虑的原则是（　　　）。

A. 在满足设站目的要求的前提下，测站的水位与流量之间呈单一关系

B. 在满足设站目的要求的前提下，尽量选择在距离城市近的地方

C. 在满足设站目的要求的前提下，应更能提高测量精度

D. 在满足设站目的要求的前提下，任何河段都行

7.3　流域产、汇流

考试大纲☞： 降雨径流要素　产流计算　汇流计算

由降雨形成流域出口断面径流的过程很复杂，为了进行定量阐述，将这一过程概化为产流和汇流两个阶段。实际上，在流域降雨径流形成过程中，产流和汇流几乎是同时发生的，因此提到的产流阶段和汇流阶段，并不是时间顺序含义上的前后两个阶段，仅为对流域径流形成过程的概化，以便根据产流和汇流的特性，采用不同的原理和方法进行计算。

产流阶段：降雨经植物截留、填洼、下渗的损失过程。降雨扣除这些损失后，剩余的部分称为净雨，净雨在数量上等于它所形成的径流量，净雨量的计算称为产流计算。

汇流阶段：净雨沿地面和地下汇入河网，并经过河网汇集成流域出口断面流量的过程。由净雨推求流域出口断面流量过程称为汇流计算。流域汇流过程又可分为两个阶段，由净雨经地面或地下汇入河网的过程称为坡面汇流；进入河网的水流自上游向下游运动，经流域出口断面流出的过程称为河网汇流。

从径流的来源看，流域出口断面流量过程是由地面径流、壤中流、浅层地下径流和深层地下径流组成的，四类径流的汇流特性有差别。在常规的径流计算中，为了计算简便，常将径流概化为直接径流和地下径流两种水源。地面径流和壤中流在坡面汇流过程中经常相互交换，几乎是直接进入河网，故可以合并考虑，称为直接径流，但在很多情况下仍称为地面径流。浅层地下径流和深层地下径流合称为地下径流，其特点是坡面汇流速度较慢，常持续数十天乃至数年之久，而深层地下径流数量很少，且较稳定，又非本次降雨所形成，计算时一般从次径流中分割出去。

流域产汇流计算是工程水文学中最基本的概念和方法之一，是由暴雨资料推求设计洪水、降雨径流预报、流域水文模型等内容的基础。

7.3.1　降雨径流要素

流域产汇流计算一般需要先对实测暴雨、径流和蒸发等资料做一定的整理分析，以便在定量上研究它们之间的因果关系和规律。本节介绍这些要素以及分析计算方法。

1）流域降雨量

（1）流域平均雨量计算

实测雨量只代表雨量站所在地的点雨量，在水文工作中，仅知道流域内某一点的雨量是不够的，因为出流断面的径流是由全流域各处降雨汇集起来形成的，分析流域降雨径流关系需要考虑全流域平均雨量。一个流域一般会有若干个雨量站，由各站的点雨量可以推求流域平均降雨量，常用的方法有算术平均法、垂直平分法和等雨量线法。

①算术平均法：当流域内雨量站分布均匀且地形起伏变化不大时，可根据各站同时段观测的降雨量用算术平均法推求流域平均降雨量。

$$\overline{p} = \frac{p_1 + p_2 + \cdots + p_n}{n} = \frac{1}{n}\sum_{i=1}^{n} p_i \tag{7-3-1}$$

式中：$\overline{p}$——流域某时段平均降雨量（mm）；

p_i——流域内第i个雨量站同时段降雨量（mm）；

n——流域内雨量站点数。

②垂直平分法：又称为泰森多边形法，适用于地形起伏变化不大的流域。这一方法假定流域内各处的雨量可由与之距离最近站点的雨量代表，如图7-3-1所示。具体做法是先用直线连接相邻雨量站，构成$n-2$个三角形（最好是锐角三角形），再作每个三角形各边的垂直平分线，将流域划分成n个多边形，每一多边形内均含有一个雨量站，以多边形面积为权重推求流域平均降雨量。

$$\overline{p} = \frac{p_1 f_1 + p_2 f_2 + \cdots + p_n f_n}{F} = \sum_{i=1}^{n} p_i \frac{f_i}{F} \tag{7-3-2}$$

式中：f_i——第i个雨量站所在的多边形面积（km²）；

F——流域面积（km²）；

n——多边形数；

f_i/F——面积权重。

③等雨量线法：根据区域内外各站的雨量资料，绘制等雨量线图（见图7-3-2），然后计算区域平均雨量。此方法适用于面积大、站点密的流域。

$$\overline{p} = \frac{p_1 f_1 + p_2 f_2 + \cdots + p_n f_n}{F} = \sum_{i=1}^{n} p_i \frac{f_i}{F} \tag{7-3-3}$$

式中：f_i——相邻两条等雨量线间的面积（km²）；

p_i——相应面积f_i上的平均雨深，一般采用相邻两条等雨量线的平均值（mm）；

n——分块面积数。

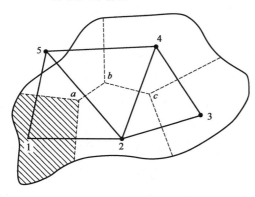

图7-3-1　垂直平分法示意图

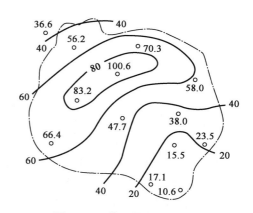

图7-3-2　等雨量线法示意图

（2）雨量过程线

降雨强度过程线：降雨强度随时间的变化过程线称为降雨强度过程线，通常以时段平均雨强为纵坐标，降雨过程为横坐标的柱状图表示，如图 7-3-3 所示。如果以时段雨量为纵坐标，则称为雨量过程线，也称为雨量直方图。

累积雨量过程线：自降雨开始起至各时刻降雨量的累积值随时间的变化过程线，称为降雨量累积曲线，如图 7-3-4 所示。

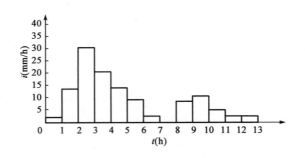

图 7-3-3　雨量过程线　　　　　　　图 7-3-4　累积雨量过程线

由降雨强度过程线转换成累积雨量的公式为：

$$P_j = \sum_{k=1}^{j} i_k \Delta t \qquad (7-3-4)$$

式中：P_j——至第 j 时段末的累积雨量（mm）；

$\quad\quad i_k$——第 k 时段的降雨强度（mm/h）；

$\quad\quad \Delta t$——时段长度（h）。

反之，根据累积雨量推求时段降雨强度的公式为：

$$i_j = \frac{P_j - P_{j-1}}{\Delta t} \qquad (7-3-5)$$

2）径流量

（1）径流过程线分析

流域出口流量过程线除本次降雨形成的径流外，往往还包括前期降雨径流中尚未退完的水量。一是需要将前期洪水尚未退完的部分水量及非本次降雨补给的深层地下径流割去，求出本次洪水的径流总量；二是由于不同水源的水流运动规律不同，所以还需将本次洪水径流总量划分为不同的水源，包括地面径流、表层流径流和地下径流。一般把地面径流和表层流径流合并为直接径流，通常仍称为地面径流。

（2）流量过程线的分割

基流：深层地下径流比较稳定，流量也较小，是河川的基本流量，所以又称为基流。

基流分割的方法：一般取历年最枯流量的平均值或本年汛前最枯流量用水平线分割（见图 7-3-5 中 ED 线）。虚线 AF 表示上次洪水浅层地下径流的退水过程，虚线 CD 为本次洪水的退水过程。由于 C 点的位置较高，所以 CD 综合反映 C 点以后直接径流和地下径流的退水过程。

不同的水源，其退水规律不同。地面径流消退快，先退尽，壤中流居次，浅层地下径流消退较慢，后退尽，深层地下径流小且稳定。实测得到的退水过程是上述各种水源的组合过程。由于地面径流和壤中流合并为直接径流，且深层地下径流已用水平线分割去，所以注意，径流只需划分直接径流和地下径流。

流量过程线的分割及不同水源的划分常采用退水曲线。退水曲线是流域蓄水量的消退过程线。对某一流域而言，地下径流退水过程比较稳定，所以，可取多次实测洪水过程的退水部分，绘在透明纸上，然后沿时间轴平移，使它们的尾部重合，最后作光滑的下包线，就是流域地下水退水曲线，如图7-3-6所示。有了退水曲线，就可以在图7-3-5的流量过程线上作出AF和CD段，将非本次降雨形成的径流割去。

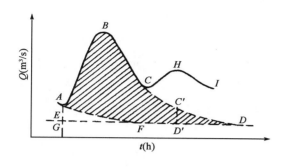

图7-3-5　流量分割线示意图　　　　　　图7-3-6　地下水退水曲线

（3）径流量计算

实测流量过程线割去非本次降雨形成的径流后，可以得出本次降雨形成的流量过程线。据此，可推求出相应的径流深。

$$R = \frac{3.6 \sum_{i=1}^{n} Q_i \Delta t}{F} \tag{7-3-6}$$

式中：R——次洪径流深（mm）；

　　　Δt——时段长度（h）；

　　　Q_i——第i时段末的流量值（m³/s）；

　　　F——流域面积（km²）；

　　　3.6——单位换算系数。

【例7-3-1】 某水文站控制面积为680km²，多年平均径流模数为10L/(s·km²)，则换算成年径流深约为：

　　　　A. 315.4mm　　　　B. 587.5mm　　　　C. 463.8mm　　　　D. 408.5mm

解　径流深计算公式为：

$$R = \frac{W}{1000F} = \frac{QT}{1000F}$$

其中，$T = 365 \times 24 \times 3600$s，$Q$可由径流模数公式计算：$M = 1000Q/F$

代入可得：

$$R = \frac{QT}{1000F} = \frac{MFT}{1000 \times 1000F} = \frac{MT}{10^6} = \frac{10 \times 365 \times 24 \times 3600}{10^6} = 315.4\text{mm}$$

选A。

（4）水源划分

地面径流和地下径流汇流特征不同，求得径流总量后，还需划分地面径流和地下径流。简便的划分方法是斜线分割法，从流量起涨点到地面径流终止点之间连一直线，直线以上部分为地面径流，直线以下部分为地下径流，如图7-3-5所示。地面径流终止点可以用流域地下水退水曲线来确定，使地下水退水曲线的尾部与流量过程线退水段尾部重合，分离点即为地面径流终止点。为了避免人为分析误差，地面径流终止点也可用经验公式确定。例如，某区域的经验公式为

$$N = 0.84F^{0.2} \tag{7-3-7}$$

式中：N——洪峰出现时刻至地面径流终止点的日数；

$\quad\quad F$——流域面积（km^2）。

3）土壤含水量

降雨开始时，流域内包气带土壤含水量的大小是影响降雨形成径流过程的一个重要因素。在同等降雨条件下，土壤含水量大则产生的径流量大，反之，则小。土壤含水量的实测资料很少，即使有也只能代表个别点的情况，不能代表土壤含水量在流域分布的复杂规律。因此，水文学上用间接的方法来表示流域的土壤含水量。目前，常用的方法有两种，一种是前期影响雨量P_a，另一种是流域的蓄水量W。

（1）流域土壤含水量的计算

流域土壤含水量一般是根据流域前期降雨、蒸发及径流过程，依据水量平衡原理采用递推公式推求。

$$W_{t+1} = W_t + P_t - E_t - R_t \tag{7-3-8}$$

式中：W_t——第t时段初始时刻土壤含水量（mm）；

$\quad\quad P_t$——第t时段降雨量（mm）；

$\quad\quad E_t$——第t时段蒸发量（mm）；

$\quad\quad R_t$——第t时段产流量（mm）。

流域土壤含水量的上限称为流域蓄水容量W_m，W_m也称为流域最大蓄水量，反映该流域蓄水能力的基本特征。我国大部分地区的经验表明，W_m一般为 80~120mm。由于雨量、蒸发量及流量的观测与计算误差，采用式（7-3-8）计算出的流域土壤含水量有可能出现大于W_m或小于 0 的情况，判断为不合理，因此还需要附加一个限制条件$0 \leqslant W \leqslant W_m$。

（2）流域蒸发量

流域蒸发包括水面蒸发、土壤蒸发、植物蒸散发。流域蒸发量的大小主要取决于气象要素及土壤湿度，可用流域蒸发能力和土壤含水量来表征。流域蒸发能力是在当日气象条件下流域蒸发量的上限，一般无法通过观测途径直接获得，可以根据当日水面蒸发观测值通过折算间接获得。

$$E_m = \beta E_0 \tag{7-3-9}$$

式中：E_m——为流域蒸发能力；

$\quad\quad \beta$——折算系数；

$\quad\quad E_0$——水面蒸发观测值。

4）前期影响雨量

在很多情况下，采用式（7-3-8）推求土壤含水量时，会遭遇径流资料缺乏的问题。在生产实际中常采用前期影响雨量P_a来替代土壤含水量，计算公式为：

$$P_{a,t+1} = K(P_{a,t} + P_t) \tag{7-3-10}$$

式中：K——流域蒸发量有关的土壤含水量日消退系数。

公式的限制条件为$P_a \leqslant W_m$，即计算出的$P_a > W_m$时，取$P_a = W_m$。

消退系数K综合反映流域蓄水量因流域蒸散发而减少的特性，因此，可以直接用水文气象资料分析确定。流域蒸散发一方面取决于蒸散发能力，另一方面取决于供水条件，即流域蓄水量的大小。实用中

一般假定流域蒸散发量E与流域蓄水量W成正比，即：

$$\frac{E_t}{E_m} = \frac{W_t}{W_m} \quad \text{或} \quad E_t = \frac{E_m}{W_m} W_t \tag{7-3-11}$$

若第t日无雨，则该日流域前期影响雨量的减少全部转化为流域蒸散发，则：

$$P_{a,t+1} = P_{a,t} - E_t = \left(1 - \frac{E_m}{W_m}\right) P_{a,t} \tag{7-3-12}$$

对照无雨日时公式即$P_{a,t+1} = KP_{a,t}$可知：

$$K = 1 - \frac{E_m}{W_m} \tag{7-3-13}$$

如果在某一时间段，E_m取一平均值，则在该时间段的K为常数。

【例 7-3-2】 河川径流组成一般可划分为：

    A. 地面径流、坡面径流、地下径流

    B. 地面径流、表层流、地下径流

    C. 地面径流、表层流、深层地下径流

    D. 地面径流、浅层地下径流潜水、深层地下径流

解 径流包括地面径流、表层流径流和地下径流。一般把地面径流和表层流径流合并为直接径流，通常仍称为地面径流。这里考查的是径流组成的三个部分。选 **B**。

7.3.2 产流计算

产流是指流域中各种径流成分的生成过程，其实质是水分在下垫面垂直运行中，在各种因素综合作用下的发展过程，也是流域下垫面（包括地面和包气带）对降雨的再分配过程。

不同下垫面条件的产流机制不同，进而影响着整个产流过程的发展，呈现不同的径流特征。产流理论中的基本概念涉及自然界两种基本的产流形式。

1）蓄满产流计算

蓄满产流是指包气带土壤含水量达到田间持水量之前不产流，这时称为"未蓄满"，此前的降雨全部被土壤吸收，补充包气带缺水量。包气带土壤含水量达到田间持水量时，称为"蓄满"，蓄满后开始产流，此后的降雨扣除雨期蒸散发后全部形成净雨。

因为只有在蓄满的地方才产流，下渗的雨量形成地下径流，超渗的雨量成为地面径流，这种产流模式称为蓄满产流。

（1）蓄满产流模式

蓄满产流：在湿润地区，由于雨量充沛，地下水位较高，包气带较薄，包气带下部含水量经常保持在田间持水量，汛期的包气带缺水量很容易被一次降雨所充满。因此，当流域发生大雨后，土壤含水量达到流域蓄水容量W_m，降雨损失等于流域蓄水容量W_m减去初始土壤含水量W_0，降雨量P扣除损失量即为径流量R。计算表达式如下：

$$R = P - (W_m - W_0) \tag{7-3-14}$$

但是，式中只适用于包气带各点蓄水容量相同的流域，或用于雨后全流域蓄满的情况。在实际情况下，流域内各处包气带厚度和性质不同，蓄水容量W_m是有差别的。在一次降雨过程中，当全流域未蓄满之前，流域部分面积包气带的缺水量已经得到满足并开始产生径流，这称为部分产流，随着降雨继续，蓄满产流面积逐渐增加，最后达到全流域蓄满产流，称为全面产流。

在湿润地区，一次洪水的径流深主要是与本次降雨量、降雨开始时的土壤含水量密切相关。因此，

可以根据流域历次降雨量、径流深、雨前土壤含水量，按蓄满产流模式进行分析，建立出流域降雨与径流之间的定量关系，可解决部分产流计算的问题。

（2）降雨径流相关

降雨径流相关是在成因分析与统计相关相结合的基础上，用每场降雨过程流域的面平均雨量和相应产生的径流量，以及影响径流形成的主要因素（如前期影响雨量P_a或流域起始蓄水量W_0）建立起来的一种定量的经验关系。这种方法简单，又有一定的精度，因此实际工作中应用较为广泛。

根据流域多次实测降雨量P、径流深R、雨前土壤含水量W_0，以W_0为中间变量建立P-W_0-R关系图，即流域降雨径流相关图，如图 7-3-7 所示。

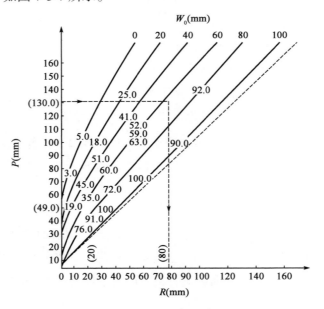

图 7-3-7　P-W_0-R相关图

当流域降雨量较大时，雨后土壤含水量可以达到流域蓄水容量，故P-W_0-R关系的右上部分是一组等距离的 45°直线。当流域雨前土壤含水量和降水量较小时，流域部分面积蓄满产流，不满足全流域蓄满产流方程，在P-W_0-R关系线的下部表现为一组向下凹的曲线交汇于坐标轴的 0 点。如果点绘的点据规律不明显，无法绘制出符合上述要求的P-W_0-R关系线，在P、R资料可靠的前提下，则有可能是W_0的计算结果不合理，需要分析影响W_0算值的参数。一般来说，W_m是一个敏感性不强的参数，而流域蒸散发量对W_0影响比较显著。蒸发折算系数β的合理分析和取用十分重要。

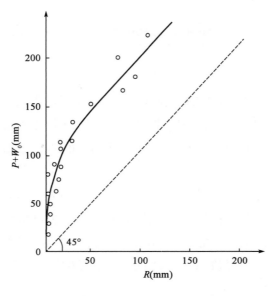

图 7-3-8　$(P+W_0)$-R相关图

当实测P、R、W_0点据较少时，也可以绘制$(P+W_0)$-R相关图，如图 7-3-8 所示。此时，$(P+W_0)$-R关系线的上部是 45°直线，$(P+W_0)$-R关系线的下部向下凹的曲线交汇于坐标轴的 0 点。在流域全面产流时，按$(P-W_0)$-R关系图或$(P+W_0)$-R相关图的查算结果相同；但在流域部分产流时，按$(P-W_0)$-R关系图的查算结果的精度要高于$(P+W_0)$-R相关图。

当流域径流资料不充分或分析困难时，可以采用前期影响雨量P_a代替W_0编制流域降雨径流相关图。

有了降雨径流相关图、土壤含水量计算模式及相应参数构成了流域产流方案，据此可以进行流域产流计算。依据产流方案，先由流域前期实测降雨、蒸发、径流资料推求本次雨前土壤含水量W_0，然后由本次降雨的时段雨量过程，查降雨径流相关图上相应于W_0的关系曲线，便可推求得本次降雨所形成的径流总量和逐时段径流深。

【例 7-3-3】 如已知某流域一次降雨的逐时段雨量，见表中第 1、2 栏，且计算得雨前土壤含水量 $W_0 = 58mm$，根据 $P\text{-}W_0\text{-}R$ 相关图（见图），查算该次降雨所形成的逐时段径流深。

解 ①将表中第 2 栏时段降雨量转换为各时段末累积雨量 $\sum P$，列第 3 栏。

②在 $P\text{-}W_0\text{-}R$ 相关图中内插出 $W_0 = 58mm$ 的线，如图所示。

③由各时段末 $\sum P$ 值查图中 $W_0 = 58mm$ 的 $P\text{-}R$ 线，得各时段末累积径流深 $\sum R$，列表第 4 栏。

④将 $\sum R$ 错开时段相减得出各时段降雨所产生的径流深，列表第 5 栏。

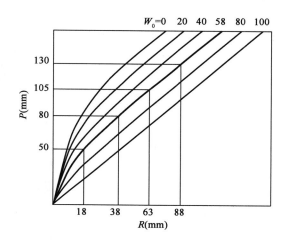

例 7-3-3 图 $P\text{-}W_0\text{-}R$ 相关图查算时段径流

由 $(P-W_0)\text{-}R$ 相关图查算时段径流深（单位：mm） 例 7-3-3 表

j（$\Delta t = 3h$）	P_j	$\sum P$	$\sum R$	R_j
（1）	（2）	（3）	（4）	（5）
1	50	50	18	18
2	30	80	38	20
3	25	105	63	25
4	25	130	88	25

（3）水源划分

按照蓄满产流的概念，土壤含水量达到蓄水容量 W_m 的面积称为产流面积，只有这部分面积上的降雨才能产生径流。如果按照两水源分析，径流中的一部分按稳定下渗率下渗，形成地下径流，超过稳定下渗率的部分为地面径流。在这种情况下，划分地面和地下径流的关键在于推求稳定下渗率。

根据流域时段降雨量 P 及所产生的净雨量 h，可以定义产流面积比 α：

$$\alpha = h/P \tag{7-3-15}$$

根据稳定下渗率 f_c 和产流面积比 α，就可以将各时段净雨 h 划分为地面净雨 h_s 和地下净雨 h_g 两部分。

$$h_g = \begin{cases} \alpha f_c \Delta t & h \geq \alpha f_c \Delta t \\ h & h < \alpha f_c \Delta t \end{cases} \tag{7-3-16}$$

$$h_s = h - h_g \tag{7-3-17}$$

流域稳定下渗率可以取雨后流域蓄满的降雨径流资料分析推求。

2）超渗产流计算

（1）超渗产流模式

在干旱和半干旱地区，降雨量小，地下水埋藏很深，包气带可达几十米甚至上百米，降雨过程中下渗的水量不易使整个包气带达到田间持水量，一般不产生地下径流，只有当降雨强度大于下渗强度时才产生地面径流，这种产流方式称为超渗产流。

在超渗产流地区，影响产流过程的关键是土壤下渗率的变化规律。在初渗阶段，下渗水分主要在土壤分子力的作用下被土壤吸收，加之包气带表层土壤比较疏松，下渗率很大；随着下渗水量增加，进入不稳定下渗阶段，下渗水分主要受毛细管和重力的作用，下渗率随着土壤含水量的增加而减少；随后，下渗率趋于稳定。

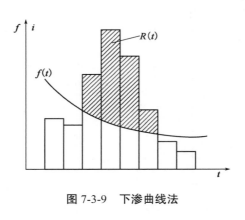

图 7-3-9　下渗曲线法

与蓄满产流相比，超渗产流的影响因素更为复杂，对计算资料的要求较高，产流计算成果的精度也相对较差。因此必须对干旱地区的下渗特性及主要影响要素深入分析，制订合理的超渗产流计算方案。

（2）下渗曲线法

下渗曲线法：按照超渗产流模式，判断降雨是否产流的标准是雨强 i 是否超过下渗强度 f。因此，用实测的雨强过程 i-t 扣除实际下渗过程 f-t，就可得到产流过程 R-t，如图 7-3-9 中的阴影部分。

流域下渗能力曲线常用霍顿下渗公式来表达，即：

$$f(t) = (f - f_c)e^{-\beta t} + f_c \tag{7-3-18}$$

根据霍顿下渗公式可以推求累积下渗量曲线为：

$$F(t)\int_0^t f(t)\mathrm{d}t = f_c t + \frac{1}{\beta}(f_0 - f_c) - \frac{1}{\beta}(f_0 - f_c)e^{-\beta t} \tag{7-3-19}$$

$F(t)$ 为累积下渗量，这部分水量完全被包气带土壤吸走，也就是 t 时刻流域的土壤含水量 $W(t)$。通过联解方程式，消去时间变量 t，可以得出下渗强度 f 和土壤含水量 W 的关系曲线 f-W，如图 7-3-10 所示。

根据雨前土壤含水量 W_0，就可以采用 f-W 关系曲线逐时段进行产流计算，步骤如下：从降雨第一时段起，由时段初始土壤含水量 W_k 查 f-W 曲线，得到相应的下渗率 f_k，如果时段不长，可以近似代表时段平均下渗率。

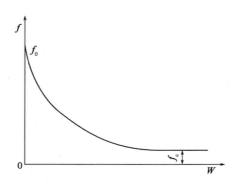

图 7-3-10　f-W 关系曲线

根据 f_k 及时段雨强 i_k，按超渗产流模式计算净雨量 h_k，计算公式为：

$$h = \begin{cases} (i - f)\Delta t & i \geqslant f \\ 0 & i < f \end{cases} \tag{7-3-20}$$

根据水量平衡，计算下时段初始土壤含水量：

$$W_{k+1} = W_k + P_k - h_k \tag{7-3-21}$$

重复步骤，就可以由降雨过程计算出逐时段的产流量。

（3）初损后损法

采用下渗曲线法进行产流计算，必须获知计算区域的下渗能力曲线，这需要很多径流资料或通过实地试验才能得到，在实际工作较难实现。

初损后损法是下渗曲线法的一种简化方法，将下渗损失过程简化为初损、后损两个阶段。产流以前的总损失水量称为初损，以流域平均水深表示；后损主要是流域产流后的下渗损失，以平均下渗率表示。在设计洪水或预报洪水时利用这种规律来由暴雨推求地面净雨过程。

① 初损：降雨开始到出现超渗产流时，历时 t_0，降雨全部损失 I_0，包括初期下渗、植物截留、填洼等。

② 后损：产流以后损失阶段，超渗历时 t_R 内的平均下渗能力 $\bar{f}$。

当时段内 $i > \bar{f}$ 时，按 $\bar{f}$ 入渗，入渗量为 $\bar{f}\Delta t$；

当时段内 $i \leqslant \bar{f}$ 时，按 i 入渗，入渗量为 $i\Delta t$。

一次降雨所形成的径流深 R 为

$$R = P - I_0 - \bar{f}t_R - P_0 \tag{7-3-22}$$

式中：P——次降雨量（mm）；

I_0——初损（mm）；

$\bar{f}$——后期 t_R 内的平均后渗率（mm/h）；

t_R——后损阶段的超渗历时；

P_0——为降雨后期不产流的雨量（mm）。

初损分析：对于小流域，由于汇流时间短，出口断面的起涨点大体可以作为产流，开始时刻，起涨点以前的雨量积累值可作为初损的近似值，如图 7-3-11 所示。对于较大的流域，流域各处至出口断面的汇流时间差别较大，可根据雨量站的位置分析汇流时间并定出产流开始时刻，取各雨量站产流开始之前累积雨量的平均值，作为该次降雨的初损。

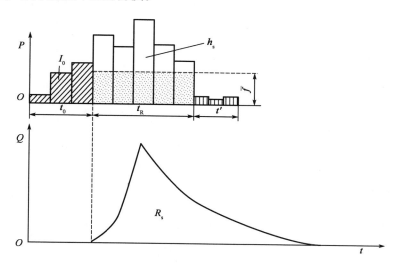

图 7-3-11　初损后损法推求产流量示意图

各次降雨的初损是不同的，初损与初期降雨强度、初始土壤含水量具有密切关系。利用多次实测雨洪资料，分析各场洪水的 I_0 及相应的流域初始土壤含水量 W_0、初损期的平均降雨强度 $\bar{i}_0$，可以建立 $W\text{-}\bar{i}_0\text{-}I_0$ 相关图，如图 7-3-12 所示。

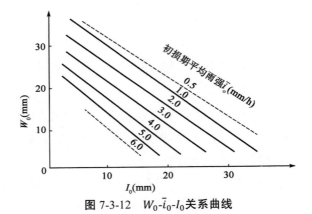

图 7-3-12 W_0-$\bar{i}_0$-I_0关系曲线

平均后损率的推求公式：

$$\bar{f} = \frac{P - R - I_0 - P_0}{t_R} = \frac{P - R - I_0 - P_0}{t - t_0 - t'} \tag{7-3-23}$$

式中：t——降雨总历时（h）；

t_0——初损历时（h）；

t'——后期不产流降雨历时（h）。

平均后损率反映了流域产流以后平均下渗率，主要与产流期土壤含水量有关，开始产流时的土壤含水量应该等于$W_0 + I_0$；产流历时越长，则下渗水量越多，产流期土壤含水量也越大。

【例 7-3-4】 当降雨满足初损后，形成地面径流的必要条件是：

    A. 雨强大于枝叶截留

    B. 雨强大于下渗能力

    C. 雨强大于填洼量

    D. 雨强大于蒸发量

解 按照超渗产流模式，判断降雨是否产流的标准是雨强是否超过下渗强度。选 B。

【例 7-3-5】 在湿润地区用蓄满产流法计算的降雨径流相关图的上部表现为一组：

    A. 间距相等的平行曲线

    B. 间距相等的平行直线

    C. 非平行曲线

    D. 非平行直线

解 当流域降雨量较大时，雨后土壤含水量可以达到流域蓄水容量，故P-W_0-R关系的右上部分是一组等距离的直线。选 B。

【例 7-3-6】 一次流域降雨的净雨深形成的洪水，在数量上应该：

    A. 等于该次洪水的径流深

    B. 大于该次洪水的径流深

    C. 小于该次洪水的径流深

    D. 小于或等于该次洪水的径流深

解 把降雨扣除损失成为净雨的过程称为产流过程，净雨量也称为产流量，选 A。

7.3.3 汇流计算

汇流是指由降水形成的水流，从它产生的地点向流域出口断面的汇集过程。全称流域汇流，是径流形成概化过程的后一阶段。汇流可分为坡地汇流及河网汇流两个子阶段。

净雨沿着地面和地下汇入河网,然后经河网汇流形成流域出口的径流过程,关于流域汇流过程的计算称为汇流计算。汇流计算方法的重点是时段单位线法和瞬时单位线法。

雨水经过产流阶段扣除损失后形成净雨,净雨在坡地汇流过程中,有的沿着坡面注入河网成为地面径流,有的下渗形成表层流和地下径流后再流入河网。地面径流流速较大且流程短,因而汇流时间较短;地下径流要通过土层中各种孔隙再汇入河网,流速小,汇流时间较长;表层流则介于两者之间。河网中水流的汇流速度比坡地大得多,但因汇流路径长,所以,汇流时间也较长。上述两个汇流阶段,在实际降雨过程中并无截然的分界,而是交错进行。

在水文学中,强调的是由降雨所形成的流域出口断面的流量过程(见图 7-3-13)。流域汇流过程分为地面径流汇流过程和地下径流汇流过程,计算流域出口断面各自的流量过程,两者叠加,即为流域出口断面的流量过程。

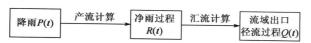

图 7-3-13　产流、汇流计算关系

1)流域出口断面流量的组成

同一时刻在流域各处形成的净雨距流域出口断面有近有远,流速也不一定相同,所以不可能全部在同一时刻到达流域出口断面,距离流域出口断面较远和流速较慢的雨水必然暂时滞留在流域内,引起流域蓄水量的变化。但是,不同时刻在流域内不同地点产生的净雨,却可以在同一时刻流达到流域的出口断面。如图 7-3-14 所示,设图中黑点表示在这些点上同一时刻产生的净雨能够在同一时刻流达到流域出口断面。

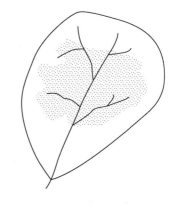

图 7-3-14　等流时面积分布示意图

基本概念介绍如下。

(1)流域汇流时间:流域上最远的净雨流到出口的历时。

(2)汇流时间 τ:流域各点的地面净雨流达出口断面所经历的时间。

(3)等流时面积 $\mathrm{d}F(\tau)$:同一时刻产生,且汇流时间相同的净雨所组成的面积,即所有黑点面积的总和。

(4)等流时线:流域内汇流到出口断面时间相等的各点连接成的线。

2)流量成因公式及汇流曲线

等流时面积上 $t\text{-}\tau$ 时刻形成的净雨 i 正好在 t 时刻到达流域出口断面,所形成的出口断面的流量为:

$$\mathrm{d}Q(t) = i(t-\tau)\mathrm{d}F(t) \tag{7-3-24}$$

而流域出口断面 t 时刻的流量 $Q(t)$,是各种不同的等流时面积上在 t 时刻到达出口断面的流量之和,即:

$$Q(t) = \int_0^t \mathrm{d}Q(t) = \int_0^t i(i-\tau)\mathrm{d}F(\tau) \tag{7-3-25}$$

又因为等流时面积是汇流时间 τ 的函数,因此有 $\frac{\partial F(\tau)}{\partial \tau}\mathrm{d}\tau$,代入上式得流量成因公式:

$$Q(t) = \int i(t-\tau)\frac{\partial F(\tau)}{\partial \tau}\mathrm{d}\tau \tag{7-3-26}$$

式中:$\frac{\partial F(\tau)}{\partial \tau}$ 称为流域的汇流曲线,记 $\frac{\partial F(\tau)}{\partial \tau} = u(\tau)$,则上式可以写为

$$Q(t) = \int_0^t i(t-\tau)u(\tau)\mathrm{d}\tau = \int_0^t i(\tau)u(t-\tau)\mathrm{d}\tau \tag{7-3-27}$$

由式（7-3-26）、式（7-3-27）可知，流域出口断面的流量过程取决于流域内的产流过程和汇流曲线。当已知流域内降雨形成的净雨过程，则汇流计算的关键就是确定流域的汇流曲线。只要确定出流域的汇流曲线，就可以推求流域出口断面的流量过程。实际工作中常用的汇流曲线有等流时线、单位线、瞬时单位线、地貌单位线等。

3）等流时线法

假设流域中水流汇集速度分布均匀，则其中任一水滴流达出口断面的时间仅取决于它离开出口断面的距离，据此可绘制一组等流时线，两条等流时线间的面积称为等流时面积，按顺序用$f_1, f_2, f_3, \cdots$表示，汇流时间分别等于$t_1 = \Delta t$，$t_2 = 2\Delta t$，$t_3 = 3\Delta t$，$\cdots$。其流域等流时线图如图7-3-15所示。

等流时线概念简明地阐述了流域出口流量是如何组成的。它是水量平衡方程在动态条件下的表述，是流域汇流计算的一个基本概念。等流时线方法的误差很大，只宜用于小流域，现已很少直接应用。

4）时段单位线法

（1）单位线

单位线是指在给定的流域上，单位时段内均匀分布的单位地面（直接）净雨量，在流域出口断面形成的地面（直接）径流过程线，如图7-3-16所示。单位净雨量一般取10mm；单位时段Δt可根据需要取1h、3h、6h、12h、24h等，应视流域面积、汇流特性和计算精度确定。单位线法是流域汇流计算中最常用的方法之一。

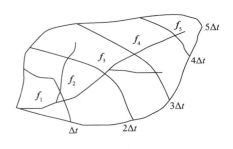

图7-3-15　某流域等流时线图

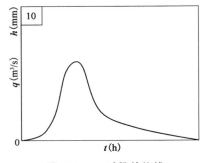

图7-3-16　时段单位线

由于实际净雨未必正好是一个单位量或一个时段，在分析或使用单位线时需基于两项基本假定。

①倍比假定：如果单位时段内的净雨是单位净雨的k倍，所形成的流量过程线也是单位线纵坐标的k倍。

②叠加假定：如果净雨不是一个时段而是m个时段，则形成的流量过程是各时段净雨形成的部分流量过程错开时段的叠加。

单位线法主要适用于流域地面径流的汇流计算，如果已经得出在流域上分布基本均匀的地面净雨过程，就可以利用单位线，推求流域出口断面的地面径流过程线。

（2）单位线的推求

单位线的推求是指利用实测的降雨径流资料来推求。一般选择时空分布比较均匀，历时较短的降雨形成的单峰洪水来分析。

根据地面净雨过程$h(t)$及对应的地面径流过程线$Q(t)$，就可以推求单位线。常用的方法为分析法。

分析法是根据已知的$h(t)$和$Q(t)$，求解一个以$q(t)$为未知变量的线性方程组，即由

$$Q_1 = \frac{h_1}{10} q_1$$

$$Q_2 = \frac{h_1}{10} q_2 + \frac{h_2}{10} q_1$$

$$Q_3 = \frac{h_1}{10} q_3 + \frac{h_2}{10} q_2 + \frac{h_3}{10} q_1$$

$$\cdots$$

求解得

$$q_1 = Q_1 \frac{10}{h_1}$$

$$q_2 = \left(Q_2 - \frac{h_2}{10} q_1\right) \frac{10}{h_1}$$

$$q_3 = \left(Q_3 - \frac{h_2}{10} q_2 - \frac{h_2}{10} q_1\right) \frac{10}{h_1}$$

$$\cdots$$

无论采用何种方法，推求出来的单位线的径流深必须满足 10mm。如果单位线时段 Δt 以 h 计，流域面积 F 以 km² 计，则

$$\frac{3.6 \sum\limits_{i=1}^{n} q_i \Delta t}{F} = 10 \tag{7-3-28}$$

或

$$\sum_{i=1}^{n} q_i = \frac{10F}{3.6\Delta t}$$

【例 7-3-7】 某流域面 9810km²，已知一次降雨形成的地面净雨过程及相应的出口断面流量过程线 Q_i，见表第（1）~（3）栏，试分析单位线。

解 根据分析法公式，推出单位线纵坐标值。

$$q_1' = \frac{Q_1}{h_1/10} = \frac{120}{15.7/10} = 76\text{m}^3/\text{s}$$

$$q_2' = \frac{Q_2 - \frac{h_2}{10} q_1}{h_1/10} = \frac{275 - \frac{5.9}{10} \times 76.4}{15.7/10} = 147\text{m}^3/\text{s}$$

$$q_3' = \frac{Q_3 - \frac{h_2}{10} q_2}{h_1/10} = \frac{737 - \frac{5.9}{10} \times 146}{15.7/10} = 414\text{m}^3/\text{s}$$

推求结果见表第（4）栏。

分析法推求单位线　　　　　　　　　　　　　　　　　　　　例 7-3-6 表

t（月.日.时）	Q_i（m³/s）	h_i（mm）	q_i'（m³/s）	q_i（m³/s）	$\frac{h_1}{10} q_i$（m³/s）	$\frac{h_2}{10} q_{i-1}$（m³/s）	Q_j（m³/s）
（1）	（2）	（3）	（4）	（5）	（6）	（7）	（8）
9.24.09	0	15.7	0	0	0		0
9.24.21	120	5.9	76	76	119	0	119
9.25.09	275		146	147	231	45	276
9.25.21	737		414	414	650	87	737
9.26.09	1065		523	523	821	244	1065
9.26.21	840		339	339	532	309	841

t（月.日.时）	Q_i（m³/s）	h_i（mm）	q_i'（m³/s）	q_i（m³/s）	$\dfrac{h_1}{10}q_i$（m³/s）	$\dfrac{h_2}{10}q_{i-1}$（m³/s）	Q_j（m³/s）
（1）	（2）	（3）	（4）	（5）	（6）	（7）	（8）
9.27.09	575		239	239	375	200	575
9.27.21	389		158	158	248	141	389
9.28.09	261		107	107	168	93	261
9.28.21	180		74	74	116	63	179
9.29.09	128		54	54	85	44	129
9.29.21	95		40	42	66	32	98
9.30.09	73		31	32	50	25	75
9.30.21	60		26	24	36	19	55
10.1.09	35		12	17	27	14	41
10.1.21	29		14	12	19	10	29
10.2.09	22		9	7	11	7	18
10.2.21	9		2	4	6	4	10
10.3.09	5		2	2	3	2	5
10.3.21	2		0	0	0	1	1
10.4.09	0					0	0
Σ			2266	2271			

由于实测资料及净雨推算具有一定的误差，且流域汇流仅近似遵循倍比和叠加假定，分析法求出的单位线往往会呈锯齿状，甚至出现负值，需做光滑修正，但应该保持单位线的径流深为 10mm，修正后单位线见表第（5）栏。修正后的单位线还需要采用地面净雨推流检验（略），计算结果见表第（6）~（8）栏。如果计算流量过程线与实际流量过程线差别较大，则需要进一步调整单位线的纵坐标值。

$$\sum_{i=1}^{n} q_i = \frac{10F}{3.6\Delta t} = \frac{10 \times 9810}{3.6 \times 12} = 2271 \text{m}^3/\text{s}$$

（3）单位线的时段转换

应用单位线时，往往因实际降雨历时和已知单位线的时段长不相符合，不能任意移用。另外，在对不同流域的单位线进行地区综合时，各流域的单位线也应取相同的时段长才能综合。解决上述问题的方法就是进行单位线的时段转换。具体方法如下：

假定流域上净雨持续不断，且每一时段净雨均为一个单位，在流域出口断面形成的流量过程线（见图 7-3-17），该曲线称为 S 曲线。S 曲线在某时刻的纵坐标就等于连续若干个 10mm 净雨所形成的单位线在该时刻的纵坐标值之和，即 S 曲线的纵坐标就是单位线纵坐标沿时程的累积曲线，即：

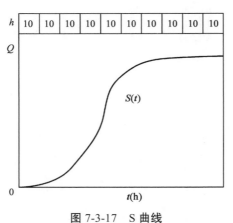

图 7-3-17 S 曲线

$$S(\Delta t, t_k) = \sum_{j=0}^{k} q(\Delta t, t_j) \tag{7-3-29}$$

式中：Δt——单位时段（h）；

$S(\Delta t, t_k)$——第 k 个时段末 S 曲线的纵坐标值（m³/s）；

$q(\Delta t, t_j)$——第 j 个时段末单位线的纵坐标（m³/s）。

基于 S 曲线，就可以进行单位线不同时段的转换。例如，要将已知时段为 Δt_0 的单位线 $q(\Delta t_0, t)$ 转换成时段为 Δt 的单位线 $q(\Delta t, t)$，只需要将 $S(t)$ 曲线向右平移 Δt，得另一条起始时刻迟 Δt 的 $S(t - \Delta t)$ 曲线，这两条 S 曲线的纵坐标差代表 Δt 时段内强度为 $10/\Delta t_0$ 的净雨所形成的流量过程线。由单位线的倍比假定，有：

$$\frac{q(\Delta t, t)}{S(t) - S(t - \Delta t)} = \frac{10/\Delta t}{10/\Delta t_0}$$

所以，转换后的单位线为：

$$q(\Delta t, t) = \frac{\Delta t_0}{\Delta t}[S(t) - S(t - \Delta t)] \tag{7-3-30}$$

式中：$q(\Delta t, t)$——转换后时段为 Δt 的单位线；

Δt——原单位线时段长；

$S(t)$——时段为 Δt 的 S 曲线；

$S(t - \Delta t)$——后移 Δt 的 S 曲线。

（4）单位线存在的问题及处理方法

①洪水大小的影响。大洪水一般流速大，汇流较快。因此，用大洪水资料求得的单位线尖瘦，峰高且峰现时间早。小洪水则相反，求得的单位线过程平缓，峰低且峰现时间迟。以针对不同量级的时段净雨采用不同的单位线。

②暴雨中心位置的影响。单位线假定降雨在流域内分布均匀。事实上，全流域均匀降雨产流的情况是较少见的。流域越大，降雨在流域内分布不均匀状况就越突出。暴雨中心位于上游的洪水，汇流路径长，洪水过程较平缓，单位线峰低且峰出现时间偏后；若暴雨中心在下游，单位线过程尖瘦，峰高且峰出现的时间早。

单位线假定流域汇流符合倍比和叠加原理，事实上这并不完全符合实际。因此，一个流域不同次洪水分析的单位线有些不同，有时差别还比较大。遇到上述情况，一般按洪水的大小和暴雨中心位置分别确定单位线，在实际工作中根据具体情况选用。

【例 7-3-8】某流域两次暴雨，除降雨强度前者小于后者外，其他情况均相同，则前者形成的洪峰流量比后者的：

   A. 峰现时间早、洪峰流量大   B. 峰现时间早、洪峰流量小

   C. 峰现时间晚、洪峰流量小   D. 峰现时间晚、洪峰流量大

解 选 C。

【例 7-3-9】在等流时线法中，当净雨历时 t_c 小于流域汇流时间 τ_m 时，洪峰流量是由：

   A. 全部流域面积上的部分净雨所形成 B. 全部流域面积上的全部净雨所形成

   C. 部分流域面积上的部分净雨所形成 D. 部分流域面积上的全部净雨所形成

解 净雨历时 t_c（产流历时）为大于或等于入渗强度的降雨强度所对应的降雨历时。流域汇流时间 τ_m 为流域最远一点流至出口断面所经历的时间。

按等流时线原理，净雨历时、汇流时间与洪峰流量存在以下关系：当 $\tau_m > t_c$ 时，洪峰流量是由部分

流域面积上的全部净雨所形成；当 $\tau_m = t_c$ 时，洪峰流量是由全部流域面积上的全部净雨所形成；当 $\tau_m < t_c$ 时，洪峰流量是由全部流域面积上的部分净雨所形成。选 D。

经 典 练 习

7-3-1　一次暴雨的降雨强度过程线下的面积表示该次暴雨的（　　　）。

　　　A. 平均降雨强度　　　　B. 降雨总量　　　　　C. 净雨总量　　　　　D. 径流总量

7-3-2　在湿润地区，当流域蓄满后，若雨强 i 大于稳渗率 f_c，则此时下渗率 f 为（　　　）。

　　　A. $f > i$　　　　　　　B. $f = i$　　　　　　C. $f = f_c$　　　　　　D. $f < f_c$

7-3-3　某流域由某一次暴雨洪水分析出不同时段的 10mm 净雨单位线，它们的洪峰将随所取时段的增长而（　　　）。

　　　A. 增高　　　　　　　B. 不变　　　　　　C. 降低　　　　　　　D. 增高或不变

7-3-4　对于超渗产流，一次降雨所产生的径流量取决于（　　　）。

　　　A. 降雨强度

　　　B. 降雨量和前期土壤含水量

　　　C. 降雨量

　　　D. 降雨量、降雨强度和前期土壤含水量

7-3-5　甲、乙两流域，除流域坡度甲的大于乙的外，其他的流域下垫面因素和气象因素都一样，则甲流域出口断面的洪峰流量比乙流域的（　　　）。

　　　A. 洪峰流量大、峰现时间晚　　　　　　　　B. 洪峰流量小、峰现时间早

　　　C. 洪峰流量大、峰现时间早　　　　　　　　D. 洪峰流量小、峰现时间晚

7.4　设计洪水

考试大纲☞：水文频率分析　样本分析　相关分析　设计洪水计算

7.4.1　水文频率分析

水文变化过程具有不确定性和随机性，故可用统计方法探讨其概率特性。这是工程规划设计中从经济与安全的综合考虑出发广泛地采用设计频率与设计保证率作为决定工程规模的一项标准的客观背景。

对水文过程进行频率分析的目的是推求符合设计保证率的径流量过程线或符合设计频率的洪水过程线。

1）概率论中的基本概念

（1）事件

在概率论中，对随机现象的观测叫作随机试验，随机试验的结果称为事件。事件分为必然事件、不可能事件和随机事件。

①必然事件：如果可以断言某一事件在试验结果中必然发生，就称此事件为必然事件。例如某流域大范围降暴雨，该区域河流水位必然上升。

②不可能事件：在试验之前，可以断定不可能发生的事件称为不可能事件。如某流域大范围降暴雨，该区域河流水位下降。

③随机事件：某种事件的结果在实验结果中可能发生也可能不发生的事件称为随机事件。如某地区

的年降雨量可能大于多年平均降雨量，也可能小于多年平均降雨量，这个事件是随机发生的，事先不能确定。

（2）概率与频率

①概率。在一定条件下，随机事件在试验结果中可能出现也可能不出现，但其出现（或不出现）的可能性大小不同，事件的概率就是为了衡量随机事件出现的可能性大小的数量标准。

随机事件的概率的计算公式为：

$$P(A) = \frac{m}{n} \tag{7-4-1}$$

式中：$P(A)$——在一定的条件组合下，出现随机事件 A 的概率；

m——出现随机事件 A 的结果数；

n——试验中所有可能出现的基本结果数。

上述概率计算公式只适用于古典型事件，即试验可能结果的总数是有限的，所有可能结果都是等可能的事件。然而，水文事件的可能结果常常是无限的，且所有可能结果也不是等可能的，在这种情况下，需要引入频率的概念。

②频率。对于非古典概率事件，只能通过试验来估计其概率，设事件 A 在 n 次试验中出现了 m 次，则称事件 A 在 n 次试验中出现的频率为：

$$P(A) = \frac{m}{n} \tag{7-4-2}$$

当试验次数 n 不大时，事件的频率很不稳定，当试验次数 n 足够大时，频率趋近于概率。对于水文现象，我们可以推求事件的频率作为其概率的近似值。

2）随机变量及其概率分布

（1）随机变量

若随机试验的所有结果，可以用一个变量 X 来表示，X 随试验结果的不同而取得不同的数值，将这种随试验结果不同而发生变化的变量 X 称为随机变量。许多水文变量都是随机变量，例如某站的年降水量、年径流量、洪峰流量等。

通常用大写字母表示随机变量，用相应的小写字母表示它可能的取值。例如，某随机变量 X，它的可能取值记为 x_i，则 $X = x_1$，$X = x_2$，$\cdots$，$X = x_n$。水文上一般将 x_1、x_2、$\cdots$、x_n，称为水文系列。

随机变量分为离散型随机变量和连续性随机变量。

①离散型随机变量。若某随机变量只能取得有限个或可列无穷多个离散数值，则称此随机变量为离散型随机变量。例如，掷一颗骰子，用一个变量 X 来表示出现的点数，则 X 的可能取值为有限个数 1、2、3、4、5、6，不能取得相邻两数间的任何中间值。

②连续性随机变量。若某随机变量可以取得一个有限或无限区间内的任何数值，则称此随机变量为连续型随机变量。水文变量大多数属于连续型随机变量。例如年降水量、洪峰流量，可以取 0 和极限值之间的任何数值。

（2）随机变量的概率分布

随机变量可以取 $x_1, x_2, \cdots, x_n$，设随机变量 X 与其概率有以下关系：

$$P(X = x_1) = p_1, \quad P(X = x_2) = p_2, \quad \cdots, \quad p(X = x_n) = p_n$$

其中 $p_1, p_2, p_3, \cdots, p_n$ 分别表示随机变取值驱逐 $x_1, x_2, x_3, \cdots, x_n$ 所对应的概率。一般将这种对应关系称为随机变量的概率分布规律，简称为概率分布。

对于离散型随机变量，满足以下两个条件：

$$p_n \geqslant 0 \quad (n = 1, 2, \cdots)$$

$$\sum p_n = 1$$

对于连续性随机变量来说，由于其取值可能为无限多个，而且取个别值的概率趋近于零，因此无法研究个别值的概率，只能研究某个区间的概率。水文学上也经常研究$X \geqslant x$的概率及其分布。

事件$X \geqslant x$的概率$P(X \geqslant x)$随随机变量x的取值而变化，所以是x的函数，这个函数称为随机变量X的分布函数，记为：

$$F(x) = P(X \geqslant x) \tag{7-4-3}$$

$P(X \geqslant x)$代表随机变量X的取值大于x的概率。

由概率加法定理，随机变量X落在区间$[x, x + \Delta x]$内的概率，可用下式表示：

$$P(x + \Delta x > X \geqslant x) = F(x) - F(x + \Delta x) \tag{7-4-4}$$

由上式可知，随机变量X落在区间$[x, x + \Delta x]$内的概率与区间Δx的比值$\frac{F(x) - F(x + \Delta x)}{\Delta x}$，表示随机变量$X$落在区间$[x, x + \Delta x]$的平均概率。

同时，令函数$f(x)$：

$$f(x) = \lim_{\Delta x \to 0} \frac{F(x) - F(x + \Delta x)}{\Delta x} = -\lim_{\Delta x \to 0} \frac{F(x + \Delta x) - F(x)}{\Delta x} = -F'(x)$$

函数$f(x)$刻画了概率分布密度的性质，因此称为分布密度函数。两者的关系可以由图7-4-1看出。

（3）随机变量的统计参数

为了说明随机变量统计规律的某些数字特征值，通常用随机变量的统计参数来表示。

①均值。均值表示随机变量系列的平均情况，说明这一系列总水平的高低。均值是频率曲线中一个重要的参数，而且是水文现象的一个重要的特征值。

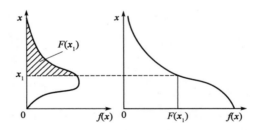

图7-4-1　概率密度函数与分布函数的关系

设水文变量的观测系列为$x_1, x_2, x_3, \cdots, x_n$，则其均值为：

$$\bar{x} = \frac{x_1 + x_2 + \cdots + x_n}{n} = \frac{1}{n} \sum_{i=1}^{n} x_i \tag{7-4-5}$$

令$\bar{K} = x_i / \bar{x}$，则：

$$\bar{K} = \frac{1}{n} \sum_{i=1}^{n} K_i = 1$$

K_i称为模比系数，模比系数组成的系列，其均值等于1。这是水文统计中的一个重要特征。

②均方差。均方差又称为标准差，可反映系列中各数值的离散程度。研究离散程度是以均值$\bar{x}$为中心来考查的，即离散特征参数是用相对于分布中心的偏差$x_i - \bar{x}$来计算的。

$$\sigma = \sqrt{\frac{\sum_{i=1}^{n} (x_i - \bar{x})^2}{n}} \tag{7-4-6}$$

　　如果系列的均值相等，则σ越大，表示离散程度越大。

　　③变差系数。如果两个系列的均值不相等，则不能用均方差直接比较系列的离散程度，要用变差系数C_v来比较。

$$C_v = \frac{\sigma}{\overline{x}} = \sqrt{\frac{\sum\limits_{i=1}^{n}(K_i-1)^2}{n}} \tag{7-4-7}$$

　　C_v值越大，表示系列的离散程度越大。

　　④偏态系数。偏态系数是反映系列在均值两边对称程度的参数。

$$C_s = \frac{\frac{1}{n}\sum\limits_{i=1}^{n}(x_i-\overline{x})^3}{\sigma^3} \tag{7-4-8}$$

　　将分子分母同除$(\overline{x})^3$得：

$$C_s = \frac{\sum\limits_{i=1}^{n}(K_i-1)^3}{nC_v^3}$$

　　一般$|C_s|$越大，随机变量分布越不对称；$|C_s|$越小，随机变量分布越接近对称。若$C_s=0$，分布完全对称，称为正态分布；$C_s>0$，表示正离差的立方占优势，称为正偏分布；$C_s<0$，称负偏分布。

　　⑤矩。在水文上，常用矩来描述随机变量的分布特征，矩分为原点矩和中心矩两种。

　　随机变量X对原点离差的k次幂的数学期望$E(x^k)$称为X的k阶原点矩，记为：

$$V_k = E(X^k) \qquad (k=1,2,3,\cdots) \tag{7-4-9}$$

　　当$k=1$时，$V_k=E(X^1)$即数学期望是一阶原点矩，也就是算数平均数。

　　随机变量X对数学期望离差的k次幂的数学期望$E\{[X-E(X)]^k\}$称为X的k阶中心矩，记为：

$$\mu_k = E\{[X-E(X)]^k\} \qquad (k=1,2,\cdots) \tag{7-4-10}$$

3）水文频率曲线线型

（1）正态分布

　　自然界中许多随机变量如水文测量误差、抽样误差等一般服从或近似服从正态分布（见图7-4-2）。正态分布的概率密度函数如下：

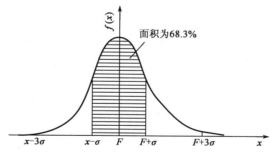

图7-4-2　正态分布密度曲线

$$f(x) = \frac{1}{\sigma\sqrt{2\pi}}e^{-\frac{(x-\overline{x})^2}{2\sigma^2}}, \quad -\infty < x < +\infty \tag{7-4-11}$$

式中：$\overline{x}$——平均数；

　　　　σ——标准差；

　　　　e——自然对数的底。

　　正态分布有以下特点：单峰；关于均值两边对称，即$C_s=0$；曲线两端趋近于无限，并以x轴为渐近线。

正态分布曲线在$\overline{x} \pm \sigma$处出现拐点，并且：

$$P_\sigma = \frac{1}{\sigma\sqrt{2\pi}} \int_{\overline{x}-\sigma}^{\overline{x}+\sigma} e^{-\frac{(x-\overline{x})^2}{2\sigma^2}} \mathrm{d}x = 0.683$$

$$P_\sigma = \frac{1}{\sigma\sqrt{2\pi}} \int_{\overline{x}-3\sigma}^{\overline{x}+3\sigma} e^{-\frac{(x-\overline{x})^2}{2\sigma^2}} \mathrm{d}x = 0.997$$

（2）皮尔逊III型分布（P-III型分布）

III型曲线被引用到水文计算中，成为当前水文计算中常用的频率曲线。

皮尔逊III型曲线是一条一端有限，一段无限的不对称单峰。正偏曲线，数学上叫作伽马分布，其概率密度函数为：

$$f(x) = \frac{\beta^\alpha}{\Gamma(\alpha)}(x-a_0)^{\alpha-1} e^{-\beta(x-a_0)} \tag{7-4-12}$$

式中：$\Gamma(\alpha)$——α的伽马函数；

α、β、a_0——皮尔逊III型分布的形状、尺度和位置的3个参数，$\alpha > 0$，$\beta > 0$。

显然，参数α、β、a_0一旦确定，该密度函数随之确定。可以推定，这3个参数与总体的3个统计参数有以下关系：

$$\alpha = \frac{4}{C_s^2}$$

$$\beta = \frac{2}{\overline{x}C_v C_s}$$

$$a_0 = \overline{x}\left(1 - \frac{2C_v}{C_s}\right)$$

通过对密度曲线进行积分，求出大于或等于x_p的累计频率p值，即：

$$P = F(x_p) = P(x \geqslant x_p) = \frac{\beta^\alpha}{\Gamma(\alpha)} \int_{x_p}^{\infty} (x-a_0)^{\alpha-1} e^{-\beta(x-a_0)} \mathrm{d}x \tag{7-4-13}$$

直接由上式计算P值十分麻烦，实际做法是通过变量转化，根据拟定的C_s值进行积分，并将成果制成专用表格，使计算工作大大简化，令：

$$\Phi = \frac{x - \overline{x}}{\overline{x}C_v}$$

则Φ的均值为0，均方差为1，水文中称为离均系数，这样经过标准变换后，有：

$$P(\Phi \geqslant \Phi_p) = \int_{\Phi_p}^{\infty} f(\Phi, C_s) \mathrm{d}\Phi \tag{7-4-14}$$

只要假定一个C_s值，便可求出一组P与Φ_p的对应值。假定不同的C_s值，便可以求出多组P与Φ_p的对应值，从而可以制成皮尔逊III型分布的Φ_p值表。

其中$x_p = \overline{x}(1 + C_v \Phi_p)$。令$K_p = x_p/\overline{x}$，$K_p$即模比系数，由$x_p = \overline{x}(1 + C_v \Phi_p)$，可得：$K_p = 1 + C_v \Phi_p$。

（3）皮尔逊III型频率曲线统计参数的估算

由样本参数估计总体参数的方法很多，如矩法、极大似然法、权函数法、三点法及适线法等。本节介绍矩法，由矩法对皮尔逊III型频率曲线统计参数的估算如下。

以下是样本参数的计算公式：

$$\overline{x} = \frac{x_1 + x_2 + \cdots + x_n}{n} = \frac{1}{n}\sum_{i=1}^{n} x_i$$

$$C_v = \frac{\sigma}{\overline{x}} = \sqrt{\frac{\sum\limits_{i=1}^{n}(K_i - 1)^2}{n}}$$

$$C_s = \frac{\sum\limits_{i=1}^{n}(K_i - 1)^3}{nC_v^3}$$

根据上述公式计算的样本统计参数与总体的同名参数不一定相等，为了使样本的统计参数能更好地代表总体的统计参数，需要对上述公式加以修正，得到无偏估公式或渐进无偏估值公式。

$$\begin{cases} \overline{x} = \frac{1}{n}\sum\limits_{i=1}^{n}x_i \\[2mm] C_v = \sqrt{\frac{n}{n-1}}\sqrt{\frac{\sum\limits_{i=1}^{n}(K_i - 1)^2}{n}} = \sqrt{\frac{\sum\limits_{i=1}^{n}(K_i - 1)^2}{n-1}} \\[2mm] C_s = \frac{n^2}{(n-1)(n-2)}\frac{\sum\limits_{i=1}^{n}(K_i - 1)^3}{nC_v^3} \approx \frac{\sum\limits_{i=1}^{n}(K_i - 1)^3}{(n-3)C_v^3} \end{cases} \tag{7-4-15}$$

4）水文频率计算适线法

（1）经验频率曲线

①经验频率计算公式。设某水文系列共有 n 项，按由大到小的次序排列为 $x_1, x_2, \cdots, x_m, \cdots, x_n$，则系列中大于或等于 x_m 的经验频率可按下式计算：

$$P = \frac{m}{n} \times 100\% \tag{7-4-16}$$

对于系列中的最末项，按上式计算的经验频率为 100%，也就是说样本 x_m（样本的最小值）就是总体中的最小值，这显然与事实不符，所以要进行修正。

数学期望公式为：

$$P = \frac{m}{n+1} \times 100\% \tag{7-4-17}$$

目前我国水利水电工程设计规范中规定采用期望公式为经验频率计算公式。

②经验频率曲线的绘制。首先将水文系列从大到小进行排列，再按数学期望公式计算每一项的经验频率，然后以水文变量 x 为纵坐标，以经验频率 P 为横坐标，描出点据，徒手目估，通过中心点群连成一条光滑的曲线，即为该水文变量的经验频率曲线。

③频率与重现期。由于频率比较抽象，因此引入了重现期的概念。所谓重现期，是指某随机变量的取值在长时期内平均多少年出现一次，又称多少年一遇。根据研究问题的性质不同，频率 P 与重现期 T 的关系有两种表示方法。

当研究暴雨洪水问题时，一般设计频率 $P < 50\%$，则：

$$T = \frac{1}{P} \tag{7-4-18}$$

式中：T——重现期（年）。

例如，当设计洪水的频率采用 $P = 1\%$ 时，代入上式得 $T = 100$ 年，称为 100 年一遇洪水。表示大于或等于这一频率的洪水平均 100 年可能会出现一次。

当研究枯水问题时，设计频率 $P > 50\%$，则：

$$T = \frac{1}{1-P} \tag{7-4-19}$$

例如，当灌溉设计保证率 $P = 90\%$ 时，代入上式得 $T = 10$ 年，称作以 10 年一遇的枯水年作为设计来水的标准。也就是说，平均 10 年中有一年来水可能小于或等于此枯水年的水量，而其余 9 年的来水大于此数值。

（2）经验适线法

适线法又称为配线法，该法以经验频率点据为基础，求与经验频率曲线配合最好的理论频率曲线及其统计参数。

①经验适线法的步骤。

将实测系列由大到小排序，计算各项的经验频率P_i。在概率格纸上绘制经验频率点据(P_i, x_i)。

确定采用何种分布类型。目前，我国水文分析中，一般采用 P-III 型频率线。

假定一组参数$\bar{x}$、C_v、C_s。为使假定大致接近实际，可选用矩法估算的$\bar{x}$和C_v值作为第一次使用值。C_s因抽样误差太大，一般假定C_s与C_v的比值，或用其他近似办法选定。

根据初步选定的$\bar{x}$、C_v及C_s值，利用 P-III 累积频率曲线的Φ值表，可查得一些代表性频率的Φ_p值，计算得到与这些频率相应的x_P（或K_P）。通过这一系列(P_i, x_{Pi})绘点，可得出一条频率曲线。审查此频率曲线与经验频率绘点的配合情况，若不理想，则另设参数，再进行类似的计算。

最后根据频率曲线与经验点据的配合情况，从中选择一条与经验频率点据配合最佳的理论频率曲线作为采用的结果，相应该曲线的参数，便是总体参数的估值。

求指定频率的水文变量的设计值。

②统计参数对频率曲线的影响。均值$\bar{x}$对频率曲线的影响：如果C_v、C_s不变，增大$\bar{x}$，频率曲线的位置就会升高，坡度会变陡。由图 7-4-3 可见，均值大的频率曲线位于均值小的频率曲线之上；均值大的频率曲线比均值小的频率曲线陡。

变差系数C_v对频率曲线的影响：为了消除均值的影响，以模比系数K来绘制频率曲线。当$C_v = 0$时，随机变量的取值都等于均值；C_v越大，随机变量相对于均值越离散，频率曲线变得越来越陡。图 7-4-4 是不同C_v对频率曲线的影响。

偏态系数C_s对频率曲线的影响：如果C_v和$\bar{x}$不变，在正偏情况下增大C_s，则C_s越大，频率曲线曲率越大，即频率曲线的上段越陡、下段越平缓、中部越向左偏。C_s对频率曲线的影响如图 7-4-5 所示。

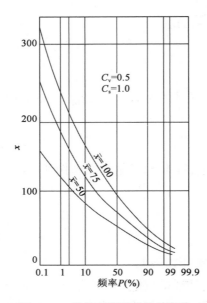

图 7-4-3　均值对频率曲线的影响

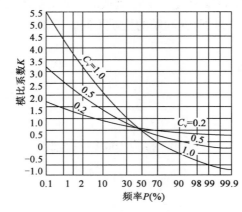

图 7-4-4　不同C_v对频率曲线的影响（$C_s = 1.0$）

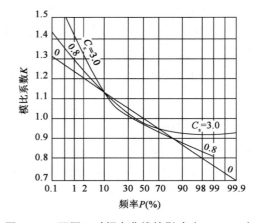

图 7-4-5　不同C_s对频率曲线的影响（$C_v = 1.0$）

【例 7-4-1】用配线法进行频率计算时，判断配线是否良好所遵循的原则是：

A. 抽样误差最小的原则

B. 统计参数误差最小的原则

C. 理论频率曲线与经验频率点据配合最好的原则

D. 设计值偏于安全的原则

解　选 C。

【**例 7-4-2**】　某水文站有 18 年的实测年径流资料，见表 1，试根据该资料用矩法初选参数，用适线法推求 10 年一遇的设计年径流量。

某水文站年径流量频率计算表　　　　　　　　　　　　　　　　例 7-4-2 表 1

年份	年径流量 $Q(\text{m}^3/\text{s})$	序号	由大到小排列 $Q(\text{m}^3/\text{s})$	模比系数 K_i	$(K_i-1)^2$	经验频率 $P=\dfrac{m}{n+1}\times100\%$
（1）	（2）	（3）	（4）	（5）	（6）	（7）
1967	1500.0	1	1500.0	1.5469	0.2991	5.3
1968	959.8	2	1165.3	1.2017	0.0407	10.5
1969	1112.3	3	1158.9	1.1951	0.0381	15.8
1970	1005.6	4	1133.5	1.1689	0.0285	21.1
1971	780.0	5	1112.3	1.1470	0.0216	26.3
1972	901.4	6	1112.3	1.1470	0.0216	31.6
1973	1019.4	7	1019.4	1.0512	0.0026	36.8
1974	847.9	8	1005.6	1.037	0.0014	42.1
1975	897.2	9	959.8	0.9898	0.0001	47.4
1976	1158.9	10	957.6	0.9875	0.0002	52.6
1977	1165.3	11	901.4	0.9296	0.0050	57.9
1978	835.8	12	898.3	0.9264	0.0054	63.2
1979	641.9	13	897.2	0.9252	0.0056	68.4
1980	1112.3	14	847.9	0.8744	0.0158	73.7
1981	527.5	15	835.8	0.8619	0.0191	78.9
1982	1133.5	16	780.0	0.8044	0.0383	84.2
1983	898.3	17	641.9	0.6620	0.1142	89.5
1984	957.6	18	527.5	0.5440	0.2079	94.7
总计	17454.7		17454.7	18		

解　①绘制经验频率曲线。将原始资料由大到小排列，列于表 1 第（4）栏。计算经验频率，列于表 1 第（7）栏，并将两栏的对应数值点绘在频率格纸上。

②按无偏估值公式计算统计参数。

计算年径流量的均值：

$$Q=\frac{1}{n}\sum_{i=1}^{n}Q_i=\frac{17454.7}{18}=969.7\text{m}^3/\text{s}$$

计算变差系数：

$$C_v = \sqrt{\frac{\sum\limits_{i=1}^{n}(K_i-1)^2}{n-1}} = \sqrt{\frac{0.8652}{18-1}} = 0.23$$

③选配理论频率曲线。

选定 $\overline{Q} = 969.7\mathrm{m^3/s}$，$C_v = 0.25$，并假定 $C_s = 3C_v$，查 K_P 值表，得出相应于不同频率 P 的 K_P 值，K_P 乘以 $\overline{Q}$ 得到相应的 Q_P 值。将 P 和 Q_P 绘在频率格纸上，发现理论频率曲线的中段与经验频率点据配合较好，但是头部和尾部在经验频率点的上方。

改变参数，重新配线。根据第一次适线结果，均值和 C_v 不变，减少 C_s 值。取 $C_s = 2C_v$，重复上述步骤，发现理论频率曲线与经验点据配合较好，即作为最后采用的理论频率曲线。选配计算表见表2。

理论频率曲线选配计算表　　　　　　　　　　　　例 7-4-2 表 2

频率	第一次适线	第二次适线
	$\overline{Q} = 969.7$，$C_v = 0.25$ $C_s = 3C_v = 0.75$	$\overline{Q} = 969.7$，$C_v = 0.25$ $C_s = 2C_v = 0.50$

④推求 10 年一遇的设计年径流量。

由图知，查得 $P = 10\%$ 对应的设计年径流量为 $Q_P = 1290\mathrm{m^3/s}$。

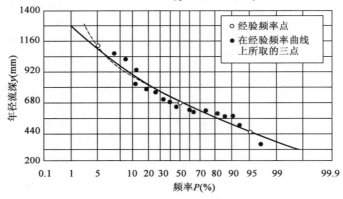

例 7-4-2 图　某水文站径流频率曲线图

7.4.2　样本分析

在数理统计中，把研究对象的个体集合称为总体。从总体中随机地抽取 n 个个体称为总体的一个随机样本，简称样本。样本中的个体数 n 称为样本容量。水文系列的总体通常是无限的。

通过统计分析来估计某种随机事件的概率特性，必须要有一个好的样本作为基础。因此，尽可能地提高样本资料的质量是一个非常关键的环节。样本资料的质量主要反映在是否满足下列三方面的要求：资料应具有充分的可靠性，资料的基础应具有一致性，样本系列应具有充分的代表性。

1）样本资料可靠性的审查

水文分析中一般使用的都是经过有关部门整编后正式刊布的资料。

对水位资料的审查，重点应对基面和水准点以及各个水尺的零点高程进行仔细的考证，检查有无变动及错误。

对流量资料的审查重点应放在以下方面：对于用流速仪测流的成果，应注意流速仪检定情况以及施测时的工作条件；对于用浮标法测流的成果，应注意浮标系数的确定方法等。流量整编方面，应注意分析测站历年水位流量曲线的变动规律，各种因素对它的影响以及处理方法的合理性。另外，对流量成果应从上下游站的水量对照来分析成果的合理性。

2）样本资料一致性审查

数理统计法要求，在同一计算系列中，所有资料应在同一条件下产生，不能选取不同性质的资料。例如暴雨洪水和融雪洪水不能放在一起统计。另外，水库兴建前后、堤防溃决前后、水土保持措施实施前后、河道开挖前后、灌溉引水前后等情况下，河道径流情况都会有所改变。由于实测径流资料只是记录了各个时期的实际径流情况，也就是反映了流域上不同治理水平的径流情况，因而使这些流域的长期径流资料的一致性受到破坏。所以，应将资料修正到同一水平上，通常称为"还原"。

3）样本代表性分析

由年资料构成的样本，其频率分布曲线与总体的概率分布曲线有联系但又有差异。抽样误差和代表性两个概念都是说明样本与总体之间存在离差。经验分布与总体分布，两者之间的差异愈小，愈接近，即说明样本的代表性愈好，反之则愈差。

减少抽样误差，提高样本资料的代表性的方法之一是增大样本容量。

【例 7-4-3】水文计算时，计算成果的精度决定于样本对总体的代表性，样本资料的代表性可理解为：

    A. 是否有特大洪水

    B. 系列是否连续

    C. 能否反映流域特点

    D. 样本分布参数与总体分布参数的接近程度

解　选 D。

7.4.3　相关分析

1）相关分析的概念

自然界的许多现象都存在一定的联系，他们之间既不是函数关系，也不是完全无关。相关分析就是要研究两个或多个随机变量之间的关系。

两种现象之间的关系有以下三种情况：

（1）完全相关（函数关系）。两个变量x和y之间，如果每给定一个x值，就有一个完全确定的y值与之相对应，则这两个变量之间的关系就是完全相关，或称函数关系。完全相关的形式有直线关系和曲线关系两种，如图 7-4-6 所示。

（2）零相关（没有关系）。两个变量之间毫无联系或相互独立，则称为零相关或没有关系，如图 7-4-7 所示。

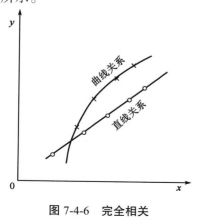

图 7-4-6　完全相关

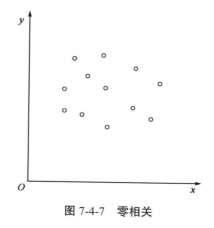

图 7-4-7　零相关

（3）统计相关（相关关系）。如果两个变量之间的关系界于完全相关和零相关之间，则称为统计相关。当只研究两个变量的相关关系时，称为简单相关；当研究 3 个或 3 个以上变量相关关系时，称为复相关，又称多元相关。水文计算中常用的是简单相关，水文预报中常用复相关。在相关关系的图形上可分为直线相关和曲线相关两类，如图 7-4-8 所示。

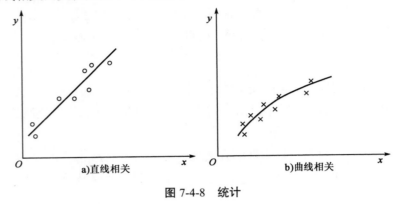

图 7-4-8　统计

在水文计算中，由于影响水文现象的因素错综复杂，有时为了简便起见，通常只考虑其中的主要影响因素而忽略次要的影响因素。例如径流与相应的降水量之间的关系，可以将它们对应的数值画在方格纸上，从而得到一定的相关关系。

2）简单直线相关

（1）分析方法

①图解法。当两个变量之间的关系比较密切时，可以把两个变量的对应观测资料绘于一张图上，目估一条相关线，使相关点均匀分布在线的两侧，这种方法叫作图解法。图解法简单方便，可获得较满意的结果。但是若点分布较分散，则最好采用下述的相关分析法。

②分析法。通过分析法，可以建立两个变量之间的回归方程，避免了相关图解法在定线上的任意性。通常简单的直线相关的方程的形式为：

$$y = a + bx \tag{7-4-20}$$

式中：x——自变量；

y——倚变量；

a、b——待定系数。

待定系数 a、b 由观测点与直线拟合最佳，通过最小二乘法进行估计。从图 7-4-9 可以看出，观测点与配合直线在纵轴方向的离差：

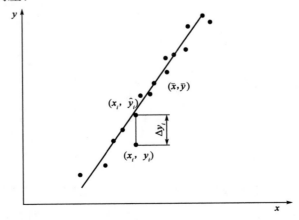

图 7-4-9　相关分析法示意图

$$\Delta y_i = y_i - \hat{y} = y_i - a - bx_i$$

要使直线拟合最佳，须使离差Δy_i的平方和最小，即：

$$\sum \Delta y_i^2 = \sum (y_i - \hat{y})^2 = \sum (y_i - a - bx_i)^2$$

为极小值。

为使上式取得极小值，分别对a、b求一阶偏导数，并使其等于零，即：

$$\frac{\partial \sum\limits_{i=1}^{n} (y_i - a - bx_i)^2}{\partial a} = 0$$

$$\frac{\partial \sum\limits_{i=1}^{n} (y_i - a - bx_i)^2}{\partial b} = 0$$

解方程组，可得：

$$b = \frac{\sum\limits_{i=1}^{n} (x_i - \overline{x})(y_i - \overline{y})}{\sum\limits_{i=1}^{n} (x_i - \overline{x})^2} = r\frac{\sigma_y}{\sigma_x}$$

$$a = \overline{y} - b\overline{x} = \overline{y} - r\frac{\sigma_y}{\sigma_x}\overline{x}$$

$$r = \frac{\sum\limits_{i=1}^{n} (x_i - \overline{x})(y_i - \overline{y})}{\sqrt{\sum\limits_{i=1}^{n} (x_i - \overline{x})^2 \sum\limits_{i=1}^{n} (y_i - \overline{y})^2}} = \frac{\sum\limits_{i=1}^{n} (K_{x_i} - 1)(K_{y_i} - 1)}{\sqrt{\sum\limits_{i=1}^{n} (K_{x_i} - 1)^2 \sum\limits_{i=1}^{n} (K_{y_i} - 1)^2}}$$

式中：σ_x、σ_y——系列均方差；

　　　$\overline{x}$、$\overline{y}$——x、y系列的均值。

　　　r——相关系数，表示x、y之间关系的密切程度。

有上述公式，可得回归方程为：

$$y - \overline{y} = r\frac{\sigma_y}{\sigma_x}(x - \overline{x}) \tag{7-4-21}$$

此式称为y倚x的回归方程，图形称为y倚x的回归线；若由y求x，则要应用x倚y的回归方程。x倚y的回归方程如下：

$$x - \overline{x} = r\frac{\sigma_x}{\sigma_y}(y - \overline{y})$$

如图7-4-9所示，y倚x和x倚y的两回归线并不重合，但存在一个公共交点$(\overline{x}, \overline{y})$。$r\frac{\sigma_y}{\sigma_x}$是回归线的斜率，一般称为$y$倚$x$的回归系数，并记为$R_{y/x}$，即：

$$R_{y/x} = r\frac{\sigma_y}{\sigma_x} \tag{7-4-22}$$

（2）相关分析的误差

上述分析表明x和y并非确定性关系，故对于任意$x = x_0$，无法精确地知道相应的y_0值，不过将$x = x_0$代入回归方程可以求得y_0的估计值。y_0的取值具有一定的规律，相应于x_0的y_0总是按照一定的分布在y_0上下波动，而波动规律一般可以认为是正态分布。也就是说y_0是具有正态分布的随机变量，其均值一般以$\hat{y}_0$来加以估计，而均方误近似为：

$$S_y = \sqrt{\frac{\sum (y_i - \hat{y}_i)^2}{n - 2}} \tag{7-4-23}$$

同样，x倚y回归线的均方误为：

$$S_x = \sqrt{\frac{\sum(x_i - \hat{x}_i)^2}{n-2}}$$

可以证明，回归线的均方误S与系列的均方差σ的关系为：

$$\begin{cases} S_y = \sigma_y\sqrt{1-r^2} \\ S_x = \sigma_x\sqrt{1-r^2} \end{cases} \tag{7-4-24}$$

因为假定y近似服从正态分布，则由正态分布的性质可知：y落在$y \pm S_y$范围内的概率约为68.3%，y落在$y \pm 3S_y$范围内的概率约为99.7%。即当给定的x值用回归线估计的y值时，有68.3%的概率保证其误差不超过$\pm S_y$，同样有99.7%的概率保证其误差不超过$\pm 3S_y$。

（3）相关系数

回归线只能表示两种变量之间的关系式，不能说明其关系的密切程度。对于密切的相关程度，通常用相关系数r来表示。由上述S与σ、r的关系可知：

①若$r^2 = 1$，则均方误$S_y = 0$（或$S_x = 0$），表示所有对应值x_i、y_i均落在回归线上，只有函数关系才能如此。因此$r^2 = 1$表示两变量间的函数关系。

②若$r^2 = 0$，则$S_y = \sigma_y$（或$S_x = \sigma_x$）。此时误差S达最大值，说明y的变化与x的变化毫无直线关系，或者x的变化与y值毫无关系，即这两个变量可能没有关系（零相关），也可能非直线关系。

③若$0 < r^2 < 1$，当r越接近1时，S越小。即r越接近1，点越靠近于回归直线，x、y之间的关系越密切。r为正值时，表示正相关；r为负值时，表示负相关。

在相关分析中，相关系数是根据样本计算出来的，因此带有抽样误差。为了推断两个变量之间是否存在相关关系，必须对样本相关系数作统计检验。这种检验的实质就是找一个临界的相关数值r_α，先选定一个r_α，与样本的相关系数r相比较，若$|r| > r_\alpha$，则具有相关关系；否则，无相关关系。r_α可以根据样本数n和信度α（一般采用$\alpha = 0.05$）从已制成的相关系数检验表中查取。

【例7-4-4】 已知某站1954—1965年共12年的年径流观测资料和1942—1965年共24年的降雨观测资料，现用相关分析法确定1942—1953年的年径流量。

解 由于径流是由降雨量形成的，两个变量之间存在成因关系。因此以降雨量为自变量x，年径流量为倚变量y，进行相关分析计算，年降水量与年径流量相关计算见表1。

某水文站年降水量与年径流量相关计算表 例7-4-4 表1

年份	年降雨量 x（mm）	年径流量 y（mm）	K_x	K_y	$K_x - 1$	$K_y - 1$	$(K_x - 1)^2$	$(K_y - 1)^2$	$(K_x - 1)(K_y - 1)$
1954	2014	1362	1.54	1.73	0.54	0.73	0.2916	0.5329	0.3942
1955	1211	728	0.92	0.93	-0.08	-0.07	0.0064	0.0049	0.0056
1956	1728	1369	1.32	1.74	0.32	0.74	0.1024	0.5476	0.2368
1957	1157	695	0.88	0.88	-0.12	-0.12	0.0144	0.0144	0.0144
1958	1257	720	0.96	0.91	-0.04	-0.09	0.0016	0.0081	0.0036
1959	1029	534	0.79	0.68	-0.21	-0.32	0.0441	0.1024	0.0672
1960	1306	778	1.00	0.99	0	-0.01	0	0.0001	0
1961	1029	337	0.79	0.43	-0.21	-0.57	0.0441	0.3249	0.1197
1962	1310	809	1.00	1.03	0	0.03	0	0.0009	0

年份	年降雨量 x（mm）	年径流量 y（mm）	K_x	K_y	$K_x - 1$	$K_y - 1$	$(K_x - 1)^2$	$(K_y - 1)^2$	$(K_x - 1)(K_y - 1)$
1963	1356	929	1.03	1.18	0.03	0.18	0.0009	0.0324	0.0054
1964	1266	796	0.97	1.01	−0.03	0.01	0.0009	0.0001	−0.0003
1965	1052	383	0.80	0.49	−0.2	−0.51	0.04	0.2601	0.102
合计	15715	9440	12.0	12.0	0	0	0.5464	1.8288	0.9486
平均	1310	787							

①均值

$$\overline{x} = \frac{15715}{12} = 1310\text{mm} \qquad \overline{y} = \frac{9440}{12} = 787\text{mm}$$

②均方差

$$\sigma_x = \overline{x}\sqrt{\frac{\sum\limits_{i=1}^{n}\left(K_{x_i} - 1\right)^2}{n-1}} = 292\text{mm}$$

$$\sigma_y = \overline{y}\sqrt{\frac{\sum\limits_{i=1}^{n}\left(K_{y_i} - 1\right)^2}{n-1}} = 321\text{mm}$$

③相关系数

$$r = \frac{\sum\limits_{i=1}^{n}\left(K_{x_i} - 1\right)\left(K_{y_i} - 1\right)}{\sqrt{\sum\limits_{i=1}^{n}\left(K_{x_i} - 1\right)^2 \sum\limits_{i=1}^{n}\left(K_{y_i} - 1\right)^2}} = 0.949$$

④相关系数检查

$n = 12$、$\alpha = 0.05$查表得，$r_\alpha = 0.576$，$r > r_\alpha$，说明两系列相关性较好，可以建立两者的回归方程，进行插补或延长资料系列。

⑤回归系数

$$R_{y/x} = r\frac{\sigma_y}{\sigma_x} = 1.043$$

⑥y倚x的回归方程

$$y = \overline{y} + R_{y/x}(x - \overline{x}) = 1.043x - 579.3$$

⑦回归直线的均方误差

$$S_y = \sigma_y\sqrt{1 - r^2} = 101.20\text{mm}$$

为$\overline{y}$的12.8%（小于15%）。

利用y倚x的回归方程，便可由已知的自变量x值算出相应的倚变量y值，计算结果见表2。

相关分析计算成果　　　　　　　　　　　　　　　例 7-4-4 表 2

年 份	年降雨量x（mm）	年径流量y（mm）	年 份	年降雨量x（mm）	年径流量y（mm）
1942	930	391	1954	2014	1521
1943	1040	505	1955	1211	684

年　份	年降雨量x （mm）	年径流量y （mm）	年　份	年降雨量x （mm）	年径流量y （mm）
1944	885	344	1956	1728	1223
1945	1265	740	1957	1157	627
1946	1165	636	1958	1257	732
1947	1070	537	1959	1029	494
1948	1360	839	1960	1306	783
1949	922	382	1961	1029	494
1950	1460	943	1962	1310	787
1951	1195	667	1963	1356	835
1952	1330	808	1964	1266	741
1953	995	458	1965	1052	518

3）曲线相关

在水文计算中，经常会遇到某些水文现象的关系不表现为直线关系，而是一种曲线关系。如水位—流量关系、流域面积—洪峰流量关系等。对于这种情况，通常凭经验采用曲线函数形式。在实际工作中，多用下面两种曲线函数：幂函数$y = ax^b$和指数函数$y = ae^{bx}$。

（1）幂函数

幂函数的一般形式为：

$$y = ax^b \tag{7-4-25}$$

两边取对数：

$$\lg y = \lg a + b \lg x$$

令：

$$Y = \lg y, \quad A = \lg a, \quad X = \lg x$$

则有：

$$Y = A + bX$$

对X和Y而言，Y与X就是直线关系，可对其作直线回归分析。

（2）指数函数

指数函数的一般形式为：

$$y = ae^{bx} \tag{7-4-26}$$

两边取对数：

$$\lg y = \lg a + bx \lg e$$

令：

$$Y = \lg y, \quad A = \lg a, \quad B = b \lg e, \quad X = x$$

则有：

$$Y = A + BX$$

同样，对X、Y可以作直线回归分析。

4）复相关

研究3个或3个以上变量的相关，称为复相关，又称多元相关。

（1）图解法

复相关的计算，在工程上通常采用图解法选配相关线。倚变量z受自变量x和y两变量的影响。可以根据实测点绘出x与z的对应值于方格纸上，并在点旁注明y值，然后作出y值等值线。这样绘出来的图，就是三变量复相关关系图。在使用复相关图插补（或延长）z值时，应当先由y值确定一条相关线（图中没有的话可内插），再由x值在相关线上查得z值。

（2）分析法

与两个变量的直线分析一样，复相关也可以采用分析法。回归直线中系数的确定需要求解更为复杂的线性代数方程组。

三变量的复直线回归方程为：

$$z = a + bx + cy \tag{7-4-27}$$

上式的几何图形为一平面，故最佳拟合平面必须使观测值与拟合平面间的离差平方和最小。由此可求出三个参数a、b、c。

5）实测资料插补和延长

在水文分析中，因实测系列较短，代表性较差，常用相关法来插补和展延系列，即建立设计变量与参证站有关变量之间的相关关系，而后利用较长系列的参证资料通过相关关系来展延设计变量的资料。

参证资料可根据下列条件选用：

（1）参证变量要与设计变量在成因上有密切联系，这样才能保证使设计变量与参证变量的时序变化具有同步性，从而使插补展延成果具有可靠性。

（2）参证变量与设计变量要有相当长的平行观测资料，以便建立可靠的相关关系。

（3）参证变量必须具有足够长的实测系列，除用以建立相关关系的同期观测资料以外，还要有用来插补延长设计变量缺测年份的资料。

7.4.4 设计洪水计算

主要包括设计洪峰流量、不同时段（最大一、三、五、七、十五日…）的设计洪水总量和设计洪水过程等三项内容。工程特点不同，需要计算的设计洪水内容和重点亦不同。如蓄洪区、水库工程，都有一定的调节库容，水库的出流过程与水库的整个入流过程有关，不只是与一、两个入流洪水特征（如峰或某时段洪量）有关。此时，不仅需要计算设计洪峰流量或某时段设计洪量，还须计算完整的设计洪水过程线。而无调蓄能力的堤防、桥涵和航运为主的渠化工程，调节能力极低的小水库、径流式电站等，要求计算设计洪峰流量，因为它对工程起控制作用。

1）概述

（1）设计洪水的概念

由于流域内降雨或融雪，大量径流汇入河道，导致流量激增，水位上涨，这种水文现象叫作洪水。在进行水利水电工程设计时，为了建筑物本身的安全和防护区的安全，必须按照某种标准的洪水进行设计，这种作为水工建筑物设计依据洪水称为设计洪水。

（2）设计洪水标准

为了处理好防洪问题，在设计水工建筑物时，必须选择一个相应的洪水作为依据，若此洪水定得过大，则会使工程造价增多而不经济，但工程却比较安全；若该洪水定得过小，虽然工程造价降低，但遭受破坏的风险增大。如何选择对设计的水工建筑物较为合适的洪水作为依据，涉及一个标准问题，称为设计标准。确定设计标准是一个非常复杂的问题，基本思路是：确定工程等级—建筑物级别—建筑物设计洪水标准。国际上尚无统一的设计标准。我国 1978 年颁发了《水利水电枢纽工程等级划分及设计标准（山区、丘陵区部分）（试行）》（SDJ 12—78），1994 年水利部会同有关部门共同制订了《防洪标准》（GB 50201—94）作为强制性国家标准，自 1995 年 1 月 1 日起施行。其根据工程规模、效益和在国民经济中的重要性，将水利水电枢纽工程分为五等。

2014 年 6 月 23 日水利部主编，原建设部批准，发布了《防洪标准》（GB 50201—2014），并于 2015 年 5 月 1 日正式实施。1994 年的《防洪标准》用一个表规定了工程等别，包括水库、防洪、治涝、灌溉、供水、水电站各个方面。考虑可操作性，新标准综合相关规范，按不同的开发任务和功能类别，分别列出了"防洪、治涝工程""供水、灌溉、发电工程""通航""水库、拦河水闸、灌溉泵站与引水枢纽工程"等别，即将原标准的 1 个表拆分成 4 个表。

现标准取消了"临时水工建筑物级别"的规定，临时工程的级别可按《水利水电工程等级划分及洪水标准》（SL 252—2000）确定。水利水电枢纽工程的水工建筑，根据所属枢纽工程的等别，作用和重要性分为五级，其级别见表 7-4-1。

永久性水工建筑物的级别 表 7-4-1

工 程 等 别	水工建筑物级别		工 程 等 别	水工建筑物级别	
	主要建筑物	次要建筑物		主要建筑物	次要建筑物
I	1	3	IV	4	5
II	2	3	V	5	5
III	3	4			

设计时根据建筑物级别选定不同频率作为防洪标准。将洪水作为随机现象，以概率形式估算未来的设计值，同时以不同频率来处理安全和经济的关系。

水利水电工程建筑物防洪标准分为正常运用和非常运用两种。按正常运用洪水标准算出的洪水称为设计洪水，用它来决定水利水电枢纽工程的设计洪水位、设计泄洪流量等，宣泄正常运用洪水时，泄洪设施应保证安全和正常运行。《防洪标准》（GB 50201—2014）规定的水库工程水工建筑物的防洪标准见表 7-4-2。

当河流发生比设计洪水更大的洪水时，水利工程一般就不能保证正常运用了。由于水利工程的主要建筑物一旦破坏，将造成灾难性的严重损失，因此规范规定洪水在短时期内超过设计标准时，主要水工建筑物不允许被破坏，仅允许一些次要的建筑物损毁或失效，这种情况就称为非常运用条件或标准，按照非常运用标准确定的洪水称为校核洪水。选定一个非常运用洪水标准进行计算，算出的洪水称为非常运用洪水或校核洪水，永久性水工建筑物的正常运用和非常运用的洪水标准见表 7-4-2。

《水利水电工程设计洪水计算规范》（SL 44—2006）规定，对大型工程或重要的中型工程用频率分析计算的校核标准洪水，应计算抽样误差。经综合分析检查后，如成果有偏小的可能，应加安全修正值，一般不超过计算值的 20%。

土石坝一旦失事对下游造成特别重大的灾害时，I 级建筑物的校核洪水标准应采用可能最大洪水或 1000 年一遇。2~4 级建筑物的校核洪水标准可提高一级。

表 7-4-2

水工建筑物级别	防洪标准［重现期（年）］				
	山区、丘陵区			平原区、滨海区	
	设计	校核		设计	校核
		混凝土坝、浆砌石坝	土坝、堆石坝		
1	1000~500	5000~2000	可能最大洪水（PEF）或 10000~5000	300~100	2000~1000
2	500~100	2000~1000	5000~2000	100~50	1000~300
3	100~50	1000~500	2000~1000	50~20	300~100
4	50~30	500~200	1000~300	20~10	100~50
5	30~20	200~100	300~200	10	50~20

参照《水利水电工程等级划分及洪水标准》（SL 252）和《水电枢纽工程等级划分设计安全标准》（DL 5180），水电站厂房的设计防洪标准：I级由《防洪标准》（GB 50201—94）的大于200年一遇改为200年一遇；3、4、5级由《防洪标准》（GB 50201—94）的100、50、30年一遇改为100~50、50~30、30~20年一遇，见表7-4-3水电站厂房的防洪标准。

水电站厂房的防洪标准　表 7-4-3

水电站厂房级别	防洪标准［重现期（年）］		水电站厂房级别	防洪标准［重现期（年）］	
	设计	校核		设计	校核
1	200	1000	4	50~30	100
2	200~100	500	5	30~20	50
3	100~50	200			

（3）设计洪水计算的内容与方法

设计洪水计算包括推求洪峰流量、不同时段设计洪水总量及设计洪水过程线3个要素。推求设计洪水的途径有两种，即由流量资料推求设计洪水和由暴雨资料推求设计洪水。

2）由流量资料推求设计洪水

由流量资料推求设计洪峰及不同时段的设计洪量，可以使用数理统计方法，计算符合设计标准的数值，一般称为洪水频率计算。

（1）洪水资料的选样

①选样的原则。洪水资料的选择，应该满足频率计算关于独立、随机选样的要求。当某些地区年内的洪水可明显分为不同的成因时，考虑到样本的一致性，可按不同的成因分别选样。

②选样的方法。为了减小工程安全风险，推求设计洪峰流量依据的样本资料采用"年最大值法"选取。如果流量资料有n年，每年选取一个最大的洪峰流量作为样本点，则可选出n个样本点组成统计样本。

年最大值选取样本的特点是：方法简便、操作容易、样本独立性好。

由年最大值法选取的流量资料样本推求的设计洪水，是工程中常用的频率为多少年一遇概念的洪水值。推求工作一般是利用样本资料进行统计分析，估算出以年洪峰流量为变量的理论频率分布曲线，然后，设计频率标准的洪峰流量值就可以从曲线中得到。

（2）洪水资料的审查

在应用水文资料之前，首先要对原始资料进行审查与分析。资料的审查包括以下内容：

①资料可靠性的检查与改正。

②资料一致性的审查与还原修正。

③资料代表性的审查与插补延长。

根据我国现有水文观测资料情况，SL 44—2006 规定工程地址或其上下游邻近地点具有 30 年以上实测和插补延长的流量资料时，应用频率分析法计算设计洪水。

（3）特大洪水的处理

特大洪水是指比系列中一般洪水大得多，并且可以通过洪水调查或考证可以确定其量值大小及其重现期的洪水。我国测流量资料系列一般不长，通过插补延长的系列也有限，若只根据短系列资料，当出现一次新的大洪水以后，设计洪水数值就会发生变动，所得成果很不稳定。将特大洪水加入频率计算，等于在频率曲线上端增加了一个控制点，提高了系列的代表性，使得计算成果更加可靠合理。

特大洪水处理的关键是特大洪水重现期的确定和经验频率计算。

重现期是指某量级的洪水在很长时期内平均多少年出现一次的概念。重现期超过 50 年的洪水，为特大洪水。要准确地定出特大洪水的重现期N有一定的难度，目前，一般是根据历史洪水发生的年代来大致推估。

①从发生年代至今为最大：$N = $ 工程设计年份 − 发生年份 + 1。

②从调查考证的最远年份至今为最大：$N = $ 工程设计年份 − 调查考证期最远年份 + 1。

洪水系列（洪峰或洪量）有两种情况，一是系列中没有特大洪水值，在频率计算时，各项数值直接按大小次序统一排位，各项之间没有空位，序数m是连续的，称为连续系列，如图 7-4-10a）所示；二是系列中有特大洪水值，特大洪水值的重现期N必然大于实测系列年数n，而在$N − n$年内各年的洪水数值无法查得，它们之间存在一些空位，由大到小是不连续的，称为不连续系列，如图 7-4-10b）所示。

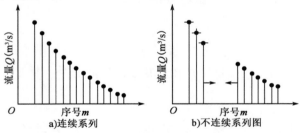

图 7-4-10　连续系列和不连续系列图

特大洪水加入系列后成为不连序系列，即由大到小排位序号不连续，其中一部分属于缺漏项，其经验频率和统计参数计算与连续系列不同。需要研究有特大洪水时的频率计算方法，称为特大洪水处理。

考虑特大洪水时经验频率的计算，目前国内有两种计算方法。

①独立样本法。把实测系列与特大值系列都看作是从总体中独立抽出的两个随机连序样本，各项洪水可分别在各个系列中进行排位，实测系列的经验频率仍按连序系列经验频率公式计算如下：

$$P_m = \frac{m}{n + 1} \qquad\qquad (7 - 4 - 28)$$

式中：P_m——实测系列第m项的经验频率；

　　　m——实测系列由大至小排列的序号；

　　　n——实测系列的年数。

特大洪水系列的经验频率计算公式为：

$$P_m = \frac{M}{N+1} \tag{7-4-29}$$

式中：P_m——特大洪水第m序号的经验频率；

      M——特大洪水由大至小排列的序号；

      N——自最远的调查考证年份至今的年数。

实测系列内含有特大洪水时，此特大洪水亦应在实测系列中占序号。例如，实测为30年，其中有一个特大洪水，则一般洪水最大项应排在第二位，其经验频率$P_2 = 2/(30+1) = 0.0645$。

②统一样本法（统一处理法）。将实测系列与特大值系列共同组成一个不连序系列，作为代表总体的一个样本，不连序系列各项可在历史调查期N年内统一排位。

假设在历史调查期N年中有特大洪水a项，其中有l项发生在n年实测系列之内；系列中的a项特大洪水的经验频率仍用式$P_m = M/(N+1)$计算。实测系列中其余的$(n-l)$项，则均匀分布在$1-P_{Ma}$频率范围内，P_{Ma}为特大洪水第末项$M = a$的经验频率，即：

$$P_{Ma} = \frac{a}{N+1} \tag{7-4-30}$$

实测系列中第m项的经验频率计算公式为：

$$P_m = P_{Ma} + (1-P_{Ma})\frac{m-l}{n-l+1} \tag{7-4-31}$$

上述两种方法，我国目前都在使用，两种方法计算的经验频率成果往往是接近的。但是在使用独立样本法计算不连续系列的经验频率时，可能会出现历史洪水与实测洪水"重叠"的不合理现象，即末位几项特大洪水的经验频率大于首几项实测洪水的经验频率。特别地，当N相对较小或特大洪水个数较多，n相对较大时，更为明显。为克服独立样本法的不足，通常倾向于采用统一样本法。

（4）洪水频率曲线线型

样本系列各项的经验频率确定之后，可在概率格纸上确定经验频率点据的位置。点绘时，用不同符号分别表示实测、插补和调查的洪水点据，其为首的若干个点据应标明其发生年份。通过点据中心，可以目估绘制出一条光滑的曲线，称为经验频率曲线。由于经验频率曲线是由有限的实测资料算出的，当求稀遇设计洪水数值时，需要对频率曲线进行外延，而经验频率曲线往往不能满足这一要求，为使设计工作规范化，便于各地设计洪水估计结果有可比性，世界上大多数国家往往以当地长期洪水系列经验点据拟合情况，选择一种能较好地拟合大多数系列的理论线型，以供本国或本地区有关工程设计使用。

我国曾采用皮尔逊III型和克里茨基-曼开里型作为洪水特征的频率曲线线型，为了使设计工作规范化，自20世纪60年代以来，一直采用皮尔逊III型曲线，作为洪水频率计算的依据。《水利水电工程设计洪水计算规范》（SL 44—2006）中规定"频率曲线线型一般应采用皮尔逊III型。特殊情况，经分析论证后也可采用其他线型"。

从皮尔逊III型频率曲线的特性来看，其上端随频率的减小迅速递增以至趋向无穷，曲线下端在$C_s > 2$时趋于平坦，而实测值又往往很小，对于这些干旱半干旱的中小河流，即使调整参数，可能也难有满意的适线成果，对于此类特殊情况，经分析研究，也可采用其他线型。

（5）频率曲线参数估计

在洪水频率计算中，我国规范统一规定采用适线法。适线法有两种：一种是经验适线法（或称目估适线法），另一种是优化适线法。

用适线法估计频率曲线的统计参数分为初步估计参数、用适线法调整初估值以及对比分析三个步骤。

矩法是一种简单的经典参数估计方法，其无须事先选定频率曲线线型，因而是洪水频率分析中广泛使用的一种方法。由矩法估计的参数及由此求得的频率曲线总是系数偏小，其中尤以C_s偏小更为明显。

在用矩法初估参数时，对于不连序系列，假定$n-l$年系列的均值和均方差与除去特大洪水后的$N-a$年系列的相等，即$\overline{x}_{N-a} = \overline{x}_{n-l}$，$\sigma_{N-a} = \sigma_{n-l}$可以导出参数计算公式：

$$\begin{cases} \overline{x} = \dfrac{1}{N}\left[\sum\limits_{j=1}^{a} x_j + \dfrac{N-a}{n-l}\sum\limits_{i=l+1}^{n} x_i\right] \\ C_v = \dfrac{1}{\overline{x}}\sqrt{\dfrac{1}{N-1}\left[\sum\limits_{j=1}^{a}\left(x_j - \overline{x}\right)^2 + \dfrac{N-a}{n-l}\sum\limits_{i=l+1}^{n}\left(x_i - \overline{x}\right)^2\right]} \end{cases} \qquad (7-4-32)$$

式中：x_j——特大洪水，$j = 1, 2, \cdots, a$；

$\qquad x_i$——一般洪水，$i = l+1, l+2, \cdots, n$；

其余符号意义同前。

偏态系数C_s属于高阶矩，用矩法算出的参数值及由此求得的频率曲线与经验点据往往相差较大，故一般不用矩法计算，而是参考附近地区资料选定一个C_s/C_v值。对于$C_v < 0.5$的地区，可试用$C_s/C_v = 3\sim4$进行配线；对于$0.5 < C_v < 1.0$的地区，可试用$C_s/C_v = 2.5\sim3.5$进行配线；对于$C_v > 1.0$的地区，可试用$C_s/C_v = 2\sim3$进行配线。

为使洪水频率计算成果客观、合理，在适线过程中应尽量通过调整参数，使曲线与经验点据配合最好，此时的参数就是所求的曲线线型的参数，从而可以计算设计洪水值。

（6）推求设计洪峰及洪量

根据上述方法计算的参数初始值，用适线法求出洪水频率曲线，然后在频率曲线上求得相应于设计频率的设计洪峰和各统计时段的设计洪量。

【例 7-4-5】 某水文站实测洪峰流量资料共 30 年，历史特大洪水 2 年，历史考证期 102 年，试用矩法初选参数进行配线，推求该水文站 200 年一遇的洪峰流量。

解 ①计算经验频率，并点绘经验频率曲线。采用独立样本法计算洪水的经验频率。用式$P_m = \dfrac{M}{N+1}$计算特大洪水的经验频率，式中$N = 102$，计算成果列入表 1 第（3）栏。

用$P_m = \dfrac{m}{n+1}$计算一般洪水的经验频率，式中$P_{Ma} = P_{M2}$，计算成果列入表 1 第（4）栏。

②用矩法计算统计参数。计算年最大洪峰流量的均值，式中$N = 102$、$n = 30$、$a = 2$、$l = 0$，得：

$$\overline{x} = \frac{1}{N}\left(\sum_{j=1}^{a} x_j + \frac{N-a}{n-l}\sum_{i=l+1}^{n} x_i\right) = \frac{1}{102}\left(4720 + \frac{100}{30} \times 16542\right) = 587 \text{m}^3/\text{s}$$

某河水文站洪峰流量经验频率计算（$a = 2$，$l = 0$） 例 7-4-5 表 1

序号	洪峰流量（m^3/s）	$P_{3a} = \dfrac{M}{N+1}$	$\dfrac{m}{n+1}$	$(1 - P_{Ma})\dfrac{m}{n+1}$	$P_M - P_{Ma} + (1 - P_{Ma})\dfrac{m}{n+1}$
（1）	（2）	（3）	（4）	（5）	（6）
I	2520	0.010			
II	2100	0.019			
1	1400		0.032	0.031	0.050
2	1210		0.065	0.064	0.083

序号	洪峰流量 （m³/s）	$P_{3a} = \dfrac{M}{N+1}$	$\dfrac{m}{n+1}$	$(1-P_{Ma})\dfrac{m}{n+1}$	$P_M - P_{Ma} + (1-P_{Ma})\dfrac{m}{n+1}$
（1）	（2）	（3）	（4）	（5）	（6）
3	960		0.097	0.095	0.114
4	920		0.129	0.127	0.146
5	890		0.161	0.158	0.177
6	880		0.194	0.190	0.209
7	790		0.226	0.222	0.241
8	784		0.258	0.253	0.272
9	670		0.290	0.284	0.303
10	650		0.323	0.317	0.336
11	638		0.355	0.348	0.367
12	590		0.387	0.380	0.399
13	520		0.419	0.411	0.430
14	510		0.452	0.443	0.462
15	480		0.484	0.475	0.494
16	470		0.516	0.506	0.525
17	462		0.548	0.538	0.557
18	440		0.581	0.570	0.589
19	386		0.613	0.601	0.620
20	368		0.645	0.633	0.652
21	340		0.677	0.664	0.683
22	322		0.710	0.697	0.716
23	300		0.742	0.728	0.747
24	288		0.774	0.759	0.778
25	262		0.806	0.791	0.810
26	240		0.839	0.823	0.842
27	220		0.871	0.854	0.873
28	200		0.903	0.886	0.905
29	186		0.935	0.917	0.936
30	160		0.968	0.950	0.969

计算年最大洪峰流量的变差系数（见表2、表3），得

$$C_{\mathrm{v}} = \frac{1}{\overline{x}} \sqrt{\frac{1}{N-1} \left[\sum_{j=1}^{a} (x_j - \overline{x})^2 + \frac{N-a}{n-l} \sum_{i=l+1}^{n} (x_i - \overline{x})^2 \right]}$$

$$= \frac{1}{587} \times \sqrt{\frac{1}{101} \times (6338238 + 9617033)} = 0.68$$

变 差 系 数 计 算   例 7-4-5 表 2

序号	x, x	$x_j - \overline{x}$	$(x_i - \overline{x})^2$
1	2520	1933	3736489
2	2200	1613	2601749
Σ			6338238

变 差 系 数 计 算   例 7-4-5 表 3

序号	x_i	$x_i - \overline{x}$	$(x_i - \overline{x})^2$	序号	x_i	$x_i - \overline{x}$	$(x_i - \overline{x})^2$
1	1400	913	660969	17	462	−125	15625
2	1210	623	388129	18	440	−147	21609
3	960	373	139129	19	386	−201	40401
4	920	333	110889	20	268	−219	47961
5	890	303	91809	21	346	−241	58081
6	880	293	85849	22	322	−265	70225
7	790	203	41209	23	300	−587	82369
8	784	197	38809	24	288	299	89401
9	570	83	6889	25	262	−325	105625
10	650	83	6889	26	240	−347	120409
11	638	51	2601	27	220	−367	134689
12	590	3	9	28	200	−387	149769
13	520	−67	4489	29	186	401	160801
14	510	−77	5929	30	160	−427	182329
15	480	−107	11449	Σ	16542		2885110
16	470	−117	13689				

③选配洪水频率曲线。根据统计参数计算成果，取 $C_{\mathrm{v}} = 0.7$，$C_{\mathrm{s}} = 3C_{\mathrm{v}}$，查附表得出相应于不同频率 P 的 K_{P} 值，列入表 4 第（2）栏，乘以 $\overline{Q}$ 得相应的 Q_{P} 值，列入表 4 第（3）栏。

将表 4 第（1）、（3）栏的对应数值点绘成曲线，可见点绘的频率曲线中下段与经验频率点据配合较好，但中上段偏离特大洪水点子下方较多，因此必须进行调整。

第二次配线时适当将 C_{v} 增大，并取 $C_{\mathrm{s}} = 3C_{\mathrm{v}}$，使曲线中上部与经验点靠近，再查附表得出相应于不同频率 P 的 K_{P} 值，列入表 4 第（4）栏，乘以 $\overline{Q}$ 得相应的 Q_{p} 值，列入表 4 第（5）栏，此时曲线与经验点据配合较好，可作为采用的洪水频率曲线（见图）。查 $P = 0.5\%$ 对应的 K_{P}，得 $K_{\mathrm{P}} = 4.87$，按 $Q_{\mathrm{P}} = K_{\mathrm{P}}\overline{Q}$ 算得：

$$Q_P = K_P \overline{Q} = 4.87 \times 587 = 2859 \text{m}^3/\text{s}$$

即为所求的该水文站 200 年一遇的洪峰流量。

频率曲线配线计算

频 率	第一次配线 $\overline{Q} = 587$ $C_v = 0.7$ $C_s = 3C_v$		第二次配线 $\overline{Q} = 587$ $C_v = 0.8$ $C_s = 3.5C_v$	
$P(\%)$	K_P	$Q_P(\text{m}^3/\text{s})$	K_P	$Q_P(\text{m}^3/\text{s})$
（1）	（2）	（3）	（4）	（5）
1	3.56	2090	4.18	2454
2	3.05	1790	3.49	2049
10	1.90	1115	1.97	1156
20	1.41	828	1.37	804
50	0.78	458	0.70	411
75	0.50	294	0.49	288
90	0.39	229	0.44	258
95	0.36	211	0.43	252
99	0.34	200	0.43	252

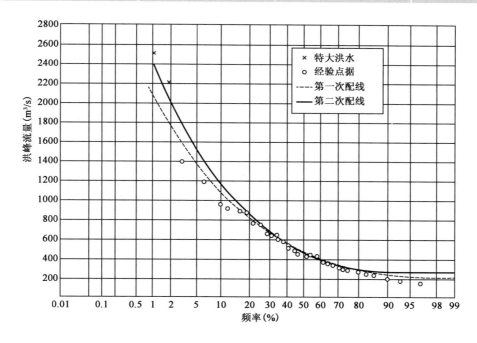

例 7-4-5 图 某站洪峰流量频率曲线图

（7）设计洪水过程线的推求

设计洪水过程线是指具有某一设计标准的洪水过程线。但是由于洪水过程线的形状各不相同，且洪水每年发生的时间也不相同，属于一种随机过程，目前尚无完善的方法直接从洪水过程线的统计规律求出一定频率的过程线。为了满足工程设计要求，目前仍采用放大典型洪水过程线的方法，使其洪峰流量和时段洪水总量的数值等于设计标准的频率值，即认为所得的过程线是待求的设计洪水过程线。

①典型洪水过程线的选取。典型洪水过程线是放大的基础，从实测洪水资料中选择典型时，资料要可靠，同时应考虑下列条件：

a.选择峰高量大的洪水过程线，其洪水特征接近于设计条件下的稀遇洪水情况。

b.要求洪水过程线具有一定的代表性，即它的发生季节、地区组成、洪峰次数、峰量关系等能代表本流域上大洪水的特性。

c.从水库防洪安全着眼，选择对工程防洪运用较不利的大洪水典型，如峰型比较集中、主峰靠后的洪水过程。

一般按上述条件初步选取几个典型，分别放大，并经调洪计算，取其中偏于安全的作为设计洪水过程线的典型。

②放大方法。根据工程和流域洪水特性，放大典型洪水过程线时，可选用同频率放大法或同倍比放大法。

a.同倍比放大法：此法是按洪峰或洪量同一个倍比放大典型洪水过程线的各纵坐标值，从而求得设计洪水过程线。因此，此法的关键在于确定以谁为主的放大倍比值。如果以洪峰控制，其放大倍比为：

$$K_Q = \frac{Q_{mP}}{Q_{md}} \qquad (7-4-33)$$

式中：K_Q——以峰控制的放大系数；

其余符号意义同前。

如果以量控制，其放大倍比为：

$$K_{wt} = \frac{W_{tP}}{W_{td}} \qquad (7-4-34)$$

式中：K_{wt}——以量控制的放大系数；

W_{tP}——控制时段 t 的设计洪量；

W_{td}——典型过程线在控制时段 t 的最大洪量。

采用同倍比放大时，若放大后洪峰或某时段洪量超过或低于设计很多，且对调洪结果影响较大时，应另选典型。

b.同频率放大法：此法要求放大后的设计洪水过程线的峰和不同时段（1d、3d、…）的洪量均分别等于设计值。具体做法是先由频率计算求出设计的洪峰值 Q_{mP} 和不同时段的设计洪量值 W_{1P}、W_{3P}、…，并求典型过程线的洪峰 Q_{mP}，和不同时段的洪量 W_{1d}、W_{3d}、…，然后按洪峰、最大 1d 洪量、最大 3d 洪量…的顺序，采用以下不同倍比值分别将典型过程进行放大。

洪峰放大倍比为：

$$R_{Q_m} = \frac{Q_{mP}}{Q_{md}} \qquad (7-4-35)$$

最大一天洪量放大倍比为：

$$K_1 = \frac{W_{1P}}{W_{1d}} \qquad (7-4-36)$$

最大三天洪量中除最大一天外，其余两天的放大倍比为：

$$K_{3-1} = \frac{W_{3P} - W_{1P}}{W_{3d} - W_{1d}} \qquad (7-4-37)$$

同理，在放大最大 7d 中，3d 以外的 4d 的放大倍比为

$$K_{7-3} = \frac{W_{7P} - W_{3P}}{W_{7d} - W_{3d}} \qquad (7-4-38)$$

以上说明，最大 1d 洪量包括在最大 3d 洪量之中，同理，最大 3d 洪量包括在最大 7d 洪量之中，得出的洪水过程线上的洪峰和不同时段的洪量，恰好等于设计值。时段划分视过程线的长度而定，但不宜太多，一般以 3 段或 4 段为宜。由于各时段放大倍比不相等，放大后的过程线在时段分界处出现不连续现象，此时可徒手修匀，修匀后仍应保持洪峰和各时段洪量等于设计值。如放大倍比相差较大，要分析原因，采取措施，消除不合理的现象。

③两种放大方法的比较

同倍比放大方法计算简便，常用于峰量关系较好的河流，以及水工建筑物的防洪安全主要由洪峰流量或某时段洪量起控制作用的工程。对历时长、多峰型的洪水过程，或要求分析洪水地区组成时，同倍比放大法比同频率放大法更为适用。同倍比放大后，设计洪水过程线保持典型洪水过程线的形状不变。

同频率放大法成果较少受到所选典型不同的影响。常用于峰量关系不够好、洪峰形状差别大的河流，以及峰量对水工建筑物的防洪安全起控制作用的工程。

【例 7-4-6】 经过对某水库实测和调查洪水的分析，初步确定 1971 年 8 月的一次洪水为典型洪水，其洪峰、各时段洪量及设计洪峰、洪量见表 1，洪水过程线计算见表 2。要求用分时段同频率放大法，推求 $P = 1\%$ 的设计洪水过程线。

某水库典型及设计洪峰、洪量统计　　　　　　　　　　例 7-4-6 表 1

时段（d）	设计洪量 $W_{t1\%}(10^6 m^3)$	典型洪水	
		1971 年 8 月 3 日 0 时—9 日 24 时	
		起讫日期	洪量 $W_{td}(10^6 m^3)$
1	60.5	3 日 0 时—4 日 24 时	47.7
3	90.5	3 日 0 时—6 日 24 时	70.9
7	116	3 日 0 时—9 日 24 时	92.3
洪峰流量(m³/s)		$Q_{m1\%} = 1460 \quad Q_{md} = 1066$	

解　首先计算洪峰和各时段洪量的放大倍比。

$$K_{Q_m} = \frac{1460}{1066} = 1.37$$

$$K_1 = \frac{60.5}{47.7} = 1.27$$

$$K_{3-1} = \frac{90.5 - 60.5}{70.9 - 47.7} = 1.29$$

$$K_{7-3} = \frac{116 - 90.5}{92.3 - 70.9} = 1.19$$

将这些放大倍比按其放大时段列入表 2 第（3）栏，然后分别乘以第（2）栏中的流量值，填入第（4）栏。最后，经过修匀后填入第（5）栏。典型洪水过程线和设计洪水过程线如图所示。

同频率法设计洪水过程线计算

典型洪水过程线			放大倍比	放大后流量（m³/s）	修匀后的流量（m³/s）
时 间		流量（m³/s）			
日	时				
（1）		（2）	（3）	（4）	（5）
3	0	30	1.19	35.7	35
3	12	40	1.19	47.6	48
4	0	60	1.19/1	71.4/76.2	72
4	4	130	1.27	165.1	160
4	12	894	1.27	1135.38	1135
4	14	980	1.27	1244.6	1244
4	15	1066	1.27	1353.82	1460
4	16	950	1.27	1206.5	1206
4	21	480	1.27	609.6	605
5	0	350	1.27/1	445/451	446
5	3	240	1.29	309.6	310
5	8	167	1.29	215.43	215
5	11	139	1.29	179.31	179
5	20	107	1.29	138.03	138
6	0	115	1.29	148.35	148
6	5	130	1.29	167.7	168
6	16	82	1.29	105.8	106
6	19	80	1.29	103.2	103
6	20	82	1.29	105.8	106
7	0	135	1.29/1	174/161	171
7	1	140	1.19	166.6	167
7	3	170	1.19	202.3	202
7	11	125	1.19	148.8	149
8	0	70	1.19	83.3	83
8	5	55	1.19	65.5	66
8	13	46	1.19	54.7	55
9	0	40	1.19	47.6	47
9	10	36	1.19	42.8	43
9	24	31	1.19	36.9	36

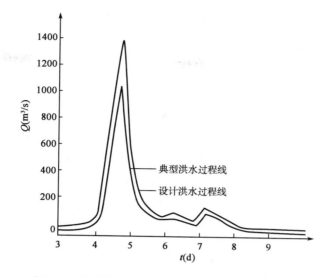

例 7-4-6 图 某水库工程百年一遇的设计洪水过程线

【例 7-4-7】 设计洪水的三个要素是：

    A. 设计洪水标准、设计洪峰流量、设计洪水历时

    B. 洪峰流量、洪水总量和洪水过程线

    C. 设计洪峰流量、1d 洪量、3d 洪量

    D. 设计洪峰流量、设计洪水总量、设计洪水过程线

解 选 D。

【例 7-4-8】 资料系列的代表性是指：

    A. 是否有特大洪水

    B. 系列是否连续

    C. 能否反映流域特点

    D. 样本的频率分布是否接近总体的概率分布

解 选 D。

3）由暴雨资料推求设计洪水

在实际工作中，中小流域常因流量资料不足无法直接由流量资料推求设计洪水，而暴雨资料一般较多，因此可用暴雨资料推求设计洪水。特别是：

①在中小流域上兴建水利工程，经常遇到流量资料不足或代表性较差，难以使用相关法来插补延长，因此，需用暴雨资料推求设计洪水。

②由于人类活动的影响，使径流形成的条件发生显著的改变，破坏了洪水资料系列的一致性。因此，可以通过暴雨资料，用人类活动后新的径流形成条件推求设计洪水。

③即使是流量资料充足，为了论证设计成果的合理性，用多种方法进行推算设计洪水，也要用暴雨资料推求设计洪水。

④无资料地区小流域的设计洪水和保坝洪水，一般都是根据暴雨资料推求的。

按照暴雨洪水的形成过程，推求设计洪水可分三步进行。

①推求设计暴雨：用频率分析法求不同历时指定频率的设计雨量及暴雨过程。基本假定为洪水与暴雨同频率。关于设计暴雨，一些研究成果表明，对于比较大的洪水，大体上可以认为某一频率的暴雨将形成

同一频率的洪水，即假定暴雨与洪水同频率。因此，推求设计暴雨就是推求与设计洪水同频率的暴雨。

②推求设计净雨：设计暴雨扣除损失就是设计净雨。

③推求设计洪水：应用单位线法等对设计净雨，进行汇流计算，即得流域出口断面的设计洪水过程。

其中注意暴雨资料的收集、审查与展延，继而可以推求设计暴雨。

（1）暴雨资料的收集、审查与展延

暴雨资料主要向水文、气象部门刊印的《水文年鉴》、气象月报收集，也可在主管部门的网站查阅，也可收集特大暴雨图集和特大暴雨的调查资料。我国暴雨资料按其观测方法及观测次数的不同，分为日雨量资料、自记雨量资料和分段雨量资料三种。日雨量资料一般是指当天 8：00 到次日 8：00 所记录的雨量资料。自记雨量资料是以分钟为单位记录的雨量过程资料。分段雨量资料一般以 1h、3h、6h、12h 等不同的时间间隔记录的雨量资料。暴雨资料应进行可靠性审查，重点审查特大或特小雨量观测记录是否真实，有无错记或漏测情况，必要时可结合实际调查，予以纠正，检查自记雨量资料有无仪器故障的影响，并与相应定时段雨量观测记录比较，尽可能审定其准确性。

暴雨资料的代表性分析，可通过与邻近地区长系列雨量或其他水文资料，以及本流域或邻近流域实际大洪水资料进行对比分析，注意所选用暴雨资料系列是否有偏丰或偏枯等情况。暴雨资料一致性审查，对于按年最大值选样的情况，理应加以考虑，但实际上有困难。对于求分期设计暴雨时，要注意暴雨资料的一致性，不同类型暴雨特性是不一样的，如我国南方地区的梅雨与台风雨，宜分别考虑。如暴雨的核心部分（称主雨峰）在暴雨过程的后期出现属于对工程安全较为不利的暴雨过程。

暴雨资料的展延，若邻站与本站距离较近，地形相差不大时，可直接移用邻站资料；当邻近地区测站较多时，大水年份可绘制同次暴雨或某一历时年最大值暴雨等值线图，利用此图进行插补；一般年份可用邻近各站的平均值插补；如果本流域暴雨与洪水相关关系较好，可用大洪水资料插补展延面雨量资料；可利用多站平均雨量与同期少站平均雨量建立相关关系；为了解决同期观测资料较短、相关点据较少的问题，在建立相关关系时，可利用一年多次法选样，以增添一些相关点据，更好地确定相关线。

（2）设计暴雨量的推求

推求设计洪水所需的设计暴雨是指设计条件下的流域面平均暴雨量，即设计面暴雨量。一般有两种计算方法：当设计流域雨量站较多、分布较均匀、各站又有长期的同期资料、能求出比较可靠的流域平均雨量（面雨量）时，就可直接选取每年指定统计时段的最大面暴雨量，进行频率计算求得设计面暴雨量。这种方法常称为设计面暴雨量计算的直接法。选择流域平均面雨量可根据算术平均法、面积加权平均法或等值线法由点雨量推求。

暴雨量统计选择方法与洪量相同，采用固定时段年最大值独立选法，时段的长短视流域大小、暴雨特性及工程的重要性等确定，水文计算中习惯以 1d 作为长短历时的分界。

另一种方法是当设计流域内雨量站稀少，或观测系列甚短，或同期观测资料很少甚至没有，无法直接求得设计面暴雨量时，只好用间接方法计算，也就是先求流域中心附近代表站的设计点暴雨量，然后通过暴雨点面关系，求相应设计面暴雨量，本法称为设计面暴雨量计算的间接法。

求到设计暴雨后，还要扣除损失，才能计算出设计净雨。扣除损失的方法，常用径流系数法，暴雨径流相关图法和入渗扣损法这三种。推求设计净雨与推求设计洪水步骤（略）。

经 典 练 习

7-4-1 大坝的设计洪水标准化比下游防护对象的防洪标准（   ）。

A. 高   B. 低   C. 一样   D. 不能肯定

7-4-2　某一历史洪水从发生年份以来为最大，则该特大洪水的重现期为（　　　）。

A. $N = $ 设计年份 − 发生年份   B. $N = $ 发生年份 − 设计年份 + 1

C. $N = $ 设计年份 − 发生年份 + 1   D. $N = $ 设计年份 − 发生年份 − 1

7-4-3　在同一气候区，河流从上游向下游，其洪峰流量的 C_v 值一般是（　　　）。

A. $C_{v上} > C_{v下}$ B. $C_{v上} < C_{v下}$ C. $C_{v上} = C_{v下}$ D. $C_{v上} \leqslant C_{v下}$

7-4-4　用暴雨资料推求设计洪水的原因是（　　　）。

A. 用暴雨资料推求设计洪水精度高

B. 用暴雨资料推求设计洪水方法简单

C. 流量资料不足或要求多种方法比较

D. 大暴雨资料容易收集

7-4-5　对于具有发电、防洪和灌溉等综合功能的大、中型水利水电工程，设计洪水要求计算（　　　）。

A. 设计洪峰流量或设计洪水位

B. 一定时段的设计洪水总量或洪水频率

C. 洪水过程线或洪水的地区组成

D. 以上均对

7.5　设计年径流

考试大纲☞： 频率分析　时程分配

一个年度内在河槽里流动的水流称作年径流，年径流量是在一年里通过河流某一断面的水量，它可以用年径流总量 W（万 m^3 或亿 m^3）、年平均流量 Q（m^3/s）、年径流深 R（mm）及年径流模数 M（$m^2/s \cdot km^2$）等表示。多年平均年径流量有时被称为正常年径流量，相应以 W_0、Q_0、R_0、M_0 等表示。模比系数 k_i 为某一年的年径流量与正常年径流量之比。

$$k_i = \frac{W_i}{W_0} = \frac{Q_i}{Q_0} = \frac{R_i}{R_0} = \frac{M_i}{M_0} \tag{7-5-1}$$

通过观测资料分析，年径流年内组合具有汛期和非汛期，周期性和随机性的特点；年际变化很大，多年变化有丰水年组和枯水年组交替出现等现象，因此分析研究年径流量的变化规律，进行年径流分析计算是水资源利用工程中最重要的工作之一。设计年径流及其时程分配形式对水利水电工程的规划设计尤为重要。它是衡量工程规模和确定水资源利用程度的重要指标。

年径流分析计算的内容包括：

（1）基本资料信息的搜集和复查。基本资料和信息包括：设计流域和参证流域的自然地理概况、流域河道特征、有明显人类活动影响的工程措施、水文气象资料，以及前人分析的有关成果。对搜集到的水文资料，应有重点地进行复查，对资料的可靠性做出评定。

（2）年径流量的频率分析计算。对年径流系列较长且较完整的资料，可直接据以进行频率分析，确定所需的设计年径流量。对短缺资料的流域，应尽量设法延长其径流系列，或用间接方法，经过合理的论证和修正、移用参证流域的设计成果。

（3）设计年径流的时程分配。在设计年径流量确定以后，参照本流域或参证流域代表年的径流分配过程，确定年径流在年内的分配过程。

（4）分析成果的合理性检查。包括检查分析计算的主要环节，与以往已有设计成果和地区性综合成果进行对比等手段，对设计成果的合理性做出论证。

年径流分析计算的任务是在研究年径流年际变化和年内分配规律的基础上，预估未来工程运行期间的径流变化情况，为合理确定工程规模和效益提供正确的水文依据。

（1）提供长系列年径流过程。

（2）提供设计或实际代表年的年径流过程。

相关概念如下：

设计保证率：水资源利用工程包括水库蓄水工程、供水工程、水力发电工程和航运工程等，其设计标准用保证率表示，反映对水利资源利用的保证程度，即工程规划设计的既定目标不被破坏的年数占运用年数的百分比。

破坏率：水资源利用程度，在分析枯水径流和时段最小流量时，还可用破坏率，即破坏年数占运用年数的百分比来表示，在概念上更为直观。

保证率和破坏率的换算：设保证概率为p，破坏概率为q，则$p = 1 - q$。

7.5.1 频率分析

水文要素频率分析的通用方法，在前面已有详细阐述，此处重点针对年径流的特点，补充介绍一些应予注意的事项。

1）有较长资料时设计年径流频率分析计算

（1）年径流的年度选择

①日历年度：当年径流资料经过审查、插补延长、还原计算和资料一致性和代表性论证以后，应按逐年逐月统计其径流量，组成年径流系列和月径流系列。这些数据绝大部分可自《水文年鉴》上直接引用，但须注意《水文年鉴》上刊布的数字是按日历年分界的，即每年1~12月为一个完整的年份。

②水文年度：在计算流域水量平衡关系时，最好采用水文年度。一个水文年度内的径流应该是该水文年度的降水所产生的，从枯水期结束后的月份开始的连续12个月时间。水文年度的开始日期有两种不同的划分方法：一是选择供给河流水源自然转变的时候，即从专靠地下水源转变到地面水源增多的时候；二是根据与地面水文气象相适应的时候，即选择降水量极少，地表径流接近停止的时候。因此，每一水文年度的开始日期是不同的，但为便于整编计算起见，实际划分时仍以某一月的第一日作为年度开始日期。

③水利年度：在水资源利用工程中，为便于水资源的调度运用，常采用水利年度，有时亦称为调节年度。它不是从1月份开始，而是将水库调节库容的最低点（汛前某一月份，各地根据入汛的迟早具体确定）作为一个水利年度的起始点，周而复始加以统计，建立起一个新的年径流系列。

当年径流系列较长时，用上述日历年度、水文年度或水利年度所获得的系列做出的频率分析成果是很接近的。

（2）线型与参数估算

经验表明，我国大多数河流的年径流频率分析，可以采用 P-III 型频率分布曲线，但规范同时指出，经分析论证亦可采用其他线型。

P-III 型年径流频率曲线有 3 个参数，其中均值（$\bar{x}$）一般直接采用矩法计算值；变差系数（C_v）可先用矩法估算，并根据适线拟合最优的准则进行调整；偏态系数（C_s）一般不进行计算，而直接采用C_v

的倍比，我国绝大多数河流可采用$C_s = (2\sim3)C_v$。在进行频率适线和参数调整时，可侧重考虑平、枯水年份年径流点群的趋势。

2）有较短年径流资料的情况

有较短期年径流系列时，设计年径流频率分析计算的关键是展延年径流系列的长度。寻求与设计断面径流有密切关系并有较长观测系列的参证变量（如流域的年降水量或设计断面上下游测站或邻近河流测站的年径流量、流域的年降水量资料等）。通过设计断面年径流与其参证变量的相关关系，将设计断面年径流系列适当地加以延长至规范要求的长度。当年径流系列适当延长以后，其频率分析方法与前述完全一样。

3）缺乏实测径流资料时设计年径流量的估算

在部分中小流域内，只有零星的径流观测资料，且无法延长其系列，甚至完全没有径流观测资料，则只能利用一些间接的方法，对其设计径流量进行估算。采用这类方法的前提是设计流域所在的区域内，有水文特征值的综合分析成果，或在水文相似区内有径流系列较长的参证站可资利用。

常用的方法是水文比拟法和参数等值线法等。

（1）参数等值线图法

我国已绘制了全国和分省（区）的水文特征值等值线图和表，其中年径流深等值线图及C_v等值线图，可供中小流域设计年径流量估算时直接采用。

年径流的C_s值，一般采用C_v的倍比。按照规范规定，一般可采用$C_s = (2\sim3)C_v$。

在确定了年径流的均值、C_v、C_s后，便可借助于 P-III 型频率曲线的离均系数值表或模比系数值表，绘制出年径流的频率（分布）曲线，确定设计频率的年径流值。

（2）水文比拟法

水文比拟法是无资料流域移植（经过修正）水文相似区内相似流域的实测水文特征值的常用方法，特别适用于年径流的分析估算。当设计断面缺乏实测径流资料，但其上下游或水文相似区内有实测水文资料可以选作参证站时，可采用本法估算设计年径流量。

水文比拟法成果的精度，取决于设计流域和参证流域的相似程度，特别是流域下垫面的情况要比较接近。

4）其他注意事项

（1）参数的定量应注意参照地区综合分析成果。

（2）历史枯水年径流的考证和引用。

【例 7-5-1】频率为 $P = 90\%$ 的枯水年的年径流量为 $Q_{90\%}$，则十年一遇枯水年是指：

    A. $\geq Q_{90\%}$ 的年径流量每隔十年必然发生一次

    B. $\geq Q_{90\%}$ 的年径流量平均十年可能出现一次

    C. $\leq Q_{90\%}$ 的年径流量每隔十年必然发生一次

    D. $\leq Q_{90\%}$ 的年径流量平均十年可能出现一次

解 对于重现期与频率的关系，设计频率 $P < 50\%$，重现期 $T = 1/P$，对于枯水 $P > 50\%$，$T = 1/(1-P)$，$P = 90\%$ 枯水年的重现期因此为 10 年一遇，因为是概率问题，所以选择 D，平均概念。

【例 7-5-2】设计年径流量随设计频率：

    A. 增大而减小   B. 增大而增大   C. 增大而不变   D. 减小而不变

解　设计年径流量是指相应于某一设计频率的年径流量。设计频率P越大，代表出现可能性越大、频繁，因此设计年径流量越小。选 A。

【例 7-5-3】　绘制年径流频率曲线，必须已知：

　　　　A. 年径流的均值$\overline{x}$、C_v、C_s和线型

　　　　B. 年径流的均值$\overline{x}$、C_s、线型和最小值

　　　　C. 年径流的均值$\overline{x}$、C_v、C_s和最小值

　　　　D. 年径流的均值$\overline{x}$、C_s、最大值和最小值

解　年径流频率曲线绘制的方法中已经给出需要知道线型和参数估值，参数包括 3 项$\overline{x}$、C_v、C_s。选 A。

【例 7-5-4】　在推求设计枯水流量时，通常用于进行径流分析的特征值是：

　　　　A. 日平均流量

　　　　B. 旬平均流量

　　　　C. 月平均流量

　　　　D. 年均流量

解　枯水流量也称最小流量，按设计时段的长短，枯水流量可分为瞬时、日、月、……最小流量。枯水流量的选样是取一年中的最小值。分析计算枯水径流时，对调节性能强的水库，需用水库供水期数个月的枯水流量组成样本系列；对于无调节而直接从河流中取水的一级泵站，则需用每年的最小日平均流量组成样本系列。选 A。

7.5.2　时程分配

河川年径流的时程分配，一般按其各月的径流分配比来表示。当设计径流量确定以后，还须根据工程的目的与要求，提供与之配套的设计径流时程分配成果，以满足工程规划设计的需要。时程分配内容主要包括了解设计年径流时程分配的重要性确定设计年径流时程分配的方法。学习掌握程度为了解设计年径流时程分配对工程规模的作用掌握设计代表年法的选年原则和缩放方法了解实际代表年法与设计代表年法的异同了解虚拟年法、全系列法、水文比拟法的方法实质与适用条件。

由于径流年内分配的随机性很强，即使年径流总量相同或接近时，其在年内按月分配的过程也可能出现很大的差异。合理确定设计年径流分配过程，需要选择适用的方法，根据实测径流资料情况和工程性质，常用设计代表年法、实际代表年法、虚拟年法、全系列法、水文比拟法等方法来确定一个合理的设计年径流分配过程。

1）设计年径流时程分配与工程规模的关系

河川年径流的时程分配，一般按其各月的径流分配比来表示。年径流的时程分配与工程规模和水资源利用程度关系很大。

对于无径流调节设施的灌溉工程，完全利用天然河川径流，主要依赖灌溉期径流的大小，决定对水资源的利用程度。灌溉期径流比例较大的河流，径流利用程度比较高，反之较低。

对水库蓄水工程来说，非汛期径流比例愈小，所需的调节库容愈大，反之则小，如图 7-5-1 所示。设来水量相同，汛期与非汛期的来水比例不同，但需水过程相同。图 7-5-1a）中枯季径流较小，为满足需水要求，所需调节库容V_1较大；图 7-5-1b）中枯季径流较大，所需调节库容V_2较小。

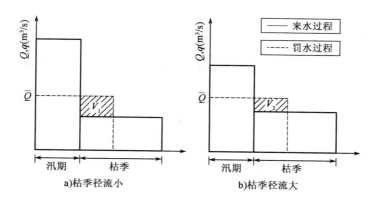

图 7-5-1　径流年内分配对调节库容的影响

2）设计代表年法

在工程水文中，常采用在长系列径流资料中选择一个典型的年内分配过程，并按此典型计算设计年径流量的年内分配，称为设计代表年法。代表年法比较直观和简便，采用较广。

（1）代表年（典型年）的选择

①根据设计标准，查年径流频率曲线，确定设计年径流量 W_P 或 $\overline{Q}_P$。

②从实测年径流资料中选择某一年（称为"典型年"）的年内分配作为典型，其选择原则为：选取年径流量与设计值 W_P（或 $Q_{实}$ 与 $\overline{Q}_P$）相接近的实际年份作为典型；选取对工程较为不利的年份作为典型。对灌溉工程而言，应选取灌溉需水期径流量比较枯，非灌溉期径流量相对较丰的年份。对水利水电工程而言，则应选取枯水期较长且枯水期径流量又较枯的年份。根据这种典型年的径流分配情况，计算得到的工程规模较大，对工程不利。

（2）设计年径流年内分配的计算

典型年选取后，将设计年径流量按典型年的月径流过程进行分配。常用的是同倍比法和同频率法。

①同倍比即先求设计年径流量（Q_P 或 W_P）与典型年的年径流量（Q_m 或 W_m）的比值 K，称为放大（缩小）倍比。

$$K = \frac{Q_P}{Q_m} \tag{7-5-2}$$

或

$$K = \frac{W_P}{W_m}$$

而后以 K 值分别乘代表年（典型年）各月的实测径流量，即得设计年径流的按月时程分配。同倍比法在计算时段上确定较为困难，因此提出同频率法。

②同频率法：是使所求的设计年内分配的各个时段径流量都能符合设计频率，采用各时段不同倍比缩放代表年的逐月径流，以获得同频率的设计年内分配。

（3）特点

设计代表年法的其基本依据是把工程所在地过去发生的年径流系列和工程未来运行期间的年径流系列看成是来自同一总体的两个样本。用过去的年径流样本去估计总体分布，然后把未来的年径流系列看成是从这一总体中抽出来的样本。为了检验工程在不同来水年份的运行情况，常选出丰、平、枯三个年份（如频率 $P = 20\%$、50%、80% 或 $P = 25\%$、50%、75%）为代表年得到三个设计年径流过程。对于灌溉工程，通常抽出枯水年得到一个设计年径流过程。该方法的特点是：来水资料要求比较高；计算工作量较小；设计保证率概念比较明确，但结果（假设）是近似的；结果依赖于代表年（典型年），适用于中小型水利水电工程。

3）实际代表年法

设计代表年法常用于水电工程，而较少用于灌溉工程。原因是灌溉用水与气象资料有关，作物需水量大小，取决于当年蒸发情况。所以灌溉工程选出典型年（选择原则与设计代表年法的相同）后，直接用其年径流量和年内分配作为设计年径流量与年内分配过程，然后年径流过程与用水过程做水量平衡计算可求出兴利库容。

该方法的特点是：来水、用水资料要求不高；计算简便；设计保证率概念不明确，但在处理代表年用水过程方面比较合理；适用于小型灌溉工程。

4）虚拟年法

在水资源利用规划阶段，有时并不针对某项具体工程的具体标准，而只作水资源利用的宏观分析或评估，则年径流的时程分配可采用一种多年平均情况，即年和各月的径流均采用多年平均值，并列出丰、平、枯三种代表年的年径流及按月时程分配。目前许多大中河流均有年、月径流的多年均值及其不同频率的相应计算值可供采用。这种年径流的时程分配形式，不是来自某些代表年份，而是代表多年的统计特征，是一种虚拟的年份，故称虚拟年法。

5）全系列法

评价一项水资源利用工程的性能和效益，最严密的办法是将全部年、月径流资料，按工程运行设计进行全面的操作运算，以检验有多少年份设计任务不遭到破坏，从而较准确地评定出工程的保证率或破坏率。这种方法较之上述方法更为客观和完善。

6）水文比拟法

对缺乏实测径流资料的设计流域，其设计年径流的时程分配，主要采用水文比拟法推求，即将水文相似区内参证站各种代表年的径流分配过程，经修正后移用于设计流域。其关键问题是选择恰当的参证流域，该流域应具有长期实测径流资料，且主要影响因素应与设计流域接近。

先求出参证站各月的径流分配比，乘以设计站的年径流，即得设计年径流的时程分配。月径流分配比按下式推求：

$$a_i = \frac{y_i}{Y} \tag{7-5-3}$$

式中：a_i——参证站第 i 月的径流分配比（%）；

y_i——参证站第 i 月的径流量（m^3）；

Y——参证站年径流量（m^3）。

如果找不到合适的参证站，但设计流域有降水量资料时，也可以将月降水量分配比，近似地移用于年径流的分配，但此法精度较差，使用时应予注意。在小流域中，其近似性较好，中等以上流域，一般不宜采用此法。

【例 7-5-5】 在典型年的选择中，当选出的典型年不止一个时，对水电工程应选取：

A. 灌溉需水期的径流比较枯的年份

B. 非灌溉需水期的径流比较枯的年份

C. 枯水期较长且枯水期径流比较枯的年份

D. 丰水期较长，但枯水期径流比较枯的年份

解 典型年选择的原则为选取对工程较为不利的年份。因此对水电工程而言，枯水期较长且枯水径

流比较枯的年份为不利，选择 C。

【例 7-5-6】 当缺乏实测径流资料时，可以基于参证流域用来推求设计流域的年、月径流系列的方法是：

        A. 水文比拟法   B. 实际代表年法   C. 设计代表年法   D. 全系列法

解 水文比拟法适用于缺乏实测径流资料的设计流域。选 A。

经 典 练 习

7-5-1 径流是由降水形成的，故年径流与年降水量的关系（   ）。

        A. 一定密切   B. 一定不密切   C. 在湿润地区密切   D. 在干旱地区密切

7-5-2 甲乙两河，通过实测年径流量资料的分析计算，获得各自的年径流均值 $\overline{Q}_\text{甲} = 100\text{m}^3/\text{s}$、$\overline{Q}_\text{乙} = 500\text{m}^3/\text{s}$ 和离势系数 $C_{v\text{甲}} = 0.42$，$C_{v\text{乙}} = 0.25$，两者比较可知（   ）。

    A. 甲河水资源丰富，径流量年际变化大

    B. 甲河水资源丰富，径流量年际变化小

    C. 乙河水资源丰富，径流量年际变化大

    D. 乙河水资源丰富，径流量年际变化小

7-5-3 在进行频率计算时，说到某一重现期的枯水流量时，常以（   ）。

    A. 大于该径流的概率来表示   B. 大于和等于该径流的概率来表示

    C. 小于该径流的概率来表示   D. 小于和等于该径流的概率来表示

7-5-4 在年径流系列的代表性审查中，一般将（   ）的同名统计参数相比较，当两者大致接近时，则认为设计变量系列具有代表性。

    A. 参证变量长系列与设计变量系列

    B. 同期的参证变量系列与设计变量系列

    C. 参证变量长系列与设计变量同期的参证变量系列

    D. 参证变量长系列与设计变量非同期的产正变量系列

参考答案及提示

7-1-1   B   水文循环是水资源具有再生性的原因。

7-1-2   A

7-1-3   C   考查理解下渗的物理过程。

7-1-4   B   考查下渗能力曲线的概念即定义。

7-1-5   A   根据埋藏条件，地下水可分为包气带水、潜水和承压水三类。在包气带中储存的水称为包气带水，饱水带中的水分为潜水和承压水。

7-2-1   C   根据水位计算的方法可知，一日内水位变化不大，应采用算术平均法。

7-2-2   A   流速仪是根据每秒转数和流速的关系，计算处测点流速。

7-2-3   D   见断面流量的计算公司可知，关键是流速施测。

7-2-4　A　一个测站的水位流量关系是指测站基本水尺断面处的水位与通过该断面的流量之间的关系，以水位为纵坐标，流量为横坐标点绘平滑曲线，因此考虑水位与流量之间呈单一关系较好。

7-3-1　B

7-3-2　C　根据公式可知，此时为稳定下渗率。

7-3-3　C　单位时段越小，其峰值越大，峰现时间越提前，历时越短，而时段长时则相反。

7-3-4　D　根据超渗产流原理，径流量的大小取决于降雨量、降雨强度和前期土壤含水量。

7-3-5　C

7-4-1　A　按规范选定的，一般大坝的设计洪水标准高于下游防护对象的防洪标准，因为没有枢纽工程的安全，就谈不上被保护对象的安全。

7-4-2　C　从发生年代至今为最大：$N =$ 工程设计年份 $-$ 发生年份 $+ 1$。

7-4-3　A　在同一气候区，河流从上游向下游，其洪峰流量的 C_v 值一般是逐步减小。

7-4-4　C　实际工作中，中小流域常因流量资料不足无法直接由流量资料推求设计洪水，而暴雨资料一般较多，因此可用暴雨资料推求设计洪水。

7-4-5　D　对于具有发电、防洪和灌溉等综合功能的大、中型水利水电工程，设计洪水的推求包括洪水三要素，即选项 A、B、C。

7-5-1　C　在干旱地区，降水量少，且极大部分耗于蒸发，年降水量与年径流量的关系不很密切，湿润地区，年降雨量与年径流量之间具有较密切的关系。

7-5-2　D　年径流均值的大小反映水资源丰富量，离势（变差）系数代表的离散程度。

7-5-3　D　以 10 年一遇的枯水年作为设计来水的标准为例，也就是说，平均 10 年中有一年来水可能小于或等于此枯水年的水量。

7-5-4　C　能作为参证变量应为长系列，为了进行比较。应使用同期系列。

专业基础

真题、模拟题及解析、参考答案

2013 年度全国注册土木工程师（水利水电工程）

执业资格考试试卷

基础考试
（下）

二〇一三年九月

应考人员注意事项

1. 本试卷科目代码为"2"，考生务必将此代码填涂在答题卡"科目代码"相应的栏目内，否则，无法评分。

2. 书写用笔：**黑色或蓝色钢笔、签字笔或圆珠笔**；

   填涂答题卡用笔：**黑色 2B 铅笔**。

3. 必须用书写用笔将工作单位、姓名、准考证号填写在答题卡和试卷相应的栏目内。

4. 本试卷由 60 题组成，每题 2 分，满分 120 分，本试卷全部为单项选择题，每小题的四个备选项中只有一个正确答案，错选、多选、不选均不得分。

5. 考生作答时，必须按**题号在答题卡上**将相应试题所选选项对应的**字母用 2B 铅笔涂黑**。

6. 在答题卡上书写与题意无关的语言，或在答题卡上作标记的，均按违纪试卷处理。

7. 考试结束时，由监考人员当面将试卷、答题卡一并收回。

8. 草稿纸由各地统一配发，考后收回。

单项选择题（共 60 题，每题 2 分。每题的备选项中只有一个最符合题意。）

1. 满足$dE_s/dh = 0$条件下的流动是：

   A. 缓流
   B. 急流
   C. 临界流
   D. 均匀流

2. 均质土坝的上游水流渗入边界是一条：

   A. 流线
   B. 等压线
   C. 等势线
   D. 以上都不对

3. 如图所示，A、B两点的高差为$\Delta z = 1.0m$，水银压差计中液面差$\Delta h_p = 1.0m$，则A、B两点的测压管水头差是：

   A. 13.6m

   B. 12.6m

   C. 133.28kN/m^2

   D. 123.28kN/m^2

4. 某管道过流，流量一定，管径不变，当忽略水头损失时，测压管水头线：

   A. 总是与总水头线平行

   B. 可能沿程上升也可能沿程下降

   C. 只能沿程下降

   D. 不可能低于管轴线

5. 某溢流坝的最大下泄流量是 12000m^3/s，相应的坝脚收缩断面处流速是 8m/s，如果模型试验中长度比尺为 50，则试验中控制流量和坝脚收缩断面处流速分别为：

   A. 240m^3/s 和 0.16m/s

   B. 33.94m^3/s 和 0.16m/s

   C. 4.80m^3/s 和 1.13m/s

   D. 0.6788m^3/s 和 1.13m/s

6. 如图所示为一利用静水压力自动开启的矩形翻板闸门。当上游水深超过水深 $H = 12$m时，闸门即自动绕转轴向顺时针方向倾倒，如不计闸门重量和摩擦力的影响，则转轴的高度 a 为：

A. 6m

B. 4m

C. 8m

D. 2m

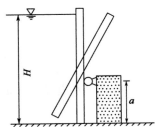

7. 渗流模型流速与真实渗流流速的关系是：

A. 模型流速大于真实流速

B. 模型流速等于真实流速

C. 无法判断

D. 模型流速小于真实流速

8. 恒定平面势流的流速势函数存在的条件是：

A. 无涡流

B. 满足不可压缩液体的连续方程

C. 满足不可压缩液体的能量方程

D. 旋转角速度不等于零

9. 下面关于圆管中水流运动的描述正确的是：

A. 产生层流运动的断面流速是对数分布

B. 产生紊流运动的断面流速是对数分布

C. 产生层流、紊流运动的断面流速都是对数分布

D. 产生层流、紊流运动的断面流速都是抛物型分布

10. 无黏性土的相对密实度愈小，土愈：

A. 密实

B. 松散

C. 居中

D. 为零

11. 塑性指数 I_p 为 8 的土，应定名为：

A. 砂土

B. 粉土

C. 粉质黏土

D. 黏土

12. 土的天然密度的单位是：

A. g/cm³

B. kN/m³

C. tf/m³

D. 无单位

13. 压缩系数 a_{1-2} 的下标 1-2 的含义是：

A. 1 表示自重应力，2 表示附加应力

B. 压力从 1MPa 增加到 2MPa

C. 压力从 100kPa 到 200kPa

D. 无特殊含义，仅是个符号而已

14. 计算地基中的附加应力时，应采用：

A. 基底附加压力

B. 基底压力

C. 基底净反力

D. 地基附加压力

15. 引起土体变形的力是：

A. 总应力

B. 有效应力

C. 孔隙水压力

D. 自重应力

16. 土越密实，则其内摩擦角：

A. 越小

B. 不变

C. 越大

D. 不能确定

17. 不属于地基土整体剪切破坏特征的是：

A. 基础四周的地面隆起

B. 多发生于坚硬黏土层及密实砂土层

C. 地基中形成连续的滑动面并贯穿至地面

D. 多发生于软土地基

18. 如果挡土墙后土推墙而使挡土墙发生一定的位移，使土体达到极限平衡状对作用在墙背上的土压力是：

A. 静止土压力

B. 主动土压力

C. 被动土压力

D. 无法确定

19. 围岩的稳定性评价方法之一是判断围岩的哪项强度是否适应围岩剪应力？

A. 抗剪强度和抗拉强度

B. 抗拉强度

C. 抗剪强度

D. 抗压强度

20. 图示体系为：

A. 几何不变，无多余约束

B. 瞬变体系

C. 几何不变，有多余约束

D. 常变体系

21. 图示桁架 1 杆的轴力为：

A. $\sqrt{2}P$

B. $2P$

C. $-\sqrt{2}P$

D. 0

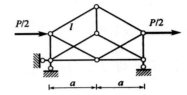

22. 图示结构弯矩图为：

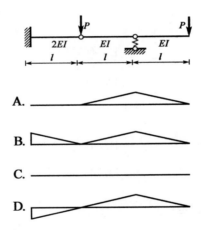

A.

B.

C.

D.

23. 图示刚架各杆 EI 相同，A 点水平位移为：

A. 向左

B. 向右

C. 0

D. 根据荷载值确定

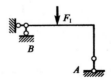

24. 图 a）结构，支座 A 产生逆时针转角 θ，支座 B 产生竖直向下的沉降 c，取图 b）结构为力法计算的基本结构，$EI =$ 常量，则力法方程为：

A. $\delta_{11}X_1 + \dfrac{c}{a} = \theta$

B. $\delta_{11}X_1 - \dfrac{c}{a} = \theta$

C. $\delta_{11}X_1 + \dfrac{c}{a} = -\theta$

D. $\delta_{11}X_1 - \dfrac{c}{a} = -\theta$

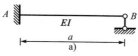

25. 用位移法计算图示刚架（$i = 2$），若取 A 结点的角位移为基本未知量，则主系数 K_{11} 的值为：

A. 14

B. 22

C. 28

D. 36

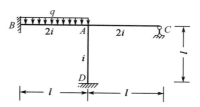

26. 用力矩分配法计算图示结构时，分配系数 μ_{AC} 为：

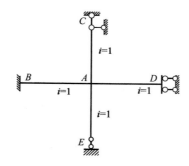

A. 1/8

B. 3/8

C. 1/11

D. 3/11

27. 图示外伸梁影响线为量值：

A. A 支座反力的影响线

B. A 截面剪力的影响线

C. A 左截面剪力的影响线

D. A 右截面剪力的影响线

28. 图示体系的自振频率为：

A. $\sqrt{3EI/(2ml^3)}$

B. $\sqrt{3EI/(ml^3)}$

C. $\sqrt{6EI/(ml^3)}$

D. $\sqrt{EI/(2ml^3)}$

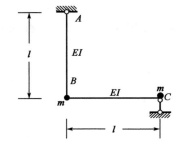

29. 水工混凝土应根据承载力、使用环境、耐久性能要求而选择：

A. 高强混凝土、和易性好的混凝土

B. 既满足承载力要求，又满足耐久性要求的混凝土

C. 不同强度等级、抗渗等级、抗冻等级的混凝土

D. 首先满足承载力要求，然后满足抗渗要求的混凝土

30. 以下说法正确的是：

A. 混凝土强度等级是以边长为 150mm 立方体试件的抗压强度确定

B. 材料强度的设计值均小于材料强度的标准值，标准值等于设计值除以材料强度分项系数

C. 材料强度的设计值均小于材料强度的标准值，设计值等于标准值除以材料强度分项系数

D. 硬钢强度标准值是根据极限抗拉强度平均值确定

31. 钢筋混凝土梁的设计主要包括：

A. 正截面承载力计算、抗裂、变形验算

B. 正截面承载力计算、斜截面承载力计算，对使用上需控制变形和裂缝宽度的梁尚需进行变形和裂缝宽度验算

C. 一般的梁仅需进行正截面承载力计算，重要的梁还要进行斜截面承载力计算及变形和裂缝宽度验算

D. 正截面承载力计算、斜截面承载力计算，如满足抗裂要求，则可不进行变形和裂缝宽度验算

32. 一矩形截面混凝土梁 $b \times h = 250\text{mm} \times 600\text{mm}$，$h_0 = 530\text{mm}$，混凝土强度等级 C30（$f_c = 14.3\text{MPa}$），主筋采用 HRB400 级钢筋（$f_y = 360\text{MPa}$，$\xi_b = 0.518$），根据 SL 191—2008 按单筋计算时，此梁纵向受拉钢筋截面面积最大值为：

A. $A_{s,max} = 2317\text{mm}^2$

B. $A_{s,max} = 2431\text{mm}^2$

C. $A_{s,max} = 2586\text{mm}^2$

D. $A_{s,max} = 2620\text{mm}^2$

33. 矩形截面混凝土梁 $b \times h = 250\text{mm} \times 600\text{mm}$，$a_s = a_s' = 40\text{mm}$，混凝土强度等级 C30（$f_c = 14.3\text{MPa}$），主筋采用 HRB335 级钢筋（$f_y = f_y' = 300\text{MPa}$，$\xi_b = 0.55$），采用双筋截面，受拉筋 A_s 为 4Φ22，受压筋 A_s' 为 2Φ16，$K = 1.2$，则该梁所能承受的弯矩设计值 M 为：

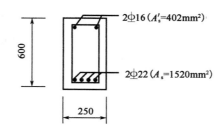

A. 166.5 kN·m

B. 170.3 kN·m

C. 180.5 kN·m

D. 195.6 kN·m

34. 已知一矩形混凝土梁，如题 33 图所示，箍筋采用 HRB335（$f_y = 300\text{MPa}$），箍筋直径为 Φ10，混凝土强度等级 C30（$f_c = 14.3\text{MPa}$，$f_t = 1.43\text{MPa}$），$a_s = 40\text{mm}$，$K = 1.2$，$V = 300\text{kN}$，则该梁的箍筋间距 s 为：

A. 100mm

B. 125mm

C. 150mm

D. 175mm

35. 简支梁的端支座弯矩为零，为何下部受力钢筋伸入支座内的锚固长度 L_{as} 应满足规范的规定？

A. 虽然端支座的弯矩为零，但为了安全可靠，锚固长度 L_{as} 应满足规范要求

B. 因为下部受力钢筋在支座内可靠锚固，可以承担部分剪力

C. 这是构造要求，目的是为了提高抗剪承载力

D. 为保证斜截面受弯承载力，当支座附近斜裂缝产生时，纵筋应力增大，如纵筋锚固不可靠则可能滑移或拔出

36. 剪、扭构件承载力计算公式中ζ、β_t的含义是：

A. ζ-剪扭构件的纵向钢筋与箍筋的配筋强度比，$1 \leqslant \zeta \leqslant 1.7$，$\zeta$值小时，箍筋配置较多；$\beta_t$-剪扭构件混凝土受扭承载力降低系数，$0.5 \leqslant \beta_t \leqslant 1.0$

B. ζ-剪扭构件的纵向钢筋与箍筋的配筋强度比，$0.6 \leqslant \zeta \leqslant 1.7$，$\zeta$值大时，抗扭纵筋配置较多；$\beta_t$-剪扭构件混凝土受扭承载力降低系数，$0.5 \leqslant \beta_t \leqslant 1.0$

C. ζ-剪扭构件的纵向钢筋与箍筋的配筋强度比，$0.6 \leqslant \zeta \leqslant 1.7$，$\zeta$值大时，抗扭箍筋配置较多；$\beta_t$-剪扭构件混凝土受扭承载力降低系数，$0.5 \leqslant \beta_t \leqslant 1.0$

D. ζ-剪扭构件的纵向钢筋与箍筋的配筋强度比，$0.6 \leqslant \zeta \leqslant 1.7$，$\zeta$值大时，抗扭纵筋配置较多；$\beta_t$-剪扭构件混凝土受扭承载力降低系数，$0 \leqslant \beta_t \leqslant 1.0$

37. 已知柱截面尺寸$b \times h = 600\text{mm} \times 600\text{mm}$，混凝土强度等级 C60（$f_c = 27.5\text{MPa}$，$f_t = 2.04\text{MPa}$），主筋采用 HRB400 级钢筋（$f_y = f_y' = 360\text{MPa}$），$\xi_b = 0.518$、$a_s = a_s' = 40\text{mm}$，$\eta = 1.04$，柱承受设计内力组合为$M = \pm 800\text{kN} \cdot \text{m}$（正、反向弯矩），$N = 3000\text{kN}$（压力），$K = 1.2$，此柱配筋与下列值哪个最接近？

A. $A_s = A_s' = 1655\text{mm}^2$

B. $A_s = A_s' = 1860\text{mm}^2$

C. $A_s = A_s' = 1960\text{mm}^2$

D. $A_s = A_s' = 2050\text{mm}^2$

38. 预应力混凝土梁正截面抗裂验算需满足以下哪项要求？

A. ①对严格要求不出现裂缝的构件，在荷载标准组合下，正截面混凝土法向应力应符合下列规定：$\sigma_{ck} - \sigma_{pc} \leqslant 0$；②对一般要求不出现裂缝的构件，在荷载标准组合下，正截面混凝土法向应力应符合下列规定：$\sigma_{ck} - \sigma_{pc} \leqslant f_{tk}$

B. ①对严格要求不出现裂缝的构件，在荷载标准组合下，正截面混凝土法向应力应符合下列规定：$\sigma_{ck} - \sigma_{pc} \geqslant 0$；②对一般要求不出现裂缝的构件，在荷载标准组合下，正截面混凝土法向应力应符合下列规定：$\sigma_{ck} - \sigma_{pc} \leqslant 0.7\gamma f_{tk}$

C. ①对严格要求不出现裂缝的构件，在荷载标准组合下，正截面混凝土法向应力应符合下列规定：$\sigma_{ck} - \sigma_{pc} \leqslant 0$；②对一般要求不出现裂缝的构件，在荷载标准组合下，正截面混凝土法向应力应符合下列规定：$\sigma_{ck} - \sigma_{pc} \leqslant 0.7\gamma f_{tk}$

D. ①对严格要求不出现裂缝的构件，在荷载标准组合下，正截面混凝土法向应力应符合下列规定：$\sigma_{ck} - \sigma_{pc} \leqslant 0$；②对一般要求不出现裂缝的构件，在荷载标准组合下，正截面混凝土法向应力应符合下列规定：$\sigma_{ck} - \sigma_{pc} \leqslant 0.7 f_{tk}$

39. 预应力混凝土梁与普通钢筋混凝土梁相比（其他条件完全相同，差别仅在于一个施加了预应力而另一个未施加预应力）有何区别？

A. 预应力混凝土梁与普通钢筋混凝土梁相比承载力和抗裂性都有很大提高

B. 预应力混凝土梁与普通钢筋混凝土梁相比正截面及斜截面承载力、正截面抗裂性、斜截面抗裂性、刚度都有所提高

C. 预应力混凝土梁与普通钢筋混凝土梁相比承载力变化不大，正截面和斜截面抗裂性、刚度均有所提高

D. 预应力混凝土梁与普通钢筋混凝土梁相比正截面承载力无明显变化，但斜截面承载力、正截面抗裂性、斜截面抗裂性、刚度都有所提高

40. 两端嵌固的梁，承受均布荷载作用，跨中正弯矩配筋为 A_s，支座 A、B 端的负弯矩配筋分为三种情况：（1）$2A_s$；（2）A_s；（3）$0.5A_s$。以下说法正确的是：

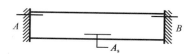

A. 第（1）、（2）种情况可以产生塑性内力重分配，第（3）种情况下承载力最小

B. 第（2）、（3）种情况可以产生塑性内力重分配，第（3）种情况在 A、B 支座最先出现塑性铰，第（2）种情况支座出现塑性铰晚于第（3）种情况支座出现塑性，第（1）种情况支座出现塑性铰时梁即告破坏，不存在塑性内力重分配

C. 第（2）、（3）种情况可以产生塑性内力重分配，第（2）种情况在支座处最先出现塑性铰

D. 第（1）、（2）、（3）种情况都可以产生塑性内力重分配，第（3）种情况在支座最先出现塑性铰，然后第（2）种情况支座产生塑性铰，最后第（1）种情况支座产生塑性铰

41. 已知 AB 边的坐标方位角为 α_{AB}，属于第 III 象限，则对应的象限角 R 是：

A. α_{AB}

B. $\alpha_{AB} - 180°$

C. $360° - \alpha_{AB}$

D. $180° - \alpha_{AB}$

42. 已知基本等高距为 2m，则计曲线为：

A. 1,2,3…

B. 2,4,6…

C. 10,20,30…

D. 5,10,15…

43. 利用高程为 9.125m 水准点，测设高程为 8.586m 的室内±0 地坪标高，在水准点上立尺后，水准仪瞄准该尺的读数为 1.462m，问室内立尺时，尺上读数是多少可测得正确的±0 标高？

A. 0.539m

B. 0.923m

C. 1.743m

D. 2.001m

44. 测量数据准确度是指：

A. 系统误差大，偶然误差小

B. 系统误差小，偶然误差大

C. 系统误差小，偶然误差小

D. 以上都不是

45. 设我国某处A点的横坐标$Y = 19779616.12$m，则A点所在的 6°带内的中央子午线经度是：

A. 111°

B. 114°

C. 123°

D. 117°

46. 当公路中线向左转时，转向角α和右角β的关系可按以下哪项计算？

A. $\alpha = 180° - \beta$

B. $\alpha = 180° + \beta$

C. $\alpha = \beta - 180°$

D. $\alpha = 360° - \beta$

47. 材料在自然状态下（不含开孔空隙）单位体积的质量是：

A. 体积密度

B. 表观密度

C. 密度

D. 堆积密度

48. 密实度是指材料内部被固体物质所充实的程度，即体积密度与以下哪项的比值？

A. 干燥密度

B. 密度

C. 表观密度

D. 堆积密度

49. 孔结构的主要内容不包括：

A. 孔隙率

B. 孔径分布

C. 最大粒径

D. 孔几何学

50. 材料抗冻性指标不包括：

A. 抗冻标号

B. 耐久性指标

C. 耐久性系数

D. 最大冻融次数

51. 通用水泥的原料不含以下哪项？

A. 硅酸盐水泥熟料

B. 调凝石膏

C. 生料

D. 混合材料

52. 国家标准 GB 175 中规定硅酸盐水泥初凝不得早于 45min，终凝不得迟于：

A. 60min

B. 200min

C. 390min

D. 6h

53. 水泥胶砂试体是由按质量计的 450g 水泥、1350g 中国 ISO 标准砂，用多少的水灰比拌制的一组塑性胶砂制成？

A. 0.3

B. 0.4

C. 0.5

D. 0.6

54. 普通混凝土用细集料的 M 范围一般在 0.7~3.7 之间，细度模数介于 2.3~3.0 为中砂，细砂的细度模数介于：

A. 3.1~3.7 之间

B. 2.2~1.6 之间

C. 1.5~0.7 之间

D. 3.0~2.3 之间

55. 对于 JGJ 55—2011 标准的保罗米公式中的参数，碎石混凝土分别为 0.53 和 0.20，卵石混凝土分别为 0.49 和：

A. 0.25

B. 0.35

C. 0.13

D. 0.10

56. 进行设计洪水或设计径流频率分析时,减少抽样误差是很重要的工作。减少抽样误差的途径主要是:

A. 增大样本容量

B. 提高观测精度和密度

C. 改进测验仪器

D. 提高资料的一致性

57. 某水利工程的设计洪水是指:

A. 历史最大洪水

B. 设计断面的最大洪水

C. 符合设计标准要求的洪水

D. 通过文献考证的特大洪水

58. 水文计算时, 样本资料的代表性可理解为:

A. 能否反映流域特点

B. 样本分布参数与总体分布参数的接近程度

C. 是否有特大洪水

D. 系列是否连续

59. 某流域有两次暴雨, 前者的暴雨中心在上游, 后者的暴雨中心在下游, 其他情况都相同, 则前者在流域出口断面形成的洪峰流量比后者的:

A. 洪峰流量小、峰现时间晚

B. 洪峰流量大、峰现时间晚

C. 洪峰流量大、峰现时间早

D. 洪峰流量小、峰现时间早

60. 使水资源具有再生性的根本原因是自然界的:

A. 降水

B. 蒸发

C. 径流

D. 水文循环

2013年度全国注册土木工程师（水利水电工程）执业资格考试基础考试（下）
试题解析及参考答案

1. 解 $\dfrac{dE_s}{dh} = 0$，断面比能最小，弗劳德数$Fr = 1$，水流为临界流。

答案：C

2. 解 等势线与均质土坝内的流线正交，所以均质土坝的上游水流渗入边界是一条等势线。

答案：C

3. 解 以M-N线为等势面，有$p_A + \gamma\Delta z + \gamma X + 13.6\gamma\Delta h_p = p_B + \gamma X + \gamma\Delta h_p$，代入数据得$p_B - p_A = 13.6\gamma$，即测压管水头差为$13.6$m。

答案：A

4. 解 当忽略水头损失时，测压管水头+流速水头是一个定值，又流速不变，所以测压管水头不变，与总水头平行。

答案：A

5. 解 根据相似原理的重力相似准则，流量比尺$\lambda_Q = \lambda_l^{2.5}$，$\lambda_v = \lambda_l^{0.5}$，代入数据计算，得结果为D项。

答案：D

6. 解 根据题意，静水压力中心在距离矩形闸门底部$\dfrac{1}{3}$处，即为转轴高度，因此选B。

答案：B

7. 解 根据渗流模型，渗流流量和真实渗流完全一样，渗流面面积比真实渗流面积大，所以渗流流速一般小于真实渗流流速。

答案：D

8. 解 恒定平面势流是无旋流动，即无涡流，因此流速势函数存在的条件是无涡流。

答案：A

9. 解 圆管中水流运动，层流流速是按抛物线分布，紊流流速是按指数或对数分布。

答案：B

10. 解 相对密实度是无黏性粗粒土密实度的指标。相对密实度越大，土越密实；相对密实度越小，土越松散。

答案：B

11. 解 当塑性指数$I_p > 17$时，为黏土；当塑性指数$10 < I_p \leqslant 17$时，为粉质黏土；当塑性指数$3 < I_p \leqslant 10$时，为粉土；当塑性指数$I_p \leqslant 3$时，土表现不出黏性性质。

答案：B

12. 解 土的天然密度是指土在天然状态下单位体积的质量，它综合反映了土的物质组成和结构特性。单位为g/cm^3或t/m^3。

答案：A

13. 解 1-2 表示压力从 100kPa 到 200kPa。

答案：C

14. 解 附加应力是由外荷引起的土中应力，地基的附加应力指基底附加压力，其大小等于基底应力减去地基表面处的自重应力。

答案：A

15. 解 土体在荷载作用下产生的压缩变形，主要是由粒间接触应力即有效应力产生。

答案：B

16. 解 土越密实，颗粒间的嵌入和连锁作用产生的咬合力越大，其内摩擦角越大。

答案：C

17. 解 地基土整体剪切破坏多发生于坚硬黏土层及密实砂土层。

答案：D

18. 解 主动土压力是指挡土墙在墙后填土作用下向前发生移动，致使墙后填土的应力达到极限平衡状态时，填土施于墙背上的土压力；被动土压力是指挡土墙在某种外力作用下向后发生移动而推挤填土，致使填土的应力达到极限平衡状态时，填土施于墙背上的土压力。

答案：B

19. 解 抗剪强度与剪应力比较。

答案：C

20. 解 体系内部由铰接三角形组成几何不变体系，而与地面用4根杆相连，多1个约束。

答案：C

21. 解 由荷载反对称可知，桁架中间竖杆轴力为零，再由顶部结点平衡可知，杆1轴力为零。

答案：D

22. 解 此处的弹性支座提供与链杆支座相同的支座反力，可对多跨静定梁直接求解内力。

答案：B

23. 解 可用图乘法，先绘制出两个弯矩图后，再由两弯矩图形状快速判断出位移的方向。

答案：B

24. 解　取图示基本体系时，与多余未知力对应的转角位移已知，在力法方程的右端项中；而竖向支座的沉降位移为广义荷载，在力法方程的左端项中。另外，要注意其方向。

答案：C

25. 解　系数 $k_{11} = 4 \times 2i + 4i + 3 \times 2i = 18i = 36$。

答案：D

26. 解　杆 AC 分配系数为 $\dfrac{3}{4+3+1+0} = \dfrac{3}{8}$。

答案：B

27. 解　由所示影响线图形特点知，在 A 点处有突变，另与 AB 杆中部截面剪力影响线形状对比可知，所示影响线图为 A 右截面剪力影响线。

答案：D

28. 解　图示结构为简支静定刚架，单自由度振动体系，$M = 2m$，由图乘法可得水平向位移为 $\delta = \dfrac{2l^3}{3EI}$，可得体系自振频率为 $\sqrt{\dfrac{3EI}{4ml^3}}$。

答案：四个答案均不对。应为 $\sqrt{\dfrac{3EI}{4ml^3}}$。

29. 解　根据承载力、使用环境和耐久性要求，需要水工混凝土既要满足承载力要求，又要满足耐久性要求，选项 B 正确。其余选项没有包括承载力和耐久性的所有要求。

答案：B

30. 解　混凝土强度等级是以边长 150mm 的立方体为标准试件，在（20±2）℃的温度和相对湿度 95%以上的潮湿空气中养护 28d，按照标准试验方法测得的具有 95%保证率的立方体抗压强度。A 项错误。材料强度的设计值等于材料强度标准值除以材料强度分项系数，材料强度分项系数大于 1，故材料强度设计值小于材料强度标准值，故 C 项正确，B 项错误。我国现行规范规定，钢筋强度标准值应具有不小于 95%的保证率，故 D 项错误。

答案：C

31. 解　钢筋混凝土梁的设计包括正截面承载力的计算、斜截面承载力的计算，对使用上需控制变形和裂缝宽度的梁尚需进行变形和裂缝宽度的验算。B 项正确。A、C、D 项对钢筋混凝土的梁的设计均不完善。

答案：B

32. 解　根据 SL 191—2008，为达到受拉钢筋截面面积最大，且不应超筋，即：

$$\xi = 0.85\xi_b = 0.85 \times 0.518 = 0.44$$

$$A_s = \frac{f_c \xi_b b h_0}{f_y} = \frac{14.3 \times 0.44 \times 250 \times 530}{360} = 2317\text{mm}^2$$

答案：A

33. 解 根据 SL 191—2008 双筋矩形截面正截面受弯承载力计算公式：

$$f_c b x = f_y A_s - f_y' A_s'$$

$$KM \leqslant M_u = f_c b x \left(h_0 - \frac{x}{2}\right) + f_y' A_s'(h_0 - a_s')$$

$$h_0 = h - a_s = 600 - 40 = 560\text{mm}$$

$$x = \frac{f_y A_s - f_y' A_s'}{f_c b} = \frac{300 \times 1520 - 300 \times 402}{14.3 \times 250} = 93.82\text{mm}$$

$$x < 0.85 \xi_b h_0 = 0.85 \times 0.55 \times 560 = 261.8\text{mm}$$

且

$$x > 2a_s' = 2 \times 40 = 80\text{mm}$$

$$M = \frac{M_u}{K}$$

$$= \frac{1}{1.2} \times \left[14.3 \times 250 \times 93.82 \times \left(560 - \frac{93.82}{2}\right) + 300 \times 402 \times (560 - 40)\right]$$

$$= 195.6\text{kN} \cdot \text{m}$$

答案：D

34. 解 验算截面尺寸：

$$0.25 f_c b h_0 = 0.25 \times 14.3 \times 250 \times 560$$

$$= 500.5\text{kN} > KV = 1.2 \times 300 = 360\text{kN}$$

截面尺寸满足要求。

验算是否按计算配箍：

$$V_c = 0.7 f_t b h_0$$

$$= 0.7 \times 1.43 \times 250 \times 560$$

$$= 140.14\text{kN} < KV = 1.2 \times 300 = 360\text{kN}$$

需要按计算配箍。

由 $KV = 0.7 f_t b h_0 + 1.25 f_{yv} \frac{A_{sv}}{s} h_0$，代入数据：

$$1.2 \times 300 \times 10^3 = 0.7 \times 1.43 \times 250 \times 560 + 1.25 \times 300 \times \frac{2 \times 78.5}{s} \times 560$$

算得 $s = 150\text{mm}$

答案：C

35. 解 为保证斜截面受弯承载力，当支座附近斜裂缝产生时，纵筋应力增大，如纵筋锚固不可靠，则可能滑移或拔出。因此 D 选项正确。

答案：D

36. 解 ζ 为受扭纵向钢筋与箍筋的配筋强度比值。国内试验研究表明，若 ζ 在 0.5~2.0 范围内变化，构件破坏时，其受扭纵筋与箍筋应力均可达到屈服强度。为了稳妥，我国现行规范取 ζ 的限制条件为 $\zeta \geq 0.6$，当 $\zeta > 1.7$ 时，按 $\zeta = 1.7$ 计算。

ζ 值较大时，抗扭纵筋配置较多。β_t 为剪扭构件混凝土受扭承载力降低系数，若小于 0.5，则不考虑扭矩对混凝土受剪承载力的影响，此时取 $\beta_t = 0.5$。若大于 1.0，则不考虑剪力对混凝土受扭承载力的影响，此时取 $\beta_t = 1.0$。故 $0.5 \leq \beta_t \leq 1.0$。

答案：B

37. 解 判别大小偏心受压，由于采用对称配筋（$A_s = A_s'$），故可按下式计算截面受压区高度：

$$\xi = \frac{KN}{f_c b h_0} = \frac{1.2 \times 3000 \times 10^3}{27.5 \times 600 \times 560} = 0.39 < \xi_b = 0.518$$

且

$$\xi > \frac{2a_s'}{h_0} = \frac{2 \times 40}{560} = 0.143$$

故属于大偏心受压构件。按矩形截面大偏心受压构件正截面受压承载力的基本公式，计算纵向受力钢筋截面面积：

$$e_0 = \frac{M}{N} = \frac{800 \times 10^6}{3000} = 266.7 \text{mm}$$

$$e = \eta e_0 + \frac{h}{2} - a_s = 1.04 \times 266.7 + \frac{600}{2} - 40 = 537.3 \text{mm}$$

$$A_s = A_s' = \frac{KNe - f_c b h_0^2 \xi (1 - 0.5\xi)}{f_y'(h_0 - a_s')}$$

$$= \frac{1.2 \times 3000 \times 10^3 \times 537.3 - 27.5 \times 600 \times 560^2 \times 0.39 \times (1 - 0.5 \times 0.39)}{360 \times (560 - 40)}$$

$$= 1032.4 \text{ mm}^2$$

答案：A（原题所给的 4 个选项有问题，只有选项 A 与题解结果最接近，符合原题"此柱配筋与下列值哪个最接近"的要求。按题意，原题有"$M = \pm 800 \text{kN} \cdot \text{m}$（正、反向弯矩）"的提示，且选项中有"$A_s = A_s'$"的提示，故只能采用对称配筋，而按对称配筋进行计算的正确答案只能是"1032mm^2"左右。）

38. 解 我国现行规范规定：在预应力混凝土构件中，对于严格要求不出现裂缝的构件，在荷载标准组合下，构件受拉边缘混凝土不应产生拉应力，即 $\sigma_{ck} - \sigma_{pc} \leq 0$；对于一般要求不出现裂缝的构件，在荷载标准组合下，构件受拉边缘混凝土拉应力不应大于以混凝土拉应力控制系数 $\alpha_{ct} = 0.7$ 控制的应力值，即$\sigma_{ck} - \sigma_{pc} \leq 0.7 f_{tk}$。

答案：D

39. 解　预应力混凝土梁与普通钢筋混凝土梁相比，正截面承载力无明显变化，均为梁内钢筋所能承受的极限承载力，与梁是否施加预应力无关。但是预应力混凝土梁相比于普通钢筋混凝土梁，斜截面承载力、正截面抗裂性、斜截面抗裂性、刚度均有所提高。故 D 项正确。

答案：D

40. 解　梁端嵌固的梁，在均布荷载q作用下，支座处产生$\frac{1}{12}ql^2$的负弯矩，跨中产生$\frac{1}{24}ql^2$的正弯矩。可见支座处弯矩为跨中弯矩的 2 倍。

（1）支座A、B端的负弯矩配筋$2A_s$时，恰好为跨中配筋的 2 倍，极限状态下，支座和跨中同时出现塑性铰，即告破坏，不存在内力重分布。

（2）支座A、B端的负弯矩配筋A_s时，极限状态下，支座A、B先出现塑性铰，存在内力重分布。

（3）支座A、B端的负弯矩配筋$0.5A_s$时，极限状态下，支座A、B先出现塑性铰，存在内力重分布，并且比"（2）A_s"塑性铰出现的时间早。

故 B 项正确。

答案：B

41. 解　象限角为R，方位角为α，则在四个象限内象限角和方位角的对应关系为，第Ⅰ象限$R = \alpha$，第Ⅱ象限$R = 180° - \alpha$，第Ⅲ象限$R = \alpha - 180°$，第Ⅳ象限$R = 360° - \alpha$。

答案：B

42. 解　计曲线高程等于 5 倍的等高距，则在等高距为 2m 的情况下，C 项正确。

答案：C

43. 解　根据高差定义$h_{ab} = H_b - H_a = 8.586 - 9.125 = -0.539$，根据高差计算式$h_{ab} = a - b$，则$b = a - h_{ab} = 1.462 - (-0.539) = 2.001$。

答案：D

44. 解　指多次测量值的平均值与真值的接近程度。

答案：D

45. 解　由横坐标的前两位数字可得该点所在投影带为 19 带，根据 6 度带中央子午线公式$L = 6n - 3 = 111°$，可知 A 项正确。

答案：A

46. 解　中心线左转向角定义为前进方向逆时针旋转的角度，右角为道路中心线顺时针至转向方向的角度落在前进方向右侧，则转向角 $\alpha = \beta - 180°$。

答案：C

47. 解 题目中"（不含开孔空隙）"应改为"（包含孔隙）"或删去。此题为定义题。材料在自然状态下（包含孔隙）单位体积的质量，称为材料的表观密度。

答案：B

48. 解 题目中"体积密度"应改为"表观密度"。此题为定义题。密实度是指材料的固体物质部分的体积占总体积的比例，即表观密度与密度之比。

答案：B

49. 解 孔结构的主要内容包括孔隙率、孔径分布、孔几何学及孔的联通状态。

答案：C

50. 解 材料的抗冻性可用抗冻等级（标号）、耐久性指标和耐久性系数来表征。其中，材料抗冻等级常用 Fn 表示，n 表示材料能承受的最大冻融循环次数；最大冻融次数是试验参数，而非抗冻性指标。

答案：D

51. 解 定义题。通用硅酸盐水泥是以硅酸盐水泥熟料和适量的石膏及规定的混合材料制成的水硬性胶凝材料。

答案：C

52. 解 《通用硅酸盐水泥》（GB 175—2007）规定：硅酸盐水泥初凝不小于 45min，终凝不大于 390min；普通硅酸盐水泥、矿渣硅酸盐水泥、火山灰质硅酸盐水泥、粉煤灰硅酸盐水泥和复合硅酸盐水泥初凝不小于 45min，终凝不大于 600min。

答案：C

53. 解 标准胶砂强度试验中，水泥与中国 ISO 标准砂的质量比为 1∶3，水灰比为 0.5。一锅胶砂成型三条试件的材料用量：水泥为 450g±2g，ISO 标准砂为 1350g±5g，拌和水为 225mL±5mL。因而，水灰比为 $225/450 = 0.5$。

答案：C

54. 解 按细度模数的大小，可将砂分为粗砂、中砂、细砂及特细砂。细度模数为 3.1~3.7 的是粗砂，2.3~3.0 的是中砂，1.6~2.2 的是细砂，0.7~1.5 的属特细砂。

答案：B

55. 解 JGJ 55—2011 标准的保罗米公式中的参数，碎石混凝土分别为 0.53 和 0.20，卵石混凝土分别为 0.49 和 0.13。

答案：C

56. 解 减少抽样误差，提高样本资料的代表性的方法之一是增大样本容量。

答案：A

57. 解 属于基本概念题，在进行水利水电工程设计时，为了建筑物本身的安全和防护区的安全，必须按照某种标准的洪水进行设计，这种作为水工建筑物设计依据洪水称为设计洪水。

答案：C

58. 解 抽样误差和代表性两个概念都是说明样本与总体之间存在离差。经验分布与总体分布，两者之间的差异愈小，愈接近，说明样本的代表性愈好，反之则愈差。

答案：B

59. 解 暴雨中心位于上游的洪水，汇流路径长，洪水过程较平缓，单位线峰低，且峰出现时间偏后；若暴雨中心在下游，单位线过程尖瘦，峰高且峰出现的时间早。

答案：A

60. 解 自然界的水文循环使得水资源具有再生性。

答案：D

2014 年度全国注册土木工程师（水利水电工程）

执业资格考试模拟试卷

基础考试
（下）

二〇一四年九月

应考人员注意事项

1. 本试卷科目代码为"2"，考生务必将此代码填涂在答题卡"科目代码"相应的栏目内，否则，无法评分。

2. 书写用笔：**黑色或蓝色钢笔、签字笔或圆珠笔**；

   填涂答题卡用笔：**黑色 2B 铅笔**。

3. 必须用书写用笔将工作单位、姓名、准考证号填写在答题卡和试卷相应的栏目内。

4. 本试卷由 60 题组成，每题 2 分，满分 120 分，本试卷全部为单项选择题，每小题的四个备选项中只有一个正确答案，错选、多选、不选均不得分。

5. 考生作答时，必须按**题号在答题卡上**将相应试题所选选项对应的**字母用 2B 铅笔涂黑**。

6. 在答题卡上书写与题意无关的语言，或在答题卡上作标记的，均按违纪试卷处理。

7. 考试结束时，由监考人员当面将试卷、答题卡一并收回。

8. 草稿纸由各地统一配发，考后收回。

单项选择题（共 60 题，每题 2 分。每题的备选项中只有一个最符合题意。）

1. 平衡液体中的等压面必为：

 A. 水平面　　　　　　　　　　　　B. 斜平面

 C. 旋转抛物面　　　　　　　　　　D. 与质量力相正交的面

2. 管轴线水平，管径逐渐增大的管道有压流，通过的流量不变，其总水头线沿流向应：

 A. 逐渐升高　　　　　　　　　　　B. 逐渐降低

 C. 与管轴线平行　　　　　　　　　D. 无法确定

3. 其他条件不变，液体雷诺数随温度的增大而：

 A. 增大　　　　　　　　　　　　　B. 减小

 C. 不变　　　　　　　　　　　　　D. 不定

4. 如图所示为坝身下部的三根泄水管 a、b、c，其管径、管长、上下游水位差均相同，则流量最小的
 是：

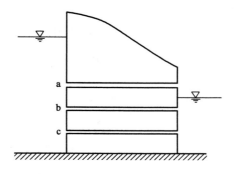

 A. a 管　　　　　　　　　　　　　B. b 管

 C. c 管　　　　　　　　　　　　　D. 无法确定

5. 明渠均匀流总水头线，水面线（测压管水头线）和底坡线相互之间的关系为：

 A. 相互不平行的直线

 B. 相互平行的直线

 C. 相互不平行的曲线

 D. 相互平行的曲线

6. 水跃跃前水深 h' 和跃后水深 h'' 之间的关系为：

 A. h' 越大则 h'' 越大　　　　　　B. h' 越小则 h'' 越小

 C. h' 越大则 h'' 越小　　　　　　D. 无法确定

7. 当实用堰堰顶水头大于设计水头时，其流量系数m与设计水头的流量系数m_d的关系是：

    A. $m = m_d$ B. $m > m_d$

    C. $m < m_d$ D. 不能确定

8. 计算消力池池长的设计流量一般选择：

    A. 使池深最大的流量   B. 泄水建筑物的设计流量

    C. 使池深最小的流量   D. 泄水建筑物下泄的最大流量

9. 渗流运动在计算总水头时不需要考虑：

    A. 压强水头   B. 位置水头

    C. 流速水头   D. 测压管水头

10. 下列不属于直剪试验的是：

    A. 慢剪试验   B. 固结快剪试验

    C. 快剪试验   D. 固结排水剪切试验

11. 下列不属于岩石边坡常见破坏的是：

    A. 崩塌   B. 平面性滑动

    C. 楔形滑动   D. 圆弧形滑动

12. 在矩形均布荷载作用下，关于地基中的附加应力计算，以下说法错误的是：

    A. 计算基础范围内地基中附加应力

    B. 计算基础角点处地基与基础接触点的附加应力

    C. 计算基础边缘下地基中附加应力

    D. 计算基础范围外地基中附加应力

13. 以下不是湿陷性黄土特性的是：

    A. 含较多可溶性盐类   B. 粒度成分以黏粒为主

    C. 孔隙比较大   D. 湿陷系数$\delta_s \geqslant 0.015$

14. 临塑荷载是指：

    A. 持力层将出现塑性区时的荷载

    B. 持力层中将出现连续滑动面时的荷载

    C. 持力层中出现某一允许大小塑性区时的荷载

    D. 持力层刚刚出现塑性区时的荷载

15. 某挡土墙墙高 5m，墙后填土表面水平，墙背直立、光滑。地表作用 $q = 10\text{kPa}$ 的均布荷载，土的物理力学性质指标 $\gamma = 17\text{kN/m}^3$，$\varphi = 15°$，$c = 0$。作用在挡土墙上的总主动压力为：

A. 237.5kN/m

B. 15kN/m

C. 154.6kN/m

D. 140kN/m

16. 黏性土的最优含水量与下列哪个值最接近：

A. 液限

B. 塑限

C. 缩限

D. 天然含水量

17. 大面积均布荷载下，双面排水达到相同固结度所需时间是单面排水的：

A. 1 倍

B. 1/2

C. 1/4

D. 2 倍

18. 下列物理性质指标，哪一项对无黏性土有意义？

A. I_p

B. I_L

C. D_r

D. γ_{max}

19. 某土样试验得到的先期固结压力小于目前取土处土体的自重压力，则该土样为：

A. 欠固结土

B. 超固结土

C. 正常固结土

D. 次固结土

20. 图示体系的几何组成为：

A. 几何不变，无多余约束

B. 几何不变，有 1 个多余约束

C. 可变体系

D. 瞬变体系

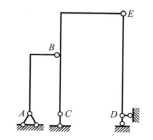

21. 图示结构，M_{EG} 和 Q_{BA} 值为：

A. $M_{EG} = 16\text{kN·m}$（上侧受拉），$Q_{BA} = 8\text{kN}$

B. $M_{EG} = 16\text{kN·m}$（下侧受拉），$Q_{BA} = 0$

C. $M_{EG} = 16\text{kN·m}$（下侧受拉），$Q_{BA} = -8\text{kN}$

D. $M_{EG} = 16\text{kN·m}$（上侧受拉），$Q_{BA} = 16\text{kN}$

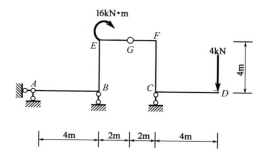

22. 图示桁架中，当仅增大桁架高度，其他条件不变时，杆 1 和杆 2 的内力变化是：

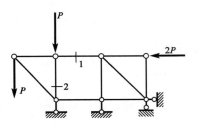

A. N_1、N_2均减小

B. N_1、N_2均不变

C. N_1减小、N_2不变

D. N_1增大、N_2不变

23. 求图示梁铰C左侧截面转角时，其虚拟状态应取为：

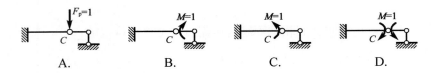

A.   B.   C.   D.

24. 图中取A的竖向和水平支座反力为力法的基本未知量X_1（向上）和X_2（向左），则柔度系数：

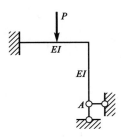

A. $\delta_{11} > 0$，$\delta_{22} < 0$

B. $\delta_{11} < 0$，$\delta_{22} > 0$

C. $\delta_{11} < 0$，$\delta_{22} < 0$

D. $\delta_{11} > 0$，$\delta_{22} > 0$

25. AB杆变形如图中虚线所示，则A端的杆端弯矩为：

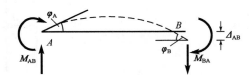

A. $M_{AB} = 4i\varphi_A - 2i\varphi_B - 6i\Delta_{AB}/l$

B. $M_{AB} = 4i\varphi_A + 2i\varphi_B + 6i\Delta_{AB}/l$

C. $M_{AB} = -4i\varphi_A + 2i\varphi_B - 6i\Delta_{AB}/l$

D. $M_{AB} = -4i\varphi_A - 2i\varphi_B + 6i\Delta_{AB}/l$

26. 图示结构（EI 为常数）用力矩分配法计算时，分配系数 μ_{BC} 及传递系数 C_{BC} 为：

A. $\mu_{BC} = 1/8$，$C_{BC} = -1$

B. $\mu_{BC} = 2/9$，$C_{BC} = 1$

C. $\mu_{BC} = 1/8$，$C_{BC} = 1$

D. $\mu_{BC} = 2/9$，$C_{BC} = -1$

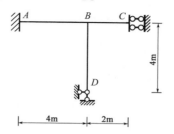

27. 图示结构 Q_C 影响线（$P = 1$ 在 BE 上移动）中，BC、CD 段纵标为：

A. BC、CD 段均不为零

B. BC、CD 段均为零

C. BC 段为零，CD 段不为零

D. BC 段不为零，CD 段为零

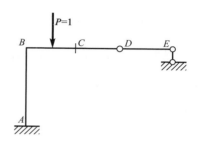

28. 图示体系的自振频率为：

A. $\sqrt{12EI/(ml^3)}$

B. $\sqrt{24EI/(ml^3)}$

C. $\sqrt{48EI/(ml^3)}$

D. $\sqrt{36EI/(ml^3)}$

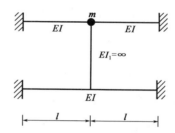

29. 现行《水工混凝土结构设计规范》（SL 191—2008）采用的设计方法是：

A. 采用承载能力极限状态和正常使用极限状态设计方法，用分项系数表达

B. 采用极限状态设计法，材料性能的变异性和荷载的变异性通过安全系数来表达

C. 采用极限状态设计法，恢复了单一安全系数的表达式

D. 采用极限状态设计法，在规定的材料强度和荷载取值条件下，采用在多系数分析基础上以安全系数表达的方式进行设计

30. 现行《水工混凝土结构设计规范》（DL/T 5057—2009）采用的设计方法，下列表述错误的是：

A. 材料性能的变异性和荷载的变异性分别用材料强度标准值及材料性能分项系数和荷载标准值及荷载分项系数来表达

B. 结构系数γ_d用来反映荷载效应计算模式的不定性、结构构件抗力计算模式的不定性和γ_G、γ_Q、γ_c、γ_s及γ_0、ψ等分项系数未能反映的其他各种不利变异

C. 不同安全级别的结构构件，其可靠度水平由结构重要性系数γ_0予以调整

D. 对于正常使用极限状态的验算，荷载分项系数、材料性能分项系数、结构系数、设计状况系数等都取1.0，但结构重要性系数仍保留

31. 纵向受拉钢筋分别采用 HPB235、HRB335、HRB400 时，现行《水工混凝土结构设计规范》（DL/T 5057—2009）单筋矩形截面正截面受弯界限破坏时的截面抵抗矩系数α_{sb}为：

A. 0.415、0.399、0.384

B. 0.425、0.390、0.384

C. 0.425、0.399、0.384

D. 0.425、0.399、0.374

32. 现行《水工混凝土结构设计规范》（SL 191—2008）单筋矩形截面正截面受弯界限破坏时截面所能承受的弯矩设计值M_u为：

A. $M_u = f_c b h_0^2 \xi_b (1 - 0.5\xi_b)$

B. $M_u = 0.85 f_c b h_0^2 \xi_b (1 - 0.5\xi_b)$

C. $M_u = 0.85 f_c b h_0^2 \xi_b (1 - 0.5 \times 0.85\xi_b)$

D. $M_u = f_c b h_0^2 \xi_b (1 - 0.5 \times 0.85\xi_b)$

33. 已知矩形截面梁$b \times h = 200\ mm \times 500\ mm$，采用 C20 混凝土（$f_c = 9.6\ N/mm^2$），纵筋采用 HRB335 级钢筋（$f_y = 300\ N/mm^2$），已配有 3$\Phi$20（$A_s = 942\ mm^2$），$a_s = 45\ mm$。按《水工混凝土结构设计规范》（DL/T 5057—2009）计算时，$\gamma_0 = 1.0$，$\psi = 1.0$，$\gamma_d = 1.2$；按《水工混凝土结构设计规范》（SL 191—2008）计算时，$K = 1.2$，则此梁能承受的弯矩设计值M为：

A. 90 kN·m

B. 108 kN·m

C. 129 kN·m

D. 159 kN·m

34. 已经矩形截面梁$b \times h = 200\text{mm} \times 500\text{mm}$，采用C25混凝土($f_c = 11.9 \text{ N/mm}^2$)，纵筋采用HRB335级钢筋($f_y = f_y' = 300 \text{ N/mm}^2$)，纵筋的保护层厚度$c = 35 \text{ mm}$。承受弯矩设计值$M = 175 \text{ kN} \cdot \text{m}$。按（DL/T 5057—2009）计算时，$\gamma_0 = 1.0$，$\psi = 1.0$，$\gamma_d = 1.2$；按SL 191—2008计算时$K = 1.2$，求$A_s$：

A. 1200 mm^2

B. 1600 mm^2

C. 2180 mm^2（2050 mm^2）

D. 2220 mm^2

（注：选项C括号内数值适用于按SL 191—2008计算）

35. 已知均布荷载矩形截面简支梁，$b \times h = 200\text{mm} \times 500\text{mm}$，采用C20混凝土（$f_c = 9.6 \text{ N/mm}^2$，$f_t = 1.1 \text{ N/mm}^2$），箍筋采用HPB235级钢筋（$f_{yv} = 210 \text{ N/mm}^2$），已配双肢$\phi6@150$，设$a_s = 40 \text{ mm}$。按《水工混凝土结构设计规范》（DL/T 5057—2009）计算时，$\gamma_0 = 1.0$，$\psi = 1.0$，$\gamma_d = 1.2$；按《水工混凝土结构设计规范》（SL 191—2008）计算时，$K = 1.2$。则此梁所能承受的剪力设计值V为：

A. 50 kN

B. 89 kN（97 kN）

C. 107 kN

D. 128 kN

（注：选项B括号内数值适用于按SL 191—2008计算）

36. 剪力和扭矩共同作用时：

A. 截面的抗扭能力随剪力的增大而提高，而抗剪能力随扭矩的增大而降低

B. 截面的抗扭能力随剪力的增大而降低，但抗剪能力与扭矩的大小无关

C. 截面的抗剪能力随扭矩的增大而降低，但抗扭能力与剪力的大小无关

D. 截面的抗扭能力随剪力的增大而降低，抗剪能力亦随扭矩的增大而降低

37. 已知矩形截面柱，$b \times h = 400 \text{ mm} \times 600 \text{ mm}$，采用C30混凝土($f_c = 14.3 \text{ N/mm}^2$)，纵筋采用HRB335级钢筋（$f_y = f_y' = 300 \text{ N/mm}^2$），对称配筋，设$a_s = a_s' = 40 \text{ mm}$，$\eta = 1.0$，承受弯矩设计值$M = 420 \text{ kN} \cdot \text{m}$，轴向压力设计值$N = 1200 \text{ kN}$。按《水工混凝土结构设计规范》（DL/T 5057—2009）计算时，$\gamma_0 = 1.0$，$\psi = 1.0$，$\gamma_d = 1.2$；按《水工混凝土结构设计规范》（SL 191—2008）计算时，$K = 1.2$。则纵筋截面面积$A_s = A_s'$为：

A. 1200 mm^2

B. 1350 mm^2

C. 1620 mm^2

D. 1800 mm^2

38. 钢筋混凝土结构构件正常使用极限状态验算正确的表述为：

A. 根据使用要求进行正截面抗裂验算或正截面裂缝宽度验算，对于受弯构件还应进行挠度验算。上述验算时，荷载组合均取基本组合，材料强度均取标准值

B. 根据使用要求进行正截面抗裂验算和斜截面抗裂验算或正截面裂缝宽度验算，对于受弯构件还应进行挠度验算。抗裂验算时应按标准组合进行验算，变形和裂缝宽度验算时应按标准组合并考虑长期作用的影响进行验算，材料强度均取标准值

C. 根据使用要求进行正截面抗裂验算或正截面裂缝宽度验算，对于受弯构件还应进行挠度验算。抗裂验算时应按标准组合进行验算，变形和裂缝宽度验算时应按标准组合并考虑长期作用的影响进行验算，材料强度均取设计值

D. 根据使用要求进行正截面抗裂验算或正截面裂缝宽度验算，对于受弯构件还应进行挠度验算。抗裂验算时应按标准组合进行验算，变形和裂缝宽度验算时应按标准组合并考虑长期作用的影响进行验算，材料强度均取标准值

39. 截面尺寸和材料强度及钢筋用量相同的构件，一个施加预应力，一个为普通钢筋混凝土构件，下列说法正确的是：

A. 预应力混凝土构件的正截面受弯承载力比钢筋混凝土构件的正截面受弯承载力高

B. 预应力混凝土构件的正截面受弯承载力比钢筋混凝土构件的正截面受弯承载力低

C. 预应力混凝土构件的斜截面受剪承载力比钢筋混凝土构件的斜截面受剪承载力高

D. 预应力混凝土构件的斜截面受剪承载力比钢筋混凝土构件的斜截面受剪承载力低

40. 当设计烈度为 8 度时，考虑地震组合的钢筋混凝土框架梁，梁端截面混凝土受压区计算高度 x 应满足下列哪一要求？

A. $x \leqslant 0.25h_0$
B. $x \leqslant 0.35h_0$
C. $x \leqslant 0.30h_0$
D. $x \leqslant 0.55h_0$

41. 当经纬仪的望远镜上下转动时，竖直度盘：

A. 与望远镜一起转动
B. 与望远镜相对运动
C. 不动
D. 两者无关

42. 导线的布置形式有：

A. 一级导线、二级导线、图根导线

B. 单向导线、往返导线、多边形导线

C. 闭合导线、附合导线、支导线

D. 三角高程测量，附合水准路线，支水准路线

43. 已知直线AB的坐标方位角为34°，则直线BA坐标方位角为：

A. 326°

B. 34°

C. 124°

D. 214°

44. 尺长误差和温度误差属：

A. 偶然误差

B. 系统误差

C. 中误差

D. 限差

45. 已知某地形图的比例尺为 1：2000，其中坐标格网的局部如题图所示，a点的X、Y坐标分别为 (500,1000)，已知$ae = 7.1$cm，$ah = 5.4$cm，不考虑图纸伸缩的影响，则M点X、Y坐标为：

A. (571,1054)

B. (554,1071)

C. (642,1108)

D. (608,1142)

46. 一幅 1：1000 的地形图（50cm×50cm），代表的实地面积为：

A. 1km^2

B. 0.001km^2

C. 4km^2

D. 0.25km^2

47. 当材料的孔隙率增大时，材料的密度如何变化：

A. 不变

B. 变小

C. 变大

D. 无法确定

48. 配制耐热砂浆时，应从下列胶凝材料中选用：

A. 石灰

B. 水玻璃

C. 石膏

D. 菱苦土

49. 硅酸盐水泥中，常见的四大矿物是：

A. C_3S、C_2S、C_3A、C_4AF

B. C_2AS、C_3S、C_2S、C_3A

C. CA_2、CA、C_2S、C_3A

D. CA、C_2S、C_3A、C_4AF

50. 普通硅酸盐水泥中，矿物掺合料的可使用范围是：

A. 0~5%

B. 6%~15%

C. 6%~20%

D. 20%~40%

51. 混凝土配合比设计时，决定性的三大因素是：

A. 水胶比、浆骨比、砂率

B. 粗集料种类、水胶比、砂率

C. 细集料的细度模数、水胶比、浆骨比

D. 矿物掺合料的用量、浆骨比、砂率

52. 在混凝土中掺入钢纤维后，其主要的目的是提高混凝土：

A. 抗压强度   B. 抗拉强度

C. 韧性   D. 抗塑性开裂能力

53. 钢筋混凝土结构、预应力混凝土结构中严禁使用含下列哪种物质的水泥？

A. 氯化物   B. 氧化物   C. 氟化物   D. 氰化物

54. 沥青混合料路面在低温时产生破坏，主要是由于：

A. 抗拉强度不足或变形能力较差   B. 抗剪强度不足

C. 抗压强度不足   D. 抗弯强度不足

55. 寒冷地区承受动荷载的重要钢结构，应选用：

A. 脱氧程度不彻底的钢材   B. 时效敏感性大的钢材

C. 脆性临界温度低的钢材   D. 脆性临界温度高的钢材

56. 自然界中水文循环的主要环节是：

A. 截留、填洼、下渗、蒸发   B. 蒸发、降水、下渗、径流

C. 截留、下渗、径流、蒸发   D. 蒸发、散发、降水、下渗

57. $P = 5\%$ 的丰水年，其重现期 T 等于几年？

A. 5   B. 50   C. 20   D. 95

58. 洪水峰、量频率计算中，洪峰流量选样的方法是：

A. 最大值法   B. 年最大值法

C. 超定量法   D. 超均值法

59. 某水利工程，设计洪水的设计频率为 P，若设计工程的寿命为 L 年，则在 L 年内，工程不破坏的概率为：

A. P B. $1 - P$ C. LP D. $(1 - P)^L$

60. 在设计年径流的分析计算中，把短系列资料展延成长系列资料的目的是：

A. 增加系列的代表性   B. 增加系列的可靠性

C. 增加系列的一致性   D. 考虑安全

2014年度全国注册土木工程师（水利水电工程）执业资格考试模拟基础考试（下）试题解析及参考答案

1. 解 平衡液体中质量力与等压面正交。

答案：D

2. 解 总水头线表示液体单位机械能，沿流动方向单位机械能总是减小的。

答案：B

3. 解 由 $\text{Re} = \dfrac{VR}{\nu}$，且知液体的黏性系数 ν 随温度的升高而降低，所以雷诺数随温度的增大而增大。

答案：A

4. 解 $Q = \mu\sqrt{2gH}$，因 a 管的作用水头最小，所示流量最小。

答案：A

5. 解 水面线（测压管水头线）和底坡线为相互平行的直线。

答案：B

6. 解 跃前水深 h' 和跃后水深 h'' 成反比。

答案：C

7. 解 关于实用堰，当运行水头 H 大于设计水头 H_d 时，则 $m > m_\text{d}$。

答案：B

8. 解 消力池长度取建筑物下泄的最大流量。

答案：D

9. 解 渗流流速极小，一般不需要考虑流速水头。

答案：C

10. 解 固结排水剪切试验是土体三轴试验的一种，不是直剪试验。

答案：D

11. 解 圆弧型滑动是黏性土土坡的滑动模式。

答案：D

12. 解 荷载作用下，在地基中任一点都产生附加应力，基础角点处地基与基础接触点为奇异点，不能直接计算。

答案：B

13. 解 湿陷性黄土的粒度以粉粒为主，故 B 项错误。其他选项都是湿陷性黄土的特性。

答案：B

14. 解 本题考查临塑荷载的定义。

答案：D

15. 解 $K_a = \tan^2\left(45° - \dfrac{\varphi}{2}\right) = 0.589$

地表：$p_a = q \cdot K_a = 10 \times 0.589 = 5.89\text{kPa}$

墙底：$p_a = (q + \gamma \cdot H) \cdot K_a = (10 + 5 \times 17) \times 0.589 = 55.96\text{kPa}$

$P_a = (5.89 + 55.96) \times 5/2 = 154.6\text{kN/m}$

答案：C

16. 解 最优含水量是黏性土含有一定弱结合水时，易被击实时的含水量，与塑限接近。而缩限时已无弱结合水，液限时土体接近流态，天然含水量是变化的。

答案：B

17. 解 固结度与时间因数 T_v 一一对应，$T_v = C_v \cdot t / H^2$，由式可解得1/4。

答案：C

18. 解 D_r 指相对密实度，是砂土的性质，其余三项为黏性土性质。

答案：C

19. 解 本题考查的是土体超固结性的定义，$p_0 > p_c$ 为欠固结土。

答案：A

20. 解 如题解图所示，折链杆 AB 可用虚线表示的等效链杆 AB 代替，把基础作为 I 刚片，CBE 杆作为 II 刚片，ED 杆作为 III 刚片。I、II 刚片由支杆 C 和等效链杆 AB 相交的瞬铰 B 相连，I、III 刚片用铰 D 相连，II、III 刚片用铰 E 相连，三个铰不在一条直线上，满足几何不变体系的三刚片规则，为无多余约束的几何不变体系。

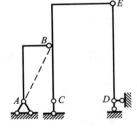

题 20 解图

答案：A

21. 解 附属式结构，从 $DCFG$ 段的悬臂端开始快速计算，注意以下几点：外荷载平行于 CF 杆，C 支座链杆对 CF 杆弯矩无影响，铰 C 处的弯矩为零，由刚节点 E 平衡条件，即可得整个结构弯矩图。最后由 AB 杆弯矩图，取 AB 杆为脱离体可求得 Q_{AB}。

答案：B

22. 解 杆 1 和杆 2 轴力由结点法可得。

答案：C

23. 解　与题目所求转角对应，需要在 C 左截面虚加单位力偶，由 D 图虚加的一对力偶可求 C 截面两侧的相对转角。

答案：C

24. 解　主对角线系数必定为正。

答案：D

25. 解　本题是形载常数表的直接叠加利用，另需注意杆端弯矩符号。

答案：C

26. 解　注意牢记三种不同形式杆件的转动刚度，同时在具体计算时需注意长度的不同。

答案：D

27. 解　可用机动法快速得到相应的影响线。

答案：C

28. 解　本题为刚架结构，应用刚度法公式求解。在质量点处加竖向链杆约束后，再求 k_{11}，其为四根杆件的侧移刚度之和，即 $k_{11} = 4 \times \frac{12EI}{l^3}$，即可得 $\omega = \sqrt{\dfrac{k}{m}} = \sqrt{\dfrac{48EI}{ml^3}}$。

答案：C

29. 解　本题考查的是现行规范《水工混凝土结构设计规范》（SL 191—2008）承载能力极限状态采用的设计方法。

SL 191—2008 第 3.1.1 条规定："对可求得截面内力的混凝土结构构件，采用极限状态设计法，在规定的材料强度和荷载取值条件下，采用在多系数分析基础上以安全系数表达的方式进行设计。"

原《水工钢筋混凝土结构设计规范》（SDJ 20—78）采用的是以单一安全系数表达的极限状态设计方法，原《水工混凝土结构设计规范》（SL/T 191—96）是按《水利水电工程结构可靠度设计统一标准》（GB 50199—1994）的规定，采用以概率理论为基础的极限状态设计方法，以可靠指标度量结构构件的可靠度，并据此采用 5 个分项系数的设计表达式进行设计。新修订的 SL 191—2008 采用极限状态设计法，在规定的材料强度和荷载取值条件下，在多系数分析的基础上以安全系数表达的设计方式进行设计。

SL 191—2008 承载能力极限状态的设计表达式为：

$$KS \leqslant R$$

式中：K——承载力安全系数；

S——承载能力极限状态下荷载组合的效应设计值；

R——结构构件的抗力设计值。

应予说明的是，SL 191—2008 虽然未采用概率极限状态设计原则，但在承载能力极限状态的设计表达式中，作用分项系数和材料性能分项系数的取值仍基本沿用了原SL/T 191—96 的规定，仅将原SL/T 191—96 的结构系数 γ_d 与结构重要性系数 γ_0 及设计状况系数 ψ 予以合并，并将合并后的系数称为承载力安全系数，用 K 表示（即取 $K = \gamma_d\gamma_0\psi$）。由此可见，SL 191—2008 与原SL/T 191—96 关于承载能力极限状态的设计表达式实质上是相同的，仅仅是表达形式有所差别。

答案：D

30. 解　本题考查的是现行规范《水工混凝土结构设计规范》（DL/T 5057—2009）正常使用极限状态采用的设计方法。

DL/T 5057—2009 第5.3.1 条规定："结构构件的正常使用极限状态，应采用下列极限状态设计表达式：

$$\gamma_0 S_k \leqslant C$$

式中：γ_0——结构重要性系数；

$\quad\quad S_k$——正常使用极限状态的作用组合效应值，按标准组合（用于抗裂验算）或标准组合并考虑长期作用的影响（用于裂缝宽度和挠度验算）进行计算；

$\quad\quad C$——结构构件达到正常使用要求所规定的变形、裂缝宽度或应力等的限值。"

DL/T 5057—2009 正常使用极限状态的设计表达式是按《水利水电工程结构可靠度设计统一标准》（GB 50199—1994）的规定，同时参考《建筑结构荷载规范》（GB 50009）和《混凝土结构设计规范》（GB 50010）的规定给出的。由于结构构件的变形、裂缝宽度等均与荷载持续期的长短有关，故规定正常使用极限状态的验算，应按作用的标准组合或标准组合并考虑长期作用的影响进行验算。

正常使用极限状态的验算，作用分项系数、材料性能分项系数等都取1.0，但结构重要性系数则仍保留。

答案：D

31. 解　本题考查的是现行规范《水工混凝土结构设计规范》（DL/T 5057—2009）单筋矩形截面正截面受弯承载力计算公式防止超筋破坏的适用条件 $x \leqslant \xi_b h_0$ 或 $\xi \leqslant \xi_b$ 或 $\alpha_s \leqslant \alpha_{sb} = \xi_b(1 - 0.5\xi_b)$，纵向受拉钢筋分别采用 HPB235、HRB335、HRB400 时，ξ_b 分别为 0.614、0.550、0.518，相应的单筋矩形截面正截面受弯界限破坏时的截面抵抗矩系数 α_{sb} 分别为 0.425、0.399、0.384。

答案：C

32. 解　本题考查的是现行规范《水工混凝土结构设计规范》（SL 191—2008）单筋矩形截面正截面受弯承载力计算公式防止超筋破坏的适用条件 $x \leqslant 0.85\xi_b h_0$ 或 $\xi \leqslant 0.85\xi_b$ 或单筋矩形截面正截面受弯界限破坏时的截面抵抗矩系数 $\alpha_s \leqslant \alpha_{sb} = 0.85\xi_b(1 - 0.5 \times 0.85\xi_b)$。

答案：C

33. 解　本题考查的是现行规范《水工混凝土结构设计规范》（DL/T 5057—2009）［或现行规范

《水工混凝土结构设计规范》（SL 191—2008）]单筋矩形截面正截面受弯承载力计算基本公式的应用，本题属于截面复核题。

（1）按DL/T 5057—2009设计

计算截面相对受压区高度ξ并验算适用条件：

$$h_0 = h - a_s = 500 - 45 = 455\text{mm}$$

$$\xi = \frac{f_y A_s}{f_c b h_0} = \frac{300 \times 942}{9.6 \times 200 \times 455} = 0.323 < \xi_b = 0.550$$

验算最小配筋率：

$$\rho = \frac{A_s}{b h_0} = \frac{942}{200 \times 455} = 1.035\% > \rho_{\min} = 0.2\%$$

此梁能承受的弯矩设计值为：

$$M = \frac{M_u}{\gamma_d} = \frac{1}{\gamma_d} f_c b h_0^2 \xi (1 - 0.5\xi)$$

$$= \frac{1}{1.2} \times 9.6 \times 200 \times 455^2 \times 0.323 \times (1 - 0.5 \times 0.323) = 90\text{kN} \cdot \text{m}$$

（2）按SL 191—2008设计

计算截面相对受压区高度ξ并验算适用条件：

$$h_0 = h - a_s = 500 - 45 = 455\text{mm}$$

$$\xi = \frac{f_y A_s}{f_c b h_0} = \frac{300 \times 942}{9.6 \times 200 \times 455} = 0.323 < 0.85\xi_b = 0.85 \times 0.55 = 0.4675$$

验算最小配筋率：

$$\rho = \frac{A_s}{b h_0} = \frac{942}{200 \times 455} = 1.035\% > \rho_{\min} = 0.2\%$$

此梁能承受的弯矩设计值为：

$$M = \frac{M_u}{K} = \frac{1}{K} f_c b h_0^2 \xi (1 - 0.5\xi)$$

$$= \frac{1}{1.2} \times 9.6 \times 200 \times 455^2 \times 0.323 \times (1 - 0.5 \times 0.323) = 90\text{kN} \cdot \text{m}$$

答案：A

34. 解 本题考查的是现行规范《水工混凝土结构设计规范》（DL/T 5057—2009）[或现行规范《水工混凝土结构设计规范》（SL 191—2008）]双筋矩形截面正截面受弯承载力计算基本公式的应用，本题属于截面设计题。

（1）按DL/T 5057—2009设计

先计算截面抵抗矩系数α_s和相对受压区高度ξ并验算适用条件。

考虑到弯矩较大，估计布置两排受拉钢筋，故 $h_0 = h - a_s = 500 - 70 = 430\text{mm}$

$$\alpha_s = \frac{\gamma_d M}{f_c b h_0^2} = \frac{1.2 \times 175 \times 10^6}{11.9 \times 200 \times 430^2} = 0.477$$

$$\xi = 1 - \sqrt{1 - 2\alpha_s} = 1 - \sqrt{1 - 2 \times 0.477} = 0.786 > \xi_b = 0.550$$

故应按双筋截面设计。

根据充分利用受压区混凝土受压而使总的钢筋用量（$A_s' + A_s$）为最小的原则，取 $\xi = \xi_b$，并由 $\alpha_s = \xi(1 - 0.5\xi)$ 计算 α_s（此时的 α_s 为对应于界限破坏时的截面抵抗矩系数，称为 α_{sb}）。

受压钢筋截面面积 A_s' 为：

$$A_s' = \frac{\gamma_d M - \alpha_{sb} f_c b h_0^2}{f_y'(h_0 - a_s')} = \frac{1.2 \times 175 \times 10^6 - 0.399 \times 11.9 \times 200 \times 430^2}{300 \times (430 - 45)}$$

$$= 298\text{mm}^2$$

验算 A_s' 是否满足最小配筋率的要求：

$$\rho' = \frac{A_s'}{bh_0} = \frac{298}{200 \times 430} = 0.347\% > \rho'_{min} = 0.2\%$$

故可将 ξ_b 及求得的 A_s' 代入公式计算受拉钢筋截面面积 A_s：

$$A_s = \frac{f_c \xi_b b h_0 + f_y' A_s'}{f_y} = \frac{11.9 \times 0.55 \times 200 \times 430 + 300 \times 298}{300}$$

$$= 2174\text{mm}^2$$

验算最小配筋率：

$$\rho = \frac{A_s}{bh_0} = \frac{2174}{200 \times 455} = 1.68\% > \rho_{min} = 0.2\%$$

（2）按 SL 191—2008 设计

考虑到弯矩较大，估计布置两排受拉钢筋，故 $h_0 = h - a_s = 500 - 70 = 430\text{mm}$

$$\alpha_s = \frac{KM}{f_c b h_0^2} = \frac{1.2 \times 175 \times 10^6}{11.9 \times 200 \times 430^2} = 0.477$$

$$\xi = 1 - \sqrt{1 - 2\alpha_s} = 1 - \sqrt{1 - 2 \times 0.477} = 0.786 > 0.85\xi_b = 0.4675$$

故应按双筋截面设计。

根据充分利用受压区混凝土受压而使总的钢筋用量（$A_s' + A_s$）为最小的原则，取 $\xi = 0.85\xi_b$，则受压钢筋截面面积 A_s' 为：

$$A_s' = \frac{KM - 0.85 f_c b h_0^2 \xi_b (1 - 0.5 \times 0.85\xi_b)}{f_y'(h_0 - a_s')}$$

$$= \frac{1.2 \times 175 \times 10^6 - 0.85 \times 11.9 \times 200 \times 430^2 \times 0.55 \times (1 - 0.5 \times 0.85 \times 0.55)}{300 \times (430 - 45)}$$

$$= 453\text{mm}^2$$

验算 A_s' 是否满足最小配筋率的要求：

$$\rho' = \frac{A_s'}{bh_0} = \frac{453}{200 \times 430} = 0.527\% > \rho'_{\min} = 0.2\%$$

故受拉钢筋截面面积 A_s 为：

$$A_s = \frac{0.85\xi_b f_c bh_0 + f_y' A_s'}{f_y} = \frac{0.85 \times 0.55 \times 11.9 \times 200 \times 430 + 300 \times 453}{300}$$

$$= 2048\text{mm}^2$$

验算最小配筋率：

$$\rho = \frac{A_s}{bh_0} = \frac{2048}{200 \times 430} = 2.38\% > \rho_{\min} = 0.2\%$$

答案：C

35. 解　本题考查的是现行规范《水工混凝土结构设计规范》（DL/T 5057—2009）[或现行规范《水工混凝土结构设计规范》（SL 191—2008）] 受弯构件斜截面受剪承载力计算基本公式的应用，本题属于截面复核题。

（1）按 DL/T 5057—2009 设计

验算最小配箍率：

$$\rho_{sv} = \frac{nA_{sv1}}{bs} = \frac{2 \times 28.3}{200 \times 150} = 0.189\% > \rho_{sv,\min} = 0.15\%$$

仅配箍筋时：

$$V = \frac{1}{\gamma_d}\left(0.7f_t bh_0 + f_{yv}\frac{A_{sv}}{s}h_0\right)$$

$$= \frac{1}{1.2}\left(0.7 \times 1.1 \times 200 \times 460 + 210 \times \frac{2 \times 28.3}{150} \times 460\right)$$

$$= 89\text{kN}$$

（2）按 SL 191—2008《水工混凝土结构设计规范》设计

验算最小配箍率：

$$\rho_{sv} = \frac{nA_{sv1}}{bs} = \frac{2 \times 28.3}{200 \times 150} = 0.189\% > \rho_{sv,\min} = 0.15\%$$

仅配箍筋时：

$$V = \frac{1}{K}\left(0.7f_t bh_0 + 1.25f_{yv}\frac{A_{sv}}{s}h_0\right)$$

$$= \frac{1}{1.2}\left(0.7 \times 1.1 \times 200 \times 460 + 1.25 \times 210 \times \frac{2 \times 28.3}{150} \times 460\right)$$

$$= 97\text{kN}$$

答案：B

36. 解 本题考查的是剪力和扭矩共同作用时剪、扭承载力的相关关系。试验研究表明，剪力和扭矩共同作用下的构件承载力比单独剪力或扭矩作用下的构件承载力要低，构件的受扭承载力随剪力的增大而降低，受剪承载力亦随扭矩的增大而降低。

无腹筋剪扭构件试验表明，无量纲剪、扭承载力的相关关系可取1/4圆的规律；有腹筋剪扭构件，假设混凝土部分对剪、扭承载力的贡献与无腹筋剪扭构件混凝土部分对剪、扭承载力的贡献一样，也可取1/4圆的规律。

现行规范《水工混凝土结构设计规范》（DL/T 5057—2009）[或现行规范《水工混凝土结构设计规范》（SL 191—2008）]剪扭构件的承载力计算公式是根据有腹筋构件的剪、扭承载力为1/4圆的相关曲线作为校正线，采用混凝土部分相关、钢筋部分不相关的近似拟合公式。此时，可求得剪扭构件受扭承载力降低系数β_t（以三段直线表示），其值略大于无腹筋构件的试验结果。与原DL/T 5057—1996（或原SL/T 191—96）所不同的是，在计算剪扭构件的受剪承载力时不再考虑剪跨比的影响，所以混凝土受扭承载力降低系数β_t由原规范的两个改为一个，使计算得以简化。

答案：D

37. 解 本题考查的是现行规范《水工混凝土结构设计规范》（DL/T 5057—2009）[或现行规范《水工混凝土结构设计规范》（SL 191—2008）]偏心受压构件正截面受压承载力计算基本公式的应用，本题属于截面设计题。

（1）按DL/T 5057—2009 设计

首先判别大小偏心受压，由于是对称配筋，故可按下式计算截面受压区高度：

$$\xi = \frac{\gamma_d N}{f_c b h_0} = \frac{1.2 \times 1200 \times 10^3}{14.3 \times 400 \times 560} = 0.45 < \xi_b = 0.55，且 \xi > \frac{2a'_s}{h_0} = \frac{2 \times 40}{560} = 0.143$$

故属于大偏心受压构件，按矩形截面大偏心受压构件正截面受压承载力的基本公式计算纵向受力钢筋截面面积：

$$e_0 = \frac{M}{N} = \frac{420 \times 10^3}{1200} = 350\text{mm}$$

$$e = \eta e_0 + \frac{h}{2} - a_s = 1.0 \times 350 + \frac{600}{2} - 40 = 610\text{mm}$$

$$A_s = A'_s = \frac{\gamma_d N e - f_c b h_0^2 \xi (1 - 0.5\xi)}{f'_y (h_0 - a'_s)}$$

$$= \frac{1.2 \times 1200 \times 10^3 \times 610 - 14.3 \times 400 \times 560^2 \times 0.45 \times (1 - 0.5 \times 0.45)}{300 \times (560 - 40)}$$

$$= 1620\text{mm}^2$$

（2）按 SL 191—2008 设计

首先判别大小偏心受压，由于是对称配筋，故可按下式计算截面受压区高度：

$$\xi = \frac{KN}{f_c b h_0} = \frac{1.2 \times 1200 \times 10^3}{14.3 \times 400 \times 560} = 0.45 < \xi_b = 0.55，且 \xi > \frac{2a_s'}{h_0} = \frac{2 \times 40}{560} = 0.143$$

故属于大偏心受压构件。按矩形截面大偏心受压构件正截面受压承载力的基本公式计算纵向受力钢筋截面面积：

$$e_0 = \frac{M}{N} = \frac{420 \times 10^3}{1200} = 350\text{mm}$$

$$e = \eta e_0 + \frac{h}{2} - a_s = 1.0 \times 350 + \frac{600}{2} - 40 = 610\text{mm}$$

$$A_s = A_s' = \frac{KNe - f_c b h_0^2 \xi(1 - 0.5\xi)}{f_y'(h_0 - a_s')}$$

$$= \frac{1.2 \times 1200 \times 10^3 \times 610 - 14.3 \times 400 \times 560^2 \times 0.45 \times (1 - 0.5 \times 0.45)}{300 \times (560 - 40)}$$

$$= 1620\text{mm}^2$$

答案：C

38. 解 本题考查的是现行规范《水工混凝土结构设计规范》（DL/T 5057—2009）正常使用极限状态的设计规定。

DL/T 5057—2009 第 5.3.1 条规定："结构构件的正常使用极限状态，应采用下列极限状态设计表达式：

$$\gamma_0 S_k \leqslant C$$

式中：γ_0——结构重要性系数；

$\quad S_k$——正常使用极限状态的作用效应组合值，按标准组合（用于抗裂验算）或标准组合并考虑长

$\qquad$ 期作用的影响（用于裂缝宽度和挠度验算）进行计算；

$\quad C$——结构构件达到正常使用要求所规定的变形、裂缝宽度或应力等的限值。"

由于结构构件的变形、裂缝宽度等均与荷载持续期的长短有关，故规定正常使用极限状态的验算，应按作用效应的标准组合或标准组合并考虑长期作用的影响进行验算。

正常使用极限状态的验算，作用分项系数、材料性能分项系数等都取 1.0，但结构重要性系数则仍保留。

DL/T 5057—2009 第 5.3.2 条规定："钢筋混凝土结构构件设计时，应根据使用要求进行不同的裂缝控制验算。

（1）抗裂验算：承受水压的轴心受拉构件、小偏心受拉构件以及发生裂缝后会引起严重渗漏的其他构件，应进行抗裂验算。如有可靠防渗措施或不影响正常使用时，也可不进行抗裂验算。

抗裂验算时，结构构件受拉边缘的拉应力不应超过以混凝土拉应力限制系数 α_{ct} 控制的应力值，对于标准组合，$\alpha_{ct} = 0.85$。

（2）裂缝宽度控制验算：需进行裂缝宽度验算的结构构件，应根据 5.1.12 条规定的环境条件类别，

按标准组合并考虑长期作用的影响进行验算，其最大裂缝宽度计算值不应超过表 5.3.2 所规定的最大裂缝宽度限值。"

DL/T 5057—2009 第 5.3.4 条规定："受弯构件的最大挠度应按标准组合并考虑荷载长期作用的影响进行计算，其计算值不应超过表 5.3.4 规定的挠度限值。"

答案：D

39. 解　本题考查的是预应力对构件斜截面受剪承载力的影响。

抗剪试验研究表明，预压应力对构件的受剪承载力起有利作用，主要是预压应力能阻滞斜裂缝的出现和开展，增加了混凝土剪压区高度，从而提高了混凝土剪压区所承担的剪力。根据试验分析，预应力梁较非预应力梁受剪承载力的提高程度主要与预应力的大小有关，其次是预应力合力作用点的位置。试验还表明，预应力对提高梁受剪承载力的作用也不是无限的，应给予上限的规定。

现行规范《水工混凝土结构设计规范》（DL/T 5057—2009）[或现行规范《水工混凝土结构设计规范》（SL 191—2008）]关于预应力混凝土梁受剪承载力的计算，是在非预应力梁计算公式的基础上，加上一项施加预应力所提高的受剪承载力设计值 $V_p = 0.05 N_{p0}$，且当 $N_{p0} > 0.3 f_c A_0$ 时，取 $N_{p0} = 0.3 f_c A_0$，以达到限制的目的。同时，它仅适用于预应力混凝土简支梁，且只有当预应力合力 N_{p0} 对梁产生的弯矩与外弯矩相反时，才能考虑其有利作用，否则，应取 $V_p = 0$。对于先张法预应力混凝土构件，如果计算截面在预应力传递长度 l_{tr} 范围内，则预应力的合力应取 $N_{p0} \dfrac{l_p}{l_{tr}}$，此处，$l_p$ 为构件端面至计算截面的距离。对于预应力混凝土连续梁，因无这方面的试验资料，故暂不考虑 V_p 的有利作用。对允许出现裂缝的预应力混凝土简支梁，考虑到构件达到承载力时，预应力可能已经消失，在目前尚未有充分试验数据前，为稳妥起见，也暂不考虑预应力的有利作用。

答案：C

40. 解　本题考查的是现行规范《水工混凝土结构设计规范》（DL/T 5057—2009）[或现行规范《水工混凝土结构设计规范》（SL 191—2008）]考虑地震作用组合的钢筋混凝土框架梁梁端截面正截面受弯承载力计算公式的适用条件。

DL/T 5057—2009 第 15.2.1 条规定："考虑地震作用组合的钢筋混凝土框架梁，其受弯承载力应按第 9 章的公式计算。

在计算中，计入纵向受压钢筋的梁端截面混凝土受压区计算高度 x 应符合下列规定：

设计烈度为 9 度时　　　　　　　　$x \leqslant 0.25 h_0$

设计烈度为 7 度、8 度时　　　　　$x \leqslant 0.35 h_0$

SL 191—2008 第 13.2.1 条规定："考虑地震作用组合的钢筋混凝土框架梁，其受弯承载力应按 6.2 节的公式计算。

在计算中，计入纵向受压钢筋的梁端截面混凝土受压区计算高度 x 应符合下列规定：

设计烈度为 9 度时 $\qquad x \leqslant 0.25h_0$

设计烈度为 7 度、8 度时 $\qquad x \leqslant 0.35h_0$

试验表明，在低周反复荷载作用下框架梁的正截面受弯承载力不致降低，故其正截面受弯承载力仍可按不考虑地震作用的正截面受弯承载力公式计算。

设计框架梁时，限制截面混凝土受压区计算高度 x 的目的是控制塑性铰区纵向受拉钢筋的配筋率不致过大，以保证框架梁有足够的延性。根据国内外的经验，当截面相对受压区高度控制在 0.25~0.35 时，梁的截面位移延性系数可达到 3~4。

在确定截面混凝土受压区计算高度时，可把截面内的部分受压钢筋计算在内。

答案：B

41. 解 竖直度盘固定在横轴一端，望远镜转动时与横轴一起转动。

答案：A

42. 解 三种形式中两种为有校核条件的附合导线、闭合导线；一种为自由布设的支导线。

答案：C

43. 解 $34° + 180° = 214°$

答案：D

44. 解 可以用公式计算，有规律即为系统误差。

答案：B

45. 解 按比例尺计算。

答案：C

46. 解 地形图图廓边长（50cm）为 $0.5 \times 1000 = 500\mathrm{m} = 0.5\mathrm{km}$，则其面积为 $0.5 \times 0.5 = 0.25\mathrm{km}^2$。

答案：D

47. 解 定义题。密度是材料在绝对密实状态下单位体积的质量，不包含任何孔隙。

答案：A

48. 解 水玻璃的耐热性较好，可用于配制耐热砂浆和耐热混凝土。

答案：B

49. 解 硅酸盐水泥熟料主要由 CaO、SiO_2、Fe_2O_3、Al_2O_3 四种氧化物组成，水泥熟料经高温煅烧后的四种矿物为 C_3S、C_2S、C_3A、C_4AF。

答案：A

50. 解 定义题。国家标准《通用硅酸盐水泥》（GB 175—2007）定义，普通硅酸盐水泥熟料和适量石膏、加上 5%~20%混合材料磨细制成的水硬性胶凝材料。

答案：C

51. 解 组成混凝土的水泥、砂、石子及水等四项基本材料之间的相对用量，可用三个对比关系表达，即水胶比、浆骨比、砂率。

答案：A

52. 解 适当纤维掺量的钢纤维混凝土韧性可提高 10~50 倍。

答案：C

53. 解 氯化物会引入氯离子，进而引发钢筋锈蚀。

答案：A

54. 解 沥青在温度降低时变得脆硬，抗拉强度不足，变形能力较差，受外力作用极易产生裂缝而破坏。

答案：A

55. 解 钢材在低温下出现冷脆现象，因而要求其脆性临界温度较低。

答案：C

56. 解 此处是指水文循环的主要环节。

答案：B

57. 解 洪水的重现期 $T = 1/P$，因此是 20 年。

答案：C

58. 答案： B

59. 解 设计洪水其中的频率标准 P 实质是工程的破坏率，因此每一年的保证概率为 $q = 1 - P$，因此 L 年工程不破坏的概率为 $(1 - P)^L$。

答案：D

60. 解 延长样本的长度增加了系列的代表性。

答案：A

2016 年度全国注册土木工程师（水利水电工程）

执业资格考试试卷

基础考试
（下）

二〇一六年九月

应考人员注意事项

1. 本试卷科目代码为"2"，考生务必将此代码填涂在答题卡"科目代码"相应的栏目内，否则，无法评分。

2. 书写用笔：**黑色或蓝色钢笔、签字笔或圆珠笔**；

   填涂答题卡用笔：**黑色 2B 铅笔**。

3. 必须用书写用笔将工作单位、姓名、准考证号填写在答题卡和试卷相应的栏目内。

4. 本试卷由 60 题组成，每题 2 分，满分 120 分，本试卷全部为单项选择题，每小题的四个备选项中只有一个正确答案，错选、多选、不选均不得分。

5. 考生作答时，必须按**题号在答题卡上**将相应试题所选选项对应的**字母用 2B 铅笔涂黑**。

6. 在答题卡上书写与题意无关的语言，或在答题卡上作标记的，均按违纪试卷处理。

7. 考试结束时，由监考人员当面将试卷、答题卡一并收回。

8. 草稿纸由各地统一配发，考后收回。

单项选择题（共 60 题，每题 2 分。每题的备选项中只有一个最符合题意。）

1. 一闸下泄水流模型试验，采用重力相似原则，其长度比尺为 20，模型测得某水位下的流量为 $0.03\text{m}^3/\text{s}$，下泄出口处断面流速为$1\text{m}^3/\text{s}$，则原型的流量和下泄出口处断面流速分别为：

   A. $53.67\text{m}^3/\text{s}$和$20\text{m}^3/\text{s}$ B. $240\text{m}^3/\text{s}$和$20\text{m}^3/\text{s}$

   C. $53.67\text{m}^3/\text{s}$和$4.47\text{m}^3/\text{s}$ D. $240\text{m}^3/\text{s}$和$4.47\text{m}^3/\text{s}$

2. 已知管段长度$L = 4.0\text{m}$，管径$d = 0.015\text{m}$，管段的流量$Q = 4.5 \times 10^{-5}\text{m}^3/\text{s}$，两支管的高程$\Delta h = 27\text{mm}$，则管道的沿程水头损失系数$\lambda$等于：

   A. 0.0306   B. 0.0328

   C. 0.0406   D. 0.0496

3. 有一河道泄流时，流量$Q = 120\text{m}^3/\text{s}$，过水断面为矩形断面，其宽度$b = 60\text{m}$，流速$v = 5\text{m/s}$，河道水流的流动类型为：

   A. 缓流   B. 急流

   C. 临界流   D. 不能确定

4. 实验中用来测量管道中流量的仪器是：

   A. 文丘里流量计   B. 环形槽

   C. 毕托管   D. 压力计

5. 关于水头线的特性说法：①实际液体总水头线总是沿程下降的；②测压管的水头线小于总水头线一个流速水头值；③由于$\frac{p}{\gamma} = H_\text{p} - z$，故测压管水头$H_\text{p}$线是在位置水头$Z$线上面；④测压管水头线可能上升，可能下降，也可能不变。

   A. ①②③④不对   B. ②③不对

   C. ③不对   D. ①④不对

6. 某离心泵的吸水管中某一点的绝对压强为 30kPa，则相对压强和真空度分别为：

   A. -98kPa，8.9m   B. -58kPa，5.9m

   C. -68kPa，6.9m   D. -71kPa，7.2m

7. 有一矩形断面的风道，已知进口断面尺寸为20cm×30cm，出口断面尺寸为10cm×20cm，进口断面的平均风速$v_1 = 4.5\text{m/s}$，则该风道的通风量和出口断面的风速分别为：

A. 0.027m^3/s和1.3m/s

B. 0.021m^3/s和3.6m/s

C. 2.7m^3/s和6.5m/s

D. 0.27m^3/s和13.5m/s

8. 有一水管，其管长$L = 500\text{m}$，管径$D = 300\text{mm}$，若通过流量$Q = 60\text{L/s}$，温度为 20℃，如水的运动黏滞系数为$\nu = 1.013 \times 10^{-6}\text{m}^2/\text{s}$，则流态为：

A. 层流

B. 临界流

C. 紊流

D. 无法判断

9. 一装水的密闭容器，装有水银汞测压计，已知$h_1 = 50\text{cm}$，$\Delta h_1 = 35\text{cm}$，$\Delta h_2 = 40\text{cm}$，则高度h_2为：

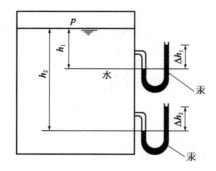

A. 1.08m   B. 1.18m   C. 1.28m   D. 1.38m

10. 黏性土的分类依据是：

A. 液性指数

B. 塑性指数

C. 所含成分

D. 黏粒级配与组成

11. 同一种土的密度ρ，ρ_{sat}，ρ'和ρ_d的大小顺序可能为：

A. $\rho_d < \rho' < \rho < \rho_{\text{sat}}$

B. $\rho_d < \rho < \rho' < \rho_{\text{sat}}$

C. $\rho' < \rho_d < \rho < \rho_{\text{sat}}$

D. $\rho' < \rho < \rho_d < \rho_{\text{sat}}$

12. 均布载荷作用下，矩形基底下地基中同样深度处的竖向附加应力的最大值出现在：

A. 基底中心以下

B. 基底的角点上

C. 基底点外

D. 基底中心与角点之间

13. 以下不是软土特性的是：

    A. 透水性较差
               B. 强度较低

    C. 天然含水率较小
          D. 压缩性高

14. 室内侧限压缩实验测得的 e-p 曲线愈缓，表明该土样的压缩性：

    A. 愈高
               B. 愈低

    C. 愈均匀
           D. 愈不均匀

15. 土体中某截面达到极限平衡状态，理论上该截面的应力点应在：

    A. 库仑强度包线上方

    B. 库仑强度包线下方

    C. 库仑强度包线上

    D. 不能确定

16. 有一坡度为 0 的砂土坡，安全系数最小的是：

    A. 砂土是天然风干的（含水率约为 1%）

    B. 砂土坡淹没在静水下

    C. 砂土非饱和含水率 8%

    D. 有沿坡的渗流

17. 若基础底面宽度为 b，则临塑荷载对应的地基土中塑性变形区的深度为：

    A. $b/3$
               B. 0

    C. $b/2$
              D. $b/4$

18. 天然饱和黏土厚 20m，位于两砂层之间，在大面积均布荷载作用下达到最终沉降量的时间为 3 个月，若该土层厚度增加一倍，且变为单面排水，则达到最终沉降量的时间为：

    A. 6 个月
             B. 12 个月

    C. 24 个月
           D. 48 个月

19. 岩石的软化系数总是：

    A. 大于 1
            B. 小于 1

    C. 大于 100
         D. 小于 100

20. 图示体系是：

A. 几何不变，无多余约束

B. 瞬变体系

C. 几何不变，有多余约束

D. 常变体系

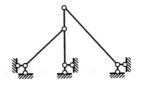

21. 图示桁架a杆内力是：

A. $2P$

B. $-2P$

C. $-3P$

D. $3P$

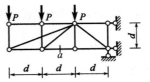

22. 图示梁a截面的弯矩影响线在B点的竖标为：

A. -1m

B. -1.5m

C. -3m

D. 0

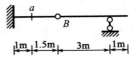

23. 图示结构，取力法基本体系时，不能切断：

A. BD杆

B. CD杆

C. DE杆

D. AD杆

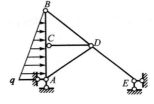

24. 如图所示连续梁，$EI = $常数，已知支承$B$处梁截面转角为$\dfrac{-7Pl^2}{240EI}$（逆时针向），则支承$C$处梁截面转角$\psi_C$应为：

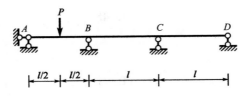

A. $\dfrac{Pl^2}{240EI}$

B. $\dfrac{Pl^2}{180EI}$

C. $\dfrac{Pl^2}{120EI}$

D. $\dfrac{Pl^2}{60EI}$

25. 图示伸臂梁，温度升高 $t_1 > t_2$，则 C 点和 D 点的位移：

A. 都向下

B. 都向上

C. C 点向上，D 点向下

D. C 点向下，D 点向上

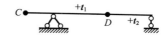

26. 图示结构，若使结点 A 产生单位转角，则在结点 A 需施加的外力偶为：

A. $7i$

B. $9i$

C. $8i$

D. $11i$

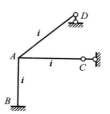

27. 图示结构截面 M_A、M_B（以内侧受拉为正）为：

A. $M_A = -Pa$，$M_B = Pa$

B. $M_A = 0$，$M_B = -Pa$

C. $M_A = Pa$，$M_B = Pa$

D. $M_A = 0$，$M_B = Pa$

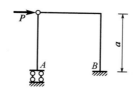

28. 图示体系的自振频率为：

A. $\sqrt{3EI/(2ml^3)}$

B. $\sqrt{3EI/(4ml^3)}$

C. $\sqrt{3EI/(ml^3)}$

D. $\sqrt{EI/(ml^3)}$

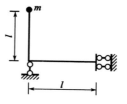

29. 以下说法错误的是：

A. 所有结构构件均应进行承载力计算

B. 所有钢筋混凝土结构构件均应进行抗裂验算

C. 对于承载能力极限状态，一般应考虑持久或短暂状况下的基本组合与偶然状况下的偶然组合

D. 对于正常使用极限状态，一般应考虑荷载的标准组合（用于抗裂计算）或标准组合并考虑长期作用的影响（用于裂缝宽度和挠度计算）

30. 预应力混凝土受弯构件与普通混凝土受弯构件相比，需增加的计算内容有：

A. 正截面承载力计算
B. 斜截面承载力计算
C. 正截面抗裂计算
D. 正截面抗剪计算

31. 设截面配筋率$\rho = A_s/bh_0$，截面相对受压区计算高度和截面界限相对受压区计算高度分别为ξ、ξ_b，对于ρ_b的含义，以及《水工混凝土结构设计规范》（DL/T 5057—2009）适筋梁应满足的条件是：

A. ρ_b表示界限破坏时的配筋率$\rho_b = \xi_b f_c/f_y$，适筋梁应满足$\rho \leq \rho_b$
B. ρ_b表示界限破坏时的配筋率$\rho_b = \xi_b f_c/f_y$，适筋梁应满足$\rho \geq 0.85\rho_b$
C. ρ_b表示界限破坏时的配筋率$\rho_b = \xi_b f_c/f_y$，适筋梁应满足$\rho \leq 0.85\rho_b$
D. ρ_b表示界限破坏时的配筋率$\rho_b = \xi_b f_c/f_y$，适筋梁应满足$\rho \leq 0.85\rho_b$

32. 以下对正截面最大裂缝宽度计算值没有影响的是：

A. 纵向受拉钢筋应力
B. 混凝土强度等级
C. 纵向受拉钢筋配筋率
D. 保护层厚度

33. 某对称配筋的大偏心受压构件可承受的四组内力中，最不利的一组内力为：

A. $M = 218 \text{ kN} \cdot \text{m}$，$N = 396 \text{ kN}$
B. $M = 218 \text{ kN} \cdot \text{m}$，$N = 380 \text{ kN}$
C. $M = 200 \text{ kN} \cdot \text{m}$，$N = 396 \text{ kN}$
D. $M = 200 \text{ kN} \cdot \text{m}$，$N = 380 \text{ kN}$

34. 偏心受压柱采用对称配筋，截面面积$b \times h = 400 \text{ mm} \times 500 \text{ mm}$，混凝土强度等级为 C25（$f_c = 11.9 \text{ N/mm}^2$），纵向受力筋采用 HRB335（$f_y = 300 \text{ N/mm}^2$），$a_s = a'_s = 40 \text{ mm}$，$\xi_b = 0.55$，轴向压力$N = 556 \text{ kN}$，弯矩$M = 275 \text{ kN} \cdot \text{m}$，$\eta = 1.15$，$K = 1.2$，则$A_s$为：

A. 2063 mm^2
B. 1880 mm^2
C. 2438 mm^2
D. 1690 mm^2

35. 钢筋混凝土受剪构件斜截面受剪承载力计算公式中没有体现的影响因素为：

A. 材料强度
B. 纵筋配筋率
C. 箍筋配筋率
D. 截面尺寸

36. 有配筋不同的三种梁（梁1：$A_s = 350 \text{ mm}^2$；梁2：$A_s = 250 \text{ mm}^2$；梁3：$A_s = 150 \text{ mm}^2$），其中梁1是适筋梁，梁2和梁3为超筋梁，则破坏时相对高度的大小关系为：

A. $\xi_3 > \xi_2 > \xi_1$
B. $\xi_1 > \xi_2 = \xi_3$
C. $\xi_2 > \xi_3 > \xi_1$
D. $\xi_3 = \xi_2 > \xi_1$

37. 对于钢筋混凝土偏心受拉构件，下面说法错误的是：

    A. 如果$\xi > \xi_b$，说明是小偏心受拉破坏

    B. 小偏心受拉构件破坏时，构件拉力全部由受拉钢筋承担

    C. 大偏心受拉构件存在局部受压区

    D. 大、小偏心受拉构件的判断依据是构件拉力的作用位置

38. 预应力混凝土轴心受拉构件，开裂荷载N_{cr}等于：

    A. 先张法、后张法均为$(\sigma_{pcII} + f_{tk})A_0$

    B. 先张法、后张法均为$(\sigma_{pcII} + f_{tk})A_n$

    C. 先张法为$(\sigma_{pcII} + f_{tk})A_0$，后张法为$(\sigma_{pcII} + f_{tk})A_n$

    D. 先张法为$(\sigma_{pcII} + f_{tk})A_n$，后张法为$(\sigma_{pcII} + f_{tk})A_0$

39. 先张法预应力混凝土轴心受拉构件，当加载至构件裂缝即将出现时，预应力筋的应力为：

    A. $\sigma_{con} - \sigma_l - \alpha_E f_{tk}$ B. $\sigma_{con} - \sigma_l - \alpha_E \sigma_{pcII} + \alpha_E f_{tk}$

    C. $\sigma_{con} - \sigma_l + 2\alpha_E f_{tk}$ D. $\sigma_{con} - \sigma_l + \alpha_E f_{tk}$

40. 下面关于受弯构件斜截面受剪的说法，正确的是：

    A. 施加预应力可以提高斜截面受剪承载力

    B. 防止发生斜压破坏应提高配箍率

    C. 避免发生斜拉破坏的有效办法是提高混凝土强度

    D. 对无腹筋梁，剪跨比越大其斜截面承载力越高

41. 视差产生的原因是：

    A. 气流现象

    B. 监测目标太远

    C. 监测点影像与十字丝刻板不重合

    D. 仪器轴系统误差

42. AB坐标方位角α_{AB}属第III象限，则对应的象限角是：

    A. α_{AB} B. $\alpha_{AB} - 180°$

    C. $360° - \alpha_{AB}$ D. $180° - \alpha_{AB}$

43. 下表为竖盘观测记录，顺时针刻划，B 点竖直角大小为：

测站	观测点	竖盘	竖盘刻度值	一测回站	备注
	A	左	90°50′40″		
		右	269°09′17″		
	B	左	89°12′21″		
		右	270°48′20″		

    A. 0°47′55″

    C. 1°38′19″

    B. −0°40′00″

    D. −1°38′19″

44. 水平角以等精度观测 4 测回：55°40′47″、55°40′40″、55°40′42″、55°40′50″，一测回观测值中误差 m 为：

    A. 2″28   B. 3″96   C. 7″92   D. 4″57

45. 已知 A 点的高程为 $H_A = 20.000m$，支水准路线 AP 往测高差为 −1.436，反测高差为 +1.444，则 P 点的高程为：

    A. 18.564m

    C. 21.444m

    B. 18.560m

    D. 21.440m

46. 已知基本等高距为 2m，则计曲线为：

    A. 1,2,3,…

    C. 10,20,30,…

    B. 2,4,6,…

    D. 5,10,15,…

47. 密度是指材料在以下哪种状态下单位体积的质量？

    A. 绝对密度

    C. 粉体或颗粒材料自然堆积

    B. 自然状态

    D. 饱水

48. 一般要求绝热材料的导热率不宜大于 0.17W/(m·K)，表观密度小于 1000kg/m³，抗压强度应大于：

    A. 10MP

    C. 3MP

    B. 5MP

    D. 0.3MP

49. 影响材料抗冻性的主要因素有孔结构、水饱和度和冻融龄期，其极限水饱和度是：

    A. 50%

    C. 85%

    B. 75%

    D. 91.7%

50. 材料抗渗性常用渗透系数表示，常用单位是：

    A. m/h

    C. m/s

    B. mm/s

    D. cm/s

51. 绝热材料若超过一定温度范围会使孔隙中空气的导热与孔壁间的辐射作用有所增加,因此绝热材料适用的温度范围为:

A. 0~25℃

B. 0~50℃

C. 0~20℃

D. 0~55℃

52. 一般认为硅酸盐水泥颗粒小于多少具有较高活性,而大于100μm其活性则很小?

A. 30μm

B. 40μm

C. 50μm

D. 20μm

53. 普通混凝土用砂的细度模数范围一般在多少之间较为适宜:

A. 3.7~3.1

B. 3.0~2.3

C. 3.7~0.7

D. 2.2~1.6

54. 一般来说,泵送混凝土水胶比不宜大于0.6,高性能混凝土水胶比不大于:

A. 0.6

B. 0.5

C. 0.4

D. 0.3

55. 对于素混凝土拌合物用水pH值应大于等于:

A. 3.5

B. 4.0

C. 5.0

D. 4.5

56. 自然界水资源具有循环性特点,其中大循环是指:

A. 水在陆地—陆地之间的循环

B. 水在海洋—海洋之间的循环

C. 水在全球之间的循环

D. 水在陆地—海洋之间的循环

57. 某水利工程的设计洪水是指:

A. 所在流域历史上发生的最大洪水

B. 通过文献考证的特大洪水

C. 符合该水利工程设计标准要求的洪水

D. 流域重点断面的历史最大洪水

58. 水文现象具有几个特点,以下选项中不正确的是:

A. 确定性特点

B. 随机性特点

C. 非常复杂无规律可循

D. 地区性特点

59. 适线法是推求设计洪水的主要统计方法，适线（配线）过程是通过调整以下哪项实现？

A. 几个分布参数

B. 频率曲线的上半段

C. 频率曲线的下半段

D. 频率曲线的中间段

60. 设计洪水推求时，统计样本十分重要，实践中要求样本：

A. 具有代表性

B. 可以不连续，视历史资料而定

C. 如果径流条件发生变异，可以不必还原

D. 如果历史上特大洪水资料难以考证，可不必重视

2016年度全国注册土木工程师（水利水电工程）执业资格考试基础考试（下）
试题解析及参考答案

1. 解　本题根据模型计算原型的流量和流速，由重力相似原则有：

$$Q_p = Q_m \lambda_Q = Q_m \lambda_l^{\frac{5}{2}} = 0.03 \times 20^{\frac{5}{2}} = 53.67 \text{m}^3/\text{s}$$

$$v_p = v_m \lambda_v = v_m \lambda_l^{\frac{1}{2}} = 1 \times 20^{\frac{1}{2}} = 4.47 \text{m/s}$$

答案：C

2. 解　根据沿程水头损失系数计算公式有：

$$h_f = \lambda \frac{l}{d} \frac{v^2}{2g} = \lambda \frac{l}{d} \frac{\left(\dfrac{Q}{\dfrac{\pi d^2}{4}}\right)^2}{2g} = 0.027$$

$$\lambda = \frac{2gh_f d}{l\left(\dfrac{Q}{\dfrac{\pi d^2}{4}}\right)} = \frac{2 \times 9.81 \times 0.027 \times 0.015}{4 \times \left(\dfrac{4.5 \times 10^{-5}}{3.14 \times 0.015^2}\right)} = 0.0306$$

答案：A

3. 解　首先计算临界水深，由临界水深计算公式可得：

$$h_c = \sqrt[3]{\frac{aQ^2}{gb^2}} = \sqrt[3]{\frac{1 \times 120^2}{9.8 \times 60^2}} = 0.742 \text{m}$$

$$h = \frac{Q}{vb} = \frac{120}{5 \times 60} = 0.4 \text{m}$$

由于$h_c > h$，可以判断河道的流动类型为急流。

答案：B

4. 解　文丘里流量计用于测量管道中流量的大小，环形槽主要用于研究泥沙运动特性，毕托管主要用于测量液体点流速，压力机主要用于测量压力。

答案：A

5. 解　本题仅③不对，当管道中某一点出现真空时，即$P < 0$时，$H_p < Z$，即测压管水头线在位置水头线下面，故③错误。

答案：C

6. 解　根据相对压强和真空度的计算公式可得：

$$p = p' - p_a = 30 - 98 = -68 \text{kPa}$$

$$p_v = p_a - p' = 98 - 30 = 68 \text{kPa}$$

$$h = \frac{\rho_v}{g} = \frac{68}{9.8} = 6.9\text{m}$$

答案：C

7. 解 根据能量方程和流速计算公式可得：

$$Q_1 = v_1 A_1 = Q_2 = v_2 A_2$$

$$Q_1 = v_1 A_1 = 0.2 \times 0.3 \times 4.5 = 0.27\text{m}^3/\text{s}$$

$$v_2 = \frac{Q_2}{A_2} = \frac{0.27}{0.1 \times 0.2} = 13.5\text{m/s}$$

答案：D

8. 解 根据已知条件求出雷诺数：

$$\text{Re} = \frac{vd}{\nu} = \frac{\dfrac{0.06 \times 4}{\pi d^2} \times 0.3}{1.013 \times 10^{-6}} = 251507$$

当雷诺数 $\text{Re} > 2000$ 时，水流流态为紊流。

答案：C

9. 解 根据压强计算公式可得：

$$h_2 \gamma = h_1 \gamma + 13.6\gamma(\Delta h_2 - \Delta h_1)$$

$$h_2 = h_1 + 13.6 \times (\Delta h_2 - \Delta h_1) = 0.5 + 13.6 \times (0.4 - 0.35) = 1.18\text{m}$$

答案：B

10. 解 黏粒含量与塑性指数成正比，依据规范规定，黏性土的分类依据是塑性指数。

答案：B

11. 解 同一种土的饱和密度 ρ_{sat} 大于天然密度 ρ，大于干密度 ρ_d，大于浮密度 ρ'。

答案：C

12. 解 通过典型点附加应力系数叠加值可验算。

答案：A

13. 解 软土含水量大，与选项 C 相反。其他项为软土性质。

答案：C

14. 解 e-p 曲线越平缓，压缩系数越小，土体压缩性也越小。

答案：B

15. 解 库仑强度包线为土体应力达到极限平衡点的组合。

答案：C

16. 解 有沿坡渗流时，土坡安全系数约降低1/2。其他情况下安全系数基本相同。

答案：D

17. 解 临塑荷载对应塑性区发展深度为0时的荷载。

答案：B

18. 解 土体达到相同固结度所需时间与最大排水距离的平方成正比，2 倍土层厚度，双向排水改单向排水，最大排水距离又增加一倍，故达到最终沉降量的时间为 $(2 \times 2)^2 \times 3 = 48$ 个月。

答案：D

19. 解 岩石软化系数为饱水后单轴抗压强度与干燥样单轴抗压强度之比，一定小于1。

答案：B

20. 解 根据两刚片规则，在一个刚片上增加一个二元体，该体系仍为几何不变体系。对于本题，先去掉右上角的二元体，再去掉左下角的二元体，该体系剩下三个铰，为几何不变体系，且没有多余约束。

答案：A

21. 解 如图所示，在桁架第二节间，取竖直截面，切开的四根杆件中，除 a 杆外，其余三根交于一点 O，因此 a 杆为截面单杆，取左侧脱离体，对 O 点取矩平衡条件：$P \cdot 2d + P \cdot d + N_a \cdot d = 0$，即得 a 杆内力为 $-3P$。

答案：C

22. 解 根据影响线定义，将单位移动荷载放至 B 点（见图）。图示结构左半部分为基本部分，右半部分为附属部分，截面 a 的弯矩值即为所得。

答案：B

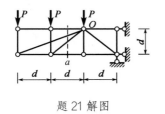

题 21 解图

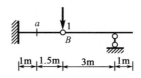

题 22 解图

23. 解 在力法中，将解除多余约束后得到的静定结构称为力法的基本结构。该体系为一次超静定结构，当去掉一个多余约束时，基本体系应该为静定的，但是当去掉 DE 杆时，结构体系变为几何可变体系，所以不能切断 DE 杆。

答案：C

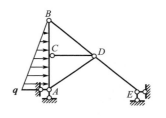

题 23 解图

24. 解 各杆线刚度相同，即 $i = EI/l$

由 C 点平衡条件：$\sum M_C = M_{CB} + M_{CD} = 0$

已知：$M_{CB} = 2i\theta_B + 4i\theta_C$，$M_{CD} = 3i\theta_C$

则 $2i\theta_B + 4i\theta_C + 3i\theta_C = 0$

得 $\theta_C = -\dfrac{2}{7}\theta_B = -\dfrac{2}{7} \times \left(\dfrac{-7Pl^2}{240EI}\right) = \dfrac{Pl^2}{120EI}$

答案：C

25. 解 图示结构为静定结构，根据温度变化情况，可勾画出结构的大

致变形图如图所示。

由变形可知位移：C 点向下，D 点向上。

题 25 解图

答案：D

26. 解 AB 杆远端 B 为固定端，$S_{AB} = 4i$。AC 杆远端 C 处链杆与杆件平行，$S_{AC} = 0$。AD 杆远端 D 处为铰支，$S_{AD} = 3i$。故在结点 A 需施加的外力偶为 $4i + 0 + 3i = 7i$。

答案：A

27. 解 图示结构为基本附属结构，其中右侧的悬臂杆件为基础部分，附属部分只有最上侧二力杆受轴向 $N = P$（压力），故 $M_A = 0$，右侧为悬臂梁在自由端受剪力 P 的作用，杆件内侧受拉，故在支座 B 处的弯矩为 $M_B = Pa$。

答案：D

28. 解 在质量点处施加水平单位力，作单位弯矩图，即可求得 $\delta_{11} = \dfrac{4l^3}{3EI}$，得 $\omega = \sqrt{\dfrac{1}{m\delta_{11}}} = \sqrt{\dfrac{3EI}{4ml^3}}$。

答案：B

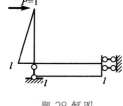

题 28 解图

29. 解 钢筋混凝土结构构件在某些条件下可以不进行抗裂验算，在任何情况下都必须保证的是承载力。

答案：B

30. 解 相对于普通混凝土受弯构件而言，预应力混凝土受弯构件主要是增加了"正截面抗裂计算"。

答案：C

31. 解 对于规范 DL/T 5057—2009，选 A。如为规范 SL 191—2008，则选 C。

答案：A

32. 解 由规范 DL/T 5057—2009 的正截面裂缝宽度计算公式可知，最大裂缝宽度计算值的计算公式中含有纵向受拉钢筋应力 σ_{sk}、混凝土轴心抗拉强度标准值 f_{tk}、纵向受拉钢筋的有效配筋率 ρ_{te}、混凝土保护层厚度 c、纵向受拉钢筋的直径 d 等参数，正截面最大裂缝宽度计算值与纵向受拉钢筋应力、混凝

土强度等级、纵向受拉钢筋配筋率、混凝土保护层厚度等均有关，故原题有误或不成立。

由规范 SL 191—2008 的正截面裂缝宽度计算公式可知，最大裂缝宽度计算值的计算公式中含有纵向受拉钢筋应力 σ_{sk}、纵向受拉钢筋的有效配筋率 ρ_{te}、混凝土保护层厚度 c、纵向受拉钢筋的直径 d 等参数，正截面最大裂缝宽度计算值与纵向受拉钢筋应力、纵向受拉钢筋配筋率、混凝土保护层厚度等有关，与混凝土强度等级无关，故按 SL 191—2008 的规定应选 B。

答案： 按 DL/T 5057—2009 的规定原题有误或不成立；按 SL 191—2008 的规定应选 B

33. 解 由规范 DL/T 5057—2009 或 SL 191—2008 的偏心受压构件正截面受压承载力计算公式可知，对称配筋的大偏心受压构件，弯矩一定，轴向力越小越不利；轴向力一定，弯矩越大越不利，选项 B 偏心距最大，钢筋用量最大，故应选 B。

答案： B

34. 解 由于采用对称配筋，$f_y A_s = f'_y A'_s$，截面受压区计算高度 x 可按下列公式计算：

$$x = \frac{KN}{f_c b} = \frac{1.2 \times 556 \times 10^3}{11.9 \times 400} = 140 \text{mm} < \xi_b h_0 = 0.55 \times 460 = 250 \text{mm} \text{ 且} > 2a'_s = 80 \text{mm}$$

为大偏心受压构件

$$e_0 = M/N = 275 \times 10^6 / 556 \times 10^3 = 495 \text{mm}$$

$$e = \eta e_0 + \frac{h}{2} - a_s = 1.15 \times 495 + 250 - 40 = 779 \text{mm}$$

故由大偏心受压构件正截面受压承载力计算的基本公式可求得 A_s 为：

$$A_s = A'_s = \frac{KNe - f_c bx \left(h_0 - \frac{x}{2}\right)}{f'_y (h_0 - a'_s)} = \frac{1.2 \times 556 \times 10^3 \times 779 - 11.9 \times 400 \times 140 \times \left(460 - \frac{140}{2}\right)}{300 \times (460 - 40)}$$

$$= 2063 \text{mm}^2 > \rho'_{\min} bh_0 = 0.2\% \times 400 \times 460 = 368 \text{mm}^2$$

答案： A

35. 解 在规范 DL/T 5057—2009 或 SL 191—2008 斜截面受剪承载力计算公式中，含有材料强度、箍筋和弯起钢筋用量及截面尺寸等参数，没有体现的影响因素为纵筋配筋率。

答案： B

36. 解 由规范 DL/T 5057—2009 或 SL 191—2008 单筋矩形截面正截面受弯承载力计算公式的适用条件可知，适筋梁的适用条件为 $\xi \leqslant \xi_b$（DL/T 5057—2009）或 $\xi \leqslant 0.85\xi_b$（SL 191—2008），梁 1 是适筋梁，故 ξ_1 最小；梁 2 和梁 3 为超筋梁，截面破坏时纵向受拉钢筋达不到屈服强度，虽然按平截面假定由平衡条件是可以求得截面的相对受压区计算高度 ξ 的，但由于题中只给出了纵向受拉钢筋的截面面积，没有提供其他任何条件，无法按平截面假定由平衡条件推求截面的相对受压区计算高度 ξ，只能近似取 $\xi = \xi_b$（DL/T 5057—2009）或 $\xi = 0.85\xi_b$（SL 191—2008）推求纵向受拉钢筋的截面面积，故应选 D。

答案：D

37. 解 大、小偏心受拉构件的判断依据是构件拉力的作用位置，与截面相对受压区计算高度无关。

答案：A

38. 解 本题考查预应力混凝土构件抗裂验算的相关概念，牵涉有效预应力、换算截面、净截面等概念。抗裂验算中的开裂荷载或开裂弯矩的计算等属于正常使用阶段的验算，不论是先张法还是后张法，截面特性均应采用换算截面，仅后张法施工阶段的应力计算，才会用到净截面特性。

答案：A

39. 解 本题考查先张法预应力混凝土轴心受拉构件各阶段应力变化，参见本教程表 4-5-3，当加载至构件裂缝即将出现时，预应力筋的应力是在 $\sigma_{con} - \sigma_l$ 的基础上增加 $\alpha_E f_{tk}$，故应选 D。

答案：D

40. 解 由规范 DL/T 5057—2009 或 SL 191—2008 预应力混凝土构件斜截面受剪承载力的计算公式可知，预应力提供的受剪承载力为 $V_p = 0.05N_{p0}$。

答案：A

41. 解 本题考查视差。视差的现象是观测者眼睛在目镜端上下移动时，观测目标向反方向移动。原因是物像与十字丝刻板不共面。消除方法是做好物镜与目镜的调焦工作。

答案：C

42. 解 本题考查方位角与象限角的定义。两者之间的区别与联系从两个方面来理解，一是起始方向，方位角是从纵轴北方向开始，象限角是从纵轴南或者北方向开始；二是角度范围，方位角是 0°~360°，象限角是 0°~90°。象限角用 R、方位角用 α 表示，则在四个象限内象限角与方位角的对应关系为 $R_I = \alpha_I$，$R_{II} = \alpha_{II}$，$R_{III} = \alpha_{III}$，$R_{IV} = \alpha_{IV}$。

答案：B

43. 解 本题考查竖直角的计算公式。盘左盘右观测读数对应竖直角计算公式：

①度盘盘左顺时针刻画 $\begin{cases} \alpha_{左} = 90° - L \\ \alpha_{右} = R - 270° \end{cases}$

②度盘盘左逆时针刻画 $\begin{cases} \alpha_{左} = L - 90° \\ \alpha_{右} = 270° - R \end{cases}$

然后将互差在一定范围内的两次读数对应的竖直角取平均即得一测回竖直角值，本题计算值为 $0°47'55''$。

答案：A

44.解 本题考查贝塞尔公式，即真值未知的情况下利用算术平均值计算中误差的公式。

$$[vv] = \sum_{i=1}^{n} v_i^2, \quad v_i = x - L_i, \quad x = \frac{L_i}{n}$$

$$M = \pm\sqrt{\frac{[vv]}{n-1}} = \pm\sqrt{\frac{62.74}{4-1}} = \pm 4.57''$$

答案：D

45.解 本题考查支水准路线的数据处理问题。支水准路线的高差等于往返测高差绝对值的平均值，符号与往测高差一致。待测点高程利用高差公式计算，待测点为后视点。例如本题，

$$h_{AP} = H_P - H_A$$

$$H_P = H_A + h_{AP}$$

$$h_{AP} = -\frac{1.436m + 1.444m}{2} = -1.440m$$

$$H_P = 20 + (-1.440) = 18.560m$$

答案：B

46.解 本题考查计曲线的概念。等高线主要分为两类：一类是按基本等高距绘制的首曲线，另一类为基本等高距5倍的计曲线，每隔4根线首曲线加粗一根描绘并用数字注记，叫做计曲线。

答案：C

47.解 本题考查材料密度的定义。密度是绝对密实状态下材料的单位体积的质量，材料在自然状态下（包含孔隙）单位体积的质量是表观密度，粉体或颗粒材料在自然堆放状态下单位体积质量是堆积密度。

答案：A

48.解 本题考查绝热材料三个基本要求中的抗压强度要求。建筑上，绝热材料的基本要求分别是：导热系数不大于$0.17W/(m \cdot K)$，表观密度应小于$1000kg/m^3$，抗压强度应大于$0.3MPa$。

答案：D

49.解 本题考查材料抗冻指标中的极限水饱和度的概念。混凝土的冻害与其饱水程度有关。一般认为毛细孔含水量小于孔隙总体积的91.7%就不会产生冻结膨胀压力，而在混凝土完全保水状态下，其冻结膨胀压力最大。一般把91.7%饱水度称为过冷水渗透力共同作用下，孔壁出现较大拉应力，产生微裂纹的极限饱和度。

答案：D

50.解 本题考查渗透系数的单位。常用cm/s（厘米/秒）、cm/d（厘米/天）表示。

答案：D

51. 解 本题考查影响绝热材料绝热作用的温度因素。材料的导热系数随温度的升高而增大，因为温度升高时，材料固体分子的热运动增强，同时材料孔隙中空气的导热和孔壁间的辐射作用也有所增加。但这种影响在温度为 0~50℃范围内并不显著，只有对处于高温或负温下的材料，才要考虑温度的影响。

答案：B

52. 解 此题考查硅酸盐水泥的细度方面的技术性质。一般认为，水泥颗粒小于 40μm 才具有很高的活性，大于 100μm 活性就很小了。

答案：B

53. 解 本题考查砂的细度模数。砂子的粗细程度常用细度模数 F.M 表示，它是指不同粒径的砂粒混在一起后的平均粗细程度。细度模数在 3.7~3.1 的是粗砂，3.0~2.3 的是中砂，2.2~1.6 的是细砂，1.5~0.7 属于特细砂。在配合比相同的情况下，若砂子过粗，拌出的混凝土黏聚性差，容易产生分离、泌水现象；若砂子过细，虽然拌制的混凝土黏聚性较好，但流动性显著减小，为满足黏聚性要求，需耗用较多水泥，混凝土强度也较低。因此，混凝土用砂不宜过粗，也不宜过细，以中砂较为适宜。

答案：B

54. 解 本题考查混凝土的水胶比。根据《普通混凝土配合比设计规程》（JG 55—2011），泵送混凝土水胶比不宜大于 0.6；而对于高性能混凝土，低水胶比是高性能混凝土的配制特点之一，为达到混凝土的低渗透性以保持其耐久性，不论其设计强度是多少，配制高性能混凝土的水胶比一般都不能大于 0.4（对所处环境不恶劣的工程可以适当放宽），以保证混凝土的密实。

答案：C

55. 解 本题考查混凝土用水标准。根据《混凝土用水标准》（JGJ 63—2006），预应力混凝土拌和用水pH≥5.0，钢筋混凝土和素混凝土拌和用水pH≥4.5。

答案：D

56. 解 根据大循环的定义可知，海陆间的水循环称为大循环。

答案：D

57. 解 由设计洪水的概念可知，设计洪水是为防洪等工程设计而拟定的、符合指定防洪设计标准的、当地可能出现的洪水。

答案：C

58. 解 水文现象的特性有随机性、地区性、周期性和确定性等，复杂而无规律可循。

答案：C

59. 解　适线法主要通过调整变差系数和偏态系数来对频率曲线进行调整，即通过分布参数来进行调整。

答案：A

60. 解　本题主要考查对样本选取的要求，对洪水资料的选取需要对其可靠性、一致性和代表性进行审查。洪水系列的代表性，是指该洪水样本的频率分布与其总体概率分布的接近程度，如接近程度越高，系列的代表性越好，频率分析的成果精度越高。因此，在设计洪水推求时，要求样本具有代表性。

答案：A

2017 年度全国注册土木工程师（水利水电工程）

执业资格考试试卷

基础考试
（下）

二〇一七年九月

应考人员注意事项

1. 本试卷科目代码为"2"，考生务必将此代码填涂在答题卡"科目代码"相应的栏目内，否则，无法评分。

2. 书写用笔：**黑色或蓝色钢笔、签字笔或圆珠笔；**

   填涂答题卡用笔：**黑色 2B 铅笔。**

3. 必须用书写用笔将工作单位、姓名、准考证号填写在答题卡和试卷相应的栏目内。

4. 本试卷由 60 题组成，每题 2 分，满分 120 分，本试卷全部为单项选择题，每小题的四个备选项中只有一个正确答案，错选、多选、不选均不得分。

5. 考生作答时，必须按**题号在答题卡上**将相应试题所选选项对应的**字母用 2B 铅笔涂黑。**

6. 在答题卡上书写与题意无关的语言，或在答题卡上作标记的，均按违纪试卷处理。

7. 考试结束时，由监考人员当面将试卷、答题卡一并收回。

8. 草稿纸由各地统一配发，考后收回。

单项选择题（共 60 题，每题 2 分。每题的备选项中只有一个最符合题意。）

1. 对某弧形闸门的闸下出流进行试验研究。原型、模型采用同样的介质，原型与模型几何相似比为 10，在模型上测得水流对闸门的作用力是 400N，水跃损失的功率是 0.2kW，则原型上水流对闸门的作用力、水跃损失的功率分别是：

   A. 40kN，632.5kW
   B. 400kN，632.5kW
   C. 400kN，63.2kW
   D. 40kN，63.2kW

2. 如图所示，在立面图上有一管路，A、B 两点的高层差 $\Delta z = 5.0\text{m}$，点 A 处断面平均流速水头为 2.5m，压强 $p_A = 7.84\text{N/cm}^2$，点 B 处断面平均流速水头为 0.5m，压强 $p_B = 4.9\text{N/cm}^2$，则管中水流的方向是：

   A. 由 A 流向 B

   B. 由 B 流向 A

   C. 静止不动

   D. 无法判断

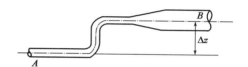

3. 关于流线的说法：①由流线上各点处切线的方向可以确定流速的方向；②恒定流流线与迹线重合，一般情况下流线彼此不能相交；③由流线的疏密可以了解流速的相对大小；④由流线弯曲的程度可以反映出边界对流动影响的大小及能量损失的类型和相对大小。以下选项正确的是：

   A. 上述说法都不正确
   B. 上述说法都正确
   C. ①②③正确
   D. ①②④正确

4. 应用渗流模型时，下列哪项模型值可以与实际值不相等？

   A. 流速值
   B. 压强值
   C. 流量值
   D. 流动阻力值

5. 如图所示，1、2 两个压力表读数分别为 -0.49N/cm^2 与 0.49N/cm^2，2 号压力表距底高度 $z = 1.5\text{m}$，则水深 h 为：

   A. 2.0m

   B. 2.7m

   C. 2.5m

   D. 3.5m

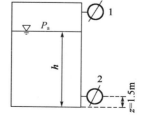

6. 某管道中液体的流速 $v = 0.4\text{m/s}$，液体的运动黏滞系数 $\nu = 0.01139\text{cm}^2/\text{s}$，则保证管中流动为层流的管径 d 为：

    A. 8mm
    B. 5mm
    C. 12mm
    D. 10mm

7. 明渠均匀流的总水头 H 和水深 h 随流程 s 变化的特征是：

    A. $\dfrac{dH}{ds} < 0$，$\dfrac{dh}{ds} < 0$
    B. $\dfrac{dH}{ds} = 0$，$\dfrac{dh}{ds} < 0$

    C. $\dfrac{dH}{ds} = 0$，$\dfrac{dh}{ds} = 0$
    D. $\dfrac{dH}{ds} < 0$，$\dfrac{dh}{ds} < 0$

8. 三根等长、等糙率的并联管道，沿程水头损失系数相同，直径比 $d_1 : d_2 : d_3 = 1 : 1.5 : 2$，则通过的流量比 $Q_1 : Q_2 : Q_3$ 为：

    A. $1 : 2.25 : 4$
    B. $1 : 2.756 : 5.657$

    C. $1 : 2.948 : 6.5$
    D. $1 : 3.375 : 8$

9. 下列哪种情况可能发生？

    A. 平坡上的均匀缓流
    B. 缓坡上的均匀缓流

    C. 陡坡上的均匀缓流
    D. 临界坡上的均匀缓流

10. 对于杂填土的组成，以下选项正确的是：

    A. 碎石土、砂土、粉土、黏性土等的一种或数种

    B. 水力冲填泥砂

    C. 含有大量工业废料、生活垃圾或建筑垃圾

    D. 符合一定要求的级配砂

11. 一地基中粉质黏土的重度为 16kN/m^3，地下水位在地表以下 2m 的位置，粉质黏土的饱和重度为 18kN/m^3，地表以下 4m 深处的地基自重应力是：

    A. 65kPa
    B. 68kPa

    C. 45kPa
    D. 48kPa

12. 土的含水率是指：

    A. 水的质量与土体总质量之比
    B. 水的体积与固体颗粒体积之比

    C. 水的质量与固体颗粒质量之比
    D. 水的体积与土体总体积之比

13. 同一地基，下列荷载数值最大的是：

    A. 极限荷载P_u B. 临界荷载$P_{1/4}$

    C. 临界荷载$P_{1/3}$ D. 临塑荷载P_{cr}

14. 黏性土的塑性指数越高，则表示土的：

    A. 含水率越高   B. 液限越高

    C. 黏粒含量越高   D. 塑限越高

15. 当地基中附加应力分布为矩形时，地面作用的荷载形式为：

    A. 条形均布荷载   B. 大面积均布荷载

    C. 矩形均布荷载   D. 水平均布荷载

16. 均质黏性土坡的滑动面形式一般为：

    A. 平面滑动面   B. 曲面滑动面

    C. 复合滑动面   D. 前三种都有可能

17. 土的压缩模量是指：

    A. 无侧限条件下，竖向应力与竖向应变之比

    B. 无侧限条件下，竖向应力增量与竖向应变增量之比

    C. 有侧限条件下，竖向应力与竖向应变之比

    D. 有侧限条件下，竖向应力增量与竖向应变增量之比

18. CD 试验是指：

    A. 三轴固结排水剪切试验   B. 三轴固结不排水剪切试验

    C. 直剪慢剪试验   D. 直剪固结快剪试验

19. 下列有关岩石的吸水率，说法正确的是：

    A. 岩石的吸水率对岩石的抗冻性有较大影响

    B. 岩石的吸水率反映岩石中张开裂隙的发育情况

    C. 岩石的吸水率大小取决于岩石中孔隙数量的多少和细微裂隙的连同情况

    D. 岩石的吸水率是岩样的最大吸水量

20. 图示体系是：

A. 几何不变体系，无多余约束

B. 瞬变体系

C. 几何不变体系，有多余约束

D. 常变体系

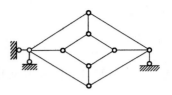

21. 图示为对称结构，则a杆的轴力为：

A. 受压

B. 受拉

C. 0

D. 无法确定

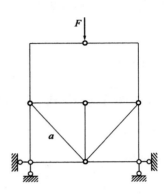

22. 图示A端弯矩为：

A. $2M$，上侧受拉

B. $2M$，下侧受拉

C. M，上侧受拉

D. M，下侧受拉

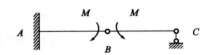

23. 图示结构，EI为常数，则C点位移方向为：

A. 向下

B. 向上

C. 向左

D. 向右

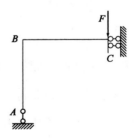

24. 图示*A*处截面逆时针转角为θ，*B*处竖直向下沉降*c*，则该体系力法方程为：

A. $\delta_{11}X_1 + \dfrac{c}{a} = -\theta$

B. $\delta_{11}X_1 - \dfrac{c}{a} = -\theta$

C. $\delta_{11}X_1 + \dfrac{c}{a} = \theta$

D. $\delta_{11}X_1 - \dfrac{c}{a} = \theta$

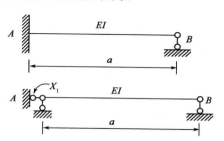

25. 根据位移法，图示*A*端的转动刚度为：

A. $2i$

B. $4i$

C. $6i$

D. i

26. 根据力矩分配法，图示力矩分配系数μ_{BC}为：

A. 0.8

B. 0.2

C. 0.25

D. 0.5

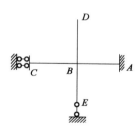

27. 图示*A*点剪力影响线在*A*点右侧时的值为：

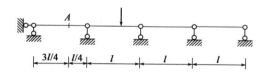

A. 0.75

B. 0.25

C. 0

D. 1

28. 图示自振频率大小排序正确的是：

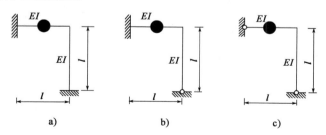

A. $W_a > W_b > W_c$

B. $W_b > W_a > W_c$

C. $W_a = W_b > W_c$

D. $W_a > W_c > W_b$

29. 减小钢筋混凝土受弯构件的裂缝宽度，可考虑的措施是：

    A. 采用直径较细的纵向受拉钢筋   B. 增加纵向受拉钢筋的截面面积

    C. 增加截面尺寸   D. 提高混凝土强度等级

30. 截面高度、翼缘宽度均相同的梁的纵向受拉钢筋的配筋截面面积，分别为矩形截面A_{s1}、倒 T 形截面A_{s2}、T 形截面A_{s3}、I 形截面A_{s4}，在相同荷载作用下，下列配筋截面面积关系正确的是：

    A. $A_{s1} > A_{s2} > A_{s3} > A_{s4}$ B. $A_{s1} = A_{s2} > A_{s3} > A_{s4}$

    C. $A_{s2} > A_{s1} > A_{s3} > A_{s4}$ D. $A_{s1} = A_{s2} > A_{s3} = A_{s4}$

31. 下列关于预应力混凝土梁的说法，错误的是：

    A. 可以提高正截面的受弯承载力   B. 可以提高斜截面的受剪承载力

    C. 可以提高正截面的抗裂性   D. 可以提高斜截面的抗裂性

32. 在其他条件不变的情况下，钢筋混凝土适筋梁的开裂弯矩M_{cr}与破坏时的极限弯矩M_u的比值，随着纵向受拉钢筋配筋率ρ的增大而：

    A. 不变   B. 增大

    C. 变小   D. 不确定

33. 当梁的剪力设计值$V > 0.25 f_c b h_0$时，下列提高梁斜截面受剪承载力最有效的措施是：

    A. 增大梁截面面积   B. 减小梁截面面积

    C. 降低混凝土强度等级   D. 增加箍筋或弯起钢筋

34. 对于有明显屈服强度的钢筋，其强度标准值取值的依据是：

    A. 极限抗拉强度   B. 屈服强度

    C. 0.85 倍极限抗拉强度   D. 钢筋比例极限对应的应力

35. 下列关于偏心受压柱的说法，错误的是：

    A. 大偏心柱，N一定时，M越大越危险

    B. 小偏心柱，N一定时，M越大越危险

    C. 大偏心柱，M一定时，N越大越危险

    D. 小偏心柱，M一定时，N越大越危险

36. 在剪力和扭矩共同作用下的构件，下列说法正确的是：

A. 其承载力比剪力和扭矩单独作用下的相应承载力要低

B. 其受扭承载力随剪力的增加而增加

C. 其受剪承载力随扭矩的增加而增加

D. 剪力与扭矩之间不存在相关关系

37. 设功能函数$Z = R - S$，结构抗力R和作用效应S相互独立，且服从正态分布，平均值$\mu_R = 120$ kN，$\mu_S = 60$ kN，变异系数$\delta_R = 0.12$，$\delta_S = 0.15$，则：

A. $\beta = 2.56$

B. $\beta = 3.53$

C. $\beta = 10.6$

D. $\beta = 12.4$

38. 混凝土构件的平均裂缝宽度与下列哪个因素无关？

A. 混凝土强度等级

B. 混凝土保护层厚度

C. 构件受拉钢筋直径

D. 纵向钢筋配筋率

39. 适筋梁截面尺寸已经确定情况下，提高正截面受弯承载力最有效的方法是：

A. 提高混凝土强度等级

B. 提高纵筋的配筋率

C. 增加箍筋

D. 钢筋增加锚固长度

40. 混凝土柱大偏心受压破坏的破坏特征是：

A. 远侧纵向受力钢筋受拉屈服，随后近侧纵向受力钢筋受压屈服，混凝土压碎

B. 近侧纵向受力钢筋受拉屈服，随后远侧纵向受力钢筋受压屈服，混凝土压碎

C. 近侧纵向受力钢筋和混凝土应力不定，远侧纵向受力钢筋受拉屈服

D. 近侧纵向受力钢筋和混凝土应力不定，近侧纵向受力钢筋受拉屈服

41. 下列工作中属于测量三项基本工作之一的是：

A. 检校仪器

B. 测量水平距离

C. 建筑坐标系和测量坐标系关系的确定

D. 确定真北方向

42. 量测了边长为a的正方形其中一条边，一次量测精度是m，则正方形周边为$4a$的中误差M_c是：

A. 1m

B. $\sqrt{2}$m

C. 2m

D. 4m

43. 视差产生的原因是：

A. 影像不与十字丝分划板重合

B. 分划板安装位置不准确

C. 仪器使用中分划板移位

D. 由于光线反射和气流蒸腾造成

44. 下列误差中属于偶然误差的是：

A. 定线不准

B. 瞄准误差

C. 测钎插的不准

D. 温度变化影响

45. 地球曲率和大气折光对单向三角高程的影响是：

A. 使实测高程变小

B. 使实测高程变大

C. 没有影响

D. 没有规律变化

46. 下列对等高线的描述正确的是：

A. 是地面上相邻点高程的连线

B. 是地面所有等高点连成的一条曲线

C. 是地面高程相同点连成的闭合曲线

D. 不是计曲线就是首曲线

47. 材料密度是材料在以下哪种状态下单位体积的质量？

A. 自然

B. 绝对密实

C. 堆积

D. 干燥

48. 混凝土试件拆模后标准养护温度（℃）是：

A. 20 ± 2

B. 17 ± 5

C. 20 ± 1

D. 20 ± 3

49. 孔结构的主要研究内容包括：

A. 孔隙率，密实度

B. 孔隙率，填充度，密实度

C. 孔隙率，孔径分布，孔几何学

D. 开孔率，闭孔率

50. 吸水性是指材料在以下哪种物质中能吸收水分的性质？

    A. 空气中   B. 压力水中

    C. 水中   D. 再生水中

51. 影响材料抗冻性的主要因素是材料的：

    A. 交变温度   B. 含水状态

    C. 强度   D. 孔结构、水饱和度、冻融龄期

52. 普通混凝土常用细集料一般分为：

    A. 河砂和山砂   B. 海砂和湖砂

    C. 天然砂和机制砂   D. 河砂和淡化海砂

53. 细集料中砂的细度模数介于：

    A. 0.7~1.5   B. 1.6~2.2

    C. 3.1~3.7   D. 2.3~3.0

54. 轻物质是指物质的表观密度（kg/m^3）小于：

    A. 1000   B. 1500

    C. 2000   D. 2650

55. 硅酸盐水泥熟料水化反应速率最快的是：

    A. 硅酸三钙   B. 硅酸二钙

    C. 铁铝酸四钙   D. 铝酸三钙

56. 某水利工程的设计洪水是指：

    A. 所在流域历史上发生的最大洪水

    B. 符合该工程设计标准要求的洪水

    C. 通过文献考证的特大洪水

    D. 流域重点断面的历史最大洪水

57. 设计洪水推求时，统计样本十分重要，实践中，要求样本：

    A. 不必须连续，视历史资料情况而定

    B. 如径流条件变异较大，不必还原

    C. 当特大洪水难以考证时，可不必考虑

    D. 具有代表性

58. 用配线法进行设计洪水或设计径流频率计算时，配线结果是否良好应重点判断：

    A. 抽样误差应最小

    B. 理论频率曲线与经验点据拟合最好

    C. 参数误差愈接近邻近地区的对应参数

    D. 设计只要偏于安全

59. 某断面设计洪水推求中，历史洪水资料十分重要，收集这部分资料的最重要途径是：

    A. 当地历史文献   B. 去临近该断面的上下游水文站

    C. 当地水文年鉴   D. 走访当地长者

60. 以下哪项不属于水文现象具有的特点？

    A. 地区性特点   B. 非常复杂，无规律可言

    C. 随机性特点   D. 确定性特点

2017年度全国注册土木工程师（水利水电工程）执业资格考试基础考试（下）试题解析及参考答案

1.解 根据重力相似准则，由题可知：$\lambda_\rho = 1$；$\lambda_l = 10$

又 $\lambda_F = \lambda_\rho \cdot \lambda_l^3 = 10^3$；$\lambda_N = \lambda_\rho \cdot \lambda_l^{3.5} = 10^{3.5}$

故 $F_p = F_m \cdot \lambda_F = 400\text{kN}$；$N_p = N_m \cdot \lambda_N = 632.5\text{kW}$

答案：B

2.解 假设水流由 B 到 A，则根据能量方程有：

$$h_{w,AB} = \Delta z + \frac{p_B - p_A}{\gamma} + \frac{\alpha_B v_B^2 - \alpha_A v_A^2}{2g}$$

代入相关数值（γ 取 10^4N/m^3），得

$$h_{w,AB} = 5.0 + \frac{(4.9 - 7.84) \times 10^4}{10^4} + (0.5 - 2.5) = 0.06\text{m} > 0$$

由此可知，假设成立。

答案：B

3.解 本题考查流线的概念。在流场中每一点上都与速度矢量相切的曲线称为流线，流线是同一时刻不同流体质点所组成的曲线，它给出该时刻不同流体质点的速度方向。

答案：B

4.解 本题考查渗流理论简化模型。渗流简化模型指忽略土壤颗粒的存在，认为水充满整个渗流空间，且满足：（1）对同一过水断面，模型的渗流量等于真实的渗流量；（2）作用于模型任意面积上的渗流压力，应等于真实渗流压力；（3）模型任意体积内所受的阻力等于同体积真实渗流所受的阻力。

答案：A

5.解 根据能量方程可得：$h = \frac{p_2 - p_1}{\gamma} + z$，代入数值计算，得 $h = 2.5\text{m}$。

答案：C

6.解 要保证层流，则 $\text{Re} = \frac{vd}{\nu} < 2000$，代入数据得：

$$d < \frac{2000 \times 0.01139 \times 10^{-4}}{0.4} \times 10^3 = 5.695\text{mm}$$

因此选择 $d = 5\text{mm}$。

答案：B

7.解 在明渠均匀流中，总水头沿程逐渐减小，均匀流水深沿程不变。

答案：D

8.解 根据 $h_f = S_0 Q^2 l$；$S_0 = \frac{64}{\pi^2 C^2 d^5}$；$C = \frac{R^{\frac{1}{6}}}{n}$；$R = \frac{1}{4}d$

列出比式，得到结果为$Q_1 : Q_2 : Q_3 = 1 : 2.948 : 6.5$。

答案： C

9. 解　平坡和逆坡不可能发生均匀流；$i < i_K$时，均匀流态为缓流，底坡为缓坡。

答案： B

10. 解　选项 A 为素填土，选项 B 为冲填土，选项 C 为杂填土，选项 D 是不可能的。

答案： C

11. 解　自重应力计算，地下水位以上用天然重度，地下水位以下用有效重度。

$$\gamma' = \gamma_{sat} - \gamma_w = 18 - 10 = 8 kN/m^3$$

$$\sigma_c = \gamma h_1 + \gamma' h_2 = 16 \times 2 + 8 \times 2 = 48 kPa$$

答案： D

12. 解　土的含水率w即天然状态下土中水的质量m_w与土粒质量m_s之比。

答案： C

13. 解　极限荷载p_u是地基即将发生破坏时的荷载，其他三个都是有一定安全度的荷载。

答案： A

14. 解　塑性指数与黏粒含量近似成正比，其他都是干扰项。

答案： C

15. 解　只有大面积均布竖向荷载作用时，附加应力不扩散，其他情况下附加应力均要扩散。

答案： B

16. 解　平面滑动是无黏性土坡的滑动模式，复合滑动是多层土坡的滑动模式，只有曲面滑动是均质黏性土坡滑动模式。

答案： B

17. 解　土的压缩模量是指土在完全侧限条件下的竖向附加应力与相应的应变增量之比，也就是指土体在侧向完全不能变形的情况下受到的竖向压应力与竖向总应变的比值。

答案： D

18. 解　CD 试验是三轴固结排水剪切试验的简称。

答案： A

19. 解　这是岩石吸水率的基本特性。

答案： C

20.解 体系内部缺少一个约束，为几何常变体系。

答案：D

21.解 由零杆的判断方法可知，中间竖杆件为零杆，再由对称性可知，两个斜杆也为零杆。

答案：C

22.解 图示为多跨静定梁结构，BC段为附属部分，AB段为基本部分，先由静定梁可求得BC段弯矩图，再注意到在整个ABC部分的弯矩图为一条直线，即可得A端弯矩为$2M$，且上侧受拉。

答案：A

23.解 注意到C支座为滑动支座，且只在C点有向下的荷载，即得C点位移方向向下。

答案：A

24.解 根据力法原理，本题假设多余未知力X_1逆时针为正，因此力法方程右端项为θ，B处向下沉降c，将产生顺时针转角c/a。

答案：D

25.解 由形常数结果，分别将只有左端单位转角作用下的弯矩图和只有右端单位转角作用下的弯矩图相加，可得到A端最终弯矩值，即为A端的转动刚度。

答案：A

26.解 由转动刚度定义可知，$S_{BC}=i$，$S_{BA}=4i$，$S_{BD}=0$，$S_{BE}=0$，可得$\mu_{BC}=\dfrac{S_{BC}}{S_B}=\dfrac{i}{i+4i}=0.2$，其中$S_{BC}$为$BC$杆$B$端的转动刚度，$S_B$为汇交于$B$节点各杆$B$端的转动刚度之和。

答案：B

27.解 本题为多跨静定梁，直接由第一跨剪力影响线知，剪力Q_A在A点右侧处为0.25。

答案：B

28.解 根据单自由度自振频率公式值，结构刚度越大，则自振频率越大。题目的三种结构中，根据端部约束情况可知，图a）结构的约束最强，刚度最大；图c）结构的约束最弱，刚度最小。

答案：A

29.解 本题考点为钢筋混凝土受弯构件正截面裂缝宽度的计算公式。由平均裂缝宽度的计算公式

$$w_{cr}=\alpha_c\psi\frac{\sigma_{sk}}{E_s}\left(k_1 c+k_2\frac{d}{\rho_{te}}\right)$$

可知，影响裂缝开展宽度的主要因素之一是纵向受拉钢筋的直径，采用直径较细的纵向受拉钢筋，可减小构件的正截面裂缝开展宽度。

答案：A

30. 解 本题考点为矩形截面、T 形截面正截面受弯承载力的计算原理。假定截面高度、翼缘宽度均相同的梁承受正弯矩，受拉区在梁截面下侧，由矩形截面、T 形截面正截面受弯承载力的计算公式可知，对于倒 T 形截面，由于受拉区在梁截面下侧，受压区在梁截面上侧（即受压区在梁截面腹板），受拉区翼缘不起作用，与矩形截面的受力性能相同，故有 $A_{s1} = A_{s2}$；对于 I 形截面，由于受拉区在梁截面下侧，受压区在梁截面上侧，受拉区翼缘不起作用，与 T 形截面的受力性能相同，故有 $A_{s3} = A_{s4}$；对于截面高度、翼缘宽度均相同的梁，在相同荷载作用下 T 形截面的受压区高度小于矩形截面的受压区高度，故配筋截面面积关系可选 D。

答案：D

31. 解 本题考点为预应力混凝土梁的基本概念。对梁施加预应力可提高梁的抗裂性能和刚度，可提高梁的斜截面受剪承载力，但不能提高梁的正截面受弯承载力，即梁的正截面受弯承载力与截面是否施加预应力无关。

答案：A

32. 解 本题考点为钢筋混凝土适筋梁的开裂弯矩 M_{cr} 与破坏时的极限弯矩 M_u 的计算公式。在适筋梁范围内，梁的开裂弯矩 M_{cr} 与配筋率 ρ 无关，梁破坏时的极限弯矩 M_u 随配筋率 ρ 的增大而增大，故选 C。

答案：C

33. 解 本题考点为斜截面承载力计算公式的截面限制条件。当梁的剪力设计值 $V > 0.25 f_c bh_0$ 时，应加大梁的截面尺寸或提高混凝土的强度等级。

答案：A

34. 解 本题考点为现行规范《水工混凝土结构设计规范》（DL/T 5057—2009、SL 191—2008）钢筋强度标准值的取值原则。对于有明显屈服点的钢筋，其强度标准值取值的依据是屈服强度；对于无明显屈服点的钢筋，其强度标准值取值的依据是极限抗拉强度，但设计时取 0.85 倍极限抗拉强度作为设计上取用的条件屈服点。

答案：B

35. 解 本题考点为偏心受压柱正截面受压承载力计算公式中 N 与 M 的相关关系。参考"4.3.4 偏心受压构件承载力计算"，对于给定的一个偏心受压构件，由偏心受压构件正截面受压承载力的基本公式，可推得它的正截面受压承载力设计值 N 和与之相应的正截面受弯承载力设计值 $M(N\eta e_i = M)$。 对于给定截面尺寸、配筋和材料强度的偏心受压构件，可以求得无穷多组不同的 N 和 M 的组合达到承载能力极限状态，或者说当给定一个 N 时就一定有一个唯一的 M，反之亦然。如果以 N 为纵坐标轴，以 M 为横坐标轴，可建立一系列的 N-M 相关曲线，整个曲线分为大偏心受压破坏和小偏心受压破坏两个曲线段，两个曲线段的交点即界限破坏点，即受拉钢筋屈服的同时受压区混凝土被压坏，亦即大、小偏心受压构件破坏的分界点。N-M相关曲线具有以下特点：

①$M = 0$时为轴心受压构件，相应的轴心受压承载力设计值N最大；$N = 0$时为纯弯构件，相应的正截面受弯承载力M不是最大；界限破坏时，相应的正截面受弯承载力M达到最大。

②小偏心受压时，随着轴向压力的增大，M随之减小；N一定时，M越大越危险；M一定时，N越大越危险。

③大偏心受压时，随着轴向压力的增大，M随之增大；N一定时，M越大越危险；M一定时，N越小越危险。

答案：C

36.解　本题考点为剪扭承载力相关性。剪扭共同作用下，因扭矩的存在，剪扭构件混凝土的受剪承载力要降低；因剪力的存在，剪扭构件混凝土的受扭承载力要降低。我国现行规范通过引入混凝土受扭承载力降低系数β_t和混凝土受剪承载力降低系数（$1.5 - \beta_t$）来考虑剪扭承载力相关性的不利影响。

答案：A

37.解　本题考点为结构可靠度分析中可靠指标β的基本概念和计算公式。已知结构抗力R和作用效应S相互独立，且服从正态分布，则由统计数学可得可靠指标β的计算公式为：

$$\beta = \frac{\mu_Z}{\sigma_Z} = \frac{\mu_R - \mu_S}{\sqrt{\sigma_R^2 + \sigma_S^2}} = \frac{120 - 60}{\sqrt{(120 \times 0.12)^2 + (60 \times 0.15)^2}} = 3.53$$

答案：B

38.解　本题考点为混凝土构件正截面最大裂缝宽度的计算公式。我国现行《水工混凝土结构设计规范》（DL/T 5057—2009）采用下列公式反映混凝土构件最大裂缝宽度w_{max}与平均裂缝宽度w_{cr}的关系：

$$w_{max} = \alpha_{cr} w_{cr} = \alpha_{cr} \psi \frac{\sigma_{sk} - \sigma_0}{E_s} l_{cr} \qquad ①$$

$$\psi = 1.0 - 1.1 \frac{f_{tk}}{\rho_{te} \sigma_{sk}} \qquad ②$$

$$l_{cr} = \left(2.2c + 0.09 \frac{d_{eq}}{\rho_{te}}\right) v \quad (20\text{mm} \leqslant c \leqslant 65\text{mm}) \qquad ③$$

$$l_{cr} = \left(65 + 1.2c + 0.09 \frac{d_{eq}}{\rho_{te}}\right) v \quad (65\text{mm} < c \leqslant 150\text{mm}) \qquad ④$$

式中，α_{cr}为考虑构件受力特征和长期作用影响的综合系数，简称构件受力特征系数；ψ为裂缝间纵向受拉钢筋应变不均匀系数，f_{tk}为混凝土轴心抗拉强度标准值；ρ_{te}为纵向受拉钢筋的有效配筋率；σ_{sk}为按标准组合计算的构件纵向受拉钢筋应力；c为最外层纵向受拉钢筋外边缘至受拉区底边的距离；d_{eq}为受拉区纵向钢筋的等效直径，d_{eq}与纵向受拉钢筋的直径d有关。平均裂缝宽度w_{cr}的计算公式中含有混凝土轴心抗拉强度标准值f_{tk}、纵向受拉钢筋应力σ_{sk}、纵向受拉钢筋的有效配筋率ρ_{te}、混凝土保护层

厚度 c、纵向受拉钢筋的直径 d 等参数，由此可见，混凝土构件的平均裂缝宽度与混凝土强度等级、混凝土保护层厚度、构件纵向受拉钢筋直径、纵向受拉钢筋配筋率等均有关，故原题有误或不成立。

由规范 SL 191—2008 的正截面裂缝宽度计算公式可知，最大裂缝宽度计算值的计算公式中含有纵向受拉钢筋应力 σ_{sk}、纵向受拉钢筋的有效配筋率 ρ_{te}、混凝土保护层厚度 c、纵向受拉钢筋的直径 d 等参数，正截面最大裂缝宽度计算值与纵向受拉钢筋应力、纵向受拉钢筋配筋率、混凝土保护层厚度等有关，与混凝土强度等级无关，故按 SL 191—2008 的规定应选 A。

答案：按 DL/T 5057—2009 的规定原题有误或不成立；按 SL 191—2008 的规定应选 A

39. 解 本题考点为适筋梁正截面受弯承载力的计算公式。由单筋矩形截面正截面受弯承载力的计算公式可知，在截面尺寸已经确定情况下，提高正截面承载力最有效的方法是提高混凝土强度等级，故应选 A。

答案：A

40. 解 本题考点为混凝土大、小偏心受压柱的破坏特征。

（1）大偏心受压破坏。当轴向压力的偏心距较大，且纵向受拉钢筋配置得不太多时，在荷载作用下，靠近轴向压力一侧受压，远离轴向压力一侧受拉。大偏心受压的破坏特征是始于远离轴向压力一侧的纵向受拉钢筋首先屈服，然后靠近轴向压力一侧的纵向受压钢筋达到屈服，受压区混凝土被压碎，故又称为受拉破坏。

（2）小偏心受压破坏。当轴向压力偏心距较小，或者偏心距虽较大，但纵向受拉钢筋配置过多时，在荷载作用下，截面大部分受压或全部受压。小偏心受压的破坏特征是靠近轴向压力一侧的受压混凝土应变先达到极限压应变，纵向受压钢筋达到屈服强度而破坏，而远离轴向压力一侧的纵向受力钢筋，不论是受拉还是受压，均达不到屈服强度。由于这种破坏是从受压区开始的，故又称为受压破坏。

答案：A

41. 解 测量的三项基本工作是测量角度、测量距离、测量高程。

答案：B

42. 解 由正方形的周长等于 $4a$，可知周长是由量取一条边后乘以 4 得来的，所以应采取倍数函数的中误差公式：$M_c = k \cdot m$，即 $M_c = 4m$。

答案：D

43. 解 视差是观测者眼睛在目镜上下移动时，观测目标反向移动，物像与十字丝分划板不共面产生的。消除方法是做好物镜与目镜的调焦工作。

答案：A

44. 解 在相同的观测条件下，对某一未知量进行一系列观测，如果观测误差的大小和符号没有明显的规律性，即从表面上看，误差的大小和符号均呈现偶然性，这种误差称为偶然误差。瞄准误差没有明显的规律性，为偶然误差。

答案：B

45. 解 地球曲率对三角高程测量的影响：由于大地水准面是曲面，过测站点的曲面切线不一定与水平视线平行，使得测得的高差与实际高差不一定相等。如解图所示，PC为水平视线，PE是通过P点的水准面，由于地球曲率的而影响，C、E点高程不等，P、E点同高程，CE为地球曲率对高差的影响：$P=CE=\dfrac{s_0^2}{2R}$。

大气折光对三角高程的影响：空气密度随着所在位置的高程变化，越到高空，密度越小，光线通过由下而上密度均匀变化的大气层时，光线发生折射，形成凹向地面的曲线，引起三角高程测量偏差。如解图所示，A点高程已知，求B点高程。PC为水平视线，PM为视线未受到大气折光影响的方向线，实际照准点在N点，视线的竖直角为α，则MN为大气折光的影响：$\gamma=MN=\dfrac{K}{2R}s_0^2$，其中，$K$为大气垂直折光系数，$s_0$为$AB$两点间实测的水平距离，$R$为地球曲率半径。

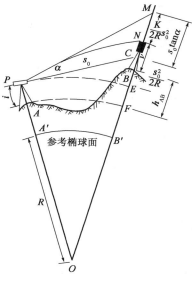

题 45 解图

由以上分析可知，地球曲率和大气折光使得实测高程变小。

答案：A

46. 解 等高线指的是地形图上高程相等的相邻各点所连成的闭合曲线。

答案：C

47. 解 概念题。密度是材料在绝对密实状态下单位体积的质量，表观密度是材料在自然状态下单位体积的质量，堆积密度是散粒材料在堆积状态下单位堆积体积的质量。

答案：B

48. 解 根据《混凝土物理力学性能试验方法标准》（GB/T 50081—2019）规定：混凝土试件拆模后应立即放入温度为$(20\pm2)℃$、相对湿度为 95%以上的标准养护室中养护，或在温度为$(20\pm2)℃$的不流动 $Ca(OH)_2$饱和溶液中养护。

答案：A

49. 解 孔结构的主要研究内容包括孔隙率、孔径分布、孔连通性、孔曲折度和孔几何学。

答案：C

50. 解 概念题。材料在水中吸收水分的性质称为吸水性，材料在潮湿空气中吸收水分的性质称为吸湿性。

答案：C

51. 解 材料的抗冻性与其密实度、孔隙充水程度、孔隙特征、孔隙间距、冰冻速度及反复冻融次数等有关，可表征为本题选项中的"孔结构、水饱和度、冻融龄期"等。

答案：D

52. 解 概念题。砂按产源分为天然砂和人工砂（即机制砂）两类。

答案：C

53. 解 普通混凝土用砂的细度模数范围一般为 0.7~3.7。其中，粗砂为 3.1~3.7，中砂为 2.3~3.0，细砂为 1.6~2.2，特细砂为 0.7~1.5。

答案：D

54. 解 概念题。轻物质是指表观密度小于 $2000kg/m^3$ 的软质颗粒，如煤、褐煤和木材等。这些杂质是不安定的，会导致腐蚀和分层，对混凝土强度造成不利影响；煤还可能因膨胀引起混凝土的破裂，它若以细颗粒形式大量地存在，会妨碍水泥净浆的硬化过程。故标准中规定轻物质含量按重量计不宜大于 1%。

答案：C

55. 解 四种矿物成分的水化特性见解表。

题 55 解表

矿物名称	水化速率	水化热	强度		耐化学侵蚀性
			早期	后期	
C_3S	较快	较大，主要在早期释放	高	高	中
C_2S	最慢	最小，主要在后期释放	低	高	良
C_3A	极快	最大，主要在早期释放	低	低	差
C_4AF	较快，仅次于 C_3A	中等	较低	较低	优

答案：D

56. 解 本题考查的是水利工程的设计洪水的定义。设计洪水是指作为水工建筑物设计依据的洪水。其他选项均有最大、特大这些词，是不正确的。

答案：B

57. 解 样本选择问题对于设计洪水的推求十分重要，本考试曾多次考到该知识点。因此在选项中把握洪水资料的可靠性、一致性和代表性的审查，而代表性审查的目的是保证样本的统计参数接近总体的统计参数。

答案：D

58. 解 本题考查的是怎样判断配线结果。

答案： B

59. 解 本题应关注的关键词为"历史洪水资料"及"最重要途径"，因收集的是历史洪水资料，我国历史悠久，具有丰富的史料、文献，因此对大多数大中型流域，都可通过调查当地历史文献记载确定一定数量的历史洪水。

答案： A

60. 解 水文现象具有确定性，是指由于确定性因素的影响使其具有的必然性。水文现象也有随机性，也称偶然性，是指水文现象由于受各种因素的影响在时程上和数量上的不确定性。水文现象亦有地区性，是指水文现象在时空上的变化规律的相似性。

答案： B

2018 年度全国注册土木工程师（水利水电工程）

执业资格考试试卷

基础考试

（下）

二〇一八年十月

应考人员注意事项

1. 本试卷科目代码为"2"，考生务必将此代码填涂在答题卡"科目代码"相应的栏目内，否则，无法评分。

2. 书写用笔：**黑色或蓝色钢笔、签字笔或圆珠笔**；

   填涂答题卡用笔：**黑色 2B 铅笔**。

3. 必须用书写用笔将工作单位、姓名、准考证号填写在答题卡和试卷相应的栏目内。

4. 本试卷由 60 题组成，每题 2 分，满分 120 分，本试卷全部为单项选择题，每小题的四个备选项中只有一个正确答案，错选、多选、不选均不得分。

5. 考生作答时，必须按**题号在答题卡上**将相应试题所选选项对应的**字母用 2B 铅笔涂黑**。

6. 在答题卡上书写与题意无关的语言，或在答题卡上作标记的，均按违纪试卷处理。

7. 考试结束时，由监考人员当面将试卷、答题卡一并收回。

8. 草稿纸由各地统一配发，考后收回。

单项选择题（共 60 题，每题 2 分。每题的备选项中只有一个最符合题意。）

1. 以下选项中，满足 $dE_s/dh = 0$ 条件的流动是：

   A. 非均匀流

   B. 均匀流

   C. 临界流

   D. 恒定流

2. 渗流场中透水边界属于以下哪种线性？

   A. 流线

   B. 等势线

   C. 等压线

   D. 以上都不对

3. 有一模型几何比尺 $\lambda_l = 100$，采用重力相似准则进行模型试验，则流量比尺和压强比尺分别为：

   A. 100，1

   B. 100，1×104

   C. 1×105，100

   D. 1×105，1×106

4. 流量一定，管道管径沿程减小时，则测压管水头线：

   A. 沿程上升或沿程下降

   B. 总与总水头线平行

   C. 只能沿程下降

   D. 不可能低于管轴线

5. 理想液体恒定有势流动，当质量力仅为重力时，下列说法正确的是：

   A. 整个流场内各点 $z + \dfrac{p}{\gamma} + \dfrac{v^2}{2g}$ 相等

   B. 仅同一流线上点 $z + \dfrac{p}{\gamma} + \dfrac{v^2}{2g}$ 相等

   C. 任意两点的点 $z + \dfrac{p}{\gamma} + \dfrac{v^2}{2g}$ 不相等

   D. 流场内各点 $\dfrac{p}{\gamma}$ 相等

6. 如图所示为一利用静水压力自动开启的矩形翻板闸门。当上游水深超过 H 时，闸门即自动绕转轴向顺时针方向倾倒，如不计闸门重量和摩擦力的影响，则转轴 a 的高度为：

   A. $H/2$

   B. $H/3$

   C. $H/4$

   D. $H/5$

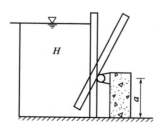

7. 对于明渠均匀流，以下论述正确的是：

    A. 水面线与测压管水头线不重合

    B. 总水头线与水面线不平行

    C. 测压管水头线沿程上升

    D. 总水头线、测压管水头线、水面线和底坡线为相互平行的直线

8. 自由出流和淹没出流状态，水头 H 和管长 l、管径 d 及沿程水头损失系数 λ 均相同，则流量之比为：

    A. 1 : 2   B. 2 : 1

    C. 1 : 1   D. 3 : 2

9. 某密度为 830kg/m³，动力黏度为 0.035N·s/m² 的液体在内径为 5cm 的管道中流动，流量为 3L/s，则流态为：

    A. 紊流   B. 层流

    C. 急流   D. 缓流

10. 黏性土液性指数越小，土质：

    A. 越松   B. 越密

    C. 越软   D. 越硬

11. 土的饱和度是指：

    A. 土中水与孔隙的体积之比   B. 土中水与土粒体积之比

    C. 土中水与气体体积之比   D. 土中水与土体总体积之比

12. 某房屋场地土为黏性土，压缩系数 a_{1-2} 为 0.36MPa⁻¹，则判断该土为：

    A. 非压缩性土   B. 低压缩性土

    C. 中压缩性土   D. 高压缩性土

13. 冲填土是指：

    A. 由水力冲填的泥沙形成的土

    B. 由碎石土、沙土、粉土、粉质黏土等组成的土

    C. 符合一定要求的级配砂

    D. 含有建筑垃圾、工业废料、生活垃圾等杂物的土

14. 同一场地饱和黏性土表面，两个方形基础，基底压力相同，但基础尺寸不同，则基础中心的沉降量为：

A. 相同

B. 大尺寸基础沉降量大于小尺寸基础沉降量

C. 小尺寸基础沉降量大于大尺寸基础沉降量

D. 无法确定

15. 下列为直剪试验方法中快剪试验得到的强度指标的是：

A. c_{cq}、φ_{cq}

B. c_q、φ_q

C. c_{cu}、φ_{cu}

D. c_u、φ_u

16. 挡土墙（无位移）的土压力称为：

A. 主动土压力

B. 被动土压力

C. 静止土压力

D. 无土压力

17. 对提高地基极限承载力和减少基础沉降均有效的措施是：

A. 加大基础深度D

B. 加大基础宽度B

C. 减小基础深度D

D. 减小基础宽度B

18. 基础偏心受压，偏心距为$B/3$（B为基础宽），则基础底面的压力分布图形为：

A. 圆形

B. 矩形

C. 梯形

D. 三角形

19. 岩石的吸水率是指：

A. 岩石干燥状态强制饱和后的最大吸水率

B. 饱水系数

C. 岩石干燥状态浸水 48h 后的吸水率

D. 天然含水率

20. 图示体系为：

A. 几何不变，无多余约束

B. 瞬变体系

C. 几何不变，有多余约束

D. 常变体系

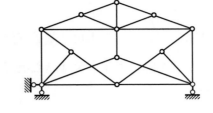

21. 图示结构为对称结构，则 a 杆的轴力为：

A. 受压

B. 受拉

C. 0

D. 无法确定

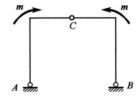

22. 同跨度三铰拱和曲梁，在相同竖向荷载作用下，同一位置截面弯矩M_{K1}（三铰拱）和M_{K2}（曲梁）的关系，下列正确的是：

A. $M_{K1} > M_{K2}$

B. $M_{K1} = M_{K2}$

C. $M_{K1} < M_{K2}$

D. 无法确定

23. 图示结构，点C的位移为：

A. 向下

B. 向右

C. 向左

D. 无法确定

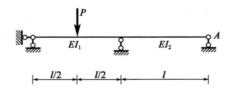

24. 在图中取A支座反力为力法的基本未知量X_1，当I_1增大时，柔度系数δ_{11}：

A. 变大

B. 变小

C. 不变

D. 或变大或变小，取决于X_1的方向

25. 图示结构 EI = 常数，欲使结点 B 的转角为零，比值 P_1/P_2 应为：

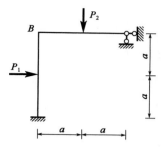

A. 1.5

B. 2

C. 2.5

D. 3

26. 根据力矩分配法，图示结构，力矩分配系数 μ_{BC} 为：

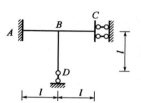

A. 1/4

B. 1/5

C. 1/2

D. 1/3

27. 如图所示结构，单位力 $P = 1$ 在 EF 范围内移动，构成弯矩（下侧受拉为正）M_C 影响线的是：

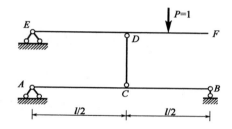

A. 一条向右上方倾斜的直线

B. 一条向右下方倾斜的直线

C. 一条平行于基线的直线

D. 两条倾斜的直线

28. 如图所示结构的自振频率 ω 为：

A. $\sqrt{\dfrac{4EI}{3ml^3}}$

B. $\sqrt{\dfrac{2EI}{ml^3}}$

C. $\sqrt{\dfrac{4EI}{ml^3}}$

D. $\sqrt{\dfrac{6EI}{ml^3}}$

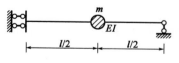

29. 下列关于钢筋混凝土受弯正截面承载力计算的基本假定错误的是：

   A. 平截面假定

   B. 应考虑混凝土受拉

   C. 混凝土应力应变关系已知

   D. 钢筋的应力应变关系已知

30. 受压区高度、翼缘宽度均相同的梁纵向受拉钢筋的配筋截面面积，分别为矩形（配筋截面面积为A_{s1}）、倒 T 形（配筋截面面积为A_{s2}）、T 形（配筋截面面积为A_{s3}）、I 形（配筋截面面积为A_{s4}）。若梁承受正弯矩，T 形截面和 I 形截面在极限状态下为第二类 T 形截面。则在相同荷载作用下，下列配筋截面面积关系正确的是：

   A. $A_{s1} > A_{s2} > A_{s3} > A_{s4}$

   B. $A_{s1} = A_{s2} > A_{s3} > A_{s4}$

   C. $A_{s2} > A_{s1} > A_{s3} > A_{s4}$

   D. $A_{s1} = A_{s2} > A_{s3} = A_{s4}$

31. 下列有关预应力混凝土梁的说法，错误的是：

   A. 可以提高正截面受弯承载力

   B. 可以提高斜截面受剪承载力

   C. 可以提高正截面抗裂性

   D. 可以提高斜截面抗裂性

32. 在其他条件不变的情况下，钢筋混凝土适筋梁的开裂弯矩M_{cr}与破坏时的极限弯矩M_u的比值，随着配筋率ρ的增大而：

   A. 不变

   B. 增大

   C. 变小

   D. 不确定

33. 当梁的V大于$0.25f_c bh_0$时，下列措施可有效提高梁斜截面受剪承载力的是：

   A. 加大梁截面尺寸

   B. 增加箍筋

   C. 增加弯起钢筋

   D. 降低混凝土强度等级

34. 对于有明显屈服强度的钢筋，其强度标准值取值的依据是：

   A. 极限抗拉强度

   B. 屈服强度

   C. 0.85 倍极限抗拉强度

   D. 钢筋比例极限对应的应力

35. 下列有关偏心受压柱的说法错误的是：

A. 大偏心柱，N一定时，M越大越危险

B. 小偏心柱，N一定时，M越大越危险

C. 大偏心柱，M一定时，N越大越危险

D. 小偏心柱，M一定时，N越大越危险

36. 有关剪扭相关性的说法，下列正确的是：

A. 因扭矩的存在，受剪承载力较单独受剪时降低

B. 因扭矩的存在，受剪承载力较单独受剪时升高

C. 因剪力的存在，受扭承载力较单独受扭时升高

D. 剪力存在与否，受扭承载力不受影响

37. 设功能函数$Z = R - S$，结构抗力R和作用效应S相互独立且均服从正态分布，平均值$\mu_R = 120kN$，$\mu_S = 60kN$，变异系数$\delta_R = 0.12$，$\delta_S = 0.15$，则β的值为：

A. $\beta = 2.56$ 　　　　　　　　B. $\beta = 3.53$

C. $\beta = 10.6$ 　　　　　　　　D. $\beta = 12.4$

38. 混凝土构件的平均裂缝宽度与下列哪个因素无关？

A. 混凝土强度等级 　　　　　　B. 混凝土保护层厚度

C. 构件受拉钢筋直径 　　　　　D. 纵向钢筋配筋率

39. 在适筋梁截面尺寸已经确定的情况下，提高正截面受弯承载力最有效的方法是：

A. 提高混凝土强度等级 　　　　B. 提高纵筋的配筋率

C. 增加箍筋 　　　　　　　　　D. 钢筋增加锚固长度

40. 混凝土柱大偏压的破坏特征是：

A. 远侧纵向受力钢筋受拉屈服，随后近侧纵向受力钢筋受压屈服，混凝土压碎

B. 近侧纵向受力钢筋受拉屈服，随后远侧纵向受力钢筋受压屈服，混凝土压碎

C. 近侧纵向受力钢筋和混凝土应力不定，远侧纵向受力钢筋受拉屈服

D. 近侧纵向受力钢筋和混凝土应力不定，近侧纵向受力钢筋受拉屈服

41. 同一点，在基于"1985 国家高程基准"高程H_1与基于"1956 黄海高程系"高程H_2的关系，下列正确的是：

    A. $H_1 > H_2$ B. $H_1 < H_2$

    C. $H_1 = H_2$ D. 无法确定

42. 测量中标准方向线不包括：

    A. 假北   B. 坐标北

    C. 真北   D. 磁北

43. 测量数据准确度是指：

    A. 系统误差大小   B. 偶然误差大小

    C. 系统误差和偶然误差大小   D. 都不是

44. 量测了边长为a的正方形的每一条边，一次量测精度为m，则正方形周长中误差M_c为：

    A. $1m$ B. $2m$

    C. $3m$ D. $4m$

45. 已知基本等高距为 2m，则计曲线为：

    A. 1,2,3,…   B. 2,4,6,…

    C. 1,5,10,…   D. 10,20,30,…

46. GPS 精密定位测量中采用的卫星信号是：

    A. C/A测距码   B. P码

    C. 载波信号   D. C/A测距码、P 码、载波信号混合使用

47. 混凝土设计强度保证系数是：

    A. 0.842   B. 1.000

    C. 1.282   D. 1.645

48. 酸雨的 pH 值为：

    A. 7   B. 5.6

    C. 4   D. 4.5

49. 木材料水饱和度小于多少时孔中的水就不会产生冻结膨胀力：

    A. 70%   B. 80%

    C. 90%   D. 91.7%

50. 耐水材料的软化系数应大于或等于:

A. 0.6

B. 0.75

C. 0.85

D. 0.9

51. 绝热材料温度的适用范围为:

A. 0~30℃

B. 0~40℃

C. 0~50℃

D. 0~55℃

52. 陈伏指石灰在熟化器中静止:

A. 14 天

B. 10 天

C. 7 天

D. 3 天

53. GB 175—2007 规定硅酸盐水泥和普通硅酸盐水泥细度由比表面积来表示,其值不小于:

A. 100m²/kg

B. 200m²/kg

C. 250m²/kg

D. 300m²/kg

54. 水泥胶砂试件中,拆模后应立即放置于多少温度的水中养护?

A. (20±1)℃

B. (20±2)℃

C. (20±3)℃

D. (20±5)℃

55. 保罗米公式中,经验系数 b 为 0.2,则 a 为:

A. 0.48

B. 0.13

C. 0.46

D. 0.53

56. 用频率推求法推求设计洪水,统计样本十分重要。下列说法不正确的是:

A. 必须连续,视历史资料情况而定

B. 如径流条件变异,则必须还原

C. 当大洪水难以考证时,可不考虑

D. 具有代表性

57. 自然界水资源循环可分为大循环和小循环,其中小循环是:

A. 水在陆地—海洋之间的循环

B. 水在全球之间的循环

C. 水在海洋—海洋—陆地—陆地之间循环

D. 水在两个大陆之间循环

58. 某水利工程的设计洪水是指：

A. 所在流域历史上发生的最大洪水

B. 流域重点断面的历史最大洪水

C. 通过文献考证的特大洪水

D. 符合该工程设计标准要求的洪水

59. 用适线法进行设计洪水或设计径流频率计算时，适线结果是否良好应重点判断：

A. 抽样误差应最小

B. 理论频率曲线与经验频率点据拟合最好

C. 参数误差愈接近邻近地区的对应参数

D. 设计只要偏于安全

60. 以下不属于水文现象特点的是：

A. 地区性特点

B. 非常复杂，无规律可言

C. 随机性特点

D. 确定性特点

2018 年度全国注册土木工程师（水利水电工程）执业资格考试基础考试（下）试题解析及参考答案

1. 解 E_s（specific engergy）称为断面单位能量或断面比能，h 为该断面的水深，对于棱柱形渠道，流量一定时，断面单位能量将随水深的变化而变化，可由断面单位能量与水深的关系判断流动的类型，即当 $dE_s/dh > 0$ 时，水流为缓流；当 $dE_s/dh = 0$ 时，水流为临界流；当 $dE_s/dh < 0$ 时，水流为急流；当 $dE_s/ds = 0$ 时，水流为均匀流。

答案：C

2. 解 渗流场中，一般认为流线能起隔水边界的作用，而等势线（等水头线）能起透水边界的作用。

答案：B

3. 解 在重力相似模型（弗劳德相似准则）中，流量比尺为几何比尺的 2.5 次方，即为 $\lambda_l^{2.5}$，压强比尺为 λ_l。

答案：C

4. 解 测压管水头线是沿水流方向各个测点的测压管液面的连线，反映的是流体的势能。测压管水头线沿线可能下降，也可能上升（当管径沿流向增大时）。总水头线是在测压管水头线的基线上再加上流速水头，反映的是流体的总能量。由于实际流体流动总是存在能量损失，沿流向总是有水头损失，所以在没有机械能（如水泵）输入的情况下，总水头线沿程只能下降，不能上升。

测压管水头线总是低于总水头线，与总水头线之间相差一个速度水头。在管径扩大、缩小或者有阀门存在时，会造成局部水头损失，总水头线下降，测压管水头线升降都可能。

答案：A

5. 解 本题考查的是对恒定流动、均匀流动及伯努利方程各项物理意义的理解。对同一条流线上的两点应用伯努利方程可知，机械能沿流程不变，而恒定均匀流动的速度处处相等，故流场中任何两点之间的机械能都相等。整个流场内各点的总水头 $\left(z + \dfrac{p}{\gamma} + \dfrac{v^2}{2g}\right)$ 相等。

答案：A

6. 解 如解图所示，静水压力中心作用点的位置在距离矩形闸门底部的 1/3 处。

答案：B

7. 解 明渠均匀流的水力特征：

（1）底坡线、水面线、总水头线三线平行，即 $i = J = J_p$；

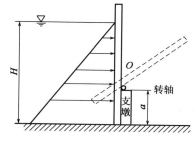

题 6 解图

（2）水深h、过水断面面积A、断面平均流速及断面流速分布沿程不变。

明渠均匀流形成条件：

①流量恒定；

②必须是长直棱形渠道，糙率n不变；

③底坡i不变。

答案：D

8. 解　解图a）为自由出流状态，解图b）为淹没出流状态。H、l、d、λ均相同，两者的总水头相等，则根据短管在自由出流和淹没出流计算公式的形式看，两者完全相同，流量系数计算公式的数值相等。

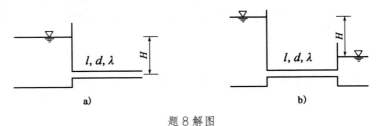

题8解图

答案：C

9. 解　雷诺数的物理意义为惯性力与黏性力之比。层流的定义为流体质点一直沿流线运动，彼此平行，不发生相互混杂的流动。紊流的定义为流体质点在运动过程中，互相混杂、穿插的流动。雷诺数的计算公式为$Re = \rho v d/\mu$。其中，ρ为流体密度；v为流速；μ为动力黏度或动力黏性系数，动力黏度的单位是$N \cdot s/m^2 = kg \cdot m/s^2 \cdot s/m^2 = kg/(m \cdot s)$；$d$为一特征长度（如直径）。

雷诺数小，意味着流体流动时各质点间的黏性力占主要地位，流体各质点平行于管路内壁有规则地流动，呈层流流动状态。雷诺数大，意味着惯性力占主要地位，流体呈紊流流动状态。

圆管内流体的流态$Re < 2000$为层流，$Re > 4000$为紊流，$2000 < Re < 4000$或为层流或为紊流。

本题根据流量和管径计算得流速为1.53m/s，计算雷诺数为1814，因此为层流。

答案：B

10. 解　松、密是无黏性土的物理状态，可排除选项A、B。黏性土用液性指数分类，液性指数越小，土质越硬。

答案：D

11. 解　本题考查饱和度的定义。

答案：A

12. 解　压缩系数与土所受的荷载大小有关。工程中一般采用100~200kPa压力区间对应的压缩系数$a_{1\text{-}2}$来评价土的压缩性。即：$a_{1\text{-}2} < 0.1\text{MPa}^{-1}$，属低压缩性土；$0.1\text{MPa}^{-1} \leqslant a_{1\text{-}2} < 0.5\text{MPa}^{-1}$，属中压

缩性土；$a_{1-2} \geq 0.5\text{MPa}^{-1}$，属高压缩性土。

而压缩模量是表示土压缩性的另一种指标，E_s越小，土的压缩性越高。$E_s < 4\text{MPa}$为高压缩性土。

答案： C

13. 解 本题考查冲填土的定义。

答案： A

14. 解 l/b相同，z/b小，则附加压力大，沉降也大。

答案： B

15. 解 直剪试验方法中快剪试验得到的强度指标用c_q、φ_q表示，固结快剪试验得到的强度指标用c_{cq}、φ_{cq}表示，慢剪试验得到的强度指标用c_s、φ_s表示。

不固结不排水剪试验得到的强度指标用c_{uu}、φ_{uu}表示，固结不排水剪试验得到的强度指标用c_{cu}、φ_{cu}表示，固结排水剪试验得到的强度指标用c_{cd}、φ_{cd}表示。

答案： B

16. 解 本题考查静止土压力的含义：当挡土墙静止不动，土体处于弹性平衡状态时，土对墙的压力称为静止土压力。

答案： C

17. 解 饱和黏性土地基承载力与基础宽度无关，可排除选项 B、D。按地基承载力公式，基础埋置深度大，承载力大、沉降小。

答案： A

18. 解 偏心距大于$B/6$，基底压力为应力重分布后的三角形分布。

答案： D

19. 解 本题考查岩石吸水率的定义。选项 A 为强制饱水率。

答案： C

20. 解 分析时，先不考虑三个连杆支座进行分析；如解图所示选择三个刚片，为几何不变体系，再依次采用二元体规则，可知原体系为几何不变体系，且有一个多余约束。

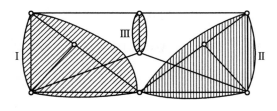

题 20 解图

答案：C

21. 解　图示结构为对称结构，荷载为反对称作用，而 a 杆位于对称轴上，因此其轴力为零。

答案：C

22. 解　静定曲梁是具有曲线形状的梁式结构，本质上仍具有梁的特性，竖向荷载作用下无水平推力。而静定三铰拱由于存在支座水平推力，使得与同跨度静定曲梁相比，拱中弯矩大为减少。

答案：C

23. 解　本题为定性分析类题目，为分析图示原静定三铰拱结构中 C 点竖向位移方向，可先做出原结构弯矩图（解图 a），再做出在 C 点虚加竖向单位力作用下的弯矩图（解图 b），由图乘法，根据图形形状相乘可知为正值，即可判断竖向位移向下。而且对称结构承受正对称荷载作用时，无水平位移。

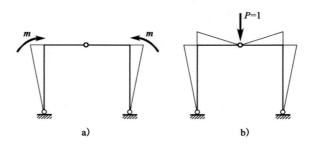

题 23 解图

答案：A

24. 解　在 δ_{11} 的表达式中，刚度 EI 在分母上。

答案：B

25. 解　为满足结点 B 的转角为零，则结点 B 相当于固定端，即两边固定端弯矩绝对值相等。

答案：A

26. 解　本题要注意 BD 杆底端的链杆方向为竖向，μ_{BD} 其转动刚度为零，根据力矩分配法即可得力矩分配系数 μ_{BC} 为 1/5。

答案：B

27. 解　若按静力法，则 $M_C = \frac{1}{4} N_{CD} l$（$N_{CD}$ 压力为正），M_C 与 N_{CD} 影响线成比例，为一条过基线左端点向右上方倾斜的直线，也可按 $M_C = R_B \cdot \frac{l}{2}$ 作出判断。

若按机动法，将 C 处刚接变铰接，沿正弯矩 M_C 方向给以单位相对转角，这时杆 EF 向右上方倾斜，形成 δ_P 图，即 M_C 的影响线。

答案：A

28. 解 作解图，图乘得：

$$\delta = \frac{1}{EI}\left(\frac{l}{2} \times \frac{l}{2} \times \frac{l}{2} + \frac{1}{2} \times \frac{l}{2} \times \frac{l}{2} \times \frac{2}{3} \times \frac{l}{2}\right) = \frac{l^3}{6EI}$$

所以 $\omega = \sqrt{\dfrac{1}{m\delta}} = \sqrt{\dfrac{6EI}{ml^3}}$

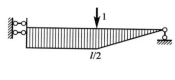

题 28 解图

答案：D

29. 解 本题考点为钢筋混凝土受弯构件正截面受弯承载力计算的基本假定。钢筋混凝土受弯构件正截面受弯承载力计算的基本假定有 4 个：平截面假定；不考虑受拉区混凝土参加工作，拉力完全由钢筋承担；混凝土的应力-应变关系已知；钢筋的应力-应变关系已知。

答案：A

30. 解 本题考查矩形截面、T 形截面正截面受弯承载力的计算原理。

假定梁承受正弯矩，由矩形截面、T 形截面正截面受弯承载力的计算公式可知，对于倒 T 形截面，受拉区在梁截面下侧，极限状态下受拉区翼缘已开裂，受拉区翼缘不起作用，与矩形截面的受力性能相同，故有 $A_{s1} = A_{s2}$；同理，对于 I 形截面，由于受拉区在梁截面下侧，受拉区翼缘不起作用，与 T 形截面的受力性能相同，故有 $A_{s3} = A_{s4}$；在相同荷载作用下，当受压区高度相同且 T 形截面和 I 形截面为第二类 T 形截面时，T 形截面和 I 形截面的内力臂将大于矩形截面的内力臂，故配筋截面面积关系为 $A_{s1} = A_{s2} > A_{s3} = A_{s4}$。

答案：D

31. 解 本题考查预应力混凝土梁的基本概念。

对梁施加预应力可提高梁的抗裂性能和刚度，可提高梁的斜截面受剪承载力，但不能提高梁的正截面受弯承载力，即梁的正截面受弯承载力与截面是否施加预应力无关。

答案：A

32. 解 本题考查钢筋混凝土适筋梁的开裂弯矩 M_{cr} 与破坏时的极限弯矩 M_u 的计算公式。

在适筋梁范围内，梁的开裂弯矩 M_{cr} 与纵向受拉钢筋的配筋率 ρ 无关，梁破坏时的极限弯矩 M_u 随纵向受拉钢筋配筋率 ρ 的增大而增大。

答案：C

33. 解 本题考点为斜截面承载力计算公式的截面限制条件。当梁的 $V > 0.25 f_c b h_0$ 时，应加大梁的截面尺寸或提高混凝土的强度等级。

答案：A

34. 解 本题考查现行规范《水工混凝土结构设计规范》（DL/T 5057—2009）或《水工混凝土结构设计规范》（SL 191—2008）钢筋强度标准值的取值原则。

对于有明显屈服强度的钢筋，其强度标准值的取值依据是屈服强度；对于无明显屈服强度的钢筋，其强度标准值的取值依据是极限抗拉强度，但设计时取 0.85 倍极限抗拉强度作为设计上取用的条件屈服强度。

答案：B

35. 解　本题考点为偏心受压构件正截面受压承载力计算公式中N与M的相关关系。参考"4.3.4 偏心受压构件承载力计算"，对于给定的一个偏心受压构件，由偏心受压构件正截面受压承载力的基本公式，可推得它的正截面受压承载力设计值N和与之相应的正截面受弯承载力设计值$M(N\eta e_i = M)$。对于给定截面尺寸、配筋和材料强度的偏心受压构件，可以求得无穷多组不同的N和M的组合达到承载能力极限状态，或者说当给定一个N时就一定有一个唯一的M，反之亦然。如果以N为纵坐标轴，以M为横坐标轴，可建立一系列的N-M相关曲线，整个曲线分为大偏心受压破坏和小偏心受压破坏两个曲线段，两个曲线段的交点即界限破坏点，即受拉钢筋屈服的同时受压区混凝土被压坏，亦即大、小偏心受压构件破坏的分界点。N-M相关曲线具有以下特点：

①$M = 0$时为轴心受压构件，相应的轴心受压承载力设计值N最大；$N = 0$时为纯弯构件，相应的正截面受弯承载力M不是最大；界限破坏时，相应的正截面受弯承载力M达到最大。

②小偏心受压时，随着轴向压力的增大，M随之减小；N一定时，M越大越危险；M一定时，N越大越危险。

③大偏心受压时，随着轴向压力的增大，M随之增大；N一定时，M越大越危险；M一定时，N越小越危险。

答案：C

36. 解　本题考查剪扭承载力相关性。

剪扭共同作用下，因扭矩的存在，剪扭构件混凝土的受剪承载力要降低；因剪力的存在，剪扭构件混凝土的受扭承载力要降低。我国现行规范通过引入混凝土受扭承载力降低系数β_t和混凝土受剪承载力降低系数$(1.5 - \beta_t)$来考虑剪扭承载力相关性的不利影响。

答案：A

37. 解　本题考查结构可靠度分析中可靠指标β的基本概念和计算公式。

已知R和S相互独立且均服从正态分布，则由统计数学可得可靠指标β的计算公式为：

$$\beta = \frac{\mu_Z}{\sigma_Z} = \frac{\mu_R - \mu_S}{\sqrt{\sigma_R^2 + \sigma_S^2}} = \frac{120 - 60}{\sqrt{(120 \times 0.12)^2 + (60 \times 0.15)^2}} = 3.53$$

答案：B

38. 解　本题考点为混凝土构件正截面最大裂缝宽度的计算公式。我国现行《水工混凝土结构设计规范》（DL/T 5057—2009）采用下列公式反映混凝土构件最大裂缝宽度w_{max}与平均裂缝宽度w_{cr}的关系：

$$w_{max} = \alpha_{cr} w_{cr} = \alpha_{cr} \psi \frac{\sigma_{sk} - \sigma_0}{E_s} l_{cr} \tag{1}$$

$$\psi = 1.0 - 1.1 \frac{f_{tk}}{\rho_{te} \sigma_{sk}} \tag{2}$$

$$l_{cr} = \left(2.2c + 0.09 \frac{d_{eq}}{\rho_{te}}\right) \nu \quad (20mm \leqslant c \leqslant 65mm) \tag{3}$$

$$l_{cr} = \left(65 + 1.2c + 0.09 \frac{d_{eq}}{\rho_{te}}\right) \nu \quad (65mm < c \leqslant 150mm) \tag{4}$$

式中，α_{cr}为考虑构件受力特征和长期作用影响的综合系数，简称构件受力特征系数；ψ为裂缝间纵向受拉钢筋应变不均匀系数，f_{tk}为混凝土轴心抗拉强度标准值；ρ_{te}为纵向受拉钢筋的有效配筋率；σ_{sk}为按标准组合计算的构件纵向受拉钢筋应力；c为最外层纵向受拉钢筋外边缘至受拉区底边的距离；d_{eq}为受拉区纵向钢筋的等效直径，d_{eq}与纵向受拉钢筋的直径d有关。平均裂缝宽度w_{cr}的计算公式中含有混凝土轴心抗拉强度标准值f_{tk}、纵向受拉钢筋应力σ_{sk}、纵向受拉钢筋的有效配筋率ρ_{te}、混凝土保护层厚度c、纵向受拉钢筋的直径d等参数，由此可见，混凝土构件的平均裂缝宽度与混凝土强度等级、混凝土保护层厚度、构件纵向受拉钢筋直径、纵向受拉钢筋配筋率等均有关，故原题有误或不成立。

由规范 SL 191—2008 的正截面裂缝宽度计算公式可知，最大裂缝宽度计算值的计算公式中含有纵向受拉钢筋应力σ_{sk}、纵向受拉钢筋的有效配筋率ρ_{te}、混凝土保护层厚度c、纵向受拉钢筋的直径d等参数，正截面最大裂缝宽度计算值与纵向受拉钢筋应力、纵向受拉钢筋配筋率、混凝土保护层厚度等有关，与混凝土强度等级无关，故按 SL 191—2008 的规定应选 A。

答案：按 DL/T 5057—2009 的规定原题有误或不成立；按 SL 191—2008 的规定应选 A

39. 解 本题考查适筋梁正截面受弯承载力的计算公式。

由单筋矩形截面正截面受弯承载力的计算公式可知，在截面尺寸已经确定的情况下，提高正截面承载力最有效的方法是提高混凝土强度等级。

答案： A

40. 解 本题考查混凝土大、小偏心受压柱的破坏特征。

（1）大偏心受压破坏。当轴向压力的偏心距较大，且纵向受拉钢筋配置得不太多时，在荷载作用下，靠近轴向压力一侧受压，远离轴向压力一侧受拉。大偏心受压的破坏特征是始于远离轴向压力一侧的纵向受拉钢筋首先屈服，然后靠近轴向压力一侧的纵向受压钢筋达到屈服，受压区混凝土被压碎，故又称为受拉破坏。

（2）小偏心受压破坏。当轴向压力偏心距较小，或者偏心距虽较大，但纵向受拉钢筋配置过多时，在荷载作用下，截面大部分受压或全部受压。小偏心受压的破坏特征是靠近轴向压力一侧的受压混凝土应变先达到极限压应变，纵向受压钢筋达到屈服强度而破坏，而远离轴向压力一侧的纵向受力钢筋，不论是受拉还是受压，均达不到屈服强度。由于这种破坏是从受压区开始的，故又称为受压破坏。

答案：A

41. 解 "1985 国家高程基准"与"1956 黄海高程系"之间存在下列换算关系：

1985 国家高程基准 = 1956 黄海高程系 − 0.029m（根据具体区域数据会有变化）

即 $H_1 = H_2 - 0.029m$

所以 $H_1 < H_2$。

答案：B

42. 解 测量学中的三个基准方向是真北、磁北和坐标北。没有"假北"这个概念。

答案：A

43. 解 测量学中采用误差的概念衡量观测值与真值之间的差异，以及这种差异的分布问题，误差一般包括三类：系统误差、偶然误差和粗差。而准确度是衡量观测值与真值间一致性的问题，是个定性的概念，包括精度和可靠性，准确度是个综合而复杂的概念。

答案：D

44. 解 周长 $C = a_1 + a_2 + a_3 + a_4$

所以 $m_c^2 = m_{a_1}^2 + m_{a_2}^2 + m_{a_3}^2 + m_{a_4}^2$

而 $m_{a_1} = m_{a_2} = m_{a_3} = m_{a_4}$

所以 $m_c^2 = 4m^2$，故 $m_c = 2m$

答案：B

45. 解 在首曲线分布密集区域，每五条首曲线加粗一条的等高线为计曲线。

答案：D

46. 解 GPS 精密定位测量是通过精密测距实现的，精密测距值的解算是载波测量和伪距测量联合实现的，伪距测量无论是C/A测距码还是P码都可以为载波测量中整周未知数的确定提供支持。

答案：D

47. 解 为了使混凝土强度具有要求的保证率，必须使配制强度大于设计强度。混凝土配制强度(f_h)可按 $f_h = f_d + t\sigma_0$ 计算，式中：f_d 为设计混凝土抗压强度，t 为与设计混凝土抗压强度要求的保证率对应的概率度（即保证系数），σ_0 为混凝土强度标准差。《混凝土结构设计规范》（GB 50010—2010）（2015年版）规定，混凝土设计强度应具有95%的保证率，此时强度保证系数 $t = 1.645$。

答案：D

48. 解 《酸雨观测规范》（GB/T 19117—2017）规定：酸雨是指 pH 值小于 5.60 的大气降水。雨、雪等在形成和降落过程中，吸收并溶解了空气中的二氧化硫、氮氧化合物等物质，形成了 pH 值低于 5.6

的酸性降水。酸雨主要是人为地向大气中排放大量酸性物质所造成的。我国的酸雨主要因大量燃烧含硫量高的煤而形成的，多为硫酸雨，少为硝酸雨。此外，各种机动车排放的尾气也是形成酸雨的重要原因。

答案：B

49. 解 冰冻对材料的破坏作用与材料组织结构及其含水状况有关。一般认为，水结冰时体积增大约9%，含水量小于孔隙体积的91.7%就不会产生冻结膨胀压力，该数值被称为极限饱水度。

答案：D

50. 解 耐水性是选择材料的重要依据，工程中通常将软化系数大于0.85的材料看作是耐水材料。经常位于水中或受潮严重的重要结构，其材料的软化系数不宜小于0.85~0.90；受潮较轻或次要结构，其材料的软化系数也不宜小于0.70~0.85。

答案：C

51. 解 材料的导热系数越小，其热传导能力越差，绝热性能越好。工程上把导热系数小于0.23W/(m·K)的材料称为绝热材料。材料的导热系数通常随温度的升高而增大，温度升高时，材料固体分子的热运动增强，同时材料孔隙中空气的导热和孔壁间的辐射作用也有所增强。但这种影响在温度 0~50℃ 范围内并不显著，只有对处于高温或负温下的材料，才要考虑温度的影响。

答案：C

52. 解 在石灰煅烧过程中，如果煅烧温度过高或时间过长，将生成颜色较深的"过火石灰"。过火石灰内部结构致密，CaO 晶粒粗大，表面被一层玻璃釉状物包裹，与水反应极慢，会引起制品的隆起或开裂。为了消除过火石灰的危害，通常将生石灰放在消化池中"陈伏"2~3 周以上才可使用。陈伏时，石灰浆表面应保持一层水来隔绝空气，防止碳化。

答案：A

53. 解 《通用硅酸盐水泥》（GB 175—2007）规定：硅酸盐水泥和普通硅酸盐水泥以比表面积表示，不小于$300m^2/kg$；矿渣硅酸盐水泥、火山灰质硅酸盐水泥、粉煤灰硅酸盐水泥和复合硅酸盐水泥以筛余表示，$80\mu m$ 方孔筛筛余不大于 10%或 $45\mu m$ 方孔筛筛余不大于 30%。

答案：D

54. 解 《水泥胶砂强度检验方法（ISO 法）》（GB/T 17671—1999）规定：试件脱模后应做好标记，并立即水平或竖直放在20℃±1℃的水中养护，水平放置时刮平面应朝上。

答案：A

55. 解 根据大量的试验，采用数理统计方法可以建立混凝土抗压强度与水泥抗压强度及水灰比之间的关系式，即保罗米公式$f_{cu} = af_{ce}\left(\dfrac{c}{w} - b\right)$，式中：$f_{cu}$为混凝土 28d 龄期的抗压强度；$f_{ce}$为水泥 28d

龄期的实际抗压强度，$\frac{c}{w}$ 为混凝土的灰水比，a、b 为经验系数。《普通混凝土配合比设计规程》（JGJ 55—2011）规定，当骨料含水以干燥状态为基准时，a、b 值可取下列经验值：卵石混凝土，$a = 0.49$，$b = 0.13$；碎石混凝土，$a = 0.53$，$b = 0.20$。

答案：D

56. 解　注意题干是"不正确的是"，样本选择的问题对于设计洪水的推求十分重要，多次考试考查了该方面。因此在选项中应注意把握洪水资料的可靠性、一致性和代表性的审查。而代表性审查的目的是保证样本的统计参数接近总体的统计参数。

答案：C

57. 解　水文循环的分类按水文循环的规模和过程，可分为大循环和小循环。大循环也称为外循环，是海洋蒸发的水汽被气流输送到大陆形成降水；小循环也称内循环，是海洋上蒸发的水汽以降水落入海洋，或陆地上的水蒸发凝结降落到陆地。

答案：C

58. 解　水利工程的设计洪水，是指作为水工建筑物设计依据的洪水。

答案：D

59. 解　适线法又称为配线法，该法以经验频率点据为基础，求与经验频率曲线配合最好的理论频率曲线及其统计参数。

答案：B

60. 解　水文现象具有地区性，是指水文现象在时空上的变化规律的相似性。水文现象具有确定性，指由于确定性因素的影响使其具有的必然性。水文现象也有随机性，也称偶然性，指水文现象由于受各种因素的影响在时程上和数量上的不确定性。

答案：B

2019 年度全国注册土木工程师（水利水电工程）

执业资格考试试卷

基础考试
（下）

二〇一九年十月

应考人员注意事项

1. 本试卷科目代码为"2"，考生务必将此代码填涂在答题卡"科目代码"相应的栏目内，否则，无法评分。

2. 书写用笔：**黑色或蓝色钢笔、签字笔或圆珠笔**；

   填涂答题卡用笔：**黑色 2B 铅笔**。

3. 必须用书写用笔将工作单位、姓名、准考证号填写在答题卡和试卷相应的栏目内。

4. 本试卷由 60 题组成，每题 2 分，满分 120 分，本试卷全部为单项选择题，每小题的四个备选项中只有一个正确答案，错选、多选、不选均不得分。

5. 考生作答时，必须按**题号在答题卡上**将相应试题所选选项对应的**字母用 2B 铅笔涂黑**。

6. 在答题卡上书写与题意无关的语言，或在答题卡上作标记的，均按违纪试卷处理。

7. 考试结束时，由监考人员当面将试卷、答题卡一并收回。

8. 草稿纸由各地统一配发，考后收回。

单项选择题（共 60 题，每题 2 分。每题的备选项中只有一个最符合题意。）

1. 面积为 $A = 2\text{m}^2$ 的圆板随液体以 $v = 0.2\text{m/s}$ 的速度运动，则圆板受到的内摩擦力为（$\mu = 1.14 \times 10^{-3}\text{Pa}\cdot\text{s}$，$\rho = 1 \times 10^3\text{kg/m}^3$，$h = 0.4\text{m}$）：

   A. 5.7×10^{-4}

   B. 5.7×10^{-7}

   C. 0

   D. 5.7×10^{-6}

2. 如图所示，A、B 两点的高程差 Δh_{AB} 和水银液面差 Δx 均为 0.2m，则 A、B 两点的压强差为：

   A. 2.52m

   B. 2.72m

   C. 0

   D. 无法确定

   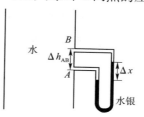

3. 一变直径的管段 AB，A 点管径为 0.25m，B 点管径为 1m，两点高差 1m，A 点断面平均流速水头为 2.8m、压强为 7.87kN/m^2，B 点断面平均流速水头为 0.8m、压强为 4.9kN/m^2，则 A、B 两点的水流方向为：

   A. 由 A 到 B

   B. 由 B 到 A

   C. 静止

   D. 无法确定

   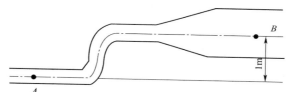

4. 某薄壁孔口出流容器，孔口直径为 d，如在其上加一段长 $4d$ 的短管，则流量：

   A. 增加 1.22 倍

   B. 增加 1.32 倍

   C. 不变

   D. 增加 1 倍

5. 在尼古拉兹试验中，沿程损失系数与雷诺数和相对粗糙度均有关的区域是：

   A. 层流区

   B. 层流到紊流的过渡区

   C. 紊流层水力光滑管

   D. 紊流的水力光滑管到水力粗糙管的过渡区

6. 两段明渠，糙率 n_1 为 0.015，n_2 为 0.016，其余参数均相同，则两渠道的临界水深：

A. $h_1 = h_2$

B. $h_1 < h_2$

C. $h_1 > h_2$

D. 无法判断

7. 一密闭容器中，已知水面真空压强为 35kPa，水深 10m，则底部 A 点的绝对压强为：

A. −35kPa

B. −63kPa

C. 63kPa

D. 45.kPa

8. 一并联管道，流量 Q 为 240L/s，两管的沿程阻力系数相等，管道 $d_1 = 300$mm，$l_1 = 500$m，$d_2 = 250$mm，$l_2 = 800$m，则通过管道的流量比为：

A. 2 : 1

B. 6.64 : 1

C. 3 : 2

D. 4 : 3

9. 有一输油圆管，直径为 300mm，流量为 0.3m³/s，如果采用水在实验室中用管道进行模型试验，长度比尺为 3，已知油的黏滞系数为 0.045cm²/s，水的黏滞系数为 0.01cm²/s，则模型流量为：

A. 0.006m³/s

B. 0.0074m³/s

C. 0.0222m³/s

D. 0.06m³

10. 土的级配曲线越平缓，则：

A. 不均匀系数越小

B. 不均匀系数越大

C. 颗粒分布越均匀

D. 级配不良

11. 以下说法错误的是：

A. 对于黏性土，可用塑性指数评价其软硬程度

B. 对于砂土，可用相对密度来评价其松密状态

C. 对于同一种黏性土，天然含水率反映其相应软硬程度

D. 对于黏性土，可用液性指数评价其软硬状态

12. 无侧限抗压强度试验是为了测下列哪一类土的抗剪强度？

A. 饱和砂土

B. 饱和软黏土

C. 松砂

D. 非饱和黏性土

13. 其他条件相同，以下说法错误的是：

A. 排水路径越长，固结完成所需时间越长

B. 渗透系数越大，固结完成所需时间越短

C. 压缩系数越大，固结完成所需时间越长

D. 固结系数越大，固结完成所需时间越长

14. 下列与地基中附加应力计算无关的量是：

A. 基础尺寸   B. 所选点的空间位置

C. 土的抗剪强度指标   D. 基底埋深

15. 当以下哪项数据发生改变，土体强度也发生变化？

A. 总应力   B. 有效应力

C. 附加应力   D. 自重应力

16. 在饱和软粘土地基稳定分析中，一般可采用 $\varphi = 0$ 的整体圆弧法，此时抗剪强度指标应采用以下哪种方法测定？

A. 三轴固结排水剪   B. 三轴固结不排水剪

C. 三轴不固结不排水剪   D. 直剪试验中的固结快剪

17. 以下说法正确的是：

A. 土压缩过程中，土粒间的相对位置不变

B. 在一般压力作用下，土体压缩主要由土粒破碎造成

C. 在一般压力作用下，土的压缩可以看作是土中孔隙体积的减小

D. 饱和土在排水固结过程中，土始终是饱和的，饱和度和含水量是不变的

18. 挡墙后填土为粗砂，墙后水位上升，墙背所受的侧向压力：

A. 增加   B. 减小

C. 不变   D. 0

19. 下列不是岩石具有的主要特征的是：

A. 软化性   B. 崩解性

C. 膨胀性   D. 湿陷性

20. 图示体系是：

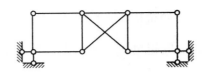

A. 几何不变，无多余约束

B. 几何不变，有多余约束

C. 瞬变体系

D. 常变体系

21. 图中 1 杆的轴力为：

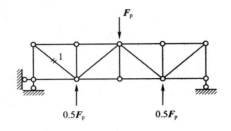

A. $N_1 > 0$

B. $N_1 < 0$

C. $N_1 = 0$

D. 不确定，取决于 F_p 的大小与杆长

22. 以下说法正确的是：

A. $M_{CD} = 0$，CD 杆只受轴力

B. $M_{CD} \neq 0$，外侧受拉

C. $M_{CD} \neq 0$，内侧受拉

D. $M_{CD} = 0$，$N_{CD} = 0$

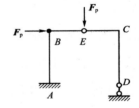

23. 图中 C 点的竖向位移：

A. 等于 0

B. 向上

C. 向下

D. 方向与 F_p 的作用大小有关

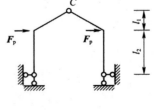

24. 图示结构用力法求解时，基本结构不能选：

A. C 处取为铰结点，A 处取为固定铰

B. C 处取为铰结点，D 处取为固定铰

C. AD 处均取为固定铰

D. A 处取为竖向滑动支座

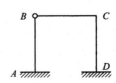

25. 采用位移法计算，若 $i = 2$，取 A 结点的角位移为基本未知量，则系数 K_{11} 的值为：

A. 14

B. 22

C. 28

D. 36

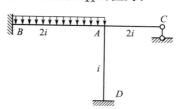

26. 下列结构可否用力矩分配法计算？

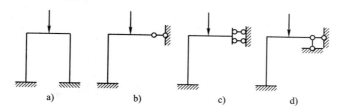

a)   b)   c)   d)

A. 均可以

B. 均不可以

C. 只有图 a ）不可以

D. 只有图 b ）不可以

27. 图示外伸梁影响线为以下哪项的影响线？

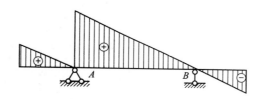

A. 支座 A 反力的影响线

B. 支座 A 竖向剪力的影响线

C. 支座 A 右截面剪力的影响线

D. 支座 A 左截面剪力的影响线

28. 图中结构的自振频率为：

A. $\sqrt{\dfrac{15EI}{ml^3}}$

B. $\sqrt{\dfrac{15EI}{2ml^3}}$

C. $\sqrt{\dfrac{12EI}{ml^3}}$

D. $\sqrt{\dfrac{6EI}{ml^3}}$

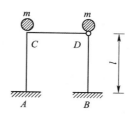

29. 悬臂梁在均布荷载作用下，裂缝分布图为：

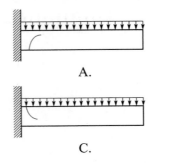

A.

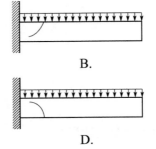

B.

C.

D.

30. 预应力混凝土受弯构件与普通混凝土受弯构件相比，增加了：

　　A. 正截面承载力计算　　　　　　　　B. 斜截面承载力计算

　　C. 正截面抗裂验算　　　　　　　　　D. 斜截面抗裂验算

31. 钢筋混凝土受弯构件斜截面受剪承载力计算公式中，没有体现以下哪项的影响因素？

　　A. 材料强度　　　　　　　　　　　　B. 配筋率

　　C. 纵筋数量　　　　　　　　　　　　D. 截面尺寸

32. 混凝土施加预应力的目的是：

　　A. 提高承载力　　　　　　　　　　　B. 提高抗裂度及刚度

　　C. 提高承载力和抗裂度　　　　　　　D. 增加结构的安全性

33. 某对称配筋的大偏心受压构件，在承受以下四组内力中，最不利的一组内力为：

　　A. $M = 218kN \cdot m$，$N = 396kN$

　　B. $M = 218kN \cdot m$，$N = 380kN$

　　C. $M = 200kN \cdot m$，$N = 396kN$

　　D. $M = 200kN \cdot m$，$N = 380kN$

34. 后张法预应力混凝土构件中，属于第一批预应力损失的是：

　　A. 张拉端锚具变形和钢筋内缩引起的损失、摩擦损失、钢筋应力松弛损失

　　B. 张拉端锚具变形和钢筋内缩引起的损失、摩擦损失

　　C. 张拉端锚具变形和钢筋内缩引起的损失、温度损失、钢筋应力松弛损失

　　D. 摩擦损失、钢筋应力松弛损失、混凝土徐变损失

35. 钢筋混凝土构件在剪力和扭矩共同作用下的承载力计算：

    A. 不考虑钢筋和混凝土的相关作用

    B. 混凝土不考虑相关作用，钢筋考虑相关作用

    C. 混凝土考虑相关作用，钢筋不考虑相关作用

    D. 考虑钢筋和混凝土的相关作用

36. 有配筋不同的三种梁（梁1：$A_s = 350mm^2$；梁2：$A_s = 500mm^2$；梁3：$A_s = 550mm^2$），其中梁1是适筋梁，梁2和梁3为超筋梁，则破坏时相对受压区高度的大小关系为：

    A. $\xi_3 > \xi_2 > \xi_1$ B. $\xi_1 > \xi_2 = \xi_3$

    C. $\xi_2 > \xi_3 > \xi_1$ D. $\xi_3 = \xi_2 > \xi_1$

37. 影响斜截面受剪承载力的主要因素有：

    A. 剪跨比、箍筋强度、纵向钢筋强度

    B. 剪跨比、混凝土强度、箍筋及纵向钢筋的配筋率

    C. 纵向钢筋强度、混凝土强度、架立钢筋强度

    D. 混凝土强度、箍筋及纵向钢筋的配筋率、架立钢筋强度

38. 预应力混凝土轴心受拉构件，开裂荷载N_{cr}等于：

    A. 先张法、后张法均为$(\sigma_{pcII} + f_{tk})A_0$

    B. 先张法、后张法均为$(\sigma_{pcII} + f_{tk})A_n$

    C. 先张法$(\sigma_{pcII} + f_{tk})A_0$，后张法$(\sigma_{pcII} + f_{tk})A_n$

    D. 先张法$(\sigma_{pcII} + f_{tk})A_n$，后张法$(\sigma_{pcII} + f_{tk})A_0$

39. 以下哪项对最大裂缝宽度没有影响？

    A. 纵向受拉钢筋应力   B. 混凝土强度等级

    C. 纵向受拉钢筋配筋率   D. 保护层厚度

40. 对于钢筋混凝土偏心受拉构件，下列说法错误的是：

    A. 如果$\xi > \xi_b$，说明是小偏心受拉破坏

    B. 小偏心受拉构件破坏时，混凝土裂缝全部贯通，全部拉力由纵向钢筋承担

    C. 大偏心受拉构件存在局部受压区

    D. 大、小偏心受拉构件的判断依据是轴向拉力的作用位置

41. 已知 AB 边的坐标方位角为 α_{AB}，属于第 III 象限，则对应的象限角 R_{AB} 是：

A. α_{AB}

B. $\alpha_{AB} - 180°$

C. $360° - \alpha_{AB}$

D. $180° - \alpha_{AB}$

42. 量测了边长为 a 的正方形每条边，一次量测精度是 m_a，则周长中误差 m_s 为：

A. m_a

B. $2m_a$

C. $3m_a$

D. $4m_a$

43. 已知基本等高距为 2m，则计曲线为：

A. 1,2,3…

B. 2,4,6…

C. 10,20,30…

D. 5,10,15…

44. 一长度为 848.53m 的导线，坐标增量闭合差分别为 −0.2m、0.2m，则导线全长相对闭合差为：

A. 1/1000

B. 1/2000

C. 1/3000

D. 1/4000

45. 利用高程为 9.125m 的水准点，测设高程为 8.586m 的室内±0 地坪标高，在水准点上立尺后，水准仪瞄准该尺的读数为 1.462m，则室内立尺时，尺上读数为：

A. 0.539m

B. 0.923m

C. 2.001m

D. 1.743m

46. GPS 精密定位测量中采用的卫星信号是：

A. C/A 测距码

B. P 码

C. 载波信号

D. C/A 测距码和载波信号混合使用

47. 憎水性材料的湿润角是：

A. $> 90°$

B. $< 90°$

C. $> 85°$

D. $< 85°$

48. 耐水性材料的软化系数大于：

A. 0.6

B. 0.75

C. 0.85

D. 0.8

49. 为防止混凝土保护层破坏而导致钢筋锈蚀，其 pH 值应大于：

    A. 13.0~12.5

    B. 12.5~11.5

    C. 10.0~8.5

    D. 11.5~10.5

50. 材料的吸声系数总是：

    A. 小于 0.5

    B. 大于或等于 1.0

    C. 大于 1.0

    D. 小于 1.0

51. 导热系数的单位是：

    A. J/m

    B. cm/s

    C. kg/cm^2

    D. W/(m·K)

52. 水玻璃的模数是以下哪个选项摩尔数的比值？

    A. 二氧化硅/氯化钠

    B. 二氧化硅/氧化钠

    C. 二氧化硅/碳酸钠

    D. 二氧化硅/氧化铁钠

53. 水泥成分中抗硫酸盐侵蚀最好的是：

    A. C$_3$S

    B. C$_2$S

    C. C$_3$A

    D. C$_4$AF

54. 硅酸盐水泥的比表面积应大于：

    A. 80m^2/kg

    B. 45m^2/kg

    C. 400m^2/kg

    D. 300m^2/kg

55. 混凝土的温度膨胀系数一般取：

    A. 1×10^{-4}/℃

    B. 1×10^{-6}/℃

    C. 1×10^{-5}/℃

    D. 1×10^{-7}/℃

56. 以下不属于水文循环的是：

    A. 降雨

    B. 蒸发

    C. 下渗

    D. 物体污染水

57. 在进行水文分析计算时，还要进行历史洪水调查工作，其目的是为了增加系列的：

    A. 可靠性   B. 地区性

    C. 代表性   D. 一致性

58. 某流域有两次暴雨，前者的暴雨中心在下游，后者的暴雨中心在上游，其他情况都相同，则前者在流域出口断面形成的洪峰流量比后者的：

    A. 洪峰流量小，峰现时间晚

    B. 洪峰流量大，峰现时间晚

    C. 洪峰流量大，峰现时间早

    D. 洪峰流量小，峰现时间早

59. 用适线法进行设计洪水或设计径流频率计算时，适线原则应：

    A. 抽样误差应最小

    B. 参数误差愈接近临近地区的对应参数

    C. 理论频率曲线与经验点据拟合最好

    D. 设计值要偏于安全

60. 选择典型洪水的原则是"可能"和"不利"，所谓"不利"是指：

    A. 典型洪水峰型集中，主峰靠前

    B. 典型洪水峰型集中，主峰居中

    C. 典型洪水峰型集中，主峰靠后

    D. 典型洪水历时长，洪量较大

2019年度全国注册土木工程师（水利水电工程）执业资格考试基础考试（下）试题解析及参考答案

1. 解　因不存在相对运动，因此没有内摩擦力。

答案：C

2. 解

$$p_A - p_B = \rho_{水}g\Delta h_{AB} + (\rho_{水银}g - \rho_{水}g)\Delta x$$

$$\begin{aligned}
\frac{p_A - p_B}{\rho_{水}g} &= \Delta h_{AB} + \frac{12.6 \times 10^3}{1000}\Delta x \\
&= 0.2 + 12.6 \times 0.2 \\
&= 2.72\text{m}
\end{aligned}$$

答案：B

3. 解　假设水流由B到A，则根据能量方程有：

$$h_{w,AB} = \Delta z + \frac{p_B - p_A}{\gamma} + \frac{\alpha_B v_B^2 - \alpha_A v_A^2}{2g}$$

代入相关数值（γ取10^4N/m^3），得

$$h_{w,AB} = 1 + \frac{(4.9 - 7.87) \times 10^4}{10^4} + (0.8 - 2.8) = -3.97\text{m} < 0$$

由此可知，假设不成立，所以水流由A到B。

答案：A

4. 解　孔口出流的流量为$Q_{孔} = \mu A \sqrt{2gH}$

管嘴出流的流量为$Q_{管} = \mu A \sqrt{2g\left(H + \frac{p_a - p_c}{\rho g}\right)}$

加上管嘴后形成的真空高度为$\frac{p_a - p_c}{\rho g} = 0.75H$

因此，管嘴与孔口流量的比值为：

$$\frac{Q_{管}}{Q_{孔}} = \frac{\sqrt{H + \frac{p_a - p_c}{\rho g}}}{H} = \sqrt{1.75} = 1.32$$

答案：B

5. 解　根据尼古拉兹实验可知，只有在过渡粗糙区（即水力光滑管到水力粗糙管的过渡区），沿程损失系数才与雷诺数和相对粗糙度均有关。

答案：D

6. 解　临界水深只与流量和明渠的断面形状、尺寸有关，而与糙率和底坡无关，故$h_1 = h_2$。

答案：A

7. 解 $10\text{mH}_2\text{O} = 98\text{kPa}$

水面的绝对压强为 $p_0 = -35\text{kPa}$

$$p_A = p_0 + 98\text{kPa} = 63\text{kPa}$$

答案：C

8. 解 并联管道的水头损失相等，即 $h_{f1} = h_{f2}$

即 $\lambda \dfrac{l_1}{d_1} \dfrac{v_1^2}{2g} = \lambda \dfrac{l_2}{d_2} \dfrac{v_2^2}{2g}$

则 $\dfrac{v_1}{v_2} = \dfrac{4}{5}\sqrt{3}$

由 $Q_1 = \dfrac{\pi}{4}d_1^2 v_1$，$Q_2 = \dfrac{\pi}{4}d_2^2 v_2$

知 $\dfrac{Q_1}{Q_2} = \dfrac{\dfrac{\pi}{4}d_1^2 v_1}{\dfrac{\pi}{4}d_2^2 v_2} = \dfrac{2}{1}$

答案：A

9. 解 由雷诺相似准则，可得：

$$\lambda_Q = \lambda_l \lambda_\nu = 3 \times \dfrac{0.045}{0.01} = 13.5$$

又 $\lambda_Q = \dfrac{Q_{油}}{Q_{水}} = 13.5$

则 $Q_{水} = \dfrac{Q_{油}}{13.5} = \dfrac{0.3}{13.5} = 0.0222$

答案：C

10. 解 颗粒级配曲线是根据筛分试验成果绘制的曲线，采用对数坐标表示，横坐标为粒径，纵坐标为小于或等于某粒径的土重占土的总重的百分比（累计百分含量）。

曲线平缓，说明土中不同大小颗粒都有，颗粒大小不均匀，也即 d_{60} 与 d_{10} 的差别大，由不均匀系数 $C_u = \dfrac{d_{60}}{d_{10}}$ 知，土的级配曲线越平缓，颗粒级配越好，不均匀系数 C_u 越大。

答案：B

11. 解 液性指数反映黏性土物理状态，黏性土物理状态通俗来说就是软硬程度，计算液性指数用了含水量。相对来说，塑性指数只是液限和塑限两个扰动指标的差值，与含水量无关，更不反映软硬程度，所以选项 A 错误。

答案：A

12. 解 无侧限抗压强度试验是针对饱和软黏土设计的。

答案：B

13. 解 排水路径越长，需要的孔隙压力越大，排水时间越长，固结完成所需时间越长。

渗透系数越大，固结时间越短。

压缩系数越大，固结系数越小，固结完成所需时间越长。

固结系数与固结时间成反比。

答案：D

14. 解　基础大小反映压力集聚情况，所以与地基中附加应力计算有关。

地基附加压力要扩散，所以与所选点的空间位置有关。

基底埋深，使选点与基础相对位置变化，也与地基中附加应力计算有关。

而土的抗剪强度指标与地基中附加应力计算无关。

答案：C

15. 解　土体的强度一般指抗剪强度。一般用土的抗剪强度指标（内摩擦角和黏聚力）来判断土体的抗剪强度。$\tau_\mathrm{f} = c' + \sigma' \tan \varphi'$，有效应力的大小决定了土体抗剪强度的大小。

总应力是作用在土体上的单位面积总压力，对饱和土即为孔隙水压力与有效应力之和。

有效应力是指通过土骨架颗粒间接触面传递的平均法向应力，又叫粒间应力，其大小决定了土体的抗剪强度。

附加应力是指在荷载作用下在地基内引起的应力增量，是使地基压缩变形的主要因素，它与土的自身强度无直接关系。

自重应力是岩、土体内由自身重量产生的一种应力状态，与土的重度、深度有关。

综上可知，选项 B 符合题意。

答案：B

16. 解　需要用到的是 C_u，只有三轴不固结不排水剪试验能取得该指标。

答案：C

17. 解　土要压缩，粒间肯定要位移；在一般压力作用下，土粒不会破碎；饱和土固结，仍是饱和，但固结要排水，含水量减小。

答案：C

18. 解　地下水位上升，自重应力减小，主动土压力减小，但地下水位以下增加的水压力比减小的主动土压力要多，故侧向压力增加。

答案：A

19. 解　选项 A、B、C 均可能是岩石的特征，而岩石的固结早已完成，因此不具有湿陷性。湿陷性是黄土的特征。

答案：D

20. 解 左右两侧的四边形铰接体系，均缺少一个约束，因此原体系为常变体系。

答案：D

21. 解 对静定结构，若某一几何不变部分可独立承受平衡力系，则其余部分内力为零。

答案：C

22. 解 ECD 为附属部分，本题中，荷载仅作用在基本部分上，附属部分不受力。

答案：D

23. 解 根据对称结构受反对称荷载作用时的内力和变形特性可知，C 点竖向位移为零，而水平位移向右。

答案：A

24. 解 本题为两次超静定结构，而竖向滑动支座与固定支座相比，仅少一个水平约束，而选项 D 仅去除一个约束，因此正确。

答案：D

25. 解 $K_{11} = S_{AB} + S_{AD} + S_{AC} = 4 \cdot 2i + 4 \cdot i + 3 \cdot 2i = 36$

答案：D

26. 解 力矩分配法主要针对无侧移结构使用，图 a）结构为对称结构，承受正对称荷载，在取半结构后，可以使用力矩分配法。

答案：A

27. 解 本题为判断剪力影响线形状。由 AB 跨中任一截面剪力影响线对比可知，本题为 A 右侧截面的剪力影响线。而对 A 左侧截面的剪力影响线，只在左侧悬臂部分有值，其余部分为零。

答案：C

28. 解 本题中结构水平方向刚度 $K = K_{CA} + K_{DB} = \dfrac{12EI}{l^3} + \dfrac{3EI}{l^3} = \dfrac{15EI}{l^3}$

另外，注意质量 $M = 2m$

故

$$\omega = \sqrt{\frac{K}{M}} = \sqrt{\frac{15EI}{2ml^3}}$$

答案：B

29. 解 悬臂梁在均布荷载作用下，混凝土上表面受拉、下表面受压，因其抗拉强度较低，所以一般受拉部位先开裂。而且由于悬臂梁固定端所受拉力较大，故裂缝起始位置发生在固定端附近。

答案：C

30. 解 本题考点为预应力混凝土受弯构件的主要设计内容。与普通混凝土受弯构件相比，除应进行正截面承载力计算、斜截面承载力计算、正截面抗裂验算以外，预应力混凝土受弯构件还应分别对截面上的混凝土主拉应力和主压应力进行验算，较普通混凝土受弯构件增加了斜截面抗裂验算。

答案：D

31. 解 本题考点为钢筋混凝土受弯构件斜截面受剪承载力计算公式。

$$V \leqslant 0.7 f_t b h_0 + f_{yv} \frac{A_{sv}}{s} h_0$$

钢筋混凝土受弯构件斜截面受剪承载力计算公式中没有直接体现纵筋数量的影响因素。

答案：C

32. 解 本题考点为预应力混凝土构件的基本概念。混凝土施加预应力，可以推迟构件在使用荷载作用下的开裂，提高构件的抗裂度及刚度。

答案：B

33. 解 本题考点为钢筋混凝土偏心受压构件的 N-M 相关图。由偏心受压构件的 N-M 相关图可知，大偏心受压构件的破坏形态为受拉破坏，N 相同时，M 越大，偏心距越大，越危险；M 相同时，N 越小，越危险。

答案：B

34. 解 本题考点为预应力混凝土构件预应力损失的基本概念。后张法预应力混凝土构件中，属于第一批预应力损失的是张拉端锚具变形和钢筋内缩引起的损失、摩擦损失。

答案：B

35. 解 本题考点为钢筋混凝土构件在剪力和扭矩共同作用下的承载力计算公式。见《混凝土结构设计规范》（GB 50010—2010）（2015 年版）条文说明第 6.4.8 条：混凝土剪扭构件…采用混凝土部分相关、钢筋部分不相关的原则获得的近似拟合公式。

答案：C

36. 解 本题考点为钢筋混凝土适筋梁正截面受弯承载力计算的基本公式。假定界限破坏时的截面相对受压区计算高度为 ξ_b，$\xi < \xi_b$ 时为适筋梁，$\xi > \xi_b$ 时为超筋梁，由于梁 2 和梁 3 为超筋梁，即使纵向受拉钢筋的面积不同，破坏时的相对受压区高度均等于相对界限受压区高度，故 $\xi_3 = \xi_2 > \xi_1$。

答案：D

37. 解 本题考点为受弯构件斜截面受剪承载力的主要因素。影响受弯构件斜截面受剪承载力的主要因素包括剪跨比、混凝土强度等级、纵筋的配筋率、箍筋的强度、配箍率、截面尺寸及荷载形式等。在受剪承载力计算公式中并未反映纵向钢筋的作用，但纵筋的受剪产生了销栓力，它能限制斜裂缝的扩展，从而加大了剪压区高度，间接提高了斜截面受剪承载力。

答案：B

38. **解** 本题考点为预应力混凝土轴心受拉构件各阶段的受力特征及开裂荷载的计算公式。由预应力混凝土轴心受拉构件各阶段的受力特征及开裂荷载的计算公式可知，加载到混凝土即将开裂时，无论是先张法还是后张法，开裂荷载N_{cr}的计算公式均相同，采用换算截面面积A_0，即$N_{cr} = (\sigma_{pcII} + f_{tk})A_0$。

答案：A

39. **解** 本题考点为正截面最大裂缝宽度的计算公式。由规范DL/T 5057—2009的正截面最大裂缝宽度计算公式可知，最大裂缝宽度计算值的计算公式中含有纵向受拉钢筋应力σ_{sk}、混凝土轴心抗拉强度标准值f_{tk}、纵向受拉钢筋的有效配筋率ρ_{te}、混凝土保护层厚度c、纵向受拉钢筋的直径d等参数，正截面最大裂缝宽度计算值与纵向受拉钢筋应力、混凝土强度等级、纵向受拉钢筋配筋率、混凝土保护层厚度等均有关，故原题有误或不成立。

由规范 SL 191—2008 的正截面裂缝宽度计算公式可知，最大裂缝宽度计算值的计算公式中含有纵向受拉钢筋应力σ_{sk}、纵向受拉钢筋的有效配筋率ρ_{te}、混凝土保护层厚度c、纵向受拉钢筋的直径d等参数，正截面最大裂缝宽度计算值与纵向受拉钢筋应力、纵向受拉钢筋配筋率、混凝土保护层厚度等有关，与混凝土强度等级无关，故按 SL 191—2008 的规定应选 B。

答案：按DL/T 5057—2009 的规定原题有误或不成立；按 SL 191—2008 的规定应选 B

40. **解** 本题考点为钢筋混凝土偏心受拉构件大、小偏心受拉构件的判别条件。

判别大小偏心受拉构件的依据是轴向拉力的作用位置e_0，而不是界限相对受压区计算高度ξ_b。即当$e_0 \leqslant h/2 - a_s$时，为小偏心受拉构件；当$e_0 > h/2 - a_s$时，为大偏心受拉构件。

根据偏心受拉构件的受力特点，小偏心受拉构件全截面受拉破坏时，混凝土裂缝全截面贯通，全部拉力由纵向钢筋承担。

大偏心受拉构件截面上有局部压应力存在。

答案：A

41. **解** 象限角的定义由坐标纵轴的北端或南端起旋转到目标方向的锐角，因为在第III象限，故象限角$R_{AB} = \alpha_{AB} - 180°$，南偏西。

答案：B

42. **解** 正方形周长计算公式为：$S = a + a + a + a$

根据误差传播定律$m_s = \pm\sqrt{4}m_a = \pm 2m$

答案：B

43. **解** 计曲线为每 5 根首曲线加粗一根表示的等高线。

答案：C

44. **解** 点位闭合差$f = 0.2 \times \sqrt[2]{2} = 0.28284271$

导线全长相对闭合差 $= f/848.53 = 1/3000$

答案：C

45. 解 利用视线高法，尺上读数 $= 9.125\text{m} + 1.462\text{m} - 8.586\text{m} = 2.001\text{m}$。

答案：C

46. 解 载波相位测量的精度为 1~2mm，在解算过程中会出现整周未知数问题，因此需要C/A伪距测量来确定整周未知数，所以会出现两种信号混合使用的情况。

答案：D

47. 解 材料、水和空气三相接触的交点处，沿水表面的切线与水和固体接触面所成的夹角 θ 称为润湿角。

当水分子间的内聚力大于材料与水分子间的分子亲合力时，$\theta > 90°$，这种材料不能被水润湿，表现为憎水性，即为憎水性材料。

亲水性材料能被水浸润，$\theta < 90°$。

答案：A

48. 解 材料吸水后，水分会吸附到材料内物质微粒的表面，减弱微粒间的结合力，从而致使其强度下降，采用软化系数来反映了这一变化的程度。软化系数的范围在 0~1 之间，工程中通常将软化系数 > 0.85 的材料看作是耐水材料。

答案：C

49. 解 导致混凝土中钢筋锈蚀的原因有两个：一是碳化，二是氯离子。当碳化使混凝土的 pH 值小于 10.5 后，钢筋表面钝化膜开始脱钝。当有氯离子存在时，混凝土 pH 值小于 11.5 时钢筋就开始脱钝。所以综合考虑氯离子和碳化对钢筋锈蚀的影响，为了防止混凝土保护层破坏而导致钢筋锈蚀，其 pH 值应大于 11.5~12.5。

答案：B

50. 解 材料的吸声系数 α 是指材料吸收的声能与入射到材料上的总声能之比。通常，入射声能等于吸收声能、反射声能和透射声能三者之和。如果某种材料完全反射声音，那么它的吸声系数 $\alpha = 0$；如果某种材料将入射声能全部吸收，那么它的 $\alpha = 1$。事实上，所有材料的 α 均介于 0 和 1 之间，也就是不可能全部反射，也不可能全部吸收，所以吸声系数小于 1.0。

答案：D

51. 解 导热系数的物理意义是指厚度为 1m 的材料，当其相对表面的温度差为 1K 时，1s 时间内通过 1m^2 面积的热量。

$$\lambda = \frac{Qd}{At\Delta T}$$

式中，Q 为通过材料的热量 [J（或者 W·s）]；d 为材料的厚度或传导的距离（m）；A 为材料传热面积（m^2）；t 为导热时间（s）；ΔT 为材料两侧的温度差（K）。

因而导热系数单位计算为：$\dfrac{W \cdot s \cdot m}{m^2 \cdot s \cdot K} = \dfrac{W}{m \cdot K}$

答案：D

52. 解 水玻璃是硅酸钠的水溶液，可以写成氧化物的形式：$Na_2O \cdot nSiO_2$，其中 n 为水玻璃的模数，所以水玻璃的模数是二氧化硅/氧化钠的摩尔数的比值。

答案：B

53. 解 C_3S 和 C_2S 水化后产生大量氢氧化钙，硫酸盐会与其反应生成膨胀产物——石膏，破坏浆体结构；C_3A 水化产生水化铝酸钙，在硫酸根离子作用下会生成水化硫铝酸钙晶体，产生体积膨胀，破坏已经硬化的水泥石结构。

答案：D

54. 解 硅酸盐水泥的细度要控制在一个合理的范围，《通用硅酸盐水泥标准》（GB 175—2007）规定：硅酸盐水泥细度采用透气式比表面积仪检验，要求其比表面积 $> 300 m^2/kg$。

答案：D

55. 解 混凝土的温度膨胀系数为 $0.7 \times 10^{-5} \sim 1.4 \times 10^{-5}/℃$，一般取 $1.0 \times 10^{-5}/℃$。

答案：C

56. 解 水文循环要素是降雨、蒸发、下渗、径流，物体污染水属于受污染的水体，不属于水文循环。

答案：D

57. 解 进行水文分析计算时，还要进行历史洪水调查工作，其目的是补充观测资料系列不足，为了增加系列的代表性。

答案：C

58. 解 暴雨中心在上游的洪水，汇流路径长，受流域调蓄作用大，洪水过程较平缓，由洪水求得的单位线也平缓，峰低且峰现时间偏后。反之，若暴雨中心在下游，由此类洪水推出的单位线过程尖瘦，峰高且峰现时间早。

答案：C

59. 解 适线法进行设计径流频率计算时，选配理论频率曲线，如与经验频率曲线配合不好，则需重新调整参数配线，直至配合好为止。

答案：C

60. 解 所谓"不利"指的是对防洪不利的典型，具体来说，就是选择"峰高量大、峰型集中、主峰偏后"的典型洪水过程。

答案：C

2021 年度全国注册土木工程师（水利水电工程）执业资格考试试卷

基础考试

（下）

二〇二一年十月

应考人员注意事项

1. 本试卷科目代码为"2"，考生务必将此代码填涂在答题卡"科目代码"相应的栏目内，否则，无法评分。

2. 书写用笔：**黑色或蓝色钢笔、签字笔或圆珠笔**；

   填涂答题卡用笔：**黑色 2B 铅笔**。

3. 必须用书写用笔将工作单位、姓名、准考证号填写在答题卡和试卷相应的栏目内。

4. 本试卷由 60 题组成，每题 2 分，满分 120 分，本试卷全部为单项选择题，每小题的四个备选项中只有一个正确答案，错选、多选、不选均不得分。

5. 考生作答时，必须按**题号在答题卡上**将相应试题所选选项对应的**字母用 2B 铅笔涂黑**。

6. 在答题卡上书写与题意无关的语言，或在答题卡上作标记的，均按违纪试卷处理。

7. 考试结束时，由监考人员当面将试卷、答题卡一并收回。

8. 草稿纸由各地统一配发，考后收回。

单项选择题（共 60 分，每题 2 分。每题的备选项中只有一个最符合题意。）

1. 流体的切应力：

   A. 当流体处于静止状态时，由于内聚力，可以产生

   B. 当流体处于静止状态时不会产生

   C. 仅仅取决于分子的动量交换

   D. 仅仅取决于内聚力

2. 某混凝土衬砌隧洞，洞径 $d = 2m$，粗糙系数 $n = 0.014$。模型设计时，选定长度比尺为 40，在模型中测得下泄流量为 35L/s，则对应的原型中流量及模型材料的粗糙系数分别为：

   A. $56m^3/s$ 和 0.0076

   B. $56m^3/s$ 和 0.0067

   C. $354.18m^3/s$ 和 0.0076

   D. $354.18m^3/s$ 和 0.0067

3. 水在直径为 1cm 的圆管中流动，流速为 1m/s，运动黏性系数为 $0.01cm^2/s$，则圆管中的流态为：

   A. 层流

   B. 紊流

   C. 临界流

   D. 无法判断

4. 有一矩形断面的渠道，已知上游某断面过水面积为 $60m^2$，断面平均流速 $v_1 = 2.25m/s$，下游某断面过水面积为 $15m^2/s$，则渠道的过流量和下游断面的平均流速分别为：

   A. $17.43m^3/s$ 和 4.5m/s

   B. $17.43m^3/s$ 和 9m/s

   C. $135m^3/s$ 和 4.5m/s

   D. $135m^3/s$ 和 9m/s

5. 有一段直径为 100mm 的管路，长度为 10m，其中有两个弯头（每个弯头的局部水头损失系数为 0.8），管道的沿程水头损失系数为 0.037。如果拆除这两个弯头，同时保证管路长度不变，作用于管路两端的水头维持不变，则管路中流量将增加：

   A. 10%

   B. 20%

   C. 30%

   D. 40%

6. 明渠恒定均匀流的总水头 H 和水深 h 随流程 s 变化的特征是：

A. $\frac{dH}{ds} < 0$，$\frac{dh}{ds} < 0$

B. $\frac{dH}{ds} < 0$，$\frac{dh}{ds} = 0$

C. $\frac{dH}{ds} = 0$，$\frac{dh}{ds} = 0$

D. $\frac{dH}{ds} = 0$，$\frac{dh}{ds} < 0$

7. 某渠道为恒定均匀流，若保持流量不变，可以通过以下哪种方法实现"减小流速以减小河床冲刷"的目的？

A. 减小水力半径，减小底坡

B. 增大水力半径，增大底坡

C. 增大底坡，减小糙率

D. 增大水力半径，减小糙率

8. 某管道泄流，如果流量一定，当管径沿程减小时，则测压管水头线：

A. 可能沿程上升也可能沿程下降

B. 总是与总水头线平行

C. 只能沿程下降

D. 不可能低于管轴线

9. 明渠水流中，水流为缓流，若在渠底遇到阻碍物，则水面：

A. 上升   B. 下降

C. 不变   D. 不确定

10. 下列有关颗粒级配的说法，错误的是：

A. 土的颗粒级配曲线越平缓，则土的颗粒级配越好

B. 只要不均匀系数 $C_u \geqslant 5$，就可判定土的颗粒级配良好

C. 土的颗粒级配越均匀，越不容易压实

D. 颗粒级配良好的土，必然颗粒大小不均匀

11. 液性指数 I_L 为 1.25 的黏性土，应判定为：

A. 硬塑状态

B. 可塑状态

C. 软塑状态

D. 流塑状态

12. 孔隙率可以用于评价土体的：

    A. 软硬程度

    B. 干湿程度

    C. 松密程度

    D. 轻重程度

13. 下列土的变形参数中，无侧限条件下定义的参数是：

    A. 压缩系数 α B. 侧限压缩模量 E_s

    C. 变形模量 E D. 压缩指数 C_c

14. 下列有关孔隙水压力的特点，说法正确的是：

    A. 一点各方向不相等

    B. 垂直指向所作用物体表面

    C. 处于不同水深处的土颗粒受到同样的压力

    D. 土体因为受到孔隙水压力的作用而变得密实

15. 地基土中附加应力是指：

    A. 建筑物修建以前，地基中由土体本身的有效重量所产生的压力

    B. 基础底面与地基表面的有效接触应力

    C. 基础底面增加的有效应力

    D. 建筑物修建以后，建筑物重量等外荷载在地基内部增加的有效应力

16. 实验室测定土的抗剪强度指标的试验方法有：

    A. 直剪、三轴压缩和无侧限压缩试验

    B. 直剪、无侧限压缩和十字板剪切试验

    C. 直剪、三轴压缩和十字板剪切试验

    D. 三轴压缩、无侧限压缩和十字板剪切试验

17. 影响地基承载力的主要因素不包括：

    A. 基础的高度   B. 地基土的强度

    C. 基础的埋深   D. 地下水位

18. 针对简单条分法和简化毕肖普条分法，下面说法错误的是：

A. 简化毕肖普法忽略了条间切向力的作用，结果更经济

B. 简化毕肖普法忽略了条间法向力的作用，结果更经济

C. 简单条分法忽略了全部条间力的作用，结果更保守

D. 简单条分法获得的安全系数低于简化毕肖普法获得的结果

19. 砂土液化现象是指：

A. 非饱和的密实砂土在地震作用下呈现液体的特征

B. 非饱和的疏松砂土在地震作用下呈现液体的特征

C. 饱和的密实砂土在地震作用下呈现液体的特征

D. 饱和的疏松砂土在地震作用下呈现液体的特征

20. 图示体系是：

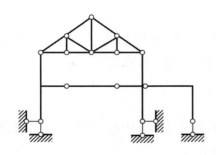

A. 几何不变体系，无多余约束

B. 瞬变体系

C. 几何不变体系，有多余约束

D. 常变体系

21. 图示结构中*BD*杆的轴力（拉为正，压为负）等于：

A. 0

B. $\sqrt{2}qa$

C. $-\sqrt{2}qa$

D. $-\frac{\sqrt{2}}{2}qa$

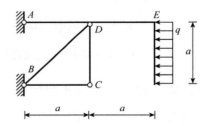

22. 图示结构CA杆C端的弯矩（左侧受拉为正）为：

A. Fl

B. $-Fl$

C. $2Fl$

D. 0

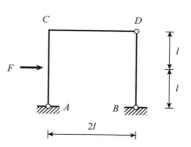

23. 图示结构支座A向左移动Δ，并逆时针转动角度$\theta = \Delta/L$，由此引起的截面K的转角（顺时针为正）为：

A. $\dfrac{2\Delta}{L}$

B. $\dfrac{\Delta}{L}$

C. 0

D. $\dfrac{-2\Delta}{L}$

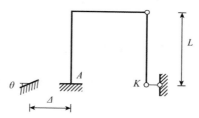

24. 图示两个结构在C处的支座反力的关系为：

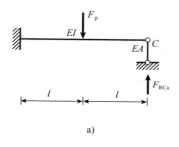

a)

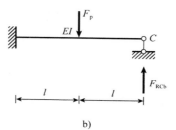

b)

A. $F_{RCa} > F_{RCb}$

B. $F_{RCa} = F_{RCb}$

C. $F_{RCa} < F_{RCb}$

D. 无法确定

25. 图示结构结点B的转角（顺时针为正）为：

A. $-\dfrac{ql^3}{44EI}$

B. $\dfrac{ql^3}{44EI}$

C. $-\dfrac{ql^3}{88EI}$

D. $\dfrac{ql^3}{88EI}$

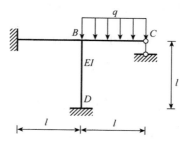

26. 图示结构用力矩分配法计算时，各杆的$i=EI/L$相同，分配系数μ_{AE}等于：

A. 2/7

B. 4/11

C. 4/5

D. 1/2

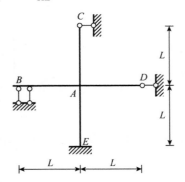

27. 图示结构支座A右侧截面剪力影响线形状为：

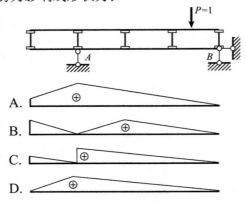

28. 图示结构中，若要使其自振频率ω增大，可以：

A. 增大EI

B. 增大F

C. 增大L

D. 增大m

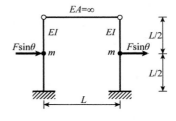

29. 有一非对称配筋偏心受压柱，计算得$A_s' = 420mm^2$，则：

A. 按 $420mm^2$ 配置钢筋

B. 按受拉钢筋最小配筋率配置

C. 按受压钢筋最小配筋率配置

D. 按$A_s' = A_s$配置钢筋

30. 预应力混凝土受弯构件与普通混凝土受弯构件相比，增加了：

A. 正截面受弯承载力计算

B. 斜截面受剪承载力计算

C. 正截面抗裂验算

D. 斜截面抗裂验算

31. 下列关于受弯构件斜截面受剪的说法，正确的是：

　A. 施加预应力可以提高斜截面受剪承载力

　B. 为防止发生斜压破坏，应提高配箍率

　C. 避免发生斜拉破坏的有效办法是提高混凝土强度

　D. 对无腹筋梁，剪跨比越大其斜截面受剪承载力越高

32. 以下对最大裂缝开展宽度没有明显影响的是：

　A. 钢筋应力

　B. 混凝土强度等级

　C. 钢筋直径

　D. 保护层厚度

33. 某对称配筋的大偏心受压构件，承受的四组内力中，最不利的一组内力为：

　A. $M = 218 \, \text{kN} \cdot \text{m}$，$N = 396 \, \text{kN}$

　B. $M = 218 \, \text{kN} \cdot \text{m}$，$N = 380 \, \text{kN}$

　C. $M = 200 \, \text{kN} \cdot \text{m}$，$N = 396 \, \text{kN}$

　D. $M = 200 \, \text{kN} \cdot \text{m}$，$N = 380 \, \text{kN}$

34. 后张法预应力混凝土构件的第一批预应力损失一般包括：

　A. 锚具变形及钢筋内缩损失、摩擦损失、钢筋应力松弛损失

　B. 锚具变形及钢筋内缩损失、摩擦损失

　C. 锚具变形及钢筋内缩损失、温度损失、钢筋应力松弛损失

　D. 摩擦损失、钢筋应力松弛损失、混凝土徐变损失

35. 钢筋混凝土受弯构件斜截面受剪承载力计算公式中没有体现以下哪项影响因素？

　A. 材料强度 　　　　　　　　　　　B. 配箍率

　C. 纵筋配筋量 　　　　　　　　　　D. 截面尺寸

36. 仅配筋不同的三根梁（梁1：$A_s = 450 \text{mm}^2$；梁2：$A_s = 600 \text{mm}^2$；梁3：$A_s = 650 \text{mm}^2$），其中梁1为适筋梁，梁2及梁3为超筋梁，则破坏时相对受压区高度系数ξ的大小关系为：

　A. $\xi_3 > \xi_2 > \xi_1$

　B. $\xi_1 > \xi_2 = \xi_3$

　C. $\xi_2 > \xi_3 > \xi_1$

　D. $\xi_3 = \xi_2 > \xi_1$

37. 对于钢筋混凝土偏心受拉构件，下列说法错误的是：

A. 如果 $\xi > \xi_b$，说明是小偏心受拉破坏

B. 小偏心受拉构件破坏时，混凝土完全退出工作，全部拉力由钢筋承担

C. 大偏心受拉构件存在混凝土受压区

D. 大、小偏心受拉构件的判断是依据轴向拉力 N 作用点的位置

38. 当一单筋矩形截面梁的截面尺寸、材料强度及弯矩设计值确定后，计算时发现超筋，那么采取以下哪项措施对提高其正截面受弯承载力最有效？

A. 增大纵向受拉钢筋的数量

B. 提高混凝土强度等级

C. 加大截面宽度

D. 加大截面高度

39. 钢筋混凝土构件变形和裂缝验算中关于荷载、材料强度取值，下列说法正确的是：

A. 荷载、材料强度都取标准值

B. 荷载取设计值，材料强度取标准值

C. 荷载取标准值，材料强度取设计值

D. 荷载、材料强度都取设计值

40. 钢筋混凝土构件在处理剪力和扭矩共同作用的承载力计算时：

A. 不考虑两者之间的相关性

B. 混凝土不考虑剪扭相关作用，钢筋考虑剪扭相关性

C. 混凝土考虑剪扭相关作用，钢筋不考虑剪扭相关性

D. 混凝土和钢筋均考虑相关关系

41. 地球曲率和大气折光对单向三角高程的影响是：

A. 使实测高程变小

B. 使实测高程变大

C. 没有影响

D. 有规律变化，但是使实测高程变小还是变大不确定

42. 高斯坐标系属于：

A. 空间坐标系　　　　　　　　B. 相对坐标系

C. 平面直角坐标系　　　　　　D. 极坐标系

43. 1∶2000图上量得A、B两点的距离为43.4cm，欲在两点间修一坡度不大于3%的道路，则A、B两点的高差最大应是：

A. 2.6m

B. 26.0m

C. 1.2m

D. 10.8m

44. GPS 精密定位测量中采用的卫星信号是：

A. C/A测距码

B. P码

C. 载波信号

D. C/A测距码和载波信号混合使用

45. 某水平角以等精度观测 4 测回，观测值分别是55°40′47″、55°40′40″、55°40′42″、55°40′50″，则一测回观测值中误差m为：

A. 2.28″

B. 4.58″

C. 7.92″

D. 14.57″

46. 放样设水平角度时，采用盘左、盘右投点是为了消除：

A. 目标倾斜

B. 气泡向两侧偏斜误差

C. 旁折光影响

D. 2C误差

47. 无机非金属材料的基本构成是：

A. 矿物

B. 元素

C. 聚合度

D. 组分

48. 一般要求绝热材料的导热率不宜大于 0.17W/(m·K)，表观密度小于 1000kg/m³，抗压强度应大于：

A. 10MPa

B. 5MPa

C. 3MPa

D. 0.3MPa

49. 影响材料抗冻性的主要因素有孔结构、水饱和度及冻融龄期，而极限水饱和度是：

A. 50%

B. 75%

C. 85%

D. 91.7%

50. 混凝土集料和水泥石之间存在界面过渡区，其典型厚度为：

A. 5~10μm

B. 10~15μm

C. 20~30μm

D. 20~40μm

51. 混凝土检验用水应与饮用水做水泥凝结对比实验，其中初凝时间差与终凝时间差均不应大于：

A. 10min

B. 20min

C. 30min

D. 40min

52. 一般认为，硅酸盐水泥颗粒大于100μm的活性较小，而具有较高活性的水泥颗粒应小于：

A. 30μm

B. 40μm

C. 50μm

D. 20μm

53. 正常雨水的pH值为：

A. 4.5

B. 5.6

C. 6.5

D. 7.5

54. 水泥胶砂试件拆模后立即水平或垂直放在水中养护，其养护温度为：

A. (17±5)℃

B. (18±3)℃

C. (20±1)℃

D. 25℃

55. 混凝土快速碳化实验的碳化深度小于20mm，则其抗碳化性能满足混凝土的使用年限要求为：

A. 50年

B. 80年

C. 100年

D. 150年

56. 某流域面积为10000km²，则其时段长为2h的单位线（10mm）所包围的总洪量为：（单位：万 m³）

A. 10000

B. 20000

C. 36000

D. 72000

57. 进行设计洪水频率计算时，用适线法推求设计参数，以下不属于设计参数的是：

A. 均值

B. 变差系数

C. 偏态系数

D. 径流系数

58. 设计洪水推求时，往往进行特大洪水调查延长样本系列，其主要目的是提高样本的：

A. 一致性

B. 可靠性

C. 可选性

D. 代表性

59. 某水利工程的设计洪水标准为百年一遇，则根据水文频率的含义，要推求的洪水为：

　　A. 大于或等于百年一遇洪水

　　B. 正好等于百年一遇洪水

　　C. 不超过百年一遇洪水

　　D. 数值在百年一遇洪水左右

60. 使水资源具有可再生性的原因，是由于自然界所引起的：

　　A. 径流　　　　　　　　　　　　　B. 蒸发

　　C. 水循环　　　　　　　　　　　　D. 降水

2021 年度全国注册土木工程师（水利水电工程）执业资格考试基础考试（下）
试题解析及参考答案

1. 解　作用在静止流体单位面积上的表面力（应力）永远沿着作用面的内法线方向，因此流体在静止状态时不会产生切应力，因此选项 A 错误、选项 B 正确；根据牛顿内摩擦定律 $\tau = \mu \dfrac{du}{dy}$，流体的切应力与流体的动力黏滞系数和流体的速度梯度有关，因此选项 C、D 错误。

答案：B

2. 解　按重力相似准则计算：

$$Q_p = Q_m \lambda_l^{5/2} = 35 \times 40^{5/2} \text{L/s} = 354.18 \text{m}^3/\text{s}$$

$$n_m = n_p / \lambda_l^{1/6} = 0.014 \div 40^{1/6} = 0.0076$$

答案：C

3. 解

$$\text{Re} = \frac{vd}{\nu} = \frac{1 \times 0.01}{0.01 \times 10^{-4}} = 10000 > 2000$$

圆管中的流态为紊流。

答案：B

4. 解　由连续性方程计算：

$$v_2 = \frac{A_1}{A_2} v_1 = \frac{60}{15} \times 2.25 = 9 \text{m/s}$$

$$Q_2 = A_2 \cdot v_2 = 15 \times 9 = 135 \text{m}^3/\text{s}$$

答案：D

5. 解　由题意知：

$$\lambda \frac{l}{d} \frac{v_1^2}{2g} + 2\zeta \frac{v_1^2}{2g} = \lambda \frac{l}{d} \frac{v_2^2}{2g}$$

代入数据得：

$$0.037 \times \frac{10}{0.1} \frac{v_1^2}{2g} + 2 \times 0.8 \frac{v_1^2}{2g} = 0.037 \times \frac{10}{0.1} \frac{v_2^2}{2g}$$

$$\frac{v_1^2}{v_2^2} = \frac{3.7}{5.3}, \quad \frac{v_1}{v_2} = 0.8355 = \frac{Q_1}{Q_2}$$

$$\frac{1 - 0.8355}{0.8355} = 0.1969 \approx 20\%$$

答案：B

6. 解　明渠均匀流流线为平行直线，过水断面的形状、水深、断面平均流速等均沿程不发生变化，所以总水头线、水面线和渠底线三线平行，故选 C。

答案：C

7.解 根据流量与水力半径、糙率及底坡的关系，可知增大水力半径、减小糙率可以实现减小流速以减小河床冲刷的目的。

答案：D

8.解 由题意只能判断总水头线与测压管水头线的垂直间距在缩小，所以测压管水头线可能沿程上升也可能沿程下降。

答案：A

9.解 由缓流的水流特性知水面会下降。

答案：B

10.解 不均匀系数 $C_u \geq 5$，只说明粒径分布范围较宽，这其中还有一种粒径缺失现象，还需要曲率系数 $C_C = 1 \sim 3$ 的条件，才可判定土的颗粒级配良好。

答案：B

11.解 $I_L < 0$ 为坚硬半坚硬状态，$0 \leq I_L < 1$ 为可塑状态，$I_L \geq 1$ 为流塑状态。液性指数 I_L 为 1.25 的黏性土，应判定为流塑状态。

答案：D

12.解 孔隙率是土中孔隙总体积与土的总体积之比。孔隙体积越小，土就越密实。因此孔隙率可以用于评价土体的密实程度（也即松密程度），但不能反映土中水的情况，因此也不能用于评价土体的干湿状态。评价黏性土的软硬程度是液性指数。

答案：C

13.解 压缩系数 a、侧限压缩模量 E_s、压缩指数 C_c，都是土体常规（侧限）压缩试验得到的土的压缩性指标，只有变形模量 E 是在侧向无约束、允许侧向变形（即"无侧限"）的条件下试验得到的，所以选项 C 正确。

答案：C

14.解 孔隙水压力各向相等，随水深线性增加，所以选项 A、C 错误。

孔隙水压力为中性压力，不增加土的自重应力，不会使土的孔隙变小，故土体不会变密实，选项 D 错误。

孔隙水压力各向相等，所以垂直作用物体表面，选项 B 正确。

答案：B

15.解 选项 A，正确的应该是建筑物修建（加载）之后，错误。

选项 B，问的是附加应力，不是有效接触压力，错误。

选项 C，应理解为作用于"基础底面"深度位置处地基表面上的"基底附加应力"，问的不是基底附加应力，而是土中附加应力，错误。

选项 D，建筑物修建（加载）以后，由于建筑物重量等外荷载作用，在地基内部净增加的有效应力，故为正确答案。

答案：D

16. 解 "十字板剪切试验"是针对不易取得原状样的淤泥质土，为取得土的抗剪强度指标，在工程现场进行的试验。而直剪、三轴压缩和无侧限压缩试验均是现场取样后，把土样送到实验室做的抗剪强度指标试验。

答案：A

17. 解 根据地基承载力公式（如太沙基公式），地基承载力与地基土体抗剪强度、旁侧荷载、土体重度相关。

选项 B，"地基土的强度"是地基承载力的直接相关项；

旁侧荷载 $q = g \cdot d_0$，d_0 即是选项 C"基础的埋深"；

地基承载力公式中的土体重度，地下水位以上取天然重度，地下水位以下取有效重度，地下水位不同使土体重度不同，地基承载力也产生变化。

但选项 A，"基础的高度"可能是地面以上的高度，这就与地基承载力无关了，所以不合适。

答案：A

18. 解 简化毕肖普条分法考虑了条块间力的平衡，简化后的公式忽略了条间切向力的差别，但仍计入了条间法向力的作用，所以选项 B 错误，其他三项为干扰项。

答案：B

19. 解 饱和的疏松砂土在地震作用下呈现液体的特征，这是砂土液化的定义。

非饱和的砂土孔隙中不充满水，不存在液化问题，故选项 A、B 错误。

密实砂土受剪（地震波产生剪应力）产生剪胀，体积增加，孔隙水压力不会增加，也没有砂土液化问题，选项 C 错误。

只有饱和的疏松砂土，受剪（地震波产生剪应力）产生剪缩，粒间结构发生破坏，原可承担的力承担不了了，转移给了孔隙水，使孔隙水压力上升，逐渐发展下去产生"砂土液化现象"。

答案：D

20. 解 首先去除右端的附属式体系，然后顶部三角形铰接体系可等效为一根链杆，则原体系等价可简化为图解所示体系，取三刚片$ABCG$、$DEFH$及大地，分别由三个铰相连，其中CD和GH组成无穷远虚铰，根据三刚片规则，知原体系为瞬变体系。

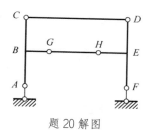

题20解图

答案：B

21. 解 本题为组合结构，很明显轴力杆CB、CD无内力，ADE为受弯杆，轴力杆BD求解可采用分量形式。由A点力矩平衡条件得，BD杆的轴力竖向分量为$-\frac{1}{2}qa$，再得水平向分量为$-\frac{1}{2}qa$，最后可得BD杆轴力为$-\frac{\sqrt{2}}{2}qa$。

答案：D

22. 解 注意到BD为无弯矩的链杆，由A点力矩平衡条件得BD杆内力$N_{BD} = -\frac{F}{2}$（受压），再可得$M_{CD} = Fl$（下侧受拉），即得$M_{CA} = Fl$（右侧受拉），即结点C处为内侧受拉。

答案：B

23. 解 注意结构为附属式结构，若求K截面转角，如解图所示，可在K处虚设一单位力偶$m = 1$，可求得A处支座反力为：

$$F_{Ax} = \frac{1}{L}（向左），\quad M_A = 1（逆时针）$$

即得待求位移为：

$$\Delta_K = -\sum \bar{R}c = -\left(1 \cdot \theta + \frac{1}{L} \cdot \Delta\right) = \frac{-2\Delta}{L}$$

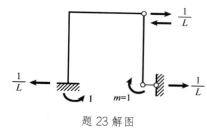

题23解图

答案：D

24. 解 图b）中支座反力和内力可由单杆的载常数求得。对图a）的弹性杆EA，可进行比较讨论，若其$EA \to \infty$时，即C处支座反力与图b）结果相同；若$EA \to 0$时，可知C处无支座反力，外荷载全部由梁承担。由上讨论可知，$F_{RCa} < F_{RCb}$。

答案：C

25. 解 本题可用位移法或力矩分配法直接求解：

$$R_{1P} = -\frac{1}{8}ql^2, \quad r_{11} = 4i + 4i + 3i = 11i$$

即可得B点转角（顺时针）为$-\frac{ql^3}{88EI}$。

答案：C

26. 解 注意AB为两端固定杆，其转动刚度为$4i$；AD杆端D处链杆平行于杆轴，其转动刚度为0，因此分配系数为：

$$\mu_{AE} = \frac{4i}{4i + 4i + 0 + 3i} = \frac{4}{11}$$

答案：B

27. 解 先作出直接荷载作用下的$Q_A^右$影响线，如图 C 所示；再注意到A右侧截面在节间小梁的右侧，因此剪力$Q_A^右$应取上侧值，再对各节间连线得最终影响线图形，仍为 C 图。

答案：C

28. 解 根据频率计算公式$\omega = \sqrt{\dfrac{k}{m}}$知，频率的平方与刚度成正比，与质量成反比，与外荷载无关。而增大长度，则结构柔度增大，刚度减小，因此选 A。

答案：A

29. 解 本题考点可能是非对称配筋偏心受压柱截面设计题，但此题所列条件不全，无法进行解答。这里只能就非对称配筋偏心受压柱截面设计题已知A_s'求A_s，说明解题思路。

可先假定题中所给A_s'满足最小配筋率要求，即$A_s' \geq \rho_{min}' b h_0$，由于$A_s'$为已知，由本书两个基本公式（4-3-38）~式（4-3-39），只有两个未知数A_s、x，具体计算如下。

由式（4-3-39）可得：

$$M = \gamma_d N e - f_y' A_s'(h_0 - a_s') = f_c b x \left(h_0 - \frac{x}{2}\right)$$

如同教程 4.3.1 节受弯构件正截面受弯承载力计算一样，上式可写成：

$$M = \alpha_s f_c b h_0^2$$

$$\alpha_s = \frac{M}{f_c b h_0^2}$$

再由下式求得ξ：

$$\xi = 1 - \sqrt{1 - 2\alpha_s}$$

（1）如果$\xi \leq \xi_b$，且$x = \xi h_0 \geq 2a_s'$，则可由式（4-3-38）求得：

$$A_s = \frac{f_c b x + f_y' A_s' - \gamma_d N}{f_y}$$

所求得A_s应满足最小配筋率要求，即$A_s \geq \rho_{min} b h_0$，如不满足，则应按最小配筋率确定$A_s$。

（2）如果$\xi > \xi_b$，则表示原A_s'配置过少，此时应按A_s'和A_s均未知的情况重新计算A_s'和A_s。

（3）如果$x = \xi h_0 < 2a_s'$，则受压钢筋的应力达不到f_y'，此时可与双筋受弯构件一样，取$x = 2a_s'$，按下式计算A_s：

$$N e' \leq \frac{1}{\gamma_d} N_u e' = \frac{1}{\gamma_d} f_y A_s(h_0 - a_s')$$

$$A_s = \frac{\gamma_d N e'}{f_y(h_0 - a_s')}$$

$$e' = \eta e_0 - \frac{h}{2} + a_s'$$

式中，e'为轴向力作用点至钢筋A_s'的距离。

所求得A_s应满足最小配筋率要求，即$A_s \geq \rho_{min}bh_0$，如不满足，则应按最小配筋率确定A_s。

答案：无

30. 解 本题考点为预应力混凝土受弯构件的主要设计内容。与普通混凝土受弯构件相比，除应进行正截面承载力计算、斜截面承载力计算、正截面抗裂验算以外，预应力混凝土受弯构件还应分别对截面上的混凝土主拉应力和主压应力进行验算，较普通混凝土受弯构件增加了斜截面抗裂验算。

答案：D

31. 解 本题考点为普通混凝土受弯构件和预应力混凝土受弯构件斜截面受剪承载力的相关知识。

由式（4-5-36）或式（4-5-37）及式（4-5-41）可知，施加预应力可以提高斜截面受剪承载力，与普通混凝土受弯构件斜截面受剪承载力的计算公式相比，预应力混凝土受弯构件斜截面受剪承载力的计算公式增加了一项由预应力所提高的受剪承载力V_p，选项A正确。

由式（4-3-25）可知，为了防止发生斜压破坏，应加大截面尺寸或提高混凝土强度，选项B错误。

为了避免发生斜拉破坏，我国现行规范除规定了最小配箍率条件外，还对箍筋最大间距s_{max}和最小直径d_{min}做出了限制，见式（4-3-27）和表4-3-2，选项C错误。

对于无腹筋梁，剪跨比λ是影响无腹筋梁的斜截面受剪承载力的主要因素之一，剪跨比越大其斜截面受剪承载力越低，选项D错误。

答案：A

32. 解 本题考点为正截面最大裂缝宽度的计算公式。由规范DL/T 5057—2009的正截面最大裂缝宽度计算公式可知，最大裂缝宽度计算值的计算公式中含有纵向受拉钢筋应力σ_{sk}、混凝土轴心抗拉强度标准值f_{tk}、纵向受拉钢筋的有效配筋率ρ_{te}、混凝土保护层厚度c、纵向受拉钢筋的直径d等参数，正截面最大裂缝宽度计算值与纵向受拉钢筋应力、混凝土强度等级、纵向受拉钢筋配筋率、混凝土保护层厚度等均有关，故原题有误或不成立。

由规范SL 191—2008的正截面裂缝宽度计算公式可知，最大裂缝宽度计算值的计算公式中含有纵向受拉钢筋应力σ_{sk}、纵向受拉钢筋的有效配筋率ρ_{te}、混凝土保护层厚度c、纵向受拉钢筋的直径d等参数，正截面最大裂缝宽度计算值与纵向受拉钢筋应力、纵向受拉钢筋配筋率、混凝土保护层厚度等有关，与混凝土强度等级无关，故按SL 191—2008的规定应选B。

答案：按DL/T 5057—2009的规定原题有误或不成立；按SL 191—2008的规定应选B

33. 解 本题考点为对称配筋的大偏心受压构件正截面受压承载力计算公式的相关概念。由式（4-3-38）~式（4-3-40）可知，对于对称配筋的大偏心受压构件，轴向力相同时弯矩越大越危险，弯矩相同时轴向力越小越危险。四组内力中，选项B的弯矩较大而轴向力较小，即其偏心距e_0最大（$e_0 = M/N = 573.7mm$），故应选B。

答案：B

34. 解 本题考点为后张法预应力混凝土构件的预应力损失的相关知识。由教程4.5.1节"4)预应力损失"和"5)预应力损失的组合"可知，后张法预应力混凝土构件的第一批预应力损失一般包括锚具变形及钢筋内缩损失和摩擦损失。

答案：B

35. 解 本题考点为钢筋混凝土受弯构件斜截面受剪承载力计算公式的相关知识。由式（4-3-21）~式（4-3-24）【或式（4-3-28）~式（4-3-31）】可知，钢筋混凝土受弯构件斜截面受剪承载力计算公式中没有直接体现"纵筋配筋量"。

答案：C

36. 解 本题考点为适筋梁与超筋梁的判别准则。我国现行规范《水工混凝土结构设计规范》(DL/T 5057—2009）将截面界限相对受压区计算高度ξ_b作为判别适筋梁与超筋梁的界限，当$\xi \leq \xi_b$时为适筋梁，当$\xi > \xi_b$时为超筋梁。

适筋梁配筋率越高，受压区高度越大。对于超筋梁，当相对受压区高度等于相对界限受压区高度时，即发生破坏。由于梁2和梁3为超筋梁，即使纵向受拉钢筋的面积不同，破坏时的受压区高度也均等于相对界限受压区高度。

答案：D

37. 解 本题考点为大、小偏心受拉构件的判别依据。

根据偏心受拉构件的受力特点，小偏心受拉构件全截面受拉，破坏时，混凝土裂缝全截面贯通，全部拉力由钢筋承担。

大偏心受拉构件截面上有局部压应力存在。

由教程4.3.5节可知，大、小偏心受拉构件的判别依据是轴向拉力N作用点的位置，轴向拉力N作用在钢筋A_s合力点与A_s'合力点之间时，属于小偏心受拉情况；轴向拉力N作用在钢筋A_s合力点与A_s'合力点之外时，属于大偏心受拉情况。

答案：A

38. 解 本题考点为单筋矩形截面梁正截面受弯承载力计算公式和相应的适用条件的相关知识。

工程设计中是不允许采用超筋梁的，而由单筋矩形截面梁正截面受弯承载力计算公式（4-3-3）【或式（4-3-9）】：

$$M_u = \xi(1 - 0.5\xi)f_c bh_0^2$$

可知，单筋矩形截面梁的正截面受弯承载力M_u与截面有效高度h_0的平方成正比，故"加大截面高度"对提高其正截面受弯承载力最有效。

答案：D

39. 解 本题考点为正常使用极限状态的设计表达式。由教程4.2.2节（或4.2.3节）可知，在正常使用极限状态的设计表达式（4-2-14）或式（4-2-19）中，荷载分项系数、材料性能分项系数、结构系数、设计状况系数等都取1.0，即荷载、材料强度都取标准值。

答案：A

40. 解 本题考点为剪-扭构件的承载力计算方法。由钢筋混凝土矩形截面在剪扭作用下的受剪、受扭承载力计算式（4-3-68）~式（4-3-69）可知，混凝土考虑剪扭相关作用，钢筋不考虑剪扭相关性。

答案：C

41. 解 地球曲率和大气折光对单向三角高程测量肯定是有影响的，因此选项C错误，对高程的具体影响应根据观测时的具体情况进行分析，很难简单地断定是使实测高程变大或变小，因此选项D的说法较为合适。

答案：D

42. 解 根据高斯坐标系的定义说明它是平面直角坐标系，通过高斯投影把地球曲面变换成平面然后规定直角坐标系的纵、横轴及原点。

答案：C

43. 解 根据数字比例尺和A、B两点图上距离，求得水平距离为868m，由坡度的概念计算得：
$$i = \frac{h}{D} \leq \frac{3}{100} \Rightarrow h \leq 3 \times D/100 = 3 \times 868/100 = 26.04\text{m}$$

答案：B

44. 解 GPS使用L波段，两种载波对应波长分别为$\lambda_1 = 19.03\text{cm}$和$\lambda_2 = 24.42\text{cm}$，频率间隔为347.82MHz，选择两个载波的目的在于测量出或消除掉由电离层引起的延迟误差。测距码目前包括C/A码（Coarse/Acquisition）和P码（Precise），在GPS系统中用于识别不同GPS卫星发出的信号，并提供无模糊度的测距数据。

答案：D

45. 解 观察观测值，度和分位的值都是相同的，因此以秒位数值进行计算，计算47、40、42及50的平均值为44.75，每个观测值对应的改正数的平方和为62.75，利用公式计算：
$$m = \pm\sqrt{\frac{[vv]}{n-1}} = \pm\sqrt{\frac{62.75}{4-1}} = \pm 4.58''$$

答案：B

46. 解 由水平角观测误差消除或减弱的方法可知，盘左、盘右投点可以消除2C误差。

答案：D

47. 解 材料的矿物组成是指组成材料的矿物种类和数量，矿物是构成岩石和各类无机非金属材料的基本单元。有机高分子材料分子组成的基本单元是链接。

答案：A

48. 解 绝热材料是指能阻滞热流传递的材料，又称热绝缘材料。它们是用于建筑围护或者热工设备、阻抗热流传递的材料或者材料复合体，既包括保温材料，也包括保冷材料。在建筑物中起保温、隔热作用的材料，称为绝热材料。对绝热材料的基本要求是：导热系数不宜大于 $0.17W/(m \cdot K)$，表观密度应小于 $1000kg/m^3$，抗压强度应大于 $0.3MPa$。

答案：D

49. 解 冰冻对材料的破坏作用与材料组织结构及其含水状况有关。水结冰时体积增大 9%，其破坏作用可概括为冰胀压力作用、水压力作用及显微析冰作用三种。一般认为毛细孔含水量小于孔隙总体积的 91.7% 就不会产生冻结膨胀压力，而在混凝土完全保水状态下，其冻结膨胀压力最大。

答案：D

50. 解 混凝土结构由三相组成，即水泥浆基体、集料及两者间的界面过渡区。界面过渡区是集料颗粒周围的薄区，典型厚度为 20~40μm，该区域的微观结构和性质与水泥浆基体不同，由于水分聚集，导致局部水灰比偏高，孔隙率较高，强度较低，是混凝土的薄弱环节。

答案：D

51. 解 《混凝土用水标准》（JGJ 63—2006）规定，被检验水样应与饮用水样进行水泥凝结时间对比试验，对比试验的水泥初凝时间差及终凝时间差均不应大于 30min。

答案：C

52. 解 国家标准规定硅酸盐水泥的比表面积值应不小于 $300m^2/kg$。一般认为，水泥颗粒小于 40μm 才具有很高的活性，大于 100μm 时活性较小。

答案：B

53. 解 正常雨水由于溶解了空气中的二氧化碳，其 pH 值为 5.6。酸雨的 pH 值小于 5.60。

答案：B

54. 解 《水泥胶砂强度检验方法（ISO 法）》（GB/T 17671—1999）规定，试件脱模后应做好标记，并立即水平或竖直放在 20℃±1℃ 的水中养护，水平放置时刮平面应朝上。

答案：C

55. 解 《混凝土质量控制标准》（GB 50164—2011）指出，快速碳化试验碳化深度小于 20mm 的混凝土，其抗碳化性能较好，通常可满足大气环境下 50 年的耐久性要求。

答案：A

56. 解 单位过程线（简称单位线）是一种特定的地面径流过程线，反映暴雨和地面径流的关系，指一个单位时段内，均匀地降落到一特定流域上的单位净雨深，所产生的出口断面处的地面径流过程线。单位时段常选为 3h、6h、12h、24h 等。单位净雨深一般采用 10mm，即单位线的流量求得的地面径流深等于 10.0mm。

本题意思为将径流总量均匀分布到流域面积 10000km² 上，径流深度 R 正好等于 10mm。

$$R = \frac{\sum q \times \Delta t}{F} = \frac{\sum q \times \Delta t}{10000 \times 1000^2} \times 1000 = 10.0\text{mm}$$

其中，F 为流域面积，单位为 km²。

故总洪量为 $\sum q \times \Delta t = 10000$ 万 m³

答案：A

57. 解 适线法进行水文频率计算，以经验频率点为基础，假定一组参数：$\bar{x}$ 平均值、C_s 偏态系数、C_v 变差系数。

答案：D

58. 解 水文资料的"三性审查"是指可靠性审查、一致性审查和代表性审查。资料系列的代表性，是指现有资料系列的统计特性能否很好反映总体的统计特性，应对资料系列的代表性作出评价。频率计算成果的质量主要取决于资料的系列代表性，要求系列能较好地反映水文资料多年变化的统计特性。如洪水分析，调查历史洪水、考证历史文献和洪水系列的插补延长是提高系列代表性的重要手段。但应注意参与频率计算的历史洪水必须是稀遇洪水。

答案：D

59. 解 重现期是指某一随机变量的取值在长时期内平均多少年出现一次或者说多少年一遇，当研究暴雨洪水问题时，一般 $T = \frac{1}{P}$。其中，T 为重现期，按年计；P 为频率，按小数或者百分数计。必须指出的是，由于水文现象一般无固定的周期性，故频率是指多年平均出现的机会，重现期也是指多年中平均若干年可以出现一次。

答案：A

60. 解 题干表述水资源的可再生性，又称"水文循环"或"水循环"。水循环是自然界物质运动、能量转化和物质循环的重要方式之一。

答案：C

注册土木工程师（水利水电工程）执业资格考试
专业基础考试大纲

十、水力学

10.1 水静力学

静水压强 绝对压强 相对压强 真空及真空度 作用于物体上的静水总压力

10.2 液体运动的一元流分析法

恒定流与非恒定流 迹线与流线 流管 过水断面 流量 断面平均流速 恒定一元流连续性方程 能量方程式 渐变流 急变流

10.3 层流、紊流及其水头损失

湿周 水力半径 均匀流 非均匀流 沿程水头损失 达西公式 层流 紊流 雷诺数 谢才公式 局部水头损失

10.4 有压管中恒定均匀流计算

基本公式 串联管道 并联管道 分叉管道 沿程均匀泄流管道

10.5 明渠恒定均匀流计算

基本公式 明渠均匀流 粗糙度不同的明渠 复式断面明渠

10.6 明渠恒定非均匀流

缓流 临界流 急流 弗汝德数 临界水深 临界底坡 棱柱体明渠渐变流水面曲线分析及计算 水跃 水跃方程 共轭水深及水跃长度计算

10.7 堰流及闸孔出流的水力计算

计算公式 薄壁堰 实用堰 宽顶堰 闸孔出流

10.8 泄水建筑物下游的水力衔接与消能

底流式消能 挑流式消能 面流式消能 消力戽式消能

10.9 隧洞的水力计算

水流状态及判断 有压隧洞 无压隧洞

10.10 渗流

达西定律 渗透系数 恒定均匀渗流与非均匀渗流 恒定渐变渗流的浸润曲线形式及计算

10.11 高速水流

脉动压力 气蚀 掺气 冲击波

10.12 水工模型试验基础

力学相似： 几何相似 运动相似 动力相似

相似准则： 重力相似准则 阻力相似准则 动水压力相似准则

十一、岩土力学

11.1 土的组成和物理性质三项指标

土的三项组成和三项指标　土的矿物组成和颗粒级配　土的结构

黏性土的界限含水量　塑性指数　液性指数

砂土的相对密实度　土的最佳含水量和最大干密度

土的工程分类

11.2 土中应力分布及计算

土的自重应力　基础地面压力　基底附加压力　土中附加应力

11.3 土的压缩性与地基沉降

压缩试验　压缩曲线　压缩系数　压缩指数　回弹指数　压缩模量　载荷试验

变形模量　高压固结试验　土的应力历史　先期固结压力　超固结比

正常固结土　超固结土　欠固结土

沉降计算的弹性理论法　分层总合法　有效应力原理　一维固结理论　固结系数　固结度

11.4 土的抗剪强度

土中一点的应力状态　库仑定律　土的极限平衡条件　内摩擦角　黏聚力

直剪试验及其适用条件　三轴试验　总应力法　有效应力法

11.5 特殊性土

软土　黄土　膨胀土　红黏土　盐渍土　冻土　填土　可液化土

11.6 土压力

静止土压力　主动土压力　被动土压力

朗肯土压力理论　库仑土压力理论

11.7 边坡稳定分析

土坡滑动失稳的机理　均质土坡的稳定分析　土坡稳定分析的条分法

11.8 地基承载力

地基破坏的过程　地基破坏形式

临塑荷载和临界荷载　地基极限承载力　斯肯普敦公式　太沙基公式　汉森公式

11.9 岩石的物理性质

岩石的破坏机理与强度　岩石的变形　岩体的工程分类　围岩稳定性　岩坡稳定性分析

十二、结构力学

12.1 平面体系的几何组成

几何不变体系的组成规律及其应用

12.2 静定结构受力分析与特性

静定结构受力分析方法　反力　内力的计算与内力图的绘制　静定结构特性及其应用

12.3 静定结构位移

广义力与广义位移　虚功原理　单位荷载法　荷载下静定结构的位移计算　图乘法　支座

位移和温度变化引起的位移　互等定理及其应用

12.4　超静定结构受力分析及特征

超静定次数　力法基本体系　力法方程及其意义　等截面直杆刚度方程　位移法基本未知量、基本体系、基本方程及其意义　等截面直杆的转动刚度　力矩分配系数与传递系数单结点的力矩分配　对称性利用　超静定结构位移　超静定结构特性

12.5　影响线极及其应用

静力法做影响线　机动法做影响线　连续梁的影响线　影响线的应用

12.6　结构动力特性与动力反应

单自由度体系　自振周期　频率　振幅与最大动内力　阻尼对振动的影响

十三、钢筋混凝土结构

13.1　材料性能

钢筋　混凝土

13.2　设计原则

结构功能　极限状态及其设计表达式　可靠度

13.3　承载能力极限状态计算

受弯构件　受扭构件　受压构件　受拉构件　冲切　局压　疲劳

13.4　正常使用极限状态验算

抗裂　裂缝　挠度

13.5　预应力混凝土

轴拉构件　受弯构件

13.6　肋形结构及刚架结构

整体式单向板肋形结构　双向板肋形结构　刚架结构　牛腿　柱下基础

13.7　抗震设计

一般规定　构造要求

十四、工程测量

14.1　测量工作特点

形状和大小　地面点位的确定　测量工作基本概念

14.2　水准测量

水准测量原理　水准仪的构造　使用和检验校正　水准测量方法及成果整理

14.3　角度测量

经纬仪的构造　使用和检验校正　水平角观测　垂直角观测

14.4　距离测量

卷尺量距　视距测量　光电测距

14.5 测量误差

测量误差分类与特性　评定精度的标准　观测值的精度评定　误差传播定律

14.6 控制测量

平面控制网的定位与定向　导线测量　交会定点　高程控制测量

14.7 地形图测绘

地形图基本知识　地物平面图测绘　等高线地形图测绘

14.8 地形图应用

地形图应用的基本技术　工程设计中的地形图应用　规划设计中的地形图应用

14.9 工程测量

工程控制测量　施工放样测量　安装测量　建筑物变形观测

14.10 3S 技术

RS 的基本技术及数字图像　GIS 的基本要求　GPS 的基本要求及定位技术　3S 技术在水利工程中的应用

十五、建筑材料

15.1 材料科学与物质结构

材料的组成：化学组成　矿物组成及其对材料性质的影响

材料的微观结构及其对材料性质的影响：原子结构　离子键　金属键　共价键　晶体与无定型体（玻璃体）

材料的宏观结构及其对材料性质的影响

15.2 建筑材料的性质

密度　表观密度与堆积密度　孔隙与孔隙率

15.3 建筑材料的工程特征

材料的力学性能　亲水性与憎水性　吸水性与吸湿性　耐水性　抗水性　抗冻性　导热性与变形性　脆性与韧性

15.4 无机胶凝材料

气硬性胶凝材料　石膏和石灰技术性质与应用

15.5 水硬性胶凝材料

水泥的组成　水化与凝结硬化机理　性能与应用

15.6 混凝土

原材料技术要求　拌和物的和易性及影响因素　强度性能与变形性能　耐久性　抗渗性　抗冻性　碱-骨料反应　混凝土外加计与配合比设计

15.7 建筑钢材

组成、组织与性能的关系　加工处理及其对钢材性能的影响　建筑钢材和种类与选用

15.8 土工合成材料

常见土工合成材料的特性及工程应用

十六、工程水文学基础

注册土木工程师（水利水电工程）执业资格考试
专业基础试题配置说明

水力学	9 题
岩土力学	10 题
结构力学	9 题
钢筋混凝土结构	12 题
工程测量	6 题
建筑材料	9 题
工程水文学基础	5 题

合计 60 题，每题 2 分。考试时间为 4 小时。

上、下午总计 180 题，满分为 240 分。考试时间总计为 8 小时。